·开发宝典丛书·

Java
编程实战宝典

刘新 管磊 等编著

U0311230

清华大学出版社

北 京

内 容 简 介

本书以 J2SE 为平台，以最新的 JDK 1.7 技术规范为切入点，全面、系统地介绍了 Java 的基础编程技术和常用开发方法。书中的各个技术点都提供了实例以供读者实战演练，各章最后还提供了实战练习题以帮助读者巩固和提高。本书配 1 张 DVD 光盘，内容为书中涉及的实例源文件及作者专门为本书录制的配套教学视频，以帮助读者更加高效、直观地学习本书内容。另外，光盘中还赠送了大量的 Java 范例、模块及项目案例开发的源程序和教学视频，非常超值。

本书共 22 章，分为 8 篇。首先讲述了 Java 的基础语法，然后介绍了 Java 中类和对象的实现，这也是 Java 的核心所在。随后介绍了 Java 中的高级技术，详细讨论了其中的多线程、集合、泛型和 RTTI 等。这些基本知识介绍完毕之后，就进入实际编程阶段，先后介绍了 GUI 程序设计、多媒体程序设计、数据库和网络程序设计，这些知识均以示例程序来讲解。最后用 3 章的篇幅介绍了一个完整的即时通信软件设计实例，让读者能够从实例中学习程序设计的真谛（因篇幅所限，此 3 章内容以 PDF 电子文档的格式收录于本书的配书光盘中）。

本书内容全面，实例丰富，特别适合想全面自学 Java 开发技术的人员阅读，也适合使用 Java 进行开发的工程技术人员和科研人员阅读。对于 Java 程序员，本书更是一本不可多得的案头必备参考手册。另外，本书也可作为计算机和软件工程等专业的教材和教学参考书。

图书在版编目（CIP）数据

Java 编程实战宝典 / 刘新等编著. —北京：清华大学出版社，2014
（开发宝典丛书）
ISBN 978-7-302-35170-2

Ⅰ. ①J…　Ⅱ. ①刘…　Ⅲ. ①JAVA 语言 – 程序设计　Ⅳ. ①TP312

中国版本图书馆 CIP 数据核字（2014）第 013712 号

责任编辑：夏兆彦
封面设计：欧振旭
责任校对：徐俊伟
责任印制：宋　林

出版发行：清华大学出版社
　　　　网　　　　址：http://www.tup.com.cn，http://www.wqbook.com
　　　　地　　　　址：北京清华大学学研大厦 A 座　　　　邮　　编：100084
　　　　社　总　机：010-62770175　　　　　　　　　　　邮　　购：010-62786544
　　　　投稿与读者服务：010-62776969，c-service@tup.tsinghua.edu.cn
　　　　质　量　反　馈：010-62772015，zhiliang@tup.tsinghua.edu.cn
印　刷　者：清华大学印刷厂
装　订　者：三河市新茂装订有限公司
经　　销：全国新华书店
开　　本：185mm×260mm　　　　印　张：52.75　　　　字　数：1314 千字
　　　　附光盘 1 张
版　　次：2014 年 9 月第 1 版　　　　　　　　　　　印　次：2014 年 9 月第 1 次印刷
印　　数：1～3000
定　　价：99.80 元

产品编号：056427-01

前　　言

　　Java 是目前最为流行的程序开发语言。市面上介绍 Java 的书籍很多，既包括国外的经典名著，也包括国内各种各样的教学书籍。**国外名著由于知识背景的差异，作者的思维方式总是和中国读者有一定的距离，因此刚入门的读者无法领略其中的精妙**。大多数国外书籍，则将 Java 当作纯粹的语言来介绍，忽视了它作为一个应用平台的强大威力，读者看了之后，难免会误会 Java 不过是一个精简版的 C++。

　　笔者在多年的教学和开发实践中，深感需要编写一本既能让初学者快速入门，又能真正利用 Java 进行软件开发的指导性书籍。几年前笔者就萌生了一个想法：亲自编写一本既适合读者自学，又可供教学参考的 Java 图书。而真正付诸实施，这本书花了笔者近一年的时间。笔者在自己平时所用课件的基础上，进行了大量增改，终于编写出了本书。**本书以 J2SE 为平台，以最新的 JDK 1.7 技术规范为切入点，由浅入深、循序渐进地介绍了有关 J2SE 平台下的大部分常用开发技术。书中的每个知识点和技术都采用了实例讲解为主、理论分析为辅的方式进行介绍。**

　　本书假设读者没有任何编程经验，举例时也尽量避免复杂的数据结构和算法设计。每个例子都着重于 Java 知识点本身，尽量浅显易懂，不涉及其他知识。对于初学者易犯的错误，都有明确的提示。为了让读者养成良好的编程习惯，本书的程序代码均按照软件工程的规范来编写。全书讲解时配合了大量的程序示例、实用程序、图例及代码说明，所有程序代码笔者均仔细调试过，确保准确无误。

本书特色

　　本书是根据笔者多年的教学和软件开发经验总结出来的，将知识范围锁定在了适合初、中级读者阅读的部分。本书以大量的实例进行示范和解说，其特点主要体现在以下几个方面。

- ❑ 内容全面，涵盖广泛：本书全面涵盖了 Java 的基础语法、面向对象编程、Java 高级技术中的多线程、集合、泛型和 RTTI 等，而且系统介绍了 GUI 程序设计、多媒体程序设计、数据库程序设计和网络程序设计等。
- ❑ 技术最新，紧跟趋势：本书以最新的 JDK 1.7 技术规范为切入点进行讲解，详细介绍了新版本的各种新技术和新功能，让读者了解和掌握最新的 Java 技术。
- ❑ 由浅入深，循序渐进：本书的编排采用了由浅入深、循序渐进的方式，使得初、中级读者都可以容易地掌握复杂的编程技术。
- ❑ 实例丰富，讲解详细：本书提供了大量的示例和实例，并按照"**知识点→例或实例→示例或实例解析→运行效果→贴心提示**"的模式讲解，理解起来非常容易。书中给出了这些例子的详细源代码，并对代码进行了详细注释，还对例子的重点和难点进行了详细的讲解和分析。书中的例子简洁规范，能让读者专心于知识点，而不被其他事情所干扰。它们大多具有实际意义，着重于解决工作中的实际问题，可帮助读者理解和上机模拟实践。

❑ 案例精讲，注重实战：本书最后用 3 章的篇幅详细介绍了一个完整的即时通信软件项目案例的设计和实现过程，让读者体验实际的项目开发，提升开发水平。

❑ 实践练习，巩固提高：本书各章都提供了实践练习题，读者每阅读完一章，可以通过完成这些练习题来检测自己的学习效果，从而达到巩固和提高的目的。

❑ 视频教学，光盘超值：笔者专门录制了大量的配套多媒体教学视频，便于读者更加高效、直观地学习。另外，配书光盘中还赠送了大量的 Java 开发范例、模块和案例的源程序及教学视频库，并提供了一部《Java 程序员面试宝典》电子书。

本书内容安排

本书共 22 章，分为 8 篇，不仅包含了 Java 的基础知识，也对它的高级技术和实用技术做了详细介绍。

第1篇　Java基础知识入门（第1、2章）

本篇首先全面介绍了 Java 的运行开发环境。其中详细讲解了 JDK 的安装和配置，如何使用 UltraEdit 来编辑一个 Java 源程序，以及如何编译和运行 Java 程序。第 2 章介绍了 Java 的基础知识，包括数据类型、运算符与表达式、流程控制等。最后以几个实例来引导读者步入程序设计的大门。这一篇是整个 Java 程序设计的基础。

第2篇　对象和类（第3、4章）

本篇介绍了如何使用 Java 来进行面向对象的程序设计。包括对象和类的成员定义与使用、单继承和多重继承、运行时多态、接口、内部类、包等。本篇是 Java 的精华，也是学习 Java 面向对象技术必备的知识。

第3篇　数据处理（第5～7章）

本篇介绍了 Java 中的数据处理。首先介绍了 Java 中的两个特殊类：数组和字符串。然后介绍了 Java 中的异常处理机制。最后介绍了输入和输出，包括标准设备的输入和输出以及文件的处理，还对新版 JDK 1.7 中有关 Java 输入与输出新增技术进行了说明。学完本篇，已经可以编写一些实用程序了。

第4篇　Java中的高级技术（第8～13章）

本篇介绍了 Java 中的高级技术，包括多线程、RTTI、泛型、集合、类型包装以及实用工具类等。这些内容是编写复杂实用程序的基础。使用这些高级技术，可以大大降低编程的烦琐程度和难度。

第5篇　GUI程序设计（第14、15章）

本篇介绍了普通窗口程序和多媒体程序的编写。GUI 是目前最为流行的程序界面，但这类程序的编制比普通控制台程序要复杂一些。本篇详细介绍了和 GUI 有关的事件、布局管理以及各种组件的使用。并通过大量的实例来介绍如何编写一个实用的桌面程序，以及编程中的常用技巧和应该注意的问题。在多媒体程序设计中，则着重介绍了各种文字、图像、声音和视频的处理。在编程中，应尽量使用 Java 自己提供的类，以降低编程的难度。

第6篇　数据库程序设计（第16、17章）

本篇介绍了数据库程序设计。数据库编程是 Java 的一个重要应用方面。本篇先介绍一般性的数据库理论，主要是 SQL 语句的使用。然后详细介绍了如何使用 Java 中的各种类来处理数据库，并提供了一个实例来说明编写数据库程序与普通程序的一些差别。

第7篇　Java网络程序开发（第18、19章）

本篇介绍了网络程序设计。首先介绍一般的 C/S 模式的网络程序设计，主要是利用 Socket 进行网络通信。随后介绍了 JSP 程序设计，这是 Java 应用的又一重要领域。另外，本篇提供了 5 个实例来说明 JSP 程序设计中应该注意的一些问题。

第8篇　即时通信系统开发项目实战（第20～22章）

本篇讲解了一个以 QQ 为原型的 Java 版即时通信系统的应用开发案例，综合使用了 Java 中的桌面程序设计、图像处理、数据库处理以及网络通信中的各种技术，以及软件工程的思想，对 Java 应用系统从架构设计、数据设计到编码开发都进行了细致的讲解。最后两章是对 Java 技术的一个全面应用综合演练。通过这个软件，读者可以领略到 Java 的强大实用编程能力。因篇幅所限，本篇内容以 PDF 电子文档的格式收录于本书的配套光盘中。

本书光盘内容

- ❑　本书各章涉及的实例源文件；
- ❑　18 小时本书配套教学视频；
- ❑　23 小时 Java 开发实例教学视频；
- ❑　4 个 Java 项目案例源程序及 3 小时教学视频；
- ❑　100 页本书第 8 篇内容的电子书；
- ❑　355 页《Java 程序员面试宝典》电子书。

适合阅读本书的读者

- ❑　想全面学习 Java 开发技术的人员；
- ❑　没有任何编程基础的计算机专业的学生；
- ❑　具备一定自学能力的 Java 编程爱好者；
- ❑　利用 Swing 开发桌面程序的 Java 程序员；
- ❑　进行 JSP 网站开发的人员；
- ❑　使用 C/S 模式设计网络程序的 Java 程序员；
- ❑　想了解 Java 中、高级技术的编程人员；

- ❑ 使用 Java 做开发的工程技术人员和科研人员；
- ❑ 大中专院校 Java 语言的教学人员；
- ❑ 需要案头必备手册的 Java 程序员。

本书作者

本书由刘新和管磊主笔编写。其他参与编写的人员有陈小云、陈晓梅、陈欣波、陈智敏、崔杰、戴晟晖、邓福金、董改香、董加强、杜磊、杜友丽、范祥、方家娣、房健、付青、傅志辉、高德明、高雁翔、宫虎波、古超、桂颖、郭刚、郭立峰、郭秋滟、韩德、韩花、韩加国、韩静、韩伟、何海讯、衡友跃、李宁、李锡江、李晓峰、刘建准。

本书的编写对笔者而言是一个"浩大的工程"。虽然笔者投入了大量的精力和时间，但只怕百密难免一疏。若读者在阅读本书时发现任何疏漏，希望能及时反馈给我们，以便及时更正。联系我们请发邮件至 bookservice2008@163.com。

最后祝各位读者读书快乐，学习进步！

编者

目　　录

第 1 篇　Java 基础知识入门

第 2 篇　Java 面向对象编程

第 3 篇　Java 数据处理

第 4 篇　Java 中的高级技术

第 5 篇　桌面程序开发

第 6 篇　数据库程序设计

第 7 篇　Java 网络程序开发

*第 8 篇　即时通信系统开发项目实战

说明：因篇幅所限，第 8 篇内容以 PDF 电子文档的格式收录于本书的配书光盘中，读者可以选择阅读。该项目案例涉及的源程序及视频讲解也收录于配书光盘中。

第 1 篇 Java 基础知识入门

第1章 Java 的开发运行环境

学好 Java 最重要的一个步骤就是上机编程，熟悉 Java 的开发运行环境是成为 Java 程序员的第一步。本章将详细介绍如何安装并配置 Oracle 公司最新的 JDK 1.7 for Windows 开发平台，如何编写一个简单的 Java 程序，如何基于 JDK 环境编译 Java 源程序，如何运行编译好的 class 文件，以及如何避免初学者常犯的错误。通过本章的学习，将轻松地迈入 Java 的殿堂。

本章的内容要点如下：

❑ Java 运行原理与 Java 虚拟机；
❑ Java 开发环境；
❑ Java 应用程序的编写；
❑ 一个简单的 Java Applet 小程序。

1.1 Java 运行原理与 Java 虚拟机

任何一个可执行文件，都必须在某个平台上才能运行。例如，Windows 下的 exe 文件，必须在 Windows 环境下、X86 硬件平台上才能运行。而 Java 程序也必须在特定的平台上才能运行，这是由 Java 程序运行的原理及 Java 虚拟机的本质特性决定的。在 Java 的世界里，其独特的编译和解释过程，使得 Java 语言具有了平台无关性，而这些特性的关键在于 Java 字节码的设计以及运行该字节码的 Java 虚拟机。本节将带领大家认识一下 Java 运行的内部原理及支撑其运行的虚拟机平台。

1.1.1 Java 运行原理简述

在计算机编程领域，几乎所有的编程语言都需要通过编译或者解释才可以通过计算机硬件执行。可是 Java 与众不同，它同时需要这两个过程。当编写好一个完整的 Java 源程序后，Java 编译程序先将 Java 源程序翻译为 Java 虚拟机可以执行的一种叫做字节码（byte code）的中间代码。然后再由 Java 平台的解释器将这种字节码文件翻译成本地的机器指令来执行。Java 运行原理如图 1.1 所示。

由图 1.1 可以看出，Java 程序的运行包括源代码编译和字节码解释两个大的环节，Java 从源程序到字节码的编译过程与其他程序设计语言存在很大的不同。例如，像 C++这样的语言在编译的时候，是与机器的硬件平台信息密不可分的，编译程序通过查表将所有对符号的引用转换为特定的内存偏移量以保证程序运行，并且编译结果是可执行的代码。而 Java 编译器却不将对变量和方法的引用编译为数值引用，也不确定程序执行过程中的内存布局，而是将这些符号引用信息保留在一种扩展名为.class 的字节码文件中。这种文件的最大特点就是不包含硬件的信息，因此这种字节码文件还不能在机器上执行，如果需要执行，还要再由 Java 的解释器在解释执行字节码的过程中创立内存布局，然后再通过查表来确定每一条指令所在的具体地址。

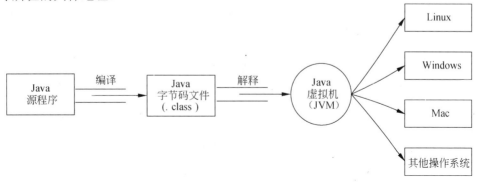

图 1.1　Java 运行原理图

Java 的解释过程也很特别，传统的解释性语言如 BASIC 在解释执行的时候，是直接将源程序一条一条地通过解释器进行词法分析、语法分析等最终翻译为本地的机器指令，并在 CPU 上执行。而 Java 的解释过程是先通过 Java 虚拟机读取 Java 字节码文件，Java 字节码是一套用来在 Java 系统下运行时执行的高度优化的指令集，执行该指令集的系统是 Java 的虚拟机，通过 Java 虚拟机执行字节码并将其转换成和本地系统硬件相关的本地指令集，并最终在 CPU 上执行。

以上所描述的就是 Java 程序运行的基本原理，这种特殊的编译和解释过程，才使得 Java 语言具有了平台无关性，也正是 Java 的特色所在。

1.1.2　Java 虚拟机

在 Java 代码的执行过程中，Java 虚拟机是整个 Java 平台的核心。Java 虚拟机（Java Virtual Machine）简称 JVM，是一个想象中的机器，是运行所有 Java 程序的抽象计算机，是 Java 语言的运行环境，在实际的计算机上通过软件模拟来实现。Java 虚拟机本身是一种用于计算机设备的规范，可用不同的方式（软件或硬件）加以实现。只要根据 JVM 规格描述将解释器移植到特定的计算机上，就能保证经过编译的任何 Java 代码能够在该系统上运行。Java 虚拟机有自己想象中的硬件，如处理器、堆栈、寄存器等，还具有相应的指令系统。为了让编译产生的字节码可以更好地解释与执行，通常把 JVM 分成 6 个功能模块：JVM 解释器、指令系统、寄存器、栈、存储区和碎片回收区。

- ❏ JVM 解释器：JVM 解释器负责将字节码转换成为 CPU 能执行的机器指令。
- ❏ 指令系统：指令系统同硬件计算机很相似。一条指令分成操作码和操作数两部分。操作码为 8 位二进制数，操作数可以根据需要而定。操作码是为了说明一条指令的功能，所以 JVM 可以有多达 256 种不同的操作指令。
- ❏ 寄存器：JVM 有自己的虚拟寄存器，这样就可以快速地和 JVM 的解释器进行数据交换。为了实现必需的功能，JVM 设置了 4 个常用的 32 位寄存器：pc（程序计数器）、optop（操作数栈顶指针）、frame（当前执行环境指针）和 vars（指向当前执行环境中第一个局部变量的指针）。

❑ 栈：JVM 栈是指令执行时数据和信息存储的场所和控制中心，它提供给 JVM 解释器运算时所需要的信息。

❑ 存储区：JVM 存储区用于存储编译后的字节码等信息。

❑ 碎片回收区：JVM 碎片回收，是指将那些使用后的 Java 类的具体实例从内存中进行回收。因此，可以避免开发人员自己编程控制内存的麻烦。随着 JVM 的不断升级，其碎片回收技术和算法也更加合理。比较经典的算法有引用计数、复制、标记-清除和标记-整理。在 JVM 1.4.1 版以后，产生了一种代收集技术。简单地说，就是利用对象在程序中生存的时间划分成代，以这个代为标准进行碎片回收。

🔊 说明：JVM 的运用，真正让 Java 实现了"一次编译，处处运行"，它是整个运行系统的核心。

1.2　Java 的开发环境

要开发 Java 程序，必须要有一个开发环境。而一提到开发环境，读者可能首先想到的就是那些大名鼎鼎的集成开发工具：Eclipse、JBuilder、Microsoft Visual J++、JCreator Pro、Net Beans、Sun Java Studio、Visual Age for Java、WebLogic Workshop、Visual Cafe for Java 和 IntelliJ 等。但实际上，如此众多的开发工具中，除了 Microsoft Visual J++是使用自己的编译器外，其余的大多是使用 Sun 公司提供的免费的 JDK 作为编译器，只不过是开发了一个集成环境套在外面，方便程序员编程而已。

这些集成开发工具，虽然方便了程序员开发大型软件，但是它们封装了很多有关 JDK（Java Development Kit）的基本使用方法，在某些方面又过于复杂，并不太适合初学者使用。因此，在本书中，将首先介绍最基本的 JDK 的安装和使用。

1.2.1　JDK 的安装

JDK，就是 Java 开发工具包，里面是 Java 类库和 Java 的语言规范，同时 Java 语言的任何改进都会加到其中作为后续版本发布。JDK 本身并不是一个像 jbuilder 这样的开发软件，它不提供具体的开发平台，它所提供的是无论你用何种开发软件写 Java 程序都必须用到的类库和 Java 语言规范，没有 JDK，你的 Java 程序根本就不能用。

最主流的 JDK 是 Sun 公司发布的 JDK，除了 Sun 之外，还有很多公司和组织都开发了自己的 JDK，例如 IBM 公司开发的 JDK，BEA 公司的 Jrocket，还有 GNU 组织开发的 JDK 等等。其中 IBM 的 JDK 包含的 JVM（Java Virtual Machine）运行效率要比 Sun JDK 包含的 JVM 高出许多。而专门运行在 x86 平台的 Jrocket 在服务器端运行效率也要比 Sun

JDK 好很多。但不管怎么说，进行基础性的 Java 开发，先把 Sun JDK 掌握好就可以了。

JDK 最初由 Sun 公司负责发布，Oracle 收购 SUN 后，由 Oracle 负责 JDK 具体业务。它从 Alpha 1.0 开始，先后经历了 JDK 1.0、JDK 1.1……多次升级，目前最新版本是 2011 年 7 月份发布的 JDK 1.7，当时发布的版本中仅包含 Windows、Linux 和 Solaris 下 32 位和 64 位版本。

按照应用平台进行划分，JDK 有 3 个主要成员：可扩展的企业级应用 Java 2 平台的 J2EE（Java 2 Enterprise Edition）、用于工作站和 PC 机的 Java 标准平台的 J2SE（Java 2 Standard Edition），以及用于嵌入式消费电子平台的 J2ME（Java 2 Micro Edition）。

按照运行的操作系统进行划分，JDK 分别有 for Windows、for Linux、for Solaris 和 for MacOS 等不同版本。

说明： 本书中使用的是 J2SE 平台的 JDK 1.7 for Windows。由于 JDK 是向下兼容的，后继版本也可以编译运行本书中的示例程序。

各个版本的 JDK 安装和配置过程并无多大的差异。下面就以 JDK 1.7 为例，来介绍它的安装和配置过程。

开始安装前，读者需要到 Oracle 公司官网或者是其他相关网站下载 JDK 1.7 for Windows。JDK 1.7 自推出后已有多次升级，目前最新的版本是 JDK-7u10，本书使用的就是最新的 Update 10 版本，在联网的主机上访问 http://www.oracle.com，通过页面导航即可定位到 JavaSE 的下载界面，如图 1.2 所示。

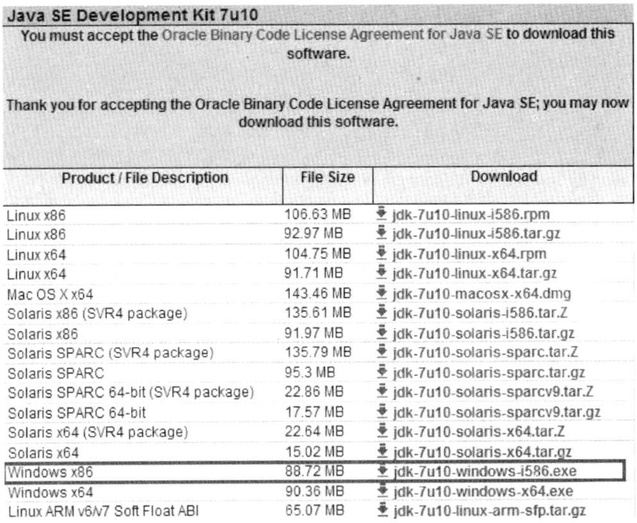

Java SE Development Kit 7u10

You must accept the Oracle Binary Code License Agreement for Java SE to download this software.

Thank you for accepting the Oracle Binary Code License Agreement for Java SE; you may now download this software.

Product / File Description	File Size	Download
Linux x86	106.63 MB	jdk-7u10-linux-i586.rpm
Linux x86	92.97 MB	jdk-7u10-linux-i586.tar.gz
Linux x64	104.75 MB	jdk-7u10-linux-x64.rpm
Linux x64	91.71 MB	jdk-7u10-linux-x64.tar.gz
Mac OS X x64	143.46 MB	jdk-7u10-macosx-x64.dmg
Solaris x86 (SVR4 package)	135.61 MB	jdk-7u10-solaris-i586.tar.Z
Solaris x86	91.97 MB	jdk-7u10-solaris-i586.tar.gz
Solaris SPARC (SVR4 package)	135.79 MB	jdk-7u10-solaris-sparc.tar.Z
Solaris SPARC	95.3 MB	jdk-7u10-solaris-sparc.tar.gz
Solaris SPARC 64-bit (SVR4 package)	22.86 MB	jdk-7u10-solaris-sparcv9.tar.Z
Solaris SPARC 64-bit	17.57 MB	jdk-7u10-solaris-sparcv9.tar.gz
Solaris x64 (SVR4 package)	22.64 MB	jdk-7u10-solaris-x64.tar.Z
Solaris x64	15.02 MB	jdk-7u10-solaris-x64.tar.gz
Windows x86	88.72 MB	jdk-7u10-windows-i586.exe
Windows x64	90.36 MB	jdk-7u10-windows-x64.exe
Linux ARM v6/v7 Soft Float ABI	65.07 MB	jdk-7u10-linux-arm-sfp.tar.gz

图 1.2　JDK 网络下载界面

在图 1.2 所示的界面中，列出的是当前最新的 JDK 版本，读者也可以根据需要选择其它的版本下载。由于 JDK 是向后兼容的，为了保证本书的代码都能正确运行，建议下载最新的版本。在图 1.2 中，选择 Windows x86 操作系统平台对应的 JDK 文件，即可将其下载到本地。JDK 下载到本地后的文件名为 jdk-7u10-windows-i586.exe，这是一个普通的 Windows 下的可执行文件，可以安装在 Windows 2000 及其以后所有版本的 Windows 平台上。本书选择 Windows XP SP3 作为系统平台，以下所述的就是在 Windows XP 上安装 JDK7

的过程。

双击下载到本地的 jdk-7u10-windows-i586.exe 文件，就可以开始安装了。首先是自解压过程，用户不必干涉，稍作等待，当自解压过程完成后，将出现安装向导界面及具体的安装步骤指引。

（1）进入安装向导界面

双击.exe 安装文件后，即进入安装向导界面，如图 1.3 所示，在此界面中，直接单击"下一步"按钮。

（2）选择要安装的模块和路径

这是安装中最重要的一步，如图 1.4 所示。

图 1.3   JDK 1.7 安装引导界面

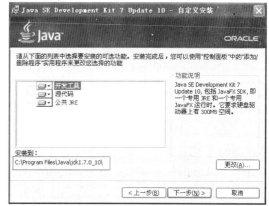

图 1.4   选择要安装的模块和路径

其中，"开发工具"是必选的，"源代码"是给开发者做参考的，除非硬盘空间非常紧张，否则最好安装。"公共 JRE"是一个独立的 Java 运行时环境（Java Runtime Environment，JRE），任何应用程序均可使用此 JRE。它会向浏览器和系统注册 Java 插件和 Java Web Start。如果不选择此项，IE 浏览器可能会无法运行 Java 编写的 Applet 程序。

安装路径是默认安装到 C:\program files\java\jdk1.7.0_10 目录下。如果需要更改此路径，单击"更改"按钮，选择你想要安装的盘符，并填入文件夹名称。本书使用系统默认的安装路径，不做更改。对于更改的安装路径一定要记录好具体的文件位置，因为稍后对 JDK 进行环境变量配置时，将用到此路径。

（3）查看安装进度

在图 1.4 中配置好后，再单击"下一步"按钮，出现如图 1.5 所示的对话框，用户可以看到安装的进度。

这个过程不需要用户干涉。直到安装快完毕时，如果用户前面选择了安装公共 JRE，则会进入到第（4）步，要求用户选择安装 JRE 的模块和安装路径。否则，将直接进入第（5）步。

（4）选择 JRE 的安装模块和路径

图 1.6 显示了安装 JRE 时的模块选项。其作用主要是用于对欧洲语言的支持。通常情况下，不需要用户修改这些默认选项。默认的安装路径是 C:\program files\java\jre7，选择默认，不用修改。直接单击"下一步"按钮即可。

图 1.5　JDK 安装进度　　　　　　　　　图 1.6　选择安装 JRE 的模块和路径

（5）结束安装

如果前面一切正常，将出现如图 1.7 所示的对话框，表示 JDK 1.7 已经正确安装到机器上。读者只要单击"完成"按钮，则安装过程到此结束。

JDK 安装完毕后，在安装路径下有以下几个文件夹，如图 1.8 所示。

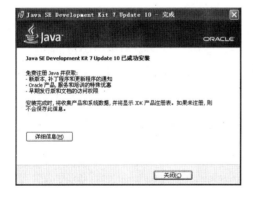

图 1.7　安装完成　　　　　　　　　图 1.8　JDK 安装完成后目录结构

- ❑ bin 文件夹：存放编程所要用到的开发工具，包括编译器、解释执行程序、小应用程序浏览器、调试器、文档生成工具和反编译器等。
- ❑ db 文件夹：存放 JDK 自带的小型数据库文件。
- ❑ include 文件夹：存放本地文件（Native means）。
- ❑ jre 文件夹：Java 运行时环境的根目录，存放 JVM 所需的各种文件。
- ❑ lib 文件夹：存放库文件。
- ❑ src.zip 文件：是 JDK 的源文件压缩包，在实际开发过程中，可以将系统诸多类库与源代码进行关联，对于理解程序内部原理，尤其是代码深度调试非常有用。

⚠注意：和一般的 Windows 程序不同，JDK 安装成功后，不会在"开始"菜单和桌面生成快捷方式。这是因为 bin 文件夹下面的可执行程序都不是图形界面的，它们必须在控制台中以命令行方式运行。另外，还需要用户手工配置一些环境变量才能正常使用 JDK。

1.2.2　如何设置系统环境变量

环境变量是包含关于系统及当前登录用户的环境信息的字符串，一些程序使用此信息确定在何处放置和搜索文件。和 JDK 相关的环境变量有 3 个：Java_home、path 和 classpath。其中，Java_home 是 JDK 安装的目录路径，用来定义 path 和 classpath 的相关位置，path 环境变量告诉操作系统到哪里去查找 JDK 工具，classpath 环境变量则告诉 JDK 工具到哪里去查找类文件（.class 文件）。下面分别介绍在 Windows 2003 之前和之后版本的操作系统，其环境变量的配置方式。

1. 在Windows 2003版本之前的操作系统中设置环境变量

所有的操作系统设置环境变量的内容和原理都是一样的，只是不同的操作系统操作方式略有区别。Windows 2003 以前的操作系统主要有 Windows 2000 和 Windows XP（包含 Windows 2003），在这些系统中设置环境变量的方法是完全一样的，过程如下。

（1）右击"我的电脑"，在弹出的下拉列表中选择"属性"，接着在弹出的对话框中选择"高级"标签，然后在此界面中单击"环境变量"按钮，就会弹出如图 1.9 所示的环境变量设置对话框。

环境变量的设置过程中，有 3 个参数需要配置，分别为：CLASSPATH、Java_HOME 和 Path，Path 变量是 Windows 系统本来就有的，无需新建，只需添加相应的值即可。而 CLASSPATH 和 Java_HOME 变量，则需新建变量名后再设置相应的值。

（2）在图 1.9 所示的环境变量设置界面中，上半部分显示是用户变量，以当前登录主机的用户名来标识，只对当前用户有效，下半部分是系统变量，所设置的环境变量值对所有用户都有效。如果你希望所有用户都能使用，就在系统变量下单击"新建"按钮，在变量名中填入 Java_HOME，变量值填入"JDK 的安装目录"，如图 1.10 所示。

图 1.9　Windows 下环境变量设置界面

图 1.10　Java_HOME 的变量值设置界面

🔔**注意:** Java_HOME 是 JDK 的安装目录，许多依赖 JDK 的开发环境都靠它来定位 JDK，所以必须保证正确无误。本书中 JDK 的安装目录就是系统默认的目录，即 C:\Program Files\Java\jdk1.7.0_10。

（3）设置完 Java_HOME 变量的值以后，接着设置 Path 变量的值，找到系统变量 Path，单击"编辑"按钮，在显示的"变量值"输入框中，不要改动原有的设置值，只是在值的最后附加上 JDK 和 JRE 的可执行文件的所在目录即可，附加的的变量值为：

```
%Java_HOME%\bin;%Java_HOME%\jre\bin;
```

将此值附加到 Path 中的时候，多个值之间要以分号";"隔开，而且分号要在英文状态下输入，如图 1.11 所示。

🔔**注意:** 如果系统安装了多个 Java 虚拟机，比如安装了 Oracle 数据库就有自带的 JDK 1.4，此时就必须把当前的 JDK 1.7 的路径放在其他 JVM 的前面，否则 JDK 在通过环境变量去寻找类路径时，默认选择最前面的路径，从而分引发一些版本错误。

（4）最后一个需要设置的环境变量是 CLASSPATH，Java 虚拟机在运行的时候，会根据 CLASSPATH 的设定的值来搜索 class 字节码文件所在目录，但这不是必须的，可以在运行 Java 程序时显式地指定 CLASSPATH。比如在 Eclipse 中运行写好的 Java 程序时，它会自动设定 CLASSPATH，但是为了在控制台能方便地运行 Java 程序，建议最好还是设置一个 CLASSPATH。

设置 CLASSPATH，需要在系统变量里新建一个名为 CLASSPATH 的变量名，再将 JDK 的一些常用包、类库所在的路径设置为它的值即可。根据本书 JDK 的安装路径，CLASSPATH 的值为：

```
.;%Java_HOME%\lib;%Java_HOME%\lib\tools.jar; %Java_HOME%\lib\dt.jar;
```

设置方法如图 1.12 所示。

图 1.11　PATH 变量的设置界面　　图 1.12　CLASSPATH 变量的设置界面

🔔**注意:** CLASSPATH 值中，有多个值的要以分号";"隔开，其中有一个值为"."，它是一个点"."代表当前目录的意思。用惯了 Windows 的用户可能会以为 Java 虚拟机在搜索时会搜索当前目录，其实不会，这是 UNIX 中的习惯，出于安全考虑。许多初学 Java 的朋友兴冲冲地照着书上写好了 Helloworld 程序，运行时却弹出 java.lang.NoClassDefFoundError，其实就是没有设置好 CLASSPATH，只要添加一个当前目录"."就可以了。

按以上的步骤操作完毕后，整个 Java 的环境变量也就设置完成了。

2．在Windows 2003版本以后的操作系统中设置环境变量

Windows 2003 以后的操作系统，主要是 Windows 7、Windows 2008 及最新的 Windows 8 系统，这些操作系统中配置环境变量的方式与 Window XP 下类似，只是选择的界面有所不同。具体操作方式是：在桌面右击"计算机"，选择"属性"命令，弹出如图 1.13 所示的窗体。

图 1.13　Windows 7 系统中环境变配置

通过选择"开始"→"控制面板"→"系统"命令，也可以进入到如图 1.13 所示的界面。在界面中，左侧单击"高级系统设置"选项，此时将弹出"系统属性"窗体，选择"高级"选项卡，单击"环境变量（N）…"按钮，弹出环境变量设置窗体。具体的配置过程与上述 Windows XP 系统中配置的过程完全一样，这里不再赘述。

注意：对于较老式的操作系统，如 Windows 9.X 系列，没有可视化的配置界面，设置环境变量要修改 autoexec.bat 文件。但是笔者不建议读者在此类操作系统上进行Java 的学习和开发。

1.2.3　JDK 安装后的测试与验证

JDK 安装完成后，还需要对其进行简单的测试，以验证本机的 JDK 是否正确地安装、环境变量配置是否正确。具体操作方法是：在主机窗口中，单击"开始"→"运行"命令，键入 cmd，打开命令行界面。输入 java-version，如能出现 Java 版本的提示信息，如图 1.14 所示的界面，说明安装配置正确。

只有正确地安装 JDK 并正确地配置系统环境变量，才能正常使用 JDK。

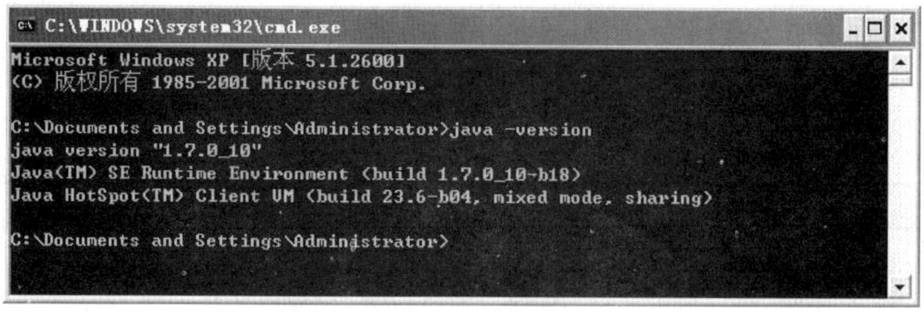

图 1.14　JDK 的测试界面

1.2.4　编译命令的使用

JDK 中所有的命令都集中在安装目录的 bin 文件夹下面，而且都是控制台程序，要以命令行的方式运行。JDK 所提供的开发工具主要有编译程序、解释执行程序、调试程序、Applet 执行程序、文档管理程序和包管理程序等。JDK 工具包中，最常用的两个命令是 javac 命令和 java 命令。

javac.exe 是 JDK 的编译程序，在命令行上执行 javac 命令可以将 Java 源程序编译成字节码，生成与类同名但后缀名为.class 的文件。编译器会把.class 文件放在和 Java 源文件相同的一个文件夹里，除非用了-d 选项。如果引用到某些自己定义的类，必须指明它们的存放路径，这就需要利用环境变量参数 classpath。注意，它总是将系统类的目录默认地加在 classpath 后面，除非用-classpath 选项来编译。javac 的一般用法如下：

```
javac [-选项] file.java...
```

在主机窗口中，单击“开始”→“运行”命令，键入 cmd，打开命令行界面。输入 javac 命令，出现如图 1.15 所示的命令提示信息。

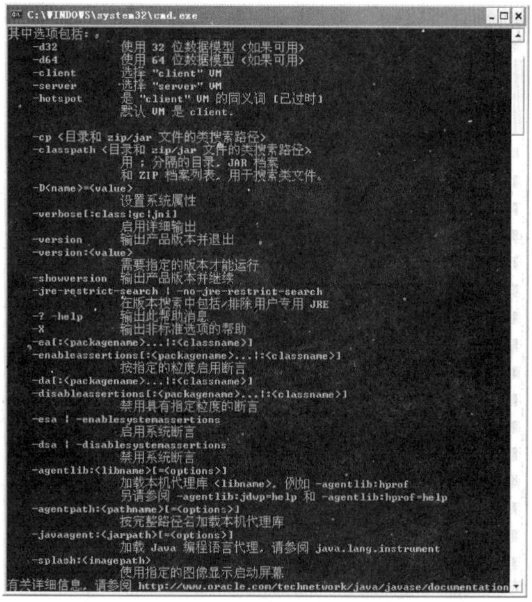

图 1.15　Javac 命令参数表

图 1.15 中列出了 javac 命令的参数列表及用法说明，javac 中的编译选项及其含义如表 1.1 所示。

表 1.1　javac命令中的编译选项及其含义

选　　项	含　　义
-g	生成所有调试信息
-g:none	不生成任何调试信息
-g:{lines,vars,source}	只生成某些调试信息
-nowarn	不生成任何警告
-verbose	输出有关编译器正在执行的操作的消息
-deprecation	输出使用已过时的 API 的源位置
-classpath <路径>	指定查找用户类文件的位置
-cp <路径>	指定查找用户类文件的位置
-sourcepath <路径>	指定查找输入源文件的位置
-bootclasspath <路径>	覆盖引导类文件的位置
-extdirs <目录>	覆盖安装的扩展目录的位置
-endorseddirs <目录>	覆盖签名的标准路径的位置
-d <目录>	指定存放生成的类文件的位置
-encoding <编码>	指定源文件使用的字符编码
-source <版本>	提供与指定版本的源兼容性
-target <版本>	生成特定 VM 版本的类文件
-version	版本信息
-help	输出标准选项的提要
-X	输出非标准选项的提要
-J<标志>	直接将 <标志> 传递给运行时系统

虽然 javac 的选项众多，但对于初学者而言，并不需要一开始就掌握这些选项的用法，只需要掌握一个最简单的用法就可以了。比如生成一个 hello.java 文件，要执行它，只需在命令行输入：

```
c:\>javac hello.java
```

这里的 hello.java 是准备编译的文件名，这里必须将文件名完整输入，不能省略后缀名。如果编译成功，它不会有任何提示，因为 Java 遵循的原则是"没有消息就是好消息"，并且会在 hello.java 所在的同一文件夹下生成一个或多个.class 文件。

注意：这个 class 文件的主文件名并不一定和 hello.java 的主文件同名，它的名称会和源程序中定义的类的名字相同。

编译成功后，下一步就是运行这个 class 文件，这需要用到解释执行命令。

1.2.5　解释执行命令的使用

JDK 的解释执行程序是 java.exe，该程序将编译好的 class 加载到内存，然后调用 JVM 来执行它。它有两种用法：

```
执行一个 class 文件：　　 java [-选项] class [参数...]
执行一个 jar 文件：　　　 java [-选项] -jar jarfile [参数...]
```

关于 jar 文件，将在 4.8 节介绍。注意上面命令中的[参数...]，表示要传递给执行文件的参数，称为"命令行参数"，它的详细用法将在 3.8 节介绍。同样在命令行界面中输入 java 命令，出现如图 1.16 所示的命令提示信息。

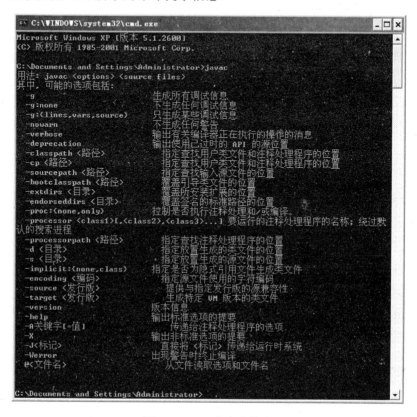

图 1.16　java 命令参数表

图 1.16 中列出了 java 命令的参数列表及用法说明，java 命令中的选项及其含义如表 1.2 所示。

表 1.2　java 命令中的选项及其含义

选　　　项	含　　　义
-client	选择客户虚拟机（这是默认值）
-server	选择服务虚拟机
-hotspot	与 client 相同
-cp <class search path of directories and zip/jar files>	用分号分隔的一系列文件的搜索路径
-classpath <class search path of directories and zip/jar files>	与 cp 相同
-D<name>=<value>	设置系统属性
-verbose[:class|gc|jni]	开启详细输出
-version	输出产品的版本然后退出
-version:<value>	指定要特定版本才能运行
-showversion	输出产品的版本然后继续运行
-jre-restrict-search | -jre-no-restrict-search	在版本搜索中包含/排除用户私有的 JRE

续表

选　　　项	含　　义
-? –help	显示帮助信息
-X	显示非标准选项的帮助
-ea[:<packagename>...|:<classname>]	开启断言
-enableassertions[:<packagename>...|:<classname>]	与 ea 相同
-da[:<packagename>...|:<classname>]	关闭断言
-disableassertions[:<packagename>...|:<classname>]	与 da 相同
-esa | -enablesystemassertions	开启系统断言
-dsa | -disablesystemassertions	关闭系统断言
-agentlib:<libname>[=<options>]	装载本地代理库
-agentpath:<pathname>[=<options>]	装载指定了全路径的本地代理库
-javaagent:<jarpath>[=<options>]	装载 Java 程序的语言代理

　　与 javac 相同，初学者只要掌握最简单的用法就可以了。比如上例中，生成了一个 hello.class 的文件。要执行它，只需要在命令行输入：

```
c:\>java hello
```

💭注意：java 命令是区分大小写的。大小写不同，表示不同的文件。所以文件名 hello 一定不能写成 Hello 或 HELLO 等。还有，文件的后缀.class 也不能要，只要主文件名就可以了。具体原因，将在 4.7 节中说明。

　　限于篇幅，不能一一介绍 JDK 中所有的命令。读者如果想要详细了解这些命令的使用，可以查阅 Sun 公司发布的 JDK 5.0 Documentations 中的 JDK Tools and Utilities 部分。也可以直接在命令行输入想要执行的程序名，可以看到一个简要的帮助。

1.2.6　UltraEdit 的使用

　　Java 的源程序必须以纯文本文件的形式编辑和保存。而在 JDK 中，并没有提供文本编辑器。用户编辑源程序时，需要自行选择文本编辑器。最简单的纯文本编辑器是 Windows 自带的记事本。但是记事本不仅功能太弱，而且在作为 Java 的源程序编辑器时，存盘时特别容易出错，如图 1.17 所示。

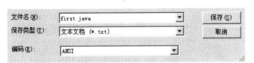

图 1.17　错误地用记事本保存源文件

💭注意：记事本的默认类型是文本文档。即使用户像图 1.17 中那样输入文件名为 first.java，则保存之后，它的文件名仍然会变成 first.java.txt，编译时将找不到源文件。这里必须在"保存类型"下拉列表框中选择"所有文件"，如图 1.18 所示。

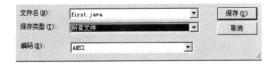

图 1.18　正确地用记事本保存源文件

正因为记事本存在诸多不足，所以笔者推荐使用功能更为方便的文本编辑器——UltraEdit 作为学习 Java 过程中的编辑工具。UltraEdit 是 Windows 下功能最强大的纯文本编辑器，读者可以通过网络下载得到，有英文版和汉化版两个版本。作为源程序编辑器时，它有 3 个很有特色的功能：

❑　支持语法高亮度显示（也就是 Java 等语言的关键字用不同的颜色显示出来）。

❑　可以执行 DOS 命令。

❑　可同时编辑多个文件，且每个文件大小不限。但在某一时刻，只有最前面的文件为活动文件。

有了这几个功能，用户可以将 UltraEdit 搭建为一个简单的集成编程环境，所以很多程序员将它作为小程序开发工具。当然也可以将 UltraEdit 作为开发 Java 程序的集成环境，下面来看看一些使用 UltraEdit 的关键步骤。

1．新建和编辑源程序

启动 UltraEdit 后，它会自动建立一个空白文档，也可以选择菜单中的 File→New 命令来新建一个空白文档。用户可以在此编辑自己的 Java 程序，编辑时的各种操作和记事本的使用完全相同，如图 1.19 所示。

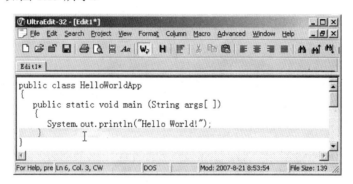

图 1.19　在空白文档中编辑一个源程序

💬注意：图 1.19 所示文档上部的标签，显示为 "Edit1*"，说明该文件还从来没有命名保存过。

2．保存源程序

文档编辑后，需要保存。这要选择菜单中的 File→Save 命令，将出现如图 1.20 所示的对话框。

💬注意：图 1.20 中，选择的保存类型是 Java Files，这样文件名可以只要主文件名，而无需扩展名。如果没有选择保存类型为 Java Files，而是其他任意类型，则文件名必须是 "主文件名.java" 的形式。

保存成功后，就可以看到源程序中各种关键字、数字和字符串等都以不同的颜色显示，这就是 UltraEdit 的 "语法高亮度" 功能。

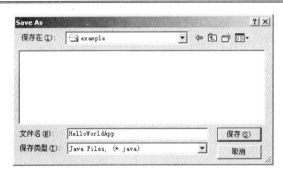

图 1.20　保存源程序

3．编译源程序

要编译源程序，不必再运行 cmd 转到 DOS 窗口，可以直接在 UltraEdit 中编译。方法是选择菜单中的 Advance→Dos Command 命令，出现如图 1.21 所示的对话框，在其中填入所需要的编译命令。

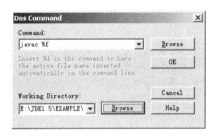

图 1.21　编译源程序

注意，图 1.21 中的 Command 下拉列表框中，填入的是 javac %f。javac 是前面介绍过的编译命令；%f 是 UltraEdit 自己定义的一个宏代换变量，表示当前正在编辑的文件全名。例如，前面保存的文件名为 HelloWorldApp.java，那么 UltraEdit 就会把 javac %f 代换为 javac HelloWorldApp.java，这正是 JDK 的编译命令。Working Directory 下拉列表框中，填入的是 D:\javabook\example\chapter，这是当前文件存放的位置。笔者建议读者在学习过程中，将编制的所有 Java 源程序都集中存放在一个文件夹下，这样便于管理。

填好这两个下拉列表框之后，单击 OK 按钮，UltraEdit 就会执行 Command 框中的命令。而且会自动保存这些命令，以后用户无需再重新填写，只要调出该对话框就可以重复执行上面的命令。

执行编译命令后，UltraEdit 会接收 javac 返回的信息，并显示在一个名为 Command Output×的文档中供用户查看。如果该文档为空，表示编译已经成功，用户可以按 Ctrl+F4 组合键将该文档关闭。否则就需要修改源程序，直到编译通过为止。

4．解释执行程序

源程序编译通过后，就可以执行编译好的 class 文件，这同样可以利用 UltraEdit 来执行。方法是单击菜单中的 Advance→Dos Command 命令，出现如图 1.22 所示的对话框，在其中填入所需要的执行命令。

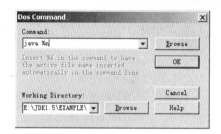

图 1.22　执行程序

图 1.22 中的 Command 下拉列表框中，填入的是 java %n。java 是前面介绍过的解释执行命令；%n 是 UltraEdit 定义的另一个宏代换变量，表示当前正在编辑的主文件名。比如，前面保存的文件名为 HelloWorldApp.java，编译生成后的 class 文件为 HelloWorldApp.class，那么 UltraEdit 就会把 java %n 代换为 java HelloWorldApp，这正是 JDK 的解释执行命令。另外一个关于 Working Directory 下拉列表框中的内容无需改变。单击 OK 按钮，程序就会被执行。

程序执行后输出的结果，UltraEdit 同样会将它接收后显示在一个名为 Command Output× 的文档中供用户查看。

注意：上面所述的第（3）、（4）步操作中，准备编译或执行的文件必须是当前活动文件。如果不是，只要简单地单击文件对应的标签，就可将它设置为活动文件。以上讲解的时候，是以英文版的 UltraEdit 为标准。如果读者下载的版本是汉化版，操作步骤也是完全相同的，只是上述这些图片中显示的信息为对应的汉语。

1.3　Java 应用程序示例

Java 的程序有两类：一类是只能嵌入在网页文件中，通过浏览器运行的程序，被称为 Applet，译为小程序；除此之外的 Java 程序，都被称为 Application，译为应用程序。有了前面的基础，就可以开始编制自己的第一个程序了。本节介绍一个最简单的应用程序的编制。

【例 1.1】　编程输出字符串：Hello World！

//----------文件名 HelloWorldApp.java，程序编号 1.1------------

```java
//定义一个名为 HelloWorldApp 的类
public class HelloWorldApp
{
   //Java 类的 Main 方法，也是程序执行的入口
   public static void main (String args[ ])
   {
     //程序执行的内容，打印一个“Hello World！”字符串
     System.out.println("Hello World!");
   }
}
```

❑　程序中，首先用保留字 class 来声明一个新的类，其类名为 HelloWorldApp，该类

是一个公共类（public）。整个类的定义由大括号{}括起来。

- 在该类中定义了一个 main()方法，其中，public 表示访问权限，表明所有的类都可以使用本方法。
- static 指明该方法是一个类方法（又称静态方法），它可以通过类名直接调用。
- void 指明 main()方法不返回任何值。对于一个应用程序来说，main()方法是必需的，而且必须按照如上的格式来定义。Jave 解释器以 main()为入口来执行程序，main()方法定义中，括号中的 String args[ ]是传递给 main()方法的参数。
- 在 main()方法的实现（大括号）中，只有一条语句：System.out.println ("Hello World!");，它用来实现字符串"Hello World!"的输出。
- System.out.println()方法是最常用的输出方法，括号内的参数一般是一个字符串，也可以是后面要介绍的各种数据类型。如果有多个输出项，用"+"将它们连接起来。

该源程序可以用前面介绍的记事本或 UltraEdit 来编辑。

注意：Java 源程序是区分大小写的，例如该程序中的 String 和 System 两个单词都必须以大写字母开头，请不要输错，否则编译将无法通过。存盘的时候，文件名也是区分大小写的。Java 规定，如果类前面用 public 来修饰，那么文件名必须和类名完全相同。笔者建议无论类前面是否有 public 修饰，文件名也应与类名相同，而且在一个源程序中，只定义一个类。这么做不仅便于编程时使用 UltraEdit 来编译运行，也便于以后对源程序进行修改和维护。

像上面这个程序 1.1，它的类名为 HelloWorldApp，笔者就将源文件命名为 HelloWorldApp.java，并保存在 D:\javabook\example\chapter1 下面（后面如果不做特殊说明，所有 Java 源程序和生成的 class 文件都存放 example 目录对应章节的文件夹下）。

存盘之后，就可以编译运行程序了。如果使用记事本，则需要经过如下几个步骤。

（1）运行 cmd 命令，进入到 DOS 窗口。

（2）执行 DOS 命令，进入 D 盘。

```
C:\Documents and Settings>D:
```

（3）进入到 D:\javabook\example\chapter1 文件夹下面。

```
D:\>cd  javabook\example\chapter1
```

（4）使用编译命令编译源程序。

```
D:\javabook\example\chapter1>javac HelloWorldApp.java
```

如果有错误提示，请仔细检查源程序编辑是否正确。初学者很容易犯一些极不起眼的小错误。例如，漏写一个分号，写错一个字母，都会导致编译失败。如果没有提示，则表示编译成功。编译生成的是一个名为 HelloWorldApp.class 的文件。这里的主文件名 HelloWorldApp，是根据源程序中类的名字 HelloWorldApp 生成的，与 HelloWorldApp.java 的文件名完全没有关系，读者可以用 dir 命令或是资源管理器来查看是否生成了该文件。

（5）执行 java 命令，运行程序。

```
D:\javabook\example\chapter1>java  HelloWorldApp
```

注意：HelloWorldApp 的大小写不能错。

（6）如果一切顺利，将在屏幕上显示一行字符串：

```
Hello World!
```

（7）如果没有上面这行字符串，而是这样一行提示：

```
Exception in thread "main" java.lang.NoClass-
DefFoundError: HelloWorldApp
```

通常是因为环境变量设置错误，或者是输入 java 命令时大小写弄错了，也有少部分是由于源程序中的 main()方法的名字或者是参数写错了，请读者仔细检查。

以上所述的步骤，就是编制一个程序的一般过程。其中有多步可能会出错，需要反复修改源程序。越是复杂的程序，修改源程序的次数就越多，这也是程序员积累编程经验的过程。整个程序编制的过程如图 1.23 所示。

如果使用 UltraEdit，则编译和运行步骤不必使用命令行方式，而可以像 1.2 节中图 1.21 和图 1.22 介绍的那样，通过对话框来编译和运行，而且不用考虑文件名的大小写问题，这样可以大大提高编程的效率。

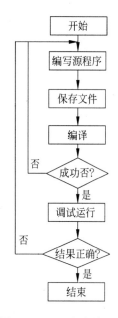

图 1.23　Java 程序编写流程

1.4　Java Applet 程序示例

Applet 程序只能嵌入 HTML 网页中通过浏览器来运行。HTML 是 Hyper Text Markup Language 的缩写，它是浏览器的通用语言。HTML 是由纯文本字符组成的，其中有各种各样预定义的标签以及用于显示的文本。浏览器根据这些标签的意义，将文本按照一定的格式显示出来，这就是平常看到的网页。一个 HTML 结构一般具有如下形式：

```
<html>                          //html 标签，HTML 文件的规格标识
<head>                          //head 头标签，用于描述 HTML 文件头信息
<title> ……</title>            //title 标签，显示 HTML 文件头信息
 ……
</head>
<body>                          // body 标签，嵌入的是 HTML 文件的主体内容
……
</body>
</html>
```

可以看到，HTML 标签多数是成对出现的，如<body>…</body>。Applet 程序就嵌入在这些标签中间。当然，它要用到自己特制的标签<applet>。下面来编制一个简单的 Applet 程序。

【例 1.2】　第一个 Java Applet 程序。

//----------文件名 firstApplet.java，程序编号 1.2------------

```
import java.applet.*;          //引入 Java Applet 运行所需的包
import java.awt.*;              //Applet 程序本身是可视化的图形文件，需引入 awt 包
//定义的 firstApplet 类，继承 Applet 类
public class firstApplet extends Applet{
    //定义一个 paint 方法，传入 awt 包中的 Graphics 对象
    public void paint(Graphics g){
     //调用 Graphics 对象中的 drawString 方法，在 Applet 界面中打印一行文字
            g.drawString("这是我用 Java Applet 生成的文字!", 150, 25);
    }
}
```

- ❑ 这个程序中没有 main()方法，取而代之的是 paint()方法，这个方法会被浏览器自动调用。这是 Applet 和 Application 程序的根本区别。
- ❑ drawString()方法用于输出信息。
- ❑ import 关键字表示要引入某个包。
- ❑ extends Applet 表示本类是 Applet 的子类。

源程序编制完成后，要保存为 firstApplet.java 文件，并按照 1.3 小节介绍的方法编译。然后再编写下面这个 HTML 文件。

//----------文件名 firstApplet.htm----------------------

```
<HTML>
<HEAD>
  <TITLE>first Java Applet</TITLE>
</HEAD>
<BODY>                                //在 HTMLbody 标签中嵌入编译后的 Applet 程序
  Here is the output of my program:
  <APPLET CODE="firstApplet.class" WIDTH=250 HEIGHT=25>
  </APPLET>
</BODY>
</HTML>
```

注意<APPLET CODE="firstApplet.class" WIDTH=150 HEIGHT=25>，其中引号中的内容就是刚才生成的 class 文件名，这里就是 firstApplet.class。将这段 HTML 代码文件保存为 firstApplet.htm，把它和 firstApplet.class 文件保存在同一个文件夹下，代码的编写过程就完成了。

现在可以用 IE 浏览器打开 firstApplet.htm 文件，如果浏览器安装了 JVM，就可以看到显示的效果。如果没有安装 JVM，则可以使用 JDK 提供的工具 AppletViewer。在 DOS 窗口中输入：

```
D:\javabook\example\chapter1>javac firstApplet.java
```

```
D:\javabook\example\chapter1>appletviewer firstApplet.htm
```

运行结果如图 1.24 所示。

图 1.24　Applet 运行结果

最初 SUN 公司设计 Applet 是为了增强网页的表现能力和与用户的交互能力。早期的 Web 网页几乎全是静止的图片和文字，也无法和用户交互。而 Applet 中可以显示动画、播放声音，拥有各种控件，可以接收用户输入的数据，执行用户的指令。Applet 一经推出，凭借 Sun 公司网站上一杯热气腾腾的咖啡，一夜之间名声大噪，Java 也随即走红。

不过随着技术的进步，浏览器中很快就出现了 JavaScript/VBScript 这样既易于编写，功能也不错的脚本语言，它们完全可以和用户进行交互。微软也很快在万维网浏览器中实现了 ActiveX 技术，它几乎拥有 Applet 所有的功能。凭借万维网浏览器在市场上的垄断地位，ActiveX 迅速占领了绝大多数市场。微软决定从 IE 5.0 起，不再捆绑 JVM，如果用户需要，必须另外下载 JVM，这极大地限制了 Applet 的应用。目前已经很少有网页中再嵌入 Applet，它的用途已经不大，所以本书中的绝大多数例子都以 Application 程序形式提供。

1.5　本　章　小　结

本章介绍了 Java 的入门知识，主要是编辑器和编译器的使用。这里使用的是命令行方式来编译程序，更有助于程序员对于编译器工作状态的掌握。由于这里没有介绍集成开发环境，所以读者可能会觉得有点难。特别是在刚刚开始编译运行的时候，可能会多次出现错误，这多数是由环境变量配置错误造成的，需要读者耐心地找出错误。

1.6　实　战　习　题

1. Java 语言的执行过程是什么？
2. Java 虚拟机的特点是什么，它是如何执行 Java 字节码程序的？
3. 说说开发与运行 Java 程序的基本步骤。
4. Java 源程序的命名规则是什么？
5. 如何区分 Java 应用程序和 Java Applet 小程序？
6. 熟悉 UltraEdit 的安装和使用方法，试着用 UltraEdit 编写一个可运行的 Java 程序，并通过命令行的方式执行。

第 2 章　Java 语言基础

本章主要介绍 Java 语言的基础知识，包括 Java 语言的特点、程序结构、数据类型和流程控制语句等。熟练掌握这些基础知识，是运用 Java 语言编写程序的前提条件。

曾经学习过 C 语言的读者会发现，Java 语言的数据类型及流程控制语句和 C 语言非常相像。对于这部分读者，本章只需要简单浏览一遍，重点注意 Java 语言与 C 语言的区别。如果读者没有任何程序设计的经验，则需要仔细阅读本章，最好能将本章结尾部分的程序全部上机调试出来，通过上机编程来掌握 Java 语言的基本的语法知识。为了让读者能够集中精力学习基本语法，本章所有的例子尽量浅显易懂，没有涉及任何复杂的算法。本章将从以下几个方面来讲解 Java 语言的基础知识：

- ❑ Java 语言的特点；
- ❑ Java 的程序构成；
- ❑ Java 数据类型；
- ❑ 运算符与表达式；
- ❑ 流程控制；
- ❑ Java 编码风格；
- ❑ Java 实例练习。

2.1　Java 语言的关键特性

Java 语言在 1995 年正式诞生，不到 10 年时间，就一举超越 C/C++，成为使用者最多的编程语言，这样的发展速度，令人惊叹不已。

Java 能取得这样的成功，并不是偶然的。它的设计者充分吸取了现存语言的优点，将各种语言的长处集于一身。有人评价说，Java 没有哪一项技术是自己独创的，但它的设计却是最为先进的。具体来说，Java 有这样一些特点：平台无关性、面向对象、分布式、健壮性、安全、高性能、多线程以及动态性等。

1. 平台无关性（可移植性）

平台无关性是指用 Java 写的应用程序不用修改就可在不同的软硬件平台上运行。平台无关有两种：源代码级和目标代码级。C 和 C++具有一定程度的源代码级平台无关，用 C 或 C++写的应用程序不用修改，只需重新编译就可以在不同的平台上运行。Java 的跨平台性是目标代码级的，它通过 JVM 实现了"一次编译，处处运行"。例如，在 Windows 下编译生成的目标代码可以毫无阻碍地运行在 Linux/Unix 平台上。

Java 的平台无关性具有深远的意义。它使得编程人员所梦寐以求的事情（开发一次软件在任意平台上运行）变成事实，这大大加快和促进了软件产品的开发。平台无关性使 Java 程序可以方便地被移植到网络上的不同机器，使网络计算成为了现实。

2．面向对象

Java 是一种完全面向对象的程序设计语言。它除了数值、布尔和字符 3 种基本类型之外，其他类型都是对象，完全摒弃了非面向对象的特性。Java 语言的设计集中于对象及其接口，它提供了简单的类机制以及动态的接口模型。对象中封装了它的状态变量以及相应的方法，实现了模块化和信息隐藏。而类则提供了一类对象的原型，并且通过继承机制，子类可以使用父类所提供的方法，实现了代码的复用。因此，大大提高了程序开发的效率。

3．分布性

分布式包括数据分布和操作分布。数据分布是指数据可以分散在网络的不同主机上，操作分布是指把一个计算分散在不同主机上处理。

Java 支持 WWW 客户机/服务器计算模式，因此，它支持这两种分布性。对于数据分布，Java 提供了一个叫作 URL 的对象，利用这个对象，可以打开并访问具有相同 URL 地址上的对象，访问方式与访问本地文件系统相同；对于操作分布，Java 的 Applet 小程序可以从服务器下载到客户端，即部分计算在客户端进行，提高系统执行效率。

Java 提供了一整套网络类库，封装了 Internet 上的各种协议，开发人员可以利用类库进行网络程序设计，方便地实现 Java 的分布式特性。

4．健壮性

Java 最初设计的目的是应用于电子类消费产品，因此要求其具有较高的可靠性。Java 虽然源于 C++，但它消除了许多 C++的不可靠因素，可以避免许多编程错误。

Java 是强类型的语言，要求用显式的方法声明，这保证了编译器可以发现方法调用错误，使程序更加可靠。

Java 不支持指针，这杜绝了内存的非法访问。

Java 解释器在运行时实施检查，可以发现数组和字符串访问的越界，解决了令 C/C++程序员极为头痛的越界问题。

Java 提供自动垃圾收集来进行内存管理，避免程序员在管理内存时容易产生的错误。Java 提供集成的面向对象的异常处理机制。在编译时，Java 提示可能出现但未被处理的异常，帮助程序员正确地进行选择以防止系统的崩溃。

5．安全性

由于 Java 主要用于网络应用程序开发，因此对安全性有较高的要求。如果没有安全保证，用户从网络下载程序并执行就非常危险。Java 通过自己的安全机制防止了病毒程序的产生和下载程序对本地系统的威胁破坏。当 Java 字节码进入解释器时，首先必须经过字节码校验器的检查。然后，Java 解释器将决定程序中类的内存布局。随后，类装载器负责把来自网络的类装载到单独的内存区域，避免应用程序之间的相互干扰破坏。最后，客户端用户还可以限制从网络上装载的类只能访问某些文件系统。上述几种机制结合起来，使得 Java 成为安全的编程语言。

6．简单性

Java 语言学习起来很简单。它的设计思想是通过提供最基本的方法来完成指定的任务，只需理解一些基本的概念，就可以用它编写出适合于各种情况的应用程序。Java 省略了运算符重载、多重继承等模糊的概念，并且通过实现自动垃圾收集，大大简化了程序设计者的内存管理工作。

另外，Java 也适合于在低档机器上运行。它的基本解释器及类的支持只有 40KB 左右，加上标准类库和线程的支持也只有 215KB 左右。因此，Java 适合用于各种嵌入式设备。

7．高性能

和其他解释执行的语言（如 BASIC、VBScript、JavaScript 和 PERL 等）不同，Java 字节码的设计使之能很容易地直接转换成对应于特定 CPU 的机器码，从而得到较高的性能。2004 年，美国宇航局用来操纵火星车的"科学活动计划者"装备，使用的编程语言就是 Java，充分证明了它的高性能。

8．多线程

多线程机制使应用程序能够并行执行，而且同步机制保证了对共享数据的正确操作。通过使用多线程，程序设计者可以分别用不同的线程完成特定的行为，而不需要采用全局的事件循环机制。因此，很容易地实现网络上的实时交互行为。

Java 在两方面支持多线程：一方面，Java 环境本身就是多线程的。若干个系统线程运行负责必要的无用单元的回收、系统维护等系统级操作；另一方面，Java 语言内置了多线程控制，可以大大简化多线程应用程序的开发。Java 提供了一个 Thread 类，由它负责启动运行和终止线程，并可检查线程状态。Java 的线程还包括一组同步原语。这些原语负责对线程实行并发控制。利用 Java 的多线程编程接口，开发人员可以方便地写出支持多线程的应用程序，提高程序的执行效率。必须注意的是，Java 的多线程支持，在一定程度上受运行时支持平台的限制。例如，如果操作系统本身不支持多线程，Java 的多线程特性可能就表现不出来。

9．动态性

Java 的设计使它适合于一个不断发展的环境。在类库中可以自由地加入新的方法和实例变量，而不会影响用户程序的执行。并且 Java 通过接口来支持多重继承，使之比严格的类继承具有更灵活的方式和扩展性。Java 在运行时采用动态装载技术，类装入器的灵活性甚至允许动态地重新装入已修改的代码，同时应用程序继续执行。

2.2　Java 程序的构成及文本风格

任何一种编程语言，都有自己的程序结构和编码规范，这类结构和规范是与编程语言的语法及语义无关的，它是程序设计语言的一种外在表现特征，也是代码的一种自组织方式。一个好的程序，不仅能够正确运行出结果，而且要具有易读性，就是要求编写的程序不仅编程者自己看得懂，而且也要让别人能看懂。程序文本的风格如何，直接反映了编码者的训练素质。就像优美的身材能让人赏心悦目一样，一个好的程序文本也能给人以美的享受。程序文本的风格主要体现在 3 个方面：符号既要规范又能表达语义；注释要简明扼要、位置合理；程序文本编排的格式清晰易读。

2.2.1　Java 程序的构成

本小节中再次以例 1.1 为例，详细分析一个 Java 程序的构成。为了便于说明，笔者给源程序加上行号。读者在上机编程时，注意不要加行号，这里所加的行号，是为了后文对程序结构讲解需要。

```
1. public class HelloWorldApp
2. {
3.    public static void main (String args[ ])
4.    {
5.        System.out.println("Hello World!");
6.    }
7. }
```

Java 是完全面向对象的语言。任何一个程序，都必须以类的形式来组织。

第 1 行是对类的声明。关键字 class 用来声明一个类，紧跟在它后面的 HelloWorldApp 就是类名。这个名字可以由程序员随便取——前提是要遵循 Java 的命名规则。这两个词都不可缺少。关键字 public 表示本类是一个公共类，它是可以省略的。建议读者使用 public 来修饰类，当类名和保存的文件名不同的时候，编译器会报错，这样可以减少错误的发生。

第 2 行的"{"和第 7 行的"}"是成对出现的。它是类体的界定符号，在这对括号之间的东西都属于类 HelloWorldApp。一个类体中可以什么都没有，也就是说，第 3～6 行都是可以省略的。不过这样，该类就什么事也不能做。但即便是一个空类，界定符号也不能省略。

第 3 行在该类中定义了一个 main()方法。main 是 Java 规定的名字，不能更改。Jave 解释器以 main()为入口来执行程序。main 后面的"()"是方法的参数列表括号，不能省略。

括号中的 String args[ ]是传递给 main()方法的参数。String 是系统预定义的字符串类。args[ ]表示它是一个数组，其中 args 是用户取的名字，可以更改。

main 前面的关键字 public 表示访问权限，表明所有的类都可以使用本方法。

static 指明该方法是一个类方法（又称静态方法），它可以通过类名直接调用，而无需创建对象。

void 指明 main()方法不返回任何值。

对于一个应用程序来说，main()方法是必需的，而且必须按照如上的格式来声明。

第 4 行的"{"和第 6 行的"}"是成对出现的。它是方法体的界定符号，在这对括号之间的东西都属于方法 main()，被称为方法体。即使方法体内为空，这对符号也不能少。

第 5 行是 main()方法体中的执行语句。它用来实现字符串"Hello world!"的输出。其中，System.ou.println()是系统类中预定义好的一个静态方法，专门用来输出信息。后面将反复用到它，读者需要牢牢掌握它的使用。

"Hello world!"是用户自己定义的字符串，可以改成想要的任何信息，也可以是中文，比如"世界，你好！"。

第 5 行的最末尾是一个";"，它是 Java 规定的语句结束符，任何一条可执行语句的末位都必须有这样一个分号。

Java 规定，一行可以写多个语句，一个语句也可写成多行。各个单词之间，可以用空格、TAB 和回车来分隔，也可以由"("、")"、"{"、"}"、"["、"]"以及各种运算符来分隔。

上面关于程序的分析，都是以单词为单位的。细心的读者可能已经注意到，这些单词分为两类：一类像 public、class 和 static，它们都有固定的含义，是系统预定义的符号，都是不可更改的。这些符号被称为关键字。Java 中有 50 多个关键字，后面会详细介绍。

另一类单词如 HelloWorldApp、args 是可以由用户自行定义并更改的，被称为用户标识符。标识符是用来给类、对象、方法、变量、接口和自定义数据类型命名的。Java 语言中，对于变量、常量、函数和语句块也有名字，统统称之为 Java 标识符，用户标识符必须遵循一定的命名规则。Java 规定，标识符是由字母、下划线（"_"）或美元符（"$"）开头，后面跟 0 个或多个字母、下划线（"_"）、美元符（"$"）或数字组成的符号序列。根据此定义，下列单词都是合法的标识符：

```
i  count  num_day  Scoll_Lock  $a789  a89  _Java  Int
```

而下列标识符是不合法的：

```
abc&#  a3*4  int  b-c  #ab  class
```

注意：Java 的关键字不能用作 Java 的标识符，但 Java 是区分大小写的。int 是关键字，而 Int 则是合法的用户标识符。

2.2.2　Java 的代码结构

上文说明了一个 Java 程序的基本构成，要保证一段 Java 代码可以正常地编译并在 JVM 中运行，上述的几个构成部分是必不可少的。但从工程编码的角度来看，一个规范的 Java 类或接口程序文件的代码结构应如图 2.1 所示。

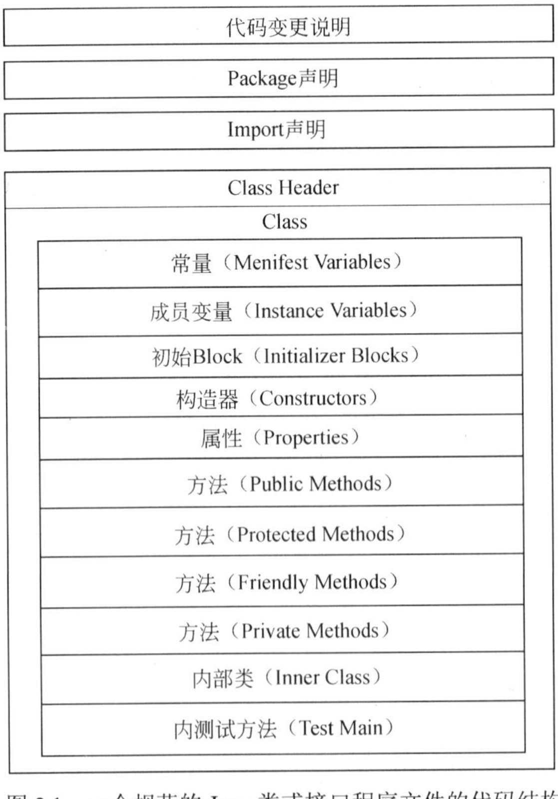

图 2.1　一个规范的 Java 类或接口程序文件的代码结构

在图 2.1 所示的代码结构中，除了相关的声明信息外，还包括 Java 程序所涵盖的常量、变量、构造器、方法和内部类等信息。按此结构编写的代码不仅结构清晰、功能分明，而且具备良好的可读性。良好的程序结构和代码规范，应该从学习编程的第一步学起。

2.2.3 Java 程序的格式编排

程序的格式编排就是通过使用缩进、空格和空行等方法对程序文本的外观作必要的处理，以提高程序的可读性。具体来说，要达到两个目的：一是用程序文本结构反映算法的逻辑结构；二是增强程序的视觉效果，使阅读者眼睛不易疲劳。

例如，下面这段 Java 程序：

```
public class primeNumber{
public static void main(String args[]){
System.out.println(" ** prime numbers between 100 and 200 **");
for(int num=101;num<200;num+=2){
int sqrt=(int)Math.sqrt(num);
boolean isPrime=true;
for(int i=2;i<=sqrt&&isPrime; i++)
if(num%i==0)
isPrime=false;
if(isPrime)
System.out.print(num+" ");
}
}
}
```

如果不作处理，相信读者很难看懂。同样一个程序，当使用缩进、空格和空行对它稍作整理后，无论是语句之间的逻辑关系，还是视觉效果会完全不同。其实上面这个程序，就是 2.5.11 小节的程序 2.46。

比较两个程序，最明显的区别是，程序 2.46 根据语句间的逻辑关系采用了缩进对齐。通常采取的做法是，块语句"{}"中的语句应该要比它的控制语句缩进几格。如果里面有嵌套的块语句要作同样的处理。所有处在同一层次的语句应该对齐。这种格式称为"犬齿格式"。

另一个区别是，程序 2.46 在某些运算符的两边和括号的内侧加了空格。这样当代码很长时，它可以帮助阅读者耐心地读下去。如果一眼看去符号和字母集成一堆，恐怕阅读者很难有兴趣坚持下去。

2.2.4 Java 代码的注释风格

所谓注释，是指程序中的解释性文字。这些文字供程序的阅读者查看，编译器将不对其进行编译。注释能够帮助读者理解程序，并为后续进行测试和维护提供明确的指导信息。注释是说明代码做些什么，而不是怎么做的。注释要简明，恰到好处，没有注释的晦涩代码是糟糕编程习惯的显著标志。

从用途上分，注释可以分为序言性注释和功能性注释。

❑ 序言性注释：通常位于程序或者模块的开始部分。它给出了程序或模块的整体说明，这种描述不应该包括执行过程细节（它是怎么做的），它可能会导致不必要的注释维护工作。因为随着调试或者其他原因，方法的具体实现可能会被更新。

❑ 功能性注释：一般嵌入在源程序体之中。其主要描述某个语句或程序段做什么，执行该语句或程序段会怎么样，不是解释怎么做。只有复杂的执行细节才需要嵌入注释，描述其实现方法。为了避免注释与代码本身重复，不要用注释的形式把语句翻译成自然语言。

根据注释符的不同，在 Java 程序中有 3 种注释。

1．行注释符"//"

编译器会认为以"//"开头的字符直至本行末尾都是注释，所以此种注释方法又称为"行注释"。如果注释的文字有多行，需要在每一行的开头都写上"//"。本章前面所有的例子，都是使用的行注释。它一般用于对某条语句或是某个变量的注释，以及一些文字不多的注释。

大多数的程序员在编写注释时，会将对代码的注释放在其上方或右边相邻位置，不会放在下面。而对数据结构的注释放在其上方相邻位置，不会放在下面。变量和常量的注释也一般放在其上方相邻位置或右方。本书中所有的注释都遵循这个习惯。

2．块注释符"/*"和"*/"

"/*"和"*/"是成对出现的，它们之间的文字都是注释。这些注释可以分成多行，不必再添加行注释符。相对于行注释，块注释显得有些麻烦（要多打两个字符"*"），而且它的功能基本上能被下面将介绍的文档注释所实现，所以现在很少单独使用块注释。

3．文档注释"/**"和"*/"

文档注释符也是一种块注释，它是用来生成帮助文档的。当程序员编写完程序以后，可以通过 JDK 提供的 javadoc 命令，生成所编程序的 API 文档，而该文档中的内容主要就是从文档注释中提取的。该 API 文档以 HTML 文件的形式出现，与 Java 帮助文档的风格及形式完全一致。凡是在"/**"和"*/"之间的内容都是文档注释。下面是使用文档注释的一个简单例子。

【例 2.1】　Java 代码文档注释示例

```
//-------------文件名 DocTest.java，程序编号 2.1------------
```

```
/**这是一个文档注释的例子，主要介绍下面这个类*/
  public class DocTest{
    /**变量注释，下面这个变量主要是充当整数计数*/
    public int i;
    /**方法注释，下面这个方法的主要功能是计数*/
    public void count() { }
}
```

只要在命令行方式下输入：

```
javadoc -d . DocTest.java
```

就会自动生成介绍类 DocTest 的 index.html 文件，文档注释中的内容都会出现在 index.html 中。为了便于 javadoc 生成帮助文档，一般还应遵循下列规则。

（1）类注释

类注释必须放在 import 语句之后、类定义之前。由于 Java 的一个源程序通常只有一个公共类，所以类注释也可以看作是程序文件注释。它一般应包括：文件名、版本号、作者、生成日期、模块功能描述（如功能、主要算法、内部各部分之间的关系、该类与其他类之间的关系等）、主要方法的清单及本文件历史修改记录等。例如：

```
/**
 * Copy Right Information  : Neusoft IIT
 * Project                 : eTrain
 * JDK version used        : jdk1.7.1
 * Comments                : config path
 * Version                 : 1.01
 * Modification history    :2013.5.1
 * Sr Date  Modified By  Why & What is modified
 * 1. 2013.5.2 Kevin Gao    new
 **/
```

如果要手工排列上面每一行开头的"*"，是件比较麻烦的事情。不过，很多编辑器会自动为程序员完成这一工作。如果你的编辑器没有这个功能，建议不要在每一行开头加上"*"。

（2）方法注释

在每个方法的前面要有必要的注释信息，其主要包括：方法名称、功能描述、输入和输出及返回值说明、调用关系及被调用关系说明等。例如：

```
/**
 * Description :checkout 提款
 * @param Hashtable cart info
 * @param OrderBean order info
 * @return String
 */
public String checkout(Hashtable htCart, OrderBean orderBean) {
    ......
}
```

（3）通用注释

在（2）所述的例子中，使用了一个标记"@"，这是 Java 中的通用注释符。它可以是以下几种：

```
@author name
```

这个标记产生一个作者条目，可以使用多个@author 标记，每个标记对应一个作者。

```
@version text
```

这个标记产生一个版本条目，text 是对版本信息的描述。

```
@since text
```

这个标记产生一个"始于"条目，text 是对版本修改历史的描述。

```
@deprecated text
```

这个标记对类、方法或变量添加一个不再使用的注释，建议程序员不要再使用它。

```
@see reference
```

这个标记产生一个超链接，链接到 javadoc 文档的其他相关部分或是外部文档。关于文档注释的更多信息，请参阅本书第 12.3 节。

2.3　数据类型

一个程序，应当包含两个方面的内容：

❑　数据的描述。

❑　操作步骤（算法），即动作的描述。

数据是操作的对象，操作的结果会改变数据的状况。作为程序设计人员，必须认真考虑和设计数据结构和操作步骤。因此，著名计算机科学家沃思（Nikiklaus Wirth）提出一个著名的公式：

程序=数据结构+算法

实际上，一个程序除了以上两个主要要素之外，还应当采用适当的程序设计方法，并且用一种计算机语言来表示。因此程序可以这样来表示：

程序=算法+数据结构+程序设计方法+语言工具和开发环境

本书主要介绍 Java 语言及其开发环境，而不会深入介绍数据结构和算法等方面的内容。Java 提供的数据结构是以基本数据类型和复合数据类型的形式出现的。

2.3.1　基本数据类型

在 Java 语言中，为解决具体问题，要采用各种类型的数据。数据类型不同，它所表示的数据范围、精度和所占据的存储空间均不相同。Java 中的数据类型可分为两大类。

❑　基本类型：包括整型、浮点型、布尔型和字符型。

❑　复合类型：包括数组类型、类和接口。

Java 的基本数据类型可以分为三大类，分别为字符类型 char、布尔类型 boolean 以及数值类型 byte、short、int、long、float 和 double，而数值类型又可以分为整数类型 byte、short、int、long 和浮点数类型 float、double。Java 中的数值类型不存在无符号的，它们的取值范围是固定的，不会随着机器硬件环境或者操作系统的改变而改变。本小节分 4 类简要介绍 Java 的基本数据类型。

🔔注意：Java 中还存在另外一种基本类型 void，它也有对应的包装类 java.lang.Void，不过我们无法直接对它进行操作。Java 中的整型和浮点型，也可以归为一类，统称为数值型。

1．整型

Java 中的整型数据也可分为 4 种：

❑　基本型，以 int 表示；

- ❑ 短整型，以 short 表示；
- ❑ 长整型，以 long 表示；
- ❑ 字节型，以 byte 表示。

各种类型数据所占空间位数和数的范围如表 2.1 所示。

表 2.1　各种整型数据所占空间及数的范围

数 据 类 型	所占内存空间	数 的 范 围
byte	8 位（1 字节）	$-128 \sim 127$
short	16 位（2 字节）	$-32\,768 \sim 32\,767$
int	32 位（4 字节）	$-2^{31} \sim 2^{31}-1$
long	64 位（8 字节）	$-2^{63} \sim 2^{63}-1$

Java 中的整型数据，是以补码的形式存放在内存中的。以 short 类型为例，它有 16 位，能存储的最小的数是：

1	0	0	0	0	0	0	0	0	0	0	0	0	0	0	0

这个数是 -2^{16}，换算成十进制数是 $-32\,768$。

它能存储的最大的数是：

0	1	1	1	1	1	1	1	1	1	1	1	1	1	1	1

这个数是 $2^{16}-1$，换算成十进制数是 32767。其他类型数的范围，读者可以用同样的方法来验证。如果对补码不熟悉，可以参阅有关计算机基础的书籍。

💭 注意：与 C/C++不同，Java 中没有无符号型整数，而且明确规定了各种整型数据所占的内存字节数，这样就保证了平台无关性。

2．浮点型

Java 中用浮点类型来表示实数。浮点型也有两种：单精度数和双精度数，分别以 float 和 double 表示。浮点类型的有关参数见表 2.2。

表 2.2　浮点类型所占位数及数值范围

数 据 类 型	所占内存空间	有 效 数 字	数 值 范 围
float	32 位（4 字节）	7 个十进制位	约 $\pm 3.4 \times 10^{38}$
double	64 位（8 字节）	15～16 个十进制位	约 $\pm 1.8 \times 10^{308}$

Java 中的浮点数，是按照 IEEE-754 标准来存放的。有兴趣的读者可以查阅相关资料。

3．字符型

Java 中的字符型用 char 来表示。和 C/C++不同，它用两个字节（16 个位）来存放一个字符。而且存放的并不是 ASCII 码，而是 Unicode 码。

Unicode 码是一种在计算机上使用的字符编码。它为每种语言中的每个字符设定了统一并且唯一的二进制编码，以满足跨语言、跨平台进行文本转换及处理的需求。无论是英文字符还是中文汉字，都可以在其中找到唯一的编码。而且它和 ASCII 码是兼容的，所有的 ASCII 码字符，都会在高字节位置添上 0，成为 Unicode 编码。例如，字母 a 的 ASCII 码是 0x61，在 Unicode 中，编码是 0x0061。

4．布尔型

布尔类型用 boolean 表示。它是用来处理逻辑值的，所以布尔类型又被称为逻辑类型。布尔类型只有两个取值：true 和 false，分别表示条件成立或不成立。

注意：Java 中不再像 C/C++那样，能用整型值来表示逻辑结果，它只能用布尔型表示。

Java 中的数据有常量和变量之分，它们分别属于上面 4 种类型。本章将分别以常量和变量为例来详细介绍这些基本的数据类型。

2.3.2 常量

常量是指在程序运行过程中，其值不能被改变的量。常量包括布尔常量、整型常量、浮点类型常量、字符型常量和字符串常量。例如，12 是整型常量，−1.2 是浮点型常量，"a" 是字符型常量，"hello" 是字符串常量。这些常量，可以直接从字面上看出它的值和数据类型，所以又称为字面常量。

字面常量虽然使用很简单，但却存在很大的隐患。首先，程序的阅读者可能只知道它的值却不能明白这个值所代表的实际意义。比如，某程序中，用 1 来表示男性，用 2 来表示女性。那么别人看到这个 1 的时候，很难弄明白它到底是代表男性还是女性。甚至隔了一段时间之后，连程序的作者也可能忘了 1 和 2 的具体意义。

另外一个问题是，常量的修改和维护不方便。如果在程序中大量使用某个常量，比如 3.14，后来又需要修改这个值，改成 3.1416。这就需要程序员在每一个使用该常量的地方去修改，只要有一个地方被遗漏，就很有可能导致整个程序运行错误。

正由于常量存在这样的问题，所以又被称为"神仙数"，意为只有神仙才能看懂的数。为了解决这个问题，Java 又提供了符号常量，即用标识符来表示一个常量。由于标识符是有意义的字符串，所以阅读者很容易从字面上了解这个常量的实际意义。定义常量的方法如下：

```
final int MALE=1;
final int FEMALE=2;
```

关键字 final 表示定义一个常量，int 表示它是一个整型值，MALE 是常量名，1 是它具体的值。常量只在定义的时候被赋值，以后它的值再也不能被改变。

程序后面再用到"男性"或"女性"的时候，使用 MALE 或 FEMALE 就可以了。而且如果要修改它的具体值，只需要在定义的位置修改，免去了到处修改的麻烦。

在很多情况下，程序员在使用符号常量的时候，只关心它的实际意义，并不关心它的具体值。比如想使用红色，就用常量 RED，至于 RED 是等于 1 还是等于 2，并没有必要知道。JDK 中定义了很多符号常量，以方便程序员编程使用。

提示：习惯上，符号常量名用大写，普通变量名用小写，以示区别。建议读者使用符号常量以提高程序的可读性和可维护性。

2.3.3　变量

在程序运行过程中，其值可以改变的量称为变量。一个变量会有一个名字，在内存中占据一定的存储单元。在该存储单元中存放变量的值。请注意区分变量名和变量值这两个不同的概念。

Java 和其他高级语言一样，用来标识变量名、常量名、方法名和类名等有效字符序列都被称为用户标识符，简称标识符。前面第 2.2 节已经介绍过标识符的命名规则。变量名作为标识符的一种，也要遵循这些规则。

定义变量的一般格式是：

```
类型名 标识符 1[=初始值 1, 标识符 2=[初始值 2,[...]]]
```

在 Java 中，所有用到的变量都要"先定义，后使用"。这样规定的目的如下所述。

（1）凡是未被事先定义的，不作为变量名，这可以保证程序中变量名正确地使用。例如，如果定义了变量：

```
int student;
```

而在使用时错写成了 statent，如：

```
statent=0;
```

在编译时就会发现 statent 未经定义，不能作为变量名，会输出相应的错误信息，便于程序员查错。

（2）每一个变量被指定为一个确定类型，在编译时就能为其分配相应的存储单元。例如，指定 i 为 int 型，那么就会为它分配 4 个字节的空间。

（3）每一个变量属于一个类型，便于编译时据此检查该变量进行的运算是否合法。例如，指定 f 为 float 类型，如果使用 f 来做位运算，编译器就会报错。

读者在给变量命名时，除了要遵循命名规则外，最好要选择相应的一个或多个英文单词作为它的名称，这样可以"见名知意"，增强程序的可读性。

为了和其他的程序员交流，读者也应当学习他人的命名方法。目前比较流行的命名方法有两种：一种是微软推行的匈牙利命名法，另一种是基于 Unix/linux 的命名法。Sun 公司在随 JDK 发布的例子程序中，变量使用的是一种简化的匈牙利命名法，被称为驼峰命名法，它只有两条规则：

❑　如果只有一个单词，则整个单词小写。

❑　如果有两个以上的单词，则第一个单词全部小写，其余各单词的首字母大写。

比如，customField、jpgFilter、previewer 和 chooser 等都是按照这个规则来命名的。Java 的标识符可以是任意长度，但建议不要取得太长，最好不要超过 4 个单词。因为太长的名字容易输入错误，降低编程效率。

在 Java 编程中，针对类、接口、方法名、变量名和常量名等还有一些通用的命名约定，遵循这类约定，可以增强程序的可读性，便于代码的规范。

❑　类和接口名：每个字的首字母大写，含有大小写。例如，MyClass、HelloWorld、Time 等。

- ❏ 方法名：采用上述的驼峰命名法，首字的首字母小写，其余的首字母大写，含大小写。尽量少用下划线。例如，myName、setTime 等。
- ❏ 常量名：基本数据类型的常量名使用全部大写字母，字与字之间用下划线分隔。对象常量可大小混写。例如，SIZE_NAME。
- ❏ 变量名：可大小写混写，首字符小写，字间分隔符用字的首字母大写。不用下划线，少用美元符号。给变量命名是尽量做到见名知义。

另外，虽然 JDK 1.5 及其以后的版本中也支持用中文给变量命名，不过很少有人采用中文变量名。一个直观的原因就是在中文输入法下，标点符号也是中文的，但 Java 只支持西文的标点符号，这样输入容易出错。

🔔说明：在本书中，多数采用的是驼峰命名法，只有简单循环变量可能会采用 i、j、k 之类的单字符。

2.3.4　整型数据

整型数据用于表示整数，可分别用常量和变量来表示。

1. 整型常量

整型常量即整常数。Java 中的整常数，由一个或多个数字组成，可以带正负号。根据进制的不同，又可分为十进制数、八进制数和十六进制数，分别用下面的形式表示：

- ❏ 十进制整数。如 123、–456、0。
- ❏ 八进制整数。规定以 0 开头的都是八进制数。如，0123 表示八进制数 123，等于十进制数的 83。–011 等于十进制数的–9。
- ❏ 十六进制数。以 0X 或 0x 开头的都是十六进制数。如 0x123 和 0X123 都是十六进制数 123，等于十进制数的 291。–0x12 和–0X12 都等于十进制数的–18。

默认情况下，整型常数是基本类型，占 4 个字节。当整型常数后面跟有字母 l 或 L 时，表示该数是长整型常量，如 4987L 和 0X4987L。虽然这两个数本来用 4 个字节足够存放，但加上后缀 L 后，强迫以计算机用 8 个字节来存放。由于小写字母 l 容易和数字 1 混淆，所以建议读者使用时用大写的 L。

2. 整型变量

整型变量按照占用的内存空间不同，可以分成 4 种：字节型、短整型、基本型和长整型，分别用 byte、short、int 和 long 来定义。和其他所有类型的变量一样，整型变量在使用之前必须要先定义。下面来看一个简单的例子。

【例 2.2】 整型变量使用示例。

//-------------文件名 integerExample.java，程序编号 2.2------------

```java
public class integerExample{
 public static void main(String args[]){
    byte  byteVariable;                    //定义一个字节型变量
    short shortVariable;                   //定义一个短整型变量
    int   baseVariable;                    //定义一个基本型变量
```

```
    long  longVariable;                    //定义一个长整型变量
    byteVariable=127;                      //为它赋值 127
    shortVariable=0100;                    //为它赋一个八进制的值
    baseVariable=0x1234;                   //为它赋一个十六进制的值
    longVariable=-12345689987654L;         //为它赋一个长整型的值
  //下面依次输出这些变量的值
    System.out.println("字节型变量 byteVariable="+byteVariable);
    System.out.println("短整型变量 shortVariable="+shortVariable);
    System.out.println("基本型变量 byteVariable="+baseVariable);
    System.out.println("长整型变量 byteVariable="+longVariable);
  }
}
```

程序中的 "//" 符号表示注释，它后面的语句是写给程序阅读者看的，编译器无视它们的存在。去掉之后不会影响程序的运行。

–12345689987654L 后面的 L 不能省略。因为默认常量是 int 型，这个值已经超出了 int 的范围。

Systm.out.println 表示输出后面括号中的信息，然后换行。这是它和 Systm.out.print 的区别。

在 Systm.out.println 的括号中，"字节型变量 byteVariable="+byteVariable 表示将 byteVariable 的值转换成对应字符串，然后加在前面字符串的末尾输出。这种输出方式，后面会经常用到。

程序本身的逻辑很简单，不过是先定义，后赋值，然后输出。但它的输出结果可能会令读者感到有些意外。下面是它的运行结果：

```
字节型变量 byteVariable=127
短整型变量 shortVariable=64
基本型变量 byteVariable=4660
长整型变量 byteVariable=-12345689987654
```

注意它的两个变量值 "shortVariable=64" 和 "byteVariable=4660"，而不是程序先前赋给它们的 0100 和 0x1234。当然，读者可能会意识到，这是这两个八进制数和十六进制数转换成十进制数后的结果。

🔔说明：这正是整型变量和整型常量的一个区别。整型变量是无所谓八进制、十进制和十六进制这些概念的，因为无论什么进制的数，存放在计算机内部，都是二进制数。而这些八进制、十进制和十六进制只是方便给用户看的。

给变量 byteVariable 赋的值 127，是它能够接受的最大值。如果把它改成 128，编译器会报告：

```
D:\javabook\example\chapter2\integerExample.java:7: 可能损失精度
找到:  int
需要:  byte
  byteVariable=128;
              ^
1 错误
```

这是使用整型变量时最容易犯的一个错误：数据超出了它所能容纳的范围，被称为"溢出"。这里编译器为程序员做了一个错误检查，但程序员不能完全依靠编译器的检查能力，编译器不可能将所有这种溢出错误都检查出来，请看下面这个例子。

【例 2.3】 字节型变量溢出示例。

//-------------文件名 overflowExample.java，程序编号 2.3-----------

```
/**定义一个名为 overflowExample 的类**/
public class overflowExample{
 public static void main(String args[]){
   byte  byteVariable;  //定义一个名为 byteVariable 的 byte 型变量
   byteVariable=127;     //将变量 byteVariable 赋一个整型值
   byteVariable++;       //将 byteVariable 加 1，变成 128
   System.out.println("字节型变量 byteVariable="+byteVariable);
 }
}
```

这个例子也很简单，先给 byteVariable 赋值 127，然后让它的值加 1，变成 128。编译的时候没有任何错误。但是运行的结果却是：

```
字节型变量 byteVariable=-128
```

这是因为 byteVariable 只占 8 个位（1 个字节），127 存储在它里面的时候是下面这个样子的：

0	1	1	1	1	1	1	1

加了 1 之后，变成了这个样子：

1	0	0	0	0	0	0	0

在 Java 中，这个数是一个补码，而这个补码所表示的值就是–128。

这里虽然是以 byte 类型为例来讲解的，但实际上，任何整型变量都存在这个问题。所以在设计程序的时候，选用哪一种整型变量，需要根据程序运行时所能容纳数值的大小来确定。

2.3.5　浮点型数据

浮点型数据是用来表示实数的，由于采用了浮点表示法，所以它比占同样空间的整型数据的表示范围要大得多。与整型数据相同，浮点型数据也分为常量和变量两种。

1．浮点型常量

浮点型常量有两种形式：

❑ 普通的十进制数形式。它由数字和小数点组成。比如：0.123、123.0、.123、123.、0.0 都是合法的实数常量。

❑ 指数形式。指数形式类似于科学计数法，比如 1.5E5 表示 1.5×10^5；2.9E–7 表示 2.9×10^{-7}。注意字母 E（也可以是小写的 e）之前必须有数字，且 E 后面的指数必须是整数。如 E3、2E1.7 都不是合法的指数形式。

Java 还规定，浮点常量默认为双精度数，如果需要指定为单精度数，需要在末尾加上 F 或 f。比如 12.5F、12E5f。

2．浮点型变量

浮点型变量分为单精度和双精度两类，分别用 float 和 double 来定义。

浮点数的有效位数是有限的，float 型只有 7 个有效位，double 型只有 15～16 个有效位，超过部分会自动做四舍五入处理。请看下例。

【例 2.4】　浮点数有效位数示例。

//--------------文件名 realExample.java，程序编号 2.4-----------

```
public class realExample{
  public static void main(String args[]){
    float floatVariable=1234567.456F;          //定义一个单精度数并赋值
    double doubleVariable=1.23456789123456789;  //定义一个双精度数并赋值
    System.out.println("单精度变量 floatVariable="+floatVariable);
    System.out.println("双精度变量 doubleVariable="+doubleVariable);
  }
}
```

它的输出结果是：

```
单精度变量 floatVariable=1234567.5
双精度变量 doubleVariable=1.234567891234568
```

由于浮点数是采用二进制存储的原因，浮点数往往不能精确表示一个十进制小数，即使这个小数是个有限小数。比如 1.3，它存储在内存中也是一个无限小数，既可能是 1.299999，也可能是 1.300001，所以要尽量避免直接比较两个浮点数是否精确相等。具体方法，将在 2.5.4 小节中讲述。

2.3.6　字符型数据

Java 中的字符，默认情况下是以 Unicode 码存储的。具有 ASCII 码的字符，在高字节添上 0，就是对应的 Unicode 码。Java 中的字符型数据也有常量和变量两类。

1．字符常量

字符常量是用单引号（即撇号）括起来的一个字符。如'a'、'D'、'$'都是字符常量。单个的汉字和标点符号，比如，'程'、'序'、'！'、'￥'等都是字符。

某些特殊的字符，比如回车符、换行符、退格符等，无法直接用单引号括起来。为了表示这些字符，Java 提供了一种特殊形式的字符常量，就是以一个"\"开头的字符序列，"\"后面的字符不再是原来的含义，所以又被称为转义序列或换码序列。常用的转义序列及其含义如表 2.3 所示。

表 2.3　转义序列及其含义

字　符　形　式	含　　义	字　符　形　式	含　　义
\n	换行	\\	反斜杠 "\"
\t	横向跳格（TAB）	\'	单引号 "'"
\v	竖向跳格	\"	双引号 """
\b	退格	\uhhhh	1～4 位 16 进制数所表示的Unicode码
\r	回车		

【例 2.5】　字符常量示例。

//--------------文件名 constCharExample.java，程序编号 2.5------------

```java
public class constCharExample{
  public static void main(String args[]){
    System.out.println("输出汉字字符: "+'好');
    System.out.println("输出换行符: "+'\n');
    System.out.println("输出反斜杠: "+'\\');
    System.out.println("输出单引号: "+'\'');
    System.out.println("输出双引号: "+'\"');
    System.out.println("输出字符A: "+'\u0041');
  }
}
```

最后一行的'\u0041'是字符 A 的 Unicode 码，41 是它的 ASCII 码的十六进制表示。输出结果如下：

```
输出汉字字符: 好
输出换行符:

输出反斜杠: \
输出单引号: '
输出双引号: "
输出字符A: A
```

中间多出的那个空行是输出'\n'造成的效果。掌握这些转义字符，是处理字符型数据的基础技能。

2. 字符变量

一个字符变量占据两个字节，只能存放一个字符。字符变量用关键字 char 来定义。将一个字符存放到字符变量中，实际上并不是把该字符本身存放到内存单元中，而是将该字符的 Unicode 码存放到内存单元中。例如，字符 A 的 Unicode 码是 0x0041，它会以二进制的形式存放在内存中，如下：

0	0	0	0	0	0	0	0	0	1	0	0	0	0	0	1

它的存储类型与整型数据的 short 类型很相似。其实 Java 是将字符变量作为无符号的短整型数据来处理的，这就决定了 Java 中的字符数据和整型数据之间可以通用。可以对字符型数据进行算数运算，此时相当于将它的 Unicode 码看成一个整数进行运算。

【例 2.6】　字符变量作为整数运算。

//--------------文件名 charExample.java，程序编号 2.6------------

```java
public class charExample{
  public static void main(String args[]){
    char ch;                        //定义一个 char 型变量
    short shTemp;                   //定义一个 short 型变量
    shTemp=0x41;                    //给 short 型变量赋一个整型的数值
    ch=(char)shTemp;                //将 short 型强制转换为 char 型
    System.out.println("字符变量 ch="+ch);
  }
}
```

程序中的 ch=(char)shTemp 表示将 shTemp 的值赋值给 ch。由于 shTemp 是 short 类型的，与 ch 的 char 类型不同，所以要用(char)进行强制类型转换（关于强制类型转换，会在 2.3.10 小节中详细介绍）。0x41 显示作为整型数赋值给 shTemp，随后又被作为 Unicode 码赋值给 ch。本程序的输出结果如下：

字符变量 ch=A

读者可能会觉得在这里直接给 ch 赋值 A 要简单得多。确实，本例没有多少实际意义，只是用来说明字符变量可以当作整型变量使用而已。Java 语言对字符数据做这样的处理，使得程序设计时的自由度大增，程序员对字符做各种转换相当的方便。例如，程序中经常要对字母进行大小写的转换，利用 Java 的这一特性，就可以很容易地编写如下程序。

【例 2.7】 大写字母转换成小写字母。

//--------------文件名 upperToLowCase.java，程序编号 2.7------------

```java
public class upperToLowCase{
  public static void main(String args[]){
    char ch='A';
    ch=(char)(ch+32);   //32 是小写字母 a 与大写字母 A 的 Unicode 码的差值
    System.out.println("字符变量 ch="+ch);
  }
}
```

程序结果如下：

字符变量 ch=a

例 2.6 和例 2.7 的这些转换，涉及计算机数据的存储问题，初学者可以不必深究，以免过早拘泥于细节。读者学习应该把主要精力放在基本概念和编程方法上。

3. 字符串常量

在前面的例子中，经常出现这样的语句：

System.out.println("字符变量 ch="+ch);

其中"字符变量 ch="，就是一个字符串常量。直观来看，它是一个由若干个字符组成的序列，以""作为界定符。Java 中的字符串常量其实是一个 String 类型的对象。关于它的详细说明，将在 5.2 节介绍。

2.3.7　布尔型数据

布尔型数据只有两个值：true 和 false。通常情况下，也把 true 称为真，把 false 称为假。与 C/C++不同，它们不对应于任何整数值。布尔型变量要用关键字 boolean 来定义，在流程控制中经常要用到它。请看下例。

```java
public class boolExample{
  public static void main(String args[]){
    boolean bool;                //定义一个 boolean 型变量
    bool=(1<2);                  //1<2 是一个关系表达式，它会计算出一个布尔值
```

```
    System.out.println("bool="+bool);
  }
}
```

程序运行的结果如下：

```
bool=true
```

2.3.8　变量赋初值

程序中通常需要对变量预先设定一些值，然后参与后面的计算，这被称为赋初值。一种常见的赋初值的方法是：

```
int i;
i=100;
```

这样写需要两条语句，比较繁琐。Java 允许在定义变量的同时对变量进行初始化。上面这两条语句与下面这一条语句等价：

```
int i=100;
```

Java 规定，一个局部变量在使用之前，必须要显示地初始化，否则将无法通过编译。比如下面就是一个错误的例子。

【例 2.8】 变量未赋初值就使用的错误示例。

//-------------文件名 errorInit.java，程序编号 2.8------------

```
public class errorInit{
 public static void main(String args[]){
   int i;                     //定义一个 int 型变量
   System.out.println("i="+i);  //i 现在没有初始值
 }
}
```

编译时会报告：

```
d:\javabook\example\chapter2\errorInit.java:4: 可能尚未初始化变量 i
    System.out.println("i="+i);
                        ^
1 错误
```

这样强制要求程序员为变量赋初值，可以避免因为使用了垃圾值而发生的一些很难觉察的错误。

2.3.9　变量的作用域

本章中所有的变量都定义在方法 main()中间，这种定义在方法里面的变量称为局部变量。它只在定义它的方法中有效，在此方法以外，是无法使用这些变量的。

Java 并未规定变量定义的具体位置，也就是说，程序员可以在需要使用变量的地方开始定义它，随后就可以使用它，直到包含该定义的方法结束为止，变量都是有效的。这个有效区域，称为变量的作用域。下面这个简单的例子说明了变量的作用域的范围。

【例 2.9】　变量作用域示例。

//-------------文件名 variableScopeExample.java，程序编号 2.9------------

```
public class variableScopeExample{
  public static void main(String args[]){
    int first=1;      //first 的作用域从这里开始
    System.out.println("first="+first);
    int second=2;     //second 的作用域从这里开始
    System.out.println("first="+first);
    System.out.println("second="+second);
    int third=3;      //third 的作用域从这里开始
    System.out.println("first="+first);
    System.out.println("second="+second);
    System.out.println("third="+third);
    //3 个变量的作用域到这里结束
  }
}
```

上例清晰地说明了各个变量定义的位置不同，则作用域也不相同。Java 规定，在变量的作用域中，不允许出现同名的变量，但在不同的作用域中，可以出现同名变量，互不干扰。

Java 还规定，变量可以定义在块语句中，那么它的作用域仅限于块语句。关于块语句的介绍，请参阅 2.5.3 小节。

2.3.10　数据类型转换

本节中的基本数据类型，除了布尔类型外，其余类型的数据是可以混合在一起运算的。例如："10+'a'+1.5-5.123*'b'"是合法的。不过在运算时，如果某个运算符两侧的数据类型不一致，就必须要转换成同一类型，然后才能运算。转换的基本原则是：范围小的转换成范围大的，精度小的转换成精度大的。

按照数据转换时是否会损失精度，Java 中的转换可以分成两类：扩展转换和缩减转换。

1. 扩展转换

Java 规定，凡是符合表 2.4 的转换，都称为扩展转换。该转换可以由系统自动进行，无需程序员干涉。

表 2.4　扩展转换

原 类 型	目 的 类 型	原 类 型	目 的 类 型
byte	short，int，long，float，double	int	long，float，double
short	int，long，float，double	long	float，double
char	int，long，float，double	float	double

按照表 2.4 的规定，如果运算符的两侧，有一个数据是在第一列中，另一个数据在其

对应的第二列中，那么第一列中的数据会自动转换成第二列中对应的数据类型。

例如有：

```
byte+int
```

会自动转换成：

```
int+int
```

若有：

```
int+double
```

则会转换成：

```
double+double
```

Java 还规定，若是两个数据类型没有出现在同一行的两列中，则两个数据都必须转换成同一类型，若这个目的类型有多个可以选择，则选精度和范围最小的那个。

例如有：

```
byte+char
```

会转换成为：

```
int+int
```

由于扩展转换是由系统自动进行的，所以又称自动类型转换。这种转换不会损失精度。

2．缩减转换

Java 规定，凡是符合表 2.5 的转换，就被称为缩减转换。这种转换会损失精度，系统不会自动进行，必须由程序员显示地指定。

表 2.5　缩减转换

原　类　型	目　的　类　型	原　类　型	目　的　类　型
byte	char	long	byte，short，char，int
short	byte，char	float	byte，short，char，int，long
char	byte，short	double	byte，short，char，int，long，float
int	byte，short，char		

要将第一列中的数据转换成第二列中的数据类型，则必须使用强制类型转换。它的基本格式是：

```
(数据类型) 数据
```

例如有：

```
int  a;
```

要将 a 转换成为 byte 类型，需要这样写：

```
(byte)a;
```

如果需要将一个表达式的结果进行数据类型转换，则要将整个表达式用括号括起来。

例如有：

```
int a, b;
```

要将 a+b 的结果转换成 byte 类型，需要这样写：

```
(byte)(a+b)
```

Java 在根据程序员的指令进行缩减转换的时候，有一套比较复杂的规则。原则上是在保证符号的情况下，丢弃掉高字节的内容。但这么做并不能保证转换的结果符合程序员的预期效果。下面来看几个简单的例子。

【例 2.10】 缩减转换错误示例 1。

//-------------文件名 narrowingConversion_1.java，程序编号 2.10-----------

```
public class narrowingConversion_1{
  public static void main(String args[]){
      int big = 1234567890;             //定义一个big型变量并赋值
      float approx = big;               //定义一个float型变量并赋值（类型缩减）
      System.out.println(big - (int)approx);  //对approx做缩减类型转换
  }
}
```

多数读者可能会认为这个结果应该是 0，但程序运行的结果却是-46。这是因为 float 类型无法存储 10 个有效数字，在做缩减类型转换时它的信息会丢失。读者不妨将强制转换符(int)去掉，看看结果是否正确。

【例 2.11】 缩减转换错误示例 2。

//-------------文件名 narrowingConversion_2.java，程序编号 2.11-----------

```
public class narrowingConversion_2{
  public static void main(String args[]){
    float fmin = Float.NEGATIVE_INFINITY;   //取最小的单精度数
    float fmax = Float.POSITIVE_INFINITY;   //取最大的单精度数
    System.out.println("long: " + (long)fmin + ".." + (long)fmax);
    System.out.println("int: " + (int)fmin + ".." + (int)fmax);
    System.out.println("short: " + (short)fmin + ".." + (short)fmax);
    System.out.println("char: " + (int)(char)fmin + ".." + (int)(char)fmax);
    System.out.println("byte: " + (byte)fmin + ".." + (byte)fmax);
  }
}
```

程序运行结果如下：

```
long: -9223372036854775808..9223372036854775807
int: -2147483648..2147483647
short: 0..-1
char: 0..65535
byte: 0..-1
```

上述结果中，long、int 和 char 的结果是正确的，而 byte 和 short 的结果就完全出乎意料。

以上两个例子都说明：除非程序员有十足的把握，否则不要轻易进行数据类型的缩减转换。

强制类型转换，除了用在缩减转换中，也可以用在扩展转换中。比如有：

```
int+long+byte
```

可以写成：

```
(long)int+long+(long)byte
```

这么写的目的一是为了让程序阅读时更为清晰，二是可以让编译器产生更为优化的代码，加快运算的速度。

🔔注意：无论是扩展转换还是缩减转换，都是产生了原数据的一个副本，转换的结果不会
　　　　对原数据有任何的影响。

2.4　运算符与表达式

Java 中的运算符共有 36 种，按照运算类型可以分成 6 大类，如表 2.6 所示。

表 2.6　Java 中的运算符

类　　型	运　　算　　符
算术运算符	+, −, *, /, %, ++, − −
关系运算符	>, <, ==, >=, <=, !=
逻辑运算符	!, &&, ‖
条件运算符	? :
位运算符	<<, >>, >>>, ^, ~, |, &
赋值运算符	=, +=, −=, *=, /=, &=, |=, ^=, %=, <<=, >>=, >>>=

任何一个运算符都要对一个或多个数据进行运算操作，所以运算符又称操作符，而参与运算的数据被称为操作数。一个完整的运算符和操作数组成一个表达式。任何一个表达式都会计算出一个具有确定类型的值。表达式本身也可以作为操作数参与运算，所以操作数可以是变量、常量或者表达式。

运算符的优先级指表达式求值时，按运算符的优先级由高到低的次序计算。如大家习惯的"先乘除后加减"。Java 语言中运算符优先级规则与代数学中的规则是相同的，它是 Java 能够以正确的次序计算表达式的准则。

当求值是由多个运算符组成的表达式时，人们熟知的计算顺序是，除非遇到括号，否则，同一优先级的运算总是按从左到右的顺序进行，这就是所谓的运算符的结合性。运算符的结合性是指运算分量对运算符的结合方向。结合性确定了在相同优先级，运算符连续出现的情况下的计算顺序。Java 语言的运算符不仅具有不同的优先级，还要受运算符结合性的制约。

Java 语言中，运算符的结合性分为两种，即左结合性（自左至右）和右结合性（自右至左）。比如，算术运算符的结合性是自左至右，即先左后右。例如，表达式 a−b+c，则 b 应先与减号"−"结合，先执行 a−b 运算，然后再执行+c 的运算。这种自左至右的结合方向，就称为"左结合性"。而自右至左的结合方向，称为"右结合性"。最典型的右结合性运算符是赋值运算符。例如，表达式 a=b=1，由于赋值运算符"="具有右结合性，所以应先计算子表达式 b=1，即表达式 a=b=1 等价与 a=(b=1)。读者在应用中应注意区别 Java

运算符的结合性，以避免理解错误。

　　Java 中也可以根据操作数的个数将这些运算符分成单目运算符、双目运算符和三目运算符。本节将逐一介绍这些运算符，以及由它们所组成的表达式。

2.4.1　算术运算符和算术表达式

1．加法和减法运算符

　　加法运算符是"+"，减法运算符是"–"。它们的用法和普通数学中的用法一样，比如 3+5、5–2。它们需要左右两侧均有数据，所以被称为双目运算符。基本类型中，只有 boolean 类型不能参与加法和减法运算。+的两侧也可以是字符串，关于这一点，将在 5.2.1 小节详述。它们的一般形式是：

```
<exp1>+<exp2>
<exp1>-<exp2>
```

2．正值和负值运算符

　　正值运算符是"+"，负值运算符是"–"。它们的用法和普通数学中的用法也是一样的，比如：–5、–a、+2、+a，它们只有右侧有数据，所以被称为单目运算符。还要注意一点，这两个运算符都不能改变操作数本身的值。比如，a=1，做了–a 操作后，a 仍然等于 1，不会变成–1。boolean 类型不能参与此类运算。它们的一般形式是：

```
<+><exp>
<-><exp>
```

3．乘法和除法运算符

　　乘法运算符是"*"，除法运算符是"/"。它们都是双目运算符，和数学中的用法相同，比如 5.2*3.1、5/3、5.0/3.0。boolean 类型不能参与此类运算。它们的一般形式是：

```
<exp1>*<exp2>
<exp1>/<exp2>
```

　　如果"/"两侧的操作数都是整型数据，系统会自动对结果进行取整。比如，5.0/3 的结果是 1.6666667，而 5/3 的结果是 1。在多个数据进行混合运算时，初学者特别容易在这里犯错误，请看示例 2.12。

　　【例 2.12】　除法运算示例。

```
//-------------文件名 division.java，程序编号 2.12------------
public class division{
  public static void main(String args[]){
    System.out.println("5/3*3="+5/3*3);         //这里 3 个操作数都是整数
    System.out.println("5/3*3.0="+5/3*3.0);     //乘法运算中有一个浮点数
    System.out.println("5.0/3*3="+5.0/3*3);     //除法运算中有一个浮点数
  }
}
```

　　读者可以先思考一下它的结果，再对比一下真正的运行结果：

```
5/3*3=3
5/3*3.0=3.0
5.0/3*3=5.0
```

可以看到，无论后面的数据是什么类型，5/3 得到的结果总是 1。

4．取余运算

取余运算符是"%"，它是一个双目运算符，和数学中的取余运算规则类似。它的一般形式是：

```
<exp1>%<exp2>
```

它的操作数通常是正整数，也可以是负数，甚至是浮点数。如果有负数参与此运算，则需要特别注意。对于整数，Java 的取余运算规则如下：

```
a%b=a-(a/b)*b
```

先来看一个例子。

【例 2.13】　整型数取余运算示例。

//--------------文件名 intRemainder.java，程序编号 2.13------------

```
public class intRemainder{
  public static void main(String args[]){
    System.out.println("5%3="+5%3);
    System.out.println("5%-3="+5%-3);
    System.out.println("-5%3="+-5%3);
    System.out.println("-5%-3="+-5%-3);
  }
}
```

输出结果如下，读者可以自行验算：

```
5%3=2
5%-3=2
-5%3=-2
-5%-3=-2
```

如果操作数中有浮点数，那么规则就要复杂一些。Java 并没有按照 IEEE 754 的规定计算，而是采用了类似于 C 库中 fmod()函数的计算方法。它的基本规则如下：

a%b=a-(b*q)，这里的 q=(int)(a/b)。

看下面的例子。

【例 2.14】　浮点数取余运算示例。

//--------------文件名 floatRemainder.java，程序编号 2.14------------

```
public class floatRemainder{
  public static void main(String args[]){
    System.out.println("5.2%3.1="+5.2%3.1);
    System.out.println("5.2%-3.1="+5.2%-3.1);
    System.out.println("-5.2%3.1="+-5.2%3.1);
    System.out.println("-5.2%-3.1="+-5.2%-3.1);
  }
}
```

输出结果如下：

```
5.2%3.1=2.1
5.2%-3.1=2.1
-5.2%3.1=-2.1
-5.2%-3.1=-2.1
```

由于(int)(5.2/3.1)=1，容易得出：5.2%3.1=5.2 – (3.1*1)=2.1。其余的例子读者可以自行验证。

5．自加和自减运算

自加运算符是"++"，自减运算符是"−−"，它们都是单目运算符。其中，"++"的作用是将变量值加 1，"−−"的作用是将变量值减 1。它们的操作数只允许是变量，而不能是常量。

++和−−既可以放在变量前面使用，比如：++i 和−−i。也可以放在变量后面使用，比如i++和i−−。放在前面时，称为前缀加（减）；放在后面时，称为后缀加（减）。它们的一般形式是：

```
<变量>++    后缀加
<变量>--    后缀减
++<变量>    前缀加
--<变量>    前缀减
```

对于变量 i 而言，++i 和 i++的作用是一样的，都是将 i 的值加 1。但是前缀加（减）和后缀加（减）在参与运算时的方式是不同的。

Java 规定前缀加（减）操作是：将变量的值加（减）1，然后以该值作为表达式的值参与后续运算；而后缀加（减）的操作是：虽然也将变量的值加（减）1，但在新值存入到变量去之前，就将变量当前值作为表达式的值参与后续运算。所以当它们参与其他运算时，得到的结果是不同的。

下面以示例 2.15 来说明它们的区别。

【例 2.15】　前缀加（减）和后缀加（减）的区别示例。

//-------------文件名 compare.java，程序编号 2.15-----------

```java
public class compare{
  public static void main(String args[]){
    int prefix, postfix,rs;
    prefix=1;
    rs=++prefix;        //先加 1 再赋值
    System.out.println("前缀加运算后: prefix=" + prefix + "  rs=" + rs);
    prefix=1;
    rs=--prefix;        //先减 1 再赋值
    System.out.println("前缀减运算后: prefix=" + prefix + "  rs=" + rs);
    postfix=1;
    rs=postfix++;     //将 postfix 加 1 之前的值赋给了 rs
    System.out.println("后缀加运算后: postfix=" + postfix + "  rs=" + rs);
    postfix=1;
    rs=postfix--;     //将 postfix 减 1 之前的值赋给了 rs
    System.out.println("后缀减运算后: postfix=" + prefix + "  rs=" + rs);
  }
}
```

程序的运行结果如下：

```
前缀加运算后：prefix=2  rs=2
前缀减运算后：prefix=0  rs=0
后缀加运算后：postfix=2  rs=1
后缀减运算后：postfix=0  rs=1
```

运算结果表明，无论是前缀加（减），还是后缀加（减），对变量自身的影响都是一样的，只是提取的表达式的值不同，所以 rs 的结果不相同。

很容易把上面这个例子扩展到更复杂一点的情况，如例 2.16 所示。

【例 2.16】　前缀加（减）参与混合运算示例。

//-------------文件名 compare.java，程序编号 2.16-----------

```java
public class compare{
  public static void main(String args[]){
    int prefix, postfix,rs;
    final int constFactor=10;
    prefix=1;
    rs=++prefix*constFactor;        //先加 1 再做乘法运算，然后赋值
    System.out.println("前缀加运算后：prefix=" + prefix + "  rs=" + rs);
    prefix=1;
    rs=--prefix*constFactor;        //先减 1 再做乘法运算，然后赋值
    System.out.println("前缀减运算后：prefix=" + prefix + "  rs=" + rs);
    postfix=1;
    rs=(postfix++)*constFactor;     //先加 1，再用原值做乘法，然后赋值
    System.out.println("后缀加运算后：postfix=" + postfix + "  rs=" + rs);
    postfix=1;
    rs=(postfix--)*constFactor;     //先减 1，再用原值做乘法，然后赋值
    System.out.println("后缀减运算后：postfix=" + prefix + "  rs=" + rs);
  }
}
```

它的输出结果如下：

```
前缀加运算后：prefix=2  rs=20
前缀减运算后：prefix=0  rs=0
后缀加运算后：postfix=2  rs=10
后缀减运算后：postfix=0  rs=10
```

从例 2.16 中可以清晰地看出，前缀加（减）是在做乘法的之前进行的；也可以看出，后缀加（减）是用的原值做乘法，但不能确定后缀加（减）是在乘法运算之前还是之后进行的。

下面来写一个例子程序，以确定前缀加和后缀加操作发生的确切时间。为了达到这一目的，需要让自加变量两次参与运算。

【例 2.17】　测试自加运算顺序示例。

//-------------文件名 precedence.java，程序编号 2.17-----------

```java
public class precedence{
  public static void main(String args[]){
    int prefix=0, postfix=0;        //定义两个 int 型变量，并分别赋初值 0
    int rs;                         //定义一个 int 型变量 rs，用来记录运算结果
    rs=(++prefix)+(++prefix);
```

```
    System.out.println("prefix=" + prefix + " rs=" + rs);
    rs=(postfix++)+(postfix++);
    System.out.println("postfix=" + postfix + " rs=" + rs);
  }
}
```

先看 rs=(++prefix)+(++prefix)这个表达式，Java 规定双目运算符+是从左侧向右侧运算。变量 prefix 的值首先是 0，左侧的++prefix 运算后，++prefix 这个表达式（也就是+号左侧值）的值成为 1，而 prefix 这个变量的值也是 1。然后，计算+号右侧的++prefix。由于 prefix 现在已经是 1 了，于是++prefix 这个表达式（也就是十号右侧值）的值成为 2，prefix 的值也是 2。于是整个表达式成为了：1+2，结果为 3，再将此值赋给变量 rs。

再来分析 rs=(postfix++)+(postfix++)这个表达式，同样是从左侧向右侧运算。变量 prefix 的值首先是 0，先计算左侧的 prefix++，根据规则，prefix++这个表达式（也就是+号左侧值）的值还是 0，而 prefix 的值等于 1。然后，计算+号右侧的 prefix++。由于 prefix 现在已经是 1 了，于是 prefix++这个表达式（也就是+号右侧值）的值也是 1，而 prefix 的值成为了 2。于是整个表达式成为了：0+1，结果为 1，再将此值赋给变量 rs。

这是程序实际运行的结果：

```
prefix=2 rs=3
postfix=2 rs=1
```

虽然本例仅仅只是对自加进行的分析，但对于自减也同样成立。

根据上面的分析，读者也可以推算出像(i++)+(i++)+(i++)或者(++i)+(++i)+(++i)这样更为复杂的表达式的值。

注意：作者强烈建议读者不要在一个表达式中，让一个有自加或自减操作的变量出现两次或两次以上。这样的表达式无论对于程序的编写者还是阅读者都是非常难以理解的，很容易发生错误，而且也没有实际的必要。所以像例 2.16 这样的情况，仅作为研究之用。

++和--的结合规则是从右到左，其优先级与取负（–）同级。所以，如下表达式：

```
-i++;
```

相当于：

```
-(i++);
```

而不是：

```
(-i)++;
```

最后，还要强调一点，自加和自减这两个运算符是 Java 中仅有的能够改变变量本身值的运算，所以它要求操作数一定要是变量，而不允许是任何形式的常量或表达式。比如 3++、(a+b)++这样的式子都是错误的。

2.4.2　关系运算符和关系表达式

关系运算符决定操作数之间的逻辑关系。比如，决定两个运算对象是否相等，数据 a

比数据 b 是否大一些等。用关系运算符连接起来的表达式称为关系表达式。任何一个关系表达式的值都是布尔类型的，也就是只有 true 或者 false 两个值。

1．相等运算符

Java 中的相等运算符是两个连续的等号 "=="，它是一个双目运算符。它的一般形式是：

```
<exp1>==<exp2>
```

它两侧的操作数可以是任意相同或相容类型的数据或表达式。比如：

```
5==3
(a*3)==b+2
true==true
```

如果 == 两侧的值相等，则返回 true，比如 2+4==6，可以直观地理解为等式成立；如果不相等，则返回 false，比如 5==3，表示等式不成立。

尽管 == 两侧的操作数可以是浮点数，由于浮点数往往不能精确表示，则一般不会用 == 来判断浮点数是否相等。

2．不相等运算符

Java 中的不相等运算符是 "!="，它是一个双目运算符。它的一般形式是：

```
<exp1>!=<exp2>
```

其中两侧的操作数可以是任意相同或相容类型的数据或表达式。比如：

```
5!=3
(a*3)!=b+2
true!=false
```

如果 != 两侧的值相等，则返回 false，比如，2+4!=6，表示判断不成立；如果不相等，则返回 true，比如，5!=3，表示判断成立。

3．大小关系运算符

Java 中的大小关系运算符共有 4 个："＞"大于、"＜"小于、"＞="大于等于、"＜="小于等于。它们都是双目运算符，一般形式是：

```
<exp1> <关系运算符> <exp2>
```

这些关系运算符的运算规则和代数中相应符号的规则完全相同。操作数的类型只能是整型或浮点类型。若关系成立，返回 true，否则返回 false。

设 a==3，b==4，下面这些表达式：

```
a>b 结果为 false
a<b 结果为 true
a>=b 结果为 false
a<=b 结果为 true
```

如果参与运算的操作数类型不相同，则会进行自动类型转换。

2.4.3　逻辑运算符和逻辑表达式

关系运算所能反映的是两个运算对象之间是否满足某种"关系"，比如是"大于"还是"小于"。逻辑运算则用来判断一个命题是"成立"还是"不成立"。所以，逻辑运算的判断结果也是 boolean 值，只有 true 和 false。其中，true 表示该逻辑运算的结果是"成立"的（即命题为"真"），false 表示该逻辑运算的结果是"不成立"的（即命题为"假"）。

通常，将参与逻辑运算的数据对象称为逻辑量。用逻辑运算符将关系表达式或逻辑量连接起来的式子称为逻辑表达式。逻辑表达式的值又称为逻辑值。参与逻辑运算的操作数必须是 boolean 类型的数据或是表达式，不允许是其他类型。

逻辑运算符有 3 种：与运算、或运算和非运算（也称取反运算）。它们之间还可以任意组合，成为更复杂的逻辑表达式。逻辑运算极大地提高了计算机的逻辑判断能力。

逻辑运算表达式通常使用在 if~else 语句、for 语句和 while 语句的判断部分。

1．逻辑与运算

逻辑与运算符是"&&"，它是双目运算符。它所组成的逻辑表达式的一般形式为：

`<exp1> && <exp2>`

其中，exp1 和 exp2 可以是 Java 语言中 boolean 类型的表达式或者数据。比较常见的是前面介绍的关系表达式，或者也是一个逻辑表达式。

逻辑与表达式 exp1 && exp2 所表达的语义是：只有当表达式 exp1 "与"表达式 exp2 的值同时为 true，整个表达式的值才为 true；否则，整个表达式的值为 false。表 2.7 归纳了运算符"&&"的含义，这种表通常称为"真值表"。

表 2.7　逻辑与运算符的真值表

exp1	exp2	exp1 && exp2	exp1	exp2	exp1 && exp2
false	false	false	true	false	false
false	true	false	true	true	true

例如，程序需要判断变量 a 的值是否处于[0,100]的区间内，通常数学的写法是：0<=a<=100。但在 Java 中不能这样写，需要将两个不等式分开来写，然后用逻辑与来连接：

`(0<=a) && (a<=100)`

当该表达式的值为 true 时，a 的值一定是在[0,100]之间。

再比如，需要判断一个字母是否为大写的英文字母。可以用下面的逻辑表达式来表达：

`('A'<=ch)&&(ch<='Z')`

其中，ch 是要判断的字符。当且仅当两个关系式（即两个条件）为真时，由"&&"构成的组合条件才为真，也就是说，当该逻辑表达式的值为 true 时，变量 ch 一定是大写英文字母。

2．逻辑或运算

逻辑或运算符是"||"，它是双目运算符。它所组成的逻辑表达式的一般形式为：

```
<exp1> || <exp2>
```

其中，exp1 和 exp2 可以是 Java 语言中 boolean 类型的表达式或者数据。比较常见的是前面介绍的关系表达式，或者也是一个逻辑表达式。

逻辑或表达式 exp1 || exp2 所表达的语义是：只要表达式 exp1 "或者" 表达式 exp2 的值中，有一个为 true，整个表达式的值就为 true；否则，整个表达式的值为 false。表 2.8 是运算符"||"的真值表。

表 2.8　逻辑或运算符的真值表

exp1	exp2	exp1 || exp2	exp1	exp2	exp1 || exp2
false	false	false	true	false	true
false	true	true	true	true	true

例如，程序需要判断字符 ch 是否为英文字母，但大小写不限，则可以用如下表达式描述：

```
('A'<=ch)&&(ch<='Z')||('a'<=ch)&&(ch<='z')
```

由于运算符"||"的优先级比"&&"低，它们都具有左结合性，因此，只要逻辑或运算符"||"两边表达式的值有一个为 true，整个表达式的值也就为 true。此时，变量 ch 可能是小写字母，也可能是大写字母，但绝不会是其他字符。

因为逻辑运算符"&&"和"||"的优先级比关系运算符都低，而且"||"的优先级比"&&"的优先级低，所以上面的表达式又可以写为下面的形式：

```
'A'<=ch && ch<='Z' || 'a'<=ch && ch<='z'
```

但从结构上看，这个表达式显然没有前面的那个清晰。

需要特别指出的是，逻辑与和逻辑或运算符分别具有以下性质。对于表达式：

```
exp1 && exp2
exp1 || exp2
```

如果下列条件有一个满足：

❑　在逻辑与表达式中，exp1 的计算结果为 false；
❑　在逻辑或表达式中，exp1 的计算结果为 true。

则整个表达式计算完毕。因为这时已经能够确定整个表达式的逻辑值，所以 exp2 不会被计算。这个特性，被称为短路运算。

由于上述性质，在 Java 语言中计算连续的逻辑与和逻辑或运算时，实际上对表达式中的各操作数的计算顺序施加了控制。在做"&&"运算时，若左操作数的值为 false，则不再计算右操作数，并立即以 false 为"&&"运算的结果；在计算逻辑"||"运算时，若左操作数的值为 true，也不再计算右操作数，并立即以 true 作为"||"运算表达式的结果。在顺序计算逻辑表达式的过程中，一旦确定了表达式的最终结果，就不再继续计算。例如，设有定义：

```
int a = 1, b = 2, c = 3;
```

在计算下列表达式时，

```
a < b || (b<c) && (a>c)
```

读者也许认为"&&"运算优先级高于"||"运算，所以先分别求关系表达式(b<c)和(a>c)的值，再做"&&"运算，结果为 false，最后作"||"运算。因为 a<b 的关系成立（结果为 true），所以整个表达式的结果为 true。但实际上编译器在处理这个表达式时，把上述表达式组合成如下形式：

```
a < b || ( (b<c) && (a>c) )
```

显然，由于左操作数 a<b 的值为 true，所以不必再计算"||"运算的右操作数，即子表达式(b<c) && (a>c)，并立即得到整个表达式的值为 true。后面的表达式根本就没有计算过。

于是可以得到一个结论：在由运算符"&&"或"||"构成的复杂表达式中，这两个运算符能够控制子表达式的求值顺序。即它们的左操作数总是首先被求值，并根据左操作数的值来决定右操作数是否还需要求值。

因此，读者要特别注意上述两种逻辑运算的这一短路特点。同时，在组织含有"&&"运算的表达式时，将最可能为"假"的条件安排在最左边；在组织含有"||"运算的表达式时，将最可能为"真"的条件安排在最左边。这样可以提高程序的效率。

3. 逻辑非运算

逻辑非运算符是"!"，它是单目运算符。它所组成的逻辑表达式的一般形式为：

```
!<exp>
```

exp 可以是 Java 语言中 boolean 类型的表达式或者数据。比较常见的是前面介绍的关系表达式，或者也是一个逻辑表达式。

逻辑非表达式!exp 所表达的语义是：只要表达式 exp 为 true，整个表达式的值就为 false；否则，整个表达式的值为 true。所以它又被称为逻辑反。表 2.9 是运算符"!"的真值表。

表 2.9　逻辑非运算符的真值表

exp	!exp
true	false
false	true

由于逻辑"非"运算符"!"是一个单目运算符，它与其他单目运算符具有同样的优先级，比所有的双目运算符的优先级都高，且具有右结合性。所以，要检测变量 x 的值是否不小于变量 y 的值，可用如下表达式描述：

```
!(x < y)
```

其圆括号是必需的，以确保表达式的正确计算。当 x 和 y 都等于 3 时，关系式 x<y 的结果等于 false，所以，表达式!(x<y)的值为 true。

巧妙地利用关系运算和逻辑运算，常常能表达复杂的条件判断。例如，编制日历程序需要判定某年是否是闰年。由日历法可知，4 年设一闰年，但每 100 年少一个闰年，即能被 4 整除但不能被 100 整除的年份为闰年，每 400 年又增加一个闰年，即能被 400 整除的年份也为闰年。记年份为 year，则 year 年是闰年的条件可以用逻辑表达式描述如下：

```
( year % 4 == 0 && year %100 != 0 ) || year % 400 == 0
```

可以看到这个式子非常的简洁而易懂，这正是使用逻辑表达式的优势。

2.4.4　条件运算符和条件表达式

条件运算符是一个三目运算符，即它需要 3 个操作数。它使用两个符号（"?"和":"）来表示这个运算符。Java 语言中使用条件运算的原因是它使得编译器能产生比 if~else 更优化的代码，可以认为它是 if~else 语句的一种更简便的替代表示法。三目条件运算表达式的一般形式是：

<表达式 1>? <表达式 2>：<表达式 3>

表达式 1 通常是一个关系表达式。三目条件运算表达式的运算规则是：首先计算表达式 1，当其结果为 true（真）时，三目条件运算表达式取表达式 2 的值为整个表达式的值，否则取表达式 3 的值为其值。表达式 2 和表达式 3 可以是不同的数据类型，但必须是相容的。

可见，条件运算符像逻辑运算符一样，也能控制子表达式的求值顺序。

三目条件运算符最适用于这样的情况：根据某些条件将两个值中的一个，赋值给指定的变量。例如，要将 x 与 y 两者中的较大者送给 a，可以用如下语句实现：

```
max = (x > y) ? x :y;
```

执行上述语句时，首先检测条件 x>y。如果条件成立（为"真"），那么计算"?"后面的表达式 x，并将该表达式的值（即 x 的值）赋给变量 max；如果条件不成立（为"假"），则计算":"后面的表达式 y，并将该表达式的值（即 y 的值）赋给变量 max。

🔔注意：上述表达式中，子表达式(x > y)的圆括号不是必须的，加上圆括号只是为了增加表达式的可读性。因为，三目条件运算符的优先级只高于赋值运算符，低于其他所有的运算符，而且是"从右到左"结合的。

下面是三目条件运算符的另一个示例：

```
(x % 2 == 1) ? 1 : 0
```

❑　当 x 为奇数时，整个表达式的值为 1。
❑　当 x 为偶数时，整个表达式的值为 0。

例 2.18 是一个更复杂一点的三目条件运算符的应用实例。执行这个程序，会随机产生一个字符。如果该字符是英文小写字母，将其转换为对应的大写字母输出；否则，输出其自身。

【例 2.18】　用条件运算符转换字母示例。

```
//-------------文件名 lowToUpper.java，程序编号 2.18------------
public class lowToUpper{
```

```
public static void main(String args[]){
  char originChar, shiftChar;
  originChar=(char)(Math.random() * 128);   //随机产生一个字符
  System.out.println("随机产生的字符是: "+originChar);
  shiftChar=(originChar>='a')&&(originChar<='z') ?
                    (char)(originChar-'a'+'A') : originChar;//将小写字母
                                                        转换成大写
  System.out.println("转换后的字符是: "+shiftChar);
  }
}
```

Math.random()是 Java 中的随机数产生器，会得到一个[0,1]之间的双精度数，将它乘以 128 并取整，就可以得到一个 Unicode 码在（0～128）之间的字符。

由于 Java 的输入数据比较麻烦，需要用到异常处理机制。所以在学习异常之前，本书都采用随机函数来生成数据，请读者务必理解该函数。

条件运算符中，如果(originChar>='a')&&(originChar<='z')的结果为"真"，说明 originChar 的值是小写字母，则返回子表达式(char)(originChar-'a'+'A')的值。

表达式(char)(originChar-'a'+'A')用来将小写字母转成大写。不妨设 originChar=='b'，亦即'b'-'a'+'A'，它等同于 98–97+65，得结果 66，即大写 B 字符的 Unicode 码。

如果表达式(originChar>='a')&&(originChar<='z')运算的结果为"假"，说明 originChar 的值是不是小写字母，则直接返回 originChar 的值。

由于这个程序用到了随机函数，所以每次运行的结果可能都不同。某一次运行的结果如下：

```
随机产生的字符是: y
转换后的字符是: Y
```

三目条件运算表达式还可以嵌套，即在一个表达式中，可以多次使用这个运算符。例如：

```
e1 ? e2 : e3 ? e4 : e5
```

由于条件运算符满足从右至左的结合律，所以，上述表达式等价于：

```
e1 ? e2 : (e3 ? e4 : e5)
```

例 2.19 的程序实现了这样一个功能：任意产生一个整数，这个数如果小于 0，就显示 –1；如果等于 0，就显示 0；如果大于 0，就显示 1。这实际上就是通常称之为符号函数的实现。由此，我们再一次领略到三目条件运算符的处理能力。

【例 2.19】　用条件运算实现符号函数示例。

//-------------文件名 sign.java，程序编号 2.19------------

```
public class sign{
  public static void main(String args[]){
    int number,flag,sign;
    number=(int)(Math.random()*10);      //产生一个[0,10]之间的整数
    sign=Math.random()<0.5 ? -1 : 1;      //随机产生一个+1 或 -1
    number = sign * number;               //将前面产生的数转成(-10,10)之间的数
    flag = number>0 ? 1 : (number<0 ? -1 : 0); //进行符号判断
    System.out.println("number=" + number + " flag=" + flag);
  }
}
```

程序的流程比较简单，就是先产生一个（-10，10）之间的整数，然后利用条件运算符进行判断。它某一次运行的结果为：

```
number=-5 flag=-1
```

读者可多运行几次，可以看到不同的结果。

2.4.5　位运算符和位表达式

Java 语言提供了多种位运算。位运算将操作数解释成有序的"位"集合，这些位中的某一位或若干位可以具有独立的含义。它使得 Java 语言也能像 C 语言一样，可以随心所欲地操纵存储单元中的二进制位（bit）。位运算符通常用于整数，且参与运算的操作数均以补码形式出现。Java 语言提供了 7 种位运算符，表 2.10 归纳了这些运算符的用法。

表 2.10　位运算符及其用法

运算符	使用形式	含　义	运　算　描　述
&	var1 & var2	按位与	如果两个操作数的相应位都为 1，则结果中的相应位为 1
|	var1 | var2	按位或	如果两个操作数的相应位有一个为 1，则结果中的相应位为 1
^	var1 ^ var2	按位异或	如果两个操作数的相应位只有一个为 1，则结果中的相应位为 1
~	~var	取反	将操作数中的所有 0 置为 1，所有 1 置为 0
<<	var << bit_num	左移	将操作数中的所有位左移指定的位数，右边空出的位补 0
>>	var >> bit_num	带符号右移	将操作数的所有位右移指定的位数，左边空出的位填补符号
>>>	var >>> bit_num	无符号右移	将操作数的所有位右移指定的位数，左边空出的位填补 0

下面通过实例来说明它们的用法。

1．按位与运算

按位与运算符"&"是双目运算符。其功能是参与运算的两数各对应的二进制位作"与"运算。只有对应的两个二进位均为 1 时，结果位才为 1；否则为 0。表达式的一般形式是：

```
<操作数> & <操作数>
```

在实际应用中，按位与运算通常用于将操作数的某（些）位清 0（又称屏蔽）而其他位的值保持不变。例如，设 a 为长度为 16 位的 short 变量，其值为 0x4567。现要求将 a 的高 8 位清 0，保留低 8 位。可通过表达式 a&255 实现，如图 2.2 所示。

图 2.2　表达式 a&255 的演算过程

2．按位或运算

按位或运算符"|"是双目运算符。其功能是参与运算的两数各对应的二进位作"或"

运算。只要对应的两个二进制位有一个为 1 时，结果位就为 1；对应的两个二进制位同时为 0 时，结果位才为 0。

<操作数>　|　<操作数>

该运算可以很方便地将操作数的某（些）位置 1，而其他位仍不改变其值。例如，仍设 a 的值为 0x4567，现要将最高位置为 1，其他位保持不变。可通过表达式 a | 0x8000 实现，如图 2.3 所示。

```
  0 1 0 0 0 1 0 1 0 1 1 0 0 1 1 1   a==0x4567
| 1 0 0 0 0 0 0 0 0 0 0 0 0 0 0 0   0x8000
  1 1 0 0 0 1 0 1 0 1 1 0 0 1 1 1   a|0x8000==0xc567
```

图 2.3　表达式 a|0x8000 的演算过程

3．按位异或运算

按位异或运算符"^"是双目运算符。其功能是参与运算的两数各对应的二进制位作"异或"运算。仅当两个对应的二进位不相同时，结果为 1，否则结果为 0。表达式的一般形式是：

<操作数>　^　<操作数>

异或运算最普遍的用法是能快速地将变量的值清 0。由此可见，也能快速判断两个操作数是否相等。例如，表达式"a = a ^ a"，可以将整数 a 的值清为"0"，如图 2.4 所示。

```
  0 1 0 0 0 1 0 1 0 1 1 0 0 1 1 1   a==0x4567
^ 0 1 0 0 0 1 0 1 0 1 1 0 0 1 1 1   a==0x4567
  0 0 0 0 0 0 0 0 0 0 0 0 0 0 0 0   a^a==0x0000
```

图 2.4　表达式 a^a 的演算过程

异或运算还有一个很重要的特性就是，对于任意的整型数据 a、b，有：

a^b^b=a

证明过程如下：

（1）设 a 的某位为 1，b 的对应位为 1，则有：1^1=0，而后，0^1=1。若 b 的对应位为 0，则有：1^0=1，而后，1^0=1。

（2）设 a 的某位为 0，b 的对应位为 1，则有：0^1=1，而后，1^1=0。若 b 的对应位为 0，则有：0^0=0，而后，0^0=0。

综合（1）、（2）即可得：a^b^b=a。

异或运算的这一功能可以用来作为简单的加密。即以 b 为密钥，与 a 进行异或操作，就可对明文 a 进行加密。解密时仍然以 b 为密钥，对密文进行异或，可以还原为明文 a。

4．取反运算

取反运算符"～"为单目运算符，具有右结合性。表达式的一般形式是：

～<操作数>

取反运算符的功能是对参与运算的数的各二进位按位取反。例如，对 short 类型的数据 9 的取反运算，即：

```
~ (0000000000001001)
```

结果为：

```
1111111111110110
```

💬注意：取反运算不会改变数据本身的值，只是计算的结果为原数据的按位反。

很容易证明，对于任意整型数据 a，有～(～a)=a。这个也可以用于简单的数据加密或转换。

5．左移位运算

左移运算符是"<<"，它是双目运算符。其表达式的一般形式为：

```
<操作数> << <移位位数>
```

左移运算符的功能是将运算符"<<"左边的操作数的各二进位全部左移指定的位数。左移时，操作数移出左边界的位被丢弃，从右边开始用 0 填补空位。例如，设 byte a=15，则赋值表达式"a = a<<3"的结果是 120。图 2.5 给出了其运算过程。

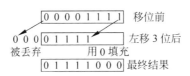

图 2.5　左移 3 位

细心的读者可能会发现 a<<3=120=a×2^3，其实很容易证明，对于任意的整数 a 和 n，有下式成立：

```
a<<n=a×2ⁿ
```

由于移位操作的速度远远超过乘法运算，所以在对运算速度要求比较高的场合，可以用移位运算来代替乘以 2 的幂运算。

6．带符号右移位运算

带符号右移位运算符是">>"，它是双目运算符，其表达式的一般形式为：

```
<操作数> >> <移位位数>
```

其功能是将运算符">>"左边的操作数的各二进位，全部右移指定的位数。右移时，操作数移出右边界的位被丢弃，从左边开始用符号位填补空位。如果原先最高位是 1，则填补 1；如果是 0，则填补 0。例如，设 byte a=25，则赋值表达式 a = a>>3 的结果是 3。图 2.6 给出了其运算过程。

若 a= –25，则用补码表示为：11100111。此时表达式 a=a>>3 的值为：11111100，这个值用十进制表示是–2。运算过程如图 2.7 所示。

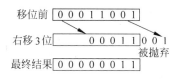

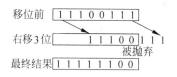

图 2.6　右移 3 位，高位填 0　　　　图 2.7　右移 3 位，高位填 1

对于正整数而言，每右移 1 位，相当于被 2 整除一次。带符号移位，保证了数据的正负不会发生变化。

7. 不带符号右移位运算

不带符号右移位运算符是 ">>>"，它是双目运算符，其表达式的一般形式为

<操作数> >>> <移位位数>

其功能是将运算符 ">>>" 左边的操作数的各二进位全部右移指定的位数。右移时，操作数移出右边界的位被丢弃，从左边开始用 0 填补空位。而与原符号位无关。除此之外，它的操作和 ">>" 并没有什么不同。

最后，要提醒读者注意的是，不要将位运算与逻辑运算混为一谈。例如，逻辑运算!a，它的操作数只能是 boolean 值。但按位取反运算～a 则不同，它的操作数必须是整型值。

再来看逻辑与 "&&" 和逻辑或 "||" 运算，它们与按位与 "&" 和按位或 "|" 的区别主要表现在以下两个方面。

❑ 在逻辑表达式中，如果左边的操作数已经能够决定整个表达式的值，就不再对其右边的操作数求值。但 "&" 和 "|" 运算符两边的操作数都必须求值。

❑ 逻辑运算主要用于测试逻辑表达式的结果是 true 还是 false，按位运算则用于比较它们的操作数中对应的 "位"。

2.4.6　赋值运算符和赋值表达式

Java 中的赋值运算符有两种：一种是简单的赋值运算符 "="，另一种是将 "=" 与其他的运算符复合在一起形成的复合赋值运算符。

1. 简单赋值运算

符号 "=" 被预定义为赋值运算符。它不是代数中的等于运算符，等于运算符被预定义为 "=="。由 "=" 连接的式子。称为赋值表达式。因此，凡是可以出现表达式的地方，都可以赋值。例如，下面是赋值表达式的一个例子。

```
x = y+10
```

在这个表达式中，赋值运算 "=" 由左操作数 x 和右操作数 y+10 组成。赋值表达式的求解过程是：先计算赋值运算右操作数的值，然后将右操作数的值存放到左操作数指定的存储位置。但赋值运算本身也是一个表达式，它也应该有一个值，其值就是左操作数的新值。这个新值还可以被引用。

在 Java 中，出现在赋值号左边的操作数称为 "左值"，出现在赋值号右边的操作数称

为"右值"。常量和表达式不能作为左值。

　　所谓赋值，其物理意义就是将赋值运算右操作数的值存放到其左操作数所标识的存储单元中。请看下面这个表达式：

```
a=a+1
```

　　从代数的角度看，它不是一个合法的表达式，但它在 Java 中是合法的。设变量 a 的值为 1，用程序语言来描述这个表达式，就是将 a 号存储单元的内容加 1，其结果再存放到 a 号单元中。即该表达式被计算后，a 号单元的内容被更新为 2。

　　下面再作几点说明。

　　（1）赋值运算的左操作数必须为其右操作数指明一个确定的可存储位置，而右操作数可以是常量、变量、方法调用或任何合法的 Java 表达式，包括赋值表达式本身。因此，表达式：

```
a+1=b+1
```

　　是错误的。错误的原因不在于赋值运算的左操作数是一个表达式，而在于这个左操作数表达式不能确定一个可存储位置，从而导致 b+1 的结果无处存储。

　　（2）赋值运算符具有右结合性。因此，表达式：

```
a=b=c=1
```

　　可理解为：

```
a=(b=(c=1))
```

　　（3）赋值表达式是带有副作用的。也就是说，整个赋值表达式除了产生一个返回值外，还会更新左操作数所标识的存储单元的值。例如上面所给出的表达式：

```
a=b=c=1
```

　　它的具体计算过程是：根据结合规则，首先计算子表达式 c=1，即将数值 1 赋给变量 c，再将计算子表达式 c=1 得到的返回值（其值也是 1）赋给变量 b，最后将子表达式 b=c=1 的返回值（其值还是 1）赋给变量 a，整个赋值表达式还有一个返回值（仍然是 1）。再看一个例子：

```
a=(b=10)+(c=20)
```

　　对于这个表达式，要弄清楚以下两个概念。

- ❑ 究竟是先计算子表达式 b=10 还是先计算子表达式 c=20。Java 规定是从左向右计算，即先计算 b=10，而后计算 c=20。
- ❑ 要弄清楚"+"运算的运算对象是谁。读者可能认为是把 b 和 c 的值相加，但这是错误的理解。正确的理解应该是将两个子表达式的返回值相加。在这里，尽管 b+c，与(b=10)+(c=20)在效果上是一样的，即结果都是 30，但两者的概念完全不同。后者说明赋值表达式本身还有一个返回值，这个返回值还可以继续参加运算。

　　（4）如果赋值运算符两边的数据类型不相同，需要进行类型转换，即把赋值运算符右边的类型转换成左边的类型（即"向左看齐"），然后再赋值。如果这种转换是扩展转换，系统将自动进行类型转换。如果是缩减转换，则需要程序员用强制类型转换来实现。

2. 复合赋值运算

在程序设计中，类似下面的表达式是司空见惯的：

```
x = x + y
```

这类运算的特点是参与运算的量既是运算分量，又是存储对象。为避免对同一存储对象的地址重复计算，提高编译效率，Java 引入复合赋值运算符。凡是双目运算符都可以与赋值运算符组合成复合赋值运算符。Java 提供了 11 种复合赋值运算符。它们分别是：

```
+=、-=、*=、/=、%=、<<=、>>=、>>>=、&=、^=、|=
```

下面举例说明复合赋值运算的含义：

```
x += 6.0        等效于    x = x + 6.0
z *= x + y      等效于    z = z * (x + y)
a += a -= b + 5 等效于    a = a + (a = a - (b + 5))
```

一般地，记θ为某个双目运算符，复合赋值运算：

```
x θ= e
```

其等价的表达式为：

```
x = x θ (e)
```

注意，当 e 是一个复杂表达式时，其等价表达式的括号是必需的。例如：

```
y *= a+b
```

的等价形式是：

```
y = y * (a+b)
```

赋值运算符和所有复合赋值运算符的优先级全部相同，并且都具有右结合性，它们的优先级低于 Java 中其他所有运算符的优先级。

2.4.7　表达式的求值顺序

前面介绍了 10 多种运算符。当它们混合在一起进行运算的时候，往往会让初学者为一个表达式的求值顺序而伤透脑筋。

当一个表达式包含多个运算符时，表达式的求值顺序是由 3 个因素决定的：

- ❑ 运算符的优先级；
- ❑ 运算符的结合性；
- ❑ 运算符是否控制求值顺序。

这里的第 3 个因素是指 Java 语言中的 3 个运算符：逻辑与"&&"、逻辑或"||"和条件运算符"?:"。它们可以对整个表达式的求值顺序施加控制。它们或者保证某个子表达式能够在另一个子表达式的所有求值过程完成之前进行求值，或者使某个子表达式被完全跳过不再求值。

如果不考虑第 3 个因素的影响，Java 中求值顺序的基本规则是：两个相邻运算符的计算顺序由它们的优先级决定。如果它们的优先级相同，那么它们的结合性就决定了它们的计算顺序。如果使用了小括号"()"，那么它具有最高优先权。小括号可以改变运算符的优先级和结合性。

可见，人们熟知的运算符优先级，并不能完全决定表达式的求值顺序。它在表达式求值过程中的主要作用是如何划分表达式的各个部分。考察下面这个表达式：

```
a*b+c*d
```

显然，乘法运算应该优先于加法运算，而且 3 个运算符的结合方向都是从左到右，所以它等价于：

```
(a*b)+(c*d)
```

如果程序员想改变它的运算顺序，可以这样使用括号：

```
a*(b+c)*d
```

另外一个容易混淆的例子是：

```
a+++b
```

似乎理解成为：

```
(a++)+b   或者   a+(++b)
```

都可以。但对于计算机而言，这样的歧义是要绝对禁止的，所以 Java 专门规定了它的处理方法。Java 在从左到右扫描运算符时，会尽可能多地扫描字符，以匹配成一个合法的操作符。因此，"a+++b"会被处理成为"(a++)+b"。

💡提示：为了避免出现这种使人理解上的歧义，推荐读者自己加上括号。

求值顺序中还有一个问题，就是对于任何一个双目运算符，都有左右两个操作数，这两个操作数的求值也有一个顺序。与 C/C++不同，Java 明确规定：左操作数先求值，右操作数后求值。下面通过两个例子来说明这一规则。

【例 2.20】 求值顺序示例 1。

```
//-------------文件名 showOrder_1.java，程序编号 2.20------------
```

```java
class showOrder_1{
  public static void main(String[] args) {
     int i = 2;
     int j = (i=3) * i;
     System.out.println(j);
  }
}
```

在表达式"(i=3)*i"中，会先将 3 的值赋给 i，并以 3 作为操作数的值，然后对右操作数求值。显然，现在 i 的值已经是 3，所以这个式子等效于"3*3"。输出结果如下：

```
9
```

如果操作符混合赋值运算符，那么右操作数中会隐含使用左操作数。这时会先将左操作数的值记录下来，再对右操作数进行运算，最后对两个值进行运算并赋值。

【例 2.21】 求值顺序示例 2。

//-------------文件名 showOrder_2.java，程序编号 2.21-----------

```
class  showOrder_2{
  public static void main(String[] args) {
    int a = 9;
    a += (a = 3);        // 第一个例子
    System.out.println("a="+a);
    int b = 9;
    b = b + (b = 3);      //第二个例子
    System.out.println("b="+b);
  }
}
```

在第一个例子中，先计算"+="的左操作数 a，其值为 9，并记录下来，然后计算右操作数(a=3)，其值为 3。所以表达式变成了：a=9+3，值为 12。

在第二个例子中，先计算"+"的左操作数 b，其值为 9，并记录下来，然后计算右操作数(b=3)。其值为 3，所以表达式变成了：b=9+3，值为 12。

程序运行结果如下：

```
a=12
b=12
```

如果在运算双目运算符的左操作数过程中，由于某种原因（比如短路运算或者出现了异常）而中止，那么右操作数将不会被计算。

最后来看一下 Java 对于运算优先级的规定，如表 2.11 所示。

表 2.11　Java运算符的优先级

优先级	运　算　符	结 合 方 向	优先级	运　算　符	结 合 方 向
1	++ -- ~ !	从右向左	8	^	从左向右
2	* / %	从左向右	9	|	从左向右
3	+ -	从左向右	10	&&	从左向右
4	>>> >> >>	从左向右	11	||	从左向右
5	> >= < <=	从左向右	12	?:	从右向左
6	== !=	从左向右	13	= += -= *= /= %= >>=	从右向左
7	&	从左向右		>>>= <<= &= ^= |=	

说明：细心的读者可能会发现，表中并没有常用"()"，也没有数组中要用到的"[]"。这是 Java 和 C/C++的一个重要区别。"()"、"{}"、"[]"、";"、","和"."都是 Java 中的分隔符。所以"()"在 Java 中不是运算符，但可以用它来改变表达式的求值顺序和结合顺序。建议读者使用括号来明确规定表达式中各个子式的运算顺序。

2.5　流程控制语句

语句是程序的控制成分。它具有特定的语法规则和严格的表达方法，用来控制程序的运行。Java 语言尽管是面向对象的语言，但是在具体完成某一任务时，仍然需要用一个一个的方法来完成。在这些方法中，面向对象是无法派上用场的，需要的仍然是传统的结构化编程方法。因此，它的语句还是一些结构化的控制结构。这些控制结构可以归为 3 类：顺序结构、选择结构和循环结构。这 3 种结构都有一个共同的特征：每种结构严格规定只有一个入口和一个出口。即当程序运行时，只能从唯一的入口进入该控制结构所描述的代码段，也只能从唯一的出口退出。Java 语言提供了多种语句来实现这些控制结构，它们可分为 5 类：表达式语句、复合语句、分支语句、循环语句和跳转语句。本节将逐一介绍这些语句。

2.5.1 3 种基本控制结构

用 Java 编程时，一般会用一个方法来完成一个简单的任务。编写一个方法，所用的仍然是传统的结构化编程方法。1966 年，计算机科学家 Bohm 和 Jacopini 发表论文，证明了只需用顺序、选择和循环 3 种基本控制结构，就可以实现任何单入口单出口的程序。这实际上说明，编写任何一个 Java 中的方法，只需要实现这 3 种结构的语句就足够了。

1. 顺序结构

所谓顺序结构，就是指按照语句出现的先后关系顺序执行程序。图 2.8 所示的是 3 条语句的顺序结构，3 条语句的执行顺序就是图中所示的顺序。

图 2.8 所示的语句通常都是简单语句。Java 中的简单语句有两种：表达式语句和空语句。在本节之前介绍的所有程序都只有顺序控制结构。

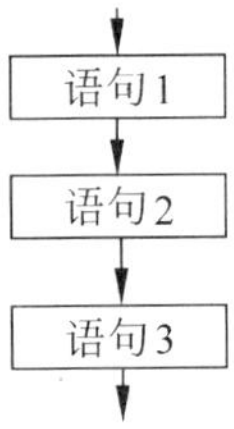

2. 选择结构

选择结构又称为判定结构或分支结构。计算机的基本特性之一是具有判定能力，或者说具有"有条件地选择执行某条语句或语句块"的能力。Java 语言可以通过选择控制结构来实现这种功能。它提供了两类选择结构语句：if～else 语句和 switch 语句。图 2.9 表示了基本的选择结构。

图 2.9 所示的选择结构也被称为两路分支，由它可以派生出另一种基本结构：多路分支选择结构，如图 2.10 所示。

图 2.8 顺序控制结构

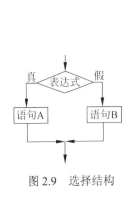

图 2.9 选择结构

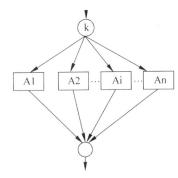

图 2.10 多路分支选择结构

3. 循环结构

在程序中，需要根据某条件重复地执行某项任务，直到满足或不满足某条件为止，这就是循环结构，又被称为重复结构。循环结构不仅可以使程序员用很少的语句，就能让计算机重复完成大量雷同的计算，而且还使得程序的结构在逻辑上更紧凑、清晰和易读。

　　循环结构也有两种。一是当型循环结构，如图 2.11 所示。当条件 P 成立时，反复执行 A 操作；直到 P 为假时，才停止循环；另一种是直到型循环，如图 2.12 所示。它是先执行 A 操作，再判断 P 是否为真。若 P 为真，则再执行 A，如此反复，直到 P 为假为止。

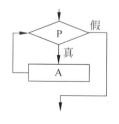

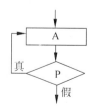

图 2.11　当型循环　　　　　　　　图 2.12　直到型循环

　　Java 语言也提供了 3 种循环控制语句来对应这两种循环结构，即 while 语句和 for 语句对应当型循环，do～while 语句对应直到型循环。

2.5.2　表达式语句和空语句

　　表达式语句，就是在表达式后面加一个分号 “;”。分号是语句终结符，除了复合语句以外（2.5.3 小节将介绍），其他任何一个 Java 语句都必须以分号结束，即分号是 Java 语句必不可少的成分。

　　表达式和表达式语句的区别在于表达式代表的是一个数值，而表达式语句则代表一种动作。最常见的表达式语句是赋值语句。方法调用语句也是一种典型的表达式语句。Java 语言允许方法调用作为一个独立的语句使用。关于方法调用，将在 3.5 节详细介绍。

　　下面这些都是典型的表达式语句：

```
a += 3;
++a;
b = a>>2;
a=(int)Math.random();
```

　　比表达式语句更简单的语句是空语句。空语句的形式就是一个分号：

```
 ;
```

　　空语句不执行任何动作，通常被安排在 “语法上要求一条语句，而逻辑上并不需要” 的地方。

　　在程序中，凡可以出现语句的地方都可以出现空语句。它既不会影响程序的结果，也不会产生编译错误。例如，下面的语句：

```
nSum = 0; ;  //多余的空语句
```

　　它事实上由两条语句组成：表达式语句和空语句。

　　表达式语句和空语句都属于简单语句。Java 中规定，语句中不再含有其他语句的，称为简单语句。由简单语句构成的语句序列，在默认情况下，它们出现的先后顺序就是其执行顺序。这种结构就是顺序控制结构，简称顺序结构。

2.5.3　块语句

块语句又称复合语句，它是一个以下形式的语句：

```
{
    语句序列
}
```

即块语句是以一个左花括号"{"开始，以一个右花括号"}"结束，其间的"语句序列"可以是一个或多个任何合法的 Java 语句。注意"}"后面没有分号。

从形式上看，块语句是多个语句的组合，但在语法意义上它只相当于一条简单语句。在任何简单语句存在的地方都可以是复合语句。例如，下面是一种简单的块语句形式：

```
{
    System.out.println( "This is a compound statement." );
}
```

尽管它没必要构成块语句，但它在语法上是完全合法的。块语句是非常有用的，因为在分支语句和循环语句的控制体中，只允许一条简单语句，但必须要多条语句才能实现功能。这时就可以将这多条语句用"{}"括起来形成一个块语句，放在控制体中。

块语句可以嵌套，也就是在块语句中间还可以定义块语句，如以下代码所示：

```
{
 a=10;
 {
   System.out.println("This is a inner compound statement ");
 }
}
```

无论是外层的块语句还是内层的块语句，语法功能都只是一条简单语句。

和块语句相关的变量是局部变量。前面 2.3.9 小节已经介绍过局部变量，一般的局部变量是定义在方法体内，作用域也是整个方法体。Java 规定，局部变量也可以定义在块语句中，作用域只限于定义它的这一个块语句。

【例 2.22】　在块语句中定义局部变量。

//--------------文件名 errorCompoundVariable.java，程序编号 2.22------------

```
public class errorCompoundVariable{
 public static void main(String args[]){
   int methodVariable=10;
   { int compoundVariable=20;
    System.out.println("methodVariable="+methodVariable);        //正确
    System.out.println("compoundVariable="+compoundVariable);    //正确
   }
   System.out.println("methodVariable="+methodVariable);         //正确
   System.out.println("compoundVariable="+compoundVariable);     //错误
 }
}
```

由于 compoundVariable 定义在块语句之中，所以在块语句之外，它就不能使用了。而

methodVariable 定义在方法体内，只要是在 main()方法中，都可以使用。该程序只有在删除掉错误的那一行之后，才能正常编译运行。

2.5.4　if～else 分支语句

为了实现选择结构，Java 提供了相应的分支语句。从逻辑上说，这些分支语句可以分成两类：一类是两路分支，以 if 和 if～else 语句为代表；另一类是多路分支，以 switch～case 语句和 if～else if～else 为代表。如果以关键字来分类，则是 if～else 为一类，switch～case 语句为另一类。本小节先介绍 if 语句。

if 语句是用来判定所给定的条件是否满足，根据判定的结果（真或假）来决定执行给出的两种操作之一。Java 提供了 3 种形式的 if 语句。

1．单一的if语句

它的语法形式为：

```
if(exp)
  statement
```

其中，exp 可以是 Java 中任意合法的关系表达式、逻辑表达式或者 boolean 量，但必须放在括号内。

statement 只能是一条语句，这条语句可以是简单语句或块语句。语句 statement 可以和 if(exp)写在同一行。

该语句的功能是，如果表达式 exp 的值为真，则执行 statement 所表示的操作；否则该语句不被执行，程序执行该语句的后续语句。程序流程如图 2.13 所示。

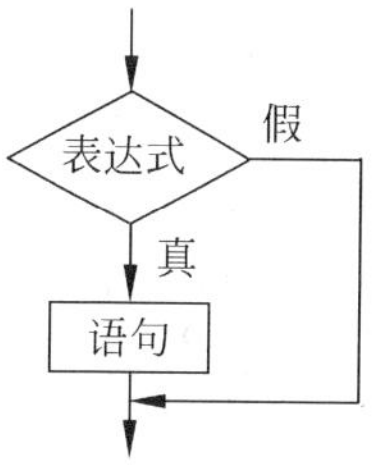

下面用一个例子来进一步说明 if 选择结构的用法。

图 2.13　if 结构流程图

【例 2.23】　随机产生两个整数，输出其中较大的那个数。

不妨设这两个整数是 x 和 y，先假设较大的数是 x。如果假设正确，就什么事情都不用做；如果 y 比 x 更大，就把 y 的值赋给 x。这样，最后只需要输出变量 x 就可以了。

//--------------文件名 outputMax.java，程序编号 2.23------------

```
public class outputMax{
  public static void main(String args[]){
    //通过 Math 中的 random 方法产生随机数，分别赋给整型变量 x 和 y
    int x=(int)(Math.random()*1000);
    int y=(int)(Math.random()*1000);
    if (y>x)                //对两个随机数的大小进行判断，找出最大值
       x=y;
    System.out.println("Max="+x);
  }
}
```

这个程序的思路很简单，但是如果 x 的值是较小的那个，那么执行 x=y 之后，它原来的值就会丢失。在某些情况下，需要用 y 来保留 x 原来的值，也就是将 x 和 y 的值交换一下。这需要用到程序设计中最常用的技巧——交换。

所谓交换，是将 x 的值赋给 y，然后将 y 的值赋给 x。解决这个问题的思路可以参考日常生活。例如，某人左手拿了一个苹果，右手拿一只香蕉。要将这两个水果换一只手，一种简单的方法是将左手中的苹果暂时放到桌子上，然后把右手的香蕉递给左手，最后用右手把桌子上的苹果拿起来。

计算机中虽然没有桌子，但是可以设置一个变量来充当桌子，这种变量叫做临时变量。下面的程序演示了如何实现这一思路。

//--------------文件名 outputMax.java，程序编号 2.24------------

```java
public class outputMax{
  public static void main(String args[]){
    int x=(int)(Math.random()*1000);
    int y=(int)(Math.random()*1000);
    int temp;      //定义临时变量
    if (y>x)       //准备交换 x 和 y 的值
    {
      temp=x;     //先把 x 的值存起来
      x=y;        //接受 y 的值
      y=temp;     //y 接受 x 原先的值
    }
    System.out.println("Max="+x);
  }
}
```

程序 2.24 比程序 2.23 看上去更复杂一些，但它们的基本功能是一样的。程序 2.24 的好处是便于以后的扩展，这一点将在 5.1.3 小节中展示。

初学者在实际应用 if 语句时，一个比较常见的错误是，当条件为"真"必须执行多条语句时，往往忘记把这些语句构成复合语句，从而导致结果出错。这类错误称为运行时错误或逻辑错误。编译器并不检查这一类错误，需要程序员通过调试程序来发现。

例如，程序 2.24 中的这一段：

```java
if (y>x)           //准备交换 x 和 y 的值
{
    temp=x;        //先把 x 的值存起来
    x=y;           //接受 y 的值
    y=temp;        //y 接受 x 原先的值
}
```

它在逻辑上的含义是：如果 x＜y，则执行花括号里的 3 条语句，否则一条都不执行。但如果读者粗心地把它们写成如下程序段：

```java
if (y>x)
    temp=x;    // (1)
    x=y;       // (2)
    y=temp;    // (3)
```

虽然编排格式并没有变化，但实际上逻辑含义完全发生了变化。它所表达的逻辑含义变成了：如果 x＜y，则执行第（1）步。然后无论 x 是否小于 y，（2）和（3）两步都被执行。

读者要理解的是，这个错误使得编译器不再将（2）和（3）对应的两个语句看作是 if 语句结构的一部分。因为在语法上，if(expression)后面要求只使用一条语句。（2）和（3）是不属于 if 语句的独立语句。

2．if～else语句

如果说 if 语句是单路选择结构，那么 if～else 语句就是双路选择结构。它的语法形式为：

```
if (exp)
    stat1
else
    stat2
```

其功能可以描述为：如果表达式 exp 的值为真，则执行 stat1；否则执行 stat2。与 if 语句相比，它增加了 else 部分，使得它在表达式 exp 为真或假时执行不同的动作，二者必居其一。语句 stat1 和 stat2 都是一条语句，如果需要多条语句，则需要用 "{}" 将其合并为块语句。程序流程如图 2.14 所示。

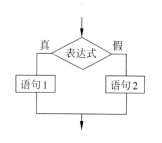

图 2.14　if～else 结构流程图

这里仍然使用例 2.23 这个问题来说明 if～else 的使用。下面可以换一种思路，不用交换两个数据的值，而是采用更为直观的方法：如果 x 大一些，就输出 x，否则就输出 y。

//-------------文件名 outputMax.java，程序编号 2.25------------

```
public class outputMax{
  public static void main(String args[]){
    int x=(int)(Math.random()*1000);
    int y=(int)(Math.random()*1000);
    if (x>y)
      System.out.println("Max="+x);
    else
      System.out.println("Max="+y);
  }
}
```

程序中的两个输出语句后面都有分号，这是由于分号是 Java 语句中不可缺少的部分，这个分号是 if 语句中的内嵌语句所要求的。如果无此分号，则出现语法错误。

❑　不要误认为上面是两个语句（if 语句和 else 语句）。它们都属于同一个 if 语句。

❑　else 子句不能作为语句单独使用，它必须是 if 语句的一部分，与 if 配对使用。

程序 2.25 看上去比前面两种方法都更易懂，足见 if～else 的作用。

3．if～else if～else语句

在某些程序设计中，可能根据条件分为多个不同的操作，这称为多路分支。从理论上来说，任意的多路分支都可以用二路分支来实现。但为了方便程序员编程，Java 对 if～else 语句进行了扩展，可以支持多路分支判断。它的一般形式如下：

```
if(exp1)
    stat1;
else if(exp2)
    stat2;
else if(exp3)
    stat3;
......
else if(exp m)
    stat m;
else
  stat n;
```

　　关于表达式 exp 和语句 stat 的语法规定，和前面 if～else 的规定完全相同。它的程序流程是从前往后依次进行判断。只要有一个判断为真，就执行对应的语句，后面的判断都不会被执行。如果没有一个判断为真，就执行 else 后面的语句。当然，这里可以省略 else 语句，那样有可能一条语句也没有被执行。程序流程如图 2.15 所示。

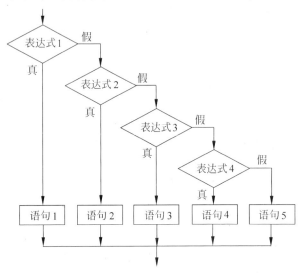

图 2.15　if～else if～else 结构流程图

下面以一个例子来说明该语句的使用方法。

【例 2.24】　给定一个 0～100 内的分数（假定是整数），按照下列标准评定其等级并输出：0～59 为不及格，60～69 为及格，70～79 为中等，80～89 为良好，90～100 为优秀。

　　这是一个典型的多路分支。假定成绩用变量 score 存储，只要判断 score 属于哪一个分数段就可以输出对应的等级。这里唯一的难点是如何判断 score 所属的分数段。比如 score 是 95 分，属于 90～100 这个分数段，初学者可能会认为这么来写：

```
90<=score<=100
```

但这是代数的写法，在 Java 中是完全错误的。应该这么来写：

```
90<=score && score<=100
```

整个程序如下：

//--------------文件名 ranking.java，程序编号 2.26------------

```java
public class ranking{
  public static void main(String args[]){
    int score=(int)(Math.random()*100);  //产生一个[0,100]间的随机整数
    if (0<=score && score<=59)
        System.out.println("成绩为"+score+"分，评定为不及格");
    else if(60<=score && score<=69)
        System.out.println("成绩为"+score+"分，评定为及格");
    else if(70<=score && score<=79)
        System.out.println("成绩为"+score+"分，评定为中等");
    else if(80<=score && score<=89)
        System.out.println("成绩为"+score+"分，评定为良好");
    else if(90<=score && score<=100)
        System.out.println("成绩为"+score+"分，评定为优秀");
  }
}
```

这个程序能够很好地工作，但它并不是一个简洁、高效的程序，因为其中某些判断完全是多余的。根据 if～else if～else 的规则，是一个个 else if 依次判断过来。比如执行到"else if(70<=score && score<=79)"这一个判断，意味着前面的判断都不成立，也就是说 score 一定不可能小于 70，所以"70<=score"这个判断是多余的，只要判断"score<=79"是否成立就可以了。整个程序可以修改如下：

//--------------文件名 ranking.java，程序编号 2.27------------

```java
public class ranking{
  public static void main(String args[]){
    int score=(int)(Math.random()*100);
    if (0<=score && score<=59)
        System.out.println("成绩为"+score+"分，评定为不及格");
    else if(score<=69)
        System.out.println("成绩为"+score+"分，评定为及格");
    else if(score<=79)
        System.out.println("成绩为"+score+"分，评定为中等");
    else if(score<=89)
        System.out.println("成绩为"+score+"分，评定为良好");
    else if(score<=100)
        System.out.println("成绩为"+score+"分，评定为优秀");
  }
}
```

程序 2.27 与程序 2.26 的功能完全相同，但程序 2.27 更为简洁高效。

4．if语句的嵌套

前面介绍的是 if 语句的基本用法。在很多情况下，一个简单的 if～else 语句并不足以满足判断的需要，往往需要在 if 语句中又包含一个或多个 if 语句，这种情况称为 if 语句的嵌套。它的一般形式如下：

```
if(exp1)
    if(exp2)   语句 1   //内嵌 if
    else       语句 2
else
    if(exp3)   语句 3   //内嵌 if
    else       语句 4
```

应当注意 if 与 else 的配对关系。Java 规定，else 总是与它上面的最近的、未曾配对的 if 配对。假如写成：

```
if(exp1)
    if(exp2)   语句 1   //内嵌 if（1）
else
    if(exp3)   语句 3   //内嵌 if（2）
    else       语句 4
```

程序的编写者把第一个 else 写在与第一个 if（外层 if）同一列上，希望 else 与第一个 if 对应，但实际上 else 是与内嵌 if（1）配对，因为它们相距最近。

一种避免上述错误的解决方法是使内嵌 if 语句也包含 else 部分（如前面列出的标准形式）。这样 if 的数目和 else 的数目相同，从内层到外层一一对应，不致出错。

如果 if 与 else 的数目不一样，为实现程序设计者的意图，可以加花括号来确定配对关系。例如：

```
if(exp1)
{
    if(exp2)   语句 1   //内嵌 if（1）
}
else
    if(exp3)   语句 3   //内嵌 if（2）
    else       语句 4
```

这时 "{ }" 限定了内嵌 if 语句的范围，因此第一个 else 会与第一个 if 配对。下面通过一个例子来说明嵌套 if 的使用方法。

【例 2.25】　用 if~else 语句嵌套实现 2.4.4 小节中例 2.19 所示的符号函数。

//-------------文件名 signByIF.java，程序编号 2.28------------

```
public class signByIF{
  public static void main(String args[]){
    int number,flag,sign;
    //产生一个（-10，10）之间的随机整数
    number=(int)(Math.random()*10);
    sign=Math.random()<0.5 ? -1 : 1;
    number = sign * number;
    //开始用 if~else 语句做判断
    if(number<0)
        flag=-1;
    else
        if(number==0)
            flag=0;
        else
            flag=1;
    //输出结果
    System.out.println("number=" + number + " flag=" + flag);
  }
}
```

它的程序流程如图 2.16 所示。

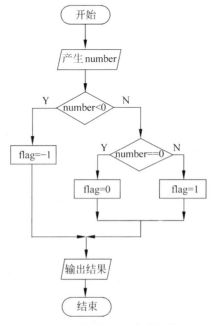

图 2.16　程序 2.28 的流程图

将程序 2.28 的 if～else 部分改动一下，如下所示。

//-------------文件名 signByIF.java，程序编号 2.29------------

```java
public class signByIF{
  public static void main(String args[]){
    int number,flag,sign;
    //产生一个（-10，10）之间的随机整数
    number=(int)(Math.random()*10);
    sign=Math.random()<0.5 ? -1 : 1;
    number = sign * number;
    //开始用 if～else 语句做判断
    if(number>=0)
      if(number>0)
          flag=1;
      else
          flag=0;
    else
        flag=-1;
    //输出结果
    System.out.println("number=" + number + " flag=" + flag);
  }
}
```

再将上面的 if～else 部分改动一下，如下所示。

//-------------文件名 signByIF.java，程序编号 2.30------------

```java
public class signByIF{
  public static void main(String args[]){
    int number,flag,sign;
    //产生一个（-10，10）之间的随机整数
    number=(int)(Math.random()*10);
    sign=Math.random()<0.5 ? -1 : 1;
    number = sign * number;
    //开始用 if～else 语句做判断
    flag=-1;
    if(number!=0)
      if(number>0)
          flag=1;
    else
        flag=0;
    //输出结果
    System.out.println("number=" + number + " flag=" + flag);
  }
}
```

再将上面的 if～else 部分改动一下，如下所示。

//-------------文件名 signByIF.java，程序编号 2.31------------

```java
public class signByIF{
  public static void main(String args[]){
    int number,flag,sign;
    //产生一个（-10，10）之间的随机整数
    number=(int)(Math.random()*10);
    sign=Math.random()<0.5 ? -1 : 1;
    number = sign * number;
    //开始用 if～else 语句做判断
    flag=0;
    if(number>=0)
```

```
    if(number>0)
          flag=1;
    else
       flag=-1;
    //输出结果
    System.out.println("number=" + number + " flag=" + flag);
  }
}
```

程序 2.29～程序 2.31 的流程图请读者自己画一下，然后分析哪些程序是错误的，并且将这几个程序多运行几次，看运行结果是否符合自己的分析。

2.5.5　多路分支 switch～case 语句

Java 提供了 switch～case 语句，专门用来处理"多中择其一"的情况语句，故又称之为多路选择语句或开关语句。在这种情况下，使用 switch 语句写出的程序往往比使用 if～else 语句写的程序更简洁、清晰，且不易出错。

switch 语句结构包含若干个 case 标号和一个可以选择的 default 子句。其一般格式为：

```
switch(exp){
   case exp1:
           语句序列 1
           break;
   case exp2:
           语句序列 2
           break;
     ……
   case expn:
           语句序列 n
           break;
   default:
           语句序列 n+1
           break;
}
```

该语句由以下几部分构成：

（1）一个控制开关。关键字 switch 后面用括号括起来的表达式 exp，称为"控制开关"。exp 是可求值的表达式或变量，其值必须是整型或布尔型。它的作用是用来控制选择执行后面的哪一个"语句序列"。

（2）一组 case 标号。它由关键字 case 后加一个常量，或完全由常量组成的表达式及冒号构成。表达式 exp1，exp2，…，expn 称为标号，因为它们将与控制开关表达式 exp 的值作比较，所以，其值也必须是整型或布尔型的，且 exp1，exp2，…，expn 的值应互不相同。各个 case 语句出现的次序可以由程序员任意安排。

（3）与一个或一组 case 标号相关联的"语句序列"，称为 case 子句。各 case 子句允许有 0 条或多条语句，或是空语句，当是多条语句时不需要构成块语句。执行完一个 case 后面的语句后，流程控制转移到下一个 case 继续执行。case 的语句标号只起到一个标识语句的作用，并不是在该处进行条件判断。在执行 switch 语句时，根据 switch 后面表达式的值找到匹配的入口标号，就从此标号开始执行下去，不再进行判断。这说明多个 case 可以共用同一组执行语句。

（4）break 语句（详见 2.5.10 小节）。它不是必须的，由程序员根据需要取舍。一旦遇到 break 语句，将跳出整个 switch 语句。正常情况下，每个 case 子句的最后是一条 break 语句。如果程序员有意省略这个 break 语句，反而被认为是不正常的。此时，程序员应该附加注释，说明此处不是遗漏而是确实不需要 break 语句。

（5）可选的 default 项。如果控制开关表达式 exp 的值与任意一个 case 标号都不匹配，则紧跟在关键字 default 后面的"语句序列 n+1"被执行。如果不使用 default 关键字，则也不应有"语句序列 n+1"。default 子句中可以没有 break，但为了保证和前面形式上的统一，一般会加上 break 语句。

（6）default 并不一定要出现在最后，其实也可以出现在中间，但通常不会这么写。如果没有 default，也没有出现任何与 case 匹配的情况，那么这个 switch 实际上成了一个空语句，不会进行任何操作。

下面用一个例子来说明 switch～case 语句的使用方法。这里使用的题目仍然是例 2.24 的题目，不过改成用 switch～case 语句来完成。

【例 2.26】　给定一个 0～100 内的分数（假定是整数），按照下列标准评定其等级并输出：0～59 为不及格，60～69 为及格，70～79 为中等，80～89 为良好，90～100 为优秀。

这里的一个难点是：case 后面是一个标号，不能像 if 语句那样写成：

```
case 0<=score && score<=59 :
```

这样的形式。不过仔细观察题目要求，可以发现，除了不及格这一等级外，在同一等级中，虽然个位数字不同，但十位数字是相同的。所以只要将分数除以 10，就可以得到它的十位数字，这个数字相同的，自然就在同一等级。程序如下：

//--------------文件名 rankingBySwitch.java，程序编号 2.32------------

```java
public class rankingBySwitch{
  public static void main(String args[]){
    int score=(int)(Math.random()*100);
    switch(score/10){
    case 10:
    case  9: System.out.println("成绩为"+score+"分，评定为优秀");
             break;
    case  8: System.out.println("成绩为"+score+"分，评定为良好");
             break;
    case  7: System.out.println("成绩为"+score+"分，评定为中等");
             break;
    case  6: System.out.println("成绩为"+score+"分，评定为及格");
             break;
    default:System.out.println("成绩为"+score+"分，评定为不及格");
             break;
    }
  }
}
```

由于 100 分和 90～99 分都属于优秀等级，但它们的十位数字并不相同，所以程序中用了两个标号"case 10"和"case 9"共用同一组操作。而对于不及格的，十位数字有 6 种，可以统一归到 default 中。这个程序虽然简单，但却用到了 switch～case 语句实际使用时的大多数常用技巧，请读者仔细体会。

2.5.6　当型循环 while 语句

在许多问题中需要用到循环结构。例如，要输入全校学生成绩，求若干个数之和，迭代求根等。几乎所有实用的程序都包含循环。循环结构是程序设计的基本结构之一，它和顺序结构、选择结构共同作为各种复杂程序的基本构造单元。因此，熟练掌握选择结构和循环结构的概念及使用，是程序设计的最基本的要求。

while 语句又称当型循环控制语句。它的一般形式为：

```
while(exp)
    stat
```

其中，exp 是任意合法的关系表达式或逻辑表达式，也可以是布尔变量或常量。被称为循环条件测试表达式；stat 是一条语句，称为循环体。语法上规定，循环体只能是一条语句。因此，当需要循环重复执行多条语句时，应使用块语句。

while 语句的执行流程是：首先对表达式 exp 求值，若其值为真，则执行循环体。循环体执行完毕后，再次去判断表达式 exp，若其值为真，则又去执行循环体。如此反复，直到表达式 exp 的值为假，则退出循环。显然，while 语句的特点是先判断，后执行。因此，其循环体有可能一次也不执行。while 语句的流程如图 2.17 所示。

下面通过两个简单的例子来说明 while 语句的使用。

【例 2.27】　依次输出 1，2，3，…，100。

题目要求反复做"输出"这个动作，只是每次输出的数据从 1，2，…一直变化到 100，每次都是增加 1，这是最简单也是最典型的循环。

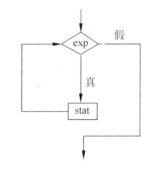

图 2.17　while 语句的流程图

//--------------文件名 showCount.java，程序编号 2.33------------

```java
public class showCount{
  public static void main(String args[]){
    int cnt=1;                   //赋初值
    while(cnt<=100){             //循环到 100 为止
      System.out.println(cnt);  //每次输出一个值
      cnt++;                    //变量加 1
    }
  }
}
```

对于一个循环而言，下面几点是需要重点注意的。

循环变量必须赋初始值，这里是 1。

循环的终止条件，这里是循环到 100 为止。由于这个题目很简单，一般不会出错，但对于复杂的问题，循环的终止条件就要特别小心，因为很容易出现"差 1 错误"。比如本题的循环判断条件如果写成"cnt<100"，就会少输出一个数"100"。

循环体中，需要做两件事情：一是输出变量 cnt 的值，每次循环这个值都会不同；二是将循环变量 cnt 的值加 1。因为 cnt 同时还是循环判断表达式的一个组成部分，如果它的值不变化，就会使得"cnt<=100"永远成立，变成一个死循环。

【**例 2.28**】　求 1+2+……+100 的和。

累加求和是计算机中最常见的问题之一。对于本题，可以用等差数列求和公式来计算。但对于另外一些无规律的累加问题，就只能将每一个数据相加。为了使读者掌握解决普遍问题的方法，这里使用循环来完成累加求和。

容易看出，这里一共要进行 99 次加法，只是每次相加的两个数据不同。右侧的数据每次会要加 1，而左侧数据则需要记录前面所有的数据之和。通用的技巧是用一个变量存储每次两个数据相加的和，而后这个变量参与下一次相加，并且再次记录相加的和，如此反复。这个变量被称为累加器。

//-------------文件名 accumulationByWhile.java，程序编号 2.34-----------

```java
public class accumulationByWhile{
  public static void main(String args[]){
    int sum=0;  //累加器清零
    int cnt=1;  //加数赋初值
    while(cnt<=100){
      sum =sum+cnt; //累加
      cnt++;
    }
    System.out.println("sum="+sum);
  }
}
```

它的输出结果是：

```
sum=5050
```

程序 2.33 和程序 2.34 在结构上很相似，只不过后者的循环体中不是输出数据，而是将数据累加。这两个程序，也是大多数循环求解问题的基础。

2.5.7　直到型循环 do～while 语句

do～while 语句是 Java 中另一种结构形式的循环语句。其语法形式是：

```
do
  stat
while(exp);
```

其中，stat 是循环体，它可以是一条简单语句或复合语句。exp 是循环结束的条件，它可以是 Java 中任意合法的关系表达式或逻辑表达式，也可以是逻辑变量或常量。在多数情况下，即使循环体中只有一条语句，也会使用"{}"，将语句写成下面的形式：

```
do{
  stat
}while(exp);
```

这样程序看上去更为清晰，不易和 while 语句混淆。

do～while 语句的功能是，重复执行由 stat 构成的循环体，直到紧跟在 while 后的表达式 exp 的值为假时才结束循环。do～while 语句的流程如图 2.18 所示。

与 while 语句相比，do～while 语句有一些不同。

do～while 语句总是先执行循环体，然后再判断循环结束条件。因此，循环体至少被执行一次。do～while 循环本身被看成是一条语句，所以 while(exp)后面需要一个终止的分号。循环体如果多于一个语句，则应构成复合语句。

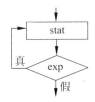

下面仍然以例 2.28 的题目为例，来说明 do～while 语句的使用。

图 2.18　do～while 语句的流程图

//--------------文件名 accumulationByDoWhile.java，程序编号 2.35------------

```java
public class accumulationByDoWhile{
  public static void main(String args[]){
    int sum=0;        //累加器清零
    int cnt=1;        //加数赋初值
    do{
       sum =sum+cnt; //累加
       cnt++;
    }while(cnt<=100);
    System.out.println("sum="+sum);
  }
}
```

用 do～while 来解决累加求和问题和 while 程序的编写难度并没有多大的区别。通常情况下，都会使用 while 语句来编写。不过在某些情况下，用 do～while 语句比 while 语句编写的程序更为简洁。

【例 2.29】 随机产生一系列的正数并输出，直到产生的数大于 100 为止，要求最后这个大于 100 的数也要输出。

这个题目和前面的题目不相同之处在于：它的循环次数是不能预先确定的，终止条件是输出的数大于 100。下面先用 do～while 语句来写。

//--------------文件名 outputByDoWhile.java，程序编号 2.36------------

```java
public class outputByDoWhile{
  public static void main(String args[]){
    int number;
    do{
       number=(int)(Math.random()*150); //随机产生一个[0，150)间的正整数
       System.out.print(number+ " ");
    }while(number<=100);
  }
}
```

某一次运行的结果如下：

93 19 51 86 92 29 107

另一次运行的结果是：

128

下面用 while 语句来编写这个程序。

//--------------文件名 outputByWhile.java，程序编号 2.37------------

```java
public class outputByWhile{
  public static void main(String args[]){
    int number;
    number=(int)(Math.random()*150);    //随机产生一个[0，150)间的正整数
    System.out.print(number+ " ");
    while(number<=100){
      number=(int)(Math.random()*150); //随机产生一个[0，150)间的正整数
      System.out.print(number+ " ");
    }
  }
}
```

这个程序明显没有程序 2.36 那个简洁，产生数据和输出数据都出现了两次，一次在循环体前，一次在循环体内。这是因为 while 的终止判断条件表达式中，用到了变量 number，这个数必须有一个初始值。本程序无论怎样都至少要输出一个数据，这正好符合 do～while 语句的流程。所以，在某些情况下，用 do～while 语句可以简化程序的编写。

2.5.8 当型循环 for 语句

Java 中的 for 语句使用最为灵活，不仅可以用于循环次数已经确定的情况，也可以用于循环次数不确定而只给出循环条件结束的情况，它完全可以替代 while 语句。for 语句的一般形式为：

```
for(exp1; exp2; exp3)
    stat
```

exp1 是循环初值表达式。它在第一次循环开始前计算，且仅计算一次，其作用是给循环控制变量赋初值。

exp2 是循环条件测试表达式。它在每次循环即将开始前计算，以决定是否继续循环。因此，正常情况下，该表达式决定了循环的次数。

exp3 是循环控制变量调整表达式。它在每次循环结束时计算，以更新循环控制变量的值。

stat 是循环体。其可以是简单语句或块语句。当有多条语句时，必须使用块语句。最简单的循环体只有一个空语句。

for 循环的执行过程如图 2.19 所示。

首先计算 exp1，然后再计算 exp2。若 exp2 的值为真，则执行循环体；否则，退出 for 循环，执行 for 循环后的语句。如果执行了循环体，则循环体每执行完一次，都要重新计算 exp3，然后再计算 exp2，依此循环，直至 exp2 的值为假。for 循环的流程图如图 2.19 所示。

for 语句最简单的应用形式也是最容易理解的形式。其语法结构如下：

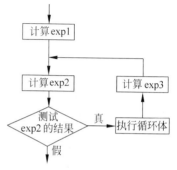

图 2.19　for 循环的流程图

```
for(循环变量赋初值;循环条件;循环变量改变值)
    语句
```

下面仍然以例 2.28 的题目为例，用 for 语句来完成累加求和。

//-------------文件名 accumulationByFor.java，程序编号 2.38-----------

```
public class accumulationByFor{
  public static void main(String args[]){
    int sum=0;   //累加器清零
    int cnt;
    for(cnt=1;cnt<=100;cnt++)
      sum += cnt;
    System.out.println("sum="+sum);
  }
}
```

它的执行过程与程序 2.34 完全一样。其中的语句：

```
int cnt;
for(cnt=1;cnt<=100;cnt++)
  sum += cnt;
```

与下面的语句相同。

```
int cnt=1;
while(cnt<=100){
  sum =sum+cnt;  //累加
  cnt++;
}
```

显然，用 for 语句更为简单方便。对于 for 语句的一般形式也可以改写如下形式：

```
exp1;
while(exp2){
  stat
  exp3;
}
```

使用 for 语句时，还应注意下面几点。

（1）for 语句一般形式中的 exp1 可以省略，此时应在 for 语句之前给循环变量赋初值。注意省略 exp1 时，其后的分号不能省略。例如：

```
for(;cnt<=100;cnt++)  sum+=cnt;
```

执行时，跳过"求解 exp1"这一步，其他不变。

（2）如果 exp2 省略，即不判断循环条件，循环将无终止地进行下去。也就是认为 exp2 始终为真。例如：

```
for(cnt=1;  ; cnt++)  sum+=cnt;
```

exp1 是一个赋值表达式，exp2 空缺。它相当于：

```
cnt=1;
while(true){
  sum+=cnt;
  cnt++;
}
```

（3）exp3 也可以省略，但此时程序设计者应另外设法保证循环能正常结束。例如：

```
for(cnt=1; cnt<=100; ){
    sum+=cnt;
    cnt++;
}
```

在上面的 for 语句中只有 exp1 和 exp2，而没有 exp3。cnt++的操作不放在 for 语句 exp3 的位置处，而作为循环体的一部分，效果是一样的，都能使循环正常结束。

（4）可以省略 exp1 和 exp3，只有 exp2，即只给循环条件。例如：

```
for(; cnt<=100; ){
    sum+=cnt;
    cnt++;
}
```

相当于：

```
while(cnt<=100){
    sum+=cnt;
    cnt++;
}
```

在这种情况下，for 语句完全等同于 while 语句。可见 for 语句比 while 语句功能强，其除了可以给出循环条件外，还可以赋初值，使循环变量自动增值等。

（5）3 个表达式都可省略，例如：

```
for(; ;) 语句
```

相当于：

```
while(true) 语句
```

即不设初值，不判断条件（认为表达式 2 为真值），循环变量不增值，将无终止地执行循环体。

（6）exp1 可以是设置循环变量初值的赋值表达式，也可以是与循环变量无关的其他表达式。例如：

```
for (sum=0; cnt<=100; cnt++)
    sum+=cnt;
```

exp3 也可以是与循环控制无关的任意表达式。

（7）exp1 和 exp3 可以是一个简单的表达式，也可以是逗号表达式，即包含一个以上的简单表达式，中间用逗号间隔。例如：

```
for(sum=0,cnt=1; cnt<=100; cnt++)
    sum=sum+cnt;
```

或

```
for(i=0,j=100; i<=j; i++,j--)
    k=i+j;
```

exp1 和 exp3 都是逗号表达式，各包含两个赋值表达式，即同时设两个初值，使两个变量增值。逗号表达式是从左到右依次运算。在上面的 exp1 中，先算 i=0，再算 j=100。

（8）在 exp1 中，可以定义变量，例如：

```
for(int i=0; i<10; i++)
```

这个变量 i 也是一个局部变量，它的作用域仅限于 for 语句的循环体内。

（9）Java 中的 for 语句功能很强。其可以把循环体和一些与循环控制无关的操作，也作为 exp1 或 exp3 出现，这样可以使程序短小简洁。但过分地利用这一特点会使 for 语句显得杂乱，可读性降低。因此最好不要把与循环控制无关的内容放到 for 语句的括号中。

最后再以一个求阶乘的问题作为 for 语句的示例。

【例 2.30】　求 n!=1×2×3×……×n，设 n=10。

求阶乘就是一个累乘的过程，它与累加求和基本相同，不过是将加法改成了乘法。另外，用于累乘的变量初始值应该为 1。

//-------------文件名 factorial.java，程序编号 2.39------------

```
public class factorial{
  public static void main(String args[]){
    int product=1;   //累乘器赋初值
    int cnt;
    for(cnt=1;cnt<=10;cnt++)
      product *= cnt;
    System.out.println("10! ="+product);
  }
}
```

程序输出结果如下：

```
10! =3628800
```

理论上来说，while 语句、do~while 语句和 for 语句是可以相互替代的，不过在具体编程时，需要视情况选择最合适的循环语句。一般情况下，如果循环次数能够预先确定，或者循环变量是递增或递减，都会选择 for 循环；如果至少要循环一次，就会选择 do~while 循环；如果是无限循环，通常会选择 while 循环。

2.5.9　增强的 for 循环

Java SE5 以后的版本中，引入了一种新的更加简洁的 for 语法用于数组和容器，即增强的 for 循环，通常也称为 Java 中的 foreach 语法，表示不必创建 int 变量去对由访问项构成的序列进行计数，foreach 将自动产生每一项，其标准语法格式是：

```
for(ElementType element:arrayName){
    stat;
};
```

其中 arrayName 是一个数组对象，或者是带有泛性的集合，此集合中的类型与 ElementType 一致。

element 定义了一个局部变量，这个局部变量的类型与 arrayName 中的对象元素的类型是一致的。

stat 定义的是循环体。

【例 2.31】 假设有一个 float 数组，编程遍历数组中的每一个元素。

如果用普通的 for 循环实现，就是定义一个自增的数组下标，然后依次取出数组中每个下标的值，实现遍历。用增强的 for 循环实现代码如下：

//-------------文件名 foreachExample.java，程序编号 2.40------------

```java
import java.util.*;

public class foreachExample{
  public static void main(String args[]){
    Random rand = new Random(15);        //定义一个产生随机数的 Random 对象
    float f[] = new float[10];           //定义一个大小为 10 的 float 数组空间
    for(int i=0; i<10; i++)
      f[i] = rand.nextFloat();           //使用普通的 for 循环，为数组赋随机值
    for(float x : f)
      System.out.println(x);             //使用增强 for 循环实现数组遍历
    }
}
```

程序输出结果如下：

```
0.7299824
0.7907954
0.10552478
0.41838557
0.91068906
0.30808353
0.1555174
0.07747352
0.6698621
0.0027896166
```

在上述代码中，同时用了普通的 for 循环和增强的 for 循环，float 数组需要通过普通的 for 循环进行组装，因为在组装时必须按索引来访问，而在遍历是则使用了增强的 for 循环，所用到的就是 foreach 语法：

```java
for(float x : f)
```

这条语句定义了一个 float 类型的变量 x，继而将每一个 f 的元素赋值给 x。在 Java 中，任何返回一个数组的方法都可以使用这类增强的 for 循环，这种循环方法不仅在录入代码时可以节省时间，更重要的是，它阅读起来也要容易的多，其目的侧重于业务的实现，而不关注实现的细节，在很多应用中可以提高编程效率。

【例 2.32】 遍历字符串 "today is a good day" 中全部的字符。

在 Java 应用中，有时需要对某一字符串中的字符进行遍历，或统计字符串中某类字符出现的次数等。String 类中有一个方法 toCharArray()，它返回一个 char 数组，因此可以用增强的 for 循环迭代字符串里所有的字符。

//-------------文件名 foreachString.java，程序编号 2.41------------

```java
public class foreachString{
    public static void main(String args[]){
        for(char c : "today is a good day".toCharArray())
            System.out.print(c + " ");
    }
}
```

程序输出结果如下：

```
today is a good day
```

增强的 for 循环也有自己的局限性，比如，不能在循环体中访问位置信息、不能对元素进行定点删除等。在实际的 Java 编程中，需要根据具体的应用场景来灵活地选择对应的循环方法。

2.5.10　循环的嵌套

前面所讨论的 3 种循环结构的循环体，在语法上要求是一条语句。如果这条语句又是一个循环语句，或者是包含循环语句的块语句，则称这个循环结构是二层循环结构。依此类推，可能出现三层、四层乃至更多层循环结构。这种循环体中又套有另一个循环的结构叫做循环的嵌套。3 种循环语句 for、while 和 do～while 可以互相嵌套、自由组合。但要注意的是，各循环必须完整，相互之间绝不允许交叉。例如下面几种都是合法的形式。

```
(1) while(exp1){//外层循环
        ......
        while(exp2){//内层循环
            ......
        }
    }
(2) do{//外层循环
        ......
        for(exp1;exp2;exp3){//内层循环
            ......
        }
    }while(exp);
(3) for(exp1;exp2;exp3){//外层循环
        ......
        for(exp4;exp5;exp6){//内层循环
            ......
        }
    }
```

当然合法的形式远不止这几种，嵌套的层次也可以更深。Java 并没有规定最多的嵌套层数，但如果嵌套层次过多，将影响程序的可读性。所以建议嵌套层次不要超过 3 层，如果有必要嵌套多层，可将内层的循环另外写成方法，供外层循环调用。

【例 2.33】　依次输出 1，2，3，……，100，每行 10 个数字，共有 10 行。

这个题目可以用一层循环来实现，但用双层循环嵌套更为直观。外层循环用来控制输出的行数，这里共有 10 行。内层循环用来控制每行输出的数字，数字是递增的，每行 10 个。其中，内外两层循环都是定长循环，可用 for 来实现。另外用一个变量从 1 开始逐步增加，作为输出用的数据。

//-------------文件名 showDoubleLoop.java，程序编号 2.42------------

```
public class showDoubleLoop{
  public static void main(String args[]){
    int cnt=1;                    //用作输出的数据
    for(int i=1; i<=10; i++){     //外层循环，控制行数
```

```
    for(int j=1; j<=10; j++){ //内层循环，控制每行输出的数字数目
        System.out.print(cnt+" ");
        cnt++;
    }
    System.out.println();          //每行 10 个数字输出完后，需要加一个换行符，它属于
                                       外层循环
    }
  }
}
```

程序的输出如下：

```
1 2 3 4 5 6 7 8 9 10
11 12 13 14 15 16 17 18 19 20
21 22 23 24 25 26 27 28 29 30
31 32 33 34 35 36 37 38 39 40
41 42 43 44 45 46 47 48 49 50
51 52 53 54 55 56 57 58 59 60
61 62 63 64 65 66 67 68 69 70
71 72 73 74 75 76 77 78 79 80
81 82 83 84 85 86 87 88 89 90
91 92 93 94 95 96 97 98 99 100
```

这个程序也可以改动一下，不用变量 cnt 作为输出变量，可以直接使用 j 来输出，不过这样需要考虑 j 的变化规律。可以发现，每一行的第一个数字与该行的 i 有着一个简单的对应关系：10×(i−1)+1，如果 i 是从 0 开始编号，则该关系变为：10×i+1。程序如下：

//-------------文件名 showDoubleLoopSe.java，程序编号 2.43------------

```
public class showDoubleLoopSe{
  public static void main(String args[]){
    for(int i=0; i<10; i++){                     //外层循环，控制行数
      for(int j=10*i+1; j<=10*(i+1); j++){      //内层循环，控制每行输出的数字数目
        System.out.print(j+" ");                  //循环控制变量兼做输出数字
      }
      System.out.println();                       //每行 10 个数字输出完后，需要加一个
                                                     换行符
    }
  }
}
```

程序 2.43 比程序 2.42 虽然要简短一些，但似乎更难想到一些。不过这种查找内层变量和外层变量规律的技巧，在很多程序中都会用到。本章最后一节将会有更为详细的演示。

细心的读者可能还发现，程序 2.43 的外层循环已经变成了：

```
for(int i=0; i<10; i++)
```

i 的初始值是 0，终止条件是 i<10，它的循环次数仍然是 10 次。但当循环终止时，i 的值为 10。而当程序 2.42 的外层循环终止时，i 的值为 11。读者要仔细体会两者的区别。

2.5.11　跳转语句 break

break 语句用来实现控制转移。在前面学习 switch 语句时，已经接触到 break 语句。在 case 子句执行完后，通过 break 语句使控制立即跳出 switch 结构。在循环结构中，有时需

要在循环体中提前跳出循环。break 语句就是用来提前退出某个循环。

1．一般的break语句

它的形式是：

```
break;
```

它的功能是将程序流程转向所在结构之后。在 switch 结构中，break 语句使控制跳转到该 switch 结构之后。在循环结构中，break 语句使控制跳出包含它当前的循环层，并从循环之后的第一条语句继续执行。break 语句不能用于循环体和 switch 语句之外的任何地方。

【例 2.34】　判断一个数是否为素数。

所谓素数，是指除了 1 和它本身之外，不能被任何其他数整除的正整数。根据这一定义，设某位数 number，它的平方根等于 s，依次测试它被 2，3，…，s 之间的数整除的结果。如果它能被 2～s 之中的任何一个整数整除，则提前结束循环，此时循环变量必然小于或等于 s；如果 number 不能被 2～s 之间的任何一个整数整除，则在完成最后一次循环后，循环变量还要加 1，因此它会等于 s+1，然后才终止循环。在循环之后判别循环变量的值是否大于 s，若是，则表明未曾被 2～s 之间的任何一个整数整除过，因此输出"是素数"。

//--------------文件名 isPrime.java，程序编号 2.44------------

```
public class isPrime{
  public static void main( String args[] ){
    int number=(int)(Math.random()*1000)+2;    //产生一个[2,1000]内的正整数
    int sqrt=(int)Math.sqrt(number);           //求平方根
    int i;
    for(i=2; i<=sqrt; i++)
      if( number%i==0 )                        //如果能被整除，不是素数
        break;                                 //立即跳出循环
  . if(i>sqrt)
      System.out.println(number+"是素数");
    else
      System.out.println(number+"不是素数");
  }
}
```

程序某一次的运行结果如下：

```
139 是素数
```

2．带标号的break语句

Java 语言没有提供受到广泛争议的 goto 语句，而是为 break 语句提供了标号功能。所谓标号，就是用来标记某一条语句的位置。其基本的语法格式为：

```
<标号> : <语句>
```

使用标号的 break 语句形式为：

```
break 标号；
```

当执行到本条语句时，立即跳转到标号所标记的语句处。对于 break 而言，所标记的

语句只能是包含本 break 语句的内层或外层循环语句。比如以下代码是非法的：

```
for(i=0;i<10;i++)
  inner: System.out.println(i);
break inner;
```

对于 break 语句而言，如果标号标记的是包含它的循环语句，则跳转到该语句处相当于跳转出这一层循环。所以程序 2.44 可以改写成程序 2.45，如下所示。

//-------------文件名 isPrime.java，程序编号 2.45------------

```
public class isPrime{
  public static void main( String args[] ){
    int number=(int)(Math.random()*1000)+2;      //产生一个大于 2 的随机数
    int sqrt=(int)Math.sqrt(number);             //对产生的随机数进行开平方处理
    int i;
outer:                              //outer 标记下面的 for 循环
    for(i=2; i<=sqrt; i++)
      if( number%i==0 )
        break outer;                //跳转出 outer 所标记的循环
    if(i>sqrt)
      System.out.println(number+"是素数");
    else
      System.out.println(number+"不是素数");
  }
}
```

说明：虽然加上了标记 outer，但实际上，程序 2.45 和程序 2.44 是完全等价的程序。

如果有多层循环嵌套，利用标号可以从最内层的循环一步就跳转出所有的循环嵌套。下面这个简单的例子演示了它的使用方法。

【例 2.35】　利用标号语句跳转出所有的循环嵌套。

//-------------文件名 showBreak.java，程序编号 2.46------------

```
public class showBreak{
  public static void main( String args[] ){
outer:                     //标记 while 循环
    while(true)
      for(int i=0;i<10;i++){
        System.out.print(i+" ");
        if (i>4)
          break outer;   //跳转出由 outer 所标记的循环
      }
  }
}
```

程序 2.46 中，外层循环 while 是一个无限循环。但由于被 outer 所标记，所以当执行到内层循环中的 break outer;时，仍然可以跳出该循环。程序的输出如下：

```
1 2 3 4 5
```

2.5.12　跳转语句 continue

continue 语句的功能是，使当前执行的循环体中止，即跳过 continue 语句后面尚未执行的该循环体中所有语句,但不结束整个循环,而是继续进行下一轮循环。和 break 语句一样,continue 也有两种用法。

1. 一般的continue语句

它的形式是:

```
continue;
```

continue 语句只能出现在循环体中。执行本语句,会立即跳转到包含本语句的当前循环语句的循环条件表达式处,进行条件测试,以确定是否进行下一次循环。图 2.20 演示了包含 continue 语句的 for 循环的执行流程。

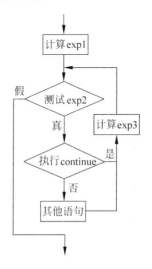

图 2.20　包含 continue 语句的 for 循环流程

【例 2.36】　输出[100,200]之间不能被 3 整除的数。

//--------------文件名 notMultipleOfThree.java,程序编号 2.47------------

```java
public class notMultipleOfThree{
  public static void main( String args[] ){
    //通过 for 循环,将求解数控制在 100~200 之间
    for(int num=100; num<=200; num++){
      //使用 % 运算,判断目标数能否被 3 整除
      if(num%3==0)
      //如果能被 3 整除,则不满足条件,跳出内层循环
        continue;
      System.out.print(num+" ");
    }
  }
}
```

当 num 能被 3 整除时,执行 continue 语句,结束本次循环(即跳过输出语句)。只有当 num 不能被 3 整除时才执行输出语句。

程序 2.47 不用 continue 语句也完全可以写出来,这里只是说明它的用法。

2. 带标号的continue语句

continue 后面也可以跟标号,它的语法形式是:

continue 标号;

标号的规则与 break 语句使用标号的规则完全相同。如果标号所标记的是包含 continue 的外层循环，则内层循环被终止，计算外层循环的条件测试，以确定是否进行下一趟循环。

【例 2.37】　输出[100,200]之间的所有素数。

例 2.32 已经讲解了如何判断一个数是否为素数。本例中要做的不过是反复判断多个数是否为素数。做重复的事情，正是计算机最拿手的本领。只要在程序 2.44 外面套一个外层循环就可以完成该任务。

//-------------文件名 primeNumber.java，程序编号 2.48------------

```java
public class primeNumber{
 public static void main( String args[] ){
    System.out.println(" ** prime numbers between 100 and 200 **");
 outer:
    for(int num=101; num<200; num+=2){  //标记外层循环
        int sqrt=(int)Math.sqrt(num);
        //下面的循环判断当前的 num 是否为素数
        for(int i=2; i<=sqrt; i++)
          if( num%i==0 )
            continue outer;              //不是素数，直接跳到外层循环，进行下一个数的
                                         判断
        System.out.print(num+" ");  //如果能执行到这里，一定是素数
    }
 }
}
```

程序的输出结果如下：

```
 ** prime numbers between 100 and 200 **
101 103 107 109 113 127 131 137 139 149 151 157 163 167 173 179 181 191 193
197 199
```

break 语句和 continue 语句都会中断循环语句的正常运行，造成循环语句有多个出口。因此有人认为这破坏了结构化的原则，降低了程序的可读性。特别是带标号的 break 和 continue，可能会导致人们阅读程序时理解流程的混乱。所以除非有特别的需要（例如可以极大地提高程序的效率），否则应尽量避免使用这两种语句。

事实上，任何含有 break 和 continue 语句的程序，都可以改成不含这两种语句的形式。例如对于例 2.35，可以改写成如下形式：

//-------------文件名 primeNumber.java，程序编号 2.49------------

```java
public class primeNumber{
  public static void main( String args[] ){
    System.out.println(" ** prime numbers between 100 and 200 **");
    for(int num=101; num<200; num+=2){
        int sqrt=(int)Math.sqrt(num);
        boolean isPrime=true;    //增加一个标识，记录 num 是否能被某个数整除
        for(int i=2; i<=sqrt && isPrime; i++) //循环条件有两个
          if( num%i==0 )
            isPrime=false;
        if(isPrime)
          System.out.print(num+" ");
    }
  }
}
```

程序 2.49 中去掉了 continue 语句，取而代之的是一个 boolean 变量 isPrime，该变量初始值为 true，即默认当前数为素数。一旦这个数据能被某个数整除，就将该变量改成 false，表示它不是素数。同时，为了终止掉内层循环，又将这个变量作为循环判断表达式的一部分。这样程序的效率和程序 2.35 是一样的，但是可读性要好得多。

2.6　Java 基础语法实战演习

前面已经介绍了 Java 的基础知识，本节将综合运用这些知识编制一些简单的程序，以帮助读者巩固所学知识，并逐步熟悉编程的一些常见技巧。

2.6.1　判断闰年

【例 2.38】　随机产生一个年份，判断是不是闰年。

闰年是满足下面两个条件之一的年份：

（1）能被 4 整除但不能被 100 整除；

（2）能被 400 整除。

这个问题可以用很多方法来解，这里先用 if～else 语句来求解。用变量 year 代表年份，判断的流程如图 2.21 所示。

根据流程图 2.21，可以编写程序如下：

//-------------文件名 leapYearByIf.java，程序编号 2.50------------

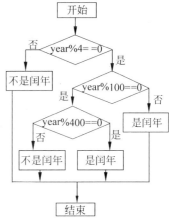

图 2.21　闰年的判断流程

```java
public class leapYearByIf{
  public static void main(String args[]){
    int year=(int)(Math.random()*5000);
    if( year%4 == 0 ){
      if( year%100 == 0 ){
        if( year%400 == 0 ){
          System.out.println(year+"是闰年");
        }
        else
          System.out.println(year+"不是闰年");
      }
      else
        System.out.println(year+"是闰年");
    }
    else
      System.out.println(year+"不是闰年");
  }
}
```

程序 2.50 用了多个 if～else 嵌套，如果直接阅读程序，读者可能会觉得有点难懂，需要对照图 2.21 来看。其实对于本题，还有更简单的方法，就是利用逻辑表达式来做。根据闰年的两条规则，用表达式（1）对应规则（1）：

（1）year%4==0 && year%100!=0

用表达式（2）对应规则（2）：

（2）year%400==0

且表达式（1）和（2）之间是或关系，于是可以得到下面的逻辑表达式：

(year%4==0 && year%100!=0)||(year%400==0)

凡是满足上式的就是闰年，否则不是闰年。程序如下：

//-------------文件名 leapYearByLogical.java，程序编号 2.51------------

```java
public class leapYearByLogical{
  public static void main(String args[]){
    int year=(int)(Math.random()*5000);   //产生一个 5000 以内的随机数代表年份
    if( (year%4==0 && year%100!=0) || (year%400==0) )
        System.out.println(year+"是闰年");
    else
        System.out.println(year+"不是闰年");
  }
}
```

这个程序明显比程序 2.50 简洁、易懂。所以灵活运用逻辑表达式，也是程序员的基本技巧之一。

2.6.2　求最大公约数和最小公倍数

对于两个正整数 m 和 n，求它们的最大公约数。对于这个问题，有一种简单的解决方法，就是给定一个数 r，它的初始值为 min(n, m)，测试它是否能同时被 m 和 n 整除，如果不能，则将其值减 1，再测试。依次类推，一旦它能被两个整数整除，那么这个 r 就是最大公约数。但这种方法的效率比较低，下面介绍一种效率更高的算法：欧几里德辗转相除法。

（1）求余数，r=m%n。

（2）令 m←n，n←r。

（3）若 r==0，则 m 为最大公约数，退出循环；否则转到第（1）步。

本书不对算法的正确性做出证明，读者可以自行思考。这个算法很明显就是一个直到型循环，可以用 do～while 语句来实现。求出最大公约数 q 之后，最小公倍数只要用 m×n/q 就可以了。

【例 2.39】　用辗转相除法求最大公约数和最小公倍数。

//-------------文件名 GcdAndGcm.java，程序编号 2.52------------

```java
public class GcdAndGcm{
  public static void main(String args[]){
    //通过 Math.random()方法，生成 m、n 两个整型的随机数
    int m=(int)(Math.random()*1000);
    int n=(int)(Math.random()*1000);
    int r;
    int sm=m, sn=n;   //保存这两个数的值
```

```
//下面的循环根据辗转相除法求最大公约数
do{
    r = m % n;
    m = n;
    n = r;
}while(r>0);
//循环结束，最大公约数存储在 m 中
System.out.println(sm + "和" + sn + "的最大公约数是：" + m);
System.out.println(sm + "和" + sn + "的最小公倍数是：" + sm*sn/m);
  }
}
```

某一次运行的结果如下：

```
760 和 612 的最大公约数是：4
760 和 612 的最小公倍数是：116280
```

注意，程序 2.52 中的 do～while 循环，几乎就是将前面的算法一句句翻译成 Java 语言。这其实就是编程的实质：将自然语言所描述的算法翻译成为程序设计语言。对于初学者，掌握程序设计语言是基本任务，但如果要更进一步提高编程能力，学习常用的算法是必须的。

2.6.3　Fibonacci 数列

菲波那契（Fibonacci）数列是数学中非常有名的一个数列，因为是数学家 Fibonacci 发现的而得名。它的递推公式为：

$K_N=1$　　　　当 n=1 或 2 时

$K_n=K_{n-1}+K_{n-2}$　　当 n≥3 时

即从第三项起，每一项都是它前面两项之和。

【例 2.40】　求 Fibonacci 数列的前 24 项。

设当前所求项为 K_3，K_3 的前一项为 K_2，K_2 的前一项为 K_1，则 $K_3=K_2+K_1$。任意项的求解过程如图 2.22 所示。

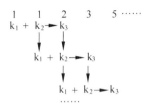

图 2.22　Fibonacci 数列求值过程示意图

这里只有 3 个变量：K_3、K_2 和 K_1，却要输出 24 项，所以要用到一个迭代技巧。每当输出一个项 K_n 后，K_{n-2} 项不再有用，于是可以将 K_{n-1} 赋给 K_{n-2}，将 K_n 赋给 K_{n-1}，把 K_n

空出来，继续求 K$_{n+1}$。

//------------文件名 Fibonacci.java，程序编号 2.53------------

```
public class Fibonacci{
  public static void main(String args[]){
    int k1=1, k2=1, k3;
    System.out.print(k1 + " " + k2 +" ");    //输出前两位
    for (int i=3; i<=24; i++){
      k3 = k1 + k2;
      System.out.print(k3 + " ");
      if( i%8 == 0)
        System.out.println();                //每行输出 8 项
      //开始迭代，保存最近的两项
      k1 = k2;
      k2 = k3;
    }
  }
}
```

程序运行结果如下：

```
1 1 2 3 5 8 13 21
34 55 89 144 233 377 610 987
1597 2584 4181 6765 10946 17711 28657 46368
```

从以上运行结果中可以看出，Fibonacci 数列的增长速度很快。当到第 47 项时，就会超出 int 类型的存储范围。所以，如果要求的项数比较大，则需要用 long 甚至是 BigInteger 对象。

2.6.4　逆向输出数字

对数字进行处理，是计算机中的常见问题，也属于比较基础的知识。

【例 2.41】　将任意一个正整数逆向输出。例如，有一个整数 32496，逆向输出为 69423。

解决此问题的基本思路是要将数据分离成一个一个的数字。对于 32496，先将 6 分离出来，再将 9 分离出来……最后将 3 分离出来。在分离的过程中，将数据依次输出就可以得到逆序的序列。

要分离出最低位是很简单的事情，只要对 10 取余即可。问题是如何将中间的数字也分离出来。其实，在最低位分离出来之后，最低位不再有用，完全可以抛弃，然后将第 2 位变成最低位。这只需要将数字用 10 整除，比如 32496/10=3249，现在就可以对 9 进行操作了。

上面这两步反复做下去，形成一个循环，就可以依次处理百位、千位、……但是还有一个问题，就是什么时候终止这个循环。容易想到，当最高位被分离出来之后，再整除 10，结果会为 0，这时就不用再循环下去了。

程序实现如下：

//------------文件名 converseNumber.java，程序编号 2.54------------

```
public class converseNumber{
  public static void main(String args[]){
    //产生一个1000000 以内的正整数
    int number=(int)(Math.random()*1000000);
```

```
//定义一个临时整型变量，用来表示分离出的个位数
int remainder;
System.out.println("要处理的数字是："+number);
System.out.print("逆向输出的数字是：");
while(number>0){   //循环直到数字变成 0 为止
  remainder = number % 10;   //分离出个位
  //打印输出 remainder
  System.out.print(remainder);
  number /= 10;
  }
 }
}
```

某一次运行的结果如下：

```
要处理的数字是：973981
逆向输出的数字是：189379
```

2.6.5　求水仙花数

【例 2.42】　打印出所有的水仙花数。所谓水仙花数是指一个三位数，其各位数字的立方和等于该数字本身。例如，153 是一个水仙花数，因为 $153=1^3+5^3+3^3$。

这个问题的核心也是分离数字，单个的数字分离出来之后，再累加求立方和就可以得到结果了。这两个技巧在前面都已经讲解过，不再重复。程序实现如下：

//--------------文件名 daffodilNumber.java，程序编号 2.55------------

```
public class daffodilNumber{
 public static void main(String args[]){
   int  i, sum, num, remainder;
   System.out.print("所有的水仙花数如下：");
   for(i=100; i<1000; i++){   //依次对所有的三位数进行处理
     sum=0;    //累加器清零
     //准备对数字进行处理。这会改变数字的值
     //所以不能直接对循环变量处理，需要另外赋给 num
     num=i;
     while(num>0){  //分离数字，并累加求和
       remainder = num % 10;
       sum += remainder * remainder * remainder;
       num /= 10;
     }
     if (sum == i)  //判断立方和是否与原数据相等
       System.out.print(i + " ");
   }
  }
}
```

程序的输出结果如下：

所有的水仙花数如下：153 370 371 407

这个程序使用二重循环来查找所有符合要求的数字。内层循环和核心，它把前面的分离数字以及累加求和的技巧综合在一起。在多数情况下，即便是看上去很复杂的程序，其实是把各种小的技巧、方法综合在一起。

2.6.6　输出图形

【例 2.43】 编程输出一个如下所示的图形（行数可以更多，比如 10 行）。

```
*
**
***
****
*****
```

这个图形输出很有规律，它是一个直角三角形，每行输出的"*"都在依次增加，而且第一个"*"的输出位置总是靠在最左边。

容易想到用这样的双层循环来实现：外层循环控制输出的行数，这是个定值；内层循环控制本行输出"*"的数目，这个数目恰好是本行的行号；每一行输出完毕后，需要输出一个换行符。

程序如下：

//-------------文件名 triangleStar.java，程序编号 2.56------------

```
public class triangleStar{
  public static void main(String args[]){
    final int LINES = 10;        //输出 10 行
    int i, j;
    for(i=1; i<=LINES; i++){     //外层循环 10 次，输出 10 行
      for(j=1; j<=i; j++)        //控制本次输出的"*"数目，这个数目由 i 决定
        System.out.print("*");
      System.out.println();      //每输出完一行就要换行
    }
  }
}
```

【例 2.44】 编程输出如下图形：

```
    *
   ***
  *****
 *******
*********
 *******
  *****
   ***
    *
```

这个菱形要比上面的直角三角形更为复杂，可以把它分成两个三角形：上面部分是一个 5 行的正三角形，下面部分是一个 4 行的倒三角形。要输出这样两个三角形，需要解决两个问题。

（1）每行"*"的数目。对于上面的正三角形，若以 i 表示它的行号，那么每行"*"的数目等于 2i–1。对于下面的倒三角形，它的数目也与 i 有关，不过更为复杂一点，需要对 i 重新编号，即倒置三角形的最上面一行编号从 1 开始，这样"*"的数目就等于 2(LINES–i)–1。其中 LINES 是一个常量，就等于正三角形的行数。

（2）每行第一个"*"位置的确定。第一个"*"的位置可以由空格来决定，即在每行的前面先输出若干个空格，然后再开始输出"*"，就可以形成上面的效果。问题是输出多少个空格。这个数目显然也与行号 i 有关。不过对于正三角形，输出的空格越来越少；而下面的倒三角形，输出的空格越来越多。这里先不给出这个函数关系，读者可以先想一想，再看下面的程序。

//------------文件名 lozengeStar.java，程序编号 2.57------------

```
public class lozengeStar{
  public static void main(String args[]){
     final int LINES = 5;                 //上面正三角形输出 5 行，下面的倒三角为 4 行
     int i, j;
     //先输出上面的正三角形
     for(i=1; i<=LINES; i++){
       for(j=1; j<=LINES-i; j++)          //控制本次输出的空格数，注意循环控制表达式
          System.out.print(" ");
       for(j=1; j<=2*i-1; j++)            //控制本次输出的"*"数目，注意循环控制表达式
          System.out.print("*");
       System.out.println();              //每输完一行就要换行
     }
     //接着输出下面的倒三角形
     for(i=1; i<LINES; i++){              //i 要重新开始编号
       for(j=1; j<=i; j++)                //控制本次输出的空格数，注意循环控制表达式
          System.out.print(" ");
       for(j=1; j<=2*(LINES-i)-1; j++)    //控制本次输出的"*"数目，注意循环控制
                                          表达式
          System.out.print("*");
       System.out.println();              //每输完一行就要换行
     }
  }
}
```

从程序 2.57 中可以看出，其实上下两个三角形的输出方法几乎完全相同，只是循环控制表达式的编写不同。将一个大问题分解成为几个较小的问题来解决，是求解问题的基本思路。

2.6.7　输出九九口诀表

【例 2.45】　输出一个如下所示的九九乘法口诀表。

```
1×1=1
1×2=2  2×2=4
1×3=3  2×3=6  3×3=9
1×4=4  2×4=8  3×4=12  4×4=16
1×5=5  2×5=10 3×5=15  4×5=20  5×5=25
1×6=6  2×6=12 3×6=18  4×6=24  5×6=30  6×6=36
1×7=7  2×7=14 3×7=21  4×7=28  5×7=35  6×7=42  7×7=49
1×8=8  2×8=16 3×8=24  4×8=32  5×8=40  6×8=48  7×8=56  8×8=64
1×9=9  2×9=18 3×9=27  4×9=36  5×9=45  6×9=54  7×9=63  8×9=72  9×9=81
```

这个乘法口诀表看上去比较复杂，其实仔细分析一下，它具有很强的规律性。

（1）若把每一个等式看成一个整体的输出项——比如把它想象成"*"，那么它和例 2.41 的输出完全一样。

（2）再来分析它的每一个等式。例如，"2×6=12"，它由两个部分构成：一部分是"×"和"="，这个是不变的。另一部分是"2、6、12"，这个都是变化的。其中，"6"与它所在的行号相同，且同一行中所有的等式这个值都相同；"12"是"2×6"计算的结果，如果能够确定"2"，也就能确定"12"；而"2"恰好是这个等式在本行中的序号。因此，3 个变量与行号、序号的关系就确定下来了。根据这个关系，不难写出下面的程序：

//-------------文件名 multiplyTable.java，程序编号 2.58------------

```java
//定义一个名为 multiplyTable 的类，实现乘法口诀表的功能
public class multiplyTable{
  //main 主方法，程序的执行入口
  public static void main(String args[]){
     //定义一个 final 的整型常量，需要赋初始值且值不能改变，用来表示口诀表的行数
     final int LINES = 9;
     //定义 i、j 两个变量，用来在循环体中控制输出的行、列
     int i, j;
     //首行对行进行循环，乘法表一共是 9 行
     for(i=1; i<=LINES; i++){
     //对每一行中的列数进行循环，列数随行数递增
     for(j=1; j<=i; j++)
      //输入乘法口诀表的内容
        System.out.print(j + "×" + i + "=" + i*j + " ");//控制输出等式
     System.out.println();  //每输完一行就要换行
     }
  }
}
```

j 是内层循环控制变量，它在每一个输出项目中都要变化，所以用作被乘数。i 是外层循环变量，它在同一行的输出中是不会变化的，所以用作乘数。等式右边的结果就是这两个变量的乘积。

2.7　本 章 小 结

本章介绍了 Java 中最基础的知识：数据类型和流程控制语句。读者不必死记这些语法规则，而应该结合程序来学习。通过大量的编程练习，自然会掌握这些基础知识。本章中提供的例程都是一些小程序，并没有过于复杂的算法，读者只要用心分析，就一定能从问题中找到隐藏的规律。善于分析问题，找到规律，这是成为一名合格程序员的基本要求。

2.8　实 战 习 题

1．Java 语言标识符的命名规则是什么？

2．Java 有哪些基本的数据类型，它们的常量又是如何书写的？

3．指出下列内容哪些是 Java 语言的整型常量，哪些是浮点数类型常量，哪些两者都不是？

　　1）E-4

2）A423

3）-1E-31

4）0xABCL

5）.32E31

6）087

7）0x L

8）003

9）0x12.5

10）077

11）11E

12）056L

13）0.

4．Java 字符能参加算术运算吗？

5．用 Java 编写一个条件表达式，表示 x=1 与 y=2 有且只有一个成立。

6．编写一个程序，示意前缀++和后缀++的区别，以及前缀−−和后缀−−的区别。

7．若一个数恰好等于它的因子之和，则这个数称为"完全数"。编写程序求 1000 之内的所有完全数。

（提示：什么是数的因子？因子就是所有可以整除这个数的数，但是不包括这个数自身。首先对 1000 以内的数进遍历，然后对每个数进行判断，求出所有因子并累加求和，最后根据判断结果输出满足条件的完全数。）

8．编程序解百鸡问题：鸡翁一，值钱五，鸡母一，值钱三，鸡雏三，值钱一，百钱买百鸡，求鸡翁、鸡母、鸡雏各几何？

（提示：此题是 Java 求职笔试中常出现的问题，主要用到 Java 循环和求模运算等方面的知识。）

9．回文整数是正读反读相同的整数，编写一个程序，输入一个整数，判断是否为回文整数。

（提示：在 Java 中，通过命令行向控制台中输入参数的方法为：

Scanner consoleScanner = new Scanner(System.in);

将输入的参数保存到一个变量中，并将输入数的各个位处理后保存到数组中，再根据回文数的特征对数组中的各个位进行判断，返回判断结果。）

第 2 篇 Java 面向对象编程

第 3 章 　对 象 和 类

在当今的计算机大型应用软件开发领域，面向对象技术正在逐步取代面向过程的程序设计技术。本章将介绍面向对象的基本知识和 Java 实现面向对象程序设计的主要工具——类。如果读者缺乏关于面向对象程序设计的背景，一定要仔细阅读本章。如果读者有 C++ 编程经验，也要注意二者之间的区别，毕竟 Java 在类的具体实现上与 C++ 有较大的差别。

学习本章面向对象的相关知识，主要内容有以下几点：

- ❏ 面向对象的基本概念；
- ❏ 对象与类的理解；
- ❏ 成员变量的定义与使用；
- ❏ 方法的定义及实现；
- ❏ 方法调用；
- ❏ 构造方法与静态方法；
- ❏ 终结处理与垃圾回收。

3.1 　什么是面向对象

面向对象（Object Oriented，OO）是当前计算机界关心的重点，它是 20 世纪 90 年代软件开发方法的主流。面向对象的概念和应用已超越了程序设计和软件开发，扩展到很广的范围。例如，数据库系统、交互式界面、应用结构、应用平台、分布式系统、网络管理结构、CAD 技术和人工智能等领域。

面向对象是一种对现实世界理解和抽象的方法，是计算机编程技术发展到一定阶段后的产物，它是相对于面向过程而言的。通过面向对象的方式，将现实世界的物抽象成对象，现实世界中的关系抽象成类、继承等，以更直观、清晰地完成对现实世界的抽象与数字建模。讨论面向对象方面的文章非常多。但是，明确地给出"面向对象"的定义却非常少。最初，"面向对象"是专指在程序设计中采用封装、继承和抽象等设计方法。可是，这个定义显然不能再适合现在的情况。面向对象的思想已经涉及到软件开发的各个方面。例如，面向对象的分析（Object Oriented Analysis，OOA）、面向对象的设计（Object Oriented Design，OOD）以及经常说的面向对象的编程（Object Oriented Programming，OOP）。许多有关面向对象的文章，都只是讲述在面向对象的开发中所需要注意的问题，或所采用的比较好的设计方法。看这些文章只有真正懂得什么是对象，什么是面向对象，才能最大程度地收获知识。

🗨说明：在本章中，着重讨论 OOP，有关 OOA 和 OOD 请读者查阅有关软件工程的书籍。OOP 从所处理的数据入手，以数据为中心而不是以服务（功能）为中心来描述系统。它把编程问题视为一个数据集合，因为数据相对于功能而言，具有更强的稳定性。OOP 同结构化程序设计相比最大的区别就在于：前者首先关心的是所要处理的数据，而后者首先关心的是功能。在计算机编程中使用 OOP 方法，更利于从人理解的方式对于复杂系统的进行分析、设计与编程。同时能有效提高编程的效率，通过封装技术，消息机制可以像搭积木的一样快速开发出一个全新的系统。

3.1.1　对象的理解

OOP 是一种围绕真实世界的概念来组织模型的程序设计方法，它采用对象来描述问题空间的实体。可以说，"对象"这个概念是 OOP 最本质的概念之一，在面向对象的编程过程中，首先根据客户需求抽象出业务对象；然后对需求进行合理分层，构建相对独立的业务模块；之后设计业务逻辑，利用多态、继承、封装和抽象的编程思想，实现业务需求；最后通过整合各模块，达到高内聚、低耦合的效果，从而满足客户要求。但是，如何给"对象"下一个严谨的定义，却是一个棘手的问题，目前还没有统一的认识。

在现实生活中，一般认为对象是行动或思考时作为目标的各种事物。对象所代表的本体可能是一个物理存在，也可能是一个概念存在。例如一枝花、一个人、一项计划等。在使用计算机解决问题时，对象是作为计算机模拟真实世界的一个抽象，一个对象就是一个物理实体或逻辑实体，它反映了系统为之保存信息和（或）与它交互的能力。

在计算机程序中，对象相当于一个"基本程序模块"，它包含了属性（数据）和加在这些数据上的操作（行为）。对象的属性是描述对象的数据，属性值的集合称为对象的状态。对象的行为则会修改这些数据值并改变对象的状态。因此，在程序设计领域，可以用"对象=数据+作用于这些数据上的操作"这一公式来表达。

下面以一个生活中常见的例子来说明对象这个概念。例如"椅子"这个对象，它是"家具"这个更大的一类对象的一个成员。椅子应该具有家具所具有的一些共性，如：价格、重量和所有者等属性。它们的值也说明了椅子这个对象的状态。例如，价格为 100 元，重量为 5 公斤，所有者是小王等。类似地，家具中的桌子、沙发等对象也具有这些属性。这些对象所包含的成分可以用图 3.1 来说明。

对象的操作是对对象属性的修改。在面向对象的程序设计中，对象属性的修改只能通过对象的操作来进行，这种操作又称为方法。比如上面的对象都有"所有者"这一个属性，修改该属性的方法可能是"卖出"，一旦执行了"卖出"操作，"所有者"这个属性就会发生变化，对象的状态也就发生了改变。现在的问题是，所有的对象都有可能执行"卖出"操作，那么如何具体区分卖出了哪个对象，这是需要考虑的。面向对象的设计思路把"卖出"这个操作包含在对象里面，执行"卖出"操作，只对包含了该操作的对象有效。因此，整个对象就会变成图 3.2 这个样子。

由于对象椅子已经包含了"卖出"操作，因此，当执行"卖出"操作时，对象外部的使用者并不需要关心它的实现细节，只需要知道如何来调用该操作，以及会获得怎样的结果就可以了，甚至不需要知道它到底修改了哪个属性值。这样做不仅实现了模块化和信息隐藏，有利于程序的可移植性和安全性，也有利于对复杂对象的管理。

图 3.1　对象的属性集合　　　　　　　　图 3.2　封装了属性和操作的对象

3.1.2　什么是类

"物以类聚"是人们区分、归纳客观事物的方法。在面向对象系统中，人们不需要逐个去描述各个具体的对象，而是关注具有同类特性的一类对象，抽象出这样一类对象共有的结构和行为，进行一般性描述，这就引出了类的概念。

椅子、桌子、沙发等对象都具有一些相同的特征，由于这些相同的特征，它们可以归为一类，称为家具。因此，家具就是一个类，它的每个对象都有价格、重量及所有者这些属性。也可以将家具看成是产生椅子、桌子、沙发等对象的一个模板。椅子、桌子、沙发等对象的属性和行为都是由家具类所决定的。

家具和椅子之间的关系就是类与类的成员对象之间的关系。类是具有共同属性、共同操作的对象的集合。而单个的对象则是所属类的一个成员，或称为实例（instance）。在描述一个类时，定义了一组属性和操作，而这些属性和操作可被该类所有的成员所继承，如图 3.3 所示。

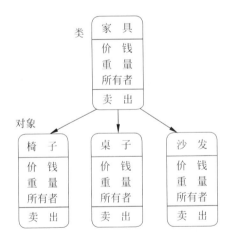

图 3.3　由类到对象的继承

图 3.3 表明，对象会自动拥有它所属类的全部属性和操作。正因为这一点，人们才会知道一种物品是家具时，主动去询问它的价格、尺寸和材质等属性。

对于初学者而言，类和对象的概念最容易混淆。类属于类型的范畴，用于描述对象的特性。对象属于值的范畴，是类的实例。从集合的角度看，类是对象的集合，它们是从属关系。也可以将类看成是一个抽象的概念，而对象是一个具体的概念。例如苹果是一个类，而"桌子上的那个苹果"则是一个对象。

从编程的角度看，类和对象的关系可以看成是数据类型和变量的关系。还可以认为类是一个静态的概念，而对象是一个动态的概念，它具有生命力。类和对象的关系可以用如图 3.4 所示这个实例来演示，如图 3.4 所示。

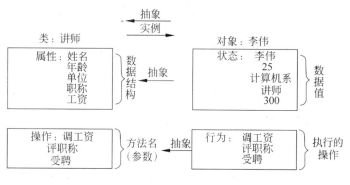

图 3.4 类与对象的关系

3.1.3 消息的定义

由上述内容可知，对象的行为是通过其定义的一组方法来描述，对象的结构特征是由它的属性来表现。但是，对象不会无缘无故地执行某个操作，只有在接受了其他对象的请求之后，才会进行某一操作，这种请求对象执行某一操作，或是回答某些信息的要求称为消息。对象之间通过消息的传递来实现相互作用。

消息一般有 3 个组成部分：消息接收者（接收对象名）、接收对象应采用的方法以及方法所需要的参数。同时，接收消息的对象在执行完相应的方法后，可能会给发送者返回一些信息。

例如，教师向学生布置作业"07 级计算机 1 班做 5 道习题"。其中，教师和学生都是对象，"07 级计算机 1 班"是消息的接收者，"做习题"是要求目标对象——学生执行的方法，"5 道"是要求对象执行方法时所需要的参数。学生也可以向教师返回作业信息。这样，对象之间通过消息机制，建立起了相互关系。由于任何一个对象的所有行为都可以用方法来描述，所以通过消息机制可以完全实现对象之间的交互。在 Java 程序设计中，所需完成的功能任务就在对象之间的消息传递与相互作用之间完成。

3.1.4 面向对象的基本特征

在上述面向对象的基本概念基础之上，不可避免地要涉及到面向对象程序设计所具有的 4 个共同特征：抽象性、封装性、继承性和多态性。

1. 抽象

抽象是人们认识事物的常用方法，比如地图的绘制。抽象的过程就是如何简化、概括所观察到的现实世界，并为人们所用的过程。

抽象是软件开发的基础。软件开发离不开现实环境，但需要对信息细节进行提炼、抽象，找到事物的本质和重要属性。

抽象包括两个方面：过程抽象和数据抽象。过程抽象把一个系统按功能划分成若干个子系统，进行"自顶向下逐步求精"的程序设计。数据抽象以数据为中心，把数据类型和施加在该类型对象上的操作作为一个整体（对象）来进行描述，形成抽象数据类型 ADT。

所有编程语言的最终目的都是提供一种"抽象"方法。一种较有争议的说法是：解决问题的复杂程度直接取决于抽象的种类及质量。其中，"种类"是指准备对什么进行"抽象"。汇编语言是对基础机器的少量抽象。后来的许多"命令式"语言（如 FORTRAN、BASIC 和 C）是对汇编语言的一种抽象。与汇编语言相比，这些语言已有了较大的进步，但它们的抽象原理依然要求程序设计者着重考虑计算机的结构,而非考虑问题本身的结构。在机器模型（位于"方案空间"）与实际解决的问题模型（位于"问题空间"）之间，程序员必须建立起一种联系。这个过程要求人们付出较大的精力，而且由于它脱离了编程语言本身的范围，造成程序代码很难编写，而且要花较大的代价进行维护。由此造成的副作用便是一门完善的"编程方法"学科。

为机器建模的另一个方法是为要解决的问题制作模型。对一些早期语言来说，如 LISP 和 APL，它们的做法是"从不同的角度观察世界"、"所有问题都归纳为列表"或"所有问题都归纳为算法"。PROLOG 则将所有问题都归纳为决策链。对于这些语言，可以认为它们一部分是面向基于"强制"的编程，另一部分则是专为处理图形符号设计的。每种方法都有自己特殊的用途，适合解决某一类的问题。但只要超出了它们力所能及的范围，就会显得非常笨拙。

面向对象的程序设计在此基础上则跨出了一大步，程序员可利用一些工具来表达问题空间内的元素。由于这种表达非常普遍，所以不必受限于特定类型的问题。人们将问题空间中的元素以及它们在方案空间的表示物称作"对象"。当然，还有一些在问题空间没有对应体的其他对象。通过添加新的对象类型，程序可进行灵活的调整，以便与特定的问题配合。所以在阅读方案的描述代码时，会读到对问题进行表达的话语。与以前的方法相比，这无疑是一种更加灵活、更加强大的语言抽象方法。

总之，OOP 允许人们根据问题，而不是根据方案来描述问题。然而，仍有一个联系途径回到计算机。每个对象都类似一台小计算机；它们有自己的状态，而且可要求它们进行特定的操作。与现实世界的"对象"或者"物体"相比，编程"对象"与它们也存在共通的地方：它们都有自己的特征和行为。

2. 封装

封装是面向对象编程的特征之一，也是类和对象的主要特征。封装将数据以及加在这些数据上的操作组织在一起，成为有独立意义的构件。外部无法直接访问这些封装了的数据，从而保证了这些数据的正确性。如果这些数据发生了差错，也很容易定位错误是由哪个操作引起的。

如果外部需要访问类里面的数据，就必须通过接口（Interface）进行访问。接口规定了可对一个特定的对象发出哪些请求。当然，必须在某个地方存在着一些代码，以便满足这些请求。这些代码与那些隐藏起来的数据叫做"隐藏的实现"。站在过程化程序编写

（Procedural Programming）的角度，整个问题并不显得复杂。一种类型含有与每种可能的请求关联起来的函数。一旦向对象发出一个特定的请求，就会调用那个函数。通常将这个过程总结为向对象"发送一条消息"（提出一个请求）。对象的职责就是决定如何对这条消息作出反应（执行相应的代码）。

若任何人都能使用一个类的所有成员，那么可对这个类做任何事情，则没有办法强制他们遵守任何约束——所有东西都会暴露无遗。

有两方面的原因促使了类的编制者控制对成员的访问。第一个原因是防止程序员接触他们不该接触的东西——通常是内部数据类型的设计思想。若只是为了解决特定的问题，用户只需操作接口即可，无需明白这些信息。类向用户提供的实际是一种服务，因为他们很容易就可看出哪些对自己非常重要，以及哪些可忽略不计。进行访问控制的第二个原因是允许库设计人员修改内部结构，不用担心它会对客户程序员造成什么影响。例如，编制者最开始可能设计了一个形式简单的类，以便简化开发。后来又决定进行改写，使其更快地运行。若接口与实现方法早已隔离开，并分别受到保护，就可放心做到这一点，只要求用户重新链接一下即可。

封装考虑的是内部实现，抽象考虑的是外部行为。符合模块化的原则，使得软件的可维护性、扩充性大为改观。

3. 继承

继承是一种联结类的层次模型，并且允许和鼓励类的重用，它提供了一种明确表述共性的方法。对象的一个新类可以从现有的类中派生，这个过程称为类的继承。新类继承了原始类的特性，新类称为原始类的派生类（子类），而原始类称为新类的基类（父类）。派生类可以从它的基类那里继承方法和实例变量，并且派生类可以修改或增加新的方法使之更适合特殊的需求。这也体现了大自然中一般与特殊的关系。继承性很好地解决了软件的可重用性问题。比如说，所有的 Windows 应用程序都有一个窗口，它们可以看作都是从一个窗口类派生出来的。但是有的应用程序用于文字处理，有的应用程序用于绘图，这是由于派生出了不同的子类，各个子类添加了不同的特性。

关于继承的详细讨论，将在本书 4.1~4.2 节进行。

4. 多态

多态也叫多态性，是指允许不同类的对象对同一消息作出响应。比如同样的加法，把两个时间加在一起和把两个整数加在一起肯定完全不同。又比如，同样的选择"编辑"和"粘贴"操作，在字处理程序和绘图程序中有不同的效果。多态性包括参数化多态性和运行时多态性。多态性语言具有灵活、抽象、行为共享和代码共享的优势，很好地解决了应用程序函数同名问题。

关于多态性的讨论，将在 4.4 节进行。

最后，以 Alan Kay 的话作为本节的结束语。他总结了 Smalltalk（这是第一种成功的面向对象程序设计语言，也是 Java 的基础语言）的 5 大基本特征。通过这些特征，读者可以理解"纯粹"的面向对象程序设计方法。

（1）所有东西都是对象。可将对象想象成一种新型变量，它保存着数据，但可要求它对自身进行操作。理论上讲，可从要解决的问题上，提出所有概念性的组件，然后在程序中将其表达为一个对象。

（2）程序是一大堆对象的组合。通过消息传递，各对象知道自己该做些什么。为了向对象发出请求，需向那个对象"发送一条消息"。更具体地讲，可将消息想象为一个调用请求，它调用的是从属于目标对象的一个子例程或函数。

（3）每个对象都有自己的存储空间，可容纳其他对象。或者说，通过封装现有对象，可制作出新型对象。所以，尽管对象的概念非常简单，但在程序中却可达到任意高的复杂程度。

（4）每个对象都有一种类型。根据语法，每个对象都是某个"类（Class）"的一个"实例"。其中，"类"是"类型（Type）"的同义词。一个类最重要的特征就是"能将什么消息发给它？"。

（5）同一类所有对象都能接收相同的消息。这实际是别有含义的一种说法，读者不久便能理解。例如，由于类型为"圆（Circle）"的一个对象也属于类型为"形状（Shape）"的一个对象，所以一个"圆"完全能接收"形状"的消息。这意味着可让程序代码统一指挥"形状"，令其自动控制所有符合"形状"描述的对象，其中自然包括"圆"。这一特性称为对象的"可替换性"，是 OOP 最重要的概念之一。

3.2　类　与　对　象

3.1 节从理论角度阐述了对象和类的有关概念。类是组成 Java 程序的基本要素，在 Java 中有两种类：一种是在 JDK 中已经设计好的类，可以在程序中直接使用；另一种需要程序员根据现有的任务，自行设计和编写，这被称为用户自定义类。本节将着重介绍在 Java 中如何来自定义类以及如何使用这些类。

3.2.1　类的基本结构

在前两章的例子中已经定义了一些简单的类，如 HelloWorldApp 类：

```
//通过 class 关键字定义一个名为 HelloWorldApp 的类，并声明为 public 型的
public class HelloWorldApp{
//在 HelloWorldApp 类体中定义一个 main 主方法，此方法是此类的执行入口
 public static void main( String args[ ] ){
 //main 方法体中执行一个控制台输出命令，打印输出内容为 Hello World !的字符串
    System.out.println("Hello World !");
 }
}
```

这个类虽然非常简单，但仍然可以看出，一个类的实现至少包含两部分的内容：

```
classDeclaration { //类的声明
    classBody       //类体
}
```

下面分别对每一部分进行详细讲述。

3.2.2　类的声明

一个最简单的类声明如下：

```
class  className
```

其中，class 是关键字，用于定义类。classname 是类的名字，它必须遵循用户标识符的定义规则。例如：

```
class  Point
```

同时，在类声明中还可以包含类的父类（超类），类所实现的接口以及访问权修饰符、abstract 或 final，所以更一般的声明如下：

```
[类修饰符] class 类名 [extends 父类名] [implements 接口名列表]
```

class、extends 和 implements 都是关键字。类名、父类名和接口名列表都是用户标识符。

父类。新类必须在已有类的基础上构造，原有类即为父类，新类即为子类。Java 中的每个类都有父类，如果不含父类名，则默认其父类为 Object 类。

接口。接口也是一种复合数据类型，它是在没有指定方法实现的情况下声明一组方法和常量的手段，也是多态性的体现。

修饰符。规定了本类的一些特殊属性，它可以是下面这些关键字之一：

（1）final——最终类，它不能拥有子类。如果没有此修饰符，则可以被子类所继承。

（2）abstract——抽象类，类中的某些方法没有实现，必须由其子类来实现。所以这种类不能被实例化。如果没有此修饰符，则类中间所有的方法都必须实现。

（3）public——公共类，public 表明本类可以被所属包以外的类访问。如果没有此修饰符，则禁止这种外部访问，只能被同一包中的其他类所访问。

final 和 abstract 是互斥的，其他情况下可以组合使用。下面声明了一个公共最终类，它同时还是 Human 的子类，并实现了 professor 接口：

```
public final class Teacher extends Human implements professor
```

3.2.3　创建类体

类体中定义了该类所有的变量和该类所支持的方法。通常变量在方法前面部分定义（并不一定要求）。方法分为构造方法和成员方法，如下所示：

```
public class className {
   [memberVariableDeclarations] //定义成员变量
   [constructorDeclarations]       //定义构造方法
   [methodDeclarations]            //定义成员方法
}
```

从以上代码中可以看出，类体中有 3 个部分：成员变量、成员方法和构造方法。其中，成员变量又被称作属性，成员方法又被称作行为，二者也可统称为类的成员。

下例定义了一个 Point 类，并且声明了它的两个变量 x、y 坐标。定义了一个成员方法

move()，可以改变 x、y 的值。定义了一个构造方法 Point()，可以为 x、y 赋初值。

【例 3.1】 一个简单的 Point 类。

//-----------文件名 Point.java，程序编号 3.1------------------

```
public class Point {
  int x,y;
  //定义 Point 构造方法
  Point(int ix, int iy){
    x = ix;
    y = iy;
  }
   //定义普通的 move 方法
  void move(int ix, int iy){
    x += ix;
    y += iy;
  }
}
```

类中所定义的变量和方法都是类的成员。对类的成员可以规定访问权限，来限定其他对象对它的访问。访问权限有以下几种：private、protected、pubic 和 friendly，这些将在 3.3 节中详细讨论。同时，对类的成员来说，又可以分为实例成员和类（静态）成员两种，这些将在 3.8 节中详细讨论。

至此，类完整的声明和定义形式已经全部给出。注意类体定义中，并非每个部分都需要。一个最简单的类可能是下面这个样子，它什么事情也不能做。

```
class empty{
}
```

3.2.4　对象的生命周期

定义类的最终目的是要使用它。一般情况下，要使用类需要通过类的实例——对象来实现。在定义类时，只是通知编译器需要准备多大的内存空间，并没有为它分配内存空间。只有用类创建了对象后，才会真正占用内存空间。

Java 的对象就像有生命的事物一样，也要经历 3 个阶段：对象的创建、对象的使用和对象的清除。这被称为对象的生命周期。对象的生命周期长度可用如下的表达式表示：

```
T = T1 + T2 +T3
```

其中，T1 表示对象的创建时间，T2 表示对象的使用时间，而 T3 则表示其清除时间。由此可以看出，只有 T2 才是真正有效的时间，而 T1 和 T3 则是对象本身的开销。

3.2.5　对象的创建

创建一个对象也被称为实例化一个类。它需要用到下面的语句：

类名　对象名=new 构造方法名（[参数列表]）;

例如，使用例 3.1 的 Point 类来创建一个对象 p：

Point pt=new Point(1,2);

该语句创建了一个新对象，它的名字叫做 pt。new 是 Java 的关键字，用于创建对象。表达式 new Point(1,2)创建了一个 Point 类的实例对象，它同时指明坐标值为(1,2)。对象的引用被保存在变量 pt 中。

它虽然是一条语句，但实际上包括 3 个步骤：声明、实例化和初始化。一般情况下，创建和使用对象都要经过这 3 个步骤。

1. 声明对象

对象的声明和基本类型的数据声明在形式上是一样的：

```
类名 对象名;
```

对象名也是用户标识符，和基本类型的变量遵循同样的命名规则和使用规则。例如，声明一个 Point 类型的变量 pt：

```
Point pt;
```

和 C++不同，Java 中像上面这样声明一个变量，并不会分配一个完整的对象所需要的内存空间，这一点也和简单数据类型的变量不同。它会将 pt 看成是一个引用变量，并为它分配所需内存空间，它所占用的空间远远小于一个 Point 对象所需要的空间。

如此处理，使得 Java 中声明一个对象的消耗很小，但也有一个副作用，就是对象不能马上使用，还需要对它进行实例化。

2. 实例化对象

Java 中使用 new 关键字创建一个新对象，即进行实例化。格式如下：

```
new 构造方法([参数列表])
```

实例化的过程就是为对象分配内存空间的过程，此时，对象才成为类的实例。new 所执行的具体操作是调用相应类中的构造方法（包括祖先类的构造方法），来完成内存分配以及变量的初始化工作，然后将分配的内存地址返回给所定义的变量。

使用 new 创建 Point 对象的示例如下：

```
pt = new Point(1,2);
```

用 new 来创建对象需要比较大的时间开销，远远比声明一个对象的消耗要大得多。一些常见操作的时间消耗如表 3.1 所示。

表 3.1　一些操作所耗费时间的对照表

运 算 操 作	示　　　例	标准化时间	运 算 操 作	示　　　例	标准化时间
本地赋值	i = n	1.0	新建对象	new Object()	980
实例赋值	this.i = n	1.2	新建数组	new int[10]	3100
方法调用	Funct()	5.9			

从表 3.1 中可以看出，新建一个对象需要 980 个单位的时间，是本地赋值时间的 980 倍，是方法调用时间的 166 倍，而若新建一个数组所花费的时间就更多了。

3. 初始化对象

当一个对象生成时，通常要为这个对象确定初始状态，这个过程就是对象的初始化。

由于创建对象是通过类及其祖先类的构造方法来进行的,所以初始化工作也会在这里完成。

注意到前面的这个说明:

类名 对象名=new 构造方法名（[参数列表]）；

其中的参数列表就是传递给构造方法的一些值。构造方法获得这些值后，就可以为成员变量赋初始值。比如:

```
Point pt=new Point(1,2);
```

它会将成员变量 x 和 y 分别赋值为 1 和 2。Java 还规定，如果成员变量没有被显示地赋初值，系统将自动为它们赋初值。具体规定为：所有的简单变量除 boolean 类型外均赋初值为 0，boolean 类型赋初值为 false，其他类型的对象均赋初值为 null。

3.2.6 对象的使用

创建对象之后，就可以开始使用对象了。所谓使用对象，就是通过消息来调用成员方法，或者直接读取或修改成员变量，二者的结果都是获取或改变对象的状态。下面简单介绍这两种方法。

1. 对象变量的使用

要使用对象的变量，需要先创建对象。如果成员变量的访问权限允许，可以直接利用下面的方法:

对象名.成员变量名

仍以 Point 的对象 pt 为例，可以这么使用它的成员变量:

```
pt.x=6;
pt.y=6;
```

这样就将它的两个成员变量 x 和 y 都置为 6。

🔔说明：这样直接通过对象来使用成员变量，违反封装原则，除非确有必要，否则最好不要使用。其实多数类的成员变量在定义时会用 private 来修饰，根本就无法使用这种方法来访问。

2. 对象方法的调用

大多数的成员方法都是被设计供外部调用的。它的一般语法格式为:

对象名.成员方法名([参数列表])

例如，要将点 pt 从原来的坐标(1,1)移动到(6,6)，这需要调用它的成员方法 move():

```
pt.move(5,5)
```

它的效果与前面的 pt.x=6;pt.y=6 完全一样，不过这么做要安全得多，符合封装原则。

3.3　成员变量的定义与使用

成员变量又称为成员属性，它是描述对象状态的数据，是类中很重要的组成成分。本节详细讨论如何来定义成员变量、成员变量的访问权限，以及静态成员变量与实例成员变量之间的区别。

3.3.1　成员变量的定义

在第 2 章中，已经介绍和使用过变量。不过那些变量都是定义在某个方法中，被称为局部变量。成员变量是定义在类里面，并和方法处于同一层次。定义成员变量的语法如下：

[变量修饰符] 类型说明符　变量名

类的成员变量和在方法中所声明的局部变量都是用户标识符，它们的命名规则相同。变量修饰符是可选项。一个没有变量修饰符的变量定义如下：

```
public class Cuber{
    double width,height;
    int number;
}
```

成员变量的类型可以是 Java 中的任意数据类型，包括基本类型、数组、类和接口。在一个类中，成员变量应该是唯一的，但是成员变量的名字可以和类中某个方法的名字相同，例如：

```
public class Point{
  int x, y;
  int x(){
    return x;
  }
}
```

其中，方法 x()和变量 x 具有相同的名字，但笔者不赞成这样写，因为这会引起不必要的混淆。

可以用成员变量修饰符来规定变量的相关属性，这些属性包括：

❑　成员变量的访问权限。一共有 4 种访问权限可供选择，在 3.3.2 小节将详细介绍。
❑　成员变量是否为静态。默认情况下，成员变量是实例成员，在外部需要通过对象才能操作。如果用 static 修饰，就成为了静态成员，也称为类变量，无需通过对象就可以操作。
❑　是否为常量。默认的是变量，如果前面加上 final 关键字，它就是一个常量。

这些修饰符可以任意组合使用。加上修饰符的成员变量如下所示：

```
public class Cuber{
    private  double width,height;       //定义两个私有的成员变量
    public static int count;            //定义一个公共的静态类变量
    public static final int COLORE=1;   //定义一个公共的整型静态常量
}
```

虽然 Java 并没有规定，成员变量必须定义在类的开始部分，不过在实际编程中，多数程序员将成员变量定义在成员方法的前面。

3.3.2　成员变量的访问权限

访问权限修饰符声明了成员变量的访问权限。Java 提供的显示的访问权限修饰符有 3 种，分别是：私有（private）、保护（protected）和公共（public）。除此之外，还有一种默认的访问权限：friendly，它并不是 Java 的关键字，只有当变量前面没有写明任何访问权限修饰符时，就默认以 friendly 作为访问权限。为了表达上的方便，省略了其中"成员"两字，将被这些修饰符所修饰的变量分别称为私有变量、保护变量和公共变量。下面分别讨论各个修饰符的用法。

1．公共变量

凡是被 public 修饰的成员变量，都称为公共变量，它可以被任何类所访问。即允许该变量所属的类中所有的方法访问，也允许其他类在外部访问。如例 3.2 所示。

【例 3.2】　公共变量使用示例。

//-----------文件名 declarePublic.java，程序编号 3.2-----------------

```
public class declarePublic{
    public int publicVar=10;  //定义一个公共变量
}
```

在类 declarePublic 中声明了一个公共变量 publicVar，它可以被任何类所访问。下面这段程序中，类 otherClass 可以合法地修改变量 publicVar 的值，而无论 otherClass 位于什么地方。

//-----------文件名 otherClass.java，程序编号 3.3-----------------

```
public class otherClass{
  void change(){
    declarePublic  ca=new declarePublic();    //创建一个 declarePublic 对象
    ca.publicVar=20;                          //通过对象名来访问它的公共变量，正确
  }
}
```

用 public 修饰的变量，允许任何类在外部直接访问，这破坏了封装的原则，造成数据安全性能下降，所以除非有特别的需要，否则不要使用这种方案。

2．私有变量

凡是被 private 修饰的成员变量，都称为私有变量。它只允许在本类的内部访问，任何外部类都不能访问它。

【例 3.3】　私有变量使用示例。

//-----------文件名 declarePrivate.java，程序编号 3.4-----------------

```
public class  declarePrivate{
    private int privateVar=10;    //定义一个私有变量
    void change(){
```

```
    privateVar=20;                 //在本类中访问私有变量，合法
  }
}
```

如果企图在类的外部访问私有变量，编译器将会报错。

//----------文件名 otherClass.java，程序编号 3.5------------------

```
public class  otherClass{
  void change(){
    declarePrivate ca=new declarePrivate();  //创建一个 declarePrivate 对象
    ca.privateVar=20;                        //企图访问私有变量，非法
  }
}
```

为了让外部用户能够访问某些私有变量，通常类的设计者会提供一些方法给外部调用，这些方法被称为访问接口。下面是一个改写过的 declarePrivate 类。

//----------文件名 declarePrivate.java，程序编号 3.6------------------

```
public class  declarePrivate{
  private int privateVar=10;   //定义一个私有变量
  void change(){
    privateVar=20;
  }
  public int getPrivateVar(){ //定义一个接口，返回私有变量 privateVar 的值
    return privateVar;
  }
/**定义一个接口，可以设置 privateVar 的值能够在这里先检测 value 是否在允许的范围内，
然后再执行下面的语句。**/
  public boolean setPrivateVar(int value){
    privateVar = value;
    return  true;
  }
}
```

私有变量很好地贯彻了封装原则，所有的私有变量都只能通过程序员设计的接口来访问，任何外部使用者都无法直接访问它，所以具有很高的安全性。但是，在下面这两种情况下，需要使用 Java 另外提供的两种访问类型。

- 通过接口访问私有变量，将降低程序的性能，在程序性能比较重要的情况下，需要在安全性和效率间取得一个平衡。
- 私有变量无法被子类继承，当子类必须继承成员变量时，需要使用其他的访问类型。

3. 保护变量

凡是被 protected 修饰的变量，都被称为保护变量。除了允许在本类的内部访问之外，还允许它的子类以及同一个包中的其他类访问。子类是指从该类派生出来的类。包是 Java 中用于管理类的一种松散的集合。二者的详细情况将在第 4 章介绍。下面是一个简单的例子。

【例 3.4】 保护变量使用示例。

下面这个程序先定义一个名为 onlyDemo 的包，declarProtected 类就属于这个包。

//-----------文件名 declareProtected.java，程序编号 3.7-----------------

```
package onlyDemo;
public class declareProtected{
  protected int protectedVar=10;  //定义一个保护变量
  void change(){
    protectedVar=20;  //合法
  }
}
```

说明：读者编译这个文件时，需要用这个命令（下同）：

```
javac -d . 文件名
```

下面这个 otherClass 类也定义在 onlyDemo 包中，与 declareProtected 类同属于一个包。

//-----------文件名 otherClass.java，程序编号 3.8-----------------

```
package onlyDemo;
public class otherClass{    //它也在包 onlyDemo 中
  void change(){
    declareProtected ca=new declareProtected();
    ca.protectedVar=20;        //合法
  }
}
```

下面这个 deriveClass 类是 declareProtected 的子类，它并不在 onlyDemo 包中。它也可以访问保护变量 protectedVar，但是只能通过继承的方式访问。

//-----------文件名 declareProtected.java，程序编号 3.9-----------------

```
import onlyDemo.declareProtected;                    //引入需要的包
public class deriveClass extends declareProtected{ //定义一个子类
  void change(){
    //合法，改变的是 deriveClass 从 declarProtected 中所继承的 protectedVar 值
    protectedVar=30;
  }
}
```

说明：import 是 Java 中的关键字，用于引入某个包。这将在 4.7 节中详细介绍。

子类如果不在父类的同一包中，将无法通过"对象名.变量名"的方式来访问 protected 类型的成员变量，比如下面这种访问是非法的。

//-----------文件名 deriveClass.java，程序编号 3.10-----------------

```
import onlyDemo.declareProtected;
public class deriveClass extends declareProtected{    //定义一个子类
  void change(){
    declareProtected ca=new declareProtected();
    ca.protectedVar=30;  //错误，不允许访问不在同一包中的保护变量
  }
}
```

4．默认访问变量

如果在变量前不加任何访问权修饰符，它就具有默认的访问控制特性，也称为 friendly 变量。它和保护变量非常像，它只允许在同一个包中的其他类访问，即便是子类，如果和

父类不在同一包中，也不能继承默认变量（这是默认访问变量和保护变量的唯一区别）。因为它限定了访问权限只能在包中，所以也有人称默认访问权限为包访问权限。

【例 3.5】 默认访问变量使用示例。

//-----------文件名 declareDefault.java，程序编号 3.11-----------------

```
package  onlyDemo;        //本类定义在包中
public class  declareDefault{
    int defaultVar=10；  //定义一个默认访问变量
    void change(){
        defaultVar=20;      //合法
    }
}
```

onlyDemo 包中的其他类，可以访问 defaultVar 变量。

//-----------文件名 otherClass.java，程序编号 3.12-----------------

```
package  onlyDemo;
public class  otherClass{ //它也在包 onlyDemo 中
  void change(){
    declareDefault  ca=new  declareDefault();
    ca.defaultVar=20;  //合法
  }
}
```

下面是它的子类，也在 onlyDemo 包中。它除了可以像包中其他类那样通过"对象名.变量名"来访问默认变量，还可以通过继承的方式来访问。

//-----------文件名 deriveClass.java，程序编号 3.13-----------------

```
package  onlyDemo;
public class deriveClass extends declareDefault{ //定义一个子类
  void change(){
   //合法，改变的是 deriveClass 从 declarDefault 中所继承的 defaultVar 值
   defaultVar=30;
  }
}
```

如果子类不在 onlyDemo 包中，就不会继承默认变量，也就无法像上面那样来访问。

//-----------文件名 deriveClass.java，程序编号 3.14-----------------

```
import  onlyDemo.declareDefault;
public class deriveClass extends declareDefault{ //定义一个子类
  void change(){
    defaultVar=30; //非法，这个变量没有继承下来
  }
}
```

3.3.3 实例成员变量和静态成员变量

1. 实例成员变量

在 3.3.2 小节中，所有的对象都是实例成员变量。它们的最大特色是：如果所属的对象没有被创建，它们也就不存在。如果在类的外部使用它，需要先创建一个对象，然后通

过"对象名.变量名"来访问。前面所有的例子都遵循了这一规则。在类的内部，实例成员方法也可以直接访问实例成员变量，比如例 3.5，具体原因，将在 3.5 节中讲述。

不同的对象，拥有不同的实例成员变量，它们互不干扰。

【例 3.6】 不同对象的实例成员变量使用示例。

//-----------文件名 instanceVar.java，程序编号 3.15-----------------

```
public class instanceVar{
  protected int instVar=0;  //定义一个实例成员变量
}
```

下面这个 showInstVar 类用两个对象来访问它的实例成员变量。

//-----------文件名 showInstVar.java，程序编号 3.16-----------------

```
public class showInstVar{
 public static void main(String args[]){
   instanceVar one = new instanceVar();  //创建对象 one
   instanceVar two = new instanceVar();  //创建对象 two
   //分别为这两个对象的成员变量赋值
   one.instVar = 100;
   two.instVar = 200;
   //分别显示这两个对象的成员变量值
   System.out.println("one.instVar="+one.instVar);
   System.out.println("two.instVar="+two.instVar);
 }
}
```

程序 3.16 输出的结果如下：

```
one.instVar=100
two.instVar=200
```

从本例中明显地看出，不同对象的成员变量是不相同的，它们互不干涉。

2. 静态成员变量

在某些情况下，程序员希望定义一个成员变量，可以独立于类的任何对象，即所有的对象都共用同一个成员变量。由于 Java 中不能像 C 一样定义全局变量，因此，Java 中引入了静态成员变量。

在成员变量前加上 static 标识符就可以定义一个静态成员变量。相对于实例成员变量，静态成员变量具有以下特点：

- ❑ 它被类的所有对象共享，因此又被称为类变量。
- ❑ 它不是属于某个具体对象，也不是保存在某个对象的内存区域中，而是保存在类的公共存储单元。因此，可以在类的对象被创建之前就能使用。
- ❑ 它既可以通过"对象名.变量名"的方式访问，也可以通过"类名.变量名"的方式访问。它们是完全等价的。

【例 3.7】 静态成员变量使用示例。

//-----------文件名 staticVar.java，程序编号 3.17-----------------

```
public class staticVar{
  protected static int stat=0;              //定义一个静态成员变量
}
```

下面这个程序使用不同的方法来访问这个静态变量。

//-----------文件名 showStaticVar.java，程序编号 3.18-----------------

```
public class showStaticVar{
 public static void main(String args[]){
    staticVar.stat=100;  //通过类名.变量名访问静态变量，无需创建对象
    System.out.println("staticVar.stat="+staticVar.stat);
    staticVar one = new staticVar();  //创建对象 one
    staticVar two = new staticVar();  //创建对象 two
    //分别为这两个对象的静态成员变量赋值
    one.stat = 200;
    two.stat = 300;
    //分别显示这两个对象的静态成员变量值
    System.out.println("one.stat="+one.stat);
    System.out.println("two.stat="+two.stat);
    //再通过类来显示静态变量的值
    System.out.println("staticVar.stat="+staticVar.stat);
 }
}
```

程序 3.18 输出结果如下：

```
staticVar.stat=100
one.stat=300
two.stat=300
staticVar.stat=300
```

从上述结果中可以看到，静态变量 stat 是一个公共变量，无论哪个对象改变了它的值，对其他所有该类对象都有效。静态变量的一个重要作用是当作同类各个对象之间传递信息使用，类似于 C 语言中的全局变量。但这样破坏了数据的封装原则，往往会留下隐患，所以使用这类变量时需要万分谨慎。

静态变量的另一个用途是定义静态常量，比如：

```
public static double PI = 3.1415926;
```

这样的静态常量可以无需创建对象就直接使用，省略了创建对象的步骤，类似于 C 语言中用 define 定义的常量。这样定义常量，不仅使用方便，而且节省内存空间。在 JDK 中，存在着大量的这种静态常量。

🔔 **说明**：本节中所有的成员变量的类型都是基本类型，其实它们也都可以是复合类型，比如数组、类和接口等类型。

3.4　方法的定义和实现

在类中，除了变量以外，另一个重要的组成成分就是方法。方法是用来实现类的行为，其实相当于 C 语言中的函数，但它一般只对类中的数据进行操作。一个方法，通常只完成某一项具体的功能，这样做使得程序结构清晰，利于程序模块的重复使用。

可以把方法看成一个"黑盒子"，方法的使用者只要将数据送进去就能得到结果，而方

法内部究竟是如何工作的, 外部程序是不知道的。外部程序所知道的仅限于输入给方法什么, 以及方法输出什么。Java 中没有限制一个类中所能拥有的方法的个数。如果说有什么限制, 就是只有 main 方法可以作为应用程序的入口。

本书前面的例子已经使用过很多方法, 比如 System.out.println、Math.random 以及 main 方法。其中, 某些方法 (比如前两个) 是系统已经定义在类中的标准方法, 可以直接拿来使用; 而另外一些方法 (比如 main 方法) 则需要由程序员自己来编写方法体, 被称为自定义方法。本节将讲述如何来声明和定义一个自定义方法。

3.4.1　方法的声明

方法声明, 就是声明一种新的功能, 或者说创造一种新的功能。在 Java 中, 除了抽象方法之外, 它通常和方法的定义在一起, 位于方法体的前面。一个方法的声明, 通常格式如下:

[方法修饰符]　[方法返回值类型]　方法名 ([形式参数表])

方法修饰符和成员变量的修饰符一样, 有访问权限修饰符、final 和 static 3 种。
- ❏ 访问权限修饰符又包括 private、protected、public 和默认。它们的含义也和成员变量中的完全相同。
- ❏ final 表示最终方法, 将在 4.6 节中讲述。
- ❏ static 表示静态方法, 将在 3.7 节中讲述。
- ❏ 方法的返回值类型也和成员变量的数据类型一样, 可以是基本类型: int、char 和 double 等, 也可以是类类型。
- ❏ 返回值类型可以是 void, 表示没有返回值。
- ❏ 形式参数列表是方法可以接收的参数, 它由外部调用者提供具体的值。参数可以有多个, 中间用逗号分隔。也可以没有参数, 但圆括号不能省略。

【例 3.8】　几个方法声明的例子。

```
public int max(int a, int b)
```

本方法是一个公共方法, 将返回一个整型值。调用者需提供两个整型参数。

```
private void setX(double x)
```

本方法是一个私有方法, 它没有返回值, 调用者需提供一个双精度参数。

```
protected double getX()
```

本方法是一个保护方法, 它有一个双精度返回值, 调用者无需提供参数。

3.4.2　创建方法体与 return 语句

方法体中包含了各种 Java 语句, 它是完成方法功能的主体。它紧跟在方法的声明之后, 用一对 "{}" 括起来。方法体和方法的声明合起来, 称为方法的定义。

方法体中除了可执行语句外, 也可以有属于本方法的局部变量。本小节以前的例子中,多数都是这种情况。下面是一个简单的例子。

【例 3.9】　方法体定义的例子。

//-----------文件名 showMethod.java，程序编号 3.19-----------------

```java
public class showMethod{
  private int x=0;
  //下面这个方法有一个参数 ix
  public void setX(int ix){
    int  factor = 10;          //定义局部变量 factor
    x = factor * ix;           //使用参数 ix 给成员变量 x 赋值
  }
  //下面这个方法参数列表为空
  public int getX(){
    return x;     //返回 x 的值给调用者
  }
}
```

程序 3.19 不能直接由系统运行，因为它没有 main 方法，但它仍然是一个合法的类，可以用来创建对象。

在方法 getX()中，有一条语句"return x"。return 是 Java 中的关键字，它构成的语法格式为：

```
return [表达式];
```

Java 规定，任何一个返回值不为 void 的方法，都必须至少有一条 return 语句。return 后面的表达式类型必须与返回类型相容。这里的"相容"是指：或者类型完全相同，或者表达式的类型可以经过扩展类型转换成与返回类型相同的类型。否则编译器就会报错。

如果是 void 类型的方法，则可以不需要 return 语句。如果有 return 语句，则 return 语句后面的表达式应为空。

【例 3.10】　return 语句使用示例 1。

//-----------文件名 showReturn_1.java，程序编号 3.20-----------------

```java
public class showReturn_1{
  //这个方法返回值为 int 类型
  public int method_1( ){
    return 1;     //合法，1 是整型数
  }
  //这个返回类型为 double 类型
  public double method_2(){
    return 1;     //合法，1 可以自动转换成 double 类型
  }
  //这个返回类型为 int 类型
  public int method_3(){
    return 1.0; //错误，1.0 不能自动转换成 int 类型
  }
  //这个返回类型为 void 类型
  public void method_4(){
    return ;     //合法
  }
  //这个返回类型为 void 类型
  public void method_5(){
    return 1;     //错误，不能有返回值
```

```
  }
}
```

在一个方法中，如果没有 return 语句，则该方法一直执行到最后一条语句完毕后，返回调用者调用的位置。如果有 return 语句，则只要执行到 return 语句，立即返回调用者，无论该 return 语句后面还有多少语句，都不会被执行。一个方法中可以有多条 return 语句，但一次调用时，只能执行某一条 return 语句，其余的无效。

【例 3.11】 return 语句使用示例 2。

//-----------文件名 showReturn_2.java，程序编号 3.21----------------

```
public class showReturn_2{
  private int x = 0;
  //下面这个方法虽有两条 return 语句，但仍然是合法的
  public boolean setX(int ix){
    if (ix > 100)
      return false;    //若 ix>100，则在这里返回，下面的语句不被执行
    x = ix;
    return true;       //若赋值成功，从这里正常返回
  }
  //下面这个方法有错误
  public int getX(){
    return x;          //返回 x 的值给调用者
    x = 0;             //错误，本语句永远也不会执行到
  }
}
```

3.4.3 局部变量和成员变量的区别

在方法内部可以定义变量，被称为局部变量。局部变量的一般形式如下：

[变量修饰符] 变量类型 变量名;

❑ 变量修饰符可以是 final，表示这是常量。
❑ 变量类型可以是 Java 中任意合法的基本类型或复合类型。
❑ 变量名是用户自定义标识符，遵循标识符的一般规则。
❑ 可以在一行中定义多个局部变量，以逗号分隔。
❑ 定义变量时可以同时赋初值。
❑ 局部变量必须要先定义后使用。

例如，下面就是一些局部变量的定义：

```
final double PI = 3.1416;
int  ix, iy;
final int MAIL = 0;
```

从形式上看，局部变量和类的成员变量十分相似，但在使用上它们的区别很大。

❑ 局部变量没有访问权限修饰符，不能用 public、private 和 protected 来修饰。这是因为它只能在定义它的方法内部使用。
❑ 局部变量不能用 static 修饰，没有"静态局部变量"，这是 Java 和 C/C++的一个细微差别。

- 系统不会自动为局部变量赋初值，但对于成员变量，系统会自动赋初值。基本类型的初值为 0，复合类型的初值为 null。
- 局部变量的作用域仅限于定义它的方法，在该方法的外部无法访问它。成员变量的作用域在整个类内部都是可见的，所有成员方法都可以使用它。如果访问权限允许，还可以在类的外部使用成员变量。
- 局部变量的生存周期与方法的执行期相同。当方法执行到定义局部变量的语句时，局部变量被创建；执行到它所在的作用域的最后一条语句时，局部变量被销毁。类的成员变量，如果是实例成员变量，则它和对象的生存期相同。而静态成员变量的生存期是整个程序运行期。
- 在同一个方法中，不允许有同名的局部变量。在不同的方法中，可以有同名的局部变量，它们互不干涉。
- 局部变量可以和成员变量同名，且在使用时，局部变量具有更高的优先级。

【例 3.12】 局部变量使用示例。

//-----------文件名 localVariable.java，程序编号 3.22-----------------

```
public class localVariable{
  public void method_1(){
    int va = 0;            //正确
    public int pva;        //错误，不能有访问权限
    static int sa;         //错误，不能是静态的
    final int CONST = 10;  //正确，可以是常量
    double va =0.0;        //错误，与前面的 va 同名
    vb = 100.0;            //错误，vb 还未定义
    double vb;
    vb = 100.0;            //正确，现在可以使用了
  }
  public void method_2(){
    va = 0;                //错误，method_1()中的变量 va 在此不可用
    int CONST = 100;       //正确，它与 method_1()中的 CONST 不同
  }
}
```

【例 3.13】 局部变量与成员变量同名问题示例。

//-----------文件名 localVSmember.java，程序编号 3.23-----------------

```
public class localVSmember{
  private int iVar = 100;
  public void method_1(){
    int iVar;              //正确，可以与成员变量同名
    iVar = 200;            //这里访问的是局部变量
    this.iVar = 300;       //这里访问的是成员变量
  }
  public void method_2(){
    iVar = 400;            //这里访问的是成员变量
  }
}
```

在程序 3.23 中，同名的局部变量会屏蔽掉成员变量。为了访问被屏蔽的成员变量，需要使用一个前缀 this，它表示的是"本对象"。关于 this 的详细用法，将在 3.5.3 小节中

介绍。

3.4.4 方法的访问权限

方法与成员变量一样，都是类的成员，因此它和成员变量一样，也有访问权限的问题。方法的访问权限也有 4 种：public、private、protected 和默认，而且它们和成员变量的规则完全一样，这里不再重复举例。

关于成员的各种权限的访问规则，可以总结成表 3.2。

表 3.2 各种访问权限的规则

	public	protected	默 认	private
本类内部	√	√	√	√
同一包中的子类	√	√	√	×
同一包中非子类	√	√	√	×
不同包中的子类	√	继承访问	×	×
不同包中非子类	√	×	×	×

表 3.2 中的"√"表示可以访问，"×"表示不能访问。不在同一个包中的子类，可以继承父类中的 protected 成员方法和成员变量，并且通过这种方式来访问。但不允许通过"对象名.方法名()"的方式来访问。

从表 3.2 中可以看出，在类的内部使用成员时，根本无需考虑访问权限的问题。在外部访问成员时，public 的限制最宽松，private 的限制最严格，protected 和默认的限制介于两者之间。初学者不必死记这些访问限制，通过大量的编程实践，将逐步掌握其中的规律。

3.5 方法的调用

多数情况下，使用方法需要进行显式的方法调用。方法被调用之后，就会执行方法体内部的语句，完成预定义的功能。

3.5.1 方法调用的形式

根据方法的调用者与被调用的方法所处的位置，方法调用的形式可以分为两种。

❏ 调用者和被调用方法位于同一类中，形式如下：

```
[this.]方法名([实际参数列表])
```

在大多数情况下，关键字 this 可以省略。

❏ 调用者位于被调用方法所在类的外部，形式如下：

```
对象名.方法名([实际参数列表])    或者    类名.方法名([实际参数列表])
```

实际参数列表是对应方法的形式参数列表，可以是 0 个或多个变量或表达式，如果超过 1 个，需用逗号分隔。

下面是方法调用的两个例子。

【例 3.14】 同一类中调用方法示例。

//-----------文件名 invokeMethod.java，程序编号 3.24-----------------

```
public class invokeMethod{
  public void showMsg(){
    System.out.println("This is showMsg method");
  }
  public void callOther(){
    showMsg();        //调用类中的另外一个方法，这里也可以写成 this.showMsg()
  }
  public static void main(String args[]){
    //创建对象
    invokeMethod  ob = new invokeMethod();
    ob.callOther(); //调用 callOther()方法
  }
}
```

程序的输出如下：

```
This is showMsg method
```

在程序 3.24 中，方法 callOther() 和方法 showMsg() 处在同一个类中，所以调用后者时，直接使用方法名就可以。

在 main() 方法中，调用 callOther() 方法时，需先创建一个对象 ob，再用 "对象名.方法名()" 的格式来调用该方法，这么做是因为 main() 方法是一个静态方法，它由系统来调用。系统在调用它的时候，并没有创建一个 invokeMethod 的对象，而 callOther() 和 showMsg() 方法都是实例方法，它们被调用时，都必须有对象的存在。所以必须在 main 中先创建一个对象 ob，才能调用这两个方法。从这一点来看，main 方法虽然处在 invokeMethod 类的内部，但它的表现却如同在类的 "外部" 一样。

这么解释，读者可能还会有疑惑：为什么 callOther() 又能够直接调用 showMsg() 方法，难道它能保证在调用后者时，对象已经存在？答案确实如此，因为 callOther() 本身是实例方法，它在被执行时，一定是有对象存在的。基于这个前提，它才能够直接调用 showMsg() 方法。

【例 3.15】 外部类调用方法示例。

这里仍然利用程序 3.24，另外再写一个类来使用 invokeMethod 类中的两个方法。

//-----------文件名 invokeOther.java，程序编号 3.25-----------------

```
public class invokeOther{
  public static void main(String args[]){
    invokeMethod  ob = new invokeMethod();  //创建对象
    ob.callOther();                         //调用 callOther()方法
  }
}
```

⌂**注意**：需要将 invokeMethod.java 和 invokeOther.java 两个方法放在同一个目录下面，然后分别编译。后面如无特殊说明，需要用到两个或两个以上文件的，都必须放在同一目录下编译。

程序 3.25 和程序 3.24 的输出结果完全一样。细心的读者还会发现，在 invokeOther 类中的 main()方法和 invokeMethod 类中的 main()方法代码完全一样。在 3.7 和 3.8 节中，还将进一步解释这一现象。

在 invokeOther 类中，还可以调用 showMsg()方法，形式还是 ob.showMsg()。读者可以自己改动程序 3.25 查看效果。

3.5.2　方法调用的参数

在定义一个方法时，程序员可能会根据需要列出一个参数表，这些参数被称为形式参数，简称为形参。在调用方法时，需要调用者提供与之相匹配的参数表，被称为实际参数，简称为实参。

这里的匹配有两个条件：

- 实参和形参的个数要相等。
- 实参和形参对应位置上的数据类型要相容。即数据类型相同，或者实参可以做自动类型转换转换成形参类型。

在方法调用发生时，系统会将实参的值按照位置关系一个一个传递给形参，即第一个实参传给第一个形参，第二个实参传给第二个形参，……这个过程中，不会考虑形参和实参的名字。如图 3.5 所示。

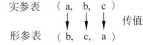

实参表 　（ a, 　b, 　c ）
形参表 　（ b, 　c, 　a ）
传值

由于在 Java 中存在两种类型的数据：基本类型和复合类型。这两种类型的数据作为参数传递时，是有区别的。本小节将分别介绍这两种情况。

图 3.5　方法调用的传值过程

1．基本类型作为参数

当方法的参数是基本类型（包括整型、浮点和布尔型）时，它是通过传值方式进行调用的。这种传递方式的特点是：

- 它所传递的实参的值是一个副本。
- 单值传递。实参本质上是一个可求值的表达式，它所求出来的值是一个基本类型。
- 单向传递。方法内部可以修改形参的值，但这种修改不会影响到对应的实参。

直观来看，传值过程相当于一个赋值过程，实参是右值，形参是左值。它们发生联系只在调用的那一瞬间，以后二者之间再无关系。

【例 3.16】　单向传值示例。

//-----------文件名 invokeByValue.java，程序编号 3.26-----------------

```java
public class invokeByValue{
  public void tryChange(int ix){
    ix = ix * 2;        //企图改变参数的值
  }
  public void showDiffer(){
    int  ix = 10;
    System.out.println("调用 tryChange 方法之前，ix=" + ix);
    //测试是否能改变实参的值
    tryChange(ix);
    System.out.println("调用 tryChange 方法之后，ix=" + ix);
  }
  public static void main(String args[]){
```

```
    invokeByValue  va = new invokeByValue();
    va.showDiffer();
  }
}
```

程序的输出如下：

```
调用 tryChange 方法之前，ix=10
调用 tryChange 方法之后，ix=10
```

从本例中可以看出，尽管在 tryChange()方法中，改变了形参 ix 的值，但对于实参 ix 并没有影响。从这个例子还可以看出，形参实际上是一个局部变量，它的作用域仅限于定义它的方法体内部，实参的名字是否和它相同都没有影响。

单向传值可以防止程序员在无意的情况下改变实参的值，起到了降低程序间数据耦合度的作用。但在某些情况下，单向传值却会阻碍某些功能的实现。比如，要写一个方法实现两个参数交换值的功能。初学者可能会写成下面这个样子：

```
public void swap(int a,  int b){
  int t=a;
  a=b;
  b=t;
}
```

然后这样来调用它：

```
swap(a,b);
```

很不幸，调用过后，会发现，a 和 b 的值没有任何改变。因为在方法 swap 中交换的只是形参 a 和 b 的值，这对于实参 a 和 b 来说，没有任何影响。

实际上，在 Java 中，没有任何简单的方法能够实现上述交换两个基本变量的值，而只能把上面这段代码写在需要交换的地方。

2．复合类型作为参数

如果形式参数不是基本类型，而是复合类型，比如类类型，那么实参和形参的表现行为和基本类型的参数会有一些区别。

如果实参是一个类的对象，那么在调用相应的方法时，系统会将该对象的地址值传递给形参。例如，有一个类 onlyTest，actual 是它的一个对象作为实参，form 是它定义的形参对象，则调用时的传值情形如图 3.6 所示（假定类实例在内存中的存储地址为 0x00ff）。

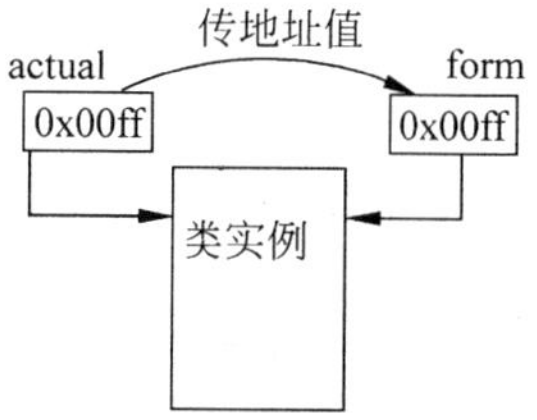

图 3.6　对象传值调用示例

在 Java 中虽然没有"指针"这一概念，程序员也不需要掌握它，但在系统内部，仍然是存在指针的。图 3.6 就是指针运用的示例。actual 和 form 指向了同一个对象实例，其中任何一个变量改变类实例中的值，都会对另外一个变量有所影响。

对象的传值过程，其实是借用了 C/C++中指针传值的方法，造成的效果也完全相同。下面这个例子展示了对象传值的效果。

【例 3.17】　对象传值示例。

//-----------文件名 onlyTest.java，程序编号 3.27----------------

```
public class onlyTest{
  private int x = 0;
  //设置成员变量 x 的值
  public void setX(int ix){
    x = ix;
  }
  //获取成员变量 x 的值
  public int getX(){
    return x;
  }
}
```

下面这个程序使用上面这个类，分别声明了一个实参和一个形参。

//-----------文件名 invokeByObject.java，程序编号 3.28-----------------

```
public class invokeByObject{
  public void (onlyTest form){
    int t = form.getX();          //获取对象 form 的成员变量 x 的值
    form.setX(t*2);               //改变对象 form 的成员变量 x 的值
  }
  public void {
    onlyTest  actual = new onlyTest();
    actual.setX(100);
    System.out.println("调用 tryChange 方法之前, x=" + actual.getX() );
    //测试是否能改变 actual 的成员变量值
    tryChange(actual);
    System.out.println("调用 tryChange 方法之后, x=" + actual.getX() );
  }
  public static void main(String args[]){
    invokeByObject  va = new invokeByObject();
    va.showDiffer();
  }
}
```

在程序 3.28 中，showDiffer()方法先定义一个 actual 对象，并将成员 x 的值置为 100。而后调用方法 tryChange()，它的形参 form 接收 actual 的值，根据图 3.6 所示内容，它们将共用同一个对象。在 tryChange()中改变了 form 的 x 值，这一改变，对 actual 也是有效的。程序的输出印证了这一点：

```
调用 tryChange 方法之前, x=100
调用 tryChange 方法之后, x=200
```

由于 C++中提供了传值调用和引用调用两种方式，于是有些程序员也认为 Java 的对象参数是采用的引用调用。这其实是一种误解，Java 采用的是传地址值的调用方式，在某些情况下，虽然和引用调用效果相同（比如上例），但在另外一些情形下，还是可以看出两者的区别。下面这个例子说明了这一区别。

【例 3.18】　对象传地址值而非引用示例。

这里仍然使用例 3.17 中的类 onlyTest，再另外编写一个程序 trySwap。

//-----------文件名 trySwap.java，程序编号 3.29-----------------

```
public class trySwap{
  //企图交换 a 和 b 的值
  public void swap(onlyTest a, onlyTest b){
    onlyTest temp;
```

```
     temp = a;
     a = b;
     b = temp;
  }
  //测试能否交换实参的值
  public void showDiffer(){
    onlyTest  ox = new onlyTest();    //创建两个对象
    onlyTest  oy = new onlyTest();
    ox.setX(100);
    oy.setX(200);
    System.out.println("调用 swap()方法之前的值:");
    System.out.println("    ox.x = " + ox.getX() + ", oy.x = " + oy.getX());
    //测试是否能交换 ox 和 oy 的值
    swap(ox,oy);
    System.out.println("调用 swap()方法之后的值:");
    System.out.println("    ox.x = " + ox.getX() + ", oy.x = " + oy.getX());
  }

  public static void main(String args[]){
    trySwap  va = new trySwap();
    va.showDiffer();
  }
}
```

在方法 swap()中，形参是两个 onlyTest 的对象。如果是引用调用，那么交换这两个对象的值，将对实参 ox 和 oy 产生影响。程序实际运行后输出结果如下：

```
调用 swap()方法之前的值:
    ox.x = 100, oy.x = 200
调用 swap()方法之后的值:
    ox.x = 100, oy.x = 200
```

从以上输出结果中可以看出，ox 和 oy 的值没有受到丝毫影响，因此它不是引用调用。调用过程可以用图 3.7 和图 3.8 来说明。

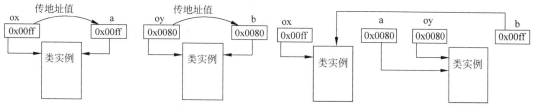

图 3.7　调用 swap()时的传值过程　　　　　图 3.8　执行 swap()之后的情形

补充说明一下：若有对象 A 和 B，执行语句：A=B，则 A 和 B 都指向了同一个对象，它们的行为与上述参数传递的行为完全相同。

注意：通过上述分析可以看出，在 Java 中，虽然没有出现显示的指针，也没有指针这个概念，但用普通类声明的变量，本质上和 C/C++中的对象指针是一样的。而且，Java 中也没有和 C++中的引用类型完全等效的概念。

最后总结一下方法参数的使用情况：
❑　方法不能修改一个基本数据类型的参数；
❑　方法可以改变一个对象参数的状态；

❑　方法不允许让一个对象参数引用一个新的对象。

3.5.3　隐含参数 this

回顾 3.4.3 小节中的例 3.13，当方法中的局部变量和成员变量同名时，局部变量会屏蔽掉同名的成员变量。为了访问该成员变量，需要使用"this.成员变量"的形式。

这个 this 是 Java 定义中的一个关键字。为了让程序员能够在方法中使用 this，Java 会将 this 作为一个隐含的参数传递给每一个实例方法。它其实是指向当前对象的一根指针，直观地理解，它就是表示"本对象"的意思。

this 作为隐含参数传递，最重要的作用是区分各个对象所拥有的成员。先来回顾 3.5.2 小节程序 3.27 中的类 onlyTest，它拥有一个成员变量 x，两个方法——setX()和 getX()。程序员可以使用这个类来创建若干个对象，这些对象分别拥有自己的成员变量，相互之间不会干扰。如例 3.19 所示。

【例 3.19】　使用类 onlyTest 创建多个对象示例。

//-----------文件名 useOnlyTest.java，程序编号 3.30-----------------

```
public class useOnlyTest{
  public static void main(String args[]){
    onlyTest oa = new onlyTest();
    onlyTest ob = new onlyTest();
    oa.setX(100);          //将成员变量 x 赋值为 100
    ob.setX(200);          //将成员变量 x 赋值为 200
    System.out.println( "oa 的成员变量 x= " + oa.getX() );
    System.out.println( "ob 的成员变量 x= " + ob.getX() );
  }
}
```

程序中分别为两个对象 oa 和 ob 的成员变量赋了不同的值，然后再分别显示它们的值。程序的输出结果如下：

```
oa 的成员变量 x= 100
ob 的成员变量 x= 200
```

这个结果完全在预料之中。但如果深入研究一下，还是会存在一些疑问：到底系统是如何来管理这些对象的？显然，不同对象的成员变量一定是单独存放的，那么当它们都调用 setX()方法的时候，这个方法如何知道要为哪一个对象的成员变量 x 赋值？一种简单的解决办法，是让每个对象的成员方法也单独存放，并且和成员变量存放在一起，它只处理本对象的成员变量。但这种方法实在是太笨，因为为每个对象存储一套成员方法（而且这些方法的执行语句是完全一样的）需要大量的空间，完全不符合代码重用的原则。所以，所有对象共用一套成员方法显然要经济高效得多。但这样又会带来一个问题，就是这些方法怎样才能区分目前要处理的是哪一个对象的成员变量。

解决的答案就是 this 关键字。系统会将 this 指向当前对象，然后作为参数传递给成员方法。在方法访问成员变量时，系统会自动为成员变量加上一个 this 作为前缀，这样就可以区分是哪个对象的成员变量。当然，程序员也可以显式地加上 this 作前缀。比如，onlyTest 类与下面这种形式等价：

```
public class onlyTest{
  private int x = 0;
  //设置成员变量 x 的值
  public void setX(int ix){
    this.x = ix;       //显式地加上 this，表示本对象的变量 x
  }
  //获取成员变量 x 的值
  public int getX(){
    return this.x;
  }
}
```

对于方法：

```
public void setX(int ix)
```

系统会自动加上形参 this，如下：

```
public void setX(onlyTest this, int ix)
```

当通过 oa.setX(100)来调用方法时，系统生成的是 oa.setX(oa,100)，这样就很好地解决了区分各个对象成员的问题。

3.6　构　造　方　法

构造方法是类中一种特殊的方法，它一般由系统在创建对象（即类实例化）时自动调用。构造方法是对象中第一个被执行的方法，主要用于申请内存以及对类的成员变量进行初始化等操作。构造方法虽然也位于类里面，但在很多情况下与普通成员方法表现不同，所以也有人认为它不是成员方法，而且将其称为"构造器"。本书仍然沿用通常的称呼，将其称为构造方法。构造方法的一般形式为：

```
构造方法名([参数列表]){
  [this([参数列表]);] |[super([参数列表]);
  语句序列
}
```

其中，this 是调用其他的构造方法，super 是调用父类的构造方法。它们都必须放在其他语句的前面。

编写式构造方法要注意以下几点。
- 构造方法的名字必须和类的名字完全相同。
- 除了访问权修饰符之外，不能有其他任何修饰符，也就不能有返回值。
- 尽管没有返回值，但并不能用 void 修饰。
- 构造方法不能用 static 和 final 来修饰。一般也不用 private 修饰，这会导致无法在外部创建对象。
- 构造方法不能由对象显式地调用。一般通过 new 关键字来调用，或者用 this 和 super 来调用。
- 构造方法的参数列表可以为空，也可以有参数。根据参数的有无，可以将构造方法分为无参数的构造方法和带参数的构造方法。

- 用户定义的类可以拥有多个构造方法，但要求参数列表不同。
- 当用户定义的类未提供任何构造方法时，系统会自动为其提供一个无参数的构造方法。

3.6.1　无参数构造方法的定义和使用

定义一个无参数的构造方法，从语法上来讲很简单，请看下面的示例。

【例 3.20】　无参数的构造方法示例。

//-----------文件名 constructNoPara.java，程序编号 3.31----------------

```java
public class constructNoPara{
  private int  x = 0;
  //定义一个无参数的构造方法，它必须和类同名
  public constructNoPara(){
    System.out.println("这是无参数的构造方法");
    x = 100;             //为成员变量赋值
  }
  //获取成员变量 x 的值
  public int getX(){
    return x;
  }
  public static void main(String args[]){
    constructNoPara oa = new constructNoPara();    //隐式调用无参数的构造方法
    System.out.println("x = " + oa.getX() );        //输出成员变量 x 的值
  }
}
```

调用构造方法使用的是 new constructNoPara()，这是一种隐式的调用方法，不能写成 oa.constructNoPara()的形式。

注意到成员变量 x，它在定义的时候已经赋了初值。在构造方法中，先是输出一条信息，然后再次为 x 赋值。由于构造方法的执行在定义成员变量之后，它会覆盖掉原来 x 的初值，所以 x 的值为 100。程序的输出结果如下：

```
这是无参数的构造方法
x = 100
```

对于初学者而言，最容易犯的错误是在构造方法之前加上 void，变成下面这个样子：

```java
public class constructNoPara{
  private int  x = 0;
  //试图定义一个无参数的构造方法
  public void constructNoPara(){      //这里加了一个 void
    System.out.println("这是无参数的构造方法");
    x = 100;                        //为成员变量赋值
  }
  //获取成员变量 x 的值
  public int getX(){
    return x;
  }
  public static void main(String args[]){
    constructNoPara oa = new constructNoPara();      //隐式调用无参数的构造方法
```

```
    System.out.println("x = " + oa.getX() );          //输出成员变量 x 的值
  }
}
```

这个程序仍然可以通过编译，但运行结果可能会出人意料。它的输出结果如下：

```
x = 0
```

这表明，程序员自己定义的无参数的构造方法根本就没有执行。这是因为加上 void 修饰符之后，constructNoPara()不再是一个构造方法，而成了一个普通方法。

语句 constructNoPara oa = new constructNoPara();并不是调用程序员自己定义的"构造方法"，而是调用了系统提供的默认的无参数的构造方法，这个方法其实什么事情也没做，自然也就不会更改 x 的值。

说明：C++程序员不会犯此类错误。因为在 C++中，如果在构造方法前面加上 void，编译器将报错。

注意：构造方法前的访问权限修饰符同样有 4 种，但通常不会是 private 类型。因为用它来修饰的话，将无法在外部使用该构造方法。

3.6.2　带参数构造方法的定义和使用

在很多时候，需要根据不同的情况为成员变量赋不同的初值，这就需要传递参数给构造方法。因此，Java 中允许定义带参数的构造方法，而且这种带参数的构造方法还可以定义多个（前提是参数列表有区别），这种现象被称为构造方法的重载。

Java 规定，如果程序员一个构造方法都不定义，那么系统会自动为其加上一个不带参数的构造方法。如果程序员至少定义了一个构造方法，那么系统不会再提供不带参数的构造方法。

当用 new 来创建对象时，需要提供类型相容的参数，否则编译器将报错。

【例 3.21】　带参数的构造方法示例。

//-----------文件名 constructWithPara.java，程序编号 3.32-----------------

```
public class constructWithPara{
  private int  x = 0;
  //定义一个带参数的构造方法
  public  constructWithPara(int ix){
    System.out.println("这是带参数的构造方法");
    x = ix;          //为成员变量赋值
  }
  //获取成员变量 x 的值
  public int getX(){
    return x;
  }
  public static void main(String args[]){
    constructWithPara oa = new constructWithPara(100);     //隐式调用带参数的
                                                             构造方法
    System.out.println("x = " + oa.getX() );
  }
}
```

这个程序的流程和程序 3.31 完全一样，只是其中的构造方法多了一个参数而已。程序运行的结果如下：

```
这是带参数的构造方法
x = 100
```

这个程序从表面上看没有什么问题，但实际上它存在着一个很大的隐患。如果将类 constructWithPara 提供给其他的程序员使用，使用者很有可能会按照一般的习惯这么来创建一个对象：

```
constructWithPara oa = new constructWithPara();
```

试图使用 x 的默认值。但这样是无法通过编译的，因为系统不会再为 constructWithPara 类提供无参数的构造方法。当此类被其他类继承时，这一问题显得越发严重，它甚至会导致根本无法写出一个子类。

因此，强烈建议程序员在定义带参数的构造方法时，也要定义一个不带参数的构造方法，即便这个方法什么事情也不做。所以程序 3.32 应该改成下面这个样子：

//-----------文件名 constructWithPara.java，程序编号 3.33-----------------

```
public class constructWithPara{
  private int  x = 0;
  //定义一个带参数的构造方法
  public  constructWithPara(int ix){
    System.out.println("这是带参数的构造方法");
    x = ix;              //为成员变量赋值
  }
  //定义一个不带参数的构造方法
  public constructWithPara(){
  }
  //获取成员变量 x 的值
  public int getX(){
    return x;
  }
  public static void main(String args[]){
    constructWithPara oa = new constructWithPara(100);    //隐式调用带参数的
                                                           构造方法

    System.out.println("x = " + oa.getX() );
  }
}
```

3.6.3　this 关键字和构造方法的调用

在 3.5.3 小节中，已经介绍了 this 关键字的作用——作为隐含参数指向本对象。其实 this 关键字还有一个作用，就是用来显示地调用构造方法。它的使用格式如下：

```
this([参数列表])
```

系统将根据参数列表来决定调用哪一个构造方法。使用 this 时还需注意下面几点。

❑ 用 this 调用构造方法时，该语句只能用在构造方法中。

❑ this 语句必须是构造方法中的第一条语句。

❑ 和 new 不同，this 虽然可以调用构造方法，但它只是执行构造方法中的语句，并不会创建对象。

【例 3.22】 用 this 调用构造方法示例。

这里仍然使用程序 3.33，并在无参数的构造方法中加上 this 语句来为 x 赋初值。

//-----------文件名 constructWithPara.java，程序编号 3.34----------------

```
public class constructWithPara{
  private int  x = 0;
  //定义一个带参数的构造方法
  public  constructWithPara(int ix){
    System.out.println("这是带参数的构造方法");
    x = ix;              //为成员变量赋值
  }
  //定义一个不带参数的构造方法
  public constructWithPara(){
    this(100);          //调用带参数的构造方法为 x 赋值
    System.out.println("这是无参数的构造方法");
  }
  //获取成员变量 x 的值
  public int getX(){
    return x;
  }
  public static void main(String args[]){
    constructWithPara oa = new constructWithPara(); //隐式调用无参数的构造方法
    System.out.println("x = " + oa.getX() );
  }
}
```

在 main()方法中利用无参数的构造方法来创建对象，而在无参数的构造方法中，用 this 来调用带参数的构造方法，然后再输出一条信息。程序输出结果如下：

```
这是带参数的构造方法
这是无参数的构造方法
x = 100
```

在 constructWithPara()方法中，特别注意不要写成下面这个样子：

```
public constructWithPara(){
  System.out.println("这是无参数的构造方法");
  this(100);          //调用带参数的构造方法为 x 赋值
}
```

这样编译会出错，因为 this 调用构造方法只能作为第一条语句。

读者可能会觉得程序 3.34 用 this 调用另外一个构造方法为 x 赋值过于麻烦，不如直接为 x 赋值更简单。当然，这只是一个示例程序，这么做的原因在于：很多情况下，多个构造方法可能会做相同的事情，只是参数有点区别，这就可以将这段相同的代码单独抽取出来成为一个构造方法，然后使用 this 来调用它。

3.7　静　态　方　法

前面已经介绍过，成员变量分为实例变量和静态变量。其中实例变量属于某一个具体的实例，必须在类实例化后才真正存在，不同的对象拥有不同的实例变量。而静态变量被该类所有的对象公有（相当于全局变量），不需要实例化就已经存在。

方法也可分为实例方法和静态方法。其中，实例方法必须在类实例化之后通过对象来调用，而静态方法可以在类实例化之前就使用。与成员变量不同的是：无论哪种方法，在内存中只有一份——无论该类有多少个实例，都共用同一个方法。

本节以前的例子中，除了 main()方法，其余的方法都是实例方法，而 main()则是一个静态方法，所以它才能够被系统直接调用。

3.7.1　静态方法的声明和定义

定义一个静态方法和定义一个实例方法，在形式上并没有什么区别，只是在声明的头部，需要加上一个关键字 static。它的一般语法形式如下：

```
[访问权限修饰符] static [返回值类型] 方法名([参数列表]){
    语句序列
}
```

例如下面是一个静态的方法：

```
public  static  void stFun(){
    System.out.println("这是一个静态方法");
}
```

3.7.2　静态方法和实例方法的区别

静态方法和实例方法的区别主要体现在以下两个方面。

❑ 在外部调用静态方法时，可以使用"类名.方法名"的方式，也可以使用"对象名.方法名"的方式；而实例方法只有后面这种方式。也就是说，调用静态方法可以无需创建对象。

❑ 静态方法在访问本类的成员时，只允许访问静态成员（即静态成员变量和静态方法），而不允许访问实例成员变量和实例方法；实例方法则无此限制。

下面几个例子展示了这一区别。

【例 3.23】　调用静态方法示例。

//-----------文件名 hasStaticMethod.java，程序编号 3.35----------------

```
public class hasStaticMethod{
    //定义一个静态方法
    public static void callMe(){
    System.out.println("This is a static method.");
  }
}
```

下面这个程序使用两种形式来调用静态方法。

//-----------文件名 invokeStaticMethod.java，程序编号 3.36----------------

```
public class invokeStaticMethod{
  public static void main(String args[]){
    hasStaticMethod.callMe();        //不创建对象，直接调用静态方法
```

```
    hasStaticMethod oa = new hasStaticMethod();    //创建一个对象
    oa.callMe();                        //利用对象来调用静态方法
  }
}
```

程序 3.36 两次调用静态方法，都是允许的，程序的输出如下：

```
This is a static method.
This is a static method.
```

允许不创建对象而调用静态方法，是 Java 为了减少程序员调用某些常用方法时的麻烦，而允许程序员按照传统的 C 语言中使用函数的方式来使用方法。典型的例子是前面某些程序中使用 Math.ramdon()来获取随机数。

【例 3.24】　静态方法访问成员变量示例。

//-----------文件名 accessMember.java，程序编号 3.37----------------

```
class accessMember{
  private static int sa;      //定义一个静态成员变量
  private        int ia;      //定义一个实例成员变量
  //下面定义一个静态方法
  static void statMethod(){
    int i = 0;                //正确，可以有自己的局部变量
     sa = 10;                 //正确，静态方法可以使用静态变量
     otherStat();             //正确，可以调用静态方法
     ia = 20;                 //错误，不能使用实例变量
     insMethod();             //错误，不能调用实例方法
   }
  static void otherStat(){
  }
  //下面定义一个实例方法
  void  insMethod(){
    int i = 0;                //正确，可以有自己的局部变量
     sa = 15;                 //正确，可以使用静态变量
     ia = 30;                 //正确，可以使用实例变量
    statMethod();             //正确，可以调用静态方法
  }
}
```

本例其实可以概括成一句话：静态方法只能访问静态成员，实例方法可以访问静态和实例成员。之所以不允许静态方法访问实例成员变量，是因为实例成员变量是属于某个对象的，而静态方法在执行时，并不一定存在对象。同样，因为实例方法可以访问实例成员变量，如果允许静态方法调用实例方法，将间接地允许它使用实例成员变量，所以它也不能调用实例方法。基于同样的道理，静态方法中也不能使用关键字 this。

main()方法是一个典型的静态方法，它同样遵循一般静态方法的规则，所以它可以由系统在创建对象之前就调用。下面这个程序有个错误，请读者仔细查看。

```
public class hasError{
  int insVar = 100;    //这里定义的非静态变量，不能在静态的 main 主方法中引用
  public static void main(String args[]){
```

```
    System.out.println("insVar = " + insVar);
  }
}
```

3.7.3　静态代码块

在类中，可以将某一块代码声明为静态的，这样的程序块叫静态初始化段。静态代码块的一般形式如下：

```
static {
  语句序列
}
```

❑　静态代码块只能定义在类里面，它独立于任何方法，不能定义在方法里面。
❑　静态代码块里面的变量都是局部变量，只在本块内有效。
❑　静态代码块会在类被加载时自动执行，而无论加载者是 JVM 还是其他的类。
❑　一个类中允许定义多个静态代码块，执行的顺序根据定义的顺序进行。
❑　静态代码块只能访问类的静态成员，而不允许访问实例成员。

【例 3.25】　静态代码块运行示例 1。

//-----------文件名 staticBlock.java，程序编号 3.38----------------

```
public class staticBlock{
  //定义一个普通的 main()方法
  public static void main(String args[]){
    System.out.println("This is main method.");
  }
  //定义一个静态代码块
  static{
    System.out.println("This is static block.");
    int stVar = 0;    //这是一个局部变量，只在本块内有效
  }
}
```

编译通过后，用 java 命令加载本程序，会得到如下输出结果：

```
This is static block.
This is main method.
```

从以上输出结果中可以看出，静态代码块甚至在 main()方法之前就被执行。在 main()方法中可以完成的任务在静态代码块中都可以完成。但是二者在执行上仍然有一些区别，请看下例。

【例 3.26】　静态代码块和 main()方法的区别。

这里仍然使用例 3.25 中的 staticBlock 类，然后新定义一个类来使用它。

//-----------文件名 useStaticBlock.java，程序编号 3.39----------------

```
public class useStaticBolck{
  public static void main(String args[]){
    new staticBlock();  //创建一个 staticBlock 的对象
  }
}
```

本程序没有像以前的程序那样，在创建对象时使用一个变量来接收对象，因为这个程序在后面并不需要用到这个变量。程序的输出如下：

```
This is static block.
```

这一次，只执行了静态代码块，main()方法在这种情况下是不会被执行的。

最后来写一个复杂一点的静态代码块的例子，它综合体现了静态代码块的使用方法，请读者注意注释说明。

【例 3.27】　静态代码块使用示例 2。

//-----------文件名 staticBlock.java，程序编号 3.40----------------

```java
public class staticBlock{
  static int stMember = 100;                 //定义静态成员变量
  public static void main(String args[]){
    System.out.println("This is main method.");
  }
  //第一个静态代码块
  static{
    System.out.println("This is first static block.");
    stMember = 200;                          //访问静态成员变量
    staticBlock oa = new staticBlock();      //创建对象
    System.out.println("stMember = " + oa.stMember);
    statFun();                               //调用静态方法
  }
  //定义一个静态方法
  static void statFun(){
    System.out.println("This is a static method.");
  }
  //第二个静态代码块
  static{
    System.out.println("This is second static block.");
  }
}
```

程序运行的结果如下：

```
This is first static block.
stMember = 200
This is a static method.
This is second static block.
This is main method.
```

3.7.4　再论静态成员变量

在前面的 3.3.3 小节中已经介绍过静态成员变量，不过那里的静态成员变量都是一些基本类型。Java 允许以类作为静态成员变量的类型，那么静态成员变量就是一个对象。

如果是基本数据类型的静态成员变量，在类的外部可以不必创建对象就直接使用。但如果静态成员是对象，问题就要复杂得多。因为对象所属的类，既可能有静态成员，也可能有实例成员。而其中的实例成员必须要在对象实例化后才能使用，问题的核心在于：系统是否会为静态的类变量创建实例。

【例 3.28】　对象作为静态成员使用示例。

//-----------文件名 supplyTest.java，程序编号 3.41----------------

```
public class supplyTest{
  //定义一个静态方法供测试用
  public static void statShow(){
    System.out.println("这是静态方法");
  }
  //定义一个实例方法供测试用
  public void  instShow(){
    System.out.println("这是实例方法");
  }
}
```

下面这个程序中，定义了一个 supplyTest 类型的变量，作为静态成员，没有显式地实例化它。

//-----------文件名 hasStatMember.java，程序编号 3.42----------------

```
public class hasStatMember{
  static  supplyTest stVar;      //定义一个静态成员
  public static void main(String args[]){
    stVar.statShow();            //调用静态方法
    stVar.instShow();            //调用实例方法
  }
}
```

这个程序可以编译通过，但它运行的结果如下：

```
这是静态方法
Exception in thread "main" java.lang.NullPointerException
      at hasStatMember.main(hasStatMember.java:5)
```

从运行结果中可以看出，静态方法被正常执行，但实例方法不能执行，原因是未创建对象实例。这说明尽管 stVar 被声明成 static 类型，系统仍然不会自动为它创建对象，所以程序 3.42 必须改成如下内容才能正常运行。

//-----------文件名 hasStatMember.java，程序编号 3.42----------------

```
public class hasStatMember{
  static supplyTest stVar = new supplyTest();      //定义一个静态成员并实例化它
  public static void main(String args[]){
    stVar.statShow();                              //调用静态方法
    stVar.instShow();                              //调用实例方法
  }
}
```

程序的输出结果是：

```
这是静态方法
这是实例方法
```

从输出结果中可以看出，stVar 的实例化是在定义时完成的，这意味着在 hasStatMember 类的外部可以像在内部一样使用它。下面这个程序演示了对 stVar 的使用形式。

//-----------文件名 useStVar.java，程序编号 3.43----------------

```
public class useStVar{
  public static void main(String args[]){
    hasStatMember.stVar.statShow();      //调用静态方法
    hasStatMember.stVar.instShow();      //调用实例方法
  }
}
```

程序的输出结果如下：

```
这是静态方法
这是实例方法
```

无论是静态方法还是实例方法，都是通过"类名.静态变量名.方法名"的形式来使用的。读者可能会觉得这种形式有点眼熟。确实如此，前面大量使用的 System.out.println 就是这种形式。其中，System 是系统预定义好的一个类，out 是它的一个静态成员，println 是 out 的一个实例方法。

3.8　main()方法和命令行参数

main()方法是一个重要而又特殊的方法。它是 Java 应用程序的入口，JVM 在运行字节码文件时，做完初始化之后，就会查找 main()方法，从这里开始整个程序的运行。

main()方法是静态方法，它由类共有而不是属于类的某个实例，所以系统可以直接调用 main()方法而无需创建它所属的类的实例（实际上这也是做不到的）。因此在运行 main()方法时，只能使用该类中的静态成员，如果要使用实例成员，需要先创建该类的实例对象，然后用对象来访问实例成员。

main()方法只能被系统调用，不能被其他任何方法或类调用，这是它和一般静态方法的区别。

【例 3.29】　main()方法使用示例。

//-----------文件名 showMain.java，程序编号 3.44-----------------

```
public class showMain{
  private static int sx = 100;
  private int    ix = 200;
  public static void main(String args[]){
    System.out.println("sx=" + sx);        //正确，可以访问静态成员
    showMain oa = new showMain();          //创建本类的一个实例对象
    System.out.println("oa.ix=" + oa.ix);  //通过对象来访问实例成员
  }
}
```

程序的输出结果如下：

```
sx=100
oa.ix=200
```

在 main()方法的括号里面并不为空，它有一个形式参数 String args[]。其中，String 是 Java 预定义的字符串类，args[]是一个数组，它有若干个元素，每个元素都是一个字符串。

由于 main()方法只能由系统调用，因此它的参数也只能由系统传递给它。系统所传递的参数则来自于用户的输入，对于控制台程序而言，在命令行执行一个程序通常的形式是：

```
java　类名　[参数列表]
```

其中的参数列表中可以容纳多个参数，参数间以空格或制表符隔开，它们被称为命令行参数。系统传递给 main()方法的实际参数正是这些命令行参数。由于 Java 中数组的下标是从 0 开始的，所以形式参数中的 args[0]，……，args[n-1]依次对应第 1，……，n 个参数。下面这个例子展示了 main()方法是如何接收这些命令行参数的。

【例 3.30】 命令行参数使用示例。

//-----------文件名 getLinePara.java，程序编号 3.45----------------

```java
class getLinePara{
  public static void main(String args[])
  {  //依次获取命令行参数并输出
     for(int i=0;i<args.length;i++)
        System.out.println("第"+i+"个参数是："+args[i]);
  }
}
```

在程序的第 4 行，用到了一个属性：args.length。在 Java 中，数组也是预定义的类，它拥有属性 length，用来描述当前数组所拥有的元素。若命令行中没有参数，则该值为 0，否则就是参数的个数。若在命令行输入下列命令：

```
java getLinePara one two three four
```

相应的输出为：

```
第 0 个参数是：one
第 1 个参数是：two
第 2 个参数是：three
第 3 个参数是：four
```

⚠注意：和 C/C++不同，Java 的命令行参数中不包括被执行程序本身。

在命令行参数中，各个参数之间以空格分隔，但在某些情况下，这种处理方式并不合适。比如需要程序处理一个在某目录下的文件，但是该目录中间有空格，这就会导致程序无法得到正确的文件路径。例如，在命令行输入：

```
java getLinePara c:\My Document\test.java
```

相应的输出为：

```
第 0 个参数是：c:\My
第 1 个参数是：Document\test.java
```

它把一个参数拆成两个来处理，显然不符合程序员的设想。在这种情况下，用户需要将命令行参数用双引号括起来。上面的命令应该写成这个样子：

```
java getLinePara "c:\My Document\test.java"
```

相应的输出结果为：

```
第 0 个参数是：c:\My Document\test.java
```

3.9 终结处理与垃圾回收

3.9.1 对象的释放和垃圾收集机制

  Java 通过一个"垃圾收集机制"来解决对象释放后的内存管理问题。当一个对象不再被引用的时候，垃圾收集机制会收回它占领的空间，供以后的新对象使用。Java 有堆内存和栈内存之分，其中堆是一个运行时数据区，类的实例（对象）从中分配空间。Java 虚拟机（JVM）的堆中储存着正在运行的应用程序所建立的所有对象，这些对象通过 new、newarray、anewarray 和 multianewarray 等指令建立，但是它们不需要程序代码来显式地释放。一般来说，堆是由垃圾回收来负责的，尽管 JVM 规范并不要求特殊的垃圾回收技术，甚至根本就不需要垃圾回收，但是由于内存的有限性，JVM 在实现的时候都有一个由垃圾回收所管理的堆。垃圾回收是一种动态存储管理技术，它自动地释放不再被程序引用的对象，按照特定的垃圾收集算法来实现资源自动回收的功能。

  在 C++ 中，对象所占的内存在程序结束运行之前一直被占用，在明确释放之前不能分配给其他对象；而在 Java 中，当没有对象引用指向原先分配给某个对象的内存时，该内存便成为垃圾。JVM 的一个系统级线程会自动释放该内存块。垃圾收集意味着程序不再需要的对象是"无用信息"，这些信息将被丢弃。当一个对象不再被引用的时候，内存回收它占用的空间，以便空间被后来的新对象使用。事实上，除了释放没用的对象，垃圾收集也可以清除内存记录碎片。由于创建对象和垃圾收集器释放丢弃对象所占的内存空间，内存会出现碎片。碎片是分配给对象的内存块之间的空闲内存洞。碎片整理将所占用的堆内存移到堆的一端，JVM 将整理出的内存分配给新的对象。

  垃圾收集能自动释放内存空间，减轻编程的负担。这使 Java 虚拟机具有一些优点。首先，它能使编程效率提高。在没有垃圾收集机制的时候，可能要花许多时间来解决一个难懂的存储器问题。在用 Java 语言编程的时候，靠垃圾收集机制可大大缩短时间；其次是它保护程序的完整性，垃圾收集是 Java 语言安全性策略的一个重要部分。

  垃圾收集的一个潜在的缺点是它的开销影响程序性能。Java 虚拟机必须追踪运行程序中有用的对象，而且最终释放没用的对象。这一个过程需要花费处理器的时间。其次垃圾收集算法的不完备性，早先采用的某些垃圾收集算法就不能保证 100% 收集到所有的废弃内存。当然随着垃圾收集算法的不断改进以及软硬件运行效率的不断提升，这些问题都可以迎刃而解。为了节省存储空间，对象在不再需要之后就应该被释放掉。Java 和 C++ 一个显著的区别就是对象的释放是自动的，无需程序员操心。这极大地降低了程序员编程上的负担，也使得内存泄漏发生的风险降到最低。

3.9.2 finalize()终结处理方法

  像 C++ 这样的语言，有显示的析构器方法，其中放置了一些当对象不再使用时所需要用到的清理代码，最常见的是回收分配给对象的内存空间。由于 Java 有自动垃圾收集机制，不需要程序员干预，所以 Java 不支持析构器。

　　垃圾收集器只知道释放那些由 new 分配的内存，所以不知道如何释放对象的"特殊"内存，如果对象使用了内存之外的其他资源，如没有使用 new 创建的内存区域，当这类资源不再需要的时候，JVM 将无法自动释放。为解决这个问题，Java 提供了一个 finalize() 方法，又称为结束方法。它是从 Object 类中继承下来的，每一个类都拥有此方法。它的工作原理是：一旦垃圾收集器准备好释放对象占用的存储空间，它首先调用 finalize() 方法，而且只有在下一次垃圾收集过程中，才会真正回收对象所占用的内存。所以如果使用 finalize() 方法，就可以在垃圾收集期间进行一些重要的清除或清扫工作。也就是说这个方法会在垃圾收集器清除对象之前被调用，如果用户觉得有必要，可以重写此方法，完成预定义的任务。它的声明形式如下：

```
protected void finalize(){
    语句序列
}
```

　　但是，程序员无法预测垃圾回收器会在何时启用，也就无法预测结束方法的执行时机，所以不要使用本方法来回收任何短缺的资源。

　　如果某个资源在使用完毕后必须立刻回收，那么类的设计者需要提供一个 dispose 或 close 这样的方法，用来做相应的操作。类的使用者一旦有必要结束掉对象，就可以直接显示地调用这些方法。

3.9.3　Java 垃圾回收的工作原理

　　要理解 Java 垃圾回收的工作原理，先要了解一下 Java 分配对象的方式。Java 的堆更像一个传送带，每分配一个新对象，它就往前移动一格。这意味着对象存储空间的分配速度相当快。Java 的"堆指针"只是简单地移动到尚未分配的领域。也就是说，分配空间的时候，"堆指针"只管依次往前移动而不管后面的对象是否还要被释放掉。如果可用内存耗尽之前程序就退出就再好不过了，这样的话垃圾回收器压根就不会被激活。

　　但是由于"堆指针"只管依次往前移动，内存总会有被耗尽的时间，此时垃圾回收器就开始释放内存。JVM 会判断当堆栈或静态存储区没有对这个对象的引用时，就表示这个对象已经没有存在的意义了，它就应该被回收了。有两种方法来判定这个对象有没有被引用：第一种是遍历堆上的对象找引用；第二种是遍历堆栈或静态存储区的引用找对象。前者的实现叫做"引用计数法"，意思就是当有引用连接至对象时，引用计数加 1，当引用离开作用域或被置为 null 时，引用计数减 1。这种方法有个缺陷，如果对象之间存在循环引用，可能会出现"对象应该被回收，但引用计数却不为零"的情况。

　　Java 采用的是后者，在这种方式下，Java 虚拟机采用一种"自适应"的垃圾回收技术，对于找到非垃圾的存活对象，Java 有两种方式。

　　一种是"停止-复制"。理论上是先暂停程序的运行（所以它不属于后台回收模式），然后将所有存活的对象从当前堆复制到另一个堆，没有被复制的全是垃圾。当对象被复制到新堆上时，它们是一个挨着一个的，所以新堆保持紧凑排列（这也是为什么分配对象的时候"堆指针"只管依次往前移动）。然后就可以按前述方法简单、直接地分配内存了。这将导致大量内存复制行为，内存分配是以较大的"块"为单位的。有了块之后，垃圾回收器就可以不往堆里复制对象了，而是直接就可以往废弃的块里复制对象。

另一种是"标记-清扫"。它的思路同样是从堆栈和静态存储区出发，遍历所有的引用，进而找出所有存活的对象。每当它找到一个存活对象，就会给对象一个标记。这个过程中不会回收任何对象。只有全部标记完成时，没有标记的对象将被释放，不会发生任何复制工作，所以剩下的堆空间是不连续的，然后垃圾回收器重新整理剩余的对象，使它们是连续排列的。

当垃圾回收器第一次启动时，它执行的是"停止-复制"方式，因为这个时刻内存有太多的垃圾。然后 Java 虚拟机会进行监视，如果所有对象都很稳定，垃圾回收器的效率降低的话，就切换到"标记-清扫"方式；同样，Java 虚拟机会跟踪"标记-清扫"效果，要是堆空间出现很多碎片，就会切换到"停止-复制"方式。这就是所谓的"自适应"技术。

实质上，"停止-复制"和"标记-清扫"无非就是"在大量的垃圾中找干净的东西和在大量干净的东西里找垃圾"。不同的环境用不同的方式，这样做完全是为了提高效率，要知道，无论哪种方式，Java 都会先暂停程序的运行，所以，垃圾回收器的效率其实是很低的。Java 用效率换回了 C++没有的垃圾回收器和运行时的灵活是十分明智的，而且通过垃圾回收器对对象重新排列，实现了一种高速的、有无限空间可供分配的堆模型。

3.10　本地方法

如果应用程序需要使用系统特性或设备，比如，调用操作系统的 API 函数，可能使用 Java 编写这样的代码是非常麻烦甚至是不可能的。在这种情况下，需要调用其他语言（比如 C/C++）编写的代码，这些代码被称为本地（native）方法或本机方法。

全面讨论本地方法的编写是一件细致而繁琐的工作，本节不打算过于深入地讨论某些细节，仅举一个简单的例子来说明如何使用本地方法。在阅读本节之前，读者必须具有 C 语言编程的经验，否则就只能跳过本节了（这并不影响后续章节的阅读）。

【例 3.31】　用 Java 语言来调用一个 C 函数，打印出消息"Hello,Native World"！。

首先，必须在一个类中声明本地方法，这需要用到一个关键字 native。下面是用 Java 编写的程序。

//----------文件名 HelloNative.java，程序编号 3.46----------------

```
public class HelloNative{
  public native static void greeting();
}
```

在本程序中，将本地方法声明为 static 类型。本地方法既可以是静态方法，也可以是实例方法。

虽然这个方法不带任何参数，但本地方法是允许带参数的。不过参数传递是件比较麻烦的事情，尤其是当参数是对象时。具体细节请读者查阅 JDK 手册。

本地方法只需要方法的声明部分，不需要定义部分。因为它的定义是由其他语言来完成的。然后编写一个相应的 C 函数。程序员必须完全按照 JVM 所规定的方式来给函数命名，这些命名规则包括：

- ❑ 使用完整的 Java 方法名，比如 HelloNative.greeting。如果它的类是在一个包中，那么应该在 Java 方法名前加上包名。
- ❑ 用下划线取代每个圆点，再加上前缀 Java_。比如 Java_HelloNative_greeting。
- ❑ 如果类名包含的字符不是 ASCII 字母或数字，比如 "_"、"$"，或者是大于 "\u007F" 的 Unicode 字符，那么要用_0xxxx 取代它们。其中，xxxx 是该字符的 Unicode 码。

上面这些操作过于繁琐，所以，实际运用中不会有人手工来做这些操作。可以使用 JDK 提供的 javah 程序，它能自动生成符合上述要求的函数名。使用 javah 之前，先用 javac 编译 HelloNative.java 文件。接着，调用 javah 程序，生成一个 C 头文件。javah 在 jdk/bin 目录下可以找到。命令如下：

```
javah HelloNative
```

这会在当前目录下生成一个头文件 HelloNative.h，它的内容如下：

```c
/* DO NOT EDIT THIS FILE - it is machine generated */
#include <jni.h>
/* Header for class HelloNative */

#ifndef _Included_HelloNative
#define _Included_HelloNative
#ifdef __cplusplus
extern "C" {
#endif
/*
 * Class:     HelloNative
 * Method:    greeting
 * Signature: ()V
 */
JNIEXPORT void JNICALL Java_HelloNative_greeting (JNIEnv *, jclass);

#ifdef __cplusplus
}
#endif
#endif
```

该文件中包含了对 Java_HelloNative_greeting 的声明，字符串 JNIEXPORT 和 JNICALL 是在系统提供的 jni.h 文件中定义的。现在，只需要将函数原型从标题文件中复制到 C 语言的源文件中，并包含标题文件，然后提供该函数的实现代码。如下所示：

```
//-----------文件名 HelloNative.c，程序编号 3.47-----------------
```

```c
#include "HelloNative.h"
#include <stdio.h>
JNIEXPORT void JNICALL Java_HelloNative_greeting (JNIEnv * env, jclass cl)
{
  printf("Hello, Native World!\n");
}
```

现在必须对 C 代码进行编译。由于 C 代码编译之后可以生成静态的目标文件或是动态的链接库文件，而 Java 是没有办法和静态文件链接到一起的，所以只能采用动态链接库文件的形式。不同环境下的动态链接库文件的生成方式不同，读者需要自行查阅相关的文档，这里介绍 Windows 下 dll 文件的生成。

如果使用的是微软的 VC，它带有编译器 cl，可以在命令行执行下面的命令：

```
D:\javabook\example\chapter3>cl -Id:\javabook\example\chapter3\include -I
D:\javabook\example\chapter3\include\win32        -LD        HelloNative.c
-FeHelloNative.dll
```

成功后，将在当前目录下生成一个 HelloNative.dll 的文件。最后，需要添加对
System.loadLibrary 方法的调用，先加载生成的动态链接库，然后再调用 greeting()方法。程
序如下：

//-----------文件名 HelloNativeTest.java，程序编号 3.48----------------

```
public class HelloNativeTest{
  public static void main(String args[]){
    System.loadLibrary("HelloNative");   //加载动态链接库
    HelloNative.greeting();
  }
}
```

编译运行这个程序，可以看到如下输出结果：

```
Hello, Native World!
```

这个消息是由 C 语言的代码生成的，说明调用本地方法按照上述步骤已经成功。本书
不打算更进一步讨论本地方法调用的细节，是出于如下考虑：如果使用本机方法，将丧失
程序的可移植性。即使将程序作为一个应用程序来分发，你仍然需要为每一个平台提供单
独的本地方法库，这需要用户知道如何安装这些方法库。而且一旦使用了 C/C++语言代码，
那么 Java 的安全性就会变弱，一个不恰当的动态链接库甚至会破坏掉虚拟机的运行。所以
如果不是万不得已，不要使用本地方法。其实如果一个项目需要使用本地方法才能完成，
设计人员应该认真考虑是否该换一种开发语言。

3.11 本 章 小 结

本章介绍了 Java 中基于对象设计的知识，并列举了一些简明的示例。读者通过学习这
些示例，可以更好地领会如何对对象进行抽象与封装。在类体中，有两类成员：成员变量
和成员方法。在类体的创建中，着重讨论了成员变量的访问权限问题，这些权限对于成员
方法仍然有效。然后比较了静态成员和实例成员的区别。静态成员是属于全体类的，而实
例成员是属于某一个具体的对象。静态方法只能访问静态变量，而实例方法则两种变量都
可以访问。在实例方法中，特别要注意一个隐含参数：this，它不仅能够表示"本对象"，
还可以用于显示地调用构造方法。在本章的后半部，还介绍了一些特殊的方法：main()、
结束方法和本地方法。

3.12 实 战 习 题

1. 什么是面向对象技术？它有什么优点？

2．面向对象的程序设计与面向过程的程序设计有什么区别？

3．举例说明类方法和实例方法，以及类变量和实例变量的区别。什么情况下用实例变量？什么情况下用类变量？

4．说出对象、类、继承和多态性的概念。

5．指出 Applet 的程序结构及各方法的作用。

6．试声明一个复数类 Complex。

7．Java 中的 finalize()方法的作用是什么，编程验证此方法的功能。

第4章 继承与多态

  面向对象的程序设计扩展了基于对象的程序设计，可以提供类型/子类型的关系。这是通过一种被称为继承（inheritance）的机制而获得的。子类不再需要重新实现所有的特征，而是继承了其父类的数据成员和成员方法。Java 通过一种被称为类派生的机制来支持继承。被继承的类称为基类（base class）或父类，而新的类被称为派生类（derived class）或子类。一般把基类和派生类实例的集合称作类继承层次结构。

  本章将先介绍最常见的单继承，然后介绍重载与运行时多态，以及用接口和内部类来实现的多重继承，最后介绍包的使用。主要内容要点有：

- ❑ 继承的定义及原理；
- ❑ 对象继承中方法的处理问题；
- ❑ 多态的概念；
- ❑ Java 的抽象类与最终类；
- ❑ 接口与多重继承；
- ❑ Java 内部类；
- ❑ Java 包的概念与应用。

4.1 继承的概念

  继承，是 Java 面向对象语言的重要特征之一，Java 继承是使用已存在的类的定义作为基础建立新类的技术，新类的定义可以增加新的数据或新的功能，也可以用父类的功能，但不能选择性地继承父类。这种技术使得复用以前的代码非常容易，能够大大缩短开发周期，降低开发费用。

4.1.1 继承的基本原理

  继承的概念源于人们日常看待世界的一种思考方法。例如：交通工具→汽车→小汽车→赛车。箭头后面的车子都是从箭头前面的车子继承而来。小汽车和赛车都是汽车的一类，各自也继承了汽车的特性。但车轮不是汽车的一个类，它只是汽车的一个组成部分，因此它不是从汽车集继承而来。每一次继承时，新的对象总是会比老对象增加一些适合自身的功能，比如，小汽车继承了汽车的刹车功能，并增加了防抱死装置。

  与客观世界中的继承机制类似，子类会自动拥有父类的属性和方法，同时可以加入自己的一些特性，使得它更具体、功能更强。继承的最大好处是一旦创建了具有通用意义的父类，即可创建任意数目的、具有特定意义的子类。

继承一般有多重继承和单一继承两种方式，分别如图 4.1 和图 4.2 所示。

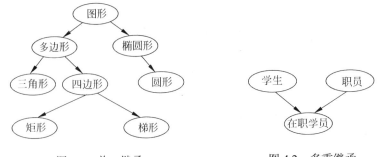

图 4.1　单一继承　　　　　　图 4.2　多重继承

在单一继承中，每一个类最多只有一个父类，而多重继承则可以有两个或两个以上的父类。单一继承是最常见的继承方式，条理很清晰，实现起来简单，语法规则也比较简单。所以，Java 中的类大都采用单一继承。多重继承虽然可以提供更灵活、强大的功能，但是为了解决歧义问题，必须规定很复杂的语法，实现起来很困难。Java 的类不能直接使用多重继承，在某些特殊场合需要使用多重继承的，要使用"接口"机制来实现。

继承概念的实现方式有 3 类，分别为实现继承、接口继承和可视继承。

❑　实现继承是指使用基类的属性和方法而无需额外编码的能力。

❑　接口继承是指仅使用属性和方法的名称，但是子类必须提供实现的能力。

❑　可视继承是指子窗体（类）使用基窗体（类）的外观和实现代码的能力。

在使用继承时需要注意一点，那就是两个类之间的关系应该是"属于"关系。例如，Employee 是一个人，Manager 也是一个人，因此这两个类都可以继承 Person 类。但是 Leg 类却不能继承 Person 类，因为腿并不是一个人。

抽象类仅定义将由子类创建的一般属性和方法，创建抽象类时，需使用关键字 Interface 而不是 Class。

OO 开发范式大致为：划分对象→抽象类→将类组织成为层次化结构（继承和合成）→用类与实例进行设计和实现几个阶段。

4.1.2　Java 继承的特征

Java 语言中，继承所表达的是一种对象类之间的相交关系，它使得某类对象可以继承另外一类对象的数据成员和成员方法。若类 B 继承类 A，则属于 B 的对象便具有类 A 的全部或部分性质（数据属性）和功能（操作方法）。继承避免了对一般类和特殊类之间共同特征进行的重复描述。同时，通过继承可以清晰地表达每一项共同特征所适应的概念范围。在 Java 语言开发中，运用继承原可使得系统模型比较简练也比较清晰。就 Java 中的继承而言，有如下的基本特征。

（1）继承关系是传递的。若类 C 继承类 B，类 B 继承类 A，则类 C 既有从类 B 那里继承下来的属性与方法，也有从类 A 那里继承下来的属性与方法，还可以有自己新定义的属性和方法。

（2）继承简化了人们对事物的认识和描述，能清晰体现相关类间的层次结构关系。

（3）继承提供了软件复用功能。若类 B 继承类 A，那么建立类 B 时只需要再描述与基类（类 A）不同的少量特征（数据成员和成员方法）即可。这种做法能减少代码和数据的冗余度，大大增加程序的重用性。

（4）继承通过增强一致性来减少模块间的接口和界面，大大增加了程序的易维护性。

（5）从理论上说，一个类可以是多个一般类的特殊类，它可以从多个一般类中继承属性与方法，这便是多重继承。Java 出于安全性和可靠性的考虑，仅支持单重继承，而通过使用接口机制来实现多重继承。

4.1.3　Java 中子类继承父类的描述及实现

一个类 B 继承了已有的类 A，则称 A 是 B 的父类，也称超类或基类。而 B 是 A 的子类，也称为派生类。Java 中的每个类都有自己的父类，在子类的声明中，用关键字 extends 指出其父类，基本格式如下：

```
[类修饰符] class 子类名 extends 父类名{
    类体
}
```

如果没有用 extends 指定父类名，则默认该类的父类为系统软件包 java.lang 中的 Object 类。子类会自动继承父类中所有定义的非 private 的成员变量和普通方法，唯有构造方法例外。这一点将在 4.5 节中详细介绍。

【例 4.1】　变量和方法的继承示例。

//-----------文件名 ancestor.java，程序编号 4.1-----------------

```
public class ancestor{
  //定义私有变量
  private      int priVar = 1;
               int defVar = 2;
  //定义包变量
  protected int proVar = 3;
  //定义公有的变量
  public       int pubVar = 4;

  //定义一个私有的方法，无需传入参数，直接打印该方法的描述
  private void priShow(){
    System.out.println("This is a private method");
  }

  //定义一个默认操作权限的方法，无需传入参数，直接打印该方法的描述
  void defShow(){
    System.out.println("This is a default method");
  }
  protected void proShow(){
    System.out.println("This is a protected method");
  }
//定义一个公有操作权限的方法，无需传入参数，直接打印该方法的描述

  public void pubShow(){
    System.out.println("This is a public method");
  }
}
```

程序中分别定义了 4 种访问权限的成员。下面的 derive 是 ancestor 的子类，看看子类

继承父类成员的情况。

//-----------文件名 derive.java，程序编号 4.2----------------

```
public class derive extends ancestor{        //定义成 ancestor 的子类
   //下面访问继承下来的成员变量
   public void showAllMember(){
      System.out.println("priVar="+priVar);   //错误，没有继承私有变量
      System.out.println("defVar="+defVar);   //正确，继承了默认变量
      System.out.println("proVar="+proVar);   //正确，继承了保护变量
      System.out.println("pubVar="+pubVar);   //正确，继承了公共变量
   }
   public void invokeAllMethod(){
      priShow();                              //错误，没有继承私有方法
      defShow();                              //正确，继承了默认方法
      proShow();                              //正确，继承了保护方法
      pubShow();                              //正确，继承了公共变量
   }
   public static void main(String args[]){
      derive oa = new derive();
      oa.showAllMember();                     //正确，调用子类自己定义的方法
      oa.invokeAllMethod();                   //正确，调用子类自己定义的方法
      oa.defShow();                           //正确，调用子类继承下来的方法
      oa.pubShow();                           //正确，调用子类继承下来的方法
   }
}
```

子类 derive 自动继承了父类的 3 个成员变量和 3 个成员方法，只有私有的两个不能继承下来，然后自己又定义了两个公共的方法。在使用者看来，这些自己定义的方法和继承下来的方法并没有任何不同。如果屏蔽掉程序中标记为错误的两行代码，则程序可以编译通过，输出结果如下：

```
defVar=2
proVar=3
pubVar=4
This is a default method
This is a protected method
This is a public method
This is a default method
This is a public method
```

💭说明：上面两个程序都是放在同一个目录下编译，属于同一个未命名包，所以子类可以继承默认访问权限的成员，否则不能继承。

继承这种特性具有传递性，也就是说，类 B 可以继承 A，类 C 又可以继承 B。而且 B 从 A 中继承得来的成员，都可以由 C 继承下去。成员在 A 中是什么样的属性，在 B 中仍然是什么样的属性，继承的过程中不会更改。下面是一个简单的例子。

【例 4.2】 继承的传递性示例。

//-----------文件名 grandson.java，程序编号 4.3----------------

```
public class grandson extends derive{   //定义一个 derive 的子类
   public static void main(String args[]){
      grandson oa = new grandson();
      //调用继承下来的方法
```

```
    oa.defShow();
    oa.pubShow();
    //显示继承下来的成员变量
    System.out.println("oa.defVar="+oa.defVar);
    System.out.println("oa.proVar="+oa.proVar);
  }
}
```

程序输出如下：

```
This is a default method
This is a public method
oa.defVar=2
oa.proVar=3
```

4.1.4　Java 继承的内存形态

前面已经介绍了继承的基本规则。对于程序员而言，知道这些规则就可以编程了，但如果知道系统是如何来实现这些规则的，则更有助于对这些规则的理解。

对于父类中的成员，当它被子类继承后，并非将其复制了一份放到子类的空间中，它仍然只在父类空间中存在一份。

如果程序中通过"子类对象名.成员名"的方式使用成员，编译器会首先到子类中查找是否存在此成员，如果没有，则在其父类空间中查找，依次往上推。如果直到 Object 类（该类为所有类的公共祖先）还未发现此成员，则编译器报错。

如果成员方法要访问成员变量，也是首先查找本类中是否存在该成员变量。如果没有，则到父类及祖先类空间中查找，直到 Object 类为止。

由于父类的成员方法没有被复制到子类空间中，所以子类对象在运行时，必须保证父类的 class 文件可以访问到。读者不妨使用 4.5 节中的任意一个例子，编译成功后，将父类的 class 文件删除。运行时系统将会报错。

图 4.3 演示了系统内部对继承的处理方法。

从图 4.3 中可以看出，即便成员变量 b 已经被覆盖，但只要调用 f()方法，则仍然可以访问到被覆盖的变量 b。

为了保证父类和子类有不同的空间，系统在生成子类对象时，会自动生成一个父类的隐藏对象。如果父类还有父类，则依次类堆。上一节所介绍的自动添加的 super()方法声明，正是由于实现父类对象的构造。

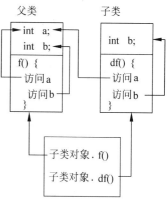

图 4.3　继承的内部处理

4.2　继承中属性隐藏与方法覆盖

子类会自动继承父类的成员供自己使用，但有时候该成员可能不符合子类的要求。一种简单的解决办法是不使用它，另外取名，定义新的变量和方法。但有时取名是一件比较麻烦的事情，而且子类的使用者有可能在无意中使用了设计者不愿意提供的成员（因为子类没有修改它的访问权限）。一种彻底的解决办法，是为成员取一个相同的名字，并重新定义它的值或行为，将其父类的同名变量和方法遮盖掉。

当子类的成员变量和父类的成员变量同名时，称为父类的成员变量（属性）被隐藏。如果是成员方法同名，称为父类的成员方法（行为）被覆盖。

4.2.1　属性的隐藏

只要子类中的成员变量与父类的同名，就可以将父类的变量隐藏起来。一般情况下使用的是子类的同名变量。

不过这里有几个细节问题需要一一讨论。因为变量前面可以有访问权限修饰符、常量修饰符、静态修饰符和数据类型说明符等。Java 允许这些修饰符不同，下面依次来介绍这些细节问题。

1．修饰符完全相同的情况

【例 4.3】　各类修饰符完全相同的隐藏。

父类仍然用程序 4.1 中的 ancestor 类，下面写一个子类来隐藏默认访问类型的变量 defVar。

//-----------文件名 hideMember_1.java，程序编号 4.4-----------------

```
public class hideMember_1 extends ancestor{ //定义一个子类
  int defVar = 100;        //将父类的 defVar 隐藏起来
  public int getValue(){
     return defVar;
  }
  public static void main(String args[]){
    hideMember_1 oa = new hideMember_1();
    System.out.println("oa.defVar="+oa.defVar);
    System.out.println("oa.getValue()="+oa.getValue());
  }
}
```

在程序 4.4 中，通过两种方式来访问 defVar，它们访问的都是子类中重新定义的 defVar。下面的输出结果清楚地表明了这一点：

```
oa.defVar=100
oa.getValue()=100
```

2．访问权限不相同的情况

Java 中规定，子类用于隐藏的变量可以和父类的访问权限不同，如果访问权限被改变，则以子类的权限为准。

【例 4.4】　访问权限不相同的隐藏。

父类仍然用程序 4.1 中的 ancestor 类，下面写一个子类来进行测试。

//-----------文件名 hideMember_2.java，程序编号 4.5-----------------

```
public class hideMember_2 extends ancestor{ //定义一个子类
  protected int defVar = 200;   //正确，虽然修改了权限，仍然可以将父类的 defVar
                                 隐藏起来
```

```
 public    int proVar = 300;    //正确，现在的权限变成了 public
 private   int pubVar = 400;    //正确，现在的权限变成了 private
}
```

下面这个程序试图使用 hideMember_2 类中的成员。

//-----------文件名 useHideMember_2.java，程序编号 4.6----------------

```
public class useHideMember_2{
  public static void main(String args[]){
    hideMember_2 oa = new hideMember_2();
    System.out.println("oa.defVar="+oa.defVar);   //正确,defVar 是 protected
                                                      类型
    System.out.println("oa.proVar="+oa.proVar);   //正确, proVar 是 public
                                                      类型
    System.out.println("oa.pubVar="+oa.pubVar);   //错误, pubVar 是 private
                                                      类型
  }
}
```

在程序 4.6 中由于试图访问私有成员，编译无法通过。因此，想要正常运行该程序，必须去掉最后一句。

3. 数据类型不相同的情况

Java 允许子类的变量与父类变量的类型完全不同，以修改后的数据类型为准。

【例 4.5】　数据类型不相同的隐藏。

父类仍然用程序 4.1 中的 ancestor 类，下面写一个子类来进行测试。

//-----------文件名 hideMember_3.java，程序编号 4.7----------------

```
public class hideMember_3 extends ancestor{        //定义一个子类
            double defVar = 20.1;                  //正确
 protected  boolean proVar = true;                 //正确
 public     String pubVar = "Hello";               //正确
 public static void main(String args[]){
   hideMember_3 oa = new hideMember_3();
   System.out.println("oa.defVar="+oa.defVar);
   System.out.println("oa.proVar="+oa.proVar);
   System.out.println("oa.pubVar="+oa.pubVar);
 }
}
```

程序的输出结果如下：

```
oa.defVar=20.1
oa.proVar=true
oa.pubVar=Hello
```

4. 常量修饰符不同的情况

Java 允许父类的变量被子类的常量隐藏，也允许父类的常量被子类的变量隐藏。

【例 4.6】　常量修饰符不相同的隐藏。

定义一个父类如下：

//-----------文件名 ancestor_1.java，程序编号 4.8----------------

```
public class ancestor_1{
  int x = 1;                 //定义一个实例变量
  final int y = 2;           //定义一个常量
  static int z = 3;          //定义一个静态变量
}
```

接下来定义一个子类如下：

//-----------文件名 hideMember_4.java，程序编号 4.9----------------

```
public class hideMember_4 extends ancestor_1{
  final  int x = 100;        //正确，用常量来隐藏变量
         int y = 200;        //正确，用变量来隐藏常量
  public static void main(String args[]){
    hideMember_4 oa = new hideMember_4();
    oa.x=300;                //错误，x 已经是常量
    oa.y=300;                //正确，y 现在是变量
  }
}
```

5．静态修饰符不同的情况

Java 允许用实例成员变量来隐藏静态成员变量，也允许用静态成员变量来隐藏实例成员变量。

【例 4.7】 静态修饰符不同的隐藏。

以程序 4.8 中的 ancestor_1 作为父类，定义一个子类如下：

//-----------文件名 hideMember_5.java，程序编号 4.10---------------

```
public class hideMember_5 extends ancestor_1{
  static  int x = 100;
          int z = 300;
  public static void main(String args[]){
    hideMember_5 oa = new hideMember_5();
    x = 300;   //正确，x 是静态成员
    z = 100;   //错误，z 已经是实例成员，不允许在静态方法中访问
  }
}
```

上面详细讨论了属性隐藏时的各种情况，总结如下：子类变量可以修改继承下来的父类变量的任何属性，使用子类对象时，以修改之后的属性为准。

4.2.2　方法的覆盖

正如子类的变量可以隐藏父类的变量，子类的方法也可以覆盖父类的方法。之所以有"隐藏"和"覆盖"两个不同的词，是因为在多态中（详见 4.4 节），它们的表现不同。

子类中，如果觉得继承下来的方法不能满足自己的需要，可以将其重写一遍，这被称为"覆盖"。覆盖必须满足两个条件：

❏　方法名称必须相同。
❏　方法的参数必须完全相同，包括参数的个数、类型和顺序。

如果只满足第一条，而不满足第二条，那么就不是覆盖，而是重载。由于方法不仅有

各种权限修饰符，而且还有返回类型修饰符，所以它的覆盖比成员变量的隐藏规则要复杂一些。原则上，如果覆盖成功，那么使用子类对象时，方法的所有属性都以覆盖后的为准。下面分类介绍覆盖时的一些要求。

1. 修饰符完全相同的覆盖

这是最简单的情况，请看下面的示例。

【例 4.8】 修饰符完全相同的覆盖。

先定义一个类，本小节后面的例子均以此类为父类。

//-----------文件名 common.java，程序编号 4.11---------------

```java
public class common{
  protected int x = 100;
  //定义一个普通的有返回值的实例方法
  public int getX(){
    return x;
  }
  //定义一个最终方法
  public final void setX(int ix){
    x = ix;
  }
  //定义一个具有保护访问权限的方法
  protected void proShowMsg(){
    System.out.println("This is protected ShowMsg() in common class.");
  }
  //定义一个具有公共访问权限的方法
  public void pubShowMsg(){
    System.out.println("This is public ShowMsg() in common class.");
  }
  //定义一个静态方法
  static public void stShowMsg(){
    System.out.println("This is static ShowMsg() in common class.");
  }
}
```

下面这个子类覆盖了父类中的两个方法，分别是静态方法和实例方法。

//-----------文件名 overrideMember_1.java，程序编号 4.12---------------

```java
public class overrideMember_1 extends common{
  //覆盖父类中的同名实例方法，正确
  public void pubShowMsg(){
    System.out.println("This is public ShowMsg() in derive class.");
  }
  //覆盖父类中的同名静态方法，正确
  static public void stShowMsg(){
    System.out.println("This is static ShowMsg() in derive class.");
  }
  public static void main(String args[]){
    overrideMember_1  oa = new overrideMember_1();
    oa.pubShowMsg();  //调用子类的方法
    oa.stShowMsg();     //调用子类的方法
  }
}
```

程序的输出结果如下：

```
This is public ShowMsg() in derive class.
This is static ShowMsg() in derive class.
```

2．访问权限不相同的情况

子类方法的访问权限可以与父类的不相同，但只允许权限更宽松，而不允许更严格。它遵循的是"公开的不再是秘密"这一原则。没有任何办法能够改变这一原则，这一点和 C++有很大的区别。

【例 4.9】　访问权限不相同的覆盖。

//-----------文件名 overrideMember_2.java，程序编号 4.13--------------

```
public class overrideMember_2 extends common{
  //覆盖父类中的保护方法，权限更宽松，正确
  public void proShowMsg(){
    System.out.println("This is public ShowMsg() in derive class.");
  }
  //试图覆盖父类中的公共方法，权限更严格，错误
  protected void pubShowMsg(){
    System.out.println("This is protected ShowMsg() in derive class.");
  }
}
```

3．返回值数据类型不相同的情况

当覆盖时，不允许出现返回值数据类型不相同的情况。也就是说，覆盖与被覆盖的方法的返回值数据类型必须完全相同。

【例 4.10】　返回值数据类型不同，不允许覆盖。

//-----------文件名 overrideMember_3.java，程序编号 4.14--------------

```
public class overrideMember_3 extends common{
  //试图覆盖 getX()方法，但返回数据类型不同，错误
  public double getX(){
    return (double)x;
  }
}
```

4．final修饰符不同的情况

若方法前面用 final 修饰，则表示该方法是一个最终方法，它的子类不能覆盖该方法；反之，一个非最终方法，可以在子类中指定 final 修饰符，将其变成最终方法。

【例 4.11】　使用 final 修饰符的覆盖情况。

//-----------文件名 overrideMember_4.java，程序编号 4.15--------------

```
public class overrideMember_4 extends common{
  //覆盖 getX()方法，并将其指定为最终方法，正确
  public final int getX(){
    return x;
  }
  //试图覆盖最终方法，错误
  public final void setX(int ix){
    x = ix * 2;
  }
}
```

5．静态修饰符不同的情况

Java 规定，静态方法不允许被实例方法覆盖。同样，实例方法也不允许用静态方法覆盖。也就是说，不允许出现父类方法和子类方法覆盖时的 static 修饰符发生变化。

【例 4.12】　使用 static 修饰符的覆盖情况。

//----------文件名 overrideMember_5.java，程序编号 4.16--------------

```
public class overrideMember_5 extends common{
  //试图覆盖实例方法，并将其指定为静态方法，错误
  public static void pubShowMsg(){
    System.out.println("This is public ShowMsg() in common class.");
  }
  //试图覆盖静态方法，并将其指定为实例方法，错误
  public void stShowMsg(){
    System.out.println("This is static ShowMsg() in common class.");
  }
}
```

从本节中可以看出，方法的覆盖在语法规则上与变量的隐藏有很大的区别，返回值类型和静态修饰符都不允许修改。访问权限修饰符和 final 修饰符虽然可以更改，但也有严格的限制。

4.3　构造方法的继承与调用

前面已经介绍过，构造方法是一种特殊的成员方法。从形式上看，构造方法比普通方法要简单。它没有返回值，没有 static 和 final 等修饰符，而且一般不会用 private 修饰。它的继承规则也比较简单，而且与普通方法有较大的区别。

4.3.1　构造方法的继承

1．构造方法的定义及特点

在 Java 中，任何变量在被使用前都必须先设置初值。Java 提供了为类的成员变量赋初值的专门方法，即构造方法（constructor），构造方法是一种特殊的成员方法，它的特殊性反映在如下几个方面。

❑　构造方法的名字必须与定义的类名完全相同，没有返回类型，甚至连 void 也没有。

❑　构造方法的调用是在创建一个对象时使用 new 操作进行的。构造方法的作用是初始化对象。

❑　每个类可以有 0 个或多个构造方法。

❑　不能被 static、final、synchronized、abstract 和 native 修饰。

构造方法在初始化对象时自动执行，一般不能显式地直接调用。当同一个类存在多个构造方法时，Java 编译系统会自动按照初始化时最后面括号的参数个数以及参数类型来自动一一对应。

构造方法可以被重载。没有参数的构造方法称为默认构造方法。与一般的方法一样，构造方法可以进行任何活动，但是通常将它设计为进行各种初始化活动，比如初始化对象的属性。

2. 无参数构造方法的继承

有些人认为不带参数的构造方法能够被子类自动继承。但实际上，这种继承与普通方法的继承本质上并不相同，它其实是一种自动调用。

【例 4.13】　调用不带参数的构造方法示例。

先定义一个带两个构造方法的类作为父类，本节后面的例子都以这个类为父类。

//-----------文件名 hasConstructor.java，程序编号 4.17--------------

```java
public class hasConstructor{
  protected int x = 100;
  public void showMsg(){
    System.out.println("This is a method in ancestor.");
  }
  //定义一个不带参数的构造方法
  public hasConstructor(){
    System.out.println("This is a constructor in ancestor without
    parameter.");
  }
  //定义一个带参数的构造方法
  public hasConstructor(int ix){
    System.out.println("This is a constructor in ancestor with parameter
    ix="+ix);
  }
}
```

下面这个子类会自动调用不带参数的构造方法。

//-----------文件名 inheritConstruct_1.java，程序编号 4.18--------------

```java
public class inheritConstruct_1 extends hasConstructor{
  public static void main(String args[]){
    inheritConstruct_1 oa = new inheritConstruct_1();  //使用父类的构造方法
  }
}
```

在类 inheritConstruct_1 中，并没有定义不带参数的构造方法。但程序 4.18 可以编译运行，输出结果如下：

```
This is a constructor in ancestor without parameter
```

结果显示，类 inheritConstruct_1 调用的构造方法就是父类的无参数的构造方法。这看上去似乎是一种继承，而实际上，系统是为子类添加了一个不带参数的构造方法，而子类这个构造方法又会自动调用父类无参的构造方法。在后面的内容中会看到，这种调用是通过 super 关键字来实现的。

3. 带参数的构造方法的继承

Java 规定，带参数的构造方法，不会由子类继承，也不会自动调用。

【例 4.14】　带参数的构造方法不会被继承。

//----------文件名 inheritConstruct_2.java，程序编号 4.19--------------

```
public class inheritConstruct_2 extends hasConstructor{
  public static void main(String args[]){
    //试图使用带参数的构造方法，错误，它没有被继承下来
    inheritConstruct_2 oa = new inheritConstruct_2(100);
  }
}
```

4．无参数构造方法的覆盖

首先要明确一点，带参数的构造方法不会被继承，也就不存在覆盖的问题。因此，只有无参的构造方法才存在覆盖这个问题。但是由于构造方法必须和所在的类同名，而子类的名称和父类不同，因此构造方法的名字也显然不同。所以这种覆盖与普通方法的覆盖相比，无论从形式上还是从执行方法上都有很大的区别。

构造方法在覆盖时，只可能是访问权限不同，而且它遵循普通方法的规则，只允许访问权限更宽松。Java 还规定，子类中无论当哪个构造方法在执行时，都会先执行父类中无参数的构造方法。

【例 4.15】　构造方法的覆盖和执行顺序。

//----------文件名 inheritConstruct_3.java，程序编号 4.20--------------

```
public class inheritConstruct_3 extends hasConstructor{
  //覆盖父类的无参数构造方法
  public inheritConstruct_3(){
    System.out.println("This is a constructor in derive class without
    parameter");
  }
  //重新定义一个带参数的构造方法，这不是覆盖
  public inheritConstruct_3(int ix){
    System.out.println("This is a constructor in  derive class
                          with parameter ix="+ix);
  }
  public static void main(String args[]){
    inheritConstruct_3 oa = new inheritConstruct_3();        //调用子类无参数
                                                                 构造方法
    inheritConstruct_3 ob = new inheritConstruct_3(100);     //调用子类带参数
                                                                 构造方法
  }
}
```

从程序 4.20 中可以看出，调用两个子类的构造方法都只有一条输出语句，但程序运行后的输出结果如下：

```
This is a constructor in ancestor without parameter.
This is a constructor in derive class without parameter.
This is a constructor in ancestor without parameter.
This is a constructor in  derive class with parameter ix=100
```

从上述结果中可以看出，子类的构造方法在执行时，会先调用父类中的无参数的构造方法。因此，程序员在设计一个类时，最好为父类提供一个无参数的构造方法。

4.3.2　super 关键字的使用

在 4.2 节中提到，子类的变量和方法都可以和父类中的同名。在这种情况下，父类中

的同名成员就被屏蔽起来——注意仅仅只是屏蔽，而不是清除。如果想在子类中访问父类的成员，就需要用到关键字 super。

super 的一般用法如下：

```
super.变量名
```

或

```
super.方法名([参数列表])
```

super 的另外一个作用是显式地调用父类的构造方法，它的一般用法如下：

```
super([参数列表])
```

☐注意：super 只能在子类中使用，用来调用父类的成员或构造方法。

1. 用super引用父类的成员

【例 4.16】　用 super 引用父类成员示例。

以程序 4.17 中的 hasConstructor 类作为父类，定义一个子类如下：

```
//-----------文件名 inheritConstruct_4.java，程序编号 4.21--------------
public class inheritConstruct_4 extends hasConstructor{
  protected int x = 200;      //隐藏父类中的同名变量
  public int getSuperX(){
    return super.x;            //使用父类中的变量 x
  }
  public int getX(){
    return x;                  //使用本类中的变量 x
  }
  public static void main(String args[]){
    inheritConstruct_4 oa = new inheritConstruct_4();
    System.out.println( "oa.getSuperX() = " + oa.getSuperX() );
    System.out.println( "oa.getX() = " + oa.getX() );
  }
}
```

在程序 4.21 中，分别用 super.x 和 x 的方式，来使用父类和子类中的同名变量。输出结果如下：

```
This is a constructor in ancestor without parameter.
oa.getSuperX() = 100
oa.getX() = 200
```

上述结果表明，关键字 super 能够引用到被隐藏的变量。不仅如此，用 super 还可以访问到被覆盖的父类方法。请看下面的例子：

```
//-----------文件名 inheritConstruct_5.java，程序编号 4.22--------------
public class inheritConstruct_5 extends hasConstructor{
  //覆盖父类中的同名方法
  public void showMsg(){
    System.out.println("This is a method in derive.");
  }
  public void call(){
    showMsg();                  //调用本类的 showMsg() 方法
```

```
    super.showMsg();        //调用父类的 showMsg() 方法
  }
  public static void main(String args[]){
    inheritConstruct_5 oa = new inheritConstruct_5();
    oa.call();
  }
}
```

程序的运行结果如下：

```
This is a constructor in ancestor without parameter.
This is a method in derive.
This is a method in ancestor.
```

这两个例子说明，无论是变量的隐藏还是方法的覆盖，都没有将父类的成员从内存中清除，只是让子类无法直接使用这些变量和方法。

2. 使用super调用父类的构造方法

前面已经说过，子类的构造方法会自动调用父类不带参数的构造方法，但是不会调用带参数的构造方法。如果子类确实有必要调用父类带参数的构造方法，就必须使用 super 关键字来实现。它的使用形式是：

```
super([参数列表]);
```

使用 super 时必须遵循下面的规则：

❑　它只能用在构造方法中。
❑　它只能是第一条执行语句。
❑　一个构造方法中只能有一条 super 语句。

【例 4.17】　使用 super 来调用父类的构造方法。

仍然以程序 4.17 中的 hasConstructor 类作为父类，定义一个子类如下：

//-----------文件名 inheritConstruct_6.java，程序编号 4.23--------------

```
public class inheritConstruct_6 extends hasConstructor{
  public inheritConstruct_6(){
    super(100);        //调用父类带参数的构造方法
    System.out.println("This is a constructor in derive without
    parameter");
  }
  public static void main(String args[]){
    //创建一个子类对象，这里无需声明变量
    new inheritConstruct_6();
  }
}
```

程序运行结果如下：

```
This is a constructor in ancestor with parameter ix=100
This is a constructor in derive without parameter
```

从结果中可以看出，一旦显式地用 super 来调用父类的构造方法，系统就不会再自动调用父类中无参数的构造方法。

实际上，如果程序员不在子类的构造方法中写入 super()或者 this()这样的语句，系统都会自动在第一行添加一条 super()语句,实现对父类构造方法的调用。

4.3.3　关于子类继承父类的总结

上述对于子类继承父类的论述,简单地总结一下,有以下几点。

(1)如果子类没有定义构造方法,则调用父类的无参数的构造方法。

(2)如果子类定义了构造方法,不论是无参数还是带参数,在创建子类的对象的时候,首先执行父类无参数的构造方法,然后执行自己的构造方法。

(3)如果子类调用父类带参数的构造方法,可以通过 super(参数)调用所需要的父类的构造方法,且该语句作为子类构造方法中的第一条语句。

(4)如果某个构造方法调用类中的其他的构造方法,则可以用 this(参数),且该语句放在构造方法的第一条语句的位置。

4.4　多态技术

polymorphism(多态)一词来自希腊语,意为"多种形式"。多态在面向对象语言中是个很普遍的概念,同时也是 OOP 软件开发中的一个重要特性,指的是一个程序中同名的不同方法共存的情况。面向对象的多态机制可以提高程序的简洁性,也可以使系统具有更好的可扩充性。

4.4.1　Java 中的多态

Java 语言支持两种类型的多态性:运行时的多态性和编译时的多态性。运行时的特性是指 Java 中的动态多态性,通过覆盖(替换)基类中的同名成员函数(函数原型一致)来实现,其调用规则是依据对象在实例化时而非定义时的类型相应地调用对应类中的同名成员函数;编译时的特性是指 Java 中的静态多态性,通过重载函数来实现,其调用规则是依据对象在定义时的类型相应地调用对应类中的重载函数。

在 Java 中,多态性主要表现在如下两个方面。

❑ 方法重载:通常指在同一个类中,相同的方法名对应着不同的方法实现,但是方法的参数不同。

❑ 成员覆盖:通常指在不同类(父类和子类)中,允许有相同的变量名,但是数据类型不同;也允许有相同的方法名,但是对应的方法实现不同。

4.4.2　重载与覆盖

Java 允许在一个类中,多个方法拥有相同的名字,但在名字相同的同时,必须有不同的参数,这就是重载(Overload);而在父类与子类之间,有相同的属性名但类型不同或方法名相同但实现不同,就是子类对父类的成员或方法的覆盖。编译器会根据实际情况来挑选出正确的方法。如果编译器找不到匹配的参数,或者找出多个可能的匹配,就会产生编译时错误，这个过程被称为重载的解析。

1．普通方法的重载

普通方法的重载是 Java 实现多态技术的重要手段，为编程带来了很多便利。例如经常使用的输出方法 System.out.println()，就是通过重载来实现对不同的输出参数的处理。

当方法同名时，为了让编译器区别它们，至少需要下面之一不同：

❑ 参数个数不同；
❑ 对应位置上的参数类型不同。

🔊注意：不允许参数完全相同而只是返回值不同的情况出现。

例如，下面的几个方法声明中：

❑ void   overload(int);   //①
❑ int   overload(int, int);   //②
❑ double overload();   //③
❑ int   overload(int)。   //④

①②③互为正确的重载，但①和④之间不是重载，因为它们仅有返回值不同。另外，访问权限修饰符以及 final 修饰符对于重载没有影响。

【例 4.18】 方法的重载（参数个数不同）。

//-----------文件名 testOverload_1.java，程序编号 4.24---------------

```java
public class testOverload_1{
  public void showMsg(){
    System.out.println("a method without parameter.");
  }
  public void showMsg(int k){   //这就是对方法 showMsg 的重载
    System.out.println("a method with parameter k, k="+k);
  }
  public static void main(String argv[]){
    testOverload_1 oa = new testOverload_1();
    oa.showMsg();          //调用不带参数的方法
    oa.showMsg(100);       //调用带参数的方法
  }
}
```

在例 4.18 中，编译器会根据参数个数的不同来选择具体调用哪个 showMsg()方法。这个过程在编译时就能够确定，所以是一种静态的绑定技术。程序的输出结果如下：

```
a method without parameter.
a method with parameter k, k=100
```

【例 4.19】 方法的重载（参数类型不同）。

//-----------文件名 testOverload_2.java，程序编号 4.25---------------

```java
public class testOverload_2{
  public void showMsg(char ch){
    System.out.println("a method with character parameter ch, ch="+ch);
  }
  public void showMsg(int k){
    System.out.println("a method with integer parameter k, k="+k);
  }
```

```
public static void main(String argv[]){
    testOverload_2 oa = new testOverload_2();
    oa.showMsg('a');         //调用带字符型参数的方法
    oa.showMsg(200);         //调用带整数型参数的方法
}
}
```

在本例中，虽然两个 showMsg()方法的参数个数相同，但由于参数的类型不同，这样在调用时，编译器仍然能根据实际参数的类型，来区分到底调用哪一个方法。程序的输出结果如下：

```
a method with character parameter ch, ch=a
a method with integer parameter k, k=200
```

除了普通实例方法的重载，静态方法之间也可以重载，它们的规则和实例方法的重载一样。甚至静态方法和实例方法之间也可以相互重载，同样要求参数之间有区别。

【例 4.20】 静态方法和实例方法之间的重载。

//-----------文件名 testOverload_3.java，程序编号 4.26--------------

```
public class testOverload_3{
  public void showMsg(int k){
      System.out.println("a method with interge parameter k, k="+k);
  }
  //静态方法对实例方法重载
  static public void showMsg(double f){
      System.out.println("a method with double parameter f, f="+f);
  }
  public static void main(String argv[]){
    testOverload_3 oa = new testOverload_3();
    oa.showMsg(100);         //调用带整型参数的方法
    oa.showMsg(3.14);        //调用带浮点型参数的方法
  }
}
```

尽管在程序 4.26 中使用了 oa.showMsg(3.14)的形式，但由于实参是一个浮点数，所以编译器仍然会调用静态的 showMsg(double)方法。程序的输出结果如下：

```
a method with interge parameter k, k=100
a method with double parameter f, f=3.14
```

2. 构造方法的重载

相对于普通的成员方法，由于构造方法不能是 static 和 final 类型，而且也没有返回值，所以它的重载比普通成员方法更简单一些，但一般的规则完全相同。在 3.6 节中其实已经举例介绍过构造方法的重载了，这里再举一个有实际意义的例子。

【例 4.21】 构造方法的重载示例。

在本例中定义了 3 个构造方法，使得用户可以采用不同的方式来为对象做初始化。

//-----------文件名 Point.java，程序编号 4.27--------------

```
public class Point{
  private int x, y;
  private static final int MAXROW = 768;
  private static final int MAXCOL = 1024;
  public int getX(){
```

```
    return x;
  }
  public int getY(){
    return y;
  }
  //定义无参数的构造方法，采用默认值
  public Point(){
    x = y =0;
  }
  //下面这个构造方法允许用户指定 x、y 值
  public Point(int ix, int iy){
    if (0<=ix && ix<MAXCOL && 0<=iy && iy<MAXROW){      //判断点的范围是否合法
      x = ix;
      y = iy;
    }
    else{
      x = y = 0;
    }
  }
  //下面这个构造方法允许用户用另外一个对象来做初始化
  public Point(Point p){
    x = p.getX();
    y = p.getY();
  }
  public static void main(String args[]){
    Point p1,p2,p3;
    p1 = new Point();            //调用第一个构造方法
    p2 = new Point(100,200);     //调用第二个构造方法
    p3 = new Point(p2);          //调用第三个构造方法
  }
}
```

为了节省篇幅，这里没有提供输出代码，读者可以自行加上输出代码，验证各个对象所使用的构造方法。

最后再次提醒读者：如果程序员为类定义了一个构造方法，那么系统不会再自动为其添加无参数的构造方法。所以，程序员如果要为类定义构造方法，为避免使用者的错误，请务必定义一个不带参数的构造方法。

3. 重载的解析

当类的设计者提供了重载方法之后，类的使用者在使用这些方法时，编译器需要确定调用哪一个方法。确定的唯一依据是参数列表，确定的过程被称为重载的解析。

重载的解析在 C++ 中是件极其令人头痛的事情，而在 Java 中它已经被大大地简化了，不过仍然有一些问题需要程序员注意。

编译器解析的步骤按照下面的顺序进行。

（1）根据调用的方法名，查找是否有定义好的同名方法，如果没有，则会报错。

（2）比较形参和实参的数目是否相等，如果没有，则会报错。如果有一个或多个方法符合条件，则这些方法进入候选集。

（3）与候选集中的方法比较参数表，如果对应位置上的每个参数类型完全匹配，或者可以通过扩展转换相匹配，则该方法称为可行方法，并入可行集。若不存在可行方法，则会报错。

（4）在可行集中按照下面的原则选取最佳可行方法。若最佳可行方法为 0，则会报错；否则最佳可行方法就是最终确定要调用的方法。

选取的原则如下所示。

❏　若每一参数都可以完全匹配，它就是最佳可行方法。

❏　若某方法的每一个参数匹配都不比别的方法差，且至少有一个参数比别的方法好，它就是最佳可行方法。这里的"差"和"好"是指：完全匹配要比扩展转换"好"，扩展转换要比完全匹配"差"。不过，同样是扩展转换，仍然存在"好"和"差"的问题。扩展转换有两条路径，分别为：

byte→short→int→long→float→double 和 char→int→long→float→double。

在这两条路径中，位于左边的类型都可以扩展转换成右边的类型。不过，源类型与目的类型的距离越近，则这种转换就越"好"。例如，byte 转换成 short 就比转换成 int 要"好"。int 转换成 float，比转换成 double 要"好"。

解析的过程中，最难掌握的就是最后确定最佳可行方法，下面通过几个例子来说明选取的原则。

【例 4.22】　确定最佳可行方法示例。

若有下列重载方法：

```
show(int a, int b, int c);        //①
show(int a, int b, double c);     //②
show(int a, double b, double c);  //③
show(double a, double b, int c);  //④
```

下面的调用：

```
show(1,2,3);       //①②③④都是可行方法，所有参数完全匹配①，它是最佳可行方法
show(1.0,2.0,3.0)  //没有一个可行方法，错误
show(1.0,2,3)      //第二个参数可通过扩展转换匹配④，④是最佳可行方法
show(1,2.0,3)      //③④都是可行方法，没有最佳可行方法，错误
show(1,2,3.0f)     //②③都是可行方法，②的第二个参数比③更好，是最佳可行方法
```

下面的程序屏蔽错误调用后，演示了上述结果。

//-----------文件名 matching.java，程序编号 4.28--------------

```
public class matching{
  public void show(int a, int b, int c){
    System.out.println("a="+a+",b="+b+",c="+c);
  }
  public void show(int a, int b, double c){
    System.out.println("a="+a+",b="+b+",c="+c);
  }
  public void show(int a, double b, double c){
    System.out.println("a="+a+",b="+b+",c="+c);
  }
  public void show(double a, double b, int c){
    System.out.println("a="+a+",b="+b+",c="+c);
  }
  public void call(){
    show(1,   2,   3);
    //show(1.0, 2.0, 3.0);        //错误
    show(1.0, 2,   3);
    //show(1,   2.0, 3);          //错误
```

```
    show(1,  2,  3.0f);
  }
 public static void main(String args[]){
   matching oa = new matching();
   oa.call();
  }
}
```

程序的输出结果如下：

```
a=1,b=2,c=3
a=1.0,b=2.0,c=3
a=1,b=2,c=3.0
```

编译器在重载解析时，只考虑对参数的匹配，不会考虑方法是否为静态或是实例类型。下面这个例子是初学者容易犯的错误。

【例 4.23】　在类 matching 中有重载方法：

```
static void show(double f){ ……}
void show(int i){……}
```

调用时采用这样的形式：

```
matching.show(100);
```

尽管从形式上看，使用者准备调用静态方法。但由于参数 100 是一个整型数，它能够和 show(int)完全匹配。根据重载解析规则，实例方法才是最佳可行方法。但它的调用形式不正确，所以编译器会报错。

4. 重载与覆盖的区别

重载和覆盖都是多态的表现，它们在某些地方很相似，很容易引起初学者的疑惑，这里将它们之间的区别总结如下：

- ❑ 重载和覆盖的方法名称都相同，但重载要求参数列表不同，而覆盖则要求参数列表完全相同。
- ❑ 重载对于方法前面的修饰符没有限制，而覆盖则对这些修饰符的使用有限制。
- ❑ 同一类中的方法能够相互重载，但不能相互覆盖。子类对父类方法既可以重载也可以覆盖。
- ❑ 重载时，编译器在编译期间就可以确定调用哪一个方法，而覆盖则有可能在运行期间才能确定。

总的来说，重载 Overloading 是一个类中多态性的一种表现，覆盖 Overriding 是父类与子类之间多态性的一种表现。如果在子类中定义某方法与其父类有相同的名称和参数，我们说该方法被覆盖。子类的对象在使用这个方法时，将调用子类中的定义，对它而言，父类中的定义如同被"屏蔽"了。如果在一个类中定义了多个同名的方法，它们或有不同的参数个数或有不同的参数类型，则称为方法的重载。

4.4.3　运行时多态

运行时多态将多态的特性发挥到极致。它允许程序员不必在编制程序时就确定调用哪一个方法，而是当方法被调用时，系统根据当时对象本身所属的类来确定调用哪个方法，这种技术称为后期（动态）绑定。当然这会降低程序的运行效率，所以只在子类对父类方法进行覆盖时才使用。

1．实例方法的运行时多态

在介绍运行时多态之前，先来看一个简单的例子。

【例 4.24】 一个简单的覆盖。

//-----------文件名 forefather.java，程序编号 4.29--------------

```
class forefather{
  public void normal() {
     System.out.println("这是父类的普通方法");
  }
}
```

接下来定义一个子类如下：

//-----------文件名 inheritor.java，程序编号 4.30--------------

```
class inheritor extends forefather{
   public void normal() {   //这里覆盖了父类的同名方法
     System.out.println("这是子类的普通方法");
   }
}
```

再写一个用于测试的类：

//-----------文件名 showSomething.java，程序编号 4.31--------------

```
class showSomething{
  public static void main(String argv[]){
     forefather pfather;
     inheritor  psun;
     pfather = new forefather();      //创建父类对象
     pfather.normal();                //调用父类的方法
     psun = new inheritor();          //创建子类对象
     psun.normal();                   //调用子类的方法
  }
}
```

程序输出如下：

```
这是父类的普通方法
这是子类的普通方法
```

这个例子并没有什么奇怪的地方，一切都符合预料。现在把 showSomething 类改写一下，如例 4.25 所示。

【例 4.25】 运行时多态示例。

//-----------文件名 showSomething.java，程序编号 4.32--------------

```
class showSomething{
  public static void main(String argv[]){
     forefather pfather;              //定义一个父类变量
     inheritor  psun;                 //定义一个子类变量
     pfather = new inheritor();       //创建子类对象
```

```
    pfather.normal();              //此处是调用父类还是子类的方法呢？
    psun = new inheritor();        //创建子类对象
    psun.normal();                 //调用子类的方法
  }
}
```

在程序 4.32 中，pfather 虽然定义成一个父类变量，但在创建对象时，使用的是子类的构造方法，这在 Java 中是允许的。Java 还允许子类对象为父类变量赋值，比如：

```
pfather = psun;
```

反之，不能用父类对象为子类变量赋值。因此，在调用 normal 方法时，就存在一个问题。由于 pfather 有两个含义：既是父类变量，又是一个子类对象，那么 pfather.normal() 到底是调用了父类还是子类中的 normal()方法？Java 中处理这类问题采用动态绑定的方法。即在调用方法时，该变量是什么对象，就调用该对象所属类的方法，与变量声明时所属类无关。程序 4.32 的输出结果如下：

```
这是子类的普通方法
这是子类的普通方法
```

由于 pfather 在调用 normal()方法时是子类对象，所以调用的是子类方法。上面的输出结果也验证了这一点。读者可能对该例觉得困惑：既然要调用子类方法，那么就应该在声明变量时使用子类类型，而不应该使用父类类型。确实，对于本例可以使用这种方式。但对于另外一些情况就未必如此。而且对于这个简单的例子，编译器可以在编译时就确定了调用哪个类的方法，但在其他一些时候，比如有方法：

```
void doSomething(forefather p){
    ......
    p.normal();
}
```

调用时的实参既可以是 forfather 对象，也可以是它的子类对象，而在方法 doSomething() 中，是无法预先知道运行时的实际情况的，编译器更无法在编译时决定调用哪个类的方法。只有在运行到方法调用语句的时候，系统才能确定实际的对象。

2. 成员变量运行时的表现

上文介绍了实例方法的运行时多态特性。而对于成员变量，无论是实例成员变量还是静态成员变量，都没有这一特性。对的成员变量引用在编译时就已经确定好了，来看下面这个例子。

【例 4.26】　实例成员变量运行时的表现。

//-----------文件名 basePoint.java，程序编号 4.33---------------

```
//定义名为 basePoint 的类，表示一个点的信息
class basePoint{
  //定义 basePoint 类的两个属性，分别为 x 和 y，表示此点在二维空间坐标轴上对应的信息
  int x = 0, y = 0;
  void move(int dx, int dy) {
    x += dx;
    y += dy;
  }
  int getX(){
```

```
      return x;
  }
  int getY(){
      return y;
  }
}
```

定义它的一个子类如下：

//-----------文件名 realPoint.java，程序编号 4.34--------------

```
class realPoint extends basePoint{
   float x = 0.0f, y = 0.0f;        //隐藏父类的同名变量
   void move(int dx, int dy){       //覆盖父类同名方法
      move( (float)dx, (float)dy );  //这是调用子类的方法
   }
   void move(float dx, float dy){   //重载上面这个方法
      x += dx;
      y += dy;
   }
   int getX(){                      //覆盖父类方法
      return (int)Math.floor(x);
   }
   int getY(){                      //覆盖父类方法
      return (int)Math.floor(y);
   }
}
```

子类中，既有变量的隐藏，也有方法的覆盖。下面通过这个类来测试它们之间的区别。

//-----------文件名 showDiff.java，程序编号 4.35--------------

```
class showDiff{
  public static void main(String[] args) {
     realPoint rp = new realPoint();          //子类对象
     basePoint p = rp;                        //p 是父类变量，但指向了子类对象
     rp.move(1.71828f, 4.14159f);             //调用子类的 move 方法
     p.move(1, -1);                           //调用子类的 move 方法
     show(p.x, p.y);                          //显示的是父类对象的成员变量值
     show(rp.x, rp.y);                        //显示子类对象的成员变量值
     show(p.getX(), p.getY());                //调用子类的方法，获取子类对象的变量值
     show(rp.getX(), rp.getY());              //调用子类的方法，获取子类对象的变量值
  }
  static void show(int x, int y) {
      System.out.println("(" + x + ", " + y + ")");
  }
  static void show(float x, float y) {
      System.out.println("(" + x + ", " + y + ")");
  }
}
```

这个例子稍显复杂，下面做一个更详尽的说明。

❑ 读者需要明确一点：父类和子类中分别都有 getX()和 getY()方法，它们各自返回的是各类中 x 和 y 的值。

- 前面连续的 rp.move()和 p.move()调用的都是子类的方法，所以修改的是子类的变量值。子类的 x 和 y 的值分别是 2.71828 和 3.14159。
- 输出 p.x 和 p.y 的时候，虽然 p 实际上是指向一个子类对象，但它在声明的时候是一个父类的变量。而变量没有运行时多态的特性，所以在编译时就会根据 p 的类型决定引用父类的变量。

程序的输出结果如下：

```
(0, 0)
(2.7182798, 3.14159)
(2, 3)
(2, 3)
```

读者可以根据此输出结果来细细体会成员变量与成员方法在多态上的区别，这也正是成员在被子类重写时，变量被称为"隐藏"，而方法被称为"覆盖"的主要原因。

3．静态方法运行时的表现

前面介绍了实例方法在运行时的多态表现，对于静态方法而言，它们是没有运行时多态特性的。这也是静态方法和实例方法的一个重大区别。下面是一个简单的例子。

【例 4.27】　静态方法运行时的表现。

//-----------文件名 Super.java，程序编号 4.36--------------

```java
class Super {
  static String greeting() {      //定义一个静态方法
    return "晚上好";
  }
  String name() {                 //定义一个实例方法
    return "基类";
  }
}
```

再定义它的子类，并覆盖父类中的两个方法。

//-----------文件名 Sub.java，程序编号 4.37--------------

```java
class Sub extends Super {
  static String greeting() {      //覆盖父类的静态方法
    return "你好";
  }
  String name() {                 //覆盖父类的实例方法
    return "子类";
  }
}
```

下面这个程序测试它们之间的区别。

//-----------文件名 differ.java，程序编号 4.38-------------

```java
class differ{
  public static void main(String[] args) {
    Super s = new Sub();            //定义父类变量，但是指向子类对象
    System.out.println( s.greeting() + ", " + s.name() );
  }
```

```
}
```

在程序 4.38 中，分别调用了 greeting()和 name()方法，而 s 则声明成一个父类的变量，不过指向了一个子类对象。它的输出结果如下：

```
晚上好，子类
```

"晚上好"是父类方法输出的，而"子类"则是子类方法输出的。这是由于 greeting()是一个静态方法，它没有运行时多态的特性，它的调用在 s 声明时就已经确定好了。

造成这种区别的原因很简单：实例方法总是和某个对象绑定在一起，而静态方法则没有与某个对象绑定在一起，也就无从查找调用时该对象实际所属的类别。

4.5　接口与多重继承

在本章一开始，就介绍了继承有两种：单一继承和多重继承。前面各节介绍的都是单一继承，本节介绍多重继承。

在多重继承中，一个类可以有多个父类（这么说不太严谨，应该说是有多个接口），那么这多个父类中的属性和方法都会被这个子类所继承下来，这会导致一系列的细节问题需要处理。而一个父类又可以有多个子类，所以继承关系图不再是一棵树，而变成了网。所以多重继承比单一要复杂得多。

为了解决多重继承中的各种问题，C++规定了极为纷繁复杂的语法规则。而 Java 则吸取了 Object Pascal 的经验，不允许类来直接实现多重继承，转而用接口来实现这一机制。这就大大简化了多重继承的语法规则，降低了学习和使用 Java 的难度。

接口是 Java 中用来实现多重继承的一种结构。它无论是从组织形式还是使用角度来看，都可以看成是一种特殊的抽象类。

接口需要使用关键字 interface 来定义，它也由成员属性和成员方法两部分构成，可以继承其他接口，也可以被其他接口和类继承。当类继承接口时一般称为"实现"。

4.5.1　接口的定义

用户可以自行定义接口，一旦接口被定义，任何类都可以实现它。并且，一个类可以实现多个接口。接口定义的一般形式如下：

```
[访问权限修饰符] interface 接口名 [extends 父接口 1，父接口 2，...]{
//定义成员变量
 [public][static][final] 数据类型　变量名=初始值;
 ......
//定义成员方法
 [public][abstract] 返回类型　方法名（[参数列表]）;
}
```

❑ 上面的定义中，interface 表明这是一个接口，访问权限修饰符和类使用的一样，默认访问权是包访问权，一般用 public 来修饰它。和类的区别是，接口都是 abstract 的，所以无需用 abstract 来修饰。

- ❑ extends 和类中的一样，表明后面的列表是它的父接口。这里的父接口可以有若干个，各个接口名之间用逗号隔开。接口的继承和类的继承基本原则是一样的，但是更简单（原因稍后就会看到）。

- ❑ 接口中的成员变量都是常量。在默认情况下，接口中的成员变量具有 public、static 和 final 所联合规定的属性，这 3 个修饰符中，static 和 final 没有替代的关键字，这意味所有的成员属性都是静态的、最终的，也就是静态常量。唯一可能改变的是访问权限修饰符 public，但在接口中，不允许使用 protected 和 private 关键字，这意味着所有的属性都是 public 类型的。

- ❑ 接口中的成员方法都是抽象方法。在默认情况下，接口中的成员方法具有 public 和 abstract 所联合规定的属性。同样，public 在这里不可改变，abstract 没有可以替代的关键字。又由于 abstract 和 static 不可联合使用，所以不可能是静态方法，故所有的方法都是具有 public 访问权限的抽象实例方法。

- ❑ 接口中的方法都是抽象的，而构造方法不可能为抽象方法，因此，接口中没有构造方法。

【例 4.28】 简单的接口定义。

//-----------文件名 BaseColors.java，程序编号 4.39---------------

```
interface BaseColors {
  int RED = 1, GREEN = 2, BLUE = 4;       //这里都是静态公共常量
  int getColorValue(int color);           //这是一个抽象的公共方法
}
```

存放接口的文件是普通的.java 文件，编译之后得到的也是.class 文件。

定义了接口之后，可以用这个接口来定义变量，如：

```
BaseColors color;
```

但不能将这个变量实例化，因为接口都是抽象的。下面这样是错误的：

```
color = new BaseColors();
```

由于接口中的成员属性都是静态常量，所以可以用"接口名.变量名"的形式来直接使用，如：

```
int r = BseColors.RED;
```

4.5.2 接口的继承

接口继承的规则和类的继承是相同的。但由于接口中的成员修饰符比类中的要简单得多，所以继承时的情况也简单得多。下面请看几个简单的例子。

【例 4.29】 接口继承示例。

//-----------文件名 RainbowColors.java，程序编号 4.40---------------

```
interface RainbowColors extends BaseColors { //以 BaseColors 为父接口
  int YELLOW = 3, ORANGE = 5, INDIGO = 6, VIOLET=7;  //新增加了 4 个成员常量
  //这个接口自动继承了父接口的 3 个成员常量和 1 个方法
}
```

//-----------文件名 PrintColors.java，程序编号 4.41--------------

```
interface PrintColors extends BaseColors { //以 BaseColors 为父接口
  int YELLOW = 8, CYAN = 16, MAGENTA = 32; //增加 3 个成员常量
  int getColorValue(int color);            //这里覆盖了父接口的成员方法，但它
                                           // 仍然是抽象的
  int getColorValue();                     //还可以重载
}
```

在程序 4.40 中，接口 PrintColors 覆盖了父接口中的方法，这虽然没有语法错误，但实际上是多此一举。因为 getColorValue(int)方法在这个接口中仍然没有定义。当类来实现 PrintColors 或 RainbowColors 时，都只需要实现一个 getColorValue(int)方法就可以了。

上面两个程序都是单继承，所以很简单。但接口最重要的作用是实现多重继承，这就可能会出现歧义，请看下面这个例子。

【例 4.30】 多重继承示例。

//-----------文件名 LotsOfColors.java，程序编号 4.42--------------

```
interface LotsOfColors extends RainbowColors, PrintColors { //这是多重继承
   int FUCHSIA = 17, VERMILION = 43, CHARTREUSE=RED+90; //增加 3 个成员常量
}
```

这里的 LotsOfColors 同时以 RainbowColors 和 PrintColors 为父接口，因此，它同时拥有父接口中所有的成员方法（总计 2 个）和成员常量（总计 13 个）。

4 个接口的继承关系如图 4.4 所示。

在接口 BaseColors 中有 3 个属性：RED、BLUE 和 GREEN。它分别被 RanibowColors 和 PrintColors 所继承。而 LotsOfColors 在继承后面两个接口时，这 3 个从同一个祖先继承下来的属性会被合并成一份，所以 LotsOfColors 只会继承 10 个属性。

同样，BaseColors 中的 getColorValue()方法虽然分别被两个接口所继承或是覆盖，但继承到 LotsOfColors 中之后，也只有唯一的一份。所以 LotsOfColors 只继承了两个方法。

另外一个需要注意的地方是，RainbowColors 和 PrintColors 中有一个同名的常量：YELLOW，只是它的值不同。由于 YELLOW 并不是从一个祖先那里继承下来的，所以在 LotsOfColors 中会有两个同名的属性 YELLOW。这在 Java 中是允许的，因此，这个接

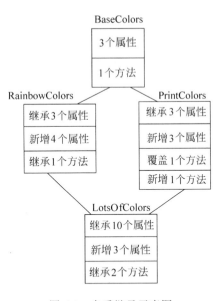

图 4.4 多重继承示意图

口编译时并不会报错。但在使用 LotsOfColors 时，无法直接使用 YELLOW。为了让编译器能够区分使用的是哪一个 YELLOW，需要在它前面加上一个接口名作为前缀（接口中的成员属性都是静态常量，可以使用这种方式），如下所示：

```
RainbowColors.YELLOW 或 PrintColors.YELLOW
```

在多重继承中，除了成员属性同名的问题，还有一个是成员方法同名的问题。Java 在处理这两类问题时，采用了不同的方式。

比如，将程序 4.39 修改一下，增加一个 getColorValue()方法，成为程序 4.43：

//-----------文件名 RainbowColors.java，程序编号 4.43--------------

```
interface RainbowColors extends BaseColors {    //以 BaseColors 为父接口
  int YELLOW = 3, ORANGE = 5, INDIGO = 6, VIOLET = 7;
  int getColorValue();                 //新增一个与 PrintColors 类中相同的方法
}
```

其他类不做修改。这样在 LotsOfColors 进行继承时，就会发现两个父类中存在两个名称、参数和返回类型都完全相同的方法 getColorValue()。对于这两个方法，Java 会自动将其合并成一个方法，后面的实现者只要实现一个就够了。

但如果程序 4.39 改成下面这个样子：

//-----------文件名 RainbowColors.java，程序编号 4.44--------------

```
interface RainbowColors extends BaseColors {    //以 BaseColors 为父接口
  int YELLOW = 3, ORANGE = 5, INDIGO = 6, VIOLET = 7;
  void getColorValue();                       //注意它的返回值
}
```

它与 PrintColors 中的 getColorValue()方法名称和参数都相同，但返回值不同。这既不是重载，也不是覆盖，编译器将不知道让 LotsOfColors 继承哪一个。幸运的是这种错误将会由编译器在编译时指出，因此，无需程序员操心。

4.5.3　接口的实现

接口最终要用类来实现。类对接口的继承被称为接口的实现。不过类在实现接口时，不再使用关键字 extends，而是使用 implements。

若干没有继承关系的类可以实现同一个接口，一个类也可以实现多个接口，这些接口都称为该类的父接口或超接口。由于接口中只有抽象方法，所以一个非抽象的类必须实现父接口中所有的方法。若父接口继承了其他的接口，则这些接口的抽象方法也要由该类来实现。若是该类同时是某些类的子类，而其父类实现了这些接口中的一部分方法，则该类只要能继承这些方法，也就视为对这些抽象方法的实现。

抽象类不受此限制，因为它可以将实现抽象方法的任务交由它的子类来完成。下面是类实现接口的一般形式：

```
[类修饰符] class 类名 [extends 父类名] [implements 接口名 1[，接口名 2，...]]
{
    //实现接口中的抽象方法
    public [返回值类型] 方法名（[参数表]）{
        //方法体
    }
}
```

⚠注意：实现接口中的方法时，它的访问权限一定要是 public 类型，读者可以思考其原因。它的参数、返回值也要和接口中的形式完全一致。

【例 4.31】　类实现接口示例。

//-----------文件名 Colorable.java，程序编号 4.45--------------

```
public interface Colorable {   //定义一个接口
  void setColor(int color);
  int getColor();
}
```

//-----------文件名 Paintable.java，程序编号 4.46--------------

```
public interface Paintable extends Colorable {   //定义一个子接口
  int MATTE = 0, GLOSSY = 1;
  void setFinish(int finish);
  int getFinish();
}
```

//-----------文件名 Point.java，程序编号 4.47--------------

```
public class Point {   //定义一个基类
  int x, y;
}
```

//-----------文件名 ColoredPoint.java，程序编号 4.48--------------

```
//继承 Point 类并实现 Colorable 接口
class ColoredPoint extends Point implements Colorable {
//本类必须实现接口 Colorable 中所有的抽象方法
  int color;
  public void setColor(int color) {
     this.color = color;
  }
  public int getColor() {
     return color;
  }
}
```

//-----------文件名 PaintedPoint.java，程序编号 4.49--------------

```
//继承 ColoredPoint 类并实现 Paintable 接口
class PaintedPoint extends ColoredPoint implements Paintable{
/* 接口 Paintable 中有 4 个抽象方法，但 PaintedPoint 只要实现其中的两个，
  另两个已经由 ColoredPoint 实现 */
  int finish;
  public void setFinish(int finish) {
    this.finish = finish;
  }
  public int getFinish() {
    return finish;
  }
}
```

在程序 4.48 和程序 4.49 中，两个类都是同时继承一个父类并实现同一个父接口，这也是多重继承。

最后有一点需要读者仔细体会：虽然接口不能直接用来创建对象，但是，接口中定义

的成员变量是可以直接使用的,因为静态成员不需要创建对象就可以通过"接口名.变量名"的方式来使用。另外,读者可能会看到下面这样的程序代码:

```
void example(Colorable e){
    e.getColor();
}
```

其中,Colorable 就是前面定义的接口。这个方法是可以通过编译的,尽管读者可能会觉得奇怪:接口怎么会有对象,又如何能调用接口中的方法?答案很简单:当调用 example() 方法时,必定要提供一个实际参数,而这个实际参数肯定是一个实现了 Colorable 接口的子类对象,这时 getColor()方法已经被实现了。

4.6 Java 抽象类与最终类

Java 作为一种面向对象的语言,类是 Java 的核心和本质。它是 Java 语言的基础,因为类定义了对象的本性。在运用 Java 语言进行编程时,要在 Java 实现每一个抽象概念,都必须以 Java 类的形式进行封装后才能进行后续的操作。除了常用的一些基本类之外,Java 中还经常用到抽象类、最终类等类的形态,本节就对 Java 的抽象类和最终类进行讲解。

4.6.1 抽象类与抽象方法

类的继承结构中,越往上的类越具有通用性,也就越抽象。当它抽象到一定的程度,就变成了一个概念或框架,不能再产生实例化的对象了。例如"交通工具",就无法用它来产生一个实例。

对应这一现象,Java 中提供了抽象类,它只能作为父类,不能实例化。定义抽象类的作用是将一类对象的共同特点抽象出来,成为代表该类共同特性的抽象概念,其后在描述某一具体对象时,只要添加与其他子类对象的不同之处,而不需要重复类的共同特性。这样就使得程序概念层次分明,开发更高效。与抽象类紧密相连的是抽象方法——它总是用在抽象类或接口中。

1. 抽象方法的声明

抽象方法是一种只有方法声明而没有方法体定义的特殊方法。它的声明部分和一般方法并没有太大的区别,也有访问权限和返回值类型等。只是需要在前面加上一个关键字 abstract。通常的形式如下:

```
abstract 访问权限 返回类型 方法名 ([参数列表]);
```

特别注意它的最后有一个分号";",而没有方法体的括号"{}"。例如,下面就是一个合法的抽象方法:

```
abstract protected void absfun();
```

而下面这个,虽然方法体为空,但它不是一个合法的抽象方法:

```
abstract protected void absfun() { }
```

声明抽象方法时有以下几个限制：

❑ 构造方法不能声明为 abstract；

❑ 静态方法不能声明为 abstract；

❑ private 方法不能声明为 abstract；

❑ final 方法不能声明为 abstract；

❑ 抽象方法只能出现在抽象类或接口中。

2．抽象类的定义

要定义一个抽象类，只需要在类的头部加上关键字 abstract，如以下代码所示：

```
abstract  class  className{
    类体
}
```

在抽象类中，可以有 0 个或多个抽象方法，也可以有普通的实例方法和静态方法，还可以有其他的成员变量和构造方法。如果类中没有任何形式的抽象方法，那么可以由程序员自主决定是否将类声明成 abstract 类型，但是只要是下面这些情况之一，则类必定为抽象类，必须加上 abstract 修饰：

❑ 类中明确声明有 abstract 方法。

❑ 类是从抽象类继承下来的，而且没有实现父类中全部的抽象方法。

❑ 类实现了一个接口，但没有将其中所有的抽象方法实现。

下面是一个简单的示例。

【例 4.32】　抽象类定义示例。

//-----------文件名 absClass.java，程序编号 4.50--------------

```
abstract  class absClass{              //本类是抽象类
  abstract public  void  absfun();   //声明一个抽象方法
  public void instance(){
    System.out.println("这是一个普通的实例方法");
  }
  public static void stFun(){
    System.out.println("这是一个普通的静态方法");
  }
}
```

可以用上面这个抽象类来声明一个变量，比如：

```
absClass  absVar;
```

但不能将这个变量实例化，下面这种写法是错误的：

```
absVar = new absClass();
```

使用抽象类的唯一途径是派生一个子类，如果这个子类实现了抽象类中所有的抽象方法，那么这个子类就是一个普通的类，它可以用来创建对象。比如下面这个类就实现了 absClass 中的抽象方法，所以它是一个普通类。

//-----------文件名 implementABS.java，程序编号 4.51--------------

```
class implementABS extends absClass{
  public  void  absfun(){
```

```
    System.out.println("this function is implement by derived class");
  }
}
```

如果抽象类中有多个抽象方法，子类需要全部实现这些方法才能用来创建对象，否则，子类也是一个抽象类。不过这个抽象的子类能被继续继承下去，由它的子类来实现其中那些剩余的抽象方法。

3. 抽象方法与回调函数

在抽象类中，既可以有抽象方法，也可以有普通方法，而且普通方法还可以调用抽象方法。如例 4.33 所示。

【例 4.33】 普通方法调用抽象方法。

//-----------文件名 hasRecall.java，程序编号 4.52---------------

```
//如下是一个抽象类的声明方式
public abstract class hasRecall{
  abstract public void alert();        //这是一个抽象方法
  public void doSomething(){           //这是普通方法
    alert();                           //调用抽象方法
  }
}
```

这个程序是正确的，但它很容易让读者产生疑惑：由于 alert()是未被实现的抽象方法，有没有可能在 doSomething()实际执行时，调用了一个未实现的方法。不过 Java 的规则已经避免了产生这种情况的可能。由于 doSomething()是一个实例方法，它被执行时创建了一个对象。而要创建对象，类必须是普通的实例化类，也就意味着 hasRecall 这个抽象类中所有的方法都已经被实现，自然也就包括了 alert()方法。其实，从这个地方也可以理解 4.6.1 中的一个规则：抽象方法不能是静态方法，因为静态方法无需对象就能执行。

这里另外要考虑的一个问题是这样设计的实际作用。因为在 hasRecall 中调用 alert()方法时，并不知道这个方法在子类中是如何被实现的，如果不做任何规定，这种调用是没有任何现实意义的。所以父类的设计者需要规定这个抽象方法的基本用途，而子类的设计者需要按照这个规定来实现该方法，这样才能保证程序逻辑上的准确性。

例如本例中，可以规定 alert()方法必须用于输出一条警告信息，像程序 4.53 就可以正常运行。

//-----------文件名 impRecall.java，程序编号 4.53---------------

```
//定义 impRecall 类，继承父类 hasRecall
public class impRecall extends hasRecall{
  //在子类中实现父类所定义的抽象方法
  public void alert(){
    System.out.println("Warning!");
  }
  public static void main(String args[]){
    hasRecall  oa = new impRecall();   //父类变量，用子类来实例化
    oa.doSomething();                        //实例化后的对象，可以直接调用父类的方法
  }
}
```

Java 之所以提供这样一种看上去有点奇怪的机制，是为了弥补 Java 中没有类似于

C/C++中的函数指针，无法实现回调函数这一缺陷。

所谓回调函数，是指函数 f1 调用了函数 f2，函数 f2 又调用了函数 f3，但是函数 f3 的函数体并不是确定的，它是由函数 f1 在调用 f2 时作为参数传递给 f2 的，则 f3 被称为回调函数。

回调函数的实现需要用到函数指针，Java 是完全面向对象的语言，没有函数指针，只能通过上述机制来实现。

回调函数的使用是很普遍的。比如，在 Windows 中如果要设计 GUI 程序，就需要程序员实现一个窗口处理函数，系统会自动调用这个窗口处理函数，将各种消息传递给它。这个函数就是一个回调函数。Java 在实现 GUI 程序时，也必须遵循这一规则，它的实现也是采用本节所述的机制。关于这一点的详细叙述，将在第 14 章介绍。

4.6.2　最终类与最终方法

如果一个类不希望被其他类继承，则可以声明成 final 类，这样就可以防止其他类以它作为父类。最终类通常是有某个固定作用的类，系统中也提供了这样的类，如 System、String 和 Socket 类等。

最终类显然不可能是抽象类。由于最终类不能有子类，那么它所拥有的所有方法都不可能被覆盖，因此它其中所有的方法都是最终方法。

最终类定义的一般形式如下：

```
[访问权限] final class 类名{
    类体
}
```

最终类可以从其他类派生出来。由于它没有子类，所以声明成最终类的变量一定不会引用它子类的对象，因此它的变量不存在运行时多态的问题。编译器可以在编译时确定每个方法的调用，这样可以加快执行速度。

如果一个类允许被其他类继承，只是其中的某些方法不允许被子类覆盖，那么可以将这些方法声明成为最终方法，这需要在声明前面加上关键字 final。它的一般形式如下：

```
[访问权限] final 返回类型 方法名([参数列表])
```

使用最终方法时，有两点需要注意：

❑　最终方法可以出现在任何类中，但不能和 abstract 修饰符同时使用。
❑　最终方法不能被覆盖，但是可以被重载。

【例 4.34】　最终方法示例。

//-----------文件名 hasFinalFun.java，程序编号 4.54---------------

```java
public class hasFinalFun{
    final void showMsg(){    //这是一个最终方法
      System.out.println("这是最终方法");
    }
}
```

它的子类如下：

//-----------文件名 stupid.java，程序编号 4.55---------------

```java
public class stupid extends hasFinalFun{
```

```
    void  showMsg(){          //试图覆盖最终方法，错误
    }
    void showMsg(String s){ //这是重载，正确
        System.out.println(s);
    }
}
```

4.7　Java 内部类

内部类是 JDK 1.1 之后提出的一种新型的类。前面所介绍的类都是定义在包中，可以说是顶层类。而内部类则是可以定义在另外一个类的里面，为了便于描述，我们将包含了内部类的这个类称为外部类。内部类是对 Java 的重大改进，它对于简化事件处理非常有用。

4.7.1　内部类的定义

和一般的顶层类相同，内部类也是由成员变量和成员方法组成的，它的定义和使用方式也和顶层类相似，但由于所处位置的不同，还是存在一些区别。它在定义成员时也比顶层类多了更多的限制。

严格来说，内部类也分为 3 种：嵌入类（nested）、内部成员类（inner）和本地类。当类的前面有 static 修饰符时，它就是嵌入类。嵌入类只能和外部类的成员并列，不能定义在方法中。如果类和外部类的成员是并列定义的，且没有 static 修饰，则该类称为内部成员类。如果类是定义在某个方法中，则该类称为本地类。下面分别介绍它们的定义方式。

1. 嵌入类的定义

当内部类的前面用 static 修饰时，它就是一个嵌入类。它和外部类的其他成员属性和方法处在同一层次上。它的一般形式如下：

```
[访问权限修饰符] static class 类名 [extends 父类名] [implements 接口列表]{
    类体
}
```

在嵌入类的类体中，可以定义任何类型的成员属性和方法，这一点与顶层类完全相同。它本身可以是 final 类型或者是 abstract 类型，也可以被其他类所继承。但在实际使用中，很少有人会这么做。

嵌入类不能和包含它的外部类同名，也不能和其他的成员同名。

【例 4.35】　嵌入类的定义示例。

//-----------文件名 HasStatic.java，程序编号 4.56--------------

```
class HasStatic{ //定义一个顶层类
    static int sj = 100;
}
```

//-----------文件名 Outer_1.java，程序编号 4.57--------------

```
class Outer_1{  //这是外部类
  //下面是一个嵌入类，它可以继承其他的类，具有包访问权限
  protected static class NestedButNotInner extends HasStatic{
```

```
    static final int  sc = 2;        //正确，嵌入类可以有静态常量
    protected static int si = 1;      //正确，可以有静态成员变量
    private int  vi = 3;              //正确，可以有实例成员变量
    public  void doSomething(){  }    //正确，可以有实例成员方法
    static  void stShow(){  }         //正确，可以有静态方法
  }
}
```

从程序 4.56 中可以看出，嵌入类和顶层类的类体定义几乎没有任何区别。不过由于嵌入类本身是外部类的成员，所以可以具有一般成员的访问权限，包括 public、protected、private 和默认。而一般的顶层类只能是 public 或默认权限。

编译这个类，可以得到两个 class 文件，一个是 Outer_1.class，另一个是 Outer_1$Nested-ButNotInner.class，后者就是内部类所生成的文件。

2. 内部成员类的定义

如果内部类前面不用 static 修饰，则它是一个内部成员类。它的地位与类的实例成员相当，所以也被称为内部实例成员类。它的一般形式如下：

```
[访问权限修饰符] class 类名 [extends 父类名] [implements 接口列表]{
  类体
}
```

内部成员类与嵌入类最大的不同在于，它的类体中不允许存在静态成员，包括静态成员变量和静态成员方法，但可以定义静态的常量。另外，实例成员是允许定义的。

【例 4.36】 内部成员类示例。

//-----------文件名 Outer_2.java，程序编号 4.58---------------

```
class Outer_2{  //这是一个外部类
  //下面是一个内部成员类，它可以继承其他的类
  private class Inner extends HasStatic{
    static final int  sc = 2;        //正确，可以有静态常量
    protected static int si = 1;      //错误，不能有静态成员变量
    private int  vi = 3;              //正确，可以有实例成员变量
    public  void doSomething(){  }    //正确，可以有实例成员方法
    static  void stShow(){  }         //错误，不能有静态方法
  }
}
```

这个程序因为有两个错误，所以不能通过编译。细心的读者可能会发现，它的父类 HasStatic 是拥有静态成员变量的。这说明内部成员类尽管自己不能定义静态成员，但可以继承父类的静态成员。

3. 本地类的定义

内部类也可以定义在方法之中，这时它被称为本地类。无论方法本身是静态方法还是实例方法，本地类都不能用 static 来修饰。它的类体中与内部成员类一样，除了静态成员常量之外，不允许定义任何静态成员。和前面两种类不同的是，本地类的作用域是定义它的方法，所以它没有访问类型。本地类的地位相当于定义了一个局部数据类型。

　　本地类不仅可以定义在一个方法的里面，甚至还可以定义在语句块里面，那么它的有效范围仅限于语句块。本地类尽管不能定义静态成员，但可以通过继承来拥有静态成员。

　　不同方法中的本地类是可以同名的，甚至也可以和嵌入类及内部成员类同名（当然最好不要这样做）。

【例 4.37】　本地类示例。

//-----------文件名 Outer_3.java，程序编号 4.59--------------

```
class Outer_3{  //这是外部类
  public static void stLocal(){          //静态方法
    //下面是一个本地类，它可以继承其他的类
    class Localize extends HasStatic{
      static final int  sc = 2;           //正确，可以有静态常量
      private int  vi = 3;                 //正确，可以有实例成员变量
      public  void doSomething(){  }       //正确，可以有实例成员方法
    }//本地类结束
  }  //方法结束
  public  void inLocal(){  //实例方法
    //下面是一个本地类，它可以继承其他的类
    //这个类的名称和上面那个类相同
    class Localize extends HasStatic{
      static final int  sc = 2;           //正确，可以有静态常量
      private int  vi = 3;                 //正确，可以有实例成员变量
      public  void doSomething(){  }       //正确，可以有实例成员方法
    }//本地类结束
  }  //方法结束
}    //外部类结束
```

　　编译程序 4.59，可以得到 3 个 class 文件，分别是：Outer_3.class、Outer_3$1Localize.class 和 Outer_3$2Localize.class，后面两个文件是由两个内部类产生的。

　　Java 允许内部类中再嵌套内部类，但这样并没有太大的实际意义，而且使得程序很难读懂，所以笔者不赞成这样做。

　　最后，笔者将内部类定义时所能拥有的成员归纳成表 4.1。

表 4.1　内部类能拥有的成员

	静态常量	静态变量	实例变量	实例常量	静态方法	实例方法
嵌入类	√	√	√	√	√	√
内部成员类	√		√	√		√
本地类	√		√	√		√

4.7.2　内部类访问外部类的成员

　　Java 允许内部类访问包含它的外部类成员，此时，内部类相当于是外部类的一个普通成员。因此，内部类访问其他成员时，不受访问权限修饰符的限制。但是，它仍然受到静态修饰符 static 的限制。下面分别介绍各种内部类对外部类的访问规则。

1．嵌入类访问外部类成员

　　嵌入类本身是用 static 修饰的，所以编译器认为嵌入类里面所有的成员都处于静态环

境之中，因此，只能访问外部类的静态成员，而不允许访问实例成员。

【例 4.38】　嵌入类访问外部类成员示例。

//-----------文件名 Outer_4.java，程序编号 4.60--------------

```
class Outer_4{
  int CommValue=100;
  static int SV=200;
  //定义外部类的静态方法
  static void stDoSomething() { }
  //定义外部类的实例方法
  void insDoSomething() { }
  //定义一个嵌入类
  private static class NestedButNotInner{   //记住：嵌入类是静态的
    static int sz = SV;                     //定义静态成员，使用外部类静态成员
                                              给它赋值

    int  inValue ;
    //定义嵌入类的静态方法
    static void stNothingToDo() {   }
    //定义嵌入类的实例方法
    void insNothingToDo() { }
  //下面的方法是在嵌入类中，它是实例方法
    public void showSV(){
      inValue = SV;             //正确，可以访问外部类的静态成员
      stDoSomething();          //正确，可以调用外部静态方法
      stNothingToDo();          //正确，可以调用本类的静态方法
      insNothingToDo();         //正确，可以调用本类的实例方法
      int  k = CommValue;       //错误，不能访问外部实例成员
      insDoSomething();         //错误，不能调用外部实例方法
    }
  } //嵌入类结束
}    //外部类结束
```

在程序 4.60 中有两个错误，屏蔽掉这两个错误后，可以通过编译。嵌入类在访问本类中的成员时，则遵守一般类的规则，只是当它访问外部类的成员时，由于受到类前面的 static 的限制，只能访问外部的静态成员。

2．内部成员类访问外部类成员

内部成员类中不能定义静态成员，但它的实例方法可以访问外部类的静态和实例成员。下面是一个简单的例子。

【例 4.39】　内部成员类访问外部类示例。

//-----------文件名 Outer_5.java，程序编号 4.61--------------

```
class Outer_5{
  int CommValue=100;
  static int SV=200;
  //定义外部类的静态方法
  static void stDoSomething(){ }
  //定义外部类的实例方法
  void insDoSomething() { }

  //定义一个内部成员类
```

```
  private  class Inner{
    int  inValue ;
    //定义内部成员类的实例方法
    void insNothingToDo() { }
    //内部成员类不能定义静态成员

    //本方法是在内部成员类中，它是实例方法
    public void showSV(){
      inValue = SV;          //正确，可以访问外部类的静态成员
      stDoSomething();       //正确，可以调用外部静态方法
      insNothingToDo();      //正确，可以调用本类的实例方法
      int  k = CommValue;    //正确，可以访问外部实例成员变量
      insDoSomething();      //正确，可以调用外部实例方法
    }
  } //内部类结束
}    //外部类结束
```

从程序 4.61 中可以看出，内部成员类里面的方法在访问外部成员时，没有任何限制。

3. 实例方法中的本地类访问外部成员

由于包含本地类的方法既可能是静态方法也可能是实例方法，这将会导致本地类访问外部类时有所区别，所以需要分开来说明。

如果本地类位于实例方法中，那么它像内部成员类一样，可以访问外部类的任意成员。除此之外，包含本地类的方法还可以定义局部变量。本地类只能访问局部常量，而不允许访问局部变量。

【例 4.40】 实例方法中的本地类访问外部成员。

//-----------文件名 Outer_6.java，程序编号 4.62--------------

```
class Outer_6{
  int CommValue=100;
  static int SV=200;
  public void vfun(){     //一个实例成员方法
    final int fv=3;         //定义常量
    int       k=10;
    //下面是一个本地类
    class localize{
      public void call(){
        System.out.println("外部类的静态变量 SV="+SV);                          //正确
        System.out.println("外部类的实例变量 CommValue="+CommValue);            //正确
        System.out.println("方法的局部常量 fv="+fv);                            //正确
        //它不能访问局部变量 k，下面是错误的
        // k = 100;
      }
    }//本地类结束
    //下面接着写方法中的其他语句
    System.out.println("这是外部类的成员方法");
  } //方法结束
} //类结束
```

4．静态方法中的本地类访问外部成员

如果本地类位于静态方法中，那么它处于静态环境中，像静态的嵌入类一样，只能访问外部类的静态成员。另外，它也只能访问局部的常量，而不允许访问局部变量。

【例 4.41】 静态方法中的本地类访问外部成员。

//-----------文件名 Outer_7.java，程序编号 4.63--------------

```
class Outer_7{
  int CommValue=100;
  static int SV=200;
  public static void sfun(){      //一个静态方法
    final int fv=3;               //定义常量
    int       k=10;
    //下面是一个本地类
    class localize{
      public void call(){
        System.out.println("外部类的静态变量 SV="+SV);      //正确
        System.out.println("方法的局部常量 fv="+fv);        //正确
        //它不能访问实例变量 CommValue，下面是错误的
        //CommValue = 0;
        //它不能访问局部变量 k，下面是错误的
        // k = 100;
      }
    }//本地类结束
    //下面接着写方法中的其他语句
    System.out.println("这是外部类的成员方法");
  } //方法结束
}    //类结束
```

表 4.2 是内部类访问外部类成员时所拥有的访问权限（由于内部类是外部类的成员，所以访问其他成员时并不受访问权限修饰符的限制）。

表 4.2　内部类访问外部类成员时的限制

	静态常量	静态变量	实例变量	实例常量	静态方法	实例方法
嵌入类	√	√			√	
内部成员类	√	√	√	√	√	√
实例方法中的本地类	√	√	√	√	√	√
静态方法中的本地类	√	√			√	

另外，本地类想要访问包含自己的方法所定义的局部量时，只允许访问局部常量。

4.7.3　内部类之间的相互使用

由于嵌入类是静态的，所以它只能使用其他嵌入类，而不允许使用内部成员类。内部成员类则可以使用嵌入类和其他的内部成员类。本地类的作用域只限于定义它的方法，所以嵌入类和内部成员类都不能使用本地类。本地类可以随意使用嵌入类，但在使用内部成员类时，受到方法本身类型的限制。只有定义在实例方法中的本地类才能使用内部成员类。同一方法中的本地类可以相互使用。

【例 4.42】 内部类之间的相互使用。

//-----------文件名 Outer_8.java，程序编号 4.64--------------

```java
class Outer_8{
  //定义内部成员类
  class Inner {
    NestedButNotInner oa =new NestedButNotInner();  //内部成员类可以使用嵌入类
    public void call(){
        Inner oa = new Inner();                      //可以使用内部成员类
        vfun();                                      //可以调用实例方法
        sfun();                                      //可以调用静态方法
    }
  }
  //定义嵌入类
  static class NestedButNotInner {
    //错误，嵌入类不允许使用内部成员类
    // Inner a =new Inner();
    public void call(){
      NestedButNotInner oa =new NestedButNotInner();  //可以使用嵌入类
      sfun();                                         //可以调用静态方法
      //错误，不能调用实例方法
      //vfun();
    }
  }
  //定义实例方法
  public void vfun(){
    class localize{                                   //这是本地类
      Inner a = new Inner();                          //正确
      NestedButNotInner b =new NestedButNotInner();   //正确
    }    //本地类结束
    System.out.println("这是外部类的成员方法");
  }
  //定义静态方法
  public static void sfun(){
    class localize1{
        //错误，不允许使用内部成员类
        // Inner a = new Inner();
        NestedButNotInner b=new NestedButNotInner();  //正确
    }//本地类结束
    class localize2{
      localize1 oa =new localize1();                  //使用同一方法中的本地类，正确
    }
    localize2 b=new localize2();                       //正确
    System.out.println("这是外部类的成员方法");
  }
}
```

4.7.4 在外部使用内部类

对于嵌入类和内部成员类，只要它们的访问权限不是 private，则可以在外部使用这些类，只是使用的方式有所不同。对于本地类，在外部是无法使用的。

如果是嵌入类，可以像使用静态成员一样，通过"外部类名.嵌入类名"的方式使用。由于内部成员类是非静态的，必须通过外部类的实例进行引用。下面的例子演示了这两种

类的不同使用方式。

【例 4.43】 在外部使用内部类。

假定程序 4.63 中的类 Outer_7 已经定义好，下面来使用它其中的内部类。

//-----------文件名 useInner.java，程序编号 4.65--------------

```
class useInner{
  public static void main(String argv[]){
    //嵌入类可以直接使用
    Outer_8.NestedButNotInner oa = new Outer_8.NestedButNotInner();
    Outer_8.Inner ob;
    Outer_8 outObj=new Outer_8();      //创建外部类对象
    ob=outObj.new Inner();             //内部成员类必须通过外部类创建
    oa.call();
    ob.call();
  }
}
```

Java 的匿名内部类的语法规则看上去有些古怪，不过如同匿名数组一样，当只需要创建一个类的对象，而且用不上它的名字时，使用内部类可以使代码看上去简洁清楚。

4.7.5　匿名内部类

有时候，程序定义一个内部类之后只要创建这个类的一个对象，就不必为这个类命名。这种类被称为匿名内部类。

它的语法形式如下：

```
new  interfaceName(){
    类体
}
```

或

```
new  superClassName([实际参数]){
    类体
}
```

这个语法形式看上去比较奇怪。匿名类是没有名字的，interfaceName 和 superClassName 并不是它的名字，而是它要继承的接口或类的名字。括号中的参数是用来传递给父类的构造方法。

由于构造方法必须与类名相同，而匿名类没有类名，所以匿名类没有构造方法。取而代之的是将参数传递给父类的构造方法。如果是实现接口，则不能有任何参数。

使用一个匿名内部类，通常按照下面的形式：

```
superClassName  oa = new superClassName(参数) {类体};
```

从形式上看，它和一般创建对象的形式相似：

```
superClassName  oa = new superClassName(参数);
```

唯一的区别在于匿名内部类后面有大括号括起来的类体。

由于匿名类在创建的同时必须要创建对象，所以不能用 static 修饰。如果它与类的其他成员并列，那么它与内部成员类的定义没有区别。如果它是写在一个成员方法中，那么与本地类的规则相同。

【例 4.44】　匿名内部类使用示例。

先定义一个接口如下：

//----------文件名 onlyShow.java，程序编号 4.66--------------

```
public interface onlyShow{
  void showMsg();
}
```

接下来实现两个内部类：

//----------文件名 anonymousInner.java，程序编号 4.67--------------

```
public class anonymousInner{
  static onlyShow st = new    //创建匿名类的对象，这是一个类的成员
    onlyShow() {              //定义匿名内部类
      public void showMsg() {
        System.out.println("这是一个位于外部类中的匿名内部类.");
      }
    };  //匿名类定义结束，注意它末尾的分号

  public static void main(String args[]){
    onlyShow oa = new         //创建匿名类的对象
      onlyShow(){             //定义匿名内部类
        public void showMsg(){
          System.out.println("这是一个位于方法中的匿名内部类.");
        }
      }; //匿名类定义结束，注意它末尾的分号
    oa.showMsg();             //使用其中的方法
    st.showMsg();
  }
}
```

有时候，程序员需要将由匿名类创建的对象作为实际参数传递给某个方法。此时，对象也可以没有名字，所以它的形式如下所示：

```
function( new superClass() { 类体 }; );
```

Java 中设计匿名内部类是为了让程序员能够偷一点懒，让程序更为简短一些。但实际上，如果大量使用匿名内部类，将会使得程序组织变得混乱，程序流程更加难于理解。所以笔者建议限制它的使用。实际上，所有的匿名内部类都不是必需的，它一定可以被前面介绍的其他内部类所代替。

4.7.6　内部类的作用

本节花费了较多的篇幅来介绍内部类的语法规则。这些语法规则看上去非常的复杂，很容易让初学者无所适从。

那么 Java 的设计者为什么要提供这样一种复杂的机制呢？答案在于实现多重继承。前面介绍过，Java 是利用接口来实现多重继承的，但是 C++程序员常常会抱怨 Java 中的多重继承过于死板，为了实现某个功能不得不写大量的代码，而无法像 C++那样轻易实现代码的重用。比如，系统提供了 n 个接口，每个接口都声明了若干个方法。由于这些接口经常

被使用，若要程序员实现接口中的所有方法显然特别麻烦，所以又为每个接口都提供了实现的子类。程序员只要继承某些子类并适当修改其中的部分方法就可以使用接口了。

不过在实际编程中，某个类通常需要继承多个接口才能运行。而类是无法实现多重继承的，这样，系统提供的子类就失去了作用。一种变通的办法是将这些接口的子类按照一定的顺序形成一个继承链，如图 4.5 所示。

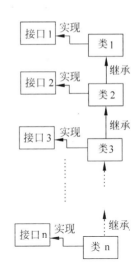

这样，程序员定义的类只要继承最后的类 n 就实现了所有的接口。但问题是，在大多数情况下，自定义的类只需要实现这些接口中的一部分（比如接口 1、2 和 n）。而这个继承链的顺序一旦定义好，就无法更改。程序员除了继承这个链中最后一个必须的类（这里是类 n）外，没有其他更好的选择。在这种情况下，多数继承下来的类以及里面的方法都是毫无用处的，白白增加编译和运行时间。

图 4.5　一种假想的实现方法

这么做的另外一个问题是，如果在两个不同的接口中声明了两个相同的方法，那么位于继承链后面的类，会将前面类实现的同名方法给覆盖掉。这个问题非常严重，几乎没有什么办法解决——除非事先规定所有接口中的方法都不得同名。

有了内部类，这些问题就迎刃而解。程序员在自定义类中，可以增加若干个内部类，每一个内部类可以继承一个父类，并做必要的修改。选择哪个父类是任意的，无需增加不必要的父类。

实际上，C++的多重继承的规则是非常复杂的——远超过 Java 中内部类的规则。而 Java 通过内部类加上接口，可以很好地实现多重继承的效果。特别是在 GUI 程序设计时，可以通过定义多个内部类来分别继承各事件的适配器类，解决了多事件的处理问题，而不必为每个接口都写实现代码。

4.8　Java 包：库单元

包是一组由类和接口所组成的集合，Java 程序可以由若干个包组成，每一个包拥有自己独有的名字。包的引入，体现了封装特性，它将类与接口封装在一个包内，每个包中可以有若干类和接口，同一个包中不允许有同名的类和接口，但不同包中的类和接口不受此限制。包的引入，解决了类命名冲突的问题。

包提供了一种命名机制和可见性控制机制（回顾 protected 和默认的访问属性），起到了既可以划分类名空间，又可以控制类之间访问的作用。由于同一包中的类默认可以相互访问，所以在一般情况下，总是将具有相似功能和具有共用性质的类放在同一个包中。使用包的另外一个好处是有利于实现不同程序间类的复用。

包本身也是分级的，包中还可以有子包。Java 的包可以用文件系统存放，也可以存放在数据库中。在 Windows 中，包是以文件系统存放的，包和类的关系类似于文件夹和文件的关系。包中的子包，相当于文件夹内的子文件夹。

4.8.1　包的创建

除了系统提供的包外，用户可以自己定义需要的包。Java 有两种包：命名包和未命名包。本书前面所讲的都是未命名包，例如：

```
class HelloWorldAPP{
  public static void main(String args[] ){
    System.out.println("Hello,World!");
  }
}
```

对于这样的源文件，编译系统会认为这是一个未命名包。在 Windows 系统中，这个包就是当前工作文件夹，这种未命名包都是处在顶层的包。在同一个源文件中，所有类默认都属于同一个包。如果类不在同一源文件中，但都是未命名的包，而且处在同一个工作目录下，那么也认为是属于同一个包。

使用未命名包虽然简便，但是很容易引起命名冲突，而且不便于管理，所以只适合于学习或小型系统的开发。对于大型系统，需要使用命名包。命名包的创建很简单，只要在 Java 的源文件的第一行写上 package 语句就可以完成。格式如下：

```
package 包名;
```

指定包名后，该源文件中所有的类都在这个包中。由于 Windows 中的 Java 是用文件系统来存放包的，所以必须要有一个和包名相同的文件夹，该包中所有的类编译生成的 class 文件都必须放在这个文件夹中才能正常使用。

【例 4.45】　创建命名包示例。

//-----------文件名 inPack.java，程序编号 4.68---------------

```
package onePackage;
//下面这个类位于包 onePackage 中
public class inPack{
  public static void main(String argv[]){
    System.out.println("This class is in a package");
  }
}
```

对于上面这个程序，有下面两种编译方法。

1．用编译未命名包相同的方法

假设 inPack.java 文件位于 d:\javabook\example\chapter4 下面。先输入下面的命令：

```
d:\javabook\example\chapter4>javac inPack.java
```

这样会生成一个类文件，即 inPack.class。由于这个文件所在的位置是在当前目录下，而不是在包名所对应的文件夹下，所以这时还不能像使用未命名包中的类那样直接用 Java 命令装载它来运行，而应该依次输入下面的命令：

```
d:\javabook\example\chapter4>md  onePackage
d:\javabook\example\chapter4>move  inPack.class  onePackage
```

即先建立和包同名的文件夹，而后将包中的类文件复制到该文件夹下。如果读者不熟悉 DOS 命令的使用，可以用资源管理器来完成同样的功能。然后在当前目录 d:\javabook\example\chapter4 下运行：

```
d:\javabook\example\chapter4>java  onePackage.inPack
```

🔅注意：当前工作目录 d:\javabook\example\chapter4 必须包含在 classpath 的搜索路径中。

其中，onePackage 就是包的名字，它是不能省略的，注意不能写成这个样子：

```
d:\javabook\example\chapter4>java  onePackage\inPack
```

但是可以这样写：

```
d:\javabook\example\chapter4>java  onePackage/inPack
```

2．用-d参数

对于这种命名包，Java 编译器专门提供了一个参数-d，读者可以这样使用：

```
d:\javabook\example\chapter4>javac -d . inPack.java
```

🔅注意：参数-d 后面需要有一个空格，然后加上一个 "."。

它会在当前目录下，查找是否有一个以包名为名称的文件夹（这里就是 onePackage）。如果没有，则建立此文件夹，然后自动将生成的 class 文件存放到此文件夹下面。运行命令和前面介绍的一样。

一个包中可以存放多个文件，下面这个类也可以按照同样的方法放在包 onePackage 中。

//-----------文件名 second.java，程序编号 4.69---------------

```
package onePackage;
public class second{
  public static void main(String argv[]){
    System.out.println("This is second class");
  }
}
```

由于关键字 package 必须是第一行，所以一个类不可能同时属于两个包。但两个不同的包中，可以有同名的类。

4.8.2　包的使用

包是类和接口的组织者，目的是更好地使用包中的类和接口。通常情况下，一个类只能引用本包中的其他类。本书前面所举的例子都是这种情况。如果要引用其他包中的类，则要使用 Java 提供的访问机制。Java 提供了如下所述的 3 种实现方法。

1．在引用类（或接口）名前面加上它所在的包名

这种方法其实是以包名作为类名的前缀，这与以类名作为成员的前缀有些类似。

【例 4.46】　用前缀引用包中的类。

//-----------文件名 notInPack.java，程序编号 4.70--------------

```
//下面这个类和 inPack 不在同一个包中
public class notInPack{
    public static void main(String argv[]){
    onePackage.inPack oa=new onePackage.inPack();
      System.out.println("成功地使用了包中的类：inPack");
```

```
    }
}
```

在程序 4.70 中，notInpack 类的编译和运行与普通的类没有区别。程序输出结果如下：

成功地使用了包中的类：inPack

2. 使用关键字import引入指定类

前面这种方法需要在包中每一个类的前面加上前缀，显然太麻烦。Java 提供了一个关键字 import，它可以引入包中的某个类或接口，这样就可以省略包前缀。它的一般形式是：

import 包名.类名;

如果有多个类需要引入，可以重复使用 import。

【例 4.47】 用 import 引入包中的类。

把程序 4.68 修改一下，如下所示：

//-----------文件名 notInPack.java，程序编号 4.71--------------

```
package  otherPackage;          //这个类和 inPack 不在同一个包中
import onePackage.inPack;        //引入 inPack 类
public class notInPack{
    public static void main(String argv[]){
        inPack oa=new inPack();  //现在不需要前缀了
        System.out.println("成功地使用了包中的类：inPack");
    }
}
```

注意：如果本类属于某个命名包，则要在第一行写出包的名字。import 语句紧跟在后面。

3. 使用import引入包中所有类

有时候需要使用同一个包中的多个不同类。这当然可以通过使用多条 import 命令来实现，但是比较麻烦。Java 提供了一种更为简便的方法：

import 包名.*;

这条语句可以将一个包中所有的类都引入进来。比如在类 notInPack 中要使用 onePackage 中的两个类，就可以使用上面这条语句。

【例 4.48】 用 import 引入一个包中的所有类。

//-----------文件名 notInPack.java，程序编号 4.72--------------

```
package  otherPackage;          //这个类和 inPack 不在同一个包中
import onePackage.*;            //引入 onePackage 中所有的类
public class notInPack{
    public static void main(String argv[]){
        inPack oa = new inPack();//这里两个类都可以使用
        second ob = new second();
        System.out.println("成功地使用了包中所有的类");
    }
}
```

使用通配符"*"时，还有一个限制，如果被引入的包是系统预定义好的包，那么无论在什么情况下都可以使用；如果这个包是程序员自己定义的包，那么使用者也必须位于一个命名包内。比如，程序 4.71，如果将第一行去掉，就无法通过编译。

4.8.3　JAR 文件的创建和使用

在一个包中，通常会有很多个.class 文件。为了便于对这些文件的管理，以及减少传输这些文件所需的时间，Java 允许把所有的类文件打包成一个文件，这就是 JAR 文件。JAR 文件是压缩的，其压缩格式就是 ZIP。JAR 文件中除了可以包含.class 文件之外，还可以像 ZIP 文件一样包含其他类型的文件。

JDK 提供了 jar 工具用来创建 JAR 文件，jar 默认位于 bin 目录下。构建 JAR 文件最常用的命令如下：

```
jar cvf JAR文件名 文件1 文件2
```

例如：

```
jar cvf onePack.jar inPack.class second.class
```

jar 命令完整的形式如下：

```
jar {ctxu}[vfm0Mi] [jar-文件] [manifest-文件] [-C 目录] 文件名 ...
```

jar 程序的选项说明如表 4.3 所示。

表 4.3　jar程序选项说明

选　项	说　明
-c	创建新的存档
-t	列出存档内容的列表
-x	展开存档中命名的（或所有的）文件
-u	更新已存在的存档
-v	生成详细输出到标准输出上
-f	指定存档文件名
-m	包含指定的现有清单文件中的清单信息
-0	只存储方式，未用 ZIP 压缩格式
-M	不产生所有项的清单（manifest）文件
-i	为指定的 JAR 文件产生索引信息
-C	在执行 jar 命令期间更改目录。例如：jar-uf foo.jar-C classes*，将 classes 目录内的所有文件加到 foo.jar 中，但不添加类目录本身

【例 4.49】　将两个 class 文件存档到一个名为 classes.jar 的归档文件中。

```
jar cvf classes.jar Foo.class Bar.class
```

【例 4.50】　用一个存在的清单（manifest）文件 mymanifest，将 foo/目录下的所有文件存档到一个名为 classes.jar 的归档文件中。

```
jar cvfm classes.jar mymanifest -C foo/
```

清单（manifest）文件是一个文本文件，它默认以.MF 为扩展名，读者可以任意更改这个扩展名，它的主文件名也可以任意指定。jar 命令在创建 JAR 存档文件时，如果指定了-m 选项，则可从清单文件中提取一些关于存档文件的附加信息。如指定存档文件中的主类（拥有 main 方法的类）。清单文件是一个 ASCII 文本文件，它必须以一个空行作为结尾。

　　一个完整的清单文件可以包含很多条目，读者可以参阅 API 手册，这里只介绍一些简单的规则。

　　一个清单文件中的条目被分成多个节，第一部分称为主节，它作用于整个 JAR 文件。后续条目用来指定已命名条目的属性，这些已命名条目可以是某个文件、包或 URL。它们必须以名为 Name 的条目开头，节与节之间用空行分开。图 4.6 所示就是一个 Mainfest 文件内容格式示例。

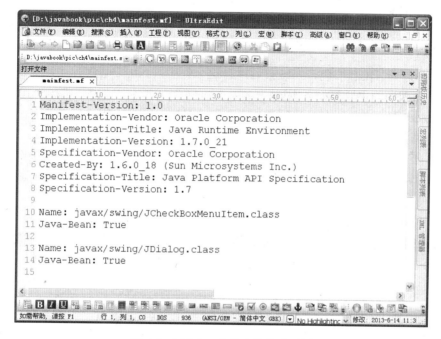

图 4.6　Mainfest 文件内容格式示例

　　注意：最后一行必须是空行。要创建可执行的 JAR 文件，必须在清单文件中指定 Main-Class 属性。

　　如果用 Main-Class 属性指定了程序的主类，那么可以用 java 命令来执行一个 JAR 文件，命令如下：

```
java -jar MyProgram.jar
```

　　如果读者使用 Windows，还可以通过关联 JAR 文件与 java -jar 命令来双击执行 JAR 文件。

4.8.4　JDK 中的常用包

　　JDK 所提供的所有标准 Java 类都存放在 Java 包中，如 java.lang 包中包含了运行 Java 必不可少的系统类。由于系统会自动将 java.lang 引入，所以不需要在源文件中用 import

语句来显式地引入这个包。另外，Java 规定 java.util 和 java.io 是必须提供的标准包，在 JDK
1.5 以其以后的版本中，最常用的包有以下几种。

- java.lang：语言包；
- java.util：实用包；
- java.awt：抽象窗口工具包；
- javax.swing：轻量级的窗口工具包，这是目前使用最广泛的 GUI 程序设计包；
- java.io：输入输出包；
- java.net：网络函数包；
- java.applet：编制 Applet 用到的包（目前编制 Applet 程序时，更多是使用 swing 中
  的 JApplet 类）。

1. 语言包

这是 Java 语言的核心包，系统自动地将这个包引入到用户程序，用户无需用 import
来引入它，该包中的主要类如下所述。

（1）object 类：它是所有类的父类，它中间定义的方法其他类都可以使用。

（2）数据类型包装类：即简单数据类型的类包装，有 Integer、Float 和 Boolean 等。

（3）数学类 Math：提供常量和数学函数，包括 E 和 PI 常数，及 abs()、sin()、cos()、
min()、max()和 random()等方法。这些常量和方法都是静态的，使用时类似于 C 语言中的
函数。

（4）字符串类 String 和 StringBuffer 类。

（5）系统和运行时类：其中，System 类提供一个独立于具体计算机系统资源的编程界
面，它有两个成员：in 和 out，分别是标准输入类和输出类，提供了简单的输入和输出方
法。System 类中的所有成员变量和方法都是静态的。

Runtime 类可以直接访问运行时资源，比如，它的 freeMemory()方法可以返回虚拟机
中空闲内存的大小，exec()方法可以执行特定环境中的某些命令。

（6）操作类：Class 和 ClassLoader 类。类 Class 提供了对象运行时的若干信息，如：this.
getClass().getName()可以获得当前对象所属的类的名字，其中，this.getClass()可以返回一个
Class 对象，而 Class 有一个方法 getName()可以返回对象的名字。

ClassLoader 类是一个抽象类，它提供了将类名转换成文件名，并在文件系统中查找并
装载该文件的方法。

（7）线程类：Thread 类。Java 是一个多线程环境，提供了各种用于线程管理和操作的
类，主要有：Thread、ThreadDeath、ThreadGroup 和 Runnable。Thread 用于建立线程，
ThreadDeath 用于线程结束后的清理工作，ThreadGroup 用于组织一组线程，Runnable 是建
立线程的交互工具。

（8）错误和异常处理类：Throwable、Exception 和 Error。Throwable 类是所有错误和
异常处理的父类。Exception 处理异常，它需要用户捕获处理。Error 处理硬件错误，它不
要求用户捕获处理。

（9）过程类 Process。它支持系统过程，当实用类 Runtime 执行系统命令时，会建立处
理系统过程的 Process 类。

2．实用包

实用包提供了各种实用功能的类，主要包括日期类、数据结构类和随机数类等。

（1）日期类：包括 Data、Calendar 和 GregorianCalendar 类。其中，Data 类中提供获取日期和时间的方法。Calendar 和 GregorianCalendar 类是日历类，它们的功能比 Data 更强，但 Calendar 是抽象类，GregorianCalendar 是它的子类。

（2）数据结构类：包括链表类 LinkedList、向量类 Vector、栈类 Stack 和散列表类 Hashtable 等。

（3）随机数类 Random：它封装了 Math 类中的 random 方法，并提供了更多的辅助功能。

3．抽象窗口工具包

Java 的 java.awt 提供了绘图和图像类，主要用于编写 GUI 程序，包括按钮、标签等常用组件以及相应的事件类。

（1）组件类：包括 Button、Panel、Label 和 Choice 等类，用于设计图形界面。

（2）事件包：在 java.awt.event 中包括各种事件处理的接口和类。

（3）颜色包：在 java.awt.color 中提供用于颜色的类。

（4）字体包：在 java.awt.font 中提供用于字体相关的接口和类。

4．输入输出包

java.io 提供了系统输入输出类和接口，只要包括输入流类 InputStream 和输出流 OutputStream，就可以实现文件的输入输出、管道的数据传输以及网络数据传输的功能。

5．网络函数包

java.net 提供了实现网络应用程序的类，主要包括用于实现 Socket 通信的 Socket 类，此外还提供了便于处理 URL 的类。

6．applet包

Java.applet 是专为创建 Applet 程序提供的包，它包含了基本的 applet 类和通信类。目前基本上被 JApplet 类所代替。

4.9　本　章　小　结

本章全面介绍了 Java 面向对象的两种特性：继承和多态。其中继承又包括单一继承和多重继承。Java 在实现多重继承时，采用了接口和内部类相结合的方式，规则比较简单而且使用也比较灵活。Java 的多态也分为两种：静态的多态，这是通过重载来实现的；运行时多态，这是指实例成员方法被覆盖后，需要在运行期间通过识别实际对象才能确定调用哪一个方法。与继承相关的还有抽象类和最终类，前者不能用于实现对象的实例化，后者不能被其他类所继承。本章的最后一节（4.8 节）介绍了 Java 中包的使用，这是开发大型程序必不可少的工具。

🔔说明：这一章的内容是后续学习的基础，读者需要用心掌握。

4.10　实　战　习　题

1．子类继承父类时，如何实现属性的隐藏和方法的覆盖？

2．Overload 和 Override 的区别是什么？Overloaded 的方法是否可以改变返回值的类型？

3．abstract class 和 interface 有什么区别？

4．论述 Static Nested Class　和　Inner Class 的异同。

5．接口与抽象类的区别是什么？

6．子类能继承超类的哪些成员变量和方法？

7．子类在什么情况下能隐藏超类的成员变量和方法？

8．在子类中是否允许有一个方法和超类的方法名字相同，而类型不同？试编写程序证明。

第 3 篇　Java 数据处理

第 5 章　数组与字符串

本章介绍 Java 中预定义好的两个类：数组与字符串。它们也是所有程序设计语言必须要处理的两类数据结构。在传统语言（例如 C）中，数组和字符串都只是一片连续的内存空间，用于存放同类型的数据，语言本身并没有为它提供更多的支持。Java 将其设计为对象，内置了更多的方法，降低了程序员的工作量。此外，Java 会对数组的下标进行检测，如果有下标越界的情况，就会及时报告，避免了困扰 C/C++ 程序员的一大难题。

学习本章关于 Java 数组及字符串的知识，主要内容要点有：

❑ Java 一维数组的声明、创建与使用；
❑ Java 二维数组的声明、创建与使用；
❑ Java 数组的编程应用；
❑ Java 字符串对象的声明、创建与使用；
❑ StringBuffer 对象的应用。

5.1　数　　组

数组是 Java 中一种重要的数据结构。数组是同类型数据的有序集合，它的每一个元素都具有同一个类型，先后顺序也是固定的。它的数据类型既可以是简单类型，也可以是类。在生成一个数组时，是通过数组名进行的，而使用数组中存储的值时只能以数组元素为单位进行。一个数组中所拥有的元素数目称为该数组的长度。

和一般的编程语言不同，Java 中的数组也是对象，需要动态地生成。除此之外，它的使用和 C 中的数组类似。

数组通常分为一维数组、二维数组和多维数组。前两种使用得最广泛，所以本书里只介绍前面两种。

5.1.1　一维数组的声明

本质上讲，数组是一组相关的存储单元，这些存储单元在逻辑上被看作是相互独立的若干元素，它们具有相同的名字和数据类型。数组中的某个特定的元素由它的下标决定。只带有一个下标的数组称之为一维数组。

声明一个一维数组的形式如下：

数据类型　　数组名[ ]

或者：

数据类型 [] 数组名

其中，数据类型是元素所拥有的类型，数组名是用户自己定义的合法的标识符，[]表示这是一个数组。数组一旦被定义，它的数据类型和数组名就不可更改。

🔔注意：　"[]"内必须是空的，不允许在其中指定数组的长度。C/C++程序员最容易犯这种错误。

下面是一个简单的例子：

```
int   ar[];
double [] fr;
```

其中，ar 和 fr 都是数组。但是，ar 的每个元素都是 int 类型，fr 的每个元素都是 double 类型。也可以将 ar 称为整型数组，将 fr 称为浮点数组。

元素的类型不仅可以是基本数据类型，也可以是 Java 中任意合法的类类型。比如：

```
myClass  ar[];
```

5.1.2　一维数组的创建

由于数组是一种特殊的类，所以声明之后并不能立即使用，必须在为它创建对象之后才能使用。创建一个数组对象有两种方式：初始化和使用关键字 new。

1．初始化

初始化的一般形式如下：

数据类型　数组名[] = {值1，值2，……，值n};

其中，"{}"中的内容是初始化表，编译器会根据这个初始化表中值的个数，为这个数组分配足够的内存空间，并在这些空间中依次填入这些值。

例如，下面创建了一个具有 5 个元素的数组：

```
int  a[] = {15,32,14,56,27};
```

尽管无法实际知道 JVM 是如何为数组 a 分配内存空间的，但从逻辑上看，数组 a 中的数据存储情况如图 5.1 所示。

这个数组的长度是 5，它的第一个元素是 a[0]，最后一个元素是 a[4]。通常情况下，Java 中任何一个长度为 n 的数组，它的第一个元素的下标总是从 0 开始，最后一个元素的下标总是 n–1。

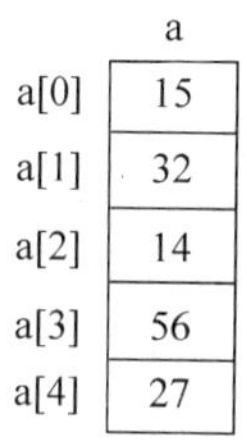

	a
a[0]	15
a[1]	32
a[2]	14
a[3]	56
a[4]	27

图 5.1　数组 a 的存储情况

2．用关键字new来创建

除了初始化，也可以用关键字 new 来创建数组。它的一般形式是：

数据类型　数组名[];
数组名 = new　数据类型 [数组长度];

或者将声明与创建写在一起：

```
数据类型　数组名[] = new　数据类型　[数组长度];
```

赋值号左右的两个数据类型必须要相同，数组长度可以是任意的整型常量、变量或表达式。

例如，创建一个有 5 个元素的整型数组 a：

```
int a[] = new int [5];
```

用 new 来创建数组时，无法对数组元素进行初始化，但系统会自动对其进行初始化。对于数值类型，它的初值是 0，布尔类型的初值是 false，类类型的初值是 null。

3．使用clone()方法

除了用上面两种方法创建对象，Java 中还可以使用一些其他的方式来使得一个数组变量指向一个数组对象。例如，数组拥有一个 clone()方法，可以返回一个和原数组一模一样的新数组对象。比如：

```
int a[] = {1,2,3,4,5,6};
int [] b = (int [])a.clone();
```

其中，数组 a 和数组 b 的类型必须完全一致。执行此操作后，a 会将自己复制一份给 b，所以 b 数组和 a 数组长度以及元素中的值会完全一样。不过，操作完成之后，a 和 b 各自独立，不再有任何联系。

4．引用其他数组

在上面的例子中，如果不用 clone()方法，也可以采用下面这种赋值形式：

```
int [] b = a;
```

这种方法实质上是增加了一个对 a 的引用（有点类似于 C 中的指针）。b 和 a 指向了同一个数组，无论是通过 a 还是 b 对数组进行的操作，对另外一个都会造成影响。

如果一个数组创建对象后，发现大小不符合要求，可以随时用 new 来调整大小，但之前存储的内容不会保留。

5.1.3　一维数组的使用

使用一个数组，通常是访问这个数组中的元素。访问元素，需要使用如下形式：

```
数组名[下标]
```

其中，[]中的下标是介于[0,数组长度]之间的整型数或整型表达式。数组元素是一个普通的变量，它可以出现在任何同类型的普通变量能够出现的地方，执行普通变量能够进行的任何操作。

例如，访问数组 a 中的第一个元素：

```
k = a[0];
```

注意：数组中第一个元素的下标是 0。

如果访问数组 a 中的最后一个元素，则要用到数组的一个属性：length。它是一个特殊的属性，只能读，不可写。每次创建数组对象时，会为这个属性赋值，用户程序无法直接改变这个值。

```
a[a.length-1] = k;
```

注意：数组中最后一个元素的下标是 length-1。

Java 中的数组在运行时，会自动检测下标值是否在合法的范围内，如果超出了范围，运行时会报错。例如：

```
int a[]=new int [10];
a[10] = 100;    //这里下标越界了
```

在执行到第二条语句时，将有一个异常抛出，程序会退出正常流程。在 C/C++中，下标越界不会有任何提示，完全依靠程序员自己调试程序来解决，而这种调试极其考验程序员的耐心。

下面通过几个简单的例子来说明数组的使用。

【例 5.1】　遍历数组。

遍历数组是对数组最为常用的操作。本例中，会创建一个数组，然后依次输出数组中的每一个元素。

//-----------文件名 traversing.java，程序编号 5.1-----------------

```
public class traversing{
  public static void main(String args[]){
    int a [] = {45,62,84,15,25,61};
    //用循环来遍历数组，注意它的起始下标和结束条件
    for (int i=0; i<a.length; i++)
      System.out.print(" "+a[i]);
  }
}
```

程序输出结果如下：

```
45 62 84 15 25 61
```

【例 5.2】　求数组中的最大元素。

要求数组中的最大元素，也需要遍历整个数组。它的基本思路是：先假定第一个元素最大，然后将这个元素存储在一个临时变量中，将这个变量依次与后面的元素比较，如果有比这个临时变量大的，则存储在这个变量中。当所有元素比较完成后，这个临时变量中存储的就是最大的元素。这一方法，也可以用来求最小元素。

//-----------文件名 getMaxElem.java，程序编号 5.2-----------------

```
public class getMaxElem{
  public static void main(String args[]){
    int ar [] = new int [10];    //初始化数组
    init(ar);
    show(ar);
    System.out.println("\n 最大值为: " + getMax(ar) );
  }
  //返回数组中的最大值
  public static int getMax(int a[]){
```

```
    int max = a[0];      //假定第一个元素最大
    for (int i=1; i<a.length; i++)        //依次与后面的元素进行比较
      if (a[i]>max)  max = a[i];          //如果有比 max 大的，则记录下来
    return max;
  }
  //为数组元素赋随机值
  public static void init(int a[]){
    for(int i=0;i<a.length; i++)
      a[i] =(int)(Math.random()*1000);
  }
  //显示数组中所有元素
  public static void show(int a[]){
    System.out.println("数组序列为: ");
    for (int i=0; i<a.length; i++)
      System.out.print(" "+a[i]);
  }
}
```

在 main()方法中，连续调用了 3 个静态方法：init()、show()和 getMax()，并且都是将数组作为参数传递给它们，由各个方法在自己内部对数组进行相应的处理。由于数组是对象，所以在 init()方法中修改了数组元素的值之后，主方法中的实际参数——数组 ar 的元素也就被改变了。

这里用到的仍然是面向过程的编程思想——尽管 Java 本身支持面向对象，不过对于这种小问题，用面向过程解决似乎更简便一些。本章最后几个例子，就是用面向对象思想来解决问题。读者可以对照这些例子查看其中的区别。

程序某次运行的结果如下：

```
数组序列为:
 439 359 559 778 425 527 611 582 527 924
最大值为: 924
```

在程序 5.2 中，getMax()方法还可以使用另外一种方式来记录最大值：不直接记录元素的值，而是记录元素的下标。在多数情况下，这样效率更高。这个方法可以改成下面的形式：

```
public static int getMax(int a[]){
    int max = 0;    //假定第一个元素最大
    for (int i=1; i<a.length; i++)        //依次与后面的元素进行比较
      if (a[i]>a[max])  max = i;          //如果有比 max 大的，则记录它的下标
    return a[max];
  }
```

5.1.4　二维数组的声明

如果数组的元素不是基本数据类型而是数组，那么这种结构称为多维数组。最简单而又最常用的多维数组是二维数组。二维数组是由若干个一维数组组成的一维数组，它的每个元素都是一个一维数组。由于一维数组是对象，所以二维数组也可以看成是由若干对象组成的。

声明一个二维数组的形式有 3 种：

数据类型　数组名[][]

或者：

数据类型[][]　数组名

或者：

数据类型[]　数组名[]

在上述声明中的数据类型，是指元素中存储的数据的类型。和一维数组一样，两个"[]"中都必须是空的。

最后一种声明方法直接表明了二维数组的原始定义，但这种方法很少用，常用的还是前面两种。和 C/C++中的二维数组不同，Java 中的二维数组允许每行中的元素个数不同。换言之，就是构成二维数组的每个一维数组的长度可以不相同。

下面是一些合法的二维数组的声明：

```
int a[][];
double [][]b;
myClass [] c[];
```

5.1.5　二维数组的创建

二维数组也是对象必须要创建后才能使用，它也有多种创建方法。

1．初始化

二维数组初始化的一般形式是：

数据类型　数组名[][]={{初始值表 1},{初始值表 2},……{初始值表 n}};

其中，每个"{初始值表 i}"对应二维数组的第 i 个元素（也就是第一个一维数组），并为这个一维数组做初始化。有多少个这样的初始值表，就表示这个二维数组的长度是多少（也就有多少个一维数组）。

二维数组的第一个元素的下标也是从 0 开始，最后一个元素下标是该二维数组的长度值减 1。

下面是一个简单的例子：

```
int  b[][]={{1,2},{3,4,5},{6,7,8,9}};
```

这里的二维数组 b 由 3 个一维数组构成，每个一维数组的名字依次是：b[0]、b[1]和b[2]，它们的长度分别是 2，3，4，可以想象成如图 5.2 所示的逻辑图。

注意上面这个例子中，初始化实际上是创建了 4 个对象：1 个二维数组 b 和 3 个一维数组。

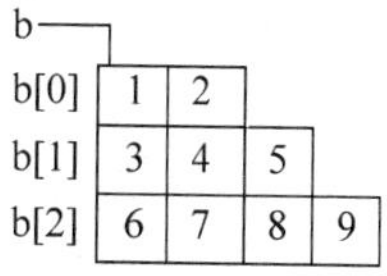

2．利用new一次性创建

可以用关键字 new 来一次性地创建一个二维数组。由于二维数组的元素也是对象，所以要同时把这些对象也创建出来。它的一般形式是：

图 5.2　数组 b 的存储逻辑图

数据类型　数组名[][] = new 数据类型 [行数][列数];

在上面这种形式中，"行数"是指二维数组的长度，"列数"是指每个元素（一维数组）的长度。这里沿用了传统语言中的习惯。行数和列数都必须是整型数据或表达式。

下面是一个简单的例子：

```
int b[][]=new int[3][4];
```

这里创建了一个 3 行 4 列的二维数组 b，它仍然由 3 个一维数组组成，每个一维数组的长度都是 4，每个元素的值都是 0，可以想象成图 5.3 所示的逻辑图。

这种方法非常简单，也很常用，缺点是每一行的元素数目必须一样多，有时会造成浪费。

3．利用new分批创建

可以利用 new 来先创建数组本身，而不必同时创建每个元素的对象。稍后可以根据需要，再为每个元素创建一维数组对象。这需要写一段程序。例如：

```
int b[][];
b=new int[3][];        //b 由 3 个一维数组组成，注意它的形式
b[0]=new int [1];      //再分别创建每个一维数组
b[1]=new int [2];
b[2]=new int [3];
```

执行上面这段程序之后，b 成了如图 5.4 所示的样子。

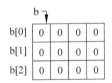

图 5.3　数组 b 的存储逻辑图　　　图 5.4　执行程序后数组 b 的存储逻辑图

4．利用数组的clone()方法

例如：

```
int b[][] = {{1,2},{3,4,5},{6,7,8,9}};
int a[][] = (int [][]) b.clone();
```

这样 a 就拥有了和 b 一模一样的结构，而且存储的值也完全相同。

5．增加一个引用

例如：

```
int b[][] = {{1,2},{3,4,5},{6,7,8,9}};
int a[][] = b;
```

如同在一维数组的创建中所提到的，这种方法只是增加了 b 的一个引用。a 和 b 指向了同一个数组，对其中任何一个的修改，必定会影响到另外一个。

5.1.6　二维数组的使用

正如前面所提到的，Java 中二维数组的元素应该是一维数组。但是，由于传统语言都是将存储数据的单元当作是二维数组的元素，在此也可以这样理解，而且也不会造成混乱。下面将沿用这一传统的称谓。基于这样的理解，要访问二维数组中的元素，语法代码如下：

数组名[行号][列号]

例如：

```
k = a[3][4];
```

表示要访问二维数组 a 中第 4 个一维数组中的第 5 个元素。如果要访问所有元素中的第一个，应该写成：

```
k = a[0][0];
```

如果要访问所有元素中的最后一个，应该写成：

```
row = a.length - 1;
col = a[row].length - 1
k = a[row][col];
```

【例 5.3】　遍历一个二维数组。

遍历一个二维数组需要用到双重循环。外层循环用于控制访问的行，内存循环用于控制访问当前这一行中的元素。

//-----------文件名 travelTwoDime.java，程序编号 5.3-----------------

```
class travelTwoDime{
 public static void main(String argv[]){
   int b[][]={{1,2},{3,4,5},{6,7,8,9}};  //方法定义二维数组
   int[][] a=b;   //a 是 b 的一个引用
   //输出数组 a
   for(int i=0;i<a.length;i++)            //这里的 a.length 返回数组 a 有几个一维
                                          数组，也即行数
   { for(int j=0;j<a[i].length;j++)       //a[i].length 返回当前这个一维数组的长度
       System.out.print(" "+a[i][j]);     //访问元素
     System.out.println();
   }
 }
}
```

由于各个一维数组的长度不同，所以需要用 a[i].length 的形式来控制循环次数，这是 Java 和 C/C++的一个显著区别。程序的输出结果如下：

```
1 2
3 4 5
6 7 8 9
```

【例 5.4】　分批创建一个二维数组，并为其赋值。

//-----------文件名 assignTwoDime.java，程序编号 5.4-----------------

```
class assignTwoDime{
 public static void main(String argv[]){
   int a[][]={{1,2},{3,4,5},{6,7,8,9}};//定义二维数组 a 并初始化
   int [][] c;
```

```
int i,j;
c = new int[a.length][];                    //下面创建数组 c
for (i=0; i<c.length; i++)                   //创建各个一维数组
  c[i] = new int[a[i].length];
for(i=0; i<c.length; i++) {                  //为各元素赋值
   for(j=0;j<c[i].length;j++)
      c[i][j] = a[i][j];
}
for(i=0; i<c.length; i++) {                  //输出所有元素
   for(j=0;j<c[i].length;j++)
      System.out.print(" "+c[i][j]);
   System.out.println();
}
}
```

上面的创建以及赋值过程，其实可以用数组自己的 clone()方法来实现：

```
c = (int [][]) a.clone();
```

这里所举的例子，仅是为了说明二维数组的使用方法。

5.1.7　程序示例 1——数组排序

　　排序算法是计算机中最常用的算法之一，目前已经研制出来的排序算法有上百种之多，常用的排序算法有十几种。一个合格的程序员，必须要掌握多种排序算法。本书不打算深入研究各种排序算法，有兴趣的读者可以查阅《数据结构》。本小节介绍最简单的一种排序算法：简单选择排序法。为了行文上的方便，这里假设按照升序排列。

　　简单选择排序算法与人的思考方式非常相似：先从待排序的序列中选择一个最小的元素，放在序列前面；然后从剩余数据中选择最小的……依次类推，就可以将所有元素排序。

　　如果用程序来实现这一过程，简单步骤如下：

　　❑　将这个序列用一维数组存储。

　　❑　找到最小元素后，将这个元素放到前面。

　　❑　而最初在前面的元素，与这个最小元素交换位置。

　　找最小元素的方法，已经在例 5.2 中讲解过。交换元素的方法，在 2.5 节讲解过，这里只需要把它们综合起来即可。

　　由于一次选择只能选出一个最小元素，所以对于有 n 个元素的数组，至少需要 n–1 次选择，才能将排序完成。图 5.5 演示了对 8 个元素的排序过程。

初始状态	49	38	65	97	49	13	76	27
第一趟	13	38	65	97	49	49	76	27
第二趟	13	27	65	97	49	49	76	38
第三趟	13	27	38	97	49	49	76	65
第四趟	13	27	38	49	97	49	76	65
第五趟	13	27	38	49	49	97	76	65
第六趟	13	27	38	49	49	65	76	97
第七趟	13	27	38	49	49	65	76	97

图 5.5　简单选择排序过程

排序这段，可以单独写成如下方法：

```
public void selectSort(){
    int i,j,min,temp;
    //要做 n-1 趟排序
    for(i=0; i<ar.length-1; i++){
      min = i;
      for(j=i+1; j<ar.length; j++){ //在待排序的数据中，找出一个最小的
        if( ar[min] > ar[j] )
          min = j;      //记录这个最小元素的下标
      }
      if(min != i){    //把这个元素交换到待排序列的前面来
          temp = ar[min];
          ar[min] = ar[i];
          ar[i] = temp;
      }
    }
  }
```

有了核心算法，下面的步骤是设计这个排序类。可以运用面向对象的思想来设计这个类。当然，这个类只是用于演示的，所以功能上可以简单一点。

这个类应该由如下一些成员组成。

- 本类应该有一个私有的属性，它是一个一维整型数组，用于存储数据并排序。它的值既可以由类的使用者来指定，也可以采用随机赋值。
- 这里设计了 3 个构造方法。第一个是带参数的构造方法，参数类型是整型数组，这个数组就是要排序的数组，它会被成员属性所引用。
- 第二个构造方法的参数是一个整型数据，用户可以通过它来指定待排序数组的大小。
- 第三个构造方法不带参数，用户可以用它来构造一个默认大小的数组。
- 成员方法有这么几个：一个初始化方法，它应该是私有的，只能被其他成员方法所调用。它的作用是为数组赋随机值。
- 一个公共的显示方法，显示数组中所有的元素。
- 一个公共的排序方法，对数组进行排序，它是这个类的核心算法。
- 最后要写一个方法来测试上面的方法是否正确。

有了上面的构思，就可以写出下面的程序。

【例 5.5】 选择排序类。

//-----------文件名 SortDemo.java，程序编号 5.5-----------------

```
public class SortDemo{
  private int ar[];
  public static final int defaultSize = 10; //如果用户不指定数组大小，就用它为
                                            默认值
  //根据用户指定大小创建一个数组，并赋随机值
  public SortDemo(int length){
    ar = new int [length];
    init();
  }
  //用默认大小创建一个数组，并赋随机值
  public SortDemo(){
    this(defaultSize);
  }
```

```
//记录用户指定的数组
public SortDemo(int a[]){
   ar = a;   //增加对 a 的引用
}
//为数组元素赋随机值
private void init(){
   for(int i=0; i<ar.length; i++)
    ar[i] = (int)(Math.random()*1000);
}
//显示存储的数组
public void show(){
   for(int i=0; i<ar.length; i++)
    System.out.print(" "+ar[i]);
}
//对存储的数组做选择排序
public void selectSort(){
   int i,j,min,temp;
   for(i=0; i<ar.length-1; i++){
    min = i;
    for(j=i+1; j<ar.length; j++){
      if( ar[min] > ar[j] )
        min = j;
    }
    if(min != i){
        temp = ar[min];
        ar[min] = ar[i];
        ar[i] = temp;
    }
   }
}
//主函数创建对象，对上面的方法进行测试
public static void main(String args[]){
    int ts[] = {45,52,18,4,62,13,85,69,47,82,11};
    SortDemo os = new SortDemo(ts);
    System.out.print("\n 排序之前: ");
    os.show();
    os.selectSort();
    System.out.print("\n 排序之后: ");
    os.show();
    //下面验证是否对数组 ts 排序
    System.out.print("\n 这是数组 ts 的值: ");
    for(int i=0; i<ts.length; i++)
      System.out.print(" "+ts[i]);
  }
}
```

程序的输出结果如下:

```
排序之前:  45 52 18 4 62 13 85 69 47 82 11
排序之后:  4 11 13 18 45 47 52 62 69 82 85
这是数组 ts 的值:  4 11 13 18 45 47 52 62 69 82 85
```

本程序中没有验证另外两个构造方法是否能正常运行，读者可以自己添加测试代码。

5.1.8　程序示例2——杨辉三角

杨辉三角由我国古代数学家杨辉提出，用于计算多项式 $(1+x)^n$ 的展开项。为了便于

计算，他用形如下面的三角形来代替繁琐的运算：

```
1
1  1
1  2  1
1  3  3  1
1  4  6  4  1
```

观察这个三角形，可以发现，除了值为 1 的项，其他每一项都是它左肩上的项加上正上方的项值之和。

如果将这个三角形用一个二维数组来存储，则有：

```
a[i][j] = a[i-1][j-1] + a[i-1][j]
```

其中，i 从第 3 行开始，j 从第 2 行开始，到 i–1 结束。程序的核心就是将这个二维数组按照这个规律将值填充满。

下面开始设计这个类中的成员，它应该有如下成员。

❑　一个私有属性，是一个二维整型数组，用于存储杨辉三角。

❑　一个构造方法，带有一个整型参数，用于指定这个杨辉三角的行数。

❑　一个不带参数的构造方法，可以构造一个默认大小的杨辉三角。

❑　一个私有方法，按照规律填充二维数组。

❑　一个公共方法，按照格式显示杨辉三角。

❑　最后要写一个方法，用来测试上面的方法是否正确。

【例 5.6】　杨辉三角类。

//-----------文件名 YanghuiTri.java，程序编号 5.6-----------------

```java
public class YanghuiTri{
  private int tri[][];      //这是用于存放杨辉三角的二维数组
  public static final int defaultLine = 10;
  //这个构造方法用于构造并填充数组 a，参数 n 指定行数
  public YanghuiTri(int line){
    tri = new int[line][];
    for(int i=0; i<line; ++i)
      tri[i] = new int[i+1];
    fill();
  }
  //当用户使用这个没有参数的构造方法时，本方法会自动构造一个有 10 行的杨辉三角
  public YanghuiTri(){
    this(defaultLine);
  }
  //填充杨辉三角
  private void fill(){
    int i,j;
    //初始化，将第一列和对角线填上 1
    for(i=0;i<tri.length;++i)
      tri[i][0] = tri[i][i] = 1;
    //填充其余的元素
    for(i=2;i<tri.length;++i)
      for(j=1;j<i;++j)
        tri[i][j] = tri[i-1][j-1] + tri[i-1][j];
  }
  //按格式显示杨辉三角，它的显示算法，参见 2.6.6 小节的输出图形
```

```
public void show(){
  int i,j;
  for(i=0;i<tri.length;++i){
    for(j=0;j<=i;++j)
      System.out.print(tri[i][j]+" ");
    System.out.println();
  }
}
//测试方法
public static void main(String argv[]){
  YanghuiTri Yang = new YanghuiTri(7);
  Yang.show();
}
}
```

❑　程序的输出结果如下：

```
1
1 1
1 2 1
1 3 3 1
1 4 6 4 1
1 5 10 10 5 1
1 6 15 20 15 6 1
```

5.2　字　符　串

字符串是程序设计中很重要的一类数据结构。传统语言（比如 C 语言）是通过字符型数组来保存字符串的。Java 专门为存储和处理字符串提供了两个类：String 和 StringBuff 类，并且为其提供了大量的方法，以便于程序员对字符串进行操作。善用这些方法将大大提高编程的效率。

5.2.1　String 对象的声明

String 类可以用来保存一个字符串，该类有大量的方法用于处理该字符串，对字符串数据的任何操作都必须通过这些方法来进行。特别要注意的是，本类是最终类，不允许继承。

声明一个 String 类型的变量和声明普通变量相同，一般形式如下：

```
String 变量名;
```

5.2.2　String 对象的创建

创建 String 类的对象有多种方法，归纳起来有下面 4 种方式。

1. 初始化

可以通过初始化的方式来创建对象，同时为该对象赋值。比如：

```
String str="Hello";
```

2．使用关键字new

通过关键字 new，可以创建 String 对象。比如：

```
String str=new String("Hello");
```

String 的构造方法有很多，本节稍后会介绍。

3．通过任何可以返回字符串的方法

Java 中提供了大量的可以返回一个字符串的方法，用一个 String 变量接收这些返回值的同时就创建了该对象。

例如，Integer 类提供了一个静态方法 toHexString()，可以将指定的整型数据转换成为一个十六进制的字符串返回。其使用方法如下：

```
String strHex = Integer.toHexString(1234);
```

在 strHex 中，存储的字符串为“4D2”。

4．使用字符串常量

任意使用一个字符串常量，Java 就会自动为其创建 String 对象，这也是 Java 和 C/C++ 的区别之一。

例如：

```
k = "Hello".length();
```

其中，length()方法是 String 所具有的方法。由于 Hello 是一个对象，所以可以调用它。

String 的对象一旦创建，则字符串就存放在该对象的属性中。为了简单起见，本书将“本对象中存放的字符串”简称为“本字符串”。

5.2.3　String 对象的使用

首先要明确一点：一旦创建了一个 String 对象，那么这个字符串的值是不能进行部分更改的。在 C++中，经常出现这样的代码：

```
string str="Hello";
    str[0]='h';
```

之后，str 变成了“hello”，而在 Java 中是不行的。Java 没有提供任何方法可以单独修改字符串中某一个字符的值。要达到上述目的，只有为 str 重新赋值，代码如下：

```
String str="Hello";
    str="hello";
```

要使用 String 对象，实际上是使用它所提供的方法。加上重载方法，String 中一共提供了 67 个方法，仅构造方法就有 11 个。表 5.1 所示是 String 中的一些常用方法。

表 5.1　String中的常用方法

方　　法	说　　明
char charAt(int index)	返回指定位置的字符
int compareTo(String anotherString)	比较本字符串与 anotherString 中的字符串是否相等
int compareToIgnoreCase(String str)	同上，但忽略大小写
String concat(String str)	将 str 加到本字符串的后面，返回新生成的字符串（注意：本字符串并没有变）
static String copyValueOf(char[] data)	用字符型数组 data 的值生成一个 String 对象，并返回
int indexOf(int ch)	返回字符 ch 在本字符串中出现的位置
int indexOf(String str)	返回字符串 str 在本字符串中出现的位置
int length()	返回本字符串的长度
String replace(char oldChar, char newChar)	将本字符串的 oldChar 字符用 newChar 字符代替，返回新生成的字符串（注意：本字符串并没有变）
String substring(int beginIndex, int endIndex)	从本字符串的 beginIndex 位置开始到 endIndex-1 位置结束，截取一个子串，并返回该子串
char[] toCharArray()	用本字符串生成一个字符型数组并返回
String toLowerCase()	将本字符串中的字符转换成小写字符，返回新生成的字符串（注意：本字符串并没有变）
String toUpperCase()	将本字符串中的字符转换成大写字符，返回新生成的字符串（注意：本字符串并没有变）
String trim()	将本字符串的头、尾空格去掉，返回新生成的字符串

如果需要更详细的说明，请查 API 手册。另外，还有一个 "+" 运算符可用于字符串的连接。下面就是一些使用这些方法的简单例子。

【例 5.7】　String 类的方法使用示例。

//-----------文件名 useString.java，程序编号 5.7----------------

```
public class useString{
  public static void main(String argv[]){
    int i;
    String str="Hello" ;
    //示例 1. 求字符串的长度
    System.out.println(str+"的长度是: "+str.length());
    //示例 2. 字符串的连接
    str.concat(" World");    //这个连接并没有改变 str 的值
    System.out.println(str);
    str=str+" World";        //这个才改变了 str 的值
    System.out.println(str+"的长度是: "+str.length());
    //示例 3. 访问字符串中的字符
    for (i=0;i<str.length();i++)
        System.out.print(str.charAt(i));
     System.out.println();
    //示例 4. 截取左子串[0,4]
     System.out.println(str.substring(0,5));
    //示例 5. 截取右子串[6,length-1]
    System.out.println(str.substring(6,str.length()));
    //示例 6. 比较字符串是否相等
     if (str.compareTo("Hello World")==0)
        System.out.println(str+" = Hello World");
    else
```

```
      System.out.println(str+" <> Hello World");
    //示例 7. 去除头尾的空格
    str=" "+str+" ";
    System.out.println(str.trim());
  }
}
```

程序的输出结果如下：

```
Hello 的长度是：5
Hello
Hello World 的长度是：11
Hello World
Hello
World
Hello World = Hello World
Hello World
```

5.2.4　String 类型的数组

当需要用到多个字符串时，经常使用 String 类型的数组，即数组的元素均为 String 对象。一般可以通过初始化来为数组元素赋值，如例 5.8 所示。

【例 5.8】　String 类型数组使用示例。

//-----------文件名 ArrayString.java，程序编号 5.8-----------------

```
public class ArrayString{
  public static void main(String argv[]){
    String s[]={"one","two","three","four"};    //定义一个字符串数组并初始化
    int i;
    for(i=0;i<s.length;i++)
      System.out.println(s[i]);                 //数组的每一个元素都是字符串
  }
}
```

程序的输出结果如下：

```
one
two
three
four
```

如果不使用初始化，而是通过构造方法为元素赋值就要特别注意。由于数组是对象，需要创建才能使用，而数组元素是字符串，它们也是对象，也需要创建才能用。所以需要两次创建对象。

【例 5.9】　创建 String 数组示例。

//-----------文件名 ArrayString.java，程序编号 5.9-----------------

```
//定义一个名为 ArrayString 的类，public 型
public class ArrayString{
 public static void main(String argv[]){
   //初始化一个 Sting 类型的数组
   String s[]={"one","two","three","four"};
   String other[]; //声明一个名为 other 的数组，不初始化
   int i;
```

```
    other=new String[4];            //这个只构造了数组本身,定义了数组的长度
    for(i=0;i<other.length;i++)
        other[i]=new String(s[i]);  //这个才为元素构造了 String 对象
    for(i=0;i<s.length;i++)
        System.out.println(other[i]); //输出 Other 中的元素对象
    }
}
```

5.2.5　StringBuffer 对象的声明

由于 String 对象中存放的字符串是不能修改的，所以如果要求频繁增加、删除和修改字符串中的某些字符，那么用 String 就不是很方便。在这种情况下，可以使用 StringBuffer 类。它提供了一系列的方法允许对存放在其中的字符串完成上述操作。

创建 StringBuffer 对象，声明的一般形式如下：

```
StringBuffer 变量名;
```

5.2.6　StringBuffer 对象的创建

本类提供了 3 个构造方法，如下所述。

1．不带参数的构造方法

StringBuffer()：该构造方法为对象提供可容纳 16 个字符的空间，如下例：

```
StringBuffer str=new StringBuffer();
```

2．以整型数为参数的构造方法

StringBuffer(int length)：该构造方法为对象提供 length 个字符位，如下例：

```
StringBuffer str=new StringBuffer(1024);
```

3．以String对象作为参数的构造方法

StringBuffer(String str)：该构造方法用 str 为对象进行初始化，如下例：

```
StringBuffer str=new StringBuffer("Hello");
```

5.2.7　StringBuffer 对象的使用

StringBuffer 类提供了一些方法，其能够部分修改存储在其中的字符串，主要如表 5.2 所示。

表 5.2　StringBuffer常用方法

方　　法	说　　明
StringBuffer insert(int offset, String str)	将字符串 str 插入到本字符串指定的位置
StringBuffer append(String str)	将字符串 str 追加到本字符串的末尾

续表

方　　法	说　　明
int capacity()	返回本对象可以容纳的字符数目
char charAt(int index)	返回 index 位置的字符
StringBuffer delete(int start, int end)	删除掉从 start 到 end 位置的子字符串
StringBuffer deleteCharAt(int index)	删除掉 index 位置的字符
int length()	返回本对象中实际存储的字符数目
StringBuffer replace(int start, int end, String str)	将从 start 到 end 位置的子字符串用 str 代替
void setCharAt(int index, char ch)	将字符 char 填充到 index 位置

注意，在表中 capacity 和 length 的区别，前者是指对象可容纳字符串的大小，后者是指实际存储的字符串的长度，请看例 5.10。

【例 5.10】　capacity 和 length 的区别示例。

//----------文件名 useStrBuf.java，程序编号 5.10----------------

```
public class useStrBuf{
  public static void main(String argv[]){
    StringBuffer str;
    //定义一个不带初始化参数的 StringBuffer 对象，默认存储空间，不存储内容
    str=new StringBuffer();
    System.out.println("capacity is : "+str.capacity() +
                       " length is: "+str.length());
    //定义一个存储空间参数为 80 的 StringBuffer 对象，但不存储任何内容
    str=new StringBuffer(80);
    System.out.println("capacity is : "+str.capacity() +
                       " length is: "+str.length());
    //定义一个不带初始化参数的 StringBuffer 对象，默认存储空间，存储一个 Hello 字符串
    str=new StringBuffer("Hello");
    System.out.println("capacity is : "+str.capacity() +
                       " length is: "+str.length());
  }
}
```

程序的输出结果如下：

```
capacity is : 16 length is: 0
capacity is : 80 length is: 0
capacity is : 21 length is: 5
```

特别注意最后一个输出，字符串“Hello”的长度是 5，但用它来创建 StringBuffer 对象时，会自动为它再添加 16 个字符空位。这么做的目的是当程序员向对象中添加新字符时无需再申请新的内存空间。

还有一点，当向对象中插入字符串时，如果对象原来的容量不够，对象将自动增加新的空间，而无需程序员操心。

【例 5.11】　StringBuffer 的容量自动增长示例。

//----------文件名 incCapatity.java，程序编号 5.11----------------

```
public class incCapacity{
  public static void main(String args[]){
    StringBuffer str = new StringBuffer(16);
    str.append("0123456789");   //插入的字符串长度小于容量
    System.out.println("capicity is: "+str.capacity()+" content is:"+str);
```

```
    str.append("0123456789");    //插入的字符串长度大于剩余容量
    System.out.println("capicity is: "+str.capacity()+" content is:"+str);
  }
}
```

程序的输出结果如下：

```
capicity is: 16 content is:0123456789
capicity is: 34 content is:01234567890123456789
```

第一次插入字符串后，剩余容量为 6。当后一次插入时，StringBuffer 对象会自动增加足够的容量以容纳它新的字符串。

5.3　本　章　小　结

本章介绍了 Java 中预定义好的两种数据结构：数组和字符串。和 C/C++中不同，它们都是以对象的形式出现，因此 Java 为它们提供了更多的支持。通过数组中的 length 属性可以计算数组元素的数目，而且用户不必担心下标越界。字符串有两个类：String 和 StringBuffer，它们提供了相当多的方法。熟练掌握这些方法，程序员可以轻松地对字符串进行操作。

5.4　实　战　习　题

1．举例说明如何声明和创建初始化数组。

2．一个数组能存储不同类型的元素吗？

3．编写一个 Java 程序，形成如图 5.6 所示的二维数组，并输出。

图 5.6　输出的二维数组

4．Java 中字符数组与字符串有什么区别？

5．确定一个字符数组的长度与确定一个 Sting 对象的长度有什么区别？

6．String 和 StringBuffer 的区别是什么？试编程对比区分。

7．编写实现从两字符串找出最长的相同字符序列的代码。例如，输入 aabcbcb 和 bcabcbac，程序运行后输出为：abcb。

🔔提示：得到字符串 str1 和 str2 后，有一个为空则子列为空。如果都不为空，则开始下面的步骤。

（1）求得两列的长度分别为 n1 和 n2。

（2）动态生成 n2 行 n1 列矩阵（二维数组）。

（3）取 str2 中每个元素（记位置为 i）与 str1 中元素（记位置为 j）逐个比较，如果相等则为矩阵中相应行列坐标的元素赋值为 1，否则为 0（可用循环嵌套完成）。

然后，不难看出，要进行如下步骤。

（1）定义 strax，用来记录最大子列中元素个数。

（2）定义数组 l[n2]，用来记录最大子列的首字符地址（因为可能有不同最大子列，故用数组，而不是单个变量）。

（3）判断矩阵中每一个元素是否为 1，如果是则记下此时行地址到 l 数组，然后判断相对于这个元素的下一行下一列的元素是否为 1，如果是则继续判断，一直到为 0。记下此次判断（即一个 while 循环）中"1"的个数 n，存入变量 strax。

对于矩阵中的每一个元素都这么判断，如果判断中 n 的值大于 strax，那么把 n 付给 strax，同时把这个子列的首地址付给 l[0]，l[0]后面的元素全赋值为−1。如果某次判断得到的 n 与 strax 相同，即有相同最大子列，那么把它的首地址存入 l 数组的下一个位置。

当这个矩阵的每一个元素都判断完毕后，会得到 strax 和数组 l，然后用循环做如下输出过程：依次以 l 数组中的每个元素为首地址，输出 str2 字符串中以相应序号开头的 strax 个字符，完成所有最大子列的输出。

8. 编写程序，实现对数组"int a[] = {2,4,6,1,3,7,5}"进行从小到大的排序，并在控制台窗口中输出排序完成后的结果。

9. 编写程序，由程序的参数给定一个字符串，然后由程序统计并输出在该字符串中每个字符出现的次数。

第 6 章 Java 的异常处理

本章中将介绍 Java 编程中常用的流程控制语句和类：异常控制语句和异常类。Java 的异常处理机制设计先进，使用方便。它的出现，不仅提高了程序的健壮性，还大大降低了程序员的编程工作量。作为一个 Java 程序员，掌握好异常处理机制，是编写大型程序必不可少的基本功。本章的内容要点有：

- ❏ 异常的概念及理解；
- ❏ 异常处理的模型；
- ❏ Java 异常处理的机制及方法；
- ❏ Java 异常处理的应用；
- ❏ Java 异常处理的实例。

6.1 异常与异常处理

异常（Exception）又称为例外，是指程序运行时出现的非正常事件。如，用户输入了错误的数据、文件无法打开或创建及对空对象进行操作等。本节就介绍如何进行异常时的处理操作。

6.1.1 异常的特点

由于异常事件的发生会导致严重的错误，所以程序必须停止预想的操作，转而向用户通报这些异常，程序的流程也就发生了改变。在普通的应用程序中，异常有如下特点：

- ❏ 在应用程序遇到异常情况（如被 0 除情况或内存不足警告）时，就会产生异常。
- ❏ 发生异常时，控制流立即跳转到关联的异常处理程序（如果存在）。
- ❏ 如果给定异常没有异常处理程序，则程序将停止执行，并显示一条错误信息。
- ❏ 可能导致异常的操作通过 try 关键字来执行。
- ❏ 异常处理程序是在异常发生时执行的代码块。在 C#、Java 等编程语言中，用 catch 关键字来定义异常处理程序；
- ❏ 程序可以使用 throw 关键字显式地引发异常；
- ❏ 异常对象包含有关错误的详细信息，其中包括调用堆栈的状态以及有关错误的文本说明。
- ❏ 即使引发了异常，finally 块中的代码也会执行，从而使程序可以释放资源。

一个好的程序，必须考虑到上述可能的异常情况，并有相应的处理手段，这就是程序的"异常处理"。在传统语言中，为了处理这种异常，只能采用检测函数返回值的方式。

这种方式不仅繁琐，而且会带来一系列的问题。而包括 Java 在内的现代语言，多采用异常处理机制。所谓异常处理机制，是指当程序出现错误后，程序如何处理。具体来说，异常机制提供了程序退出的安全通道。当出现错误后，程序执行的流程发生改变，程序的控制权转移到异常处理器，在编程语言中引入这种机制，可大大简化程序员的工作量，使得程序更加易读、易懂、易维护。

6.1.2　异常处理的两种模型

在应用程序中，对异常进行处理一般有两种模型，一种称为"终止模型"，此模型也是 Java 与 C++语言所支持的模型。在这种模型中，将假设错误非常关键，此错误将导致程序无法返回到异常发生的地方继续向下执行，一旦这类异常被抛出，就表明程序错误已无法挽回，不能再回来继续执行代码。

另一种模型称为"恢复模型"，意思是异常处理程序的工作是修正错误，然后重新尝试调用出问题的方法，尽可能地保证程序的后续执行。

对于恢复模型，指的是当程序中有异常发生时，对异常情况进行处理并且保证程序的异常处理之后能继续执行。在这种情况下，抛出异常的过程也是异常处理方法被调用并执行的过程，在 Java 编程语言中，通过配置异常处理方法，可以使异常的程序得以恢复，也就是保证程序不因异常终止，而是调用异常处理方法来修正程序运行错误。

6.1.3　异常处理在编程中的优点

在编程语言中使用异常处理机制，至少在 3 个方面具有优势。

（1）在用传统的语言编程时，程序员只能通过函数的返回值来知道错误信息。为了保证程序的健壮性，程序员不得不写下大量的 if~els 之类的判断语句，而且这些判断语句往往是嵌套的，导致程序的可读性降低，代码也难于维护。

引入异常处理机制之后，程序员写程序时完全可以认为不会发生异常，一直按照正常的程序处理流程写下去，直到正常流程写完，之后再写捕获异常并进行相应的处理程序段就可以了。这就避免了书写大量 if~else 嵌套的麻烦。

（2）由于函数只能有一个返回值，所以在很多情况下，难以区分返回的到底是正常值还是错误信息的代码。一种变通的处理方式是用全局变量 errno 来存储错误类型（在 Windows API 中，存在大量这样的函数），这要求程序员自己主动去查找此全局变量。这不仅增加了编程的负担，而且一旦程序员忘记做这项工作，就会导致一些意想不到的错误。

采用异常处理机制后，则不会发生这种情况。一旦有错误发生，被调用的方法会抛出异常。无论调用者是否记得处理这个异常，正常的程序流程都会被终止。

（3）在传统语言中，错误代码需要调用链上的函数一层一层返回。比如，有这样一个调用链：A→B→C→D。如果在 D 中发生错误，将返回一个错误代码，如果 C 和 B 不处理这个错误，就必须将这个错误代码返回给上一级。如果其中有一个函数的编写者忘记这项工作，函数 A 将得不到有关的错误信息。

采用异常处理机制后，则不存在这个问题，在 D 中抛出的异常会存放在异常栈中，如果 B 和 C 不处理，仍然会传递给 A。极端情况下，即使 A 不处理它，系统也会处理。

6.2 Java 的异常处理

Java 引入了先进的异常处理机制。它对异常的处理是面向对象的,也就是将异常当作对象来处理。当程序运行过程中出现异常情况时,一个异常对象(Exception)就产生了,并把它交给运行时系统,由运行时系统来寻找相应的代码(这些代码可以是系统自己定义的,也可以是用户定义的)来处理异常,从而确保系统不会死机或对操作系统造成损害。

6.2.1 Java 的异常处理机制

在 Java 程序中,当异常情况发生时,会创建一个代表该异常的对象,而且在错误出现的地方将这个异常对象抛出(throw 或称为引发)。异常有两种:一种是由运行时系统自己产生的异常,另一种是由用户代码用 throw 语句产生的异常。

系统会根据异常的类型,查找相应的处理方法,并将控制权移交该方法,这个过程称为捕获(catch)异常。根据不同情况,Java 也有两种不同的处理异常的方式:一种是系统内部异常,由系统自己处理,只把结果显示出来,程序员无需处理;一种利用 Java 异常处理机制提供的异常抛出,这种抛出可以是类库中的,也可以由程序员自己写的,需要程序员捕获并处理,这也是编程的重点。

Java 中一共提供了 try、catch、finally、throw 和 throws 5 个关键字来处理异常。其中,try-catch-finally 需要配套使用,它们用来捕获和处理异常。throw 用于抛出异常,throws 用于声明有异常抛出。

通常的异常处理语句块如下所示:

```
try{
    可能产生错误需要被监视的语句序列
}catch(异常类型 1  对象名){
    处理该异常类型的语句序列
}catch(异常类型 2  对象名){
    处理该异常类型的语句序列
}
......
catch(异常类型 n  对象名){
    ......
}finally{
    资源保护语句序列
}
```

它的基本语法规则如下。

❑ try 语句是必须的,它中间的语句序列一旦发生异常,将有可能被捕获。

❑ catch 语句是可选的,可以有 0 个或多个。括号中的异常类型必须各不相同。一旦 try 中发生了异常,系统将从上往下依次查找 catch 语句中是否有异常类型与其匹配,匹配成功就进入到该 catch 语句块中。

❑ finally 语句是资源保护块,也是可选的,可以有 0 个或 1 个。无论是否发生了异常,也无论异常是否被 catch 语句捕获,finally 语句都会保证在最后被执行。

❑ catch 和 finally 语句至少要存在其中的一条。

从形式上看，catch 语句很像是方法，括号中的内容是形式参数，各条 catch 语句之间相当于方法的重载。和重载不同的是，如果发生了异常，系统是从上往下依次进行匹配，哪条 catch 语句匹配成功就会进入到哪条语句中，而不再考察后面的 catch 语句。

6.2.2　Java 异常类的层次结构

Java 中定义了很多异常类，每个异常类都代表了一种运行错误，类中包含了该错误的信息以及处理错误的方法等内容。由 Java 提供的异常类又称为标准异常类，它们分布在 java.lang、java.io、java.util 和 java.net 包中。所有的这些异常类都是由 Throwable 类派生出来的。Java 异常类的层次关系如图 6.1 所示。

图 6.1 所示的类层次结构中，Java 中所有的异常都有一个共同的祖先 Throwable（可抛出）。Throwable 指定代码中可用异常传播机制通过 Java 应用程序传输的任何问题的共性。

Throwable 有两个重要的子类：Exception（异常）和 Error（错误），二者都是 Java 异常处理的重要子类,各自都包含大量子类。

Exception（异常）是应用程序中可能的可预测、可恢复问题。一般大多数异常表示

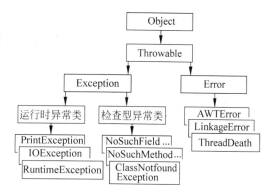

图 6.1　异常类的继承结构

中度到轻度的问题。异常一般是在特定环境下产生的，通常出现在代码的特定方法和操作中。

Error（错误）表示运行应用程序中较严重问题。大多数错误与代码编写者执行的操作无关，而表示代码运行时 JVM 出现的问题。例如，当 JVM 不再有继续执行操作所需的内存资源时，将出现 OutOfMemoryError。

Exception 类有一个重要的子类 RuntimeException。RuntimeException 类及其子类表示"JVM 常用操作"引发的错误。例如，若试图使用空值对象引用、除数为 0 或数组越界等操作，则会引发相应的系统运行时异常，如 NullPointerException、ArithmeticException 以及 ArrayIndexOutOfBoundException 等。

6.2.3　Java 异常的分类

Java 异常可分为运行时异常（非检测异常）、检查型异常（非运行时异常），以及自定义异常等。

1. 运行时异常

运行时异常也叫非检查型异常，此类异常不遵循处理或声明规则，大多数是由于程序设计不当而引发的错误，但这种错误要在运行期间才会发生和被发现。例如：0 作除数、

数组下标越界、访问空对象等。这些错误完全可以通过改进程序加以克服，不需要对它们进行捕获。如果发生了这类异常，系统可以自动进行处理，并给出提示信息，程序员需要根据这些信息来改进程序。

【例 6.1】　由系统自动处理的运行时异常（除 0 异常）。

//-----------文件名 divZeroError.java，程序编号 6.1----------------

```
public class divZeroError{
  public static void main(String argv[]){
    int a = 10/0;          //这里进行除 0 运算并赋值
    System.out.println("程序正常结束");
  }
}
```

这个程序有个明显的错误，就是以 0 为除数。但它编译是可以通过的，只是在运行中，会出现下面的提示：

```
Exception in thread "main" java.lang.ArithmeticException: / by zero
              at divZeroError.main(divZeroError.java:3)
```

程序正常的那条输出语句"程序正常结束"没有输出。也就是说，当异常发生之后，它后面的语句不再被执行，转向了系统的异常处理代码处。

【例 6.2】　由系统自动处理的运行时异常（下标越界）。

//-----------文件名 outBoundError.java，程序编号 6.2----------------

```
public class outBoundError{
  public static void main(String argv[]){
    int array[]=new int[10];   //初始化一个组，空间为 10，游标为 0-9
    array[10]=5;                    //当从第 10 个位置取数据时，发生越界异常
    System.out.println("程序正常结束");
  }
}
```

这个程序的错误更隐蔽一些，读者可能难以一眼看出其中的错误。程序可以编译通过，但运行结果如下：

```
Exception in thread "main" java.lang.ArrayIndexOutOfBoundsException: 10
              at outBoundError.main(outBoundError.java:4)
```

上述结果表明，用户在第 4 行处发生了下标越界异常，程序员可以迅速定位到这个地方检查程序。

无论是程序 6.1 还是程序 6.2 这样的异常，本质上都是可以避免的错误，所以不需要程序员来捕获这种异常，系统给出的异常提示可以帮助程序员排除错误。

2．检查型异常

除了运行时异常外，其余的异常均为检查型异常，所以也称为"非运行时异常"。此类异常经编译器验证，对于声明抛出异常的任何方法，编译器将强制执行处理或声明规则，这类异常真正的发生仍然是在运行时，不过编译器在编译时会进行检查，一旦发现某些语句使得此类异常有产生的"可能"，就强制要求用户处理这类异常，否则不能通过编译。例如：sqlException 这个异常就是一个检测异常。当连接 JDBC 时，不捕捉这个异常，编译器就通不过，不允许编译。

【例 6.3】 检查型异常示例。

//-----------文件名 hasCheckException.java，程序编号 6.3----------------

```
public class hasCheckException{
  public static void main(String argv[]){
    char ch;
    ch=(char)System.in.read();  //这里打算从键盘读入一个字符
  }
}
```

这个程序看上去并没有什么问题，但是编译却不能通过，编译器会报告如下错误。

```
d:\javabook\example\chapter6\hasCheckException.java:4: 未报告的异常
java.io.IOExcep
tion；必须对其进行捕捉或声明以便抛出
    ch=(char)System.in.read();  //这里打算从键盘读入一个字符
                         ^
1 错误
```

编译器强制程序员捕获这个异常，所以要改成程序 6.4 这样才能通过编译。

//-----------文件名 hasCheckException.java，程序编号 6.4----------------

```
import java.io.IOException;     //引入异常处理类
public class hasCheckException{
  public static void main(String argv[]){
    char ch;
    try{                        //准备捕获异常
      ch=(char)System.in.read();
    }catch(IOException e){      //捕获异常
      System.out.println("输入有错误！");
    }
  }
}
```

初学者可能觉得，一个简单的输入也要编写这么多代码过于麻烦，但 Java 的基本原则就是"形式错误的代码不会运行"，这样可以最大限度地提高程序的健壮性。编写大型程序时，这种检查型异常不仅不是负担，反而能大大降低程序员后期调试的工作量。

3. 自定义异常

如果系统定义的异常不能满足用户需要，用户也可以自己定义异常。自定义异常是为了表示应用程序的一些错误类型，为代码可能发生的一个或多个问题提供新含义。可以显示代码多个位置之间的错误的相似性，也可以区分代码运行时可能出现的相似问题的一个或者多个错误，或给出应用程序中一组错误的特定含义。它们必须是 Throwable 的直接或间接子类，在实际编程中，多数程序员会将自定义异常写成 Exception 的直接子类。例如，对队列进行操作时，有可能出现两种情况：空队列时试图删除一个元素；满队列时试图添加一个元素。此时需要自定义两个异常来处理这两种情况。

关于自定义异常的定义和使用，将在 6.3.4 小节中详细讨论。

6.2.4　Java 异常处理的原则

在使用 Java 语言进行编程的过程中，对于异常的处理也要遵循一定的原则，总结来说有以下几点。

（1）尽可能地处理异常：要尽可能地处理异常，如果条件确实不允许，无法在自己的代码中完成处理，就考虑声明异常。如果人为避免在代码中处理异常，仅作声明，则是一种错误和依赖的实践。

（2）具体问题具体解决：异常的部分优点在于能为不同类型的问题提供不同的处理操作。有效异常处理的关键是识别特定故障场景，并开发解决此场景的特定相应行为。为了充分利用异常处理能力，需要为特定类型的问题构建特定的处理器块。

（3）记录可能影响应用程序运行的异常：至少要采取一些永久的方式，记录下可能影响应用程序操作的异常。理想情况下，当然是在第一时间解决引发异常的基本问题。不过，无论采用哪种处理操作，一般总应记录下潜在的关键问题。别看这个操作很简单，但它可以帮助您用很少的时间来跟踪应用程序中复杂问题的起因。

（4）根据情形将异常转化为业务上下文：若要通知一个应用程序特有的问题，有必要将应用程序转换为不同形式。若用业务特定状态表示异常，则代码更易维护。从某种意义上讲，无论何时将异常传到不同的上下文（即另一技术层），都应将异常转换为对新上下文有意义的形式。

6.3　Java 异常处理实践

6.3.1　Java 异常捕获与处理

如果需要对异常进行处理，首先要捕获异常，使用 try-catch-finally 语句可以实现这一功能。但是，异常处理的语句流程比较复杂，下面通过一个简单的 try-catch-finally 语句示例来讲解。

若有 try-catch-finally 语句流程如下：

```
try{
    语句(1);
    语句(2);
}catch(异常类型A  变量名){
    语句(3);
}catch(异常类型B  变量名){
    语句(4);
}finally{
    语句(5);
}
语句(6);
```

- ❑ 若未发生异常，则依次执行语句（1）→（2）→（5）→（6）。
- ❑ 若语句（1）发生异常，且异常类型是 A，则依次执行语句（1）→（3）→（5）→（6）。
- ❑ 若语句（2）发生异常，且异常类型是 B，则依次执行语句（1）→（2）→（4）→（5）→（6）。

- ❑ 若语句（1）发生异常，且异常类型既不是 A 也不是 B，则依次执行语句（1）→（5）→系统处理语句。

上述可以知道，Java 的异常通过 try-catch-finally 语句来捕获并处理，关于此语句的详细说明如下。

- ❑ try 块：将一个或者多个语句放入 try 时，则表示这些语句可能抛出异常。编译器知道可能要发生异常，于是用一个特殊结构评估块内所有语句。
- ❑ catch 块：当问题出现时，一种选择是定义代码块来处理问题，catch 块的目的便在于此。catch 块是 try 块所产生异常的接收者。基本原理是，一旦生成异常，则 try 块的执行中止，JVM 将查找相应的 JVM。
- ❑ finally 块：finally 块中，无论运行 try 块代码的结果如何，该块里面的代码一定运行。在常见的所有环境中，finally 块都将运行。无论 try 块是否运行完，无论是否产生异常，也无论是否在 catch 块中得到处理，finally 块都将执行。

在实际的 Java 应用编程中，使用 try-catch-finally 语句还应遵循一定的规则，这些规则总结起来有如下几点。

（1）必须在 try 之后添加 catch 或 finally 块。try 块后可同时接 catch 和 finally 块，但至少有一个块。

（2）必须遵循块顺序：若代码同时使用 catch 和 finally 块，则必须将 catch 块放在 try 块之后。

（3）catch 块与相应的异常类的类型相关。

（4）一个 try 块可能有多个 catch 块，有多个 catch 时执行第一个匹配块。

（5）可嵌套 try-catch-finally 结构。

（6）在 try-catch-finally 结构中，可重新抛出异常。

（7）除了 JVM 过早终止（调用 System.exit(int)）、在 finally 块中抛出一个未处理的异常、计算机断电、失火或遭遇病毒攻击等情况，总将执行 finally 块中的语句作为程序的结束。

下面来看几个实际运行的例子。

【例 6.4】 异常处理示例 1。

//-----------文件名 demoException_1.java，程序编号 6.5-----------------

```java
public class demoException_1{
  public static void hasException(){
    int array[] = new int[10];    //初始化一个组，空间为 10，游标为 0-9
    try{
      array[10] = 5;              //产生异常，数组越界
    }finally{
      System.out.println("这是 finally 块");
    }
    System.out.println("方法正常结束");
  }
  public static void main(String argv[]){
    hasException();               //这个方法会有异常
    System.out.println("程序正常结束");
  }
}
```

在程序 6.5 中，虽然写了 try 语句，但并没有捕获下标越界的 catch 语句，所以程序的输出结果如下：

```
这是 finally 块
Exception in thread "main" java.lang.ArrayIndexOutOfBoundsException: 10
            at demoException_1.test(demoException_1.java:5)
        at demoException_1.main(demoException_1.java:12)
```

异常发生之后，只有 finally 块中的语句被执行了，其他的语句都没有被执行就转入了系统的异常处理语句中，系统处理语句只是打印出异常堆栈中的信息，之后程序就结束了。这种流程不受程序员的控制，显然不是用户想要的。

将上面的程序改动一下，加入 catch 捕获异常，如程序 6.6 所示。

【例 6.5】 异常处理示例 2。

//-----------文件名 demoException_2.java，程序编号 6.6----------------

```java
public class demoException_2{
  public static void hasException(){
    int array[]=new int[10];
    try{
     array[10] = 5;
    }catch(ArrayIndexOutOfBoundsException e) {   //捕获异常
     System.out.println("下标越界");
    }finally {
     System.out.println("这是 finally 块");
    }
    System.out.println("方法正常结束");
  }
  public static void main(String argv[]){
    hasException();
    System.out.println("程序正常结束");
  }
}
```

程序运行的结果如下：

```
下标越界
这是 finally 块
方法正常结束
程序正常结束
```

程序的流程虽然发生了变化，但并没有因为异常的发生而立即终止，仍然执行了后面的语句。现在将程序 6.6 再改一下，看看由程序员捕获异常是如何保护程序流程的。

【例 6.6】 异常处理示例 3。

//-----------文件名 demoException_3.java，程序编号 6.7----------------

```java
public class demoException_3{
  public static void hasException(){
    int array[]=new int[3]; //初始化一个组，空间为 3，游标为 0-2
    for (int i=3;i>=0; i--){
      try{
        array[i]=i;
        System.out.println("array["+i+"]="+i);
      }catch(ArrayIndexOutOfBoundsException e) {
        System.out.println("下标越界");
```

```
      }finally{
        System.out.println("这是 finally 块");
      }
    }
    System.out.println("方法正常结束");
  }
  public static void main(String argv[]){
    hasException();
    System.out.println("程序正常结束");
  }
}
```

由于 try-catch-finally 语句写在循环体中，所以第一次循环中发生异常之后，并不会对后续循环造成影响，循环仍然能够进行下去。程序的输出结果如下：

```
下标越界
这是 finally 块
array[2]=2
这是 finally 块
array[1]=1
这是 finally 块
array[0]=0
这是 finally 块
方法正常结束
程序正常结束
```

需要注意的是，程序 6.7 中的方法 hasException()，如果改成程序 6.8 中的形式，程序的运行结果会有所不同。

【例 6.7】 异常处理示例 4。

//-----------文件名 demoException_4.java，程序编号 6.8----------------

```
public class demoException_4{
  public static void hasException(){
    int array[]=new int[3];    //初始化一个组，空间为 3，游标为 0-2
    try{   //循环体在 try 语句块中间
      for (int i=3;i>=0; i--){
        array[i]=i;
        System.out.println("array["+i+"]="+i);
      }
    }catch(ArrayIndexOutOfBoundsException e) {
      System.out.println("下标越界");
    }finally{
      System.out.println("这是 finally 块");
    }
    System.out.println("方法正常结束");
  }
  public static void main(String argv[]){
    hasException();
    System.out.println("程序正常结束");
  }
}
```

程序的输出结果如下：

```
下标越界
这是 finally 块
```

```
方法正常结束
程序正常结束
```

例 6.6 和例 6.7 的区别，请读者认真体会。

在 try-catch-finally 语句中，catch 可以出现多次，但异常类型必须互不相同，如果这些异常没有继承关系，则其顺序可以任意。但如果这些异常类有继承关系，则需要遵循子类在前、父类在后的规则。这是由于在 Java 中，父类的变量可以指向子类的对象，而系统在查找匹配的异常类型时，是从上往下依次查找的，所以父类的异常类型必须写在后面。请看下面的例子。

【例 6.8】　异常处理示例 5。

//-----------文件名 demoException_5.java，程序编号 6.9----------------

```java
class demoException_5{
  public static void main(String argv[]){
    int array[]=new int[3];  ////初始化一个组，空间为 3，游标为 0-2
    try{
        array[3]=0;
    }catch(ArrayIndexOutOfBoundsException e) {
      System.out.println("下标越界");
    }catch(Exception e){          //它是父类异常，必须写在后面
      System.out.println("一般异常");
    }
  }
}
```

💬说明：如果将捕获 Exception 异常的 catch 语句写在前面，将无法通过编译，读者可以自己测试。

6.3.2　异常的抛出

对于可能出现的异常情况，既可以使用上述的方法对异常进行处理，也可以抛出异常，由上层的调用来处理。被抛出的异常对象，既可以是系统定义的异常类，也可以是用户自己定义的新的异常类。抛出异常的一般格式如下：

```
throw 异常对象名;
```

或者

```
throw new 异常类名();
```

两种形式本质上是一样的。第一种形式需要先构造异常对象，因而较少用到。实际编程中都是用的第二种形式，它在需要抛出异常的时候才创建异常对象。

一条 throw 语句一旦被执行，程序立即转入相应的异常处理程序段，它后面的语句就不再执行了（这一点类似于 return 语句），而且它所在的方法也不再返回有意义的值。一个方法中，throw 语句可以有多条，但每一次最多只能执行其中的一条。一般情况下，throw 语句写在判断语句块中，以避免每次重复执行该语句。

【例 6.9】　用 throw 抛出异常示例。

//----------文件名 throwException.java，程序编号 6.10----------------

```
public class throwException{
  public static void main(String argv[])
  { double a=Math.random();
    try{
     if (a>0.5)
       System.out.println(a);
     else
       throw new Exception();              //抛出异常
    }catch (Exception el){
       System.out.println(el.toString());  //输出异常对象的一些信息
    }
  }
}
```

注意：程序 6.10 是由 main()方法自己抛出异常，并由自己来捕获的。如果去掉 try-catch 语句，改成程序 6.11。

//----------文件名 throwException.java，程序编号 6.11----------------

```
public class throwException{
  public static void main(String argv[]){
       double a=Math.random();  //产生一个随机数
       if (a>0.5)
         System.out.println(a);
       else
         throw new Exception();  //主动抛出异常
   }
}
```

则编译时会产生提示：

```
未报告的异常 java.lang.Exception ；必须被捕获或被声明抛出
throw new Exception();
^
1 个错误
```

也就是说，一个方法中如果使用 throw 语句来抛出异常，要么自己捕获它，要么声明抛出了一个异常。声明抛出了异常，需要用 throws 关键字在方法的头部声明，格式如下：

```
[修饰符][返回类型] 方法名（参数表）throws 异常类名 1[,异常类名 2[, ...]]
```

【例 6.10】 用 throws 声明抛出异常。

//----------文件名 throwsException.java，程序编号 6.12----------------

```
public class throwsException{
  public static void main(String argv[]){
    try{  //由于 CreateException 会抛出异常，所以编译器会强制程序员在此捕获异常
      CreateException();
    }catch(Exception e){
      System.out.println("这是在 main 方法中捕获的异常："+e);
    }
  }
  public static void CreateException() throws Exception{//在这里声明要抛出的
  异常
   double a=Math.random();
    if (a>0.5)
```

```
      System.out.println(a);
    else
      throw new Exception();      //抛出异常，但不必捕获
  }
}
```

从程序 6.12 中可以看出，捕获自己抛出的异常和捕获系统类抛出的异常并没有什么区别。不过在 CreateException()方法中，即使程序员用 throws 声明抛出异常，也仍然可以在此方法中先捕获异常，如程序 6.13 所示。

//-----------文件名 throwsException.java，程序编号 6.13----------------

```
public class throwsException{
  public static void main(String argv[]){
    try{
      //由于 CreateException 声明会抛出异常，所以编译器会强制程序员在此捕获异常
      CreateException();
    }catch(Exception e){
      System.out.println("这是在 main 方法中捕获的异常："+e);
    }
  }
  public static void CreateException() throws Exception{//这里还是可以声明要
抛出异常
    double a=Math.random();
    try{
      if (a>0.5)
        System.out.println(a);
      else
        throw new Exception();
    }catch(Exception e){
      System.out.println("这是在 CreateException 中捕获的异常："+e);
    }
  }
}
```

在程序 6.13 中，代码如此书写，不会产生语法错误。但是，一旦异常发生，首先捕获它的是 CreateException()方法中的 catch 语句，而 main()方法中的 catch 再也无法捕获到此异常，也就永远不会运行其中的语句。因此，输出和结果总是：

这是在 CreateException 内捕获的异常：java.lang.Exception

一般情况下，程序不会写成程序 6.13 那样。但在某些特殊情况下，程序员可能需要在 catch 语句中再次抛出异常，称为"再引发"。这就使得抛出异常的方法自己可以对异常进行一些前期处理，而将一些善后工作交由调用者处理。程序 6.14 是对程序 6.13 的改进。

//-----------文件名 throwsException.java，程序编号 6.14----------------

```
public class throwsException{
  public static void main(String argv[]){
    try{
      //由于 CreateException 声明会抛出异常，所以编译器会强制程序员在此捕获异常
      CreateException();
    }catch(Exception e){
      System.out.println("这是在 main 方法中捕获的异常："+e);
    }
  }
  public static void CreateException() throws Exception{    //在这里声明要抛
```

出的异常

```java
    double a=Math.random();
    try{
      if (a>0.5)
        System.out.println(a);
      else
        throw new Exception();
    }catch(Exception e){
      System.out.println("这是在 CreateException 中捕获的异常: "+e);
      throw e;       //再次抛出异常
    }
  }
}
```

输出的结果是:

```
这是在 CreateException 内捕获的异常: java.lang.Exception
这是在 main 内捕获的异常: java.lang.Exception
```

如果一个方法中用 throw 抛出了不止一种异常，那么在 throws 后面，要全部列举出那些没有被方法自身捕获的所有异常类，中间以逗号分隔。

6.3.3　异常的嵌套处理

上文所述的异常处理中，try-catch-finally 都是单层的，未出现嵌套现象。实际上，和其余的块语句，诸如 if、for 和 while 一样，它也是可以嵌套使用的。也就是说，一个 try-catch-finally 可以嵌套在另一个 try 语句块的 try、catch 或 finally 部分。

不过，如果嵌套在不同的位置，系统处理起来的流程各不相同。下面通过几个例子来分别说明。

【例 6.11】　异常的嵌套示例 1。

//-----------文件名 nestException_1.java，程序编号 6.15----------------

```java
public class nestException_1{
  public static void main(String argv[]){
    double a=Math.random();
    try{
      if (a>0.5)
        System.out.println(a);
      else
        throw  new Exception();
    }catch (Exception el){
      System.out.println("这是在外层捕获的异常: "+el);
      try {  //嵌套在 catch 中
        a = 10/0;
      }catch(ArithmeticException em){
        System.out.println("这是内层捕获的异常: "+em);
      }finally{
        System.out.println("这是内层的 finally 块");
      }
    }finally{
      System.out.println("这是外层的 finally 块");
    }
  }
}
```

在这个程序中，内层的 try-catch-finally 语句嵌套在外层的 catch 语句中，这属于比较常见的写法——因为在处理异常的时候，可能又会引发异常。程序的流程也很容易把握：当外层异常发生时，进入到外层的 catch 语句中，在这其中发生的异常，由内层的 try-catch-finally 语句处理。全部处理完毕后，再回到外层的 finally 语句中。程序的输出结果如下：

```
这是在外层捕获的异常：java.lang.Exception
这是在内层捕获的异常：java.lang.ArithmeticException: / by zero
这是内层的 finally 块
这是外层的 finally 块
```

在内层的 ArithmeticException 异常被内层的 catch 语句捕获。如果在 catch 语句块中发生了异常，且内层没有捕获该异常，那么即使外层的 catch 语句有这种类型的，也无法捕获该异常。如例 6.12 所示：

【例 6.12】　异常的嵌套示例 2。

//-----------文件名 nestException_2.java，程序编号 6.16-----------------

```java
public class nestException_2{
  public static void main(String argv[]){
    int  a;
    try{
      a = 10/0;
    }catch(ArithmeticException e){
      System.out.println("这是在外层捕获的异常："+e);
      try {                    //嵌套在 catch 中
        a = 10/0;
      }finally{
        System.out.println("这是内层的 finally 块");
      }
    }catch (Exception e){    //外层可以捕获 Exception 异常
      System.out.println("这是外层捕获的异常："+e);
    }finally{
      System.out.println("这是外层的 finally 块");
    }
  }
}
```

在内层的除 0 异常发生后，尽管外层还有一个 Exception 异常的捕获语句，但它无法捕获该异常。程序的输出结果如下：

```
这是在外层捕获的异常：java.lang.ArithmeticException: / by zero
这是内层的 finally 块
这是外层的 finally 块
Exception in thread "main" java.lang.ArithmeticException: / by zero
        at nestException_2.main(nestException_2.java:9)
```

如果希望内层的异常有机会被外层的 catch 语句所捕获，则需要将内层异常写在外层的 try 语句块中。这样当最内层的 try 语句中发生异常之后，会先检测内层是否有匹配的 catch 语句。如果有匹配的 catch 语句，则交由此 catch 处理。如果没有匹配的 catch 语句，则逐层查找外层的 catch 语句。直到找到匹配的；如果所有的 catch 都不匹配，则交由系统处理。这个过程是通过异常堆栈实现的。

【例 6.13】　异常的嵌套示例 3。

//-----------文件名 nestException_3.java，程序编号 6.17----------------

```java
public class nestException_3{
  public static void main(String argv[]){
    int a;
    try{
      try {  //嵌套在外层的 try 语句块中
        a = 10/0;
      }catch(ArithmeticException em){
        System.out.println("这是在内层捕获的异常: "+em.toString());
      }finally{
        System.out.println("这是内层的 finally 块");
      }
    }catch (ArithmeticException el){
      System.out.println("这是在外层捕获的异常: "+el.toString());
    }finally{
      System.out.println("这是外层的 finally 块");
    }
  }
}
```

在程序 6.17 中，内层和外层都试图捕获 ArithmeticException 异常，但由于异常是在内层中发生的，内层的捕获语句有优先权，所以它会被内层所捕获。程序的输出结果如下：

```
这是内层捕获的异常: java.lang.ArithmeticException: / by zero
这是内层的 finally 块
这是外层的 finally 块
```

如果将内层的捕获语句删除，变成程序 6.18 的形式，则外层可以捕获到这个异常。

//-----------文件名 nestException_3.java，程序编号 6.18----------------

```java
public class nestException_3{
  public static void main(String argv[]){
    int a;
    try{
      try {  //嵌套在外层的 try 语句块中
        a = 10/0;
      }finally{
        System.out.println("这是内层的 finally 块");
      }
    }catch (ArithmeticException el){
      System.out.println("这是在外层捕获的异常: "+el.toString());
    }finally{
      System.out.println("这是外层的 finally 块");
    }
  }
}
```

程序输出如下：

```
这是内层的 finally 块
这是在外层捕获的异常: java.lang.ArithmeticException: / by zero
这是外层的 finally 块
```

实际上，写在内层的异常捕获语句，相当于写在一个方法中。读者可以对照例 6.10 来理解。

6.3.4　自定义异常及其处理方法

如果系统预定义的类不能满足编程要求，程序员可以自己定义异常类。Java 要求用户自己定义的异常类必须是 Throwable 的直接或间接子类，不过一般情况下，都会由 Exception 类派生出来。

定义异常类和定义普通类并没有本质上的区别，它们也会自动继承父类中可以继承的方法和属性。一般情况下，它需要声明两个构造方法：一个是不带参数的方法；一个是以字符串为参数，作为本异常类的具体信息。下面看一个简单的例子。

【例 6.14】　自定义异常类示例。

//-----------文件名 MyException.java，程序编号 6.19----------------

```java
class MyException extends Exception{ //它是 Exception 的子类
    MyException(){
        super();
    }
    MyException(String s) {
        super(s);
    }
}
```

//-----------文件名 useMyException.java，程序编号 6.20----------------

```java
class useMyException{
    public static void main(String argv[]){
        try{
            throw new MyException("这是我自己定义的异常类");
        }catch (MyException e) {
            System.out.println("异常信息是: "+e.toString());
        }
    }
}
```

程序的输出结果如下：

```
异常信息是: MyException: 这是我自己定义的异常类
```

6.3.5　Java 异常处理的应用示例

本书前面的程序中需要数据时，都是使用随机产生的方法，而没有使用输入的方式。这是因为 Java 中的输入会产生检查型异常，需要程序员用 try-catch-finally 语句捕获才能使用。本小节就讲解一个通过异常来处理用户输入数据的实例。

【例 6.15】　从键盘输入一个整型数。

//-----------文件名 myInput.java，程序编号 6.21----------------

```java
import java.io.DataInputStream;
import java.io.IOException;
class myInput{
    public static void main(String argv[]){
        int k;                          //初始化临时变量 k
        DataInputStream inbuf=new DataInputStream(System.in);  //获取控制台输入
        String buf;                     //定义 String 型变量，接收输入的一行数据
```

```
    try{
        System.out.print("请输入数据：");
        buf=inbuf.readLine();
        System.out.println("你输入的数据是："+buf);
        k=Integer.parseInt(buf);
        System.out.println("转换成整型数是："+k);
    }catch(IOException e){
        System.out.println("输入流有误！");
    }catch(NumberFormatException e){
        System.out.println("你输入的不是一个十进制数！");
    }
  }
}
```

从程序 6.21 中可以看出，即便是输入一个整型数据，对于 Java 程序员而言，也是比较麻烦的事情。为了降低程序员的负担，从 JDK 1.5 起，提供了一个新的控制台输入类：Scanner。本书将在 7.4 节中介绍。

6.4　本 章 小 结

本章介绍了 Java 中的异常处理机制，这是 Java 程序员必须掌握的基础知识。Java 以面向对象的方式来处理异常，不仅功能强大，使用也比较方便。用户可以捕获系统的异常，也可以自己抛出异常，还可以自己定义异常。但是，异常的流程仍然比较复杂，需要读者用心掌握。

6.5　实 战 习 题

1．理解 Java 异常的概念及其异常处理类的层次结构。

2．Java 中运行时异常与非运行时异常的区别与联系是什么？

3．异常处理的原则是什么？

4．请列举出 8 种常见的可能产生异常的情况。

5．写出 6 个以上的常见异常类的名称。

6．请分别简述关键字 throw 和 throws 的用途，并分析它们之间的差别。

7．下面的源代码，是否能通过编译？如果能，输出结果是什么？如果不能，请说明理由。

```
public class CH6_Test01{
    public static void main(String args[]){
        try{
            throw new Exception();
            System.out.print("1");
        }catch(Exception e){
            System.out.print("2");
        }finally{
            System.out.print("3");
        }
        System.out.print("4\n");
    }
}
```

第 7 章　Java 输入输出处理技术

输入和输出是指程序与外部设备和其他计算机进行交流的操作，其中，对磁盘文件的读写操作，是计算机程序非常重要的一项功能。Java 在 io 包中提供了大量的输入和输出类，利用它们，Java 程序可以很方便地实现多种输入输出操作，以及对文件进行管理。

本章的内容要点有：

❑ 数据与 Java I/O；
❑ Java 中基于字节的 I/O 处理技术及应用；
❑ Java 中基于字符的 I/O 处理技术及应用；
❑ 控制台 I/O 处理方法；
❑ Java 对文件的操作及访问；
❑ Java 序列化技术；
❑ Java 7 中的文件系统简介。

7.1　数据与 Java I/O

数据（Data）是载荷或记录信息的按一定规则排列组合的物理符号，可以是数字、文字、图像，也可以是计算机代码。对信息的接收始于对数据的接收，对信息的获取只能通过对数据背景的解读。Java 的 I/O 操作，说白了就是人机之间关于数据信息的交互操作，要理解 Java 针对数据的输入输出技术，就要理解数据、理解 Java I/O 的基本体系。

7.1.1　文件与数据流

数据是个很广义的概念，单从 Java 输入与输出的角度来说，它所要处理的计算机中的数据可以分为两大类，一类是文件数据，另一类是流式数据。

所谓文件，是指封装在一起的一组数据。文件从不同的角度可以划分为不同的种类：从应用的角度，可以分为程序文件和数据文件；从用户角度，可以分为普通文件和设备文件；从文件的读写方式，可以分为顺序文件和随机文件；从文件的数据组织方式，可以分为文本文件和二进制文件。

许多操作系统都采用统一的观点，把所有与输入输出有关的操作都统一到文件的概念中，程序与外部的联系都通过文件概念实现。通常情况下，把键盘和显示器等设备也看作文件，称为设备文件，对它们的操作都通过相应的文件名进行。在 Java 中，常用的输入设备——键盘被定为标准输入文件,而常用的输出设备——显示器屏幕被定为标准输出文件。

"数据流"这个概念最初在 1998 年由 Henzinger 提出,他将数据流定义为"只能以事先规定好的顺序被读取一次的数据的一个序列"。Java 在处理标准的设备文件和普通的文件时,并不区分类型。由于各种设备的差别很大,Java 就用"数据流"的概念来实现对文件操作统一的界面。所有流的性质是完全类似的,流中存放的是有序的字符(字节)序列。程序员只需要在创建输入和输出流时,指定相应的目标对象,其余的读写操作都是一致的。

流式输入输出是一种很常见的输入和输出方式,输入流代表从外部设备流入到计算机内存的数据序列,输出流代表从计算机内存流向外部设备的数据序列。它的最大特点是,数据的获取和发送是沿着数据序列的顺序进行,每一个数据都必须在它前面的数据被处理完成后才能被处理,每次读写操作都是序列中未处理的数据中的一个,而不能随意选择输入和输出的位置。流中的数据,既可以是原始的二进制数据,也可以是经过编码处理的某种特定格式的数据。

根据数据类型的不同,流分为两类:一种是字节(Byte)流,一次读写 8 位二进制数;一种是字符(Character)流,一次读写 16 位二进制数。

7.1.2　Java 的 I/O 体系

I/O 问题是任何编程语言都无法回避的问题,它是计算机语言用来进行人机交互的核心问题。Java 在 I/O 体系上自其诞生至今一直在做持续的优化,如从 1.4 版本开始引入了 NIO,提升了 I/O 的性能,在读定处理、类的封装等方面也在不断改进。

1. Java I/O的分类

Java 的 I/O 操作类在包 java.io 下,大概有将近 80 个类,但是这些类大概可以分成 4 组,分别如下。

- ❑ 基于字节操作的 I/O 接口:InputStream 和 OutputStream;
- ❑ 基于字符操作的 I/O 接口:Writer 和 Reader;
- ❑ 基于磁盘操作的 I/O 接口:File;
- ❑ 基于网络操作的 I/O 接口:Socket。

前两组主要是根据传输数据的数据格式,后两组主要是根据传输数据的方式。虽然 Socket 类并不在 java.io 包下,也不是本节讲解的重点,但却是 Java 进行网络输入输出的重要载体,放在一起进行对比说明,更易于读者理解 Java 的输入输出体系。

2. JavaI/O的类结构层次

Java 在包 java.io 包中定义了其进行输入输出操作的全部类,该包中的类的层次结构如图 7.1 所示。由于篇幅的限制,图 7.1 中并没有列出包中的全部类。读者可以查阅 API 手册。包中最为重要的两个类是 InputStream 类和 OutputStream 类,它们本身是抽象类,派生出了多个子类,用于不同情况的数据输入和输出操作。后面将详细介绍它们的使用。

```
•  class java.io. File
•  class java.io. FileDescriptor
•  class java.io. InputStream
    •  class java.io. ByteArrayInputStream
    •  class java.io. FileInputStream
    •  class java.io. FilterInputStream
    •  class java.io. ObjectInputStream
    •  class java.io. PipedInputStream
    •  class java.io. SequenceInputStream
    •  class java.io. StringBufferInputStream
•  class java.io. ObjectInputStream.GetField
•  class java.io. ObjectOutputStream.PutField
•  class java.io. ObjectStreamClass
•  class java.io. ObjectStreamField
•  class java.io. OutputStream
    •  class java.io. ByteArrayOutputStream
    •  class java.io. FileOutputStream
    •  class java.io. FilterOutputStream
    •  class java.io. ObjectOutputStream
    •  class java.io. PipedOutputStream
•  class java.security. Permission
    •  class java.security. BasicPermission
    •  class java.io. FilePermission
•  class java.io. RandomAccessFile
•  class java.io. Reader
    •  class java.io. BufferedReader
    •  class java.io. CharArrayReader
    •  class java.io. FilterReader
    •  class java.io. InputStreamReader
    •  class java.io. PipedReader
    •  class java.io. StringReader
•  class java.io. StreamTokenizer
•  class java.lang. Throwable
    •  class java.lang. Exception
•  class java.io. Writer
    •  class java.io. BufferedWriter
    •  class java.io. CharArrayWriter
    •  class java.io. FilterWriter
    •  class java.io. OutputStreamWriter
    •  class java.io. PipedWriter
    •  class java.io. PrintWriter
    •  class java.io. StringWriter
```

图 7.1　输入输出流的类层次

3. 常用的 IO 流分类及功能说明

在图 7.1 所示的类的结构层次中，每个类都对应着一类输入输出操作的处理，有的是处理字符的，有的是处理字节的，有的是封装修饰的，有的则是用于缓冲或格式化操作的。这些类的基本分类及功能说明如下。

（1）以字节（Byte）为导向的输入流（InputStream 系列）。

❏ ByteArrayInputStream：把内存中的一个缓冲区作为 InputStream 使用。

❏ StringBufferInputStream：把一个 String 对象作为 InputStream。

❏ FileInputStream：把一个文件作为 InputStream，实现对文件的读取操作。

❏ PipedInputStream：实现了 pipe 的概念，主要在线程中使用。

❏ SequenceInputStream：把多个 InputStream 合并为一个 InputStream。

（2）以字节（Byte）为导向的输出流（OutputStream 系列）。

❏ ByteArrayOutputStream：把信息存入内存中的一个缓冲区中。

❏ FileOutputStream：把信息存入文件中。

❏ PipedOutputStream：实现了 pipe 的概念，主要在线程中使用。

❏ SequenceOutputStream：把多个 OutStream 合并为一个 OutStream。

（3）以 Unicode 字符为导向的输入流（Reader 系列）。

❏ CharArrayReader：与 ByteArrayInputStream 对应。

❏ StringReader：与 StringBufferInputStream 对应。

❏ FileReader：与 FileInputStream 对应。

❑ PipedReader：与 PipedInputStream 对应。

（4）以 Unicode 字符为导向的输出流（Write 系列）。

❑ CharArrayWrite：与 ByteArrayOutputStream 对应。

❑ StringWrite：无与之对应的以字节为导向的 stream。

❑ FileWrite：与 FileOutputStream 对应。

❑ PipedWrite：与 PipedOutputStream 对应。

（5）用于封装以字节为导向的，以下主要是用来修饰 InputStream 系列的各种输入。

❑ DataInputStream：从 stream 中读取基本类型（int、char 等）数据。

❑ BufferedInputStream：使用缓冲区。

❑ LineNumberInputStream：会记录 input stream 内的行数，然后可以调用 getLineNumber()和 setLineNumber(int)。

❑ PushbackInputStream：很少用到，一般用于编译器开发。

（6）用于封装以字符为导向的，主要是用来修饰 Reader 系列的各种输入。

❑ 没有与 DataInputStream 对应的类。除非在要使用 readLine()时改用 BufferedReader，否则使用 DataInputStream。

❑ BufferedReader：与 BufferedInputStream 对应。

❑ LineNumberReader：与 LineNumberInputStream 对应。

❑ PushBackReader：与 PushbackInputStream 对应。

（7）用于封装以字节为导向的，主要用来修饰 OutputStream 系列的各种输出。

❑ DataIOutStream：往 stream 中输出基本类型（int、char 等）数据。

❑ BufferedOutStream：使用缓冲区。

❑ PrintStream：产生格式化输出。

（8）用于封装以字符为导向的，主要用来修饰 Write 系列的各种输出。

❑ BufferedReader 与 BufferedWriter 对应，其中，BufferedReader 从字符输入流中读取文本，缓冲各个字符，从而实现字符、数组和行的高效读取。可以指定缓冲区的大小，或者可使用默认的大小。大多数情况下，默认值就足够大了。分别用来执行字符式的读和写的操作。而 BufferedWriter 则与之对应，用以实现文本写入字符输出流，缓冲各个字符，从而提供单个字符、数组和字符串的高效写入。

❑ PrintWriter：用来向文本输出流打印对象的格式化表示形式。此类实现了 PrintStream 中的所有 print 方法。它不包含用于写入原始字节的方法。需要注意的是，PrintWriter 并没有与之对应的 PrintReader，因为 PrintWriter 主要是用来输出的。

（9）一个特殊的类：RandomAccessFile。

可通过 RandomAccessFile 对象完成对文件的读写操作。在产生一个对象时，可指明要打开的文件的性质：r（只读）、w（只写）和 rw（可读写）。可以直接跳到文件中指定的位置。

7.2　基于字节的 I/O 操作接口

InputStream 和 OutputStream 定义了最基本的输入和输出功能。但它们都是抽象类，并不能完成实际的操作，程序员需要根据实际情况来选择子类生成对象。其中，InputStream 负责数据的输入，OutputStream 负责数据的输出，它们都是字节流。

7.2.1　InputStream 类的结构层次及方法

InputStream 是所有字节输入流的共同祖先，它的作用是标识那些从不同数据起源产生输入的类。这些数据起源包括字节数组、String 对象、文件、"管道"以及一个由其他种类的流组成的序列，以便我们将其统一收集合并到一个流内、其他数据如 Internet 连接等。它的类层次结构如图 7.2 所示：

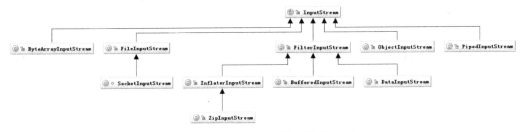

图 7.2　InputStream 类的层次结构图

InputStream 提供了一序列操作数据的方法，以完成输入的动作，这些方法大多数是公用方法。此类的常用方法如表 7.1 所示。

表 7.1　InputStream中的方法

方　　法	说　　明
int available()	返回流中可供读入（或跳过）的字节数目
void close()	关闭输入流，释放相关资源
void mark(int readlimit)	标记输入流中目前的位置
boolean markSupported()	测试输入流是否支持 mark 和 reset 方法
abstract int read()	从流中读入一个字节的数据
int read(byte[] b)	从流中读入最多 b.length 大小的数据，并存储到 b 中
int read(byte[] b, int off, int len)	读入最多 len 个数据存储到 b 中，off 指示开始存放的偏移位置
void reset()	将流重新置位到 mark 方法最后一次执行的位置
long skip(long n)	跳过并抛弃 n 个流中的数据

7.2.2　OutputStream 中的方法

OutputStream 与 IputStream 相反，它是所有字节输出流的共同祖先，它决定了我们的输入往何处去。OutputStream 类的结构层次如图 7.3 所示。

图 7.3　OutputStream 类的层次结构图

OutputStream 提供了一序列操作数据的方法以完成输出的动作，这些方法大多数是公用方法。它的常用方法如表 7.2 所示。

表 7.2　InputStream 中的方法

方　　法	声　　明
void close()	关闭输出流并释放相关资源
void flush()	清空缓冲区并强制缓冲区中的数据写出去
void write(byte[] b)	将数组 b 中的所有数据写出到流中
void write(byte[] b, int off, int len)	将数组 b 中从 off 位置起的 n 个数据写出到流中
Abstract　void write(int b)	将指定数据 b 写出到流中

7.2.3　文件输入流 FileInputStream

由于 InputStream 是抽象类，并不能直接使用，所以在实际编程中，需要使用它的子类来创建对象。如果需要处理的数据是文件，通常都会使用 FileInputStream 类，该类主要负责对本地磁盘文件的顺序读入工作。由于 Java 将设备也作为文件处理，所以该类也可以用来实现标准的输入。

这个类继承了 InputStream 的所有方法，并实现了其中的 read()方法。除此之外，还提供了多个构造方法，如表 7.3 所示。

表 7.3　FileInputStream 的构造方法

构造方法	说　　明
FileInputStream(File file)	以指定名字的文件对象为数据源建立一个文件输入流
FileInputStream(FileDescriptor fdObj)	根据文件描述符对象建立一个文件输入流
FileInputStream(String name)	以指定名字的文件为数据源建立一个文件输入流

7.2.4　文件输出流 FileOutputStream

FileOutputStream 是 OutputStream 的直接子类，该类主要负责对本地磁盘文件的顺序输出工作。由于 Java 将设备也作为文件处理，所以该类也可以用来实现标准的输出。该类继承了 OutputStream 的所有方法，并实现了其中的 write()方法。除此之外，还提供了多个构造方法，如表 7.4 所示。

表 7.4　FileOutputStream 的构造方法

方　　法	说　　明
FileOutputStream(File file)	以指定名字的文件对象为接收端建立文件输出流
FileOutputStream(File file, boolean append)	以指定名字的文件对象为接收端建立文件输出流，append 为真时，输出的数据将被追加到文件尾，否则将以覆盖的方式写文件
FileOutputStream(FileDescriptor fdObj)	根据文件描述符对象建立一个文件输出流
FileOutputStream(String name)	以指定名字的文件为接收端建立文件输出流
FileOutputStream(String name, boolean append)	以指定名字的文件为接收端建立文件输出流，append 为真时，输出的数据将被追加到文件尾，否则将以覆盖的方式写文件

7.2.5　保存用户输入到文件

为了从一个已有的文件输入信息，程序就需要创建一个与该文件关联的输入流，建立一条信息输入通道（输入流）。同理，要向一个文件输出，就要建立一个与之关联的输出流。这种建立联系（创建流）的动作被形象地称为打开文件，文件被打开后就可以进行操作了。当一个文件不再需要时，程序可以切断与它的联系，撤销有关的流，这称为关闭文件。所以对文件的操作实际上就是对流的操作，整个输入输出的过程，也就是数据流入程序再从程序中流出的过程。

在本小节中，将介绍一个最简单的应用：将用户从键盘输入的字符保存到一个预定的文件中。此时，键盘就是输入文件，用于保存的就是输出文件。

【例 7.1】　从键盘读入一行字符，写到文件 output.txt 中去。

//-----------文件名 MyFileOutput.java，程序编号 7.1-----------------

```java
import java.io.*;   //引入 io 包
class MyFileOutput{
 public static void main(String argv[]){
   FileInputStream fin;   //声明一个全局的 FileInputStream 的对象，构建输入通道
   FileOutputStream fout;//声明一个全局的 FileOutputStream 的对象，构建输出通道
   int ch;              //声明一个整型变量用来读入用户输入的字符
   try{
    //以标准输入设备为输入文件
    fin=new FileInputStream(FileDescriptor.in);
    //以 output.txt 作为输出文件
    fout=new FileOutputStream("output.txt");
    System.out.println("请输入一行字符：");
    //反复读输入流，直到输入回车符为止
    while((ch=fin.read())!='\r')
       fout.write(ch);
    //关闭输入和输出流
    fin.close();
    fout.close();
    System.out.println("文件写入成功！");
   }catch(FileNotFoundException e){ //处理文件异常
      System.out.println("不能创建文件");
   }catch(IOException e){
      System.out.println("输入流有误！");
   }
 }
}
```

这个程序的流程并不难懂，但是对于初学者，仍然有几个地方值得注意。

❑ 建立文件输入和输出流一定要处理异常。因为无论是输入还是输出，都有可能读写文件错误。

❑ 记住一定要关闭输入和输出流，否则对应的资源无法释放，文件也可能不会写成功。

❑ 读入字符的变量 ch 是 int 类型，而不应该是 char 类型（具体原因将在下 7.2.6 小节中讲述）。

- □ fin.read()每次读入一个字符。
- □ fout.write(ch)每次写出一个字符。
- □ FileDescriptor.in 表示系统的标准输入设备。

运行这个程序，出现如图 7.4 所示的界面。

图 7.4　程序 7.1 运行界面

当用户输入完成回车后，可以在程序所在的文件夹中找到一个名为 output.txt 的文本文件。用文本编辑器打开它，将看到刚刚输入的那一行字。

这个程序虽然简单，但它已经具备了一个小小的行编辑应具备的基本功能：在用户回车之前，用户可以任意修改它的输入，最后保存的内容是回车时用户所见到的内容。

这个程序已经限制了最后输出文件的名字是 output.txt，如果允许用户随意更改这个名字，那么程序也要做相应的调整。简单的办法就是将程序中的 output.txt 用 args[0]来代替，这样用户就可以在命令行中指定要保存的文件名了。

7.2.6　显示文件内容

本小节介绍如何将一个文件的内容显示在屏幕上，当然这个文件应该是一个纯文本文件。要显示的文件是作为输入文件，而屏幕则是输出文件。

【例 7.2】　显示文本文件的内容。

//-----------文件名 TypeFile.java，程序编号 7.2-----------------

```java
import java.io.*;
class TypeFile{
 public static void main(String argv[]){
   FileInputStream fin;   //声明一个全局的 FileInputStream 的对象，构建输入通道
   FileOutputStream fout;//声明一个全局的 FileOutputStream 的对象，构建输出通道
   int ch;                //声明一个整型变量用来读入用户输入的字符
   if (argv.length<1) {   //检测用户是否指定了文件名
     System.out.println("请指定文件名");
     return;
   }
   try{
     //以用户指定的文件为输入文件
     fin=new FileInputStream(argv[0]);
     //以标准输出设备作为输出文件
     fout=new FileOutputStream(FileDescriptor.out);
     while((ch=fin.read())!=-1)          //判断是否读到文件尾
        fout.write(ch);                  //输出字符到屏幕
     fin.close();
     fout.close();
```

```
    }catch(FileNotFoundException e){      //处理异常
      System.out.println("文件没找到！");
    }catch(IOException e){
      System.out.println("读入文件有误!");
    }
  }
}
```

当用户在命令行输入：

```
java TypeFile TypeFile.java
```

程序就会将 TypeFile.java 这个文件的内容完整地显示到屏幕上，程序运行结果如图 7.5
所示。

图 7.5　程序 7.2 运行结果

程序中输出部分使用的是：

```
fout.write(ch);
```

细心的读者可能会发现，无论是读入还是写出字符时，所用的变量 ch 都是定义成 int
类型的。一个明显的理由是，read()方法返回的是一个 int 类型值，而 write(int ch)方法的参
数也是 int 类型的。不过读者可能会认为，即便 ch 是 char 类型，应该也能正常工作。确实，
对于某些纯文本文件来说，定义成 char 类型也能正常工作。不过，由于 Java 的文件流不区
分纯文本文件和二进制文件，所以它还必须考虑到二进制文件的处理情况。

💭说明：实际上，无论是 read()方法还是 write()方法，实际上一次处理的都是一个字节的
　　　　数据，而非 4 个字节的数据。

注意到程序 7.2 中，在判断文件是否结束时，用了这样一条语句：

```
while((ch=fin.read())!=-1)
```

如果程序员用 byte 类型来接收返回值，它会将 0x000000FF 截整返回 0xFF。当与整数 –1 比较时，需要进行扩展，系统默认 byte 类型是带符号数，于是 0xFF 会扩展成为 0xFFFFFFFF，恰好与–1 相等，于是会误认为读到了文件尾而提前结束了。如果程序员用 char 类型来接收返回值，情况又会不同。如果确实读到了文件尾，它会将接收到的 0xFFFFFFFF 截整变回 0xFFFF。当与整型数–1 比较时，需要进行扩展，系统默认 char 类型是无符号数，于是 0xFFFF 会扩展成为 0x0000FFFF，与–1 不相等。于是会误认为没有读到文件尾。其实这会导致整个文件读入过程根本无法结束。

🔔注意：读取文件数据时，请务必使用 int 类型的变量。

7.2.7 文件的复制

本小节来写一个文件复制的简单程序。它会处理两个磁盘文件：一个是源文件，作为输入文件；一个是目的文件，作为输出文件。两个文件名都由用户指定。这类似于 DOS 中的 copy 命令。

【例 7.3】 文件复制程序。

//-----------文件名 TypeFile.java，程序编号 7.3-----------------

```java
import java.io.*;
public class CopyFile{
  public static void main(String argv[]){
    FileInputStream fin;    //声明一个全局的 FileInputStream 的对象，构建输入通道
    FileOutputStream fout;  //声明一个全局的 FileOutputStream 的对象，构建输出通道
    int ch;                 //声明一个整型变量用来读入用户输入的字符
    if (argv.length!=2)
{   System.out.println("参数格式不对，应该为：java CopyFile 源文件名 目标文件名");
    return;
    }
    try{
      fin=new FileInputStream(argv[0]);     //第一个参数为源文件
      fout=new FileOutputStream(argv[1]);   //第二个参数为目的文件
      while((ch=fin.read())!=-1)            //循环读入源文件
        fout.write(ch);                     //写出到目的文件
      fin.close();
      fout.close();
      System.out.println("文件复制成功");
    }catch(FileNotFoundException e){
      System.out.println("文件无法打开！");
    }catch(IOException e){
      System.out.println("读写文件有误!");
    }
  }
}
```

比较程序 7.3 和程序 7.2，会发现它们十分相似，除了创建文件流时有一点区别，其他部分完全相同，这正是用流来处理文件的优势。

程序运行时，只要用命令：

```
java CopyFile 源文件名　目标文件名
```

就可以实现文件的复制了。

7.2.8　顺序输入流

顺序输入流（SequenceInputStream）可以将多个输入流顺序连接在一起。在进行输入时，顺序输入流依次打开每个输入流并读取数据，在读取完毕后将该流关闭，然后自动切换到下一个输入流。它的构造方法如下。

- ❑ SequenceInputStream(Enumeration e)：创建一个串行输入流，连接枚举对象 e 中的所有输入流。
- ❑ SequenceInputStream(InputStream s1,InputStream s2)：创建一个串行输入流，连接流 s1 和 s2。

下面的程序 7.4 可以把命令行参数指定的多个文件连接在一起，并显示在屏幕上。程序首先创建一个 FileList 类的对象 myList 来存放命令行输入的多个文件名，然后创建一个 SequenceInputStream 类对象，将 myList 中指定的输入流首尾相接，合并成一个完整的输入流。其中，FileList 是自定义类，实现了枚举接口 Enumeration（将在 11.5 节中介绍）中的所有方法。

【例 7.4】　顺序输入流示例。

//-----------文件名 FileList.java，程序编号 7.4----------------

```java
import java.io.*;
import java.util.*;
public class FileList implements Enumeration{
  String MyFilesList[];                //声明一个 String 类型的文件列表数组
  int current = 0;                     //定义一个 int 变量，用来顺序计数
  //通过构造方法，传入参数来对变量进行赋值
 public FileList(String fileslist[]){
   MyFilesList = fileslist;
 }
//还需要定义一个不带参数的构造方法
  public FileList(){
   MyFilesList = null;
 }
  //判断是否还有下一个元素
  public boolean hasMoreElements(){
   if (MyFilesList==null)
    return false;
   if(current<MyFilesList.length)
    return true;
   else
    return false;
 }
  //获取下一个元素
  public Object nextElement(){
   FileInputStream in=null;
   if(!hasMoreElements())
    return null;
   try{
    in = new FileInputStream(MyFilesList[current]);
```

```
        ++current;
    }catch(FileNotFoundException e){
      System.err.println("Can't open file:"+MyFilesList[current]);
    }
    return in;
  }
}
```

//-----------文件名 MySequenceIn.java，程序编号 7.5-----------------

```
import java.io.*;              //引入 Java.io 包，有输入输出相关的类
import java.util.*;            //引入 java.util 包
public class MySequenceIn{
  public static void main(String argv[]){
    //通过用户从控制台输入的参数，构建一个 FileList 对象
    FileList myList = new FileList(argv);
    SequenceInputStream sin;    //定义 SequenceInputStream 对象
    FileOutputStream fout;      //定义 FileOutputStream 对象
    int data;                   //定义 int 型的 data 变量，用来作为读写文件使用
    try{
      //将 FileList 传入 SequenceInputStream 的构建方法，创建串行输入流
      sin = new SequenceInputStream(myList);
      fout=new FileOutputStream(FileDescriptor.out);
      while((data=sin.read())!=-1)
        fout.write(data);
      sin.close();
    }catch(FileNotFoundException e){
      System.out.println("文件无法打开！");
    }catch(IOException e){
      System.out.println("读写文件有误!");
    }
  }
}
```

程序 7.5 可以显示多个文件，但它形式上和程序 7.2 并没有什么区别，其再次显示了流的方便和功能的强大。

使用时，只需要输入：

```
java MySequenceIn FileList.java MySequenceIn.java
```

就会看到刚刚编辑的这两个文件的内容。

7.2.9　管道输入输出流

管道输入输出流（PipedInputStream 和 PipedOutputStream）可以实现程序内部线程间的通信或不同程序间的通信。

PipedInputStream 是一个通信管道的接收端，它必须与一个作为发送端的 PipedOutputStream 对象相连。PipedOutputStream 是通信管道的发送端，它必须与 PipedInputStream 对象相连。

管道输入输出流提供了两种连接方法。第一种方法是在构造方法中给出对应的管道流，在创建对象时进行链接。其构造方法如下。

❑ PipedInputStream（PipedOutputStream src）：创建一个管道输入流，并将其连接到

src 指定的管道输出流。

❑ PipedOutputStream（PipedInputStream src）：创建一个管道输出流，并将其连接到
   src 指定的管道输入流。

第二种方法是，利用管道输入输出流提供的 connect()方法进行连接。

下面的例子中，使用一个管道将两个线程的数据连接起来。第一个线程向管道输出 1、
2、3，第二个线程从管道中读取这些数据并显示在屏幕上。关于线程的有关知识，将在第
8 章中介绍。

【例 7.5】 管道输入输出流示例。

//-----------文件名 ThreadOut.java，程序编号 7.6----------------

```java
import java.io.*;
//本线程类用于发送数据
public class ThreadOut extends Thread{
  PipedInputStream  pin;        //声明 PipedInputStream 对象，构建管道输入流
  PipedOutputStream pout;       //声明 PipedOutputStream 对象，构建管道输出流
  byte data[]={1,2,3};          //声明 byte 数组并初始化
  public ThreadOut(PipedInputStream in, PipedOutputStream out){
     pin = in;
     pout = out;
  }
  public void run(){
    try{
      pout.write(data);  //向管道中输出数据
    }catch(IOException e){}
  }
}
```

//-----------文件名 ThreadIn.java，程序编号 7.7----------------

```java
import java.io.*;
//本线程用于接收数据
public class ThreadIn extends Thread{
  PipedInputStream  pin;        //声明 PipedInputStream 对象，构建管道输入流
  PipedOutputStream pout;       //声明 PipedOutputStream 对象，构建管道输出流
  int data;                     //定义 int 型 data 变量，用来从管道读入数据
  //构造方法，传入管道输入、输出对象作为参数，并执行初始化
  public ThreadIn(PipedInputStream in, PipedOutputStream out){
     pin = in;
     pout = out;
  }
  public void run(){
    try{
      while ((data=pin.read())!=-1) //从管道中读入数据
        System.out.println(data);
    }catch(IOException e){}
  }
}
```

//-----------文件名 MyPipedIO.java，程序编号 7.8----------------

```java
import java.io.*;
public class MyPipedIO{
  public static void main(String argv[]){
    PipedInputStream mypin = null;          //定义并初始化 PipedInputStream
```

```
    PipedOutputStream mypout = null;        //定义并初始化 PipedOutputStream
    try{
        mypin = new PipedInputStream();      //创建管道输入流
        mypout = new PipedOutputStream();    //创建管道输出流
        mypin.connect(mypout);               //将管道连接起来
        //下面创建并启动线程
        ThreadOut tout = new ThreadOut(mypin,mypout);
        ThreadIn  tin = new ThreadIn(mypin,mypout);
        tout.start();
        tin.start();
    }catch(IOException e){
        System.out.println("无法连接管道");
    }
  }
}
```

运行程序 7.8，输出结果如下：

```
1
2
3
```

表明管道输入输出流能够正常工作。

7.2.10　过滤输入输出流

过滤输入输出流（FilterInputStream 和 FilterOutputStream）是两个抽象类，它们又分别派生出 DataInputStream 和 DataOutputStream 等子类。过滤输入输出流的主要特点是，其建立在基本输入输出流之上，能够对基本输入输出流所传输的数据进行指定类型或格式的转换，即可实现对二进制字节数据的理解和编码转换。

常用的过滤流是数据输入输出流 DataInputStream 和 DataOutputStream，它们可用于对不同类型数据的读写，其构造方法如下。

❑ DataInputStream(InputStream in)：建立一个新的数据输入流，从指定的输入流 in 中读数据。

❑ DataOutputStream(OutputStream out)：建立一个新的数据输出流，向指定的输出流 out 中写数据。

DataInputStream 中定义了多个针对不同类型数据的读方法，如 readByte()、readBoolean()、readChar()、readInt()、readFloat()和 readDouble()等。同样，DataOutputStream 也定义了对应的针对不同类型数据的输出方法，如 writeByte()、writeChar()、writeInt()、writeFloat()和 writeDouble()等。

值得注意的是，这两个类的数据都是以二进制的形式处理，也就是说它不会自动将"123"这样的字符串转换成为数值 123。

在例 7.6 中，先将各种类型的数据写出到文件，程序读入后，再将其显示出来。

【例 7.6】　数据输入输出流使用示例。

//-----------文件名 MyDataIO.java，程序编号 7.9-----------------

```
import java.io.*;
public class MyDataIO{
```

```
public static void main(String argv[]){
   DataOutputStream dout;
   DataInputStream  din;
   try{
      //创建数据输出流，注意它的构造方法
      dout = new DataOutputStream(new FileOutputStream("testfile.dat"));
      //输出数据
      dout.writeInt(100);
      dout.writeLong(123456789);
      dout.writeDouble(1.23456);
      dout.writeFloat(1.2f);
      dout.writeBoolean(true);
      //创建数据输入流
      din = new DataInputStream(new FileInputStream("testfile.dat"));
      //读入数据并显示在屏幕上，它的顺序必须和输出流的写出顺序完全一致
      System.out.println(din.readInt());
      System.out.println(din.readLong());
      System.out.println(din.readDouble());
      System.out.println(din.readFloat());
      System.out.println(din.readBoolean());
   }catch(IOException e){
      System.out.println("无法正常创建输入输出流数据");
   }
}
}
```

程序的输出结果如下：

```
100
123456789
1.23456
1.2
true
```

　　如果读入和写出的顺序不对，则会出现读入错误，显示的数据完全不对。读者也可以用 UltraEdit 打开 testfile.dat 文件查看保存的数据，其中都是一些人无法直接识别的二进制数据。

7.3　基于字符的 I/O 操作接口

　　InputStream 和 OutputStream 及其子类是以字节（8 位）为单位对流数据进行处理的，而 Reader 和 Writer 则以字符（16 位）为单位对流数据进行处理。它们也是抽象类。尽管和字节流处理的对象不同，但在使用方式上，二者并无太大区别。

7.3.1　字符处理类 Reader 与 Writer

　　java.io.Reader、java.io.Writer 与其子类等是处理字符流（Character Stream）的相关类。简单地说，就是对流数据以一个字符（两个字节）的长度为单位来处理（0～65535、0x0000～0xffff），并进行适当的字符编码转换处理，即 Reader、Writer 与其子类可以用于进行所谓纯文本文件的字符读/写。它们在处理流数据时，会根据系统默认的字符编码来进行字符转换。

Reader 和 Writer 是抽象类，它们的类层次结构关系分别如图 7.6 和图 7.7 所示。

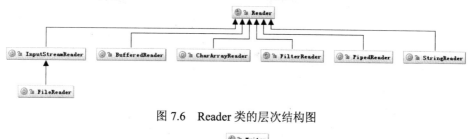

图 7.6　Reader 类的层次结构图

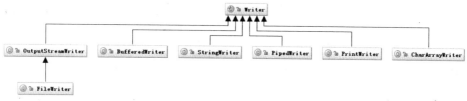

图 7.7　Writer 类的层次结构图

　　由于 Reader 和 Writer 都是抽象类，所以实际使用的是它们的子类。它们分别派生出一组类，用于不同情况下的字符数据的输入和输出。其中，InputStreamReader 和 OutputStreamWriter 是从字节流到字符流转换的桥梁。前者从输入字节流中读入字节数据，按照指定或是默认的字符集将其转换成为字符；后者则将字符数据转换成为字节数据写出到输出流。

说明：如果处理的对象是类似于 Unicode 这样以字符为单位进行编码的数据，那么使用字符流将比字节流更为方便。

7.3.2　InputStreamReader 类中的方法

　　InputStreamReader 类中的方法和 FileInputStream 类中的方法相似，使用上也差不多，区别最大的是二者的构造方法。InputStreamReader 的构造方法如表 7.5 所示。

表 7.5　InputStreamReader类的构造方法

构 造 方 法	说　　明
InputStreamReader(InputStream in)	创建一个建立在输入流 in 之上的对象，采用系统默认的编码方式
InputStreamReader(InputStream in, Charset cs)	创建一个建立在输入流 in 之上的对象，采用 cs 对象指定的字符集
InputStreamReader(InputStream in, CharsetDecoder dec)	创建一个建立在输入流 in 之上的对象，采用 dec 指定的解码方式
InputStreamReader(InputStream in, String charsetName)	创建一个建立在输入流 in 之上的对象，采用指定名称的字符集

7.3.3　OutputStreamWriter 类中的方法

　　OutputStreamWriter 类中的方法和 FileOutputStream 类中的方法相似，使用上也差不多，区别最大的是二者构造方法。OutputStreamWriter 的构造方法如表 7.6 所示。

表 7.6　OutputStreamWriter类的构造方法

构 造 方 法	说　　明
OutputStreamWriter(OutputStream out)	创建一个建立在输出流 out 之上的对象，采用系统默认的编码方式
OutputStreamWriter(OutputStream out, Charset cs)	创建一个建立在输出流 out 之上的对象，采用 cs 对象指定的字符集
OutputStreamWriter(OutputStream out, CharsetEncoder enc)	创建一个建立在输出流 out 之上的对象，采用 enc 指定的编码方式
OutputStreamWriter(OutputStream out, String charsetName)	创建一个建立在输出流 out 之上的对象，采用指定名称的字符集

7.3.4　从键盘输入

本小节用 InputStreamReader 和 OutputStreamWriter 类来实现一个简单的功能：从键盘读入用户的输入，并显示在屏幕上。

【例 7.7】　从键盘输入一行字符，并显示到屏幕上。

//-----------文件名 ReadAndWrite.java，程序编号 7.10----------------

```
import java.io.*;
public class ReadAndWrite{
  public static void main(String argv[]){
    int ch;
    //创建输入流
    InputStreamReader fin=new InputStreamReader(System.in);
    //创建输出流
    OutputStreamWriter fout=new OutputStreamWriter(System.out);
    try{
        System.out.print("请输入一行字符：");
        while ((ch=fin.read())!='\r')
          fout.write(ch);
        fout.close();      //如果不关闭输出流，则屏幕上什么显示也没有
        fin.close();
      }catch(IOException e){
        System.out.println("输入流有误!");
      }
  }
}
```

程序 7.10 和程序 7.1 相似，最大的区别在于二者的构造方法，它们的参数分别是 System.in 和 System.out,而在字节流中,这两个参数是 FileDescriptor.in 和 FileDescriptor.out。

7.3.5　文件复制

这里再用字符流来仿照 7.2.7 小节的字节流来实现文件的复制，它们形式上也非常相似。

【例 7.8】　实现文件的复制。

//-----------文件名 ReadAndWriteFile.java，程序编号 7.11-----------------

```java
import java.io.*;
class ReadAndWriteFile{
  public static void main(String argv[]){
    int ch;
    InputStreamReader fin;
    OutputStreamWriter fout;
    if (argv.length!=2){
            System.out.println("参数格式不对，应该为：java CopyFile 源文件名
                目标标文件名");
        return;
    }
    try{
      //创建输入流对象，注意这个构造方法
      fin=new InputStreamReader(new FileInputStream(argv[0]));
      //创建输出流对象
      fout=new OutputStreamWriter(new FileOutputStream(argv[1]));
      while ((ch=fin.read())!=-1)
        fout.write(ch);
      fout.close();
      fin.close();
      System.out.println("复制成功！");
    }catch(IOException e){
      System.out.println("文件读写有误!");
    }
  }
}
```

上面这两个类在处理文件时不是很方便——构造方法的调用太麻烦，所以在处理一般文件时，更常用的是它们的子类：FileReader 和 FileWriter。

还有一点需要读者注意，Reader 和 Writer 的子类要配套使用，InputStream 和 OutputStream 的子类也要配套使用，不可交错。

7.4　控 制 台 I/O 处 理

前面已经看到，要从控制台输入数据是一件比较麻烦的事情。从 JDK 1.5 发布以后，这一状况终于发生了改变。在 JDK 1.5 中，新增加了一个 Scanner 类来处理控制台输入。对于控制台的输出，一般情况下用 System.out.print()方法即可。但对于某些特殊情形，比如 7.4.2 小节中的输出，需要将各个输出项按照某种规则对齐，就需要用到功能更强的 System.out.printf()方法了。

7.4.1　控制台输入类 Scanner

要使用控制台输入类，首先要构造一个 Scanner 对象，并让它附属于标准输入流 System.in。用法如下：

```java
Scanner in = new Scanner(System.in);
```

随后就可以用它的各种方法实现输入操作。Scanner 中有大量的方法以适应各种情况，表 7.7 只列出了其中常用的部分方法。

表 7.7　Scanner类的常用方法

方　　法	说　　明
boolean hasNext()	测试是否还有下一个输入项
boolean hasNextByte()	测试下一个输入项是否能按照默认的进制被解释成为一个 byte 数据
boolean hasNextDouble()	测试下一个输入项是否能被解释成为一个 double 数据
boolean hasNextInt()	测试下一个输入项是否能被解释成为一个 int 数据
byte nextByte()	以 byte 类型获取下一个输入项
double nextDouble()	以 double 类型获取下一个输入项
int nextInt()	以 int 类型获取下一个输入项
String nextLine()	读到本行末尾
Scanner useRadix(int radix)	设置本对象的默认进制

Scanner 类被定义在 java.util 包中，使用起来比较方便。下面是一个简单的例子。

【例 7.9】　Scanner 使用示例。

//-----------文件名 useScanner.java，程序编号 7.12-----------------

```java
import java.util.*;
public class useScanner{
  public static void main(String argv[]){
    Scanner in = new Scanner(System.in);
    System.out.print("请输入你的姓名: ");
    String name = in.nextLine();
    System.out.print("请输入你的年龄: ");
    int age = in.nextInt();
    System.out.print("请输入你的身高（单位: 米）: ");
    double height = in.nextDouble();
    System.out.println("姓名: "+name+" 年龄: "+age+" 身高: "+height+"米");
  }
}
```

比较 6.3.5 小节中的程序，会发现使用 Scanner 确实要方便得多。

7.4.2　格式化输出 printf

在前面的例子中，绝大多数的输出都是使用的 System.out.println()方法。这种方法虽然简单，但是也有很大的局限，就是无法控制每一个输出项目的宽度，输出结果不是很美观，如下所示：

```
2007-09-21  18:47        1,246  MyDataIO.class
2007-11-25  18:47           25  testfile.dat
2007-11-05  20:11          575  ReadAndWrite.java
2007-11-05  20:11          861  ReadAndWrite.class
2007-11-25  20:27          735  ReadAndWriteFile.java
2007-11-25  22:01        1,249  dir.java
2007-11-25  22:01        1,626  dir.class
```

也就是说，虽然输出项目自身的宽度不同，但要求输出之后在屏幕上的宽度却是相同的。在这种情况下，用 System.out.println()方法是无法解决这个问题的。在 JDK 1.5 之前，需要使用 NumberFormat 类和 DateFormat 类来完成此任务。

从 JDK 1.5 起，加入了格式化输出方法 System.out.printf()。它沿用了 C 语言中的 printf 函数，使用方法上也极为相似。例如调用：

```
System.out.printf("%8d",k);
```

将以 8 个字符的宽度来输出整型数据 k，如果 k 不够 8 位，会在前面加上空格补足 8 位。

printf 一般的输出格式如下所示：

```
System.out.printf("<格式控制字符串>",<参数表>);
```

其中，"参数表"是需要输出的一系列参数，也就是要输出的数据项（简称输出项）。输出项可以是常量、变量、表达式和函数返回值，它可以是 0 个、1 个或多个，其个数必须与格式控制串中所列出的输出格式符的个数相一致，各参数之间用逗号隔开，且顺序必须一一对应。

"格式控制字符串"是由 0 个或多个格式转换说明组成的一个字符串序列。格式转换说明的一般形式为：

```
%[格式修饰符]格式转换符
```

其中，用方括号括起来的内容称之为格式修饰符，可任选。每个格式转换说明对应一个输出项。格式转换说明的作用是，将对应输出项的内容按输出格式转换符要求产生出字符序列，并按格式修饰符的要求排版后输出。

格式说明包括 5 类字符：%、普通字符、转义字符、输出格式转换符以及格式修饰符，其作用如下：

❑ %：格式转换说明的特征字符。
❑ 普通字符：要求按原样输出的字符。
❑ 转义字符：要求按转义字符的意义输出，如"\n"表示输出回车换行。

例如，假设变量 a 和 b 是 int 型，其值分别为 10 和 20，希望输出如下一行：

```
a=10, b=20, a+b=30
```

则可以用如下输出语句实现：

```
System.out.printf("a=%d, b=%d, a+b=%d\n", a,b,a+b);
```

在上述语句中，由双引号括起来的字符串"a=%d,b=%d,a+b=%d\n"为格式控制字符串，它由"a=%d"、", b=%d"和", a+b=%d\n" 3 个格式转换说明组成，它分别对应其后的 3 个输出项 a、b 和 a+b。其中，"d"是输出格式符，表示以十进制整数方式输出，"%d"就是要求在它所在的位置输出一个十进制整数；"a="、", b="和", a+b="都是普通字符，输出时被原样输出。其中，逗号后面加一个空格是因为这样做使得输出结果更清晰，"\n"是转义字符。这个语句显然没有包含格式转换说明中带方括号的任选项，即对输出没有加修饰说明。

从上面的输出结果可以看出，由于在格式转换说明中适当地添加了普通字符，使得输出结果更清晰。如果将该语句改为：

```
System.out.printf("%d%d%d\n", a,b,a+b);
```

则将输出如下一行：

```
102030
```

这样的结果，已经让人很难判断其正确与否了。再看一个例子：

```
System.out.printf("The user is %d years old.\n",age);
```

其中，%d 是输出项 age 要输出的位置和类型。设 age 的值为 20，则该语句输出为：

```
The user is 20 years old.
```

printf 格式转换符及其作用如表 7.8 所示。

表 7.8　printf格式转换符及其作用

格式转换符	作　用
d	以十进制形式输出整数（以实际长度输出，正数不输出符号）
o	以无符号八进制形式输出整数（不输出前导 0）
x 或 X	以无符号十六进制形式输出整数（不输出前导 0x）
a 或 A	以十六进制形式输出浮点数
c 或 C	以字符形式输出，只输出一个字符
s 或 S	输出字符串
f	以小数形式输出单、双精度数，隐含输出 6 位小数
e 或 E	以标准指数形式输出单、双精度数，数字部分小数位数为 6 位
g 或 G	选用%f 或%e 输出宽度较短的一种格式，不输出无意义的 0
h 或 H	输出哈希码
b 或 B	输出布尔值
tx	输出日期时间（x 可用其他符号替换，详见 13.6 节）
n	输出与平台有关的行分隔符
%	输出%本身

表 7.8 中的格式转换符用于一般数据的输出。如果要输出的数据是日期和时间，还有专门的转换符，这将在学习完 Date 类之后的第 13.5 节再详细介绍。

除了格式转换符，还有很重要的一部分是格式修饰符，它们用于美化输出。printf 格式修饰符及其作用如表 7.11 所示。

🔔说明：无论是什么类型的数据，都可以用%s 的形式来输出，系统自动将其转换为字符串。

表 7.9　printf格式修饰符及其作用

格式修饰符	作　用
+	输出正数和负数前面的符号
空格	在正数之前添加空格
m.n	输出项总共占 m 位，小数部分占 n 位，m 和 n 都必须是正整数常量。默认为右对齐
0	数字前面补 0，凑齐指定宽度
-	左对齐，后面补空格
(	将负数输出在括号内

格式修饰符	作　用
,	数字每 3 位添加一个 "," 号作为分隔符
#	如果是 f 格式，输出小数点，即便小数部分为 0
#	如果是 x 或 o 格式，添加前缀 0x 或 o
^	十六进制数以大写形式输出
$	指定将被格式化的参数索引。例如，%1$d、%1$x 将分别以十进制和十六进制输出第一个参数
<	格式化前面说明的数值。例如，%d%<x 将以十进制和十六进制输出同一个数

格式修饰符和格式转换符不仅可以使用在 printf 中，也可以使用在静态的 String.format() 方法中，它会创建一个指定格式的字符串，但不输出它。例如：

```
String msg = String.format("my name is %-s, age is %4d",name,age);
```

最后再回顾一下 7.5.2 小节中例子所用到的输出作为本节的结束，在那个例子中，为了输出时间，使用了下面的语句：

```
System.out.printf("%4d-%02d-%02d %02d:%02d",date.getYear()+1900,
                date.getMonth()+1,date.getDate(), date.getHours(),
                date.getMinutes());
```

而实际上，使用 printf 中的 "%t" 格式，可以将程序写得更简洁些。

```
System、out.printf（"%tF %1$tT"，AuFile[i].lastModified());
```

关于时间的输出，后面将详细介绍。请读者用心体会 printf 中格式控制符和转换符的使用。

7.5　Java 对文件的访问

前面讲的输入输出流以顺序流的形式对文件内容进行处理，但它们毕竟不是专用的文件处理类，无法实现对文件某些特征的处理，如：文件的大小、读写属性、创建时间等。另外，对于文件夹（或称目录）的创建和删除等操作，这些流也是无法处理的。在这种情况下，就需要使用 Java 中的一个专门的类：File 类。

7.5.1　File 类及其方法

每个 File 类的对象表示一个磁盘文件或目录，其对象属性中包含了文件或目录的相关信息，调用相应的方法可以完成对文件或目录的管理操作，如创建、删除等。

要注意的是，File 类的对象实例表示的只是一个 "抽象" 的文件或目录。当程序创建一个 File 类的对象时，并没有真正创建或准备创建一个文件，也不会去打开对应的文件，只是获取了文件的相关信息而已，所以也就不像文件流那样需要关闭。File 类也没有提供任何对文件内容进行读写的方法。但它提供了两个方法：mkdir() 和 createNewFile()。mkdir 可以用来创建目录，createNewFile 可以创建一个空文件。表 7.10 是 File 类中的常用方法。

表 7.10　File类中的常用方法

方　　法	说　　明
File(File parent, String child)	创建一个 File 对象，以 parent 的绝对路径加上 child 成为新的目录或文件
File(String pathname)	创建一个 File 对象，将 pathname 指定路径转换为绝对路径
File(String parent, String child)	创建一个 File 对象，以 parent 的绝对路径加上 child 成为新的目录或文件
File(URI uri)	创建一个 File 对象，将 URI 转换为绝对路径
boolean canRead()	测试文件是否可读
boolean canWrite()	测试文件是否可写
int compareTo(File pathname)	按字典值比较两个 File 对象的绝对路径
boolean createNewFile()	创建一个空文件
boolean delete()	删除文件或目录
boolean exists()	测试文件或目录是否存在
String getName()	返回文件或目录的名字
String getPath()	将绝对路径转换为相对路径
boolean isDirectory()	测试是否为目录
boolean isFile()	测试是否为文件
boolean isHidden()	测试文件是否为隐藏属性
long lastModified()	返回文件最后一次被修改的时间
long length()	返回文件的长度
String[] list()	返回当前对象所指示的目录下的文件和目录列表
File[] listFiles()	返回当前对象所指示的目录下的文件列表
File[] listFiles(FileFilter filter)	返回当前对象所指示的目录下符合过滤器要求的文件列表
boolean mkdir()	创建一个新目录
boolean renameTo(File dest)	将文件改名成 dest 对象所指示的名字
boolean setLastModified(long time)	设置文件或目录的时间
boolean setReadOnly()	将文件或目录设置为只读

7.5.2　File 类读取文件列表

这里编写一个简单的程序：列出指定目录下的所有文件和文件夹，如果没有指定目录，就以类文件的所在目录为默认值。这个程序和 DOS 中的 dir 命令的基本功能相似。

【例 7.10】　列出目录下的所有文件和子目录。

在设计程序之前，先要规划一下它的功能。因为 dir 命令可以列出文件名称、时间、大小以及是否为目录等信息，所以该程序也应输出这些信息。

//-----------文件名 dir.java，程序编号 7.13----------------

```
import java.io.*;
import java.util.*;
public class dir{
  public static void main(String argv[]){
    File fdir;                  //声明 File 对象
    File[] AllFile;             //声明一个 File 数组对象
    String name;                //定义 String 型 name 变量，存储文件名信息
    String dirFlag;             //定义 String 型 dirFlag 变量，标记是否为文件
```

```
long  size;                        //定义 long 型 size 变量，存储文件长度信息
Date date;                         //定义 Date 型 date 变量，存储文件属性中的时间信息
if (argv.length<1)
  fdir = new File(".");            //用户没有指定目录，则默认为当前目录
else
  fdir = new File(argv[0]);
AllFile=fdir.listFiles();   //获取文件和目录列表
//输出目录下所有的文件和目录
for(int i=0; i<AllFile.length; ++i){
    name = AllFile[i].getName();//获取文件名
    if (AllFile[i].isFile()){      //判断是否为文件
      dirFlag = "                  ";
      size = AllFile[i].length();
    }else{
      dirFlag = "        <dir>        ";
      size = 0;
    }
    date = new Date(AllFile[i].lastModified());//获取文件时间
    //对输出的文件格式进行格式化处理，输出 24 小时格式的时间
  SimpleDateFormat sdf = new SimpleDateFormat("yyyy-MM-dd  HH:mm:ss");
    //按照格式输出文件时间
    System.out.print(sdf.format(date)); //注意，这里的输出不要换行
    //输出目录标志
    System.out.print(dirFlag);
    if (size>0)
      System.out.printf("%10d",size);
    else
      System.out.print("          ");
    //输出文件名并换行
    System.out.println(" "+name);
  }
  System.out.println("共有"+AllFile.length+"个文件和目录");
 }
}
```

文件的流程并不难懂，不过为了按照一般的时间格式来输出文件修改的时间，用到了一个 Date 类和格式化输出方法 System.out.printf()。关于后者，将在 7.4.2 小节介绍。

执行该程序，在笔者的机器上执行情况如图 7.8 所示。

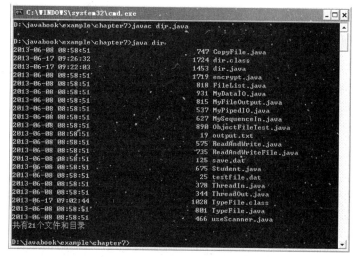

图 7.8　程序 7.12 执行结果

7.5.3　文件的随机访问：RandomAccessFile

前面介绍用流来处理文件，虽然比较简单，但是它有一些限制：流的读写是顺序的，无法实现对文件的随机访问，也不能在读取数据的同时写数据。要实现这些功能，需要用到专门的类：RandomAccessFile。

Java 的 RandomAccessFile 提供对文件的读写功能，与普通的输入输出流不一样的是，RamdomAccessFile 可以任意地访问文件的任何地方。这就是 Random 的意义所在。此类的对象包含一个记录指针，用于标识当前流的读写位置，这个位置可以向前移动，也可以向后移动，通过指针移动的方式实现对文件的随机访问。

RandomAccessFile 类是 Object 类的直接子类，它提供了大量的方法用于对文件进行随机的读写。RandomAccessFile 类中的常用方法如表 7.11 所示。

表 7.11　RandomAccessFile类中的常用方法

方　　法	说　　明
RandomAccessFile(File file, String mode)	根据指定的模式打开 file 文件对象供读写
RandomAccessFile(String name, String mode)	根据指定的模式打开名为 name 的文件供读写
void close()	关闭文件
long getFilePointer()	获取文件指针所在的偏移位置
long length()	获取文件长度
int read()	从文件中读入一个字节的数据
int read(byte[] b)	从文件中读取最多 b.length 个字节的数据并存储在 b 中
int read(byte[] b, int off, int len)	从文件中读取最多 len 个字节的数据并存储在 b 从 off 开始的位置中
boolean readBoolean()	从文件中读取一个 boolean 值
byte readByte()	从文件中读取一个带符号的 8 位数据
char readChar()	从文件中读取一个 Unicode 字符
double readDouble()	从文件中读取一个 double 数据
float readFloat()	从文件中读取一个 float 数据
void readFully(byte[] b)	从文件中读取 b.length 个数据到 b 中，如果文件长度不够，则用重复数据填充
void readFully(byte[] b, int off, int len)	从文件中读取 len 个数据到 b 中，如果文件长度不够，则用重复数据填充，从 off 位置开始存放
int readInt()	从文件中读取一个 int 数据
String readLine()	从文件中读取下一行数据
long readLong()	从文件中读取一个 long 数据
short readShort()	从文件中读取一个 short 数据
int readUnsignedByte()	从文件中读取 8 位无符号数据
int readUnsignedShort()	从文件中读取 16 位无符号数据
void seek(long pos)	将文件指针移动到 pos 所指定的位置
void setLength(long newLength)	设置文件长度
int skipBytes(int n)	试图跳过 n 个字节的数据

续表

方　法	说　明
void write(byte[] b)	将数组 b 中的所有数据写入到文件
void write(byte[] b, int off, int len)	将数组 b 中从 off 位置起的 len 个数据写入到文件
void write(int b)	将字节数据 b 写入到文件
void writeBoolean(boolean v)	将 boolean 数据写入到文件，占 1 个字节位置
void writeByte(int v)	将 v 的低 8 位写入到文件，占 1 个字节位置
void writeBytes(String s)	将 s 作为一个顺序的字节序列写入到文件
void writeChar(int v)	将 v 的低 16 位写入到文件，高字节在前
void writeChars(String s)	将 s 作为一个顺序的字符序列写入到文件
void writeDouble(double v)	将 v 转换成 long 类型写入文件，占 8 个字节，高字节在前
void writeFloat(float v)	将 v 转换为 int 类型写入文件，占 4 个字节，高字节在前
void writeInt(int v)	将 v 作为 int 类型写入文件，占 4 个字节，高字节在前
void writeLong(long v)	将 v 作为 long 类型写入文件，占 8 个字节，高字节在前
void writeShort(int v)	将 v 作为 short 类型写入文件，占 2 个字节，高字节在前
void writeUTF(String str)	将字符串 str 写入文件，采用 UTF-8 编码

构造方法中的参数 mode 有 4 种模式：r——以只读方式打开文件，rw——以读写方式打开文件，rws、rwd——以读写方式打开文件，但写的时候不使用缓冲。该类提供了大量的读写方法，和 InputStream 以及 OutputStream 的使用相似。其中，最为重要的是 seek() 方法，它可以随意移动文件指针到任意位置，以实现随机的读写。

7.5.4　RandomAccessFile 类进行文件加密

本小节来实现一个简单的文件加密软件，基本的思路是：将文件中的内容读入到一片缓冲区，将每个字符都按位取反，然后将内容写回原文件。为了简单起见，这里不考虑很大的文件如何处理。

由于是按位取反，所以对同一文件执行两次该程序，就可以将文件解密。在这个例子中，采用面向对象的思想来设计程序，请读者认真体会。

【例 7.11】　文件加密/解密示例。

//-----------文件名 encrypt.java，程序编号 7.14-----------------

```
import java.io.*;
public final class encrypt{
   private File  file;          //存储文件对象信息
   byte[]  buf;                 //缓冲区，存储文件中的所有数据
   RandomAccessFile fp;
   //用参数 filename 所指定的文件构造一个 filed 对象存储
   //同时为缓冲区 buf 分配与文件长度相等的内存空间
   public encrypt(String filename){
      file = new File(filename);
      buf = new byte[(int)file.length()];
   }
   public encrypt(File destfile){
      file = destfile;
      buf = new byte[(int)file.length()];
   }
```

```java
//按照读写方式打开文件
public void openFile() throws FileNotFoundException{
    fp = new RandomAccessFile(file,"rw");
}
//关闭文件
public void closeFile() throws IOException{
    fp.close();
}
//对文件进行加密/解密
public void coding() throws IOException{
    //将文件内容读入到缓冲区中
    fp.read(buf);
    //将缓冲区中的内容按位取反
    for(int i=0; i<buf.length; i++)
        buf[i]=(byte)(~buf[i]);
    //将文件指针定位到文件头部
    fp.seek(0);
    //将缓冲区中的内容写入到文件中
    fp.write(buf);
}
//这是测试用的方法
public static void main(String argv[]){
    encrypt oa;
    if (argv.length<1){
        System.out.println("你需要指定待加密的文件名称！");
        return;
    }
    //下面利用 encrypt 对象 oa 对由命令行参数指定的文件进行加密处理
    try{
        oa = new encrypt(argv[0]);
        oa.openFile();
        oa.coding();
        oa.closeFile();
        System.out.println("文件加密成功！");
    }catch(FileNotFoundException e){
        System.out.println("打不开指定文件："+argv[0]);
    }catch(IOException e){
        System.out.println("文件读写出错："+argv[0]);
    }
}
}
```

7.6　Java 序列化技术

　　如果需要存储相同类型的数据，使用固定长度的记录格式是一个很好的选择。然而，在面向对象的程序设计中，很少会出现相同类型的对象。例如，可能有一个名为 students 的数组，它名义上是 Student 类型的对象，但实际上，可能有的对象是子类的实例，比如 doctor。

　　如果存储的文件中包含了这种对象，为了能够正常读取，需要先保存每个对象的类型信息，然后保存实际对象的标记，再将对象存储。读取的时候，需要先读取标记确定实际的对象，再查找对象信息，申请存储空间，最后取出数据。

这么做当然没有什么问题，但是过于乏味。JDK 提供了一种更好的机制可以自动完成这件事情，这种机制就是对象序列化。

要让一个类能够序列化，首先，这个类要实现 Serializable 接口。如下：

```
class Student implements Serializable{ ……}
```

由于 Serializable 接口中没有任何方法，所以不需要对自己的类进行任何修改。随后要做的事情，是需要打开一个 ObjectOutputStream 对象：

```
ObjectOutputStream out = new ObjectOutputStream(new FileOutputStream
("save.dat"));
```

表示要将对象存储在 save.dat 中。随后只需要使用 ObjectOutputStream 类中的 writeObject 方法，代码如下所示：

```
Student st = new Student("周勇","20070101",18,"计算机");
out.writeObject(st);
```

要读取对象，首先要取得一个 ObjectInputStream 对象：

```
ObjectInputStream in = new ObjectInputStream(new FileInputStream
("save.dat"));
```

然后，按照当初写入对象的顺序，用 readObject 方法读取对象：

```
Student pupil = (Student) in.readObject();
```

readObject 每次调用都会读取类型为 Object 的一个对象，因此，需要将它转化为正确的类型。如果不记得或是不需要确切的类型，可以将它转换为超类的类型，甚至让它的类型仍然为 Object。如果需要知道它的确切类型，将使用到第 9 章介绍的 RTTI 机制。

实际上，对象序列化是使用了一种特殊的文件格式来存储对象，这是一种二进制格式的文件。但对于 Java 程序而言，并不需要知道这些格式具体是什么，只需要使用上面这些方法就可以很好地处理序列化问题。下面用一个完整的例子来演示序列化。

【例 7.12】　用序列化来存储对象。

先定义一个要用来序列化的类。

//-----------文件名 Student.java，程序编号 7.15-----------------

```
import java.io.*;

//Java 中要实现序列化功能，在声明类的时候必须实现 Serializable 接口
public class Student implements Serializable{
 private String name;          //定义私有的 String 类型的 name 属性
 private String ID;            //定义私有的 String 类型的 ID 属性
 private int age;              //定义私有的 int 类型的 age 属性
 private String specialty;     //定义私有的 String 类型的 specialty 属性
 //Student 类的带参构造方法，传入 4 个基本属性，实现初始化功能
 public Student (String name, String ID, int age, String specialty){
    this.name = name;
    this.ID = ID;
    this.age = age;
    this.specialty = specialty;
 }
 //Student 类的无参构造方法
```

```
   public Student(){  }

/**
如下是 Setter 和 Getter 方法，用来实现存取器功能，实现对 Student 类对象 4 个基本属性的
存取功能
**/
  public String getName(){
    return name;
  }
  public String getID(){
    return ID;
  }
  public int getAge(){
    return age;
  }
  public String getSpecialty(){
    return specialty;
  }
  public String toString(){
    return "姓名:"+name+" 学号: "+ID+" 年龄: "+age+" 专业: "+specialty;
  }
}
```

//-----------文件名 ObjectFileTest.java，程序编号 7.16----------------

```
import java.io.*;
public class ObjectFileTest{
  public static void main(String args[]){
    Student st = new Student("周勇","20070101",18,"计算机");
    try{
      //将对象写入到文件 save.dat 中
      ObjectOutputStream out = new ObjectOutputStream(
                              new FileOutputStream("save.dat"));
      out.writeObject(st);
      out.close();
      //从文件中读取对象信息
      ObjectInputStream in = new ObjectInputStream(new FileInputStream
      ("save.dat"));
      Student pupil = (Student) in.readObject();
      in.close();
      //输出对象信息
      System.out.println(pupil);
      //测试其他方法是否可用
      System.out.println("姓名: "+pupil.getName());
      System.out.println("学号: "+pupil.getID());
      System.out.println("年龄: "+pupil.getAge());
      System.out.println("专业: "+pupil.getSpecialty());
    }catch(Exception e){
      e.printStackTrace();
    }
  }
}
```

程序的运行结果如下：

```
姓名:周勇 学号: 20070101 年龄: 18 专业: 计算机
姓名: 周勇
学号: 20070101
```

```
年龄：18
专业：计算机
```

读者可以用 UltraEdit 打开 save.dat 文件查看存储的数据。关于序列化文件格式的更多信息，请参阅 API 手册。

7.7　Java 7 中的文件系统简介

Java 7 中涉及文件系统增加了部分新的 API，也称为 Java 的 NIO.2。原有的 java.io.File 类存在着一些不足，比如不会在平台中以一贯的方式来处理文件名，不支持高效文件属性访问，不允许复杂应用程序利用可用的文件系统特定特性（比如，符号链接）。而且，其大多数方法在出错时仅返回失败，而不会提供异常信息。Java 7 中引入的新的文件包有效地解决了上述的问题，本节就对 Java 7 新的、针对文件系统进行操作的相关方法进行说明。

7.7.1　文件的访问

在 Java 编程应用中，如果要实现递归地访问一个目录树，并且在该树中为每个查找到的文件及目录调用相应的方法，若用以前的 Java 版本中 I/O 函数，将是一个比较复杂的过程，首先需要递归地列出目录和文件，接着要对每个条目进行检查，然后再调用相应的处理方法。而在 Java 7 中，所有这些操作都可以由 FileVisitor 类来集中实现，使用起来非常简单和方便。

应用 FileVisitor API 来访问文件，有以下的几个步骤。

（1）在访问目录中的条目之前调用 FileVisitResult preVisitDirectory(T dir)。它返回一个 FileVisitResult 枚举值，来告诉文件访问程序 API 下一步做什么。

（2）当目录由于某些原因无法访问时，调用 FileVisitResult preVisitDirectoryFailed(T dir, IOException exception)。在第二个参数中指出了导致访问失败的异常。

（3）在当前目录中有文件被访问时，调用 FileVisitResult visitFile(T file, BasicFileAttributes attribs)。该文件的属性传递给第二个参数。

（4）当访问文件失败时，调用 FileVisitResult visitFileFailed(T file, IOException exception)。第二个参数指明导致访问失败的异常。

（5）完成对目录及其子目录的访问后，调用 FileVisitResult postVisitDirectory(T dir, IOException exception)。当目录访问成功时，异常参数为空，或者包含导致目录访问过早结束的异常。

下面用一个完整的例子来演示一下，如何使用 FileVisitor 来遍历文件目录及读取文件属性。

【例 7.13】　使用 FileVisitor 遍历文件树并读取文件的大小等属性信息。

先定义一个要用来序列化的类。

//-----------文件名 FileVisitorExample.java，程序编号 7.17----------------

```
import java.io.File;
import java.io.IOException;
```

```
import java.nio.file.FileVisitResult;
import java.nio.file.FileVisitor;
import java.nio.file.Files;
import java.nio.file.Path;
import java.nio.file.Paths;
import java.nio.file.SimpleFileVisitor;
import java.nio.file.attribute.BasicFileAttributes;
//定义 FileVisitorExample 类，演示 FileVisitor 遍历文件树的功能
public class FileVisitorExample {
    public static void main(String[] args) throws IOException {
        //调用 createDirTree()方法，创建一个多级目录，用于测试
        createDirTree();
        //创建 FileVisitor 的接口实现，重写 FileVisitor 的两个方法
        FileVisitor<Path> myFileVisitor = new SimpleFileVisitor<Path>() {
            //需要传入参数 Path 和 BasicFileAttributes，分别表示路径和属性对象
            Public FileVisitResult preVisitDirectory
                                    (Path dir,BasicFileAttributes attrs) {
                //输出要访问的目录名称
                System.out.println("将要访问的目录为： "+dir);
                return FileVisitResult.CONTINUE;
            }
            @Override
            // 实现 visitFile 方法，输出要访问的文件名称和文件大小
            public FileVisitResult visitFile(Path file, BasicFileAttributes
attribs) {
                System.out.println("正在访问的文件为： "+file+"，此文件的大小为：
"+attribs.size());
                return FileVisitResult.CONTINUE;
            }
        };
        //获取一个将要访问的目录路径的 Path 实例
        Path headDir = Paths.get("Dir1");
        //通过 walkFileTree 方法，实现目录的遍历
        Files.walkFileTree(headDir, myFileVisitor);
    }
    //createDirTree()方法的具体实现，用来创建一个多级目录，便于测试
    private static void createDirTree() throws IOException {
        //创建一个一级父目录，名为 Dir1
        File headDir = new File("Dir1");
        headDir.mkdir();
        headDir.deleteOnExit();

        //在一级父目录 Dir1 下，创建一个名为 File1.1 的文件
        File myFile1 = new File(headDir, "File1.1");
        myFile1.createNewFile();
        myFile1.deleteOnExit();

        //在一级父目录 Dir1 下，创建一个目录名为 Dir1.1 的二级目录
        File mySubDirectory1 = new File(headDir, "Dir1.1");
        mySubDirectory1.mkdir();
        mySubDirectory1.deleteOnExit();

        //在目录名为 Dir1.1 的二级目录下，再创建一个文件，名为 File1.1.1
        File myFile2 = new File(mySubDirectory1, "File1.1.1");
        myFile2.createNewFile();
        myFile2.deleteOnExit();

        //在一级父目录 Dir1 下，创建一个目录名为 Dir1.2 的另一个二级目录
        File mySubDirectory2 = new File(headDir, "Dir1.2");
```

```
    mySubDirectory2.mkdir();
    mySubDirectory2.deleteOnExit();

    //在二级父目录 Dir1.2 下，创建一个文件名为 File1.2.1 的文件
    File myFile3 = new File(mySubDirectory2, "File1.2.1");
    myFile3.createNewFile();
    myFile3.deleteOnExit();

    //在二级父目录 Dir1.2 下，创建一个目录名为 Dir1.2.1 的三级目录
    File mySubDirectory3 = new File(mySubDirectory2, "Dir1.2.1");
    mySubDirectory3.mkdir();
    mySubDirectory3.deleteOnExit();

    //在名为 Dir1.2.1 的三级目录下，创建一个名为 File1.2.1.1 的文件
    File myFile4 = new File(mySubDirectory3, "File1.2.1.1");
    myFile4.createNewFile();
    myFile4.deleteOnExit();
    }
}
///////////////上述就把整个目录结构创建完成了
```

创建完成后的目录结构如图 7.9 所示。

```
1 □Dir1
2     |--- File1.1
3     |--- Dir1.1
4     |       \File1.1.1
5 □   \--- Die1.2
6             |--- File1.2.1
7 □           \--- Dir1.2.1
8                   \---File1.2.1.1
9
```

图 7.9　创建完成后的目录结构

运行程序后的输出结果如下：

```
将要访问的目录为：  Dir1
将要访问的目录为：  Dir1\Dir1.1
正在访问的文件为：  Dir1\Dir1.1\File1.1.1，此文件的大小为：0
将要访问的目录为：  Dir1\Dir1.2
将要访问的目录为：  Dir1\Dir1.2\Dir1.2.1
正在访问的文件为：  Dir1\Dir1.2\Dir1.2.1\File1.2.1.1，此文件的大小为：0
正在访问的文件为：  Dir1\Dir1.2\File1.2.1，此文件的大小为：0
正在访问的文件为：  Dir1\File1.1，此文件的大小为：0
```

正如程序编写的目的，FileVisitorExample 类运行后，输出了所设定的整个目录树结果，实现了对每个目录及文件的访问，并读取了文件的大小等属性信息。通过这种方式，Java 可以很方便地以非递归的方式遍历任何目录，也可以对目录中的文件进行操作。

7.7.2　目录的监视

Java 7 中涉及文件系统的操作，另一个很重要的 API 就是针对目录的监视操作。所谓目录的监视，指的是在实际应用中，对特定的一个或多个目录进行追踪，以监视其中是否

有文件或者目录正被创建、修改或者删除。

　　这一功能在 Java 的应用开发中经常用到，比如通过对目录的监视，可以随时更新指定目录的状态或信息，可以实现对文件或目录的动态检测，在 GUI 中可以即时更新显示列表或者检查对将要重新加载的配置文件的修改等。在以前的 Java 版本中，要实现这些功能，必须实现一个代理，该代理运行在单独的线程中，以用来保持对目录所有内容的追踪，不断轮询文件系统来查看是否有相关的情况发生，这显然是比较麻烦的。而在 Java 7 新的文件处理体系中，WatchService API 提供了监视目录的能力。这就免除了自己编写文件系统轮询程序的所有麻烦，并且，如果可能的话，它可基于本地系统 API 来获取更优的性能。

　　在 Java 7 新引入的 java.nio.file 包中有一套监视文件系统变更的 Watch Service API。可以使用这些 API 把一个目录注册到监视服务上。在注册的时候需要指定我们感兴趣的事件类型，比如文件创建、文件修改和文件删除等。当监视的事件发生时，监视服务会根据需要处理这些事件。这些 API 主要包括如下内容。

　　（1）java.nio.file.WatchService：文件系统监视服务的接口类，它的具体实现由监视服务提供者负责加载。比如在 Windows 系统上，它的实现类为 sun.nio.fs.Windows WatchService。

　　（2）java.nio.file.Watchable：实现了 java.nio.file.Watchable 的对象才能注册监视服务 WatchService。java.nio.file.Path 实现了 watchable 接口，后文使用 Path 对象注册监视服务。

　　（3）java.nio.file.WatchKey：该类代表着 Watchable 对象和监视服务 WatchService 的注册关系。WatchKey 在 Watchable 对象向 WatchService 注册的时候被创建。它是 Watchable 和 WatchService 之间的关联类。它们的类图如图 7.10 所示。

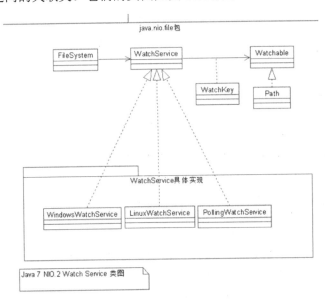

图 7.10　Java IO 中 WatchKey 类的类结构图

为实现文件变更监视服务，我们需要完成以下工作。

❑ 创建 WatchService 的一个实例变量 watcher。

❑ 使用 watcher 注册每一个想要监视的目录。注册目录到监视服务时，需要指定想要接收文件更改通知的事件类型。注册目录会返回一个 WatchKey 实例 key。

❑ 执行一个无限循环来监控要到来的事件。当一个事件发生时，对实例 key 发出信号通知并且将它放到 watcher 的队列中。

❑ 从 watcher 的队列中重新得到 key 实例，key 实例包含发生变更的文件名。

❑ 从 key 实例中得到挂起的事件，然后根据需要对这些事件进行处理。

❑ 重置 key 实例并重新开始监控事件。

❑ 监控完毕，关掉监视服务。

WatchService 是一个接口，在不同的操作系统上有不同的实现，比如在 Windows 操作系统上，具体的实现为 sun.nio.fs.WindowsWatchService，在 Linux 系统平台上具体实现为 sun.nio.fs.LinuxFileSystem。在进行目录监视的时候，可以把一个或者若干个监视对象注册到监控服务上。任何实现 Watchable 接口的对象都可以注册。通常使用实现该接口的 Path 类来注册监控服务，Path 类实现了接口的 register(WatchService, WatchEvent.Kind<?>...)方法。在注册的时候需要指定想要监视的事件类型，所支持的事件类型如下。

❑ ENTRY_CREATE：创建条目时返回的事件类型。

❑ ENTRY_DELETE：删除条目时返回的事件类型。

❑ ENTRY_MODIFY：修改条目时返回的事件类型。

❑ OVERFLOW：表示事件丢失或者被丢弃，不必要注册该事件类型。

注册一个指定的目录到监视服务的代码如下所示：

```
/**
    注册指定的目录到监视服务
    */
private void register(Path dir) throws IOException {
    //创建一个 WatchKey 对象，在参数中指定对哪些事件行为进行监视
    WatchKey key = dir.register(watcher,
                      ENTRY_CREATE,ENTRY_DELETE,ENTRY_MODIFY);
    if (trace) {
        Path existing = keys.get(key);
        if (existing == null) {
            System.out.format("register: %s\n", dir);
        } else {
            if (!dir.equals(existing)) {
            system.out.format("update: %s -> %s\n",
                                   existing, dir);
            }
        }
    }
    keys.put(key, dir);
}
```

在上述代码中，当监视服务监视到文件变更事件时，会按照下述步骤处理监视到的事件。

（1）通过 watcher.take()方法获得一个 WatchKey 实例，再通过 key.take()方法取队列中的一个 key 返回。如果无可用的，该方法会等待。

（2）处理 key 的挂起事件。通过 pollEvents()方法获得 WatchEvents 事件列表。

（3）通过 kind()方法获取事件的类型。

（4）文件名存在事件 event 的上下文中，可以通过 context()方法来获取文件名。

（5）System.out.format()语句输出文件系统变更信息。

（6）当 key 实例包含的事件全部处理完毕，需要调用 reset()方法来恢复 key 的状态为 ready。如果 reset()方法返回 false，这个实例 key 不再有效，循环可以退出。如果不调用 reset() 方法，这个实例不会接收其他事件。

WatchKey 实例 key 都有一个状态，这些状态可能有如下的 3 种。

（1）Ready：表示 key 可以接收事件。第一次创建时，key 的状态为 ready。

（2）Signaled：表示一个或多个事件在排队，可以调用 reset()方法从 signaled 状态改成 ready 状态。

（3）Invalid：表示 key 实例不是活动状态。

在监视过程中，当新目录或者文件创建、删除或者修改的时候，程序都会监听到此动作，在应用中根据需要可以将监视信息输出，这类信息包括时间戳、事件类型和全路径文件名等。这样，通过 WatchService 的相关 API，就可以完全实现对目录的监视功能。

7.7.3　文件的属性

文件的属性，简单地说就是在文件系统下一个文件所固有的特征信息，如文件的类型、长度、位置、存储类别和建立时间等。在以前的 Java 版本中，Java I/O 体系中针对文件属性的操作仅能得到基本的文件属性集，如大小、修改时间、文件是否隐藏，以及它是文件还是目录等信息，要想获取或者修改更多的文件属性，必须通过运行所在平台特定的本地代码来实现，这显然是很麻烦的。而 Java 7 的文件系统 API 中，提供了一些很简单的方式，如利用 java.nio.file.attribute 类来处理文件属性的方式，包括读取、修改扩展的属性集等操作，这些工具类主要分为以下两类。

❏ XxxAttributeView：代表某种文件属性的视图。

❏ XxxAttributes：代表某种文件属性的集合，程序一般通过 XxxAttributeView 对象获取 XxxAttributes。如：

　　BasicFileAttributeView 与 BasicFileAttributes；

　　DosFileAttributeView 与 DosFileAttributes；

　　FileStoreSpaceAttributeView 与 FileStoreSpaceAttributes；

　　PosixFileAttributeView 与 PosixFileAttributes 等，都是这种形式。

在上述这些类中，BasicFileAttributeView 可以获取或修改文件的基本属性，包括文件的最后修改时间、最后访问时间、创建时间、大小、是否为目录，以及是否为符号链接等。它的 readAttribute()方法返回一个 BasicFileAttributes 对象，对文件夹的基本属性的修改是通过 BasicFileAtributes 对象来完成。DosFileAttributeView 主要用于获取或修改指定给 DOS 的相关属性，比如文件是否只读、是否隐藏、是否是系统文件，以及是否是存档文件等。它的 readAttributes()方法返回一个 DosFileAttributes 对象，对这些属性的修改其实是由 DosfileAttributes 对象来完成。其他的类与之类似。

🔔 说明：在 Java 7 的 API 中，有 7 个涉及文件属性处理的视图。本小节只对 BasicFileAttributeView 和 DosFileAttributeView 这两个常用的类进行了简要说明，要了解其他关于文件属性处理的工具类，读者可自行查阅 Java 7 的 API。

【**例 7.14**】　使用 BasicFileAttributeView 类，读取文件的属性信息。

//-----------文件名 FileAttributesExample.java，程序编号 7.18----------------

```
///////////////这里需要引入 Java 7 所需的类库
import java.io.IOException;
import java.nio.file.Files;
import java.nio.file.Path;
import java.nio.file.Paths;
import java.nio.file.attribute.BasicFileAttributeView;
import java.nio.file.attribute.BasicFileAttributes;
import java.nio.file.attribute.DosFileAttributeView;
import java.util.Date;

//定义一个名为 FileAttributesExample 的类
public class FileAttributesExample {

    public static void main(String[] args) throws IOException {
        //通过 Path 对象指定要查看属性的目标文件，这里是 D 盘上的名为 file.txt 的文件
        Path path = Paths.get("D:/file.txt");
        //传入 Path 对象，并生成一个 BasicFileAttributeView 类的实例
        BasicFileAttributeView basicview = Files.getFileAttributeView(path,
        BasicFileAttributeView.class);
        //通过 readAttributes 方法，获取文件的属性集
        BasicFileAttributes basicfile = basicview.readAttributes();
        //输出上档文件的相关属性信息
        System.out.println("创建时间"+ new Date(basicfile.creationTime().
        toMillis()));
        System.out.println("文件大小" + basicfile.size());
        //同理，获取指定给 DOS 的文件属性信息
        DosFileAttributeView dosview = Files.getFileAttributeView(path,
        DosFileAttributeView.class);
        //对文件属性的隐藏和只读等属性进行设定
        dosview.setHidden(true);
        dosview.setReadOnly(true);
    }
}
```

运行程序后的输出结果如下：

```
创建时间 Tue Feb 19 15:20:08 CST 2013
文件大小 8565
```

除了上述的输出结果外，程序运行后，文件 D:/file.txt 就变成了隐藏且只读的。除了上述演示的读取文件属性的基本功能外，Java 7 中针对文件属性的操作还有设置文件的权限、所有者定义、存储空间和扩展属性操作等，在应用编程中可以很方便地实现对文件属性的操作。

涉及 Java 7 中的文件操作中，还有其他的 NIO.2 文件 API，一系列具有创建、检查并修改符号链接的新功能都可以找到。总之，相对于旧版的 Java I/O 而言，Java 7 中的 NIO.2 为 Java 开发人员提供了一系列简单、兼容并且功能强大的 API，以方便编程人员实现与文件系统交互。其目的是抽取处理文件和目录时所涉及的复杂的、平台特定的细节，并能较好地为程序员提供更强大的功能和更多的灵活性。

7.8　本章小结

　　本章着重介绍了对文件的处理。大多数情况下，对文件的处理是通过输入输出流进行的。如果有特别的需要，也可以使用 File 类来读取文件的外部属性，用 RadomAccessFile 对文件进行随机读写。处理文件是任何一个程序员都必备的基础知识，而且它是跨越任何一门语言工具的，所以一定要认真掌握。Java 虽然通过流降低了普通文件处理的工作量，但在实际编程中，仍然会有很多具体的问题需要程序员自己处理，在实践中总结经验是最好的学习方法。

7.9　实战习题

　　1．什么叫流？简述流的分类。

　　2．什么是过滤流？举例说明。

　　3．什么是序列化（串行化）？举例说明。

　　4．编写一个应用程序，按行顺序地读取一个可读文件的内容。

　　5．把 Hashtable 存放的信息输出到磁盘文件中，再从中读取 Hashtable。

　　6．利用 StringBuffer 类编写从键盘读入字符串、整数和实型数，并在屏幕上输出。

　　7．编写一个测试文件一般属性（如显示文件的路径、绝对路径、显示文件是否可写、显示文件是否可读，以及显示文件的大小等属性）的程序。

　　8．利用 RandomAccessFile 类编写应用程序，要求输入 10 组数据到文件中，每组数据为 1 个整型数和 1 个双精度数，然后随机修改文件的某组数，并显示修改的结果。

　　9．将如下 3 组不同类型的数据利用 DataInputStream 和 DataOutputStream 写入文件，然后从文件中读出。3 组数据如下：

　　　　{ "Java T-shirt", "Java Mug", "Duke Juggling Dolls", "Java Pin","Java Key Chain"}

　　　　{ 12, 8, 13, 29, 50 };

　　　　{ 19.99, 9.99, 15.99,3.99, 4.99 };

　　10．利用 BufferedReader 和 BufferedWriter 在文件中实现输入输出字符串。

　　11．从命令行中读入一个文件名，判断该文件是否存在。如果该文件存在，则在原文件相同路径下创建一个文件名为"copy_原文件名"的新文件，该文件内容为原文件的拷贝。如果文件不存在，则提示继续输入。

　　（例如：读入/home/java/photo.jpg，则创建一个文件/home/java/copy_photo.jpg，新文件内容和原文件内容相同。）

第 4 篇　Java 中的高级技术

第 8 章　Java 的多线程机制

支持多线程是现代操作系统的一大特点。Java 语言是跨平台的，无法像 C/C++语言一样通过调用系统的 API 来实现多线程程序，所以它在语言本身加入了对多线程的支持。而且，所有的多线程功能都是以面向对象的方式来实现，学习起来比较简单，控制也很方便。本章就将对 Java 的多线程机制做一个简明的介绍。主要的内容要点有：

- ❑ 线程的概念及特点；
- ❑ Java 多线程技术及实现；
- ❑ Java 多线程程序的编写方法；
- ❑ 线程的调度与线程间的通信；
- ❑ 生产者与消费者实例讲解。

8.1　认　识　线　程

在操作系统中，通常将进程看作是系统资源的分配单位和独立运行的基本单位。一个任务就是一个进程。比如，现在正在运行 IE 浏览器，同时还可以打开记事本，系统就会产生两个进程。通俗地说，一个进程既包括了它要执行的指令，也包括了执行指令时所需要的各种系统资源，如 CPU、内存和输入输出端口等。不同进程所占用的系统资源相对独立。进程具有动态性、并发性、独立性和异步性等特点。而线程是比进程更小的执行单位，在编程设计中有着重要的作用与意义，本节将带领读者认识一下线程。

8.1.1　线程是什么

进程的概念大家都比较熟悉了，在编写程序的过程中程序员并不需要对进程有多深的了解。本书前面编写的程序一旦被执行，都是独立的进程。它所需要的资源，大多数由操作系统来自动分配，无须程序员操心。

线程是一个比较新的概念，在 20 世纪 80 年代末才正式被引入。它在提高系统吞吐率、有效利用系统资源、改善用户之间的通讯效率以及发挥多处理机的硬件性能等方面都有显著的作用。因此，线程在现代操作系统中得到了广泛的应用，如 Windows、Unix 和 Linux等都提供了多线程机制。

线程（thread）是"进程"中某个单一顺序的控制流，也被称为轻量进程（lightweight processes），它是一个比进程更小的执行单位，是程序执行流的最小单元。一个标准的线程由线程 ID、当前指令指针（PC）、寄存器集合和堆栈组成。另外，线程是进程中的一个实体，是被系统独立调度和分派的基本单位，线程自己不拥有系统资源，只拥有一点在运行中必不可少的资源，但它可与同属一个进程的其他线程共享进程所拥有的全部资源。一个线程可以创建和撤销另一个线程，同一进程中的多个线程之间可以并发执行。由于线程之间的相互制约，致使线程在运行中呈现出间断性。

线程也有就绪、阻塞和运行等基本状态。每一个程序都至少有一个线程，若程序只有一个线程，那就是程序本身。进程在执行过程中，也可以产生多个线程。每个线程都有自己相对独立的资源（这个和进程非常相似）和生存周期。线程之间可以共享代码和数据、实时通信、进行必要的同步操作。在一个进程中，可以有一个或多个线程的存在。如果程序员不创建线程对象，那么系统至少会创建一个主线程。

8.1.2　多线程的特点

在基于线程（thread-based）的多任务处理环境中，线程是最小的执行单位。这意味着一个程序可以同时执行两个或者多个任务的功能。例如，一个文本编辑器可以在打印的同时格式化文本。所以，多进程程序处理"大图片"，而多线程程序处理细节问题。多线程程序比多进程程序需要更少的管理费用。进程是重量级的任务，需要分配它们自己独立的地址空间，进程间通信是昂贵和受限的，进程间的转换也是很需要花费的。但是，线程是轻量级的选手，它们共享相同的地址空间并且共同分享同一个进程。线程间通信是便宜的，线程间的转换也是低成本的。当 Java 程序使用多进程任务处理环境时，多进程程序不受 Java 的控制，而多线程则受 Java 控制。

设计好的多线程，能够帮助程序员写出 CPU 最大利用率的高效程序，因为 CPU 的空闲时间保持最低。这对 Java 运行的交互式的网络互连环境是至关重要的，因为空闲时间是公共的。举个例子来说，网络的数据传输速率远低于计算机的处理能力，本地文件系统资源的读写速度远低于 CPU 的处理能力，当然，用户输入也比计算机慢很多。在传统的单线程环境中，你的程序必须等待每一个这样的任务完成后，才能执行下一步——尽管 CPU 有很多空闲时间。多线程使你能够获得并充分利用这些空闲时间。

进程和线程最大的区别在于，进程是由操作系统来控制的，而线程是由进程来控制的。所以很多由操作系统完成的工作必须交由程序员完成。前面所写的程序都是单线程的程序，如果需要设计多线程的程序，难度就要大一些。进程都是相互独立，各自享有各自的内存空间。而一个进程中的多个线程是共享内存空间的，这意味着它们可以访问相同的变量和对象，这一方面方便了线程之间的通讯，另一方面又带来了新的问题：多个线程同时访问一个变量可能会出现意想不到的错误。

在传统的 C/C++、OP 等语言中，都是利用操作系统的多线程支持库来完成多线程的程序设计，线程之间的同步、异步、并发和互斥等控制起来比较麻烦（当然好的开发环境也会用类来对这些进行封装）。而 Java 在语言这一级提供了对多线程的支持，它本身就提供了同步机制，大大方便了用户，降低了设计程序的难度。

编制多线程程序，对于程序员而言是一个极大的挑战。尽管 Java 的线程类已经做得不错了，但还远称不上完美。如果需要编制大型的、要求可靠性很高的多线程程序，还需要程序员花费大量的时间来设计和调试。如果要深入介绍线程控制的每一个细节，足够写出厚厚的一本书。限于篇幅，本章只做一些简明介绍。

8.2　Java 的多线程技术

多线程技术是 Java 语言的重要特性之一，Java 平台提供了一套广泛而功能强大的 API、工具和技术。其中，内建支持线程是它的一个强大的功能。这一功能为使用 Java 编程语言的程序员提供了并发编程这一诱人但同时也非常具有挑战性的选择。本节将重点讲解 Java 的多线程技术。

8.2.1　Java 与多线程

Java 编写的程序都运行在 Java 虚拟机（JVM）中，在 JVM 的内部，程序的多任务是通过线程来实现的。

每当使用 Java 命令启动一个 Java 应用程序，就会启动一个 JVM 进程。在同一个 JVM 进程中，有且只有一个进程，就是它自己。在这个 JVM 环境中，所有程序代码的运行都是以线程来运行的。JVM 找到程序的入口点 main()，然后运行 main() 方法，这样就产生了一个线程，这个线程称之为主线程。当 main() 方法结束后，主线程运行完成。JVM 进程也随即退出。对于多个线程来说，多个线程共享 JVM 进程的内在块，当新的线程产生的时候，操作系统不分配新的内存，而是让新线程共享原有的进程块的内存。JVM 负责对进程、线程进行管理，轮流（没有固定的顺序）分配每个进程很短的一段 CPU 时间（不一定是均分），然后在每个进程内部，程序代码自己处理该进程内部线程的时间分配，多个线程之间相互地切换去执行，这个切换时间也是非常短的。

8.2.2　Java 的线程状态及转换

上文已经说过，在 JVM 中，线程何时执行是未知的，只有在 CPU 为线程分配到时间片时，线程才能真正执行。在线程执行的过程中，由于多个线程之间存在调度、执行和暂停等各种可能，这样线程就有了"状态"的概念，图 8.1 展示了 Java 线程状态及转换关系。

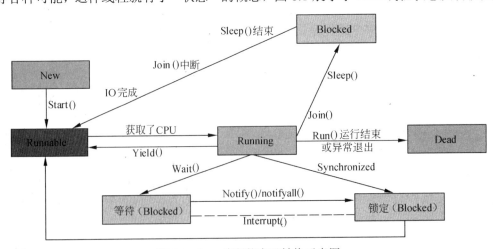

图 8.1　Java 线程状态及转换示意图

在图 8.1 所示的线程状态中，共有 5 种不同的状态，一个线程在任何时候总是处于这 5 种状态之一，这 5 种状态说明如下。

- 新建：当创建一个 Thread 类和它的子类对象后，新产生的线程对象处于新建状态，并获得除 CPU 外所需的资源。
- 就绪：当处于新建状态的线程被启动后，将进入线程队列等待 CPU 资源。这时，它已经具备了运行的条件，一旦获得 CPU 资源，就可以脱离创建它的主线程独立运行了。另外，原来处于阻塞状态的线程结束阻塞状态后，也将进入就绪状态。
- 运行：当一个就绪状态的线程获得 CPU 时，就进入了运行状态。每个 Thread 类及其子类对象都有一个 run()方法，一旦线程开始运行，就会自动运行该方法。在 run()方法中定义了线程所有的操作。
- 阻塞：一个正在运行的线程因为某种特殊的情况，比如，某种资源无法满足，会让出 CPU 并暂时停止自身的运行，进入阻塞状态。只有当引起阻塞的原因消除时，它才能重新进入就绪状态。
- 死亡：不具备继续运行能力的线程处于死亡状态。这一般是由两种情况引起的，一种是 run()方法已经运行完毕了；另一种是由其他的线程（一般是主线程）强制终止它。

需要指出的是：处于就绪状态的线程是在就绪队列中等待 CPU 资源的，而一般情况下，就绪队列中会有多个线程。为此，系统会给每一个线程分配一个优先级，优先级高的可以排在较前面的位置，能优先得到 CPU 资源。对于优先级相同的线程，一般按照先来先服务的原则调度。

8.2.3 Java 多线程的实现

Java 编程语言中创建和使用线程都比较简单，在 Java 中有两种方法可以创建线程：一种是继承 Thread 类；另一种是实现 Runnable 接口。但不管采用哪种方式，都要用到 Java 类库中的 Thread 类以及相关方法。

1. Thread类

Thread 类是一个具体的类，即不是抽象类，该类封装了线程的行为。利用 Thread 类创建一个线程，必须创建一个从 Thread 类导出的新的子类。必须覆盖 Thread 的 run()方法来完成线程的业务工作。当启动线程时则必须调用 Thread 的 start()函数。Thread 类的构造方法有多个，各有各的用途，如表 8.1 所示。

表 8.1 Thread类的构造方法

构 造 方 法	说　　　明
Thread()	构造一个线程对象
Thread(Runnable target)	构造一个线程对象，target 是被创建线程的目标对象，它实现了 Runnable接口中的run()方法
Thread(String name)	用指定字符串为名构造一个线程对象
Thread(ThreadGroup group, Runnable target)	在指定线程组中构造一个线程对象，使用目标对象target的run()方法

续表

构 造 方 法	说　　明
Thread(Runnable target, String name)	用指定字符串为名称构造一个线程对象，使用目标对象target的run()方法
Thread(ThreadGroup group, Runnable target, String name)	在指定线程组中构造一个线程对象，以name作为它的名字，使用目标对象target的run()方法
Thread(ThreadGroup group, Runnable target, String name, long stackSize)	在指定线程组中构造一个线程对象，以name作为它的名字，使用目标对象target的run()方法，stackSize指定堆栈大小

为了能让线程正常运行以及方便程序员对线程的控制，Thread 类提供了很多辅助方法。其中，比较常用的方法如表 8.2 所示。

表 8.2　Thread的常用方法

方 法 名	说　　明
static int activeCount()	返回线程组中正在运行的线程数目
void checkAccess()	确定当前运行的线程是否有权限修改线程
static Thread currentThread()	判断当前哪个线程正在执行
void destroy()	销毁线程，但不收回资源
static void dumpStack()	显示当前线程中的堆栈信息
static int enumerate(Thread[] tarray)	将当前线程组中的线程复制到数组tarray中
String getName()	返回线程的名字
int getPriority()	获取线程的优先级
ThreadGroup getThreadGroup()	获取线程所属的线程组
static boolean holdsLock(Object obj)	当前线程被观测者锁定时，返回真
void interrupt()	中断线程
static boolean interrupted()	测试当前线程是否被中断
boolean isAlive()	测试线程是否已经正常活动
boolean isDaemon()	测试线程是否在后台
boolean isInterrupted()	测试本线程是否被中断
void join()	等待，直到线程死亡
void join(long millis)	等待线程死亡，但最多只等待millis毫秒
void run()	如果类是使用单独的Runnable对象构造的，将调用Runnable对象的run方法，否则本方法不做任何事情就返回了。如果是子类继承Thread类，请务必实现本方法以覆盖父类的run方法
void setDaemon(boolean on)	将线程标记为后台或者用户线程
void setName(String name)	设置线程的名字为name
void setPriority(int newPriority)	改变线程的优先级，Java定义了3种级别：Thread.MIN_PRIORITY、Thread.MAX_PRIORITY和Thread.NORM_PRIORITY
static void sleep(long millis)	正在运行的线程睡眠（暂停），参数millis指定毫秒数
static void sleep(long millis, int nanos)	正在运行的线程睡眠（暂停），millis指定毫秒数，nanos指定纳秒数
void start()	启动线程，JVM会自动调用run()方法
static void yield()	正在运行的线程暂停，同时允许其他的线程运行

2．Runnable接口

开发线程应用程序的第二个方法是通过 Runnable 接口来实现。Runnable 接口只有一个函数，即 run()，此函数必须由实现了此接口的类实现。

当使用 runnable 接口时，不能直接创建所需类的对象并运行它，必须从 Thread 类的一个实例内部运行它。

在 Java 中，既然已经有了 Thread 类，为什么还要一个 Runnable 接口呢？在前面的章节中我们已经知道，Java 是"单继承多实现"的，也就是说一个 Java 类只能继承一个父类，但可以同时实现多个接口，如果有一个类已经继承了一个其他的父类，而又要在此类中实现多线程时，那么继承 Thread 类来实现多线程的方法就不能用了，就可以通过实现 Runnable 接口的方式定义多线程。

在实际的 Java 程序开发中，我们更倾向于通过实现 Runnable 接口的方式实现多线程，因为实现 Runnable 接口相比继承 Thread 类而言，既可以避免单继承的局限，也可以避免类层次的加深，同时更适合于资源的共享。

8.3　多线程程序的编写

8.2 节介绍了 Java 的多线程技术，讲解了通过继承 Thread 类或实现 Runnable 接口的方式来实现 Java 多线程的方法。这两种方法中，无论采用哪一种方法，程序员要做的关键性操作有 3 个：

- ❑ 定义用户线程的操作，也就是定义用户线程的 run()方法。
- ❑ 在适当的时候建立用户线程实例，也就是用 new 来创建对象。
- ❑ 启动线程，也就是调用线程对象的 start()方法。

下面通过几个例子分别来介绍这两种方式实现的多线程程序。

8.3.1　利用 Thread 的子类创建线程

要创建一个多线程程序，首先要写一个子类继承 Thread 类，并覆盖其中的 run()方法。run()方法中的代码就是这个线程要实现的功能。然后再创建子类对象，这和创建普通类的对象是一样的。最后调用 start()方法启动线程。如果要对线程进行其他的控制，就需要使用 Thread 类的其他辅助方法。

【例 8.1】　用 Thread 子类创建多线程程序。

先定义一个 Thread 的子类，该类的 run 方法只用来输出一些信息。

//-------------文件名 myThread.java，程序编号 8.1------------

```java
public class myThread extends Thread{//定义 Thread 类的子类
  private static int count=0;    //这是静态变量，所有线程对象共享
  //覆盖 run 方法，实现自己的功能
  public void run(){
    int i;
    for(i=0;i<100;i++){   //进行一个计数循环
```

```
      count = count+1;
      System.out.println("My name is "+getName()+" count= "+count);
      try{
         sleep(10);                    //休眠 10 毫秒，让其他线程有机会运行
      }catch (InterruptedException e) { }
   }
 }
 public myThread(String name){
    super(name);
 }
}
```

下面这个程序用来创建线程对象并运行该线程对象。

//-------------文件名 mulThread.java，程序编号 8.2-----------

```
public class mulThread{
 public static void main(String argv[]){
    myThread trFirst,trSecond;
    //创建两个线程对象
    trFirst=new myThread("First Thread");
    trSecond=new myThread("Second Thread");
    //启动这两个线程
    trFirst.start();
    trSecond.start();
 }
}
```

类中的成员 count 是一个静态变量，两个线程对象会共享这个变量。每个线程都会将
这个变量循环加上 100 次，使得它的值最终变成 200。

按照程序员的设想，当程序运行时，第一个线程先运行，将 count 的值加 1，而后输出，
再转入休眠状态；而后第二个线程按照同样的方法运行；如此交替运行，重复进行 100 次。
程序的输出似乎也验证了这一点：

```
My name is First Thread count= 1
My name is Second Thread count= 2
My name is First Thread count= 3
My name is Second Thread count= 4
My name is First Thread count= 5
My name is Second Thread count= 6
......
```

但问题远不是这么简单，当程序接着运行下去时，读者可能会看到这样的输出：

```
My name is Second Thread count= 152
My name is First Thread count= 153
My name is First Thread count= 154
My name is Second Thread count= 155
My name is First Thread count= 156
```

其中，First Thread 线程出现了连续两次运行的情况。也就是说，当线程调度时，系统
不能够保证各个线程会严格交替地运行，它的调度具有一定的“随意性”。即当两个优先
级相同的线程都进入就绪态后，调用哪一个都是有可能的，因此程序的输出结果不可预测。

最为极端的情况下，可能会出现下面这样的输出：

```
My name is Second Thread count= 172
My name is First Thread count= 172
My name is First Thread count= 173
```

```
My name is Second Thread count= 174
```

最后 count 的结果小于 200。读者可能会觉得这不可思议，但的确有可能发生。设想下面的情况：

（1）线程 2 取得 count 的值（假定为 171），但还没执行完 count=count+1 这条语句（这条语句实际上是由取得 count 值、将 count 值加 1 和将新值赋给 count 等 3 条指令组成），线程 1 取得 CPU 的运行权，线程 2 进入就绪队列。

（2）线程 1 取得 count 的值（此时仍为 171），然后执行 count=count+1，现在 count 变成 172。

（3）线程 2 取得 CPU 的运行权，线程 1 进入就绪队列。

（4）线程 2 执行 count+1 和赋值指令，由于它前面取得的值是 171，所以 count 变成 172。

（5）线程 2 执行输出语句，输出 count = 172，然后自动转入休眠状态。

（6）线程 1 取得运行权，输出 count = 172，然后转入休眠状态。

上面的过程完全符合逻辑，但显然共享变量 count 的值不符合预期。所以，当线程共享某个变量或资源时，一定要做好变量或资源的保护工作。关于如何做到这一点，将在 8.4.1 小节中介绍。

8.3.2　实现 Runnable 接口创建线程

除了继承 Thread 类，还有一种方式可以实现多线程程序：实现 Runnable 接口。Runnable 接口中只有一个方法——run()。因此只要实现了该方法，就可以写成多线程的形式。但问题是，Thread 所拥有的其他辅助方法都不存在，如果这些方法全部由程序员来实现，就过于繁琐。

为了解决这一问题，在实际编程中，实现 Runnable 的子类中，通常都会定义一个 Thread 类的对象，然后利用 Thread 的构造方法：

```
Thread(Runnable target) 或 Thread(Runnable target, String name)
```

将本类作为参数传递给 Thread 对象，这样就可以指定要运行的 run()方法。同时，还可以使用 Thread 类中定义好的其他辅助方法。

除此之外，为了启动这个线程，还需要定义一个 start()方法，以启动内部的 Thread 对象。

【例 8.2】　继承 Runnable 接口实现多线程。

//-------------文件名 ThreadImRunnable.java，程序编号 8.3------------

```
public class ThreadImRunnable implements Runnable{
  private static int count=0;
  private Thread trval; //需要一个 Thread 对象
  //定义自己的 run()方法
  public void run(){
    int i;
    for(i=0;i<100;i++)
    { count++;
      //使用 Thread 对象的方法
      System.out.println("My name is "+trval.getName()+" count= "+count);
```

```
    try{
      trval.sleep(10);
    }catch (InterruptedException e) {  }
  }
}
//实现构造方法
public ThreadImRunnable(String name){
  trval=new Thread(this,name);  //将本对象传递给 trval 对象
}
//定义自己的 start()方法来启动 trval 对象的线程
public void start(){
  trval.start();
}
}
```

主程序和前面的相同。

//--------------文件名 mulThread.java，程序编号 8.4------------

```
public class mulThread{
  public static void main(String argv[]){
ThreadImRunnable trFirst,trSecond;  //声明两个 ThreadImRunnable 对象
//对这两个 ThreadImRunnable 对象分别开启线程
    trFirst=new ThreadImRunnable("First Thread");
    trSecond=new ThreadImRunnable("Second Thread");
    trFirst.start();                 //启动第一个线程
    trSecond.start();                //启动第二个线程
  }
}
```

程序 8.3 和前面的程序 8.1 实现同样的功能，不过程序 8.3 明显要比程序 8.1 麻烦一些。那么，到底在什么时候使用 Thread 类，在什么时候使用 Runnable 接口呢？由于 Java 不支持多重继承，所以当某类已经是某个类的子类，而同时又要完成多线程任务时，就可以考虑实现 Runnable 接口。典型的例子是 Applet 程序，由于所有的 Applet 程序都必须是 Applet 的子类，所以如果要实现多线程任务，只能通过实现 Runnable 接口。

8.3.3　使用 isAlive()和 join()等待子线程结束

在 8.3.1 小节的例 8.1 中，主程序 main()其实也是一个线程，它也会有结束的时候。那么它到底是等待子线程结束之后才结束，还是自己先结束了呢？所以在程序 8.2 中加入一条输出语句：

//--------------文件名 mulThread.java，程序编号 8.5------------

```
public class mulThread{
  public static void main(String argv[]){
    myThread trFirst,trSecond;
    //创建两个线程对象
    trFirst=new myThread("First Thread");
    trSecond=new myThread("Second Thread");
    //启动这两个线程
    trFirst.start();
    trSecond.start();
    System.out.println("主线程结束");
  }
}
```

它的输出结果如下：

```
主线程结束
My name is First Thread count= 1
My name is Second Thread count= 2
My name is First Thread count= 3
My name is Second Thread count= 4
……
```

从输出结果中可以看出，主线程在启动两个线程之后就自行结束了。但在大多数情况下，用户希望主线程最后结束，这样可以做一些扫尾工作。一种简单的方法是通过在 main()中调用 sleep()来实现，经过足够长时间的延迟以确保所有子线程都先于主线程结束。然而，这不是一个令人满意的解决方法，它也带来一个大问题：一个线程如何知道另一线程已经结束？幸运的是，Thread 类提供了回答此问题的方法。

有两种方法可以判定一个线程是否结束。第一，可以在线程中调用 isAlive()方法。这种方法由 Thread 定义，它的通常形式如下：

```
final boolean isAlive()
```

如果所调用线程仍在运行，isAlive()方法返回 true，如果不是，则返回 false。但 isAlive()很少用到，因为它需要用一个循环来判断，这样太耗 CPU 资源。等待线程结束更常用的方法是调用 join()，描述如下：

```
final void join()throws InterruptedException
```

该方法名字来自于要求线程等待直到指定线程参与的概念。join()的附加形式允许给等待指定线程结束定义一个最大时间。

下面是程序 8.5 的改进版本，运用 join()方法以确保主线程最后结束。

【例 8.3】　join()方法使用示例。

//--------------文件名 demoJoin.java，程序编号 8.6------------

```java
public class demoJoin{
  public static void main(String argv[]){
    myThread trFirst,trSecond;
    //创建两个线程对象
    trFirst=new myThread("First Thread");
    trSecond=new myThread("Second Thread");
    //启动这两个线程并等待它们结束
    try{
      trFirst.start();
      trSecond.start();
      trFirst.join();
      trSecond.join();
    }catch(InterruptedException e){
      System.out.println("主线程被中断");
    }
    System.out.println("主线程结束");
  }
}
```

程序的输出结果如下：

```
……
My name is First Thread count= 197
```

```
My name is Second Thread count= 198
My name is First Thread count= 199
My name is Second Thread count= 200
主线程结束
```

使用 join()方法很好地完成了预想的任务。

8.3.4　设置线程优先级

默认情况下，所有的线程都按照正常的优先级来运行及分配 CPU 资源。JVM 允许程序员自行设置线程优先级。理论上，优先级高的线程比优先级低的线程获得更多的 CPU 时间。实际上，线程获得的 CPU 时间通常由包括优先级在内的多个因素决定（例如，一个实行多任务处理的操作系统如何更有效地利用 CPU 时间）。

一个优先级高的线程自然比优先级低的线程优先。举例来说，当低优先级线程正在运行，而一个高优先级的线程被恢复（例如，从沉睡中或等待 I/O 中），它将抢占低优先级线程所使用的 CPU。理论上，等优先级线程有同等的权力使用 CPU。但由于 Java 是被设计成能在很多环境下工作的，一些环境下实现多任务处理从本质上与其他环境不同。为安全起见，等优先级线程偶尔也受控制。这保证了所有线程，在无优先级的操作系统下都有机会运行。实际上，在无优先级的环境下，多数线程仍然有机会运行，因为很多线程不可避免地会遭遇阻塞，例如，等待输入输出。遇到这种情形，阻塞的线程被挂起，其他线程运行。

设置线程的优先级，需要用到 setPriority()方法，该方法也是 Thread 的成员。它的通常形式为：

```
final void setPriority(int level)
```

其中，level 指定了对所调用线程的新的优先权的设置。Level 的值必须在 MIN_PRIORITY～MAX_PRIORITY 范围内。通常，它们的值分别是 1 和 10。默认值是指定 NORM_PRIORITY，该值为 5。这些优先级在 Thread 中都被定义为 final 型常量。

用户也可以通过调用 Thread 的 getPriority()方法来获得当前的优先级设置。该方法如下：

```
final int getPriority()
```

例 8.4 阐述了两个不同优先级的线程，运行于具有优先权的平台，这与运行于无优先级的平台不同。一个线程设置了高于普通优先级两级的级数，另一线程设置的优先级则低于普通级两级。两线程被启动并允许运行 10 秒。每个线程执行一个循环，记录反复的次数。1 秒后，主线程终止了两线程。然后显示两个线程循环的次数。

【例 8.4】　设置线程优先级示例。

//-------------文件名 clicker.java，程序编号 8.7------------

```
public class clicker extends Thread{
  private int click = 0;
  private volatile boolean running=true; //循环控制变量
  public int getClick(){
    return click;
  }
  public void run(){
    while (running)      //判断标记
```

```
      click = click + 1;//计数器加 1
   }
  public void normalStop(){
    running = false;
  }
}
```

程序中的循环变量 running 被声明成 volatile，这个关键字告诉编译器，不要自作主张为它进行编译优化。

还有一点，注意不要将循环体中的"click=click+1"改成"++click"的形式。对于前者，编译器会生成多条指令，执行过程中系统有机会将它中断。而后者只有一条指令，系统不能将其中断，这样其他的线程就难以有机会获得 CPU。

//--------------文件名 demoPri.java，程序编号 8.8------------

```
public class demoPri{
  public static void main(String argv[]){
    clicker trHigh,trLow;
    //创建两个线程对象
    trHigh=new clicker();
    trLow=new clicker();
    //分别设置优先级
    trHigh.setPriority(Thread.NORM_PRIORITY+2);
    trLow.setPriority(Thread.NORM_PRIORITY-2);
    //启动这两个线程
    trLow.start();
    trHigh.start();
    try{
      Thread.sleep(1000); //等待 1 秒钟
    }catch(InterruptedException e){  }
    //结束两个线程
    trHigh.normalStop();
    trLow.normalStop();
    //等待它们真正结束
    try{
      trHigh.join();
      trLow.join();
    }catch(InterruptedException e){  }
    //输出两个线程的循环次数
    System.out.println("trHigh 的循环次数为："+trHigh.getClick());
    System.out.println("trLow 的循环次数为："+trLow.getClick());
  }
}
```

在笔者的机器上，程序的输出结果为：

```
trHigh 的循环次数为：2031959251
trLow 的循环次数为：53200783
```

结果表明，优先级高的线程获得了更多的 CPU 运行时间。

8.4　线程的调度与通信

和进程一样，多线程的程序也要考虑各个线程之间的协调和配合。特别是当线程要共享资源时，就必须考虑线程之间的互斥和同步问题。如前面的例 8.1，count 变量的值之所以会出现错误，是因为没有考虑线程间的互斥问题。

多线程的程序，如果编写不当，还有可能发生死锁。关于互斥、同步、死锁和临界区这些概念，本节只做一个简单的介绍。详细的资料请参阅《操作系统》教程。

- ❑ 互斥：当多个线程需要访问同一资源，而这一资源在某一时刻只允许一个线程访问，那么这些线程就是互斥的。例如，线程 A 需要读取变量 comm，而线程 B 会给变量 comm 赋值，则 A 和 B 是互斥的。
- ❑ 同步：多个线程需要访问同一资源，而且需要相互配合才能正常工作，那么这些线程运行时就是一种同步关系。例如，线程 A 需要从缓冲区中读取数据，如果缓冲区为空则无法读取；而线程 B 会往缓冲区中写入数据，如果缓冲区已满则无法写入。那么 A 和 B 是同步线程。
- ❑ 临界区：为了实现线程间的互斥和同步，需要将共享资源放入一个区域，该区域一次只允许一个线程进入，该区域被称为临界资源。线程在访问共享资源前需要进行检查，看自己能否对该资源访问。如果有权访问，还需要阻止其他线程进入该区域。该代码段就是临界区。
- ❑ 死锁：若有多个线程相互等待其他线程释放资源，且所有线程都不释放自己所占有的资源，从而导致相关线程处于永远等待的状态，这种现象称为线程的死锁。

8.4.1　线程的互斥

为了解决进程间的互斥和同步，必须要使用信号量，而且信号量的设置必须使用 PV 原语。而在 Java 中，信号量需要用户自己管理，系统只提供了起到 PV 原语作用的 3 个方法以及 1 个关键字。

- ❑ public final void wait()：告知被调用的线程放弃管程进入睡眠，直到其他线程进入相同管程并且调用了 notify()。
- ❑ public final void notify()：恢复相同对象中第一个调用 wait()的线程。
- ❑ public final void notifyAll()：恢复相同对象中所有调用 wait()的线程。具有最高优先级的线程最先运行。

上面 3 个方法是 object 类的成员方法，由于该类是所有类的基类，所以在任何类中，可以直接使用这 3 个方法，无须用"对象名.方法名()"的格式。

wait()是将本线程转入阻塞状态，它和 sleep()不同，它会暂时释放占用的资源管程，wait(int mill)允许用户指定阻塞的时间。notify()是唤醒某个在管程队列中排队等候的线程，notifyAll()则是唤醒所有的阻塞线程。相对而言，后者更为安全一些。

除了这 3 个方法之外，还有一个关键字也经常要被用到，即 synchronized。

synchronized 关键字则用来标志被同步使用的资源。这里的资源既可以是数据，也可以是方法，甚至是一段代码。凡是被 synchronized 修饰的资源，系统都会为它分配一个管程，这样就能保证在某一时间内，只有一个线程对象在享有这一资源。这有点类似于街头的电话亭，当某人进去之后，可以从里面将其锁上。当另一个线程试图调用同一对象上的 Syncronized 方法时，它无法打开电话亭的门，因此它将停止运行。所以 synchronized 也被称为"对象锁"。而且，上面提到的 3 个方法，都只能使用在由 synchronized 控制的代码块中。

synchronized 的使用形式有两种，一种是保护整个方法：

访问类型 synchronized 返回值 方法名（[参数表]）{ …… }

另外一种是保护某个指定的对象以及随后的代码块：

synchronized(对象名){ …… }

要实现线程的互斥，需要以下几个步骤。

❑ 设置一个各个线程共享的信号量，值为 true 或者 false。

❑ 线程需要访问共享资源前，先检测信号量的值。如果不可用，则调用 wait()转入等待状态。

❑ 如果可用，则改变信号量的状态，不让其他线程进入。

❑ 访问完共享资源后，再修改信号量的状态，允许其他线程进入。

❑ 调用 notify()或 notifyAll()，唤醒其他等待的线程。

下面这个例子演示了如何实现 3 个线程之间的互斥。

【例 8.5】线程互斥示例。

//--------------文件名 mutexThread.java，程序编号 8.9------------

```
public class mutexThread extends Thread{    //定义 Thread 类的子类
  private static int count=0;               //这是静态变量
  private static boolean flag = true;       //信号量，用于线程间的互斥
  //这个 run()方法被 synchronized 所控制
  public synchronized void run(){
    int i;
    for(i=0;i<100;i++){
      if (!flag)            //检测信号量是否可用
        try{
          wait();           //不允许进入临界区，等待
        }catch (InterruptedException e) { }
      flag = false;        //修改信号量，阻止其他线程进入
      count = count+1;  //访问共享资源
      flag = true;         //修改信号量，允许其他线程进入
      notifyAll();          //唤醒其他等待的线程
      System.out.println("My name is "+getName()+" count= "+count);
      try{
        sleep(10);          //让其他线程有机会获取 CPU
      }catch (InterruptedException e) { }
    }
  }
  public mutexThread(String name){
    super(name);
  }
}
```

下面再写一个程序测试它的运行情况。

//--------------文件名 demoMutex.java，程序编号 8.10------------

```
public class demoMutex{
  public static void main(String argv[]){
    mutexThread trFirst,trSecond,trThird;
    //创建 3 个线程对象
```

```
    trFirst=new mutexThread("First Thread");
    trSecond=new mutexThread("Second Thread");
    trThird=new mutexThread("Third Thread");
    //启动这 3 个线程
    trFirst.start();
    trSecond.start();
    trThird.start();
  }
}
```

程序输出结果的前几行如下：

```
My name is First Thread count= 1
My name is Second Thread count= 2
My name is Third Thread count= 3
My name is First Thread count= 4
My name is Second Thread count= 5
My name is Third Thread count= 6
……
```

无论 run()方法循环多少次，也无论有多少个线程来访问 count 变量，count 的值都不会像在 8.3.1 小节中提到的那样出现错误。

不过，读者可能还会观测到这样的输出结果：

```
……
My name is First Thread count= 211
My name is First Thread count= 212
My name is Second Thread count= 213
……
```

这是因为可能有某个线程连续获得 CPU 资源而连续运行。如果要避免这种情况，需要协调各个线程间的同步。

8.4.2　线程的同步

在某些情况下，两个（或者多个）线程需要严格交替地运行。比如，有一个存储单元，一个线程向这个存储单元中写入数据，另外一个线程从这个存储单元中取出数据。这就要求这两个线程必须要严格交替地运行。要实现这一点，需要对线程进行同步控制。

同步控制的基本思路和互斥是一样的，也是通过信号量配合 wait()和 notify()方法进行。不同的是，两个需要同步的线程会根据信号量的值，判断自己是否能进入临界区。比如，一个线程只有当信号量为真时才进入，而另外一个线程只有当信号量为假时才进入。而且只需要用 notify()方法通知另外一个等待线程就可以了。

下面写一个例子来演示线程的同步。由于这两个线程执行的任务不同，所以需要由两个不同的线程类来创建。前面实现线程间通信的时候，都是采用静态成员变量作为信号量，这里由于是不同的线程类，无法直接使用这种方式。一种容易想到的方法是设计一个公共类，信号量和共享资源都以静态成员变量的形式存在于类中。这样无论哪个线程对象，访问的都是同一个信号量和共享资源。这么做最为简单，但是不大符合 OOP 对数据封装的要求。8.4.4 小节将会采用另外一种解决办法。

这里面临的另外一个棘手的问题是：由于两个线程对象分属于不同线程类，而 notify()

只能通知本线程类的其他对象，所以需要用"对象名.notify()"的形式，唤醒指定的其他线程类创建的线程对象。

【**例 8.6**】　线程同步示例。

//--------------文件名 commSource.java，程序编号 8.11------------

```java
public class commSource{
  static boolean flag = true;
  static int data;
}
```

//--------------文件名 setDataThread.java，程序编号 8.12------------

```java
public class  setDataThread extends Thread{
  private readDataThread otherThread=null; //存储另外一个线程对象
  public  void run(){
     for(int i=0;i<100;i++){
         if (!commSource.flag)
            try{
                synchronized(this) {    //锁定当前对象
                    wait();             //阻塞自己
                }
            }catch (InterruptedException e) {    }
         commSource.flag = false;     //重新设置标志
         commSource.data = (int)(Math.random()*1000);
         System.out.println("设置数据: "+commSource.data);
         synchronized(otherThread) { //锁定另外一个线程对象
             otherThread.notify();   //唤醒另外一个线程对象
         }
     }
  }
  public void setOtherThread(readDataThread rt){
    otherThread = rt;                   //存储另外一个对象
  }
}
```

//--------------文件名 readDataThread.java，程序编号 8.13------------

```java
public class  readDataThread extends Thread{
  private setDataThread otherThread=null;
  public  void run(){
     for(int i=0;i<100;i++){
         if (commSource.flag)
           try{
             synchronized(this) {
                 wait();
             }
           }catch (InterruptedException e) {    }
         commSource.flag = true;
         System.out.println("获得数据: "+commSource.data);
         synchronized(otherThread) {
             otherThread.notify();
         }
     }
  }
  public void setOtherThread(setDataThread st){
    otherThread = st;
  }
}
```

//--------------文件名 demoSynchrony.java，程序编号 8.14------------

```
public class demoSynchrony{
  public static void main(String argv[]){
    setDataThread setTr;
    readDataThread readTr;
    readTr=new readDataThread();
    setTr=new setDataThread();
    readTr.setOtherThread(setTr);     //将其他对象传递进去
    setTr.setOtherThread(readTr);
    readTr.start();
    setTr.start();
  }
}
```

程序运行的部分结果如下：

```
设置数据：326
获得数据：326
设置数据：928
获得数据：928
设置数据：866
获得数据：866
设置数据：893
获得数据：893
设置数据：629
获得数据：629
设置数据：211
获得数据：211
......
```

表明两个线程是严格交替运行的。

8.4.3　暂停、恢复和停止线程

在某些情况下，一个线程可能需要去暂停、恢复和终止另外一个线程。在 JDK 1.2 以前的版本中，实现这些功能的方法分别是 suspend()、resume()和 stop()。但从 JDK 1.2 以后，这些方法都已经被丢弃，原因是它们可能会引起严重的系统故障。

Thread 类的 suspend()方法不会释放线程所占用的资源。如果该线程在某处挂起，其他的等待这些资源的线程可能死锁。

Thread 类的 resume()方法本身并不会引起问题，但它不能离开 suspend()方法而独立使用。

Thread 类的 stop()方法同样已被弃用。这是因为该方法可能导致严重的系统故障。设想一个线程正在写一个精密的重要的数据结构，且仅完成一小部分，如果该线程在此刻终止，则数据结构可能会停留在崩溃状态。

因为在 JDK 1.5 中不允许使用 suspend()、resume()和 stop()方法来控制线程，读者也许会想：那就没有办法来停止、恢复和结束线程。事实并非如此，只要程序员在 run()方法中定期检查某些信号量，就可以判定线程是否应该被挂起、恢复或终止它自己的执行。

其实，程序 8.7 中的那个 run()方法就是通过检测 running 变量来判断自己是否应该结束。下面把这个程序改动一下，让它具备挂起、恢复和终止的功能。这需要用到 wait()和 notify()方法。

【例 8.7】　自己编写线程的暂停、恢复和停止方法。

//-------------文件名 enhanceThread.java，程序编号 8.15------------

```java
public class enhanceThread extends Thread{
  public static final int STOP = 1;
  public static final int RUNNING = 2;
  public static final int SUSPEND = 3;
  private int state = STOP;
  public synchronized void run(){
    int cnt = 0;
    while(state!=STOP){  //无限循环
      if(state==SUSPEND){
        try{
          wait();
        }catch(InterruptedException e) {    }
      }
      ++cnt;
      System.out.println("线程正在运行:"+cnt);
      try{
        sleep(100);        //让其他线程有机会获取 CPU
      }catch (InterruptedException e) { }
    }
  }
  //终止线程运行
  public void normalStop(){
    state = STOP;
  }
  //将线程挂起
  public void normalSuspend(){
    state = SUSPEND;
  }
  //恢复线程运行
  public synchronized void normalResume(){
    state = RUNNING;
    notify();
  }
  public enhanceThread(){
    state = RUNNING;
  }
}
```

//-------------文件名 demoEnhanceThread.java，程序编号 8.16------------

```java
public class demoEnhanceThread{
  public static void main(String argv[]){
    enhanceThread tr = new enhanceThread();
    System.out.println("启动线程");
    tr.start();
    try{
      Thread.sleep(1000);
      System.out.println("将线程挂起");
      tr.normalSuspend();
      Thread.sleep(1000);
      System.out.println("恢复线程运行");
      tr.normalResume();
      Thread.sleep(1000);
```

```
        System.out.println("终止线程运行");
        tr.normalStop();
    }catch(InterruptedException e){ }
    }
}
```

运行程序 8.16，输出结果如下：

```
启动线程
线程正在运行:1
线程正在运行:2
线程正在运行:3
线程正在运行:4
线程正在运行:5
线程正在运行:6
线程正在运行:7
线程正在运行:8
线程正在运行:9
线程正在运行:10
将线程挂起
恢复线程运行
线程正在运行:11
线程正在运行:12
线程正在运行:13
线程正在运行:14
线程正在运行:15
线程正在运行:16
线程正在运行:17
线程正在运行:18
线程正在运行:19
线程正在运行:20
终止线程运行
```

8.4.4　生产者-消费者问题实例

生产者-消费者问题（Producer_consumer）是操作系统中一个著名的进程同步问题。它一般是指：有一群生产者进程在生产产品，并将此产品提供给消费者进程去消费。为使生产者进程和消费者进程能并发执行，在它们之间设置一个缓冲区，生产者进程可将它所生产的产品放入一个缓冲区中，消费者进程可从一个缓冲区取得一个产品消费。尽管所有的生产者进程和消费者进程都是以异步的方式运行的，但它们之间必须保持同步，即不允许消费者进程到一个空缓冲区去取产品，也不允许生产者进程向一个已装有消息、但尚未被取走产品的缓冲区投放产品。这里将"进程"换成"线程"，问题仍然成立。下面要做的事情就是用线程来模拟这一过程。

其实在 8.4.2 小节的例 8.6 中，所演示的线程同步就是这个问题的一个简单特例：只有一个消费者和一个生产者，缓冲区的大小为 1。不过例 8.6 的设计上有一点问题，不符合 OOP 的原则，而且控制 wait()和 notify()时也过于麻烦。

这里对它进行改进。笔者采用的方法是设计一个公共类，并用这个类创建一个对象，信号量和共享资源都以静态成员变量的形式存在于该对象中。在创建线程对象时，将这个公共对象传递进去，作为线程对象的私有数据。这样无论哪个线程对象，访问的都是同一个信号量和共享资源。

同时，将生产方法和消费方法都封装在这个公共类中，这样就避免了使用形如"对象名.notify()"这样的麻烦。

【例 8.8】　生产者-消费者实例。

//--------------文件名 common.java，程序编号 8.17------------

```java
public class common{              //公共线程类
   private int production[];
   private int count;             //产品的实际数目
   private int BUFFERSIZE = 6;  //缓冲区的大小

   public common(){
     production = new int[BUFFERSIZE];
     count = 0;
   }
   //从缓冲区中取数据
   public synchronized int get(){
      int result;
      //循环检测缓冲区是否可用
      while (count<=0)
        try{
           wait();      //等待
        }catch(InterruptedException e) { }     //捕获 InterruptedException
      result = production[--count];
      notifyAll();
      return result;
   }
   //向缓冲区中写数据
   public synchronized void put(int newproduct){
      //循环检测缓冲区是否可用
      while (count>=BUFFERSIZE)
        try{
           wait();
        }catch(InterruptedException e) { }
      production[count++]=newproduct;
      notifyAll();
   }
}
```

由于缓冲区是大于 1 的，同时会有多个生产线程或是消费线程等待进入，而且它也允许连续多个生产者线程或是消费者线程进入。所以这里的信号量不是一个 boolean 类型，而是一个介于[0,BUFFERSIZE]之间的整型数。

注意，它的检测语句是：

```java
while (count>=BUFFERSIZE)
   try{
       wait();
}catch(InterruptedException e) { }
```

而前面所有程序中，此处都是用的 if。因为可能出现这样的情况：某生产者线程检测时，count 值已经等于 BUFFERSIZE，它被阻塞在此处。然后一个消费者线程进入，将 count 值减 1，然后再调用 notifyAll()唤醒这个线程。而与此同时，另外一个生产者线程已经抢先进入，再次把 count 的值加 1。如果本线程不再检测 count 值而直接进入，将导致下标越界的错误。

//--------------文件名 consumer.java，程序编号 8.18-----------

```java
public class consumer extends Thread{   //消费者线程类
    private common comm;
    public consumer (common thiscomm){
        comm=thiscomm;
    }
    public void run(){              //线程体
        int i,production;
        for(i=1;i<=20;i++){          //生产线程计数
          production=comm.get();
          System.out.println("得到的数据是: "+production);
          try{
            sleep(10);
          }catch (InterruptedException e) { }
        }
    }
}
```

//--------------文件名 producer.java，程序编号 8.19-----------

```java
public class producer extends Thread{   //生产者线程类
    private common comm;
    public producer(common thiscomm){
        comm=thiscomm;
    }
    public synchronized void run(){
        int i;
        for(i=1;i<=10;i++){
          comm.put(i);
          System.out.println("生产的数据是: "+i);
          try{
            sleep(10);
          }catch (InterruptedException e) { }
        }
    }
}
```

//--------------文件名 producer_consumer.java，程序编号 8.20-----------

```java
public class producer_consumer{       //演示生产者-消费者线程
    public static void main(String argv[]){
        common comm=new common();
        //创建 2 个生产者和 1 个消费者线程
        producer ptr1=new producer(comm);
        producer ptr2=new producer(comm);
        consumer ctr=new consumer(comm);
        ptr1.start();
        ptr2.start();
        ctr.start();
    }
}
```

程序某次运行结果如下:

生产的数据是: 1
生产的数据是: 1
得到的数据是: 1

生产的数据是：2
生产的数据是：2
得到的数据是：2
生产的数据是：3
生产的数据是：3
得到的数据是：3
生产的数据是：4
生产的数据是：4
得到的数据是：4
生产的数据是：5
生产的数据是：5
得到的数据是：5
生产的数据是：6
生产的数据是：6
得到的数据是：6
生产的数据是：7
得到的数据是：6
生产的数据是：7
得到的数据是：7
生产的数据是：8
得到的数据是：7
得到的数据是：8
生产的数据是：9
生产的数据是：8
得到的数据是：9
生产的数据是：10
得到的数据是：8
生产的数据是：9
得到的数据是：10
生产的数据是：10
得到的数据是：9
得到的数据是：10
得到的数据是：5
得到的数据是：4
得到的数据是：3
得到的数据是：2
得到的数据是：1

结果表明，该程序已经很好地解决了生产者线程和消费者线程间的同步问题。

8.5　本 章 小 结

　　本章介绍了使用多线程编程的一些基础知识。其中包括如何创建自己的线程、如何对线程进行控制，以及如何进行线程间的通信和协调。其中，线程的同步是最难掌握的部分，需要程序员花费大量的时间和精力进行调试。由于多线程的编制比单线程的编制要困难得多，所以，在什么情况下使用多线程是需要仔细斟酌的。而且还需要注意一点：如果程序创建了太多的线程，反而会减弱程序的性能。因为线程间的切换是需要开销的。如果线程太多，更多的 CPU 时间会用于上下文转换而不是用来执行程序。

8.6 实 战 习 题

1. 什么是线程？它和进程有什么区别？

2. 简述线程的生命周期。

3. 创建线程有哪两种方法？Runnable 接口中包括哪些抽象方法？Thread 类有哪些主要域和方法？

4. 创建线程有几种方式？试写出使用这些方式创建线程的一般模式。为什么有时候必须采用其中一种方式？

5. 简述线程的同步控制机制。

6. 什么是死锁？线程有哪 3 种基本状态？这几种状态是怎样相互转换的？（可画图表示）

7. 编写一个多线程类，该类的构造方法调用 Thread 类带字符串参数的构造方法。建立自己的线程名，然后随机生成一个休眠时间，再将自己的线程名和休眠多长时间显示出来。该线程运行后，休眠一段时间，该时间就是在构造方法中生成的时间。最后编写一个测试类，创建多个不同名字的线程，并测试其运行情况。

8. 编写一个程序，测试异常。该类提供一个输入整数的方法，使用这个方法先输入两个整数，再用第一个整数除以第二个整数。当第二个整数为 0 时，抛出异常，此时程序要捕获异常。

9. 编写一个用线程实现的数字时钟的应用程序。该线程类要采用休眠的方式，把绝大部分时间让系统使用。

10. 编写一个使用继承 Thread 类的方法实现多线程的程序。该类有两个属性，一个字符串代表线程名，一个整数代表该线程要休眠的时间。线程执行时，显示线程名和休眠的时间。

11. 应用继承类 Thread 的方法实现多线程类，该线程 3 次休眠若干（随机）毫秒后显示线程名和第几次执行。

12. 请通过实现 Runnable 接口和继承 Thread 类分别创建线程。要求：除了 main 线程之外，还要创建一个新的线程。main 线程重复 100 次"main"，新线程重复 100 次输出"new"。

13. 请创建一个线程，指定一个限定时间（如 60s），线程运行时，大约每 3s 输出 1 次当前所剩时间，直至给定的限定时间用完。

（提示：在编程过程中，注意使用 sleep 方法。）

第9章　运行时类型识别

本章将介绍 RTTI（Run-Time Type Identification 运行时类型识别）的相关知识。RTTI 是任何一门面向对象的语言都必须提供的功能。不仅系统本身要利用该功能来识别目前正在运行的对象真正所属的类别，程序员有时候也需要利用这一机制来识别对象，以设计程序来做出恰当的反应。

本章将讨论如何利用 Java 在运行期间查找对象和类信息。这主要采取两种形式：一种是"传统" RTTI，它假定我们已在编译和运行期拥有所有类型；另一种是 Java 特有的"反射"机制，利用它可在运行期独立查找类信息。本章先讨论"传统"的 RTTI，再讨论反射问题。主要的内容要点有：

- ❑ Java 中 RTTI 的概念及原理；
- ❑ Java 类的识别方法；
- ❑ Java 的反射机制；
- ❑ 利用反射获取运行时类信息的过程及方法。

9.1　Java 中的 RTTI

9.1.1　为什么需要 RTTI

RTTI 是运行时类型识别的简称，对于面向对象的语言而言，它是必备功能。先来看看图 9.1 所示的一种类继承关系。

在图 9.1 所示的类中，基类是 Shape 类，由它派生出来的类是 Circle、Square 和 Triangle。这 4 个类都拥有同名的方法：draw()。子类的 draw()方法会覆盖父类的方法。假定有下面的代码：

```
void Draw(Shape shape){
  shape.draw();
}
```

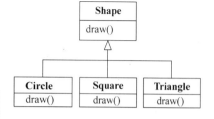

图 9.1　类结构示意图

然后分别采用下面的方法来调用：

```
Circle  circle = new Circle();
Square square = new Square();
Triangle triangel = new Triangle();
Shape shape = new Shape();
Draw(cirle);
```

```
Draw(square);
Draw(triangle);
Draw(shape);
```

根据 4.4 节所介绍的内容，shape.draw()实际上会执行 4 个不同的方法。它会根据实际执行时 shape 对象所属的真正类别来决定调用哪一个类的 draw()方法。这个特性被称为运行时多态。这一特性对于程序员而言是非常有用的，不过大多数情况下，它对程序员是透明的，程序员并不需要关心系统是如何实现它的。

然而，若碰到一个特殊的程序设计问题，只有在知道对象所属的确切类型后，才能最容易地解决这个问题。举个例子来说，程序员有时候想让自己的用户将某一具体类型的几何形状（如三角形）全都变成紫色，以便突出显示它们，并快速找出这一类型的所有形状。此时，就要用到 RTTI 技术，用它查询某个 shape 对象的准确类型是什么。

这里要做的事情就是系统自动完成的事情，不过由程序员自己来做，速度会得到提高。现在的问题就是如何来确定这个类型。其实有一点可以肯定，对象在运行时一定携带了某些信息，系统可以通过某种方式获取这些信息，从而确定对象所属的类。

注意：Java 提供了两种方式来获取对象的信息：一种是利用传统的方法；一种是利用反射机制。

9.1.2　RTTI 的工作原理

为了理解 RTTI 在 Java 里如何工作，首先必须了解类型信息在运行期是如何表示的。这要用到一个名为 Class 的特殊形式的对象，其中包含了与类有关的信息（有时也把它叫作"元类"）。事实上，要用 Class 对象创建属于某个类的全部"常规"或"普通"的对象。

任何一个作为程序一部分的类，都有一个 Class 对象。换言之，每次写一个新类时，同时也会创建一个 Class 对象（更恰当地说，是保存在一个完全同名的.class 文件中）。在运行期，一旦程序员想生成某个类的一个对象，用于执行程序的 Java 虚拟机（JVM）首先就会检查该类型的 Class 对象是否已经载入。若尚未载入，JVM 就会查找同名的.class 文件，并将其载入。所以，Java 程序启动时并不是完全载入的，这一点与许多传统语言都不同。一旦该类型的 Class 对象进入内存，就用它创建该类型的所有对象。

Class 类中间提供了很多有用的方法，其中，forName()方法用来加载一个对象。使用它，可以不必用关键字 new 来创建对象。它是一个静态方法，一般使用形式如下：

```
Class.forName("类名");
```

下面举一个简单的例子，来查看该方法如何加载对象。

【例 9.1】　用 Class 加载对象示例。

//--------------文件名 Candy.java，程序编号 9.1------------

```
public class Candy {
  //静态代码块
  static {
    System.out.println("Loading Candy in static block.");
  }
  public static void main(String args[]){
    System.out.println("Loading Candy in main method.");
```

```
    }
 }
```

下面这个程序用来加载 Candy 对象。

//--------------文件名 loadClass.java，程序编号 9.2------------

```
public class loadClass{
 public static void main(String args[]){

    System.out.println("Before loding Candy. ");
    try{
       //通过 Class.forName 加载 Candy 对象
       Class.forName("Candy");
    }catch(ClassNotFoundException e) {
       e.printStackTrace();
    }
  }
}
```

程序的输出结果如下：

```
Before loding Candy.
Loading Candy in static block.
```

从程序的输出结果来看，用这种方式和用 new 来创建对象并没有什么不同。其实，二者之间有很大区别：用 new 创建对象要通过编译器静态检查，如果编译时 Candy 类不存在，那么使用 Candy 对象的类也无法通过编译；而 forName()方法是动态加载，即便编译时 Candy 类不存在，编译也是可以通过的，只是在运行时会抛出异常。

使用 forName()方法还有一个问题：它返回的是一个 Class 类型，而不是加载的那个类的类型。所以，无法做下面这样的声明：

```
Candy candy = Class.forName("Candy");
```

而只能写成：

```
Class candy = Class.forName("Candy");
```

也就是说，candy 无法直接使用 Candy 类中定义的方法。解决的办法是利用反射机制（这一点将在 9.3 节中详细介绍），不过这比直接用 new 来创建对象要麻烦得多。所以，用 forName()加载对象多用在加载驱动程序的情况下。

9.2　Java 类的识别方法

9.2.1　使用 getClass()方法获取类信息

获取对象所属类信息最常用的方法是 getClass()方法。这个方法是 Object 类中的一个最终方法。所以所有类都可以直接使用它，但不能覆盖它。

getClass()的原型如下：

```
public final Class<? extends Object> getClass()
```

它的返回值是一个泛型类（关于泛型，下一章将介绍），读者可以暂时认为它返回一个简单的 Class 类。获得返回值之后，可以利用 Class 类的各种方法对对象进行处理，使用上并不复杂，请看下面的例子。

【例 9.2】getClass()方法使用示例。

//--------------文件名 Shape.java，程序编号 9.3------------

```
public class Shape{
  void showMsg(){
    System.out.println("This is Shape class");
  }
}
```

//--------------文件名 Circle.java，程序编号 9.4------------

```
public class Circle extends Shape{
  void showMsg(){
    System.out.println("This is Circle class");
  }
}
```

//--------------文件名 getClassName.java，程序编号 9.5------------

```
public class getClassName{
  public static void main(String args[]){
    //调用 showName 方法，分别传入 Circle 对象和 Shape 对象
    showName(new Circle());
    showName(new Shape());
  }
  public static void showName(Shape shape){
    Class cl = shape.getClass();            //获取 shape 实际所属的类
    System.out.println(cl.getName());
    //对类进行判断，并做出相应处理
    if (cl.getName().equals("Shape"))
  //打印输出结果
    System.out.println("This is a shape object.");
    else if(cl.getName().equals("Circle") )
    System.out.println("This is a circle object.");
  }
}
```

程序的输出结果如下：

```
Circle
This is a circle object.
Shape
This is a shape object.
```

程序中用 getName()方法获取类名，然后进行比较，判断所属的类，比较麻烦，速度也比较低。其实，可以使用更为简单一点的方法：采用类标记。

9.2.2　使用类标记

Java 提供了一种简便生成 Class 对象的方法：类标记。如果 T 是任意的 Java 类型，那

么，T.class 就代表匹配的类对象。例如：

```
Class c1 = int.class;
Class c2 = double[].class;
Class c3 = Shape.class;
```

利用类标记，程序 9.5 可以稍作改动，如程序 9.6 所示。

【例 9.3】类标记使用示例。

//--------------文件名 getClassName.java，程序编号 9.6------------

```
public class getClassName{
  public static void main(String args[]){
   //调用 showName 方法，分别传入 Circle 对象和 Shape 对象
   showName(new Circle());
   showName(new Shape());
  }
  public static void showName(Shape shape){
   Class cl = shape.getClass();            //得到 shape 类对象
   System.out.println(cl.getName());
   if (cl == Shape.class)                  //使用==号对类类型进行判断
     System.out.println("This is a shape object.");
   else if(cl == Circle.class )
     System.out.println("This is a circle object.");
  }
}
```

这个程序的输出结果和程序 9.5 是完全一样的，不过它明显要简洁一些，而且运行效率也更高一些。但这里仍然生成一个 Class 对象。Java 还提供了更为简单的方法：使用关键字 instanceof。

9.2.3 使用关键字 instanceof 判断所属类

Java 提供了一个关键字 instanceof，用于帮助程序员判断一个对象真正所属的类。它是一个二元运算符，一般形式如下：

```
objectName  instanceof  className
```

其中，左侧的操作数是一个对象名，右侧的操作数是类名，计算结果为 true 或 false.。利用 instanceof，可以将程序 9.6 稍作改动，如程序 9.7 所示。

【例 9.4】使用 instanceof 判断所属类。

//--------------文件名 getClassName.java，程序编号 9.7------------

```
public class getClassName{
  public static void main(String args[]){
   //调用 showName 方法，分别传入 Circle 对象和 Shape 对象
   showName(new Circle());
   showName(new Shape());
  }
  public static void showName(Shape shape){
   Class cl = shape.getClass();            //通过 getClass 方法得到 shape 类对象
   System.out.println(cl.getName());
   if (shape instanceof Shape)        //使用 instanceof 操作符对类类型进行判断
     System.out.println("This is a shape object.");
   else if(shape instanceof Circle )
```

```
        System.out.println("This is a circle object.");
    }
}
```

　　程序的运行结果与程序 9.6 完全相同，这么做已经完全不需要创建 Class 对象了。也许有读者认为，既然有了 instanceof 这么简便的方法，那么应该不需要使用 Class 类。但事实是，对于这个例子 instanceof 有速度上的优势，但由于它仅仅是一个用来判断所属类的运算符，缺乏其他的功能，所以在稍微复杂一点的情况下，它就很难派上用场。事实上，它的功能完全能被运行时多态所取代，所以多数人不赞成使用 instanceof。而 Class 类则有相当多的辅助方法，能够被使用在反射机制中，满足程序员的各种需要，所以其用途比较广泛。

9.3　利用反射获取运行时类信息

　　反射（Reflection）是 Java 程序开发语言的特征之一，它允许运行中的 Java 程序对自身进行检查，或者说"自审"，并能直接操作程序的内部属性。例如，使用它能获得 Java 类中各成员的名称，并将该名称显示出来。

　　Java 的这一能力被大量应用于 JavaBeans 中。使用反射，Java 可以支持 RAD 工具。特别是在设计或运行中添加新类时，快速地应用开发工具，能够动态地查询新添加类的能力。

　　反射是一种强大且复杂的机制，使用它的主要是工具的构造者。在一般应用程序中，它的使用并不多，但是，在其他的程序设计语言中，根本就不存在这一特性。例如，Pascal、C/C++中就没有办法在程序中获得函数定义相关的信息。限于篇幅，本节只介绍反射机制最重要的内容——检查类的结构。

　　先来看一个简单的例子，让读者对 reflection 的工作模式有一个感性的认识。

　　【例 9.5】　使用反射机制示例。

//-------------文件名 DumpMethods.java，程序编号 9.8------------

```
import java.lang.reflect.*;
public class DumpMethods{
  public static void main(String args[]) {
    try{
      Class c = Class.forName(args[0]);        //装载类命令行指定的类对象
      Method m[] = c.getDeclaredMethods();     //获取类中声明的方法
      for (int i = 0; i < m.length; i++)
          System.out.println(m[i].toString());
    }catch (Throwable e) {
      System.err.println(e);
    }
  }
}
```

按如下语句执行：

```
java  DumpMethods  java.util.Stack
```

它的结果输出为：

```
public synchronized java.lang.Object java.util.Stack.pop()
public java.lang.Object java.util.Stack.push(java.lang.Object)
public boolean java.util.Stack.empty()
```

```
public synchronized java.lang.Object java.util.Stack.peek()
public synchronized int java.util.Stack.search(java.lang.Object)
```

这样，就列出了 java.util.Stack 类的各方法名，以及它们的限制符和返回类型。

程序 9.8 先使用 Class.forName 载入指定的类，然后调用 getDeclaredMethods()方法获取这个类中定义了的方法列表。

在 java.lang.relfect 包中，有 3 个类最为重要：Field、Method 和 Constructor，它们分别用来描述类的成员属性（域）、方法和构造器。这 3 个类都有一个 getName()方法，可以返回相应条目的名称。

使用这些类的时候，必须要遵循 3 个步骤。

（1）获得想操作类的 java.lang.Class 对象。获取 Class 对象的方法在前面已经介绍过，分别是 forName()和类标记。另外，如果是封装了简单数据类型的封装类，还提供了一个 TYPE 作为类标记，例如：

```
Class c = Integer.TYPE;
```

这种方法访问的是基本类型的封装类 Integer 中预先定义好的 TYPE 字段。

（2）调用诸如 getDeclaredMethods()的方法，以取得该类中定义的所有方法的列表。一旦取得此信息，就可以进行第三步。

（3）使用 reflection API 来操作这些信息，如以下代码所示。

```
Class c = Class.forName("java.lang.String");
Method m[] = c.getDeclaredMethods();
System.out.println(m[0].toString());
```

它将以文本方式输出 String 中定义的第一个方法的原型。

9.3.1　使用 isInstance()方法判断所属类

Class 类中提供了一个 isInstance()方法，可以用来替代 instanceof 关键字。它的原型声明如下：

```
public boolean isInstance(Object obj)
```

注意：它的参数不是一个类名，而是一个类所属的对象。

这里仍然假定，程序 9.3 和程序 9.4 中定义的 Shape 类和 Circle 类存在。只对程序 9.7 做修改，用 isInstance()方法来判断所属类。

【例 9.6】　使用 isInstance()方法判断所属类。

//-------------文件名 useInstanceMethod.java，程序编号 9.9-----------

```
public class useInstanceMethod{
  public static void main(String args[]){
    //调用 judge 方法，分别传入 Circle 对象和 Shape 对象，对类类型进行判断
    judge(new Circle());
    judge(new Shape());
  }
  public static void judge(Shape shape){
    Class cl = shape.getClass();
```

```
    if (cl.isInstance(new Shape()) )    //注意它的参数
       System.out.println("This is a shape object.");
    else if(cl.isInstance(new Circle()) )
       System.out.println("This is a circle object.");
  }
}
```

程序的输出结果如下：

```
This is a circle object.
This is a shape object.
```

9.3.2　获取成员方法信息

找出一个类中定义了哪些方法，·是一个非常有价值也非常基础的功能。这需要用到
Class 类中的 getDeclaredMethods()方法以及 Method 类。下面的代码就实现了这一用法。

【例 9.7】　列出类中的成员方法。

//-------------文件名 listMethods.java，程序编号 9.10-----------

```java
import java.lang.reflect.*;
public class listMethods extends Circle{
  private int onlyTest(Object p, int x) throws NullPointerException {
     if (p == null)
        throw new NullPointerException();
     return x;
  }
  public static void main(String args[]){
     try {
        Class cls = Class.forName("listMethods");
        Method methlist[] = cls.getDeclaredMethods();
        //循环显示类中所有方法的信息
        for (int i = 0; i < methlist.length; i++){
           System.out.println("------第"+i+"个方法------");
           Method m = methlist[i];
           //显示方法名称
           System.out.println("name = " + m.getName());
           //显示定义方法的类名称
           System.out.println("decl class = " + m.getDeclaringClass());
           //显示方法所有的参数类型
           Class pvec[] = m.getParameterTypes();
           for (int j = 0; j < pvec.length; j++)
              System.out.println("param #" + j + " " + pvec[j]);
           //显示方法所有可能抛出的异常
           Class evec[] = m.getExceptionTypes();
           for (int j = 0; j < evec.length; j++)
              System.out.println("exc #" + j + " " + evec[j]);
           //显示方法的返回值类型
           System.out.println("return type = " + m.getReturnType());
        }
     }catch (Throwable e){
        System.err.println(e);
     }
  }
}
```

程序的输出结果如下：

```
------第 0 个方法------
name = onlyTest
decl class = class listMethods
param #0 class java.lang.Object
param #1 int
exc #0 class java.lang.NullPointerException
return type = int
------第 1 个方法------
name = main
decl class = class listMethods
param #0 class [Ljava.lang.String;
return type = void
```

不过读者可能会注意到，本类是 Circle 的一个子类，但是并没有列出从 Circle 中继承下来的方法。如果想要获取父类的方法，需要在程序中使用 getMethods()方法来代替 getDeclaredMethods()方法，不过，它只能获得所有 public 类型的方法。

9.3.3　获取构造方法信息

有时候需要获取的是构造方法的信息，它的用法与上述获取普通方法的用法类似。只要将其中的 getDeclaredMethods()方法改成 getDeclaredConstructors()方法，并将 Method 类替换成为 Constructor 就可以了。

【例 9.8】　列出构造方法信息。

//--------------文件名 listConstructors.java，程序编号 9.11------------

```java
import java.lang.reflect.*;
public class listConstructors extends Circle{
  public listConstructors(){ }
  public listConstructors(int i, double d){ }
  public static void main(String args[]){
    try {
      // 通过 Class.forName 加载 Class 对象
      Class cls = Class.forName("listConstructors");
      Constructor ctorlist[] = cls.getDeclaredConstructors();
      for (int i = 0; i < ctorlist.length; i++){
        System.out.println("------第"+i+"个构造方法------");
        Constructor m = ctorlist[i];
        System.out.println("name = " + m.getName());
        System.out.println("decl class = " + m.getDeclaringClass());
        Class pvec[] = m.getParameterTypes();
        for (int j = 0; j < pvec.length; j++)
          System.out.println("param #" + j + " " + pvec[j]);
        Class evec[] = m.getExceptionTypes();
        for (int j = 0; j < evec.length; j++)
          System.out.println("exc #" + j + " " + evec[j]);
      }
    } catch (Throwable e){
      System.err.println(e);
    }
  }
}
```

程序的输出结果如下：

```
------第 0 个构造方法------
name = listConstructors
```

```
decl class = class listConstructors
param #0 int
param #1 double
------第 1 个构造方法------
name = listConstructors
decl class = class listConstructors
```

由于构造方法没有返回值，所以 Constructor 类中没有 getReturnType()方法。

9.3.4　获取类的成员属性

利用 Field 类可以获取类的成员属性。它的使用步骤和前面两个类相似，只是方法的名称有一些区别。

【例 9.9】　列出成员属性。

//-------------文件名 listFields.java，程序编号 9.12------------

```
import java.lang.reflect.*;
public class listFields{
  private double d;
  public static final int i = 37;
  String s = "testing";
  public static void main(String args[]){
    try{
      Class cls = Class.forName("listFields");
      Field fieldlist[] = cls.getDeclaredFields();
      //循环显示所有成员属性
      for (int i = 0; i < fieldlist.length; i++){
        System.out.println("----第"+i+"个属性----");
        Field fld = fieldlist[i];
        //显示属性名称
        System.out.println("name = " + fld.getName());
        //显示定义它的类
        System.out.println("decl class = " + fld.getDeclaringClass());
        //显示属性数据类型
        System.out.println("type = " + fld.getType());
        //显示修饰符
        int mod = fld.getModifiers();
        System.out.println("modifiers = " + Modifier.toString(mod));
      }
    } catch (Throwable e){
      System.err.println(e);
    }
  }
}
```

程序的输出结果如下：

```
----第 0 个属性----
name = d
decl class = class listFields
type = double
modifiers = private
----第 1 个属性----
name = i
decl class = class listFields
type = int
```

```
modifiers = public static final
----第 2 个属性----
name = s
decl class = class listFields
type = class java.lang.String
modifiers =
```

这个例子和前面两个例子非常相似。例子使用了一个新事物：Modifier。它也是一个 reflection 类，用来描述字段成员的修饰语，如 private int。这些修饰语自身由整数描述，而且使用 Modifier.toString()方法来返回以"官方"顺序排列的字符串描述（如，static 在 final 之前）。

和获取方法的情况一样，在获取属性时也可以只取得在当前类中定义的属性（getDeclaredFields），如果要取得父类中定义的属性，则需要使用 getFields()方法。

9.3.5 根据方法的名称来执行方法

本章前面所举的例子无一例外，都与如何获取类的信息有关。实际上，也可以用反射机制来做一些其他的事情。比如，执行一个指定了名称的方法。下面的示例演示了这一操作。

【例 9.10】根据方法名称来执行方法。

//-------------文件名 invokeMethod.java，程序编号 9.13------------

```java
import java.lang.reflect.*;
public class invokeMethod{
  public int add(int a, int b){
    return a + b;
  }
  public static void main(String args[]){
    try{
      Class cls = Class.forName("invokeMethod");
      //创建参数类型数组
      Class partypes[] = new Class[2];
      partypes[0] = Integer.TYPE;
      partypes[1] = Integer.TYPE;
      //根据方法名(字符串)形式来创建方法对象
      Method meth = cls.getMethod("add", partypes);
      invokeMethod methobj = new invokeMethod();
      //创建实际参数数组
      Object arglist[] = new Object[2];
      arglist[0] = new Integer(37);
      arglist[1] = new Integer(47);
      //调用方法
      Object retobj = meth.invoke(methobj, arglist);
      //获取方法返回值
      Integer retval = (Integer) retobj;
      System.out.println(retval.intValue());
    }catch (Throwable e){
      System.err.println(e);
    }
  }
}
```

假如一个程序在执行到某处的时候，才知道需要执行某个方法，而该方法的名称是在程序的运行过程中指定的（例如，JavaBean 开发环境中就会做这样的事）。程序 9.13 演示了如何解决这一问题。

例 9.10 中，getMethod()方法用于查找一个具有两个整型参数且名为 add 的方法。找到该方法并创建了相应的 Method 对象之后，在正确的对象实例中执行它。执行该方法的时候，需要提供一个参数列表，这在上例中是分别封装了整数 37 和 47 的两个 Integer 对象。该方法的返回值同样是一个 Integer 对象，它封装了返回值 84。

9.3.6　创建新的对象

对于构造方法，则不能像执行普通方法那样进行，因为执行一个构造方法，就意味着创建了一个新的对象（准确地说，创建一个对象的过程包括分配内存和构造对象）。

执行构造方法和执行普通方法有 3 个区别：

❑ 用 getConstructor()获取构造方法替代 getMethod()；

❑ 用 newInstance()调用构造方法替代 invoke()；

❑ 不需要获取返回值。

执行构造方法和执行普通方法的基本步骤相同。相比之下，调用构造方法来创建新对象要稍微简单一点。

【例 9.11】创建新对象。

//--------------文件名 invokeConstructor.java，程序编号 9.14------------

```java
import java.lang.reflect.*;
public class invokeConstructor{
  public invokeConstructor(){
    System.out.println("This is a constructor without parameter.");
  }
  public invokeConstructor(int a, int b){
    System.out.println("a = " + a + " b = " + b);
  }
  public static void main(String args[]){
    try{
      Class cls = Class.forName("invokeConstructor");
      //创建参数类型数组
      Class partypes[] = new Class[2];
      partypes[0] = Integer.TYPE;
      partypes[1] = Integer.TYPE;
      //创建构造方法对象
      Constructor ct = cls.getConstructor(partypes);
      //创建实际参数数组
      Object arglist[] = new Object[2];
      arglist[0] = new Integer(37);
      arglist[1] = new Integer(47);
      //调用构造方法创建对象
      Object retobj = ct.newInstance(arglist);
    }catch (Throwable e){
      System.err.println(e);
    }
  }
}
```

根据指定的参数类型，找到相应的构造函数并执行它，以创建一个新的对象实例。使用这种方法可以在程序运行时动态地创建对象，而不是在编译的时候创建对象，这一点非常有价值。

9.3.7 改变属性的值

反射的另外一个用处就是改变对象成员变量的值。利用反射机制，可以从正在运行的程序中，根据名称找到对象的成员变量并改变它，这个过程比较简单。如例 9.12 所示。

【例 9.12】改变属性的值。

//--------------文件名 changeFields.java，程序编号 9.15------------

```java
import java.lang.reflect.*;
public class changeFields{
  public double d;
  public static void main(String args[]){
    try{
      Class cls = Class.forName("changeFields");
      //根据指定的变量名(字符串)形式获取 Field 对象
      Field fld = cls.getField("d");
      //用普通方法创建对象，以供验证
      changeFields f2obj = new changeFields();
      System.out.println("d = " + f2obj.d);
      //设置变量 d 的值
      fld.setDouble(f2obj, 12.34);
      //输出新值
      System.out.println("d = " + f2obj.d);
    }catch (Throwable e){
      System.err.println(e);
    }
  }
}
```

程序的输出结果如下：

```
d = 0.0
d = 12.34
```

9.3.8 使用数组

本小节介绍反射的最后一种用法：创建并操作数组。数组在 Java 语言中是一种特殊的类类型，一个数组的引用可以赋给 Object 引用。观察下面的例子，查看数组是如何工作的。

【例 9.13】使用数组示例 1。

//--------------文件名 useArray1.java，程序编号 9.16------------

```java
import java.lang.reflect.*;
public class useArray1{
  public static void main(String args[]){
    try{
      //加载 String 类
      Class cls = Class.forName("java.lang.String");
      //创建 String 类型的数组对象，有 10 个元素
      Object arr = Array.newInstance(cls, 10);
```

```
      //为 0 号元素赋值
      Array.set(arr, 0, "this is a test");
      //获得 0 号元素的值
      String s = (String) Array.get(arr, 0);
      System.out.println(s);
    }catch (Throwable e){
      System.err.println(e);
    }
  }
}
```

程序 9.16 中，创建了拥有 10 个元素的 String 数组，并为第 1 个位置的字符串赋了值，最后将这个字符串从数组中取得并输出。注意，Array.set()为数组赋值时，仍然要遵循数组的基本规定：第一个元素的下标是 0。

上面的例子比较简单，下面这段代码提供了一个更复杂的例子。

【例 9.14】 使用数组示例 2。

//--------------文件名 useArray2.java，程序编号 9.17------------

```
import java.lang.reflect.*;
public class useArray2{
  public static void main(String args[]){
    int dims[] = {5, 10, 15};
    //创建一个 5×10×15 的 3 位数组对象
    Object arr = Array.newInstance(Integer.TYPE, dims);
    //获取数组元素 arr[3]
    Object arrobj = Array.get(arr, 3);
    //获取这个元素的类型
    Class cls = arrobj.getClass().getComponentType();
    System.out.println(cls);
    //获取数组元素 arrobj[5]，它相当于 arr[3][5]
    arrobj = Array.get(arrobj, 5);
    //设置数组元素 arrobj[10]的值为 37，它相当于 arr[3][5][10]=37
    Array.setInt(arrobj, 10, 37);
    int arrcast[][][] = (int[][][]) arr;
    System.out.println(arrcast[3][5][10]);
  }
}
```

本例中，创建了一个 5×10×15 的整型数组，并将位于[3][5][10]的元素赋值为 7。注意，多维数组实际上是数组的数组。例如，第一个 Array.get()之后，arrobj 是一个 10×15 的数组。进而取得其中的一个元素，即长度为 15 的数组，并使用 Array.setInt()方法为它的 10 号元素赋值。本例中创建数组时，其类型是动态的，在编译时并不知道其类型，也就不能检测类型错误。如果类型有错，将在运行时抛出异常。

程序的输出结果如下：

```
class [I
37
```

9.4　本　章　小　结

本章全面介绍了 Java 中的 RTTI 机制，它能帮助程序员获取一个对象实际所属的类。

采用传统方法实现 RTTI 时，编程比较简单，也容易调试，只是功能上稍显弱些。在大多数的应用程序中使用这种方法。

反射机制功能非常强大，使得程序员可以在运行时查看类的内部信息，让程序员可以编写出具有通用性的程序。这种功能对于编写系统程序非常有用，但是并不太适合编写一般的应用程序。反射是很脆弱的，大多数方法的返回值是 Object 类型，这意味着必须经过多次类型转换才能使用。这样做会使得编译器错过检查代码的机会。因此，需要等到运行阶段才能发现错误，而改正也更加困难。

9.5 实 战 习 题

1. 在 Java 中，为什么需要运行时类型识别？
2. 简述 Java 中 RTTI 的原理。
3. Java 类的识别方法有哪些？
4. 区分 getClass()方法和 instanceof 操作符的使用异同，并编写程序验证。
5. 如何利用 Class 对象生成同类型的实例？
6. 简述利用反射获取运行时类信息的基本过程和方法。

第 10 章　泛　　型

泛型是 JDK 1.5 开始加入的元素，它改变了核心 API 中的许多类和方法。使用泛型，可以建立以类型安全模式处理各种数据的类、接口和方法。许多算法不论运用哪一种数据类型，它们在逻辑上是一样的。使用泛型，一旦定义了一个算法，就独立于任何特定的数据类型，而且不需要额外的操作，就可以将这个算法应用到各种数据类型中。正由于泛型的强大功能，从根本上改变了 Java 代码的编写方式。

本章将介绍泛型的语法和应用，同时展示泛型如何提供类型安全。主要的内容要点有：
- ❑ Java 泛型的概念及原理；
- ❑ Java 泛型方法及接口；
- ❑ 泛型类的继承；
- ❑ Java 泛型与擦拭；
- ❑ Java 泛型的局限性讨论。

10.1　Java 的泛型

10.1.1　泛型的本质

泛型在本质上是指类型参数化。所谓类型参数化，是指用来声明数据的类型本身，也是可以改变的，它由实际参数来决定。在一般情况下，实际参数决定了形式参数的值。而类型参数化，则是实际参数的类型决定了形式参数的类型。

举个简单的例子。方法 max() 要求返回两个参数中较大的那个，可以写成：

```
Integer max(Integer a, Integer b){
    return a>b?a:b;
}
```

这样编写代码当然没有问题。不过，如果需要比较的不是 Integer 类型，而是 Double 或是 Float 类型，那么就需要另外再写 max() 方法。参数有多少种类型，就要写多少个 max() 方法。但是无论怎么改变参数的类型，实际上 max() 方法体内部的代码并不需要改变。如果有一种机制，能够在编写 max() 方法时，不必确定参数 a 和 b 的数据类型，而等到调用的时候再来确定这两个参数的数据类型，那么只需要编写一个 max() 方法就可以了，这将大大降低程序员编程的工作量。

在 C++ 中，提供了函数模板和类模板来实现这一功能。而从 JDK 1.5 开始，也提供了类似的机制：泛型。从形式上看，泛型和 C++ 的模板很相似，但它们是采用完全不同的技术来实现的。

在泛型出现之前，Java 的程序员可以采用一种变通的办法：将参数的类型均声明为 Object 类型。由于 Object 类是所有类的父类，所以它可以指向任何类对象，但这样做不能保证类型安全。

泛型则弥补了上述做法所缺乏的类型安全，也简化了过程，不必显示地在 Object 与实际操作的数据类型之间进行强制转换。通过泛型，所有的强制类型转换都是自动和隐式的。因此，泛型扩展了重复使用代码的能力，而且既安全又简单。

10.1.2 泛型实例

1．普通泛型类实例

这里用一个简单的例子来开始泛型的学习，让读者对泛型有一个感性的认识。

【例 10.1】 泛型类示例。

//-------------文件名 Generic.java，程序编号 10.1-----------

```java
//声明一个泛型类
public class Generic<T>{
  T ob; //ob 的类型是 T，现在不能具体确定它的类型，需要到创建对象时才能确定
  Generic(T o){
    ob = o;
  }
  //这个方法的返回类型也是 T
  T getOb(){
    return ob;
  }
  //显示 T 的类型
  void showType(){
    System.out.println("Type of T is:"+ob.getClass().getName() );
  }
}
```

下面这个程序使用上面这个泛型类。

//-------------文件名 demoGeneric.java，程序编号 10.2-----------

```java
public class demoGeneric{
 public static void main(String args[]){
    //声明一个 Integer 类型的 Generic 变量
    Generic <Integer> iobj;
    //创建一个 Integer 类型的 Generic 对象
    iobj = new Generic<Integer>(100);
    //输出它的一些信息
    iobj.showType();
    int k = iobj.getOb();
    System.out.println("k="+k);
    //声明一个 String 类型的 Generic 变量
    Generic <String> sobj;
    //创建一个 Double 类型的 Generic 对象
    sobj = new Generic<String>("Hello");
    //输出它的一些信息
    sobj.showType();
```

```
    String s = sobj.getOb();
    System.out.println("s="+s);
  }
}
```

程序的输出结果如下：

```
Type of T is:java.lang.Integer
k=100
Type of T is:java.lang.String
s=Hello
```

下面来仔细分析一下这个程序。

首先，注意程序是如何声明 Generic 的：

```
public class Generic<T>
```

其中，T 是类型参数的名称。在创建一个对象时，这个名称用作传递给 Generic 的实际类型的占位符。因此，在 Generic 中，每当需要类型参数时，就会用到 T。注意，T 是被括在 "<>" 中的。每个被声明的类型参数，都要放在尖括号中。由于 Generic 使用了类型参数，所以它是一个泛型类，也被称为参数化类型。

然后，T 来声明了一个成员变量 ob：

```
T ob;
```

由于 T 只是一个占位符，所以 ob 的实际类型要由创建对象时的参数传递进来。比如，传递给 T 的类型是 String，那么 ob 就是 String 类型。

最后，来看一下 Generic 的构造方法：

```
Generic(T o){
    ob = o;
}
```

它的参数 o 的类型也是 T。这意味着 o 的实际类型，是由创建 Generic 对象时传递给 T 的类型来决定的。而且，由于参数 o 和成员变量 ob 都是 T 类型，所以无论实际类型是什么，二者都是同一个实际类型。

参数 T 还可以用来指定方法的返回类型，如下所示：

```
T getOb(){
    return ob;
}
```

因为 ob 是 T 类型，所以方法的返回类型必须也由 T 来指定。

showType()方法通过使用 Class 对象来获取 T 的实际类型，这就是第 9 章介绍的 RTTI 机制。

综合上面的用法，可以看出，T 是一个数据类型的说明，它可以用来说明任何实例方法中的局部变量、类的成员变量、方法的形式参数以及方法的返回值。

📢注意：类型参数 T 不能使用在静态方法中。

程序 10.2 示范了如何使用一个泛型类 Generic。它首先声明了 Generic 的一个整型版本：

```
Generic <Integer>iobj;
```

其中，类型 Integer 被括在尖括号内，表明它是一个类型实际参数。在这个整型版本中，所有对 T 的引用都会被替换为 Integer。所以 ob 和 o 都是 Integer 类型，而且方法 getOb() 的返回类型也是 Integer 类型的。

注意 Java 的编译器并不会创建多个不同版本的 Generic 类。相反，编译器会删除所有的泛型信息，并进行必要的强制类型转换，这个过程被称为擦拭或擦除。但对程序员而言，这一过程是透明的，仿佛编译器创建了一个 Generic 的特定版本。这也是 Java 的泛型和 C++ 的模板类在实现上的本质区别。

下面这条语句真正创建了一个 Integer 版本的实例对象：

```
iobj = new Generic<Integer>(100);
```

其中，100 是普通参数，Integer 是类型参数，它不能被省略。因为 iobj 的类型是 Generic，所以用 new 返回的引用必须是 Generic<Integer>类型。无论是省略 Integer，还是将其改成其他类型，都会导致编译错误。例如：

```
iobj = new Generic<Double>(1.234); //错误
```

因为 iobj 是 Generic<Integer>类型，它不能引用 Generic<Double>对象。泛型的一个好处就是类型检查，所以它能确保类型安全。

再回顾一下 Generic 的构造方法的声明：

```
Generic(T o)
```

其中，实际参数应该是 Integer 类型，而现在的实际参数 100 是 int 型，这似乎不正确。实际上，这里用到了 Java 的自动装箱机制（将在 12.3 节中介绍）。当然，创建对象也可以写成这种形式：

```
iobj = new Generic(new Integer(100));
```

但这样写没有任何必要。

然后，程序通过下面的语句获得 ob 的值：

```
int k = iobj.getOb();
```

注意，getOb 的返回类型也是 Integer 的。当它赋值给一个 int 变量时，系统会自动拆箱，所以没有必要这么来写：

```
int k = iobj.getOb().intValue();
```

后面创建 String 版本的过程和前面的完全一样，在此不再赘述。

最后还有一点需要读者特别注意：声明一个泛型实例时，传递给形参的实参必须是类类型，而不能使用 int 或 char 之类的简单类型。比如不能这样写：

```
Generic <int> ob = new Generic <int>(100);  //错误
```

如果要使用简单类型，只能使用它们的包装类，这也是泛型和 C++模板的一个重要区别。

2. 带两个类型参数的泛型类

在泛型中，可以声明一个以上的类型参数，只需要在这些类型参数之间用逗号隔开。

下面看一个简单的例子。

【例 10.2】 带两个类型参数的泛型。

//--------------文件名 twoGen.java，程序编号 10.3-----------

```
//本类带有两个类型参数
public class twoGen<T,V>{
  T ob1;
  V ob2;
  //构造方法也可以使用这两个类型参数
  twoGen(T o1, V o2){
    ob1 = o1;
    ob2 = o2;
  }
  //显示 T 和 V 的类型
  void showTypes(){
    System.out.println("Type of T is "+ob1.getClass().getName());
    System.out.println("Type of V is "+ob2.getClass().getName());
  }
  T getOb1(){
    return ob1;
  }
  V getOb2(){
    return ob2;
  }
}
```

下面这个程序演示流如何使用上面这个泛型类。

//--------------文件名 simpGen.java，程序编号 10.4-----------

```
public class simpGen{
  public static void main(String args[]){
    twoGen<Integer, String> tgObj;    //指定类型参数的实际类型
    //构造方法中需要再次指定类型参数，同时还要传递实际参数
    tgObj = new twoGen<Integer, String>(100,"Hello");
    tgObj.showTypes();
    int v = tgObj.getOb1();
    System.out.println("value: "+v);
    String  str = tgObj.getOb2();
    System.out.println("value: "+str);
  }
}
```

程序的输出结果如下：

```
Type of T is java.lang.Integer
Type of V is java.lang.String
value: 100
value: Hello
```

与只有一个类型参数的泛型相比，本例并没有什么难于理解的地方。Java 并没有规定这两个类型参数是否要相同，比如，下面这样来创建对象也是可以的：

```
twoGen<String,    String>   tgObj   =   new   twoGen<Integer,   String>
("Hello","World");
```

这样 T 和 V 都是 String 类型，这个例子并没有错。但如果所有的实例都是如此，就没有必要用这两个参数。

10.1.3　有界类型

在前面的例子中，参数类型可以替换成类的任意类型。在一般情况下，这是没有问题的，但有时程序员需要对传递给类型参数的类型加以限制。

比如，程序员需要创建一个泛型类，它包含了一个求数组平均值的方法。这个数组的类型可以是整型和浮点型，但显然不能是字符串类型或是其他非数值类型。如果程序员写出如下所示的泛型类。

//-------------文件名 Stats.java，程序编号 10.5----------

```
class Stats<T>{
  T [] nums;
  Stats (T [] obj){
    nums = obj;
  }
  double average(){
    double sum = 0.0;
    for (int i=0; i<nums.length; ++i)
      sum += nums[i].doubleValue();        //这里有错误!
    return sum / nums.length;
  }
}
```

其中，nums[i].doubleValue()是返回 Ingeger、Double 等数据封装类转换成双精度数后的值，所有的 Number 类的子类都有这个方法。但问题是，编译器无法预先知道，程序员的意图是只能使用 Number 类来创建 Stats 对象，因此，编译时会报告找不到 doubleValue() 方法。

为了解决上述问题，Java 提供了有界类型（bounded types）。在指定一个类型参数时，可以指定一个上界，声明所有的实际类型都必须是这个超类的直接或间接子类。语法形式如下：

```
class  classname <T extends superclass>
```

采用这种方法，可以正确地编写 Stats 类。

【例 10.3】　有界类型程序示例。

//-------------文件名 Stats.java，程序编号 10.6----------

```
//下面这个泛型的实际类型参数只能是 Number 或它的子类
class Stats<T extends Number>{
  T [] nums;
  Stats (T [] obj){
    nums = obj;
  }
  double average(){
    double sum = 0.0;
    for (int i=0; i<nums.length; ++i)
      sum += nums[i].doubleValue();        //现在正确
    return sum / nums.length;
  }
}
```

程序 10.7 演示了如何使用这个类。

//-------------文件名 demoBounds.java，程序编号 10.7----------

```java
public class demoBounds{
  public static void main(String args[]){
     Integer  inums[] = {1,2,3,4,5};
     Stats <Integer>  iobj = new Stats<Integer>(inums);
     System.out.println("平均值为: "+iobj.average());
     Double dnums[] = {1.1,2.2,3.3,4.4,5.5};
     Stats <Double>  dobj = new Stats<Double>(dnums);
     System.out.println("平均值为: "+dobj.average());
     //如果像下面这样创建 String 类型的对象将无法编译通过
     //String  snums[] = {"1","2","3","4","5"};
     //Stats <String>  sobj = new Stats<String>(snums);
     //System.out.println("平均值为: "+sobj.average());
  }
}
```

程序的输出结果如下：

```
平均值为: 3.0
平均值为: 3.3
```

程序 10.6 和程序 10.7 的上界都是类，实际上，接口也可以用来作上界。比如：

```java
class Stats<T extends Comparable>
```

注意：这里使用的关键字仍然是 extends 而非 implements。

一个类型参数可以有多个限界，比如：

```java
class Stats<T extends Comparable & Serializable>
```

注意：限界类型用 "&" 分隔，因为逗号用来分隔类型参数。在多个限界中，可以有多个接口，但最多只能有一个类。如果用一个类作为限界，则它必须是限界列表中的第一个。

10.1.4　通配符参数

前面介绍的泛型已经可以解决大多数的实际问题，但在某些特殊情况下，仍然会有一些问题无法轻松地解决。

以 Stats 类为例，假设在其中存在一个名为 doSomething()的方法，这个方法有一个形式参数，也是 Stats 类型，如下所示：

```java
class Stats<T>{
   ......
  void doSomething(Stats <T> ob){
     System.out.println(ob.getClass().getName());
  }
}
```

如果在使用的时候，像下面这样写是有问题的：

```java
Integer  inums[] = {1,2,3,4,5};
```

```
Stats <Integer>  iobj = new Stats<Integer>(inums);
Double  dnums[] = {1.1,2.2,3.3,4.4,5.5};
Stats <Double>  dobj = new Stats<Double>(dnums);
dobj.doSomething(iobj);  //错误
```

注意看出现错误的这条语句：

```
dobj.doSomething(iobj);
```

dobj 是 Stats<Double>类型，iobj 是 Stats<Integer>类型，由于实际类型不同，而声明时用的是：

```
void doSomething(Stats <T> ob)
```

它的类型参数也是 T，与声明对象时的类型参数 T 相同。于是在实际使用中，就要求 iobj 和 dobj 的类型必须相同。

读者也许会想，将 doSomething 的声明改一下：

```
void doSomething(Stats <U> ob)
```

但这样是无法通过编译的，因为并不存在一个 State<U>的泛型类。解决这个问题的办法是使用 Java 提供的通配符 "?"，它的使用形式如下：

```
genericClassName <?>
```

比如，上面的 doSomething 可以声明成这个样子：

```
void doSomething(Stats <?> ob)
```

它表示这个参数 ob 可以是任意的 Stats 类型，于是调用该方法的对象就不必和实际参数对象类型一致了。下面这个例子实际演示了通配符的使用。

【例 10.4】 通配符使用示例。

//-------------文件名 Stats.java，程序编号 10.8----------

```
class Stats<T extends Number>{
  T [] nums;
  Stats (T [] obj){
    nums = obj;
  }
  double average(){
    double sum = 0.0;
    for (int i=0; i<nums.length; ++i)
      sum += nums[i].doubleValue();
    return sum / nums.length;
  }
  void doSomething(Stats <?> ob){  //这里使用了类型通配符
    System.out.println(ob.getClass().getName());
  }
}
```

然后如程序 10.9 所示来调用它。

//-------------文件名 demoWildcard.java，程序编号 10.9----------

```
public class demoWildcard{
  public static void main(String args[]){
    Integer  inums[] = {1,2,3,4,5};           //定义并初始化 Integer 类型数组
    Stats <Integer>  iobj = new Stats<Integer>(inums);
```

```
    Double  dnums[] = {1.1,2.2,3.3,4.4,5.5};  //定义并初始化 Double 类型数组
    Stats <Double>  dobj = new Stats<Double>(dnums);
    dobj.doSomething(iobj);    //iobj 和 dobj 的类型不相同
  }
}
```

程序的输出结果如下：

```
Stats
```

读者应该注意到这个声明：

```
void doSomething(Stats <?> ob)   //这里使用了类型通配符
```

它与泛型类的声明有区别，泛型类的声明中，T 是有上界的：

```
class Stats<T extends Number>
```

其中，通配符 "?" 有一个默认的上界，就是 Number。如果想改变这个上界，也是可以的，比如：

```
Stats <? extends Integer> ob
```

但是不能写成这样：

```
Stats <? extends String> ob
```

因为 Integer 是 Number 的子类，而 String 不是 Number 的子类。通配符无法将上界改变得超出泛型类声明时的上界范围。

最后读者需要注意一点，通配符是用来声明一个泛型类的变量的，而不能创建一个泛型类。比如下面这种写法是错误的：

```
class Stats<? extends Number>{……}
```

10.1.5　泛型方法

在 C++中，除了可以创建模板类，还可以创建模板函数。在 Java 中也提供了类似的功能：泛型方法。一个方法如果被声明成泛型方法，那么它将拥有一个或多个类型参数，不过与泛型类不同，这些类型参数只能在它所修饰的泛型方法中使用。

创建一个泛型方法常用的形式如下：

```
[访问权限修饰符] [static] [final] <类型参数列表> 返回值类型 方法名([形式参数列表])
```

❑ 访问权限修饰符（包括 private、public 和 protected）、static 和 final 都必须写在类型参数列表的前面。
❑ 返回值类型必须写在类型参数表的后面。
❑ 泛型方法可以写在一个泛型类中，也可以写在一个普通类中。由于在泛型类中的任何方法，本质上都是泛型方法，所以在实际使用中，很少会在泛型类中再用上面的形式来定义泛型方法。
❑ 类型参数可以用在方法体中修饰局部变量，也可以用在方法的参数表中，修饰形式参数。

❑ 泛型方法可以是实例方法或是静态方法。类型参数可以使用在静态方法中，这是与泛型类的重要区别。

使用一个泛型方法通常有两种形式：

```
<对象名|类名>.<实际类型>方法名(实际参数表);
```

和

```
[对象名|类名].方法名(实际参数表);
```

如果泛型方法是实例方法，要使用对象名作为前缀。如果是静态方法，则可以使用对象名或类名作为前缀。如果是在类的内部调用，且采用第二种形式，则前缀都可以省略。

注意到这两种调用方法的差别在于，前面是否显示地指定了实际类型。是否要使用实际类型，需要根据泛型方法的声明形式以及调用时的实际情况（就是看编译器能否从实际参数表中获得足够的类型信息）来决定。下面来看一个例子。

【例 10.5】 泛型方法使用示例。

//--------------文件名 demoGenMethods.java，程序编号 10.10-----------

```java
public class demoGenMethods{
    //定义泛型方法，有一个形式参数用类型参数 T 来定义
    public static <T> void showGenMsg(T ob, int n){
        T localOb = ob; //局部变量也可以用类型参数 T 来定义
        System.out.println(localOb.getClass().getName());
    }
    public static <T> void showGenMsg(T ob){
        System.out.println(ob.getClass().getName());
    }
    public static void main(String args[]){
        String str = "parameter";
        Integer k = new Integer(123);
        //用两种不同的方法调用泛型方法
        demoGenMethods.<Integer>showGenMsg(k,1);
        showGenMsg(str);
    }
}
```

程序中定义的两个泛型方法都是静态方法，这在泛型类中是不允许的。而且这两个泛型方法相互重载（参数的个数不同）。在方法体中，类型参数 T 的使用和泛型类中的使用是相同的。

再来看看如何调用这两个泛型方法：

```
demoGenMethods.<Integer>showGenMsg(k,1);
showGenMsg(str);
```

在第一种调用形式中，传入了一个实际类型：<Integer>，它表明类型参数是 Integer 类型。要注意它的写法，在这种情况下，不能省略作为前缀的类名，也就是不能写成这样：

```
<Integer>showGenMsg(k,1);
```

由于传递了一个实际的类型参数 Integer，所以编译器知道如何将方法内部的占位符 T 替换掉。不过需要注意，实际参数 k 的类型必须也是 Integer 型，否则编译器会报错。

第二种调用形式明显要简洁一些：

```
showGenMsg(str);
```

由于实参 str 是 String 类型的，编译器已经有了足够多的信息知道类型参数 T 是 String 类型。程序的输出结果如下：

```
java.lang.Integer
java.lang.String
```

由于两种形式都能完成任务，而第二种明显要比第一种方便，所以多数情况下会使用第二种方式。不过在某些情况下，实参无法提供足够的类型信息给编译器，那么就需要使用第一种形式。例如：

```
public <T> void doSomething(){
  T ob;
  ……
  }
```

调用它的时候，根本就没有实际参数，所以编译器无法知道 T 的实际类型。这种情况下，就必须使用第一种形式。

前面还提到，泛型方法也可以写在泛型类中，比如：

```
public class Generic<T>{
  public <U> void showGenMsg(U ob){
    System.out.println(ob.getClass().getName());
  }
  ……
}
```

这样写当然没有错误，但多数程序员都会将这个泛型方法所需要的类型参数 U 写到类的头部，即让泛型类带两个参数：

```
public class Generic<T, U>{
  public void showGenMsg(U ob){
    System.out.println(ob.getClass().getName());
  }
  ……
}
```

这样写，类的结构更为清晰。只有一种情况下必须在泛型类中再将方法声明为泛型方法：方法本身是静态的，那就无法像上面那样更改了。

10.1.6　泛型接口

除了泛型类和泛型方法，还可以使用泛型接口。泛型接口的定义与泛型类非常相似，它的声明形式如下：

```
interface 接口名<类型参数表>
```

下面的例子创建了一个名为 MinMax 的接口，用来返回某个对象集的最小值或最大值。
【例 10.6】　泛型接口示例。

//--------------文件名 MinMax.java，程序编号 10.11-----------

//定义泛型接口，只有方法声明

```
interface MinMax<T extends Comparable<T>>{
   //声明两个方法，没有方法体及实现
  T min();
  T max();
}
```

这个接口没有什么特别难懂的地方，类型参数 T 是有界类型，它必须是 Comparable 的子类。注意到 Comparable 本身也是一个泛型类，它是由系统定义在类库中的，可以用来比较两个对象的大小。

接下来的事情是实现这个接口，这需要定义一个类来实现。笔者实现的版本如下：

//-------------文件名 MyClass.java，程序编号 10.12----------

```
//定义一个名为 MyClass 的类，实现泛型接口 MinMax
class MyClass<T extends Comparable<T>> implements MinMax<T>{
  T [] vals;                              //泛型定义
  MyClass(T [] ob){                       //构造方法
    vals = ob;
  }
  public T min(){                         //实现泛型接口中的 min() 方法
    T val = vals[0];
    //从泛型对象数组中通过 compareTo 取出最小值
    for(int i=1; i<vals.length; ++i)
        if (vals[i].compareTo(val) < 0)
        val = vals[i];
    return val;
  }
  public T max(){                         //实现泛型接口中的 min() 方法
    T val = vals[0];
    //从泛型对象数组中通过 compareTo 取出最大值
    for(int i=1; i<vals.length; ++i)
      if (vals[i].compareTo(val) > 0)
        val = vals[i];
    return val;
  }
}
```

类的内部并不难懂，只要注意 MyClass 的声明部分：

```
class MyClass<T extends Comparable<T>> implements MinMax<T>
```

看上去有点奇怪，它的类型参数 T 必须和要实现的接口中的声明完全一样。反而是接口 MinMax 的类型参数 T 最初是写成有界形式的，现在已经不再需要重写一遍。如果重写成下面这个样子：

```
class MyClass<T extends Comparable<T>> implements MinMax<T extends
Comparable<T>>
```

编译将无法通过。

通常，如果一个类实现了一个泛型接口，则此类也是泛型类。否则，它无法接受传递给接口的类型参数。比如，下面这种声明是错误的：

```
class MyClass  implements MinMax<T>
```

因为在类 MyClass 中需要使用类型参数 T，而类的使用者无法把它的实际参数传递进来，所以编译器会报错。不过，如果实现的是泛型接口的特定类型，比如：

```
class MyClass  implements MinMax<Integer>
```

这样写是正确的，现在这个类不再是泛型类。编译器会在编译此类时，将类型参数 T 用 Integer 代替，而无需等到创建对象时再处理。

最后写一个程序来测试 MyClass 的工作情况。

//--------------文件名 demoGenIF.java，程序编号 10.13----------

```
public class demoGenIF{
 public static void main(String args[]){
   Integer inums[] = {56,47,23,45,85,12,55};
   Character chs[] = {'x','w','z','y','b','o','p'};
   MyClass<Integer> iob = new MyClass<Integer>(inums);
   MyClass<Character> cob = new MyClass<Character>(chs);
   System.out.println("Max value in inums: "+iob.max());
   System.out.println("Min value in inums: "+iob.min());
   System.out.println("Max value in chs: "+cob.max());
   System.out.println("Min value in chs: "+cob.min());
 }
}
```

在使用类 MyClass 创建对象的方式上，和前面使用普通的泛型类没有任何区别。程序的输出结果如下：

```
Max value in inums: 85
Min value in inums: 12
Max value in chs: z
Min value in chs: b
```

10.2　泛型类的继承

和普通类一样，泛型类也是可以继承的，任何一个泛型类都可以作为父类或子类。不过泛型类与非泛型类在继承时的主要区别在于：泛型类的子类必须将泛型父类所需要的类型参数，沿着继承链向上传递。这与构造方法参数必须沿着继承链向上传递的方式类似。

10.2.1　以泛型类为父类

当一个类的父类是泛型类时，这个子类必须要把类型参数传递给父类，所以这个子类也必定是泛型类。下面是一个简单的例子。

【例 10.7】 继承泛型类示例。

//--------------文件名 superGen.java，程序编号 10.14----------

```
public class superGen<T> {        //定义一个泛型类
  T ob;
  public superGen(T ob){          //定义泛型类的方法 superGen，传入对象作为参数
     this.ob = ob;
  }
  public superGen(){              //定义泛型类的方法 superGen，没有参数
    ob = null;
```

```
  }
  public T getOb(){                      //定义泛型类的方法 getOb，返回泛型对象
    return ob;
  }
}
```

接下来定义它的一个子类。

//-------------文件名 derivedGen.java，程序编号 10.15-----------

```
public class derivedGen <T> extends superGen<T>{
  public derivedGen(T ob){
     super(ob);
  }
}
```

注意 derivedGen 是如何声明成 superGen 的子类的：

```
public class derivedGen <T> extends superGen<T>
```

这两个类型参数必须用相同的标识符 T。这意味着传递给 derivedGen 的实际类型也会传递给 superGen。例如，下面的定义：

```
derivedGen<Integer> number = new derivedGen<Integer>(100);
```

将 Integer 作为类型参数传递给 derivedGen，再由它传递给 superGen。因此，后者的成员 ob 也是 Integer 类型。

虽然 derivedGen 里面并没有使用类型参数 T，但由于它要传递类型参数给父类，所以它不能定义成非泛型类。当然，derivedGen 中也可以使用 T，还可以增加自己需要的类型参数。下面这个程序展示了一个更为复杂的 derivedGen 类。

//-------------文件名 derivedGen.java，程序编号 10.16-----------

```
//声明一个 derivedGen 类，继承自父类 superGen
public class derivedGen <T, U> extends superGen<T>{
  U dob;
  public derivedGen(T ob1, U ob2){
     super(ob1);          //传递参数给父类
     dob = ob2;           //为自己的成员赋值
  }
  public U getDob(){
     return dob;
  }
}
```

使用泛型子类和使用其他的泛型类没有区别，使用者根本无需知道它是否继承了其他的类。下面是一个测试用的程序。

//-------------文件名 demoHerit_1.java，程序编号 10.17-----------

```
public class demoHerit_1{
  public static void main(String args[]){
    //创建子类的对象，它需要传递两个参数，Integer 类型给父类，自己使用 String 类型
    derivedGen<Integer,String> oa=new derivedGen<Integer,String>
```

```
      (100,"Value is: ");
    System.out.print(oa.getDob());
    System.out.println(oa.getOb());
  }
}
```

程序的输出结果如下：

```
Value is: 100
```

10.2.2　以非泛型类为父类

前面介绍的泛型类是以泛型类作为父类，一个泛型类也可以以非泛型类为父类。此时，不需要传递类型参数给父类，所有的类型参数都是为自己准备的。下面是一个简单的例子。

【例 10.8】　继承非泛型类示例。

//--------------文件名 nonGen.java，程序编号 10.18-----------

```
publi
}
```

接下来定义一个泛型类作为它的子类。

//--------------文件名 derivedNonGen.java，程序编号 10.19-----------

```
//声明一个 derivedNonGen 类，继承自父类 nonGen
public class derivedNonGen<T> extends nonGen{
  T ob;
  public derivedNonGen(T ob, int n){
    super(n);
    this.ob = ob;
  }
  public T getOb(){
    return ob;
  }
}
```

这个泛型类仍然传递了一个普通参数给它的父类，所以它的构造方法需要两个参数。下面是用于测试的程序。

//--------------文件名 demoHerit_2.java，程序编号 10.20-----------

```
public class demoHerit_2{
  public static void main(String args[]){
    //定义 derivedNonGen 并初始化
    derivedNonGen<String> oa =new derivedNonGen<String> ("Value is: ",
    100);
    System.out.print(oa.getOb());
    System.out.println(oa.getNum());
  }
}
```

程序的输出结果如下：

```
Value is: 100
```

10.2.3　运行时类型识别

和其他的非泛型类一样，泛型类也可以进行运行时类型识别的操作，既可以使用反射机制，也可以采用传统的方法。比如，instanceof 操作符。

需要注意的是，由于在 JVM 中，泛型类的对象总是一个特定的类型，此时，它不再是泛型。所以，所有的类型查询都只会产生原始类型，无论是 getClass()方法，还是 instanceof 操作符。

例如，对象 a 是 Generic<Integer>类型（Generic 是例 10.1 中定义的泛型类），那么

```
a instanceof Generic<? >
```

测试结果为真，下面的测试结果也为真：

```
a instanceof Generic
```

💬**注意**：尖括号中只能写通配符"？"，而不能写 Integer 之类确定的类型。实际上在测试时，"？"会被忽略。

同样道理，getClass()返回的也是原始类型。若 b 是 Generic<String>类型，下面的语句：

```
a.getClass() == b.getClass()
```

测试结果也为真。下面的程序演示了这些情况。

【**例 10.9**】　泛型类的类型识别示例 1。

//--------------文件名 demoRTTI_1.java，程序编号 10.21-----------

```
public class demoRTTI_1{
 public static void main(String args[]){
   //声明 Generic 并初始化两个不同的对象
   Generic<Integer> iob = new Generic<Integer>(100);
   Generic<String> sob = new Generic<String>("Good");
   //通过 instanceof 操作符，对两个不同的对象进行运行时类型识别
   if (iob instanceof Generic)
     System.out.println("Generic<Integer> object is instance of Generic");
   if (iob instanceof Generic<?>)
     System.out.println("Generic<Integer> object is instance of
     Generic<?>");
   //通过==操作符，对 Class 进行判断
   if (iob.getClass() == sob.getClass())
     System.out.println("Generic<Integer> class equals Generic<String>
     class");
 }
}
```

程序的输出结果如下：

```
Generic<Integer> object is instance of Generic
Generic<Integer> object is instance of Generic<?>
Generic<Integer> class equals Generic<String> class
```

泛型类对象的类型识别还有另外一个隐含的问题，它会在继承中显示出来。例如，对象 a 是某泛型子类的对象，当用 instanceof 来测试它是否为父类对象时，测试结果也为真。

下面的例子使用了例 10.7 中的两个类：superGen 和 derivedGen。

【**例 10.10**】　泛型类的类型识别示例 2。

//--------------文件名 demoRTTI_2.java，程序编号 10.22-----------

```java
public class demoRTTI_2{
  public static void main(String args[]){
   //声明 superGen 并初始化两个不同的对象
    superGen <Integer> oa = new superGen<Integer>(100);
    derivedGen<Integer,String> ob = new derivedGen<Integer,
    String>(200,"Good");
    //通过 instanceof 操作符，对两个不同的对象进行运行时类型识别
    if (oa instanceof derivedGen)
      System.out.println("superGen object is instance of derivedGen");
    if (ob instanceof superGen)
      System.out.println("derivedGen object is instance of superGen");
    if(oa.getClass() == ob.getClass())
      System.out.println("superGen class equals derivedGen class");
  }
}
```

程序的输出结果如下：

```
derivedGen object is instance of superGen
```

从上述结果中可以看出，只有子类对象被 instanceof 识别为父类对象。

10.2.4　强制类型转换

和普通对象一样，泛型类的对象也可以采用强制类型转换，转换成另外的泛型类型，不过只有当两者在各个方面都兼容时才能这么做。

泛型类的强制类型转换的一般格式如下：

（泛型类名<实际参数>）泛型对象

下面的例子展示了两个转换，一个是正确的，一个是错误的。它使用了例 10.7 中的两个类：superGen 和 derivedGen。

【**例 10.11**】　强制类型转换示例。

//--------------文件名 demoForceChange.java，程序编号 10.23-----------

```java
public class demoForceChange{
  public static void main(String args[]){
    superGen <Integer> oa = new superGen<Integer>(100);
    derivedGen<Integer,String> ob = new derivedGen<Integer, String>
    (200,"Good");
    //试图将子类对象转换成父类，正确
    if ((superGen<Integer>)ob instanceof superGen)
      System.out.println("derivedGen object is changed to superGen");
    //试图将父类对象转换成子类，错误
    if ((derivedGen<Integer,String>)oa instanceof derivedGen)
      System.out.println("superGen object is changed to derivedGen");
  }
}
```

这个程序编译时会出现一个警告，如果不理会这个警告，继续运行程序，会得到下面的结果：

```
derivedGen object is changed to superGen
Exception in thread "main" java.lang.ClassCastException: superGen
        at demoForceChange.main(demoForceChange.java:7)
```

第一个类型转换成功，而第二个则不能成功。因为 oa 转换成子类对象时，无法提供足够的类型参数。由于强制类型转换容易引起错误，所以对于泛型类的强制类型转换的限制是很严格的，即便是下面这样的转换，也不能成功：

```
(derivedGen<Double,String>)ob
```

因为 ob 本身的第一个实际类型参数是 Integer 类型，无法转换成 Double 类型。

💭提示：建议读者如果不是十分必要，不要做强制类型转换的操作。

10.2.5　继承规则

现在再来讨论一下关于泛型类的继承规则。前面所看到的泛型类之间是通过关键字 extends 来直接继承的，这种继承关系十分的明显。不过，如果类型参数之间具有继承关系，那么对应的泛型是否也会具有相同的继承关系呢？比如，Integer 是 Number 的子类，那么 Generic<Integer>是否是 Generic<Number>的子类呢？答案是：否。比如，下面的代码将不会编译成功：

```
Generic<Number> oa = new Generic<Integer>(100);
```

因为 oa 的类型不是 Generic<Integer>的父类，所以这条语句无法编译通过。事实上，无论类型参数之间是否存在联系，对应的泛型类之间都是不存在联系的。如图 10.1 所示。

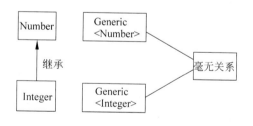

图 10.1　Generic 类之间没有继承关系

这一限制看起来过于严格，但对于类型安全而言是非常必要的。

10.3　擦　　拭

通常，程序员不必知道有关 Java 编译器将源代码转换成为 class 文件的细节。但在使用泛型时，对此过程进行一般的了解是必要的，因为只有了解这一细节，程序员才能理解泛型的工作原理，以及一些令人惊讶的行为——如果程序员不知道，可能会认为这是错误。

10.3.1　擦拭的概念及原理

Java 在 JDK 1.5 以前的版本中是没有泛型的。为了保证对以前版本的兼容，Java 采用了与 C++的模板完全不同的方式来处理泛型。也可以说，Java 的泛型是伪泛型。因为，在编译期间，所有的泛型信息都会被擦除掉。正确理解泛型概念的首要前提是理解类型擦除，即 type erasure。

Java 中的泛型基本上都是在编译器这个层次来实现的。在生成的 Java 字节码中是不包含泛型中的类型信息的。使用泛型的时候加上的类型参数会在编译器编译的时候去掉。这个过程被称为类型擦除。类型擦除的关键在于从泛型的类型中清除类型参数的相关信息，并且在必要的时候添加类型检查和类型转换的方法。

类型擦除可以简单地理解为将泛型 Java 代码转换为普通 Java 代码。从编译器的层次来理解，就是将泛型 Java 代码直接转换成普通的 Java 字节码。例如，在代码中定义的 List<object>和 List<String>等类型，在编译后都会变成 List。JVM 看到的只是 List，而由泛型附加的类型信息对 JVM 来说是不可见的。

为了更好地理解泛型是如何工作的，请看下面的两个例子。

【例 10.12】　无限界的擦拭。

//--------------文件名 Gen.java，程序编号 10.24-----------

```
//默认情况下，T 是由 Object 限界
public class Gen<T>{
  //下面所有的 T 将被 Object 所代替
  T ob;
  Gen(T ob){
    this.ob = ob;
  }
  T getOb(){
    return ob;
  }
}
```

将这个类编译完成后，在命令行输入：

```
javap Gen
```

javap 是由系统提供的一个反编译命令，可以获取 class 文件中的信息或者是反汇编代码。该命令执行后，输出结果如下：

```
Compiled from "Gen.java"
public class Gen extends java.lang.Object{
    java.lang.Object ob;
    Gen(java.lang.Object);
    java.lang.Object getOb();
}
```

从上述结果中可以看出，所有被 T 占据的位置都被 java.lang.Object 所取代，这也是前面将 T 称为"占位符"的原因。

如果类型参数指定了上界，那么就会用上界类型来代替它，下面的例子表明了这一点。

【例 10.13】　有限界的擦拭。

//-------------文件名 GenStr.java，程序编号 10.25-----------

```
//T 是由 String 限界
public class GenStr<T extends String>{
  //下面所有的 T 将被 String 所代替
  T ob;
  GenStr(T ob){
    this.ob = ob;
  }
  T getOb(){
    return ob;
  }
}
```

用 javap 来反编译这个类，可以得到下面的结果：

```
Compiled from "GenStr.java"
public class GenStr extends java.lang.Object{
    java.lang.String ob;
    GenStr(java.lang.String);
    java.lang.String getOb();
}
```

在使用泛型对象时，实际上所有的类型信息也都会被擦拭，编译器自动插入强制类型转换。比如：

```
Gen<Integer> oa = new Gen<Integer>(100);
Gen<Integer> ob = oa.getOb();
```

由于 getOb 的实际返回类型是 Object 类型，所以后面这一句相当于：

```
Gen<Integer> ob = (Gen<Integer>)oa.getOb();
```

正是由于擦拭会去除实际的类型，所以，在运行时做类型识别将得到原始类型，而非具体指定的参数类型。这一点在 10.2.3 小节中已经详细介绍过了。

10.3.2　擦拭带来的错误

擦拭是一种很巧妙的办法，但它有时候会带来一些意想不到的错误：两个看上去并不相同的泛型类或是泛型方法，由于擦拭的作用，最后会得到相同的类和方法。这种错误，也被称为冲突。冲突主要发生在下述 3 种情况。

1. 静态成员共享问题

在泛型类中可以有静态的属性或者方法。前面已经介绍过，静态方法不能使用类型参数。那么，其中的静态成员是否可以使用类型参数或者是本泛型类的对象呢？答案是否定的。

下面的例子展示了这一错误。

【例 10.14】　静态成员不能使用类型参数。

//-------------文件名 foo.java，程序编号 10.26-----------

```
public class foo<T>{
  static T sa;                        //错误
  static foo<T> sb = new foo<T>();  //错误
  static foo<Integer> si = new foo<Integer>(100);
  static foo<String> ss = new foo<String>("Good");
  T ob;
  foo( T ob){
    this.ob = ob;
  }
  foo(){
    this.ob = null;
  }
}
```

出现错误的两个变量 sa 和 sb 都采用不同的形式使用了类型参数 T。由于它们是静态成员，是独立于任何对象的，也可以在对象创建之前就被使用。此时，编译器无法知道用哪一个具体的类型来替代 T，所以编译器不允许这样使用。在静态方法中不允许出现类型参数 T 也是出于同样的道理。

2．重载冲突问题

擦拭带来的另外一个问题是重载的冲突，像下面这样的两个方法重载：

```
void conflict(T o){  }
void conflict(Object o){  }
```

由于在编译时，T 会被 Object 所取代，所以这两个实际上声明的是同一个方法，重载就出错了。另一种情形不是很直观，比如下面的方法重载：

```
public  int conflict(foo<Integer> i){}
public  int conflict(foo<String> s){}
```

编译时会报错：

```
名 称 冲 突 ： conflict(foo<java.lang.Integer>)  和  conflict(foo<java.
lang.String>) 具有相同疑符
```

注意到编译器只是怀疑它可能会引发冲突，如果加上一些其他信息能够消除潜在冲突的话，编译是可以通过的。比如，这样写：

```
public  int conflict(foo<Integer> i){}
public  Sring conflict(foo<String> s){}
```

只是将返回类型修改一下，编译器就能从调用者处获得足够的信息，编译可以通过。

3．接口实现问题

由于接口也可以是泛型接口，而一个类又可以实现多个泛型接口，所以也可能会引发冲突。比如：

```
class foo implements Comparable<Integer>, Comparable<Long>
```

由于 Comparable<Integer>和 Comparable<Long>都被擦除成 Comparable，所以这实际上是实现的同一个接口。要实现泛型接口，只能实现具有不同擦除效果的接口。否则，只能按照 10.1.6 小节所介绍的来写：

```
class foo<T> implements Comparable<T>
```

10.4　泛型的局限

使用泛型时有一些限制，多数限制是由于类型擦拭引起的。下面将分别进行介绍。

10.4.1　不能使用基本类型

泛型中使用的所有类型参数都是类类型，不能使用基本类型。比如，可以用 Generic<Integer>，而不能用 Generic<int>。原因很简单，基本类型无法用 Object 来替换。

尽管这有点令人（特别是 C++程序员）感到麻烦，不过并不是什么大问题。因为 Java 中只有 8 个基本类型，而且系统为每个基本类型都提供了包装类。即便这些包装类不能完成预定的任务，也完全可以使用独立的类和方法来处理它们。

10.4.2　不能使用泛型类异常

Java 中不能抛出也不能捕获泛型类的异常。事实上，泛型类继承 Throwable 及其子类都不合法，例如下面的定义将不会通过编译：

```
class MyException<t> extends Exception{……}
```

也不能在 catch 子句中使用参数类型。例如，下面的方法不能通过编译：

```
public  void doSomething(T oa){
  try{
    throw a;    //错误
  }catch(T el){ //错误
    ……
  }
}
```

先来看第一个错误，抛出一个 T 类型的对象 oa 作为异常，这是不允许的。因为在没指定上界的情况下，T 会被擦拭成 Object 类，而 Object 类显然不会是 Throwable 的子类，因此它不符合异常的有关规定。第二个错误的原因也是一样的。

改正第一个问题的办法是在类的头部加上限界：

```
<T extends Throwable>
```

但是没有什么办法能够改正第二个错误。编译器在处理 catch 语句时，将它当作静态上下文来看待，尽管这么做给程序员带来了一点不便。但考虑到 catch 语句必须在异常发生时才会执行，而且必须有足够的运行时信息，而泛型在这一方面不如非泛型类，所以这么做仍然是可以接受的。

10.4.3　不能使用泛型数组

Java 规定不能使用泛型类型的数组，比如：

```
Generic<Integer> arr[] = new Generic<Ingeger>[10];
```

在擦拭之后，arr 的类型为 Generic[]，这里可以将它转换成为 Object[]数组：

```
Object [] obj = arr;
```

数组可以记住它的元素类型，如果试图存入一个错误类型的元素，编译器就会抛出一个 ArrayStoreException 类型的异常。比如：

```
obj[0]="foolish"; //抛出异常
```

不过，对于泛型而言，擦拭将降低这一机制的效率。像下面这样的赋值：

```
obj[0]=new Generic<String>("foolish");
```

做了擦拭之后，只剩下 Generic，编译器将无法检测到 String 和原始定义中 Integer 的不兼容，所以可以通过数组存储的检测。但在运行时会导致类型错误。所以，禁止使用泛型数组。

10.4.4　不能实例化参数类型对象

不能直接使用参数类型来构造一个对象。比如，下面这种写法是错误的：

```
public class foo< T >{
 T ob = new T(); //错误
}
```

这里的 T 擦拭成 Object，而程序员的本意肯定不是希望调用 new Object()。

类似的，也不能创建一个泛型数组：

```
public class foo< T >{
 T [] ob = new T [100]; //错误
}
```

因为它实际上是创建的数组 Object[100]。

通常情况下，上面这些由参数类型所指定的对象和数组都不会在泛型类中创建，而是由外部创建泛型对象时传递进来的。如果一定要在泛型类中创建参数类型所指定的对象和数组，可以通过反射机制中的 Class.newInstance()和 Array.newInstance()方法。

10.5　本章小结

本章全面介绍了泛型的定义和使用。泛型是 JDK 1.5 中参照 C++模板所新增的类。作为一种功能强大的新型类，它为程序员编程提供了很大的便利，降低了程序员重复编写逻辑相同代码的工作量，但同时也增加了出错的可能，所以使用的时候一定要慎重。

　　Java 泛型的设计经过了 5 年左右的时间才定型，它不仅功能强大，而且使用也比较方便，能够最大限度地提供类型安全检测。其中，有界类型、通配符是体现这一思想的有力武器。

　　在大多数情况下，泛型被设计用来处理集合。实际上，JDK 自己提供的 ArrayList 就是一个泛型类。大多数应用程序员只要熟练使用系统提供的泛型类，就足够应付大多数的程序需要了。

10.6　实 战 习 题

1．简述 Java 中泛型的本质。

2．编程构造一个泛型方法和泛型接口。

3．泛型类的继承规则是什么？

4．简述擦拭的概念及原理。

5．编程获取泛型 List<T>的运行时类型。

6．使用泛型有哪些局限？

第 11 章　Java 集合框架

面向对象的程序设计（OOP）通常将数据封装在各个类中。与传统面向过程的语言相比，如何在类中对数据进行组织，以及如何对数据进行操作，这个问题的重要性一点也没有降低。一个简单的例子就是如何对大量的数据进行查找，如何对它们进行排序。当你用不同的方法来实现相同的功能时，它们之间的内存占用和运行效率可能存在着巨大的差异。

在计算机科学中，有两门很重要的课程：数据结构和算法。这两门课程的学习需要大量的时间和精力。本书不可能详细介绍它们。不过，Java 的设计者为了帮助程序员快速越过这一门槛，设计了大量的类，将常用的数据结构和算法封装在里面。程序员不必花费过多的精力学习这两门课程，利用这些类可以处理大多数和数据结构有关的编程问题。这些处理数据结构和算法的类，都统一放在集合库中，本章将介绍这些类的使用。主要讲解的内容要点有：

❑ Java 集合与集合框架；
❑ 集合接口与类；
❑ Java 中集合类的使用；
❑ Java 集合中常用的算法分析；
❑ Java 集合中遗留的类和接口。

11.1　集合与集合框架

集合论是现代数学中重要的基础理论。它的概念和方法已经渗透到代数、拓扑和分析等许多数学分支以及物理学和质点力学等一些自然科学部门，为这些学科提供了奠基的方法，改变了这些学科的面貌。计算机科学作为一门现代科学因其与数学的缘源，自然其中的许多概念也来自数学，集合是其中之一。如果说集合论的产生给数学注入了新的生机与活力，那么计算机科学中的集合概念给程序员的生活也注入了新的生机与活力。

很难给集合下一个精确的定义，通常情况下，把具有相同性质的一类东西，汇聚成一个整体，就可以称为集合。比如，用 Java 编程的所有程序员，全体中国人等。通常集合有两种表示法，一种是列举法，比如集合 A={1,2,3,4}；另一种是性质描述法，比如集合 B={X|0<X<100 且 X 属于整数}。集合论的奠基人康托尔在创建集合理论时给出了许多公理和性质，这都成为后来集合在其他领域应用的基础。

那么有了集合的概念，什么是集合框架呢？集合框架是为表示和操作集合而规定的一种统一的标准的体系结构。任何集合框架都包含三大块内容：对外的接口、接口的实现和对集合运算的算法。

□　接口：即表示集合的抽象数据类型。接口提供了让我们对集合中所表示的内容进行单独操作的可能。

□　实现：也就是集合框架中接口的具体实现。实际它们就是那些可复用的数据结构。

□　算法：在一个实现了某个集合框架中的接口的对象身上完成某种有用的计算的方法，例如查找、排序等。这些算法通常是多态的，因为相同的方法可以在同一个接口被多个类实现时有不同的表现。事实上，算法是可复用的函数。如果你学过 C++，那 C++中的标准模板库（STL）你应该不陌生，它是众所周知的集合框架的绝好例子。

在 JDK 1.5 之前，使用集合是比较麻烦的事情。JDK 1.5 及其以后的版本对集合框架做了根本性的改进，极大地提高了它的性能，同时还简化了它的使用。Java 的集合框架提供了一组精心设计的接口和类，它们以单个单元即集合的形式存储和操作数据组。对于计算机科学数据结构课程中学到的许多抽象数据类型如映射（map）、集（set）、列表（list）、树（tree）、数组（array）、散列表（hashtable）和其他集合来说，该框架提供了一个方便的 API。由于它们面向对象的设计要求，集合框架的 Java 类封装了与这些抽象相关的数据结构和算法。该框架给许多最常见的抽象提供一个标准编程接口，而不需要让程序员为太多的过程和接口大伤脑筋。尽管如此，集合框架支持的操作还是允许程序员轻松地定义如堆栈、队列和线程安全集合等更高级的数据抽象。

11.2　集合接口和类

Java 中的集合框架由一组用来操作对象的接口组成。不同接口描述不同类型的组。在很大程度上，一旦理解了接口，就理解了框架。本节就讲解一下 Java 集合框架中的接口和类。

11.2.1　Java 集合接口层次

Java 2 的集合框架，其核心主要有 3 类：List、Set 和 Map。List 和 Set 继承了 Collection，而 Map 则独成一体。初看上去可能会对 Map 独成一体感到不解，它为什么不也继承 Collection 呢？但是仔细想想，这种设计是合理的。一个 Map 提供了通过 Key 对 Map 中存储的 Value 进行访问，也就是说它操作的都是成对的对象元素，比如 put()和 get()方法，而这是一个 Set 或 List 所不具备的。当然在需要时，你可以由 keySet()方法或 values()方法从一个 Map 中得到键的 Set 集或值的 Collection 集。Java 集合框架接口层次结构如图 11.1 所示。

在图 11.1 所示的 Java 集合框架接口层次中，顶层的接口是 Collection，它是一组允许重复的对象结构，Set 接口继承 Collection，但不允许重复。List 接口继承 Collection，允许重复，并引入位置下标。Queue 接口继承 Collection，表示队列及先后关系，Map 接口既不继承 Set 也不继承 Collection，它用来操作成对的对象元素。下面分别对这些接口进行说明。

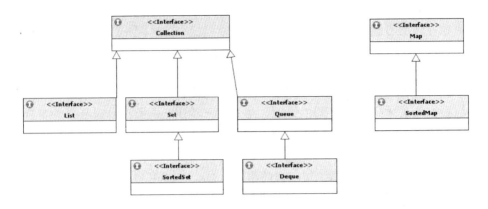

图 11.1　Java 集合框架接口层次结构

11.2.2　Collection 接口

Java 库中用于集合类的基本接口是 Collection 接口，该接口用于表示任何对象或元素组。想要尽可能以常规方式处理一组元素时，就使用这一接口。Collection 支持如添加和移除等基本操作。设法除去一个元素时，如果这个元素存在，除去的仅仅是集合中此元素的一个实例。两个基本操作方法为：

- boolean add(Object element);
- boolean remove(Object element)。

上述的 add()方法用于将对象添加给集合。如果添加对象之后，集合确实发生了变化，那么返回值为 true，否则为 false。例如，如果试图将一个对象添加到集合中，而集合中已经有该对象了，那么 add()方法将返回一个 false，因为集合拒绝纳入重复的对象。remove()方法执行的是与之相反的操作。

除了上述的两个主要方法外，还有很多其他的应用方法，如下所示。

- int size()：返回集合中元素的数目。
- boolean isEmpty()：判断集合是否为空。
- boolean contains(Object obj)：如果集合中包含了一个 obj 对象，则返回 true。
- boolean containsAll(Collection c)：如果集合中包含了 c 中所有的元素，则返回 true。
- boolean equals(Object other)：如果集合相等则返回 true。
- boolean addAll(Collection from)：将 from 中的所有元素添加到集合中，成功则返回 true。
- boolean remove(Object obj)：删除元素 obj，成功则返回 true。
- boolean removeAll(Collection c)：删除集合中所有与 c 中相同的元素，只要集合发生变化则返回 true。
- void clear()：将本集合清空。
- boolean retainAll(Collection c)：删除集合中所有不在 c 中的元素，只要集合发生变化则返回 true。

❑　Object [] toArray()：返回集合中所有元素组成的数组。

上述方法都是针对集合应用的具体操作，方法的含义也很明确，无需更多的解释，读者如有疑问，请查阅 API 手册。

不过，如果实现 Collection 的每个类都要提供这么多方法，那将是一件很麻烦的事情。为了减轻程序员的工作量，系统用一个 AbstractCollection 类来实现这个接口，程序员可以直接继承这个类。由于接口中的方法都已经实现，只有少数几个可能要根据需要来修改，这样就大大减少了重复劳动。在 JDK 中，这一设计思路被广泛使用，读者在 GUI 程序设计章节中将经常看到这样的情况。后文的实例中也都会用到这些方法，读者要注意体会。

Collection 中还有一个特别的方法：

❑　Iterator iterator()；

该方法用于返回一个能够实现 Iterator 接口的对象，此对象也被称为迭代器。程序员可以使用这个迭代对象，逐个访问集合中的各个元素。它有下面 3 个基本方法：

❑　Object next()；

❑　boolean hasNext()；

❑　void remove()。

通过反复调用 next()方法，可以逐个访问集合中的各个元素。但是如果到了集合的末尾，那么 next()方法将抛出一个 NoSuchElementException 异常。因此，在调用 next()方法之前，必须先调用 hasNext()方法进行测试。如果测试的对象仍然拥有可供访问的元素，那么 hasNext()将返回 true。下面是使用迭代器的一段示意程序：

```
Iterator iter = c.iterator();      //从集合中得到 Iterator 对象
while(iter.hasNext()){             //通过 Iterator 对象的 hasNext 方法对其进行遍历
  Object obj = iter.next();        //通过 Iterator 对象的 next 方法取出目标对象
  //use obj
}
```

最后一个方法是 remove()，它用于删除上次调用 next()方法时返回的元素。

按照一般的想法，remove()方法应该是属于某个集合的，很难想象居然将它放在迭代器中。JDK 的设计者认为，如果已经知道了某个元素所处的位置，那么程序可以更有效地将它删除。而迭代器知道元素在集合中的位置，因此将 remove()方法设计成为了迭代器的一个组成部分。

读者还应该更深入地了解迭代器本身的工作方式和 next()方法的作用。可以想象迭代器本身是一根指针，不过和一般数组中的下标表示某个元素不同，这个指针并不是直接指向某个元素，而是位于各个元素之间。如图 11.2 所示。

一种形象的比喻是将 Iterator.next()看成是 InputStream.read()，它每次从数据流中返回一个字节，而且将指针移动到下一个位置，准备下一次的读取。

使用 remove()方法必须要小心。在调用 remove()方法时，删除的是上次调用 next()返回

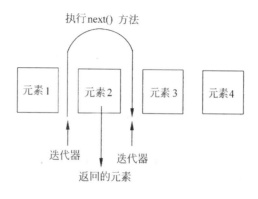

图 11.2　迭代器的工作方式

的元素。如果你要删除某个位置上的元素，首先要跳过这个元素。下面的程序片段是删除第一个元素的示意：

```
Iterator it = c.iterator();
it.next();        //越过第一个元素
it.remove();      //删除它
```

由于 remove()和 next()方法是互相关联的，在调用 remove()方法之前，至少要保证调用了一次 next()方法，否则将会抛出一个 IllegalStateException 异常。

如果想要删除两个相邻元素，不能简单地写成下面的形式：

```
it.remove();
it.remove();
```

而应该先调用 next()，像下面这样来写：

```
it.remove();
it.next();
it.remove();
```

11.2.3　Set 接口

按照定义，Set 接口继承 Collection 接口，而且它不允许集合中存在重复项。所有原始方法都是现成的，没有引入新方法。具体的 Set 实现类依赖添加的对象的 equals()方法来检查等同性。

Set 接口有两个具体的实现类，分别为 HashSet 和 TreeSet。

HashSet 是为优化查询速度而设计的 Set，添加到 HashSet 的对象需要采用恰当分配散列码的方式来实现 hashCode()方法。虽然大多数系统类覆盖了 Object 中默认的 hashCode()实现，但当编程中需要创建自己的要添加到 HashSet 的类时，需要覆盖 hashCode()。

TreeSet 是一个有序的 Set，其底层是一棵树，添加到 TreeSet 的元素也必须是可排序的，这样在使用时就能从 Set 里面提取一个有序序列了。一般来说，先把元素添加到 HashSet，再把集合转换为 TreeSet 来进行有序遍历会更快。HashSet 和 TreeSet 都实现了 Cloneable 接口。

AbstractSet 类覆盖了 equals()和 hashCode()方法，以确保两个相等的集返回相同的散列码。若两个集大小相等且包含相同元素，则这两个集相等。按定义，集散列码是集中元素散列码的总和。因此，不论集的内部顺序如何，两个相等的集会返回相同的散列码。

11.2.4　List 接口

List 接口继承了 Collection 接口，用来定义一个允许重复项的有序集合。该接口不但能够对列表的一部分进行处理，还添加了面向位置的操作。面向位置的操作包括插入某个元素或 Collection 的功能，还包括获取、除去或更改元素的功能。在 List 中搜索元素可以从列表的头部或尾部开始，如果找到元素，还将报告元素所在的位置。List 接口中的主要方法有：

- ❑ void add(int index, Object element);
- ❑ boolean addAll(int index, Collection collection);
- ❑ Object get(int index);
- ❑ int indexOf(Object element);
- ❑ int lastIndexOf(Object element);
- ❑ Object remove(int index);
- ❑ Object set(int index, Object element)。

另外，还需要强调一个 List 中的 add()操作方法，添加一个元素会导致新元素立刻被添加到隐式光标的前面。因此，添加元素后调用 previous()会返回新元素，而调用 next()则不起作用，返回添加操作之前的下一个元素。

List 接口有两个具体的实现类，分别为 ArrayList 类和 LinkedList 类。

- ❑ ArrayList：一个用数组实现的 List。能进行快速的随机访问，但是往列表中间插入和删除元素的时候比较慢。ListIterator 只能用在反向遍历 ArrayList 的场合，不要用它来插入和删除元素，因为相比 LinkedList，在 ArrayList 里面用 ListIterator 的系统开销比较高。
- ❑ LinkedList：对顺序访问进行了优化。在 List 中间插入和删除元素的代价也不高。随机访问的速度相对较慢。此外它还有 addFirst()、addLast()、getFirst()、getLast()，removeFirst()和 removeLast()等方法，在实际应用中，根据方法的具体实现，可以把 LinkedList 当成栈（stack）、队列（queue）或双向队列（deque）来用。

ArrayList 和 LinkedList，在实际使用中要用哪一个取决于特定的业务需要。如果要支持随机访问，而不必在除尾部的任何位置插入或除去元素，那么，ArrayList 提供了可选的集合。但如果要频繁地从列表的中间位置添加和除去元素，而且只要顺序地访问列表元素，那么，LinkedList 实现更好。

另外，还有两个抽象的 List 实现类：AbstractList 和 AbstractSequentialList。像 AbstractSet 类一样，它们覆盖了 equals()和 hashCode()方法以确保两个相等的集合返回相同的散列码。若两个集大小相等且包含顺序相同的相同元素，则这两个集相等。这里的 hashCode()实现在 List 接口定义中指定，而在抽象类中实现。

除了 equals()和 hashCode()实现，AbstractList 和 AbstractSequentialList 实现了其余 List 方法的一部分。因为数据源随机访问和顺序访问是分别实现的，使得具体列表实现的创建更为容易。

11.2.5　Map 接口

Map 接口不是 Collection 接口的继承，而是从自己的用于维护键-值关联的接口层次结构入手。按定义，该接口描述了从不重复的键到值的映射关系。可以把 Map 接口方法分成 3 组操作：改变、查询和提供可选视图。

- ❑ 改变：这一操作指的是允许从映射中添加和除去键-值对。键和值都可以为 null。但是，不能把 Map 作为一个键或值添加给自身。涉及的操作方法有：
  - Object put(Object key, Object value);
  - Object remove(Object key);

- void putAll(Map mapping);
- void clear()。

❑ 查询：这一操作指的是允许检查映射内容，可以从一个映射空间键取得另一个空间的值，涉及的操作方法有：

- Object get(Object key);
- boolean containsKey(Object key);
- boolean containsValue(Object value);
- int size();
- boolean isEmpty()。

❑ 提供可选视图：这一操作指的是允许把键或值的组作为集合来处理。涉及的操作方法有：

- public Set keySet();
- public Collection values();
- public Set entrySet()。

因为映射中键的集合必须是唯一的，所以需要用 Set 支持。因为映射中值的集合可能不唯一，所以需要用 Collection 支持。最后一个方法返回一个实现 Map.Entry 接口的元素 Set。Map 的 entrySet()方法返回一个实现 Map.Entry 接口的对象集合。集合中每个对象都是底层 Map 中一个特定的键-值对。

通过这个集合迭代，可以获得每一条目的键或值，并对值进行更改。但是，如果底层 Map 在 Map.Entry 接口的 setValue()方法外部被修改，此条目集就会变得无效，并导致迭代器行为未定义。

同样，Map 接口也有两个具体的实现类，分别为 HashMap 类和 TreeMap 类。

❑ HashMap：基于 hash 表的实现，可用它来代替 Hashtable，此类提供了时间恒定的插入与查询。在构造函数中可以设置 hash 表的 capacity 和 load factor。可以通过构造函数来调节其性能。

❑ TreeMap：基于红黑树数据结构的实现。当查看键或 pair 时，会发现它们是按顺序排列的，而它们的顺序由 Comparable 或 Comparator 方法定义。TreeMap 的特点是你所得到的是一个有序的 Map。TreeMap 是 Map 中唯一有 subMap()方法的实现，这个方法可以获取这个树中的子树。

HashMap 和 TreeMap 都实现 Cloneable 接口。在实际的编程应用中要使用哪一个，还是取决于特定的业务需要。在 Map 中插入、删除和定位元素，HashMap 是最好的选择。但如果要按顺序遍历键，那么 TreeMap 会更好。根据集合大小，先把元素添加到 HashMap，再把这种映射转换成一个用于有序键遍历的 TreeMap 会更快。使用 HashMap 要求添加的键类明确定义了 hashCode()实现。有了 TreeMap 实现，添加到映射的元素一定是可排序的。

和其他抽象集合实现相似，AbstractMap 类覆盖了 equals()和 hashCode()方法，以确保两个相等映射返回相同的散列码。如果两个映射大小相等、包含同样的键且每个键在这两个映射中对应的值都相同，则这两个映射相等。按定义，映射的散列码是映射元素散列码的总和，其中每个元素是 Map.Entry 接口的一个实现。因此，不论映射内部顺序如何，两个相等映射会报告相同的散列码。

WeakHashMap 是 Map 的一个特殊实现，它只用于存储对键的弱引用。当映射的某个键在 WeakHashMap 的外部不再被引用时，就允许垃圾收集器收集映射中相应的键值对。使用 WeakHashMap 有益于保持类似注册表的数据结构，其中条目的键不再能被任何线程访问时，此条目就没用了。

11.2.6　Queue 接口

与最新型数据结构库中常见的情况一样，Java 集合库也将接口与实现类分开。以数据结构中的队列为例，可以想象集合库中有一个队列接口，它可能是下面这种形式：

```
interface Queue{
  void add(Object obj); //向队列中插入元素
  Object remove();       //从队列中取出元素
  int size();            //获取队列的长度
}
```

这个接口并没有展示队列究竟是如何实现的。队列通常有两种实现方法，一种是使用循环数组，另一种是使用链表。不过这两种实现方式有一些区别：循环数组的执行效率很高，但容量是有限的；而链表队列的容量则可以接近系统可以提供的最大容量，不过效率要低一些。

无论使用哪一种方式来实现队列接口，上述 Queue 接口中的这 3 个方法都必须是要实现的。队列的使用者只需要调用这 3 个方法就可以实现队列的基本操作，而无需关心队列中元素的具体存储方式。在使用时，只需根据实际情况，选择一个具体的类即可，这是将接口与实现类分隔开来的好处。

当然，实际的情况并没有这么简单。由于一些具体的问题，Java 库中没有为普通队列设计专门的类，而是采用了一些更具有通用性的接口和方法来实现它的功能。

11.2.7　集合中的常用术语

在本章的后面章节中，将会经常出现下面一些术语，读者有必要弄清楚它们的基本含义。

1．数据

数据是客观事物的符号表示。

例如，学生张三的 Java 语言考试成绩为 92 分，92 就是该同学的成绩数据。数据也可能是一幅图像、一段声音等。

2．数据元素和数据项

数据元素是数据的基本单位，它也可以由不可分割的数据项组成。数据元素通常也会简称为元素。

例如，张三的学号是 21，他的语文成绩 82，数学成绩 91，外语成绩 88。那么这些描述张三的所有数据都是数据元素，任意一门成绩以及学号都是数据项。

3．数据对象

数据对象是性质相同的数据元素的集合。

例如，一个班级的成绩表可以看作一个数据对象，那么，它的每个数据元素就是一个学生的成绩。

4．记录

集合中的数据元素就是记录。这里的数据元素通常拥有两个或两个以上的数据项。

5．关键字

关键字是指数据元素（或记录）中某个数据项的值。如果这个值能够唯一标识某个记录，那么就称为主关键字。如果可以标识多个记录，就称为次关键字。

例如，"张三"只能作为次关键字，而他的学号是唯一的，因此，学号能作为主关键字。

说明：在本书中，一般所说的关键字都是主关键字。

11.3　集合类的使用

本节将具体介绍 Java 中各种集合类的基本功能和使用方法。在介绍每一种类之前，都会简单介绍一下它的作用，如果读者曾经学过数据结构，那么可以跳过这些介绍。

11.3.1　顺序表（ArrayList）使用示例

线性表是最常用且最简单的一种数据结构。一个线性表是 n 个数据元素的有限序列。数据元素的数目 n 就是线性表的长度。数据元素可以是一个数、一个符号，也可以是一幅图、一页书或更复杂的信息。图 11.3 所示的内容都是线性表。

图 11.3　线性表示例

通常，在数据元素的非空有限集中：

- ❑ 存在唯一的一个被称作"第一个"的数据元素；
- ❑ 存在唯一的一个被称作"最后一个"的数据元素；
- ❑ 除第一个之外，集合中的每个数据元素均只有一个前驱；
- ❑ 除最后一个之外，集合中每个数据元素均只有一个后继。

在线性表中，所有的相邻数据元素之间存在着先后顺序关系。如图 11.4 所示为长度为 n 的线性表。

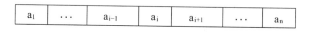

图 11.4　长度为 n 的线性表

其中，a_i 是 a_{i+1} 的直接前驱元素，a_{i+1} 是 a_i 的直接后继元素。在不引起混淆的情况下，可以省略"直接"两个字，称为前驱和后继。

线性表有两种存储方式：顺序表和链表。链表将在 11.3.2 小节介绍。顺序表的特点是用元素在计算机内物理位置的相邻来表示线性表中数据元素之间的逻辑关系。例如，元素 a_{i-1} 存储在 a_i 的前面，那么就表示 a_{i-1} 是 a_i 的前驱。最常见的顺序表是用数组来存储。不过，在 Java 中提供了功能更强大的 ArrayList 类来表示它。

在 Java 中，ArrayList 类的原型声明如下：

```
public class ArrayList<E>
extends AbstractList<E>
implements List<E>, RandomAccess, Cloneable, Serializable
```

它是一个泛型类，类型参数 E 指示存储在其中的数据的类型。它是 AbstractList 的子类，因此 AbstractList 中的方法它都具有，所以这里不再介绍重复的方法，只介绍新增加的一些方法，如表 11.1 所示。

表 11.1　ArrayList 中增加的一些方法

方　　法	说　　明
ArrayList()	构造一个空的顺序表，默认大小为 10
ArrayList(Collection<? extends E> c)	构造一个顺序表，包含了 c 中所有元素
ArrayList(int initialCapacity)	构造一个指定容量的空表
void add(int index, E element)	将元素 element 插入到由 index 指定的位置
E get(int index)	获取表中 index 位置的元素
E remove(int index)	删除指定位置的元素
E set(int index, E element)	将指定位置的元素置为 element

在顺序表中，删除和插入元素是最常见，但也是最为耗时的操作。在插入一个元素时，顺序表需要将插入点后面的所有元素向后移动位置，如图 11.5 所示。

在删除一个元素时，需要将被删除元素后面所有元素向前移动位置，如图 11.6 所示。

无论是插入还是删除元素，平均需要移动 n/2 个元素，这是相当耗时的。不过，如果插入或删除的元素是最后一个，那么就无需移动元素了。

实际上，ArrayList 的使用者无需关心，类到底是如何实现插入和删除元素的。不过了解这一点，有助于程序员编出更有效率的程序。ArrayList 的使用非常方便，当插入元素时，如果原来的空间不够，它会自动增加空间；删除时则会自动减少空间。这一切对于应用程序员而言都是透明的。

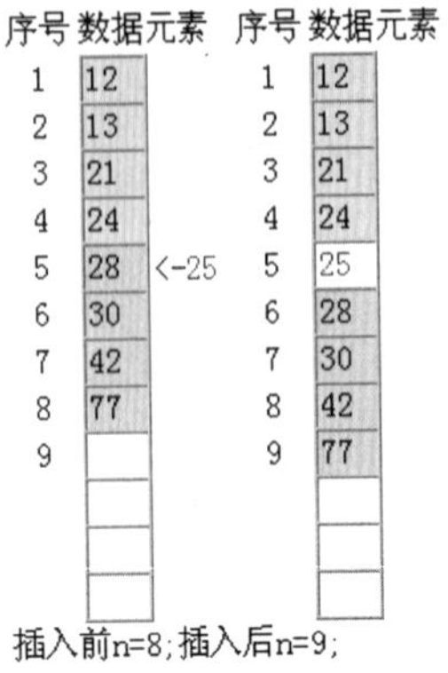

图 11.5   在顺序表中插入一个元素

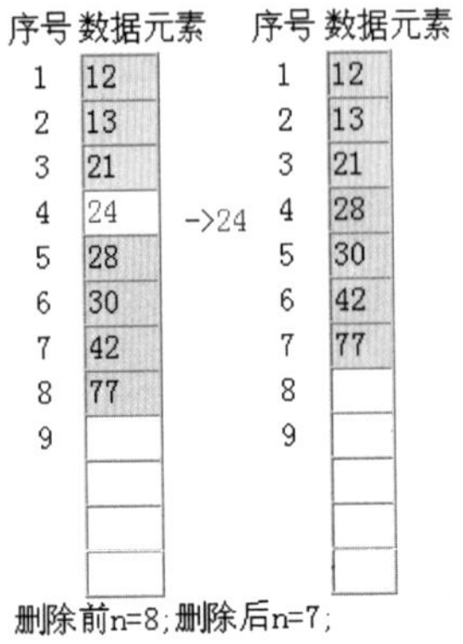

图 11.6   在顺序表中删除一个元素

在下面这个例子中，先创建一个 ArrayList 对象，用来存储学生的姓名，再向其中插入元素，然后删除其中的一些元素，最后列出剩余的元素。

【例 11.1】   ArrayList 使用示例。

//-----------文件名 demoArrayList.java，程序编号 11.1----------------

```java
import java.util.*;        //ArrayList 在 util 包中
import java.io.*;          //Scanner 在 java.io 包中
public class demoArrayList{
  public static void main(String args[]){
    //创建一个 String 类型的顺序表
    ArrayList<String> stu = new ArrayList<String>();
    Scanner in = new Scanner(System.in);   //准备从键盘输入
    String name;              //定义一个 String 类型的变量，用来接收从键盘输入的名称信息
    System.out.println("请依次输入学生姓名，空行表示结束");
    boolean goon = true;
    while(goon){                //循环输入学生姓名
      name = in.nextLine();
      if (name.length()>0)      //若读入了空行，则 name 的长度为 0
        stu.add(name);          //插入到顺序表中
      else
        goon=false;
    }
    System.out.println("请输入要删除的学生姓名，空行表示结束");
    goon=true;
    while(goon){                //循环删除指定的学生
      name = in.nextLine();
      if (name.length()>0){
        if(stu.remove(name))    //删除指定元素
          System.out.println("删除成功: "+name);
        else
          System.out.println("没有找到此人: "+name);
      }
      else
        goon=false;
    }
    System.out.println("还剩下的学生有: ");
```

```
    for(String stName : stu)//遍历顺序表
      System.out.println(stName);
    in.close();
  }
}
```

在程序的末尾，使用了 for-each 循环来遍历这个顺序表。这么做，比用 Iterator 迭代要
简单一些。程序的运行结果如图 11.7 所示。

图 11.7　程序运行情况

11.3.2　链表（LinkedList）使用示例

链表是存储线性表的另外一种结构。链表的特点是：该线性表中的数据元素可以用任
意的存储单元来存储。线性表中逻辑相邻的两元素的存储空间可以是不连续的。为表示逻
辑上的顺序关系，每个数据元素除存储本身的信息之外，还需存储一个指示其直接后继的
信息。这两部分信息组成数据元素的存储映象，称为节点。图 11.8 所表示的就是一个链表。

图 11.8　单向链表示例图

图 11.8 中，黑色的节点不存储数据，是为了操作方便而添加的头节点。最后一个节点
的指针是悬空的。在数据节点中，节点 a 是节点 b 的前驱，b 是 a 的后继。在实际存储过
程中，a 的物理位置不一定和 b 相邻，也不一定在 b 的前面，它是通过那根指针来表示元
素之间的逻辑关系。所有的节点都只有一根指针，从前驱指向后继，这样的链表被称为单
向链表。

对于单向链表，可以很方便地从一个节点找到它的后继。但如果要找到已知节点的前
驱就不太方便，它可能需要遍历整个链表才行。在这种情况下，还需要有指向前驱的指针。
于是每个节点都有两根指针，分别指向前驱和后继，这种链表称为双向链表，如图 11.9
所示。

图 11.9　双向链表示例图

双向链表比单向链表需要更多的存储空间，而且在删除和插入节点时需要多操作一根指针。LinkedList 实现的是双向链表。

相对于顺序表，链表的最大好处是，插入节点和输出节点时无需移动任何元素，而只需要修改相应的指针就行，这样时间效率要高得多。

图 11.10 表示的是如何在双向链表中删除一个节点 B。图 11.11 表示的是如何在双向链表中插入一个新的节点 X。

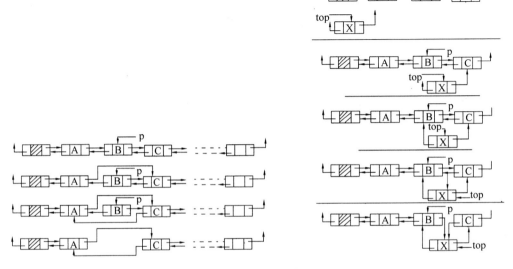

图 11.10　双向链表删除节点示例　　　图 11.11　在双向链表中插入一个节点

从示意图中可以看出，无论是删除还是插入节点，都需要操作多步，每一步都要修改一个指针，而且其中的顺序不能任意调换。这对程序员而言是一件繁琐而易错的事情。幸运的是，LinkedList 已经帮助应用程序员做好了这些事情。程序员甚至都不需要知道它到底是如何操作的，而只管调用 add() 和 remove() 方法就可以了。

LinkedList 是从 AbstractCollection 的子类继承而来，它的继承关系如图 11.12 所示。

```
java.lang.Object
 └ java.util.AbstractCollection<E>
    └ java.util.AbstractList<E>
       └ java.util.AbstractSequentialList<E>
          └ java.util.LinkedList<E>
```

图 11.12　LinkedList 继承关系图

它的声明原型如下：

```
public class LinkedList<E>
extends AbstractSequentialList<E>
```

implements List<E>, Queue<E>, Cloneable, Serializable

与 ArrayList 相比，它的最大优势是，在删除和插入时不要移动元素。但它其余的操作要复杂一些，因此它除了继承 AbstractList 中的方法，还提供了更多的辅助方法。表 11.2 介绍了它独有的一些方法。

表 11.2　LinkedList的独有方法

方　　法	说　　明
void addFirst(E o)	将给定元素插入到链表的最前面
void addLast(E o)	将给定元素插入到链表的最后面
E element()	获取链表中第一个元素，但不删除它
E get(int index)	获取指定位置的元素，不删除它
E getFirst()	获取第一个元素，不删除它
E getLast()	获取最后一个元素，不删除它
int indexOf(Object o)	获取 o 在链表中第一次出现的位置，如果是–1，表示链表中没有这个元素
int lastIndexOf(Object o)	获取 o 在链表中最后一次出现的位置，如果是–1，表示链表中没有这个元素
ListIterator<E> listIterator(int index)	获取从指定位置开始的迭代器
boolean offer(E o)	将元素 o 加入到链表的尾部
E peek()	获取第一个元素，不删除它
E poll()	获取并删除第一个元素
E remove()	获取并删除第一个元素
E remove(int index)	获取并删除指定位置的元素
E removeFirst()	获取并删除第一个元素
E removeLast()	获取并删除最后一个元素
E set(int index, E element)	将指定位置节点的值用 element 取代
Object[] toArray()	将所有元素组织成一个数组

从表 11.2 中可以看出，LinkedList 不仅提供了大量的辅助方法，而且其中有些方法似乎完全是重复的，比如，pool()和 remove()、element()和 getFirst()。之所以出现这种奇怪的情况，并非是设计者的失误，而是因为 LinkedList 身兼两职：既要做一般的链表用，又可以当作链式队列来用。它同时实现了 List 和 Queue 两个接口。不过，在本小节中，只介绍作为一般链表的使用方法，关于队列，将在 11.3.3 小节介绍。

【例 11.2】　猴子选大王。

所谓猴子选大王的问题是这样的：100 只猴子坐成一个圈，从 1 开始报数，报到第 14 的那只猴子退出圈外，并重新开始计数。依次循环下去，直到圈中只剩下一只猴子，就是大王。这个问题其实是一个特例，将其中的 100 和 14 换成变量 n 和 m，就是约瑟夫环问题。

这里用链表来解决这个问题。将每一只猴子的编号存入到链表的一个节点中，将这些节点组成一个链表。为了让它围成一个圈，编程的时候需要稍微处理一下，用一个迭代器指示每次到达链表尾部的时候，又重新回到链表的头部来。可以用一个计数器 num 模拟报数，当 cnt 等于 14 时，就将指向的节点删除，表示这只猴子要退出圈外。另外，还需要一个计数器 cnt 来记录已经删除的节点数,初始值为 100,当它等于 1 时表示已经选出了大王。

具体的程序如下:

//-----------文件名 monkey.java,程序编号 11.2----------------

```java
import java.util.*;
public class monkey{
    public static void main(String args[]){
        //创建一个元素类型为 Integer 的链表
        LinkedList <Integer> monkeys = new LinkedList<Integer>();
        int number, cnt;    //定义两个 int 型变量,用来计数
        //将猴子编号依次放入到链表中
        for (number=1; number<=100; ++number)
            monkeys.addLast(number);
        cnt = 100;
        number = 0;
        Iterator it = monkeys.iterator();
        //循环删除退出的猴子,直到只剩下一只
        while(cnt>1){
            if (it.hasNext()){
                it.next();      //往后面数
                ++number;       //计数器加 1
            }else{              //迭代器已经到达末尾,重新将它置回到链表头部
                it = monkeys.iterator();
            }
            //删除应该退出圈外的猴子
            if(number == 14){
                number = 0;
                it.remove();
                --cnt;
            }
        }
        //最后链表中剩下的就是大王
        System.out.println("大王编号为: "+monkeys.element());
    }
}
```

这个程序用 LinkedList 模拟实现了猴子选大王的过程。这其中稍微显得麻烦一点的就是迭代器的移动,当它到达末尾时,需要用:

```java
it = monkeys.iterator();
```

重新创建迭代器,使得它回到链表头部,而不能始终使用 next()方法。

⌂注意:迭代器回到头部的时候并没有跨过任何一个节点,所以不必"++number"。

可以想象,如果最后一个节点的指针是指向第一个节点的,如图 11.13 所示。

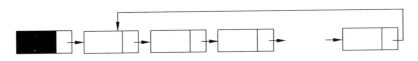

图 11.13　循环链表示意图

那么就应该可以一直使用 next()方法了。这种链表,被称为循环链表,它在处理约瑟夫环这类问题上存在优势。不过遗憾的是,LinkedList 并不是一个循环链表。所以要用它

实现循环链表的功能，就显得麻烦一些。

程序的输出如下：

大王编号为：92

最后还有一点需要读者特别注意，虽然 LinkedList 中提供了 get(int index)方法来获取指定位置的元素，但与数组中用下标访问元素以及 ArrayList 中的 get(int index)方法的实现不同。后两者都是随机读取元素，也就是说，读取元素的时间是固定的，与元素所在的位置无关；而前者需要一个个元素数过来，才能确定 index 所在的位置，这样一来，读取元素的时间和元素的位置是有关的，平均下来，执行一次 get(int index)需要访问半个链表中的元素，比随机读取要耗时得多。所以，如果要遍历一个 LinkedList，应尽量使用 for-each 循环或者是迭代器，不要写成下面的样子：

```
for(int i=0; i<list.size(); ++i)
  do something with list.get(i);
```

11.3.3　优先队列（PriorityQueue）使用示例

队列是一种先进先出（FIFO）的线性表。它只允许在表的一端进行插入，而在另一端删除元素。像日常生活中的排队一样，最早入队的最早离开，后来者都只能排到队列的尾部。

在队列中，允许插入的一端叫队尾，允许删除的一端则称为队头。图 11.14 是一个队列的示意图。

图 11.14　队列示意图

一般情况下，队列中的元素按照先来后到的顺序从前往后排。不过有时候这么做并不太合适。我们也可以给每个元素赋予一个优先级，在队列中根据这个优先级的高低从前往后排，这种队列被称为优先队列。很明显，普通队列就是以入队时间为优先级的一种特殊的优先队列。

队列的具体实现也有两种：循环数组和链表。在 Java 中，可以使用 LinkedList 来实现普通队列的所有功能，不过它还提供了一个使用上更为简单一点的优先队列类：PriorityQueue。

PriorityQueue 的原型声明如下：

```
public class PriorityQueue<E>
extends AbstractQueue<E>
implements Serializable
```

它的常用方法如表 11.3 所示。

表 11.3　PriotityQueue的常用方法

方　　法	说　　明
PriorityQueue()	创建一个空的优先队列，以元素默认的比较方法来决定优先级，初始值大小为 11
PriorityQueue(int initialCapacity, Comparator<? Super E> comparator)	创建一个指定大小的优先队列，元素的优先级由 comparator 来决定
PriorityQueue(SortedSet <? Extends E> c)	创建一个优先队列，其中包含了 c 中所有的元素
boolean add(E o)	插入指定元素到队列中
void clear()	清空队列
Comparator<? Super E> comparator()	返回队列中所用的比较方法
Iterator<E> iterator()	获得队列的迭代器
boolean offer(E o)	将指定元素插入到优先队列中
E peek()	获取队头元素，但不删除它
E poll()	获取并删除队头元素
boolean remove(Object o)	从队列中删除指定的对象
int size()	返回队列中元素的数目

表 11.3 中的多数方法都很容易理解和使用，只有用 Comparator 来指定优先级看上去有点难以理解。下面就以一个例子来说明如何创建和使用一个优先队列。

【例 11.3】　模拟操作系统的进程调度。

操作系统对进程的调度有很多策略，多数采用的是 FIFO，即先来先服务。不过也有一些采用的是短作业优先法。即预先估计作业运行所需要占用的时间，时间短的先运行。将每一个作业作为一个元素，将运行时间看成是元素的优先级，就可以用优先队列来处理这个问题。

不过这里需要定义两个类：一个类用于创建作业对象；一个类用于实现 Comparator 接口。

//-----------文件名 job.java，程序编号 11.3----------------

```java
//本类用于创建作业对象
public class job{
  private int number;        //记录作业的编号
  private int spend;         //记录作业所需时间
  /通过 job 方法，为两个私有变量赋初值
  public job(int num, int time){
    this.number = num;
    this.spend = time;
  }
  /**如下用到的是 Java 中的 Setter 和 Getter 方法，用来存取数据信息，在 Java 中也叫做数据的存取器类**/
  public int getNumber(){          //返回 number 的值
    return number;
  }
  public void setNumber(int num){  //设置 number 的值
    number = num;
  }
  public int getSpend(){           //返回 spend 的值
```

```
      return spend;
    }
  public void setSpend(int time){    //设置 spend 的值
    spend = time;
    }
}
```

//-----------文件名 myCompare.java，程序编号 11.4----------------

```
//本类实现 Comparator 接口，提供给优先队列使用
import java.util.*;
public class myCompare implements Comparator<job>{ //比较的对象是 job
  //根据 job 对象所需时间来确定优先级
  public int compare(job o1, job o2){
      if (o1.getSpend() > o2.getSpend())
      return 1;
      if (o1.getSpend() < o2.getSpend())
      return -1;
      return 0;
    }
  public boolean equals(Object obj){
      return super.equals(obj);
    }
}
```

//-----------文件名 scheduling.java，程序编号 11.5----------------

```
//本程序模拟操作系统的作业调度过程
import java.util.*;
import java.io.*;
public class scheduling{
  public static void main(String args[]){
    //通过 Scanner 方法，获取从控制台的输入
    Scanner in = new Scanner(System.in);
    //初始化 myCompare 对象
    myCompare comp = new myCompare();
    //创建 job 类型的队列，以 comp 为比较方法
    PriorityQueue<job> priQue = new PriorityQueue<job>(20, comp);
    System.out.println("请依次输入作业所需要的时间，0 表示结束：");
    boolean goon = true;
    int time;
    for(int cnt=1;goon; cnt++){
      System.out.print("作业"+cnt+"所需时间: ") ;
      time = in.nextInt();
      if(time>0)
        priQue.add(new job(cnt,time));     //插入作业到队列,优先队列会自动调整它的
                                                    位置
      else
        goon = false;
    }
    System.out.println("作业调度的顺序是: ");
    //队列中所有元素依次从队头出列，即为调度的顺序
    while(priQue.size()>0){
      job  tj;
      tj = priQue.poll();
      System.out.println("作业编号: "+tj.getNumber()+" 所需时间: "+tj.
      getSpend());
    }
```

```
    }
}
```

程序运行的结果如图 11.15 所示。

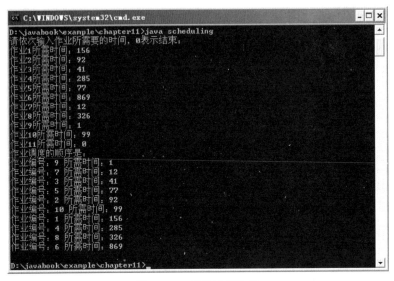

图 11.15　程序运行结果

　　程序中使用的是出队列的方式来遍历整个队列。这是因为优先队列尽管也可以返回迭代器，但是并不保证迭代得到的结果是按照预定义优先级排列的结果。

11.3.4　哈希集合（HashSet）使用示例

　　在一般的线性表中，记录在结构中的相对位置是随机的，即和记录的关键字之间不存在确定的关系。因此，在线性表中查找记录时需进行一系列的比较。这一类查找方法建立在"比较"的基础上，查找的效率依赖于查找过程中所进行的比较次数。

　　理想的情况是能直接找到需要的记录，因此必须在记录的存储位置和它的关键字之间建立一个确定的函数对应关系 f，使每个关键字和记录中一个唯一的存储位置相对应。人们称这个对应关系 f 为哈希（Hash）函数，按这个思想建立的表称为哈希表或者散列表。也把这种方法称为哈希杂凑法。

　　哈希表最常见的例子是以学生学号为关键字的成绩表，1 号学生的记录位置在第 1 条，10 号学生的记录位置在第 10 条。如表 11.4 所示。

表 11.4　以学号为关键字建立的直接哈希表

表中的位置	学　号	语　文	数　学	外　语
1	001	87	95	88
2	002	75	95	68
3	003	80	69	71
4	004	62	81	79
……	……	……	……	……
n	n	64	77	82

如果用一个数组来存储这个哈希表，那么查找任何学生的成绩，只需要用"数组名[学号]"的方式就可以直接定位到记录所在的位置，无需任何比较，速度飞快。在这里，哈希函数 f 是：f(x)=x，其中，x 是学号。

不过，大多数情况下，问题要比这复杂得多。很多情况下，关键字并不是一个整型数，或者这个整型数很大（比如身份证号码）。因此，需要设计专门的哈希函数 f，使得 f(key)=h，而 h 总是一个比较小的整型数。这个 h 就称为哈希地址或散列地址，而计算哈希函数值的过程就称为哈希造表或散列。

关于哈希函数的设计，有很多专门的方法，比如，直接定址法、数字分析法、平方取中法、折叠法和除留余数法等。根据不同的问题，这个哈希函数可以由程序员来自己构造。有兴趣的读者可以参考数据结构的书籍。

使用哈希表必须要处理的一个问题是冲突。所谓冲突，是指两个不同的关键字，根据哈希函数 f 计算得到的哈希地址相同。

比如，有两个学生，一个叫刘丽，一个叫李兰。假如哈希函数 f 是这么构造的：取姓名的第一个字母的 ASCII 码值之和，那么就有 f(刘丽)='L'+'L'=76+76=152，而 f(李兰)=152，这就导致两个记录会存放在哈希表中的同一个位置，这就是冲突。

为了解决冲突，人们也设计了一系列的存储方法。比较常用的有开放定址法、再哈希法、链地址法以及建立公共溢出区等。其中的链地址法又以其使用方便、处理简单而最被人们看好。根据链地址法建立的哈希表如图 11.16 所示。

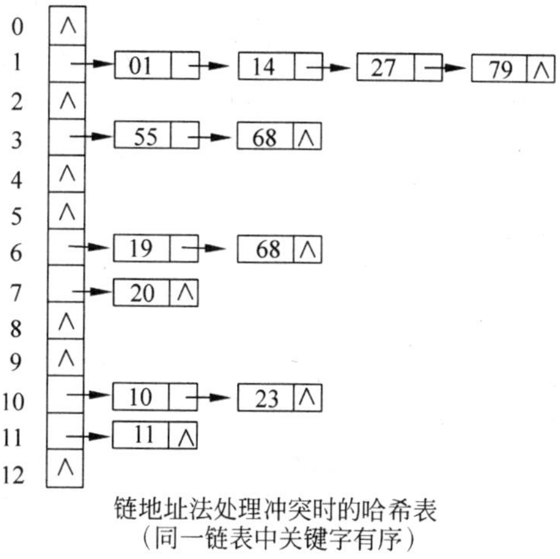

链地址法处理冲突时的哈希表
（同一链表中关键字有序）

图 11.16　根据链地址法建立的哈希表

在这样的哈希表中，竖着的那一列可以是一个 ArrayList，它的每个元素本身又是一个 LinkedList。

由于冲突的发生会降低哈希表的查找性能，人们总是希望冲突发生得越少越好。要降低发生冲突的概率，需要从两个方面入手：一是改进哈希函数，不过要建立一个适合所有情况的哈希函数几乎是不可能的；二是降低哈希表的装填因子。

装填因子用下面的公式计算：

装填因子 α=表中填入的记录数/哈希表的长度

α 的取值越小，产生冲突的机会就小，但 α 过小，空间的浪费就过多。只要 α 选择合适，散列表上的平均查找长度就是一个常数，即散列表上查找的平均时间为 O(1)。一般研究认为 α 的值为 0.75 是比较合适的。

JDK 提供了 HashSet 类，它是根据上述知识实现的哈希表。程序员无需知道它到底采用了什么哈希函数和处理冲突的方法，也仍然可以轻松地使用它来建立哈希表。HashSet 声明的原型如下：

```
public class HashSet<E>
extends AbstractSet<E>
```

```
implements Set<E>, Cloneable, Serializable
```

它是一个泛型类，意味着存入哈希表中的数据可以是任意类型的对象。表 11.5 是 HashSet 的常用方法。

表 11.5　HashSet的常用方法

方　　法	说　　明
HashSet()	创建一个空的哈希表，初始容量为 16，装填因子为 0.75
HashSet(Collection<? Extends E> c)	创建一个哈希表，包含了 c 中所有元素
HashSet(int initialCapacity)	创建一个指定大小的哈希表，装填因子为 0.75
HashSet(int initialCapacity, float loadFactor)	创建一个指定大小的哈希表，装填因子由 loadFactor 指定
boolean add(E o)	如果 o 在表中不存在，则将 o 加入到哈希表中
void clear()	清除哈希表中的所有元素
boolean contains(Object o)	如果表中存在元素 o，则返回 true，否则为 false
boolean isEmpty()	测试表是否为空
Iterator<E> iterator()	获取哈希表的迭代器
boolean remove(Object o)	从表中删除元素 o
int size()	获取哈希表中元素的数目

下面的这个例子中，先建立一个哈希表，然后向其中插入学生姓名，再删除其中的部分学生，最后输出所有剩余的学生姓名。

【例 11.4】　HashSet 使用示例。

//-----------文件名 demoHashSet.java，程序编号 11.6----------------

```
import java.util.*;        //HashSet 在 util 包中
import java.io.*;          //Scanner 在 io 包中
public class demoHashSet{
  public static void main(String args[]){
   HashSet<String> stu = new HashSet<String>();//创建一个 String 类型的哈希表
     Scanner in = new Scanner(System.in);         //准备从键盘输入
     String name;
     System.out.println("请依次输入学生姓名，空行表示结束");
     boolean goon = true;
     while(goon){                    //循环输入学生姓名
       name = in.nextLine();
       if (name.length()>0)          //若读入了空行，则 name 的长度为 0
         stu.add(name);              //插入到哈希表中
       else
         goon=false;
     }
     System.out.println("请输入要删除的学生姓名，空行表示结束");
     goon=true;
     while(goon){                    //循环删除指定的学生
       name = in.nextLine();
       if (name.length()>0){
         if(stu.remove(name))        //删除指定元素
           System.out.println("删除成功: "+name);
```

```
        else
            System.out.println("没有找到此人: "+name);
        }
        else
            goon=false;
    }
    System.out.println("还剩下的学生有: ");
    for(String stName : stu)//遍历哈希表
        System.out.println(stName);
    in.close();
    }
}
```

程序 11.6 和例 11.1 中看上去类似，确实在这里使用 HashSet 和使用 ArrayList 的方式没有什么区别，它们真正的区别在执行的时间效率上。从 HashSet 中添加和删除元素比从 ArrayList 中做同样的操作要快——不过这需要大量的数据才能看出差别。

它们另外一个区别可以从程序的运行结果看出来（运行结果如图 11.17 所示）：注意看最后输出的剩余元素，它的顺序和最初插入的顺序不相同，这是因为插入的时候是使用的散列码来计算位置，并不像 ArrayList 那样顺序插入在表的后面。

图 11.17　程序运行结果

哈希表的一个重要作用是查找，HashSet 本身只提供了一个查找方法：

```
boolean contains(Object o)
```

查找对象 o，如果成功则返回 true。注意，这并不符合一般的查找情况。比如说，建立了一个对象 student 如下：

```
class student{
    String name;   //姓名
    int score;     //成绩
}
```

已经将某个学生对象（包括姓名和成绩）存入到哈希表中，现在用户需要根据学生的姓名来获得该学生的成绩。显然，contains 方法是无法满足这一要求的——它要求查询者提供对象 o，而不是这个对象中的某个关键字。而对象中就已经包含了 score。既然已经知道 score 了，那么查询者根本无需再查询哈希表了。

要满足这种查询，需要使用 11.3.5 小节所介绍的映射。

11.3.5　哈希映射类（HashMap）使用示例

11.3.4 小节介绍的 HashSet 没有解决常用的查找功能，如果需要正常查找关键字所对应的记录，则需要使用 HashMap。HashMap 中用于散列和查找的只能是主关键字，其他的次关键字不能用于散列或查找。

HashMap 的原型声明如下：

```
public class HashMap<K,V>
extends AbstractMap<K,V>
implements Map<K,V>, Cloneable, Serializable、
```

这个泛型类有两个类型参数 K 和 V。其中，K 是关键字的类型，V 是要存储的记录类型。

HashMap 仍然使用哈希函数来计算关键字的哈希码，并存储在对应的位置上，所以记录之间是无序的，但它的存储和查找都飞快，远远超过其他类型的集合。

HashMap 中的方法很多，表 11.6 只列出了其中最常用的一些方法。

表 11.6　HashMap中的常用方法

方　　法	说　　明
HashMap()	构造一个空表，初始容量为 16，装填因子为 0.75
boolean containsKey(Object key)	如果有记录包含关键字 key，则返回 true
boolean containsValue(Object value)	如果有记录和 value 的值相等，则返回 true
V get(Object key)	如果有记录包含关键字 key，则返回这条记录
Set<K> keySet()	返回所有关键字的集合
V put(K key, V value)	根据关键字 key 计算散列码，将记录 value 存储到此位置
V remove(Object key)	从表中删除包含关键字 key 的记录，并返回这条记录

有了这些方法，就可以轻松地实现前面所介绍的查找功能。请看下面的例子。

【例 11.5】　HashMap 使用示例。

//-----------文件名 demoHashMap.java，程序编号 11.7-----------------

```
import java.util.*;
import java.io.*;
public class demoHashMap{
  public static void main(String args[]){
    //创建一个关键字为 String 类型、记录为 Integer 类型的哈希表
    HashMap<String,Integer> stu = new HashMap<String,Integer>();
    Scanner in = new Scanner(System.in); //准备从键盘输入
    String name;        //定义一个 String 类型的变量，接收从控制台输入的名称信息
    Integer score;      //定义一个 Integer 类型的变量，接收从控制台输入的分数信息
    System.out.println("请依次输入学生姓名和成绩，空行表示结束");
    boolean goon = true;
    while(goon){   //循环输入学生姓名和成绩
```

```
      System.out.print("请输入姓名：");
      name = in.nextLine();
      if (name.length()>0){
        System.out.print("请输入成绩：");
        score = new Integer(in.nextLine());
        stu.put(name,score);        //插入到哈希表中
      }
      else
         goon=false;
    }
    System.out.println("请输入要查找的学生姓名，空行表示结束");
    goon=true;
    while(goon){
      name = in.nextLine();
      if (name.length()>0){
        score=stu.get(name);   //查找指定学生
        if(score!=null)
          System.out.println(name+"的成绩为："+score);
        else
          System.out.println("没有找到此人："+name);
      }
      else
         goon=false;
    }
    in.close();
  }
}
```

程序运行的结果如图 11.18 所示。

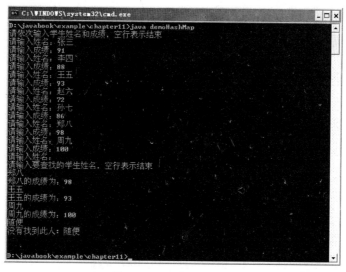

图 11.18　程序运行结果

11.3.6　有序树（TreeSet）使用示例

TreeSet 是一个与 HashSet 类似的集合，不过与哈希表不同，它是一个有序集。即它内部的元素都是按照一定的顺序组织起来的。当用迭代器访问该集合时，各个元素将按照排序之后的顺序出现。

TreeSet 所实现的数据结构是大名鼎鼎的红黑树。红黑树是一种改进的平衡二叉查找

树，典型的用途是实现关联数组。它是在 1972
年由 Rudolf Bayer 发明的，他称其为"对称二
叉 B 树"。它的操作相当复杂，但是即便在最
坏的情形下，它的运行效率仍然很高：它可以
在 O(log n)时间内做查找、插入和删除。这里
的 n 是树中元素的数目，这已经是基于比较的
查找算法中最快的了（它比哈希表的查找慢，
但哈希表是不基于比较的查找）。图 11.19 所
示是一棵典型的红黑树。

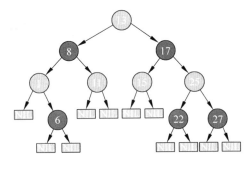

图 11.19　一棵红黑树

由于红黑树也是二叉查找树，它的每一个
根节点，都必须大于或等于在它的左子树中的所有节点，并且小于或等于在它的右子树中
的所有节点。这确保红黑树能够快速在树中查找给定的值。

TreeSet 实现了红黑树除了查找之外的所有功能，它的原型声明如下：

```
public class TreeSet<E>
0extends AbstractSet<E>
implements SortedSet<E>, Cloneable, Serializable
```

注意它实现了 SortedSet 接口，是一个有序集。因此，本书作者没有按照字面意思翻译，
而是将它翻译成有序树。有些书籍将它翻译成树集，很容易让人误解成数据结构中的普
通树。

TreeSet 的常用方法如表 11.7 所示。

表 11.7　TreeSet常用方法

方　　法	说　　明
TreeSet()	创建一棵空树，按照元素的自然顺序排列
TreeSet(Comparator<? Super E> c)	创建一棵空树，按照指定的 comparator 来排序
boolean add(E o)	如果在树中不存在 o，则添加 o 到树中
Comparator<? Super E> comparator()	返回树所用的比较器
boolean contains(Object o)	如果树中存在元素 o，则返回 true
E first()	返回树中第一个（即最小的）元素
SortedSet<E> boolean(E toElement)	返回比 toElement 小的所有元素集合
boolean isEmpty()	如果树为空，则返回 true
Iterator<E> iterator()	返回树的迭代器
E last()	返回树中最后一个（最大的）元素
boolean remove(Object o)	从树中删除元素 o
int size()	返回树中元素的数目
SortedSet<E> boolea(E fromElement, E toElement)	返回从 fromElement 到 toElement 中的所有元素，不包括 toElement
SortedSet<E> tailSet(E fromElement)	返回大于等于 fromElement 的所有元素

　　下面的例子中，用户输入学生姓名和成绩，将其插入到 TreeSet 集合中，然后输出按照成绩排序的结果。

【例 11.6】 TreeSet 使用示例。

//-----------文件名 Student.java，程序编号 11.8----------------

```
//本类用于创建学生对象，作为 TreeSet 的元素
public class Student{
  //定义学生对象的两个私有属性，分别为名称（name）和分数（socre）
  private String name;
  private int score;
  //定义构造方法，传入两个参数，分别为学生对象的两个属性赋初值
  public Student(String name, int score){
     this.name = name;
     this.score = score;
  }
  /**
    下面的代码，利用 Setter 和 Getter 方法，实现对 Student 对象属性信息的存取
  **/
  public String getName(){              //返回名称 name 信息
    return name;
  }
  public void setName(String name){   //设置名称 name 信息
    this.name = name;
  }
  public int getScore(){               //返回分数 score 信息
    return score;
  }
  public void setScore(int score){    //设置分数 score 信息
   this.score = score;
  }
}
```

//-----------文件名 CompareScore.java，程序编号 11.9----------------

```
//本类作为比较器，指定比较方法
import java.util.*;
public class CompareScore implements Comparator<Student>{
  public int compare(Student st1, Student st2){
    if (st1.getScore() < st2.getScore())     //需要降序排列，所以这个比较结果是
                                                    相反的
    return 1;
    if (st1.getScore() > st2.getScore())
      return -1;
    return 0;
  }
  public boolean equals(Object obj){
    return super.equals(obj);
  }
}
```

//-----------文件名 demoTreeSet.java，程序编号 11.10----------------

```
//从键盘输入学生姓名和成绩，降序排列后输出
```

```java
import java.util.*;
import java.io.*;
public class demoTreeSet{
  public static void main(String args[]){
    Scanner in = new Scanner(System.in);
    CompareScore comp = new CompareScore();
    //用 comp 指定的比较方法, 创建一棵红黑树
    TreeSet<Student> stuTree = new TreeSet<Student>(comp);
    String name;          //定义一个 String 类型的变量, 接收从控制台输入的名称信息
    Integer score;        //定义一个 Integer 类型的变量, 接收从控制台输入的分数信息
    System.out.println("请依次输入学生姓名和成绩, 空行表示结束");
    boolean goon = true;
    while(goon){    //循环输入学生姓名和成绩
      System.out.print("请输入姓名: ");
      name = in.nextLine();      //读取输入行的信息
      if (name.length()>0){
        System.out.print("请输入成绩: ");
        //将输入的 String 类型的分数信息强制转换为 Integer 型
        score = new Integer(in.nextLine());
        stuTree.add(new Student(name,score));   //插入到树中, 它会自动排序
      }
      else
        goon=false;
    }
    in.close();
    System.out.println("学生成绩按降序排列: ");
    //用迭代器来遍历这棵树
    Iterator it = stuTree.iterator();
    while(it.hasNext()){
      Student st = (Student)it.next();
      System.out.println("姓名: "+st.getName()+" 成绩:"+st.getScore());
    }
  }
}
```

程序的运行结果如图 11.20 所示。

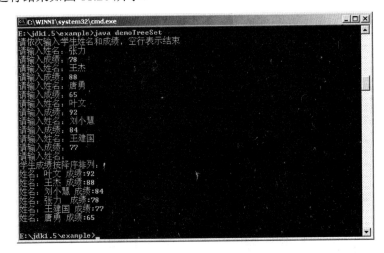

图 11.20　程序运行结果

这个程序看上去和优先队列的逻辑差不多, 但是红黑树的排序算法要比优先队列的插

入排序法快得多，如果数据量大，可以很明显地看出差别。

11.3.7　有序树映射类（TreeMap）使用示例

TreeSet 的一个弱点和 HashSet 相同：无法完成普通的查找。而红黑树的一个重要特点就是查找迅速。为了弥补这一弱点，Java 又提供了 TreeMap，它也是红黑树的实现，具有 TreeSet 的基本功能，另外还提供了根据关键字查找相应记录的功能。

TreeMap 的原型声明如下：

```
public class TreeMap<K,V>
extends AbstractMap<K,V>
implements SortedMap<K,V>, Cloneable, Serializable
```

它有两个类型参数，K 是关键字的类型，V 是记录的类型。

TreeMap 中常用的方法如表 11.8 所示

表 11.8　TreeMap中的常用方法

方　　法	说　　明
TreeMap()	创建一个空的映射树，以关键字的自然顺序排序
TreeMap(Comparator<? Super K> c)	创建一个空的映射树，以给定的 comparator 排序
boolean containsKey(Object key)	如果有元素包含关键字 key，则返回 true
boolean containsValue(Object value)	如果有元素等于 value，则返回 true
K firstKey()	返回映射树中的第一个（最小的）关键字
V get(Object key)	返回包含关键字 key 的元素
SortedMap<K,V> headMap(K toKey)	返回一个包含所有比 key 小的元素的集合
Set<K> keySet()	返回映射树中所有关键字的集合
K lastKey()	返回最后一个（最大的）关键字
V put(K key, V value)	根据关键字 key 计算 value 的存储位置，并存储到映射树中
V remove(Object key)	将包含 key 的元素从映射树中删除
SortedMap<K,V> subMap(K fromKey, K toKey)	返回关键字范围从 fromKey 到 toKey 之间的所有元素集合，不包含 toKey
SortedMap<K,V> tailMap(K fromKey)	返回关键字大于等于 fromKey 的元素集合

其中，比 TreeSet 多了一个 V get(Object key)方法，用于根据指定的关键字来查询它对应的记录。一个必须要注意的地方是它的构造方法：

```
TreeMap(Comparator<? Super K> c)
```

注意，它所用的比较器 Comparator 必须是一个泛型，且泛型参数是关键字的子类。也就是说，如果要指定排序的方法，只能根据关键字来排序，而且查找的时候也是根据关键字来查找的。

这似乎很符合情理，但在某些情况下却并不实用。比如，由姓名和成绩组成的记录，以什么为关键字呢？很容易想到，因为查找的时候输入的是姓名，所以应该以姓名为关键字。问题是，按照姓名来排序，没有太大意义；更多情况下，需要以成绩来排序。但以成绩为关键字排序之后，查找就根本无法使用了。

　　要解决这个问题，需要将记录存放到一个顺序表中，并按照成绩排序，然后为姓名建立索引，查找的时候再根据姓名这个索引来查。但这么做已经是个小型数据库的功能了。可见无论设计得多么巧妙的数据结构，总有力所不及的时候。

　　下面的程序中，我们不打算考虑这么复杂的应用，就直接按照姓名来排序。先由用户输入学生的姓名和成绩，建立一个映射树，然后根据用户输入的姓名来查询对应的成绩。

　　【例 11.7】　TreeMap 使用示例。

　　这里需要用到两个类：Student 和 demoTreeMap。前一个类是例 11.6 中编写好的，这里不再重复，下面只要看 demoTreeMap 类的编写。

//-----------文件名 demoTreeMap.java，程序编号 11.11-----------------

```java
import java.util.*;
import java.io.*;
public class demoTreeMap{
  public static void main(String args[]){
    Scanner in = new Scanner(System.in);
    //以姓名为关键字，以学生记录为元素，创建一棵映射树
    TreeMap<String,Student> stuTreeMap = new TreeMap<String,Student>();
    String name;          //定义一个 String 类型的变量，接收从控制台输入的名称信息
    Integer score;        //定义一个 Integer 类型的变量，接收从控制台输入的分数信息
    Student st;           //声明一个 Student 对象，将输入的信息直接存储到对象中
    System.out.println("请依次输入学生姓名和成绩，空行表示结束");
    boolean goon = true;
    while(goon){  //循环输入学生姓名和成绩
      System.out.print("请输入姓名: ");
      name = in.nextLine();
      if (name.length()>0){
        System.out.print("请输入成绩: ");
        score = new Integer(in.nextLine());
        st = new Student(name,score);
        stuTreeMap.put(name, st);   //插入到映射树中
      }
      else
        goon=false;
    }
    System.out.println("请输入要查询的学生姓名，空行表示结束");
    goon = true;
    while(goon){  //循环输入学生姓名
      System.out.print("请输入姓名: ");
      name = in.nextLine();
      if (name.length()>0){
        st = (Student)stuTreeMap.get(name);
        if(st!=null)
          System.out.println(st.getName()+"的成绩为: "+st.getScore());
        else
          System.out.println("没有找到与"+name+"相应的记录");
      }
      else
        goon=false;
    }
    in.close();
  }
}
```

程序的运行结果如图 11.21 所示。

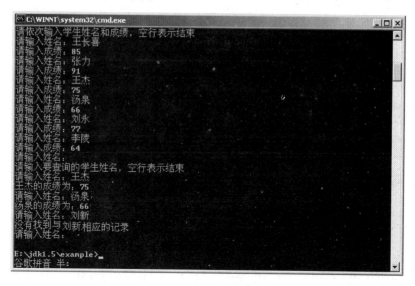

图 11.21　程序运行结果

11.3.8　枚举（Enum）使用示例

在编程的时候，经常会遇到这样的情况：变量的取值在一个有限的集合内。例如，销售衣服的大小只有小、中、大和超大这 4 种尺寸。按照一般的方式，可以这么来定义这 4 种尺寸：

```
final int SMALL = 1;
final int MEDIUM = 2;
final int LARGE = 3;
final int EXTRA = 4;
```

在使用的时候可以像下面这个样子：

```
class cloth{
   int size = SMALL;
   ......
}
```

它与

```
int size = 1;
```

是完全等价的。不过有时候，程序员可能为了方便，就直接写了个：

```
int size = 5;
```

注意，5 并不是预先定义的任何一种类型，但由于 size 是 int 类型，而整数 5 也是 int 类型，所以编译器无法发现这种错误。对于这种情况，很多语言，比如 C/C++、Pascal 等都采用了一种称为枚举类型的数据来作为约束，程序中使用的枚举变量，必须限定在预先定义好的范围内，否则就会编译错误。

Java 从 JDK 1.5 开始，也提供了枚举类型。声明一个枚举类型的简单形式如下：

```
访问类型 enum 枚举类名{值1 [，值2，……]};
```

例如：

```
enum Size{SMALL,MEDIUM,LARGE,EXTRA_LARGE;}
```

现在，可以这么来用：

```
class cloth{
   Size size = Size.SMALL;
   ……
}
```

成员变量 size 的类型不再是整型，而是 Size 类型。与此相对应，像这样的赋值会被编译器报错：

```
size = 1;
```

与其他语言不同，Java 的枚举类型值不是一个简单的整型数，而是一个类。也就是说，SMALL、MEDIUM、LARGE 和 EXTRA_LARGE 不代表任何整型数据，它们都是类 Size 的一个静态常量对象。它们与下面这样的定义完成了同样的功能：

```
class Size{
  public static final Size SMALL = new Size();
  public static final Size MEDIUM = new Size();
  public static final Size LARGE = new Size();
  public static final Size EXTRA_LARGE = new Size();
}
```

在这种常规的定义方式中，所有的类成员对象都是公共类型的静态常量。这种方式比用 enum 关键字来定义枚举要繁琐得多，所以在使用枚举类时，都会使用 enum 来定义。

既然 enum 不过是一个特殊的类，那么类的有关规则对它都是适用的。一种最常见的使用方式是为枚举类添加自己的构造方法，为各个枚举常量添加上附加的说明。如例 11.8 所示。

【例 11.8】　为枚举类添加辅助方法。

//-----------文件名 Size.java，程序编号 11.12-----------------

```
//声明一个枚举类，名为 Size
enum Size{
  //构造枚举值，整个用来枚举 Size 的值有 Small、Medium 等
  SMALL("S"), MEDIUM("M"), LARGE("L"), EXTRA_LARGE("XL");

  private String abbreviation;
  //定义私有构造器，无传入参数
  private Size(){
    this(null);
  }
  //定义私有构造器，传入字符串 abbreviation 作为参数
  private Size(String abbreviation){
    this.abbreviation = abbreviation;
  }
   //定义公有的 getAbbreviation 方法，得到 abbreviation 的值
  public String getAbbreviation(){
    return abbreviation;
```

```
    }
}
```

注意这个 Size 类的与众不同：它的两个构造方法都是 private 类型的，这意味着在类的外部无法用 Size 来创建一个对象。确实，对于一个枚举类没有必要在外部来创建对象。而它内部的 SMALL 和 MEDIUM 等成员则可以使用它的构造方法。再次强调一下，其中的：

```
SMALL("S")
```

相当于：

```
public static final Size SMALL = new Size("S");
```

系统规定所有的枚举类都是 Enum 类的子类。它们继承了这个类的许多方法。其中，最有用的一个是 toString()，这个方法能够返回枚举常量名。例如：Size.SMALL.toString() 将返回字符串"SMALL"。

toString()还有一个逆方法——静态方法 valueOf()。例如，语句：

```
Size s = (Size)Enum.valueOf(Size.class,"SMALL");
```

它会将 s 的值设置为 Size.SMALL。这有点类似于反射机制。这样就为程序动态地根据用户输入来设置枚举常量提供了方便。

在例 11.9 中，程序根据用户选择的衣服型号，输出相应的价格。用户输入的时候是字符串，需要用 valueOf()方法将它转换成对应的枚举常量。然后为这个枚举常量定义一个方法，可以返回它的价格。

【例 11.9】 根据用户输入的型号输出相应的价格。

先要将程序 11.12 中的 Size 修改一下，增加一个返回相应价格的方法。

//-----------文件名 Size.java，程序编号 11.13-----------------

```
//声明一个枚举类，名为 Size
enum Size{
  //构造枚举值，用来枚举能表示 Size 的值信息
  SMALL(18.8), MEDIUM(26.8), LARGE(32.8), EXTRA_LARGE(40.8);
  private double value;
  //定义私有构造器，无传入参数
  private Size(){
    this(0);
  }
  //定义私有构造器，传入字符串 double 类型的值作为参数
  private Size(double value){
    this.value = value;
  }
  //定义公有的 getValue 方法，得到 double 型的 value 值
  double getValue(){
    return value;
  }
}
```

//-----------文件名 showClothValue.java，程序编号 11.14-----------------

```
import java.util.*;
public class showClothValue{
  public static void main(String args[]){
```

```
Scanner in = new Scanner(System.in); //准备从键盘输入
String type;
Size  size;
boolean goon = true;
System.out.print("请输入衣服型号，包括：SMALL,MEDIUM,LARGE,EXTRA_
LARGE。");
System.out.println("空行表示结束");
while(goon){
  System.out.print("请输入型号: ");
  type = in.nextLine().toUpperCase();
  if (type.length()>0){
    //将用户输入的字符串转换成枚举量
    size = (Size)Enum.valueOf(Size.class,type);
    //调用枚举量的方法来获取价格
    System.out.println(type+"的价格为: "+size.getValue());
  }
  else
    goon=false;
}
in.close();
}
}
```

程序运行的结果如图 11.22 所示。

图 11.22　程序运行结果

11.3.9　枚举集（EnumSet）使用示例

JDK 中的另一个类：EnumSet，可以用它来建立枚举类的集合。它提供了一系列的静态方法，可以让用户指定不同的集合建立方式。

EnumSet 声明的原型如下：

```
public abstract class Enum<E extends Enum<E>>
extends Object
implements Comparable<E>, Serializable
```

它也是一个泛型，且类型参数必须是一个枚举类型。

EnumSet 没有定义构造方法，要创建一个该类的对象，必须通过它的工厂方法来实现。EnumSet 的常用方法如表 11.9 所示。

表 11.9　枚举集的常用方法

方　　法	说　　明
static <E extends Enum<E>> EnumSet<E>　allOf(Class<E> elementType)	创建一个包含指定元素类型的所有元素的枚举
static <E extends Enum<E>> EnumSet<E>　complementOf(EnumSet<E> s)	创建一个其元素类型与指定枚举集 s 相同的枚举集，包含 s 中所不包含的此类型的所有元素
static <E extends Enum<E>> EnumSet<E>　copyOf(Collection<E> c)	创建一个包含指定集合 c 中所有元素的枚举集
static <E extends Enum<E>> EnumSet<E>　copyOf(EnumSet<E> s)	创建一个其元素类型与指定枚举集相同的枚举集，包含相同的元素（如果有存在）
static <E extends Enum<E>> EnumSet<E>　noneOf(Class<E> lementType)	创建一个具有指定元素类型的空枚举集
static <E extends Enum<E>> EnumSet<E>　of(E e)	创建一个包含指定元素的枚举集
static <E extends Enum<E>> EnumSet<E>　of(E first, E... rest)	创建一个包含指定元素的枚举集
static <E extends Enum<E>> EnumSet<E>　of(E e1, E e2)	创建一个包含指定元素的枚举集
static <E extends Enum<E>> EnumSet<E>　of(E e1, E e2, E e3)	创建一个包含指定元素的枚举集
static <E extends Enum<E>> EnumSet<E>　of(E e1, E e2, E e3, E e4)	创建一个包含指定元素的枚举集
static <E extends Enum<E>> EnumSet<E>　of(E e1, E e2, E e3, E e4, E e5)	创建一个包含指定元素的枚举集
static <E extends Enum<E>> EnumSet<E>　range(E from, E to)	创建一个包含指定元素的枚举集
public boolean add(E o)	向集合中添加元素 o
public Iterator<E> iterator()	获取迭代器
public boolean remove(Object o)	从集合中删除对象 o

　　用于创建一个枚举集的方法很多，而且都是静态方法，它们也被称为工厂方法。注意其中的 of()方法，它被重载成多个，这是为了提高程序建立集合的效率。如果参数较少，应尽量使用已知参数个数的方法，它比使用不定参数的方法要快一些。下面例子演示了如何使用 EnumSet。

【例 11.10】　创建 EnumSet 示例。

　　下面的程序要使用例 11.9 中的 Size 类，在此不再重复。本程序先创建一个拥有两个枚举常量的集合，显示其中的元素和它的补集；然后再加入另外两个枚举常量，再次显示它的元素和补集。

```
//-----------文件名 demoEnumSet.java，程序编号 11.15-----------------
import java.util.*;
public class demoEnumSet{
  public static void main(String args[]){
```

```
    //使用 of 方法创建 enumSet，添加两个枚举常量
    EnumSet<Size> enumSet = EnumSet.of(Size.SMALL, Size.MEDIUM);
    //显示它里面的枚举常量
    System.out.println("集合创建时拥有的元素: ");
    showEnumSet(enumSet);
    System.out.println("补集拥有的元素: ");
    //显示它的补集
    showEnumSet(EnumSet.complementOf(enumSet));
    //添加其他两个枚举常量进来
    enumSet.add(Size.LARGE);
    enumSet.add(Size.EXTRA_LARGE);
    //再次显示它里面的枚举常量
    System.out.println("集合添加后拥有的元素: ");
    showEnumSet(enumSet);
    System.out.println("补集拥有的元素: ");
    //显示它的补集
    showEnumSet(EnumSet.complementOf(enumSet));
  }
  public static void showEnumSet(EnumSet<Size> enumSet) {
    Iterator iterator = enumSet.iterator();
    while(iterator.hasNext())
      System.out.print(iterator.next() + " ");
    System.out.println();
  }
}
```

程序的运行结果如下：

```
集合创建时拥有的元素:
SMALL MEDIUM
补集拥有的元素:
LARGE EXTRA_LARGE
集合添加后拥有的元素:
SMALL MEDIUM LARGE EXTRA_LARGE
补集拥有的元素:
```

最后一行要输出补集中的元素，现在已经为空，所以没有输出。

11.4　常用算法

所谓算法，是指计算机求解问题时特定的步骤。掌握必要的算法是成为一个真正程序员必不可少的基本功。计算机的算法非常多，本书不可能一一介绍，这里只介绍 JDK 本身所封装好的一些常用算法。

11.4.1　Collections 中的简单算法

Collections 类中包含了若干简单而常用的算法，它包括查找集合中最大和最小元素，将元素从一个表中复制到另外一个表中，将表的顺序进行反转等。另外一些复杂的算法，比如排序和二分查找，将在下面的小节中介绍。

表 11.10 描述了 Collections 中常用的简单算法。

表 11.10　Collections 中的简单算法

方　　　　法	说　　　明
static <T> void　copy(List<? Super T> dest, List<? Extends T> src)	将 src 中的元素复制到 dest 中
static <T> void　fill(List<? Super T> list, T obj)	用 obj 填充表 list，使得其中每个元素的值都相同
static <T extends Object & Comparable<? Super T>> T　max(Collection<? Extends T> coll)	求 coll 中的最大元素，按照元素的自然方法比较
static <T> T　max(Collection<? Extends T> coll, Comparator <? Super T> comp)	求 coll 中的最大元素，按照 comp 指定的方法比较
static <T extends Object & Comparable<? Super T>> T　min(Collection<? Extends T> coll)	求 coll 中的最小元素，按照元素的自然方法比较
static <T> T　min(Collection<? Extends T> coll, Comparator <? Super T> comp)	求 coll 中的最小元素，按照 comp 指定的方法比较
static <T> boolean　replaceAll(List<T> list, T oldVal, T newVal)	将表 list 中所有值为 oldVal 的元素用 newVal 代替
static void reverse(List<?> list)	将表中元素全部反转（逆向排列）
static void rotate(List<?> list, int distance)	按照指定方向旋转表中的元素
static void shuffle(List<?> list)	将表中元素重新随机排列（洗牌）

表中所有的方法都是静态的泛型方法，而且参数也多是接口类型，这就保证了这些方法能被 11.2 节介绍的大多数集合所使用。

【例 11.11】 Collections 中简单算法使用示例。

在本例中，以 ArrayList 为操作对象，先为它随机生成一些数据，然后用 max() 和 min() 方法求出中间的最大和最小值，再用 reverse() 方法将所有元素反转。

//-----------文件名 demoAlgorithm.java，程序编号 11.16----------------

```java
import java.util.*;
public class demoAlgorithm{
  public static void main(String args[]){
    ArrayList<Integer> ls =new ArrayList<Integer>();
    Integer elem;
    for (int i=0;i<10;i++)
      ls.add((int)(Math.random()*1000));
    System.out.print("生成的数据是: ");
    showList(ls);
    elem = Collections.max(ls);
    System.out.println("最大的元素是: "+elem);
    elem = Collections.min(ls);
    System.out.println("最小的元素是: "+elem);
    Collections.reverse(ls);
    System.out.print("反转后的数据是: ");
```

```
    showList(ls);
  }
  public static void showList(ArrayList<Integer> ls){
    for(Integer elem : ls)
      System.out.print(elem + " ");
    System.out.println();
  }
}
```

虽然 Collections 的泛型方法看上去比较难懂，但使用起来却很简单。示例程序中各个方法的作用一目了然，不需要更多的说明。程序的输出结果如下：

```
生成的数据是：296 801 920 822 377 659 467 111 125 155
最大的元素是：920
最小的元素是：111
反转后的数据是：155 125 111 467 659 377 822 920 801 296
```

11.4.2　排序

所谓排序，是指将集合中的元素，按照预先定义好的大小关系进行升序或者降序排列。排序算法是计算机中最常用的算法之一，也是人们研究最多的算法。据不完全统计，已经研究出 100 多种排序算法，常用的也有 10 多种。有些排序算法浅显易懂，比如，直接插入排序、简单选择排序、冒泡排序和归并排序等。而另外一些算法则要难以理解得多，比如堆排序、快速排序、希尔排序和基数排序等。这些算法各有各的优势，适用于不同的排序场合，很难说谁更好一些。一般来说，基于比较的排序方法中，快速排序是公认的最快的排序算法，它的时间复杂度为 $O(n\log_2 n)$。在 C/C++的标准库中，都实现了该算法，但它不是一种稳定的排序。归并排序的运行效率上要比快速排序慢一个常量倍，但它是稳定的，而且适合顺序表和链表两种场合。

归并算法的基本思路是：设两个有序的子序列 R[low..m]和 R[m+1..high]放在同一列表中相邻的位置上。先将它们合并到一个局部的暂存列表 R1 中，待合并完成后将 R1 复制回 R[low..high]中。

合并过程中，设置 i、j 和 k 3 个指针，其初值分别指向这 3 个记录区的起始位置。合并时，依次比较 R[i]和 R[j]的关键字，取关键字较小的记录复制到 R1[k]中，然后将被复制记录的指针 i 或 j 加 1，以及指向复制位置的指针 k 加 1。重复这一过程直至两个输入的子序列中有一个已全部复制完毕（不妨称其为空），此时将另一非空的子序列中剩余记录依次复制到 R1 中即可。

现在的问题是，如何让这两个子序列分别有序。一般的做法是把这两个长度为 n/2 的子序列继续分割成 4 个，每个长度为 n/4，然后再次分割成 n/8……直到子序列的长度为 1，就已经有序了，然后两两归并起来。

整个步骤以递归的方式进行。图 11.23 演示了归并排序的思路。

上述归并过程中，是将待排序的序列分成两部分，所以又称为 2 路归并。关于归并排序更详细的讨论，可以参见各种数据结构的书籍。

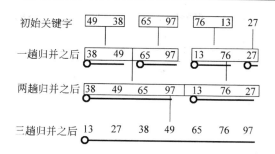

图 11.23　2 路归并示意图

在 JDK 的 Collections 中，提供了一个排序方法：sort()。它采用的是归并排序算法。Sort 方法有以下两个重载的版本。

❑ static <T extends Comparable<? Super T>> void sort(List<T> list)：对 list 进行升序排列，以自然方法比较。

❑ static <T> void　sort(List<T> list, Comparator<? Super T> c)：对 list 进行升序排列，用 comparator 指定的方法比较。

排序方法用起来很简单，请看下面的例子。

【例 11.12】　排序示例。

//-----------文件名 demoSort.java，程序编号 11.17----------------

```java
import java.util.*;
public class demoSort{
  public static void main(String args[]){
    //定义 ArrayList 对象，列表中存储 Integer 类型的数据
    ArrayList<Integer> ls =new ArrayList<Integer>();
    Integer elem;                        //定义 Integer 类型的 elem 变量
    for (int i=0;i<10;i++)
      ls.add((int)(Math.random()*1000));   //循环产生随机数，写入到列表中
    System.out.print("生成的数据是：");
    showList(ls);
    Collections.sort(ls);     //排序
    System.out.print("排序后的数据是：");
    showList(ls);
  }
  public static void showList(ArrayList<Integer> ls){
    for(Integer elem : ls)
      System.out.print(elem + " ");
    System.out.println();
  }
}
```

11.4.3　二分查找

在集合中查找指定的元素，也是计算机中最常见的操作。本章前面的小节中，在哈希表和有序树一节也提到了查找，不过和本小节要介绍的查找不同，那些查找是基于特定的数据结构：哈希表或者有序树，而本小节要介绍的查找，叫做二分查找，是基于有序顺序表的。

二分查找又被称为折半查找，它的时间效率为 $O(\log_2 n)$，这是所有基于比较的查找中最快的（哈希表的查找更快，但它不是基于查找的），要比顺序查找快得多。但在二分查找之前，先要对顺序表排序，而排序是相当耗时的操作。因此，这种查找适合于元素排序后经常要查找但很少发生变动的场合。而且二分查找只能用于顺序表，而不能用于链表。如果一定要用于链表，则它的时间效率将大幅度降低，达到 $O(n)$，与顺序查找相当。

设 R[low..high]是当前的查找区间，且已经升序排列。二分查找的基本思想是：

首先确定该区间的中点位置——mid=(low+high)/2。然后将待查的 K 值与 R[mid].key 比较。若相等，则查找成功并返回此位置，否则须确定新的查找区间，继续二分查找，具体方法如下。

（1）若 R[mid].key>K，则由表的有序性可知 R[mid..n].key 均大于 K，因此若表中存在关键字等于 K 的节点，则该节点的位置必定是在 mid 左边的子表 R[1..mid-1]中，故新的查找区间是左子表 R[1..mid-1]。

（2）类似地，若 R[mid].key<K，则要查找的 K 必在 mid 的右子表 R[mid+1..n]中，即新的查找区间是右子表 R[mid+1..n]。下一次查找是针对新的查找区间进行的。

因此，从初始的查找区间 R[1..n]开始，每经过一次与当前查找区间的中点位置上的节点关键字的比较，就可确定查找是否成功，不成功则当前的查找区间缩小一半。这一过程重复直至找到关键字为 K 的节点，或者直至当前的查找区间为空（即查找失败）时为止。

查找成功的示意图如图 11.24 所示。用同一个列表，查找不成功的示意图如图 11.25 所示。

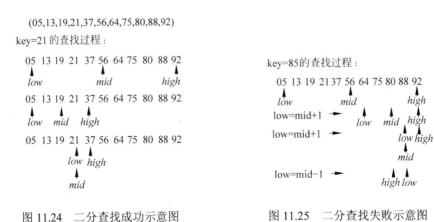

图 11.24　二分查找成功示意图　　　　图 11.25　二分查找失败示意图

在 Collections 中，已经将二分查找算法封装在方法 binarySearch()中，它有以下两个重载版本：

❑ public static \<T> int binarySearch(List\<? Extends Comparable\<? Super T>> list, T key)：在顺序表 list 中查找关键字等于 key 的记录，以自然方法比较。返回该记录在 list 中的位置。如果不成功，则返回–1。

❑ public static \<T> int binarySearch(List\<? Extends T> list, T key, Comparator\<? Super T> c)：在顺序表 list 中查找关键字等于 key 的记录，以 comparator 指定的方法比较。返回该记录在 list 中的位置。如果不成功，则返回–1。

下面的例子演示了如何使用二分查找方法。

【例 11.13】 二分查找示例。

//----------文件名 demoBinSearch.java，程序编号 11.18----------------

```java
import java.util.*;
public class demoBinSearch{
  public static void main(String args[]){
    //定义 ArrayList 对象，列表中存储 Integer 类型的数据
    ArrayList<Integer> ls =new ArrayList<Integer>();
    Integer key;
    //定义 Scanner 对象，用来实现控制台中的键盘输入
    Scanner in = new Scanner(System.in);
    boolean  goon=true;
    int index;
    for (int i=0;i<10;i++)
      ls.add((int)(Math.random()*1000));
    Collections.sort(ls);
    System.out.print("已排序的数据是：");
    showList(ls);
    System.out.println("请输入你要查找的关键字，小于等于 0 表示结束：");
    while(goon){
      System.out.print("请输入你要查找的关键字：");
      key = in.nextInt();
      if (key>0){
        index = Collections.binarySearch(ls,key);  //调用二分查找
        if(index>=0)
          System.out.println("查找成功，在"+index+"号位置");
        else
          System.out.println("没有找到"+key);
      }
      else
        goon=false;
    }
    in.close();
  }
  public static  void showList(ArrayList<Integer> ls){
    for(Integer elem : ls)
      System.out.print(elem + " ");
    System.out.println();
  }
}
```

程序的运行情况如图 11.26 所示。

图 11.26　程序运行情况

再次强调一下，如果顺序表没有先排序，编译器并不会提示，只是查找的结果是错误的。

11.5　遗留的类和接口

在 JDK 1.5 之前，系统也提供了一些集合类和接口，不过，它们已经被前面所介绍的集合取代。当然在以前编制的程序中，仍然可以看到这些类和接口，所以本节对它们做一个简单的介绍。

11.5.1　Enumeration 接口简介

老的集合使用 Enumeration 接口来遍历各个元素。Enumeratioin 接口拥有两个方法，即 hasMoreElements() 和 nextElement()。这些方法的使用与 Iterator 接口中的 hasNext() 和 Next() 方法完全相同。

新集合没有实现这个接口，所以也不能使用这两个方法。但是在老的集合中，比如，Vector、HashTable 中就只能使用这个接口。

11.5.2　向量类（Vector）使用示例

向量 Vector 是一个动态数组，这与 ArrayList 相似。在 ArrayList 出现之前，它是使用最为广泛的顺序表。但它们之间存在两个重要区别：首先，Vector 是线程安全的，它通过同步机制来保证多个线程存储时不会出现错误。这对于多线程程序很重要，但这么做效率就会大大降低。而 ArrayList 没有使用同步机制，适合单线程的存储，效率更高；其次，Vector 不是集合框架的一部分，它包含了许多不是集合框架的遗留方法。随着集合的出现，老版本的 Vector 与现行集合框架中的数据结构以及算法不兼容。

为了保证兼容性，从 JDK 1.5 开始，Vector 被重新设计为泛型，并成为了 AbstractList 的子类，实现了 Iterable 接口，不但能够和集合充分兼容，它还可以通过 for-each 循环访问所有元素。JDK 中，Vector 声明的原型如下：

```
public class Vector<E>
extends AbstractList<E>
implements List<E>, RandomAccess, Cloneable, Serializable
```

Vector 中的常用方法如表 11.11 所示。

表 11.11　Vector中的常用方法

方　　法	说　　明
Vector()	创建一个空对象，默认容量为 10
Vector(int initialCapacity)	创建一个容量为 initialCapacity 的空对象
Vector(int initialCapacity, int capacityIncrement)	创建一个容量为 initialCapacity 的空对象，如果容量不够，每次增加的容量为 capacityIncrement
boolean add(E o)	插入元素 o 到向量的尾部

续表

方　　法	说　　明
void add(int index, E element)	插入元素到指定位置
void addElement(E obj)	增加元素 obj 到向量的尾部，如果容量不够，则增加一个存储单元
int capacity()	返回本向量的容量
void clear()	清空本对象
boolean contains(Object elem)	如果向量中包含元素 elem，则返回 true
E elementAt(int index)	返回指定位置的元素
E firstElement()	返回向量中的第一个元素
E get(int index)	返回指定位置的元素
int indexOf(Object elem)	查找 elem 在向量中第一次出现的位置，如果没有则返回–1
E lastElement()	返回向量中最后一个元素
int lastIndexOf(Object elem)	查找 elem 在向量中最后一次出现的位置，如果没有则返回–1
E remove(int index)	删除向量中指定位置的元素
boolean remove(Object o)	删除向量中第一次出现的元素 o，如果没有删除成功，则返回 false
E set(int index, E element)	将 index 位置的元素值设为 element
void setSize(int newSize)	重新设置向量的大小
int size()	获取向量中元素的数目
List<E>　subList(int　fromIndex, int toIndex)	获取从 fromIndex 到 toIndex 位置为止的一个子序列
Object[] toArray()	获取一个包含向量中所有元素的数组

除了这些方法之外，它还继承了 AbstractList 中的所有方法，包括获取迭代器。另外，Vector 还有 3 个成员变量，如表 11.12 所示。

表 11.12　Vector中的成员变量

成　员　变　量	说　　明
protected　int capacityIncrement	指定容量增长的数目。如果这个值小于等于 0，则增加的容量为所需容量的两倍
protected　int elementCount	向量中元素的数目
protected　Object[] elementData	向量中数据的实际存储区域

Vector 的使用和 ArrayList 差不多，下面的例子演示了 Vector 的创建、向 Vector 中添加元素、从 Vector 中删除元素、统计 Vector 中元素的个数和遍历 Vector 中的元素。

【例 11.14】　Vector 使用示例。

```java
//-----------文件名 demoVector.java，程序编号 11.19----------------
import java.util.*;
public class demoVector{
  public static void main(String[] args){
    //使用 Vector 的构造方法进行创建
    Vector<String> v = new Vector<String>(4);
    //使用 add 方法直接添加元素
    v.add("Test0");
    v.add("Test1");
    v.add("Test0");
    v.add("Test2");
    v.add("Test2");
    System.out.println("向量中的元素：");
    showVector(v);
```

```
    //从 Vector 中删除元素
    v.remove("Test0"); //删除指定内容的元素
    v.remove(0);         //按照索引号删除元素
    //获得 Vector 中现有元素的个数
    System.out.println("现在元素的数目:" + v.size());
    System.out.println("向量中的元素: ");
    showVector(v);
  }
  //遍历 Vector 中的元素
  public static void  showVector(Vector<String> v){
    Iterator it = v.iterator();
    while(it.hasNext()){
      System.out.print(it.next()+" ");
    }
    System.out.println();
  }
}
```

程序的输出结果如下:

```
向量中的元素:
Test0 Test1 Test0 Test2 Test2
现在元素的数目: 3
向量中的元素:
Test0 Test2 Test2
```

　　向量中前面两个元素都已经被删除。Vector 的方法比 ArrayList 更多，操作也很方便，不过由于效率问题，在单线程的情况下，仍然推荐使用 ArrayList，而不是 Vector。

11.5.3　栈（Stack）使用示例

　　栈是一种特殊的线性表。它是限定仅在表尾进行插入或删除操作的线性表。栈的表尾称为栈顶，表头称为栈底，不含元素的空表称为空栈。栈操作的最重要原则是"后进先出（LIFO）"。就像是堆碟子，后来放上的碟子会被先取走。这一原则也导致栈的操作只在栈顶进行。栈的操作如图 11.27 所示。

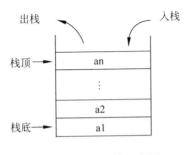

图 11.27　栈操作示意图

　　栈的使用很广泛，计算机运行程序时，对方法的调用和返回都是通过栈来进行的。如果没有栈，计算机甚至无法正常工作。
　　栈的使用很简单，因为它只有两个主要操作：入栈和出栈，而且这两个操作都是在栈顶进行，操作耗时为常量。

在 JDK 1.5 以前的版本中，专门提供了一个 Stack 类来封装栈，它是 Vector 的子类。在 JDK 1.5 以后的版本中，没有提供替代 Stack 的新类，而是将它重写为泛型类。当然，完全可以使用 ArrayList 来实现 Stack。

Stack 的声明原型如下：

```
public class Stack<E> extends Vector<E>
```

它的常用方法如表 11.13 所示。

表 11.13　Stack的常用方法

方　　法	说　　明
Stack()	创建一个栈
boolean empty()	测试栈是否为空
E peek()	获取栈顶元素，但不删除它
E pop()	弹出栈顶元素
E push(E item)	将元素 item 压入到栈里
int search(Object o)	返回元素 o 在栈里的位置，起始位置为 1

另外，由于 Stack 是从 Vector 继承而来，所有的 Vector 方法都可以被它使用，包括用迭代器访问栈内的所有元素。所以，Stack 的实际功能远超过普通的栈。

下面的例子中，用户从键盘输入一个字符串，然后利用栈将这个字符串逆序输出。

【例 11.15】　利用栈将字符串逆序输出。

//-----------文件名 reverseString.java，程序编号 11.20-----------------

```
import java.io.*;
import java.util.*;
class reverseString{
  public static void main(String argv[]){
    FileInputStream fin;
    FileOutputStream fout;
    char ch;
    //创建一个空栈，用于存放字符
    Stack <Character> stack = new Stack<Character>();
    try{
      fin=new FileInputStream(FileDescriptor.in);
      System.out.println("请输入一行字符: ");
      while((ch=(char)fin.read())!='\r')
         stack.push(ch);
      fin.close();
      fout=new FileOutputStream(FileDescriptor.out);
      //如果栈内还有元素，则反复输出
      while(!stack.empty())
        fout.write((char)stack.pop()); //弹出栈顶元素
      fout.close();
    }catch(IOException e){
       System.out.println("输入输出流有误!");
    }
  }
}
```

程序的思路很简单，就是每读入一个字符，就将其压入到栈内。所有的字符都压入完

毕后，再将字符依次从栈顶弹出。由于后压入的字符会先弹出，所以整个字符串就被逆序
输出了。程序的运行结果如图 11.28 所示。

图 11.28　程序运行结果

11.5.4　字典（Dictionary）简介

在 JDK 1.5 以前的版本中，设计了一个抽象类：Dictionary 来定义集合的功能，然后再
用 HashTable 来继承它真正实现哈希表的功能。自 JDK 1.5 以后，Dictionary 被重新写成泛
型的式样，声明原型如下：

```
public abstract class Dictionary<K,V>extends Object
```

其中，K 是关键字类型，V 是记录类型。它也拥有 get()方法获取关键字所对应的记录，
用 put()方法向字典中插入记录，用 remove()方法删除记录等。操作上和 HashMap 很相似。
在 API 手册中，特别提示不要再使用这个类，所以本书不做详细介绍。

11.5.5　哈希表（Hashtable）简介

Hashtable 是 Dictionary 的具体实现，它封装了哈希表的数据结构以及算法，功能上和
HashMap 相同，操作上也差不多。由于 Hashtable 使用了同步机制以确保线程安全，所以
它的操作效率要比 HashMap 低。JDK 1.5 及其以后的版本重写了 Hashtable，将它改写为泛
型类，声明如下：

```
public class Hashtable<K,V>
extends Dictionary<K,V>
implements Map<K,V>, Cloneable, Serializable
```

其中，K 是关键字类型，V 是记录类型。

由于它的各种方法和 HashMap 极为相似，所以本书不再详细介绍，有兴趣的读者可以
参阅 API 手册。不过，Hashtable 最好只在多线程的情况下使用，否则无法体现它的优势。

11.6　本　章　小　结

本章详细介绍了 JDK 1.5 及其以后的版本中新增加的集合框架和实现类。这些类封装
了常用的数据结构和算法，同时它也是泛型的一个具体实现，具有很强的实用性。这些集

合的定义和实现非常复杂，但是使用却比较简单。大多数情况下，读者只要使用好这些方法就可以完成编程任务。不过，如果需要更进一步提高程序的效率，就需要深入了解其中的数据结构和算法。所以，本章中也对这些数据结构和算法的基本原理做了一个简单的介绍。如果读者有兴趣，建议参阅专门的数据结构和算法的书籍。

11.7 实 战 习 题

1．什么是 Java 集合 API？简述各集合类的特性。

2．什么是 Iterator？Iterator 与 ListIterator 有什么区别？

3．为什么 Vector 类认为是废弃的或者是非官方的不推荐使用？或者说为什么我们应该一直使用 ArrayList 而不是 Vector？

4．如何使用 TreeSet 提供有序的 JList？

5．编程实现，分别用 Iterator 接口和 foreach 循环遍历集合。

6．HashMap 与 HashTable 有什么区别？

7．自行构建一个 Java 集合，并对集合中的内容进行排序。

8．使用 Java 集合中的 Map 机制，编程实现对输入字符进行统计的目的。

9．给定一个字符串的集合，格式如：{aaa bbb ccc}、{bbb ddd}、{eee fff}、{ggg}和{ddd hhh}，要求将其中交集不为空的集合合并，并且合并完成后的集合之间无交集。例如上例应输出：{aaa bbb ccc ddd hhh}、{eee fff}和{ggg}。问：

（1）请描述你解决这个问题的思路。

（2）请给出主要的处理流程、算法，以及算法的复杂度。

（3）请描述可能的改进（改进的方向如效果、性能等等，这是一个开放问题）。

第 12 章　类型包装器、自动装箱和元数据

本章将先介绍 Java 中的类型包装器，这是一些普遍使用的实用类。然后再介绍 JDK 1.5 及其以后的版本中为类型包装器新增加的功能：自动装/拆箱机制。最后介绍元数据（也被称为注释）的使用方法，以及如何通过反射机制来获取元数据。

本章学习的内容要点有：

❏　理解类型包装器的概念；

❏　理解自动装箱与拆箱技术；

❏　理解元数据与 Java 注解。

12.1　类型包装器

在 Java 中使用基本类型（也称为简单类型，如 int 或 double）来存储语言支持的基本数据类型。这里没有采用对象，而是使用了传统的面向过程语言所采用的基本类型，主要是出于性能方面的考虑：因为即使是最简单的数学计算，使用对象来处理也会引起一些开销，而这些开销对于数学计算本来是毫无必要的。

不过也有人（主要是狂热的 C#支持者）批评 Java 这么做就不再是完全的面向对象，而且在 Java 中，泛型类包括预定义的集合，使用的参数都是对象类型，无法直接使用这些基本数据类型。所以，Java 又提供了这些基本类型的包装器，以方便程序员编程。

类型包装器包括 Double、Float、Long、Integer、Short、Byte、Character 和 Boolean 共 8 种。也就是为每一个基本类型提供了一个对应的包装器，将基本类型封装在其内部。同时，这些类还提供了一系列的方法，这样就将基本类型完全集成到了 Java 的面向对象体系中。

12.1.1　字符类型包装器

Character 是 char 的包装器，它的构造方法如下：

```
Character(char ch);
```

其中，ch 是将封装在 Character 对象中的字符。

为了获取包含在 Character 对象中包装的字符，可以调用 charValue()方法。声明如下：

```
char charValue();
```

和 String 一样，封装在 Character 对象里的字符是一个常量，无法对它做出修改。例如，

创建了一个 Character 的对象 C，封装了字符 "a"：

```
Character C=new Character('a');
```

如果想将其中的字符改成 "b"，唯一的办法是丢弃原来的对象，然后重新创建对象：

```
C=new Character('b');
```

🔔注意：所有的对象包装器中的数据都是常量，无法改变，都只能这么操作。

Character 还提供了大量的辅助方法，方便了程序员的编程。表 12.1 是这些方法中的一部分。

表 12.1　Character 中的常用方法

方　　法	说　　明
char charValue()	获取包装对象中的字符值
int compareTo(Character anotherCharacter)	比较两个对象中封装的字符是否相等
static int digit(char ch, int radix)	返回字符 ch 在指定进制下的数值
static char forDigit(int digit, int radix)	将数字 digit 按照 radix 指定的进制转化成为对应的字符
static int getNumericValue(char ch)	返回 ch 由 Unicode 码所表示的数值
static boolean isDefined(char ch)	判断 ch 是否用 Unicode 编码
static boolean isDigit(char ch)	判断 ch 是否是一个数字
static boolean isLetter(char ch)	判断 ch 是否是一个字母
static boolean isLowerCase(char ch)	判断 ch 是否为小写字母
static boolean isSpaceChar(char ch)	判断 ch 是否为 Unicode 码中的空格字符
static boolean isUpperCase(char ch)	判断 ch 是否为大写字母
static boolean isWhitespace(char ch)	判断 ch 是否为 Java 所定义的空白字符
static char toLowerCase(char ch)	获取 ch 对应的小写字母
static String toString(char c)	将字符 c 转成字符串
static char toUpperCase(char ch)	获取 ch 对应的大写字母

12.1.2　布尔类型包装器

Boolean 是封装布尔值的包装器。它定义了下面的构造方法：

```
Boolean(boolean boolValue);
Boolean(String boolString);
```

在第一个方法中，boolValue 的值必须是 true 或 false；在第二个方法中，如果 boolString 的值为 true（不区分大小写），那么创建的布尔对象值为 true，否则为 false。

为了获得 Boolean 对象中的布尔值，可以使用 booleanValue() 方法，声明形式如下：

```
boolean booleanValue();
```

12.1.3　数字类型包装器

编程中使用最多的类型包装器是针对数值的，它们是：Byte、Short、Integer、Long、

Float 和 Double。所有数字类型的包装器都是从抽象类 Number 继承下来的。Number 声明了多种以不同的数字格式返回一个对象值的方法，这些方法声明如下：

```
byte byteValue();
double doubleValue();
float floatValue();
int intValue();
long longValue();
short shortValue();
```

这些方法的含义都很简单、明确。由于这些方法是在 Number 中定义的，所有的子类都会实现这些方法，这相当于是对各种数据做强制类型转换。

所有的数字类型包装器都至少提供两个构造方法，例如，Integer 提供了下面两个构造方法：

```
Integer(int value);
Integer(String s);
```

其中，一个参数是与包装数据类型一致，直接作为封装的数据；另外一个的参数是字符串，系统会将它转换成对应类型的数据并封装起来。

所有的数字类型包装器都提供了一个静态的方法，可以将字符串转换成为自己所封装的数据类型。例如，Integer 提供了这样一个方法：

```
static int parseInt(String s)
```

注意，它是一个静态方法，即可以不必创建对象就能使用。使用它，可以将一个字符串转换成为整型数。下面的例子演示了一个整数类型包装器的使用。

【例 12.1】　整数类型包装器使用示例。

//-----------文件名 demoInteger.java，程序编号 12.1-----------------

```
import java.util.*;
public class demoInteger{
  public static void main(String args[]){
    //定义 Scanner 对象，用来实现控制台的键盘输入
    Scanner in = new Scanner(System.in);
    System.out.println("请输入一个整型数: ");
    try{
      String s = in.nextLine();
      Integer onum = new Integer(s);  //创建 Integer 对象
      System.out.println("用 Integer 对象封装后得到的结果:"+onum.intValue());
      int num = Integer.parseInt(s);  //直接转换成整型数
      System.out.println("直接转换成整型数得到的结果: "+num);
    }catch(NumberFormatException e){
      System.out.println("你输入的不是整型数。");
    }
    in.close();
  }
}
```

程序的运行结果如下：

```
请输入一个整型数:
456
用 Integer 对象封装后得到的结果：456
直接转换成整型数得到的结果：456
```

这个程序演示了用两种不同的方法将一个字符串转换成为整型数据。程序很简单，对于其他类型的包装器，使用上也差不多，在此不再赘述。

12.2 自动装/拆箱

上文中已经说过，在 Java 中数据类型可以分为两大种，基本数据类型（值类型）和类类型（引用数据类型）。基本类型的数值不是对象，不能作为对象调用其 toString()、hashCode()、getClass()和 equals()等方法。

所谓装箱，就是把基本类型用它们相对应的引用类型包起来，使它们可以具有对象的特质，如我们可以把 int 型包装成 Integer 类的对象，或者把 double 包装成 Double，等等。

所谓拆箱，就是跟装箱的方向相反，将 Integer 及 Double 这样的引用类型的对象重新简化为值类型的数据。

将一个基本类型的数值封装到一个对象中的过程称为装箱（boxing），有的书上也将其翻译为打包。下面的代码将值为 100 的整型数封装到 Integer 中：

```
Integer iob = new Integer(100);
```

从一个类型包装器中提取值的过程称为拆箱（unboxing），也称拆包。下面的代码就是拆箱：

```
int i = iob.intValue();
```

从 JDK 1.0 开始，就采用了上述方法来进行装箱和拆箱。但是很多程序员都抱怨这么做过于麻烦，比如，要将上面的 Integer 对象 iob 放入到一个表达式中进行运算，按照传统的写法，必须这么来写：

```
int k = i+iob.intValue();
```

这显然太麻烦。而像下面这么写是所有程序员的愿望：

```
int k = i+iob;
```

从 JDK 1.5 开始，引入了自动装/拆箱机制，能够帮助程序员实现这一愿望。

自动装箱是这样一个过程：每当需要一种类型的对象时，这种基本类型就被自动地封装到与它相同类型的包装器中。自动拆箱的过程是：每当需要一个值时，这个被装箱到对象中的值就会被自动提取出来。这样，就没有必要显示地去调用构造方法和 intValue()之类的方法。

自动装/拆箱机制大大简化了编程过程，免除了手工对数值进行装/拆箱的繁琐工作，同时还可以避免错误的发生。而且它对新增的泛型特性非常重要。它使得基本数据与集合框架一起工作变得很简单。

12.2.1 自动装箱与方法

有了自动装箱，就不再需要手工建立一个对象来包装一个基本类型，而只需要将该值赋给一个类型包装器引用，Java 会自动建立一个对象。例如，下面建立了一个值为 100 的 Integer 对象：

```
Integer iob = 100;  //自动装箱
```

这里没有使用 new 关键字来显示建立对象，Java 自动完成了这一部分工作。

要拆箱一个对象，只要将这个对象赋值给一个基本数据类型的变量即可。例如，下面的代码就可以拆箱 iob：

```
int i = iob;  //自动拆箱
```

它不再需要使用 iob.intValue()方法。

自动装/拆箱过程是在编译时完成的，编译器会自动将需要的方法插入到合适的地方。所以自动装/拆箱机制并不会降低程序的性能。

自动装/拆箱不仅在赋值过程中发挥作用，在参数传递以及方法返回值的过程中也同样存在。下面的例子演示了自动装/拆箱是如何发挥作用的。

【例 12.2】　自动装/拆箱机制示例。

//-----------文件名 demoAutoBox_1.java，程序编号 12.2----------------

```
public class demoAutoBox_1{
  //这个方法需要一个 Integer 类型的实际参数
  public static int unboxing(Integer o){
    return o;  //返回值是 int 类型，自动拆箱
  }
  public static void main(String args[]){
    int k;
    Integer iob;
    k = unboxing(100);  //实际参数是一个 int 值，自动装箱
    iob = k;                //自动装箱
    System.out.println("iob="+iob);
  }
}
```

程序 12.2 中，方法 unboxing()需要一个 Integer 类型的参数，但是实际参数是一个 int 值，所以需要 JDK 自动为其装箱。而方法声明的返回值则是一个 int 类型，而实际返回变量 o 是一个 Integer，所以需要自动拆箱。程序的运行结果如下：

```
iob=100
```

结果表明，它能够正确地按照程序员的意图进行转换。

12.2.2　表达式中的自动装/拆箱

自动装/拆箱发生在基本类型值与对象需要相互转换的时候，同样也适用于表达式计算。在表达式中，对象会被自动拆箱参与计算。如果有必要，表达式的结果会被重新装箱。

【例 12.3】　表达式中的自动装/拆箱示例。

//-----------文件名 demoAutoBox_2.java，程序编号 12.3---------------

```
0public class demoAutoBox_2{
  public static void main(String args[]){
    int i;
```

```
    Integer iob1,iob2;
    //自动装箱
    iob1 = 101;
    //拆箱之后再装箱
    ++iob1;
    //拆箱运算完毕再装箱赋值
    iob2 = iob1 + (iob1/3);
    //拆箱运算
    i = iob1 + (iob1/3);
    System.out.println("iob1="+iob1+" iob2="+iob2+" i="+i);
  }
}
```

程序的运行结果如下：

```
iob1=102 iob2=136 i=136
```

注意其中的这条语句：

```
++iob1;
```

读者可能会认为，就是直接将其中存储的数值 101 加上 1，变成 102。但实际情况不是这样。因为所有的包装器中的数值都是常量，不允许修改。所以它会先将 iob1 拆箱，取出其中存储的值加 1，然后重新装箱，生成一个新的对象并赋给 iob1，而这个新对象中存储的值为 102。

如果是后缀加 iob1++，过程也是相同的。不过如果它参与其他运算，后缀加的速度要比前缀加慢一些。

如果是参与不同数据类型的混合运算，同样需要先拆箱，而后再使用标准的类型提升。比如：

```
Integer iob = 100;
Double dob = iob + 1.23;
```

得到 dob 的值为 101.23。

借助自动装/拆箱机制，可以使用 Integer 对象来控制 Switch 语句。如下面的程序段：

```
Integer iob = 2;
switch(iob){
  case 1: System.out.println("one");
      break;
  case 2: System.out.println("two");
      break;
  case 3: System.out.println("three");
      break;
}
```

能够完全按照程序员的意图正常运行。

正由于有了自动装/拆箱机制，在表达式中使用包装好的对象，既直观又简单，避免了繁琐的编程。

12.2.3　布尔型和字符型包装器的自动装/拆箱

布尔型和字符型的包装器也支持自动装/拆箱，它们分别是 Boolean 和 Character。下面的例子演示了这二者的使用。

【例 12.4】　布尔型和字符型自动装/拆箱示例。

//-----------文件名 demoAutoBox_3.java，程序编号 12.4----------------

```
public class demoAutoBox_3{
 public static void main(String args[]){
    Boolean b = true;      //布尔型自动装箱
    if (b)                 //自动拆箱
      System.out.println("b is true.");
    else
      System.out.println("b is false.");
    Character ch1 = 'x';//字符型自动装箱
    char ch2 = ch1;        //自动拆箱
    System.out.println("ch2 is: "+ch2);
  }
}
```

程序的输出结果如下：

```
b is true.
ch2 is: x
```

在本程序中，最需要注意的地方是，将 b 作为一个布尔变量使用在 if 语句中。在 if 语句中，控制变量必须是布尔类型。b 本来是一个 Boolean 类型的对象，由于自动拆箱机制的存在，会将存储在其中的布尔值取出来作为 if 的控制变量。

同样道理，for、while 和 do～while 循环的循环控制，也可以使用 Boolean 对象。比如：

```
Boolean b = true;
while(b){
   //do somethings
}
```

最后有一点需要读者注意：由于自动装/拆箱机制的存在，甚至可以不再需要使用基本类型。但笔者并不赞成这么做。因为在普通的表达式中使用包装器对象，将大大降低表达式的执行速度。所以类型包装器最好是用在需要一个对象，而基本类型无法达成这一目的的场合。比如，泛型对象的创建中。

12.3　元数据与注解

所谓的元数据是指用来描述数据的数据，更通俗一点就是描述代码间的关系，或者代码与其他资源（例如数据库表）之间内在联系的数据。元数据可以用于创建文档，跟踪代码中的依赖性，甚至执行基本编译时检查。

自 JDK 1.5 以后，新增了一个称为元数据的工具，它能够将注解信息嵌入到源文件中。它不会改变程序的流程，也就不会对程序的运行产生任何影响——这一点和传统的注释相同。但普通注释只是在编辑源程序时给程序员阅读的，编译后不再存在于类文件中。而元数据则不同，在开发和配置期间，这些信息可以被多种工具使用。比如，一个注解可能会由一个源代码生成器来处理。尽管 Sun 公司将这种特性称为元数据，但也可以使用一个更具有描述性的术语：程序注解工具。

12.3.1 注解的定义及语法

建立一个注解需要通过接口机制。下面的例子定义了一个名为 MyAnno 的注解。

【例 12.5】 一个简单的注解示例。

//-----------文件名 MyAnno.java，程序编号 12.5----------------

```
//声明一个名称为 MyAnno 的注解
@interface MyAnno{
  String str();
  int val();
}
```

在关键字 interface 之前有一个@符号，它告诉编译器正在声明一个注解类型。注解中有两个成员方法：str()和 val()。所有的注解都只有成员方法，而且不需要提供这些方法的实现，Java 会实现这些方法。所以这些方法在行为上与成员属性很相似。

注解不能包括 extends 关键字。但所有的注解类型都会自动从 Annotation 接口派生出来。Annotation 接口在 java.lang.annotation 包中声明，并且覆盖了 Object 类定义的 hasCode()、equals()和 toString()方法。同时还声明了一个 annotationType()方法，用来返回本注解的类型（以 Class 对象来表示）。

一旦定义了一个注解，就可以用它来注解一个声明，任何类型的声明都可以加上一个注解。例如，类、方法、属性、参数和枚举常量都可以被注解，甚至注解本身也可以被注解。不过，注解在任何情况下，都要放在声明的最前面。

使用一个注解的时候，可以为它的成员赋值。下面用 MyAnno 给一个方法做注解。

【例 12.6】 给方法做注解示例。

//-----------文件名 demoAnno.java，程序编号 12.6----------------

```
public class demoAnno{
  //使用 MyAnno 注解
  @MyAnno(str="simple example", val=10)
  public static void doSomething(){
    System.out.println("do something.");
  }
}
```

在这个例子中，用 MyAnno 注解了一个方法 doSomething()。在注解的名称前面有一个@符号，后面是一个初始化成员列表，它会给每个成员一个初始值。记住，在 MyAnno 中并没定义任何成员属性，都是成员方法，但它们的行为与成员属性是一样的。

12.3.2 注解的保留策略

在继续讨论注解的使用之前，有必要先来介绍一下注解的保留策略（annotation retention policies）。一个保留策略决定在哪个点上删除一个注解。Java 定义了 3 种策略：SOURCE、CLASS 和 RUNTIME，它们封装在 java.lang.annotation.RetentionPolicy 枚举对象中。

❑ 适用 SOURCE 保留策略的注解只在源文件中保留，在编译期间删除。

❑ 适用 CLASS 保留策略的注解，在编译期间存储在.class 文件中，但在运行时不能通过 JVM 来获得。

❑ 适用 RUNTIME 保留策略的注解，在编译期间存储在.class 文件中，且运行时可以通过 JVM 来获得。

因此，RUNTIME 保留策略提供了最长的注解持续期。

保留策略是通过使用一个 Java 内置注解@Retention 来指定注解的，使用的一般形式如下：

```
@Retention(保留策略)
```

其中，保留策略必须是先前介绍的枚举常量之一。如果没有为一个注解指定保留策略，将采用默认的策略 CLASS。

下面这个例子修改了 MyAnno，使用了 RUNTIME 保留策略。

【例 12.7】 使用 RUNTIME 保留策略示例。

//-----------文件名 MyAnno.java，程序编号 12.7---------------

```
import java.lang.annotation.*;
//使用 runtime 保留策略，通过 Retention 实现
@Retention(RetentionPolicy.RUNTIME)
@interface MyAnno{
  String str();
  int val();
}
```

注意，程序最前面要用 import 引入 java.lang.annotation.*。那么修改保留策略之后，用 MyAnno 注解的程序可以在运行时获得注解信息。

12.3.3　使用反射读取注解

一个注解如果采用了 RUNTIME 策略，那么就能够在运行时获取它的有关信息，这需要用到反射机制。关于反射机制，已经在第 9 章做了详细介绍，这里不再重复。

要获取注解信息，需要用到 getAnnotation()方法，这个方法在 Method、Constructor 和 Field 类中都已经实现。使用这些对象的 getAnnotation()方法，可以获取修饰这些成分的注解信息。

【例 12.8】 利用反射机制获取方法的注解。

这里需要用到程序 12.7 中的 MyAnno 和程序 12.6 中的 demoAnno，不再重复。

//-----------文件名 Meta.java，程序编号 12.8---------------

```
import java.lang.reflect.*;
public class Meta{
  public static void main(String args[]){
    try{
      //加载类
      Class c = Class.forName("demoAnno");
      //通过反射获取方法
      Method method = c.getMethod("doSomething");
      //获取方法的注解
      MyAnno anno = method.getAnnotation(MyAnno.class);
```

```
    //显示注解的相关信息
    System.out.println(anno.str()+" "+anno.val());
  }catch(NoSuchMethodException el){
    el.printStackTrace();
  }catch(ClassNotFoundException el){
    el.printStackTrace();
  }
 }
}
```

程序的输出结果如下：

```
simple example 10
```

这两个值是最初在注解 doSomething()时赋给 MyAnno 两个成员的值。程序中有两个地方需要注意，一是下面这条语句：

```
MyAnno anno = method.getAnnotation(MyAnno.class);
```

实际参数是 MyAnno.class，这是使用类标记来生成 class 对象。另外一个地方是在显示注解信息时：

```
System.out.println(anno.str()+" "+anno.val());
```

尽管在赋值的时候，将 str 和 val 当作成员属性来使用，但在获取它的值时，还是需要使用方法的形式。

还有一点，这里的 doSomething()方法是没有参数的。如果有参数，那么需要使用getMethod()方法的另外一个版本：

```
Method getMethod(String name, Class... parameterTypes)
```

可以传递参数类型进去。

有时候，方法或成员可能不止有一个注解。要获取全部的注解，可以使用下面的方法：

```
Annotation[] getAnnotations()
```

它返回注解的一个数组。

下面是另外一个使用反射获取注解的例子，它获取与一个类和一个方法相关联的全部注解。在获取的时候，甚至不需要知道注解的类型。

这里需要增加一个名为 what 的注解，然后修改 demoAnno 类，在它的类前面也加上注解。

【例 12.9】　显示全部注解。

//-----------文件名 What.java，程序编号 12.9---------------

```
//这是一个新增的注解
import java.lang.annotation.*;
//使用 runtime 保留策略，通过 Retention 实现
@Retention(RetentionPolicy.RUNTIME)
@interface What{
  String descript();
}
```

//-----------文件名 demoAnno.java，程序编号 12.10---------------

```
//在类体的前面加上注解
```

```
@MyAnno(str="MyAnno decorates class", val=10)
@What(descript="What descript class")
//定义 demoAnno 类
public class demoAnno{
  //使用注解
  @MyAnno(str="MyAnno decorates method", val=20)
  @What(descript="What descript method")
  public static void doSomething(){
    System.out.println("do something.");
  }
}
```

在程序 12.10 中，类和方法都用到了两个注解：MyAnno 和 What。

//-----------文件名 MetaAll.java，程序编号 12.11----------------

```
import java.lang.reflect.*;
import java.lang.annotation.*;
public class MetaAll{
  public static void main(String args[]){
    try{
        //加载类
        Class c = Class.forName("demoAnno");
        //通过反射获取修饰类的所有注解
        Annotation annos[] = c.getAnnotations();
        System.out.println("All annotations for class demoAnno:");
        //输出所有的类注解信息
        for(Annotation oa : annos)
          System.out.println(oa);
        //通过反射获取方法
        Method method = c.getMethod("doSomething");
        //获取方法的所有注解
        annos = method.getAnnotations();
        System.out.println("All annotations for method doSomething:");
        //输出所有的方法注解信息
        for(Annotation oa : annos)
          System.out.println(oa);
    }catch(NoSuchMethodException el){
      el.printStackTrace();
    }catch(ClassNotFoundException el){
      el.printStackTrace();
    }
  }
}
```

程序的输出结果如下：

```
All annotations for class demoAnno:
@What(descript=What descript class)
@MyAnno(str=MyAnno decorates class, val=10)
All annotations for method doSomething:
@MyAnno(str=MyAnno decorates method, val=20)
@What(descript=What descript method)
```

输出的效果可能比读者预想的要好。这是因为 Annotation 的子类必须要重新实现 toString()方法，而 System.out.println(oa)实际上就调用了 oa 的 toString()方法。所以，程序会令人满意地输出编程者想象的结果。

在上述的示例程序中，使用了 getAnnotation()和 getAnnotations()方法，这两个方法都是由一个新定义在 java.lang.reflect 中的接口 AnnotatedElement 声明的。这个接口用于支持注解的反射，并由 Method、Field、Constructor 和 Class 等类实现。

除了这两个方法，AnnotatedElement 还声明了如下两个方法。

❑ Annotation[] getDeclaredAnnotations()：返回调用对象中所有非继承的注解。

❑ boolean isAnnotationPresent(Class annoType)：如果修饰调用对象的注解是由 annoType 指定的，返回 true；否则返回 false。

如果在使用注解时，没有为注解的成员指定值，可以让它们使用默认值。使用默认值的方法是通过在一个成员声明中增加一个 default 子句。它的一般形式如下：

```
type member() default value;
```

其中，value 必须与 type 指定的类型一致。

【例 12.10】　包含了默认值的@MyAnno 注解。

//-----------文件名 MyAnno.java，程序编号 12.12----------------

```
import java.lang.annotation.*;
//使用 runtime 保留策略，通过 Retention 实现
@Retention(RetentionPolicy.RUNTIME)
@interface MyAnno{
  String str()  default "Testing";
  int val() default 1000;
}
```

程序 12.12 中，为 str 和 val 都指定了默认值。使用的时候，可以不必为它们显式地指定值。比如下面这么使用是正确的：

```
@MyAnno()                              //两个都使用默认值
@MyAnno(str = "do something")          //val 使用默认值
@MyAnno(val = 100)                     //str 使用默认值
@MyAnno(str="do something", val=100)   //两个都不使用默认值
```

12.3.4　注解的应用

1．标记注解的应用

标记注解（marker annotation）是一种不包括成员的特殊注解，它唯一的目的是为了标记一个声明。确定是否存在标记注解的最佳途径是使用方法 isAnnotationPresent()，它由 AnnotatedElement 接口定义。

下面是一个使用标记注解的例子。由于一个标记接口不包括成员，所以只需确定它存在或不存在即可。

【例 12.11】　标记注解使用示例。

//-----------文件名 MyMarker.java，程序编号 12.13----------------

```
import java.lang.annotation.*;
@Retention(RetentionPolicy.RUNTIME)
@interface MyMarker{
}
```

//-----------文件名 Marker.java，程序编号 12.14---------------

```java
import java.lang.reflect.*;
public class Marker{
  @MyMarker
  public void doNothing(){ }

  public static void main(String args[]){
    try{
      Marker oa = new Marker();
      //通过反射获取方法
      Method method = oa.getClass().getMethod("doNothing");
      //判断方法的注解是否存在
      if (method.isAnnotationPresent(MyMarker.class))
          System.out.println("存在注解");
      else
          System.out.println("没有注解");
    }catch(NoSuchMethodException el){
      el.printStackTrace();
    }
  }
}
```

程序的输出结果如下：

```
存在注解
```

在使用注解 MyMarker 的时候，只用了：

```
@MyMarker
```

由于它没有成员，所以不必提供参数，也不必打括号。当然，像下面这个样子打上括号：

```
@MyMarker()
```

也是可以的。

2．单成员注解的应用

单成员注解（single-member annotation）是只有一个成员的注解。它的作用与普通注解相同。不过，如果这个成员命名为 value，那么可以在为成员指定值时使用简化格式——不必指定成员的名字。

【例 12.12】　单成员注解使用示例。

//-----------文件名 MySingle.java，程序编号 12.15---------------

```java
import java.lang.annotation.*;
@Retention(RetentionPolicy.RUNTIME)
@interface MySingle{
  int value();   //名称必须为 value
}
```

//-----------文件名 demoSingle.java，程序编号 12.16---------------

```java
import java.lang.reflect.*;
public class demoSingle{
```

```
@MySingle(1000)
public void doNothing(){ }

public static void main(String args[]){
  try{
    demoSingle oa = new demoSingle();
    //通过反射获取方法
    Method method = oa.getClass().getMethod("doNothing");
    //获取注解信息
    MySingle anno = method.getAnnotation(MySingle.class);
    System.out.println("anno.value()="+anno.value());
  }catch(NoSuchMethodException el){
    el.printStackTrace();
  }
}
}
```

程序的输出结果如下：

```
anno.value()=1000
```

注意，在为@MySingle 指定值时，是用的下面这条语句：

```
@MySingle(1000)
```

省略了成员 value。当然，如果一定要显式地为 value 赋值也是可以的。

单成员注解的一种变形允许存在多个成员，但除了名为 value 的成员以外，其他的成员都有默认值。比如，将 MySingle 改成下面这个样子也是可以的：

//-----------文件名 MySingle.java，程序编号 12.17----------------

```
import java.lang.annotation.*;
//使用 runtime 保留策略，通过 Retention 实现
@Retention(RetentionPolicy.RUNTIME)
@interface MySingle{
  int value();                      //名称必须为 value
  String other()  default "Testing"; //必须有默认值
}
```

程序 12.17 不需要做任何修改就可以正常运行。如果要为另外一个成员 other 赋值，那么就必须同时显式地为两个成员都赋值：

```
@MySingle(value=200, other="good")
```

3. 内置注解的应用

前面几节介绍的是程序员自己定义的注解。除了程序员自定义注解，Java 还定义了 7 个内置注解。其中，从 Java.lang.annotation 引入的有 4 个：@Retention、@Documented、@Target 和@Inherited，从 Java.lang 中引入的有 3 个：@Override、@Deprecated 和@SuppressWarnings。下面逐一介绍。

- ❑ @Retention：它只能作为另一个注解的注解。用来指定本章前面所描述的保留策略。
- ❑ @Documented：它是一个标记注解，它告诉工具，一个注解将被文档化。它只能用作对一个注解声明的注解。
- ❑ @Target：指定一个注解可以运用的声明的类型。它只能用作另外一个注解的注解。

它可以带有一个参数，该参数是 ElementType 枚举类型的一个常量。用这个常量指定注解可以运用的声明的类型。这些枚举常量和对应的声明类型如表 12.2 所示。

表 12.2　Target常量的含义

Target 常量	含　义
ANNOTATION_TYPE	另一个注解
CONSTRUCTOR	构造方法
FIELD	成员属性
LOCAL_VARIABLE	局部变量
METHOD	方法
PACKAGE	包
PARAMETER	参数
TYPE	类、接口或枚举

此外，也可以指定@Target 注解中的一个或多个值。在指定多个值时，必须将它们包括在花括号内。例如，当指定一个注解只适用于属性和局部变量时，可以使用下列@Target 注解：

```
@Target({ElementType.FIELD,ElementType.LOCAL_VARIABLE})
```

- @Inherited 注解：它是一个标记，只能用于另外一个注解声明，而且它只影响使用类声明的注解。它使得父类的注解能被子类所继承。因此，当对子类查询特定的注解时，如果该注解不在子类中，则会检查它的父类。如果该注解在父类中，而且使用了@Inherited 注解，那么该注解将被返回。
- @Override 注解：它是一个标记注解，只适用于方法。使用@Override 注解的方法必须覆盖父类中的同一个方法，否则会发生编译错误。它用来确保一个父类中的方法是被覆盖，而非重载。
- @Deprecated 注解：它是一个标记注解，表示一个声明已经过时，已被一个新格式的声明所替代。
- @SuppressWarnings 注解：它指定一个或多个可由编译器发布并将被处理的警告。被处理的警告由字符串格式的名字来指定。这种注解适用于任何类型的声明。

下面的例子简单演示了这些内置注解的使用方法。

【例 12.13】　@Override 注解示例。

//-----------文件名 OverrideTester.java，程序编号 12.18----------------

```
public class OverrideTester {
 public OverrideTester() { }
 @Override
 public String toString() {
  return super.toString() + " [Override Tester Implementation]";
 }
 @Override
 public int hashCode() {
  return toString().hashCode();
 }
}
```

这个例子很容易理解。@Override 注解对两个方法——toString()和 hashCode()，进行了注解：来指明它们覆盖了 OverrideTester 类的超类（java.lang.Object）中的同名方法。这可能看起来没什么作用，但它实际上是非常好的功能。如果不是真正覆盖了这些方法，根本无法编译此类。该注解还确保当程序员无意中将方法名称弄错时，至少还有某种指示。

比如，要是将 hashCode 误写成 hasCode：

```
@Override
public int hasCode() {
   return toString().hashCode();
}
```

注解指明，hasCode()应该覆盖同名方法。但是在编译时，javac 将发现超类（java.lang.Object）没有名为 hasCode()的方法可以覆盖。因此，编译器将报错。

【例 12.14】 @Deprecated 注解示例。

//-----------文件名 DeprecatedClass.java，程序编号 12.19----------------

```
public class DeprecatedClass {
  @Deprecated  public void doSomething() {
    // some code
  }
  public void doSomethingElse() {
    // This method presumably does what doSomething() does, but better
  }
}
```

单独编译此类时，不会发生任何意外。但是由于 dosomething()方法被声明为过时的方法，如果其他人试图通过覆盖或调用方式来使用该方法时，将发出警告消息。

要将@Deprecated 注解与被它修饰的方法放在同一行，这样才能被编译器所接收。如果要获得@Deprecated 注解的详细信息，编译时需要加上一个选项：-deprecated 或 -Xlint:deprecated。

【例 12.15】 @SuppressWarnings 注解示例。

@SupressWarnings 注解是用来消除新版本的 JDK 在编译老版本中（JDK 1.5 以前的版本）Java 程序使用泛型时报告的警告信息——这些老的程序没有使用类型安全。例如，老版本的程序可能编写如下：

//-----------文件名 SuppressWarningsTester.java，程序编号 12.20----------------

```
import java.util.*;
public class SuppressWarningsTester{
  public void nonGenericsMethod() {
    List wordList = new ArrayList();    // List 没有类型信息
    wordList.add("foo");                // 引起错误
  }
}
```

用 JDK 1.5 编译它，将出现 1 个警告如下：

```
d:\javabook\\example\chapter12\SuppressWarningsTester.java:5:   警  告 ：
[unchecked] 对作为普通类型 java.util.List 的成员的 add(E) 的调用未经检查
   wordList.add("foo");                // 引起错误
        ^
1 警告
```

要消除这些警告，一种方法是逐一修改程序，但是这比较麻烦。另外一种方法就是使用@SuppressWarnings 注解。修改后的程序如下：

//-----------文件名 SuppressWarningsTester.java，程序编号 12.21----------------

```
import java.util.*;
//定义一个名为 SuppressWarningsTester 的测试类，其中使用@SuppressWarnings 注解
public class SuppressWarningsTester{
  //使用@SuppressWarnings 注解
  @SuppressWarnings(value={"unchecked"})
  public void nonGenericsMethod() {
    List wordList = new ArrayList();    // List 没有类型信息
    wordList.add("foo");                // 引起错误
  }
}
```

【例 12.16】 @Target 元注解使用示例。

//-----------文件名 TODO.java，程序编号 12.22----------------

```
import java.lang.annotation.ElementType;
import java.lang.annotation.Target;
@Target({ElementType.TYPE,
         ElementType.METHOD,
         ElementType.CONSTRUCTOR,
         ElementType.ANNOTATION_TYPE})
public @interface TODO{
  String value();
}
```

正如这个例子所显示的，@Target 注解是用来注解程序员自定义注解的，所以被称为元注解。使用 Target 元注解时，至少要提供 ElementType 枚举值中的一个，并指出该注解可以应用的程序元素。

【例 12.17】 @Documented 元注解使用示例。

//-----------文件名 InProgress.java，程序编号 12.23----------------

```
import java.lang.annotation.*;
@Documented
@Retention(RetentionPolicy.RUNTIME)
public @interface InProgress { }
```

@Documented 元注解是一个标记注解——因为它没有成员。它的使用和其他的标记注解没有什么区别。不过，需要注意，程序中规定注解的保留策略（retention）是 RUNTIME，这是使用@Documented 注解所必需的。

【例 12.18】 @Inherited 注解使用示例。

@Inherited 注解可能是最复杂、使用最少，也最容易造成混淆的一个。下面的例子只是最简单的使用。

本例使用的还是程序 12.23 中的 InProgress 注解。为了让它在父类中的注解能够被子类搜索到，必须使用@Inherited 来注解它。

//-----------文件名 InProgress.java，程序编号 12.24----------------

```
import java.lang.annotation.*;
@Documented
@Inherited
```

```
@Retention(RetentionPolicy.RUNTIME)
public @interface InProgress { }
```

12.3.5　使用注解的一些限制

使用注解必须遵循一些限制。首先，注解不能继承另外一个注解。其次，注解声明的方法一定不能带参数（所以它的行为很像属性）。而且，它必须返回下面的结果之一：

- ❑ 基本类型，如 int 或 double；
- ❑ String 或 Class 类型的对象；
- ❑ 枚举类型；
- ❑ 其他注解类型；
- ❑ 前面类型之一的一个数组。

说明：注解不能被定义成泛型，也就是说，它不能带类型参数；而且也不能使用 throws 子句。

12.4　本章小结

本章的前面一部分，介绍的是类型包装器和它们的自动装/拆箱机制。类型包装器是很容易使用的，即便读者不知道关于它的任何知识，使用起来也不会有什么障碍——这正是 Java 设计者的目的。不过，笔者并不赞成滥用这一机制，如果是在一般的算术表达式中，最好还是使用基本类型。后面部分介绍的是注解，和以前介绍的传统注解不同，这些注解多半不是写给程序员使用，而是给开发工具使用的。如果要使用自定义注解和元注解，那么就很难保证花费很大力气创建的那些类型，在开发环境之外还有什么意义。因此，要在合理的情况下使用注解，而不要滥用。注解是一种很好的工具，可以在开发过程中提供很大的帮助。

12.5　实战习题

1．Java 中类型包装器的作用是什么？为什么要用类型包装器？
2．Java 的类型包装器有哪几种，分别是什么？
3．从 Java 的基本类型到 Java 的包装器类型，其转换方法各是什么？请逐一列出。
4．什么是自动装箱与拆箱？
5．如何定义一个注解？请用示例程序说明。
6．使用注解有哪些限制？

第13章 常用工具类

本章将介绍系统库中一些经常要用到的工具类。这些类包括 Runtime、System、Math、Random、Calendar、Pattern 和 Matcher 等，这些工具类实现了很多常用的功能。掌握了这些类的使用，将大大降低程序员在实际编程中的工作量。

学习本章掌握的内容要点有：

- ❑ 掌握 Runtime 类的使用；
- ❑ 掌握 System 类的使用方法；
- ❑ 掌握 Math 类的使用；
- ❑ 学习 Random 类的使用方法；
- ❑ 理解并掌握 Date 类和 Calendar 类关于时间及日期处理的使用方法；
- ❑ 掌握 Formatter 类的使用，能进行任意的格式化操作；
- ❑ 掌握正则表达式的使用方法，能编写正则表达式，并能结合 Pattern 类和 Matcher 类匹配出目标内容。

13.1 Runtime 类的使用

每一个 Java 应用程序在运行时都会创建一个 Runtime 类的实例。通过这个实例，应用程序可以和运行环境进行交互操作。Runtime 类没有构造方法，所以应用程序不能直接创建这个类的实例，而只能通过它提供的 getRuntime()方法来获取一个指向 Runtime 对象的引用（或称句柄）。

Runtime 类提供的方法很多，表 13.1 中是部分常用方法。

表 13.1 Runtime类的常用方法

方　　法	说　　明
int availableProcessors()	返回当前虚拟机允许运行的进程的数目
Process exec(String command)	执行一个由 command 所指定的命令，它会创建一个独立的进程
Process exec(String[] cmdarray)	执行一个由 cmd 所指定的命令以及附带的参数，它会创建一个独立的进程
Process exec(String[] cmdarray, String[] envp)	执行一个由 cmd 所指定的命令以及附带的参数，它会创建一个独立的进程，envp 指定进程运行时的环境
Process exec(String[] cmdarray, String[] envp, File dir)	执行一个由 cmd 所指定的命令以及附带的参数，它会创建一个独立的进程，envp 指定进程运行时的环境，dir 指示工作目录
void exit(int status)	结束当前虚拟机的运行
long freeMemory()	获取虚拟机中空闲内存的大小

续表

方　　法	说　　明
void gc()	启动垃圾搜集线程
static Runtime getRuntime()	获取当前程序所关联的 Runtime 对象句柄
void halt(int status)	强制虚拟机停机
void load(String filename)	将指定的文件当作动态链接库加载
void loadLibrary(String libname)	加载动态链接库
long maxMemory()	获取虚拟机试图使用的最大内存
long totalMemory()	获取虚拟机的总内存
void traceInstructions(boolean on)	允许或不允许跟踪指令

13.1.1　内存管理

Runtime 提供了 totalMemory() 和 freeMemory() 方法来获得内存信息，另外还有一个 gc() 方法可以启动内存收集线程，以清空内存中的垃圾。

下面的例子中，先申请一些空间，但不使用它；然后查看剩余空间，而后通过 gc() 启动垃圾收集机制，再次查看剩余空间。

【例 13.1】　内存管理示例程序。

//-----------文件名 demoMemory.java，程序编号 13.1----------------

```java
public class demoMemory{
  public static void main(String args[]){
    try{
      //获取与当前运行类相关联的 runtime 实例
      Runtime runObj = Runtime.getRuntime();
      System.out.println("虚拟机可用空间: "+runObj.totalMemory());
      System.out.println("申请空间之前剩余空间: "+runObj.freeMemory());
      //申请空间
      Integer buf[] = new Integer [10240];
      System.out.println("申请空间之后剩余空间: "+runObj.freeMemory());
      //启动垃圾收集线程
      runObj.gc();
      Thread.sleep(1000);
      System.out.println("启动垃圾收集机制之后剩余空间: "+runObj.freeMemory());
      System.out.println("======为对象分配值，重复上述步骤=====");
      for(int i=0; i<10240; ++i)
        buf[i] = i+1;
      Thread.sleep(1000);
      System.out.println("为对象赋值之后剩余空间: "+runObj.freeMemory());
      //再次启动垃圾收集线程
      runObj.gc();
      Thread.sleep(1000);
      System.out.println("启动垃圾收集机制之后剩余空间: "+runObj.freeMemory());
    }catch(InterruptedException el){
      el.printStackTrace();
    }
  }
}
```

注意：上面每次启动垃圾收集线程之后，都有一条语句：Thread.sleep(1000)。这是因为垃圾收集线程的优先级很低，即便用 gc() 来调用它，也不一定立即执行，它只有在 CPU 有空闲时才会启动运行。如果不让主线程转入暂停状态，垃圾收集线程可能根本就没有机会执行，程序就已经结束了。

上面的程序，在笔者的机器上执行的结果如下：

```
虚拟机可用空间: 2031616
申请空间之前剩余空间: 1811968
申请空间之后剩余空间: 1770992
启动垃圾收集机制之后剩余空间：1835696
======为对象分配值，重复上述步骤=====
为对象赋值之后剩余空间: 1671584
启动垃圾收集机制之后剩余空间: 1668736
```

在上述的运行结果中，启动垃圾收集机制之后，系统可用的内存空间反倒会变少了，这是因为在第一次执行垃圾回收时，系统已经将内存垃圾清除，第二次再次执行垃圾回收时，就不会有新的空间释放。而结果之所以会显示内存减少，是因为在执行方法 System.out.println() 和 runObj.freeMemory() 方法时，需要占用系统的内存空间。

13.1.2　执行其他程序

Java 程序可以调用操作系统中存在的其他进程（或称程序），这只需要使用 Runtime 的 exec() 方法就可以。exec() 方法有多个重载版本，可以指定要运行的程序以及输入的参数（其实也就是命令行参数）。exec() 方法会返回一个 Process 对象，当前运行的 Java 程序可以利用这个对象与新运行的程序进行交互。不过由于 exec() 方法启动的是本地程序，所以它与平台有关，当换一个平台运行时，可能会失败。

无论启动程序是否成功，exec() 方法都会立即返回。若启动失败，则会抛出一个 IOException 异常。

【例 13.2】　启动记事本。

```
//-----------文件名 runNotepad.java，程序编号 13.2----------------
import java.io.*;
public class runNotepad{
  public static void main(String args[]){
    try{
      Runtime runObj = Runtime.getRuntime();//获取与当前运行类相关联的 runtime
                                            实例

      //启动 Windows 系统下的记事本
      runObj.exec("notepad");
    }catch(IOException el){
      System.out.println("无法启动记事本");
    }
  }
}
```

程序 13.2 在 Windows 下运行时，会启动系统自带的记事本，然后自己立即就结束了。注意它的这条语句：

```
runObj.exec("notepad");
```

并没有指定记事本所在的路径，JVM 会自动到系统预先定义好的搜索路径下面去查找。

如果在启动记事本的同时还需要用记事本打开某个文件，则需要传递参数给它。下面的程序启动记事本，并让记事本打开 C 盘根目录下面的 autoexec.bat 文件。程序修改如下：

//-----------文件名 runNotepad.java，程序编号 13.3-----------------

```
import java.io.*;
public class runNotepad{
  public static void main(String args[]){
    try{
      Runtime runObj = Runtime.getRuntime();//获取与当前运行类相关联的 runtime
                                                                      实例
      //设置要执行的程序以及传递给它的命令行参数
      String cmdarray[]={"notepad","c:\\autoexec.bat"};
      runObj.exec(cmdarray);
    }catch(IOException el){
      System.out.println("无法启动记事本");
    }
  }
}
```

注意：其中的 String 数组 cmdarray，它的第一个元素是要执行的程序，第二个元素是要传递的命令行参数。

上面两个程序都不会等待记事本执行完毕就会结束。有时候，需要等待被启动的程序结束后，才结束本程序，这就需要用到 exec()返回的 Process 对象。该对象有一个 waitFor()方法，必须等到被执行的程序结束该方法才会返回。另外，Process 对象还有一个方法：exitValue()，可以获取程序的返回值。如果程序正常结束，返回值是 0；否则为一个非 0 值（比如–1）。

下面的程序就会等待记事本执行完毕后才结束。程序修改如下：

//-----------文件名 runNotepad.java，程序编号 13.4-----------------

```
import java.io.*;
public class runNotepad{
  public static void main(String args[]){
    Process prc = null;        // 创建 Process 对象
    try{
      //调用 Runtime 的 getRuntime 静态方法，获取 Runtime 对象实例
      Runtime runObj = Runtime.getRuntime();
      //构造应用程序执行参数
      String cmdarray[]={"notepad","c:\\autoexec.bat"};
      prc = runObj.exec(cmdarray);          //使用 exec 方法，执行应用程序
      //等待记事本结束
      prc.waitFor();
    }catch(IOException el){
      System.out.println("无法启动记事本");
    }catch(InterruptedException el){
      System.out.println("异常中断");
    }
    System.out.println("记事本返回值为："+prc.exitValue());
```

```
    }
}
```

13.2　System 类的使用

System 类是系统中最常用的类，它定义了 3 个很有用的静态成员：out、in 和 err，分别表示标准的输出流、输入流和错误输出流。除了这 3 个静态成员，System 类中还定义了一系列的静态方法，供程序与系统交互。其中，常用的方法如表 13.2 所示。

表 13.2　System 中的常用方法

方　　　法	说　　　明
static String clearProperty(String key)	清除由 key 所指定的系统属性
static long currentTimeMillis()	获取当前时间，以毫秒为单位
static void exit(int status)	结束当前运行的虚拟机
static void gc()	启动垃圾收集器
static String getenv(String name)	获取由 name 指定的环境变量的值
static Properties getProperties()	获取系统属性
static SecurityManager getSecurityManager()	获取系统安全管理接口
static void load(String filename)	将指定文件以动态链接库的形式装载
static void loadLibrary(String libname)	装载动态链接库
static long nanoTime()	获取系统最可能提供的精确时间，以纳秒为单位
static void setErr(PrintStream err)	重新设置标准错误输出流
static void setIn(InputStream in)	重新设置标准输入流
static void setOut(PrintStream out)	重新设置标准输出流
static void setProperties(Properties props)	设置由 props 指定的系统属性
static String setProperty(String key, String value)	将 key 所指定的系统属性值设置为 value
static void setSecurityManager(SecurityManager s)	设置系统安全管理器

13.2.1　利用 currentTimeMillis()记录程序执行的时间

currentTimeMillis()以毫秒为单位获取计算机上的时间，它的返回值是一个 long 型，记录的是当前时间与 1970 年 1 月 1 日 0 时之间的时间差。可以将它转换成人能够阅读的时间，也可以用它来记录一个程序执行的时间。方法很简单，程序启动时获取时间，程序结束时再获取一次，两次时间之差就是程序的运行时间。

【例 13.3】　计算程序运行时间。

```
//-----------文件名 elapsed.java，程序编号 13.5----------------

public class elapsed{
  public static void main(String args[]){
    try{
      //获取当前时间
      long start = System.currentTimeMillis();
```

```
      System.out.println("程序开始执行......");
      Thread.sleep(1000);
      //获取当前时间
      long end = System.currentTimeMillis();
      System.out.println("程序运行结束。");
      System.out.println("程序执行时间为："+(end-start)+"毫秒");
    }catch(InterruptedException el){
      el.printStackTrace();
    }
  }
}
```

程序使用了 sleep(1000)来延长运行时间，程序执行的结果如下：

```
程序开始执行......
程序运行结束。
程序执行时间为：1000 毫秒
```

13.2.2　exit()退出方法

　　一般情况下，当 main()方法执行完毕，程序退出运行时，虚拟机也会自动退出。不过，在使用 swing 编写 GUI 界面的程序时，默认情况是当用户关闭窗口时，虚拟机并不会退出，仍然在内存中占据空间。在另外一些情况下，比如，需要从子线程而不是主线程来结束整个程序的运行，就需要用到 exit()方法来强制退出。下面的例子演示了如何在子线程中退出虚拟机。

　　【例 13.4】　从子线程中退出虚拟机。

　　//-----------文件名 exitJVM.java，程序编号 13.6-----------------

```
public class exitJVM extends Thread{
  public static void main(String args[]){
    exitJVM  tr = new exitJVM();
    tr.start();
    try{
      Thread.sleep(10000);   //等待子线程运行
    }catch(InterruptedException  el){
      el.printStackTrace();
    }
    System.out.println("主线程结束");
  }
  public void run(){
    System.out.println("这是在子线程中");
    System.exit(0);               //强制退出虚拟机
  }
}
```

程序的输出结果如下：

```
这是在子线程中
```

　　程序没有能够输出"主线程结束"这句话，这是因为在子线程中调用了 exit()方法，强制退出了虚拟机，主线程也被强制终止了，主线程中的输出语句没有机会执行。

13.2.3 获取和设置环境属性

应用程序有时候需要知道自己运行的环境属性，System 类中提供了 getPropertie()和 setPropertie()方法用于获取以及设置环境属性。可供获取和设置的环境属性如表 13.3 所示。

表 13.3 环境属性

属　　性	含　　义
java.version	Java 运行环境的版本
java.vendor	Java 运行环境的生产商
java.vendor.url	生产商的网址
java.home	Java 的安装路径
java.vm.specification.version	虚拟机所遵循的规范的版本
java.vm.specification.vendor	虚拟机规范的生产商
java.vm.specification.name	虚拟机规范的名称
java.vm.version	虚拟机实现的版本
java.vm.vendor	虚拟机实现的生产商
java.vm.name	虚拟机实现的名称
java.specification.version	运行环境所遵循的规范的版本
java.specification.vendor	运行环境规范的生产商
java.specification.name	运行坏境规范的名称
java.class.version	Java 类格式化的版本号
java.class.path	类所在的路径
java.library.path	装载类库时所搜索的路径
java.io.tmpdir	默认的临时文件路径
java.compiler	JIT 编译器所使用的名字
java.ext.dirs	扩展目录所在的路径
os.name	操作系统的名称
os.arch	操作系统的架构
os.version	操作系统的版本
file.separator	文件分隔符（UNIX 下是"/"）
path.separator	路径分隔符（UNIX 下是"："）
line.separator	行分隔符（UNIX 下是"\n"）
user.name	用户的账户名称
user.home	用户的 home 路径（即 UNIX 和 Linux 下当前用户的 home 所在目录）
user.dir	当前用户的工作目录

下面的例子中演示了如何获取一些常用的环境属性。

【例 13.5】 获取环境属性示例。

//-----------文件名 showProperties.java，程序编号 13.7----------------

```
public class showProperties{
  public static void main(String args[]){
```

```
System.out.println("Java 运行环境的版本:"+System.getProperty
("java.version"));
System.out.println("Java 运行环境的生产商:"+System.getProperty
("java.vendor"));
System.out.println("Java 的安装路径:"+System.getProperty("java.home"));
System.out.println("虚拟机实现的版本: "+System.getProperty
("java.vm.version"));
System.out.println("虚拟机实现的生产商: "+System.getProperty
("java.vm.vendor"));
System.out.println("默认的临时文件路径: "+System.getProperty
("java.io.tmpdir"));
System.out.println("用户的账户名称: "+System.getProperty("user.name"));
System.out.println("当前用户工作目录: "+System.getProperty("user.dir"));
System.out.println("用户的home路径: "+System.getProperty("user.home"));
System.out.println("操作系统的名称:"+System.getProperty("os.name"));
System.out.println("操作系统的版本:"+System.getProperty("os.version"));
    }
}
```

在笔者的机器上，运行上述程序后，显示出系统的基本属性信息。程序的运行结果截图如图 13.1 所示。

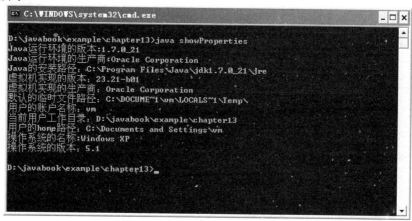

图 13.1　获取常用的系统环境属性信息

13.3　Math 类的使用

在 Math 类中，提供了常用的数学函数供程序员使用，这些数学函数包括：随机函数、三角函数、指数函数和取整函数等。这些函数全部都以静态成员方法的形式提供，这样可以简化编程的步骤。另外，Math 中还提供了两个静态成员常量：E 和 PI。下面对 Math 中的方法做一些简单的介绍。

13.3.1　利用随机数求 π 值

Math 中提供了一个 random()方法，可以随机获取一个[0,1]之间的双精度浮点数。

random()方法产生的是一个伪随机数（实际上，计算机都不可能产生真正的随机数），多次获取这些值，它们会均匀地分布在 0～1 之间，如果需要扩大分布的范围，可以将结果乘上一个适当的比例因子。实际上，本书前面很多例子要产生从 0～1000 之间的整型数，就是用这个方法，然后将结果乘上 1000。

【例 13.6】 利用随机数求 π 值。

要精确计算 π 的值有许多很好的数值算法，这里介绍一种用概率算法，进行近似计算 π 值的方法。假定有一个半径为 r 的圆及外切正方形，圆面积和正方形面积之比为：

$$\frac{\pi r^2}{4r^2} = \frac{\pi}{4}$$

假定某人随机地向正方形内掷 n 个点，而落在圆内的点的个数为 m，由概率论可知，如果这些点在正方形内均匀分布，则落在圆内的数目与落在正方形内的数目之比恰好为二者的面积之比：

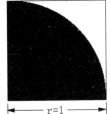

$$\frac{m}{n} = \frac{\pi}{4} \rightarrow \pi = \frac{4m}{n}$$

当 n 足够大时，统计出 m 的值，就可以近似地求出 π 的值。实际计算的时候，只要统计第一象限内半径为 1 的 1/4 圆内的点就可以。所用到的图形，如图 13.2 所示。

根据上述思路和图形，编程如下：

图 13.2　第一象限内的圆形

//-----------文件名 getPI.java，程序编号 13.8-----------------

```java
public class getPI{
  public static void main(String args[]){
    int n = 10000;
    int m = 0;
    double x,y;
    for(int i=0; i<n; i++){
      //随机产生一个点
      x = Math.random();
      y = Math.random();
      //计算这个点是位于圆内还是圆外
      if (x*x + y*y <= 1)
        m++;
    }
    //统计得到 π 的值
    System.out.println("PI="+(double)m/n*4);
  }
}
```

程序的输出结果如下：

```
PI=3.1516
```

由于这里用到了随机数，每次运行的结果可能不一样。

13.3.2　利用三角函数求 π 值

Math 中提供了常用的三角函数，如表 13.4 所示。

表 13.4　三角函数

函　　数	说　　明
static double acos(double a)	反余弦函数，a 的范围为 0～π
static double asin(double a)	反正弦函数，a 的范围为-π/2～π/2
static double atan(double a)	反正切函数，a 的范围为-π/2～π/2
static double cos(double a)	余弦函数，a 以弧度表示
static double cosh(double x)	双曲余弦函数
static double sin(double a)	正弦函数，a 以弧度表示
static double sinh(double x)	双曲正弦函数
static double tan(double a)	正切函数，a 以弧度表示
static double tanh(double x)	双曲正切函数
static double toDegrees(double angrad)	将弧度值转换成为角度值
public static double toRadians(double angdeg)	将角度值转换成为弧度值

这些函数的数学含义都很清晰，无需过多说明。下面的例子中使用反正切函数来求 π 的值，所用到的数学公式如下：

```
π/4 = arctan(1/2)+arctan(1/5)+arctan(1/8)
```

【例 13.7】　利用反正切函数求 π 的值。

//-----------文件名 progPI.java，程序编号 13.9----------------

```
public class progPI{
  public static void  main(String args[]){
    double sum;          //定义 double 型的 sum 变量，用来存储计算结果
    //调用 Math 中的 atan 函数，计算圆周率的值
    sum = Math.atan(0.5) + Math.atan(0.2) + Math.atan(0.125);
    //显示输出结果
    System.out.println(" π ="+(4*sum));
  }
}
```

程序的输出结果如下：

```
π =3.141592653589793
```

这个值已经相当精确了。

13.3.3　利用换底公式求任意对数值

Math 中提供了 8 个与指数和对数相关的函数，如表 13.5 所示。

表 13.5　指数和对数函数

函　　数	说　　明
static double exp(double a)	返回 e 的 a 次方，e 是自然对数
static double expm1(double x)	返回 e^x-1
static double log(double a)	返回以 e 为底，a 的对数值
static double log10(double a)	返回以 10 为底，a 的对数值

续表

函　　数	说　　明
static double log1p(double x)	返回 x+1 的自然对数值
static double pow(double a, double b)	返回 a^b
static double sqrt(double a)	返回 a 的平方根
static double cbrt(double a)	返回 a 的立方根

下面的例子中，利用换底公式求任意的 $\log_n m$ 的值，换底公式如下：

$$\log_n m = \log_e m / \log_e n$$

【例 13.8】　利用换底公式求任意对数值。

//-----------文件名 useLog.java，程序编号 13.10----------------

```java
public class useLog{
  public static void  main(String args[]){
    double n = 3.0;
    double m = 28.0 ;
    double logVal;
    logVal = Math.log(m)/Math.log(n);
    System.out.println("以 3 为底 28 的对数为: "+logVal);
  }
}
```

程序的输出结果如下：

以 3 为底 28 的对数为：3.0331032563043374

13.3.4　使用取整函数

在 Math 中还提供了各种取整函数以及求绝对值的函数，如表 13.6 所示。

表 13.6　取整函数与求绝对值函数

函　　数	说　　明
static double abs(double a)	求双精度数 a 的绝对值
static float abs(float a)	求单精度数 a 的绝对值
static int abs(int a)	求整型数 a 的绝对值
static long abs(long a)	求长整型数 a 的绝对值
static double ceil(double a)	天花板函数，返回大于等于 a 的那个最小的整数（但是以浮点数形式存储）
static double floor(double a)	地板函数，返回小于等于a 的那个最大的整数（但是以浮点数形式存储）
static double rint(double a)	四舍五入函数，返回与 a 的值最相近的那个整数（但是以浮点数形式存储）
static long round(double a)	四舍五入函数，返回与 a 的值最相近的那个长整型数
static int round(float a)	四舍五入函数，返回与 a 的值最相近的那个整型数

下面的例子将演示上述函数的使用。

【例 13.9】 取整函数使用示例。

//-----------文件名 demoRound.java，程序编号 13.11----------------

```java
import java.util.*;
public class demoRound{
  public static void main(String args[]){
    double num;
    Scanner in = new Scanner(System.in);
    System.out.print("请输入一个浮点数: ");
    num = in.nextDouble();
    double anum = Math.abs(num);
    System.out.println("绝对值为: "+anum);
    double cnum = Math.ceil(anum);
    System.out.println("不小于"+anum+"的最小数: "+cnum);
    double fnum = Math.floor(anum);
    System.out.println("不大于"+anum+"的最大数: "+fnum);
    double rnum = Math.rint(anum);
    System.out.println(anum+"四舍五入得到浮点数: "+rnum);
    long lnum = Math.round(anum);
    System.out.println(anum+"四舍五入得到长整数: "+lnum);
  }
}
```

若在命令行输入–123.4567，得到的输出结果为：

```
绝对值为: 123.4567
不小于 123.4567 的最小数: 124.0
不大于 123.4567 的最大数: 123.0
123.4567 四舍五入得到浮点数: 123.0
123.4567 四舍五入得到长整数: 123
```

13.4　Random 类的使用

尽管在 Math 类中提供了一个 random 函数可以获得随机数，但它的功能单一。所以在 Java 中还提供了一个功能上更强一些的类：Random。它不仅可以返回浮点类型的随机数，还可以返回整型、布尔型和字节型，也可以指定产生随机数的范围，还可以随意改变种子等。

Random 类采用的是线性同余算法产生的随机数序列，所用数学公式如下：

$a_{n+1}=(b*a_n+c) \bmod m$　其中 $a_0=d$, $b \geq 0$, $c \geq 0$, $d \leq m$

其中，d 被称为"种子"。线性同余算法产生的序列是可以预测的伪随机数序列，而且任何一个确定的算法，都必须预先确定 a、b、c 的值。在 JDK 中，上述公式中的各个变量值分别为：b=0x5DEECE66DL、c=0xBL、m=0xFFFFFFFFFFFF。这是由 D.H.Lehmer 提出的，目前使用最为广泛的线性同余算法。

由于只有种子 d 是可以改变的，所以只要种子相同，产生的随机数序列一定相同。为了避免每次产生的随机数序列完全相同，必须在构造 Random 对象时赋予不同的种子。常用的方法是以当前时间为种子。表 13.7 列出了 Random 类的常用方法。

表 13.7 Random 类的常用方法

方 法	说 明
Random()	创建一个随机数发生器
Random(long seed)	以 seed 为种子创建一个随机数发生器
protected int next(int bits)	获取一个随机整数，最多有 bits 个二进制位，其他方法都是通过调用此方法来获取随机数
boolean nextBoolean()	获取一个随机布尔值
void nextBytes(byte[] bytes)	获取随机数据并填充到数组 bytes 中
double nextDouble()	获取一个随机的双精度数
float nextFloat()	获取一个随机的单精度数
int nextInt()	获取一个随机整数
int nextInt(int n)	获取一个[0,n]之间的随机整数
long nextLong()	获取一个随机的长整型数
void setSeed(long seed)	设置随机数发生器的种子

【例 13.10】 产生随机数序列示例。

//-----------文件名 demoRandom.java，程序编号 13.12----------------

```
import java.util.*;
public class demoRandom{
  public static void main(String args[]){
    Random ra = new Random();
    int i;
    System.out.println("随机整数序列: ");
    for (i=0; i<10; i++)
      System.out.print(ra.nextInt()+" ");
    System.out.println("\n 随机整数序列（0-1000 之间）: ");
    for (i=0; i<10; i++)
      System.out.print(ra.nextInt(1000)+" ");
    System.out.println("\n 随机浮点数序列: ");
    for (i=0; i<10; i++)
      System.out.print(ra.nextDouble()+" ");
    System.out.println("\n 随机布尔数序列: ");
    for (i=0; i<10; i++)
      System.out.print(ra.nextBoolean()+" ");
  }
}
```

在笔者的机器上，某次运行的结果如下：

```
随机整数序列:
-904195686 224555030 1728750731 -1037577698 -1281735070 892612444 289145128
2025353999 -1056297801 1740552010
随机整数序列（0-1000 之间）:
897 547 894 113 295 597 958 852 768 142
随机浮点数序列:
0.3287567802439614        0.9798809821292318        0.19091270692088702
0.6153749226078421        0.5622131102283869        0.8084679149708175
0.30936998018479134       0.17742752642479398       0.28636651375108035
0.5808440316160739
随机布尔数序列:
true true false false false true false true false false
```

当然，在读者的机器上肯定得不到同样的结果。

13.5 Date 类和 Calendar 类的使用

Date 和 Calendar 是 Java 类库里提供对时间进行处理的类。日期在商业逻辑的应用中占据着很重要的地位，所有的开发者都应该能够计算未来的日期，定制日期的显示格式，并将文本数据解析成日期对象。所以本节对这两个类进行一个基本的讲解。

13.5.1 Date 类的简单使用

Date 类顾名思义，就是和日期有关的类。系统中存在着两个同名的 Date 类，其中一个在 java.util 包中，另外一个在 java.sql 包中，这里介绍的是 java.util 包中的 Date 类。这个类最主要的作用就是获得当前时间，另外也有设置时间以及一些其他的辅助功能，可是由于本身设计的问题，这些方法遭到众多批评。因此这些方法从 JDK 1.1 起就被废弃掉，全部都被移植到另外一个类 Calendar 中。

Date 使用最简单的方法就是创建一个对象，这时它会自动获取机器上的当前时间，并封装在对象内部。下面是一个简单的应用。

【例 13.11】 显示当前时间。

//-----------文件名 currentTime_1.java，程序编号 13.13-----------------

```
import java.util.Date; //使用 util 包中的 Date 类
public class currentTime_1{
  public static void main(String[] args) {
    //获取系统的时间和日期
    Date date = new Date();
    System.out.println(date.getTime());
  }
}
```

笔者在运行这个程序时的时间是 2013 年 04 月 9 日下午 15 点 18 分，程序输出的结果如下：

```
1365491947140
```

程序中使用了 Date 构造方法创建一个日期对象，这个构造函数没有接受任何参数，构造方法在内部使用了 System.currentTimeMillis()方法来从系统获取时间。该时间是从 1970 年 1 月 1 日 0 时开始经历的毫秒数，所以如果用 getTime()方法来获取的话，得到的是一个长整型数。机器内部处理这种格式的时间很方便，但对于人而言就过于难懂了，所以需要将它转换成人能够阅读的时间。

13.5.2 使用 SimpleDateFormat 格式化输出时间

假如程序员希望定制日期数据的格式，比如"星期二-04 月-09 日-2013 年"，这需要用到另外一个类：java.text.SimpleDateFormat，这个类是从抽象类 java.text.DateFormat 派生而来的。它的使用比较简单，下面的例子展示了如何完成这个工作。

【例 13.12】　按照定制格式显示日期。

//-----------文件名 currentTime_2.java，程序编号 13.14----------------

```java
import java.text.SimpleDateFormat;
import java.util.Date;
public class currentTime_2{
  public static void main(String[] args) {
    //设置显示格式
    SimpleDateFormat bartDateFormat = new SimpleDateFormat
    ("EEEE-MMMM-dd-yyyy");
    //获取当前时间
    Date date = new Date();
    //格式化输出
    System.out.println(bartDateFormat.format(date));
  }
}
```

程序的输出结果如下：

星期二-四月-09-2007

只要通过向 SimpleDateFormat 的构造方法传递格式字符串"EEEE-MMMM-dd-yyyy"，就能够指明自己想要的格式。格式字符串中的字符告诉格式化函数下面显示日期数据的哪一个部分：EEEE 是星期，MMMM 是月，dd 是日，yyyy 是年。字符的个数决定了日期是如何格式化的。如果传递"EE-MM-dd-yy"则会显示"Tue-04-09-13"。完整的格式化字符串如表 13.8 所示。

表 13.8　格式化字符串的含义

字　　符	含　　义	外　　观	示　　例
G	公元前/后	文本	AD.
y	年份	年份	2007，07
M	月份	英文或数字月份	July，Jul，07
w	一年中的第几个星期	数值	27
W	一月中的第几个星期	数值	2
D	一年中的第几天	数值	189
d	一月中的第几天	数值	15
F	这一天位于本月中的第几个星期	数值	2
E	星期几	文本	Tuesday，Tue
a	上/下午	文本	PM
H	小时（0～23）	数值	0
k	小时（1～24）	数值	24
K	小时（0～11）	数值	0
h	小时（1～12）	数值	12
m	分钟	数值	30
s	秒钟	数值	30
S	毫秒	数值	125

续表

字　　符	含　　义	外　　观	示　　例
z	时区	一般时区	Pacific Standard Time; PST; GMT-08:00
Z	时区	RFC 822 时区	-0800

除了上面这样定制格式，也可以使用内置的格式。在抽象类 DateFormat 中，定义了 4 个常量：SHORT、MEDIUM、LONG 和 FULL，分别代表短、中、长和完整 4 种显示格式。利用 DateFormat.getDateTimeInstance()可以获得想要的内置格式的 DateFormat 的实例，然后就可以格式化输出。

【例 13.13】　按照定制格式显示日期。

//-----------文件名 currentTime_3.java，程序编号 13.15----------------

```java
import java.text.DateFormat;
import java.util.Date;
public class currentTime_3{
  public static void main(String[] args) {
    Date date = new Date();     //新建一个 Date 对象
    /**
      通过 DateFormat 对象，对 Date 的显示格式进行定义和声明
    **/
    DateFormat shortDateFormat = DateFormat.getDateTimeInstance(
                          DateFormat.SHORT, DateFormat.SHORT);
    DateFormat mediumDateFormat = DateFormat.getDateTimeInstance(
                          DateFormat.MEDIUM, DateFormat.MEDIUM);
    DateFormat longDateFormat = DateFormat.getDateTimeInstance(
                          DateFormat.LONG, DateFormat.LONG);
    DateFormat fullDateFormat = DateFormat.getDateTimeInstance(
                          DateFormat.FULL, DateFormat.FULL);
    System.out.println(shortDateFormat.format(date));
    System.out.println(mediumDateFormat.format(date));
    System.out.println(longDateFormat.format(date));
    System.out.println(fullDateFormat.format(date));
  }
}
```

程序 13.15 中使用的方法和用户自定义的方法差不多，只是这里使用的是一个抽象类。由于 DateFormat 是一个抽象类，所以它不能通过构造函数构造对象，在这里是通过 getDateTimeInstance()方法获得该对象。

注意：程序在对 getDateTimeInstance()的每次调用中都传递了两个值：第一个参数是日期风格，而第二个参数是时间风格。它们都是基本数据类型 int 型。

程序的输出结果如下：

```
08-1-1 上午 12:45
2008-1-1 0:45:55
2008 年 1 月 1 日 上午 12 时 45 分 55 秒
2008 年 1 月 1 日 星期二 上午 12 时 45 分 55 秒 CST
```

笔者在运行这个程序的时候，正是 2008 年元旦凌晨 0：45。但是上面的输出除了第 2 个外，其余 3 个很容易让人理解为中午 12 点多，这正是 date 以及 DateFormat 让人诟病的地方。

在应用程序运行的时候，可能会需要用户输入一个日期（这通常是一个字符串），然后在计算机内处理时，必须要转换成为一个 Date 对象。这也可以使用 SimpleDateFormat 类来解决。不过这个字符串必须遵循一定的格式。例如，字符串"01-01-2008"，可以用格式化字符串"MM-dd-yyyy"创建一个 SimpleDateFormat 对象，再由它来生成一个 Date 类型的日期对象。

【例 13.14】 从文本串创建日期对象。

//-----------文件名 textToTime.java，程序编号 13.16----------------

```java
import java.text.SimpleDateFormat;
import java.util.Date;
public class textToTime{
  public static void main(String[] args) {
    //用格式化字符串创建一个 SimpleDateFormat 对象
    SimpleDateFormat bartDateFormat = new SimpleDateFormat("MM-dd-yyyy");
    //下面这个字符串包含了要解析的日期
    String dateStringToParse = "01-01-2008";
    try {
      //用 parse()方法来按照前面指定的格式解析字符串，创建 Date 对象
      Date date = bartDateFormat.parse(dateStringToParse);
      //按照机内格式输出这个日期
      System.out.println(date.getTime());
    }catch (Exception el){
      el.printStackTrace();
    }
  }
}
```

程序的输出结果如下：

```
1199116800000
```

这个数据的末尾全是 0，是因为时间字符串中没有指定时、分、秒。

13.5.3 Calendar 类的特色

Date 类的设计远远不能令人满意，其中使用的名字和约定引起了无尽的混淆，使用者很容易误会设计者的意图。从 JDK 1.1 起，java.util 包中新增加了一个抽象类 Calendar，这个类的功能上更为强大，而且也更为清晰，不过使用上也比 Date 要复杂一些。不过相比它强大的功能，多付出一点学习时间是值得的。

Calendar 被设计成为一个挂在墙壁上的典型日历，有许多月份和日期可以翻阅。Calendar 类与其他类有很大的区别，它是构建在大量可以直接读取的属性上，这些属性多数是静态成员常量，可以使用它们来设置或者获取某些值。

Calendar 类的内部仍然存储了以毫秒为单位、距离 1970 年元旦 0 时的时间间隔。不过它以及它的子类可以根据设置的规则（预设的或由用户设置的）来解释这些时间信息，而且时间的各个组成部分也被分别存储，这也是 Java 类库国际化的一个方面。这样，程序员就能够写出在不同的国际化环境中运行的程序。

Calendar 没有提供公共的构造方法。它定义了一些 protected 类型的实例成员变量。

❑ boolean areFieldsSet：指示时间成员是否被设置。

❑ int fields[]：用于存储时间的各个组成部分。

❑ boolean isSet[]：指示某个特定的时间组成部分是否被设置。

❑ long time：存储这个对象当前的时间。

❑ boolean isTimeSet：指示当前时间是否被设置。

Calendar 定义的一些常用方法如表 13.9 所示。

表 13.9　Calendar的常用方法

方　　法	说　　明
abstract void add(int field, int amount)	将 amount 加到 field 所指定的域中，如果 amount 为负数，就是减。field 必须是 Calendar 定义的字段之一，比如 Calendar.MONTH
boolean after(Object when)	如果本对象的时间比 when 所包含的时间晚，则返回 true
boolean before(Object when)	如果本对象的时间比 when 所包含的时间早，则返回 true
void clear()	清除对象中各个时间的组成部分
void clear(int field)	将 field 指定的时间组成部分清空
boolean equals(Object obj)	如果本对象的时间与 obj 的时间相等，则返回 true
int get(int field)	获取由 field 指定的时间组成成分值，field 只能是 Calendar 定义的字段之一，比如 Calendar.MONTH
static Locale[] getAvailableLocales()	返回一个 Locale 数组，包含了能够获得 Calendar 对象的地域集合
int getFirstDayOfWeek()	获取星期的第一天，例如美国是 Sunday，法国是 Monday
static Calendar getInstance()	以默认的地域和时区获得一个 Calendar 对象实例
static Calendar getInstance(Locale aLocale)	以默认时区和 aLocale 指定地域获得一个 Calendar 对象实例
static Calendar getInstance(TimeZone zone)	以默认地域和 zone 指定的时区获得一个 Calendar 对象实例
static Calendar getInstance(TimeZone zone, Locale aLocale)	以指定的时区和地域获得一个 Calendar 对象实例
abstract int getMaximum(int field)	获取由 field 所指定的时间成分的最大值
abstract int getMinimum(int field)	获取由 field 所指定的时间成分的最小值
Date getTime()	创建一个与本对象时间相同的 Date 对象
long getTimeInMillis()	获取以毫秒为单位的距离 1970 年 1 月 1 日 0 点的时间值
TimeZone getTimeZone()	获得时区
protected int internalGet(int field)	获得 field 所指定的时间成分的值，该方法供派生类使用
boolean isSet(int field)	判断 field 所指定的时间成分是否已经被设置
void set(int field, int value)	将 field 指定的时间成分设置为 value 值
void set(int year, int month, int date)	设置年、月、日的值
void set(int year, int month, int date, int hourOfDay, int minute)	设置年、月、日、时、分的值
void set(int year, int month, int date, int hourOfDay, int minute, int second)	设置年、月、日、时、分、秒的值
void setFirstDayOfWeek(int value)	设置星期的第一天

续表

方　　法	说　　明
void setTime(Date date)	设置本对象的时间与 date 相同
void setTimeInMillis(long millis)	设置本对象的时间与 millis 相同
void setTimeZone(TimeZone value)	设置本对象的时区

Calendar 类还定义了一些 int 类型的静态成员常量，供上述方法使用。这些成员常量如表 13.10 所示。

表 13.10　Calendar 类中的静态成员常量

AM	AM_PM	APRIL
AUGUST	DATE	DAY_OF_MONTH
DAY_OF_WEEK	DAY_OF_WEEK_IN_MONTH	DAY_OF_YEAR
DECEMBER	DST_OFFSET	ERA
FEBRUARY	FIELD_COUNT	FRIDAY
HOUR	HOUR_OF_DAY	JANUARY
JULY	JUNE	MARCH
MAY	MILLISECOND	MINUTE
MONDAY	MONTH	NOVEMBER
OCTOBER	PM	SATURDAY
SECOND	SEPTEMBER	SUNDAY
THURSDAY	TUESDAY	UNDECIMBER
WEDNESDAY	WEEK_OF_MONTH	WEEK_OF_YEAR
YEAR	ZONE_OFFSET	

这些常量的含义非常清晰，完全可以见名知义，无需更多的解释。这些常量多数是调用 get()方法和 set()方法时作为参数使用。

【例 13.15】　用 Calendar 显示当前的日期和时间。

//-----------文件名 DateAndTime.java，程序编号 13.17----------------

```java
import java.util.*;
public class DateAndTime{
  //星期要转换成汉语形式显示，数字 1 表示星期日
  static final char days[] ={' ','日','一','二','三','四','五','六'};
  public static void main(String[] args) {
    //获取当前时间，创建对象
    Calendar cal = Calendar.getInstance();
    //获取年份
    int year = cal.get(Calendar.YEAR);
    //获取月份，它是以 0 为第一个月，所以要加 1
    int month = cal.get(Calendar.MONTH) + 1;
    //获取日期
    int date = cal.get(Calendar.DATE);
    //获取星期几，它是以 1 为第 1 天，要用数组 days[]来换算
    int day = cal.get(Calendar.DAY_OF_WEEK);
    //获取小时，这是 24 小时制
    int hour = cal.get(Calendar.HOUR_OF_DAY);
    //获取分钟
```

```
    int min = cal.get(Calendar.MINUTE);
    //获取秒
    int sec = cal.get(Calendar.SECOND);
    //按照中国人的习惯来显示日期和时间
    System.out.println("今天是: "+year+"年"+month+"月"+date+"号"+"  星期"
    +days[day]);
    System.out.println("现在的时间是:  "+hour+":"+min+":"+sec);
  }
}
```

在笔者机器上运行的结果如下:

```
今天是: 2013 年 04 月 09 号   星期二
现在的时间是:  15:24:43
```

上面这种方法编程上比 Date 要麻烦一点,但在格式控制上却要自由得多。

13.5.4　利用 GregorianCalendar 输出日历

顾名思义,GregorianCalendar 是一个公历实现类。它是 Calendar 的派生类,实际上,Calendar 的 getInstance()方法就是返回的一个 GregorianCalendar 对象。相比 Calendar,它多定义了两个属性:AD 和 BC,分别表示公元前和公元后。GregorianCalendar 还提供了若干构造方法,如表 13.11 所示。

表 13.11　GregorianCalendar的构造方法

构 造 方 法	说　　明
GregorianCalendar()	用机器时间构造一个新对象
GregorianCalendar(int year, int month, int dayOfMonth)	用指定的年、月、日构造一个新对象
GregorianCalendar(int year, int month, int dayOfMonth, int hourOfDay, int minute)	用指定的年、月、日、时、分构造一个新对象
GregorianCalendar(int year, int month, int dayOfMonth, int hourOfDay, int minute, int second)	用指定的年、月、日、时、分、秒构造一个新对象
GregorianCalendar(Locale aLocale)	用 aLocale 指定的地域、默认的时区和当前时间构造一个新对象
GregorianCalendar(TimeZone zone)	用 zone 指定的时区、默认的地域和当前时间构造一个新对象
GregorianCalendar(TimeZone zone, Locale aLocale)	用 zone 指定的时区、aLocale 指定的地域和当前时间构造一个新对象

除了继承下来的方法,GregorianCalendar 还提供了一些辅助方法,其中有一个很有用的方法:boolean isLeapYear(int year),用于判断 year 是否为闰年。

【例 13.16】　用 GregorianCalendar 实现一个万年历。

在本例中,将按照平常看到的挂历格式实现一个可以由用户任意指定年份和月份的日历。要实现一个这样的公历并不难,只要处理两点就可以了:这个月的第一天是星期几,这个月一共有多少天。有了这两者,就可以从第一天开始依次往后排,排满一周就换一行继续排下去，直到本月排完。当然，需要将输出格式对齐一下。

为了简化编程，这里没有考虑用户输入出错的情况，读者可以自己加上错误处理部分。

//-----------文件名 showCalendar.java，程序编号 13.18----------------

```java
import java.util.*;
public class showCalendar{
  //用来显示日历头
  static final String head[] ={"星期日","星期一","星期二","星期三","星期四",
  "星期五","星期六"};
  public static void main(String[] args) {
    Scanner in = new Scanner(System.in);
    int i;
    System.out.print("请输入年份: ");
    int year = in.nextInt();
    System.out.print("请输入月份: ");
    int month = in.nextInt() - 1; //GregorianCalendar 的第一个月是 0，和人的理
                                  解不同
    in.close();
    //以指定的年、月、该月的第一天来创建对象
    GregorianCalendar cal = new GregorianCalendar(year,month,1);
    //获取这个月的天数
    int totalDays = cal.getActualMaximum(Calendar.DAY_OF_MONTH);
    //获取这个月的第一天是星期几
    int startDay = cal.get(Calendar.DAY_OF_WEEK)-1;
    //输出日历头部，每一个输出项占 8 个字符宽度
    for(i=0; i<head.length; i++)
      System.out.print(head[i]+"  ");
    System.out.println();
    //输出第一天之前的空格，每个输出项占 8 个空格
    for(i=0;i<startDay;i++)
      System.out.print("        ");
    //依次输出每一天，每一个输出项占 8 个字符宽度
    for(int day=1; day<=totalDays;day++){
      System.out.printf("   %2d   ",day);
      i++;
      if (i==7){ //每个星期输出完，换行
        System.out.println();
        i=0;
      }
    }
  }
}
```

如果输入正确，这个程序在笔者的机器上能够正常运行，图 13.3 展示了 2013 年 3～5 月的日历。

程序中有两个地方特别需要注意：一是月份的设置，GregorianCalendar 是从 0 开始，而一般人的理解月份应该从 1 开始，所以要减 1；二是求某一天是星期几，get(Calendar.DAY_OF_WEEK)的返回值最小是 1，而按照一般人的理解，星期日应该是 0。这倒不是设计者的失误，而是因为西方人的习惯和中国人不同。在 Calendar 中，January 的值是 0，Sunday 的值是 1。因此使用 Calendar 时，要特别小心这些差异。

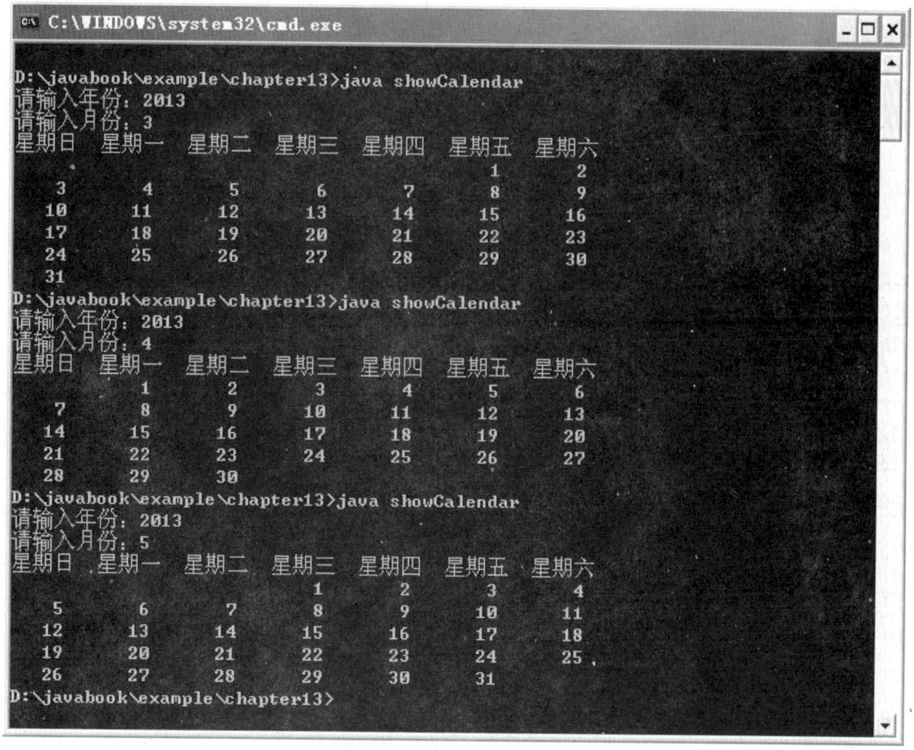

图 13.3　程序运行情况

13.6　Formatter 类的使用

系统类库中的 Formatter 有两个，一个是定义在 java.util.logging 包中的抽象类，另外一个是定义在 java.util 包中的最终类。本节介绍的是后者。

在前面介绍控制台输出时，曾经介绍过 System.out.printf()方法，这是一个可以控制输出格式的方法。而在 JDK 1.4 中，如果需要格式化输出，就需要用到 Formatter 类。Formatter 类的格式控制与 printf()方法很像，不过功能更强一些。而且不像后者直接输出到控制台，它是将格式化后的串存储到一个字符串中，程序员可以继续进行处理。因此，它不仅可以用于控制台的输出，也可以用于 GUI 窗口程序的输出。

13.6.1　Formatter 的简单使用

Formatter 类的使用和其他类一样，先要创建一个对象。它提供了 10 多个构造方法，例如，下面是一些常用的构造方法。

❑ Formatter()：构造一个新对象。

❑ Formatter(Appendable a)：用指定目标构造一个新对象。

❑ Formatter(File file)：用指定的 file 构造一个新对象。

❑ Formatter(Locale l)：用指定的 Local 创建一个新对象。

❑ Formatter(OutputStream os)：用指定的输出流创建一个新对象。

在第二个构造方法中，Appendable 参数是一个接口。多数情况下，实际参数是一个 StringBuffer，也即指定格式化字符串后的存储位置。使用最广泛的是第一种无参数的构造方法，它会自动创建一个 StringBuilder 对象作为格式化字符串的存储区。Formatter 的其他常用方法如表 13.12 所示。

表 13.12　Formatter 的常用方法

方　　法	说　　明
void close()	关闭对象的存储区，如果目标区是 Closeable 接口的派生类，则该类的 close 方法同时被调用
void flush()	清空缓冲区，适用于与文件绑定的对象
Formatter format(Locale l, String format, Object... args)	根据 format 中的格式串，输出 args 中的数据到 Local 指定的场所，返回调用的对象
Formatter format(String format, Object... args)	根据 format 中的格式串，格式化 args 中的数据，返回调用的对象
Locale locale()	返回创建本对象时所用的 Locald 对象
Appendable out()	返回本对象的输出目标

从表中可以看出 Formatter 的常用方法并不多，其中最常用的就是 format() 方法，它也是本类的核心方法。format() 方法中所用到的 format 参数，是一个带有各种格式转换和修饰符号的字符串，这在 7.4.2 小节中已经介绍过一次。下面的例子就使用它来输出一些指定格式的数据。

【例 13.17】Formatter 简单输出示例。

//-----------文件名 demoFormatter.java，程序编号 13.19----------------

```java
import java.util.*;
public class demoFormatter{
  public static void main(String[] args) {
    //以标准输出设备为目标，创建对象
    Formatter fmt = new Formatter(System.out);
    //格式化输出数据，并输出到标准输出设备
    fmt.format("直接输出，每个输出项占 8 个字符位：%8d%8d\n",100,200);
    StringBuffer buf = new StringBuffer();
    //以指定的字符串为目标，创建对象
    fmt = new Formatter(buf);
    //格式化输出数据，输出到 buf 中
    fmt.format("输出到指定的缓冲区，每个输出项占 6 个字符位：%6d%6d\n",300,400);
    //再从 buf 中输出到屏幕
    System.out.print(buf);
    //以默认的存储区为目标，创建对象
    fmt = new Formatter();
    //格式化输出数据，输出到自己的存储区
    fmt.format("输出到自带存储区，每个输出项占 10 个字符位：%10.3f%10.3f",
    123.45,43.687);
    //再从对象的存储区中输出到屏幕
    System.out.print(fmt);
  }
}
```

程序的输出结果如下：

```
直接输出，每个输出项占 8 个字符位：        100      200
输出到指定的缓冲区，每个输出项占 6 个字符位：    300   400
输出到自带存储区，每个输出项占 10 个字符位：   123.450    43.687
```

从上述输出结果中可以看出，Formatter 的输出方式与 System.out.printf 非常相似，都是第一个参数为格式串，后面的参数为输出项。不同的是，Formatter 可以在创建对象的时候指定输出的目标，这个目标既可以是标准的输出设备，也可以是字符串或其他对象，因而更为灵活。

13.6.2　时间格式转换符详解

在本书的 7.4.2 小节中已经介绍过一般数据输出的格式转换符，这里不再重复。本小节只介绍用于日期和时间的格式转换符。

要输出日期和时间，需要以 "%t" 为前缀，在后面加上如表 13.13 所示的任意一个字符，组成完整的格式转换符。输出项必须是 Date 及其子类对象，例如：

```
fmt.format("%tc", new Date());
```

输出结果为：

```
星期三 四月 10 15:06:52 CST 2013
```

表 13.13　日期和时间格式转换符

格式转换符	作　　　　用	举　　　例
C	完整的日期和时间	星期三 一月 02 15:06:52 CST 2008
F	ISO 8061 日期	2008-01-02
D	美国格式的日期（月/日/年）	01/02/2008
T	24 小时时间	15：10：18
R	12 小时时间	3：10：18 pm
R	24 小时时间，没有秒	15：10
Y	4 位数的年（前面补 0）	2008
Y	两位数的年（前面补 0）	08
C	年的前两位数字（前面补 0）	20
B	月的完整拼写	一月
B 或 h	月的缩写（只对西文有效）	Feb
M	两位数字的月.（前面补 0）	01
D	两位数字的日（前面补 0）	02
E	两位数字的日（前面不补 0）	2
A	星期的完整拼写	星期三
A	星期的缩写（只对西文有效）	Wed.
J	一年中的第几天，在 001～366 之间，占 3 位，前面补 0	002
H	两位数字的小时（前面补 0），在 0～23 之间	18

格式转换符	作　　用	举　　例
k	两位数字的小时（前面不补 0），在 0～23 之间	3
l	两位数字的小时（前面不补 0），在 1～12 之间	11
I	两位数字的小时（前面补 0），在 1～12 之间	05
M	两位数字的分钟（前面补 0）	09
S	两位数字的秒钟（前面补 0）	15
L	3 位数字的毫秒（前面补 0）	045
N	9 位数字的毫秒（前面补 0）	045000000
P	上午/下午的标志，大写	PM
p	上午/下午的标志，小写	pm
z	相对于 GMT 的时区差，RFC 822 数字风格	-0800
Z	时区的缩写。如果 Formatter 对象指定了 Local 值，将替换默认的时区	CST
s	从格林威治时间 1970-01-01 0 时起的秒数	1199259176
Q	从格林威治时间 1970-01-01 0 时起的毫秒数	1199259176656

从表 13.13 中可以看出，某些格式只给出了日期的一部分信息。比如，只有月份或日期。如果需要完整的信息（比如年-月-日），当然可以把这个输出项重复写多次来完成完整的输出：

```
Date dt = new Date();
fmt.format("%Y-%m-%d",dt,dt,dt);
```

但这样写比较笨拙。**Formatter** 提供了一种更快捷的方式。程序员可以采用一个被称为参数索引的东西。这个索引是一个整型常量，它必须紧跟在 "%" 后面，并以 "$" 终止。例如：

```
%2$d
```

表示这个输出项是第 2 项，以十进制整数形式输出。上面的例子就可以改成：

```
Date dt = new Date();
fmt.format("%1$tY-%1$tm-%1$td",dt);
```

Java 还提供了一个替代方案，就是使用 "<" 标志。它指出前面格式说明符中使用过的输出项要再次使用。上面的例子还可以改成：

```
Date dt = new Date();
fmt.format("%tY-%<tm-%<td",dt);
```

3 种写法的输出效果都是一样的：

```
2013-04-10
```

下面的例子演示了如何使用这些时间格式转换符来输出日期和时间。

【例 13.18】 使用时间格式转换符输出日期和时间。

```
//-----------文件名 demoFmtTime.java，程序编号 13.20-----------------

import java.util.*;
public class demoFmtTime{
```

```
public static void main(String[] args) {
    //以标准输出设备为目标，创建对象
    Formatter fmt = new Formatter(System.out);
    //获取当前时间
    Date dt = new Date();
    //以各种格式输出日期和时间
    fmt.format("现在的日期和时间（以默认的完整格式）: %tc\n",dt);
    fmt.format("今天的日期（按中国习惯）: %1$tY-%1$tm-%1$td\n",dt);
    fmt.format("今天是: %tA\n",dt);
    fmt.format("现在的时间（24 小时制）:%tT\n",dt);
    fmt.format("现在的时间（12 小时制）:%tr\n",dt);
    fmt.format("现在是: %tH 点%1$tM 分%1$tS 秒",dt);
    }
}
```

程序的输出结果如下：

```
现在的日期和时间（以默认的完整格式）: 星期三 四月 10 20:48:36 CST 2013
今天的日期（按中国习惯）: 2013-04-10
今天是: 星期三
现在的时间（24 小时制）:20:48:36
现在的时间（12 小时制）:08:48:36 下午
现在是: 20 点 48 分 36 秒
```

13.6.3　格式说明符语法图

Formatter 中使用的格式说明符用途非常广泛，它不仅用在本类中，也使用在 System.out.printf()方法和 String.format()方法中。它使用非常灵活，功能也很强大，但它本身也相当复杂。它自身包含了格式转换符和格式修饰符两部分，每个部分又有若干成分。为了让读者对它有一个全面的掌握，特提供它的语法图，如图 13.4 所示。

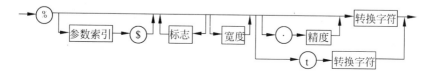

图 13.4　格式说明符的语法图

图中的"标志"是指 7.4.2 小节的表 7.8 中除了宽度、精度之外的其余格式修饰符。

13.7　正则表达式

13.8 节和 13.9 节将介绍 JDK 1.4 开始新增的两个类：Pattern 和 Matcher 类，它们两个是用于正则表达式查找和替换的，两个需要配合起来使用。在介绍这两个类之前，先要介绍正则表达式的基本规则。因为如果不了解正则表达式，根本无法使用这两个类。如果读者已经了解正则表达式，那么可以跳过本节，直接阅读 13.8 节和 13.9 节。

正则表达式（Regular Expression 简写为 Regex 或者 REs）并非一门专用语言，它是一种功能强大，但使用起来比较复杂的文本查找和替换规则。对于 Unix/Linux 的用户而言，使用正则表达式几乎是必备的技能。而 Windows 的用户则不然，他们很少有机会接触到正则表达式，即便是号称功能强大的 Microsoft Word 也不提供正则表达式的查找和替换——也许它的设计者认为，使用正则表达式对于普通用户而言实在是太难了。不过，本书所介绍的文本编辑器 UltraEdit 是支持正则表达式查找的（不过它只支持其中的一个子集，而且不同版本的规则有一些区别）。所以读者在学习本节内容时，不妨用它来测试一下你对正则表达式的理解是否正确。

正则表达式最早是由数学家 Stephen Kleene 于 1956 年提出，他是在对自然语言的递增研究成果的基础上提出来的，后来被应用到信息技术领域。自从那时起，正则表达式经过几个时期的发展，现在的标准已经被 ISO 批准。它具有两种标准：基本的正则表达式（BRE）和扩展的正则表达式（ERE）。ERE 包括 BRE 功能和一些扩展的功能。

不同的文本编辑工具所提供的正则表达式是有所区别的，各种计算机语言开发工具所提供的也有一些细微的区别。不过幸运的是，它们都实现了 BRE，只是另外添加了一些自己的特性。这里只介绍 Java 类库中所实现的正则表达式规则，掌握之后，可以很轻松地将其应用到各种文本编辑工具以及其他语言的开发中。

13.7.1　正则表达式的作用

一个文本编辑器的使用者经常要做的事情，是在一篇文档中搜索某个词或者句子。比如，你要在本节中查找"正则表达式"。这个实现一点都不难，所有的文本编辑器都提供这样的查找功能。站在程序员的角度，要编程实现这一功能，可以将这篇文档放进一个 String 对象，只要使用该对象中的 indexOf(String str)方法就可以完成查找功能。这篇文档被称为文本串，要查找的词或句子被称为模式串，查找的过程也被称为匹配。

不过事情往往不是这么简单。如果用户需要查找这样一个句子，它同时包含"文本编辑"和"正则表达式"两个词，而且两个词的先后顺序是确定的，但中间间隔的字符可以不确定。这个要求并不过分，但 Word 是不能实现这一任务的。读者可能会想到，如果编辑器能够像操作系统那样提供一个通配符"*"，能够查找"文本编辑*正则表达式"这样的模式串，就解决了这一问题。但是作为程序员，如果使用 String 对象是无法实现这一功能的，这正是正则表达式所要解决的问题。如果使用正则表达式进行匹配，模式串也被称为表达式。

13.7.2　正则表达式的基本规则

正则表达式的关键之处在于确定你要搜索匹配的东西，如果没有这一概念，它将毫无用处。如何构造表达式，是应用正则表达式的核心。而构造表达式，则需要遵循以下规则。

1.　普通字符

字母、数字、汉字、下划线以及后边章节中没有特殊定义的标点符号，都是普通字符。表达式中的普通字符，在匹配一个字符串的时候，匹配与之相同的一个字符。

【例 13.19】 表达式 "c"，在匹配字符串 "abcde" 时，匹配的结果是：成功；匹配到的内容是："c"；匹配到的位置是：开始于 2，结束于 3。

【例 13.20】 表达式 "bcd"，在匹配字符串 "abcde" 时，匹配的结果是：成功；匹配到的内容是："bcd"；匹配到的位置是：开始于 1，结束于 4。

2．简单的转义字符

一些不便书写的字符，采用在前面加 "\" 的方法。这些字符其实前面都已经介绍过了。

- ❑ \r：代表回车符；
- ❑ \n：代表换行符；
- ❑ \t：代表制表符；
- ❑ \\：代表 "\" 本身。

还有其他一些在后边章节中有特殊用处的标点符号，在前面加 "\" 后，就代表该符号本身。比如："^"、"$" 都有特殊意义，如果想要匹配字符串中 "^" 和 "$" 字符，则表达式就需要写成 "\^" 和 "\$"。

- ❑ \^：匹配 "^" 符号本身；
- ❑ \$：匹配 "$" 符号本身；
- ❑ \.：匹配小数点 "." 本身。

这些转义字符的匹配方法与普通字符是类似的，也是匹配与之相同的一个字符。

【例 13.21】 表达式 "\$d"，在匹配字符串 "abc$de" 时，匹配结果是：成功；匹配到的内容是："$d"；匹配到的位置是：开始于 3，结束于 5。

3．能够与多种字符匹配的表达式

正则表达式中的一些表示方法，可以匹配多种字符之中的任意一个字符。比如，表达式 "\d" 可以匹配任意一个数字。虽然可以匹配其中任意字符，但是只能是一个，不是多个。这就好比玩扑克牌的时候，大小王可以代替任意一张牌，但是只能代替一张牌。

- ❑ \d：任意一个数字，即 0～9 中的任意一个；
- ❑ \D：匹配所有的非数字字符；
- ❑ \w：任意一个字母、数字或下划线，也就是 A～Z、a～z、0～9 和_中任意一个；
- ❑ \W：用于匹配所有与\w 不匹配的字符；
- ❑ \s：包括空格、制表符、换页符等空白字符之中的任意一个；
- ❑ \S：用于匹配除单个空格符之外的所有字符；
- ❑ .：小数点可以匹配除了换行符（\n）以外的任意一个字符。

【例 13.22】 表达式 "\d\d"，在匹配 "abc123" 时，匹配的结果是：成功；匹配到的内容是："12"；匹配到的位置是：开始于 3，结束于 5。

【例 13.23】 表达式 "a.\d"，在匹配 "aaa100" 时，匹配的结果是：成功；匹配到的内容是："aa1"；匹配到的位置是：开始于 1，结束于 4。

4．自定义能够匹配多种字符的表达式

使用方括号[ ]包含一系列字符，能够匹配其中任意一个字符。用[^]包含一系列字符，则能够匹配其中字符之外的任意一个字符。同样的道理，虽然可以匹配其中任意一个，但

是只能是一个，不是多个。

- [ab5@]：　匹配 a、b 或 5、@。
- [^abc]：匹配 a、b、c 之外的任意一个字符。
- [f-k]：匹配 f～k 之间的任意一个字母。
- [^A-F0-3]：匹配 A～F、0～3 之外的任意一个字符。

【例 13.24】　表达式 "[bcd][bcd]" 匹配 "abc123" 时，匹配的结果是：成功；匹配到的内容是："bc"；匹配到的位置是：开始于 1，结束于 3。

【例 13.25】　表达式 "[^abc]" 匹配 "abc123" 时，匹配的结果是：成功；匹配到的内容是："1"；匹配到的位置是：开始于 3，结束于 4。

5．修饰匹配次数的特殊符号

前面讲到的表达式，无论是只能匹配一种字符的表达式，还是可以匹配多种字符其中任意一个的表达式，都只能匹配一次。如果使用表达式，再加上修饰匹配次数的特殊符号，那么不用重复书写表达式就可以重复匹配。

使用方法是："次数修饰"放在"被修饰的表达式"后边。比如："[bcd][bcd]" 可以写成 "[bcd]{2}"。

- {n}：表达式重复 n 次，比如："\w{2}" 相当于 "\w\w"，"a{5}" 相当于 "aaaaa"。
- {m,n}：表达式至少重复 m 次，最多重复 n 次，比如，"ba{1,3}" 可以匹配 "ba"、"baa" 或 "baaa"。
- {m,}：表达式至少重复 m 次，比如："\w\d{2,}" 可以匹配 "a12"、"_456" 或 "M12344"。
- ?：匹配表达式 0 次或者 1 次，相当于 {0,1}，比如："a[cd]?" 可以匹配 "a"、"ac" 或 "ad"。
- +：表达式至少出现 1 次，相当于 {1,}，比如："a+b" 可以匹配 "ab"、"aab" 或 "aaab"。
- *：表达式不出现或出现任意次，相当于 {0,}，比如："\^*b" 可以匹配 "b" 或 "^^^b"。

【例 13.26】　表达式 "\d+\.?\d*" 在匹配 "It costs $12.5" 时，匹配的结果是：成功；匹配到的内容："12.5"；匹配到的位置是：开始于 10，结束于 14。

【例 13.27】　表达式 "go{2,8}gle" 在匹配 "Ads by goooooogle" 时，匹配的结果是：成功；匹配到的内容是："goooooogle"；匹配到的位置是：开始于 7，结束于 17。

6．其他一些代表抽象意义的特殊符号

一些符号在表达式中代表抽象的特殊意义。

- ^：与字符串开始的地方匹配，不匹配任何字符。
- $：与字符串结束的地方匹配，不匹配任何字符。
- \b：匹配一个单词边界，也就是单词和空格之间的位置，不匹配任何字符。
- \B：匹配非单词边界，即左右两边都是 "\w" 范围或者左右两边都不是 "\w" 范围时的字符缝隙。

上述文字说明仍然比较抽象，因此，下面举例帮助读者理解。

【例 13.28】　表达式 "^aaa" 在匹配 "xxx aaa xxx" 时，匹配结果是：失败。因为 "^"

要求与字符串开始的地方匹配，因此，只有当"aaa"位于字符串开头的时候，"^aaa"才能匹配。比如："aaa xxx xxx"。

【例 13.29】 表达式"aaa$"在匹配"xxx aaa xxx"时，匹配结果是：失败。因为"$"要求与字符串结束的地方匹配，因此，只有当"aaa"位于字符串结尾的时候，"aaa$"才能匹配。比如："xxx xxx aaa"。

【例 13.30】 表达式"\b"在匹配"@@@abc"时，匹配结果是：成功；匹配到的内容是："@a"；匹配到的位置是：开始于 2，结束于 4。

进一步说明："\b"与"^"和"$"类似，本身不匹配任何字符，但是它要求在匹配结果中所处位置的左右两边，其中一边是"\w"范围，另一边是非"\w"的范围。

【例 13.31】 表达式"\bend\b"在匹配"weekend,endfor,end"时，匹配结果是：成功；匹配到的内容是："end"；匹配到的位置是：开始于 15，结束于 18。

一些符号可以影响表达式内部的子表达式之间的关系。

- ❏ |：左右两边表达式之间"或"关系，匹配左边或者右边。
- ❏ ( )：括号中的表达式可以作为整体被修饰。取匹配结果的时候，括号中表达式匹配到的内容可以被单独得到。

【例 13.32】 表达式"Tom|Jack"在匹配字符串"I'm Tom, he is Jack"时，匹配结果是：成功；匹配到的内容是："Tom"；匹配到的位置是：开始于 4，结束于 7。匹配下一个时，匹配结果是：成功；匹配到的内容是："Jack"；匹配到的位置是：开始于 15，结束于 19。

【例 13.33】 表达式"(go\s*)+"在匹配"Let's go go go!"时，匹配结果是：成功；匹配到的内容是："go go go"；匹配到的位置是：开始于 6，结束于 14。

【例 13.34】 表达式"￥(\d+\.?\d*)"在匹配"＄10.9,￥20.5"时，匹配的结果是：成功；匹配到的内容是："￥20.5"；匹配到的位置是：开始于 6，结束于 10。单独获取括号范围匹配到的内容是："20.5"。

13.7.3 正则表达式中的一些高级规则

除了 13.7.2 小节提到的基本规则，正则表达式中还有一些高级规则。相比基本规则，这些高级规则更加灵活，与基本规则相配合，功能也更强，但也更难掌握。

1. 匹配次数中的贪婪与非贪婪

在使用修饰匹配次数的特殊符号时，有几种表示方法可以使同一个表达式匹配不同的次数，比如："{m,n}"、"{m,}"、"?"、"*"和"+"，具体匹配的次数随被匹配的字符串而定。这种重复匹配不定次数的表达式在匹配过程中，总是尽可能多地匹配。比如，针对文本"dxxxdxxxd"，举例如下。

【例 13.35】表达式(d)(\w+)，其中，"\w+"将匹配第一个"d"之后的所有字符"xxxdxxxd"。

【例 13.36】 表达式(d)(\w+)(d)，其中，"\w+"将匹配第一个"d"和最后一个"d"之间的所有字符 "xxxdxxx"。虽然"\w+"也能够匹配上最后一个"d"，但是为了使整个表达式匹配成功，"\w+"可以"让出"它本来能够匹配的最后一个"d"。

由此可见，"\w+"在匹配的时候，总是尽可能多地匹配符合它规则的字符。虽然第二个举例中，它没有匹配最后一个"d"，但那也是为了让整个表达式能够匹配成功。同理，带"*"和"{m,n}"的表达式都是尽可能地多匹配，带"?"的表达式在可匹配可不匹配的时候，也是尽可能地"要匹配"。这种匹配原则就叫作"贪婪"模式。

所谓非贪婪模式恰好与贪婪模式相反。在修饰匹配次数的特殊符号后再加上一个"?"号，则可以使匹配次数不定的表达式尽可能少地匹配，使可匹配可不匹配的表达式，尽可能地"不匹配"。这种匹配原则叫作"非贪婪"模式，也叫作"勉强"模式。如果少匹配就会导致整个表达式匹配失败的时候，与贪婪模式类似，非贪婪模式会最小限度地再匹配一些，以使整个表达式匹配成功。针对文本"dxxxdxxxd"举例如下。

【例 13.37】 表达式(d)(\w+?)，其中，"\w+?"将尽可能少地匹配第一个"d"之后的字符，结果是"\w+?"只匹配了一个"x"。

【例 13.38】 表达式(d)(\w+?)(d)，为了让整个表达式匹配成功，"\w+?"不得不匹配"xxx"，才可以让后边的"d"匹配，从而使整个表达式匹配成功。因此，结果是"\w+?"匹配"xxx"。

更普遍的情况如下例所示。

【例 13.39】表达式"<td>(.*)</td>"与字符串"<td><p>aa</p></td> <td><p>bb</p></td>"匹配时，匹配的结果是：成功；匹配到的内容是"<td><p>aa</p></td> <td><p>bb</p></td>"整个字符串，表达式中的"</td>"将与字符串中最后一个"</td>"匹配。

【例 13.40】 表达式"<td>(.*?)</td>"匹配上例中同样的字符串时，将只得到"<td><p>aa</p></td>"，再次匹配下一个时，可以得到第二个"<td><p>bb</p></td>"。

2. 反向引用

表达式在匹配时，表达式引擎会将小括号"()"包含的表达式所匹配到的字符串记录下来。在获取匹配结果的时候，小括号包含的表达式所匹配到的字符串可以单独获取。这一点，在前面的举例中，已经多次展示了。在实际应用场合中，当用某种边界来查找，而所要获取的内容又不包含边界时，必须使用小括号来指定所要的范围。比如前面的"<td>(.*?)</td>"。

其实，"小括号包含的表达式所匹配到的字符串"，不仅在匹配结束后可以使用，在匹配过程中也可以使用。表达式后边的部分，可以引用前面"括号内的子匹配已经匹配到的字符串"。引用方法是用"\"再加上一个数字。例如，"\1"引用第 1 对括号内匹配到的字符串，"\2"引用第 2 对括号内匹配到的字符串……以此类推，如果一对括号内包含另一对括号，则外层的括号先排序号。换句话说，哪一对的左括号"("在前，那这一对就先排序号。

举例如下。

【例 13.41】 表达式"('|")(.*?)(\1)"在匹配"'Hello', "World""时，匹配结果是：成功；匹配到的内容是："'Hello'"。再次匹配下一个时，可以匹配到""World""。

【例 13.42】 表达式"(\w)\1{4,}"在匹配"aa bbbb abcdefg ccccc 111121111 999999999"时，匹配的结果是：成功；匹配到的内容是："ccccc"。再次匹配下一个时，将得到"999999999"。这个表达式要求"\w"范围的字符至少重复 5 次，注意与"\w{5,}"之间的区别。

【例 13.43】 表达式"<(\w+)\s*(\w+(=('|").*?\4)?\s*)*>.*?</\1>"在匹配"<td id='td1' style = "bgcolor:white"> </td>"时，匹配结果是成功。如果"<td>"与"</td>"不配对，则会匹

配失败；如果改成其他配对，也可以匹配成功。

3．正向预搜索与反向预搜索

前面的小节中，提到了几个代表抽象意义的特殊符号："^"、"$"和"\b"。它们都有一个共同点，那就是：它们本身不匹配任何字符，只是对"字符串的两头"或者"字符之间的缝隙"附加了一个条件。理解到这个概念以后，下面将继续介绍另外一种对"两头"或者"缝隙"附加条件的、更加灵活的表示方法。

正向预搜索格式如下：

"(?=xxxxx)"

或

"(?!xxxxx)"

格式"(?=xxxxx)"表示在被匹配的字符串中，它对所处的"缝隙"或者"两头"附加的条件是：所在缝隙的右侧，必须能够匹配上"xxxxx"这部分的表达式。因为它只是在此作为这个缝隙上附加的条件，所以它并不影响后边的表达式去真正匹配这个缝隙之后的字符。这就类似"\b"，本身不匹配任何字符。"\b"只是将所在缝隙之前和之后的字符取来进行判断，不会影响后边的表达式真正的匹配。

【例 13.44】 表达式"Windows (?=NT|XP)"在匹配"Windows 98, Windows NT, Windows 2000"时，将只匹配"Windows NT"中的"Windows"，其他的"Windows"字样则不被匹配。

【例 13.45】 表达式"(\w)((?=\1\1\1)(\1))+"在匹配字符串"aaa ffffff 999999999"时，将可以匹配 6 个"f"的前 4 个，可以匹配 9 个"9"的前 7 个。这个表达式可以读解成：重复 4 次以上的字母数字，则匹配其剩下最后 2 位之前的部分。当然，这个表达式可以不这样写，在此的目的是作为演示之用。

格式"(?!xxxxx)"表示所在缝隙的右侧，必须不能匹配"xxxxx"这部分表达式。

【例 13.46】 表达式"((?!\bstop\b).)+"在匹配"fdjka ljfdl stop fjdsla fdj"时，将从头一直匹配到"stop"之前的位置，如果字符串中没有"stop"，则匹配整个字符串。

【例 13.47】 表达式"do(?!\w)"在匹配字符串"done, do, dog"时，只能匹配"do"。在本例中，"do"后边使用"(?!\w)"和使用"\b"效果是一样的。

反向预搜索格式如下：

"(?<=xxxxx)"

或

"(?<!xxxxx)"

这两种格式的概念和正向预搜索是类似的，反向预搜索要求的条件是：所在缝隙的"左侧"，两种格式分别要求必须能够匹配和必须不能够匹配指定表达式，而不是去判断右侧。与正向预搜索一样的是：它们都是对所在缝隙的一种附加条件，本身都不匹配任何字符。

【例 13.48】 表达式"(?<=\d{4})\d+(?=\d{4})"在匹配"1234567890123456"时，将匹配除了前 4 个数字和后 4 个数字之外中间的 8 个数字。

13.7.4　正则表达式中的其他通用规则

还有一些在各个正则表达式引擎之间比较通用的规则，在前面的讲解过程中没有提到。

1．用编码表示字符

表达式中，可以使用"\xXX"和"\uXXXX"表示一个字符。其中，"X"表示一个十六进制的数字。

- ❑ \xXX：用 ASCII 码表示一个编号在 0～255 范围的字符。比如：空格可以使用"\x20"表示。
- ❑ \uXXXX：任何字符可以使用"\u"再加上其 Unicode 编码的 4 位十六进制数表示。比如："\u5218"，表示中文字符"刘"。

2．在表达式中有特殊意义，需要添加"\"才能表示该字符本身的字符汇总

- ❑ ^：匹配输入字符串的开始位置。要匹配"^"字符本身，请使用"\^"。
- ❑ \$：匹配输入字符串的结尾位置。要匹配"\$"字符本身，请使用"\\$"。
- ❑ ()：标记一个子表达式的开始和结束位置。要匹配小括号，请使用"\("和"\)"。
- ❑ []：用来自定义能够匹配多种字符的表达式。要匹配中括号，请使用"\["和"\]"。
- ❑ {}：修饰匹配次数的符号。要匹配大括号，请使用"\{"和"\}"。
- ❑ .：匹配除了换行符（\n）以外的任意一个字符。要匹配小数点本身，请使用"\."。
- ❑ ?：修饰匹配次数为 0 次或 1 次。要匹配"?"字符本身，请使用"\?"。
- ❑ +：修饰匹配次数为至少 1 次。要匹配"+"字符本身，请使用"\+"。
- ❑ *：修饰匹配次数为 0 次或任意次。要匹配"*"字符本身，请使用"*"。
- ❑ |：左右两边表达式之间"或"关系。要匹配"|"本身，请使用"\|"。

3．改变"()"含义

括号"()"内的子表达式，如果希望匹配结果不进行记录供以后使用，可以使用"(?:xxxxx)"格式。

【例 13.49】　表达式"(?:(\w)\1)+"匹配"a bbccdd efg"时，结果是"bbccdd"。括号"(?:)"范围的匹配结果不进行记录，因此"(\w)"使用"\1"来引用。

4．常用的表达式属性设置

正则表达式还提供了属性设置功能，它们是 Ignorecase、Singleline、Multiline 和 Global 共 4 种。简介如下。

- ❑ Ignorecase：默认情况下，表达式中的字母是要区分大小写的。配置为 Ignorecase，可使匹配时不区分大小写。有的表达式引擎，把"大小写"概念延伸至 Unicode 范围的大小写。
- ❑ Singleline：默认情况下，小数点"."匹配除了换行符（\n）以外的字符。配置为 Singleline，可使小数点匹配包括换行符在内的所有字符。

❑ Multiline：默认情况下，表达式"^"和"$"只匹配字符串的开始和结尾位置。如下所示：

```
xxxxxxxxx\n
xxxxxxxxx
```

配置为 Multiline，使"^"除了可以匹配外，还可以匹配换行符之后，下一行开始前的位置；使"$"除了可以匹配外，还可以匹配换行符之前，一行结束的位置。

❑ Global：主要在将表达式用来替换时起作用，配置为 Global 表示替换所有的匹配。

13.7.5　使用技巧

使用正则表达式时，下面是一些常用的技巧。

❑ 如果要求表达式所匹配的内容是整个字符串，而不是从字符串中找一部分，那么可以在表达式的首尾使用"^"和"$"。例如，"^\d+$"要求整个字符串只有数字。

❑ 如果要求匹配的内容是一个完整的单词，而不是单词的一部分，那么在表达式首尾使用"\b"。例如，使用"\b(if|while|else|void|int……)\b"来匹配程序中的关键字。

❑ 表达式不要匹配空字符串。否则会一直得到匹配成功，而结果什么都没有匹配到。例如，准备写一个匹配"123"、"123."、"123.5"及".5"这几种形式的表达式时，整数、小数点、小数数字都可以省略，但是不要将表达式写成："\d*\.?\d*"，因为如果什么都没有，这个表达式也可以匹配成功。更好的写法是："\d+\.?\d*|\.\d+"。

❑ 能匹配空字符串的子匹配不要循环无限次。如果括号内的子表达式中的每一部分都可以匹配 0 次，而这个括号整体又可以匹配无限次，那么情况可能比上一条所说的更严重，匹配过程中可能死循环。虽然现在有些正则表达式引擎已经通过办法避免这种情况出现死循环，但是使用者仍然应该尽量避免出现这种情况。如果在写表达式时遇到了死循环，也可以从这一点入手，查找一下是否是本条所说的原因。

❑ 合理选择贪婪模式与非贪婪模式。

❑ 在"|"的左右两边，对某个字符最好只有一边可以匹配。这样，"|"两边的表达式不会因为交换位置而有所不同。

❑ 学习正则表达式没有什么捷径，只能通过反复的练习来提高构造表达式的水平。

13.8　Pattern 类的使用

从 JDK 1.4 开始，Java 提供了一个 java.util.regex 包，该包用于正则表达式对字符串进行匹配。它只包括两个类：Pattern 和 Matcher Pattern。

其中，Pattern 中存储了一个经过编译的正则表达式，它也提供简单的正则表达式匹配功能。而 Matcher 对象是一个状态机，它依据 Pattern 对象作为匹配模式，对字符串展开匹配检查。

它们的工作流程很简单，首先创建一个 Pattern 实例，订制一个正则表达式并对它进行编译，然后创建一个 Matcher 对象，它在给定的 Pattern 实例的控制下进行表达式的匹配工作。本节先介绍 Pattern 类。

Pattern 类是一个最终类，除了继承自 Object 的构造方法，它没有提供带参数的构造方法，而前者没有什么作用。一般要通过它提供的静态方法 compile(String regex)来获取实例对象。它常用的方法如表 13.14 所示。

表 13.14　Pattern类的常用方法

方　　法	说　　明
static Pattern compile(String regex)	将给定的正则表达式编译并创建一个新的 Pattern 类返回
static Pattern compile(String regex, int flags)	同上，但增加 flag 参数的指定，可选的 flag 参数包括：CASE_INSENSITIVE、MULTILINE、OTALL、UNICODE_CASE 以及 CANON_EQ
int flags()	返回当前 Pattern 的匹配 flag 参数
Matcher matcher(CharSequence input)	生成一个给定命名的 Matcher 对象
static boolean matches(String regex, CharSequence input)	编译给定的正则表达式，并且对输入的字符串以该正则表达式为模开展匹配，该方法适合于该正则表达式只会使用一次的情况，因为这种情况下，并不需要生成一个 Matcher 实例
String pattern()	返回该 Patter 对象所编译的正则表达式
String[] split(CharSequence input)	将目标字符串按照 Pattern 里所包含的正则表达式为模进行分割
String[] split(CharSequence input, int limit)	作用同上，增加参数 limit 目的在于要指定分割的段数。例如，将 limi 设为 2，那么目标字符串将根据正则表达式分割为两段

一个正则表达式（也就是一串有特定意义的字符），必须首先编译成为一个 Pattern 类的实例，然后使用这个 Pattern 对象的 matcher()方法来生成一个 Matcher 实例，接着便可以使用该 Matcher 实例以编译的正则表达式为基础，对目标字符串进行匹配工作。多个 Matcher 是可以共用一个 Pattern 对象。

下面是一个简单的例子。它先生成一个 Pattern 对象，并且编译一个正则表达式，最后根据这个正则表达式，将目标字符串进行分割。

【例 13.50】　Pattern 使用示例。

//-----------文件名 demoPattern_1.java，程序编号 13.21-----------------

```
import java.util.regex.*;
public class demoPattern_1{
    static String text="Kevin has seen《LEON》seveal times,because it is a good
    film."+ "/凯文已经看过《这个杀手不太冷》几次了，因为它是一部好电影。/名词：
    凯文。";
    public static void main(String[] args){
        //生成一个 Pattern,同时编译一个正则表达式
        Pattern p = Pattern.compile("[/]+");
        //用 Pattern 的 split()方法把字符串按"/"分割
        String[] result = p.split(text);
        //将分割得到的结果输出
```

```
    for (int i=0; i<result.length; i++)
        System.out.println(result[i]);
    }
}
```

程序的输出结果如下：

```
Kevin has seen《LEON》seveal times,because it is a good film.
凯文已经看过《这个杀手不太冷》几次了，因为它是一部好电影。
名词:凯文。
```

很明显，程序 13.21 将字符串按"/"进行了分段。下面再使用 split(CharSequence input, int limit)方法来指定分段的段数。程序改动如下：

//-----------文件名 demoPattern_2.java，程序编号 13.22----------------

```
import java.util.regex.*;
public class demoPattern_2{
    static String text ="Kevin has seen《LEON》seveal times,because it is a
    good film."+ "/凯文已经看过《这个杀手不太冷》几次了，因为它是一部好电影。/名词:
    凯文。";
    public static void main(String[] args){
        Pattern p = Pattern.compile("[/]+");
        //用 Pattern 的 split()方法把字符串按"/"分割成两段
        String[] result = p.split(text,2);
        for (int i=0; i<result.length; i++)
            System.out.println(result[i]);
    }
}
```

程序 13.22 的输出结果如下：

```
Kevin has seen《LEON》seveal times,because it is a good film.
凯文已经看过《这个杀手不太冷》几次了，因为它是一部好电影。/名词:凯文。
```

该结果和程序 13.21 的运行结果不同，是因为在调用 split()方法时已经指定了分割的段数为 2。

在这两个程序中，都只使用了 Pattern 类，就可以完成正则表达式的匹配工作，使用很方便。但这并不是常态，因为这么做不适合一个表达式要多次被使用的情况，而且它没有替换功能。所以多数情况下，还需要使用 Matcher 类。

13.9　Matcher 类的使用

Matcher 类需要配合 Pattern 使用。它没有提供构造方法，因为必须用 Pattern 对象来创建 Matcher 对象。它的方法比较多，如表 13.15 所示。

表 13.15　Matcher类的常用方法

方　　法	说　　明
Matcher appendReplacement(StringBuffer sb, String replacement)	将当前匹配子串替换为指定字符串

方　　法	说　　明
StringBuffer appendTail(StringBuffer sb)	将最后一次匹配工作后，剩余的字符串添加到一个 StringBuffer 对象里
int end()	返回当前匹配的子串的最后一个字符在原目标字符串中的索引位置
int end(int group)	返回与匹配模式里指定的组相匹配的子串最后一个字符的位置
boolean find()	尝试在目标字符串里查找下一个匹配子串，成功则返回 true
boolean find(int start)	重设 Matcher 对象，并且尝试在目标字符串里从指定的位置开始查找下一个匹配的子串
String group()	返回当前查找而获得的与组匹配的所有子串内容
String group(int group)	返回当前查找而获得的与指定的组匹配的子串内容
int groupCount()	返回当前查找所获得的匹配组的数量
boolean lookingAt()	检测目标字符串是否以匹配的子串起始
boolean matches()	尝试对整个目标字符展开匹配检测，也就是只有整个目标字符串完全匹配时才返回真值
Pattern pattern()	返回该 Matcher 对象的现有匹配模式，也就是对应的 Pattern 对象
String replaceAll(String replacement)	将目标字符串里与既有模式相匹配的子串全部替换为指定的字符串
String replaceFirst(String replacement)	将目标字符串里第一个与既有模式相匹配的子串替换为指定的字符串
Matcher reset()	重设该 Matcher 对象
Matcher reset(CharSequence input)	重设该 Matcher 对象，并且指定一个新的目标字符串
int start()	返回当前查找所获子串的开始字符在原目标字符串中的位置
int start(int group)	返回当前查找所获得的和指定组匹配的子串的第一个字符在原目标字符串中的位置

其中有些方法看上去很难理解，下面对一些重要的方法给予详细的说明。

13.9.1　匹配方法的使用

一个 Matcher 对象，是由一个 Pattern 对象调用其 matcher()方法生成的，一旦该 Matcher 对象生成，它就可以进行 3 种不同的匹配查找操作。

- matches()方法：尝试对整个文本展开匹配检测，也就是只有整个文本串完全匹配表达式时才返回真值。
- lookingAt()方法：检测目标字符串是否以匹配的子串起始。
- find()方法：尝试在目标字符串里查找下一个匹配子串。

以上 3 个方法都将返回一个布尔值来表明成功与否。

【例 13.51】 匹配方法使用示例。

//-----------文件名 demoMathing.java，程序编号 13.23----------------

```
import java.util.regex.*;
public class demoMathing{
    static String text = "This is a test string.";
    public static void main(String[] args){
        //生成 Pattern 对象并且编译一个简单的正则表达式 "\bTh"
        Pattern p = Pattern.compile("\\bTh");
```

```
    //用 Pattern 类的 matcher() 方法生成一个 Matcher 对象
    Matcher m = p.matcher(text);
    System.out.println("正文串: "+text);
    System.out.println("表达式: "+"\\bTh");
    System.out.println("整个正文串的匹配结果: "+m.matches());
    System.out.println("子串匹配结果: "+m.find());
    System.out.println("匹配正文串的起始部分: "+m.lookingAt());
  }
}
```

例子 13.23 并不难理解，但仍然有一个地方特别值得注意。在构造 Pattern 对象时，使用的语句：

```
Pattern p = Pattern.compile("\\bTh");
```

这个正则表达式字符串被写成了"\\bTh"，它的含义是："Th"必须是一个单词的开头部分。它表示的正则表达式其实是"\bTh"，之所以多了一个"\"，是因为"\\bTh"首先是一个字符串。在 Java 的字符串解释中，"\"本身也是一个特殊的字符。如果写成"\bTh"的形式，"\b"会被解释成"响铃"，后面才是"Th"，而不是将"\bTh"这个字符串传递给 Pattern 对象去编译。

🔔注意：13.7 节中所有以"\"开头的特殊字符，在 Java 中以字符串形式存储时，都必须再加上一个"\"。

程序的输出结果如下：

```
正文串: This is a test string.
表达式: \bTh
整个正文串的匹配结果: false
子串匹配结果: true
匹配正文串的起始部分: true
```

13.9.2　替换方法的使用

在 Matcher 类中，同时提供了 4 个将匹配子串替换成指定字符串的方法。
- ❑ replaceAll(String replacement)：用 replacement 替换所有匹配成功的子串。
- ❑ replaceFirst(String replacement)：用 replacement 替换第一个匹配成功的子串。
- ❑ appendReplacement(StringBuffer sb, String replacement)：将当前匹配子串替换为指定字符串，并且将替换后的子串以及其之前到上次匹配子串之后的字符串段添加到一个 StringBuffer 对象里。
- ❑ appendTail(StringBuffer sb)：将最后一次匹配后剩余的字符串添加到一个 StringBuffer 对象里。

例如，有字符串"fatcatfatcatfat"，现假设有正则表达式模式为"cat"。第一次匹配后调用 appendReplacement(sb,"dog")，此时，sb 的内容为"fatdog"，也就是"fatcat"中的"cat"被替换为"dog"，并且与匹配子串前的内容加到 sb 里。而第二次匹配后调用 appendReplacement(sb,"dog")，那么 sb 的内容就变为"fatdogfatdog"。如果最后再调用一次 appendTail(sb)，那么 sb 最终的内容将是"fatdogfatdogfat"。

【例 13.52】 将把句子里的"Kelvin"改为"Kevin"。

//-----------文件名 demoReplace.java，程序编号 13.24----------------

```
public class demoReplace{
  public static void main(String[] args) {
    String text = "Kelvin Li and Kelvin Chan are both working in Kelvin"+
                  " Chen's KelvinSoftShop company";
    //生成 Pattern 对象并且编译一个简单的正则表达式"Kelvin"
    Pattern p = Pattern.compile("Kelvin");
    //用 Pattern 类的 matcher()方法生成一个 Matcher 对象
    Matcher m = p.matcher(text);
    StringBuffer sb = new StringBuffer();
    int cnt=0;
    boolean result;
    //使用循环将句子里所有的 kelvin 找出并替换，再将内容加到 sb 里
    while (m.find()){
      m.appendReplacement(sb, "Kevin");
      cnt++;
      System.out.println("第" + cnt + "次匹配后 sb 的内容是: " + sb);
    }
    //最后调用 appendTail()方法将最后一次匹配后的剩余字符串加到 sb 里;
    m.appendTail(sb);
    System.out.println("调用 m.appendTail(sb)后 sb 的最终内容是:" +
    sb.toString());
  }
}
```

程序的输出结果如下：

```
第 1 次匹配后 sb 的内容是: Kevin
第 2 次匹配后 sb 的内容是: Kevin Li and Kevin
第 3 次匹配后 sb 的内容是: Kevin Li and Kevin Chan are both working in Kevin
第 4 次匹配后 sb 的内容是: Kevin Li and Kevin Chan are both working in Kevin Chen's
Kevin
调用 m.appendTail(sb)后 sb 的最终内容是:Kevin Li and Kevin Chan are both working
in Kevin Chen's KevinSoftShop company
```

上述结果显示，原文中所有的 Kelvin 在新的字符串中都被 Kevin 代替。其实，要完成同样的功能，还有一个更简单的方法：replaceAll()。程序 13.24 这么写，主要是为了演示 appendReplacement()和 appendTail()方法的使用。

13.9.3　组匹配的使用

要理解"组"这个概念，需要回顾一下 13.7.2 小节中提到的正则表达式中"()"的作用——括号中的表达式可以作为整体被修饰。取匹配结果的时候，括号中的表达式匹配到的内容可以被单独得到。

在 Matcher 类中，一个组就表示一对括号，组的序号就是左括号出现的顺序。例如：有正则表达式"((A)(B(C)))"，它对应 4 个组，分别如下。

- ❑ 第 1 组：((A)(B(C)))；
- ❑ 第 2 组：(A)；
- ❑ 第 3 组：(B(C))；
- ❑ 第 4 组：(C)。

0 号组通常表示表达式的入口。

在 Matcher 类中，和组相关的有 3 个方法。

❑ group()：返回当前查找而获得的与组匹配的所有子串内容。

❑ group(int group)：返回当前查找而获得的与指定的组匹配的子串内容。

❑ groupCount()：返回当前查找所获得的匹配组的数量。

下面的例子演示了如何使用这些方法。

【例 13.53】　组匹配使用示例。

//-----------文件名 demoGroup.java，程序编号 13.25----------------

```java
public class demoGroup{
  public static void main(String[] args) {
    //正文串
    String text = "REP_0_12_4567";
    //正则表达式，如果匹配成功，有 5 个组
    String rex = "(REP_(\\d{1})_(\\d{1,2})(_(\\d{1}))?)";
    String result [];
    //编译正则表达式
    Pattern pTest = Pattern.compile(rex);
    //创建 Matcher 对象
    Matcher matcher = pTest.matcher(text);
    if (matcher.find()) {                  //正文串匹配正则表达式成功
      int cnt = matcher.groupCount();      //获取匹配的组数目
      result = new String[cnt+1];
      for(int i=1; i<=cnt; i++){
        //获取第 i 个组匹配成功的内容
        result[i]=matcher.group(i);
        System.out.println("第"+i+"组: "+result[i]);
      }
    }else{
      System.out.println("匹配不成功");
    }
  }
}
```

程序的输出结果如下：

```
第 1 组: REP_0_12_4
第 2 组: 0
第 3 组: 12
第 4 组: _4
第 5 组: 4
```

例 13.25 中的正则表达式稍微有点难懂，读者需要对照 13.7.2 小节的内容仔细分析。

13.9.4　检验 Email 的合法性

最后来看一个检验 Email 地址的例子，该程序是利用正则表达式，检验一个输入的 Email 地址里所包含的字符是否合法。本程序虽然不是一个完整的 Email 地址检验程序，它不能检验所有可能出现的情况，但足以应付大多数的错误情况。如果需要一个完整版本的，读者可能需要学习一点有限自动机的知识，在此不做深入介绍了。

【例 13.54】　利用正则表达式检验 Email 的合法性。

//-----------文件名 checkEmail.java，程序编号 13.26-----------------

```
import java.util.regex.*;
public class checkEmail{
  public static void main(String[] args){
    //命令行的第一个参数为要检测的 Email 地址
    String input = args[0];
    //检测输入的 Email 地址是否以非法符号 "." 或 "@" 作为起始字符
    Pattern p = Pattern.compile("^\\.|^\\@");
    Matcher m = p.matcher(input);
    if (m.find()){
      System.err.println("EMAIL 地址不能以'.'或'@'作为起始字符");
    }
    //检测是否以 "www." 为起始
    p = Pattern.compile("^www\\.");
    m = p.matcher(input);
    if (m.find()) {
      System.out.println("EMAIL 地址不能以'www.'起始");
    }
    //检测是否包含非法字符
    p = Pattern.compile("[^A-Za-z0-9\\.\\@_\\-~#]+");
    m = p.matcher(input);
    StringBuffer sb = new StringBuffer();
    boolean result = m.find();
    boolean deletedIllegalChars = false;
    while(result) {
      //如果找到了非法字符，那么就设下标记
      deletedIllegalChars = true;
      //如果里面包含非法字符，如冒号双引号等，那么就把它们消去，加到 sb 里面
      m.appendReplacement(sb, "");
      result = m.find();
    }
    m.appendTail(sb);
    input = sb.toString();
    if (deletedIllegalChars) {
      System.out.println("输入的 EMAIL 地址里包含有冒号、逗号等非法字符，请修改");
      System.out.println("您现在的输入为: "+args[0]);
      System.out.println("修改后合法的地址应类似: "+input);
    }
  }
}
```

　　程序运行情况如图 13.5 所示。最后一次输入的 Email 地址是正确的，所以程序没有任何提示。

图 13.5　程序运行情况

13.10 本 章 小 结

本章介绍了 JDK 本身自带的一些常用工具，这些都是一些非常有用的工具类。其中，Runtime、System、Math 和 Random 类的使用都相当简单，而 Date 类和 Calendar 类的使用就稍显复杂。Formatter 类本身用起来并不难，但是要全面掌握它的格式转换符，却是一件比较消耗时间的事情。多数情况下，读者只需要掌握最为常用的几种数值和时间的转换符，其他的一些转换符和修饰符可以到使用的时候再查阅手册。使用最为复杂的是与正则表达式相关的 Pattern 和 Matcher 类。它们本身也不难，关键是要掌握好正则表达式的构造，需要比较多的技巧。这没有什么捷径可走，完全靠平常多编程，多积累经验。一旦完全掌握了正则表达式的使用，你将会在处理文字编程方面游刃有余，所以多花点时间学习这些知识是值得的。

13.11 实 战 习 题

1．编写程序，输出当前运行时系统中总的内存空间是多少，空闲的内存空间是多少。

2．编写 Java 程序，当运行此程序时，打开一个 Windows 记事本应用。

3．编写 Java 程序，在 Windows 命令行中执行 ipconfig 命令，同时输出命令执行的结果。

4．是否可以通过 Windows 中的 arp -a 命令，得到本机的 MAC 地址？如果可以，请编程实现。

5．编写程序，输出所有的系统属性信息。

6．如何将 Java 中 System.out 的控制台输出，重定向到一个指定的文件中？请编程实现此功能。

7．列出你所知道的 Math 中的常量和常用的数学函数。

8．编程实现输出 200 个在 3～65 之间的随机整数。

9．编写一个正则表达式，提取出 HTML 文件中的所有 http 链接。

10． 已知求解公式 $Y=a^b+c$，变量 a =501.26，b = 3.891，c = 798.5689。根据此公式求 Y 的值，结果保留 2 位有效小数。

11． Math.round(11.5)等于多少？Math.round(-11.5)等于多少？试编程求解。

第5篇 桌面程序开发

第 14 章　GUI 程序设计

本章前面所有的程序，都是在控制台用命令行方式运行，它们被称为控制台程序，也被称为命令行界面（CLI）程序。这种程序最大的缺点是界面不够美观，而且控制起来不是很方便，所以编制成应用软件的话，不太适合初级用户使用。

GUI（Graphical User Interface，图形用户界面），是用户与计算机之间交互的图形化操作界面，又称为图形用户接口。Windows 中的绝大多数程序都是以这种形式与用户交互的，这种程序也被称为窗口程序或图形程序。而 Unix/Linux 也越来越向这方面靠拢，它们都提供了一种称为 X-Window 的 GUI 接口。

GUI 程序不仅界面美观，而且使用方便，各种软件的操作上也可以统一，非常适合普通用户使用，已经成为绝对的主流，所以编制 GUI 程序是现代程序员的基本工作。

本章就将介绍如何使用 Java 来编制 GUI 程序。Java 和其他语言的一个重大区别就是它提供了编写 GUI 程序所需要的各种类（其他的语言本身不具备这种功能，需要由开发工具来辅助实现），这也使得 Java 无需借助专门的开发工具就可以轻松地写出 GUI 程序。目前在编写 GUI 程序中，使用最为广泛的是 Swing 包中的各种类，读者需要重点掌握。本章的内容要点有：

- ❑ GUI 程序设计的概念；
- ❑ Eclipse 开发平台搭建与使用；
- ❑ AWT 组件开发；
- ❑ GUI 中的事件处理机制；
- ❑ Swing 组件的特性；
- ❑ GUI 中的顶层容器与中间容器；
- ❑ GUI 开发的常用组件介绍；
- ❑ 界面的布局管理及应用；
- ❑ GUI 程序设计实例。

14.1　GUI 程序设计的基本概念

在介绍 GUI 程序设计的基本概念之前，先来看一幅图片。图 14.1 是笔者编写的一个小程序。

它与 Windows 系统中的窗口程序形式上完全一致。它也拥有标签、按钮、文本框、复选框以及单选按钮等一些常用的控件。这些控件，在 Java 中都是由特定的类来生成对象实现的。

用 Java 开发 GUI 程序，基本方法就是创建一些用于交互的控件，按照一定的形式来组装，从而为应用程序提供想要的外观。而后需要为其中的某些控件编写程序，以处理用户的输入。这些控件，也被称为组件。

编写一个 GUI 程序，有 3 个最为重要的部分：组件的创建、布局管理和事件处理。下面先对这 3 个概念做一个简单的介绍。

图 14.1　GUI 程序界面

14.1.1　组件

组件（Component），又称为部件或控件，是具有特定功能且不能再分割的一种功能元件（相当于机械中的零件）。常见的组件有：按钮、文本框、表单、滚动条、菜单项和下拉列表框等。Java 中的这些部件都以类的形式提供，所以称为组件类。

与组件紧密相关的另一个概念是容器。容器是用来存放组件或容器的一类组件，起到组织和管理的功能。

一般而言，组件具备下述性质：

❑ 大多从 Component 类派生出来；

❑ 如果是容器，则可以使用 add()方法来添加其他组件；

❑ 由于容器可以存放其他容器，所以容器是有层次的；

❑ 任何一个组件只能放在一个容器中，但一个容器可以存放多个组件；

❑ 与用户交互的组件通常都要响应某个事件。

14.1.2　布局管理

创建了组件之后，一个难题是将如何安排这些组件的位置。在其他语言中，这是一个相当棘手的问题，所以需要借助开发工具来完成这一任务，比如 Delphi、VB RAD（快速应用软件开发）开发工具。而 Java 则提出了布局管理这一新概念，由系统自动来摆放各个组件，大大降低了布置组件的难度。程序员即便只用纯文本的开发工具，也可以轻松地开发出界面美观的 GUI 程序。

Java 中提供的传统布局有：FlowLayout、GridLayout、BorderLayout 和 CardLayout 等，在 Swing 中还增加了：BoxLayout、OverlayLayout、ScrollPaneLayout 和 ViewportLayout 等。

一般复杂的程序都会有很多组件，这些组件也可能不会放在同一个布局中，而是分布在各种布局之中。这些布局不再是一个平面，而是立体式的。编程时，一般先将界面分层进行布局，再将分好的层次像贴图片一样分层贴上去。

14.1.3　事件处理

用户可以对可视化的组件进行操作以通知程序自己想要做的事情。每对一个组件进行一次操作，就会产生相应的事件。程序员需要编程响应这些事件，也就响应了用户的操作，解决实际的问题，这一过程，就称为事件处理。

14.2　Java 集成开发平台：Eclipse

本书前面介绍读者使用 UltraEdit 来编辑 Java 源程序，它对于较小的程序而言确实是足够了。但如果程序比较大，要大量使用类库中的各种类，使用 UltraEdit 就显得工作量太大了一些，因为它缺乏一些诸如自动完成之类的辅助功能。一些大型的 Java 项目则需借助一些集成的 Java 工具。当前 Java 的开发工具很多，各有特长，在不同的场合有不同的应用，最常用的 Java 集成开发工具有 Eclipse、NetBeans、JBuilder 和 IntelliJ 等，本节将简单介绍一个功能强大的集成开发工具——Eclipse。它能够大大降低程序员编程的工作量。从本节起，大多数程序都将使用 Eclipse 来编写。

14.2.1　Eclipse 简介

Eclipse 是开放源代码的项目，它最早是由 IBM 公司开发的。2001 年 11 月，IBM 公司捐出价值 4000 万美元的源代码组建了 Eclipse 联盟，并由该联盟负责这种工具的后续开发。读者可以到 www.eclipse.org 去免费下载 Eclipse 的最新版本，一般 Eclipse 提供的下载版本有：Release、Stable Build、Integration Build 和 Nightly Build，建议下载 Release 或 Stable Build 版本。

虽然大多数用户很乐于将 Eclipse 当作 Java IDE 来使用，但 Eclipse 的目标不仅限于此。Eclipse 还包括插件开发环境（Plug-in Development Environment，PDE），这个组件主要针对希望扩展 Eclipse 的软件开发人员，因为它允许他们构建与 Eclipse 环境无缝集成的工具。由于 Eclipse 中的每样东西都是插件，对于给 Eclipse 提供插件，以及给用户提供一致和统一的集成开发环境而言，所有工具对开发人员都具有同等的发挥场所。

这种平等和一致性并不仅限于 Java 开发工具。尽管 Eclipse 是使用 Java 语言开发的，但它的用途并不限于 Java 语言。例如，支持诸如 C/C++、COBOL 和 Eiffel 等编程语言的插件已经可用，或预计将要推出。Eclipse 框架还可用来作为与软件开发无关的其他应用程序类型的基础，比如内容管理系统。

基于 Eclipse 的应用程序的突出例子是 IBM 的 WebSphere Studio Workbench，它构成了 IBM Java 开发工具系列的基础。例如，WebSphere Studio Application Developer 添加了对 JSP、servlet、EJB、XML、Web 服务和数据库访问的支持。

14.2.2　Windows 下 Eclipse 的安装

Eclipse 的安装程序可以从其官方网站上免费下载，地址为 http：//www.eclipse.org。进入 Eclipse 的官方网站主页后，找到其 Download 页面，如图 14.2 所示。

在图 14.2 所示的页面中，选择 Eclipse Classic 下载（在此网页的最下方，图 14.2 中没有显示），其最新版本为 3.5.0。如图 14.3 所示。

根据自己的操作系统平台，直接选中下载即可。

Eclipse 是一个使用 Java 语言开发的工具软件，所以在安装 Eclipse 以前，一定要安装

JDK（上文已经介绍过 JDK 的安装方法），其中 Eclipse 3.5 要求安装的 JDK 版本在 1.5 及以上。以下为 Windows 操作系统为例子来介绍 Eclipse 的安装。

图 14.2　Eclipse 的下载页面截图

图 14.3　Eclipse Classic 3.5.0 的下载界面

　　Eclipse 的安装很简单，只需要解压缩安装文件即可，解压缩的文件没有限制，可以根据实际使用的需要解压缩到任意路径下。

　　下载完 Eclipse 后，其完整的文件名为 eclipse-SDK-3.5-win32.zip。解压缩此压缩包到一个目录，假如解压缩到 D 盘根目录下面，则会生成一个 D：\eclipse 文件夹，这个 eclipse 的文件夹就是其主程序所在的文件目录。如图 14.4 所示，是 Eclipse 压缩包解压后的文件结构。

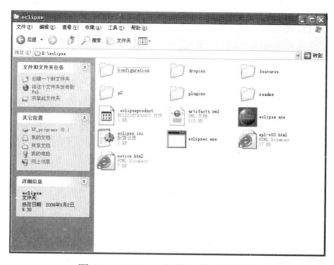

图 14.4　Eclipse 软件包的文件结构

解压 Eclipse 软件包后，无需进行其他的配置和安装，运行 D:\eclipse\eclipse.exe 即可启动 Eclipse。

14.2.3　Linux 下 Eclipse 的安装

在 Windows 下 Eclipse 是直接解压就可以用的，在 Linux 下也是一样，直接下载 Eclipse 到 Linux 的本地路径下，然后解压缩，再指定快捷方式就可以了。

Eclipse 的官方下载地址为 http://www.eclipse.org/downloads/，选择 Linux 的对应的最新版本即可。下载完成后，解压到指定目录，如 Linux 下的/opt 目录。

注意：也可先解压到当前目录，然后再执行命令：mv eclipse /opt，移动文件到这个目录下面。

解压完成后就安装完成了。为了方便在 Linux 系统中使用 Eclipse，还需要进行进一步的设置，这里只介绍一下启动脚本和桌面启动图标的设置方法。

1．创建启动脚本

启动脚本就是关于设置 Eclipse 启动的相关命令。在 Linux 下，大部分的操作都是靠命令来执行，有了启动脚本以后，在 Linux 的命令终端，不管是什么状态或是什么路径下，只需键入相应的启动命令，就可以很方便地启动 Eclipse。

（1）把 eclipse 目录更改为 root 拥有，可以执行下面的命令：

```
sudo chown -R root:root /opt/eclipse
```

（2）编写启动脚本。

在/usr/bin 目录下创建一个启动脚本 eclipse，这样，在终端的任何路径下，直接输入 eclipse 命令，就可以启动 Eclispe 运行。用 gedit 编辑一个 eclipse 文件，命令如下：

```
sudo gedit /usr/bin/eclipse
```

然后在该文件中添加以下内容：

```
#!/bin/sh
export MOZILLA_FIVE_HOME="/usr/lib/mozilla/"
export ECLIPSE_HOME="/opt/eclipse"
$ECLIPSE_HOME/eclipse $*
```

（3）修改该脚本的权限，让它变成可执行，执行下面的命令：

```
sudo chmod +x /usr/bin/eclipse
```

2．在桌面或者gnome菜单中添加Eclipse启动图标

在 Linux 桌面或菜单中创建一个启动图标，这类似于 Windows 的桌面快捷方式。有了这个图标，可以在桌面或是 gnome 菜单中轻松地打开 Eclipse 应用程序。创建方法如下：

右击桌面选择"创建启动器"，或右击面板选择"添加到面板"→"定制应用程序启动器"，以完成一个新的启动器的创建。创建启动器的时候，需要配置相关的参数，在"创建启动器"的对话框中，添加下列数据。

- ❑　名称：Eclipse Platform；
- ❑　命令：eclipse；
- ❑　图标：/opt/eclipse/icon.xpm。

3．在Applications（应用程序）菜单上添加一个图标

在应用程序菜单中添加图标，其实也是添加一个快捷方式的方法，类似于 Windows 系统中"开始"→"程序"里的应用程序菜单。有些读者并不喜欢桌面上放置太多的图标，那么应用此方法，则可以将 Eclipse 的启动图标直接指向应用程序的菜单里。具体设置方法如下。

（1）用文本编辑器在/usr/share/applications 目录里新建一个名为 eclipse.desktop 的启动器，如下面的命令：

```
sudo gedit /usr/share/applications/eclipse.desktop
```

（2）然后在文件中添加下列内容：

```
[Desktop Entry]
Encoding=UTF-8
Name=Eclipse Platform
Comment=Eclipse IDE
Exec=eclipse
Icon=/opt/eclipse/icon.xpm
Terminal=false
StartupNotify=true
Type=Application
Categories=Application;Development;
```

保存文件。完成整个设置过程。以上设置完成以后，就可以在 Linux 的菜单中找到 Eclipse 的链接了，如图 14.5 所示。

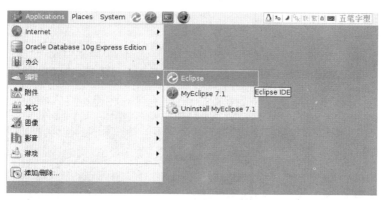

图 14.5　Linux 下 Eclipse 在系统菜单下的链接

图 14.5 中，单击 Eclipse 的图标就可以启动 Eclipse 运行了，如果没有报出任何错误，证明 Linux 下 Eclipse 的安装完全正确。

14.2.4　Eclipse 的基本配置

Eclipse 安装完成以后，选择 Eclipse 安装目录下的 eclipse.exe 即可启动该软件。下面

从 Eclipse 的启动开始，介绍一下如何使用 Eclipse。

1．工作空间设置

第一次启动 Eclipse 时，会弹出一个标题为 Workspace Launcher 的窗口，该窗口的功能是设置 Eclipse 的 Workspace（工作空间），如图 14.6 所示。

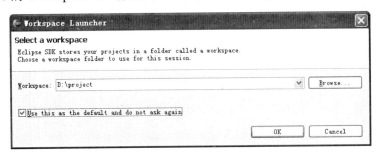

图 14.6　Eclipse 中设置工作空间的界面

Workspace 是指 Eclipse 新建的内容默认的保存路径，以及 Eclipse 相关的个性设置信息。该窗口中 Workspace 输入框中是需要设置的路径，可以根据个人的需要进行设置。

注意：Workspace 是进行项目开发时源文件存放的地方，建议读者选择一个稳定、安全的位置存此目录。

下面的 Use this as default and do not ask again 选择项的意思是：使用这个作为默认设置，以后不要再询问。选中以后的效果是在下次启动时不再弹出该窗口。把这个设置作为默认设置，选中该选项则每次启动时就不会弹出该窗口。

设置完成以后，选择 OK 按钮，就可以启动 Eclipse 了。

2．显示主界面

Eclipse 第一次启动起来以后，会显示一个欢迎界面，如图 14.7 所示。

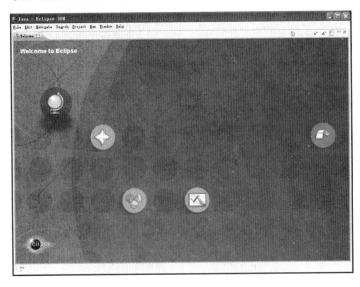

图 14.7　Eclipse 启动后的欢迎界面

在图 14.7 中，选择左上角"Welcome"左上角的"X"符号，就可以关闭欢迎界面，接着就可以进入 Eclipse 的主界面了。Eclipse 的工作主界面如图 14.8 所示。

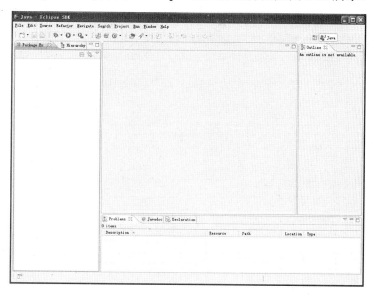

图 14.8　Eclipse 的工作主界面

欢迎界面只显示一次，以后只有在变更了工作空间以后才可能会再次显示。进入 Eclipse 主界面以后，就可以进行各种不同的 Java 项目开发了。

注意：关于 Eclipse 界面的布局方式，会用到一些专业术语，这里就不再说明，而且 Eclipse 的布局方式很灵活、很简单，多试几次、慢慢使用就会逐渐熟悉了。

14.2.5　使用 Eclipse 进行 Java 开发

集成开发环境（IDE）即 Eclipse 的使用相对来说稍显繁琐，但是对于实际的项目开发来说却是非常实用的，在初次使用时，需要习惯和适应这种使用方式。

集成开发环境在使用前，需要首先建立 Project（项目）。Project 是一个管理结构，管理一个项目内部的所有源代码和资源文件，并保存和项目相关的设置信息。一个项目内部可以有任意多个源文件，以及任意多的资源。使用 Eclipse 的开发 Java 工程，基本的步骤主要有如下这些：

- ❑　新建项目；
- ❑　新建源文件；
- ❑　编辑和保存源文件；
- ❑　运行程序。

下面分别按这几个步骤演示一下如何在 Eclipse 下开发 Java 程序。

1．新建项目

新建项目的步骤如下。

（1）在 Eclipse 的主界面中，在顶层菜单列表中，单击 File 打开下拉菜单，选择 New →Java Project 命令。

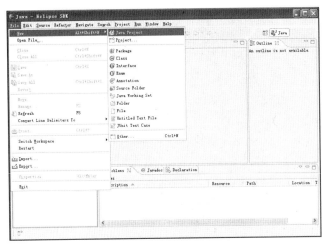

图 14.9　在 Eclipse 中新建一个项目

（2）在弹出的 New Java Project 窗口中，进行新建项目的设定，例如输入新建的工程名：myfirstproject。在这个界面的设置中，一些选项的意思如下。

- Project Name 是必须输入的内容，代表项目名称，在硬盘上会转换成一个文件夹的名称。
- Contents 设置项目的内容，是在 Workspace 里新建一个新的项目，还是从已有的资源里创建，开发的时候可根据需要自行选择。
- JRE 部分设置项目使用的 JDK 版本，本例中使用的是 JavaSE-1.7_u10 版本的，也就是 Java 7 或 JDK 1.7。
- Project layout 部分设置项目文件内部的目录结构。是分开的还是混合的，根据自己的编程习惯选择。整个设置界面如图 14.10 所示。

图 14.10　Eclipse 中新建工程的设置界面

（3）在图 14.10 中单击 Finish 按钮完成设置，项目建立以后，可以到磁盘对应路径下观察一下项目文件夹的结构。在 Eclipse 平台下，新建完成的项目结构如图 14.11 所示。

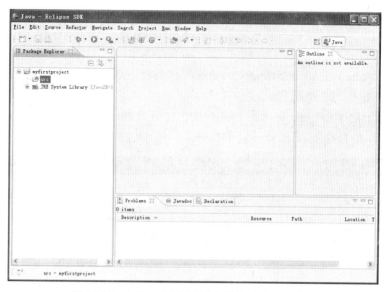

图 14.11　Eclipse 平台下新建项目后的目录结构

2. 新建源文件

项目建立以后，或者打开项目以后，就可以新建源文件了。一个项目中可以包含多个源文件，每个源文件都可以独立执行。新建源文件的步骤如下。

在 Eclipse 的主界面窗口中，选中以上新建的工程名称右击，在弹出的下拉菜单中，选择 New→Class 选项，就打开新建类文件的对话框，如图 14.12 所示。

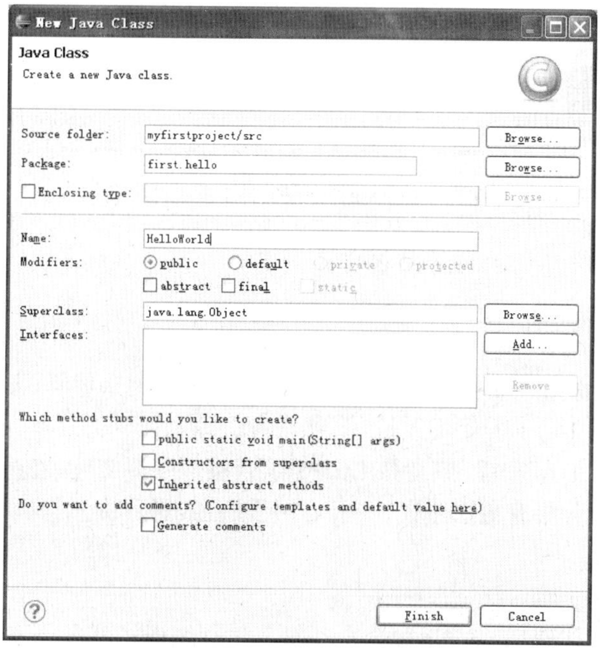

图 14.12　新建类文件向导界面

在图 14.12 所示的 New Java Class 向导界面中，可以进行新建源文件的设定，几个设定选项的意思如下。

- ❏ Source folder 代表源代码目录，例如 myfirstjavaproject/src。如果该内容和项目保持一致则不需要修改，否则可以选择后续的 Browse…按钮进行修改。
- ❏ Name 代表源文件的名称，例如输入 HelloWorld。
- ❏ public static void main(String[] args)选项代表在生成的源代码中包含该代码，可根据自己的编程习惯来选择。

设置完成以上的选项后，再单击 Finish 按钮完成设置，此时 Eclipse 将自动生成符合要求的源代码，并在 Eclipse 工作台环境中打开。如图 14.13 所示。

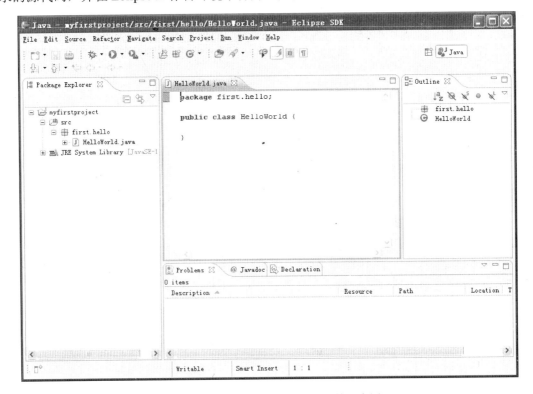

图 14.13　Eclipse 中新建 Java 源文件示意图

在图 14.13 所示的 Eclipse 工作界面中就可以编辑 Java 代码了。

3．编辑和保存源文件

在图 14.13 的工作台界面中，输入简单的 HelloWorld 测试代码，以测试 Eclipse 的运行情况，代码示例如图 14.14 所示。

单击工具栏的"保存"按钮，或者按 Ctrl+S 组合键保存源文件。在源文件保存时，Eclipse 会自动编译该代码，如果有语法错误，则以红色波浪线进行提示。

4．运行程序

保存完以上的源代码后，Eclipse 会自动对其进行编译，可直接运行该程序代码。运行程序的方法为：右击源代码空白处，在下拉列表中选择 Run as→Java Application 选项即可

运行。当然，也可以右击 Eclipse 左侧需要运行的 Java 程序，在弹出的菜单中选择 Run as
→Java Application 选项，也可实现 Java 程序的运行。如图 14.15 所示。

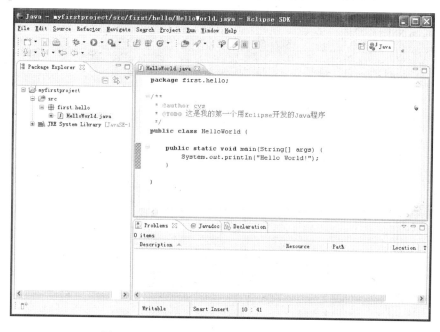

图 14.14　在 Eclipse 工作台中编辑 Java 源文件

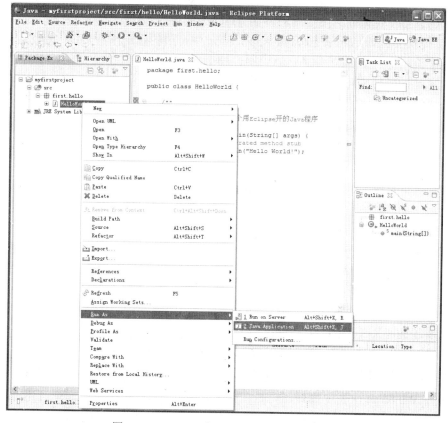

图 14.15　Eclipse 中 Java 源程序的运行方法

程序的运行结果会显示在 Eclipse 的控制台界面（如图 14.16 所示）。如果程序出现错误，要调试 Java 程序也非常简单，Run 菜单里包含了标准的调试命令，设置断点以后，和运行程序的方法一样，只是选择 Debug As→Java Application 选项即可。Eclipse 可以非常方便地调试 Java 应用程序。

图 14.16　程序输出结果

到这里，一个简单的项目就介绍完了。但是，这只不过是 Eclipse 强大功能的一个小小展示。如果要全部介绍 Eclipse 的功能，足够写出厚厚的一本书，有兴趣的读者可以参考《精通 Eclipse》一书。

14.3　AWT 组件简介

AWT（Abstract Windowing Toolkit），译为抽象窗口工具包，是 Java 提供的用来建立和设置 Java 图形用户界面的基本工具。AWT 由 Java 中的 java.awt 包提供，里面包含了许多可用来建立与平台无关的图形用户界面（GUI）的类。

AWT 提供了 Java Applet 和 Java Application 中可用的图形用户界面（GUI）中的基本组件。由于 Java 是一种独立于平台的程序设计语言，但 GUI 却往往是依赖于特定平台的，Java 采用了相应的技术使得 AWT 能提供给应用程序独立于机器平台的接口，这保证了同一程序的 GUI 在不同机器上运行具有类似的外观（不一定完全一致）。

Java 1.0 的 AWT（旧 AWT）和 Java 1.1 以后的 AWT（新 AWT）有着很大的区别。新的 AWT 克服了旧 AWT 的很多缺点，在设计上有较大改进，使用也更方便。这里主要介绍新的 AWT，但在 Java 1.1 及以后版本中，旧 AWT 的程序也可运行。

AWT 支持的图形用户界面编程的功能包括：用户界面组件；事件处理模型；图形和图像工具（包括形状、颜色和字体类）；布局管理器，可以进行灵活的窗口布局，而与特定窗口的尺寸和屏幕分辨率无关；数据传送类，可以通过本地平台的剪贴板进行剪切和粘贴。

Java 刚刚公布的时候，AWT 作为 Java 最弱的组件受到不小的批评。最根本的缺点是，AWT 在原生的用户界面之上，仅提供了一个非常薄的抽象层。例如，生成一个 AWT 的复选框，会导致 AWT 直接调用下层原生例程来生成一个复选框。不幸的是，一个 Windows 平台上的复选框同 Mac OS 平台或者各种 UNIX 风格平台上的复选框并不是那么相同。

这种糟糕的设计选择，使得那些拥护 Java "一次编写，到处运行" 信条的程序员们过得并不舒畅，因为 AWT 并不能保证它们的应用在各种平台上表现得有多相似。一个 AWT 应用可能在 Windows 上表现很好，可是在 Macintosh 上几乎不能使用，或者正好相反。在90 年代，程序员中流传着一个笑话：Java 的真正信条是 "一次编写，到处测试"。导致这种糟糕局面的一个原因据说是，AWT 从概念产生到完成实现只用了一个月。

在第 2 版的 Java 开发包中，AWT 的器件很大程度上被 Swing 工具包替代。Swing 通过自己绘制器件而避免了 AWT 的种种弊端：Swing 调用本地图形子系统中的底层例程，而不是依赖操作系统的高层用户界面模块。

因此，本书不打算花大量篇幅详细介绍 AWT，而仅仅只用一节来做一个简要的介绍，而后面会详细介绍 Swing 的使用。

14.3.1 AWT 的层次结构

与其他包相同，AWT 中的类也是按照继承关系来组织的，如图 14.17 所示。

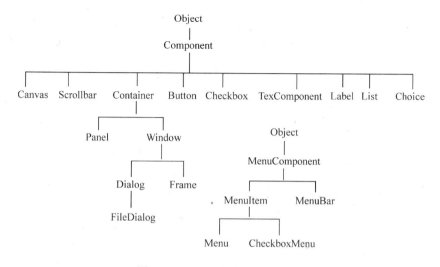

图 14.17 AWT 组件的层次结构

在 AWT 中，所有能在屏幕上显示的组件对应的类，均是抽象类 Component 的直接或间接子类或子孙类。这些类均可继承 Component 类的变量和方法。Container 类是 Component 的子类，它也是一个抽象类，它允许其他的组件加入其中。加入的 Component 也允许是 Container 类型，即允许多层嵌套的层次结构。Container 类在将组件以合适的形式安排在屏幕上时很有用，它有两个子类，Panel 和 Window，它们不是抽象类。

Window 对应的类为 java.awt.Windows，它可独立于其他 Container 而存在，它有两个子类：Frame 和 Dialog。Frame 具有标题和可调整大小的窗口（Window）。Dialog 则没有菜单条，虽然它能移动，但不能调整大小。滚动面板（ScrollPane）也是 Window 类的子类，这里就不讨论了。

Panel 对应的类为 java.awt.Panel，它可包含其他 Container 类型的组件，或包含在浏览器窗口中。Panel 标识了一个矩形区域，该区域允许其他组件放入。Panel 必须放在 Window 或其子类中才能显示。

AWT 中很重要的一类组件是菜单，但它不是从 Component 继承而来，而是从 MenuComponent 继承而来，这是因为菜单的外形和使用方法与其他的可视化组件有很大的区别。

14.3.2 AWT 中的组件和包

java.awt 是整个系统中最大的包之一，这里不会详细介绍其中每一个组件，只简单列出其中的一些基本组件，如表 14.1 所示。

表 14.1 AWT中的基本组件介绍

类	作 用
AWTEvent	封装AWT事件
AWTEventMulticaster	分配事件到多个事件监听器
BorderLayout	边界布局管理器。边界布局使用了5个方位：North、South、East、West和Center
Button	产生一个下压式按钮控件
Canvas	一个可以用来画各种图形的画布
CardLayout	卡片布局管理器。卡片布局仿效索引卡片。只有顶部的卡片可以看到
Checkbox	产生一个复选框
CheckboxGroup	产生一个复选框控件组
CheckboxMenuItem	产生一个带开/关的菜单项
Choice	产生一个下拉列表框
Color	用可移植的、跨平台的方式来管理颜色
Component	各种AWT组件的抽象的超类
Container	一个可以用来存放其他组件的组件类的子类
Cursor	封装一个位图光标
Dialog	产生一个对话框窗口
Dimension	确定一个对象的尺寸，宽度存放在变量width中，高度存放在height中
Event	封装事件
EventQueue	给事件排队
FileDialog	产生一个用于选择文件的窗口
FlowLayout	流式布局管理器。流式布局从左到右、从上到下地定位组件
Font	封装字体
FontMetrics	封装各种和字体有关的信息。这些信息有助于在窗口中显示文本
Frame	产生一个具有标题栏、可调整大小的边框以及一个菜单栏的标准窗口
Graphics	封装图形上下文。这个上下文被各种输出方法使用，用于在一个窗口中输出图形或文本
GraphicsDevice	描述一个图形设备，比如，一个屏幕和一个打印机
GraphicsEnvironment	描述各种Font和GraphicsDevice对象的集合
GridBagConstraints	定义各种与GridBagLayout类相关的常量
GridBagLayout	网格包布局管理器。网格包布局管理器根据GridBagConstraints提供的限制来布置组件
GridLayout	网格布局管理器。网格布局管理器用二维的网格来显示组件
Image	封装一个图形图像
Insets	封装一个容器的边框
Label	产生一个显示字符串的标签
List	产生一个用户可以选择的列表。与标准的窗口列表框相似

类	作　用
MediaTracker	管理媒体对象
Menu	产生一个下拉式菜单
MenuBar	产生一个菜单栏
MenuComponent	一个被各种菜单类所实现的抽象类
MenuItem	产生菜单项
MenuShortcut	封装与菜单项相应的快捷键
Panel	容器类的最简单的具体子类
Point	封装一个笛卡儿坐标描述的点，坐标分别存储在变量x和y中
Polygon	封装一个多边形
PopupMenu	产生一个弹出式菜单
PrintJob	代表一个打印机任务的抽象类
Rectangle	封装一个矩形
Robot	支持自动测试基于AWT的应用程序（Java 2，v1.3新增）
Scrollbars	产生一个滚动条控件
ScrollPane	为另一个组件提供水平或垂直滚动条的容器
SystemColor	存放窗口、滚动条、文本以及其他GUI小部件的颜色
TextArea	生成多行编辑控件
TextComponent	TextArea和TextField的一个超类
TextField	生成一个单行编辑控件
Toolkit	由AWT实现的抽象类
Window	生成一个无框架、无菜单栏、无标题的窗口

表 14.1 中所列出的组件，除了事件、字体、色彩、菜单和布局在后继版本中继续沿用外，多数可视化的组件都被 Swing 包中的新组件所取代。

java.awt 的包中，还包含了 11 个子包，简单说明如表 14.2 所示。

表 14.2　AWT中的子包说明

子　包　名	说　明
java.awt.color	该包提供了用于颜色的类。该类按照国际颜色联盟（International Color Consortium，简称ICC）的格式规范（版本3.4）定义了各种色彩
Java.awt.datatransfer	该包提供了在应用程序之间或之中传送数据的接口和类。该包定义了一个"可传递"对象的概念，"可传递"对象通过实现Transferable接口来标识自己为可传递。另外，它还提供了一个剪贴板机制，剪贴板是一个临时含有一个可传递对象的对象，通常用于复制和粘贴操作。尽管可以在应用程序中创建一个剪贴板，大多数应用程序一般都使用系统剪贴板来确保数据能够在不同平台的应用程序之间传递
Java.awt.dnd	提供了一些接口和类用于支持拖放（drag-and-drop）操作，其定义了拖动的源组件（drag-and-drop）和放下的目标（drop-target）以及传递拖放数据的事件，并对用户执行的操作给出可视的回馈
java.awt.event	该包提供处理不同种类事件的接口和类，这些事件由AWT组件激发。事件由事件源激发，事件监听者登记事件源，并接收事件源关于特定类型事件的通知。Java.awt.event包定义了事件、事件监听者和事件监听者适配器。使用事件监听者适配器，更加容易编写事件监听者

续表

子　包　名	说　　明
java.awt.font	该包提供与字体（font）相关的类和接口
java.awt.geom	该包提供Java 2D类，用于定义和执行与二维几何相关对象上的操作
java.awt.im	该包提供一些类和一个输入法框架接口。该框架使得所有的文本编辑组件能够接收中文、日文和韩文的输入法的输入，输入法让用户使用键盘上有限的键输入成千上万个不同的字符，文本编辑组件可以使用java.awt.geom包和java.awt.event中的相关类支持不同语言的输入法。同时，框架还支持其他语言的输入法或者其他输入方式，例如，手写或语音识别
java.awt.im.spi	该包提供一些接口，用于支持可以在任何Java运行时环境中使用的输入法的开发，输入法是一个让用户输入文本的软件组件，通常用于输入中文、日文和韩文。同时，还可以用于开发其他语言的输入法以及其他方式的输入，例如，手写或语音识别
java.awt.image	该包提供创建和修改图像的类
java.awt.image.renderable	该包提供一些类和接口，用于生成与表现无关的图像
java.awt.print	提供一些类和接口，用于普通的打印API，该API包括指定文档类型的能力、页面设置和页面格式控制的机制、管理任务控制对话框的能力

14.3.3　AWT 通用属性与方法

由于大多数的组件都是从 Component 继承下来的，所以 Component 的属性和方法被这些子类共享。常用的属性简要描述如下。

- ❑ Color：java.awt.Color 类可以定义颜色对象。它定义了大量的静态属性，来代表内置的颜色，所有颜色都由红、绿、蓝混合而成，亮度均在 0～255 之间。要改变一个可视组件的颜色，可以分别使用 setForeground(Color)和 setBackground(Color)方法来设置前景和背景颜色。
- ❑ 激活：一个可视组件在被创建时，默认处于激活状态，并具有一定的特征，表明它已经被选定。通过调用 setEnabled(Boolean)方法，可以激活或者停用一个组件。
- ❑ 可视性：一些组件在被创建时是自动可见的，而另外一些组件默认地呈现出它们所属的容器的可视性。例如，在一个 Frame 组件中添加 Button 组件，如果 Frame 是不可视的，那么 Button 组件也不可见。反之，Button 是可见的。通过 setVisible(Boolean)方法可以修改组件的可视性。

可视化组件中常用的方法如表 14.3 所示。

表 14.3　可视化组件的常用方法

方　　法	说　　明
void add(PopupMenu popup)	为本组件增加指定的弹出式菜单
void addComponentListener(ComponentListener l)	为本组件安装事件监听器
void addFocusListener(FocusListener l)	为本组件安装获得焦点事件监听器
void addKeyListener(KeyListener l)	为本组件安装键盘事件监听器
void addMouseListener(MouseListener l)	为本组件安装鼠标事件监听器
boolean hasFocus()	如果本组件拥有焦点，则返回true

续表

方　　法	说　　明
boolean isShowing()	测试本组件是否显示在屏幕上
void repaint(int x, int y, int width, int height)	将本组件按照指定的位置和高度、宽度重绘
void setBackground(Color c)	设置组件的背景色
void setBounds(int x, int y, int width, int height)	移动并调整组件的大小
void setCursor(Cursor cursor)	设置光标的外形为指定的图形
void setEnabled(boolean b)	设置本组件是否可用
void setFont(Font f)	设置组件的字体
void setForeground(Color c)	设置组件的前景色
void setLocation(int x, int y)	移动组件到新的位置
void setSize(int width, int height)	重新设置组件的宽度和高度
void setVisible(boolean b)	设置组件是否可见
void transferFocus()	将输入焦点传递给下一个组件
void transferFocusBackward()	将输入焦点传递给上一个组件

这些方法虽然是 AWT 组件使用的，但在 Swing 中，大多数方法仍然可以使用。

14.3.4　使用 AWT 编制 GUI 程序示例

AWT 组件可以使用在 Applet 和 Application 程序中，这里各举一例。如果读者忘了如何让 Applet 运行起来，可以查阅第 1 章。如果您已经在使用 Eclipse 了，则可以在文件窗口中使用快捷菜单，选择 Run→Java Applet 命令就可以直接运行它，而不必建立 html 文件。

【例 14.1】　在 Applet 中使用 AWT 组件。

//--------------文件名 AWTComponents.java，程序编号 14.1----------

```java
import java.applet.Applet;
import java.awt.*;
public class AWTComponents extends Applet {
    Label myLabel;
    List  myList;
    Button myBtn;
    Choice  myChoice;
    TextField myText;
    Panel myPanel;
    Checkbox myChk1,myChk2;
    Scrollbar myScrollbar;
    Container con;
    //Applet 程序的入口
    public void init(){
      //创建容器
      con=new Container();
      //创建标签
      myLabel=new Label("Label-标签");
      //创建一个显示 3 行的列表
      myList=new List(3);
      myList.add("List");
      myList.add("列表");
      myList.add("只显示三行");
      //创建一个 Panel 容器
```

```
        myPanel=new Panel();
        myPanel.setBackground(Color.red);
        //创建两个复选框
        myChk1=new Checkbox("Checkbox");
        myChk2=new Checkbox("复选框");
        //创建按钮
        myBtn=new Button("Button-按钮");
        //创建单行文本框
        myText=new TextField("TextField-单行文本框");
        //创建一个有两行的下拉列表框
        myChoice=new Choice();
        myChoice.add("Choice");
        myChoice.add("下拉列表框");
        //创建滚动条
        myScrollbar=new Scrollbar(Scrollbar.HORIZONTAL, 0,10,0,30);
        //设置布局为 3 行 3 列
        con.setLayout(new GridLayout(3,3));
        //将上述可视化组件添加到容器中
        con.add(myLabel);
        con.add(myList);
        con.add(myPanel);
        con.add(myChk1);
        con.add(myChk2);
        con.add(myBtn);
        con.add(myChoice);
        con.add(myText);
        con.add(myScrollbar);
        //将容器加入到 Applet 对象中
        add(con);
    }
}
```

程序 14.1 和第 1 章中的例子有很大的区别：第 1 章的例子中，覆盖的是 paint()方法，而这里覆盖的是 init()方法。这是因为，paint()方法适合程序在屏幕上画一些图形图像或文字。而如果要添加系统定义好的组件在 applet 容器上面，就需要用到 init()方法。

程序运行情况如图 14.18 所示。

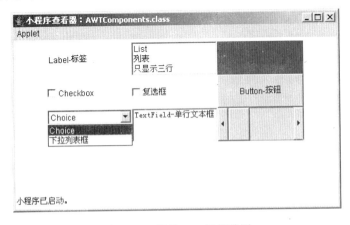

图 14.18　程序 14.1 运行截图

下面再用 AWT 编写一个标准的窗口，这是一个 Application 程序。

【例 14.2】　用 AWT 编写一个简单窗口。

//-------------文件名 AWTFrame.java，程序编号 14.2-----------

```java
import java.awt.*;
public class AWTFrame{
  Frame myFrame;       //Frame 是标准窗口
  Label myLabel;       //标签用于显示信息
  //在本类的构造方法中创建需要的组件
  public AWTFrame(){
    //创建窗口，并设置标题栏
    myFrame=new Frame("AWT 使用示例");
    //创建标签，并显示信息
    myLabel=new Label("世界，你好！");
    //添加到窗口
    myFrame.add(myLabel);
    //设置窗口大小
    myFrame.setSize(200,200);
    //设置窗口布局为流式布局
    myFrame.setLayout(new FlowLayout());
    //设置窗口可见
    myFrame.setVisible(true);
  }
  public static void main(String[] args) {
    new AWTFrame();
  }
}
```

编译并运行这个程序，如图 14.19 所示。

这个窗口可以进行移动、改变大小、最大化和最小化等操作，和普通窗口没有什么区别。其中的文字"世界，你好！"，还会随着窗口大小的变化而改变位置，始终位于正中间。这正是使用布局的好处。如果没有布局管理，要实现这一功能将不得不编写数行代码。

唯一不足的是，这个窗口不能关闭，这是因为程序并没有提供响应关闭消息的代码。要响应消息，需要用到 14.4 节的知识。

总结上面两个程序，可以看出，编写一个 GUI 程序的基本要素如下。

图 14.19　程序 14.2 运行截图

❑　创建需要的组件，并设置属性；
❑　设置合适的布局；
❑　将组件添加到容器中；
❑　为事件编写方法。

14.4　事件处理

用户在 GUI 程序中是通过鼠标或键盘对特定的界面元素（组件）进行控制，这些控制都是通过动作来完成的。而每一个动作都会引发一个系统预先定义好的事件。程序需要有相应的代码来处理这些事件。对于一些基本的事件系统会提供默认的处理代码，只有当程序员对这些默认的处理方式不认可时，才需要为它重新编写代码；而另外一些系统没有提供默认代码的事件，就必须由程序员编写代码来处理。

正因为如此，GUI 程序也是被称为事件驱动。事件处理代码是编写一个成功 GUI 程序的核心。GUI 程序需要响应的事件大多是由用户触发的，也有少数由系统触发。这些事件以各种各样的方式传递给应用程序，而特定的方法总是依赖于实际的事件。

事件有很多种类型。最常见的事件是那些由鼠标、键盘在各种控件上触发的事件。这些事件在 Java 的 java.awt.event 包中提供。尽管它们是在 AWT 中提供的，但现在的 Swing 仍然在使用它们，所以本节对它们做详细的介绍。

14.4.1　授权事件模型

从 JDK 1.1 起，Java 中处理事件的方法基于授权事件模型（delegation event model），这种模型定义了标准一致的机制去产生和处理事件。

它的概念十分简单：一个源（source）产生一个事件（event），并把它送到一个或多个监听器（listeners）那里。在这种方案中，监听器简单地等待，直到它收到一个事件。一旦事件被接收，监听器将处理这些事件，然后返回。这种设计的优点是，那些处理事件的应用程序可以明确地和那些用来产生事件的用户接口程序分开。一个用户接口元素可以授权一段特定的代码处理一个事件。

在授权事件模型中，监听器为了接收一个事件通知必须注册。这样有一个重要的好处：通知只被发送给那些想接收它们的监听器那里。这是一种比 Java 1.0 版设计的方法更有效的处理事件的方法。以前，一个事件按照封装的层次被传递直到它被一个组件处理，这需要组件接受那些它们不处理的事件，所以这样浪费了宝贵的时间。而授权事件模型去掉了这个开销。

14.4.2　事件

在授权事件模型中，一个事件是一个描述了事件源状态改变的对象。它可以作为一个人与图形用户接口相互作用的结果被产生。一些产生事件的活动可以是通过按一个按钮、用键盘输入一个字符、选择列表框中的一项或单击等用户操作产生。

另外，事件也可能不是由用户操作组件直接发生的。例如，一个事件可能由于在定时器到期，一个计数器超过了一个值，一个软件或硬件错误发生，或者一个操作被完成而产生。

程序员还可以自由地定义一些适用于某个应用程序的事件。

14.4.3　事件源

一个事件源是一个产生事件的对象。当这个对象内部的状态以某种方式改变时，事件就会产生。一个事件源一次可能产生不止一种事件。

一个事件源必须注册监听器，以便监听器可以接收关于一个特定事件的通知。每一种事件都有它自己的注册方法。下面是一般的形式：

```
public void addTypeListener(TypeListener el)
```

在这里，type 是事件的名称，而 el 是一个事件监听器的对象。例如，要注册一个键盘事件。监听器的方法叫做 addKeyListener()，注册一个鼠标活动监听器的方法被叫做 addMouseMotionListener()，当一个事件发生时，所有被注册的监听器都被通知并收到一个事件对象的拷贝，这被称为多播（multicasting）。不过，无论如何，事件消息只被送给那些注册接收它们的监听器。

一些事件源可能只允许注册一个监听器。这种方法的通用形式如下所示。

```
public void addTypeListener(TypeListener el)
  throws java.util.TooManyListenersException
```

在这里，type 是事件的名称，el 是一个事件监听器的对象。当这样一个事件发生时，被注册的监听器被通知。这就是单播事件。

一个事件源必须也提供一个允许监听器注销一个特定事件的方法。这个方法的通用形式如下所示。

```
public void removeTypeListener(TypeListener el)
```

这里，type 是事件的名字，el 是一个事件监听器对象。例如，为了注销一个键盘监听器，需要调用 removeKeyListener()函数。

这些增加或删除监听器的方法由产生事件的事件源提供。例如，component 类提供了 14.4.7 小节中增加或删除键盘和鼠标事件监听器的方法。

14.4.4　事件监听器和适配器

一个事件监听器是一个在事件发生时被通知的对象。它有两个要求：第一，为了可以接收到特殊类型事件的通知，它必须在事件源中已经被注册；第二，它必须实现接收和处理通知的方法。

用于接收和处理事件的方法在 java.awt.event 中被定义为一系列的接口。例如，MouseMotionListener 接口定义了两个在鼠标被拖动时接收通知的方法。如果实现这个接口，任何对象都可以接收并处理这些事件的一部分。

最底层的监听器都是以接口形式提供的，而一个接口往往含有多个方法。为了避免重复劳动，系统提供了对这些接口的实现类，这些类就称为适配器。程序员在注册监听器时，可以不必实现接口，而直接继承适配器，然后修改其中不符合要求的方法，因此减少了编程的工作量。

14.4.5　编写事件处理程序的基本方法

一般需要 3 个步骤来编写事件处理程序。

（1）写一个类，该类要么是要处理事件的适配器类的子类，要么是实现监听器接口。通常为如下形式：

```
class example implements ActionListener{……}
```

（2）实现该接口中的方法，或是重载适配器类中需要改写的方法。

```
public void actionPerformed(ActionEvent e){……}
```

（3）需要被监听的组件添加这个事件处理对象：

```
组件名.addActionListener(监听器对象)
```

这 3 个步骤中，（1）和（3）都是固定的，最具有难度也是最核心的部分是第（2）步，它也是整个 GUI 程序设计的核心。

14.4.6　响应窗口关闭事件处理示例

在 14.3.4 小节中，例 14.2 所举的 AWT 编写的窗口程序是无法关闭的，因为没有响应窗口的关闭事件。这里将程序 14.2 改进一下，使其可以在用户单击关闭按钮时立即关闭。

【例 14.3】　可以关闭的 AWT 窗口。

//--------------文件名 AWTFrame.java，程序编号 14.3-----------

```
import java.awt.*;
import java.awt.event.*; //要加入事件包
//将本类声明为适配器 WindowAdapter 的子类，以便能响应关闭事件
public class AWTFrame  extends WindowAdapter{
  Frame myFrame;
  Label myLabel;
  public AWTFrame(){
    myFrame=new Frame("AWT 使用示例");   //定义 Frame 框架并设置标题
    myLabel=new Label("世界，你好！");
    myFrame.add(myLabel);
    myFrame.setSize(200,200);
    myFrame.setLayout(new FlowLayout());
    //增加监听器，事件响应的对象就是自己
    myFrame.addWindowListener(this);
    myFrame.setVisible(true);
  }
  //覆盖父类中的窗口关闭方法
  public void windowClosing(WindowEvent e){
    //关闭窗口
    myFrame.dispose();
  }
  public static void main(String[] args) {
    new AWTFrame();
  }
}
```

这个程序的运行情况和例 14.2 是一样的，唯一的区别是当用户单击关闭按钮时，窗口将像其他正常程序一样关闭，同时退出虚拟机。

分析程序 14.3 和程序 14.2，只有几个地方不同。

首先是类 AWTFrame 被声明为 WindowAdapter 的子类。这个类是适配器类，它实现了 WindowListener 接口，该接口专用于响应各种窗口事件。

由于窗口事件比较多，所以 WindowAdapter 中实现的方法也有很多。其中，响应窗口关闭事件的方法是 windowClosing()，所以在程序中覆盖了此方法，添加上关闭窗口的语句：

```
myFrame.dispose();
```

当然，这里也可以不用上面的方法，而调用 System 类中的一个静态方法：

```
System.exit(0);
```

也可以退出虚拟机。

在 windowClosing() 方法中编写代码，其实就是响应窗口关闭事件。

最后要做的事情是注册（或称安装）监听器，这里的代码如下：

```
myFrame.addWindowListener(this);
```

由于要监听的是窗口事件，所以组件是 myFrame。方法中的参数是 this，这是因为本对象就是 WindowListener 的子类，可以响应窗口事件。

14.4.7　事件监听器接口和适配器类

AWT 中定义了很多事件监听器接口以及相应的适配器类，以适应各种事件。下面列出了一些常用的事件监听器接口以及适配器类，如表 14.4 所示。

表 14.4　事件监听器接口和适配器类说明

监听器接口	适配器类	监听器中的方法	监听的事件
ActionListener	无	actionPerformed(ActionEvent　e)	监听动作事件
Adjustment Listener	AWTEventMulticaster	adjustmentValueChanged(AdjustmentEvent e)	监听滚动条调整事件
Container Listener	无	componentAdded(ContainerEvent e) componentRemoved(ContainerEvent e)	监听容器事件
FocusListener	FocusAdapter	focusGained(FocusEvent　e) focusLost(FocusEvent　e)	监听输入焦点事件
InputMethod Listener	AWTEventMulticaster	caretPositionChanged(InputMethodEvent e) inputMethodTextChanged(InputMethodEvent e)	监听输入法事件
ItemListener	无	itemStateChanged(ItemEvent　e)	监听项事件，一般是指下拉框、列表框中的项
KeyListener	KeyAdapter	keyPressed(KeyEvent　e) keyReleased(KeyEvent　e) keyTyped(KeyEvent　e)	监听键盘事件
MouseListener	MouseAdapter	mouseClicked(MouseEvent　e) mouseEntered(MouseEvent　e) mouseExited(MouseEvent　e) mousePressed(MouseEvent　e) mouseReleased(MouseEvent　e)	监听鼠标事件

监听器接口	适 配 器 类	监听器中的方法	监听的事件
MouseMotion Listener	MouseMotionAdapter	mouseDragged(MouseEvent　e)	监听鼠标移动事件
		mouseMoved(MouseEvent　e)	
TextListener	无	textValueChanged(TextEvent　e)	监听文本事件
WindowListener	WindowAdapter	windowActivated(WindowEvent　e)	监听窗口事件
		windowClosed(WindowEvent　e)	
		windowClosing(WindowEvent　e)	
		windowDeactivated(WindowEvent　e)	
		windowDeiconnified(WindowEvent　e)	
		windowIconified(WindowEvent　e)	
		windowOpened(WindowEvent　e)	

14.4.8　作为参数的事件类

监听器中的每个方法都拥有一个形式参数，这些参数都是“***Event”的形式，表明这个参数是一个事件类。当某个事件发生时，系统会自动调用相应的方法，同时会传递一个对应的对象给处理者。这个对象中含有事件发生时的有关信息，处理者可以根据这些信息做出相应的动作。不同监听器中，方法的参数类型可以相同也可以不同，但同一监听器中，方法的参数类型一定相同。常用的 Java.awt.event 中的事件类如表 14.5 所示。

14.5　java.awt.event中的主要事件类

事　件　类	说　　　明
ActionEvent	通常在按下一个按钮、双击一个列表项或者选中一个菜单项时发生
AdjustmentEvent	当操作一个滚动条时发生
ComponentEvent	当一个组件隐藏、移动、改变大小或成为可见时发生
ContainerEvent	当一个组件从容器中加入或删除时发生
FocusEvent	当一个组件获得或失去键盘焦点时发生
InputEvent	所有组件的输入事件的抽象超类
ItemEvent	当一个复选框或列表项被单击时发生； 当一个选择框或一个可选择菜单的项被选择或取消时发生
KeyEvent	当输入从键盘获得时发生
MouseEvent	当鼠标被拖动、移动、单击、按下或释放时发生， 或者在鼠标进入或退出一个组件时发生
TextEvent	当文本区和文本域的文本改变时发生
WindowEvent	当一个窗口激活、关闭、失效、恢复、最小化、打开或退出时发生

下面对这些事件类做一个更详细的说明。

1．ActionEvent类

在一个按钮被按下、列表框中的一项被选择，或者是一个菜单项被选择时都会产生一个 ActionEvent 类型的事件。在 ActionEvent 类中定义了 4 个用来表示功能修改的整型常量：ALT_MASK、CTRL_MASK、META_MASK 和 SHIFT_MASK。除此之外，还有一个整型常量 ACTION_PERFORMED 用来标识事件。

ActionEvent 类有两个构造函数：

❑　ActionEvent(Object src, int type, String cmd);

❑　ActionEvent(Object src, int type, String cmd, int modifiers)。

其中，src 是一个事件源对象。事件的类型由 type 指定，cmd 是它的命令字符串，modifiers 这个参数显示了在事件发生时，ALT、CTRL、META 或 SHIFT 中的哪一个组合键被按下。

程序可以通过调用 ActionEvent 对象的 getActionCommand()方法来获得命令的名字，下面是这个方法的声明：

```
String getActionCommand()
```

例如，当一个按钮被按下时，一个 ActionEvent 类事件会产生，它的命令名和按钮上显示的文字相同。

```
int getModifiers()
```

这个方法返回了一个值，它表示了在事件产生时，ALT、CTRL、META 或 SHIFT 这些组合键哪一个被按下。

2. AdjustmentEvent类

一个 AdjustmentEvent 类的事件由一个滚动条产生。调整事件有 5 种类型。在 AdjustmentEvent 类中定义了用于标识它们的整型常量。这些常量和意义如下所示。

❑　BLOCK_DECREMENT：用户单击滚动条内部减少这个值；

❑　BLOCK_INCREMENT：用户单击滚动条内部增加这个值；

❑　TRACK：滑块被拖动；

❑　UNIT_DECREMENT：滚动条左端的按钮被单击减少它的值；

❑　UNIT_INCREMENT：滚动条右端的按钮被单击增加它的值；

❑　ADJUSTMENT_VALUE_CHANGED：表示改变已经发生。

AdjustmentEvent 类有两个构造函数：

❑　AdjustmentEvent(Adjustable source, int id, int type, int value);

❑　AdjustmentEvent(Adjustable source, int id, int type, int value, boolean isAdjusting)。

其中，source 是一个产生事件的对象，id 等于 ADJUSTMENT_VALUE_CHANGED 这个常量，事件的类型由 type 指定，value 是与它相关的数据，isAdjusting 描述改变是否已经发生。

getAdjustable()方法返回了产生事件的对象。它的形式如下所示：

```
Adjustable getAdjustable()
```

通过 getAdjustmentType()方法，可以获得调整事件的类型。它返回被 AdjustmentEvent 定义的常量之一。下面是通常的形式：

```
int getAdjustmentType()
```

调整的值可以通过 getValue()方法获得，它的原形如下所示：

```
int getValue()
```

例如，当一个滚动条被调整时，这个方法返回了代表变化后的值。

3. ComponentEvent类

一个 ComponentEvent 事件通常在一个组件的大小、位置或者可视性发生了改变时产生。组件的事件类型有 4 种。ComponentEvent 这个类定义了用于标识它们的整型常量。这些常量和它们的意义如下所示。

- ❑ COMPONENT_HIDDEN：组件被隐藏；
- ❑ COMPONENT_MOVED：组件被移动；
- ❑ COMPONENT_RESIZED：组件被改变大小；
- ❑ COMPONENT_SHOWN：组件被显示。

ComponentEvent 类只有一个构造函数：

```
ComponentEvent(Component src, int type)
```

其中，src 是产生事件的对象，type 指定了事件的类型。

ComponentEvent 类是 ContainerEvent、FocusEvent、KeyEvent、MouseEvent 和 WindowEvent 这几个类的父类。

getComponent()方法返回了产生事件的组件。它的形式如下所示：

```
Component getComponent()
```

4．ContainerEvent类

一个 ContainerEvent 事件是在容器中加入或删除一个组件时产生的。容器有两种事件类型。在 ContainerEvent 类中定义了用于标识它们的整型常量。

- ❑ COMPONENT_ADDED：在容器中加入一个组件；
- ❑ COMPONENT_REMOVED：在容器中删除一个组件。

ContainerEvent 是 ComponentEvent 类的子类，它有如下所示的构造函数：

```
ContainerEvent(Component src,int type,Component comp)
```

其中，src 是产生事件的容器对象。type 指定了事件的类型。comp 指定了从容器中加入或删除的组件。

通过调用 getContainer()方法可以获得产生这个事件的容器的一个引用。它的形式如下所示：

```
Container getContainer()
```

通过调用 getChild()方法可以返回在容器中被加入或删除的组件。它的通常形式如下所示：

```
Component getChild()
```

5．FocusEvent类

一个 FocusEvent 是在一个组件获得或失去输入焦点时产生。这些事件用 FOCUS_GAINED 和 FOCUS_LOST 这两个整型变量来表示。

FocusEvent 类是 ComponentEvent 类的子类，它有两个构造函数：

- ❑ FocusEvent(Component src，int type)；
- ❑ FocusEvent(Component src，int type，boolean temporaryFlag)。

其中，src 是产生事件的对象，type 指定了事件的类型。如果焦点事件是暂时的，那么参数 temporaryFlag 被设为 true。否则，它是 false（一个暂时焦点事件被作为另一个用户接

口操作的结果产生。例如，焦点在一个文本框中，如果用户移动鼠标去调整滚动条，这个焦点就会被暂时失去）。

通过调用 isTemporary()方法可以知道焦点的改变是否是暂时的。它的调用形式如下所示：

```
boolean isTemporary()
```

如果这个改变是暂时的，那么这个方法返回 true，否则返回 false。

6．InputEvent类

InputEvent 抽象类是 ComponentEvent 类的子类，同时是一个组件输入事件的父类。它的子类包括 KeyEvent 类和 MouseEvent 类。在 InputEvent 类中，定义了如下所示的 8 个整型常量，它们被用来获得任何和这个事件有关的修改符的信息。

- ❑ ALT_MASK；
- ❑ BUTTON2_MASK；
- ❑ META_MASK；
- ❑ ALT_GRAPH_MASK；
- ❑ BUTTON3_MASK；
- ❑ SHIFT_MASK；
- ❑ BUTTON1_MASK；
- ❑ CTRL_MASK。

另外，它还提供了一些方法，用来测试是否在事件发生时相应的修改符被按下。这些方法如下所示。

- ❑ boolean isAltDown()；
- ❑ boolean isAltGraphDown()；
- ❑ boolean isControlDown()；
- ❑ boolean isMetaDown()；
- ❑ boolean isShiftDown()。

7．ItemEvent类

一个 ItemEvent 事件是当一个复选框或者列表框被选择，或者是一个可选择的菜单项被选择或取消选择时产生（复选框和列表框在本书的后面将作论述）。这个事件有两种类型，它们可以用如下所示的整型常量标识。

- ❑ DESELECTED：用户取消选择的一项；
- ❑ SELECTED：用户选择一项。

除此之外，ItemEvent 类还定义了一个整型常量 ITEM_STATE_CHANGED，用它来表示一个状态的改变。

ItemEvent 类只有一个构造函数：

```
ItemEvent(ItemSelectable src,int type,Object entry,int state)
```

其中，src 是一个产生事件的对象。例如，它可能是一个列表或可选择元素。type 指定了事件的类型，产生该项事件的特殊项在 entry 中被传递，该项当前的状态由 state 表示。

GetItem()方法能被用来获得一个产生事件的项的引用。它的形式如下所示：

```
Object getItem()
```

getItemSelectable()方法被用来获得一个产生事件的 ItemSelectable 对象。它的形式如下所示：

```
ItemSelectable getItemSelectable()
```

8. KeyEvent类

一个 KeyEvent 事件是当键盘输入发生时产生。键盘事件有 3 种，它们分别用整型常量 KEY_PRESSED、KEY_RELEASED 和 KEY_TYPED 来表示。前两个事件在任何键被按下或释放时发生。而最后一个事件只在输入一个字符时发生。

📖注意：不是所有被按下的键都产生字符。例如，按下 Shift 键就不能产生一个字符。

还有许多别的整型常量在 KeyEvent 类中被定义。例如，从 VK_0～VK_9、从 VK_A～VK_Z 等定义了与这些数字和字符等价的 ASCII 码。下面还有一些其他的字符：

- ❑ VK_ENTER；
- ❑ VK_ESCAPE；
- ❑ VK_CANCEL；
- ❑ VK_UP；
- ❑ VK_DOWN；
- ❑ VK_LEFT；
- ❑ VK_RIGHT；
- ❑ VK_PAGE_DOWN；
- ❑ VK_PAGE_UP；
- ❑ VK_SHIFT；
- ❑ VK_ALT；
- ❑ VK_CONTROL。

从名字很容易猜出这些虚拟键（virtual key codes）值的意思，并且只要按下对应的键，不必考虑是否同时还按下了 Control、Shift 或 Alt 组合键，对应的虚拟键值都是相同的。

KeyEvent 类是 InputEvent 类的子类，它有两个构造方法：

- ❑ KeyEvent(Component src,int type,long when,int modifiers,int code)；
- ❑ KeyEvent(Component src,int type,long when,int modifiers,int code,char ch)。

其中，src 是产生事件的组件对象。type 指定了事件的类型。当这个键被按下时，系统时间存放在 when 中。参数 Modifiers 决定了在键盘事件发生时，哪一个组合键同时被按下。像 VK_UP 和 VK_A 这样的虚拟键值存储在 code 中。如果与这些虚拟键值相对应的 ASCII 码字符存在，则存放在 ch 中，否则，ch 中的值是 CHAR_UNDEFINED。对于 KEY_TYPED 事件，code 值将是 VK_UNDEFINED。

KeyEvent 类定义了一些方法，但是其中用的最多的是用来返回一个被输入的字符的方法和用来返回键值的方法 getKeyCode()。它们的通常形式如下所示：

- ❑ char getKeyChar()；
- ❑ int getKeyCode()。

如果没有合法的字符可以返回，getKeyChar()方法将返回 CHAR_UNDEFINED。同样，在一个 KEY_TYPED 事件发生时，getKeyCode()方法返回的是 VK_UNDEFINED。

9．MouseEvent类

鼠标事件有 7 种类型。在 MouseEvent 类中，定义了如下所示的整型常量来表示它们。

- ❑ MOUSE_CLICKED：用户单击鼠标；
- ❑ MOUSE_DRAGGED：用户拖动鼠标；
- ❑ MOUSE_ENTERED：鼠标进入一个组件内；
- ❑ MOUSE_EXITED：鼠标离开一个组件；
- ❑ MOUSE_MOVED：鼠标移动；
- ❑ MOUSE_PRESSED：鼠标被按下；
- ❑ MOUSE_RELEASED：鼠标被释放。

MouseEvent 类是 InputEvent 类的子类。它有如下所示的构造函数：

```
MouseEvent(Component src,int type,long when,int modifiers,
           int x,int y,int clicks,boolean triggersPopup)
```

其中，src 是产生事件的组件对象，type 指定了事件的类型。鼠标事件发生时的系统时间存储在 when 中。参数 modifiers 标识了在鼠标事件发生时，哪一个组合键被按下。鼠标的坐标存储在 x 和 y 中。单击的次数存储在 clicks 中。triggersPopup 标志决定了是否由这个事件引发弹出了一个弹出式菜单。

在这个类中用得最多的方法是 getX()和 getY()，它们返回了在事件发生时，对应的鼠标所在坐标点的 X 和 Y 值。方法形式如下所示：

- ❑ int getX()；
- ❑ int getY()。

相应地，也可以用 getPoint()方法去获得鼠标的坐标。形式如下所示：

```
Point getPoint()
```

它返回了一个 Point 对象，在这个对象中以整数成员变量的形式包含了 x 和 y 坐标。translatePoint()方法可以改变事件发生的位置。它的声明如下所示：

```
void translatePoint(int x,int y)
```

其中，参数 x 和 y 被加到了该事件的坐标中。

getClickCount()方法可以获得这个事件中鼠标的单击次数。它的声明如下所示：

```
int getClickCount()
```

isPopupTrigger()方法可以测试是否这个事件将引起一个弹出式菜单在平台中弹出。如下所示：

```
boolean isPopupTrigger()
```

10．TextEvent类

当字符被用户输入或程序添加到文本框或文本域时，就会产生文本事件。TextEvent 类定义了 3 个整型常量。

- ❑ TEXT_FIRST：用于文本事件的 id 范围的起始编号；
- ❑ TEXT_LAST：用于文本事件的 id 范围的结束编号；
- ❑ TEXT_VALUE_CHANGED：标志对象的文本已经被改变。

该类只有一个构造方法，如下所示：

```
TextEvent(Object src,int type)
```

其中，src 是一个产生事件的对象的引用，type 指定了事件的类型。

TextEvent 类不包括在产生事件的文本组件中现有的字符。相反，程序必须用其他的与文本组件相关的方法来获得这些信息。由于这个原因，这里不需要讨论 TextEvent 类的方法。

11．WindowEvent类

窗口事件有 7 种类型。在 WindowEvent 类中定义了用来表示它们的整数常量。这些常量和它们的意义如下所示。

- ❑ WINDOW_ACTIVATED：窗口被激活；
- ❑ WINDOW_CLOSED：窗口已经被关闭；
- ❑ WINDOW_CLOSING：用户要求窗口被关闭；
- ❑ WINDOW_DEACTIVATED：窗口变为非激活状态；
- ❑ WINDOW_DEICONIFIED：窗口被恢复；
- ❑ WINDOW_ICONIFIED：窗口被最小化；
- ❑ WINDOW_OPENED：窗口被打开。

WindowEvent 类是 ComponentEvent 类的子类。它的构造函数如下所示：

```
WindowEvent(Window src,int type)
```

其中，src 是一个产生事件的对象的引用，type 指定了事件的类型。

在这个类中用的最多的方法是 getWindow()。它返回的是产生事件的 Window 对象。一般形式如下所示：

```
Window getWindow()
```

14.4.9　处理多个事件的例子

有了前面几节作基础，本节来介绍如何在一个程序中响应多种事件，这也是通常编程要处理的问题。

【例 14.4】 响应单击按钮事件。

在本例中，添加一个文本框和一个按钮。用户可以在文本框中输入数据，然后单击按钮，清除掉文本框中的数据。所以，程序需要响应用户单击按钮的事件。同时，为了能够关闭程序，还需要响应窗口事件。

//-------------文件名 reMulEvent.java，程序编号 14.4-----------

```java
import java.awt.*;
import java.awt.event.*;
//本类需要响应两种事件，所以需要继承窗口适配器类和动作接口
public class reMulEvent extends WindowAdapter implements ActionListener{
  Frame myFrame;                    //声明 Frame 对象，主框架
  Label mylabel;                    //声明 Label 对象，标签区域
  TextField myText;                 //声明 TextField 对象，文本输入区域
  Button mybtn;                     //声明 Button 对象，按钮
  public reMulEvent() {
    myFrame=new Frame("AWT 窗口演示");
    mylabel=new Label("世界，你好！");
    //创建输入文本框
    myText=new TextField("请在这里填入内容");
    //创建按钮
    mybtn=new Button("清空内容");
    //添加组件到窗口中
    myFrame.add(mylabel);
    myFrame.add(myText);
    myFrame.add(mybtn);
    //设置窗口大小
    myFrame.setSize(200,200);
    //设置流式布局
    myFrame.setLayout(new FlowLayout());
    //让窗口可见
    myFrame.setVisible(true);
    //为组件添加事件监听器，注意它们两个的区别
    //为窗口添加监听器
    myFrame.addWindowListener(this);
    //为按钮添加监听器
    mybtn.addActionListener(this);
  }
  //响应窗口关闭事件
  public void windowClosing(WindowEvent e){
    myFrame.dispose();
  }
  //响应按钮事件
  public void actionPerformed(ActionEvent e){
    //判断事件源是否为按钮
    if (e.getSource()==mybtn)
      //清空文本框
      myText.setText(null);
  }
  public static void main(String[] args) {
    new reMulEvent();
  }
}
```

程序运行情况如图 14.20 所示。当用户单击"清空内容"按钮后，结果如图 14.21 所示。

由于程序中响应了单击按钮事件，并且用语句 myText.setText(null);清空了文本框中的内容，所以可以看到文本框已经为空。同样，程序还可以正常退出。

程序中，为两个组件添加了监听器，添加的模式差不多，但所用的方法以及对象都有区别：

图 14.20　程序启动时的截图　　　　　　　　　图 14.21　按下按钮之后的截图

```
//为窗口添加监听器
myFrame.addWindowListener(this);
//为按钮添加监听器
mybtn.addActionListener(this);
```

　　要被监听的对象一个是myFrame，一个是mybtn。添加的监听器方法一个是addWindow-Listener，另一个是addActionListener。不过用于监听的对象都是本身，所以参数都是this。

　　下面再将上面的例子改得更复杂一点，对输入文本框的内容进行实时监控。如果输入的不是数字，则给出提示。这需要监听键盘事件，或者实现 KeyListener 接口，或者继承KeyAdapter 类。由于本类已经继承了 WindowAdapter，不能再继承其他的类，所以采用内部类来继承。读者可以体会一下内部类在实现多重继承中的作用。

【例 14.5】　监听键盘事件。

//--------------文件名 reMulEvent.java，程序编号 14.5-----------

```java
import java.awt.*;
import java.awt.event.*;
public class reMulEvent extends WindowAdapter implements ActionListener{
  Frame myFrame;
  Label mylabel;
  TextField myText;
  Button mybtn;
  //这里写一个内部类来监听键盘事件，它由 KeyAdapter 派生出来
  public class myKeyAdapter extends KeyAdapter {
    //响应按键
    public void keyPressed(KeyEvent l) {
      //判断按下的键是否为数字键
      if (l.getKeyChar() < '0' || l.getKeyChar() > '9')
        mylabel.setText("你输入了非数字键");
      else
        mylabel.setText("你输入了数字键");
    }
  }
  public reMulEvent() {
    //创建监听器对象
    myKeyAdapter whatKey = new myKeyAdapter();
    myFrame=new Frame("AWT 窗口演示");
    mylabel=new Label("世界，你好！");
    myText=new TextField("请在这里填入内容");
    mybtn=new Button("清空内容");
    myFrame.add(mylabel);
    myFrame.add(myText);
    myFrame.add(mybtn);
```

```
    myFrame.setSize(200,200);
    myFrame.setLayout(new FlowLayout());
    myFrame.setVisible(true);
    //为窗口添加监听器
    myFrame.addWindowListener(this);
    //为按钮添加监听器
    mybtn.addActionListener(this);
    //为文本框添加监听器
    myText.addKeyListener(whatKey);
  }
  //关闭窗口的方法
  public void windowClosing(WindowEvent e){
    myFrame.dispose();
  }
  //为按钮添加监听器事件
  public void actionPerformed(ActionEvent e){
    if (e.getSource()==mybtn)
      myText.setText(null);
  }
  //程序主方法
  public static void main(String[] args) {
    new reMulEvent();
  }
}
```

当用户输入数字键时，程序运行情况如图 14.22 所示。当用户输入非数字键时，程序运行情况如图 14.23 所示。

图 14.22　输入数字键截图

图 14.23　输入非数字键截图

这个类中增加了一个内部类：

```
public class myKeyAdapter extends KeyAdapter
```

它从 KeyAdapter 派生而来，所以可以接收键盘事件。然后在 main()方法中，再创建这个类的对象：

```
myKeyAdapter whatKey = new myKeyAdapter();
```

随后，为文本框添加监听器：

```
myText.addKeyListener(whatKey);
```

注意它的参数是 whatKey，而非 this。这是因为 whatKey 才能接收到键盘事件。本程序很好地体现了内部类的作用。当然，根据 4.7 节的介绍，这里的内部类也可以写成匿名内部类的形式。如果方法体内部的语句不多，写成匿名内部类比较简洁。反之，则写成本例的形式更清晰一些。

14.5　Swing 组件的特性

Swing 包是从 JDK 1.2 起加入的界面设计接口。Swing 对 AWT 进行了大量的扩充，提供了一套非常漂亮的外观组件，也提供了不少新的功能。除了 AWT 中的组件，如按钮、复选框和标签外，Swing 还包括许多新的组件，如选项板、滚动窗口、树和表格。许多开发人员已经熟悉的组件，如按钮，在 Swing 都增加了新功能。而且，按钮的状态改变时，按钮的图标也可以随之改变。

与 AWT 组件不同，Swing 组件实现不包括任何与平台相关的代码。Swing 组件是纯 Java 代码，因此与平台无关。一般用轻量级（lightweight）这个术语描述这类组件。目前大多数的 GUI 程序都由 Swing 组件构成。

14.5.1　Swing 组件的优势

相比 AWT，Swing 组件的优势十分明显，如下所述。

❑ 它是 100%的纯 Java 实现，没有本地代码，是一种轻量级组件，不依赖本机操作系统的支持。在不同的平台上表现一致，而且可以提供本地系统不支持的特性。

❑ 可插入的外观感觉（Pluggable Look and Feel，PL&F）。程序员可以在程序中加入相应的开关，使得用户可以根据喜好选择不同的界面，甚至可以设计自己的外观和感觉。

❑ 组件多样化。Swing 是在 AWT 基础上的扩展，以 J 开头，增加了一些更为高级的组件集合，如表格（Jtable）、树（Jtree）等。

❑ 采用 MVC（Model-View-Control）体系结构。它设置了 3 个通信对象：模型、视图和控件。并将模型和视图分离开来，可以方便用户直接通过模型管理数据。

❑ 支持可存取性。所有 Swing 组件都实现了可存取性接口，使得辅助功能如屏幕阅读器、语音识别系统等，能十分方便地从 Swing 组件中得到信息。

❑ 支持键盘操作。通过使用 Jcomponent 类的 registerKeyboardAction 方法，能使用户通过键盘操作代替鼠标驱动 Swing 组件。

❑ 更漂亮的外表。许多 Swing 组件，如按钮、标签、菜单都可以添加图标，增强外观效果。

正因为有上面这些优势，所以 Swing 组件一经推出，就迅速取代了 AWT，成为编写 GUI 程序的首选。

14.5.2　Swing 组件的体系结构

Swing 包中的一个小子集对应了基本的 AWT 组件，但不是基于对等模式。大部分的 Swing 组件没有使用 AWT 组件，所以原先的 AWT 集合是被 Swing 扩充而不是代替。程序员可以在程序中同时使用 Swing 和 AWT 组件。图 14.24 所示是二者的关系。

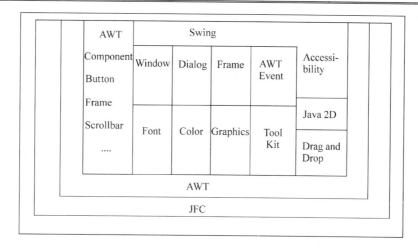

图 14.24　Swing 组件的体系结构图

Swing 的类库由 13 个包构成。其中，javax.swing 包含了大多数的组件和接口，而 javax.swing.event 则定义了 Swing 特有的事件类型和适配器。读者在 JDK API 手册中可以看到 Swing 包中所有的类及其关系图。

14.5.3　使用 Swing 组件编写 GUI 的层次结构

用 Swing 组件编写 GUI 程序与用 AWT 编写并没有太大的差别，层次结构图如 14.25 所示。

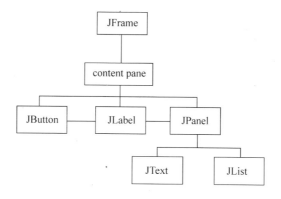

图 14.25　编写 GUI 程序的层次结构图

注意：JButton 不是直接放在 JFrame 上的。和 AWT 不同，系统规定 Swing 的普通组件不可直接放在顶层容器 JFrame 中。这是因为顶层容器是 AWT 组件 Frame 的直接子类，它是一个重量级组件，而一般 Swing 组件是轻量级的，可能会导致系统绘图出错。因此，所有的基本组件都应放在内容面板中。

Swing 组件可以分成下面几类。

❑ 顶层容器：只有 JFrame、JApplet、JDialog 和 Jwindow；

□　普通容器：也叫中间容器，包括 JPanel、JScrollPane、JSplitPane 和 JTabbedPane 等；

□　特殊容器：是起特殊作用的中间容器，包括 JInternalFrame、JLayeredPane、JRootPane 和 JToolBar；

□　基本组件：如 JButton、JComboBox、JList 和 JMenu 等。

为了与 AWT 区别，绝大多数 Swing 组件都以 J 开头。下面的章节将详细介绍这些组件的使用。

14.6　顶 层 容 器

Swing 有 4 种顶层容器：JFrame、JDialog、JApplet 和 JWindow，它们都是 AWT 中 Window 的子类，因此 Swing 的顶层容器是具有对等类的重量级组件。

14.6.1　框架类（JFrame）使用示例

JFrame 是 Swing 中的顶层窗口，它是 Frame 的子类。JFrame 是极少数几个不绘制在画布上的 Swing 组件之一。因此，它的各个组成部件（按钮、标题栏和图标等）是由用户的窗口系统绘制，而不是由 Swing 绘制。

尽管 JFrame 继承了 Frame 中所有的非私有方法，但其中有些方法使用起来会出错。例如，add、setLayout 等。这是因为要添加的组件不能直接加在 JFrame 上，所以这些方法只能是通过内容面板来使用，通常像下面这个样子：

```
jframe.getContentPane().add(child);
```

其中，getContentPane()用于获取 JFrame 自带的内容面板，然后将组件 child 加在这个容器上面。JFrame 拥有多种面板，getContentPane()获取的是内容面板，另外它还有透明面板、根面板等。但通常用户只需要使用内容面板。

注意：Sun 公司似乎在如何向 JFrame 添加组件这个事情上摇摆不定。在 JDK 1.3 中，可以直接将组件加在顶层容器上，只是有时候会出现绘制错误。而到了 JDK 1.4 中，这么做一定会引发一个异常。到 JDK 1.5 中，又允许直接使用 JFrame 的 add()方法，系统会自动将其加在内容面板上面。不过为了保险起见，读者最好还是显示地使用上面的方法。

JFrame 和 Frame 还有一个不同，就是它会响应窗口关闭事件，下面的例子简单演示了如何使用 JFrame 创建一个空白的窗口。

注意：Swing 组件位于 javax.swing 包中，需要引入才能使用。

【例 14.6】 JFrame 简单使用示例。

//-------------文件名 demoJFrame.java，程序编号 14.6-----------

```
//注意引入的javax.swing包
import javax.swing.*;
```

```
public class demoJFrame {
  JFrame mainJFrame;
  public demoJFrame() {
    //创建 JFrame 窗口
    mainJFrame=new JFrame("JFrame 演示窗口");
    //设置大小
    mainJFrame.setSize(200,200);
    //设置为可见
    mainJFrame.setVisible(true);
  }
  public static void main(String[] args) {
    new demoJFrame();
  }
}
```

程序 14.6 和前面写的 AWT 窗口看上去没有什么不同，程序运行截图如图 14.26 所示。

这个窗口也是一个标准的应用程序窗口，可移动、可调整大小。与 AWT 窗口不同的

是，它是可以关闭窗口的。当用户单击关闭窗口按钮时，窗口会消失掉。不过，尽管窗口不见了，但是 JVM 并没有退出运行，用户可以通过任务管理器看到，仍然有一个名为 java.exe 的进程在运行，需要通过任务管理器来关闭它。

要让 JVM 随着窗口的关闭（实际上，这里说关闭似乎并不准确，更为准确的说法是隐藏）而退出运行，可以使用两种方法：一是像 Frame 一样，写窗口响应的代码，用 System.exit()方法退出；另一种是直接使用 JFrame.setDefault-CloseOperation()方法，修改窗口关闭时的默认动作，指定要

图 14.26　程序 14.6 运行截图

退出 JVM，这种方法更简单，本书的多数程序都使用这种方法。

注意：用 Swing 写 GUI 程序，一定要记得采用上面两种方法之一来退出 JVM。否则，每启动一个程序就会有一个 java.exe 进程驻留在内存中，很消耗系统的内存资源，而且这一问题并不容易发现。

下面的程序改正了上面的这个小 bug，并且增加了一个标签在窗口上，这就需要使用内容面板和布局。

【例 14.7】　改正后的 JFrame 使用示例。

//-------------文件名 demoJFrame.java，程序编号 14.7-----------

```
import javax.swing.*;
import java.awt.*;  //布局在此包中
public class demoJFrame {
  JFrame mainJFrame;
  JLabel myJLabel;

  public demoJFrame() {
    mainJFrame=new JFrame("JFrame 演示窗口");
    myJLabel=new JLabel("世界，你好");
    //设置流式布局
```

```
    mainJFrame.getContentPane().setLayout(new FlowLayout());
    //注意这种添加组件的方法，需要把组件加在内容面板上
    mainJFrame.getContentPane().add(myJLabel);
    mainJFrame.setSize(200,200);
    mainJFrame.setVisible(true);
    //设置关闭窗口时退出 JVM
    mainJFrame.setDefaultCloseOperation(JFrame.EXIT_ON_CLOSE);
  }

  public static void main(String[] args) {
    new demoJFrame();
  }
}
```

程序运行截图如 14.27 所示。

这个窗口在关闭时，会退出 JVM。

14.6.2 小应用程序（JApplet）使用示例

JApplet 类是 Applet 的子类，相对于 Applet，它增加了很多功能。例如，它像 JFrame 一样拥有内容容器、透明容器和根容器。但是它与 JFrame 的限制也是一样的，需要将组件添加在内容面板上。

图 14.27 程序 14.7 运行截图

【例 14.8】 JApplet 使用示例。

//--------------文件名 demoJApplet.java，程序编号 14.8-----------

```
import javax.swing.*;
import java.awt.*;
//本类必须是 JApplet 的子类
public class demoJApplet extends JApplet {
  JLabel myJLabel;
  //覆盖 paint 方法，在屏幕上画出图形和文字
  public void paint(Graphics g){
    g.drawRect(100,100,200,200);
    g.drawString("这是画出来的文字",50,50);
  }
  //用它来安放 Swing 组件
  public void init(){
    getContentPane().setLayout(new FlowLayout());
    myJLabel=new JLabel("这是标签上的文字");
    getContentPane().add(myJLabel);
  }
}
```

程序运行截图如图 14.28 所示。

在这个程序中，混合使用了 paint 方法和 init 方法来分别画出文字图形，这个截图看上去还没有什么问题，但实际上这么做有很大的隐患。系统提供的 Swing 组件和用户自己绘制的图形文字并不能很好地共存，在重绘的时候经常会出现问题。因此建议读者只使用其中的一种方式。

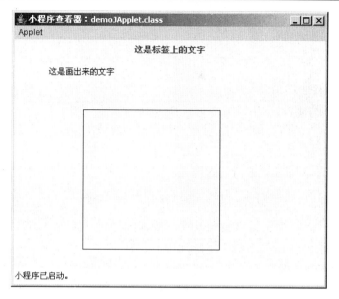

图 14.28　程序 14.8 运行截图

14.6.3　对话框（JDialog）使用示例

JDialog 是 Dialog 的子类，是对话框窗口。对话框和普通窗口的形式上有一点区别：它不能最大化和最小化，也不能改变窗口的大小。除此之外，和普通窗口都是一样的。Java 规定，JDialog 不能单独存在，需要依附于某个 JFrame 或 JApplet 才行。

【例 14.9】　JDialog 简单使用示例。

//--------------文件名 demoJDialog.java，程序编号 14.9-----------

```
import java.awt.FlowLayout;
import javax.swing.*;
public class demoJDialog {
 JFrame mainJFrame;
 JLabel myJLabel;
 JDialog subDialog;
 public demoJDialog() {
  mainJFrame=new JFrame("带对话框的 JFrame 演示窗口");
  myJLabel=new JLabel("世界，你好");
  //创建对话框
  subDialog=new JDialog(mainJFrame,"我是对话框");
  //为对话框设置布局
  subDialog.getContentPane().setLayout(new FlowLayout());
  //添加标签到对话框
  subDialog.getContentPane().add(myJLabel);
  //设置主界面的显示大小
  mainJFrame.setSize(200,200);
  mainJFrame.setVisible(true);
  mainJFrame.setDefaultCloseOperation(JFrame.EXIT_ON_CLOSE);
  //设置对话框的大小
  subDialog.setSize(200,200);
  //将对话框设置为可见
  subDialog.setVisible(true);
 }
```

```
  public static void main(String[] args) {
    new demoJDialog();
  }
}
```

程序运行截图如图 14.29 所示。

图 14.29 中，前面处于激活状态的窗口就是对话框。从程序 14.9 中可以看出，设置对话框的各种属性以及添加组件的方法和 JFrame 是完全一样的。

但创建对话框时，使用的是下面的语句：

```
subDialog=new JDialog(mainJFrame,"我是对话框");
```

其中，它的第一个参数 mainJFrame 是指定本对话框所属的主窗口，第二个参数"我是对话框"是标题栏。

图 14.29　程序 14.9 运行截图

对话框有两种形式：模态（modal）和非模态（non-modal）。模态对话框是指如果不关闭对话框，无法对主窗口进行操作，非模态对话框则反之。使用哪一种对话框必须在创建时就必须指定，默认的是非模态，上面的例子中，窗口是非模态的。如果想创建模态对话框，需要使用下面的方法：

```
subDialog=new JDialog(mainJFrame, "我是对话框", true);
```

其中，第三个参数为 true，就表示对话框是模态的。

对话框的最常见用途是给用户一些简单提示，在这种情况下，如果还要像 JFrame 一样添加标签和按钮，就过于麻烦了。所以 JDK 给程序员提供了一些已经制作好的对话框，可以直接调用，它们都是模态对话框。下面是一个简单的例子。

【例 14.10】 使用系统预定义的对话框。

//--------------文件名 showTriDialog.java，程序编号 14.10----------

```
import javax.swing.*;
import java.awt.event.*;
import java.awt.*;

public class showTriDialog implements ActionListener{
  JFrame mainJframe;
  JButton btnMessage,btnComfirm,btnInput;
  Container con;

  public showTriDialog() {
    mainJframe=new JFrame("对话框使用范例");
    btnMessage=new JButton("显示消息对话框");
    btnComfirm=new JButton("显示确认对话框");
    btnInput=new JButton("显示输入对话框");
    //获取内容面板的引用
    con=mainJframe.getContentPane();
    //向内容面板中添加组件
    con.add(btnComfirm);
    con.add(btnMessage);
    con.add(btnInput);
    //设置流式布局
    con.setLayout(new FlowLayout());
    //3 个按钮共用一个监听器
```

```
    btnComfirm.addActionListener(this);
    btnMessage.addActionListener(this);
    btnInput.addActionListener(this);
    mainJframe.setSize(200,200);
    mainJframe.setVisible(true);
    mainJframe.setDefaultCloseOperation(JFrame.EXIT_ON_CLOSE);
}
//处理按钮事件
public void actionPerformed(ActionEvent e){
    //判断事件源是哪一个按钮，并显示相应的对话框
    if(e.getSource()==btnComfirm)
        //显示有 3 个按钮的对话框
        JOptionPane.showConfirmDialog(mainJframe,
                "这是一个有三个按钮的确认框,\n 按任意按钮返回");
    else if(e.getSource()==btnMessage)
        //显示只有一个确定按钮的消息对话框
        JOptionPane.showMessageDialog(mainJframe,"这是一个简单的消息框");
    else
        //显示一个有输入框的对话框
        JOptionPane.showInputDialog(mainJframe,"这是一个可供用户输入简单信息
        的对话框");
}
public static void main(String[] args) {
    new showTriDialog();
}
}
```

程序启动时的运行截图如图 14.30 所示。当单击"显示确认对话框"之后，运行截图如图 14.31 所示。当单击"显示消息对话框"之后，运行截图如图 14.32 所示。当单击"显示输入对话框"之后，运行截图如图 14.33 所示。

图 14.30　程序启动时的运行截图

图 14.31　确认对话框

图 14.32　消息对话框

图 14.33　输入对话框

这个程序虽然简单，但仍然有一些地方值得研究。

首先，主窗口中的 3 个按钮是用同一个对象的同一个方法在监听，为了区分事件由哪个按钮引发，需要用到如下的方法：

```
if(e.getSource()==btnComfirm)
```

这里的 getSource()就是获取事件源的名称。

其次,要获取内容面板需要用到 mainJframe.getContentPane()方法,这里要添加多个按钮,所以这条语句要写多次,这比较麻烦。程序中采用了一个更常用的方法,先声明一个 Container 类型的变量,而后用:

```
con=mainJframe.getContentPane();
```

获取对内容面板的一个引用,以后就可以直接用 con 作 add()操作。

第三个值得注意的地方是 JOptionPane 类,这个类提供了各种静态方法以显示对话框。这里只用到了其中的 3 种对话框,每一种对话框在显示时,还可以指定一些参数,程序员可以通过这些参数对对话框进行定制。更为详细的说明请参阅 API 手册中 JOptionPane 类的说明。

多数对话框可以返回用户的输入值,这里的程序没有获取对话框的返回值。不过本章后面的程序实例将演示如何获取这些返回值。

14.7 中 间 容 器

一般来讲,顶层容器是重量级容器,而一些经常用来添加组件的轻量级容器就被称为中间容器。在 Swing 包中,中间容器的共同特点是不能独立存在,必须包含在其他顶层或中间容器中。本节就介绍这些常用的中间容器。

14.7.1 面板(JPanel)使用示例

JPanel 被称为面板,是最常用的中间容器。一般情况下,先将各种基本组件添加到其中,然后再将 JPanel 添加到其他容器(特别是顶层容器)中。JPanel 的默认布局是流式布局,先看下面这个简单例子。

【例 14.11】 面板使用简单示例。

```
//--------------文件名 demoJPanel.java,程序编号 14.11----------
import java.awt.FlowLayout;
import javax.swing.*;
  public class demoJPanel {
    JPanel myJPanel;
    JFrame mainJFrame;
    JLabel myJlabel;
    public demoJPanel(){
      mainJFrame=new JFrame("JPanel 使用示例");
      myJlabel=new JLabel("本标签放在 JPanel 上");
      myJPanel=new JPanel();
      //设置本面板的布局
      myJPanel.setLayout(new FlowLayout());
      //将标签添加到面板上
      myJPanel.add(myJlabel);
      //可以直接将面板添加到窗口中
      mainJFrame.add(myJPanel);
```

```
        mainJFrame.setSize(200,200);
        mainJFrame.setVisible(true);
        mainJFrame.setDefaultCloseOperation(JFrame.EXIT_ON_CLOSE);
    }
    public static void main(String[] args){
        new demoJPanel();
    }
}
```

程序运行截图如图 14.34 所示。

从图 14.34 中可以看出，完全看不到 JPanel 的踪迹，中间容器大多数如此，它们仅仅起到一个容纳以及方便布局的作用，本身是不会显示出来的。程序中还有一个地方值得注意，JPanel 可以直接添加到窗口上，因为它本身就是中间容器。

JPanel 一个作用是方便布局，这将在本章后面的实例中介绍。另外它还有一个很重要的作用，就是当作画布来用。

图 14.34　程序 14.11 运行截图

【例 14.12】　在面板上画出简单图形示例 1。

//-------------文件名 painting_1.java，程序编号 14.12----------

```
import java.awt.*;
import javax.swing.*;
public class painting_1{
  MyCanvas palette;
  JFrame mainJFrame;
  //用一个内部类继承并扩展 JPanel 类
  public class MyCanvas extends JPanel{
    //当控件发生变化时，系统会调用此方法，所以需要重载此方法
    public void paintComponent(Graphics g){
      //设置画笔颜色为红色
      g.setColor(Color.red);
      //画一个直径100的圆
      g.drawArc(10,10,100,100,0,360);
      //画一个正方形
      g.drawRect(50,50,100,100);
      //将文字画出来
      g.drawString("测试",30,30);
    }
  }
  public painting_1(){
    mainJFrame=new JFrame("用 JPanel 画图示例");
    palette=new MyCanvas();
    mainJFrame.add(palette);
    mainJFrame.setSize(300,300);
    mainJFrame.setVisible(true);
    mainJFrame.setDefaultCloseOperation(JFrame.EXIT_ON_CLOSE);
  }
  public static void main(String[] args){
    new painting_1();
  }
}
```

程序运行截图如图 14.35 所示。

当这个窗口改变时（包括最大化、最小化和调整窗口大小），窗口中的图形和文字仍然可以正常显示。这看上去似乎是理所应当的。但实际上这要归功于 paintComponent()方法。本程序中所有绘制图形的语句都写在这个方法中。该方法会在 JPanel 发生改变时被系统自动调用，其中的绘图语句自然会被执行。这一点很像 Applet 中的 paint()方法，包括它的参数 Graphics 的使用。

下面的程序中，将要绘制更为复杂的图形，不过这次使用的方法不同，它是由用户单击按钮之后才会画图。

图 14.35 程序 14.12 运行截图

【例 14.13】 在面板上画出简单图形示例 2。

//-------------文件名 painting_2.java，程序编号 14.13----------

```java
import java.awt.*;
import java.awt.event.*;
import javax.swing.*;
import java.lang.Math;
public class painting_2 {
  JPanel palette;
  JFrame mainJFrame;
  JButton btn;
  Container con;
  dealPushBtn handleBtn;
  //定义一个内部类来响应按钮事件
  public class dealPushBtn implements ActionListener{
    //当用户按下按钮时，在画布上画出图形
    public void actionPerformed(ActionEvent e){
      Graphics g;
      final int orign_x=100,orign_y=100, radio=50;  //圆的初始位置和半径
      final double scope=30.0/180.0*Math.PI;         //每次转动的角度
      double angle=0.0;
      int x=orign_x+radio,y=orign_y;
      //注意画笔的获取方式，这是获取面板的画笔
      g=palette.getGraphics();
      //设置画笔颜色为绿色
      g.setColor(Color.green);
      //按照顺时针方向画出 12 个同样大小的圆形
      for(int i=0;i<12;i++){
        g.drawArc(x,y,radio*2,radio*2,0,360);
        //计算下一个圆的位置
        angle += scope;
        x=(int)(radio*Math.cos(angle)+orign_x);
        y=(int)(radio*Math.sin(angle)+orign_y);
      }
    }
  }
  public painting_2(){
    mainJFrame=new JFrame("用 JPanel 画图示例");
    handleBtn=new dealPushBtn();
    btn=new JButton("画图");
    btn.addActionListener(handleBtn);
    palette=new JPanel();
    palette.add(btn);
    mainJFrame.add(palette);
```

```
    mainJFrame.setDefaultCloseOperation(JFrame.EXIT_ON_CLOSE);
    palette.setLayout(new FlowLayout());
    mainJFrame.setSize(300,300);
    mainJFrame.setVisible(true);
  }
  public static void main(String[] args){
    new painting_2();
  }
}
```

程序启动时的程序截图如图 14.36 所示。当单击"画图"按钮之后，程序的截图如图 14.37 所示。

图 14.36　程序 14.13 启动时截图

图 14.37　单击"画图"按钮之后的程序截图

这个图形比前面的例题看上去要复杂一些，其实也不过是将 12 个同样大小的圆按照等距离绘制在面板上。如何画这幅图在这里并不是重点，读者应该要注意到上面两个程序之间的差别：同样是利用 Graphics 来画图，在程序 14.12 中，可以直接使用参数，这个参数是由系统调用时传递进来的。在程序 14.13 中，没有这个参数可以使用，所以必须用 palette.getGraphics()的形式来获取画笔。大多数的组件都有这个方法，一旦获取了某组件的画笔，所绘制的图形就在该组件上面。

两个程序的另外一个差别是：当程序 14.13 的窗口改变时（例如，改变大小、最大化、最小化），上面的图形就会不见了，当然按钮还是在上面。这是因为按钮是用 add()方法添加上去的，面板知道自己在什么位置上有个什么样的组件，一旦重绘事件发生，就会通知该组件重新绘制自己；而这幅图片是程序另外画上去的，面板并不知道它的存在，自然也不会重绘。要想取得像程序 14.12 那样的效果，还需要响应 paintComponent 事件。对于程序的改进，留给读者自己练习。

14.7.2　滚动面板（JScrollPane）使用示例

如果组件尺寸较大，在窗口的可视区域内不能全部显示，就需要一个滚动窗口。而 JScrollPane 就提供了水平和垂直滚动条，配合 ScrollPaneLayout 设定布局，就可以构成需要的滚动窗口。

JScrollPane 提供了 4 个构造方法。

❑ JScrollPane()：创建一个空面板，水平和垂直滚动条在需要的时候出现。

❑ JscrollPane(int vsbPolicy, int hsbPolicy)：创建一个空面板，两个参数分别指定垂直

和水平滚动条的使用策略。

- ❑ JscrollPane(Component view)：创建一个含有组件 view 的面板，垂直和水平滚动条始终出现。
- ❑ JscrollPane(Component view,int vsbPolicy,int hsbPolicy)：创建一个含有组件 view 的面板，后两个参数分别指定垂直和水平滚动条的使用策略。

JScrollPane 还定义了相关的常量，代表垂直和水平滚动条的使用策略。

- ❑ HORIZONTAL_SCROLLBAR_ALWAYS：水平滚动条始终出现。
- ❑ HORIZONTAL_SCROLLBAR_AS_NEEDED：水平滚动条在需要的时候出现。
- ❑ HORIZONTAL_SCROLLBAR_NEVER：水平滚动条永不出现。
- ❑ VERTICAL_SCROLLBAR_ALWAYS：垂直滚动条始终出现。
- ❑ VERTICAL_SCROLLBAR_AS_NEEDED：垂直滚动条在需要的时候出现。
- ❑ VERTICAL_SCROLLBAR_NEVER：垂直滚动条永不出现。

使用 JScrollPane 类的时候要向其中添加组件，它提供了两种方法：一是在创建时就将组件添加到其中；二是使用 JViewport 类的 add()方法来实现。下面分别介绍。

【例 14.14】 在 JScrollPane 创建时添加组件示例。

//--------------文件名 demoJScrollPane_1.java，程序编号 14.14-----------

```java
import javax.swing.*;
public class demoJScrollPane_1 {
  JScrollPane myJspane;
  JLabel myJlbl;
  JFrame myJFrame;
  public demoJScrollPane_1() {
  myJFrame=new JFrame("JScrollPane 使用示例");
  //加载一个图片文件
  Icon picture = new ImageIcon("test.jpg");
  myJlbl=new JLabel(picture);
  //创建面板，同时将标签添加到上面
  myJspane=new JScrollPane(myJlbl);
  //设置面板的布局方式，它只有这一种布局方式
  myJspane.setLayout(new ScrollPaneLayout());
  myJFrame.add(myJspane);
  myJFrame.setSize(300,300);
  myJFrame.setVisible(true);
  myJFrame.setDefaultCloseOperation(JFrame.EXIT_ON_CLOSE);
  }
  public static void main(String[] args) {
    new demoJScrollPane_1();
  }
}
```

程序运行截图如图 14.38 所示。

这个程序运行时需要加载一幅图片，文件名为 test.jpg，该文件必须与程序放在同一目录下。

将组件添加到 JScrollPane 中的另外一种方法是调用 add()方法，但该方法并非 JScrollPane 所有，而是 JViewport 类所有。JViewport 是指在一个滚动窗口中有一个视点，当用户拖动滚动条时，移动的是视点，就像照相机的镜头一样。通常 JViewport 要与 JScrollPane 配合使用，它们之间的关系如图 14.39 所示。

图 14.38　程序 14.14 运行截图

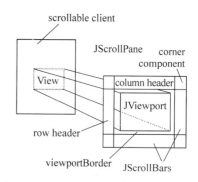

图 14.39　JViewport 与 JScrollPane 的关系

在 JScrollPane 类中，提供了一个方法：getViewport()，可以获得与当前对象相关联的 JViewport 对象，然后再使用该对象的 add()方法就可以向其中添加组件了。

【例 14.15】　通过 add()方法添加组件示例。

//--------------文件名 demoJScrollPane_2.java，程序编号 14.15-----------

```java
import javax.swing.*;
public class demoJScrollPane_2 {
 JScrollPane myJspane;
 JLabel myJlbl;
 JFrame myJFrame;
 public demoJScrollPane_2() {
  myJFrame=new JFrame("JScrollPane 使用示例");
  //加载一个图片文件
  Icon picture = new ImageIcon("test.jpg");
  myJlbl=new JLabel(picture);
  //创建空面板
  myJspane=new JScrollPane();
  //设置面板的布局方式
  myJspane.setLayout(new ScrollPaneLayout());
   //向其中添加标签
  myJspane.getViewport().add(myJlbl);
  myJFrame.add(myJspane);
  myJFrame.setSize(300,300);
  myJFrame.setVisible(true);
  myJFrame.setDefaultCloseOperation(JFrame.EXIT_ON_CLOSE);
 }
 public static void main(String[] args) {
  new demoJScrollPane_2();
 }
}
```

程序 14.15 和程序 14.14 的运行情况是完全一样的。

🔔注意：无论采取哪种方法，都只能在 JScrollPane 中放置一个组件。如果多次添加，后面添加的组件将覆盖前面的组件。如果有多个组件要存放在 JScrollPane 中，需要先将这些组件存放在另外一个中间容器中，再将这个中间容器添加到 JScrollPane 中。

14.7.3　分隔板（JSplitPane）使用示例

JSplitPane 可以将一个窗口分隔成为两个相对独立的区域。分隔方式有水平和垂直两种，用户可以拖动分隔板来改变区域的大小。

它有多个构造方法，其中最常用的构造方法为：

```
JSplitPane(int newOrientation, Boolean newContinuousLayout,
                            Component left, Component right);
```

其中，参数 newOrientation 指示分隔方向，可以是 JSplitPane.HORIZONTAL_SPLIT（水平）或 JSplitPane.VERTICAL_SPLIT（垂直）之一。参数 newContinuousLayout 决定当分隔板移动时，组件是否连续变化。left 是放置在左侧或上方的组件。right 是放置在右侧或下方的组件。

除了构造方法，JSplitPane 也提供了对分隔的组件进行重新设置的方法。

❑ setBottomComponent（Component comp）：在右边或下边添加组件。

❑ setLeftComponent（Component comp）：在左边或上边添加组件。

❑ setContinuousLayout（boolean newContinuousLayout）：设置移动时是否连续显示。

❑ setOrientation（int orientation）：设置分隔方式。

【例 14.16】　分隔板简单示例 1。

//--------------文件名 demoJSplitPane_1.java，程序编号 14.16-----------

```
import javax.swing.*;
public class demoJSplitPane_1 {
  JSplitPane myJsplitpane;
  JLabel myJlbl1,myJlbl2;
  JFrame myJFrame;
  public demoJSplitPane_1() {
    myJFrame=new JFrame("JSplitPane 使用示例");
    myJlbl1=new JLabel("这是左边窗口");
    myJlbl2=new JLabel("这是右边窗口");
    //创建分隔板，设置分割方式为水平
    myJsplitpane=new JSplitPane(JSplitPane.HORIZONTAL_SPLIT,true,
                          myJlbl1,myJlbl2);
    myJFrame.add(myJsplitpane);
    myJFrame.setSize(200,100);
    myJFrame.setVisible(true);
    myJFrame.setDefaultCloseOperation(JFrame.EXIT_ON_CLOSE);
  }
  public static void main(String[] args) {
    new demoJSplitPane_1();
  }
}
```

程序运行截图如图 14.40 所示。

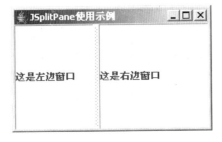

图 14.40　程序运行截图

图中的分隔条可以左右拖动，其中的文字也会随之移动。

与 JScrollPane 相同，在 JSplitPane 的一侧只能放置一个组件。如果需要放置多个组件，需要将这些组件放在另外一个中间容器中（这个中间容器也可以是 JSplitPane），再添加进来。下面的例子中，将一个窗口分割成为 4 个区域，就是采用的这种方法。

【例 14.17】　分隔板简单示例 2。

//--------------文件名 demoJSplitPane_2.java，程序编号 14.17-----------

```
import javax.swing.*;
public class demoJSplitPane_2 {
  JSplitPane leftJsplitpane,rightJsplitpane,mainJsplitpane;
  JLabel myJlbl1,myJlbl2,myJlbl3,myJlbl4;
  JFrame mainJFrame;
  public demoJSplitPane_2() {
    mainJFrame=new JFrame("JSplitPane 使用示例");
    myJlbl1=new JLabel("这是左侧上边的窗口");
    myJlbl2=new JLabel("这是左侧下边的窗口");
    //设置分隔板为垂直分割，两个标签分别添加到上、下区域
    leftJsplitpane=new JSplitPane(JSplitPane.VERTICAL_SPLIT,true,
                                  myJlbl1,myJlbl2);
    myJlbl3=new JLabel("这是右侧上边的窗口");
    myJlbl4=new JLabel("这是右侧下边的窗口");
    //设置分隔板为垂直分割，两个标签分别添加到上、下区域
    rightJsplitpane=new JSplitPane(JSplitPane.VERTICAL_SPLIT,true,
                                   myJlbl3,myJlbl4);
    //设置分隔板为水平分割，前面两个分隔板分别添加到左、右区域
    mainJsplitpane=new JSplitPane(JSplitPane.HORIZONTAL_SPLIT,true,
                                  leftJsplitpane,rightJsplitpane);
    mainJFrame.add(mainJsplitpane);
    mainJFrame.setSize(300,300);
    mainJFrame.setVisible(true);
    mainJFrame.setDefaultCloseOperation(JFrame.EXIT_ON_CLOSE);
  }
  public static void main(String[] args) {
    new demoJSplitPane_2();
  }
}
```

程序运行截图如图 14.41 所示。

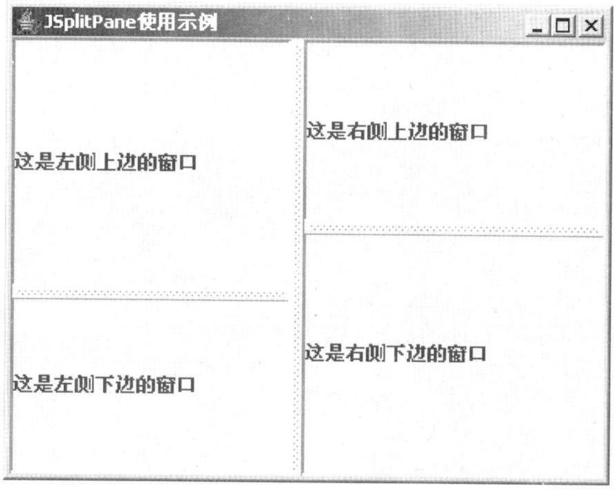

图 14.41　程序 14.17 运行截图

无论是水平分割还是垂直分割，默认的方式都是将左侧或上方的区域压缩到恰好是放置在其中的组件大小，而将剩余区域全部留给右侧和下方。如果这么做不太美观，就需要使用 setDividerLocation()方法来设置两边区域的大小。

14.7.4 选项板（JTabbedPane）使用示例

JTabbedPane 允许用户单击不同的标签来选择不同的选项卡中的组件，其中标签的位置可以在上方也可以在下方。它有 3 个构造方法。

❑ JTabbedPane()：创建一个空的选项板，标签位置默认在选项板的顶部，布局也采用默认格式。

❑ JtabbedPane(int tabPlacement)：创建一个空的选项板，标签位置由 tabPlacement 决定，它可以是 JTabbedPane.TOP、JTabbedPane.BOTTOM、JTabbedPane.LEFT 或 JTabbedPane.RIGHT 之一。

❑ JtabbedPane(int tabPlacement, int tabLayoutPolicy)：创建一个空的选项板，标签位置由 tabPlacement 决定，布局由 tabLayoutPolicy 决定。

JTabbedPane 有两类方法可以向其中添加组件：一是 add()方法，它可以向已经定义好标签选项卡内添加组件；二是 addTab()，它添加新的选项卡和标签，以及放在选项板内的组件。实际编程中，常使用第二种方法。

addTab()方法有 3 个重载的方法。

❑ void addTab(String title,Component component)：增加一个标题为 title 的标签，同时将 component 组件放置在其中。

❑ void addTab(String title,Icon icon,Component component)：增加一个标题为 title、图标为 icon 的标签，同时将 component 组件放置在其中。

❑ void addTab(String title,Icon icon,Component component,String tip)：增加一个标题为 title 的标签，同时将 component 组件放置在其中，tip 是提示字符串。

【例 14.18】 选项板使用示例。

//--------------文件名 demoJTabbedPane.java，程序编号 14.18-----------

```
import javax.swing.*;
public class demoJTabbedPane {
  JTabbedPane myJtabpane;
  JLabel myJlbl1,myJlbl2;
  JFrame mainJFrame;
  public demoJTabbedPane() {
    mainJFrame=new JFrame("JTabbedPane 使用示例");
    myJlbl1=new JLabel("这是第一个选项卡");
    myJlbl2=new JLabel("这是第二个选项卡");
    //创建一个空白选项板
    myJtabpane=new JTabbedPane();
    //添加选项卡，同时指定标签的标题和放置的组件
    myJtabpane.addTab("标签一",myJlbl1);
    myJtabpane.addTab("标签二",myJlbl2);
    mainJFrame.add(myJtabpane);
    mainJFrame.setSize(300,300);
    mainJFrame.setVisible(true);
    mainJFrame.setDefaultCloseOperation(JFrame.EXIT_ON_CLOSE);
```

```
  }
  public static void main(String[] args) {
    new demoJTabbedPane();
  }
}
```

程序运行截图如图 14.42 所示。

图 14.42　程序 14.18 运行截图

当用户单击上面的标签时，将自动切换选项卡，并显示放置在其中的组件。但这个时候，程序也需要知道用户到底在哪一个选项卡中进行操作，这可以通过调用 getSelectedIndex()方法来获取。

🔔注意：第一个选项卡的索引号为 0。

14.7.5　工具栏（JToolBar）使用示例

大多数的 GUI 程序都会有一个工具栏，用于放置一些快捷按钮，JToolBar 就是 JDK 提供的工具栏，可以将 JButton 加在上面，形成一般的工具栏式样。

在默认情况下，用户可以把工具栏拖动到容器各个边缘。因此，放置工具栏的容器应该使用 BorderLayout 布局，并且在其他边缘内不能存放其他的组件，而只能在容器的中心摆放一个组件。

JToolBar 提供的构造方法有以下 4 种。

❑　JToolBar()：创建一个空的工具栏，默认放置方向为水平方向。

❑　JtoolBar(int orientation)：创建一个空的工具栏，放置方向由 orientation 指定。

❑　JToolBar(String name)：创建一个空的工具栏，name 是它的名字。

❑　JtoolBar(String name,int orientation)：创建一个空的工具栏，name 指定名字，orientation 指定方向。

JToolBar 的使用非常简单，只是要注意往其中添加的按钮通常是带图标的。

【例 14.19】　工具栏使用示例。

//-------------文件名 demoJToolBar.java，程序编号 14.19-----------

```
import javax.swing.*;
import java.awt.*;
```

```
public class demoJToolBar {
  JFrame mainJFrame;
  JToolBar myJToolBar;
  JButton myJbtn1,myJbtn2;
  Container con;
  public demoJToolBar() {
    mainJFrame=new JFrame("JToolBar 使用示例");
    con=mainJFrame.getContentPane();
    myJToolBar=new JToolBar();
    myJbtn1=new JButton(new ImageIcon("OPEN.GIF"));      //为按钮装入图标
    myJbtn1.setToolTipText("打开文档");                    //设置提示信息
    myJbtn2=new JButton(new ImageIcon("CLOSE.GIF"));     //为按钮装入图标
    myJbtn2.setToolTipText("关闭文档");                    //设置提示信息
    myJToolBar.add(myJbtn1);
    myJToolBar.add(myJbtn2);
    con.add(myJToolBar,BorderLayout.NORTH);              //注意布局方式
    mainJFrame.setSize(300,300);
    mainJFrame.setVisible(true);
    mainJFrame.setDefaultCloseOperation(JFrame.EXIT_ON_CLOSE);
  }
  public static void main(String[] args) {
    new demoJToolBar();
  }
}
```

程序启动时运行截图如图 14.43 所示。还可以拖动工具栏到窗口的其他位置，比如左侧垂直放置，如图 14.44 所示。

图 14.43　程序启动时的运行截图

图 14.44　拖动工具栏到窗口其他位置的截图

从以上图中可以看出，要实现拖动功能，并不需要编一行程序代码，它的表现完全是一个标准的工具栏式样。

14.8　常用组件

本节介绍一些最常用的可视化组件，它们都是 Swing 中的轻量级组件。这些都是基本组件，不能单独存在，需要放在其他容器中。和中间容器不同，大多数的基本组件都要求程序员写事件响应代码，才能充分发挥其功能。

Swing 中的组件都采用了一种著名的设计模式：模型-视图-控制器（model-view-controller，简称 MVC）模式。MVC 模式遵循一个基本原则：不要让一个对象承担过多的功能。即便是简单的一个按钮类，它也是由一个对象负责存储内容，一个对象负责组件的外观，另外一个对象负责处理用户的输入。扩展开来，所有的组件都按照下面的模式来设计。

❑ 模型（model）：存储内容；

❑ 视图（view）：显示内容；

❑ 控制器（controller）：处理用户输入。

当然，有时候模型中存储的内容并不一定都会显示出来，视图会根据需要选择其中的一部分显示。MVC 的一个优点是：一个模型可以有多个视图，其中的每个视图都可以显示全部内容的不同部分。

关于 MVC 模式的优点，本书并不打算深入介绍，有兴趣的读者可以参阅《设计模式——可复用面向对象软件的基础》一书。不过，MVC 模式在某些情况下使程序员不太习惯，特别是 Delphi 或 VB 程序员会觉得某些地方处理起来过于繁琐。但总体来说，MVC 是一种相当先进的设计模式，当程序员熟悉了这种设计模式之后，在操作一些复杂的组件时会觉得很方便。在本节后面的几个复杂的例子中，读者将会体会到 MVC 模式的便利。

14.8.1　标签（Jlabel）使用示例

标签是用来显示信息最常用的组件，前面的程序都使用过标签。大多数情况下，标签不需要响应事件，所以编程很简单。Swing 中的标签一个突出特点是可以放入图像，让程序外观更漂亮。

要在标签中添加图像，常用的方法是利用它的构造方法：Jlabel(Icon image)，或者使用成员方法：setIcon(Icon icon)。这两个方法的参数都是一个加载了图片的 Icon 对象。

【例 14.20】　图像标签使用示例。

//-------------文件名 demoJLabel_1.java，程序编号 14.20-----------

```java
import javax.swing.*;
import java.awt.*;
public class demoJLabel_1 {
  JLabel imgLabel;
  JFrame mainJFrame;
  Container con;
  public demoJLabel_1() {
    mainJFrame=new JFrame("图像标签使用示例");
    con=mainJFrame.getContentPane();
    //用下面的方法创建一个带图片的标签，图片可以是 GIF 或 JPG 格式
    imgLabel=new JLabel(new ImageIcon("test.jpg"));
    con.add(imgLabel,BorderLayout.CENTER);
    mainJFrame.setSize(300,300);
    mainJFrame.setVisible(true);
    mainJFrame.setDefaultCloseOperation(JFrame.EXIT_ON_CLOSE);
  }
  public static void main(String[] args) {
    new demoJLabel_1();
  }
}
```

程序运行截图如图 14.45 所示。

图 14.45　程序 14.20 运行截图

当外部的窗口改变大小时，标签也会随之对图片进行裁剪。程序中生成了一个
ImageIcon 对象：

```
new ImageIcon("test.jpg")
```

其中，test.jpg 是一幅图片文件，它可以是 jpg 或 gif 格式，但不能是更为简单的 bmp
格式。这大概与 bmp 是微软的专利格式有关。

如果需要改变标签上的文字或图像，可以使用 setText()和 setIcon()方法。另外，JLabel
实际上是可以监听鼠标事件的，程序员可以将鼠标变成自己想要的形状。例如在例 14.21
中，当鼠标移动到标签位置时，将变成手的形状，以做出链接的效果。

【例 14.21】 改变标签上鼠标形状示例。

//-------------文件名 demoJLabel_2.java，程序编号 14.21-----------

```java
import javax.swing.*;
import java.awt.event.*;
import java.awt.*;

public class demoJLabel_2 {
  JLabel linkLabel;
  JFrame mainJFrame;
  Container con;
  ListenMouse listenmouse;
  //这个内部类用于监听鼠标事件
  public class ListenMouse extends MouseAdapter{
    //当鼠标移动到标签上时
    public void mouseEntered(MouseEvent e){
      //改变标签上鼠标的形状，变成手的形状
      linkLabel.setCursor(new Cursor(Cursor.HAND_CURSOR));
    }
  }
  public demoJLabel_2() {
    listenmouse=new ListenMouse();
    mainJFrame=new JFrame("图像标签使用示例");
```

```
    con=mainJFrame.getContentPane();
    linkLabel=new JLabel("把鼠标移到我这，将变成手的形状");
    //将标签放上方
    con.add(linkLabel,BorderLayout.NORTH);
    //添加鼠标监听器
    linkLabel.addMouseListener(listenmouse);
    mainJFrame.setSize(300,200);
    mainJFrame.setVisible(true);
    mainJFrame.setDefaultCloseOperation(JFrame.EXIT_ON_CLOSE);
  }
  public static void main(String[] args) {
    new demoJLabel_2();
  }
}
```

程序运行截图如图 14.46 所示。

14.8.2　按钮（JButton）使用示例

JButton 类是 AbstractButton 类的子类，它拥有与
AWT 中 Button 类相同的许多性质，例如，设置背景
色、设置激活状态、设置可用状态等。但与后者不同
的是，它可以同时显示文字和图片，因而显得更美观。
JButton 的构造方法如下。

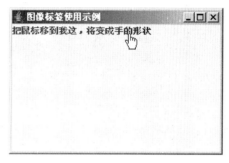

图 14.46　程序 14.21 运行截图

- ❑　JButton()：创建一个按钮，没有文字和图标。
- ❑　Jbutton(Action a)：创建一个按钮，属性来自于参数 a。
- ❑　Jbutton(Icon icon)：创建一个按钮，显示 icon 中的图片。
- ❑　Jbutton(String text)：创建一个按钮，显示 text 中的文字。
- ❑　Jbutton(String text, Icon icon)：创建一个按钮，显示文字和图片。

JButton 中的方法相当多，其中最常用的几个如下。

- ❑　void setIcon(Icon icon)：设置按钮上显示的图片。
- ❑　Icon getIcon()：获取按钮上显示的图片。
- ❑　void setText(String s)：设置按钮上显示的文字。
- ❑　String getText()：获取按钮上显示的文字。

一般情况下，按钮必须要响应 ActionListener 事件才有意义。在例 14.22 中，按钮上的
文字和图片会反复变化。

【例 14.22】　按钮使用示例。

//-------------文件名 demoJButton.java，程序编号 14.22-----------

```
import javax.swing.*;
import java.awt.event.*;
import java.awt.*;

public class demoJButton implements ActionListener{
  JButton shiftBtn;
  JFrame mainJFrame;
  Container con;
  ImageIcon closeIcon,openIcon;
  public demoJButton() {
    mainJFrame=new JFrame("图像按钮使用示例");
```

```
    closeIcon=new ImageIcon("close.gif");
    openIcon=new ImageIcon("open.gif");
    con=mainJFrame.getContentPane();
    //用下面的方法创建一个带图片的按钮，图片可以是 GIF 或 JPG 格式
    shiftBtn=new JButton("打开",openIcon);
    con.add(shiftBtn,BorderLayout.NORTH);
    //安装事件监听器
    shiftBtn.addActionListener(this);
    mainJFrame.setSize(300,300);
    mainJFrame.setVisible(true);
    mainJFrame.setDefaultCloseOperation(JFrame.EXIT_ON_CLOSE);
  }
  //监听用户单击按钮事件
  public void actionPerformed(ActionEvent e){
    if (e.getSource()==shiftBtn){
      //判断当前按钮是显示的文字，并根据文字做出相应的动作
      if(shiftBtn.getText().compareTo("打开")==0){
        shiftBtn.setText("关闭");            //设置文字
        shiftBtn.setIcon(closeIcon);       //设置图片
      }else{
        shiftBtn.setText("打开");
        shiftBtn.setIcon(openIcon);
      }
    }
  }
  public static void main(String[] args) {
    new demoJButton();
  }
}
```

程序启动时截图如图 14.47 所示。当单击按钮之后，截图如图 14.48 所示。

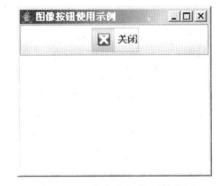

图 14.47　程序启动时的截图　　　　图 14.48　单击按钮之后的截图

如果反复单击这个按钮，就会循环显示"打开"和"关闭"。这个程序虽然简单，但却演示了一个基本的技巧：如何让一个按钮实现不同的功能。这只需要用分支语句来根据按钮上显示的文字执行不同的代码就可以了。

14.8.3　文本框（JTextField）和密码框（JPasswordField）使用示例

文本框允许用户输入一行字符，也可以由程序添加字符到文本框中。JTextField 的常用方法如下。

❑　void setText(String s)：设置文本框中的文字。

- String getText()：获取文本框中的文字。
- int getColumns()：获取文本框中的可以输入的字符个数。
- void setEditable(Boolean b)：设置文本框是否可编辑。

JTextField 可以响应的方法比较多，常用的有下面几个。

- TextEvent 事件：当文本内容发生改变时引发。
- ActionEvent 事件：当用户按下回车键后引发。
- KeyEvent 事件：当用户在文本框中输入按键时引发。

密码框是文本框的直接子类，除了父类方法，它新增加了两个方法。

- void setEchoChar(char ch)：设置密码框的显示字符，默认是"*"。
- String getPassword()：获取密码框中的密码，该方法取代了父类的 getText()方法。

例 14.23 模仿了常见的登录界面，这里使用默认的文本框和密码框，没有为文本框的 ActionEvent 写响应代码。

【例 14.23】 文本框和密码框使用示例。

//--------------文件名 demoJText.java，程序编号 14.23-----------

```java
import javax.swing.*;
import java.awt.event.*;
import java.awt.*;

public class demoJText {
  JLabel JLabel1,JLabel2;
  JFrame mainJFrame;
  Container con;
  JButton loginBtn,cancelBtn;
  JTextField userText;
  JPasswordField passwordField;
  HandleAction handleAction;
  //按钮事件监听器
  public class HandleAction implements ActionListener{
    public void actionPerformed(ActionEvent e){
      String msg;
      //如果按下确定键，显示用户名和密码
      if (e.getSource()==loginBtn){
        //用 getText()获取文本框中的数据，用 getPassword()获取密码框中的数据
        msg="你的用户名是:"+userText.getText()+"\n 你的密码是: "
                    +new String(passwordField.getPassword());
        JOptionPane.showMessageDialog(mainJFrame,msg);
      }
      //如果按下取消键，清空文本框和密码框
      else if(e.getSource()==cancelBtn){
        passwordField.setText("");
        userText.setText("");
      }
    }
  }

  public demoJText() {
    handleAction=new HandleAction();
    JLabel1=new JLabel("用户名");
    JLabel2=new JLabel("密 码");
    mainJFrame=new JFrame("文本框和密码框使用示例");
    con=mainJFrame.getContentPane();
```

```
    loginBtn=new JButton("登录");
    loginBtn.addActionListener(handleAction);
    cancelBtn=new JButton("取消");
    cancelBtn.addActionListener(handleAction);
    userText=new JTextField();
    //设置文本框的宽度，这个很重要
    userText.setColumns(20);
    passwordField=new JPasswordField();
     //设置密码框的宽度
    passwordField.setColumns(20);
    con.setLayout(new FlowLayout());
    con.add(JLabel1);
    con.add(userText);
    con.add(JLabel2);
    con.add(passwordField);
    con.add(loginBtn);
    con.add(cancelBtn);
    mainJFrame.setSize(300,300);
    mainJFrame.setVisible(true);
    mainJFrame.setDefaultCloseOperation(JFrame.EXIT_ON_CLOSE);
  }

  public static void main(String[] args) {
    new demoJText();
  }
}
```

当程序启动后，在文本框和密码框中输入数据时，截图如图 14.49 所示。当单击"登录"按钮后，截图如图 14.50 所示。

图 14.49　输入数据时的截图

图 14.50　按下"登录"按钮后的截图

从图 14.50 中可以清晰地看出，密码已经被程序读取出来，所以在密码框中输入的数据尽管显示为"*"，但对于程序而言，是完全可以知道的。另外，如果需要在输入密码时显示其他诸如"●"之类的符号，可以使用 setEchoChar('●')来实现。

在程序中有一个地方需要注意：

该行代码表示设置文本框的宽度为 20 个字符。如果没有这个设置，文本框的初始宽度会被设置为它拥有的字符数。但本程序中文本框中初始没有字符，所以它的宽度为 0，根本就无法输入数据。

在程序 14.23 中，如果用户在文本框或密码框中按下回车键，程序默认是没有反应的。但在实际使用中，用户常常会有这样的要求：当用户名输入完成后，按回车键光标进入密码框中；密码输入完成后，按回车键，就对用户名和密码进行检验（相当于单击了"登录"

按钮）。为了实现这一目标，文本框和密码框都需要响应回车键，也就是 ActionListener 事件，使得程序更人性化。

下面是在程序 14.23 基础上修改后的代码，请特别注意增加的部分。

//-------------文件名 demoJText.java，程序编号 14.24-----------

```java
import javax.swing.*;
import java.awt.event.*;
import java.awt.*;

public class demoJText {
  JLabel JLabel1,JLabel2;
  JFrame mainJFrame;
  Container con;
  JButton loginBtn,cancelBtn;
  JTextField userText;
  JPasswordField passwordField;
  HandleAction handleAction;
  //按钮事件监听器和文本框回车事件监听器
  public class HandleAction implements ActionListener{
    public void actionPerformed(ActionEvent e){
      String msg;
      if (e.getSource()==loginBtn){
        //用 getText() 获取文本框中的数据，用 getPassword() 获取密码框中的数据
        msg="你的用户名是:"+userText.getText()+"\n 你的密码是: "
                        +new String(passwordField.getPassword());
        JOptionPane.showMessageDialog(mainJFrame,msg);
      }
      else if(e.getSource()==cancelBtn){
        passwordField.setText("");
        userText.setText("");
      }
      //这里是新增的事件响应代码
      //如果事件源是文本框
      else if (e.getSource()==userText){
        //指定获取输入焦点的组件为 passwordField
        passwordField.requestFocus();
      }
      //如果事件源是密码框
      else if(e.getSource()==passwordField){
        //注意这个方法，直接调用按钮事件的响应代码
        loginBtn.doClick();
      }
    }
  }

  public demoJText() {
    handleAction=new HandleAction();
    JLabel1=new JLabel("用户名");
    JLabel2=new JLabel("密 码");
    mainJFrame=new JFrame("文本框和密码框使用示例");
    con=mainJFrame.getContentPane();
    loginBtn=new JButton("登录");
    loginBtn.addActionListener(handleAction);
    cancelBtn=new JButton("取消");
    cancelBtn.addActionListener(handleAction);
    userText=new JTextField();
    userText.setColumns(20);
```

```
        //为文本框增加监听器
        userText.addActionListener(handleAction);
        passwordField=new JPasswordField();
        passwordField.setColumns(20);
        //为密码框增加监听器
        passwordField.addActionListener(handleAction);
        con.setLayout(new FlowLayout());
        con.add(JLabel1);
        con.add(userText);
        con.add(JLabel2);
        con.add(passwordField);
        con.add(loginBtn);
        con.add(cancelBtn);
        mainJFrame.setSize(300,300);
        mainJFrame.setVisible(true);
        mainJFrame.setDefaultCloseOperation(JFrame.EXIT_ON_CLOSE);
    }

    public static void main(String[] args) {
        new demoJText();
    }
}
```

程序 12.24 的运行结果和程序 12.23 是完全一样的，但操作更方便一些。

注意：在文本框中按下回车键和单击按钮所引发的事件是一样的，都是 ActionListener 事件，所以需要写代码判断事件源。

14.8.4　文本区（JTextArea）使用示例

文本框一次只允许用户输入一行信息，而文本区（JTextArea）则允许用户输入多行信息，可以作为简单的全屏编辑器来使用。

注意：文本区本身是没有滚动条的，所以应该将它放入到一个滚动面板（JScrollPane）中。

文本框属于比较复杂的组件，提供了相当多的方法。表 14.6 列出了文本区常用的构造方法和普通成员方法。

表 14.6　文本区的常用方法

方　　法	说　　明
JTextArea()	按默认值创建一个空的文本区
JTextArea(int rows, int columns)	按指定的行和列创建一个文本区
JTextArea(String text)	创建一个文本区，拥有指定的字符串
void append(String str)	在文本区的末尾追加指定的字符串
void insert(String str, int pos)	在指定位置插入字符串
String getText()	获取文本区中的文本内容
void setFont(Font f)	指定显示时的字体
void setLineWrap(boolean wrap)	设定是否自动折行
void setText(String t)	设置文本区中的内容为字符串t
void copy()	将选定内容复制到剪贴板
void paste()	将剪贴板中的内容粘贴到光标位置
void cut()	将选定内容剪切到剪贴板

文本框可以监听的事件文本区都可以监听，另外，程序员还可以通过添加 Undoable-EditListener 监听器，访问 UndoableEdit 记录来实现 redo/undo 功能。

【例 14.24】　文本区使用示例。

//-------------文件名 demoJTextArea.java，程序编号 14.25-----------

```java
import javax.swing.*;
public class demoJTextArea {
  JFrame mainJFrame;
  JScrollPane JSpane;
  JTextArea JEdit;
  public demoJTextArea() {
    mainJFrame=new JFrame("JTextArea 使用示例");
    //创建一个空白文本区
    JEdit=new JTextArea();
    //将它添加到滚动面板中
    JSpane=new JScrollPane(JEdit);
    mainJFrame.add(JSpane);
    mainJFrame.setSize(300,300);
    mainJFrame.setVisible(true);
    mainJFrame.setDefaultCloseOperation(JFrame.EXIT_ON_CLOSE);
  }
  public static void main(String[] args) {
    new demoJTextArea();
  }
}
```

程序运行截图如图 14.51 所示。

图 14.51　程序 14.25 运行截图

虽然程序中没有为 JTextArea 编写一行代码，但它已经具备了一个全屏编辑器的基本功能。14.14 节将利用它来实现一个类似于记事本的程序。关于文本区更详细的介绍也在该程序中。

14.8.5　复选框（JcheckBox）使用示例

程序经常需要用户从多个项目中选出多个条件，JCheckBox 类就可以完成此功能。

JCheckBox 继承自 AbstractButton，所以也可以看成是一种特殊的按钮。复选框的状态只有两个：选中和未选中。这只需要调用 isSelected()，其返回值表示当前按钮框是否被选中。复选框拥有的方法很多，但常用的并不多，简要介绍如下。

- JCheckbox()：创建一个空的复选框，标题为空。
- Jcheckbox(String s)：创建一个复选框，标题为 s，标题在复选框的右边。
- JCheckbox(String s, boolean b)：创建一个复选框，标题为 s，b 设置初始状态，true 表示选中，默认值为 false。
- boolean isSelected()：如果本按钮被选中，则返回 true。
- void setSelected(boolean b)：设置本按钮被选中的状态，如果 b 为 true，就表示选中。该方法不会触发 actionEvent 事件。
- void doClick()：虚拟一个单击按钮事件，它的效果和用户单击该按钮完全相同。

要想知道用户选择了哪些复选框，有两种方法：一是依次调用每个复选框的 isSelected() 方法做判断；二是可以监听 ItemEvent 事件，即注册事件接口 ItemListener，可以实时获得用户的单击动作，结合复选框的初始状态，就可以知道复选框目前的状态了。

例 14.25 演示了如何获取复选框的状态。由于例中的复选框比较多，所以采用了复选框数组，这样编程比较简洁。

【例 14.25】 复选框使用示例。

//-------------文件名 demoJCheckbox.java，程序编号 14.26-----------

```java
import javax.swing.*;
import java.awt.event.*;
import java.awt.*;
public class demoJCheckbox implements ActionListener{
  JFrame mainJFrame;
  Container con;
  JButton OKBtn;
  JCheckBox box[];
  JLabel msgJlabel;
  static final String ProvinceName[]={"北京","上海","天津","辽宁",
                                "吉林","四川","湖南","湖北","广东"};
  public demoJCheckbox() {
    mainJFrame=new JFrame("JCheckBox 使用示例");
    con=mainJFrame.getContentPane();
    con.setLayout(new FlowLayout());
    msgJlabel=new JLabel("请至少选择一个你去过的省份");
    con.add(msgJlabel);
     //下面开始创建组件数组
    box=new JCheckBox[ProvinceName.length];
    for(int i=0;i<box.length;i++){
       //依次为每个元素创建复选框对象，初始状态为不选择
      box[i]=new JCheckBox(ProvinceName[i],false);
      con.add(box[i]);
    }
    OKBtn=new JButton("确定");
    OKBtn.addActionListener(this);
    con.add(OKBtn);
    mainJFrame.setSize(200,300);
    mainJFrame.setVisible(true);
    mainJFrame.setDefaultCloseOperation(JFrame.EXIT_ON_CLOSE);
  }
```

```
public void actionPerformed(ActionEvent e){
  String tmpmsg="";
  int count=0;
  //遍历整个数组，访问每一个复选框组件
  for(int i=0;i<box.length;i++){
    //判断这个复选框是否被选中
    if (box[i].isSelected()){
      count++;
      tmpmsg=tmpmsg+box[i].getText()+" ";
    }
  }
  JOptionPane.showMessageDialog(mainJFrame,"你选择了" +
                               count+"个省份，它们是:\n"+tmpmsg);
}

public static void main(String[] args) {
  new demoJCheckbox();
}
}
```

程序启动时截图如图 14.52 所示。选择某些复选框，再单击"确定"按钮之后，截图如图 14.53 所示。

图 14.52　程序启动时截图

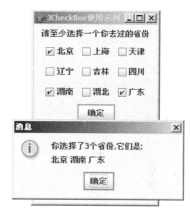

图 14.53　单击"确定"按钮之后的截图

14.8.6　单选按钮（JRadioButton）使用示例

在多个选项中，如果只允许用户选择一个选项，就需要使用单选按钮，这就好比用收音机收听电台，一次只能听一个台，这也正是 JRadioButton 名字的来源。单选按钮与复选框的本质区别在于：各个复选框是相互独立的，任何一个复选框的选择情况与其他复选框无关。但单选按钮则恰好相反，在一组单选按钮中的各个按钮相互之间的选择关系是互斥的。不过问题是，这些单选按钮本身无法知道自己和其他按钮的关系。所以需要把它们放在一个名为 ButtonGroup 的组件中统一进行管理。该组件本身不可见，但对于 JRadioButton 却是必不可少的。

JRadioButton 也是从 AbstractButton 继承出来的，所以它大多数方法的使用和 JCheckBox 相同，这里不再重复。使用 JRadioButton 也只需要知道用户到底选择了哪一个单选按钮。这也有 3 种方法：一是一次调用每一个按钮的 isSelected()方法，判断其是否被选择；二是调用 ButtonGroup 的 getSelection()方法获取被选中的按钮，这样，效率更高一些；三是监听 ActionEvent 事件或是 ItemEvent 事件，来实时获取被选中的按钮。

例 14.26 中，采用第三种方法来获取用户的选择。

【例 14.26】 单选按钮使用示例。

//--------------文件名 demoJRadioButton.java，程序编号 14.27-----------

```java
import javax.swing.*;
import java.awt.event.*;
import java.awt.*;
//本类实现 ActionListener 接口，以便监听按钮事件
public class demoJRadioButton implements ActionListener{
  JFrame mainJFrame;
  Container con;
  JButton OKBtn;
  JRadioButton mRadio,fRadio;
  ButtonGroup sexBtnGroup;
  JLabel msgJlabel;
  String msg;   //用这个类的成员记录用户的选择
  public demoJRadioButton() {
    mainJFrame=new JFrame("JRadioButton 使用示例");
    con=mainJFrame.getContentPane();
    con.setLayout(new FlowLayout());
    msgJlabel=new JLabel("请选择性别");
    con.add(msgJlabel);
    //创建单选按钮
    mRadio=new JRadioButton("男",true);
    //监听 ActionEvent 事件，它和普通按钮共用同一个监听器
    mRadio.addActionListener(this);
    fRadio=new JRadioButton("女",false);
    fRadio.addActionListener(this);
    //创建按钮组
    sexBtnGroup=new ButtonGroup();
    //将单选按钮添加到按钮组中
    sexBtnGroup.add(mRadio);
    sexBtnGroup.add(fRadio);
    con.add(mRadio);
    con.add(fRadio);
    OKBtn=new JButton("确定");
    //普通的下压式按钮也用本监听器
    OKBtn.addActionListener(this);
    con.add(OKBtn);
    mainJFrame.setSize(200,300);
    mainJFrame.setVisible(true);
    mainJFrame.setDefaultCloseOperation(JFrame.EXIT_ON_CLOSE);
  }
  public void actionPerformed(ActionEvent e){
    Object obj = e.getSource();
    //注意这个方法，判断是由哪种按钮产生的本事件
    if( obj instanceof JRadioButton)
      msg=e.getActionCommand();   //如果是单选按钮，记录该按钮的文本信息
    else
      JOptionPane.showMessageDialog(mainJFrame,"你选择了"+msg);
  }
  public static void main(String[] args) {
    new demoJRadioButton();
  }
}
```

程序启动时的运行截图如图 14.54 所示。当用户单击"确定"按钮之后的截图如图 14.55 所示。

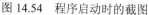

图 14.54　程序启动时的截图

图 14.55　单击"确定"按钮之后的截图

程序 14.27 能够正常运行。但有个地方需要仔细体会：在响应按钮单击事件的方法 actionPerformed()中，用到了运行时类型识别，这是因为有两类按钮都用了同一个监听器。当然，可以用多路分支语句分别判断每一个事件源，但采用类型识别的模式，程序更加简洁。

14.8.7　列表框（JList）使用示例

列表框的外观类似于 JTextArea，但它不允许用户直接进行编辑，只能以行为单位进行选择。用户可以在列出的可选项目中选择一个或多个条目。列表框本身是没有滚动条的，如果所有条目超过列表框的可视范围，需要将列表框放到 JScrollPane 中。如果程序员有需要，还可以监听 ListSelectionEvent 事件或是 ItemEvent 事件。

JList 的方法非常多，表 14.7 列出其一些常用的方法。

表 14.7　JList中的常用方法

方　　法	说　　明
JList()	创建一个空的列表，使用默认数目的可见行
JList(ListModel dataModel)	创建一个列表，其中的条目由模型dataModel决定
JList(Object [] listdata)	创建一个列表，其中的条目由数组listdata决定
JList(Vector<?> listData)	创建一个列表，其中的条目由向量listdata决定
void clearSelection()	清除用户所有的选择，即没有条目被选中
ListModel getModel()	获得与列表相关联的模型
int getSelectedIndex()	获取第一被选择的条目的索引，−1表示没有条目被选中
int[] getSelectedIndices()	获取所有被选择的条目的索引，按升序存放在数组中
Object getSelectedValue()	获取第一个被选择的条目值，null表示没有条目被选中
Object[] getSelectedValues()	获取所有被选择的条目值
void setListData(Object[] listData)	用listDate构造一个新的模型，然后调用setModel()方法为列表重置所有条目
void setListData(Vector<?> listData)	用listDate构造一个新的模型，然后调用setModel()方法为列表重置所有条目
void setModel(ListModel model)	重置与列表相关联的模型，列表中原来的内容全部被清空
void setSelectedIndex(int index)	将index所指定的条目置为被选择
boolean isSelectedIndex(int index)	判断index所指定的条目是否被选择

从表 14.7 中可以看出，JList 居然没有提供删除某一个指定条目或者增加一个条目的功能。如果要动态修改 JList 中的条目，需要将其中的所有内容重置，这似乎不太合情理——因为这么做效率显然太低了。答案在于 JList 是一个典型的 MVC 模型组件，JList 只是一个视图，它的数据全部存储在与之相关联的 ListModel 中，而该模型提供了部分修改数据的功能，所以只要获得该模型的引用，然后通过引用对模型中的数据进行修改，就会自动反映到 JList 中。

在例 14.27 中，用户可以在左边列表框中选择所需项目，并通过按钮调整到右边列表框，反之也可以。这需要动态地在 JList 中添加和删除项目。正如前所述，JList 本身并不提供这种动态功能，这些功能需要通过一个叫做 DefaultListModel 的组件来完成。在创建 JList 时，先建立二者的联系，以后对 DefaultListModel 的操作就会自动反映到 JList 上来。本程序中使用了比较多的编程技巧，希望读者好好体会。

【例 14.27】　列表框使用示例。

//-------------文件名 demoJList.java，程序编号 14.28-----------

```java
import javax.swing.*;
import java.awt.event.*;
import java.awt.*;

public class demoJList implements ActionListener{
  JFrame mainJFrame;
  Container con;
  JButton addBtn,delBtn;
  JList orignList,destList;                    //这是两个用于显示的列表
  DefaultListModel orignModel,destModel;       //这两个不可视的模型包含了 JList 中
                                               //  的条目
  JScrollPane leftJSPane,rightJSPane;          //滚动面板用于存放 JList
  JSplitPane baseSplitPane;                     //分割面板存放上面的滚动面板
  JPanel pane;                                  //普通面板用来存放按钮
  static final String msg[]={"北京","上海","天津","辽宁","吉林",
                        "四川","湖南","湖北","广东"};
  public demoJList() {
    mainJFrame=new JFrame("JList 使用示例");
    con=mainJFrame.getContentPane();
    orignModel=new DefaultListModel();
    //将需要显示的条目逐条加入到 DefaulListModel 中
    for(int i=0;i<msg.length;i++)
        orignModel.addElement(msg[i]);
    //用 DefaulListModel 来创建 JList 对象，建立二者之间的联系
    orignList=new JList(orignModel);
    destModel=new DefaultListModel();
    destList=new JList(destModel);
    //将列表添加到滚动面板中
    leftJSPane=new JScrollPane(orignList);
    rightJSPane=new JScrollPane(destList);
    //将滚动面板添加到分割面板中
    baseSplitPane=new JSplitPane(JSplitPane.HORIZONTAL_SPLIT,
                            true,leftJSPane,rightJSPane);
    //将滚动面板添加到窗口的中间
    con.add(baseSplitPane,BorderLayout.CENTER);
    //下面开始创建按钮，并设置各种属性和监听器
    addBtn=new JButton("选中>>");
    delBtn=new JButton("撤销<<");
    pane=new JPanel();
```

```
    pane.add(addBtn);
    pane.add(delBtn);
    addBtn.addActionListener(this);
    delBtn.addActionListener(this);
    //将放置了按钮的面板放在窗口的下方
    con.add(pane,BorderLayout.SOUTH);
    mainJFrame.setSize(300,300);
    mainJFrame.setVisible(true);
    mainJFrame.setDefaultCloseOperation(JFrame.EXIT_ON_CLOSE);
    //默认情况下，分隔面板左边窗口所占的位置太少，用这个方法来调整
    baseSplitPane.setDividerLocation(0.5);
}
//响应用户单击按钮事件
public void actionPerformed(ActionEvent e){
    int i;
    if (e.getSource()==addBtn){
        //将左边选择的条目加入到右边的 JList 中
        for(i=0;i<orignModel.getSize();i++)
            if(orignList.isSelectedIndex(i)) //本条目是否被选择
                destModel.addElement(orignModel.elementAt(i));
        //将左边被选中的条目删除，注意 i 是递减的，可以提高速度
        for(i--;i>=0;i--)
            if(orignList.isSelectedIndex(i))
                orignModel.removeElementAt(i);
    }
    //这个过程和上面的恰好相反，从右边往左边加
    else{
        for(i=0;i<destModel.getSize();i++)
            if(destList.isSelectedIndex(i))
                orignModel.addElement(destModel.elementAt(i));
        for(i--;i>=0;i--)
            if(destList.isSelectedIndex(i))
                destModel.removeElementAt(i);
    }
}
public static void main(String[] args) {
    new demoJList();
}
}
```

程序启动时运行截图如图 14.56 所示。当用户选择了某些条目之后，再单击"选中"按钮之后，截图如图 14.57 所示。当用户撤销了某些条目之后，如图 14.58 所示。

图 14.56　程序启动时的截图　　图 14.57　选中了某些条目之后　　图 14.58　撤销了某些条目的选择之后

程序 14.28 比较长，读者应该把注意力集中在下面几点。

- □ 在创建列表时，使用了 orignList=new JList(orignModel)语句。因此，orignModel 就是与列表 orignList 相关联的模型。
- □ 在删除条目时，是对模型进行操作：orignModel.removeElementAt(i)，这时与之相关联的列表中的内容就被更新。
- □ 增加条目也是对模型进行操作：destModel.addElement(orignModel.elementAt(i))。
- □ 另外一点，就是在删除条目时，是从后面往前面删除，这比从前面往后面删的速度要稍微快一点。具体原因读者可以思考线性表的删除操作是如何实现的。

某些书籍上在实现同样功能的时候，没有对模型进行操作，而直接使用了 setListData() 方法，这样编程要简单一些。但当要删除多个条目时，要反复调用这个方法，效率要低得多。

当然，如果是在大量条目中删除大量条目（比如，在 10000 条中删除 1000 条），那么上述逐条删除的方法仍然比较低效。更好的方法不是删除，而是逐条复制不要删除的数据，然后一次性全部重置 JList 中的所有条目。这已经涉及算法的优化了，在此不展开论述。

程序 14.28 是使用 MVC 模式的第一个示例，后面还会有其他程序来演示如何使用 MVC 模式。

14.8.8　组合框（JComboBox）使用示例

组合框由一个下拉列表框和一个文本框组合而成，又称为下拉列表组合框。它既允许用户通过下拉列表来选择项目，也允许用户在文本框中输入自己所需要的项目（这个功能可由程序员来控制）。但无论采用哪种方法，用户都只能有一个选择。

JComboBox 的常用方法如表 14.8 所示。

表 14.8　JComboBox常用方法

方　　法	说　　明
JComboBox()	创建一个空的组合框，下拉列表中的条目为空
JComboBox(Object [] items)	创建一个组合框，下拉列表中的条目由iteems确定
void addItem(Object anObject)	向列表中添加一个条目anObject
Object getItemAt(int index)	返回列表中index所指定的条目，索引值从0开始
int getItemCount()	返回列表中条目的数目
ComboBoxModel getModel()	获得与组合框相关联的模型
int getSelectedIndex()	在文本框可编辑的情况下，返回列表中与给定条目相匹配的第一条项目的索引值，否则，就是用户选中的那个条目的索引
Object getSelectedItem()	返回被选中的条目
void removeItem(Object anObject)	删除指定条目
void removeItemAt(int anIndex)	删除索引值为anIndex的条目，但该方法仅仅在组合框用mutable data model创建时才可用
void setEditable(boolean aFlag)	设置文本框的可编辑性
void setEnabled(boolean b)	设置组合框是否可用

尽管 JComboBox 也是基于 MVC 模式编写的组件，但它还是可以用 addItem()和 removeItem() 直接添加和删除一些条目。程序员也可以通过 getSelectedItem() 或 getSelectedIndex()来获取用户最终的选择。如果不允许用户在文本框中输入，可以使用

setEditable(false)方法来限制。程序还可以监听 ItemEvent 事件来实时监控选择条目的变化。

🔔注意：每当用户改变一次选择，ItemEvent 事件将会发生两次，需要调用 getStateChan-
　　ge()方法来确定被选条目当前的状况，其中一个条目被选中，伴随着另外一个条
　　目被撤销选中。

　　下面是一个使用组合框的简单例子，用户可以单击按钮切换组合框中文本框的可编辑
性。程序同时还监视用户选择的条目，将它实时显示在标签上。

【例 14.28】　组合框使用示例。

//--------------文件名 demoJComboBox.java，程序编号 14.29-----------

```java
import javax.swing.*;
import java.awt.event.*;
import java.awt.*;
public class demoJComboBox implements ItemListener,ActionListener{
  JLabel JLabel1,JLabel2;
  JFrame mainJFrame;
  Container con;
  JButton shiftBtn;
  JComboBox Jcombobox1;
  static final String msg[]={"北京","上海","天津","辽宁",
                             "吉林","四川","湖南","湖北","广东"};
  public demoJComboBox() {
    JLabel1=new JLabel("您的选择是: ");
    JLabel2=new JLabel("            ");
    mainJFrame=new JFrame("JComboBox 使用示例");
    con=mainJFrame.getContentPane();
    shiftBtn=new JButton("不可编辑");
    shiftBtn.addActionListener(this);
    //创建一个组合框，列表框中的内容由 msg 指定
    Jcombobox1=new JComboBox(msg);
    //设置文本框为可编辑
    Jcombobox1.setEditable(true);
    //添加监听器
    Jcombobox1.addItemListener(this);
    con.setLayout(new FlowLayout());
    con.add(JLabel1);
    con.add(JLabel2);
    con.add(Jcombobox1);
    con.add(shiftBtn);
    mainJFrame.setSize(300,300);
    mainJFrame.setVisible(true);
    mainJFrame.setDefaultCloseOperation(JFrame.EXIT_ON_CLOSE);
  }

  public void actionPerformed(ActionEvent e){
    if (e.getSource()==shiftBtn){
      if(shiftBtn.getText().compareTo("不可编辑")==0){
        shiftBtn.setText("可以编辑");
        Jcombobox1.setEditable(false);
      }
      else{
        shiftBtn.setText("不可编辑");
        Jcombobox1.setEditable(true);
      }
```

```
    }
  }
//监听用户选择或输入条目事件
 public void itemStateChanged(ItemEvent e){
    //需要判断条目是被选中还是撤销选中
    if (e.getStateChange() ==ItemEvent.SELECTED)
      //在标签上显示用户选择或输入的条目
      JLabel2.setText((String)Jcombobox1.getSelectedItem());
 }
 public static void main(String[] args) {
    new demoJComboBox();
 }
}
```

图 14.59～图 14.61 是程序运行的截图:

图 14.59　选择了一个条目　　　图 14.60　用户输入了一个条目　图 14.61　将组合框设置为不可编辑

14.8.9　表格（Jtable）使用示例

二维表格在程序中也是很常用的组件，Swing 中提供了 JTable 组件来实现一个规则的二位表格。它的方法非常多，也是基于 MVC 模式的组件，使用上也比较麻烦。这里不打算一一介绍它所有的方法，而是通过几个例子来演示最常用的一些方法。

一般情况下，可以通过 Jtable(int row, int col)来指定表格拥有的行和列。如果需要动态地调整列数，可以直接使用它的方法 addColumn()和 removeColumn()。如果需要调整行数，则像 JList 一样，需要调用和它的联系的 DefaultTableModel 的 addRow()和 removeRow()方法。还有，JTable 本身不提供滚动条，需要把它放在 JScrollPane 中才能滚动。

一般情况下，JTable 是显示一些信息给用户看，然后由用户进行修改。JTabel 构造方法如下。

❑ JTable()：建立一个新的 JTables，并使用系统默认的 Model。

❑ Jtable(int numRows,int numColumns)：建立一个具有 numRows 行、numColumns 列的空表格，使用的是 DefaultTableModel。

❑ Jtable(Object[][] rowData,Object[][] columnNames)：建立一个显示二维数组数据的表格，且可以显示列的名称。

❑ Jtable(TableModel dm)：建立一个 JTable，有默认的字段模式以及选择模式，并设置数据模式。

❑ Jtable(TableModel dm,TableColumnModel cm)：建立一个 Jtable，设置数据模式与字段模式，并有默认的选择模式。

❑ Jtable(TableModel dm,TableColumnModel cm, ListSelectionModel sm)：建立一个

JTable，设置数据模式、字段模式与选择模式。

❑　Jtable(Vector rowData，Vector columnNames)：建立一个以 Vector 为输入来源的数据表格，可显示行的名称。

在下面的例子中，简单地显示了一个有 10 行 3 列的表格供用户编辑。

【例 14.29】　表格使用示例 1。

//--------------文件名 demoJTable_1.java，程序编号 14.30-----------

```java
import java.awt.Container;
import javax.swing.*;

public class demoJTable_1 {
  JFrame mainJFrame;
  Container con;
  JScrollPane JSPane;
  JTable DataTable;
  public demoJTable_1() {
    mainJFrame=new JFrame("JLable 使用示例");
    con=mainJFrame.getContentPane();
    //创建一个有 10 行 3 列的空表格
    DataTable=new JTable(10,3);
    //把它放在滚动面板中
    JSPane = new JScrollPane(DataTable);
    con.add(JSPane);
    mainJFrame.setSize(300,300);
    mainJFrame.setVisible(true);
    mainJFrame.setDefaultCloseOperation(JFrame.EXIT_ON_CLOSE);
  }
  public static void main(String[] args) {
    new demoJTable_1();
  }
}
```

程序运行截图如图 14.62 所示。

图 14.62　程序 14.30 运行截图

在下面的例子中，会显示一些信息供用户查看，并且表头也可以指定，这要用到另外的构造方法。

【例 14.30】　表格使用示例 2。

//--------------文件名 demoJTable_2.java，程序编号 14.31-----------

```
import javax.swing.*;
import java.awt.*;
import java.util.*;
public class demoJTable_2{
  JFrame mainJFrame;
  JScrollPane JSPane;
  JTable DataTable;
  public demoJTable_2(){
    mainJFrame = new JFrame();
    Object[][] playerInfo={
      {"小王",new Integer(66),new Integer(72),new Integer(98),new
      Boolean(false)},
      {"小张",new Integer(82),new Integer(69),new Integer(78),new
      Boolean(true)},
    };
    String[] Names={"姓名","语文","数学","总分","及格"};
    //创建带内容和表头信息的表格
    DataTable=new JTable(playerInfo,Names);
    JSPane=new JScrollPane(DataTable);
    mainJFrame.add(JSPane);
    mainJFrame.setTitle("JTable 使用示例");
    mainJFrame.setSize(300,200);
    mainJFrame.setVisible(true);
    mainJFrame.setDefaultCloseOperation(JFrame.EXIT_ON_CLOSE);
  }
  public static void main(String[] args) {
    new demoJTable_2();
  }
}
```

程序运行截图如图 14.63 所示。

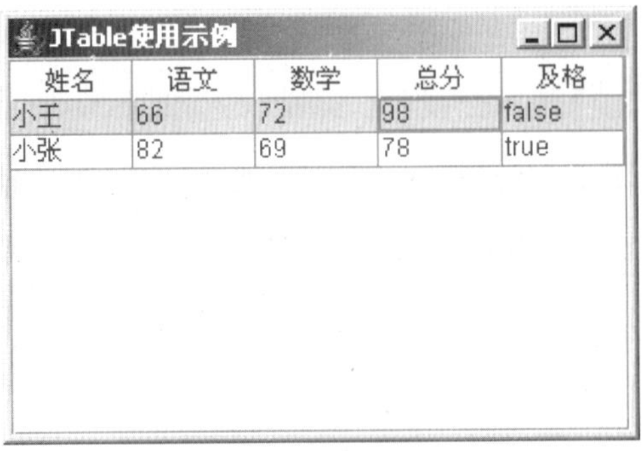

图 14.63　程序 14.31 运行截图

从图 14.63 中可以看出，表格的头部和内容都是在创建表格时赋予它的。

注意：这里必须要使用滚动面板来显示表格，如果直接将表格加入到 JFrame 中，表头将无法正常显示。

在例 14.30 和例 14.31 中，表格每一列的宽度都是相等的，当然用户可以通过拖曳来改变某列的宽度；但如果程序员想用程序设置列宽的值，可以利用 TableColumn 类所提供的 setPreferredWidth()方法来设置，并可利用 JTable 类所提供的 setAutoResizeMode()方法来设置调整某个列宽时其他列宽的变化情况。请看下面这个例子。

【例 14.31】　表格使用示例 3。

//-------------文件名 demoJTable_3.java，程序编号 14.32-----------

```
import javax.swing.*;
import javax.swing.table.*;   //TableColumn 在这个包中
import java.awt.*;
import java.util.*;
public class demoJTable_3{
   JFrame mainJFrame;
   Container con;
   JScrollPane JSPane;
   JTable DataTable;
   public demoJTable_3(){
     mainJFrame = new JFrame();
     Object[][] playerInfo={
                            {"小王",new Integer(66),new Integer(72),new
                            Integer(98),
                            new Boolean(false),new Boolean(false)},
                            {"小张",new Integer(82),new Integer(69),new
                            Integer(78),
                            new Boolean(true),new Boolean(false)},
     };
     String[] Names={"姓名","语文","数学","总分","及格","作弊"};
     //创建带内容和表头信息的表格
     DataTable=new JTable(playerInfo,Names);
     //利用 JTable 中的 getColumnModel()方法取得 TableColumnModel 对象
     //再利用 TableColumnModel 接口所定义的 getColumn()方法取得 TableColumn 对象
     的引用
     //利用此对象的 setPreferredWidth()方法就可以控制字段的宽度
     for (int i=0;i<6;i++){
       TableColumn  column=DataTable.getColumnModel().getColumn(i);
       if ((i%2)==0)
         column.setPreferredWidth(150);
       else
         column.setPreferredWidth(50);
     }
     JSPane=new JScrollPane(DataTable);
     mainJFrame.add(JSPane);
     mainJFrame.setTitle("JTable 使用示例");
     mainJFrame.setSize(400,200);
     mainJFrame.setVisible(true);
     mainJFrame.setDefaultCloseOperation(JFrame.EXIT_ON_CLOSE);
   }
   public static void main(String[] args) {
     new demoJTable_3();
   }
}
```

程序运行截图如图 14.64 所示。

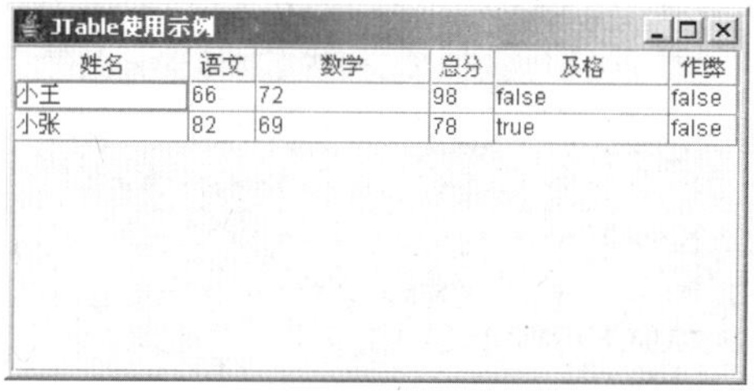

图 14.64　程序 14.32 运行截图

从图 14.64 中可以看出，各个列的宽度按照设计者的意图进行了调整。如果觉得这样一列一列来调整宽度比较麻烦，还可以使用预定义的 5 个常数。

- ❑ AUTO_RESIZE_SUBSEQUENT1_COLUMENS：当调整某一列宽时，此字段之后的所有字段列宽都会跟着一起变动。此为系统默认值。
- ❑ AUTO_RESIZE_ALL_COLUMNS：当调整某一列宽时，此表格上所有字段的列宽都会跟着一起变动。
- ❑ AUTO_RESIZE_OFFL：当调整某一列宽时，此表格上所有字段列宽都不会跟着改变。
- ❑ AUTO_RESIZE_NEXT_COLUMN：当调整某一列宽时，此字段的下一个字段的列宽会跟着改变，其余均不会变。
- ❑ AUTO_RESIZE_LAST_COLUMN：当调整某一列宽时，最后一个字段的列宽会跟着改变，其余均不会改变。

前面的 3 个例子都只是显示数据供用户查看，如果需要获取用户修改后的数据，程序只需利用 getColumnCount()和 getRowCount()方法，获得 JTable 的列数和行数，然后遍历整个 JTable，利用 getValueAt()方法获取单元格里的内容就可以了。如果修改某个单元格里的值，也可以利用 setValueAt()来完成。下面的例子演示了如何获取以及设置表格中的数据，它会将用户在一个表格中输入的数据做矩阵转置，然后复制到另外一个表格中去。

【例 14.32】 表格使用示例 4。

//-------------文件名 demoJTable_4.java，程序编号 14.33-----------

```java
import java.awt.event.*;
import java.awt.*;
import javax.swing.*;

public class demoJTable_4 implements ActionListener{
  JFrame mainJFrame;
  Container con;
  JScrollPane JSPane1,JSPane2;
  Panel  panel;
  JTable sourceTable,destTable;
  JButton  copyBtn;
  int rowCnt, colCnt;
  public demoJTable_4() {
    mainJFrame=new JFrame("JLable 使用示例");
    con=mainJFrame.getContentPane();
    //创建一个有 2 行 3 列的空表格，它给用户输入数据
    sourceTable=new JTable(2,3);
    //把它放在滚动面板中
    JSPane1 = new JScrollPane(sourceTable);
    //另外创建一个和上面这个表格行列恰好转置的表格
    rowCnt = sourceTable.getRowCount();      //获取行数
    colCnt = sourceTable.getColumnCount(); //获取列数
    //这个目的表格的行列恰好要换过来
    destTable = new JTable(colCnt,rowCnt);
    JSPane2 = new JScrollPane(destTable);
    //创建按钮，并添加监听器
    copyBtn = new JButton("复制数据");
    copyBtn.addActionListener(this);
    panel = new Panel();
    panel.add(copyBtn);
```

```
    //设置网格布局
    con.setLayout(new GridLayout(3,1));
    con.add(JSPane1);
    con.add(panel);
    con.add(JSPane2);
    mainJFrame.setSize(300,300);
    mainJFrame.setVisible(true);
    mainJFrame.setDefaultCloseOperation(JFrame.EXIT_ON_CLOSE);
}
//响应按钮单击事件
public void actionPerformed(ActionEvent e){
    if (e.getSource()==copyBtn){
        int i,j;
        Object tobj;
        //遍历表格，将每个单元格中的数据依次赋值到另外一个表格中
        for(i=0;i<rowCnt;++i)
            for(j=0;j<colCnt;++j){
                tobj = sourceTable.getValueAt(i,j);
                destTable.setValueAt(tobj,j,i);
            }
    }
}
public static void main(String[] args) {
    new demoJTable_4();
}
}
```

程序启动时，截图如图 14.65 所示。当用户输入数据，单击"复制数据"按钮之后，截图如图 14.66 所示。

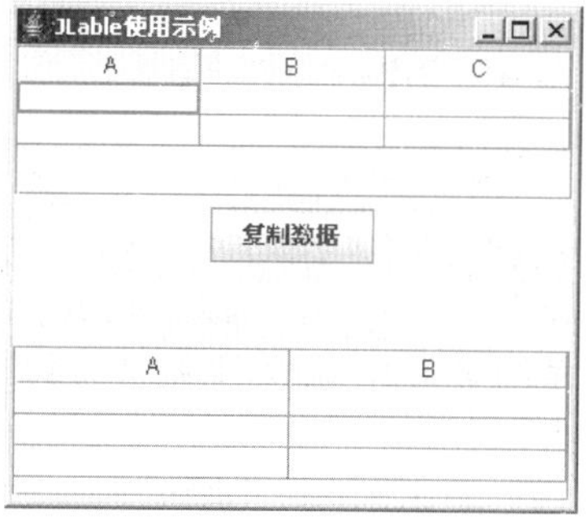

图 14.65　程序启动时的截图

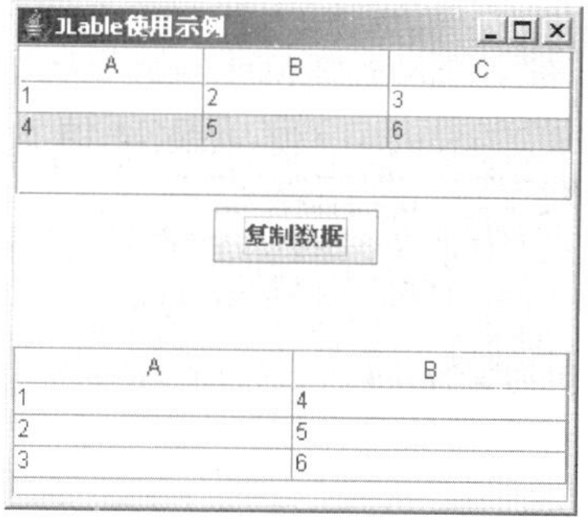

图 14.66　复制数据之后的截图

例 14.32 只是简单地使用 JTable 提供好的功能。但在某些情况下，比如，表格中每个单元中的数据类型将会被视为同一种。在前面的例子中，数据类型皆被显示为 String 类型，因此，原来的数据类型声明为 Boolean 的数据会以 String 的形式出现，而不是以 Check Box 的形式出现。

除此之外，如果所要显示的数据是不固定的，或是随情况而变。例如，同样是一份成绩单，老师与学生所看到的表格应该不一样，显示的外观或操作模式可能也不相同。为了应付这些复杂的情况，上面简单的使用方式已不能完成任务，这就要借助与 JTable 相关联的模型来实现。

与 JTable 相关的模型有 3 个：TableModel、TableColumnModel 和 ListSelectionModel。其中，最常用的是 TableModel，下面就对 TableModel 做一个全面的介绍。

TableModel 本身是一个接口，在该接口里面定义了若干的方法，包括存取表格单元的内容、计算表格的列数等基本存取操作。设计者可以简单地利用 TableModel 来实现想要的

表格。它的全部方法如表 14.9 所示。

表 14.9　TableModel中的全部方法

方　　法	说　　明
void addTableModelListener(TableModelListener l)	增加一个TableModelEvent的事件监听器。当表格的Table Model有所变化时，会监听到该事件
Class getColumnClass(int columnIndex)	返回指定列的数据类型的类名称
int getColumnCount()	返回列的数目
String getColumnName(int columnIndex)	返回列名称
int getRowCount()	返回行的数目
Object getValueAt(int rowIndex,int columnIndex)	返回指定单元中的数据
boolean isCellEditable(int rowIndex,int columnIndex)	判断指定单元是否可编辑，true表示可编辑
void removeTableModelListener(TableModelListener l)	删除一个监听器
void setValueAt(Object aValue,int rowIndex,int columnIndex)	设置指定单元的值

由于 TableModel 本身是一个接口，若要直接实现此接口来建立表格并不是件轻松的事。因此系统提供了两个类分别实现了这个接口：一个是 AbstractTableModel 抽象类，一个是 DefaultTableModel 实例类。前者实现了大部分的 TableModel 方法，可以让用户很有弹性地构造自己的表格模型，后者继承前者这个抽象类。它是 JTable 默认的模型。

AbstractTableModel 是一个抽象类，这个类实现大部分的 TableModel 方法——除了 getRowCount()、getColumnCount()和 getValueAt()这 3 个方法。因此，程序员的主要任务就是实现这 3 个方法。另外，这个抽象方法还提供了一些其他的辅助方法，常用的辅助方法如表 14.10 所示。

表 14.10　AbstractTableModel的常用方法

方　　法	说　　明
int findColumn(String columnName)	寻找在列名称中是否含有columnName这个值。若有，则返回其所在行的位置，反之，则返回-1表示未找到
void fireTableCellUpdated(int row, int column)	通知所有的监听器在表格中的(row,column)字段的内容已经改变了
void fireTableChanged(TableModelEvent e)	将所收到的事件传送给所有在table model中注册过的TableModelListeners
void fireTableDataChanged()	通知所有的监听器在这个表格中列的内容已经改变了，列的数目可能已经改变了，因此JTable可能需要重新显示此表格的结构
void fireTableRowsDeleted(int firstRow, int lastRow)	通知所有的监听器在这个表格中第firstrow～lastrow行已经被删除了
void fireTableRowsUpdated(int firstRow, int lastRow)	通知所有的监听器在这个表格中第firstrow～lastrow行已经被修改了
void fireTableRowsInserted(int firstRow, int lastRow)	通知所有的监听器在这个表格中第firstrow～lastrow行已经被加入了
void fireTableStructureChanged()	通知所有的监听器在这个表格的结构已经改变了，列的数目、名称以及数据类型都可能已经改变了
Public EventListener[] getListeners(Class listenerType)	返回所有在这个table model所建立的监听器中符合listenerType的监听器，以数组形式返回

表 14.10 中没有列出这个抽象类实现 TableModel 接口中的 6 个方法。另外，由于 getRow-Count()、getColumnCount() 和 getValueAt() 这 3 个方法没有实现，如果自己写一个表格能用的模型，必须要实现这 3 个方法。

在例 14.33 中，重写一个 MyTableModel 来代替系统提供的 DefaultTableModel，这样可以在显示 Boolean 类型的数据时，不以字符串的形式显示，而是以 checkBox 的形式显示，并且字符串会左对齐，而数值则右对齐。

【例 14.33】　表格使用示例 5。

//--------------文件名 MyTableModel.java，程序编号 14.34-----------

```java
//本类实现了一个表格用的模型，取代默认的模型
import javax.swing.table.AbstractTableModel;
final class MyTableModel extends AbstractTableModel{
  private Object[][] date;  //存储表格中的数据
  private String [] tableName;      //存储表头
  //这个构造方法，由调用者提供数据和表头
  public MyTableModel(Object [][] date, String []tableName){
    this.date = date;
    this.tableName = tableName;
  }
  //这个构造方法，只需要提供数据，表头依次显示 A、B......
  public MyTableModel(Object [][] date){
    this.date = date;
    tableName = new String[date[0].length];
    char [] tch = {'A'};
    for (int i=0;i<tableName.length;++i){
      tableName[i] = new String(tch);
      tch[0]++;
    }
  }
  //下面 3 个方法必须要提供
  public int getColumnCount(){
    return date[0].length;
  }
  public int getRowCount(){
   return date.length;
  }
  public String getColumnName(int col) {
   return tableName[col];
  }
  public Object getValueAt(int row, int col){
   return date[row][col];
  }
  //覆盖父类的方法，改变数据显示的形式
  public Class getColumnClass(int c) {
   return date[0][c].getClass();
  }
}
```

在类 MyTableModel 中，真正和显示有关的就只有 getColumnClass() 方法。该方法返回实际存储数据的类类型，因此，在显示的时候，表格会根据这些类型来做调整。

然后对例 14.31 中的程序稍做修改，用上面的模型取代默认模型创建表格。

//--------------文件名 demoJTable_5.java，程序编号 14.35-----------

```java
import javax.swing.*;
import javax.swing.table.*;  //TableColumn 在这个包中
```

```java
import java.awt.*;
import java.util.*;
public class demoJTable_5{
   JFrame mainJFrame;
   Container con;
   JScrollPane JSPane;
   JTable DataTable;
   MyTableModel myModel;
   public demoJTable_5(){
     mainJFrame = new JFrame();
     Object[][] playerInfo={
                            {"小王",new Integer(66),new Integer(72),new
                            Integer(98),
                            new Boolean(false),new Boolean(false)},
                            {"小张",new Integer(82),new Integer(69),new
                            Integer(78),
                            new Boolean(true),new Boolean(false)},
                           };
     String[] Names={"姓名","语文","数学","总分","及格","作弊"};
     //创建带内容和表头信息的模型
     myModel = new MyTableModel(playerInfo,Names);
     //用模型来创建表格，取代了默认的模型
     DataTable=new JTable(myModel);
     //设置宽度
     for (int i=0;i<6;i++){
        TableColumn  column=DataTable.getColumnModel().getColumn(i);
        if ((i%2)==0)
          column.setPreferredWidth(150);
        else
          column.setPreferredWidth(50);
     }
     JSPane=new JScrollPane(DataTable);
     mainJFrame.add(JSPane);
     mainJFrame.setTitle("JTable 使用示例");
     mainJFrame.setSize(400,200);
     mainJFrame.setVisible(true);
     mainJFrame.setDefaultCloseOperation(JFrame.EXIT_ON_CLOSE);
   }
   public static void main(String[] args) {
      new demoJTable_5();
   }
}
```

程序运行截图如图 14.67 所示。

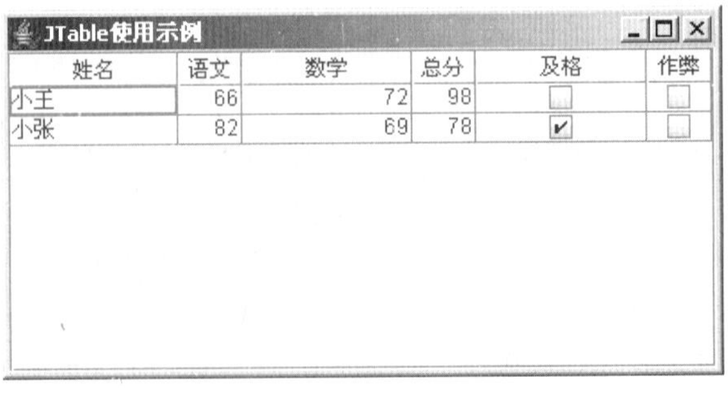

图 14.67　程序 14.35 运行截图

在程序 14.35 中，只对模型稍做修改就可以改变表格的显示式样，很好地说明了 MVC

设计模式的灵活性。

14.8.10　树（JTree）使用示例

树越来越多地出现在各种软件中，例如，Windows 资源管理器左侧的目录管理就是一棵典型的树。对于用户而言，树操作方便，界面简洁美观。但对于程序员而言，对树的控制是一件比较麻烦的事情。

JTree 常用的构造方法如下所述。

❑ JTree()：按照默认情形创建一棵空树。

❑ Jtree(TreeModel newModel)：用参数 newModel 创建一棵树。

❑ Jtree(TreeNode root)：创建一棵以 root 为根节点的树。

❑ Jtree(Vector <?>value)：用向量 value 创建一棵树，参数中的每一个元素都是根节点的子节点。

JTree 的方法很多，表 14.11 列出了其中一些常用的方法。

表 14.11　JTree的常用方法

方　　　法	说　　　明
void addSelectionPath(TreePath path)	将由path所确定的节点设置为被选中
void addTreeExpansionListener(TreeExpansionListener tel)	增加一个TreeExpansion事件监听器
void addTreeSelectionListener(TreeSelectionListener tsl)	增加一个TreeSelection事件监听器
void ddTreeWillExpandListener(TreeWillExpandListener tel)	增加一个TreeWillExpand事件监听器
void cancelEditing()	取消当前的编辑会话
void clearSelection()	清除所有的选择
void collapsePath(TreePath path)	将path所确定的节点收缩，并保证可见
void expandPath(TreePath path)	将path所确定的节点展开，并保证可见
TreeCellEditor getCellEditor()	获取当前树的编辑者
TreePath getEditingPath()	获取正在编辑的元素的路径
int getMaxSelectionRow()	获取被选中的最后一行
int getMinSelectionRow()	获取被选中的第一行
TreeModel getModel()	获取提供数据的模型
TreePath getPathForRow(int row)	获取指定行的路径
int getRowCount()	获取被显示的行的数目
int getRowForPath(TreePath path)	获取由path所确定的节点所在的行
int getSelectionCount()	获取被选择的节点的数目
TreeSelectionModel getSelectionModel()	获得被选择数据的模型
TreePath getSelectionPath()	获得第一个被选择的节点的路径
int getVisibleRowCount()	获取显示区中被显示的行数
boolean isCollapsed(int row)	判断指定的行是否被收缩
boolean isCollapsed(TreePath path)	判断由path所确定的节点是否被收缩
boolean isEditable()	如果树可编辑，则返回true
boolean isExpanded(int row)	如果row所指定行中的节点被展开，则返回true
boolean isExpanded(TreePath path)	如果path所确定的节点被展开，则返回true
boolean isRootVisible()	如果根节点被显示，则返回true

方　　法	说　　明
boolean isRowSelected(int row)	如果row所指定行中的节点被选中，则返回true
boolean isSelectionEmpty()	如果当前选择为空，则返回true
boolean isVisible(TreePath path)	path中任意节点被显示，则返回true
void removeSelectionPath(TreePath path)	从被选择的节点中，取消由path所确定的节点
void removeSelectionRow(int row)	从被选择的节点中，取消由row所确定的节点
void setCellEditor(TreeCellEditor cellEditor)	设置单元编辑者
void setEditable(boolean flag)	设置可编辑性
void setModel(TreeModel newModel)	设置提供数据的模型
void setRootVisible(boolean rootVisible)	设置根节点的可见性
void setUI(TreeUI ui)	设置树的感观界面
boolean stopEditing()	试图停止编辑会话

　　当用户单击非叶子节点前的符号或是双击该节点时，将会展开或是收缩该节点的子树，同时会产生 TreeExpansionEvent 事件，程序员如果需要监听这个事件，可以用 addTreeExpansionListener(TreeExpansionListener tel)来添加监听器。其中，TreeExpansion-Event 事件接口定义了一个 getPath()方法，可以获得节点的完整信息。

　　如果用户只是选择一个节点，会产生 TreeSelectionEvent 事件。如果需要监听该事件，可以用 addTreeSelectionListener(TreeSelectionListener tsl)方法来添加监听器。

　　JTree 还提供了一个很有用的方法：public TreePath getPathForLocation(int x, int y)。该方法返回指定位置节点的完整信息。程序员可以获得当前鼠标单击位置，然后由该方法计算出被单击的节点。

　　注意：JTree 和 JList 一样，本身没有滚动条，需要把它放到一个 JScrollPane 中才可以滚动。

　　下面这个简单的例子，演示了如何创建一棵有层次的树，以及如何获得用户选择的节点。

【例 14.34】 创建 JTree 示例。

//--------------文件名 demoJTree.java，程序编号 14.36----------

```java
import javax.swing.*;
import javax.swing.tree.DefaultMutableTreeNode;
import java.awt.event.*;
import java.awt.*;
import javax.swing.event.*;
//定义名为 demoJTree 的类，实现 TreeSelectionListener 接口
public class demoJTree implements TreeSelectionListener{
    JFrame mainJFrame;
    Container con;
    JLabel msgLabel;
    JScrollPane JSPane;
    JTree simpleTree;
    private DefaultMutableTreeNode tmpNode,root;

    public demoJTree() {
        mainJFrame=new JFrame("JTree 使用示例");
```

```
  con=mainJFrame.getContentPane();
  msgLabel=new JLabel();
  //创建根节点
  root=new DefaultMutableTreeNode("Option");
  //创建根节点的第一个子节点
  tmpNode=new DefaultMutableTreeNode("A");
  //将这个子节点添加进来
  root.add(tmpNode);
  //为这个子节点添加两个子节点
  tmpNode.add(new DefaultMutableTreeNode("a1"));
  tmpNode.add(new DefaultMutableTreeNode("a2"));
  //创建根节点的第二个子节点
  tmpNode=new DefaultMutableTreeNode("B");
  //添加进来
  root.add(tmpNode);
  //为这个子节点添加 4 个子节点
  tmpNode.add(new DefaultMutableTreeNode("b1"));
  tmpNode.add(new DefaultMutableTreeNode("b2"));
  tmpNode.add(new DefaultMutableTreeNode("b3"));
  tmpNode.add(new DefaultMutableTreeNode("b4"));
  //以 root 为根，创建树
  simpleTree=new JTree(root);
  JSPane=new JScrollPane(simpleTree);
  simpleTree.addTreeSelectionListener(this);
  con.add(JSPane,BorderLayout.CENTER);
  con.add(msgLabel,BorderLayout.SOUTH);
  mainJFrame.setSize(300,300);
  mainJFrame.setVisible(true);
  mainJFrame.setDefaultCloseOperation(JFrame.EXIT_ON_CLOSE);
}
//在标签上显示用户选择的节点
public void valueChanged(TreeSelectionEvent e){
  msgLabel.setText(e.getPath().toString());
}

public static void main(String[] args) {
  new demoJTree();
}
}
```

图 14.68 是程序启动时的截图。当用户选择某个节点之后，截图如图 14.69 所示。

图 14.68　程序启动时的截图

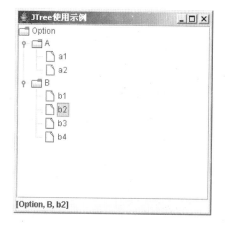

图 14.69　选择节点之后的截图

程序 14.36 可以在大多数情况下使用，但在某些情况下，需要动态地增加或者减少节点，则要把该程序改动一下，增加此项功能。

JTree 也是基于 MVC 模式的，和 JList 一样，本身没有提供增加和删除节点的功能，这些需要依靠保存其数据，并与其密切联系的 DefaulteTreeModel 来实现。只要是利用 DefaulteTreeModel 来创建 JTree 对象，就可以通过调用 DefaulteTreeModel 的数据修改功能来修改 JTree 的节点。请看下面的例子。

【例 14.35】　在 JTree 中增加节点示例。

//-------------文件名 addNodeInJTree.java，程序编号 14.37----------

```java
import javax.swing.*;
import javax.swing.tree.DefaultMutableTreeNode;
import java.awt.event.*;
import java.awt.*;
import javax.swing.event.*;
import javax.swing.tree.DefaultTreeModel;
public class addNodeInJTree implements TreeSelectionListener,
ActionListener{
  JFrame mainJframe;
  Container con;
  JLabel msgLabel;
  JScrollPane JSPane;
  JPanel panel;
  JTextField text;
  JButton addBtn;
  JTree simpleTree;
  private DefaultMutableTreeNode tmpNode,root;
  private DefaultTreeModel rt;   //准备利用该对象来创建树

  public addNodeInJTree() {
    mainJframe=new JFrame("JTree 使用示例");
    con=mainJframe.getContentPane();
    msgLabel=new JLabel();
    //定义一个根节点 Option
    root=new DefaultMutableTreeNode("Option");
    tmpNode=new DefaultMutableTreeNode("A");
    //在 Option 节点下，添加一个子节点 A
    root.add(tmpNode);
    //在 A 节点下，分别添加两个子节点：a1 和 a2
    tmpNode.add(new DefaultMutableTreeNode("a1"));
    tmpNode.add(new DefaultMutableTreeNode("a2"));
    //定义一个节点 B
    tmpNode=new DefaultMutableTreeNode("B");
    //将节点 B 添加到 Option 父节点下
    root.add(tmpNode);
    //分别定义 4 个节点:b1、b2、b3、b4，并都增加到 B 节点下
    tmpNode.add(new DefaultMutableTreeNode("b1"));
    tmpNode.add(new DefaultMutableTreeNode("b2"));
    tmpNode.add(new DefaultMutableTreeNode("b3"));
    tmpNode.add(new DefaultMutableTreeNode("b4"));
    //利用前面的数据生成 Model 对象
    rt=new DefaultTreeModel(root);
    //利用 Model 对象创建树
    simpleTree=new JTree(rt);
    JSPane=new JScrollPane(simpleTree);
```

```
  simpleTree.addTreeSelectionListener(this);
  con.add(JSPane,BorderLayout.CENTER);
  panel=new JPanel();
  panel.setLayout(new FlowLayout());
  //增加一个按钮, 用户通过单击按钮来通知程序增加节点
  addBtn=new JButton("增加子节点");
  addBtn.addActionListener(this);
  text=new JTextField("请在这输入子节点的内容");
  text.setColumns(11);
  panel.add(msgLabel);
  panel.add(text);
  panel.add(addBtn);
  con.add(panel,BorderLayout.SOUTH);
  mainJframe.setSize(400,300);
  mainJframe.setVisible(true);
  mainJframe.setDefaultCloseOperation(JFrame.EXIT_ON_CLOSE);
}

public void valueChanged(TreeSelectionEvent e){
  msgLabel.setText(e.getPath().toString());
}

public void actionPerformed(ActionEvent e){
  DefaultMutableTreeNode tp;
  tp=new DefaultMutableTreeNode(text.getText());
  //利用 Model 来增加节点, 这里将其加入到根节点下面
  rt.insertNodeInto(tp,root,0);
}

public static void main(String[] args) {
  new addNodeInJTree();
}
}
```

程序运行中，插入一个节点之后，截图如图 14.70 所示。

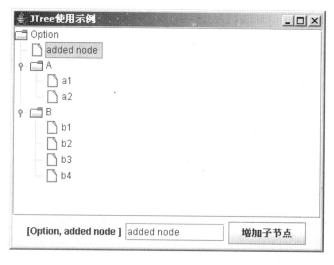

图 14.70　插入节点之后

程序 14.37 写得比较简单，插入的节点都是增加在根节点的下面。其实可以稍加改动，将节点加入在任何想要的位置，请读者自行完成。

14.8.11　菜单使用示例

绝大多数的窗口应用程序都拥有菜单，它是程序接受用户命令最主要的组件。菜单所占区域少，且使用灵活，因此得到广泛应用。

一个完整的菜单通常由 3 部分构成：菜单条（JMenuBar）、下拉式菜单（JMenu）和菜单项（JMenuItem）。要向窗口增加菜单，第一步是创建菜单条，并添加到窗口中；然后创建下拉式菜单，添加到菜单条中对应的位置；最后创建菜单项，并添加到每个菜单中。至此，菜单的结构已经创建完成。随后需要添加对每个菜单项的事件监听器，完成对单击事件的处理。

菜单项中有一种特殊的子项：JCheckBoxMenuItem。它像 JCheckBox 一样，具有"可选择性"。和下拉式菜单相对应，还有一种称为弹出式菜单的 JPopupMenu。除了不属于某个菜单条之外，它拥有下拉式菜单的所有功能，编程上也极为相似。

表 14.12 列出了菜单类一些常用的方法。

表 14.12　菜单类的常用方法

所　属　类	方　　法	说　　明
JMenuBar	JMenuBar()	创建一个空菜单条
	JMenu add(JMenu c)	添加一个下拉菜单
	void remove(Component comp)	删除一个下拉菜单
JMenu	JMenu(String s)	创建一个标题为s的下拉菜单
	JMenuItem add(String s)	添加一个以s为显示内容的菜单项
	JMenuItem add(JMenuItem menuItem)	添加一个菜单项
	void addMenuListener(MenuListener l)	添加菜单事件监听器
	void addSeparator()	增加一个分隔条
	void insert(String s, int pos)	在指定位置插入一个以s为显示内容的菜单项
JMenu	JMenuItem insert(JMenuItem mi, int pos)	在指定位置插入一个菜单项
	boolean isSelected()	本菜单是否被选中
	void remove(int pos)	删除指定位置的菜单项
	void remove(JMenuItem item)	删除指定的菜单项
	void removeAll()	删除所有菜单项
	void setMenuLocation(int x, int y)	设置菜单弹出的位置
	JMenuItem getItem(int pos)	返回指定位置的菜单项
JMenuItem	JMenuItem(String text, Icon icon)	用指定的文字和图标创建一个菜单项
	JMenuItem(String text)	用指定的文字创建一个菜单项
	void addActionListener(ActionListener l)	添加单击事件监听器
	void addMenuKeyListener(MenuKeyListener l)	添加一个键盘监听器
	void setEnabled(boolean b)	设置菜单项是否可用
	void doClick()	虚拟菜单项被单击事件
JCheckBox MenuItem	boolean getState()	返回菜单项被选择的状态
	void setState(boolean b)	设置菜单项被选择的状态
JPopupMenu	void setVisible(boolean b)	设置弹出菜单的可见性
	void show(Component invoker, int x, int y)	在相对于invoker的坐标位置显示菜单
	void pack()	按照最少需要的空间排列菜单
	void setPopupSize(int width, int height)	指定弹出窗口的大小

　　菜单编程比较简单，方法很死板，不过如果菜单项目比较多，编起来会有点繁琐。下面来看一个仿照记事本设计的菜单。

【例 14.36】　菜单使用示例。

//-------------文件名 demoJMenu.java，程序编号 14.38-----------

```java
import java.awt.*;
import javax.swing.*;

public class demoJMenu {
  JFrame mainJFrame;
  Container con;
  JScrollPane JSPane;
  JTextArea text;
  JMenuBar mainMenuBar;
  JMenu fileMenu,editMenu,formatMenu,helpMenu;
  //“文件”菜单下的菜单项
  JMenuItem newItem,openItem,saveItem,saveasItem,pageItem,printItem,
  exitItem;
  //“编辑”菜单下的菜单项
  JMenuItem undoItem,cutItem,copyItem,pasteItem,findItem,replaceItem,
  selectallItem;
  //“设置”菜单下的菜单项
  JCheckBoxMenuItem wrapItem;
  JMenuItem fontItem;
  //“帮助”菜单下的菜单项
  JMenuItem helpItem,aboutItem;

  public demoJMenu() {
    mainJFrame=new JFrame("菜单使用示例");
    con=mainJFrame.getContentPane();
    text=new JTextArea();
    JSPane=new JScrollPane(text);
    //调用自定义的方法创建菜单结构
    createMenu();
    //添加菜单到窗口
    mainJFrame.setJMenuBar(mainMenuBar);
    con.add(JSPane,BorderLayout.CENTER);
    mainJFrame.setSize(400,300);
    mainJFrame.setVisible(true);
    mainJFrame.setDefaultCloseOperation(JFrame.EXIT_ON_CLOSE);
  }

  public void createMenu(){
    //创建 JMenuBar
    mainMenuBar=new JMenuBar();
    //创建 4 个 JMenu
    fileMenu=new JMenu("文件");
    editMenu=new JMenu("编辑");
    formatMenu=new JMenu("格式");
    helpMenu=new JMenu("帮助");
    //创建 JMenuItem 并添加到对应的 JMenu 中
    //创建“文件”菜单下面的菜单项
    mainMenuBar.add(fileMenu);
    newItem=new JMenuItem("新建");
    openItem=new JMenuItem("打开..");
    saveItem=new JMenuItem("保存..");
```

```
    saveasItem=new JMenuItem("另存为..");
    pageItem=new JMenuItem("页面设置..");
    printItem=new JMenuItem("打印..");
    exitItem=new JMenuItem("退出");
    fileMenu.add(newItem);
    fileMenu.add(openItem);
    fileMenu.add(saveItem);
    fileMenu.add(saveasItem);
    fileMenu.addSeparator();
    fileMenu.add(pageItem);
    fileMenu.add(printItem);
    fileMenu.addSeparator();
    fileMenu.add(exitItem);
    //创建"编辑"菜单下面的菜单项
    mainMenuBar.add(editMenu);
    undoItem=new JMenuItem("撤销");
    cutItem=new JMenuItem("剪切");
    copyItem=new JMenuItem("复制");
    pasteItem=new JMenuItem("粘贴");
    findItem=new JMenuItem("查找..");
    replaceItem=new JMenuItem("替换..");
    selectallItem=new JMenuItem("全选");
    editMenu.add(undoItem);
    editMenu.addSeparator();
    editMenu.add(cutItem);
    editMenu.add(copyItem);
    editMenu.add(pasteItem);
    editMenu.addSeparator();
    editMenu.add(findItem);
    editMenu.add(replaceItem);
    editMenu.addSeparator();
    editMenu.add(selectallItem);
    //创建"格式"菜单下面的菜单项
    mainMenuBar.add(formatMenu);
    wrapItem=new JCheckBoxMenuItem("自动换行");
    fontItem=new JMenuItem("设置字体..");
    formatMenu.add(wrapItem);
    formatMenu.add(fontItem);
    //创建"帮助"菜单下面的菜单项
    mainMenuBar.add(helpMenu);
    helpItem=new JMenuItem("帮助主题");
    aboutItem=new JMenuItem("关于..");
    helpMenu.add(helpItem);
    helpMenu.add(aboutItem);
  }

  public static void main(String[] args) {
    new demoJMenu();
  }
}
```

程序运行截图如图 14.71 所示。

文字菜单项中间的分隔线采用这样的方法：fileMenu.addSeparator()。

上面的 creatMenu()方法看上去比较繁琐，也可以将所有的显示信息存放到一个 String 数组中，然后利用 JMenuItem 数组来完成菜单的建立工作。但此时每个菜单项的名字就不再有意义。

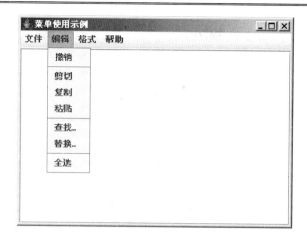

图 14.71　程序 14.38 运行截图

程序 14.38 已经具备了记事本的外观，但并没有实现任何功能。这是因为还没有对菜单事件进行编程。要监听菜单事件，和监听按钮事件是一样的。只要用 addActionListener() 就可以加上监听器，然后再覆盖 actionPerformed() 方法，写入所需的程序代码。

这里的一个问题是，由于菜单项非常多，如果全部由一个监听器来完成，则显然需要在 actionPerformed() 方法中进行大量的代码判断，像下面这个样子：

```
if(e.getSource()==****)              …;
else if(e.getSource==*****)          …;
else if(e.getSource==*****)          …;
……
else                                 …;
```

这样显得程序比较繁杂，一种替代方法是为每一个菜单项写单独的监听器。本章 14.14 节的例子中，将看到后一种方法。

最后，讨论一下 JPopupMenu 的使用。它的创建和 JMenu 的创建并没有什么不同。只是它不需要加入到 JMenuBar 中，而是需要绑定到某个组件上（例 14.36 中的 JTextArea），这可以使用组件的 setComponentPopupMenu(JPopupMenu popup) 方法，以后当用户在这个组件上右击时，该菜单将会自动弹出来，这就无需程序员计算菜单显示的位置。

14.9　布　局　管　理

Java 的 GUI 程序设计中，最大亮点是引入了布局管理。每一种布局管理都依据一定的算法来排列容器上的组件。它使得程序员在设计界面时，只需要考虑各个组件之间的相对位置关系，而不必仔细考虑它具体的位置。而且当窗口的大小发生变化时，能够保证组件的位置也发生相应的变化。这就大大简化了设计和编程时的繁琐，使得程序员不必借助 RAD 工具，仍能高效地开发 GUI 程序。

Java 中提供了 AWT 和 Swing 两种布局管理，前者的布局管理完全对后者的组件适用。下面先介绍 AWT 的布局管理。

14.9.1　流式布局（FlowLayout）回顾

前面大多数例子使用的就是流式布局。它将组件按照先后加入容器的顺序，从左到右、从上到下依次排列。一行排满自动转入到下一行。每一行的组件都是居中排列。JPanel 的默认布局是 FlowLayout。如果是 Container，则需要用 setLayout(new FlowLayout())来指定。

由于前面已经多次使用流式布局，这里不再举例说明。

14.9.2　边框布局（BorderLayout）使用示例

边框布局将整个容器分成 NORTH、SOUTH、EAST、WEST 和 CENTER 共 5 个区域，这几个区域按照地图位置排列，分别是：上、下、右、左、中间，每个区域只能存放一个组件。它主要的方法如下所述。

- ❑ BorderLayout(int hgap, int vgap)：创建布局，并指定组件间水平和垂直方向上的空白。
- ❑ void setHgap(int hgap)：设置组件间水平方向的间隔。
- ❑ void setVgap(int vgap)：设置组件间垂直方向的间隔。

Container 的默认布局就是该布局，一般情况下，会这样使用：con.add(组件名,BorderLayout.NORTH)。后面那个参数就是指定组件放置的位置。下面看个实际的例子。

【例 14.37】　边框布局使用示例。

```
//--------------文件名 demoBorderLayout.java，程序编号 14.39----------
import javax.swing.*;
import java.awt.*;
public class demoBorderLayout {
  JPanel con;
  JFrame mainJFrame;
  JLabel Label1,Label2,Label3,Label4,Label5;
  public demoBorderLayout() {
    mainJFrame=new JFrame("布局使用示例");
    con=new JPanel();
    //JPanel 的对象默认布局是 FlowLayout，要这样来改变它
    con.setLayout(new BorderLayout());
    Label1=new JLabel("这是在北方");
    Label2=new JLabel("这是在南方");
    Label3=new JLabel("这是在东方");
    Label4=new JLabel("这是在西方");
    Label5=new JLabel("这是在中间");
    con.add(Label1,BorderLayout.NORTH);  //也可用 con.add("North",Label1);
    con.add(Label2,BorderLayout.SOUTH);
    con.add(Label3,BorderLayout.EAST);
    con.add(Label4,BorderLayout.WEST);
    con.add(Label5,BorderLayout.CENTER);
    mainJFrame.add(con);
    mainJFrame.setSize(300,300);
    mainJFrame.setVisible(true);
    mainJFrame.setDefaultCloseOperation(JFrame.EXIT_ON_CLOSE);
  }
  public static void main(String[] args) {
    new demoBorderLayout();
```

```
    }
}
```

在程序中，凡是使用：

```
con.add(Label1,BorderLayout.NORTH);
```

也可用

```
con.add("North",Label1);
```

来代替，只要将常量改成对应的字符串即可。

程序运行截图如图 14.72 所示。这个显示并不好看，所以边框布局往往还要配合其他的容器来使用。

图 14.72　程序 14.39 运行截图

14.9.3　网格布局（GridLayout）使用示例

GridLayout 允许用户将容器设置成网格状——相当于一个标准的二维表格，每个单元格可以放置一个组件。放置的时候，按照从左到右、从上到下的顺序依次存放。每个单元格都不允许为空。如果希望某个单元格显示为空，可以在其中加入一个空白标签。

它最常用的构造方法是：GridLayout(row,col)。其中，第一个参数指定行数，第二个参数指定列数。

【例 14.38】　网格布局使用示例。

```
//--------------文件名 demoGridLayout.java，程序编号 14.40-----------
import javax.swing.*;
import java.awt.*;
public class demoGridLayout{
  JPanel con;
  JFrame mainJframe;
  JLabel []Label;
  public demoGridLayout() {
    int i,j,k=0;
    mainJframe=new JFrame("布局使用示例");
    con=new JPanel();
    con.setLayout(new GridLayout(2,3));
    Label=new JLabel[6];
    for(i=0; i<2; i++)
      for(j=0; j<3; j++){
        Label[k]=new JLabel("这是第"+i+","+j+"号单元");
        //将标签依次添加到各个单元中
        con.add(Label[k++]);
      }
    mainJframe.getContentPane().add(con);
    mainJframe.setSize(400,100);
    mainJframe.setVisible(true);
    mainJframe.setDefaultCloseOperation(JFrame.EXIT_ON_CLOSE);
  }
  public static void main(String[] args) {
    new demoGridLayout();
  }
}
```

程序运行截图如图 14.73 所示。

图 14.73　程序 14.40 运行截图

14.9.4　卡片布局（CardLayout）使用示例

当组件比较多的时候，一个窗口可能放置不下，于是，人们采用类似于卡片的布局。把相关组件添加到同一张卡片中，一个窗口可以放置多张卡片。然后根据需要选择某一张卡片。这张被选中的卡片将占据整个窗口区域，其余的卡片不可见。

由于一次只能看到一张卡片，而且不能任意地切换卡片，所以 CardLayout 比较适合分类操作或是有多个操作步骤、每个步骤有先后关系的情况。当第一步完成后，切换到第二张卡片，然后切换到第三张卡片……典型的例子是程序的安装向导。

注意：如果需要在多张卡片之间来回切换，一般会选择 JTabbedPane，通过它的标签来选择卡片。

当一个容器拥有了 CardLayout 布局之后，每次调用该容器的 add(String name, Component comp)方法，它都会自动生成一张以 name 命名的卡片，并将组件 comp 放入这张卡片。

与前面介绍的普通布局不同，本布局提供了一些辅助方法帮助程序员操作卡片。例如，需要在一张卡片上放置多个组件，可以有两种方法：一是将这多个组件放到一个 JPanel 中，再将 JPanel 加到卡片上；另一种方法是调用 CardLayout 的 addLayoutComponent(Component comp,Object constraints)方法，方法的第一个参数是组件名，第二个参数是由调用者给卡片起的名字，只要名字相同，多个组件就可以放到同一张卡片中。而且如果使用了该方法为卡片起名字，后面就还可以使用 show(Container parent,String name)方法来任意指定要显示的卡片。

CardLayout 提供的常用方法如表 14.13 所示。

表 14.13　CardLayout提供的常用方法

方　　　　法	说　　　　明
void addLayoutComponent(Component comp, Object constraints)	将组件comp添加到名为constraints的卡片中
void first(Container parent)	弹出指定容器中的第一张卡片
void last(Container parent)	弹出指定容器中的最后一张卡片
void layoutContainer(Container parent)	让容器parent也使用本布局对象
void next(Container parent)	弹出指定容器中的下一张卡片
void previous(Container parent)	弹出指定容器中的前一张卡片
void removeLayoutComponent(Component comp)	删除布局中的组件
void show(Container parent, String name)	如果组件是用addLayoutComponent加入到卡片中的，则此方法可以显示由name指定的卡片上的组件

下面的程序模拟了一般的软件安装过程。

【例 14.39】 卡片布局使用示例。

//--------------文件名 demoCardLayout.java，程序编号 14.41-----------

```java
import javax.swing.*;
import java.awt.*;
import java.awt.event.*;
public class demoCardLayout implements ActionListener{
    Container con;
    JFrame mainJframe;
    JLabel Label1,Label2,Label3;
    JButton nextBtn1,prevBtn1,nextBtn2,prevBtn2,OKBtn;
    CardLayout myCard;
    JPanel panel1,panel2,panel3;
    public demoCardLayout() {
        mainJframe=new JFrame("卡片布局使用示例");
        con=mainJframe.getContentPane();
        myCard=new CardLayout();
        con.setLayout(myCard);
        //为第一张卡片添加组件
        Label1=new JLabel("这是第一步");
        nextBtn1=new JButton("下一步");
        panel1=new JPanel();
        panel1.add(Label1);
        panel1.add(nextBtn1);
        con.add("first",panel1);
        //为第二张卡片添加组件
        Label2=new JLabel("这是第二步");
        prevBtn1=new JButton("上一步");
        nextBtn2=new JButton("下一步");
        panel2=new JPanel();
        panel2.add(Label2);
        panel2.add(prevBtn1);
        panel2.add(nextBtn2);
        con.add("second",panel2);
        //为第三张卡片添加组件
        Label3=new JLabel("这是第三步");
        prevBtn2=new JButton("上一步");
        OKBtn=new JButton("完成");
        panel3=new JPanel();
        panel3.add(Label3);
        panel3.add(prevBtn2);
        panel3.add(OKBtn);
        con.add("third",panel3);
        //添加事件监听器
        nextBtn1.addActionListener(this);
        prevBtn1.addActionListener(this);
        nextBtn2.addActionListener(this);
        prevBtn2.addActionListener(this);
        OKBtn.addActionListener(this);
        mainJframe.setSize(300,300);
        mainJframe.setVisible(true);
        mainJframe.setDefaultCloseOperation(JFrame.EXIT_ON_CLOSE);
    }
    //根据用户单击的按钮显示所需的卡片
    public void actionPerformed(ActionEvent e){
        Object tp;
```

```
        tp=e.getSource();
        if (tp==nextBtn1 || tp==nextBtn2) myCard.next(con);
        if (tp==prevBtn1 || tp==prevBtn2) myCard.previous(con);
        if (tp==OKBtn)                    mainJframe.dispose();
    }
    public static void main(String[] args) {
        new demoCardLayout();
    }
}
```

程序运行情况如图 14.74 所示。单击"下一步"按钮之后，截图如图 14.75 所示。

图 14.74　程序启动时的截图

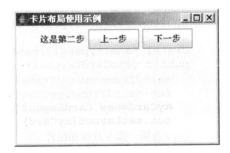

图 14.75　单击"下一步"按钮后的截图

用户可以继续单击"上一步"或者"下一步"切换到前面或者后面的卡片，这里不再截图。

14.9.5　增强网格布局（GridBagLayout）使用示例

GridBagLayout 直译过来应该是网格包布局，不过笔者认为，从它的功能来看，翻译成增强网格布局更准确。GridBagLayout 的功能类似于 GridLayout，但比后者的功能更强大，使用起来也要复杂得多。它能够制造出跨行和跨列的单元格，如图 14.76 所示。

图 14.76　GridBagLayout 设置的网格布局

这不再是一个规则的二维表格，每个单元格的大小不再相同。要达到这个效果，需要程序员编写比较多的代码。

GridBagLayout 设置单元格的规则和 HTML 语言的规则有点相似。不过为了指定单元格的行列值，还需要一个类 GridBagConstraints 配合。该类有以下几个常用属性。

- □ int gridx：当它为 0 时，指定组件存放的单元格是本行的第一列，默认值是 RELATIVE。
- □ int gridy：当它为 0 时，指定组件存放的单元格是本列的第一行，默认值是 RELATIVE。
- □ static final int RELATIVE：上面两个值是绝对定位，该值是相对定位。如果 gridy=n，而 gridx 设定该值后，后面的组件都从第 n 行一直往右放，直到出现下一个指定值。如果 gridx=n，而 gridy 设定该值后，后面的组件都从第 n 列一直往下放，直到出现下一个指定值。

❑ int gridwidth：指定该单元格所占列数。若该值设定为 RELATIVE，表示占据本行中除最后一格外的所有单元格。

❑ int gridheight：指定该单元格所占行数。若该值设定为 RELATIVE，表示占据本列中除最后一格外的所有单元格。

❑ public static final int REMAINDER：指定该单元格占据本行或本列剩余的所有空间。

❑ double weightx：指定如何分配额外的水平空间，默认值是 0.0。

❑ double weighty：指定如何分配额外的垂直空间，默认值是 0.0。

❑ Insets insets：为单元格中的组件设置与边框的间隔像素数。

例如，要创建如图 14.77 所示的这个布局。

Button1	Button2	Button3	Button4
Button5			
Button6			Button7
Button8	Button9		
	Button10		

图 14.77　GridBagLayout 设置的布局示意图

需要先创建一个 GridBagConstraints 对象，并将其 fill 属性设置为 GridBagConstraints.BOTH，然后按照下面的规则设置属性。

❑ Button1，Button2，Button3：weightx = 1.0；

❑ Button4：weightx = 1.0，gridwidth = GridBagConstraints.REMAINDER；

❑ Button5：gridwidth = GridBagConstraints.REMAINDER；

❑ Button6：gridwidth = GridBagConstraints.RELATIVE；

❑ Button7：gridwidth = GridBagConstraints.REMAINDER；

❑ Button8：gridheight = 2，weighty = 1.0；

❑ Button9，Button10：gridwidth = GridBagConstraints.REMAINDER。

下面的程序演示了如何用 GridBagLayout 和 GridBagConstraints 配合编制出不规则的表格布局。

【例 14.40】　增强网格布局使用示例。

//--------------文件名 demoGridBagLayout.java，程序编号 14.42-----------

```java
import javax.swing.*;
import java.awt.*;

public class demoGridBagLayout {
    Container con;
    JFrame mainJframe;
    GridBagLayout gridbag;
    //按照指定的属性创建并添加按钮到单元格中
    private void makebutton(String name,
                    GridBagLayout gridbag, GridBagConstraints c) {
        JButton btn = new JButton(name);
        //参数 c 决定了如何放置这个按钮
        gridbag.setConstraints(btn, c);
```

```
      con.add(btn);
   }

   public demoGridBagLayout(){
      GridBagConstraints c = new GridBagConstraints();
      gridbag = new GridBagLayout();
      mainJframe=new JFrame("增强网格布局使用示例");
      con=mainJframe.getContentPane();
      con.setLayout(gridbag);
      c.fill = GridBagConstraints.BOTH;
      //下面每个按钮占一行一列
      c.weightx = 1.0;
      makebutton("Button1", gridbag, c);
      makebutton("Button2", gridbag, c);
      makebutton("Button3", gridbag, c);
      c.gridwidth = GridBagConstraints.REMAINDER;    //占据到本行结束
      makebutton("Button4", gridbag, c);
      //开始布置第二行的按钮
      c.weightx = 0.0;                                //重设为默认值
      //这里的gridwidth属性仍然是REMAINDER，所以占据一整行
      makebutton("Button5", gridbag, c);
      //开始布置第三行
      c.gridwidth = GridBagConstraints.RELATIVE;      //重起一行，占三格
      makebutton("Button6", gridbag, c);
      c.gridwidth = GridBagConstraints.REMAINDER;     //占据到本行结束
      makebutton("Button7", gridbag, c);
      //开始布置第四行和第五行
      c.gridwidth = 1; //本单元格占两行一列
      c.gridheight = 2;
      c.weighty = 1.0;
      makebutton("Button8", gridbag, c);
      //开始布置其他的按钮，它们分在两行中
      c.weighty = 0.0;
      c.gridwidth = GridBagConstraints.REMAINDER;     //占据到本行结束
      c.gridheight = 1; //只占一行
      makebutton("Button9", gridbag, c);
      makebutton("Button10", gridbag, c);
      //布局设置完毕
      mainJframe.setSize(400,180);
      mainJframe.setVisible(true);
      mainJframe.setDefaultCloseOperation(JFrame.EXIT_ON_CLOSE);
   }

   public static void main(String[] args) {
      new demoGridBagLayout();
   }
}
```

程序运行截图如图 14.78 所示。

图 14.78 程序 14.42 运行截图

实际上，尽管 GridBagLayout 功能强大，但很不容易掌握，稍有不慎，显示出来的效果就会和设计者想象的相距甚远。程序员需要反复调试才可以获得想要的效果。

14.9.6 Swing 新增的布局管理

除了 AWT 提供的上述 5 种布局管理器，Swing 又新增了 4 种布局管理器：BoxLayout、OverLayout、ScrollPaneLayout 和 ViewportLayout。其中，ScrollPaneLayout 是 JScrollPane 内置的，而且是它唯一的布局管理器。ViewportLayout 是 JViewport 的内置管理器。由 OverLayout 布局管理器放置的组件将放置在其他组件的上面。BoxLayout 和 FlowLayout 很像，但它可以实现将容器中的组件按照水平方向或是垂直方向布置。14.11 节中的程序就使用了它。关于这些布局管理的具体用法，请查阅 API 手册。

到这里为止，关于编写 GUI 程序的基本知识都介绍完毕了，后面的章节就将利用这些知识编写几个小的 GUI 程序，读者也可以从中学习编写这类程序的一些技巧。

14.10 Java 2D 开发技术

Java 2D API 是 Java 2 平台的核心组件，是 Java GUI 图形应用开发的一个重要进展，具有大量功能，每种功能都代表了面向对象图形编程的最新成就。Java 2D 将应用程序变成虚拟画布，该画布允许进行复杂的绘制和着色操作，还具有超级字体处理和文本处理能力。

14.10.1 Java 2D 概述

Java 2D 提供了实现非常复杂图形的机制，这些机制同 Java 平台的 GUI 体系结构很好地集成在一起。总的来说，Java 2D 具有下列功能。

（1）对渲染质量的控制：没有 Java 2D，绘制图形时就无法进行抗锯齿，而分辨率也变得最小，只有一个像素。

（2）裁剪、合成和透明度：它们允许使用任意形状来限定绘制操作的边界。它们还提供对图形进行分层以及控制透明度和不透明度的能力。

（3）绘制和填充简单及复杂的形状：这种功能提供了一个 Stroke 代理和一个 Paint 代理，前者定义用来绘制形状轮廓的笔，后者允许用纯色、渐变色和图案来填充形状。

（4）图像处理和变换：Java 2D 同 Java 高级图像 API（Java Advanced Imaging API，简称 JAI）协作，支持用大量图形格式处理复杂的图像。Java 2D 还为您提供了修改图像、形状和字体字符的变换能力。

（5）高级字体处理和字符串格式化：允许像操作任何其他图形形状一样操作字体字符。除此以外，还可以像文字处理程序一样，通过为 String 中的字符应用属性和样式信息来创建格式化文本。

14.10.2 Graphics2D 类

Graphics2D 类，是 Java 2D 开发中非常重要的一个类，它扩展了 Graphics 类，提供了对几何形状、坐标转换、颜色管理和文本布局更为复杂的控制。它是用于在 Java 平台上呈现二维形状、文本和图像的基础类。在 Web 开发的验证码生成中也常用到此类。以下是 Graphics2D 类提供的一些特性。

- □　Background：允许指定一个 Color 对象作为默认颜色，当图形环境的部分被擦除时，会显示该默认颜色。
- □　RenderingHints：控制图形渲染的质量。我们将在渲染提示中详细讨论这方面的内容。
- □　Paint：可以使用 Paint 接口来以任何纯色、渐变色或图案而不是简单的颜色来填充形状。Java 2D 修改了 Color 类以实现 Paint 接口。
- □　Stroke：Java 2D 支持 Stroke 接口，该接口描述了一个虚拟笔，用于以各种宽度、颜色和图案来绘制线和曲线。
- □　Transform：支持使用变换来修改绘制操作的工作方式。Graphics2D 的 Transform 特性属于 java.awt.geom.AffineTransform 类型，它代表一种用 3*3 矩阵表示的数学规则。当操作由 Graphics2D 对象渲染时，无一例外地会对它们应用这一变换。
- □　Composite：控制在绘制操作覆盖已经着色的像素时所发生的行为。该特性的值属于 java.awt.Composite 类型，此类型是一个描述颜色应该如何组合的接口。

Graphics2D 提供许多附加方法，这些方法同 Java 2D 的其他功能，共同完成各种显示效果，Graphics2D 类中的主要方法如下。

- □　clip()、draw()和 fill()：其中的每种方法都获取一个 java.awt.Shape 类型的参数。这些方法允许擦除或绘制预先定义的或任意的形状，或者对它们进行着色。
- □　rotate()、scale()、translate()和 shear()：通过添加另一种变换操作来修改环境的当前 Transform。
- □　drawGlyphVector()：渲染"字形"。"字形"是一种 Shape，它代表某种 Font 的单字符。
- □　drawRenderableImage()和 drawRenderableImage()：应用此方法可使用 Java 高级图像 API 来渲染实现 java.awt.image.renderable.RenderableImage 或 java.awt.image. RenderedImage 接口的图像。
- □　hit()：检查指定形状是否同图形设备空间内的矩形相交了。该方法用于绘图程序以及游戏的碰撞测试。

14.10.3　2D 形状

java.awt.Shape 接口是一个代理，它描述几何形状的轮廓和特征。实现该接口的对象必须提供 java.awt.geom.PathIterator 对象，该对象允许渲染程序一次一段地检索形状的路径。路径的每一段表示一条由渲染程序执行的绘制指令。可以将任何实现该接口的对象用作 Graphics2D 的 draw()、fill()或 clip()方法的参数。

所有 Shape 对象还必须为渲染程序提供有关如何构造几何形状的其他信息。有几种版本的 contains()方法，如果指定的坐标或形状在 Shape 对象的边界以内，那么这些方法会返回值 true。intersects()方法检查指定矩形中是否有任何区域与 Shape 重合。其他两种方法，getBounds()和 getBounds2D()，返回一个边界矩形，该矩形表示包围 Shape 形状的最小矩形。

Shape 接口的一项重要特性在于：它被设计成通过变换、添加或减去形状来构造新 Shape 对象。

Java 2D 提供了一些预定义类，它们实现了 Shape 接口。Java 2D Shape 类都有"2D"

后缀。这些新的形状使用浮点值（而不是整数）来描述其几何形状。而且，Java 2D 之前的 Shape 类，诸如 Rectangle，现在继承了对应的 2D 类，在应用中无须进行类型强制转换就能够更容易地转换到新的渲染引擎。

以下是 Java 2D API 中的新 Shape 类。

❑ Point2D、Dimension2D 和 Line2D：这些类提供对应标准类的浮点版本。因为类成员不可访问，所以这些版本需要使用取值（读）方法来检索值。

❑ QuadCurve2D 和 CubicCurve2D：这些类表示二次和三次"参变"曲线。将这些曲线实现成贝塞尔曲线，贝塞尔曲线由两个端点以及一个或两个控制点指定。贝塞尔曲线创建了适合于大多数表示的曲线。

❑ GeneralPath：它是一个 Shape 对象，该对象提供将片段连接成复杂几何形状的命令。它允许使用直线和贝塞尔曲线序列来构建图形，还允许用子路径来组成路径的片段。

Java 2D 体系结构提供了一些十分强大的能力，其中 Stroke 和 Paint 对象分别描述了用来绘制和填充形状的虚拟笔和刷子。

Stroke 接口由 java.awt.BasicStroke 类实现。该类允许进行大量的选择以修改线的绘制细节。可以指定 BasicStroke 宽度，也可以指定对名为柱头和交点的路径上端点和交点的"装饰"。现在也可以绘制点划线了，只需设置 BasicStroke 的破折号属性即可。

Paint 接口有几个具体的实现，它们允许用纯色、渐变色或图案来填充形状。对 java.awt.Color 类做了一些调整以实现 Paint，并且可以用于纯色填充。java.awt.GradientPaint 类允许用线性颜色渐变色来填充形状，线性颜色渐变色允许在两个指定的 Color 对象之间创建过渡。可以将渐变色设置成"周期性的"，这将导致渐变色图案重复出现。最后，还提供了 java.awt.TexturePaint 类，它用由 BufferedImage 描述的图案填充形状。

14.10.4 文本与字体支持

Java 2D 提供了复杂的文本输出能力。Java 2D 和一个重新设计的字体引擎支持使用属性集对字符串的单个字符进行操作。诸如透明度、颜色插值和抗锯齿之类的其他 Java 2D 功能也能用于字体处理。

字体渲染是一种高度复杂的机制，因为字体是由许多复杂的形状组成的，而这些形状被应用到很多几何变换。为了将渲染能力同图形环境以及字体渲染引擎分隔开来，使用了一个名为 java.awt.font.FontRenderContext 的类。该类封装了要正确地确定文本的可查看大小所需的信息。Graphics2D 提供了一种方法来根据图形环境的当前属性获取 FontRenderContex 信息。

虽然 Graphics2D 中仍然提供 drawString()的旧版本，但 Graphics2D 功能更强大，它允许渲染格式化字符串。

java.text.AttributedString 类允许构造含有属性信息的字符串。当使用 AttributedString 时，它总是由实现了 java.text.AttributedCharacterIterator 接口的对象来指定。其迭代器类似于 GeneralPath 的迭代器，因为它允许文本布局和渲染类将文本分割成一个个属性序列。

要创建 AttributedString，只须使用 String 对象或现有的 AttributedString。使用 addAttribute()方法创建了 AttributedString 之后，就可以为其提供属性。该方法获取一个 AttributedCharacterIterator.Attribute 类型的参数，以及一个可选的属性序列的起始和终止索引。省略这些索引将导致将指定的属性应用于整个字符串。可以用于 AttributedString 的部分属性如下。

- □ BACKGROUND：控制背景颜色，可以设置为透明。
- □ FOREGROUND：控制前景颜色，覆盖图形环境的 Paint 特性。
- □ FONT：控制用于渲染字符的字体，覆盖图形环境的 Font 特性。
- □ FAMILY、SIZE 和 WEIGHT：提供另一种方法来指定字符字体，而不是直接创建 Font 对象。这些属性也代替了图形环境的 Font 特性。
- □ CHAR_REPLACEMENT：允许用字符替换任意 Shape 对象。这是另外一种创建定制字体的方法。
- □ TRANSFORM：对 AttributedString 中的全部或部分字符应用某个变换（参阅变换）。

java.awt.font.TextLayout 类提供带属性的字符的图形表示。TextLayout 用于从 AttributedString 派生诸如被渲染的文本将有多大之类的信息；它还包含一些方法，提供插入记号（表示文本中的插入点的闪烁形状）、突出显示和单击测试。

TextLayout 是一种不可变对象，即一旦被构建，其任何特性都无法被更改。如果源 AttributedString 改变了，那么就必须创建一个新 TextLayout 实例。从处理器和内存开销的意义上说，它是一种成本相对较高的对象，因此使用它的程序必须尽可能少地创建 TextLayout 实例。

TextLayout 中最常用的信息元素是一些只读特性，它们返回有关显示渲染的字符串所需大小的信息。所有这些特性都是 float 类型，说明如下。

- □ getAdvance()：渲染字符串的宽度。
- □ getAscent()：渲染字符串从布局顶部到基线（一条想象中的、沿着字符底部的线）的高度。
- □ getDescent()：渲染字符串从基线到布局底部的高度。它是 p 和 q 之类的小写字符从那条线下面扩展的区域。
- □ getLeading()：建议的文本行之间的空间。这一术语来源于铅字时代，当时使用一条铅带将打印行分隔开来。

14.10.5　高级功能

在 Java 2D 开发技术中，除了上述的功能外，还有其他的一些高级功能特性，如形状的组合、变换操作等。

形状的组合，指的是除了内置的形状类的能力之外，Java 2D 还具有通过组合 Shape 对象来构造复杂形状的能力。这一功能称为构造型区域几何或 CAG。

Shape 接口的特殊实现，即 java.awt.geom.Area 类，基于此类，可以执行各种二进制操作，以实现各种组合的形状，主要有 4 种组合操作。

- □ add()：组合两个形状。它不必有任何共同区域。
- □ subtract()：除去指定区域。
- □ intersect()：创建一个只含有源区域和目标区域共有空间的新的形状。
- □ exclusiveOr()：从两个形状中除去重叠区域。

上述操作创建一个新 Area，它是源对象和指定的目标对象组合的结果。源对象可以在 Area 对象的构造器中指定。因为 Area 本身就是 Shape，所以可以组合任意复杂的形状。

Java 2D 的变换操作是基于对图形元素执行各种修改的矩阵算术。要使用这些功能并不一定要理解线性代数中的相关概念，因为 java.awt.geom.AffineTransform 类几乎封装了所有可用操作，编程的过程中直接调用即可。使用此类，可以将各类变换操作应用于 Shape、Font 和 BufferedImage 等对象，也可以将它直接应用于图形环境。变换主要包括以下几种操作，这些操作可以结合起来使用。

- ❑ 平移：改变图形的原点或(x,y)坐标。图形在 2D 坐标空间内移动，但外观不改变。
- ❑ 旋转：在坐标空间内以通过原点（默认）或任何指定坐标的轴为轴线转动图形。
- ❑ 缩放：按照维护图像的需要添加或减弱像素，从而改变图形的大小。缩放可以是成比例的也可以是不成比例的，如果为 X 轴和 Y 轴分别给予不同的缩放值，那就是不成比例的。如果缩放值大于 1，那么缩放会增加每个轴的大小，如果缩放值小于 1，那么缩放会收缩每个轴的大小。负缩放值会沿对应的轴翻转图形。
- ❑ 扭曲：滑动线的像素使它们不再沿一个轴排列。斜体字符可以被认为是扭曲了的正常字符。

需要注意的是，上述的变换操作是不可交换的。也就是，如果以不同顺序应用一组变换操作，那么它们可能会产生不同的结果。举例来说，对一个对象，先进行旋转，再平移，最后缩小比例所得到的变换结果，与对其先缩小比例，再旋转，最后平移得到的结果将是不一样的。

14.11　GUI 程序设计实例 1——色盲检测

这一节介绍一个简单的色盲检测软件。该软件的基本原理是：所有的色彩都是由红、绿、黄三原色组成，每种原色的值在 0～255 之间变化。调节每一种原色的值，可以合成任意的色彩。

程序的基本思路就是：给出一个标准的色彩，要求用户调整三原色的值，如果认为混合得到的色彩与标准色彩相同，就可以单击"确定"按钮。程序再判断混合的色彩中各个原色的值与标准色彩之间的差距，如果误差在规定范围以内，就认为合格，反之则不合格。如果是色盲，是无法混合得到标准色彩的。

为了让用户能够调节三原色，程序设置了 3 个滚动条，每个滚动条代表一种颜色的值。用户拖动滚动条的时候，实时显示混合得到的色彩，供用户做出判断。

图 14.79 就是程序设计的界面。

图 14.77 中，左边将显示标准色，右边显示用户混

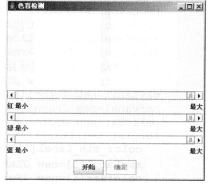

图 14.79　程序设计界面

合得到的颜色，它们都是用 JTextArea 显示背景色来实现的。下面来介绍这个程序的编制。

14.11.1　界面的实现

这个程序的界面上有较多的组件，但放置很有规律。首先介绍需要用到的组件和一些变量，声明如下：

```
private final static int KIND=3,MIN=0,MAX=256;
private int tolerance=15;    //允许的误差，读者可以修改这个值，越小则越难通过
```

```
private int standardRed,standardBlue,standardGreen;  //机器产生的标准颜色
private final static String colorMsg[]={"红 最小","绿 最小","蓝 最小"};
protected JTextArea modelArea,userArea;          //前者显示标准色彩,后者显示用户混
                                                   合的色彩
protected JScrollBar colorBar[];                 //3 个滚动条
protected JButton nextBtn,OKBtn;
protected JLabel color_min_Label[],maxLabel[];
protected JPanel areaPanel,barPanel[],btnPanel;  //用于放置按钮的中间容器
protected Container con;
protected JFrame mainJframe;                     //主窗口
private HandleButtonClick handleBtn;             //处理按钮单击事件的内部
                                                   类对象
private HandleScrollbarChange  handleScrollbar;  //处理滚动条拖动事件的内
                                                   部类对象
```

程序界面设计所用到的代码，全部放在构造方法中。

```java
public CheckAchromatopsiat() {
    mainJframe=new JFrame("色盲检测");
    //用两个只读的 JTextArea 来显示颜色
    modelArea=new JTextArea();
    modelArea.setColumns(12);
    modelArea.setRows(8);
    modelArea.setEditable(false);
    userArea=new JTextArea();
    userArea.setColumns(12);
    userArea.setRows(8);
    userArea.setEditable(false);
    areaPanel=new JPanel();
    FlowLayout tmpLayout=new FlowLayout();
    //设置两个 JTextArea 之间的垂直距离
    tmpLayout.setHgap(20);
    areaPanel.setLayout(tmpLayout);
    areaPanel.add(modelArea);
    areaPanel.add(userArea);
    //创建滚动条和相应的提示标签,并放在各自的面板中
    color_min_Label=new JLabel[KIND];
    maxLabel=new JLabel[KIND];
    barPanel=new JPanel[KIND];
    colorBar=new JScrollBar[KIND];
    for(int i=0;i<3;i++){
        color_min_Label[i]=new JLabel(colorMsg[i]);
        maxLabel[i]=new JLabel("最大");
        colorBar[i]=new JScrollBar(JScrollBar.HORIZONTAL,MAX-1,1,MIN,
        MAX);
        barPanel[i]=new JPanel();
        barPanel[i].setLayout(new BorderLayout());
        barPanel[i].add(color_min_Label[i],BorderLayout.WEST);
        barPanel[i].add(colorBar[i],BorderLayout.NORTH);
        barPanel[i].add(maxLabel[i],BorderLayout.EAST);
    }
    //创建两个按钮,并放在面板中
    nextBtn=new JButton("开始");
    OKBtn=new JButton("确定");
    OKBtn.setEnabled(false);
    btnPanel=new JPanel();
    btnPanel.setLayout(new FlowLayout());
    btnPanel.add(nextBtn);
```

```
    btnPanel.add(OKBtn);
    //把前面的 Panel 放置到 frame 中
    con=mainJframe.getContentPane();
    //用 swing 中的 BoxLayout 布局，垂直布局
    con.setLayout(new BoxLayout(con,BoxLayout.Y_AXIS));
    con.add(areaPanel);
    con.add(barPanel[0]);
    con.add(barPanel[1]);
    con.add(barPanel[2]);
    con.add(btnPanel);
    //配置窗口的大小并显示
    mainJframe.setSize(400,350);
    mainJframe.setVisible(true);
    mainJframe.setDefaultCloseOperation(JFrame.EXIT_ON_CLOSE);
}
```

14.11.2 "开始"按钮的事件处理

当用户单击"开始"按钮后，程序应当实现这样一些功能：

❑ 随机产生一种颜色方案；

❑ 将标准颜色面板置成这种颜色；

❑ 将用户颜色面板置成白色；

❑ 将 3 个滚动条的值置成最大值；

❑ 如果"确定"按钮不可用，则将其变成可用；

❑ 如果自己显示的文本是"开始"，则将其变成"下一幅"。

笔者为外部类加上一个内部类，处理按钮单击事件的代码如下：

```
public class HandleButtonClick implements ActionListener{
    public void actionPerformed(ActionEvent e){
        if (e.getSource()==nextBtn){
        //随机产生标准色彩
        standardRed=(int)(Math.random()*1000)%MAX;
        standardGreen=(int)(Math.random()*1000)%MAX;
        standardBlue=(int)(Math.random()*1000)%MAX;
        for(int i=0;i<KIND;i++) colorBar[i].setValue(MAX-1);
        //显示标准颜色
        modelArea.setBackground(new Color (standardRed,standardGreen,
        standardBlue));
        //显示要用户调整的颜色为白色
        userArea.setBackground(new Color(MAX-1,MAX-1,MAX-1));
        //改变两个按钮的外观
        if (!OKBtn.isEnabled()){
            OKBtn.setEnabled(true);
            nextBtn.setText("下一幅");
        }
    }
}
```

14.11.3 "确定"按钮的事件处理

当用户单击"确定"按钮后，需要程序判断用户调整的颜色是否正确（即与标准颜色的误差是否在规定范围内），并给出相应的提示。

为此，需要将上面的 actionPerformed 方法做一下修改，增加逻辑判断。代码如下：

```
boolean correct=true;
if (Math.abs(colorBar[0].getValue()-standardRed)>tolerance)
    correct=false;
if (Math.abs(colorBar[1].getValue()-standardGreen)>tolerance)
    correct=false;
if (Math.abs(colorBar[2].getValue()-standardBlue)>tolerance)
    correct=false;
if (correct){
    JOptionPane.showMessageDialog(mainJframe,"颜色匹配正确");
}else{
    JOptionPane.showMessageDialog(mainJframe,"颜色匹配错误");
}
```

14.11.4　滚动条的事件处理

当用户拖动滚动条上的指示块时，用户颜色板必须随之变化，所以程序要响应滚动条的 AdjustmentEvent 事件，这需要为滚动条添加一个事件监听器，所用方法是 addAdjustmentListener(AdjustmentListener l)。

下面的这个内部类，实现了实时获取滚动条的值，并立即改变颜色板颜色的功能。

```
public class HandleScrollbarChange implements AdjustmentListener{
  public void adjustmentValueChanged(AdjustmentEvent e){
    int red,green,blue;
    red=colorBar[0].getValue();
    green=colorBar[1].getValue();
    blue=colorBar[2].getValue();
    //设置用户调整的颜色
    userArea.setBackground(new Color(red,green,blue));
  }
}
```

只要给组件安装上这两个监听器，就可以实现程序的基本功能了。完整的程序请看下面。

14.11.5　完整的程序

【例 14.41】　色盲检测程序。

//--------------文件名 CheckAchromatopsiat.java，程序编号 14.43-----------

```
import javax.swing.*;
import java.awt.event.*;
import java.awt.*;

public class CheckAchromatopsiat {
  private final static int KIND=3,MIN=0,MAX=256;
  private int tolerance=15;   //允许的误差
  private int standardRed,standardBlue,standardGreen;   //机器产生的标准颜色
  private final static String colorMsg[]={"红 最小","绿 最小","蓝 最小"};
  protected JTextArea modelArea,userArea;
  protected JScrollBar colorBar[];
  protected JButton    nextBtn,OKBtn;
  protected JLabel color_min_Label[],maxLabel[];
```

```
protected JPanel  areaPanel,barPanel[],btnPanel;
protected Container con;
protected JFrame mainJframe;

private HandleButtonClick handleBtn;
private HandleScrollbarChange  handleScrollbar;

public CheckAchromatopsiat() {
  mainJframe=new JFrame("色盲检测");
  modelArea=new JTextArea();
  modelArea.setColumns(12);
  modelArea.setRows(8);
  modelArea.setEditable(false);
  userArea=new JTextArea();
  userArea.setColumns(12);
  userArea.setRows(8);
  userArea.setEditable(false);
  areaPanel=new JPanel();
  FlowLayout tmpLayout=new FlowLayout();
  tmpLayout.setHgap(20);
  areaPanel.setLayout(tmpLayout);
  areaPanel.add(modelArea);
  areaPanel.add(userArea);
  handleScrollbar=new HandleScrollbarChange();
  color_min_Label=new JLabel[KIND];
  maxLabel=new JLabel[KIND];
  barPanel=new JPanel[KIND];
  colorBar=new JScrollBar[KIND];
  for(int i=0;i<3;i++){
    color_min_Label[i]=new JLabel(colorMsg[i]);
    maxLabel[i]=new JLabel("最大");
    colorBar[i]=new JScrollBar(JScrollBar.HORIZONTAL,MAX-1,1,MIN,MAX);
    colorBar[i].addAdjustmentListener(handleScrollbar);
    barPanel[i]=new JPanel();
    barPanel[i].setLayout(new BorderLayout());
    barPanel[i].add(color_min_Label[i],BorderLayout.WEST);
    barPanel[i].add(colorBar[i],BorderLayout.NORTH);
    barPanel[i].add(maxLabel[i],BorderLayout.EAST);
  }
  handleBtn=new HandleButtonClick();
  nextBtn=new JButton("开始");
  nextBtn.addActionListener(handleBtn);
  OKBtn=new JButton("确定");
  OKBtn.setEnabled(false);
  OKBtn.addActionListener(handleBtn);
  btnPanel=new JPanel();
  btnPanel.setLayout(new FlowLayout());
  btnPanel.add(nextBtn);
  btnPanel.add(OKBtn);
  con=mainJframe.getContentPane();
  con.setLayout(new BoxLayout(con,BoxLayout.Y_AXIS));
  con.add(areaPanel);
  con.add(barPanel[0]);
  con.add(barPanel[1]);
  con.add(barPanel[2]);
```

```
     con.add(btnPanel);
     mainJframe.setSize(400,350);
     mainJframe.setVisible(true);
     mainJframe.setDefaultCloseOperation(JFrame.EXIT_ON_CLOSE);
  }

  public static void main(String[] args) {
     new CheckAchromatopsiat();
  }
//添加按钮监听动作
public class HandleButtonClick implements ActionListener{
  public void actionPerformed(ActionEvent e){
     if (e.getSource()==nextBtn){
        //随机生成 RGB 值，分别代表红色、绿色和蓝色
        standardRed=(int)(Math.random()*1000)%MAX;
        standardGreen=(int)(Math.random()*1000)%MAX;
        standardBlue=(int)(Math.random()*1000)%MAX;
        //根据滑动按钮改变对应的 RGB 值
        for(int i=0;i<KIND;i++) colorBar[i].setValue(MAX-1);
        modelArea.setBackground(new Color(standardRed,standardGreen,
        standardBlue));
        userArea.setBackground(new Color(MAX-1,MAX-1,MAX-1));
        if (!OKBtn.isEnabled()){
          OKBtn.setEnabled(true);
          nextBtn.setText("下一幅");
        }
     }else{
        boolean correct=true;
        if (Math.abs(colorBar[0].getValue()-standardRed)>tolerance)
           correct=false;
        if (Math.abs(colorBar[1].getValue()-standardGreen)>tolerance)
           correct=false;
        if (Math.abs(colorBar[2].getValue()-standardBlue)>tolerance)
           correct=false;
        if (correct){
           JOptionPane.showMessageDialog(mainJframe,"颜色匹配正确");
        }else{
           JOptionPane.showMessageDialog(mainJframe,"颜色匹配错误");
        }
     }
  }//事件响应方法结束
}  //内部类结束

public class HandleScrollbarChange implements AdjustmentListener{
  public void adjustmentValueChanged(AdjustmentEvent e){
     int red,green,blue;
     red=colorBar[0].getValue();
     green=colorBar[1].getValue();
     blue=colorBar[2].getValue();
     userArea.setBackground(new Color(red,green,blue));
  }
 }
}
```

程序运行时截图如图 14.80 所示。

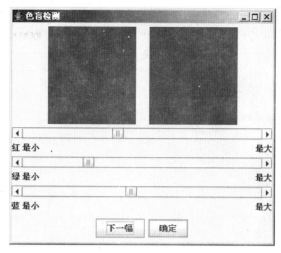

图 14.80　程序 14.43 运行截图

这个程序功能比较简单，还可以增加一些功能。例如，更多的帮助信息、可由用户选择精确程度（即通过的难易程度）、综合评分等。请读者自己完成。

14.12　GUI 程序设计实例 2——小闹钟

在本节中，介绍一个简单的实用程序——闹钟的实现。它可以根据用户的设置来报时。
设置的时间既可以指定绝对时间，也可以指定间隔时间。提醒的方式也有两种：播放一段声音和跳出窗口到最前面。图 14.81 是该程序的运行截图。

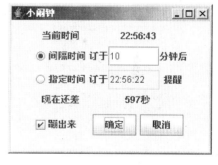

14.12.1　程序界面的实现

这个程序的界面比上一个要复杂一些，没有那么有规律，这里采用 GridBagLayout 来布局。需要用到的组件和变量如下：

图 14.81　小闹钟程序运行截图

```
JLabel Label[];
ButtonGroup BtnGroup;                    //管理单选按钮
JRadioButton intervalRadio,specifyRadio;   //选择指定时间的方式
JTextField minuteText, timeText;     //前者用来输入间隔时间，后者用来输入指定时间
JCheckBox chkBox;                        //用户是否选择让窗口弹出来
JButton OKBtn,CancleBtn;
Container con;
GridBagLayout gridBag;                    //布局要用到不规则的表格
JFrame mainJframe;
Date today;                              //记录当前时间
```

程序界面设计所用到的代码，全部放在构造方法中。

```
public AlarmClock() {
    final String msg[]={"当前时间","","订于","分钟后","订于",
```

```
                              "提醒","现在还差"," 0 秒"};
GridBagConstraints c = new GridBagConstraints();
Label=new JLabel[msg.length];
for(int i=0; i<Label.length; i++)
    Label[i]=new JLabel(msg[i],JLabel.CENTER);
mainJframe=new JFrame("小闹钟");
today=new Date();                          //获取机器时间
gridBag = new GridBagLayout();
con=mainJframe.getContentPane();
con.setLayout(gridBag);
c.fill = GridBagConstraints.BOTH;
c.insets=new Insets(0,0,5,0);
//设置第一行的两个标签
c.gridwidth=1;
addComponents(Label[0],c);
c.gridwidth = GridBagConstraints.REMAINDER;
Label[1].setText(TimeToString(today));  //显示当前时间
addComponents(Label[1],c);
//设置第二行的组件
c.gridwidth=1;
intervalRadio=new JRadioButton("间隔时间",true);
BtnGroup=new ButtonGroup();
BtnGroup.add(intervalRadio);
addComponents(intervalRadio,c);
addComponents(Label[2],c);
minuteText=new JTextField("10",6);        //设置默认间隔时间为 10 分钟
addComponents(minuteText,c);
c.gridwidth = GridBagConstraints.REMAINDER;
addComponents(Label[3],c);
//设置第三行的组件
c.gridwidth=1;
specifyRadio=new JRadioButton("指定时间",false);
BtnGroup.add(specifyRadio);
addComponents(specifyRadio,c);
addComponents(Label[4],c);
timeText=new JTextField(TimeToString(today),6);
timeText.setEditable(false);
addComponents(timeText,c);
c.gridwidth = GridBagConstraints.REMAINDER;
addComponents(Label[5],c);
//设置第四行的组件
c.gridwidth=1;
addComponents(Label[6],c);
c.gridwidth = GridBagConstraints.REMAINDER;
addComponents(Label[7],c);
//设置第五行的组件
c.gridwidth=1;
chkBox=new JCheckBox("蹦出来",true);
addComponents(chkBox,c);
JPanel panel=new JPanel();
panel.setLayout(new FlowLayout());
OKBtn=new JButton("确定");
CancleBtn=new JButton("取消");
panel.add(OKBtn);
panel.add(CancleBtn);
c.gridwidth = GridBagConstraints.REMAINDER;
addComponents(panel,c);

mainJframe.setSize(280,200);
```

```
mainJframe.setVisible(true);
mainJframe.setDefaultCloseOperation(JFrame.EXIT_ON_CLOSE);
}
```

14.12.2　时间的刷新代码

这个程序的实现主要有几个难点，第一个是如何让时间"动"起来，即在 Label[1]上显示的时间应该是机器时间，每一秒钟要变化一次。

为了实现这一功能，需要不断地读取并刷新时间。一种方法是在写一个循环，不断地去做这件事情。显然，这是很浪费 CPU 资源的，所以这个循环肯定不能写在主线程中，只能写在一个优先级很低的线程中。

还有一种方法是利用 Timer 类。该类对象可以设定间隔时间，当到达指定的时间间隔后，自动去做指定的事情，所以编写比较简单。而这个"指定的事情"，就是一个 TimerTask类，该类实际上也是一个线程，所以只要实现其中的 run()方法就可以了。下面就是利用Timer 来实现刷新时间功能的代码实例部分。

```
//这是实现 TimerTask 类。由于要直接访问 Label[1]，所以该类最好是一个内部类。
class Refresh extends TimerTask{
  public Refresh(){
    super();
  }
  public void run(){
    today=new Date();
    Label[1].setText(TimeToString(today));
  }
}
```

当然上面只是一个刷新了标签上的时间，实际上它还要做一些其他的事情，具体代码将在后面的程序中介绍。

然后，在外部类的构造方法 AlarmClock()中添加下列语句：

```
Timer   myTimer=new Timer();
Refresh task=new Refresh();
myTimer.schedule(task,1000,1000); //每隔 1000ms 刷新一次时间
```

14.12.3　JRadioButton 的事件响应代码

程序允许用户在"间隔时间"和"指定时间"中选择一个选项，同时根据用户的选择将 minuteText 和 timeText 中的一个置为可写状态。这需要监听 JRadioButton 的 ActionEvent事件。代码如下：

```
class HandleBtn implements ActionListener{ //这是一个内部类
  public void actionPerformed(ActionEvent e){
    Object obj;
    obj=e.getSource();
    if(obj==intervalRadio){
      minuteText.setEditable(true);
      timeText.setEditable(false);
    }
```

```
    else if (obj==specifyRadio){
       minuteText.setEditable(false);
       timeText.setEditable(true);
    }
  }
}
```

14.12.4 "确定"按钮的事件响应代码

当用户单击"确定"按钮后，程序应该做下面几件事情：

❑ 判断用户输入的提醒时间或间隔时间是否合法。

❑ 如果合法，换算成间隔的秒数，并保存。

❑ 启动一个 Timer，开始倒计时。当计时完成时，给用户一个提醒。

❑ 将窗口最小化。

为了完成第二条，需要增加一个类变量 remainSeconds。为了完成第三条，需要增加一个 Timer，这样本程序中就有了两个 Timer，这样比较浪费资源。实际上，通过修改 Refresh 类的 run()方法，可以增加这个功能，这需要一些编程技巧。下面是该按钮事件响应的部分代码。

```
try{
        if (intervalRadio.isSelected()){ //指定了间隔时间
            //remainSeconds 是一个类的成员变量，它记录了剩余的秒数
            remainSeconds=Integer.parseInt(minuteText.getText(),10)*60;
        }else{ //指定了绝对时间
          Date tmpDate=new Date();
          int curTime,endTime;
          curTime=tmpDate.getHours()*3600
                    + tmpDate.getMinutes()*60
                    + tmpDate.getSeconds();
          //将用户输入的"时：分：秒"转换成一个整型数
          endTime=parseTime(timeText.getText());
          //计算间隔时间并保存起来
          remainSeconds=endTime-curTime;
        }
        if (remainSeconds>0){
            startTime=true; //让 Timer 开始倒计时
            mainJframe.setState(JFrame.ICONIFIED); //窗口最小化
        }else{ //剩余时间小于 0，取消本次设置
            CancleBtn.doClick();
        }
}catch(NumberFormatException el){
        JOptionPane.showMessageDialog(mainJframe, "对不起，输入的时间间隔有
        错误");
}catch(ParseException el){
        JOptionPane.showMessageDialog(mainJframe,"对不起，指定的时间有错误");
}//try-catch 语句块结束
```

在上面的代码中，有很重要的一个方法：parseTime()，它可以将用户输入的"时:分:秒"数据转换成一个整型数，然后才得以计算与当前时间的间隔。这里必须要考虑到用户输入是可能出错的，作为一个实用程序，健壮性是一个重要的衡量标准。这里可以采用第13.5.2 小节中介绍的 SimpleDateFormat 类的 parse()方法，将字符串转换成为 Java 中的标准时间，同时捕获异常，判断用户的输入是否正确。

　　不过，笔者采用了更为"低级"的办法，完全由自己编程来做判断。这么做程序要复杂很多，但对于提高编程能力也是一个很好的锻炼。下面来分析具体的代码。

```
//将用户输入的"时：分：秒"转换成为一个整型数，如果有错误，则抛出一个异常
    private int parseTime(String str) throws ParseException {
        int i = 0, hour = 0, minute = 0, second = 0;
        int ch;
        //取出其中的小时
        ch = str.charAt(i);
        while (i < str.length() && ch != ':') {
            if (ch < '0' || ch > '9')   //不允许非数字的出现
                throw new ParseException(str, i);
            hour = hour * 10 + ch - '0';
            i++;
            if (i < str.length())
                ch = str.charAt(i);
            else
                throw new ParseException(str, i);
        }
        //越过中间的"："
        i++;
        //取出其中的分钟
        ch = str.charAt(i);
        while (i < str.length() && ch != ':') {
            if (ch < '0' || ch > '9')
                throw new ParseException(str, i);
            minute = minute * 10 + ch - '0';
            i++;
            if (i < str.length())
                ch = str.charAt(i);
            else
                throw new ParseException(str, i);
        }
        //越过中间的"："
        i++;
        //取出其中的秒数
        ch = str.charAt(i);
        while (i < str.length()) {
            if (ch < '0' || ch > '9')
                throw new ParseException(str, i);
            second = second * 10 + ch - '0';
            i++;
            if (i < str.length())
                ch = str.charAt(i);
        }
        //判断时、分、秒是否在合法的范围内
        if (hour > 23 || minute > 59 || second > 59)
            throw new ParseException(str, i);
        //求与0:0:0相间隔的秒数
        return hour * 3600 + minute * 60 + second;
    }
```

现在来改造原来的 TimerTask 的 run()方法：

```
public void run() {
    today = new Date();
    Label[1].setText(TimeToString(today));
    //下面是新加入的报时功能
    if (startTime) {
```

```
    Label[7].setText(remainSeconds + "秒");        //刷新剩余时间
    remainSeconds--;                                //倒计时
    if (remainSeconds == 0) {                        //预定时间已到
        startTime = false;                           //本次报时完成，把标志改掉
        if (chkBox.isSelected())
            mainJframe.setState(JFrame.NORMAL);      //让窗口弹出来
        try {                                        //播放一段声音
            FileInputStream fileau = new FileInputStream("alert.wav");
            AudioStream as = new AudioStream(fileau);
            AudioPlayer.player.start(as);
        } catch (Exception e) {    }
    }
  }
}
```

14.12.5　"取消"按钮的事件响应代码

当用户单击"取消"按钮时，程序应当清除本次报时任务。这里只需要将标志 startTime 改成 false，将剩余时间置成小于等于 0 的任意数值就可以了。代码如下所示：

```
else if(obj==CancleBtn){
    startTime=false;
    remainSeconds=0;
    Label[7].setText(remainSeconds + "秒");
}
```

14.12.6　完整的程序

【例 14.42】 小闹钟程序。

//-------------文件名 AlarmClock.java，程序编号 14.44-----------

```
import javax.swing.*;
import java.awt.event.*;
import java.awt.*;
import java.util.Date;
import java.util.Formatter;
import java.util.Timer;
import java.util.TimerTask;
import java.lang.Integer;
import java.text.*;
import sun.audio.*;
import java.io.*;
public class AlarmClock {
    JLabel Label[];                             //声明 JLabel 对象
    ButtonGroup BtnGroup;                       //声明 JLabel 对象
    JRadioButton intervalRadio, specifyRadio;   //声明两个 JRadioButton 对象
    JTextField minuteText, timeText;            //声明 JTextField 对象
    JCheckBox chkBox;
    JButton OKBtn, CancleBtn;
    Container con;
    GridBagLayout gridBag;
    JFrame mainJframe;
    Date today;
    Timer myTimer;
```

```
int remainSeconds = 0;
boolean startTime = false;
private void addComponents(Component obj, GridBagConstraints c) {
    gridBag.setConstraints(obj, c);
    con.add(obj);
}
//将时间转换成为"时：分：秒"格式的字符串
private String TimeToString(Date day) {
    Formatter fmt = new Formatter();
    fmt.format("%tT",day);
    return fmt.toString();
}
//将用户输入的"时：分：秒"转换成为一个整型数，如果有错误，则抛出一个异常
private int parseTime(String str) throws ParseException {
    int i = 0, hour = 0, minute = 0, second = 0;
    int ch;
    ch = str.charAt(i);
    while (i < str.length() && ch != ':') {
        if (ch < '0' || ch > '9')
            throw new ParseException(str, i);
        hour = hour * 10 + ch - '0';
        i++;
        if (i < str.length())
            ch = str.charAt(i);
        else
            throw new ParseException(str, i);
    }
    i++;
    ch = str.charAt(i);
    while (i < str.length() && ch != ':') {
        if (ch < '0' || ch > '9')
            throw new ParseException(str, i);
        minute = minute * 10 + ch - '0';
        i++;
        if (i < str.length())
            ch = str.charAt(i);
        else
            throw new ParseException(str, i);
    }
    i++;
    ch = str.charAt(i);
    while (i < str.length()) {
        if (ch < '0' || ch > '9')
            throw new ParseException(str, i);
        second = second * 10 + ch - '0';
        i++;
        if (i < str.length())
            ch = str.charAt(i);
    }
    if (hour > 23 || minute > 59 || second > 59)
        throw new ParseException(str, i);
    return hour * 3600 + minute * 60 + second;
}

public AlarmClock() {
    final String msg[] = { "当前时间", "", "订于", "分钟后", "订于",
                            "提醒", "现在还差"," 0 秒"
                         };
    Refresh task;
    HandleBtn handle = new HandleBtn();
```

```
GridBagConstraints c = new GridBagConstraints();
Label = new JLabel[msg.length];
for (int i = 0; i < Label.length; i++)
    Label[i] = new JLabel(msg[i], JLabel.CENTER);
mainJframe = new JFrame("小闹钟");
today = new Date();
gridBag = new GridBagLayout();
con = mainJframe.getContentPane();
con.setLayout(gridBag);
c.fill = GridBagConstraints.BOTH;

c.gridwidth = 1;
c.insets = new Insets(0, 0, 5, 0);
addComponents(Label[0], c);
c.gridwidth = GridBagConstraints.REMAINDER;
Label[1].setText(TimeToString(today));
addComponents(Label[1], c);

c.gridwidth = 1;
intervalRadio = new JRadioButton("间隔时间", true);
intervalRadio.addActionListener(handle);
BtnGroup = new ButtonGroup();
BtnGroup.add(intervalRadio);
addComponents(intervalRadio, c);
addComponents(Label[2], c);
minuteText = new JTextField("10", 6);
addComponents(minuteText, c);
c.gridwidth = GridBagConstraints.REMAINDER;
addComponents(Label[3], c);
c.gridwidth = 1;
specifyRadio = new JRadioButton("指定时间", false);
specifyRadio.addActionListener(handle);
BtnGroup.add(specifyRadio);
addComponents(specifyRadio, c);
addComponents(Label[4], c);
timeText = new JTextField(TimeToString(today), 6);
timeText.setEditable(false);
addComponents(timeText, c);
c.gridwidth = GridBagConstraints.REMAINDER;
addComponents(Label[5], c);

c.gridwidth = 1;
addComponents(Label[6], c);
c.gridwidth = GridBagConstraints.REMAINDER;
addComponents(Label[7], c);

c.gridwidth = 1;
chkBox = new JCheckBox("蹦出来", true);
addComponents(chkBox, c);
JPanel panel = new JPanel();
panel.setLayout(new FlowLayout());
OKBtn = new JButton("确定");
OKBtn.addActionListener(handle);
CancleBtn = new JButton("取消");
CancleBtn.addActionListener(handle);
panel.add(OKBtn);
panel.add(CancleBtn);
c.gridwidth = GridBagConstraints.REMAINDER;
addComponents(panel, c);
```

```
        mainJframe.setSize(280, 200);
        mainJframe.setVisible(true);
        mainJframe.setDefaultCloseOperation(JFrame.EXIT_ON_CLOSE);

        myTimer = new Timer();
        task = new Refresh();
        myTimer.schedule(task, 1000, 1000);
    }

class Refresh extends TimerTask {
    public Refresh() {
        super();
    }

    public void run() {
        today = new Date();
        Label[1].setText(TimeToString(today));
        if (startTime) {
            Label[7].setText(remainSeconds + "秒");
            remainSeconds--;
            if (remainSeconds == 0) {
                startTime = false;
                if (chkBox.isSelected())
                    mainJframe.setState(JFrame.NORMAL);
                try {
                    FileInputStream fileau = new FileInputStream
                    ("alert.wav");
                    AudioStream as = new AudioStream(fileau);
                    AudioPlayer.player.start(as);
                } catch (Exception e) { }
            } //内层 if 结束
        }     //外层 if 结束
    }         //run 方法结束
}             //内部类 Refresh 结束

class HandleBtn implements ActionListener {
    public void actionPerformed(ActionEvent e) {
        Object obj;
        obj = e.getSource();
        if (obj == intervalRadio) {
            minuteText.setEditable(true);
            timeText.setEditable(false);
        } else if (obj == specifyRadio) {
            minuteText.setEditable(false);
            timeText.setEditable(true);
        } else if (obj == OKBtn) {
            try {
                if (intervalRadio.isSelected()) {
                    remainSeconds = Integer.parseInt(minuteText.
                    getText(),10)*60;
                } else {
                    Date tmpDate = new Date();
                    int curTime, endTime;
                    curTime = tmpDate.getHours() * 3600
                        + tmpDate.getMinutes() * 60
                        + tmpDate.getSeconds();
                    endTime = parseTime(timeText.getText());
                    remainSeconds = endTime - curTime;
                }
                if (remainSeconds > 0) {
```

```
                    startTime = true; //让 Timer 开始倒计时
                    mainJframe.setState(JFrame.ICONIFIED); //窗口最小化
            }
        }catch(NumberFormatException el){
            JOptionPane.showMessageDialog(mainJframe,"对不起，输入的时间
            间隔有错误");
        }catch(ParseException el){
            JOptionPane.showMessageDialog(mainJframe, "对不起，指定的时
            间有错误");
        }
    }else if(obj==CancleBtn){
        startTime=false;
        remainSeconds=0;
        Label[7].setText(remainSeconds + "秒");
        }
    }
}

public static void main(String[] args) {
    new AlarmClock();
    }
}
```

这个程序已经基本上完成了，但还有一些可以改进的地方。比如：窗口最大化时变得不大美观，显示的时间格式也不够标准。更为重要的是：由用户输入时间所用的组件是**JTextField**，对用户的输入没有任何控制，所以很容易出错，编写的差错代码很长。作为学习，这么做是可以的，但如果是实际的编程，则应该选用对用户输入有限制的**JFormattedTextField** 组件，这样可以提高开发的效率。还有，本程序一次只能定一个时间，还可以改进成多个定时闹钟。

14.13　GUI 程序设计实例 3——字体选择对话框

JDK 1.5 中没有提供字体选择对话框，而这又是很常用的对话框之一。本节中，将编程来实现一个字体选择对话框。

本例仿照 Windows 提供的标准字体选择对话框来做界面。为了简单，笔者省略了对话框中的字体示例。程序运行界面如图 14.82 所示。

图 14.82　字体对话框运行截图

我们希望该对话框的使用能像系统提供的 **JFileChooser** 一样，调用者通过下面 3 步来获取用户选择的字体：

（1）创建对话框对象。

（2）调用对话框类提供的方法，显示该对话框。并能在对话框关闭后，知道用户单击的是"确定"按钮还是"取消"按钮。

（3）如果用户按下"确定"按钮，通过调用对话框类提供的方法，获取用户选择的字体。

这其中有几个难点：

❑ 如何获取系统中的字体名称，显示在一个列表框中；

❑ 当用户单击"确定"或"取消"按钮后，对话框必须关闭，而用户的动作是如何记录下来的；

❑ 如何将图 14.82 中的字体、字形和大小组合成一个 Font 对象返回给调用者。

14.13.1　界面的实现

这个对话框的界面很有规律，它是由 4 个 panel 构成，其中前 3 个是用表格布局，1 行 3 列。分别放置标签、文本框和列表框。最后一个 panel 采用流失布局，存放 2 个按钮。4 个 panel 使用 BoxLayout 布局，按照从上到下的方式存放在窗口的中间容器上面。

另外，由于这是一个对话框，所以它必须由 JDialog 派生出来。不过，这也决定了它不能独立存在，必须要一个附属的窗体。

界面的程序代码如下：

//-------------文件名 fontDialog.java，程序编号 14.45-----------

```java
import java.awt.event.*;
import javax.swing.*;
import javax.swing.event.*;
import java.awt.*;

public class fontDialog extends JDialog
        implements ActionListener,ListSelectionListener{
    public static final int Cancle=0;
    public static final int OK=1;
    public static final String [] style={"正常","斜体","粗体","粗斜体"};
    public static final String [] size={"8","9","10","11","12","14","16",
                        "18","20","22","24","26","28","36","48","72"};
    //这个对象记录了用户选择的字体信息，准备用来返回给调用者
    private Font userFont=null;
    private int userSelect=Cancle;    //标记用户按下了哪个按钮
    private JFrame parent=null;          //对话框所属的窗体
    private Container con;
    private JScrollPane nameSPane,styleSPane,sizeSPane;
    private JPanel panel[];
    private JLabel nameLbl,styleLbl,sizeLbl;
    private JTextField nameText,styleText,sizeText;
    private JList nameList,styleList,sizeList;
    private JButton OKBtn,cancleBtn;
    //无参数的构造方法
    public fontDialog() {
        this(null);
```

```
}
//本构造方法只是构造出对话框，并没有显示它
public fontDialog(JFrame owner){  //此参数是对话框所属的窗口
  super(owner,true);                 //本对话框必须以 model 形态显示
  parent=owner;
  setTitle("字体");
  con=getContentPane();
  //设置中间容器的布局，从上到下排列
  BoxLayout box=new BoxLayout(con,BoxLayout.Y_AXIS);
  con.setLayout(box);
  panel=new JPanel[4];
  for(int i=0;i<3;i++){
     panel[i]=new JPanel();
     panel[i].setLayout(new GridLayout(1,3));
  }
  panel[3]=new JPanel();
  panel[3].setLayout(new FlowLayout());
  //创建第一行的 3 个标签，存放在第一个 panel 中
  nameLbl=new JLabel("字体");
  styleLbl=new JLabel("字形");
  sizeLbl=new JLabel("大小");
  panel[0].add(nameLbl);
  panel[0].add(styleLbl);
  panel[0].add(sizeLbl);
  //创建第二行的 3 个文本框，存放在第二个 panel 中
  nameText=new JTextField("宋体");   //默认为宋体
  nameText.setColumns(5);
  //将文本框设置为只读，降低用户输入出错的可能
  nameText.setEditable(false);
  styleText=new JTextField("正常");
  styleText.setColumns(5);
  styleText.setEditable(false);
  sizeText=new JTextField("12");
  sizeText.setColumns(5);
  sizeText.setEditable(false);
  panel[1].add(nameText);
  panel[1].add(styleText);
  panel[1].add(sizeText);
  //下面创建第三行的 3 个列表框
  //首先获取系统所安装的字体名称，以便显示在第一个列表框中
  GraphicsEnvironment eq = GraphicsEnvironment.
                                 getLocalGraphicsEnvironment();
  String[] availableFonts= eq.getAvailableFontFamilyNames();
  nameList=new JList(availableFonts);
  nameList.addListSelectionListener(this); //安装事件监听器
  nameSPane=new JScrollPane(nameList);
  styleList=new JList(style);
  styleList.addListSelectionListener(this);//安装事件监听器
  styleSPane=new JScrollPane(styleList);
  sizeList=new JList(size);
  sizeList.addListSelectionListener(this); //安装事件监听器
  sizeSPane=new JScrollPane(sizeList);
  panel[2].add(nameSPane);
  panel[2].add(styleSPane);
  panel[2].add(sizeSPane);
  //创建两个按钮，放置在第四个 panel 中
  OKBtn=new JButton("确定");
  OKBtn.addActionListener(this);
```

```
  cancleBtn=new JButton("取消");
  cancleBtn.addActionListener(this);
  panel[3].add(OKBtn);
  panel[3].add(cancleBtn);
  //把 4 个 panel 都加入到中间容器中
  for(int i=0;i<4;i++)
    con.add(panel[i]);
  }
}
```

14.13.2　监听 ListSelectionEvent 事件

当用户选择字体、字形或是大小时，对应的文本框中会显示用户的选择，这需要监听 ListSelectionEvent 事件。下面实现了 ListSelectionListener 接口中的唯一方法。

```
//本事件有 3 个事件源，所以需要区分来自哪个列表
 public void valueChanged(ListSelectionEvent e){
   if (e.getSource()==nameList)
     nameText.setText((String)nameList.getSelectedValue());
   if (e.getSource()==styleList)
     styleText.setText((String)styleList.getSelectedValue());
   if (e.getSource()==sizeList)
     sizeText.setText((String)sizeList.getSelectedValue());
}
```

14.13.3　按钮响应事件

对话框中有两个按钮，共用下面同一个监听方法：

```
public void actionPerformed(ActionEvent e){
   int styleIndex=Font.PLAIN,fontSize;
   //按下了"确定"按钮
   if(e.getSource()==OKBtn){
     //将用户选择的字形转换成 Font 类所定义的整型量
     if(styleText.getText().equals("正常"))
       styleIndex=Font.PLAIN;
     if(styleText.getText().equals("斜体"))
       styleIndex=Font.ITALIC;
     if(styleText.getText().equals("粗体"))
       styleIndex=Font.BOLD;
     if(styleText.getText().equals("粗斜体"))
       styleIndex=Font.BOLD | Font.ITALIC;
     //获取用户选择的字体大小
     fontSize=Integer.parseInt(sizeText.getText());
     //根据上述信息生成一个 Font 对象
     userFont=new Font(nameText.getText(),styleIndex,fontSize);
     userSelect=OK;       //标记用户做出的选择
     setVisible(false);  //关闭对话框
   }
   //按下了"取消"按钮
   else{
     userSelect=Cancle;
     setVisible(false);
   }
}
```

14.13.4　对话框的显示

由于创建对话框时并没有显示它，所以还需要写一个方法，显示该对话框。而且当对话框关闭后，应该要返回一个值给调用者，通知它用户最后单击的是"确定"还是"取消"按钮。

```
public int showFontDialog(){
  setSize(300,300);
  int x,y;
  //计算要显示的位置
  if (parent!=null){
    x=parent.getX()+30;
    y=parent.getY()+30;
  }else{
    x=150;
    y=100;
  }
  setLocation(new Point(x,y));   //确定显示位置
  setVisible(true);              //显示对话框
  //由于该对话框是以 modal 形式显示，所以直到该对话框关闭，下面这条语句都不会执行
  return userSelect;
}
```

14.13.5　返回用户选择的字体

如果用户单击"确定"按钮，调用者就会想知道用户到底选择了哪种字体，所以需要提供一个方法给调用者。这个方法很简单，如下：

```
public Font getFont(){
  return userFont;
}
```

14.13.6　如何使用字体选择对话框

到这里，对话框所需要的全部方法都已经编写完毕了，读者应该很容易地把前面各个方法拼装在一起（注意，所有的方法都是属于 fontDialog 类的）。由于篇幅的原因，这里不再提供拼装在一起的完整的源程序。

如果需要使用该对话框，代码应如下所示：

```
void doChangeFont(){
  if (myFontDialog==null)                //myFontDialog 是一个类的实例成员变量
    myFontDialog=new fontDialog(this);   //显示对话框
  if(myFontDialog.showFontDialog()==fontDialog.OK)
    text.setFont(myFontDialog.getFont()); //获得对话框返回的字体
}
```

一共只有 3 步：
（1）创建对象，需要传递一个参数给它，这个参数是本对话框所属的窗口。

（2）用 showFontDialog()显示对话框，同时获得它的返回值确定用户的按键。

（3）调用 getFont()获取用户选择的字体。

本对话框的基本功能已经实现，但还有一些需要完善的地方：

❑　应该可以由调用者来指定默认的字体、字形和大小。

❑　3 个文本框应该是可以编辑的。

❑　字体大小应该要列出"四号字"之类的中文。

❑　当用户选择了某种字体后，应该要显示相应的一个示例。

以上这些功能，请读者自己实现。关于本对话框的使用，在 14.14 节的记事本中，还会看到。

14.14　GUI 程序设计实例 4——记事本

这一节介绍一个仿照 Windows 的记事本实现的文本编辑器。该程序的界面实现在第 14.8.11 小节中介绍过了，只需要做小小的修改。

14.14.1　增加弹出式菜单

这里主要是为文本区加上一个弹出菜单，代码如下：

```
public void createPopupMenu(){
   popMenu=new JPopupMenu();
   popMenu.add("撤销");
   popMenu.addSeparator();
   popMenu.add("剪切");
   popMenu.add("复制");
   popMenu.add("粘贴");
   popMenu.addSeparator();
   popMenu.add("全选");
}
```

然后用 setComponentPopupMenu(popMenu)为文本区加上这个菜单就可以使用了。

现在，剩下的主要工作就是为主菜单项逐一编写事件响应代码，然后先用 MenuItem.addActionListener(this)方法添加监听器，再在 actionPerformed(ActionEvent e)方法中增加这样的语句：

```
if (e.getSource==某个菜单项名)    调用相应的方法；
```

后面不再重复说明这一步骤。当然，当实现或继承某些监听器或是适配器类时，需要引入相应的包，也不再说明。

添加右键菜单之后，程序界面如图 14.83 所示。

14.14.2　"退出"菜单的响应代码

当用户单击"退出"时，程序应该做这么几件事情：

图 14.83　弹出式菜单截图

- ❑ 若文件在最后一次改动后已经存盘，直接退出。
- ❑ 若文件发生了改动且未存盘，则弹出一个对话框，询问是否要存盘。
- ❑ 若用户选择存盘，则要看文件是新文件还是曾经存过盘的老文件，并执行相应的操作。
- ❑ 若用户选择不存盘，则直接退出。
- ❑ 若用户选择取消，则返回程序主界面。

为了完成上述工作，需要增加几个成员变量：

- ❑ boolean changed=false：标记文件内容是否已被修改。
- ❑ boolean haveName=false：标记文件是否为新文件。
- ❑ File file：记录文件的有关信息。

下面是完成上述功能所需的代码：

```
void doExit(){
  int select;
  if (!changed)    //如果文件没有改变，则直接推出
    System.exit(0);
  else{
    select=JOptionPane.showConfirmDialog(this, "文件修改后尚未存盘，要保存
    吗？");
    switch (select){   //根据用户的选择来执行相应的操作
      case JOptionPane.YES_OPTION:
              select=doSave();   //执行存盘操作，并获得操作是否成功的标记
              if (select==1)    System.exit(0);  //成功存盘，退出
              break;
      case JOptionPane.NO_OPTION:
              System.exit(0);   //不存盘，直接退出
              break;
      case JOptionPane.CANCEL_OPTION:
              break;                   //选择了取消，返回主界面
    }
  }
}
```

14.14.3　覆盖 JFrame 的 processWindowEvent 方法

当用户单击"退出"菜单时，会调用上面这段程序。但是，由于 JFrame 是自动响应窗口关闭事件的，用户有可能通过系统的"关闭"按钮来直接退出，那么此段代码就不会起作用。因此，程序需要覆盖 JFrame 的窗口关闭方法 processWindowEvent（注意：不是监听 windowClosing 事件），在此方法中调用 doExit()方法。

再回顾 14.6.1 小节的代码，mainJFrame 是一个成员变量，无法覆盖它的成员方法。所以需要去掉这个成员变量，然后将外部类声明成 JFrame 的子类，再覆盖 processWindow-Event 方法，具体代码如下：

```
//当用户按下窗口的"关闭"按钮时，会自动调用此方法
protected void processWindowEvent(WindowEvent e){
    if (e.getID() == WindowEvent.WINDOW_CLOSING)
        doExit();
}
```

　　有了上面两个方法，无论是选择菜单中的"退出"，还是单击系统的"关闭"按钮，都会出现图 14.84 所示的提示。

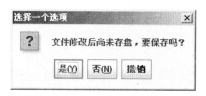

图 14.84　退出时的提示对话框

14.14.4　监听 JTextArea 的 DocumentEvent 事件

　　在退出菜单的事件响应代码中，需要用到一个变量：changed，如果文件内容发生了变化，该值应该为 true；如果已经存盘或是新建文件，该值应该为 false。

　　为了实时监测文本内容的变化，需要监听 JTextArea 的 DocumentEvent 事件，这需要添加 DocumentListener 监听器。由于该监听器是一个接口，所以需要实现该接口中的所有方法，代码如下所示：

```
//监听文本内容的改变事件
public void changedUpdate(DocumentEvent e){
    //不需要动作
}
public void insertUpdate(DocumentEvent e){
    changed=true;
}
public void removeUpdate(DocumentEvent e){
    changed=true;
}
```

　　为 JTextArea 添加该事件监听器时，需要加在它的模型上，所以要这样调用：text.getDocument().addDocumentListener(this)。

14.14.5　"另存为…"菜单的响应代码

　　当用户选择"另存为…"菜单时，程序应完成下述工作：

❑ 打开一个文件保存对话框，让用户选择存储路径和文件名。

❑ 如果用户填写的文件已经存在，则弹出一个警告框，让用户确认是否覆盖。

❑ 以用户填写的文件名来保存，更改相关的变量。

　　为实现这些功能，需要用到 JFileChooser 类和 ExampleFileFilter 类。后者不是 Java 标准类库中的类，它在 JDK 的安装路径 demo\jfc\FileChooserDemo 下，包含在 File-ChooserDemo.jar 文件中。为了让 Eclipse 能引入它，需要做相应的配置。当然也可以直接用编译命令的-classpath 来指定查找的路径。或者，也可以将 src\FileChooserDemo.java 文件复制到编辑的源程序所在的目录下面。

　　由于这里需要处理用户的输入，需要比较多的代码来提高程序的健壮性。下面是具体代码：

```
//用"另存为"对话框保存文件。保存成功返回1，否则返回0
int doSaveAs(){
   FileOutputStream fout;
   byte content[];
   int flag=0;
   File tmpfile=null;
   ExampleFileFilter filter = new ExampleFileFilter();
   JFileChooser chooser;
   //设置保存文件对话框中的文件属性过滤器
   filter.addExtension("txt");
   filter.setDescription("文本文件");
   //设置要保存的文件的目录与当前编辑文件所在目录一样
   if (file!=null)
      chooser = new JFileChooser(file.getPath());
   else
      chooser = new JFileChooser();
   //设置保存对话框中的"文件类型"
   chooser.setFileFilter(filter);
   //打开文件保存对话框
   flag = chooser.showSaveDialog(this);
   if(flag == JFileChooser.APPROVE_OPTION) {//如果用户按下了对话框中的"保存"
      //获取用户指定的文件名和目录等信息
      tmpfile=chooser.getSelectedFile();
      //开始做容错处理
       if (tmpfile.exists()){
          if (JOptionPane.showConfirmDialog(this,"文件已经存在，是否覆盖？",
             "警告",JOptionPane.YES_NO_OPTION)==JOptionPane.YES_OPTION){
                flag=1;
          }else{
                flag=0;
          }
       }else{
          flag=1;
       }
   }else{    //用户没有选择"保存"
      flag=0;
   }//对话框处理完毕
   //真正开始保存文件
   if (flag==1){ //用户已经确定要以指定名称保存文件
      try{
          //用文件输出流来保存
          fout=new FileOutputStream(tmpfile);
          //将文本内容从 String 转为 byte 类型的数组
          content=text.getText().getBytes();
          fout.write(content);
          fout.close();
          flag = 1;  //文件保存成功
      }catch(FileNotFoundException e){
          JOptionPane.showMessageDialog(this,"指定的文件名称或属性有问题！");
          flag = 0;
      }catch(IOException e){
          JOptionPane.showMessageDialog(this,"无法写文件，请检查文件是否被锁
          定");
          flag = 0;
      }
   }
```

```
    //文件保存完毕，开始做其他的处理
    if (flag==1){      //文件保存成功，修改相关变量
        changed=false;
        haveName=true;
        file=tmpfile; //记录用户选择的文件名
        this.setTitle("记事本 -- "+file.getName());
    }
    return flag;       //返回保存标记
    }
}
```

　　这段代码看起来比较繁琐，这是由于多数代码要用于处理意外情况。这正是一个应用软件和以前编写的示例程序的区别。

　　图 14.85 是单击"另存为"菜单后的截图。

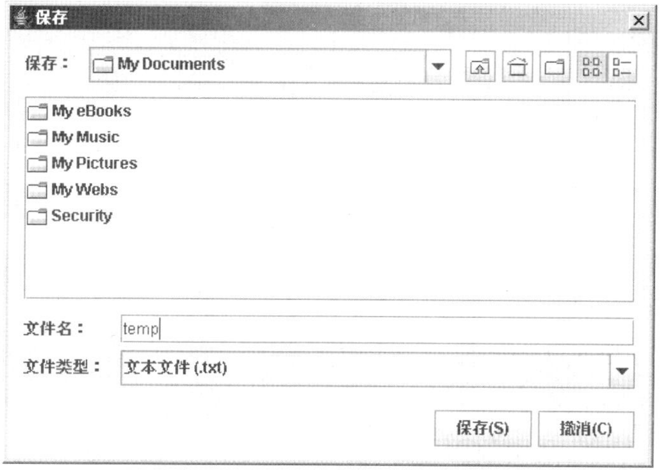

图 14.85　文件另存为截图

14.14.6　"保存"菜单的响应代码

　　当用户单击"保存"菜单时，程序应完成下述工作：

❑　判断文件是否为新文件，如果是新文件，则调用 doSaveAs()来保存。

❑　否则，查看上次保存之后是否修改过，如果修改过，直接以原文件名保存，否则调用 doSaveAs()。

❑　如果没有修改过，不做任何动作。

　　这里大部分工作已经由 doSaveAs()完成，所以程序相对比较简单。具体代码如下所示：

```
//保存用户编辑的文件，保存成功返回 1，否则返回 0
int doSave(){
    FileOutputStream fout;
    byte content[];
    int flag;
    if (!haveName){           //如果从来没有保存过
        flag = doSaveAs();    //调用"另存为…"来保存文件
    }else if(changed){
        try{
```

• 569 •

```
        fout=new FileOutputStream(file);
        content=text.getText().getBytes();
        fout.write(content);
        fout.close();
        changed=false;
        flag = 1;
    }catch(FileNotFoundException e){
        JOptionPane.showMessageDialog(this,"指定的文件名称或属性有问题！");
        flag = 0;
    }catch(IOException e){
        JOptionPane.showMessageDialog(this,"无法写文件，请检查文件是否被锁
        定");
        flag = 0;
    }
}else{
    flag =1;
}
return flag;
}
```

14.14.7 "新建"菜单的响应代码

当用户选择"新建"菜单时，程序应完成下述工作：

❑ 判断文件内容是否已经修改过，是则询问用户是否保存。根据用户的选择做出相应的动作。

❑ 除非用户选择"撤销"或保存不成功，否则清除掉当前文本区的内容。

❑ 设置相应的变量值。

下面是具体代码：

```
void doNewFile(){
    int select,flag=0;
    if (changed){
        select=JOptionPane.showConfirmDialog(this, "文件修改后尚未存盘，要保存
        吗？");
        switch (select){
          case JOptionPane.YES_OPTION:
              flag=doSave();
              break;
          case JOptionPane.NO_OPTION:
              flag=1;
              break;
          default :
              flag=0;
              break;
        }
    }else{
        flag=1;
    }
    if(flag==1){
        changed=false;
        haveName=false;
        setTitle("记事本 -- 未命名");
        text.setText("");  //清空文本区
    }
}
```

14.14.8 "打开..."菜单的响应代码

当用户选择"打开..."菜单时，程序应完成下述工作：

❏ 判断文件内容是否已经修改过，是则询问用户是否保存。根据用户选择做出相应的动作。

❏ 除非用户选择"撤销"或保存不成功，否则弹出一个文件选择对话框由用户选择要打开的文件。

❏ 读入用户选择的文件内容，复制给 text。

❏ 设置相应的变量值。

下面是具体的代码：

```
//打开一个已经存在的文件
void doOpen(){
  int select,flag;
  File tmpfile=null;
  ExampleFileFilter filter;
  JFileChooser chooser;
  FileInputStream fin;
  byte buf[];
  //先做存盘处理
  if (changed){
      select=JOptionPane.showConfirmDialog(this, "文件修改后尚未存盘，要保存
      吗? ");
      switch (select){
        case JOptionPane.YES_OPTION:
            flag=doSave();
            break;
        case JOptionPane.NO_OPTION:
            flag=1;
            break;
        default:
            flag=0;
            break;
      }
  }else{
    flag = 1;
  }
  //存盘成功，开始准备打开文件
  if(flag==1){
    changed = false;
    //设置文件打开对话框的文件过滤器
    filter = new ExampleFileFilter();
    filter.addExtension("txt");
    filter.setDescription("文本文件");
    //设置打开时的默认路径
    if (file!=null)
        chooser = new JFileChooser(file.getPath());
    else
        chooser = new JFileChooser();
    chooser.setFileFilter(filter);
    select = chooser.showOpenDialog(this);
    if(select == JFileChooser.APPROVE_OPTION) {
        tmpfile=chooser.getSelectedFile();
```

```
    try{
        //用文件输入流读入文件内容
        fin=new FileInputStream(tmpfile);
        buf=new byte[(int)tmpfile.length()];
        fin.read(buf);
        fin.close();
        //将文件内容显示在文本区中
        text.setText(new String(buf));
        changed=false;
        haveName=true;
        file=tmpfile;
        setTitle("记事本 -- "+file.getName());
    }catch(FileNotFoundException e){
        JOptionPane.showMessageDialog(this,"指定的文件名称或属性有问题!");
    }catch(IOException e){
        JOptionPane.showMessageDialog(this, "无法读文件, 请检查文件是否被
        锁定");
    }
    }
}
}
```

图 14.86 是选择 "打开.." 菜单之后的程序截图。

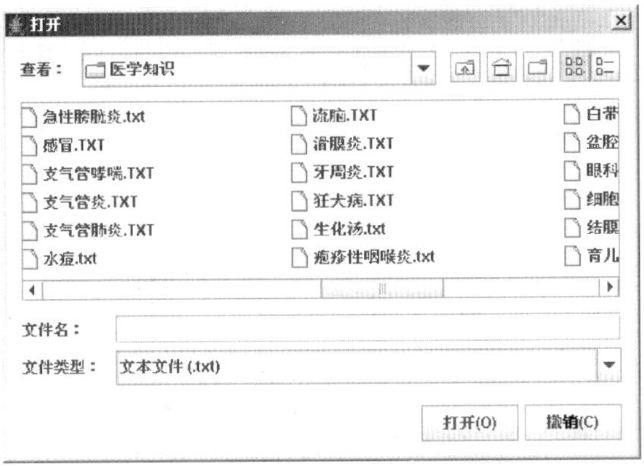

图 14.86 打开文件截图

14.14.9 "打印…" 菜单的响应代码

此菜单涉及到打印功能的实现。Java 提供的打印功能一直都比较弱。实际上,最初的 JDK 根本不支持打印,直到 JDK 1.1 才引入了很少量的打印支持,到 JDK 1.4 才逐步完善 (当然,和 MFC、Delphi 的功能还不能比)。

Java 的打印 API 主要存在于 java.awt.print 包中。而 JDK 1.4 新增的类则主要存在于 javax.print 包及其相应的子包 javax.print.event 和 javax.print.attribute 中。其中,javax.print 包中主要包含打印服务的相关类,而 javax.print.event 则包含打印事件的相关定义, javax.print.attribute 则包括打印服务的可用属性列表等。

要完成打印任务,需要做以下步骤:

❑ 定位一台打印机;
❑ 指定输出格式(即打印内容的格式);
❑ 设置打印属性;

❑　设置内容；

❑　打印。

这些步骤中的第三步，一般应由用户通过一个打印对话框来指定。要显示一个打印设置的对话框，在 JDK 1.3 中，可以使用 Printable 的打印对话框。在 JDK 1.4 以后的版本中，可以使用 ServiceUI 的打印对话框。下面是打印的代码：

```
void doPrint(){
   try{
     //构建打印请求属性集
      PrintRequestAttributeSet pras = new HashPrintRequestAttributeSet();
     //设置打印格式，也许由于 JDK 1.4 的不足，这里只能选择自动检测
     //如果选择文本格式，可能会由于打印机不支持而失败
     DocFlavor flavor = DocFlavor.BYTE_ARRAY.AUTOSENSE;
     //查找所有的可用打印服务
     PrintService printService[] = PrintServiceLookup.lookupPrintServices
                                       (flavor, pras);
     //定位默认的打印机
     PrintService defaultService = PrintServiceLookup.
     lookupDefaultPrintService();
    //显示打印对话框
    PrintService service = null;
    service = ServiceUI.printDialog(null, 100, 100,
                    printService, defaultService, flavor, pras);
   //准备开始打印
    if (service!=null){
       //创建打印作业
       DocPrintJob job = service.createPrintJob();
       DocAttributeSet das = new HashDocAttributeSet();
       //建立打印文件格式
       Doc doc = new SimpleDoc(text.getText().getBytes(), flavor, das);
       job.print(doc, pras); //进行文件的打印
    }
  }catch(Exception e){
     JOptionPane.showMessageDialog(this,"打印任务无法完成");
  }
}
```

图 14.87 是选择"打印.."菜单之后的运行截图。

图 14.87　"打印"对话框运行截图

到这里，基本上这个文本编辑器就可以使用了，只是不太方便，下面继续为它添加辅助功能。

14.14.10　"剪切"菜单的响应代码

一般情况下，如果用户没有选择文本，则"剪切"和"复制"菜单应该是不可用。而一旦用户做出了选择，这两项菜单就应该变成可用状态。

为了完成这一功能，应该为 text 增加两个监听器：键盘事件监听器 KeyListener 和鼠标事件监听器 MouseListener。而且分别实现其中的 keyPressed(KeyEvent e)和 mouseReleased (MouseEvent e)方法就可以了。但这两个监听器需要实现的方法比较多，为了简便，实际上只要分别继承适配器类 KeyAdapter 和 MouseAdapter，并写成内部类的形式。下面是这两个适配器类的子类：

```
//监听鼠标事件
class handleMouse extends MouseAdapter{
    public void mouseReleased(MouseEvent e) {
        chkText();
    }
}
//监听键盘事件
class handleKey extends KeyAdapter{
    public void keyPressed(KeyEvent e) {
        chkText();
    }
}
//根据用户选择文本的情况，修改菜单的状态
void chkText(){
    if(text.getSelectedText()==null){
        cutItem.setEnabled(false);
        copyItem.setEnabled(false);
    }else{
        cutItem.setEnabled(true);
        copyItem.setEnabled(true);
    }
}
```

然后分别用 text.addKeyListener(new handleKey())和 text.addMouseListener(new handle-Mouse())为 text 安装监听器。

"剪切"菜单本身的响应代码是很简单的，直接调用 JTextArea 自身的方法即可：

```
//将用户选择的文本剪切到剪贴板
void doCut(){
    text.cut();
}
```

14.14.11　"复制"菜单的响应代码

有了前面的准备工作，"复制"菜单的响应代码很简单：

```
//将用户选择的文本复制到剪贴板
void doCut(){
    text.copy();
}
```

14.14.12　"粘贴"菜单的响应代码

有了前面的准备工作，"粘贴"菜单的响应代码也很简单：

```
//将用户选择的文本粘贴到文本区
void doCut(){
    text.paste();
}
```

这段代码运行起来并没有什么问题，但在显示上却不是很符合人们的习惯：当剪贴板为空或是内容不是文本时，"粘贴"菜单也是可用状态，只是无法将数据粘贴到文本区中。要解决这个问题，需要注册剪贴板监听器，监视剪贴板中内容的变化。这个问题，请读者自己解决。

14.14.13　"全选"菜单的响应代码

"全选"菜单的响应代码，直接调用文本区自己的方法即可：

```
void doSelectAll(){
    text.selectAll();
}
```

14.14.14　"时间/日期"菜单的响应代码

实现"时间/日期"菜单的响应，需要获得系统的时间和日期，将其转换成字符串，插入到光标所在的位置。

```
//插入当前日期和时间
void doDateTime(){
    SimpleDateFormat sdf = new SimpleDateFormat("HH:mm yyyy-MM-dd");
    text.append(sdf.format(new Date()));
}
```

14.14.15　"自动换行"菜单的响应代码

本菜单是一个带选择标记的菜单项，需要根据当前状态做出相应的动作。

```
void doWrap(){
    if(wrapItem.getState()) {
        text.setLineWrap(true);
    }else {
        text.setLineWrap(false);
    }
}
```

14.14.16　"查找…"菜单的响应代码

JDK 1.5 没有提供查找对话框，所以需要自己写一个对话框类。该对话框是非模态对话框，所以控制起来比字体选择对话框更复杂一些。下面的代码实现该对话框的界面。

//-------------文件名 findDialog.java，程序编号 14.46----------

```java
import java.awt.*;
import java.awt.event.*;
import javax.swing.*;

public class findDialog extends JDialog implements ActionListener{
    Container con;
    JPanel panel1,panel2;
    JTextArea text;
    JLabel label1;
    JTextField findEdit;
    JCheckBox checkBox;
    JRadioButton upBtn,downBtn;
    ButtonGroup dirBtnGroup;
    JButton OKBtn,CancleBtn;
    int start;   //标志开始查找的位置
    //第一个参数是对话框的父窗口，第二个参数是要查找内容的文本区
    public findDialog(JFrame owner, JTextArea Jtext) {
        super(owner,false);       //以非模态方式创建对话框
        start=0;
        text=Jtext;
        panel1=new JPanel();
        panel1.setLayout(new FlowLayout());
        panel2=new JPanel();
        panel2.setLayout(new FlowLayout());
        label1=new JLabel("查找内容");
        findEdit=new JTextField(12);
        OKBtn=new JButton("查找下一个");
        OKBtn.addActionListener(this);
        panel1.add(label1);
        panel1.add(findEdit);
        panel1.add(OKBtn);
        checkBox=new JCheckBox("区分大小写");
        checkBox.setSelected(true);
        upBtn=new JRadioButton("向上");
        downBtn=new JRadioButton("向下",true);
        dirBtnGroup=new ButtonGroup();
        dirBtnGroup.add(upBtn);
        dirBtnGroup.add(downBtn);
        CancleBtn=new JButton("取消");
        CancleBtn.addActionListener(this);
        panel2.add(checkBox);
        panel2.add(upBtn);
        panel2.add(downBtn);
        panel2.add(CancleBtn);
        con=getContentPane();
        con.setLayout(new FlowLayout());
        con.add(panel1);
        con.add(panel2);
        setTitle("查找");
        setSize(300,120);
        setVisible(true);
    }
```

```
//响应按钮单击事件
public void actionPerformed(ActionEvent e){
    if (e.getSource()==OKBtn){
        find();
    }else{
        dispose();
    }
}
```

对话框的截图如图 14.88 所示。

图 14.88　"查找"对话框运行截图

findDialog 并不是记事本这个类的内部类，它是一个独立的类。但为了查找用户输入的字符串，它需要访问记事本中的文本，也就是说，它必须访问另外一个类的私有数据。因为 Java 并没有提供类似于 C++那样的友元函数。所以需要用到一个变通的方法。注意它的构造方法：

```
public findDialog(JFrame owner, JTextArea Jtext)
```

第二个参数是一个文本，调用者必须把文本传递进来。然后本类会保存该文本的一个引用，以后就可以对它进行操作了。

这个类中最关键部分是 find()方法的实现。请看下面这段代码：

```
//本方法没有从前往后找，区分大小写
public void find(){
    int index;
    //指定开始查找的位置，从上次找到的位置或是光标位置开始查找
    if (start>text.getCaretPosition())
        start=text.getCaretPosition();
    //直接利用 String 的匹配功能，但该功能是区分大小写的
    index=text.getText().indexOf(findEdit.getText(),start);
    if (index<0){
        JOptionPane.showMessageDialog(this,"查找完毕");
        start=0;
    }else{  //如果找到，显示找到的位置
        text.setSelectionStart(index);
        text.setSelectionEnd(index+findEdit.getText().length()-1);
        //设置下一次开始查找的位置
        start=index+findEdit.getText().length();
    }
}
```

读者需要把这个 find()方法添加到前面的 findDialog 类中间。上面这个查找功能并不太完善，请读者自己完成不区分大小写和从后往前找的功能。

14.14.17　"设置字体..."菜单的响应代码

这需要调用 14.13 节介绍的 fontDialog 对话框，程序很简单：

```
void doChangeFont(){
  if (myFontDialog==null)                  //myFontDialog 是一个类的实例成员变量
    myFontDialog=new fontDialog(this); //显示对话框
  if(myFontDialog.showFontDialog()==fontDialog.OK)
    text.setFont(myFontDialog.getFont()); //获得对话框返回的字体
}
```

图 14.89 是设置字体前的截图。图 14.90 是设置字体之后的截图。

到这里程序还有这么几个菜单功能没有完成：撤销、页面设置、替换、帮助主题、关于，然后还有右键菜单没有提供功能，没有为主菜单指定快捷键。另外，本程序还可以进一步改进，例如，提供拖放功能、提供工具栏等。这些功能请读者查阅相关书籍和资料自己完成。

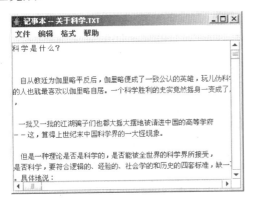

图 14.89　显示默认字体

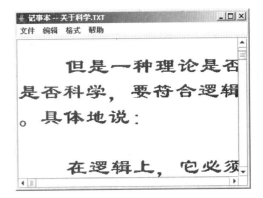

图 14.90　用户设置字体之后截图

14.14.18　完整的程序

最后要将前面介绍的代码拼装成一个完整的程序。这个记事本由 3 个独立的类构成：字体选择对话框（fontDialog）、查找对话框（findDialog）和主类（NoteBook）。另外，还有一个系统提供的 FileChooserDemo 类。这 4 个类最好都放在同一个目录下面进行编译，其余 3 个类都需要主类的调用才能运行。为节省篇幅，这两个对话框类不再重写，下面只提供主类的完整代码。

【例 14.42】　记事本。

//-------------文件名 NoteBook.java，程序编号 14.47-----------

```
import java.awt.*;
import java.awt.event.*;
import javax.swing.*;
import java.io.*;
import javax.swing.event.*;
import javax.print.*;
```

```
import javax.print.attribute.*;
import java.util.*;
import java.text.*;

public class Notebook extends JFrame implements ActionListener,
DocumentListener{
  Container   con;
  JScrollPane JSPane;
  JTextArea    text;
  JMenuBar     mainMenuBar;
  JMenu        fileMenu,editMenu,formatMenu,helpMenu;
  JMenuItem    newItem,openItem,saveItem, saveasItem,pageItem,
  printItem,exitItem;
  JMenuItem    undoItem,cutItem,copyItem,pasteItem,findItem,replaceItem,
               selectallItem,dateItem;
  JCheckBoxMenuItem wrapItem;
  JMenuItem    fontItem;
  JMenuItem    helpItem,aboutItem;
  JPopupMenu   popMenu;
  fontDialog   myFontDialog=null;
  boolean changed=false;
  boolean haveName=false;
  File     file=null;

//主程序入口
  public static void main(String[] args) {
     new Notebook();
  }

//创建界面、安装各种监听器
  public Notebook() {
     setTitle("记事本 -- 未命名");
     con=getContentPane();
     text=new JTextArea();
     JSPane=new JScrollPane(text);
     createMenu();
     createPopupMenu();
     setJMenuBar(mainMenuBar);
     con.add(JSPane,BorderLayout.CENTER);
     text.setComponentPopupMenu(popMenu);
     text.getDocument().addDocumentListener(this);
     text.addKeyListener(new handleKey());
     text.addMouseListener(new handleMouse());
     setSize(400,300);
     setVisible(true);
  }

//创建主菜单
  public void createMenu(){
     //创建 JMenuBar
     mainMenuBar=new JMenuBar();
     //创建 4 个 JMenu
     fileMenu=new JMenu("文件");
     editMenu=new JMenu("编辑");
     formatMenu=new JMenu("格式");
     helpMenu=new JMenu("帮助");
     //创建 JMenuItem 并添加到对应的 JMenu 中
     mainMenuBar.add(fileMenu);
     newItem=new JMenuItem("新建");
```

```
openItem=new JMenuItem("打开..");
saveItem=new JMenuItem("保存..");
saveasItem=new JMenuItem("另存为..");
pageItem=new JMenuItem("页面设置..");
printItem=new JMenuItem("打印..");
exitItem=new JMenuItem("退出");
fileMenu.add(newItem);
fileMenu.add(openItem);
fileMenu.add(saveItem);
fileMenu.add(saveasItem);
fileMenu.addSeparator();
fileMenu.add(pageItem);
fileMenu.add(printItem);
fileMenu.addSeparator();
fileMenu.add(exitItem);

mainMenuBar.add(editMenu);
undoItem=new JMenuItem("撤销");
cutItem=new JMenuItem("剪切");
copyItem=new JMenuItem("复制");
pasteItem=new JMenuItem("粘贴");
findItem=new JMenuItem("查找..");
replaceItem=new JMenuItem("替换..");
selectallItem=new JMenuItem("全选");
dateItem=new JMenuItem("时间/日期");
editMenu.add(undoItem);
editMenu.addSeparator();
editMenu.add(cutItem);
editMenu.add(copyItem);
editMenu.add(pasteItem);
editMenu.addSeparator();
editMenu.add(findItem);
editMenu.add(replaceItem);
editMenu.addSeparator();
editMenu.add(selectallItem);
editMenu.add(dateItem);

mainMenuBar.add(formatMenu);
wrapItem=new JCheckBoxMenuItem("自动换行");
fontItem=new JMenuItem("设置字体..");
formatMenu.add(wrapItem);
formatMenu.add(fontItem);
mainMenuBar.add(helpMenu);
helpItem=new JMenuItem("帮助主题");
aboutItem=new JMenuItem("关于..");
helpMenu.add(helpItem);
helpMenu.add(aboutItem);

exitItem.addActionListener(this);
saveItem.addActionListener(this);
saveasItem.addActionListener(this);
newItem.addActionListener(this);
printItem.addActionListener(this);
openItem.addActionListener(this);
cutItem.addActionListener(this);
copyItem.addActionListener(this);
pasteItem.addActionListener(this);
selectallItem.addActionListener(this);
```

```
      dateItem.addActionListener(this);
      wrapItem.addActionListener(this);
      findItem.addActionListener(this);
      fontItem.addActionListener(this);
   }
//创建弹出式菜单
   public void createPopupMenu(){
      popMenu=new JPopupMenu();
      popMenu.add("撤销");
      popMenu.addSeparator();
      popMenu.add("剪切");
      popMenu.add("复制");
      popMenu.add("粘贴");
      popMenu.addSeparator();
      popMenu.add("全选");
   }

   public void actionPerformed(ActionEvent e){
      Object obj;
      obj=e.getSource();
      if (obj==exitItem)
            doExit();
      else if(obj==saveItem)
            doSave();
      else if(obj==saveasItem)
            doSaveAs();
      else if(obj==newItem)
            doNewFile();
      else if(obj==printItem)
            doPrint();
      else if(obj==openItem)
            doOpen();
      else if(obj==cutItem)
            doCut();
      else if(obj==copyItem)
            doCopy();
      else if(obj==pasteItem)
            doPaste();
      else if(obj==selectallItem)
            doSelectAll();
      else if(obj==dateItem)
            doDateTime();
      else if(obj==wrapItem)
            doWrap();
      else if (obj==findItem)
            doFind();
      else if (obj==fontItem)
            doChangeFont();
   }

//当用户按下窗口的"关闭"时，会自动调用此方法
   protected void processWindowEvent(WindowEvent e){
      if (e.getID() == WindowEvent.WINDOW_CLOSING)
         doExit();
   }

//监听文本内容的改变事件
   public void changedUpdate(DocumentEvent e){
      //不需要动作
```

```
   }
   public void insertUpdate(DocumentEvent e){
       changed=true;
   }

   public void removeUpdate(DocumentEvent e){
       changed=true;
   }
```

//监听鼠标事件
```
   class handleMouse extends MouseAdapter{
       public void mouseReleased(MouseEvent e) {chkText();}
   }
```

//监听键盘事件
```
   class handleKey extends KeyAdapter{
       public void keyPressed(KeyEvent e) {chkText();}
   }
```

//根据用户选择文本的情况，修改菜单的状态
```
   void chkText(){
       if(text.getSelectedText()==null){
          cutItem.setEnabled(false);
          copyItem.setEnabled(false);
       }else{
          cutItem.setEnabled(true);
          copyItem.setEnabled(true);
       }
   }
```

//程序退出时的代码
```
   void doExit(){
       int select;
       if (!changed)
           System.exit(0);
       else{
           select=JOptionPane.showConfirmDialog(this,"文件修改后尚未存盘，要保
           存吗？");
           switch (select){
             case JOptionPane.YES_OPTION:
                   select=doSave();
                   if (select==1)System.exit(0);
                   break;
             case JOptionPane.NO_OPTION:
                   System.exit(0);
                   break;
             case JOptionPane.CANCEL_OPTION:
                   break;
           }
       }
   }
```

//保存用户编辑的文件，保存成功返回 1，否则返回 0
```
   int doSave(){
       FileOutputStream fout;
       byte content[];
       int flag;
       if (!haveName){
               flag = doSaveAs();
```

```
  }else if(changed){
    try{
        fout=new FileOutputStream(file);
        content=text.getText().getBytes();
        fout.write(content);
        fout.close();
        changed=false;
        flag = 1;
    }catch(FileNotFoundException e){
        JOptionPane.showMessageDialog(this,"指定的文件名称或属性有问题！");
        flag = 0;
    }catch(IOException e){
        JOptionPane.showMessageDialog(this,"无法写文件，请检查文件是否被锁
        定");
        flag = 0;
    }
  }else{
        flag =1;
  }
  return flag;
}

//用"另存为"对话框保存文件。保存成功返回 1，否则返回 0
  int doSaveAs(){
    FileOutputStream fout;
    byte content[];
    int flag=0;
    File tmpfile=null;
    ExampleFileFilter filter = new ExampleFileFilter();
    JFileChooser  chooser;

    filter.addExtension("txt");
    filter.setDescription("文本文件");
    if (file!=null)
        chooser = new JFileChooser(file.getPath());
    else
        chooser = new JFileChooser();
    chooser.setFileFilter(filter);
    flag = chooser.showSaveDialog(this);
    if(flag == JFileChooser.APPROVE_OPTION) {
        tmpfile=chooser.getSelectedFile();
        if (tmpfile.exists()){
          if (JOptionPane.showConfirmDialog(this,"文件已经存在，是否覆盖？",
                        "警告",JOptionPane.YES_NO_OPTION)==JOptionPane.
                        YES_OPTION){
                flag=1;
          }else{
                flag=0;
          }
        }else{
            flag=1;
        }
    }else{
        flag=0;
    }

    if (flag==1){//用户已经确定要以指定名称保存文件
      try{
        fout=new FileOutputStream(tmpfile);
        content=text.getText().getBytes();
```

```
            fout.write(content);
            fout.close();
            flag = 1;
        }catch(FileNotFoundException e){
            JOptionPane.showMessageDialog(this,"指定的文件名称或属性有问题！");
            flag = 0;
        }catch(IOException e){
            JOptionPane.showMessageDialog(this,"无法写文件，请检查文件是否被
            锁定");
            flag = 0;
        }
    }

    if (flag==1){//文件保存成功，修改相关变量
        changed=false;
        haveName=true;
        file=tmpfile;
        this.setTitle("记事本 -- "+file.getName());
    }
    return flag;
}

//新建一个文件
void doNewFile(){
    int select,flag;
    if (changed){
        select=JOptionPane.showConfirmDialog(this,"文件修改后尚未存盘，要保
        存吗？");
        switch (select){
          case JOptionPane.YES_OPTION:
                flag=doSave();
                break;
          case JOptionPane.NO_OPTION:
                flag=1;
                break;
          default:
                flag=0;
                break;
        }
    }else{
        flag = 1;
    }
    if(flag==1){
        changed=false;
        haveName=false;
        setTitle("记事本 -- 未命名");
        text.setText(null);
    }
}

//调用打印对话框，给用户打印文档
void doPrint(){
    try{
        PrintRequestAttributeSet pras = new HashPrintRequestAttributeSet();
```

```
        DocFlavor flavor = DocFlavor.BYTE_ARRAY.AUTOSENSE;
        PrintService printService[] = PrintServiceLookup.
        lookupPrintServices(flavor, pras);
        PrintService defaultService = PrintServiceLookup.
        lookupDefaultPrintService();
        PrintService service = null;
        service = ServiceUI.printDialog(null, 100, 100, printService,
                                        defaultService, flavor, pras);
      if (service!=null){
        DocPrintJob job = service.createPrintJob();
        DocAttributeSet das = new HashDocAttributeSet();
        Doc doc = new SimpleDoc(text.getText().getBytes(), flavor, das);
        job.print(doc, pras); //进行文件的打印
      }
    }catch(Exception e){
        JOptionPane.showMessageDialog(this,"打印任务无法完成");
    }
  }

//打开一个已经存在的文件
  void doOpen(){
      int select,flag;
      File tmpfile=null;
      ExampleFileFilter filter;
      JFileChooser  chooser;
      FileInputStream fin;
      byte    buf[];

    if (changed){
        select=JOptionPane.showConfirmDialog(this,"文件修改后尚未存盘，要保
        存吗？");
        switch (select){
          case JOptionPane.YES_OPTION:
            flag=doSave();
            break;
          case JOptionPane.NO_OPTION:
            flag=1;
            break;
          default:
            flag=0;
            break;
        }
    }else{
        flag = 1;
    }
    if(flag==1){
        changed = false;
        filter = new ExampleFileFilter();
        filter.addExtension("txt");
        filter.setDescription("文本文件");
        if (file!=null)
          chooser = new JFileChooser(file.getPath());
        else
          chooser = new JFileChooser();
        chooser.setFileFilter(filter);
        select = chooser.showOpenDialog(this);
```

```
            if(select == JFileChooser.APPROVE_OPTION) {
                tmpfile=chooser.getSelectedFile();
                try{
                    fin=new FileInputStream(tmpfile);
                    buf=new byte[(int)tmpfile.length()];
                    fin.read(buf);
                    fin.close();
                    text.setText(new String(buf));
                    changed=false;
                    haveName=true;
                    file=tmpfile;
                    setTitle("记事本 -- "+file.getName());
                }catch(FileNotFoundException e){
                    JOptionPane.showMessageDialog(this,"指定的文件名称或属性有问
                        题！");
                }catch(IOException e){
                    JOptionPane.showMessageDialog(this,"无法读文件，请检查文件是否被
                        锁定");
                }
            }
        }
    }

//将用户选择的文本剪切到剪贴板
  void doCut(){
        text.cut();
  }

//将用户选择的文本复制到剪贴板
  void doCopy(){
        text.copy();
  }

//将剪贴板中的内容复制到文本区
   void doPaste(){
        text.paste();
   }

//全选
   void doSelectAll(){
        text.selectAll();
   }

//插入当前日期和时间
   void doDateTime(){
        SimpleDateFormat sdf = new SimpleDateFormat("HH:mm yyyy-MM-dd");
        text.append(sdf.format(new Date()));
   }

//自动换行
  void doWrap(){
        if(wrapItem.getState()) {
            text.setLineWrap(true);
        }else {
            text.setLineWrap(false);
        }
```

```
      }

//显示"查找"对话框
 void doFind(){
        new findDialog(this,text);
 }

//设置字体
 void doChangeFont(){
        if        (myFontDialog==null)
               myFontDialog=new fontDialog(this);
        if(myFontDialog.showFontDialog()==fontDialog.OK)
               text.setFont(myFontDialog.getFont());
 }
}//类结束
```

14.15　本 章 小 结

　　本章全面介绍了如何用 Java 编写 GUI 程序，重点介绍了其中的 Swing 组件，以及与其相关的事件、容器、布局和基本组件等基础知识，并以示例展示了 MVC 编程模式的优势。编写 GUI 程序入门的门槛比较高，但是一旦掌握了其基本模式，编写起来很有规律可循。一般的设计过程是：首先设计好布局，选择要使用的组件，安排各种组件的外观，最后为各个交互组件编写事件响应代码。其中，核心部分是编写事件响应代码。

　　本章最后的几个程序实例都是可以运行的小程序，虽然功能比较简单，但都具备了一个实用程序的基本框架，并且对各种错误情况都做了较为充分的考虑。读者不妨从改进它们入手，提高自己的实际编程能力。

14.16　实 战 习 题

1. 请简述 Java 的事件处理模型。
2. 请分别写出下列事件监听器所对应的事件适配器。
- java.awt.event.ComponentListener;
- java.awt.event.ContainerListener;
- java.awt.dnd.DragSourceListener;
- java.awt.dnd.DropTargetListener;
- java.awt.event.FocusListener;
- java.awt.event.KeyListener;
- java.awt.event.MouseListener;
- java.awt.event.MouseMotionListener;
- javax.print.event.PrintJobListener;
- java.awt.event.WindowListener;
- Javax.swing.event.InternalFrameListener;

3．请列举 6 种常用的布局管理器，并分别简述它们的特点。

4．事件处理模型通常包含 3 种对象，它们分别是什么？

5．编写程序，要求包含一个文本框、两个按钮和一个列表框。当用鼠标单击其中一个按钮时，将当前的文本框内的字符串作为列表框中的一项；当用鼠标单击另一个按钮时，将列表框中被选中的选项清除出列表框。

6．请编写一个画圆程序，要求在画图区内画一个圆，并能设置圆的颜色以及是否填充圆的内部区域，还能通过滑动条修改圆的半径。

7．请编写一个简单的个人简历程序，要求可以通过文本框输入姓名，通过单选按钮设置性别，通过组合框选择籍贯（要求在组合框中列出中国所有的省和直辖市），通过列表框选择文化程度，通过文件区域填写其他个人信息。请自行设置界面排版方式，要求界面在颜色及布局上尽可能的美观。

8．请编程实现一个简单的屏幕变色程序，要求当用户用鼠标左键单击"变色"按钮时，程序界面的颜色就自动随机地变成另外一种颜色。

9．请用正方体、正四面体和球组成一个漂亮的场景。然后编写一个多文档界面的程序，要求在每个窗口内设置投影方向，并显示从投影方向观测到的场景。投影方法可以采用普通的平行投影。

第 15 章　Java 多媒体编程应用

多媒体是融合两种或者两种以上媒体的一种人机交互式信息交流和传播媒体，使用的媒体包括文字、图形、图像、声音、动画和电视图像（video）。本章将介绍如何使用 Java 提供的工具包来编写播放图像、音频和视频的程序。

学习本章的内容要点有：

- ❑ Java 中声音文件的播放技术；
- ❑ Java 对图形的处理，包括创建、显示和特效等；
- ❑ Java 对字体的处理，包括基本处理方法、显示字体内容以及特效字体等；
- ❑ Java 图像的显示处理，包括变换、合成和特效显示等；
- ❑ Java 对视频文件的播放技术。

15.1　声音文件的播放

声音是携带信息的极其重要的媒体，是多媒体技术研究中的一个重要内容。声音的种类繁多，如人的话音、乐器声、动物发出的声音、机器产生的声音以及自然界的雷声、风声、雨声、闪电声等。这些声音有许多共同的特性，也有它们各自的特性。在用计算机处理这些声音时，既要考虑它们的共性，又要利用它们各自的特性。

为了适应各种需要，声音的格式非常多，如 WAV、MP3、AU、AIFF、RMF 和 MIDI 等。作为 Java 应用程序员，并不需要掌握这些格式的解析，因为 Java 已经提供了现成的类来播放这些格式的文件。下面简要介绍一下各种声音文件格式的特点。

- ❑ AU（扩展名为 AU 或 SND）：适用于短的声音文件，为 Solaris 和下一代机器的通用文件格式，也是 Java 平台标准的音频格式。AU 类型文件使用的 3 种典型音频格式为：8 位 μ-law 类型（通常采样频率为 8kHz）、8 位线性类型，以及 16 位线性类型。
- ❑ WAV（扩展名为 WAV）：由 Microsoft 和 IBM 共同开发，对 WAV 的支持已经被加进 Windows 95 并且被延伸到后继的所有 Windows 操作系统。WAV 文件能存储各种格式，包括 μ-law、a-law 和 PCM（线性）数据。它们几乎能被所有支持声音的 Windows 应用程序播放。
- ❑ AIFF（扩展名为 AIF 或 IEF）：音频互换文件格式，是为 Macintosh 计算机和 Silicon Graphics（SGI）计算机所共用的标准音频文件格式。AIFF 和 AIFF-C 几乎是相同的，除了后者支持例如 μ-law 和 IMA ADPCM 类型的压缩。
- ❑ MIDI（扩展名为 MID）：乐器数字接口，MIDI 是为音乐制造业所认可的标准，主要用于控制诸如合成器和声卡之类的设备。MIDI 文件不包含数字音频采样，而是包括一系列指令，通过这些指令把来自不同乐器上的音符序列合成乐曲。一些 MIDI 文件包含附加指令来为各种合成设置进行编程。大多数合成器支持 MIDI 标准，所以在一个合成器上制作的音乐能够在另一个合成器上播放。有 MIDI 接口的计算机能处理 MIDI 数据以产生新音乐或音响效果。例如，一个完整的音乐作品可以通过一个软件驱动的命令转换成全新的形式。Java 声音引擎支持两种 MIDI 文件类型：MIDI 类型 0 文件，包含仅仅一个序列，所有相关的乐器部分被包含在同一个逻辑"磁道"上；MIDI 类型 1 文件，包含多重的"磁道"使得不同的乐器被逻辑地分开，从而使对声音的操作和重组更加容易。

❑ RMF（扩展名为 RMF）：混合音乐格式，是由 Beatnik 设计出来的混合文件类型，通过交互式设定将 MIDI 和音频采样封装在一起。RMF 好比是一个所有音乐相关文件的容器。RMF 也包含对有关版权的详细文件说明的支持。RMF 文件可以包含多个由不同艺术家创作的、存储为 MIDI 类型或音频采样类型的作品，每个都关联着相关的版权信息。

Java 的标准类库中有两种方法可用于播放声音，一个是 AudioClip 接口，它在 java.applet 包中；一个是 AudioStream 和 AudioPlayer 配合使用，它们在 sun.audio 包中。前者只能用在 Applet 中，后者可用在应用程序中。

15.1.1　在 Applet 中播放声音

在 Applet 中，可以使用 AudioClip 来播放声音，它非常简单，只有 3 个方法：play()、loop()和 stop()。所以编程也非常简单，但是功能也比较少。也许 Java 的设计者认为在网页中播放背景音乐，有这几个简单的功能就够用了。

由于 AudioClip 是接口，所以不能直接使用它来生成对象。但可以声明一个 AudioClip 变量，然后用 applet 类中的 getAudioClip()来获取一个实例对象，再使用它的 play()方法来播放声音。下面是个简单的例子。

【例 15.1】　利用 AudioClip 播放声音文件。

//-----------文件名 playMusic.java，程序编号 15.1-----------------

```
import java.awt.event.*;
import javax.swing.*;
import java.applet.*;
 public class playMusic extends Applet implements ActionListener{
   AudioClip clip=null;
   JButton playBtn,loopBtn,stopBtn;
   public void init(){
     playBtn=new JButton("播放");
     loopBtn=new JButton("循环");
     stopBtn=new JButton("停止");
     playBtn.addActionListener(this);
     loopBtn.addActionListener(this);
     stopBtn.addActionListener(this);
     add(playBtn);
     add(loopBtn);
     add(stopBtn);
     //获取一个对象实例，test.wav 是要播放的声音文件
     clip=getAudioClip(getCodeBase(),"test.wav");
```

```
    }
    public void actionPerformed(ActionEvent e){
      if (e.getSource()==playBtn)
        clip.play(); //播放声音
      else if(e.getSource()==loopBtn)
        clip.loop(); //循环播放
      else
        clip.stop(); //停止播放
    }
}
```

15.1.2　在 Application 中播放声音

如果要在 Application 中播放声音，就不能使用 AudioClip，而应该用 AudioStream 和 AudioPlayer 配合起来播放。它们的功能比 AudioClip 稍强一些，编程也稍微复杂一点。

AudioStream 和 AudioPlayer 不是 Java 标准包中的类，而是 sun.audio 包中的类。其中，AudioStream 需要定义对象才能使用，而 AudioPlayer 中有一个静态的 player 变量，它其中都是静态方法，可以直接使用（类似于 System.out 变量）。

它们的一般用法是，先用 AudioStream 创建一个音频流对象，而后将此对象作为参数传递给 AudioPlayer.player.start()方法以便播放。虽然 AudioPlayer.player 中只有 start()和 stop()两个方法，但是 start()方法会从音频流对象上次停止播放的位置开始播放，而不是从头开始。所以用 stop()暂停一个音频流的播放后，可以使用 start()继续播放。下面的例子演示了如何使用这两个方法实现播放、暂停、继续播放和停止 4 个功能。

【例 15.2】　在 Application 中播放声音文件。

//-----------文件名 playAudio.java，程序编号 15.2----------------

```
import javax.swing.*;
import java.awt.event.*;
import sun.audio.*;                    //AudioStream 和 AudioPlayer 在此包中
import java.awt.*;
import java.io.*;

public class playAudio implements ActionListener{
  protected JTextField fileField;
  protected JButton openBtn,startBtn,pauseBtn,resumBtn,stopBtn;
  protected Container con;
  protected JFrame mainJframe;
  protected AudioStream as;        //声明音频流对象
  protected FileInputStream fileau;

  public playAudio(){
    mainJframe=new JFrame("播放声音");
    con=mainJframe.getContentPane();
    con.setLayout(new FlowLayout());
    fileField=new JTextField();
    fileField.setColumns(30);
    openBtn=new JButton("选择文件");
    startBtn=new JButton("开始播放");
    pauseBtn=new JButton("暂停播放");
    resumBtn=new JButton("继续播放");
    stopBtn=new JButton("停止播放");
```

```
    openBtn.addActionListener(this);
    startBtn.addActionListener(this);
    pauseBtn.addActionListener(this);
    resumBtn.addActionListener(this);
    stopBtn.addActionListener(this);
    con.add(fileField);
    con.add(openBtn);
    con.add(startBtn);
    con.add(pauseBtn);
    con.add(resumBtn);
    con.add(stopBtn);
    mainJframe.setSize(400,200);
    mainJframe.setVisible(true);
    mainJframe.setDefaultCloseOperation(JFrame.EXIT_ON_CLOSE);
}

public void actionPerformed(ActionEvent e) {
  Object obj;
  obj=e.getSource();
  try{
    if(obj==openBtn){                          //让用户选择音频文件
      openfile();
    }else if(obj==startBtn){                   //播放音频文件
      if (fileau!=null) fileau.close();
      fileau = new FileInputStream(fileField.getText());
      as=new AudioStream(fileau);              //创建音频流对象
      AudioPlayer.player.start(as);            //从头开始播放音频流
    }else if(obj==pauseBtn){                   //暂停音频流的播放
      AudioPlayer.player.stop(as);
    }else if(obj==resumBtn){                   //继续从上次暂停的地方开始播放
      AudioPlayer.player.start(as);
    }else if(obj==stopBtn){                    //停止音频流的播放
      AudioPlayer.player.stop(as);
      as.close();                              //关闭音频流
      fileau.close();
      fileau=null;
    }
  }catch(Exception el){
    JOptionPane.showMessageDialog(mainJframe,"无法播放文件！");
  }
}

private void openfile(){
  try{
    JFileChooser chooser = new JFileChooser();
    if(chooser.showOpenDialog(mainJframe)==JFileChooser.APPROVE_
    OPTION)
        fileField.setText(chooser.getSelectedFile().toString()) ;
  }catch(Exception e){
    JOptionPane.showMessageDialog(mainJframe,"无法加载文件！");
  }
}

public static void main(String args[]){
    new playAudio();
}
}
```

图 15.1 是程序运行时的截图。

图 15.1　程序运行时截图

15.1.3　利用 JavaSound API 播放声音

由于 AudioPlayer 的功能不是很强大，能支持的声音格式有限——它不支持最常见的音乐文件，如 MP3。所以从 JDK 1.4 以后，Sun 公司又提供了一个 javax.sound.sampled 包，被称为 JavaSound API，该包的功能更强大，如果配合 JavaZoom 提供的兼容 JavaSound 的纯 Java 解码器——JavaLayer，就可以播放 MP3 格式的音乐。

该包中的类虽然灵活，但更为低级，编程更为困难，多数功能需要程序员自己来封装。而且为了在 GUI 中播放音乐时能让用户灵活地进行控制，播放音乐的方法必须封装在线程中，而要很好地控制线程，本身就对程序员是一个挑战。下面请看一个例子。

【例 15.3】 使用 Java Sound API 播放声音文件。

首先需要将这些 API 封装在一个线程中，下面的类完成了这一工作。

//-----------文件名 SoundBase.java，程序编号 15.3-----------------

```java
import java.io.File;
import java.io.IOException;
import javax.sound.sampled.AudioFormat;
import javax.sound.sampled.AudioInputStream;
import javax.sound.sampled.AudioSystem;
import javax.sound.sampled.SourceDataLine;
import javax.sound.sampled.DataLine;
import javax.swing.*;
//本类必须是一个线程类
public class SoundBase implements Runnable {
    private static final int BUFFER_SIZE = 1024;
    private String fileToPlay = null;
    //下面定义线程中通信用的变量
    private static boolean threadExit = false;
    private static boolean stopped = true;
    private static boolean paused = false;
    private static boolean playing = false;
    //用于线程的同步管理
    public static Object synch = new Object();
    private Thread playerThread = null;
    //带参构造器，传入 filename 参数并初始化
    public SoundBase(String filename) {
        fileToPlay = filename;
    }
    //无参构造器，没有参数传入
    public SoundBase() {
        fileToPlay = "default.wav";
    }
    //多线程方法
```

```
public void run() {
    while (! threadExit) {
        waitforSignal();
        if (! stopped)
            playMusic();
    }
}
//线程停止方法
public void endThread() {
    threadExit = true;
    synchronized(synch) {
        synch.notifyAll();
    }
    try {
        Thread.sleep(500);
    } catch (Exception ex) {}
}
//等待信号量方法
public void waitforSignal() {
    try {
        synchronized(synch){
            synch.wait();
        }
    }catch (Exception ex) { }
}
//播放方法，开始播放音频文件
public void play() {
    if ((!stopped) || (paused)) return;
    if (playerThread == null) {
        playerThread = new Thread(this);
        playerThread.start();
        try {
            Thread.sleep(500);
        } catch (Exception ex) {}
    }
    synchronized(synch) {
        stopped = false;
        paused = false;
        synch.notifyAll();
    }
}

public void setFileToPlay(String fname) {
    fileToPlay = fname;
}

public void playFile(String fname) {
    setFileToPlay(fname);
    play();
}

public void playMusic() {
    byte[] audioData = new byte[BUFFER_SIZE];
    AudioInputStream ais = null;
    SourceDataLine line = null;
    AudioFormat baseFormat = null;
    try {
        ais = AudioSystem.getAudioInputStream(new File (fileToPlay));
    } catch (Exception e) {
        JOptionPane.showMessageDialog(null, "打开文件失败！");
```

```
        }
    if (ais != null) {
        baseFormat = ais.getFormat();   //获取文件格式
        line = getLine(baseFormat);      //从文件中获取数据
        if (line == null) {              //如果不是可解码类型,测试能否获取外部解
                                          码器
            AudioFormat decodedFormat = new AudioFormat(
                AudioFormat.Encoding.PCM_SIGNED,
                baseFormat.getSampleRate(),
                16,
                baseFormat.getChannels(),
                baseFormat.getChannels() * 2,
                baseFormat.getSampleRate(),
                false );
            ais = AudioSystem.getAudioInputStream(decodedFormat, ais);
            line = getLine(decodedFormat);
        }
    }
    if (line == null) return;            //不能播放此文件
    playing = true;
    line.start();                        //准备播放文件
    int inBytes = 0;
    //循环播放声音
    while ((inBytes != -1) && (!stopped) && (!threadExit)) {
        try {
            inBytes = ais.read(audioData, 0, BUFFER_SIZE);
        }catch (IOException e) {
            JOptionPane.showMessageDialog(null, "无法读取文件中的内容! ");
        }
        try{
            if (inBytes > 0)
                line.write(audioData, 0, inBytes);
        }catch(Exception e) {
            JOptionPane.showMessageDialog(null, "无法输出解码数据到音频设
            备! ");
        }
        if (paused)
            waitforSignal();
    }
    line.drain();
    line.stop();
    line.close();
    playing = false;
    stopped = true;
    paused = false;
}

public void stop() {
    paused = false;
    stopped = true;
    waitForPlayToStop();
}

public void waitForPlayToStop() {
    while( playing)
    try {
        Thread.sleep(500);
        synchronized(synch) {
            synch.notifyAll();
        }
```

```java
    } catch (Exception ex) {  }
  }

  public void pause() {
     if (stopped) return;
     synchronized(synch) {
        paused = true;
        synch.notifyAll();
     }
  }

  public void resume(){
     if (stopped) return;
     synchronized(synch) {
        paused = false;
        synch.notifyAll();
     }
  }
  private SourceDataLine getLine(AudioFormat audioFormat) {
     SourceDataLine res = null;
     DataLine.Info info = new DataLine.Info(SourceDataLine.class,
     audioFormat);
     try {
        res = (SourceDataLine) AudioSystem.getLine(info);
        res.open(audioFormat);
     }catch (Exception e) {
        res = null;
     }
     return res;
  }
}
```

在这个线程类中，用到的类非常多，除了用于线程控制的部分变量和对象，用于音频播放的类主要有两个：AudioInputStream 和 SourceDataLine。前者作为音频数据的输入流，后者将音频数据输出到 AudioFormat 中，由它来播放声音。

有了这个类作基础，编写 GUI 界面就比较简单了。程序如下：

//-----------文件名 playMP3.java，程序编号 15.4----------------

```java
import javax.swing.*;
import java.awt.event.*;
import java.awt.*;
import java.io.*;

public class playMP3 implements ActionListener{
  protected JTextField fileField;
  protected JButton openBtn,startBtn,pauseBtn,resumBtn,stopBtn;
  protected Container con;
  protected JFrame mainJframe;
  protected SoundBase as;
  protected String filename;

  public playMP3(){
     mainJframe=new JFrame("播放声音");
     con=mainJframe.getContentPane();
     con.setLayout(new FlowLayout());
     fileField=new JTextField();
     fileField.setColumns(30);
     openBtn=new JButton("选择文件");
```

```java
      startBtn=new JButton("开始播放");
      pauseBtn=new JButton("暂停播放");
      resumBtn=new JButton("继续播放");
      stopBtn=new JButton("停止播放");
      openBtn.addActionListener(this);
      startBtn.addActionListener(this);
      pauseBtn.addActionListener(this);
      resumBtn.addActionListener(this);
      stopBtn.addActionListener(this);
      con.add(fileField);
      con.add(openBtn);
      con.add(startBtn);
      con.add(pauseBtn);
      con.add(resumBtn);
      con.add(stopBtn);
      mainJframe.setSize(400,200);
      mainJframe.setVisible(true);
      mainJframe.setDefaultCloseOperation(JFrame.EXIT_ON_CLOSE);
      as = new SoundBase();
   }

   public void actionPerformed(ActionEvent e) {
      Object obj;
      obj=e.getSource();
      try{
          if(obj==openBtn){
              openfile();
          }else if(obj==startBtn){
              as.playFile(filename);
          }else if(obj==pauseBtn){
              as.pause();
          }else if(obj==resumBtn){
              as.resume();
          }else if(obj==stopBtn){
              as.stop();
          }
      }catch(Exception el){
          JOptionPane.showMessageDialog(mainJframe,"无法播放文件！");
      }
   }

   private void openfile(){
      try{
          JFileChooser chooser = new JFileChooser();
          if(chooser.showOpenDialog(mainJframe)==JFileChooser.APPROVE_
          OPTION){
              File tempfile= chooser.getSelectedFile();
              filename = tempfile.toString();
              fileField.setText(filename) ;
          }
      }catch(Exception el){
          JOptionPane.showMessageDialog(mainJframe,"无法加载文件！");
      }
   }

   public static void main(String args[]){
      new playMP3();
   }
}
```

程序 15.4 的界面和前面程序 15.2 是完全一样的，但它可以播放 MP3 等格式的音乐。不过，需要系统正确安装 MP3 等格式的解码器才能正常工作。

15.2　基本图形处理

在计算机学中，有一门专门的课程叫做图形学，专门介绍如何处理图形。即使是画出一些很简单的图形也需要一定的数学（主要是线性代数和解析几何）基础。Java 将这些基本图形以及处理算法都封装起来，方便应用程序员编程。这一节就来介绍如何处理一些基本的图形，包括：直线、矩形、圆和椭圆、多边形，以及如何缩放图形和填充封闭图形等。

在 14.7.1 小节中，曾经介绍如何将 JPanel 当作画布使用，本节的大多数程序仍然是在 JPanel 上面绘出图形。在 JPanel 上画图形的一般步骤是：

（1）获取 JPanel 的画笔。

（2）设置画笔的色彩等属性。

（3）在指定位置画出所需图形。

这里尽管是以 JPanel 为例，实际上如果要在 Applet 中画图，基本步骤也是一样的，只是获取画笔的方式更为简单一些。

Java 中的画笔是以类 Graphics 来表示，它是一个抽象类，封装了绝大多数基本图形的绘制方法。它有两个子类：DebugGraphics 和 Graphics2D。不过在多数情况下，并不需要直接使用这两个类，而只需声明一个 Graphics 的变量，而后获取由 JPanel 返回的画笔对象即可。

15.2.1　基本图形的创建

1. 画直线

直线是最为基本的图形，大多数的其他图形都是由直线合成的。也许读者会感到疑惑：点不是比直线更为简单和基本吗？但实际情况是，如果用点来绘制复杂图形，速度要比用直线合成慢得多。在 Graphics 中，没有提供专门的画点的方法，而只能用画圆形来实现画点，这样一来，速度就更慢了。

Graphics 中画直线的方法声明如下：

```
abstract void drawLine(int x1, int y1, int x2, int y2)
```

它会用当前画笔的色彩画一根从(x1,y1)到(x2,y2)的直线。其中的(x1,y1)和(x2,y2)都是按照图 15.2 所示的控件坐标系中的坐标：

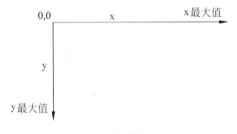

图 15.2　控件坐标系

和一般的笛卡尔坐标系相比，它的 y 值增长方向是相反的。另外一个不同是，x 和 y 值都必须是整数，它们的最大值受限于屏幕的分辨率。例如，屏幕分辨率为 1024×768，则 x 最大值为 1023，y 的最大值为 767。

在画图之前还要设置画笔的色彩，这需要用下面的方法：

```
abstract  void setColor(Color c)
```

其中，c 是一个 Color 对象，用它来指定画笔的色彩。设置色彩后，对其后所有的图形都有效，但对前面已经绘制的图形色彩没有影响。如果要改变色彩，可以重新调用本方法。

创建一个 Color 对象的构造方法很多，其中最常用的是下面的构造方法：

```
Color(int r, int g, int b)
```

其中，r、g、b 3 个整数分别指示了色彩的 3 个分量：红、绿、蓝，3 个数值都是从 0～255。如果想使用某些常用的色彩，也可以使用 Color 类定义好的一些静态常量值，例如，red、green、blue 等。它们都是 Color 类型，这样就无需创建 Color 对象而可以直接指定图形的色彩。

【例 15.4】　画直线示例。

//-----------文件名 DrawLines.java，程序编号 15.5----------------

```
import java.awt.*;
import javax.swing.*;
public class DrawLines{
  MyCanvas palette;
  JFrame mainJFrame;
  public class MyCanvas extends JPanel{          //继承并扩展 JPanel 类
    //当控件发生变化时，系统会调用此方法，图形可以在此方法中绘制
    public void paintComponent(Graphics g){      //g 是系统传递进来的画笔
      g.setColor(Color.red);                     //设置画笔的色彩为红色
      g.drawLine(0,0,300,300);                   //从左上角到右下角画直线
      g.setColor(Color.blue);                    //设置画笔的色彩为蓝色
      g.drawLine(0,300,300,0);                   //从左下角到右上角画直线
      g.setColor(Color.green);                   //设置画笔的色彩为绿色
      g.drawLine(150,0,150,300);                 //从上到下画垂直直线
      g.setColor(Color.yellow);                  //设置画笔的色彩为黄色
      g.drawLine(0,150,300,150);                 //从左到右画水平直线
    }
  }
  public DrawLines(){
    mainJFrame=new JFrame("画直线示例");
    palette=new MyCanvas();
    mainJFrame.getContentPane().add(palette);
    mainJFrame.setSize(310,310);
    mainJFrame.setVisible(true);
    mainJFrame.setDefaultCloseOperation(JFrame.EXIT_ON_CLOSE);
  }
  public static void main(String[] args){
    new DrawLines();
  }
}
```

程序运行截图如图 15.3 所示。

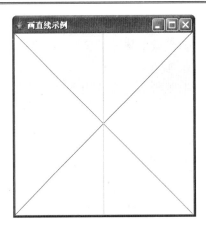

图 15.3　程序运行截图

2．画矩形

Graphics 中提供了画矩形的方法，它以画笔的当前颜色画出矩形，原型声明如下：

```
void drawRect(int x, int y, int width, int height)
```

其中，x 和 y 表示矩形左上角的坐标，width 和 height 分别表示宽度和高度。当二者相等时，画出来的是正方形。

如果要画出圆角矩形，需要用 drawRoundRect()方法，原型声明如下：

```
abstract void drawRoundRect(int x, int y, int width, int height,
                            int arcWidth, int arcHeight)
```

其中，前面 4 个参数的意义与 drawRect()相同，arcWidth 表示 4 个圆角水平方向的直径长度，arcHeight 表示它们垂直方向的直径长度。如果这两个值相等，那么这是一段圆弧，否则是椭圆弧。

【例 15.5】　画矩形示例。

//----------文件名 DrawRects.java，程序编号 15.6----------------

```
import java.awt.*;
import javax.swing.*;
public class DrawRects{
  MyCanvas palette;
  JFrame mainJFrame;
  public class MyCanvas extends JPanel{
    public void paintComponent(Graphics g){
      g.setColor(Color.red);          //设置画笔的色彩为红色
      g.drawRect(10,10,200,100);  //画一个长为 200、宽为 100 的长方形
      g.setColor(Color.blue);         //设置画笔的色彩为蓝色
      g.drawRoundRect(10,130,200,100,10,10);      //画一个长为 200、宽为 100 的圆
                                                  角长方形

    }
  }
  public DrawRects(){
    mainJFrame=new JFrame("画矩形示例");
    palette=new MyCanvas();
    mainJFrame.getContentPane().add(palette);
    mainJFrame.setSize(310,310);
    mainJFrame.setVisible(true);
```

```
      mainJFrame.setDefaultCloseOperation(JFrame.EXIT_ON_CLOSE);
   }
   public static void main(String[] args){
      new DrawRects();
   }
}
```

程序运行截图如图 15.4 所示。

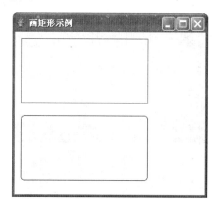

图 15.4　程序运行截图

3.　画椭圆和圆弧

在 Graphics 中提供了一个方法来画椭圆和圆形，它的原型声明如下：

```
abstract  void drawOval(int x, int y, int width, int height)
```

其中，x 和 y 是椭圆外切矩形的左上角的坐标，width 是它的宽度，height 是它的高度。当宽度和高度相等时，画出来的就是圆形。

画圆弧的方法要复杂一些，它的声明如下：

```
abstract  void drawArc(int x, int y, int width, int height,
                       int startAngle, intarcAngle)
```

其中，它的前面 4 个参数与 drawOval() 相同。startAngle 表示圆弧起点的角度，0 表示在水平位置，intarcAngle 表示圆弧绕过的角度。如果为正值，表示按逆时针绘制圆弧；如果为负值，则按顺时针绘制圆弧。它是以角度为单位，如果该值为 360，则画出来的是一个完整的椭圆或者圆形。由此可见，drawOval() 是 drawArc() 的特殊情形。

【例 15.6】　画椭圆和圆弧示例。

```
//-----------文件名 DrawArcs.java，程序编号 15.7----------------
import java.awt.*;
import javax.swing.*;
public class DrawArcs{
  MyCanvas palette;
  JFrame mainJFrame;
  public class MyCanvas extends JPanel{
    public void paintComponent(Graphics g){
      g.setColor(Color.red);                    //设置画笔的色彩为红色
      g.drawOval(10,10,140,70);                 //画一个宽为 140、高为 70 的椭圆
      g.drawOval(160,10,100,100);               //画一个直径为 100 的圆
      g.drawArc(10,120,140,140,0,180);          //画一个直径为 140 的上半圆
      g.drawArc(160,120,140,80,180,180);        //画一个宽为 140、高为 80 的下半椭圆弧
```

```
   }
 }
 public DrawArcs(){
   mainJFrame=new JFrame("画椭圆和圆弧示例");
   palette=new MyCanvas();
   mainJFrame.getContentPane().add(palette);
   mainJFrame.setSize(310,310);
   mainJFrame.setVisible(true);
   mainJFrame.setDefaultCloseOperation(JFrame.EXIT_ON_CLOSE);
 }
 public static void main(String[] args){
    new DrawArcs();
 }
}
```

程序运行截图如图 15.5 所示。

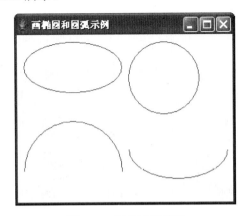

图 15.5　程序运行截图

4．画多边形

多边形是由若干段首尾相连的直线段组成的封闭图形。在 Graphics 中可以使用下面的方法来画多边形：

```
abstract void drawPolygon(int[] xPoints, int[] yPoints, int nPoints)
```

其中，数组 xPoints 和 yPoints 分别表示线段端点的 x 和 y 坐标值，nPoints 表示端点的数目。任意一条线段由（xPoints[i-1],yPoints[i-1]）和（xPoints[i],yPoints[i]）来确定。如果给定的端点不是闭合的，此方法将自动在最后一个端点后画出一条线段与第一个端点连接，将整个图形闭合。

另外一个类似的方法是：

```
void drawPolygon(Polygon p)
```

所要绘出的多边形由参数 p 来决定，参数 p 是 Polygon 类型的对象，该类也存储了一系列的端点。

【例 15.7】　画多边形示例。

//-----------文件名 DrawPoly.java，程序编号 15.8----------------

```
import java.awt.*;
import javax.swing.*;
public class DrawPoly{
```

```
MyCanvas palette;
JFrame mainJFrame;
int xPoints[] = {30,200,30,200,30};
int yPoints[] = {30,30,200,200,30};
public class MyCanvas extends JPanel{
  public void paintComponent(Graphics g){
    g.setColor(Color.red);                        //设置画笔的色彩为红色
    g.drawPolygon(xPoints,yPoints,xPoints.length); //画出多边形
  }
}
public DrawPoly(){
  mainJFrame=new JFrame("画多边形示例");
  palette=new MyCanvas();
  mainJFrame.getContentPane().add(palette);
  mainJFrame.setSize(310,310);
  mainJFrame.setVisible(true);
  mainJFrame.setDefaultCloseOperation(JFrame.EXIT_ON_CLOSE);
}
public static void main(String[] args){
  new DrawPoly();
}
}
```

程序运行截图如图 15.6 所示。

15.2.2　基本图形的处理

1. 封闭图形的填充

图 15.6　程序运行截图

前面介绍的图形都只绘出了轮廓，有时候需要将封闭的区域填充某种颜色。要完成这一功能，可以使用 Graphics 提供的以 fill 开头的系列方法，它们的原型声明如下。

- □ void fillArc(int x,int y,int width,int height,int startAngle,int arcAngle)：绘出圆弧并填充。
- □ void fillOval(int x,int y,int width,int height)：绘出椭圆并填充。
- □ void fillPolygon(int[] xPoints,int[] yPoints,int nPoints)：绘出多边形并填充。
- □ void fillPolygon(Polygon p)：绘出多边形并填充。
- □ void fillRect(int x,int y,int width,int height)：绘出矩形并填充。
- □ void fillRoundRect(int x，int y，int width，int height，int arcWidth，int arcHeight)：绘出圆角矩形并填充。

每一个以 fill 开头的方法和对应的以 draw 开头的方法参数含义完全相同，绘出的图形也相同，只是画完图形后，会用画笔当前的颜色将其填充。对于圆弧，填充区域是起始点、结束点和圆心组成的封闭区域。

【例 15.8】　填充图形示例。

//-----------文件名 FillArea.java，程序编号 15.9----------------

```
import java.awt.*;
import javax.swing.*;
public class FillArea{
  MyCanvas palette;
```

```
JFrame mainJFrame;
int xPoints[] = {30,100,30,100,30};
int yPoints[] = {30,30,100,100,30};
public class MyCanvas extends JPanel{
  public void paintComponent(Graphics g){
    g.setColor(Color.red);                        //设置画笔的色彩为红色
    g.fillPolygon(xPoints,yPoints,xPoints.length);//画出多边形并填充
    g.fillArc(110,30,140,140,0,90);    //画一个直径为 140 的 1/4 圆并填充
    g.fillRect(30,150,200,100);        //画一个长为 200、宽为 100 的长方形并填充
    g.setColor(Color.blue);            //重新设置画笔色彩为蓝色
    g.drawRect(30,150,200,100);        //画一个长为 200、宽为 100 的长方形轮廓
  }
}
public FillArea(){
  mainJFrame=new JFrame("图形填充示例");
  palette=new MyCanvas();
  mainJFrame.getContentPane().add(palette);
  mainJFrame.setSize(310,310);
  mainJFrame.setVisible(true);
  mainJFrame.setDefaultCloseOperation(JFrame.EXIT_ON_CLOSE);
}
public static void main(String[] args){
  new FillArea();
  }
}
```

程序运行截图如图 15.7 所示。

由于填充图形时所用的色彩和边缘色彩是一样的，如果希望边缘色彩与内部色彩不同，则需要分两次来绘制这个图形：先用某种色彩填充内部图形，再用另外一种色彩画出外部轮廓。在程序 15.9 中，最后画矩形就是用的这种方法。它的外部轮廓是蓝色，内部颜色是红色。

图 15.7　程序运行截图

2．图形的缩放

前面绘制的图形大小是固定的，无论窗口大小如何变换，图形的位置和大小都不会发生变化。如果窗口区域比图形小，则图形超过的部分不会画出来。

在下面的例子中，程序绘制的图形会随着窗口的大小而变化。要做到这一点并不难，当窗口的大小发生变化时，系统会调用 paintComponent()方法，只要在此方法中获取窗口的大小，并按照一定的算法，重新计算图形应该绘出的大小，再重新绘制就可以了。

【例 15.9】 缩放图形示例。

//-----------文件名 ResizeOval.java，程序编号 15.10----------------

```
import java.awt.*;
import javax.swing.*;
public class ResizeOval{
  MyCanvas palette;
  JFrame mainJFrame;
  public class MyCanvas extends JPanel{
    public void paintComponent(Graphics g){
      int height, width;
      //获取窗口大小，并计算椭圆的大小
```

```
    height = getHeight();
    width = getWidth();
    g.setColor(Color.red);
    //按照窗口大小绘制并填充椭圆
    g.fillOval(0,0,width,height);
  }
}
public ResizeOval(){
  mainJFrame=new JFrame("画直线示例");
  palette=new MyCanvas();
  mainJFrame.getContentPane().add(palette);
  mainJFrame.setSize(310,310);
  mainJFrame.setVisible(true);
  mainJFrame.setDefaultCloseOperation(JFrame.EXIT_ON_CLOSE);
}
public static void main(String[] args){
  new ResizeOval();
 }
}
```

程序运行截图如图 15.8 所示。

无论用户如何调整这个窗口，椭圆都会恰好填充整个窗口区域。当然，这个例子非常简单，如果是多边形，那么计算它的大小就会复杂得多。

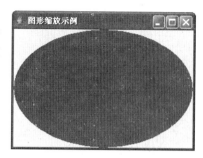

图 15.8　程序运行截图

15.2.3　图形的特效显示

15.2.1 和 15.2.2 小节介绍的只是一些基本图形，但是如果将这些图形组合起来，并辅以某些色彩，将会达到一些令人意想不到的效果，人们将其称为特效。

1．颜色处理的基本知识

在前两个小节中，每次画图之前都会用 setColor()方法为画笔设置当前色彩，该方法的参数是一个 Color 类型的对象。为了简单起见，前面使用的都是该类预先定义好的一些常用色彩。实际上，该类提供了多个构造方法，并且对色彩提供了两种不同的合成模式。其中一种是前面介绍过的 RGB（红、绿、蓝三原色）模式，另外一种是 HSB（色调-饱和度-亮度）模式。RGB 模式使用比较多，也比较简单，但在实现某些特效时，使用 HSB 模式，编程更为简单一些。

在 HSB 模式中，色调是一个色彩环，取值在 0.0～1.0 之间，颜色有：赤、橙、黄、绿、青、蓝、紫。饱和度也在 0.0～1.0 之间，表示色调的浓和淡。亮度取值也在 0.0～1.0 之间，其中 1 是亮白色，0 是黑色。Color 中提供了两种将 HSB 与 RGB 互相转换的方法，它们原型声明如下。

- static int HSBtoRGB(float hue,float saturation,float brightness)：返回一个与参数(HSB)决定的色彩相同的 RGB 颜色值
- static float[] RGBtoHSB(int r,int g,int b,float[] hsbvals)：返回一个与参数（RGB）决定的色彩相同的 HSB 颜色值，放在数组 hsbvals 中返回；如果 hsbvals 为 null，则新建一个数组返回这些值。

要用 HSB 模式创建一个 Color 对象，需要使用它的静态方法：

```
static Color getHSBColor(float h, float s, float b)
```

其中，参数 h、s、b 分别是色调、饱和度和亮度。

Color 中还定义了一些方法用于获得各种三原色的各个分量，比如：getBlue()、getGreen()、getRed()和 getRGB()。使用非常简单，不做更多的介绍。

与色彩相关的另外一个特性是色彩透明度。一般情况下，先画某种色彩后，在同一位置再画另外一种色彩，会将前面的色彩覆盖掉。我们将前面画出的色彩称为背景色，后面画出的色彩称为前景色。如果希望前景色不是完全覆盖背景色，而是在某种程度上和背景色混合起来，就需要用到色彩透明度。这一特性用数值 alpha 来描述，它是一个 0.0～1.0之间的浮点数，当它等于 0.0 时，表示完全透明；等于 1.0 时，则完全不透明。

Graphics 没有提供对透明度特性的支持，如果要使用该特性，需要使用 Graphics 的直接子类 Graphics2D。关于它的具体使用，将在 15.2.3 小节讲述。

2. 淡入淡出效果

淡入淡出效果是最常见的特效之一。要实现淡入淡出效果方法非常简单，只要采用HSB 模式设置色彩，其中的色调和亮度不必变化，只要调整饱和度的值即可。如果是淡入，则让饱和度逐步增加；如果是淡出，则让饱和度逐步减少。

【例 15.10】　淡入淡出效果示例。

//-----------文件名 fadeInOut.java，程序编号 15.11-----------------

```java
import java.awt.*;
import java.awt.event.*;
import javax.swing.*;
public class fadeInOut {
  JPanel palette;
  JFrame mainFrame;
  JButton btn;
  Container con;
  dealPushBtn handleBtn;
  //定义一个内部类来响应按钮事件
  public class dealPushBtn implements ActionListener{
    public void actionPerformed(ActionEvent e){
      Graphics g = palette.getGraphics();      //注意画笔的获取方式
      float h = 0.0f;                          //色彩为红色
      float s = 0.0f;                          //初始饱和度为 0，即没有颜色
      float b = 1.0f;                          //亮度为最大
      for(int i=0;i<100;i++){
        g.setColor(Color.getHSBColor(h,s,b));//用 HSB 模式设置色彩
        g.fillRect(0,50,300,300);              //显示色彩
        try{
          Thread.sleep(50);
        }catch(InterruptedException el){ }
        s += 0.01;     //增加饱和度，让颜色逐步浓起来
      }
      for(int i=0;i<100;i++){
        g.setColor(Color.getHSBColor(h,s,b));
        g.fillRect(0,50,300,300);
        try{
          Thread.sleep(50);
        }catch(InterruptedException el){ }
```

```
        s -= 0.01;      //减少饱和度，让颜色逐步淡下去
      }
    }
  }
  public fadeInOut(){
    mainFrame=new JFrame("色彩淡入淡出示例");
    handleBtn=new dealPushBtn();
    btn=new JButton("开始");
    btn.addActionListener(handleBtn);
    palette=new JPanel();
    palette.add(btn);
    mainFrame.getContentPane().add(palette);
    mainFrame.setDefaultCloseOperation(JFrame.EXIT_ON_CLOSE);
    palette.setLayout(new FlowLayout());
    mainFrame.setSize(300,300);
    mainFrame.setVisible(true);
  }
  public static void main(String[] args){
    new fadeInOut();
  }
}
```

当单击"开始"按钮后，色彩一开始是白色，慢慢地变红，直到变成大红色。然后再慢慢变淡，直到变成白色。程序运行截图如图 15.9 所示。

这里色彩是采用的 HSB 模式，如果采用 RGB 模式，要实现同样的效果，需要通过调整 alpha 值来实现，编程要麻烦得多。

图 15.9　程序运行截图

3. 透明效果

下面来介绍如何设置前景色的透明度，使得前景色和后景色能够混合起来。这需要使用 Graphics2D 类，在其中声明了一个方法：

```
abstract  void setComposite(Composite comp)
```

其中，参数 comp 是 Composite 类型的对象，它可以用来设置 alpha 的值。但 Composite 本身是一个接口，它的直接子类 AlphaComposite 有一个静态方法：

```
static AlphaComposite getInstance(int rule, float alpha)
```

可以创建一个具有指定 alpha 值的 Composite 类型的对象。

联合使用这些方法，就可以设置所需要的透明度了。下面的例子演示了如何使用 alpha 值来实现色彩混合效果。

【例 15.11】　色彩混合效果示例。

//-----------文件名 TransparencyExample.java，程序编号 15.12----------------

```
//定义自己的画布
import javax.swing.*;
import java.awt.*;
import java.awt.geom.*;
public class TransparencyExample extends JPanel {
  private static int gap=10, width=40, offset=10,
                   deltaX=gap+width+offset;
  private Rectangle
```

```
        blueSquare = new Rectangle(gap+offset, gap+offset, width, width),
        redSquare = new Rectangle(gap, gap, width, width);
//创建一个指定 alpha 值的 AlphaComposite 对象
private AlphaComposite makeComposite(float alpha) {
  int type = AlphaComposite.SRC_OVER;
  return(AlphaComposite.getInstance(type, alpha));
}
//用指定的 alpha 值来绘制前景色
private void drawSquares(Graphics2D g2d, float alpha) {
  Composite originalComposite = g2d.getComposite();
  //用默认透明度绘制背景蓝色
  g2d.setPaint(Color.blue);
  g2d.fill(blueSquare);
  //设置透明度，准备绘制前景红色
  g2d.setComposite(makeComposite(alpha));
  g2d.setPaint(Color.red);
  g2d.fill(redSquare);
  //将透明度设置回默认的模式
  g2d.setComposite(originalComposite);
}
//分别用不同的透明度来绘制颜色
public void paintComponent(Graphics g) {
  super.paintComponent(g);
  Graphics2D g2d = (Graphics2D)g;
  for(int i=0; i<11; i++) {
    //alpha 值逐步增大，透明度逐步减小
    drawSquares(g2d, i*0.1F);
    g2d.translate(deltaX, 0);
  }
}
}
```

//-----------文件名 mixing.java，程序编号 15.13-----------------

```
import javax.swing.*;
import java.awt.*;
public class mixing{
  JFrame mainFrame;
  TransparencyExample palette;
  public mixing(){
    mainFrame=new JFrame("色彩混合示例");
    palette=new TransparencyExample();
    mainFrame.getContentPane().add(palette);
    mainFrame.setDefaultCloseOperation(JFrame.EXIT_ON_CLOSE);
    mainFrame.setSize(500,200);
    mainFrame.setVisible(true);
  }
  public static void main(String[] args) {
    new mixing();
  }
}
```

程序运行截图如图 15.10 所示。

图 15.10　程序运行截图

从图 15.10 中可以看出，背景蓝色始终不变，前景红色由淡转浓。特别是与蓝色重合的部分，逐渐由蓝色变为红色，透明效果变化非常明显。

📮**注意**：这里色彩的混合是通过透明来实现的，它的效果与在 RGB 模式中混合红、蓝两种原色的效果并不相同。

4. 盖房子特效

下面介绍用各种颜色的线形来画出一间房子。理论上来说，可以用直线画出任何图形，但是多数图形画起来过于复杂，所以多半不会用这种方法。但房子不同，它本身就是由一些直线组成，所以画起来相对而言要简单一些。

当然用画直线的方法来组成一幅图片，更多的不是需要编程能力，而是美工水平。

【例 15.12】 盖房子。

//-----------文件名 houseCanvas.java，程序编号 15.14----------------

```java
import javax.swing.*;
import java.awt.*;
public class houseCanvas extends JPanel{
    public houseCanvas(){
        setBackground(Color.black);
    }
    public void paintComponent(Graphics g){
        calc(g, 16, 110, 95, 0, 0, 0);
    }
    void calc(Graphics g, int i, int j, int k, int l, int i1, int j1){
        int k1 = i1;
        int l1 = l;
        int i2 = j1;
        int j2 = i;
        int k2 = l + i;
        int l2 = i1 + i;
        int i3 = j1 + i;
        int j3 = j2 << 1;
        int k3 = j3 << 1;
        for(int l3 = 0; l3 < 8; l3++){
            if(l3 == 1){
                j -= j3;
                k += j2;
                l1 = k2;
            }
            if(l3 == 2){
                j += k3;
                l1 = l;
                k1 = l2;
            }
            if(l3 == 3){
                j -= j3;
                k += j2;
                l1 = k2;
                k1 = l2;
            }
            if(l3 == 4){
                k -= k3;
                l1 = l;
                k1 = i1;
                i2 = i3;
```

```
            }
            if(l3 == 5){
                j -= j3;
                k += j2;
                l1 = k2;
                k1 = i1;
                i2 = i3;
            }
            if(l3 == 6){
                j += k3;
                l1 = l;
                k1 = l2;
                i2 = i3;
            }
            if(l3 == 7){
                j -= j3;
                k += j2;
                l1 = k2;
                k1 = l2;
                i2 = i3;
            }
            if(i == 1)
                draw(l3, g, j, k, l1, k1, i2, j2);
            else
                calc(g, i >> 1, j, k, l1, k1, i2);
        }
    }

void draw(int i, Graphics g, int j, int k, int l, int i1, int j1, int
k1){
    boolean flag = false;
    byte byte0 = 1;
    byte byte1 = 4;
    int ai[] = new int[byte1];
    int ai1[] = new int[byte1];
    byte byte2 = 63;
    byte byte3 = 127;
    char c = '\200';
    boolean flag1 = false;
    boolean flag2 = false;
    int l1 = k1 << 1;
    flag = false;
    byte0 = 1;
    if(l == 1)
        flag = true;
    if(l == 30)
        flag = true;
    if(i1 == 0)
        flag = true;
    if(i1 == 30)
        flag = true;
    if(j1 < 3)
        flag = true;
    if(i1 % 4 == 0 && j1 == 14)
        flag = true;
    if(i1 == 30 && j1 > 16 && l + j1 < 47)
        flag = true;
    if(i1 == 1 && j1 > 16 && l + j1 < 47)
        flag = true;
    if(i1 == 30 && j1 > 16 && j1 - l < 16)
        flag = true;
```

```
if(l + j1 > 48)
    flag = false;
if(j1 - l > 16)
    flag = false;
if(l > 11 && l < 17 && i1 == 30 && j1 < 13 && j1 > 1)
    flag = false;
if(l > 4 && l < 8 && i1 == 30 && j1 < 14 && j1 > 5)
    flag = false;
if(l > 20 && l < 25 && i1 == 30 && j1 < 14 && j1 > 5)
    flag = false;
if(l + j1 == 48){
    flag = true;
    byte0 = 2;
}
if(j1 - l == 16){
    flag = true;
    byte0 = 2;
}
if(i1 < 4 && l > 27 && j1 < 27)
    flag = true;
if(i1 > 0 && i1 < 3 && l > 28′ && l < 31 && j1 < 30)
    flag = true;
if(flag){
    char c1;
    byte byte4;
    byte byte5;
    if(byte0 == 2){
        c1 = '\0';
        byte4 = 38;
        byte5 = 25;
    } else{
        c1 = '\200';
        byte4 = 5;
        byte5 = 25;
    }
    ai[0] = j;
    ai1[0] = k - l1;
    ai[1] = j - l1;
    ai1[1] = k - 3 * k1;
    ai[2] = j;
    ai1[2] = k - 4 * k1;
    ai[3] = j + l1;
    ai1[3] = k - 3 * k1;
    g.setColor(new Color(byte3 + c1, byte3 + byte5, byte3 + byte4));
    g.fillPolygon(ai, ai1, byte1);
    ai[0] = j;
    ai1[0] = k;
    ai[1] = j - l1;
    ai1[1] = k - k1;
    ai[2] = j - l1;
    ai1[2] = k - 3 * k1;
    ai[3] = j;
    ai1[3] = k - l1;
    g.setColor(new Color(byte2 + c1, byte2 + byte5, byte2 + byte4));
    g.fillPolygon(ai, ai1, byte1);
    ai[0] = j;
    ai1[0] = k;
    ai[1] = j + l1;
    ai1[1] = k - k1;
    ai[2] = j + l1;
    ai1[2] = k - 3 * k1;
```

```
        ai[3] = j;
        ai1[3] = k - l1;
        g.setColor(new Color(c1, byte5, byte4));
        g.fillPolygon(ai, ai1, byte1);
    }
  }
}
```

//-----------文件名 building.java，程序编号 15.15----------------

```
import javax.swing.*;
import java.awt.*;
public class building{
  JFrame mainFrame;
  houseCanvas palette;
  public building(){
    mainFrame=new JFrame("盖房子");
    palette=new houseCanvas();
    mainFrame.getContentPane().add(palette);
    mainFrame.setDefaultCloseOperation(JFrame.EXIT_ON_CLOSE);
    mainFrame.setSize(200,200);
    mainFrame.setVisible(true);
  }
  public static void main(String[] args) {
    new building();
  }
}
```

程序运行截图如图 15.11 所示。

图 15.11　程序运行截图

15.3　字体的处理

文字是程序与用户交互的最为重要的工具。目前的操作系统都支持多种字体，以满足程序美观的需要。在多数情况下，使用系统默认的字体以默认的形式显示，就可以完成基本的信息显示功能。但在某些情况下，为了程序的美观，还需要程序员自己处理字体。这就需要程序员掌握更多关于字体的基础知识以及处理技巧。

系统的字体有家族名（family name）、逻辑名（logical name）和外形名（face name）。家族名是字体的一般名称，如 Courier；逻辑名是指字体的类别，如 Monospaced；外形名是指特殊的字体，如 Courier Italic。

15.3.1　字体的处理方法

Java 中的字体处理，大多数情况下可以通过 Font 类中的方法来实现。首先要清楚 Font 类中有哪些方法可供操作，其次要确定本系统中有哪些可用的字体，最后，构造 Font 字体对象以实现字体的创建并最后使用。

1．Font类中的方法

Font 类中封装的方法很多，表 15.1 列出了其中一些常用的方法。

表 15.1　Font中的常用方法

方　　法	说　　明
static Font decode(String str)	创建一个由str指定名称的字体对象
Map<TextAttribute,?> getAttributes()	获取当前字体对象的属性，以Map类型返回
String getFamily()	返回字体对象的家族名
static Font getFont(String nm)	返回由nm指定的系统属性相关的字体，如果该属性不存在，则返回null
String getFontName()	返回当前字体对象的外形名
String getName()	返回当前字体对象的逻辑名
int getSize()	返回当前字体对象的尺寸，单位为像素
int getStyle()	返回当前字体对象的样式值
boolean isBold()	如果字体包含黑体样式，返回true，否则返回false
boolean isItalic()	如果字体包含斜体样式，返回true，否则返回false
boolean isPlain()	如果字体包含纯文本样式，返回true，否则返回false

2．确定可用字体

在 14.12 节的字体对话框程序中，曾经编程获得过系统字体的有关信息，下面再来详细介绍一下如何使用 GraphicsEnvironment 类。在该类中定义了一个方法，可以获取系统中安装的所有字体的家族名。方法原型声明如下：

```
String [] getAvailableFontFamilyNames();
```

返回的家族名以字符串数组的形式存放。

除此之外，GraphicsEnvironment 类还定义了 getAllFonts()方法，它的原型声明如下：

```
Font [] getAllFonts();
```

该方法返回 Font 类型的数组，系统中的每一个字体都以对象形式存储在该数组中。

这些方法都是 GraphicsEnvironment 类的实例成员，需要先创建该类的对象，但该类是抽象类，不能直接使用它的构造方法。不过该类提供了一个静态方法，可以获取本类对象的一个引用。它的原型声明如下：

```
static GraphicsEnvironment getLocalGraphicsEnvironment()
```

在下面的例子中，演示了如何获取系统中安装的所有字体的家族名，并将其显示在一个列表框中。

【例 15.13】 获取系统中安装的字体示例。

//-----------文件名 GetFonts.java，程序编号 15.16----------------

```java
import javax.swing.*;
import java.awt.*;
public class GetFonts{
  private JFrame mainJFrame;
  private JList  nameList;
  private JScrollPane  nameSPane;
  public GetFonts(){
    mainJFrame = new JFrame("获取系统字体");
    //获得 GraphicsEnvironment 类型的对象引用
    GraphicsEnvironment eq = GraphicsEnvironment.
    getLocalGraphicsEnvironment();
    //获取所有的字体家族名
    String[] availableFonts= eq.getAvailableFontFamilyNames();
    //存放到列表框中
    nameList=new JList(availableFonts);
    nameSPane=new JScrollPane(nameList);
    mainJFrame.add(nameSPane);
    mainJFrame.setSize(300,300);
    mainJFrame.setVisible(true);
    mainJFrame.setDefaultCloseOperation(JFrame.EXIT_ON_CLOSE);
  }
  public static void main(String args[]){
    new GetFonts();
  }
}
```

程序运行截图如图 15.12 所示。

3. 创建字体对象

为了使用一个新字体，必须首先构造一个 Font 类型的对象，Font 构造方法的原型声明如下：

```java
Font(String name, int style, int size)
```

其中，参数 name 可以是字体的逻辑名或者外形名。在所有的 Java 环境下，都支持下列字体：Dialog、DialogInput、Sans Serif、Serif、Monospaced 和 Symbol。Dialog 是系统对话框使用的字体。如果不指明字体，则默认为 Dialog。也可以使用其他专用环境支持的字体，但是这些字体在其他环境下可能无法使用。

图 15.12　程序运行截图

style 是字体的风格，比如，纯文本、黑体或者斜体等，它们由 Font 所定义的 3 个常量来描述：PLAIN、BOLD 和 ITALIC。它们可以组合使用，例如，Font.BOLD | Font ITALIC 表示粗斜体。

size 是字体的尺寸，以像素为单位。

创建 Font 对象之后，为了在组件之中使用它，需要使用组件的 setFont()方法。

在下面的例子中，用户可以指定字体的名称、大小和风格，程序会将它们组合成一个新的字体对象，并在标签中显示出来。

【例 15.14】　创建和使用字体示例。

//-----------文件名 ShowFonts.java，程序编号 15.17----------------

```java
import javax.swing.*;
import java.awt.*;
import java.awt.event.*;
public class ShowFonts implements ActionListener{
  private JFrame mainJFrame;
  private JComboBox nameBox, styleBox;
  private JTextField sizeText;
  private JLabel  fontLabel;
  private JButton showBtn;
  private JPanel  panel1;

  public ShowFonts(){
    mainJFrame = new JFrame("显示指定字体");
    //显示系统可用字体
    GraphicsEnvironment eq = GraphicsEnvironment.
    getLocalGraphicsEnvironment();
    String[] availableFonts= eq.getAvailableFontFamilyNames();
    nameBox=new JComboBox(availableFonts);
    nameBox.setEditable(false);
    nameBox.setSelectedItem("宋体");
    //显示字体风格由用户选择
    String [] style={"正常","粗体","斜体","粗斜体"};
    styleBox = new JComboBox(style);
    styleBox.setEditable(false);
    //由用户输入想要的字体尺寸
    sizeText = new JTextField("12");
    sizeText.setColumns(4);
    //标签用于显示用户选择的字体
    fontLabel = new JLabel("字体示例");
    //创建按钮并安装监听器
    showBtn = new JButton("显示字体");
    showBtn.addActionListener(this);
    //在窗口中排列组件
    panel1 = new JPanel();
    panel1.setLayout(new FlowLayout());
    panel1.add(nameBox);
    panel1.add(styleBox);
    panel1.add(sizeText);
    mainJFrame.add(panel1,BorderLayout.NORTH);
    mainJFrame.add(fontLabel,BorderLayout.CENTER);
    mainJFrame.add(showBtn,BorderLayout.SOUTH);
    mainJFrame.setSize(300,300);
    mainJFrame.setVisible(true);
    mainJFrame.setDefaultCloseOperation(JFrame.EXIT_ON_CLOSE);
  }
  public void actionPerformed(ActionEvent e){
    //分别获取用户选择输入的字体信息
    int styleIndex = styleBox.getSelectedIndex();
    String fontStr = (String)nameBox.getSelectedItem();
    int fontSize = Integer.parseInt(sizeText.getText());
    //组合成字体对象
    Font userFont=new Font(fontStr,styleIndex,fontSize);
    //为标签设置新的字体并显示
```

```
    fontLabel.setFont(userFont);
  }
  public static void main(String args[]){
    new ShowFonts();
  }
}
```

程序运行截图如图 15.13 所示。

15.3.2　字体的展示处理

前面使用了字体、字型和大小来调整文字显示的
效果。但是如果使用组件的 setFont()方法来显示这样
的文字，它对整个组件上的文字显示都会产生影响。
也就是说，同一组件上的所有文字都是同一样式。而
像 Word 这样的文字编辑工具，允许在同一组件上显
示不同样式的文字，要做到这一点，必须用 Graphics
中的 drawString()方法在画布上将文字画出来。不过，

图 15.13　程序运行截图

这又产生了另外一个问题，就是如何知道某种字体所占据画面的大小，以便计算文字显示
的位置。要解决这一问题，就必须使用 FontMetrics 自行管理字体。

在 FontMetrics 类中，封装了各种方法可以获取字体的相关信息，它们用下面这些术语
来描述。

- ❏ Height：某种字体中最高的字符从顶到底的高度。
- ❏ Baseline：字符底端对齐的线，即基线。
- ❏ Ascent：从基线到字符顶端的距离。
- ❏ Descent：从基线到字符底部的距离。
- ❏ Leading：一行文本底部到下一行文本顶端之间的距离。

用 drawString()画出字符的过程中，它是以当前的字体和颜色在指定的位置输出一个字
符串。不过这个位置是字符基线的左边缘，而不是像其他画图方法那样是指定的左上角。
例如，如果在(0,0)位置画出一个矩形，将看到一个完整的矩形；而如果在同一位置输出字
符串 "Typesetting"，仅看见字符 y、p 和 g 的下半截。所以必须根据字体的外型来决定字
符串应该显示的位置。

FontMetrics 定义了多种处理文本输出的方法，帮助程序将字符输出到窗口中合适的位
置。表 15.2 列出了其中常用的方法。

表 15.2　FontMetrics中的常用方法

方　法	说　明
int bytesWidth(byte[] data, int off, int len)	以当前字体基线为准，计算要显示的字符串所占位置的像素总长度，off是字符串data中的起始位置，len是字符串的长度
int charsWidth(char[] data, int off, int len)	同上，不过参数是字符型
int charWidth(char ch)	以当前字体为准，计算字符ch所占的像素长度

方　　法	说　　明
int getAscent()	返回字体中大多数文字从基线到头部的高度，某些文字的高度可能超过这个值
int getDescent()	返回字体中大多数文字从基线到底部的高度，某些文字的高度可能超过这个值
Font getFont()	返回当前对象使用的字体
int getHeight()	返回以当前字体显示的文字需要占用的高度，它等于 getAscent() + getDescent() + getLeading()值
int getLeading()	返回以当前字体计算的行间距
int getMaxAdvance()	返回当前字体中最宽的那个文字的基线宽度
int getMaxAscent()	返回当前字体中最高的那个文字从基线到头部的高度
int getMaxDescent()	返回当前字体中最高的那个文字从基线到底部的高度
int stringWidth(String str)	以当前字体基线为准，计算要显示的字符串所占位置的像素总长度

在下面的例子中，使用 drawString()方法在画布上画出各种字体，并且以右对齐的方式输出。这需要使用 FontMetrics 来计算字符串输出的位置。

【例 15.15】　自行管理字体示例。

//-----------文件名 FontsCanvas.java，程序编号 15.18----------------

```
//定义显示文字的画布
import javax.swing.*;
import java.awt.*;
public class FontsCanvas extends JPanel{
    private String msg;
    public FontsCanvas(String s){
      msg = s;
      setBackground(Color.white);
    }
    public FontsCanvas(){
      this("自行管理字体示例");
    }
    public void paintComponent(Graphics g){
      int maxWidth = getWidth();//获取画布的宽度
      int showX;                //文字输出的横坐标位置
      int showY = 0;            //文字输出的纵坐标位置
      int descent = 0;          //文字下半部所占位置
      int ascent = 0;           //文字上半部所占位置
      int leading = 0;          //行间距
      int totalWidth;           //字符串所占宽度
      FontMetrics fm;           //用于自行管理字体
      Font myFonts [] = new Font[4];
      //创建不同的字体准备显示
      myFonts[0] = new Font("宋体", Font.PLAIN,12);
      myFonts[1] = new Font("仿宋_GB2312", Font.BOLD,24);
      myFonts[2] = new Font("黑体", Font.ITALIC,48);
      myFonts[3] = new Font("楷体_GB2312", Font.ITALIC | Font.BOLD,60);
      //用上述 4 种不同字体显示同一个字符串，右对齐
      for(int i=0;i<myFonts.length; ++i){
        g.setFont(myFonts[i]);
        fm = g.getFontMetrics();
```

```
        totalWidth = fm.stringWidth(msg);
        showX = maxWidth - totalWidth;
        ascent = fm.getMaxAscent();
        showY = showY + descent + ascent + leading;
        descent = fm.getMaxDescent();
        leading = fm.getLeading();
        g.drawString(msg,showX,showY);
      }
    }
}
```

然后要做的事情是将画布显示在窗口中，程序如下：

//-----------文件名 ManageFonts.java，程序编号 15.19-----------------

```java
import javax.swing.*;
import java.awt.*;
public class ManageFonts{
  private JFrame mainJFrame;
  private FontsCanvas palette;  //可以显示多种文字的画布
  public ManageFonts(){
    mainJFrame = new JFrame("自行管理字体示例");
    palette = new FontsCanvas();
    mainJFrame.add(palette);
    mainJFrame.setSize(500,250);
    mainJFrame.setVisible(true);
    mainJFrame.setDefaultCloseOperation(JFrame.EXIT_ON_CLOSE);
  }
  public static void main(String args[]){
    new ManageFonts();
  }
}
```

程序运行截图如图 15.14 所示。

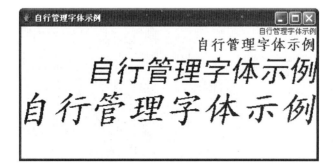

图 15.14　程序运行截图

15.3.3　字体的特效显示

从本质上说，显示的文字也是图形，所以用在图形上的一些特效也可以用于文字。下面的例子演示了光照在文字上的效果。

所谓光照效果，就是在同一幅图片上用不同的颜色来显示其中的一个局部，这个局部的形状可以是任意的。对于光照效果，这个局部形状多数是圆形或者矩形。其中，矩形比圆形更简单，本例用的就是矩形。为了在局部中显示文字或图片，需要用到 Graphics 中的一个方法：

```
clipRect(int x, int y, int width, int height)
```

该方法被称为裁剪函数，它可以设置一个矩形区域，以后所有显示的文字或图像都在该区域中，超过该区域的部分将不会被画出。只要改变这个区域的位置，就可以看到光照移动的效果。

与其类似的方法还有：

```
setClip(int x, int y, int width, int height)
```

以及

```
setClip(Shape clip)
```

其中，最后一个方法的参数是 Shape 类型，它可以是圆形或者其他任意的多边形。

设置裁剪区域后，对所有的绘制方法都有效。如果需要该设置区域失效，可以使用 setClip(null)，就恢复成正常的绘图模式。

【例 15.16】 字体特效显示示例。

//-----------文件名 LightingLiteral.java，程序编号 15.20-----------------

```java
import java.awt.*;
import javax.swing.*;
import java.awt.event.*;
import java.util.TimerTask;
import java.util.Timer;
public class LightingLiteral implements ActionListener{
  String title = "光照文字";                          //显示的文字
  Font myFont = new Font("宋体", Font.BOLD, 48);      //显示的字体
  JPanel palette;
  JFrame mainFrame;
  JButton startBtn;
  Container con;
  Timer  myTimer;
  Refresh task;
  boolean startFlag;
  public LightingLiteral() {
    mainFrame = new JFrame(title);
    palette = new JPanel();
    startBtn = new JButton("开始");
    startFlag = true;
    startBtn.addActionListener(this);
    con = mainFrame.getContentPane();
    con.add(palette,BorderLayout.CENTER);
    con.add(startBtn,BorderLayout.NORTH);
    mainFrame.setDefaultCloseOperation(JFrame.EXIT_ON_CLOSE);
    mainFrame.setSize(300,300);
    mainFrame.setVisible(true);
  }
  public void actionPerformed(ActionEvent e){
    if (startFlag){
      myTimer=new Timer();
      task=new Refresh();
      myTimer.schedule(task,50,50);               //启动定时器，时间间隔 50 毫秒
      startBtn.setText("停止");
    }else{
      myTimer.cancel();
      myTimer = null;
```

```
        task = null;
        startBtn.setText("开始");
    }
    startFlag = !startFlag;
}
//用定时器来绘图
class Refresh extends TimerTask{
    int pos = 0;
    int blink_width = 20;                        //光条的宽度
    Graphics g = palette.getGraphics();          //注意画笔的获取方式
    FontMetrics myFM = g.getFontMetrics(myFont);
    int height = myFM.getHeight();               //计算文字的高度
    int top = myFM.getAscent();
    int width = myFM.stringWidth(title);         //计算字符串的宽度
    public Refresh(){
        g.setFont(myFont);
    }
    public void run(){
        g.setColor(Color.blue);                  //用蓝色显示文字
        g.drawString(title, 0, top);             //第一遍显示
        g.clipRect(pos, 0, blink_width, height); //设置裁剪区域
        g.setColor(Color.yellow);                //用黄色显示文字
        g.drawString(title, 0, top); //第二遍显示，它只会显示在裁剪区域中
        pos = (pos + 5) % width;     //移动裁剪区域的位置
        g.setClip(null);             //让裁剪区域失效，准备重新绘制蓝色文字
    }
}
public static void main(String[] args){
    new LightingLiteral();
}
}
```

程序运行截图如图 15.15 所示。

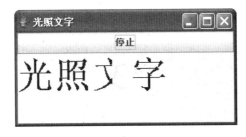

图 15.15　程序运行截图

其中，黄色光条是可以移动的，但截图上效果不明显。

15.4　图像的显示处理

本节来介绍如何处理和显示图像。图像比图形更为复杂，它们是以像素为单位进行描述的。

在 Java 中显示图像的方法通常有两种：一种是用标准的控件加载并显示。Java 中的大多数可视控件都是可以直接显示图像的，例如，JLabel、JButton 等，这既可以美化程序界

面，同时还减轻了程序员的负担；另外一种方法是用 Graphics 类中的 drawImage()方法，该方法有多个重载版本，以满足不同的需要。第一种方法最为简单，而且不用程序员操心窗口的重绘问题，但是速度较慢，而第二种方法则恰好相反。具体选择哪一种方法，要看实际应用情况而定。一般如果只是静态显示图片，可以选择第一种方法，否则，应该选择第二种方法。

不过，在某些情况下，光使用这些控件的图像显示功能不能满足需要，就需要用更为低级、功能更强的处理图像的类。Java 中主要通过 Image 及其子类来处理图像，默认可处理的图像格式有：png、jpeg 和 gif，但是不包括 bmp 格式。如果是 ico 格式，则需要 ImageIcon 类来处理。

除了 Image 类外，另外还需要一些辅助的类，例如：ImageFilter、ImageProducer 和 FilteredImageSource 等。这些类非常之多，都定义在 java.awt.image 包中，这里不可能一一介绍它们。下面通过一些例子来演示如何使用它们。

15.4.1　图像的显示

1．标准图像的显示

显示一幅完整图片，最简单的方法是用 JLabel 来加载并显示它，方法声明原型如下：

```
void setIcon(Icon icon)
```

它的参数是 Icon 类型，而 Icon 是一个接口。因此，在实际应用中，需要使用它的子类 ImageIcon，用它来创建一个 Icon 对象加载到标签中。

【例 15.17】　用标签显示图像示例。

//-----------文件名 viewPic.java，程序编号 15.21-----------------

```
import java.awt.*;
import javax.swing.*;
import java.awt.event.*;
import java.io.File;
public class viewPic implements ActionListener{
  JLabel imgLabel;
  JFrame mainJframe;
  Container con;
  JTextField fileField;
  JButton openBtn;
  JPanel pane;
  JScrollPane spanel;
  ImageIcon  img;
  public viewPic() {
    mainJframe=new JFrame("图像显示示例");
    con=mainJframe.getContentPane();
    pane=new JPanel();
    pane.setLayout(new FlowLayout());
    openBtn= new JButton("打开文件");
    openBtn.addActionListener(this);
    fileField = new JTextField();
    fileField.setColumns(20);
    pane.add(fileField);
```

```
    pane.add(openBtn);
    imgLabel = new JLabel();
    spanel = new JScrollPane(imgLabel);
    con.add(pane,BorderLayout.NORTH);
    con.add(spanel,BorderLayout.CENTER);
    mainJframe.setSize(400,400);
    mainJframe.setVisible(true);
    mainJframe.setDefaultCloseOperation(JFrame.EXIT_ON_CLOSE);
}
public void actionPerformed(ActionEvent e) {
    try{
        JFileChooser chooser = new JFileChooser();
        if(chooser.showOpenDialog(mainJframe)==JFileChooser.
        APPROVE_OPTION){
            File tempfile= chooser.getSelectedFile();
            fileField.setText(tempfile.toString()) ;
            //加载图片到内存中，同时创建 Icon 对象
            img = new ImageIcon(fileField.getText());
            //将图片显示在标签中
            imgLabel.setIcon(img);
        }
    }catch(Exception el){
        JOptionPane.showMessageDialog(mainJframe,"无法加载图片！");
    }
}
public static void main(String[] args) {
    new viewPic();
}
}
```

程序运行截图如图 15.16 所示。

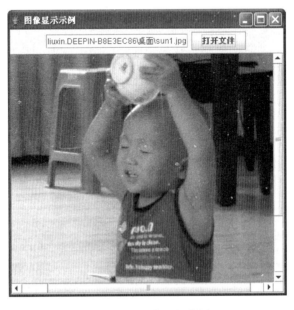

图 15.16　程序运行截图

这个程序非常简单，无需过多解释。不过本节稍后的程序将在此程序的基础上逐步完善，写成一个小小的图片浏览器。

2．局部图像的显示

用 JLabel 显示大型图片时速度会比较慢。有时候只需要看到这幅图片的一部分，就可以对图片进行裁剪。裁剪一幅图片要按照下列步骤来进行。

（1）获取原始图片数据。在程序 15.21 中，原始图片存储在 ImageIcon 对象 img 中，利用它的 getImage()方法可以获取一个 Image 对象，该对象有一个 getSource()方法，可以获取原始图片数据。

（2）设置要裁剪的区域。这需要使用 CropImageFilter 对象创建一个虚拟的裁剪区域出来。

（3）利用 FilteredImageSource 对象从原始图片数据和指定的裁剪区域中取出新的图片数据。

（4）利用 Toolkit.getDefaultToolkit().createImage()方法从 FilteredImageSource 对象中生成新的图片。

（5）将图片显示在 JLabel 中。

这个过程比较复杂，需要用到多种图像处理类，并且要进行多次转换，下面提供了示例函数。将此函数添加到程序 15.21 中，并增加相应的按钮，就可以使用了。为了节省篇幅，这里以及随后的两个例子不再重复界面设计部分，而只提供相应的处理函数。

【例 15.18】　显示局部图像示例。

//-----------文件名 viewPic.java（部分），程序编号 15.22----------------

```java
//裁剪图像
private void cutfile(){
    ImageFilter cropFilter;
    Image croppedImage;
    cropFilter =new CropImageFilter(100,100,200,200);//4 个参数分别为图像的起
    点坐标和宽、高
    ImageProducer producer;
    producer=new FilteredImageSource(img.getImage().getSource(),
    cropFilter);
    croppedImage=Toolkit.getDefaultToolkit().createImage(producer);
    imgLabel.setIcon(new ImageIcon(croppedImage));
}
```

程序运行截图如图 15.17 所示。

15.4.2　图像的变换

1．缩放变换

图像的缩放比较简单，因为在 Image 类中就提供了一个 getScaledInstance()方法，可以用来缩放图像。它的原型声明如下：

```java
Image getScaledInstance(int width, int height, int
hints)
```

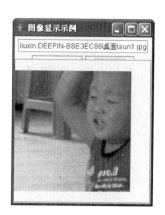

图 15.17　程序运行截图

它可以创建一个当前图像的缩放版本并以 Image 的形式返回。其中，width 和 height 是新图像的宽和高。Hints 参数表示图像缩放时所采用的算法，可以是下列常量之一：SCALE_AREA_AVERAGING、SCALE_DEFAULT、SCALE_FAST、SCALE_REPLICATE 和 SCALE_SMOOTH。

下面的函数演示了如何实现图像的缩放，它仍然是 viewPic 文件的一部分。

【例 15.19】　缩放图像示例。

//-----------文件名 viewPic.java（部分），程序编号 15.23----------------

```java
//本方法实现缩放图像功能，multipe 是缩放的倍数。大于 1 表示放大，小于 1 为缩小
private void scalefile(double multipe){
    Image sourceImg=img.getImage();
    Image scaledImg;
    scaledImg=sourceImg.getScaledInstance((int)(sourceImg.getWidth
    (null)*multipe),
                        (int)(sourceImg.getHeight(null)*multipe),
                        Image.SCALE_DEFAULT);
    imgLabel.setIcon(new ImageIcon(scaledImg));
}
```

程序运行中，缩小显示图像截图如图 15.18 所示。

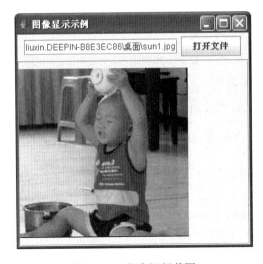

图 15.18　程序运行截图

2. 灰度变换

灰度变换可以将彩色图片以黑白的形式显示出来。常用的灰度变换公式有两种，一种是如下公式：

```
C = R*0.3+ G*0.59+B*0.11
```

其中，R、G、B 分别是像素的 3 个三原色分量，得到的结果就是像素的灰度值。

另外一种方法是如下公式：

```
C = max{R, G, B}
```

即以三原色中最大值为像素的灰度值。

灰度变换的算法很简单，但在 Java 中实现起来却有一定的难度。这是由于 Image 也是采用 MVC 模式构建的，应用程序无法直接访问其中的像素值，需要程序员继承其 Model 和 Filter，在 Model 中修改像素值。

下面的例子中演示了如何构建一个自己的 Model 和 Filter 来实现灰度变换。

【例 15.20】　灰度变换示例。

//-----------文件名 GrayModel.java，程序编号 15.24----------------

```
//实现一个具备灰度变换功能的 Model
import java.awt.image.ColorModel;
class GrayModel extends ColorModel{
    ColorModel sourceModel;
    public GrayModel(ColorModel sourceModel) {
        super(sourceModel.getPixelSize());
        this.sourceModel=sourceModel;
    }
    public int getAlpha(int pixel) {
        return sourceModel.getAlpha(pixel);
    }
    public int getRed(int pixel) {
        return getGrayLevel(pixel);
    }
    public int getGreen(int pixel) {
        return getGrayLevel(pixel);
    }
    public int getBlue(int pixel) {
        return getGrayLevel(pixel);
    }
    //修改像素值，实现灰度变换
    protected int getGrayLevel(int pixel) {
        return (int)(sourceModel.getRed(pixel)*0.3 +
                sourceModel.getGreen(pixel)*0.59 +
                sourceModel.getBlue(pixel)*0.11 );
    }
}
```

接下来再实现自己的 GrayFilter 类。

//-----------文件名 GrayFilter.java，程序编号 15.25----------------

```
import java.awt.image.*;
public class GrayFilter extends RGBImageFilter {
    public GrayFilter() {
        canFilterIndexColorModel = true;
    }
    //设置 Model 为自己编制的 GrayModel
    public void setColorModel(ColorModel cm) {
        substituteColorModel(cm, new GrayModel(cm));
    }
    public int filterRGB(int x, int y, int pixel) {
        return pixel;
    }
}
```

下面是使用这两个类，创建一个 Image，然后在 Label 中显示出来。

//-----------文件名 viewPic.java（部分），程序编号 15.26----------------

```
private void grayfile(){
    GrayFilter filter;
```

```
    Image gray;
    ImageProducer producer;
    filter=new GrayFilter();
    //用 GrayFilter 来创建 Image
    producer=new FilteredImageSource(img.getImage().getSource(),filter);
    gray=Toolkit.getDefaultToolkit().createImage(producer);
    imgLabel.setIcon(new ImageIcon(gray));
}
```

图 15.19 是实现灰度变换之后的截图。

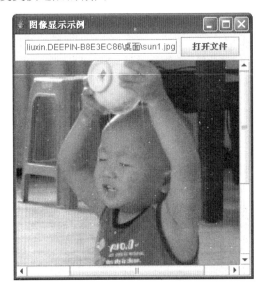

图 15.19　程序运行截图

3. 显示与变换应用实例

有了前面关于图像显示与变换的基础，将上面所述的图像显示与变换的技术合成在一起，就可以成为一个简单的图片浏览器。下面是完整的源程序，其中用到的 GrayFilter 和 GrayModel 在 15.4.2 小节的灰度变换中已经提供，不再重复。

【例 15.21】　一个简单的图片浏览器。

//-----------文件名 viewPic.java（完整），程序编号 15.27-----------------

```
import javax.swing.*;
import java.awt.image.*;
import java.awt.*;
import java.awt.event.*;
import java.io.File;

public class viewPic implements ActionListener{
    JLabel imgLabel;
    JFrame mainJframe;
    Container con;
    JTextField fileField;
    JButton openBtn,cutBtn,shrinkBtn,zoomBtn,grayBtn;
    JPanel    pane;
    JScrollPane spane;
    ImageIcon    img;
    public viewPic() {
```

```
      mainJframe=new JFrame("图像显示示例");
      con=mainJframe.getContentPane();
      pane=new JPanel();
      pane.setLayout(new FlowLayout());
      openBtn= new JButton("打开文件");
      openBtn.addActionListener(this);
      cutBtn=new JButton("显示部分");
      cutBtn.addActionListener(this);
      shrinkBtn=new JButton("缩小图像");
      shrinkBtn.addActionListener(this);
      zoomBtn=new JButton("放大图像");
      zoomBtn.addActionListener(this);
      grayBtn=new JButton("灰度变换");
      grayBtn.addActionListener(this);
      fileField = new JTextField();
      fileField.setColumns(20);
      pane.add(fileField);
      pane.add(openBtn);
      pane.add(cutBtn);
      pane.add(shrinkBtn);
      pane.add(zoomBtn);
      pane.add(grayBtn);
      imgLabel=new JLabel();
      con.add(pane,BorderLayout.NORTH);
      spane = new JScrollPane(imgLabel);
      con.add(spane,BorderLayout.CENTER);
      mainJframe.setSize(400,400);
      mainJframe.setVisible(true);
      mainJframe.setDefaultCloseOperation(JFrame.EXIT_ON_CLOSE);
   }
   public void actionPerformed(ActionEvent e) {
      if (e.getSource()==openBtn)
          openfile();
      else if(e.getSource()==cutBtn)
          cutfile();
      else if(e.getSource()==shrinkBtn)
          scalefile(0.5);
      else if(e.getSource()==zoomBtn)
          scalefile(2.0);
      else if(e.getSource()==grayBtn)
          grayfile();
   }
   public static void main(String[] args) {
      new viewPic();
   }
   //打开文件并显示
   private void openfile(){
      try{
          JFileChooser chooser = new JFileChooser();
          if(chooser.showOpenDialog(mainJframe)==JFileChooser.
          APPROVE_OPTION){
              File tempfile= chooser.getSelectedFile();
              fileField.setText(tempfile.toString())  ;
              img = new  ImageIcon(fileField.getText());
              imgLabel.setIcon(img);
          }
      }catch(Exception e){
          JOptionPane.showMessageDialog(mainJframe,"无法加载图片！");
      }
   }
```

```
    //显示图片局部
    private void cutfile(){
        ImageFilter cropFilter;
        Image  croppedImage;
        cropFilter =new CropImageFilter(100,100,200,200);
        ImageProducer producer;
        producer=new FilteredImageSource(img.getImage().getSource(),
        cropFilter);
        croppedImage=Toolkit.getDefaultToolkit().createImage(producer);
        imgLabel.setIcon(new ImageIcon(croppedImage));
    }
    //缩放图片
    private void scalefile(double multipe){
        Image sourceImg=img.getImage();
        Image scaledImg;
        scaledImg=sourceImg.getScaledInstance(
                        (int)(sourceImg.getWidth(null)*multipe),
                        (int)(sourceImg.getHeight(null)*multipe),
                        Image.SCALE_DEFAULT);
        imgLabel.setIcon(new ImageIcon(scaledImg));
    }
    //显示灰度图片
    private void grayfile(){
        GrayFilter filter;
        Image gray;
        ImageProducer producer;
        filter=new GrayFilter();
        producer=new FilteredImageSource(img.getImage().getSource(),
        filter);
        gray=Toolkit.getDefaultToolkit().createImage(producer);
        imgLabel.setIcon(new ImageIcon(gray));
    }
}
```

程序运行情况在前面都已经截图,这里不再重复。

15.4.3 图像的合成

在某些情况下,可能需要将两幅图片合成在一起显示。典型的例子是将一幅图片作为水印嵌入到另外一幅图片中。利用 15.2.3 小节介绍的 alpha 值可以比较容易地实现这一任务。

为了实现水印效果,有两种做法:一是先以正常模式显示水印图片,然后设置 alpha 值,这个值应该比较接近 1.0,通常在 0.8~0.95 之间,最后再显示前景图片;另外一种做法是先以正常模式显示前景图片,然后设置 alpha 值,这个值比较接近 0,通常在 0.05~0.2 之间,最后再显示水印图片。

两种方法的效果差不多,不过,作为水印的图片最好是背景透明的 gif 格式的图片,这样的水印效果对前景图片影响最小。

【例 15.22】 合成两幅图片。

首先要做的事情是编写自己的画布,所要显示的图片在此画布上显示。

//-----------文件名 CombinerCanvas.java,程序编号 15.28----------------

```
import javax.swing.*;
import java.awt.*;
public class CombinerCanvas extends JPanel {
```

```
private Image foreImg = null, backImg = null;
private float _alpha = 1.0f;
//3 个参数依次为：前景图片、背景图片（水印）和透明度
public CombinerCanvas(Image forePic, Image backPic, float alpha){
    foreImg = forePic;
    backImg = backPic;
    _alpha = alpha;
}
//创建一个指定 alpha 值的 AlphaComposite 对象
private AlphaComposite makeComposite(float alpha) {
  int type = AlphaComposite.SRC_OVER;
  return(AlphaComposite.getInstance(type, alpha));
}
//用指定的 alpha 值来绘制前景和背景图片
private void combinImage(Graphics2D g2d) {
    Composite originalComposite = g2d.getComposite();
    //用默认透明度绘制前景图片
    g2d.drawImage(foreImg,0,0,this);
    //设置透明度，准备绘制水印图片
    g2d.setComposite(makeComposite(_alpha));
    g2d.drawImage(backImg,0,0,this);
    //将透明度设置回默认的模式
    g2d.setComposite(originalComposite);
}
public void paintComponent(Graphics g) {
    super.paintComponent(g);
    combinImage((Graphics2D)g);
}
}
```

然后编写测试程序，使用该画布来合成图片。

//-----------文件名 CombinPic.java，程序编号 15.29-----------------

```
import javax.swing.*;
import java.awt.*;
public class CombinPic{
  JFrame mainFrame;
  CombinerCanvas palette;
  JScrollPane spane;
  public CombinPic(Image fore, Image back, float alpha){
    mainFrame=new JFrame("水印图片示例");
    palette=new CombinerCanvas(fore,back,alpha);
    spane = new JScrollPane(palette);
    mainFrame.add(spane,BorderLayout.CENTER);
    mainFrame.setDefaultCloseOperation(JFrame.EXIT_ON_CLOSE);
    mainFrame.setSize(400,400);
    mainFrame.setVisible(true);
    try{
      Thread.sleep(1000);
      palette.repaint();
    }catch(Exception el)  {}
  }
  public static void main(String[] args) {
    if (args.length<2 || args.length>3){
      System.err.println("调用格式不对，应该是：java CombinPic 前景图片名
      背景图片名");
      System.err.println("或者：java CombinPic 前景图片名 背景图片名 透明度");
      System.err.println("透明度的值从 0.0-1.0，值越小，水印越淡。");
      System.err.println("作为水印的图片最好是背景透明的 gif 图片");
```

```
          System.err.println("例如: java CombinPic myPic.jpg back.gif 0.1");
          return ;
      }
      Image fore = Toolkit.getDefaultToolkit().createImage(args[0]);
      Image back = Toolkit.getDefaultToolkit().createImage(args[1]);
      if (fore == null){
          System.err.println("第一个文件不是可以识别的图片");
          return ;
      }
      if (back == null){
          System.err.println("第二个文件不是可以识别的图片");
          return ;
      }
      if (args.length==2)
        new CombinPic(fore,back,0.1f);
      else{
        float alpha = Float.parseFloat(args[2]);
        new CombinPic(fore,back,alpha);
      }
  }
}
```

在命令行输入：

```
java CombinPic sun1.jpg back.jpg 0.1
```

之后，程序就可以正常运行了。程序运行截图如图 15.20 所示。

图 15.20　程序运行截图

提示：调整命令行中的 alpha 值，可以使得水印效果更浓或更淡。

15.4.4　图像显示特效

在 15.3.3 小节中，曾经演示过文字上的光照效果，本小节来编写一个更为复杂的程序，演示光照在图像上的效果。

要实现光照效果，仍然要使用裁剪区域，这里将裁剪区域设置为圆形。将要显示的图片在裁剪区域中的部分显示出来，其余部分填充为深灰色，形成对比效果。缓慢移动裁剪区域，就可以形成光斑在移动的效果。基本的方法与文字上的光照效果相同，不过移动的算法更复杂一些。

【例 15.23】　光照特效示例。

//----------文件名 illumination.java，程序编号 15.30----------------

```java
import java.awt.*;
import java.awt.geom.*;
import javax.swing.*;
import java.awt.event.*;
import java.util.TimerTask;
import java.util.Timer;
public class illumination implements ActionListener {
  JPanel palette;
  JFrame mainFrame;
  JButton startBtn;
  Container con;
  Timer  myTimer;
  Refresh task;
  boolean startFlag;
  Image img;
  int width,height;

  public illumination(String imgfile) {
    mainFrame = new JFrame("光照特效示例");
    palette = new JPanel();
    startBtn = new JButton("开始");
    startFlag = true;
    startBtn.addActionListener(this);
    con = mainFrame.getContentPane();
    con.add(palette,BorderLayout.CENTER);
    con.add(startBtn,BorderLayout.NORTH);
    mainFrame.setDefaultCloseOperation(JFrame.EXIT_ON_CLOSE);
    mainFrame.setSize(400,400);
    mainFrame.setVisible(true);
    width = palette.getWidth();
    height = palette.getHeight();
    img = Toolkit.getDefaultToolkit().createImage(imgfile);
  }
  public void actionPerformed(ActionEvent e){
    if (startFlag){
      myTimer=new Timer();
      task=new Refresh();
      //等待一下，让用户看清楚原始图片
      try{
        Thread.sleep(2000);
      }catch(Exception el){}
      myTimer.schedule(task,100,100);   //启动定时器，时间间隔100毫秒
      startBtn.setText("停止");
    }else{
      myTimer.cancel();
      myTimer = null;
      task = null;
      startBtn.setText("开始");
    }
    startFlag = !startFlag;
```

```
}
public static void main(String[] args){
    if (args.length!=1){
        System.err.println("命令格式错误，你必须指定要显示的图片。");
        System.err.println("例如: java illumination test.jpg");
    }else{
        new illumination(args[0]);
    }
}
//定义一个内部类作为定时器，用它来移动光斑
class Refresh extends TimerTask{
    int i,j,k;     //i、j 是光斑的坐标，k 是光斑当前的方向
    int dx, dy;  //光斑每次移动的距离
    int esize;     //光斑的大小
    public Refresh(){
        i = (int)((Math.random() * (double)width) / 2D);
        j = (int)((Math.random() * (double)height) / 2D);
        k = (int)(Math.random() * 3D);
        dx = dy = 5;
        esize = 100;
        //显示原始图片
        Graphics g = palette.getGraphics();
        g.drawImage(img, 0, 0, width, height, palette);
    }
    public void run() {
        //计算光斑应该移动的位置
        switch(k){
          case 0:
            if(i < width - esize){
                i += dx;
            } else {
                k = 1;
            }
            if(j < height - esize){
                j += dy;
            } else {
                k = 3;
            }
            break;
          case 1:
            if(i > 0){
                i -= dx;
            } else {
                k = 0;
            }
            if(j < height - esize) {
                j += dy;
            } else {
                k = 2;
            }
            break;
          case 2:
            if(i > 0){
                i -= dx;
            } else {
                k = 3;
            }
            if(j > 0) {
                j -= dx;
            } else {
```

```
              k = 1;
            }
          break;
        case 3:
          if(i < width - esize){
            i += dx;
          } else {
            k = 2;
          }
          if(j > 0){
            j -= dy;
          } else {
            k = 0;
          }
          break;
      }
    //光斑位置计算完毕,在当前位置画出图片局部
    replace(i, j);
  }
  //在指定位置显示图片
  public void replace(int i, int j) {
    Graphics g = palette.getGraphics();
    //用深灰色填充,造出黑暗效果
    g.setColor(Color.darkGray);
    g.fillRect(0, 0, width, height);
    //设置裁剪区域
    g.setClip(new Ellipse2D.Float(i,j, esize, esize));
    //在裁剪区域中绘出图像
    g.drawImage(img, 0, 0, width, height, palette);
    //恢复全局绘画
    g.setClip(null);
  }
}//内部类结束
}
```

在命令行输入:

```
java illumination view.jpg
```

图 15.21 是原始的图片,图 15.22 是运行中的截图。

图 15.21　原始图片

图 15.22　程序运行中截图

这个光斑会像小球一样移动，碰到窗口的四壁就会弹回来。

15.5　视频文件的播放

视频是多媒体数据中最为复杂，也是最为重要的一类数据。标准的 jdk 不支持视频文件的解码和播放，这给 Java 程序员带来了很大的麻烦。为了弥补这一缺陷，Sun 公司专门提供了一个 JMF，帮助程序员解决视频和音频文件的解码和播放问题。本节将利用 JMF API 来实现自己的媒体播放器。

🔔注意：JMF 需要到 Sun 公司的网站下载，本书所附光盘的第 15 章里面也有该文件，名称为 JMF.EXE。

Java 媒体框架（JMF）能够帮助程序员编写出功能强大的多媒体程序，却不用关心底层复杂的实现细节。JMF API 的使用相对比较简单，但是能够满足几乎所有多媒体编程的需求——包括视频和音频。

JMF 目前的最新版本是 2.2，Sun 通过它向 Java 中引入处理多媒体的能力。下面是 JMF 所支持的功能的一个概述。

- ❑ 可以在 Java Applet 和 Application 程序中播放各种媒体文件。例如，AU、AVI、MIDI、MPEG、QuickTime 和 WAV 等文件。
- ❑ 可以播放从互联网上下载的媒体流。
- ❑ 可以利用麦克风和摄像机一类的设备截取音频和视频，并保存成多媒体文件。
- ❑ 处理多媒体文件，转换文件格式。
- ❑ 向互联网上传音频和视频数据流。
- ❑ 在互联网上广播音频和视频数据。

要使用 JMF，需要到 Sun 公司的网站上下载 JMF，然后安装在本地机器上。安装好后，如果要在 eclipse 中使用它，还需要在搜索路径中引入它。

15.5.1　Java 媒体框架：JMF

JMF 的功能非常强大，使用起来也不麻烦，但需要程序员理解一些基本的概念。JMF 中的一些常见术语及概念说明如下。

1．数据源

就像 CD 中保存了歌曲一样，数据源中包含了媒体数据流。在 JMF 中，DataSource 对象就是数据源，它可以是一个多媒体文件，也可以是从互联网上下载的数据流。对于 DataSource 对象，一旦确定了它的位置和类型，对象中就包含了多媒体的位置信息和能够播放该多媒体的软件信息。当创建了 DataSource 对象后，可以将它送入 Player 对象中，而 Player 对象不需要关心 DataSource 中的多媒体是如何获得的，以及格式是什么。

在某些情况下，程序员需要将多个数据源合并成一个数据源。例如，当用户在制作一段录像时，需要将音频数据源和视频数据源合并在一起。JMF 支持数据源合并。

2．截取设备

截取设备指的是可以截取到音频或视频数据的硬件，如麦克风、摄像机等。截取到的数据可以被送入 Player 对象中进行处理。

3．播放器

在 JMF 中对应播放器的接口是 Player。Player 对象将音频/视频数据流作为输入，然后将数据流输出到音箱或屏幕上，就像 CD 播放机读取 CD 唱片中的歌曲，然后将信号送到音箱上一样。Player 对象有多种状态，JMF 中定义了 JMF 的 6 种状态，在正常情况下 Player 对象需要经历每个状态，然后才能播放多媒体。下面是对这些状态的说明。

- ❑ Unrealized：在这种状态下，Player 对象已经被实例化，但是并不知道它需要播放的多媒体的任何信息。
- ❑ Realizing：当调用 realize()方法时，Player 对象的状态从 Unrealized 转变为 Realizing。在这种状态下，Player 对象正在确定它需要占用哪些资源。
- ❑ Realized：在这种状态下 Player 对象已经确定了它需要哪些资源，并且也知道需要播放的多媒体的类型。
- ❑ Prefetching：当调用 prefetch()方法时，Player 对象的状态从 Realized 变为 Prefetching。在该状态下的 Player 对象正在为播放多媒体做一些准备工作，其中包括加载多媒体数据，以及获得需要独占的资源等。这个过程被称为预取（Prefetch）。
- ❑ Prefetched：当 Player 对象完成了预取操作后就到达了该状态。
- ❑ Started：当调用 start()方法后，Player 对象就进入了该状态并播放多媒体。

4．处理器

处理器对应的接口是 Processor，它是一种播放器。在 JMF API 中，Processor 接口继承了 Player 接口。Processor 对象除了支持 Player 对象支持的所有功能，还可以控制对于输入的多媒体数据流进行何种处理，以及通过数据源向其他的 Player 对象或 Processor 对象输出数据。

除了在播放器中提到的 6 种状态外，Processor 对象还包括两种新的状态，这两种状态是在 Unrealized 状态之后，但是在 Realizing 状态之前。

- ❑ Configuring：当调用 configure()方法后，Processor 对象进入该状态。在该状态下，Processor 对象连接到数据源并获取输入数据的格式信息。
- ❑ Configured：当完成数据源连接，获得输入数据格式的信息后，Processor 对象就处于 Configured 状态。

5．数据格式

Format 对象中保存了多媒体的格式信息。该对象中本身没有记录多媒体编码的相关信息，但是它保存了编码的名称。Format 的子类包括 AudioFormat 和 VideoFormat 类，ViedeoFomat 又有 6 个子类：H261Format、H263Format、IndexedColorFormat、JPEGFormat、RGBFormat 和 YUVFormat 类。

6. 管理器

JMF 提供了下面 4 种管理器。

- Manager：Manager 相当于两个类之间的接口。例如，当你需要播放一个 DataSource 对象，可以通过使用 Manager 对象创建一个 Player 对象来播放它。使用 Manager 对象可以创建 Player、Processor、DataSource 和 DataSink 对象。
- PackageManager：该管理器中保存了 JMF 类的注册信息。
- CaptureDeviceManager：该管理器中保存了截取设备的注册信息。
- PlugInManager：该管理器中保存了 JMF 插件的注册信息。

15.5.2　Java 播放器开发实例

本小节编写一个简单的媒体播放器。读者将看到，只要理解了前面介绍的概念，使用 JMF 编写它是比较简单的事情。

下面是一个使用 Player 来播放多媒体的例子，为了使用它，需要做好以下几件事情。

- 创建 Player 对象。这可以通过 Manager 类的 createPlayer()方法来实现。Manager 对象使用多媒体的 URL 或 MediaLocator 对象来创建 Player 对象。
- 创建一个图像显示部件，使得播放的视频能在它上面显示出来。这要通过调用 getVisualComponent()方法得到 Player 对象的图像部件。
- 创建一个控制面板（当然，这个不是必须的），在上面可以控制媒体的播放、停止和暂停等。编程时只要用 getControlPanelComponent()创建就可以了，然后不需要对其编写任何程序。
- 继承 ControllerListener 接口，实现其中的 controllerUpdate 方法。一旦 Player 创建成功，该事件就会被触发，表示可以开始播放了。

【例 15.24】 媒体播放器编写示例。

//-----------文件名 playVideo.java，程序编号 15.31-----------------

```
import javax.swing.*;
import javax.media.*;
import java.awt.*;
import java.awt.event.*;
import java.io.File;
//本类必须实现 ControllerListener 接口
public class playVideo implements ControllerListener,ActionListener{
  protected JTextField fileField;
  protected JButton openBtn,startBtn,pauseBtn,resumBtn,stopBtn;
  protected Container con;
  protected JPanel pane;
  //这两个部件分别用来显示视频图像和播放控件
  protected Component visualComp=null, controlComp=null;
  protected JFrame mainJframe;
  protected Player player=null;
  public playVideo() {
    mainJframe=new JFrame("播放视频");
    con=mainJframe.getContentPane();
    pane=new JPanel();
    pane.setLayout(new FlowLayout());
```

```
    fileField=new JTextField();
    fileField.setColumns(25);
    openBtn=new JButton("选择");
    startBtn=new JButton("开始");
    pauseBtn=new JButton("暂停");
    resumBtn=new JButton("继续");
    stopBtn=new JButton("停止");
    openBtn.addActionListener(this);
    startBtn.addActionListener(this);
    pauseBtn.addActionListener(this);
    resumBtn.addActionListener(this);
    stopBtn.addActionListener(this);
    pane.add(fileField);
    pane.add(openBtn);
    pane.add(startBtn);
    pane.add(pauseBtn);
    pane.add(resumBtn);
    pane.add(stopBtn);
    con.add(pane,BorderLayout.NORTH);
    mainJframe.setSize(600,500);
    mainJframe.setVisible(true);
    mainJframe.setDefaultCloseOperation(JFrame.EXIT_ON_CLOSE);
}

public static void main(String[] args) {
    new playVideo();
}

public void actionPerformed(ActionEvent arg0) {
    Object obj;
    obj=arg0.getSource();
    try{
        if(obj==openBtn){
            openfile();
        }else if(obj==startBtn){
            if (player!=null)
                player.close();
            player=Manager.createPlayer(
                new MediaLocator("file:///"+fileField.getText()));
            player.addControllerListener(this);
            player.start();
        }else if(obj==pauseBtn){
            if (player!=null) player.stop();
        }else if(obj==resumBtn){
            if(player!=null) player.start();
        }else if(obj==stopBtn){
            if(player!=null){
                player.close();
                player=null;
            }
        }
    }catch(Exception e){
        JOptionPane.showMessageDialog(mainJframe,"无法播放文件！");
    }
}
//准备播放视频文件
public void controllerUpdate(ControllerEvent e) {
    if (e instanceof RealizeCompleteEvent) {
        //清除上次播放的残余
        if(visualComp!=null)
```

```
            con.remove(visualComp);
        if(controlComp!=null)
            con.remove(controlComp);
        //重新设置本次播放的视频图像显示控件
        if (( visualComp = player.getVisualComponent())!=null)
            con.add(visualComp,BorderLayout.CENTER);
        //重新设置本次的控制控件
        if ((controlComp = player.getControlPanelComponent()) != null)
            con.add(controlComp,BorderLayout.SOUTH);
        mainJframe.validate();
    }
}
//让用户选择视频文件
private void openfile(){
    JFileChooser chooser = new JFileChooser();
    if(chooser.showOpenDialog(mainJframe)==JFileChooser.APPROVE_OPTION){
        File tempfile= chooser.getSelectedFile();
        fileField.setText(tempfile.toString());
    }
}
}
```

注意：读者务必正确安装 JMF，并重新启动计算机之后，才能正常编译上述程序。

图 15.23 是用该程序播放一段 MPEG 文件时的运行截图。

图 15.23　程序运行截图

从程序 15.31 中可以看出，程序员只需要编写少量代码，就可以完成一个虽然简单但基本功能齐全，而且能够播放多种格式视频文件的媒体播放器，足见 JMF 的威力。

15.6　本章小结

本章全面介绍了多媒体数据处理的方方面面，包括声音、文字、图形、图像和视频。本章的多数程序都是直接利用了 Java 类库中的标准类来处理数据的，不需要自己对数据进行解码，所以程序都不算复杂。不过，尽管 Java 对处理多媒体数据提供了不少帮助，但如果真要编写出一个实用的、处理某一类多媒体数据的程序，仍然需要花费相当多的精力，而且需要阅读更为专业的书籍才能完成。

15.7　实　战　习　题

1. 编写一个嵌入到 HTML 网页中的 Applet 程序，自行准备能播放报警音的声音文件，当打开网页时，实现报警音的持续、循环播放。

2. 编程画一个圆形，并用红颜色填充。

3. 编程显示一个倾斜、加粗的字体，并加上闪烁的特效。

4. 编程加载一个普通的图片，对其进行灰度变换。

5. 编程将两张图片合成一张图片。

6. 综合本章的示例程序，开发一个 Java 版的 MP3 播放器系统，能实现音乐文件的加载、播放、暂停和后退等基本功能。

第6篇 数据库程序设计

第16章　数据库基础

本章和第 17 章都将介绍如何对数据库进行编程，这是 Java 应用最为重要，也是最广泛的一个方面。要学习数据库编程，除了学习 Java 类库中的有关类，还需要专门学习数据库的基本知识，特别是其中的 SQL 语言。不学习这种专门为数据库设计的语言，则根本无法用 Java 来编写数据库应用程序。本章就将先来介绍基本知识，第 17 章再介绍如何使用 Java 中的类。如果您已经有了用其他语言编写数据库程序的经历，也会使用 SQL（Structured Query Language）语言，则可以跳过本章，直接进入第 17 章。

本章的内容要点有：

❑ 理解数据的概念，包括体系结构的知识、数据模型的知识等；

❑ 理解什么是关系型数据库，掌握它们组成、特点及结构等；

❑ 掌握基础的 SQL 操作，能实现对数据的定义、更新、检索和控制等操作。

16.1　数据库的概念

数据库技术是应数据管理任务的需要而产生的。数据库管理是指如何对数据进行分类、组织、编码、存储、检索和维护，它是数据处理的中心问题。随着计算机硬件和软件的发展，数据管理经历了人工管理、文件管理和数据库系统 3 个发展阶段。

16.1.1　数据管理方式的发展

上世纪 50 年代中期以前，计算机还很简陋，主要用于科学计算，软件方面连完整的操作系统都没有，更不用说数据管理软件，计算作业采用批处理方式；硬件方面只有纸带、卡片和磁带，没有磁盘等快速直接存储设备。因此，数据只能放在卡片上或其他介质上，由人来手工管理。这种数据管理方式的特点是应用程序需要自己管理数据，程序员不但要规定数据的逻辑结构，而且还要考虑数据的物理结构，数据不共享，数据面向特定的应用，一组数据对应一个程序。因此数据不具备独立性，数据和程序具有最大程度的耦合性。

到了 20 世纪 50 年代后期到 60 年代中期这段时间，计算机已经有了操作系统。在操作系统基础之上建立的文件系统已经成熟并广泛应用；硬件方面出现了磁盘、磁鼓等快速直接存储设备。因此，人们自然想到用文件把大量的数据存储在磁盘这种介质上，以实现对数据的永久保存和自动管理以及维护。这种数据管理方式的特点是数据与程序之间有了一定的独立性，程序员只需考虑数据的逻辑结构，而不必考虑物理结构。但一个文件基本对应一个应用程序，文件内部数据面向特定应用建立了一定的逻辑结构，但数据整体仍然无结构，不能反映现实世界事物之间内在的联系，数据共享性和独立性依然很差。

　　20 世纪 60 年代后期以来，随着社会信息化进程的推进，计算机广泛应用于管理，随着管理中产生的业务数据的急剧增加，如何实现海量数据的科学、安全的管理直接推动了数据库技术的发展。通过数据库管理系统管理大量的数据，不仅解决了数据的永久保存，而且真正实现了数据的方便查询和一致性维护问题，并且能严格保证数据的安全。这种数据管理方式的特点是数据整体结构化、数据共享性高且具有高度的物理独立性和一定的逻辑独立性。数据管理 3 个阶段的比较如表 16.1 所示。

表 16.1　数据管理 3 个阶段的比较

		人 工 管 理	文 件 系 统	数据库系统
背景	应用背景	科学计算	科学计算、管理	大规模管理
	硬件背景	无直接存取存储设备	磁盘、磁鼓	大容量磁盘
	软件背景	没有操作系统	有文件系统	有数据库管理系统
	处理方式	批处理	联机实时处理、批处理	联机实时处理、分布处理、批处理
特点	数据的管理者	人	文件系统	数据库管理系统
	数据面向的对象	某一应用程序	某一应用程序	整个问题域
	数据的共享程度	无共享，冗余度极大	共享性差，冗余度大	共享性高，冗余度小
	数据的独立性	不独立，完全依赖于程序	独立性差	具有高度的物理独立性和逻辑独立性
	数据的结构化	无结构	文件内部有结构，整体无结构	整体结构化，用数据模型描述
	数据控制能力	应用程序自己控制	应用程序自己控制	由数据库管理系统提供数据安全性、完整性、并发控制和恢复能力

16.1.2　数据库的基本概念

　　数据、数据库、数据库系统和数据库管理系统是与数据库技术密切相关的 4 个基本概念。

1. 数据（data）

　　说起数据，人们首先想到的是数字。其实数字只是最简单的一种数据。数据的种类很多，在日常生活中数据无处不在：文字、图形、图像、声音、学生的档案记录、货物的运输情况……这些都是数据。

　　为了认识世界、交流信息，人们需要描述事物，数据是描述事物的符号记录。在日常生活中人们直接用自然语言（如汉语）描述事物。在计算机中，为了存储和处理这些事物，就要抽出对这些事物感兴趣的特征组成一个记录来描述。例如，在学生档案中，如果人们最感兴趣的是学生的姓名、性别、出生年月、籍贯、所在系部和入学时间，那么可以这样描述：

（王伟，男，1982，湖北，计算机系，2000）

数据与其语义是不可分的。对于上面一条学生记录，了解其语义的人会得到如下信息：王伟是个大学生，1982 年出生，湖北人，2000 年考入计算机系；而不了解其语义的人则无法理解其含义。可见，数据的形式本身并不能全面表达其内容，需要经过语义解释。

2．数据库

收集并抽取出一个应用所需要的大量数据之后，应将其保存起来以供进一步加工处理和抽取有用信息。保存方法有很多种：人工保存、存放在文件里以及存放在数据库里，其中数据库是存放数据的最佳场所，其原因已在前面介绍。

所谓数据库（database，简称 DB）就是长期储存在计算机内、有组织的、可共享的数据集合。数据库中的数据按一定的数据模型组织、描述和储存，具有较小的冗余度，较高的数据独立性和易扩展性，并可为各种用户共享。

3．数据库管理系统

收集并抽取出一个应用所需要的大量数据之后，如何科学地组织这些数据并将其存在数据库中，又如何高效地处理这些数据呢?完成这个任务的是一个软件系统——数据库管理系统（database management system，简称 DBMS）。数据库管理系统是位于用户与操作系统之间的一层数据管理软件。

数据库在建立、运用和维护时由数据库管理系统统一管理和统一控制。数据库管理系统使用户能方便地定义数据和操纵数据，并能够保证数据的安全性、完整性、多用户对数据的并发使用及发生故障后的系统恢复。

4．数据库系统

数据库系统（database system，简称 DBS）是指在计算机系统中引入数据库后的系统构成，一般由数据库、数据库管理系统（及其开发工具）、应用系统、数据库管理员和用户构成。应当指出的是，数据库的建立、使用和维护等工作只靠一个 DBMS 远远不够，还要有专门人员来完成，这些人称为数据库管理员（database administrator，简称 DBA）。在不引起混淆的情况下人们常常把数据库系统简称为数据库。

16.1.3　数据库系统的体系结构

考查数据库系统的结构可以从多种不同的角度查看。从数据库管理系统角度看，数据库系统通常采用三级模式结构；从数据库最终用户角度看，数据库系统的结构分为单用户结构、主从式结构、分布式结构和客户/服务器结构。

1．数据库系统的模式结构

在数据模型中有"型"（type）和"值"（value）的概念。型是指对某一类数据的结构和属性的说明，值是型的一个具体赋值。例如，学生人事记录定义为（学号，姓名，性别，系别，年龄，籍贯）这样的记录型，而（900201，李明，男，计算机，22，江苏）则是该记录型的一个记录值。

模式（Schema）是数据库中全体数据的逻辑结构和特征的描述，它仅仅涉及到型的描述，不涉及到具体的值。模式的一个具体值称为模式的一个实例（Instance）。同一个模式可以有很多实例。模式是相对稳定的，而实例是相对变动的，模式反映的是数据的结构及其关系，而实例反映的是数据库某一时刻的状态。

虽然实际的数据库系统软件产品种类很多，它们支持不同的数据模型，使用不同的数据库语言，建立在不同的操作系统之上，数据的存储结构也各不相同，但从数据库管理系统角度看，它们在体系结构上通常都具有相同的特征，即采用三级模式结构（微机上的个别小型数据库系统除外），并提供两级映象功能。

数据库系统的三级模式结构是指数据库系统是由外模式、模式和内模式三级构成，如图 16.1 所示。

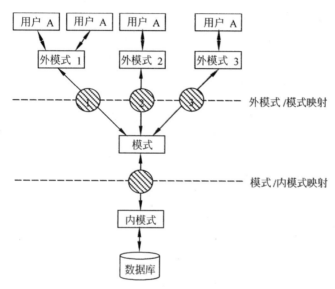

图 16.1　数据库系统的模式结构

（1）模式

模式也称逻辑模式，是数据库中全体数据的逻辑结构和特征的描述，是所有用户的公共数据视图。它是数据库系统模式结构的中间层，不涉及数据的物理存储细节和硬件环境，与具体的应用程序，与所使用的应用开发工具及高级程序设计语言无关。

实际上模式是数据库数据在逻辑级上的视图。一个数据库只有一个模式。数据库模式以某一种数据模型为基础，统一综合地考虑了所有用户的需求，并将这些需求有机地结合成一个逻辑整体。

（2）外模式

外模式也称子模式或用户模式，它是数据库用户（包括应用程序员和最终用户）看见和使用的局部数据的逻辑结构和特征的描述。是数据库用户的数据视图。是与某一应用有关的数据的逻辑表示。

外模式通常是模式的子集。一个数据库可以有多个外模式。由于它是各个用户的数据视图，如果不同的用户在应用需求、看待数据的方式、对数据保密的要求等方面存在差异，则他们的外模式描述就是不同的。即使对模式中同一数据，在外模式中的结构、类型、长度和保密级别等都可以不同。另一方面，同一外模式也可以为某一用户的多个应用系统所使用，但一个应用程序只能使用一个外模式。

外模式是保证数据库安全性的一个有力措施。每个用户只能看见和访问所对应的外模式中的数据，数据库中的其余数据对他们来说是不可见的。

（3）内模式

内模式也称存储模式，它是数据物理结构和存储结构的描述。是数据在数据库内部的表示方式。例如，记录的存储方式是顺序存储、按照 B 树结构存储还是按 hash 方法存储；索引按照什么方式组织；数据是否压缩存储，是否加密；数据的存储记录结构有何规定等。一个数据库只有一个内模式。

数据库系统的三级模式是对数据的 3 个抽象级别。它把数据的具体组织留给 DBMS 管理，使用户能逻辑地抽象地处理数据，而不必关心数据在计算机中的具体表示方式与存储方式。而为了能够在内部实现这 3 个抽象层次的联系和转换，数据库系统在这三级模式之间提供了两层映射：外模式/模式映射和模式/内模式映射。正是这两层映射保证了数据库系统中的数据能够具有较高的逻辑独立性和物理独立性。

模式描述的是数据的全局逻辑结构，外模式描述的是数据的局部逻辑结构。对应于同一个模式可以有任意多个外模式。对于每一个外模式，数据库系统都有一个外模式/模式映射，它定义了该外模式与模式之间的对应关系。这些映射定义通常包含在各自外模式的描述中。当模式改变时（例如，增加新的数据类型、新的数据项和新的关系等），由数据库管理员对各个外模式/模式的映射作相应改变，可以使外模式保持不变，从而应用程序不必修改，保证了数据的逻辑独立性。

数据库中只有一个模式，也只有一个内模式，所以模式/内模式映射是唯一的，它定义了数据全局逻辑结构与存储结构之间的对应关系。例如，说明逻辑记录和字段在内部是如何表示的。该映射定义通常包含在模式描述中。当数据库的存储结构改变了（例如，采用了更先进的存储结构），由数据库管理员对模式/内模式映射作相应改变，可以使模式保持不变，从而保证了数据的物理独立性。

在数据库的三级模式结构中，数据库模式即全局逻辑结构是数据库的中心与关键，它独立于数据库的其他层次。因此设计数据库模式结构时应首先确定数据库的逻辑模式。

数据库的内模式依赖于它的全局逻辑结构，但独立于数据库的用户视图即外模式，也独立于具体的存储设备。它是将全局逻辑结构中所定义的数据结构及其联系按照一定的物理存储策略进行组织，以达到较好的时间与空间效率。

数据库的外模式面向具体的应用程序，它定义在逻辑模式之上，但独立于存储模式和存储设备。当应用需求发生较大变化，相应外模式不能满足其视图要求时，该外模式就得做相应改动，所以设计外模式时应充分考虑到应用的扩充性。

特定的应用程序是在外模式描述的数据结构上编制的，它依赖于特定的外模式，与数据库的模式和存储结构独立。不同的应用程序有时可以共用同一个外模式。数据库的二级映像保证了数据库外模式的稳定性，从而从底层保证了应用程序的稳定性，除非应用需求本身发生变化，否则应用程序一般不需要修改。

2. 数据库系统的体系结构

从数据库管理系统角度来看，数据库系统是一个三级模式结构，但数据库的这种模式结构对最终用户和程序员是透明的，他们见到的仅是数据库的外模式和应用程序。从最终用户角度来看，数据库系统分为单用户结构、主从式结构、分布式结构和客户/服务器结构。

（1）单用户数据库系统

单用户数据库系统（如图 16.2 所示）是一种早期的最简单的数据库系统。在单用户系统中，整个数据库系统，包括应用程序、DBMS 和数据都装在一台计算机上，由一个用户独占，不同机器之间不能共享数据。

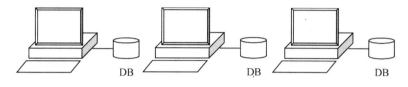

图 16.2　单用户数据库系统

例如，一个企业的各个部门都使用本部门的机器来管理本部门的数据，各个部门的机器是独立的。由于不同部门之间不能共享数据，因此企业内部存在大量的冗余数据。例如，人事部门、会计部门和技术部门必须重复存放每一名职工的一些基本信息（职工号、姓名等）。

（2）主从式结构的数据库系统

主从式结构是指一个主机带多个终端的多用户结构。在这种结构中，数据库系统，包括应用程序、DBMS 和数据，都集中存放在主机上，所有处理任务都由主机来完成，各个用户通过主机的终端并发地存取数据库，共享数据资源。如图 16.3 所示。

主从式结构的优点是简单，数据易于管理与维护。缺点是当终端用户数目增加到一定程度后，主机的任务会过分繁重，成为瓶颈，从而使系统性能大幅度下降。另外当主机出现故障时，整个系统都不能使用，因此系统的可靠性不高。

（3）分布式结构的数据库系统

分布式结构的数据库系统是指数据库中的数据在逻辑上是一个整体，但物理地分布在计算机网络的不同结点上。如图 16.4 所示。网络中的每个结点都可以独立处理本地数据库中的数据，执行局部应用；也可以同时存取和处理多个异地数据库中的数据，执行全局应用。

分布式结构的数据库系统是计算机网络发展的必然产物。它适应了地理上分散的公司、团体和组织对于数据库应用的需求。但数据的分布存放，给数据的处理、管理与维护带来困难。此外，当用户需要经常访问远程数据时，系统效率会明显地受到网络交通的制约。

（4）客户/服务器结构的数据库系统

主从式数据库系统中的主机和分布式数据库系统中的每个结点机是一个通用计算机，既执行 DBMS 功能又执行应用程序。随着工作站功能的增强和广泛使用，人们开始把 DBMS 功能和应用分开，网络中某个（些）结点上的计算机专门用于执行 DBMS 功能，称为数据库服务器，简称服务器。其他结点上的计算机安装 DBMS 的外围应用开发工具，支持用户的应用，称为客户机。这就是客户/服务器结构的数据库系统。

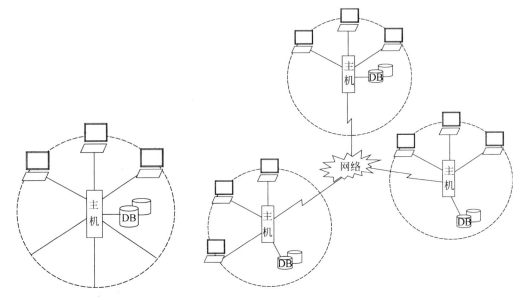

图 16.3　主从式数据库系统　　　　　　　图 16.4　分布式数据库系统

在客户/服务器结构中，客户端的用户请求被传送到数据库服务器，数据库服务器进行处理后，只将结果返回给用户（而不是整个数据），从而显著减少了网络上的数据传输量，提高了系统的性能、吞吐量和负载能力。

另一方面，客户/服务器结构的数据库往往更加开放。客户与服务器一般都能在多种不同的硬件和软件平台上运行，可以使用不同厂商的数据库应用开发工具，应用程序具有更强的可移植性，同时也可以减少软件维护开销。

客户/服务器数据库系统可以分为集中的服务器结构（图 16.5 所示）和分布的服务器结构（图 16.6 所示）。前者在网络中仅有一台数据库服务器，而客户机是多台。后者在网络中有多台数据库服务器。分布的服务器结构是客户/服务器与分布式数据库的结合。

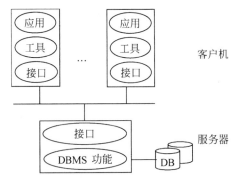

图 16.5　集中的服务器结构

与主从式结构相似，在集中的服务器结构中，一个数据库服务器要为众多的客户服务，往往容易成为瓶颈，制约系统的性能。

与分布式结构相似，在分布的服务器结构中，数据分布在不同的服务器上，从而给数据的处理、管理与维护带来困难。

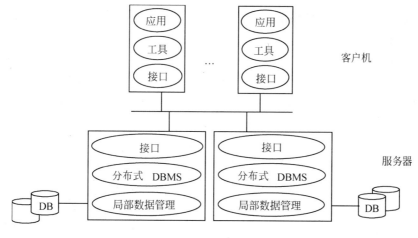

图 16.6　分布的服务器结构

16.1.4　数据模型

所谓信息是客观事物在人类头脑中的抽象反映。人们可以从大千世界中获得各种各样的信息，从而了解世界并且相互交流。但是信息的多样化特性使得人们在描述和管理这些数据时往往力不从心，因此人们把表示事物的主要特征抽象地用一种形式化的描述表示出来，模型方法就是这种抽象的一种表示。信息领域中采用的模型通常称为数据模型。

不同的数据模型是提供给我们模型化数据和信息的不同工具。根据模型应用的不同目的，可以将模型分为两类或者说两个层次：一是概念模型（也称信息模型），是按用户的观点来对数据和信息建模；一是数据模型（如网状、层次、关系模型），是按计算机系统的观点对数据建模。本小节我们主要讨论数据模型的构成和概念模型的建立以及一个面向问题的概念模型，即实体联系模型。有关 3 种主要的数据模型我们将在下一节讨论。

数据模型是实现数据抽象的主要工具。它决定了数据库系统的结构、数据定义语言和数据操纵语言、数据库设计方法、数据库管理系统软件的设计与实现。了解关于数据模型的基本概念是我们学习数据库的基础。

一般地讲，数据模型是严格定义的概念的集合，这些概念精确地描述系统的静态特性、动态特性和完整性约束条件。因此，数据模型通常由数据结构、数据操作和数据的完整性约束 3 部分组成。

（1）数据结构

数据结构是研究存储在数据库中的对象类型的集合，这些对象类型是数据库的组成部分。例如某一所大学需要管理学生的基本情况（学号、姓名、出生年月、院系、班级以及选课情况等），这些基本情况说明了每一个学生的特性，构成在数据库中存储的框架，即对象类型。学生在选课时，一个学生可以选多门课程，一门课程也可以被多名学生选，这类对象之间存在着数据关联，这种数据关联也要存储在数据库中。

数据库系统是按数据结构的类型来组织数据的，因此数据库系统通常按照数据结构的类型来命名数据模型。如层次结构、网状结构和关系结构的模型分别命名为层次模型、网状模型和关系模型。由于采用的数据结构类型不同，通常把数据库分为层次数据库、网状数据库、关系数据库和面向对象数据库等。

（2）数据操作

数据操作是指对数据库中各种对象的实例允许执行的操作的集合，包括操作和有关的操作的规则。例如插入、删除、修改、检索及更新等操作，数据模型要定义这些操作的确切涵义、操作符号、操作规则以及实现操作的语言等。

数据操作是对系统动态特性的描述。

（3）数据的完整性约束

数据的约束条件是完整性规则的集合，用以限定符合数据模型的数据库状态以及状态的变化，以保证数据的正确、有效和相容。数据模型中的数据及其联系都要遵循完整性规则的制约。例如数据库的主键不能允许空值；每一个月的天数最多不能超过 31 天等。

另外，数据模型应该提供定义完整性约束条件的机制，以反映某一应用所涉及的数据必须遵守的特定的语义约束条件。例如在学生成绩管理中，本科生的累计成绩不得有 3 门以上不及格等。

数据模型是数据库技术的关键，它的 3 个方面的内容完整地描述了一个数据模型。

16.2　关系型数据库

数据库是一个按照一定方式组织并存储的信息集合。也可以看成是一些有特定格式的文件及其关系的集合。而关系则是数学上集合论中的一个重要概念，自 1970 年 E.F.Codd 把关系的概念引入到数据库后，便开始了数据库关系方法和关系数据理论的研究，在层次和网状数据库系统之后，形成了以关系数据模型为基础的关系数据库系统。目前主流的数据库都是关系型数据库，著名的有：Oracle、DB2、SQL Server、Sybase、MySQL、Visual Foxpro 和 Access 等。它们的性能和执行效率有很大的差别，但基本功能都差不多。本书以 Access 为例进行讲解。

16.2.1　关系模型的组成

关系模型由 3 部分组成，分别为：关系数据结构、关系操作和关系的完整性。下面分别对这 3 部分进行说明。

（1）关系数据结构

在关系模型中的基本的数据结构是按二维表形式表示的，由行和列组成。一张二维表称为一个关系，水平行称之为元组，垂直的列称为属性，元组相当于其他数据结构中的记录或片段，单个数据项称之为分量。在关系模型中，实体和实体间的联系都是用关系表示的。二维表中存放了两类数据：实体本身的数据；实体间的联系。关系数据结构中的数据可以重新定义，改变关系或增加新的数据并不改变数据结构本身。这种结构也支持数据的逻辑视图，允许程序员只关心数据库的内容，而不考虑数据库的物理结构。

关系数据库是表的集合，每张表有唯一的名字。表中一行代表的是一系列值之间的联系。

（2）关系操作

　　关系操作的方式是集合操作，即操作的对象与结果都是集合。这种操作方式亦称为一次一集合（set-at-a-time）的方式，相应的非关系模型的数据操作方式则为一次一记录（record-at-a-time）的方式。关系的操作是高度非过程化的，用户只需要给出具体的查询要求，不必请求 DBA（数据库管理员）为他建立特殊的存取路径。存取路径的选择由 DBMS（数据库管理系统）的优化机制来完成，此外用户也不必求助于循环和递归来完成数据操作。

　　早期的关系操作能力是用两种方式来表示的：代数方式和逻辑方式，即关系代数和关系演算。

- 关系代数：关系代数是一种抽象的查询语言，常用的有并（Union）、交（Intersection）、差（Set difference）、除法（Divide）、θ选择（Theta select）、投影（Project）和θ连接（Theta join）。其中θ表示大于、小于、等于、不等于、大于或等于、小于或等于这些比较运算符中的一种。使用选择、投影和连接这些运算，可以把二维表进行任意的分割和组装，随机地构造出各种用户所需要的表格（关系）。同时，关系模型采取了规范化的数据结构，所以关系模型的数据操作语言的表达能力和功能都很强，可以嵌入高级语言中使用，没有规定具体的语法要求，使用起来非常方便。

- 关系演算：关系演算是用谓词（对动作的要求）来表示查询的要求和条件。关系演算又可按谓词变元的基本对象是元组变量还是域变量，分为元组关系演算和域关系演算。

　　另外还有一种介于关系代数和关系演算之间的语言 SQL（Structure Query Language）。SQL 不仅具有丰富的查询功能，而且具有数据定义和数据控制功能，是集查询、DDL、DML和 DCL 于一体的关系数据语言。它充分体现了关系数据语言的特点和优点，是关系数据库的标准语言。

　　这些关系数据语言的共同特点是，语言具有完备的表达能力，是非过程化的集合操作语言，功能强，能够嵌入高级语言中使用。

　　（3）关系完整性约束

　　关系模型的完整性规则是用来约束关系的，以保证数据库中数据的正确性和一致性。关系模型的完整性共有 3 类：实体完整性、参照完整性和用户定义的完整性。数据完整性由实体完整性和参照完整性规则来维护，实体完整性和参照完整性是关系模型必须满足的完整性约束条件，将由关系系统自动支持。

　　在实际系统中，完整性规则一般在建立库表的同时进行定义，应用编程人员不需再做考虑。如果某些约束条件没有建立在库表一级，则应用编程人员应在各模块的具体编程中通过程序进行检验和控制。

16.2.2　关系模型的特点

　　关系模型具有下列特点。

　　（1）关系模型的概念单一。无论是实体还是实体之间的联系都用关系来表示。关系之间的联系通过相容的属性来表示，相容的属性即来自同一个取值范围的属性。在关系模型中，用户看到的数据的逻辑结构就是二维表，而在非关系模型中，用户看到的数据结构是由记录以及记录之间的联系所构成的网状结构或层次结构。当应用环境很复杂时，关系模型就体现出其简单清晰的特点。

（2）关系必须是规范化的关系。所谓规范化是指关系模型中的每一个关系模式都要满足一定的要求或者称为规范条件。最基本的一个规范条件是每一个分量都是一个不可分的数据项，即表中不允许还有表。

（3）集合操作。操作对象和结果都是元组的集合，即关系。

（4）有坚实的理论基础，关系模型是建立在严格的数学概念的基础上的。

（5）关系模型的存取路径对用户透明，从而具有更高的数据独立性和更好的安全保密性，也简化了程序员的工作和数据库开发建立的工作。但由于存取路径对用户透明，查询效率往往不如非关系数据模型。因此为了提高性能，必须对用户的查询请求进行优化，增加了开发数据库管理系统的负担。

16.2.3　关系型数据库的结构

关系型数据库以行和列的形式存储数据，以便于用户理解。与数据库相关的最常用也是最重要的概念有：表、记录和字段。它们可以用图 16.7 来描述。

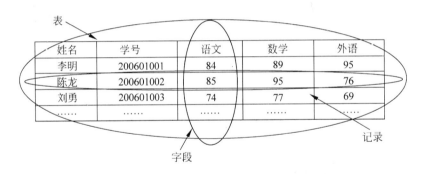

图 16.7　关系型数据库中的几个基本概念示意图

在关系型数据库中，基本的数据存储实体是表。每个实体都拥有一组具体的属性（或者说特性），这些属性决定了该实体中所存储的数据种类。图 16.1 所示的成绩表的属性有姓名、学号、语文、数学、外语。在关系型数据库中，这些属性被称为列或者字段。表中每一行的数据可以描述一个学生，这被称为一条记录。表就是这些记录的集合。

在图 16.7 中，"学号"这个字段可以唯一地标识一条记录，因为任何两个不同的学生，都不可能有相同的学号。这种字段被称为主关键字。

在数据库中，存储着各种各样的表，这些表之间可能没有什么联系，也可能存在着紧密的联系。例如，除了图 16.7 中所示的成绩表，在同一个数据库中还有另外一张学生的基本信息表，它包括学号、姓名、生日、家庭住址、联系方式和户口所在地等字段。为了让这两张表中的记录能够对应起来，需要一个联系字段。很明显，学号这个字段可以完成此任务，它不仅在两张表中都存在，而且至少在一张表中是以主关键字的形式存在。这种字段，被称为外关键字。通过这个字段，用户可以在成绩表中找到学生成绩，也可以联系到基本信息表中去，找他的基本信息。

16.2.4　常用的关系型数据库

目前商用数据库产品很多，在程序设计中，常用的关系型数据库具有代表性的有 MS SQL Server、Oracle 和 Access 等。

SQL Server 是由 Sybase、Microsoft 和 Ashton-Tate 联合开发的 OS／2 系统上的数据库系统，1988 年正式投入使用。MS SQL Server 是基于 SQL 客户/服务器（C/S）模式的关系型数据库管理系统，它建立在 Microsoft Windows NT 平台上，提供强大的企业数据库管理功能。

MS SQL Server 2008，是当前最新的版本，也是一个具备完全 Web 支持的数据库产品，提供了以 Web 标准为基础的扩展数据库编程功能，提供了对可扩展标记语言（XML）的核心支持以及在 Internet 上和防火墙外进行查询的能力。

Oracle 是世界上最早的、技术最先进的、具有面向对象功能的对象关系型数据库管理系统，该产品的应用非常广泛。1999 年，针对 Internet 技术的发展，Oracle 公司推出了第一个 Internet 数据库 Oracle 8i，该产品把数据库产品、应用服务器和工具产品全部转向了支持 Internet 环境，形成了一套以 Oracle 8i 为核心的完整的 Internet 计算平台。2003 年 9 月 Oracle 公司发布最新版本 Oracle 10g，Oracle 10g 根据网格计算的需要增加了实现网格计算所需的重要的新功能，Oracle 将它新的技术产品命名为 Oracle 10g，这是自 Oracle 在 Oracle 8i 中增加互联网功能以来第一次重大的更名。

作为一个广泛使用的数据库系统，Oracle 具有完整的数据管理功能，这些功能包括存储大量数据、定义和操纵数据、并发控制、安全性控制、完整性控制、故障恢复以及与高级语言接口等。

目前 Oracle 产品覆盖了大、中、小型机几十种机型，支持 UNIX、Windows 等多种操作系统平台，成为世界上使用非常广泛的、著名的商用数据库管理系统。

Access 是 Microsoft Office 办公套件中一个极为重要的组成部分。作为 Microsoft Office XP 组件之一的 Microsoft Access，是微软公司最新开发的 Windows 环境下流行的桌面数据库管理系统。使用 Microsoft Access 无需编写任何代码，只需要通过直观的可视化操作就可以完成部分数据库管理工作。Microsoft Access 是一个面向对象的、采用实践驱动机制的关系型数据库管理系统；可以通过 ODBC 和 OLE DB 与其他数据库互连，实现数据互操作，也可以与 Word、Excel 等办公软件进行数据交换和共享，还可以通过对象链接与嵌入技术在数据库中嵌入和链接声音、图像等多媒体数据。在 Microsoft Access 系统中，内置了功能多样、种类丰富的各种函数，可以帮助开发人员开发功能完善、操作简单的数据库系统。

16.2.5　用 Access 建立一个数据库

Access 是由微软公司出品的一个小型数据库管理系统，具备了关系型数据库的所有基本功能。它简单而好用，特别适合于小型数据库应用程序以及学习用途。本小节将用它来建立一个数据库，读者务必要学会它的使用，因为第 17 章的程序将要对它进行操作。

（1）建立一个名为 FirstExample 的数据库。启动 Access 之后，默认会出现图 16.2 所示的画面，请选择其中的"空 Access 数据库"单选按钮。

图 16.8 Access 启动画面

如果没有出现这个画面，而是直接进入了 Access 的主界面，则选择"文件"→"新建"菜单项，会出现 16.9 所示的画面。选择其中的"数据库"图标，然后单击"确定"按钮，会出现保存界面。

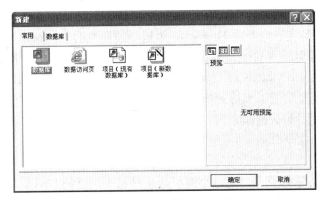

图 16.9 建立数据库界面

（2）保存数据库。在图 16.10 所示界面上，填入要创建的数据库名称，并选择保存位置。这里创建的数据库名为 FirstExample，扩展名为 mdb。单击"创建"按钮，此数据库文件就被保存在 D:\javabook\example\下面。

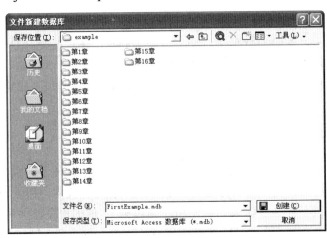

图 16.10 保存数据库

（3）创建数据表。保存好数据库之后，会出现图 16.11 所示界面，要求用户创建表。

图 16.11　创建表

选择其中的"使用设计器创建表"，双击或者单击"设计"按钮，都可以进入设计表的界面。

（4）设计表结构。设计表结构的界面如图 16.12 所示。

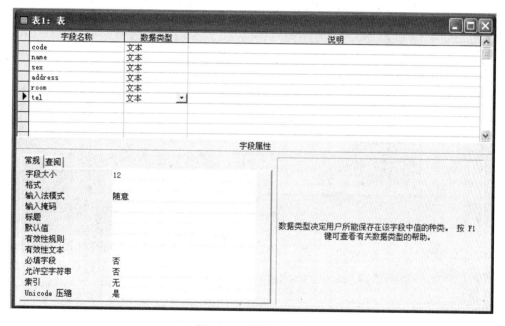

图 16.12　设计表结构

在图 16.12 中，有 6 个字段，分别是 code、name、sex、address、room 和 tel。它们的数据类型都是文本类型。在为每一个字段设计名称和数据类型时，窗口左下方都有一个详细的属性说明区域，用户可以根据需要在其中调整。例如，可以修改"标题"属性，使得数据表在显示时，以汉字显示字段的标题。如果修改"默认值"属性，将会在每一条记录生成时，在该字段中自动添加一个默认值。每一个属性的含义，请读者查阅 Access 的帮助文件。

这里需要将 code 设置为主键。只要在 code 所在行右击，选择"主键"菜单项即可。

成功后，code 前面将出现一个钥匙图标。

（5）保存表。字段设计完成后，单击主窗口上面的保存图标，出现图 16.13 所示的窗口。

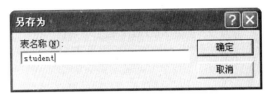

图 16.13　保存表

（6）添加数据。保存成功后，回到主界面，将出现如图 16.14 所示界面。选择表 student，如果需要修改表的结构，可以在图 16.14 中单击"设计"按钮。这里需要添加数据，则单击"打开"按钮，进入数据输入界面。

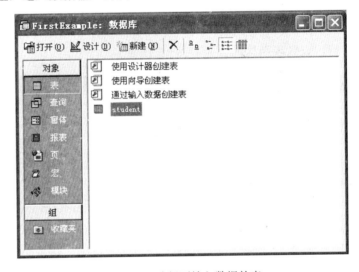

图 16.14　选择要输入数据的表

输入数据的界面如图 16.15 所示。数据输入完毕后，只需要关闭此窗口，系统会自动保存数据。除了在这里输入数据，也可以通过程序来输入数据，这正是数据库应用程序要做的事情。

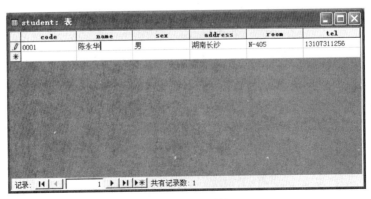

图 16.15　输入数据

（7）创建 SQL 查询。在 16.3 节，将要学习使用 SQL 语句。Access 支持基本的 SQL 语句。为了执行 SQL 语句，需要进入图 16.16 所示界面。在左边，需要单击"查询"按钮，出现右边的窗口后，选择"在设计视图中创建查询"，将进入到 Access 的 SQL 语句设计器。

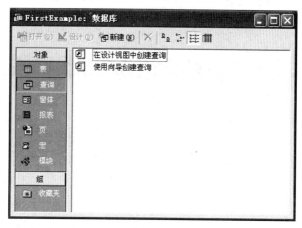

图 16.16　创建查询

（8）使用 SQL 语句设计器。Access 提供了一个可视化的 SQL 语句设计器，用于帮助用户设计 SQL 语句，降低编写 SQL 语句出错的可能性。设计器如图 16.17 所示。

图 16.17　使用 SQL 语句设计器

（9）由于本数据库中只有一个表 student，所以前面的窗口中显示的可选择表只有一个。选择它之后，单击"添加"按钮，这个表就被加入到图 16.17 所示的"查询 1"窗口中。然后需要单击"关闭"按钮，前面的窗口才会退出。进入到查询设计主窗口中之后，可以选择要查询的各个字段以及排序方式，如图 16.18 所示。

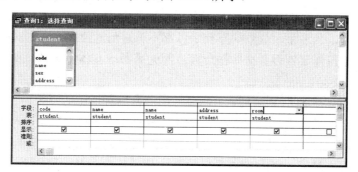

图 16.18　选择要显示的字段

只要单击"字段"行所在的单元格，就会出现一个下拉列表选择框，在其中选择要显示的字段即可。这里生成的是查询语句。要执行查询语句，只需单击主窗口工具栏上的"!"按钮即可。

（10）自行编辑 SQL 语句。要查看和修改自动生成的查询语句，或者是自己编辑 SQL 语句，都可以选择主窗口菜单上的"视图/SQL 视图"，进入到 SQL 语句编辑窗口，如图 16.19 所示。

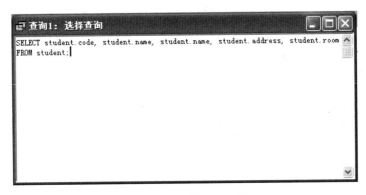

图 16.19　自己编辑 SQL 语句

在这里可以随意编辑自己想要的 SQL 语句。执行方法仍然是单击工具栏上的"!"按钮。在 16.3 节学习 SQL 语句的过程中，请读者务必采用这种方式来验证自己的 SQL 语句是否编写正确。

注意：本小节介绍了如何创建一个 Access 数据库，但是实际上要设计一个真正可用的数据库是一门专业的学问。每个数据库要建立的时候要考虑很多问题，包括数据由哪些表组成、表内有什么字段、表和表之间互相参考的关系等，这些都是在开始的时候所必须规划好的。如何规划一个数据库，需要长时间的学习和经验的积累。本书限于篇幅，在此不再展开论述。读者可以自己查阅有关数据库设计方面的书籍。

16.3　SQL 基础

关系型数据库能够成为主流数据库的一个重要原因就是，所有的关系型数据库都支持一种统一的查询语言：SQL 语言。SQL 语言是一种非常口语化、既易学又易懂的通用数据库操作和查询语言，几乎每一位数据库程序员都不可避免地要用到它。SQL 语言是一种非过程化的语言，它只需要告诉数据库做什么，而无需考虑具体怎么做，所以使用起来比较简单。

程序员在使用标准 SQL 语言时，不需要考虑前台编程所用的开发语言，也较少需要考虑后台是何种数据库，这大大降低了程序员学习新的开发工具和数据库系统的代价。

目前包括 DB2、Oracle、SYBASE、Microsoft SQLServer 及 InterBase 在内的绝大多数数据库管理系统都支持它。SQL 按其规模分为 3 种：核心 SQL、标准 SQL 和扩展 SQL。前者是后者的子集。大多数数据库系统都有各自的扩展 SQL，相互间有所差异，但大都兼容标准 SQL（不过并非 100%兼容，仍然有一些细微的差别）。本节介绍的是标准 SQL 语法规则。

🔔注意：SQL 语句本身是不区分大小写的。但是在执行 SQL 语句的数据库系统时，某些数据库对诸如字段名、数据内容是大小写敏感的。下面的例子都在 Access 中测试通过，如果你使用其他的数据库而未能通过，请仔细查阅帮助手册。

16.3.1　SQL 概述

虽然在命名 SQL 语言时，我们使用了"结构化查询语言"，但是实际上 SQL 语言有四大功能：查询（Query）、操纵（Manipulation）、定义（Definition）和控制（Control），这四大功能使 SQL 语言成为一个综合的、通用的、功能强大的关系数据库语言。SOL 语言的特点如下。

（1）一体化的特点

SQL 语言一体化的特点主要表现在 SQL 语言的功能和操作符上。SQL 语言能完成定义关系模式、录入数据以及建立数据库、查询、更新、维护、数据库重构、数据库安全性控制等一系列操作要求，具有集 DDL（Date define language）、DML（Date manipulate language）和 DCL（Date control language）为一体的特点。用 SQL 语言可以实现数据库生命期中的全部活动。

因为在关系模型中实体以及实体间的联系都用关系来表示，这种单一的数据结构带来了数据操纵符的统一性，因此要想操作仅以一种方式表示的信息，只需要一种操作符。

（2）两种使用方式、统一的语法结构

SQL 语言有两种使用方式：联机交互使用方式和嵌入某种高级程序设计语言中进行数据库操作的方式。在联机交互使用方式下，SQL 语言为自含式语言，可以独立使用，这种方式适合非计算机专业人员使用；在嵌入某种高级语言的使用方式下，SQL 语言为嵌入式语言，它依附于主语言，这种方式适合程序员使用。

尽管用户使用 SQL 语言的方式可能不同，但是 SQL 语言的语法结构是基本一致的。这就大大改善了最终用户和程序设计人员之间的通信。

（3）高度非过程化

在使用 SQL 语言时，无论在哪种使用方式下，用户都不必了解文件的存取路径。存取路径的选择和 SQL 语句操作的过程由系统自动完成。也就是说，只要求用户提出"干什么"，而无需指出"怎么干"。

（4）语言简洁、易学易用

虽然 SQL 语言的功能非常强大，但是它的语法一点都不复杂，十分简洁。标准 SQL 语言完成核心功能一共用了 6 个动词，其他的扩充 SQL 语言一般又在数据定义部分加了 DROP，在数据控制部分加了 REVOKE。SQL 语言的语法接近英语口语，因此易学易用。

16.3.2　SQL 数据定义

SQL 语言的数据定义（DDL）功能包括 3 部分：定义基表、定义视图和定义索引。其中定义基表中又包括建立基表、修改基表和删除基表；定义视图中包括建立视图和删除视图；定义索引中包括建立索引和删除索引。它们的语句分别为：CREATE TABLE、ALTER TABLE、DROP TABLE、CREATE VIEW、DROP VIEW、CREATE INDEX 和 DROP INDEX。

其中建立基表的格式如下：

```
CREATE TABLE 表名 (列名 1 数据类型 1 [NOT NULL]
[, 列名 2 数据类型 2 [NOT NULL]] ...)
IN 数据库空间名]
```

一个表可以由一个列或者多个列，列的定义要说明列名、数据类型，指出列的值是否允许为空值（NULL）。如果某列作为该基表的关键字，则应该定义该列为非空（NOT NULL）。

一般情况下，标准 SQL 语言支持以下数据类型：

- ❑ INTEGER：全字长（精度为 31 位）的十进制整数。
- ❑ SMALLINT：半字长（精度为 15 位）的十进制整数。
- ❑ DECIMAL(p[, Q])：压缩十进制数，共 p 位，小数点后有 q 位；$15 \geqslant p \geqslant q \geqslant 0$，q=0 时可省略。
- ❑ FLOAT：双字长的浮点数。
- ❑ CHAR(n)：长度为 n 的定长字符串。
- ❑ VARCHAR(n)：变长字符串，最大长度为 n。
- ❑ 一般的 SQL 语言版本都支持空值（NULL）的概念。空值就是不存在的值，即未知的或者不可用的，空值也可以参加真值运算。

1．创建数据库

每一个数据库系统都提供了创建数据库的功能，正如 16.2.5 小节所看的 Access 所做的那样。用 SQL 语句也可以实现创建数据库的功能，不过很少这么做。而且创建数据库的 SQL 语句，在不同的数据库系统中执行时的差异很大，在此不详细介绍，只做一个简要的说明。

注意：本节采用这样的约定，所有 SQL 语句中的关键词都采用大写表示。

语法：

```
CREATE DATABASE  DataBaseName
```

说明如下。

DataBaseName：数据库名称。

【例 16.1】　创建数据库。

```
CREATE DATABASE PAYMENTS
```

创建一个名为 PAYMENTS 的数据库。

注意：读者请参考自己所使用的数据库管理系统的说明书来建立数据库，因为 CREATE DATABASE 语句在不同的解释器之间的差别是很大的，每一种解释器都有它自己的一些特点。如无必要，尽量不要使用 SQL 语句来建立数据库。

2．创建数据表

创建数据表是常用的 SQL 语句，它的基本语法如下：

```
CREATE TABLE table_name(
      field1 Datatype[(size)][Not null][Primary key],,
      field2 Datatype[(size)],
      …)
```

参数说明如下所述。

- ❑ table_name：表名。
- ❑ field1、field2：字段名。
- ❑ Datatype：字段的数据类型，详见表 16.2。
- ❑ Not null：是否允许本字段的某一记录为空（即没有数据填入）。
- ❑ Primary key：是否为本表的主键。
- ❑ size：字段允许的最大长度。

表 16.2　字段的数据类型

数 据 类 型	说　　明	数 据 类 型	说　　明
smallint	16位的整数	varchar(n)	文本数据，长度不能超过400
integer	32位的整数	date	包含了年、月、日
float	32位的浮点数	time	包含了时、分、秒
double	64位的浮点数	graphic(n)	和char一样，但单位是双字节，n≤127
char (n)	长度为n的字符串，n≤254	timestamp	包含年、月、日、时、分、秒、千分之一秒

注意：不同的数据库系统中的字段数据类型有所差异，请查阅帮助。

【例 16.2】 创建数据表。

```
CREATE TABLE student(name char (10), id integer, adress varchar)
```

创建了一个名为 student 的数据表，它有 3 个字段，分别是 name、id 和 address，数据类型分别是 char、integer 和 varchar。name 的长度指定为 10，address 采用默认长度。

3．建立索引

建立索引有两种方法，一种是在创建表的同时就指定索引，如下所示。
语法：

```
CREATE TABLE table(field1 type[(size)] CONSTRAINT indexname OPTION,……)
```

参数说明如下所述。

- ❑ fieldi：用于创建索引的字段。
- ❑ CONSTRAINT：建立索引的子句。
- ❑ indexname：索引名。
- ❑ OPTION：索引的类型，可以是下列 3 种之一。

> ➤ UNIQUE：指定该字段是唯一索引。
> ➤ PRIMARY KEY：指定该字段是主键。
> ➤ FOREIGN KEY：指定该字段是外键。

另外，也可以在表创建完毕后，再以下面的方式来创建索引。

语法：

```
CREATE INDEX indexname ON table(field1, field2,……)
```

参数说明如下所述。

❑ indexname：索引名。

❑ table：要创建索引的表名。

❑ fieldi：用于创建索引的字段。如果允许创建复合索引，则最多可以指定 16 个字段。

【例 16.3】　创建索引。

```
CREATE INDEX student_idx ON student(name)
```

这样，就为 student 表中的 name 字段添加了索引，用设计视图方式打开这张表，可以看到这个字段已经被设置索引。

4．更改数据表结构

使用 SQL 语句可以更改表的结构，这包括增加字段、更改字段、删除字段和删除索引。这些功能都是以关键字 ALTER TABLE 开头的语句来实现。它完整的语法如下：

```
ALTER TABLE tableName {ADD ADD{COLUMN fieldType
    [ (fieldLength)] [NOT NULL] [CONSTRAINT indexName ] |
    ALTER COLUMN fieldType [(fieldLength)] |
    CONSTRAINT conIndexName } |
    DROP DROP{COLUMN fieldName I CONSTRAINT indexName } }
```

这个语法规则看上去比较复杂，其中有多个部分是互斥的，下面把它分开来介绍。

（1）增加字段

语法：

```
ALTER TABLE tableName ADD COLUMN fieldName DataType (fieldLength),……
```

参数说明如下所述。

❑ fieldName：是要增加的字段名。

❑ DataType：该字段的类型。

❑ fieldLength：字段长度。

如果要增加多个字段，上述 3 个项目均可重复，中间以逗号隔开。

【例 16.4】　增加一个字段。

```
ALTER TABLE student ADD COLUMN addtion char(20)
```

在表 student 中增加了一个名为 addtion 的字段，数据类型为 char，长度为 20。

（2）更改字段类型

语法：

```
ALTER TABLE tableName ALTER COLUMN  fieldName DataType(fieldLength),……
```

参数说明如下所述。

❑ fieldName：要更改的字段名，它必须是表中已经存在的字段。

❑ DataType：新的类型，如果表中该字段已经有数据，则需要与原类型兼容。

❑ fieldLength：新的长度，如果比原来长度小，可能会导致部分数据丢失。

如果要修改多个字段，上述 3 个项目均可重复，中间以逗号隔开。

某些数据库不能直接修改某个字段，只能先删除后添加。

【例 16.5】 修改一个字段。

```
ALTER TABLE student  ALTER COLUMN  code integer
```

将 code 字段改成了 integer 类型。

（3）删除字段

语法：

```
ALTER TABLE tableName  DROP COLUMN fieldName,……
```

参数说明如下所述。

❑ fieldName：要删除的字段名。

允许删除多个字段，字段名之间以逗号隔开。

【例 16.6】 删除一个字段。

```
ALTER TABLE student DROP COLUMN addtion
```

将表中的 addtion 字段删除。

（4）删除索引

语法：

```
ALTER TABLE tableName DROP CONSTRAINT idx
```

参数说明如下所述。

❑ idx：要删除的索引名。

【例 16.7】 删除一个索引。

```
ALTER TABLE student DROP CONSTRAINT student_idx
```

此命令将前面建立的 student_idx 索引删除掉。

5．删除数据表

删除数据表的语法很简单，如下所示。

```
DROP TABLE tableName
```

参数说明如下所述。

❑ tableName：要删除的表名称。

【例 16.8】 删除一张表。

```
DROP TABLE student
```

此命令删除数据表 student。

前面介绍的命令都属于数据定义（Data Definition Language，简称 DDL）。数据定义好之后接下来的就是数据的操作（Data Manipulation Language，简称 DML）。数据的操作也就是增加数据（insert）、更改数据（updata）、删除数据（delete）和查询数据（query）4 种模式，以下分别介绍它们的语法规则和使用方法。

16.3.3　SQL 数据更新

SQL 语言的数据更新功能保证了 DBA 或数据库用户可以对已经建好的数据库进行数据维护，SQL 语言的更新语句包括修改、删除和插入 3 类语句。下面我们就分别介绍这 3 类语句的使用。

1．增加记录

增加记录是常用操作之一，增加记录有两种方式：一是增加一条记录，二是从另外一张表中取出多条记录增加到目标表中。第二种方式需要数据库支持 SQL 语句中的子句嵌套，这里只介绍第一种方式。

语法：

```
INSERT INTO tableName [(column1,column2,……)] VALUES {(value1,value2,……)}
```

参数说明如下所述。

- tableName：要插入数据的表名。
- columni：字段名称列表，字段名之间用逗号隔开。该列表可以省略，如果省略，表示表中所有的字段均要插入数据。
- valuei：要插入的数据项列表，需与 columni 一一对应，各个数据项之间用逗号隔开。如果没有 COLUMNS，则表示为所有字段插入数据，不允许少于表中的字段。如果某些字段不需要数据，应以空字符串插入。

【例 16.9】　在 student 表中插入数据。

```
INSERT INTO student VALUES('0004','李安','男','湖南郴州','S-121','')
```

其中，每一个数据项都以一对单引号括起来。最后一个字段没有数据，应以空字符串插入。数据项也可以用双引号括起来，但并非每个数据库都允许这么做。无论在数据库中字段是什么数据类型，在 SQL 语句中，一律以字符串的形式表示。

2．更新记录

SQL 语句可以修改某条或者多条记录中的数据，语法规则如下：

```
UPDATE tableName SET newdata_set_expression [WHERE conditions]
```

参数说明如下所述。

- tableName：要更新数据的表。
- newdata_set_expression：要赋予的新值表达式，可以有多个表达式，中间以逗号隔开。

- ❑ WHERE conditions：条件子句，选择要更改的记录，稍后在 SELECT 中会详细说明。如果没有满足条件的记录，该命令不会产生影响。如果没有条件子句，默认所有记录均被更新。

【例 16.10】　在 student 表中更新记录。

```
UPDATE student SET sex='女', address ='湖南永州' WHERE name = '陈永华'
```

本命令将 student 表中姓名为"陈永华"的性别改成"女"，地址改成"湖南永州"。

3．删除记录

SQL 语句可以一次删除若干条记录，它的语法规则如下：

```
DELETE FROM tableName [WHERE conditions]
```

内容说明如下所述。

- ❑ tableName：要删除记录的表名称。
- ❑ WHERE conditions：条件子句，选择出符合条件的记录。如果没有满足条件的记录，该命令不会产生影响。如果没有条件子句，默认所有记录均被删除。

【例 16.11】　在 student 表中删除记录。

```
DELETE FROM student  WHERE name = '陈永华'
```

此命令删除表中姓名为"陈永华"的记录。

16.3.4　SQL 数据检索

SQL 语言的数据操纵功能主要包括两个方面：检索和更新（包括增加、修改、删除）。涉及到 4 个语句：查询（SELECT）、插入（INSERT）、删除（DELETE）和更新（UPDATE）。本小节我们主要讨论 SQL 语言的检索功能。

查询记录是 SQL 语句最常用、最重要也是最难以用好的命令，SQL 的名称即由它而来。它完整的语法规则如下：

```
SELECT [ALL | DISTINCT]
    [<alias>.]<select_item>
       [AS <column_name>]
       [, [<alias>.]<select_item>
    [   AS <column_name>] ...]
    FROM <table>
    [, <table> ...]
    [[INTO <destination>]
    [WHERE <joincondition>
    [AND | OR <filtercondition>
    [AND | OR <filtercondition> ...]]
    [GROUP BY <groupcolumn>
       [, <groupcolumn> ...]]
    [HAVING <filtercondition>]
    [ORDER BY <order_item>
```

```
        [ASC | DESC]
        [, <order_item>
        [ASC | DESC] ...]]
```

内容说明如下所述。

❑　SELECT：查询语句所用关键字。

❑　<alias>：数据库别名。

❑　<select_item>：选择的字段。

❑　AS <column_name>：在该查询语句中为被选择的字段另外赋予的名字。

❑　FROM <table>：从哪个表中读取数据，可以是同一数据库中的多个表。

❑　INTO <destination>：查询结果输出到何处，默认值是数据集部件。

❑　WHERE：条件子句，用于控制查询条件。

❑　<joincondition>：如果是多表查询，需用它来控制各字段间的连接关系。

❑　AND | OR <filtercondition>：各种查询条件，各条件的逻辑组合只有 AND（与）和 OR（或）两种。

❑　GROUP BY <groupcolumn>：用于对记录进行分组，常和 SUM、AVG 等一起使用。

❑　HAVING <filtercondition>：单独使用时它的功能同 WHERE 相似，但它常与 GROUP BY 一起使用，区别稍后再解释。

❑　ORDER BY <order_item>：使用哪个字段作为排序依据。

❑　ASC | DESC：排序是按升序还是降序排列。

❑　SELECT 语句很复杂，下面分成多个子句来解释。

1. SELECT子句

SELECT 子句是用途最广泛的子句，也是查询命令必不可少的一部分。

（1）字段的表示

可以用"*"表示所有字段。

【例 16.12】　列出表中所有数据。

```
SELECT * FROM student
```

也可以指定要获取的字段，各字段名之间用逗号隔开。

【例 16.13】　列出表中指定字段的数据。

```
SELECT code, name, address FROM student
```

此命令列出了表中所有记录的 code、name 和 address3 个字段中的数据。

如果有多个表格，可以使用多表查询。如果两个表中有名称相同的字段，这些字段名要用"表名.字段名"或者"[表名].字段名"的形式来表示。如果表名中间有空格，则必须用"[ ]"括起来。

假定数据库 FirstExample 中还有一个表 userword，内有 3 个字段：code、username 和 password。

【例 16.14】　列出多个表中的数据。

```
SELECT student.name, [student].sex, password
    FROM student, userword
```

```
    WHERE student.code=userword.code
```

其中，字段用了 3 种方式表示，只有第三行的前缀表名是必须的。它列出了两个表中 code 字段相等的记录。

（2）设定别名

有时候表名太长，这时可以用 AS 为每个表指定一个独一无二的别名。

【例 16.15】 为表指定别名。

```
SELECT s.name, [s].sex, u.password
   FROM student AS s, userword AS u
   WHERE s.code=u.code
```

其中，表 student 和 userword 分别指定了别名 s 和 u。凡是在使用表 student 和 userword 的地方，都可以用 s 和 u 来代替。

除了为表设定别名，也可以用 AS 为字段指定别名。

【例 16.16】 为字段指定别名。

```
SELECT name AS 姓名, sex AS 性别  FROM student
```

本例中为两个字段指定了别名，该别名将被数据集所使用，在编程中用处很大。

（3）使用谓词

在 SELECT 查询中，可以在指定的字段前添加谓词，从而得到最佳的查询结果，常用的谓词如下所述。

❑ DISTINCT 谓词：忽略具有重复数据的记录。

❑ TOP 谓词：用来获得指定数目的记录。

【例 16.17】 过滤重复记录。

从 student 表中提取的 name 字段，有一些是重名的，若只要不同名的，则可写成：

```
SELECT DISTINCT name FROM student
```

【例 16.18】 获得按学号排序的最后 2 条记录。

```
SELECT TOP 2 *  FROM student
    ORDER BY code DESC
```

关于 ORDER BY 子句，将在下面介绍。

2．INTO子句

默认情况下，SELECT 的查询结果是存放在数据集中返回，大多数的数据库在集成环境中，同时将数据集中的结果显示在一个可视化的表格中。如果需要将这些结果存放到另外的表中，则可以使用 INTO 子句。它会根据结果来生成一个新表，并将结果存放在其中。它的语法格式如下：

```
SELECT field1,field2,…… INTO destTable FROM sourceTable
```

参数说明如下所述。

❑ fieldi：要获取数据的字段。

❑ destTable：用于保存数据的新表。如果表不存在，则创建表，如果表已经存在，先删除再重新创建。该表的字段由前面的字段列表决定。

❑ soureTable：原数据表。

【例 16.19】 将查询结果保存在新表中。

```
SELECT TOP 4 *
 INTO temp
 FROM student
```

此命令将查询得到的前 4 条记录保存在表 temp 中，表的结构与 student 完全相同。

3．WHERE子句

WHERE 子句用于筛选记录，它后面可以是一个逻辑表达式或者 LIKE、BETWEEN 之类的运算符。

（1）逻辑表达式

WHERE 中使用的逻辑表达和普通编程语言使用的非常相似，表达式中可用的逻辑运算符和关系运算符有：

```
NOT AND OR = > >= <= < <>
```

它们的含义也与编程语言中的相同。

【例 16.20】 查询家庭住址为湘潭的男生。

```
SELECT * FROM student
  WHERE sex='男' AND address='湖南湘潭'
```

（2）LIKE 运算符

除了逻辑表达式，还可用运算符 LIKE 加上通配符"*"或"?"，其作用与 Windows 系统下的通配符一样，表示模糊匹配。

注意：在某些数据库中，通配符"*"要用"%"代替。

【例 16.21】 查询所有姓"陈"的人的信息。

```
SELECT * FROM student WHERE name LIKE '陈*'
```

（3）BETWEEN 运算符

BETWEEN 运算符用来限制取值的范围，它需要与 AND 一起使用。其一般的格式是：

```
field BETWEEN a AND b
```

a 和 b 分别是值范围的两个端点。该运算符将两个端点也包含在内。也就是说，上式等价于：

```
a≤field≤b
```

【例 16.22】 查询所有成绩在 60～100 之间的学生信息。

```
SELECT * FROM student
  WHERE score BETWEEN 60 AND 100
```

注意：为了完成这一查询，你需要在 student 表中临时添加一个整数字段 score。

如果将 BETWEEN 用于日期型数据，则日期必须用"#"括起来。例如，查找在 1980 年 12 月 1 日～1981 年 4 月 30 日之间的数据，需要这么写：

```
BETWEEN #1980-12-1# AND #1981-4-30#
```

（4）IN 运算符

IN 运算符用于匹配指定集合中的数据，它的一般形式如下：

```
field IN (value1,value2,……)
```

其中用小括号括起来的是一个临时集合，IN 运算符会查找字段 field 的值是否在此集合中。

【例 16.23】 用 IN 运算符查找记录。

```
SELECT * FROM student WHERE code IN ('0001','0002','0003')
```

该命令返回 code 字段值等于"0001"、"0002"或"0003"的记录。

最后说明一点，无论是 LIKE、BETWEEN，还是 IN 运算符，前面都可以用 NOT 来修饰，得到的结果取反。

4. ORDER BY子句

ORDER BY 子句指定查询结果按照哪一个字段来排序，它的一般语法如下：

```
ORDER BY field1 [ASC|DESC], field2 [ASC|DESC],……
```

它先按照字段 field1 排序，若其中有 field1 相等的记录，则按照 field2 排序，以此类推。ASC 表示按照升序排列，DESC 按照降序排列。若两个均省略，默认按照升序排列。

【例 16.24】 将查询结果按照降序排列。

```
SELECT * FROM student ORDER BY code DESC
```

5. GROUP BY子句

GROUP BY 子句常用于对记录进行分组。由它指定的字段中，所有值相等的记录会被归为一组。它通常要和汇总函数一起使用。

【例 16.25】 分别统计男女生的平均成绩。

```
SELECT sex, AVG(score) AS 平均成绩 FROM student GROUP BY sex
```

6. HAVING子句

HAVING 专用于搭配 GROUP BY 子句。它的功能同 WHERE 子句的功能相似，但它在 GROUP BY 之后执行，也就是分组之后再过滤。而 WHERE 在 GROUP BY 之前执行，是过滤之后再分组。

【例 16.26】分别统计男女生的平均成绩，并且只保留平均成绩大于 70 分的。

```
SELECT sex, AVG(score) AS 平均成绩
  FROM student
  GROUP BY sex  HAVING AVG(score)>70
```

7．表的连接

有时候需要将两张甚至更多的表按照某种关系横向拼接起来，这称为连接表。一种方法是通过 WHERE 子句来实现，另外一种方法是通过 SQL 语句中专门的连接语句来实现。连接表，又分为两种：内连接和外连接。

内连接可通过两个表中意义相同但名称不一定相同的字段进行匹配，如果字段值相等，就将两个表中的记录组合为一个记录返回。它语法是：

```
FROM table1 INNER JOIN table2 ON table1.field1 compopr table2.field2
```

参数说明如下所述。

❑ compopr：关系运算符，通常是等于号。

❑ 它只会将两个表中满足比较运算的记录抽取出来组合，不满足的不会抽取。

【例 16.27】 将 student 表中与 userword 表中 code 字段相等的记录全部查找出来。

```
SELECT student.*, userword.password
  FROM student INNER JOIN userword ON student.code=userword.code
```

显然，例 16.27 完全可以用 WHERE 子句来实现。下面是和它等价的语句：

```
SELECT student.*, userword.password
  FROM student, userword
  WHERE student.code=userword.code
```

外连接又分为左连接和右连接。它们两个比较类似，但是与内连接都有较大的区别。左连接用 LEFT JOIN 表示，右连接用 RIGHT JOIN 表示，它们的语法规则如下：

```
FROM table1 [LEFT|RIGHT] JOIN table2 ON table1.field1=table2.filed2
```

其中，用 LEFT JOIN 运算创建左边外部连接，它将包含从第一个（左边）开始的两个表中的全部记录，即使在第二个（右边）表中并没有相符值的记录；用 RIGHT JOIN 运算创建右边外部连接，它将包含从第二个（右边）开始的两个表中的全部记录，即使在第一个（左边）表中并没有匹配值的记录。

【例 16.28】 用左连接显示 student 表和 userword 表中的记录，以 code 字段作为连接字段。student 表为左表。

```
SELECT student.*, userword.password
  FROM student LEFT JOIN userword ON student.code=userword.code
```

8．使用统计函数

不同的数据库系统提供的统计函数各不相同，但下面这些统计函数都是必须提供的。

❑ COUNT()：返回指定字段不为 NULL 的记录个数。COUNT(*)返回全部记录个数，不进行空值检查。

❑ SUM()：返回指定数值型字段的总和。

❑ AVG()：返回指定数值型字段的平均值。

❑ MIN()：返回指定数值型字段的最小值。

❑ MAX()：返回指定数值型字段的最大值。

以上各函数参数都是一个有效的字段名或是一个合法的 SQL 表达式。

【例 16.29】　统计学生中成绩大于 70 分的人数。

```
SELECT COUNT(score) AS 人数  FROM student WHERE score>70
```

【例 16.30】　显示成绩最好的学生的信息。

```
SELECT * FROM student
  WHERE score=(SELECT MAX(score) FROM student)
```

这里用到了查询子句的嵌套，但经常被误写成：

```
SELECT *, MAX(score) FROM student
```

但是返回的并非成绩最好的那个人的记录。如果数据库不支持 SQL 语句嵌套，可以改用 ORDER BY 子句来完成。

16.3.5　SQL 数据控制

SQL 语言的数据控制功能是指控制数据库用户对数据的存取权力。实际上数据库中的数据控制包括数据的安全性、完整性、并发控制和数据恢复。我们在这里仅讨论数据的安全性控制功能。

某个用户对数据库中某类数据具有何种操作权限是由 DBA 决定的。这是个政策问题而不是技术问题。DBMS 的功能是保证这些决定的执行，因此它必须具有以下功能：

❑ 把授权的决定告知系统，这是由 SQL 的 GRANT 和 REVOKE 语句完成的。
❑ 把授权的结果存入数据字典。
❑ 当用户提出操作请求时，根据授权情况进行检查，以决定是执行操作请求还是拒绝它。

SQL 语言中授权语句指的是对数据库相关用户进行授权，以确定此用户具备某一操作功能。授权语句的一般格式如下：

```
GRANT 权力 1[, 权力 2, …][ON 对象类型 对象名]TO 用户 1[, 用户 2, …]
[WITH GRANT OPTION];
```

对不同类型的操作对象可有不同的操作权限，如表 6.3 所示。

表 6.3　对象类型和操作权力表

对 象 类 型	操 作 权 利
表、视图、列（TABLE）	SELECT、INSERT、UPDATE、DELETE
基表（TABLE）	ALTER、INDEX
数据库（DATABASE）	CREATETAB
表空间（TABLESPACE）	USE
系统	CREAREDBC

对表 6.3 做以下说明。

❑ 对于基表、视图及表中的列，其操作权力有查询、插入、更新、删除以及它们的总和 ALL PRIVILEGE。

❑ 对于基表还有修改和建立索引的操作权力。

❑ 对于数据库有建立基表（CREATETAB）操作权力，用户有了此权力就可以建立
基表，因此也称为表的主人，拥有对此基表的一切操作权力。

❑ 对于表空间有使用（USE）数据库空间存储基表的权力。

❑ 系统有建立新数据库（CREATEDBC）的权力。SQL 授权语句中的 WITH GRANT
OPTION 选项的作用是使获得某种权力的用户可以把权力再授予别的用户。

16.3　本章小结

本章简单介绍了数据库的一些入门知识，其中重点是 SQL 语句。SQL 语句入门容易
但精通难，作为数据库应用程序的程序员，掌握好 SQL 语句的使用是一门基本技能。而且
它不仅仅用在 Java 编程中，任何编程语言只要对数据库进行操作都会用上它，所以读者务
必掌握好它。限于篇幅，这里没有对 SQL 语言做更深入的介绍，读者可以自己参考有关书
籍以及数据库使用手册。

16.4　实战习题

1. 请简述数据管理方式的发展过程。
2. 什么是数据库？如何理解数据库系统的体系结构？
3. 数据模型的三要素是什么？如何理解这三要素？
4. 什么是关系模型？关系模型由哪三部分组成？它的特点是什么？
5. 请列举出你所知道的关系型数据库，并简述这些数据库的特点和性能。
6. 请用 SQL 语句在 Access 数据库中创建一个数据表，并对此表建立索引。
7. 数据库更新操作包括哪几种？对应的 SQL 语句分别是什么？
8. 数据库中表内容为：

2005-05-09 胜

2005-05-09 胜

2005-05-09 负

2005-05-09 负

2005-05-10 胜

2005-05-10 负

2005-05-10 负

如果要生成下列结果，该如何写 SQL 语句？

时间　　　　胜　负

2005-05-09　2　2

2005-05-10　1　2

9. 在 SQL Server 2000 中请用 SQL 创建一张用户临时表和系统临时表，里面包含两个字段：ID 和 IDValues，类型都是 int 型，并解释下两者的区别？

用户临时表：CREATE TABLE #xx(ID int, IDValues int)

系统临时表：CREATE TABLE ##xx(ID int, IDValues int)

10. 一个表中的 id 有多个记录，请写出对应的 SQL 语句，要求把所有这个 id 的记录查出来，并显示共有多少条记录。

11. 请写出对应 SQL 语句，要求取出 tb_send 表中日期（SendTime 字段）为当天的所有记录（SendTime 字段为 datetime 型，包含日期与时间）。

第 17 章　Java 数据库编程技术

本章介绍如何使用 Java 类库中的类来编写数据库应用程序。一般的数据库应用程序分为客户端和服务器端两个部分。Java 的设计意图是将它用于服务器端，而将客户端交给其他语言编写的工具去处理。所以 Java 与 Delphi、VB 的一个重要区别是，它不提供可视化的数据库感应控件，因而编写客户端时如果采用 Java 作为开发工具会有比较多的编程工作。

本章的内容要点有：
- ❑ Java 对数据库的连接技术，理解 JDBC 的概念和工作方式；
- ❑ JDBC 驱动技术，理解 Java 进行数据库连接的驱动程序和实现方式，同时理解数据库连接池及事务操作的概念；
- ❑ 掌握 Java 对数据库的操作，包括操作数据库的常用接口及类、数据连接的建立与关闭、对基础数据信息的增、删、改、查操作等；
- ❑ 学习学生信息管理系统实例中针对数据库的操作。

17.1　Java 对数据库的连接

无论何种工具，要处理数据库必须做的第一件事情就是对数据进行连接。Java 提供了多种连接方式，这都是通过 JDBC 来进行的。本节将介绍 JDBC 的使用。

17.1.1　JDBC 的基本概念

JDBC 是 Java 数据库连接（Java Database Connectivity）的简写，是一组用于连接数据库以及执行 SQL 语句的 API。它允许用户从 Java 程序中访问任何支持 SQL 的关系型数据库，也允许用户访问其他的表格数据源，如 Excel 表格。

JDBC 最大的特点是无论后台是何种数据库，对于 Java 程序员而言，它的工作方式完全相同。JDBC 为许多不同的数据库连接模块的前端提供了统一的接口，这样就不用为连接不同的数据库而烦恼了。

17.1.2　JDBC 的工作方式

JDBC 功能强大，但使用简单。无论连接何种数据库，只要做好下列步骤即可。

（1）与数据源建立连接，包括数据库和电子表格。

通过 DriverManager 类建立与数据源的连接，这个连接将作为一个数据操作的起点，同时也是连接会话事务操作的基础。

（2）向数据库发送 SQL 命令。

通过 Statement 或者 PreparedStatement 类向数据源发送 SQL 命令。在命令发送后，调用类中相应的 excute 方法来执行 SQL 命令。

（3）处理数据源返回的结果。

数据库处理了 SQL 命令后，将返回处理结果。对于 DDL 和 DML 操作，将返回被修改的记录数量。对于查询将返回一个 ResultSet 结果集，程序接着遍历这个结果集执行想要的操作就行了。

17.1.3　JDBC 驱动连接

要与数据源连接，需要所连数据源的驱动程序。JDBC 有 4 种连接方式：JDBC-ODBC 桥接方式、本地 API 部分 Java 驱动方式、JDBC-Net 纯 Java 驱动方式和本地协议纯 Java 驱动方式。下面分别介绍这些连接方式。

1．JDBC-ODBC桥加上ODBC驱动程序

ODBC 是 Windows 平台上使用最广泛的标准连接驱动。所有能在 Windows 上运行的数据库系统都提供了自己的 ODBC 驱动。通过这种方式，能访问所有的 Windows 上的数据库。但是它的效率稍低，而且本地机器上需要安装对应的 ODBC 驱动。下面演示了如何在本地机器上配置 ODBC 数据。

（1）打开 ODBC 配置窗口。在控制面板中找到 OBDC 配置的图标。如果是 Windows XP，该图标在“管理工具”中；如果是 Windows 2000，该图标就在控制面板中。找到图标后，双击它，出现如图 17.1 所示的窗口。

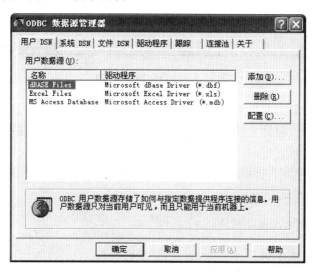

图 17.1　ODBC 配置窗口

（2）添加用户数据源（DSN）。单击图 17.1 中的“添加”按钮，出现如图 17.2 所示的窗口。在其中选择要添加的数据源的类型。这里选择的是 Access。

图 17.2　添加用户数据源

（3）为数据源添加属性。这一步是为数据源添加一些属性，其中最重要的是数据源的名称，稍后 JDBC 要通过它来连接数据库文件。单击图 17.2 中的"完成"按钮，出现如图 17.3 所示的窗口。

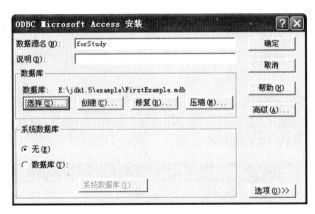

图 17.3　为数据源添加属性

这里将数据源的名称命名为 forStudy，请记住该名称，后面编程要用到。然后单击"选择"按钮，会出现一个一般的文件选择对话框，在其中选择第 16 章创建的 FirstExam- ple.mdb 文件即可。

完成后，单击"确定"按钮，回到图 17.1 所示界面上，会看到多出了一个用户数据源，名称为 forStudy，表示配置成功。

2. 本地API部分Java驱动程序

这种连接方式如图 17.4 所示。

驱动程序使用本地 API 与数据源系统通信，使用 Java 方法调用执行数据操作的 API 函数。这就要求驱动程序要与应用程序一起驻留在客户层上，并直接与数据库服务器进行通信。因此，它要求客户机上有一些二进制代码。这种方法的执行速度比 JDBC-ODBC 更快，但它必须使用本地代码，而且各个厂商提供的本地接口在驱动中不一致，编程时需要查找厂商提供的手册。

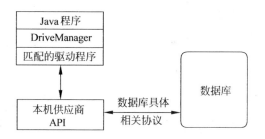

图 17.4　本地 API 连接方式

这种驱动连接方式最大的弱点是需要把开发商数据库加载到每一台客户机上，因此它不能应用于 Internet。而且驱动程序使用的是 Java Native Interface，由于该接口在 JVM 的不同开发商之间没有得到一致的实现，所以它在平台间的移植性能也不是很好。

3. JDBC-Net纯Java驱动程序

这种连接方式的驱动程序采用一种三层化方法，JDBC 数据库请求凭借这种方法，被转换成数据库独立的网络协议，并转发给中间层服务器。然后中间层服务器再把该请求转换成数据库特定的本机连接接口，并把该请求传递给数据库服务器。如果中间层服务器是用 Java 编写成的，它可以使用前面介绍的两种类型的 JDBC 驱动程序来完成这些工作，这意味着它在体系结构上是非常灵活的。

总的体系结构由 3 层组成：JDBC 客户和驱动程序、中间件以及数据库。如图 17.5 所示。

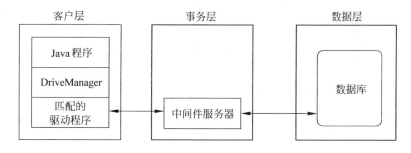

图 17.5　JDBC-Net 连接方式

在这种连接方式中，JDBC 驱动程序（通常只有几百 KB）在客户机上执行，并通过网络把 SQL 命令传递给 JDBC 服务器，然后接收来自服务器的数据，并管理连接。这种方式考虑到了在 Internet 上的部署。这种方式的优点是显而易见的。

- 在中间层上有一个组件，所以无需客户机上存在任何数据库。
- 它的可移植性能和查询性能都非常好，可以供多个用户并发操作数据库。
- 客户端的 JDBC 驱动程序非常小，加载迅速，适合在 Internet 上部署。
- 它为高速缓存之类的功能、加载平衡以及日志和审计之类的系统管理提供了支持。
- 大多数的三层 Web 应用程序都涉及到安全、防火墙以及代理，而这类驱动程序一般都提供了这些功能。

当然，这种方式也有其缺点。

❑ 要求数据库特定的编码在中间层完成，这增加了中间层设计者的负担，整个开发
周期比前面两种方式要长。

❑ 遍历查询结果集时要花费比较长的时间，这是因为这些数据要经历后台服务器。

4．本地协议的纯Java驱动程序

它允许从 Java 客户端直接调用连接到数据库服务器。它是纯粹的 Java 程序，不需要
对客户端进行配置，只需要注册相应的驱动程序名称即可，这全面体现了 Java 的跨平台性
和安全性。不过，当后台数据库变成一个不同开发商产品时（尽管这种情形很少见，但不
能完全排除），不能使用同一个 JDBC 驱动程序，需要替换该驱动程序。

这些驱动程序把 JDBC 直接转换成 DBMS 开发商提供的 Java 驱动程序。这些驱动程
序多数只能从 DBMS 开发商那里才能得到，因为只有开发商才最了解他们自己的协议。整
个连接方式如图 17.6 所示。

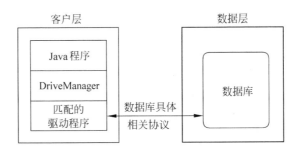

图 17.6　本地协议连接方式

这种方式的优点如下。

❑ 它不必把数据库请求转换成 ODBC 或者传递给另外一个服务器，所以性能一般都
很高，比第一和第二种方式都更好。

❑ 无需在客户端或者服务器端安装特殊软件，而且这些驱动程序可以被动态下载。

这种方式的缺点在于，程序员需要给每个数据库使用不同的 JDBC 驱动程序。

相对而言，在 Windows 平台上使用第一种方式较多，在 Linux/Unix 平台上使用第四
种方式较多。

17.1.4　连接池

进行 JDBC 操作的第一步就是建立数据库连接。但这个过程是比较消耗资源的，如果
每进行一次数据库操作就建立一次连接，那么消耗在此动作上面的时间和资源，将大大影
响程序的效率。

为解决这一问题，JDBC 使用了"连接池"的概念。在连接池中，保存了若干已经建
立好的数据连接。每次需要与数据源通信的时候，如果所需要的连接在连接池里，那么直
接使用这些现成的数据连接即可，使得运行速度大大提高。

数据库连接池运行在服务器端，而且对应用程序的编码没有任何影响。不过前提是，
应用程序必须通过 DataSource 对象（一个实现 javax.sql.DataSource 接口的实例）的方式，代

替原有通过 DriverManager 类来获得数据库连接的方式。一个实现 javax.sql.DataSource 接口的类可以支持也可以不支持数据库连接池，但是两者获得数据库连接的代码基本是相同的。

它的一般代码如下：

```
Context ctx = new InitialContext();
DataSource ds = (DataSource) ctx.lookup("jdbc/openbase");
```

如果当前 DataSource 不支持数据库连接池，应用程序将获得一个和物理数据库连接对应的 Connection 对象。而如果当前的 DataSource 对象支持数据库连接池，应用程序将自动获得重用的数据库连接，而不用创建新的数据库连接。重用的数据库连接和新建立连接的数据库连接，使用上没有任何不同。应用程序可以通过重用的连接正常地连接数据库，进行访问数据的操作，完成操作后应显式地调用 close() 方法关闭数据库连接。

当关闭数据连接后，当前使用的数据库连接将不会被物理关闭，而是放回到数据库连接池中进行重用。不过对于数据库应用程序员而言，这个操作是透明的。

在 JDBC 3.0 规范中，提供了一个支持数据库连接池的框架。这个框架仅仅规定了如何支持连接池的实现，而连接池的具体实现，JDBC 3.0 规范并没有做相关的规定。通过这个框架，可以让不同角色的开发人员共同实现数据库连接池。

通过 JDBC 3.0 规范可以知道，具体数据库连接池的实现可以分为 JDBC Driver 级和 Application Server 级。在 JDBC Driver 级的实现中，任何相关的工作均由特定数据库厂商的 JDBC Driver 的开发人员来具体实现，即 JDBC Driver 既需要提供对数据库连接池的支持，同时也必须对数据库连接池进行具体实现。而在 Application Server 级的数据库连接池的实现中，特定数据库厂商的 JDBC Driver 开发人员和 Application Server 开发人员，共同实现数据库连接池的实现（但是现在大多数 Application Server 厂商实现的连接池的机制和规范中提到的有差异），其中特定数据库厂商的 JDBC Driver 提供数据库连接池的支持，而特定的 Application Server 厂商提供数据库连接池的具体实现。

这些具体的实现是比较高级的内容，限于本书的篇幅，不做深入的研究。

17.1.5　事务操作

有时候需要对多个数据表进行操作，只有对这几个表的操作都成功时，才能认为整个操作完成，这样的操作称为"事务操作"。如果某一个步骤失败，之前的各个操作都要取消，这种取消动作被称为"回滚（rollback）"。JDBC 中的事务操作是基于同一个数据连接的，各个连接之间互相独立。当数据连接断开后，一个事务就结束了。关于事务操作的方法，都位于接口 java.sql.Connection 中。

在 JDBC 中，事务操作默认是自动提交。也就是说，一条对数据库的更新表达式代表一项事务操作，操作成功后，系统将自动调用 commit() 来提交，否则将调用 rollback() 来回滚。同时，程序还可以通过调用 setAutoCommit(false) 来禁止自动提交。之后就可以把多个数据库操作的表达式作为一个事务，在操作完成后调用 commit() 来进行整体提交。倘若其中一个表达式操作失败，都不会执行到 commit()，并且将产生相应的异常。此时，就可以在异常捕获时调用 rollback() 进行回滚。这样做可以保持多次更新操作后，相关数据的一致性。下面是程序片段：

```
try {
```

```
    conn = DriverManager.getConnection("jdbc:odbc:forStudy","","")
    conn.setAutoCommit(false);                    //禁止自动提交，设置回滚点
    stmt = conn.createStatement();
    stmt.executeUpdate("alter table …");          //数据库更新操作 1
    stmt.executeUpdate("insert into table …");    //数据库更新操作 2
    conn.commit();                                //事务提交
}catch(Exception ex) {
  ex.printStackTrace();
  try {
      conn.rollback();                            //操作不成功则回滚
  }catch(Exception e) {
      e.printStackTrace();
  }
}
```

读者现在不必完全弄懂这段代码的含义，等到看完了本节后面的内容，再回过来看这段代码，就会完全明白每条语句的作用。

JDBC API 支持事务对数据库的加锁，并且提供了 5 种操作支持和 2 种加锁密度。5 种支持如下。

- □ static int TRANSACTION_NONE：禁止事务操作和加锁。
- □ static int TRANSACTION_READ_UNCOMMITTED：允许脏数据读写（dirty reads）、重复读写（repeatable reads）和影象读写（phantom reads）
- □ static int TRANSACTION_READ_COMMITTED：禁止脏数据读写，允许重复读写和影象读写。
- □ static int TRANSACTION_REPEATABLE_READ：禁止脏数据读写和重复读写，允许影象读写。
- □ static int TRANSACTION_SERIALIZABLE：禁止脏数据读写和重复读写，允许影象读写。

其中几个术语解释如下。

- □ 脏数据读写（dirty reads）：当一个事务修改了某一数据行的值而未提交时，另一事务读取了此行值。倘若前一事务发生了回滚，则后一事务将得到一个无效的值（脏数据）。
- □ 重复读写（repeatable reads）：当一个事务在读取某一数据行时，另一事务同时在修改此数据行。则前一事务在重复读取此行时，将得到一个不一致的值。
- □ 影象读写（phantomreads）：当一个事务在某一表中进行数据查询时，另一事务恰好插入了满足查询条件的数据行。则前一事务在重复读取满足条件的值时，将得到一个额外的"影象"值。

JDBC 根据数据库提供的默认值来设置事务支持及其加锁，它有两种加锁密度，分别是表加锁和行加锁。在上述事务操作中，最后一项就是表加锁，而第 3、4 项则是行加锁。用程序设置加锁的方法如下：

```
Settransactionisolation(int level);
```

也可以用下面的方法来查看数据库的当前设置：

```
getTransactionIsolation();
```

注意：某些数据库（如 Oracle）中，数据库驱动对事务处理的默认值是 TRANSACTION_ NONE，即不支持事务操作，所以需要在程序中手动进行设置。在进行手动设置时，数据库及其驱动程序必须要支持相应的事务操作才行。

上述设置随着加锁密度的增加，其事务的独立性随之增加，更能有效地防止事务操作之间的冲突。同时，增加了加锁的开销，降低了用户之间访问数据库的并发性，程序的运行效率也会随之降低。因此程序员必须平衡程序运行效率和数据一致性之间的冲突。一般来说，对于只涉及到数据库的查询操作时，可以采用 TRANSACTION_READ_ UNCOMMITTED 方式；对于数据查询远多于更新的操作，可以采用 TRANSACTION_ READ_COMMITTED 方式；对于更新操作较多的，可以采用 TRANSACTION_ REPEATABLE_READ；在数据一致性要求更高的场合再考虑最后一项。由于涉及到表加锁，因此会对程序运行效率产生较大的影响。

17.2　Java 对数据库的操作

连接上数据库之后，就可以对数据库中的数据进行操作了。无论何种语言、何种数据库，也无论多么复杂的系统，对数据库的操作都不外乎 5 种基本操作：增、删、改、查找和排序。在 Java 中，这些操作都是通过 SQL 语言来实现的。

17.2.1　常用接口及类

要操作数据库，多数需要通过下面的类以及接口来实现（本节的后面将通过一些例子来介绍这些类和接口的使用）。

（1）DriverManager 类

DriverManager 类是 JDBC 的管理层，作用于用户和驱动程序之间。它跟踪可用的驱动程序，并在数据库和相应驱动程序之间建立连接。另外，DriverManager 类也处理诸如驱动程序登录时间限制，以及登录和跟踪消息的显示等事务。

对于简单的应用程序，一般程序员需要在此类中直接使用的唯一方法是：

```
DriverManager.getConnection()
```

正如名称所示，该方法将建立与数据库的连接。JDBC 允许用户调用 DriverManager 的方法 getDriver()、getDrivers()和 registerDriver()。但多数情况下，DriverManager 类自己管理建立连接的细节为上策。

（2）Connection 接口

该类对应于数据库连接对象，是 JDBC 操作的起点，同时也是一个 JDBC 事务的起点，封装了对数据库连接的操作。一般情况下，Connetction 对象是由 DriverManager.getConn-ection()方法来得到的，程序只需要获取该方法返回的一个指向 Connection 对象的引用，就可以对数据库进行操作。Connection 的方法比较多，但多数情况下，程序员只需要用到下面的两个方法。

- ❑ Statement createStatement()：创建一个 Statement 对象，并返回该对象将用于执行具体的 SQL 命令。
- ❑ void close()：关闭数据库连接，释放资源。

（3）Statement 接口

这是执行 SQL 命令的主要容器，它一次只能执行一条 SQL 命令。它通过 3 个不同的方法来执行 SQL 命令。

- ❑ ResultSet executeQuery(String sql)：执行 SQL 命令，返回一个结果集合。通常用于执行 SELECT 命令。
- ❑ int executeUpdate(String sql)：执行 SQL 命令，返回操作成功的记录条数。通常用于执行 INSERT、UPDATE 或 DELETE 命令。
- ❑ boolean execute(String sql)：执行 SQL 命令，返回执行结果的标志。如果值为 true，表示返回了一个结果集，需要用 getResultSet()方法获取这个结果集，也可以使用 getMoreResults()获取子结果集。如果为 false，表示没有结果集，只需要调用 getUpdateCount()方法获取记录更新的条数。

程序员需要根据执行的命令来选择合适的执行方法。

（4）PreparedStatement 接口

与 Statement 类似，但它对 SQL 命令进行预编译，对于需要多次执行的 SQL 语句而言，可以提高执行效率。作为 Statement 的子接口，它不仅拥有 Statement 的所有方法，还增加了一套方法，通过使用一个称为"占位符"的输入参数，程序员可以方便地将程序中的变量转换成为 SQL 语句中的变量，并降低出错的可能性。

（5）ResultSet 接口

它用来接受 SQL 语句执行后的结果，程序员可以通过 next()和 previous()等方法来访问结果集中的任意一条记录。同时它还提供了大量的辅助方法，方便访问记录中的各个字段。关于这个接口，将在 17.2.7 小节中详细介绍。

17.2.2　建立数据库连接

前面介绍过，建立数据库连接有 4 种方式，这里以 Windows 系统下常用的 JDBC-ODBC 连接为例来讲解。

为连接到某个数据库，首先要建立一个 JDBC-ODBC 桥接器，它将 JDBC 操作转换成 ODBC 操作来完成。这需要使用 sun.jdbc.odbc 包和 java.lang 包中的类来实现。

（1）加载 ODBC 驱动，使用下面的方法：

```
Class.forName("sun.jdbc.odbc.JdbcOdbcDriver");
```

该方法是一个静态方法，可以直接使用。同时，它还可能抛出异常，所以需要写在

try-catch 语句块中。注意，这里是加载 ODBC 驱动，无论后台是何种数据库，该驱动程序是不变的。如果不是采用 JDBC-ODBC 桥，而采用其他的 Java 驱动，就需要加载对应的驱动程序。例如，后台是 MySQL，加载驱动程序的代码是：

```
Class.forName("org.glt.mm.mysql.Driver");
```

如果是 DB2，则加载方式为：

```
Class.forName("COM.ibm.db2.jdbc.app.DB2Driver");
```

其余的数据库，请查阅数据库帮助。

（2）建立连接

加载了驱动程序后，就可以建立连接了。这需要使用 java.sql 中的 Connection 类来声明一个对象，再使用类 DriverManager 的静态方法 getConnection 创建连接对象。该方法的声明如下：

```
static Connection getConnection(String url, String user, String password);
```

其中，第一个参数是指定要连接的数据库名称，该数据库既可以是本地的，也可以是远程的。后两个参数分别是用户名和密码，如果数据库没有该项设置，可以为空。

如果使用 ODBC 驱动，则要写成这个样子：

```
jdbc:odbc:数据源名字
```

注意：这里是数据源而非数据库名称。

如果是非 ODBC 驱动，例如 MySQL，则要写成："jdbc:mysql://数据库主机名/数据库名称"。

【例 17.1】　使用 JDBC-ODBC 桥来连接一个 Access 数据库。

该数据库的名称为 FirstExample，在 ODBC 数据源中的名称为 forStudy，用户和密码均为空。这就是第 16 章建立的数据库，以及 17.1 节配置的 ODBC 数据源。

```
//-----------连接数据库示例程序段，程序编号 17.1----------------
try{
    Class.forName("sun.jdbc.odbc.JdbcOdbcDriver");//加载数据库驱动
    Connection con=DriverManager.getConnection
                ("jdbc:odbc:forStudy","","");//这里是ODBC 数据源名称
}catch(ClassNotFoundException e){
}catch(SQLException e){
}
```

17.2.3　关闭数据库连接

调用 Connection 的 close()方法可以关闭数据库连接。但在实际应用中，可能会出现各种异常情况，程序就不会按照正常流程运行，就可能出现 close()方法没有被调用的情况。而程序即便终止了运行，仍然会占用数据库的连接数量，这就是"连接泄漏"。当数据库的连接数量达到极限后，就会导致数据库不再响应用户请求，甚至停止等后果，这是必须要避免的。所以，一般将 close 写在 try-catch-finally 的 finally 语句中，保证即便发生异常，

数据库也一定会关闭。

【例 17.2】 关闭数据库连接示例。

//-----------关闭数据库示例程序段，程序编号 17.2----------------

```
try{
    //加载 JDBC 驱动类
    Class.forName("sun.jdbc.odbc.JdbcOdbcDriver");
    Connection con=DriverManager.getConnection
                        ("jdbc:odbc:forStudy","","");
}catch(ClassNotFoundException e){
}catch(SQLException e){
}finally{    //在这里关闭数据库
    if(con!=null){
        try{
            if(!con.isClosed())
                con.close();    //关闭数据库连接
        }catch(SQLException el){
            el.printStackTrace();
        }//end try-catch
    }//end if
}  //end try-catch-finally
```

17.2.4　添加新数据

获得连接后，程序就可以操作数据库了，先来看如何添加数据。这需要使用 SQL 语句，一般将 SQL 语句存放在一个 Statement 对象中，然后执行该对象的 executeUpdate()方法就可以了。

【例 17.3】 向数据库中添加新数据。

例如，在数据库 FirstExample 中有一张表名为 student，它具有 code、name、sex、address、room 和 tel 6 个字段（如果你的数据库中该表的字段不是这个样子，请将其设置成这样 6 个字段），希望添加一条记录：（30，小王，男，湖南湘潭，N-408，8293456）。程序代码如下：

//-----------程序名 insertData.java，程序编号 17.3----------------

```
//本程序测试插入数据
import java.sql.*;
public class insertData {
    public static void main(String[] args) {
        Connection con=null;
        Statement stmt;
        //要执行的 SQL 语句
        String sqlString="insert into student values('30', '小王','男',
                                    '湖南湘潭','N-408','8293456')";
        try{
            //加载数据库驱动
            Class.forName("sun.jdbc.odbc.JdbcOdbcDriver");
            //连接数据库
            con=DriverManager.getConnection("jdbc:odbc:forStudy","","");
```

```
      stmt=con.createStatement();
          //执行插入命令
      stmt.executeUpdate(sqlString);
      System.out.println("插入成功");
    }catch(Exception e){
      e.printStackTrace();
    }finally{
      try{
        con.close();
      }catch(SQLException e){
        e.printStackTrace();
      }
    }
  }
}
```

执行该程序后，可用 Access 打开 student 表来查看插入数据是否成功。

上面的程序实现比较简单，但没有多大的实际意义，因为在实际运行中，需要插入的数据通常都是由用户输入的，是一些变量。而将变量组配成一条 SQL 语句是一件很容易出错的事。例如有变量：code="30"，name="小王"，sex="男"，address="湖南湘潭"，room="N-408"，tel="8293456"，那么像这样组配：

```
sqlString="insert into student values('code','name','sex','address',
'room','tel')";
```

是肯定错误的，被代入到 SQL 语句中去的是 code、name 这样的变量名，而非它所存储的字符串。所以应该写成这个样子：

```
sqlString="insert into student values('"+code+"','"+name+"','"+sex+"',
        '"+address+"','"+ room + "','" + tel + "',)";
```

这样写，才会将这些变量本身存储的值代入到 SQL 语句中。一个可以接收用户输入的程序，如下所示：

//-----------程序名 insertData.java，程序编号 17.4-----------------

```
import java.sql.*;
import java.io.*;
public class insertData {
  public static void main(String[] args) {
    Connection con=null;
    Statement stmt;
    String sqlString;
    String name,sex,address,code,room,tel;
    try{
      Class.forName("sun.jdbc.odbc.JdbcOdbcDriver");
      con=DriverManager.getConnection("jdbc:odbc:forStudy","","");
      stmt=con.createStatement();
      code=getInput("请输入编号: ");
      name=getInput("请输入姓名: ");
      sex=getInput("请输入性别: ");
      address=getInput("请输入地址: ");
```

```
        room=getInput("请输入寝室: ");
        tel=getInput("请输入电话: ");
        //拼装 SQL 字符串
        sqlString="insert into student values('" +code +"','" + name + "','"
                    + sex + "','" + address + "','"+ room + "','" + tel
                    + "')";
        stmt.executeUpdate(sqlString);
        System.out.println("插入成功");
    }catch(Exception e){
        e.printStackTrace();
    }finally{
        try{
            con.close();
        }catch(SQLException e){
            e.printStackTrace();
        }
    }
}
//接收用户输入
public static String getInput(String msg){
    String result=null;
    try{
        //创建用户输入流
        BufferedReader in=new BufferedReader(new InputStreamReader
        (System.in) );
        System.out.print(msg);
        result=in.readLine();
    }catch(IOException e){
        e.printStackTrace();
    }
    return result;
}
}
```

程序运行截图如图 17.7 所示。

图 17.7　程序运行截图

从程序 17.4 中可以看出，单纯地通过拼接字符串的方式将程序中的变量组合成标准的
SQL 语句是比较容易出错的，如果字符串本身中还含有双引号或单引号，转换就会变得更
为困难。即便是非常熟练的程序员，也很可能在这里犯错。所以，Java 又提供了一个
PreparedStatement 类，该类一个重要的作用就是提供了一个"占位符"，可以方便程序员

进行转换工作。上面的例子可以改成：

```
sqlString="insert into student values(?,?,?,?)"; //?就是占位符
```

然后用下面的程序：

```
PreparedStatement ps=con.prepareStatement(sqlString);
ps.setString(1,code);           //替换第一个占位符
......
ps.setString(4,address);        //替换第四个占位符
ps.executeUpdate();
```

注意上面的第一个占位符的设置。在 Access 中，数值型字段其实仍然是以字符串来存储的，所以即便 code 是整型数据，仍然可以使用 setString 这种方式来为数值型字段赋值。而对于其他的大型数据库，是严格区分 int、long 和 short 等类型的，就必须要用 setInt 或 setLong 等来赋值。整个程序如程序 17.5 所示。

//-----------程序名 insertData.java，程序编号 17.5-----------------

```
import java.sql.*;
import java.io.*;
public class insertData {
  public static void main(String[] args) {
    Connection con=null;
    PreparedStatement ps;
    String sqlString;
    String name,sex,address,code,room,tel;
    try{
      Class.forName("sun.jdbc.odbc.JdbcOdbcDriver");
      con=DriverManager.getConnection("jdbc:odbc:forStudy","","");
      code=getInput("请输入编号：");
      name=getInput("请输入姓名：");
      sex=getInput("请输入性别：");
      address=getInput("请输入地址：");
      room=getInput("请输入寝室：");
      tel=getInput("请输入电话：");
      sqlString="insert into student values(?,?,?,?,?,?)";
      ps=con.prepareStatement(sqlString);
      ps.setString(1,code); //替换第一个占位符
      ps.setString(2,name);
      ps.setString(3,sex);
      ps.setString(4,address);
      ps.setString(5,room);
      ps.setString(6,tel);
      ps.executeUpdate();  //执行 SQL 命令
      System.out.println("插入成功");
    }catch(Exception e){
      e.printStackTrace();
    }finally{
      try{
        con.close();
      }catch(SQLException e){
        e.printStackTrace();
```

```
            }
        }
    }
    public static String getInput(String msg){
        String result=null;
        try{
            BufferedReader in=new BufferedReader(new InputStreamReader
            (System.in));
            System.out.print(msg);
            result=in.readLine();
        }catch(IOException e){
            e.printStackTrace();
        }
        return result;
    }
}
```

这个程序的运行情况和程序 17.4 是完全一样的。

17.2.5　删除数据

删除数据很简单，只要执行 SQL 语句中的删除命令 delete 即可。在 Java 程序中执行 delete 命令，仍然需要创建连接、开启事物、执行 SQL 命令等一系列过程。下面是一个简单的例子。

【例 17.4】　从数据库中删除记录。

//-----------程序名 deleteData.java，程序编号 17.6----------------

```
import java.sql.*;
import java.io.*;
public class deleteData {
    public static void main(String[] args) {
        Connection con=null;
        Statement stmt;
        String sqlString;
        String code;
        int k;
        try{
            Class.forName("sun.jdbc.odbc.JdbcOdbcDriver");
            con=DriverManager.getConnection("jdbc:odbc:forStudy","","");
            code=getInput("请输入要删除记录的编号: ");
            sqlString="delete from student where code='"+code+"'";
            stmt=con.createStatement();
            //执行删除命令，并获取成功执行的记录数
            k=stmt.executeUpdate(sqlString);
            System.out.println("删除了"+k+"条记录");
        }catch(Exception e){
            e.printStackTrace();
        }finally{
            try{
                con.close();
```

```
        }catch(SQLException e){
            e.printStackTrace();
        }
    }
}
public static String getInput(String msg){
    String result=null;
    try{
        BufferedReader in=new BufferedReader(new InputStreamReader
        (System.in));
        System.out.print(msg);
        result=in.readLine();
    }catch(IOException e){
        e.printStackTrace();
    }
    return result;
}
}
```

17.2.6　修改数据

使用 SQL 语句中 update 命令就可以修改数据，该命令第 16 章已经介绍过。下面是个简单的例子，将所有性别为"男"的记录改成"女"。

【例 17.5】　修改数据示例。

//-----------程序名 updateData.java，程序编号 17.7----------------

```
import java.sql.*;
import java.io.*;
public class updateData {
    public static void main(String[] args) {
        Connection con=null;
        Statement stmt;
        String sqlString;
        int k;
        try{
            Class.forName("sun.jdbc.odbc.JdbcOdbcDriver");
            con=DriverManager.getConnection("jdbc:odbc:forStudy","","");
            //SQL 命令字符串
            sqlString="update student set sex='女' where sex='男'";
            stmt=con.createStatement();
            //执行 SQL 命令
            k=stmt.executeUpdate(sqlString);
            System.out.println("修改了"+k+"条记录");
        }catch(Exception e){
            e.printStackTrace();
        }finally{
            try{
                con.close();
            }catch(SQLException e){
                e.printStackTrace();
```

```
        }
      }
    }
}
```

17.2.7　查询数据

利用 SELECT 语句查询得到结果后，会将结果放在一个 ResultSet 集中，遍历这个集合就可以做任何需要的操作。ResultSet 是由 Java 提供的一个非常有用的类，每当查询语句执行完成后，就会返回一个查询结果的集合给它。可以将它想像成一张表，只包含那些查询符合条件的行和列。这张表有一个游标（cursors），可以把它想象成一根指针，它始终指向记录集中的某一行，所有对记录集的操作，默认都是对这根游标所指向的记录的操作。因此 ResultSet 提供了大量的方法供程序员来管理这根游标。

ResultSet 的方法非常多，表 17.1 列出了其中一些常用的方法。

表 17.1　ResultSet的常用方法

方　法	说　明
boolean absolute(int row)	将游标移动到指定行位置（绝对值）
void afterLast()	将游标移动到结果集的最后一条记录的后面
void beforeFirst()	将游标移动到结果集的第一条记录的前面
void cancelRowUpdates()	取消本行数据的更新
void clearWarnings()	清除本对象的所有警告
void close()	立即关闭与结果集连接的数据库并释放JDBC资源
void deleteRow()	从结果集以及数据表中删除游标所指向的记录
int findColumn(String columnName)	查找结果集中是否有给定的字段名称
boolean first()	将游标移动到结果集的第一条记录处
BigDecimal getBigDecimal(int columnIndex)	将游标指向的记录中由columnIndex所确定的字段转换成为BigDecimal数据返回
boolean getBoolean(int columnIndex)	将游标指向的记录中由columnIndex所确定的字段转换成为boolean数据返回
byte getByte(int columnIndex)	将游标指向的记录中由columnIndex所确定的字段转换成为byte数据返回
String getCursorName()	获取当前使用的游标名称
Date getDate(int columnIndex)	将游标指向的记录中由columnIndex所确定的字段转换成为date数据返回
double getDouble(int columnIndex)	将游标指向的记录中由columnIndex所确定的字段转换成为double数据返回
int getInt(int columnIndex)	将游标指向的记录中由columnIndex所确定的字段转换成为int数据返回
long getLong(int columnIndex)	将游标指向的记录中由columnIndex所确定的字段转换成为long数据返回
int getRow()	获取游标所指向的行数
short getShort(String columnName)	将游标指向的记录中由columnIndex所确定的字段转换成为short数据返回

续表

方　　　法	说　　　明
Statement getStatement()	返回与结果集相关联的Statement对象
String getString(int columnIndex)	将游标指向的记录中由columnIndex所确定的字段转换成为String数据返回
int getType()	返回结果集对象的类型，它的类型是下列3个之一： ResultSet.TYPE_FORWARD_ONLY； ResultSet.TYPE_SCROLL_INSENSITIVE； ResultSet.TYPE_SCROLL_SENSITIVE
void insertRow()	将准备插入的记录插入到结果集以及对应的表中
boolean isAfterLast()	测试游标是否在最后一条记录的后面
boolean isBeforeFirst()	测试游标是否在第一条记录的前面
boolean isFirst()	测试游标是否在第一条记录处
boolean isLast()	测试游标是否在最后一条记录处
boolean last()	将游标移动到最后一条记录处
void moveToCurrentRow()	将游标移动到前面记录下来的位置处，通常是当前位置。如果处于插入状态，此方法无效
void moveToInsertRow()	将游标移动到要插入记录的位置
boolean next()	将游标向后移动一行
boolean previous()	将游标向前移动一行
void refreshRow()	刷新游标所指向的记录值
boolean relative(int rows)	将游标移动到相对于当前位置差rows行的位置
boolean rowDeleted()	测试行是否已被删除
boolean rowInserted()	测试行是否已被插入
boolean rowUpdated()	测试行是否已被更新
void updateByte(int columnIndex, byte x)	将当前记录的columnIndex字段用x的值来取代
void updateDate(int columnIndex, Date x)	将当前记录的columnIndex字段用x的值来取代
void updateDouble(int columnIndex, double x)	将当前记录的columnIndex字段用x的值来取代
void updateInt(int columnIndex, int x)	将当前记录的columnIndex字段用x的值来取代
void updateLong(int columnIndex, long x)	将当前记录的columnIndex字段用x的值来取代
void updateRow()	更新与结果集相联系的表中的当前行
void updateShort(String columnName, short x)	将当前记录的columnIndex字段用x的值来取代
boolean wasNull()	测试读入进来的最后一列是否为SQL NULL值

下面的例子中先用 SQL 查询获取一个结果集，然后遍历这个结果集，将其中的记录输出到屏幕。

【例 17.6】 查询数据示例。

//-----------程序名 queryData.java，程序编号 17.8-----------------

```
import java.sql.*;
import java.io.*;
public class queryData{
    public static void main(String[] args) {
        Connection con=null;
        Statement stmt;
        ResultSet rs;
        String name,sex,address,code;
        try{
```

```
        Class.forName("sun.jdbc.odbc.JdbcOdbcDriver");
        con=DriverManager.getConnection("jdbc:odbc:forStudy","","");
        stmt=con.createStatement();
        //执行查询命令，并获取返回的结果集
        rs=stmt.executeQuery("select * from student");
        //下面开始遍历结果集
        while(rs.next()){ //游标向后移动
            name=rs.getString("name");    //获取 name 字段的内容
            sex=rs.getString("sex");      //获取 sex 字段的内容
            address=rs.getString("address");
            code=rs.getString("code");
            System.out.println(name +" "+ sex+" "+address+" "+code);
        }
    }catch(Exception e){
        e.printStackTrace();
    }finally{
        try{
            con.close();
        }catch(SQLException e){
            e.printStackTrace();
        }
    }//try end
  }//method end
}//class end
```

注意：在程序 17.8 中，需要先将游标执行一次 next()方法，才能读取数据。这是因为游标开始的时候位于第一条记录的前面。

17.3　学生信息管理系统实例

本节介绍一个用 Java 编制的小小的学生信息管理系统，这是一个 GUI 界面的数据库应用系统。前面介绍过，Java 没有像 Delphi 那样提供可视化的数据库感应控件，所以编制这类程序时，程序员必须花费较多的精力在处理可视化组件对数据的显示上面。而同样是对数据库进行操作，JSP 程序写起来就要简单得多，因为它只需要处理数据库的读写部分，显示部分交给前台的浏览器处理。

在开始设计程序之前，先看看程序第一次运行时的界面，如图 17.8 所示。

图 17.8　程序第一次运行时截图

这里用到的数据库仍然是前面的 FirstExample，ODBC 数据源名称为 forStudy，表名是

student，拥有 6 个字段，如表 17.2 所示。

表 17.2　student表中各个字段说明

字 段 名	类 型	长 度	含 义	主 键 否
code	文本	10	学生代码（学号）	是
name	文本	10	姓名	否
sex	文本	2	性别	否
address	文本	20	家庭住址	否
room	文本	20	寝室	否
tel	文本	20	电话	否

17.3.1　程序设计思路

程序的基本思路是，利用 SQL 语句将所有数据全部读入到 ResultSet 中，然后利用该对象中的各种方法（包括添加和删除等）对数据进行处理。

注意：某些数据库不支持数据集的这些功能，只能用相应的 SQL 命令来实现。

一般情况下，这种 MIS 程序有以下 3 种编程思路。

❑ 浏览页面和编辑页面分别是不同的页面。这样编程比较简单，但使用者不方便。
❑ 浏览页面和编辑页面是同一个页面，而且浏览的同时随时可以编辑，编辑后也不需要用户保存，只要离开本条记录，就自动保存。这样实现使用者最方便，但编程最为困难。
❑ 浏览页面和编辑页面是同一个页面，但浏览时不能编辑，编辑了记录后需要用户按下按钮保存。通过按钮在两种模式间切换。编程的难度和使用的方便程度位于上述两者之间。

本程序采用的是第 3 种思路。

17.3.2　几个相关标记

在此程序中，需要前后移动游标浏览数据，还可以切换到编辑模式修改或增加记录，也可以删除记录。这需要精确记录游标的位置和记录条数。ResultSet 对这两项的支持都很弱，直接编程不太方便，需要自己增加几个类成员作为相关标记：

```
protected int recordState=onlyRead;                          //当前记录的状态
public static final int onlyRead=0, adding=1,amending=2;     //记录的 3 种状态
protected int  curRow=0,                                     //游标的位置
         recordCnt=0;                                        //记录总数
```

ResutlSet 不能直接获取记录总数，需要使用 SQL 语句：

```
select count(*) from student
```

来实现，然后用再设置 curRow 和 recordCnt 的值。

17.3.3　程序界面设计

首先来设计程序的界面，这个比较简单，用第 14 章介绍的知识就可以轻松完成，只有一点需要注意。因为在退出程序时必须关闭数据库，所以需要监听窗口的 windowClosing 事件。另外，某些按钮在一开始应该处于不可用状态，例如，"前一条"、"后一条"等，所以需要设置一下。

程序界面设计的代码如下：

//-----------程序名 AddressList.java，程序编号 17.9----------------

```java
import javax.swing.*;
import java.awt.event.*;
import java.awt.*;
import java.sql.*;
public class AddressList extends WindowAdapter{
    JFrame    mainJframe;
    Container  con;
    JPanel    pane[];
    JTextField fieldText[];
    JLabel    lbl[];
    JButton    firstBtn,preBtn,nextBtn,lastBtn,
              addBtn,editBtn,delBtn,cancelBtn,saveBtn;
    Connection conn=null;
    Statement  stmt=null;
    ResultSet  rs=null;
    protected  int recordState=onlyRead, curRow=0,recordCnt=0;
    public static final int onlyRead=0, adding=1,amending=2;
    public static final String lblmsg[]={"学号","姓名","性别","家庭住址",
    "寝室","电话"};
    private static final int fieldCnt=6;
    //在构造方法中布置界面
    public AddressList() {
        mainJframe = new JFrame("学生信息管理");
        con=mainJframe.getContentPane();
        con.setLayout(new BoxLayout(con,BoxLayout.Y_AXIS));
        pane=new JPanel[4];
        for(int i=0; i<4; i++){
            pane[i]=new JPanel();
            pane[i].setLayout(new FlowLayout());
        }
        fieldText = new JTextField[fieldCnt];
        lbl = new JLabel[fieldCnt];
        for(int i=0; i<fieldCnt; i++){
            fieldText[i]=new JTextField();
            fieldText[i].setColumns(10);
            fieldText[i].setEditable(false);
            lbl[i]=new JLabel();
            lbl[i].setText(lblmsg[i]);
            pane[i/2].add(lbl[i]);
            pane[i/2].add(fieldText[i]);
```

```
        }
        fieldText[2].setColumns(6);
        fieldText[3].setColumns(12);
        firstBtn=new JButton("第一条");
        preBtn=new JButton("前一条");
        nextBtn=new JButton("后一条");
        lastBtn=new JButton("最后一条");
        addBtn=new JButton("增加记录");
        editBtn=new JButton("编辑记录");
        delBtn=new JButton("删除记录");
        cancelBtn=new JButton("取消改变");
        saveBtn=new JButton("保存记录");
        firstBtn.addActionListener(this);
        preBtn.addActionListener(this);
        nextBtn.addActionListener(this);
        lastBtn.addActionListener(this);
        addBtn.addActionListener(this);
        editBtn.addActionListener(this);
        delBtn.addActionListener(this);
        cancelBtn.addActionListener(this);
        saveBtn.addActionListener(this);
        pane[3].add(firstBtn);
        pane[3].add(preBtn);
        pane[3].add(nextBtn);
        pane[3].add(lastBtn);
        pane[3].add(addBtn);
        pane[3].add(editBtn);
        pane[3].add(delBtn);
        pane[3].add(cancelBtn);
        pane[3].add(saveBtn);
        for(int i=0;i<4;i++)
            con.add(pane[i]);
        mainJframe.setSize(450,300);
        mainJframe.setVisible(true);
        mainJframe.addWindowListener(this);
        connection();
        if (recordCnt>0) showDate();
        setFace();
    }
//设置按钮的初始状态
    protected void setFace(){
    firstBtn.setEnabled(false);
    preBtn.setEnabled(false);
    nextBtn.setEnabled(true);
    lastBtn.setEnabled(true);
    addBtn.setEnabled(true);
    editBtn.setEnabled(true);
    delBtn.setEnabled(true);
    cancelBtn.setEnabled(false);
    saveBtn.setEnabled(false);
}
```

```
public static void main(String[] args) {
    new AddressList();
  }
}
```

其中的 connection()和 showDate()方法将在后面介绍。这里实际上已经提供了本程序的框架，后面的代码都要添加在 AddressList.java 文件中。

17.3.4　打开数据库

程序要做的第一件事情就是连接数据库，这里使用的方法前面已经介绍过。但默认情况下，数据集中的数据是只可读，游标也只能向后移动，与程序的要求不符。所以要使用下面的方法：

```
conn.createStatement(ResultSet.TYPE_SCROLL_INSENSITIVE,ResultSet.
CONCUR_UPDATABLE);
```

其中，第一个参数指定游标可以前后移动，第二个参数指定数据集可读写。

注意：某些数据库不支持这些功能。

在打开数据库的同时，需要做两件事情：一是获取数据；二是统计记录的条数。这要用两条 SQL 语句来完成。打开数据库写成一个方法，代码如下：

```
public void connection(){
  try{
    Class.forName("sun.jdbc.odbc.JdbcOdbcDriver");
    conn=DriverManager.getConnection("jdbc:odbc:forStudy","","");
    stmt=conn.createStatement(ResultSet.TYPE_SCROLL_INSENSITIVE,
                              ResultSet.CONCUR_UPDATABLE);
    rs=stmt.executeQuery("select count(*) from student");
    if(rs.next())
      recordCnt=rs.getInt(1);     //获取记录总数
    rs=stmt.executeQuery("select code,name,sex,address,room,
    tel  from student");
    rs.next();                    //将游标移动到第一条记录处
    curRow=1;
  }catch(SQLException e){
    JOptionPane.showMessageDialog(mainJframe,"数据库无法连接或没有记录");
  }catch(ClassNotFoundException e){
    JOptionPane.showMessageDialog(mainJframe,"无法加载 ODBC 驱动");
  }
}
```

17.3.5　关闭数据库

程序在使用中是不需要关闭数据库的，只有当程序退出运行时才需要关闭数据库，所以需要将关闭数据库的代码写在 windowClosing 事件的响应代码中。代码如下：

```
//退出系统时要关闭数据库
```

```
public void windowClosing(WindowEvent el){
    try{
        conn.close();
    }catch(SQLException e){
        e.printStackTrace();
    }finally{
        System.exit(0);
    }
}
```

17.3.6　显示数据到控件中

在大多数情况下，界面上显示的记录必须是游标指向的记录，而默认情况下，界面上的组件是不知道游标移动情况的，也无法自动显示记录中的数据。所以需要一个方法来将当前记录显示在组件中，一旦游标移动，程序就要调用此方法。

```
//依次在 text 中显示"学号"、"姓名"、"性别"、"家庭住址"、"寝室"和"电话"
public void showDate(){
    try{
        fieldText[0].setText(rs.getString("code"));
        fieldText[1].setText(rs.getString("name"));
        fieldText[2].setText(rs.getString("sex"));
        fieldText[3].setText(rs.getString("address"));
        fieldText[4].setText(rs.getString("room"));
        fieldText[5].setText(rs.getString("tel"));
    }catch(SQLException e){
        JOptionPane.showMessageDialog(mainJframe,"无法获取数据");
    }
}
```

17.3.7　几个辅助方法

为了编程上的方便，需要将几个按钮都要用到的功能写成下面两个方法供其他方法调用：

```
//设置文本框的读写状态
protected void setTextState(boolean flag){
  for(int i=0;i<fieldCnt;i++)
    fieldText[i].setEditable(flag);
}
//将所有文本框中的数据清除
protected void setTextEmpty(){
    for(int i=0;i<fieldCnt;i++)
    fieldText[i].setText(null);
}
```

17.3.8　"第一条"按钮事件响应代码

当用户单击"第一条"按钮时，需要做下面几件事情。

❑ 将游标移动到第一条记录处；

❑ 显示记录到界面上；

❑ 修改按钮的使用状态；

❑ 修改相应的变量值。

```
protected void doMoveFirst(){
  //容错处理
  if (curRow<=1){
     firstBtn.setEnabled(false);
     preBtn.setEnabled(false);
     curRow=1;
     return ;
  }
  try{
     if (rs.first()){   //移动游标到第一条位置
        showDate();         //显示当前记录到界面上
        curRow=1;           //记录游标的新位置
        //重新设置按钮的状态
        firstBtn.setEnabled(false);
        preBtn.setEnabled(false);
        nextBtn.setEnabled(true);
        lastBtn.setEnabled(true);
     }
  }catch(SQLException el){
     JOptionPane.showMessageDialog(mainJframe,"移动游标出错");
  }
}
```

17.3.9 "前一条"按钮事件响应代码

当用户单击"前一条"按钮时，需要做下面几件事情。

❑ 将游标移动到前一条记录处；

❑ 显示记录到界面上；

❑ 判断当前游标所在位置，修改按钮的使用状态；

❑ 修改相应的变量值。

```
protected void doMovePrevior(){
  if (curRow<=1){                //容错处理
     firstBtn.setEnabled(false);
     preBtn.setEnabled(false);
     curRow=1;
     return ;
  }
  try{
     if (rs.previous()){    //向前移动游标
        showDate();
        curRow--;
        if (curRow==1){       //如果是第一条记录
```

```
            firstBtn.setEnabled(false);
            preBtn.setEnabled(false);
        }
        nextBtn.setEnabled(true);
        lastBtn.setEnabled(true);
    }
  }catch(SQLException el){
     JOptionPane.showMessageDialog(mainJframe,"移动游标出错");
  }
}
```

17.3.10　"后一条"按钮事件响应代码

当用户单击"后一条"按钮时，它执行的操作恰好和"前一条"相反，不再赘述。

```
protected void doMoveNext(){
   if (curRow>=recordCnt){          //容错处理
      nextBtn.setEnabled(false);
      lastBtn.setEnabled(false);
      curRow=recordCnt;
      return ;
   }
   try{
      if (rs.next()){               //向后移动游标
         showDate();
         curRow++;
         if (curRow==recordCnt){ //如果是最后一条记录
            nextBtn.setEnabled(false);
            lastBtn.setEnabled(false);
         }
         firstBtn.setEnabled(true);
        .preBtn.setEnabled(true);
      }
   }catch(SQLException el){
      JOptionPane.showMessageDialog(mainJframe,"移动游标出错");
   }
}
```

17.3.11　"最后一条"按钮事件响应代码

当用户单击"最后一条"按钮时，它执行的操作和"第一条"相反，不再赘述。

```
protected void doMoveLast(){
  if (curRow>=recordCnt){
     nextBtn.setEnabled(false);
     lastBtn.setEnabled(false);
     curRow=1;
     return ;
  }
  try{
```

```
    if (rs.last()){    //将游标移动到最后
        showDate();
        curRow=recordCnt;
        nextBtn.setEnabled(false);
        lastBtn.setEnabled(false);
        firstBtn.setEnabled(true);
        preBtn.setEnabled(true);
    }
  }catch(SQLException el){
    JOptionPane.showMessageDialog(mainJframe,"移动游标出错");
  }
}
```

17.3.12 "增加记录" 按钮事件响应代码

当用户单击 "增加记录" 按钮时，程序应当转入编辑状态，允许用户编辑一条空记录，但此时并不真地将记录保存到数据库中。只有当用户单击 "保存" 按钮时，才将此记录保存到数据库中。因此，也不需要修改和游标有关的任何变量，只要修改记录状态就可以。

为了让用户在成批输入记录时方便，应当允许用户多次按下此按钮，在自动保存上次记录的同时，再生成一条空记录让用户编辑。

程序应该做以下几件事。

- ❑ 切换编辑状态；
- ❑ 保存输入的数据；
- ❑ 修改按钮状态；
- ❑ 设置文本框状态。

```
protected void doAdd(){
  if (recordState==onlyRead){     //原先是浏览状态，现在切换到编辑状态
     firstBtn.setEnabled(false);
     preBtn.setEnabled(false);
     nextBtn.setEnabled(false);
     lastBtn.setEnabled(false);
     addBtn.setEnabled(true);
     editBtn.setEnabled(false);
     delBtn.setEnabled(false);
     cancelBtn.setEnabled(true);
     saveBtn.setEnabled(true);
     recordState=adding;
     setTextState(true);          //将各个 Text 置为可写
     setTextEmpty();              //将各个 Text 置为空，准备编辑记录
  }else{                          //原先就是编辑状态
     if (doSave(false))           //先保存上次增加的记录
        setTextEmpty();           //如果保存成功，准备增加下一条记录
  }
}
```

17.3.13 "保存记录" 按钮事件响应代码

当用户单击 "保存记录" 按钮时，将调用下面的 doSave() 方法，用于保存数据信息。

单击此按钮时，可能处于两种状态：修改记录状态或添加记录状态。该方法需要对这两者进行区别。

另外，本方法可能是由单击了"增加记录"按钮来调用的，或者由用户直接单击了"保存记录"按钮来调用。对于前者，不需要改变当前的编辑状态，对于后者，需要切换回浏览状态。这需要根据调用时的参数来区别。

```
protected boolean doSave(boolean goViewState){
  try{
    if (recordState==amending){          //如果是修改状态
      for(int i=0;i<fieldCnt;i++)
        rs.updateString(i+1, fieldText[i].getText());
      rs.updateRow();                    //更新当前记录
      goViewState=true;                  //准备切换回浏览状态
    }else if(recordState==adding){       //这是增加状态
      //将游标移动到准备插入的地方
      rs.moveToInsertRow();
      //下面 3 步是插入记录必备的
      for(int i=0;i<fieldCnt;i++)
        rs.updateString(i+1, fieldText[i].getText());
      rs.insertRow();
      recordCnt++;                       //修改记录条数
      curRow=recordCnt;                  //移动标志
      rs.last();                         //将游标移动到最后,也就是插入的记录位置
    }
  }catch(SQLException e){
    JOptionPane.showMessageDialog(mainJframe,"保存数据不成功! ");
    return false;
  }
  if (goViewState){                      //要切换回浏览状态
    firstBtn.setEnabled(true);
    preBtn.setEnabled(true);
    nextBtn.setEnabled(false);
    lastBtn.setEnabled(false);
    addBtn.setEnabled(true);
    editBtn.setEnabled(true);
    delBtn.setEnabled(true);
    cancelBtn.setEnabled(false);
    saveBtn.setEnabled(false);
    recordState=onlyRead;
    setTextState(false);
  }
  return true;
}
```

17.3.14　"编辑记录"按钮事件响应代码

当用户单击"编辑记录"按钮时，程序需要做以下几件事情。

❑ 从浏览状态转到编辑状态，真正更新记录由"保存记录"来完成；

❑　修改按钮的状态；

❑　设置所有文本框为可编辑状态。

```
protected void doEdit(){
  if (0==recordCnt) return ;   //如果记录数为零，则不可能修改
  //开始设置按钮的状态
  firstBtn.setEnabled(false);
  preBtn.setEnabled(false);
  nextBtn.setEnabled(false);
  lastBtn.setEnabled(false);
  addBtn.setEnabled(false);
  editBtn.setEnabled(false);
  delBtn.setEnabled(false);
  cancelBtn.setEnabled(true);
  saveBtn.setEnabled(true);
  recordState=amending;        //置为修改状态
  setTextState(true);
}
```

17.3.15　"取消改变"按钮事件响应代码

当用户单击"取消改变"按钮时，无论是处于增加状态还是修改状态，程序都必须回到浏览状态，同时将游标置为本次修改或增加前的那一条位置，并显示该记录。至于文本框中的数据，则不再需要进行任何处理，因为根本没有写到数据库中去。所以程序需要做以下几件事情。

❑　移动游标位置；

❑　重新显示记录中的数据；

❑　设置按钮状态；

❑　设置所有文本框为不可编辑。

```
protected void doCancel(){
  if (recordCnt==0) return ;
  try{
    rs.absolute(curRow);   //移动到原先的记录处
    showDate();
    //设置按钮状态
    if (curRow>1){
      firstBtn.setEnabled(true);
      preBtn.setEnabled(true);
    }
    if (curRow<recordCnt){
      nextBtn.setEnabled(true);
      lastBtn.setEnabled(true);
    }
    addBtn.setEnabled(true);
    editBtn.setEnabled(true);
    delBtn.setEnabled(true);
    cancelBtn.setEnabled(false);
    saveBtn.setEnabled(false);
    recordState=onlyRead;
    setTextState(false);
  }catch(SQLException e){
```

```
        JOptionPane.showMessageDialog(mainJframe,"游标移动错误");
    }
}
```

17.3.16　"删除记录"按钮事件响应代码

这里规定删除只能在浏览状态下执行（如果是编辑状态，只要取消就不会保存编辑的记录，相当于删除）。当用户单击"删除记录"按钮时，需要给出一个提示，用户确认后，才能执行删除动作。

但是，删除记录之后，显示哪一条记录则需要仔细考虑，或者是本删除记录的前一条，或者是后一条，但都需要判断是否还有这条记录。下面是详细的代码：

```
protected void doDelete(){
    if(0==recordCnt) return ;          //如果没有记录，则什么都不用做
    if (JOptionPane.showConfirmDialog(mainJframe,
                            "删除后将不可恢复! 确定要删除当前记录吗? ",
                            "提示",
                            JOptionPane.OK CANCEL OPTION)
        ==JOptionPane.OK OPTION){
    try{
        rs.deleteRow();                //删除当前记录
        recordCnt--;
        if(recordCnt>0){               //如果剩余还有记录
            if (curRow>=recordCnt) //如果删除的是最后一条记录
                curRow=recordCnt;
           //否则的话，curRow 的值无需改变，因为后一条记录自动成为了当前记录
            rs.absolute(curRow);
            showDate();
        }else{                         //一条记录都没有了
            curRow=0;
            setTextEmpty();
        }
    }catch(SQLException e){
        JOptionPane.showMessageDialog(mainJframe,"删除数据出错");
    }
    }
}
```

17.3.17　actionPerformed()方法

现在需要实现 actionPerformed()方法，由于所有的按钮都共用同一个监听器，所以需要在该方法中判断事件源，并调用相应的处理方法。

```
public void actionPerformed(ActionEvent e){
        Object obj;
        obj=e.getSource();
        if(obj==firstBtn){
            doMoveFirst();
        } else if(obj==preBtn){
        doMovePrevior();
        } else if(obj==nextBtn){
            doMoveNext();
```

```
    } else if(obj==lastBtn){
        doMoveLast();
    } else if(obj==addBtn){
        doAdd();
    } else if(obj==saveBtn){
        doSave(true);
    } else if(obj==editBtn){
        doEdit();
    } else if(obj==cancelBtn){
        doCancel();
    } else if(obj==delBtn){
        doDelete();
    }
}
```

到这里，所有的方法都介绍完毕了。剩下要做的事情是将这些方法都拼装到 AddressList.java 中去。为了节省篇幅，这里不再提供拼装后的程序，请读者自己完成。

17.4　本 章 小 结

本章简要介绍了用 Java 编写数据库应用程序的一般方法，并以一个实际的例子来介绍编写这类程序时的一些技巧以及一些应该注意的问题。当然，这仅仅只是一个入门级的介绍。在数据库方面的应用是 Java 极为重要的一个方面，如果要深入学习，需要阅读更为专业和详细的书籍。另外，在本书的第 19 章 JSP 程序设计以及最后的实例中，还会涉及数据库编程的一些知识，读者也可进行参考。

17.5　实 战 习 题

1. 简述 JDBC 的概念及其工作方式。

2. 什么是数据库连接池？连接池的核心功能要点是什么？为什么要在 Java 开发中引入连接池的概念？

3. 简述 JDBC 驱动程序的 4 种类型的基本特点。

4. 简述至少 3 种优化数据库程序设计的方法。

5. 编写 MySQL 数据库的 JDBC 连接。

6. 请编写一个家庭收支管理程序，要求可以增加、修改、删除和查看家庭的各项收支信息。收入信息至少应当包括收入的人员姓名、来源（如工资等）、收入发生的日期和金额；支出信息至少应当包括支出的人员姓名、去向（如购物等）、支出发生的日期和金额。而且要求能够对某一段时间的收支情况进行统计。

7. 请编写一个日记本程序，使得用户可以在其上添加并保存新的日记，同时自动附上添加日记的时间，另外用户应当也可以随时调出某天的日记进行查看、修改和保存操作。

8. 请编写一个家庭物品管理程序，要求可以增加、修改、删除和查看物品的信息。物品的信息至少应当包括物品的名称、标号和存放位置等信息。

第7篇　Java 网络程序开发

▸▸ 第 18 章　Java 网络编程技术

▸▸ 第 19 章　JSP 程序设计

第 18 章　Java 网络编程技术

Java 成功应用的一个重要领域是网络。为了让 Java 程序员能够方便地进行网络程序设计，Sun 公司在 JDK 中加入了大量和网络相关的类，将多种 Internet 协议封装在这些类中。相比其他的编程语言，利用 Java 编写网络程序更为容易。

本章首先介绍一些与网络相关的术语，然后通过一些简明示例来介绍 Java 中相关类的使用，让读者对这些类有一个大致了解和感性认识。在本书的最后一章，将利用一个类似于 QQ 的实例程序来详细讲述如何编制一个实用的网络应用程序。

本章学习的内容要点有：
- ❏ 网络编程的基础知识，理解 TCP/IP 协议，以及域名、套接字、URL、端口等概念；
- ❏ 掌握 Java 网络编程中常用的 API；
- ❏ 掌握 Java 网络编程中 Socket 的概念及应用方法；
- ❏ 学习 Java 基于 UDP 协议的编程方法；
- ❏ 学习新版 JDK 中 Java 网络编程的新特性。

18.1　网络编程基础

Java 的网络功能集中在 java.net 包中。利用该包中相关类和接口，程序员不需要过深地理解各种协议，也能实现网络应用中的各种 C/S（客户机/服务器）或 B/S（浏览器/服务器）通信程序。但是掌握一些常见的网络术语，理解它们的含义，对于一名程序员而言，还是非常必要的。

18.1.1　TCP/IP 协议

构建网络是为了实现通信，不同计算机之间通信必须基于一定的标准。网络协议就是计算机通信双方在通信时必须遵循的一组规范。

TCP/IP 协议（Transmission Control Protocol/Internet Protocol）也叫做传输控制/网际协议，又叫网络通信协议。TCP/IP 是因特网中使用的基本通信协议。虽然从名字上看 TCP/IP 包括两个协议：传输控制协议（TCP）和网际协议（IP）。但 TCP/IP 实际上是一组协议，它包括上百个各种功能的协议，如：远程登录、文件传输和电子邮件等。而 TCP 协议和 IP 协议是保证数据完整传输的两个最重要的协议。通常说 TCP/IP 是 Internet 协议族，而不单单是 TCP 和 IP。

18.1.2　IP 地址

在因特网上，每一台主机都有一个唯一标识固定的 IP 地址，以区别网络上的其他计算机。该地址由一个叫 IANA（Internet Assigned Numbers Authority，互联网网络号分配机构）的组织来管理。IP 地址是一种层次型地址，由网络号和主机号组成，如图 18.1 所示。

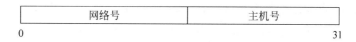

网络号	主机号
0	31

图 18.1　IP 地址的构成

按照 TCP/IP 协议规定，每个 IP 地址长 32bit，也就是 4 个字节，由 4 个小于 256 的数字组成，数字之间用 "." 间隔。为了方便人们的使用，IP 地址经常被写成十进制的形式，这种方法叫点分十进制记法。例如某计算机所在的网络号为：212.16.1，它的主机号为：10，则该计算机的 IP 地址为：212.16.1.10。

目前正在使用的 IP 地址是 4 个字节，又被称为 IPv4，由于地址空间有限，现在几乎已被耗尽，于是人们开始研制下一代 IP 协议，它用 16 个字节来存储 IP 地址，被称为 IPv6。Java 网络包 java.net 中分别提供了 Inet4Address 类和 Inet6Address 类对它们进行处理。

18.1.3　域名

由于 IP 地址是数字标识，使用时难以记忆和书写，因此在 IP 地址的基础上又发展出一种符号化的地址方案，来代替数字型的 IP 地址。每一个符号化的地址都与特定的 IP 地址对应，这样网络上的资源访问起来就容易得多。这个与网络上的数字型 IP 地址相对应的字符型地址，就被称为域名。例如，新浪网的域名是：www.sina.com。不过域名不能直接被网络设备所识别，需要由域名服务器（DNS）转换成为 IP 地址才能访问。

18.1.4　服务器

从广义上讲，服务器是指网络中能对其他机器提供某些服务的计算机系统（如果一个 PC 对外提供 FTP 服务，也可以叫服务器）。从狭义上讲，服务器是专指某些高性能计算机，能通过网络，对外提供服务。站在 Java 程序员的角度来看，一台服务器必须要侦听其他机器建立连接的请求，并做出应答。

18.1.5　客户机

与服务器相对应，在网络上请求服务的机器被称为客户机。通常，它会试着与一台服务器建立连接，一旦连接好，就变成了一种双向通信。无论对于客户机还是服务器，连接就成了一个 I/O（基本输入输出）数据流对象，这时可以如同对待普通文件那样对待两台连接上的计算机。

18.1.6　套接字

套接字（Socket）是 TCP/IP 中的基本概念，它负责将 TCP/IP 包发送到指定的 IP 地址。也可以看成是在两个程序进行通信连接中的一个端点，一个程序将信息写入 Socket 中（类似于插座），该 Socket 将这段信息发送到另一个 Socket 中（类似于插头），使这段信息能够传送到其他程序。这两端的程序可以是在一台计算机上，也可以在因特网的远程计算机上。

18.1.7　端口

计算机"端口"是英文 port 的意译，可以认为是计算机与外界通讯交流的出口。其中，硬件领域的端口又称接口，如：USB 端口、串行端口等。软件领域的端口一般指网络中面向连接服务和无连接服务的通信协议识别代码，是一种抽象的软件结构，包括一些数据结构和 I/O 缓冲区。两台计算机通信时，需要通过指定的端口传递信息。通常，每个服务都与同一个特定的端口编号关联在一起。客户程序必须事先知道所需服务的端口号。

端口号可以是 0～65535 之间的任意一个整数。一些系统中规定将 1024 以下的端口保留给系统服务使用（例如，WWW 服务使用 80 端口、发送电子邮件使用 25 端口等）。如果是自己规定的服务，则绑定连接端口时不应使用这些端口号。

18.1.8　URL

URL（Uniform Resource Locator）是一致资源定位器的简称，它表示 Internet 上某一资源的地址。通过 URL 可以访问 Internet 上的各种网络资源，比如最常见的 WWW 和 FTP 站点。浏览器通过解析给定的 URL 可以在网络上查找相应的文件或其他资源。URL 从左到右由下述部分组成。

- Internet 资源类型（scheme）：指出 WWW 客户程序用来操作的工具。例如，"http：//"表示 WWW 服务器，"ftp：//"表示 FTP 服务器，"gopher：//"表示 Gopher 服务器。
- 服务器地址（host）：指出 WWW 网页所在的服务器域名。
- 端口（port）：对某些资源的访问来说，需给出相应的服务器端口号。
- 路径（path）：指明服务器上某资源的位置（其格式与 Unix 系统中的格式一样，通常由"目录/子目录/文件名"这样结构组成）。与端口一样，路径并非总是需要的。

例如，http://www.sohu.com:80/domain/index.htm 就是一个典型的 URL 地址，而 http://www.sohu.com 则是一个简化的 URL 地址。

上面这些概念在后面的章节中经常会使用到，请读者仔细领会。

18.2　Java 网络编程常用 API

18.2.1　InetAddress 类使用示例

前面已经介绍了 Internet 上的主机有两种表示地址的方式：域名和 IP 地址。有时候需要通过域名来查找它对应的 IP 地址，有时候又需要通过 IP 地址来查找主机名。这时候可以利用 java.net 包中的 InetAddress 类来完成任务。

InetAddress 类是 IP 地址封装类，此类没有公共的构造方法，程序员只能利用该类的一些静态方法来获取对象实例，然后再通过这些对象实例来对 IP 地址或主机名进行处理。该类常用的一些方法如下。

- ❑ pulic static InetAddress getByName(String hostname)：根据给定的主机名创建一个 InetAddress 对象，可用来查找该主机的 IP 地址。
- ❑ public static InetAddress getByAddress(byte[] addr)：根据给定的 IP 地址创建一个 InetAddress 对象，可用来查找该 IP 对应的主机名。
- ❑ public String getHostAddress()：获取 IP 地址。
- ❑ public String getHostName()：获取主机名。

下面通过两个实际的例子来说明它的使用方法。

1. 根据域名查找IP地址

下面通过一个实例程序来演示一下 InetAddress 类的用法。该程序的功能是：获取用户通过命令行方式指定的域名，然后通过 InetAddress 对象来获取该域名对应的 IP 地址。当然，程序运行时，需要计算机正常连接到 Internet 上。

【例 18.1】　根据域名查找 IP 地址。

//----------文件名 GetIP.java，程序编号 18.1-------------

```
import java.net.*;
public class GetIP {
  public static void main(String[] args) {
    try{
        InetAddress ad=InetAddress.getByName(args[0]);
        //ad.getHostAddress()方法获取当前对象的 IP 地址
        System.out.println("IP 地址为: "+ad.getHostAddress());
    }catch(UnknownHostException el){
        el.printStackTrace();
    }
  }
}
```

程序中的 InetAddress.getByName()方法返回一个 InetAddress 对象，它其中的参数可以是 IP 地址或是域名。这里用 args[0]作为参数，要求用户在运行时，输入一个域名作为参数（关于命令行参数，请回顾 3.8 节）。例如，想获取网易的 IP 地址，就应该这样输入：

```
java GetIP www.163.com。
```

当网络有故障时，该方法会抛出 UnknowHostException 异常，需要程序员捕获。如果需要获取本机 IP 地址，则要使用静态的 getLocalHost()方法，将程序 18.1 修改如下。

【**例 18.2**】　获取本机 IP 地址。

//------------文件名 GetMyIP.java，程序编号 18.2------------

```java
import java.net.*;
public class GetMyIP {
  public static void main(String[] args) {
    try{
        System.out.println("本机 IP 为："+InetAddress.getLocalHost());
    }catch(UnknownHostException el){
        el.printStackTrace();
    }
  }
}
```

运行时，只要输入：

```
java GetMyIP
```

就可以获取本机的 IP 地址了。上面两个程序都很简单，下面再来看一个类似的例子。

2. 根据IP地址查找主机名

InetAddress 也可以根据给定的 IP 地址来查找对应的主机名。但要注意的是，它只能获取局域网内的主机名。请看下面的示例程序。

【**例 18.3**】　根据 IP 查找主机名。

//-----------文件名 GetHostName.java，程序编号 18.3------------

```java
import java.net.*;
public class GetHostName {
  public static void main(String[] args) {
    try{
        InetAddress ad=InetAddress.getByName(args[0]);
        System.out.println("主机名为："+ad.getHostName());
    }catch(UnknownHostException el){
        el.printStackTrace();
    }
  }
}
```

程序 18.3 和程序 18.1 非常像，唯一的区别是将 getHostAddress()方法换成了 getHostName()方法。使用的时候，如果用户输入的是合法的域名或主机名，则会照样输出该域名或主机名。如用户输入：

```
java GetHostName www.sina.com
```

则输出结果为：

```
主机名为：www.sina.com
```

若用户输入的是局域网内的 IP 地址，比如：

```
java GetHostName 192.168.1.100
```

则输出结果是该地址对应的主机名。如果没有查找到该主机，则依然输出
192.168.1.100。

18.2.2　URL 类和 URLConnection 类的使用

IP 地址唯一标识了 Internet 上的计算机，而 URL 则标识了这些计算机上的资源。一般
情况下，URL 是一个包含了传输协议、主机名称和文件名称等信息的字符串，程序员处理
这样一个字符串时比较烦琐。为了方便程序员编程，JDK 中提供了 URL 类，该类的全名
是 java.net.URL，有了这样一个类，就可以使用它的各种方法来对 URL 对象进行分割和合
并等处理。

1．URL类的使用——一个简单的浏览器

为了演示 URL 类的具体用法，将利用 URL 类和 JEditorPane 类编写一个非常简单的浏
览器。在动手编程之前，先来看看 URL 的构造方法。

URL 有 6 种构造方法，本例子中使用了其中最常用的绝对路径构造方法。该方法的原
型是：

```
public URL(String spec)  throws MalformedURLException;
```

其中的参数 spec 是一个完整的 URL 字符串（必须要包含传输协议），例如：

```
URL  racehtml=new URL("http://xys.freedns.us/index.html");
```

注意：该方法会抛出 MalformedURLException 异常，需要在程序捕获。

要显示网页的内容，需要用到 javax.swing 包中的 JEditorPane 类。创建该类的对象后，
使用该类的 setPage()方法，可以显示 URL 所指定的网页内容。如果该对象处于不可编辑状
态，它还能响应超链接事件 HyperlinkEvent。

知道这些基本方法后，就可以动手编程了。图 18.2 就是利用这两个类编制的程序界面。

图 18.2　一个简单的浏览器

这个程序的交互界面只有两个主要控件：JTextField 和 JEditorPane。用户在 JTextField 中输入 URL，完成后按下回车键，程序将利用 JEditorPane 来显示网页内容。下面是该程序的代码。

【例 18.4】 一个简单的浏览器示例。

//--------文件名 myBrowser.java，程序编号 18.4-------------------

```java
import java.awt.event.*;
import javax.swing.*;
import javax.swing.event.*;
import java.awt.*;
import java.net.*;
import java.io.*;

public class myBrowser implements ActionListener,HyperlinkListener{
                        //本类需要实现 HyperlinkListener 接口，以响应用户单
                          击超链接事件
  JLabel msgLbl;
  JTextField urlText;         //给用户输入 URL
  JEditorPane content;        //显示网页内容
  JScrollPane JSPanel;
  JPanel panel;
  Container con;
  JFrame mainJframe;
  //构造方法，用于程序界面的布局
  public myBrowser(){
    mainJframe=new JFrame("我的浏览器");
    mainJframe.setDefaultCloseOperation(JFrame.EXIT_ON_CLOSE);
    con=mainJframe.getContentPane();
    msgLbl=new JLabel("输入地址: ");
    urlText=new JTextField();
    urlText.setColumns(20);
    urlText.addActionListener(this);
    panel=new JPanel();
    panel.setLayout(new FlowLayout());
    panel.add(msgLbl);
    panel.add(urlText);

    content=new JEditorPane();
    content.setEditable(false);
   //为 content 添加超链接事件监听器
    content.addHyperlinkListener(this);
    JSPanel=new JScrollPane(content);

    con.add(panel,BorderLayout.NORTH);
    con.add(JSPanel,BorderLayout.CENTER);
    mainJframe.setSize(800,600);
    mainJframe.setVisible(true);
    mainJframe.setDefaultCloseOperation(JFrame.EXIT_ON_CLOSE);
  }
```

```
    //当用户按下回车键后，调用此方法
    public void actionPerformed(ActionEvent e){
      try{
        //根据用户输入构造 URL 对象
        URL url=new URL(urlText.getText());
        //获取网页内容并显示
        content.setPage(url);
      }catch (MalformedURLException el){
        System.out.println(e.toString());
      }catch(IOException el){
        JOptionPane.showMessageDialog(mainJframe,"连接错误");
      }
    }
    //实现 hyperlinkUpdate 方法，当用户单击网页上的链接时，系统将调用此方法
    public void hyperlinkUpdate(HyperlinkEvent e){
      if(e.getEventType()==HyperlinkEvent.EventType.ACTIVATED){
        try{
          URL url=e.getURL();                    //获取用户单击的 URL
          content.setPage(url);                  //跳转到新页面
          urlText.setText(e.getURL().toString()); //更新用户输入框中的 URL
        }catch (MalformedURLException el){
          System.out.println(e.toString());
        }catch(IOException el){
          JOptionPane.showMessageDialog(mainJframe,"连接错误");
        }
      }
    }

    public static void main(String[] args) {
      new myBrowser();
    }
}
```

上面这个程序中，由于 JEditorPane 功能比较弱，无法执行网页中的 JavaScript/VBScript 等脚本语言，更无法执行 ActiveX 控件，所以只能用于一些静态网页的显示。

2．URLConnection类的使用——文件下载

例 18.4 中，利用 URL 配合 JEditorPane 类可以显示网页。但对于某些文件，例如.rar 文件，并不需要显示出来，而是要下载它到本地机器上，这时就不能再使用 JEditorPane 类 的 setPage 方法，而需要使用 URLConnection 类。

URLConnection 类提供了以下方法返回输入/输出流，通过它们可以与远程对象进行通信。

❏ public InputStream getInputStream()：从打开的连接中返回一个输入流，以便读入 数据。

❏ public OutputStream getOutputStream()：从打开的连接中返回一个输出流，以便写 出数据。

文件下载的实质是从远程机器上复制文件到本地机器上，也就是说，它本质上不过是 文件的复制。明白了这一点，就能够很好地理解下面的程序。

【例 18.5】　文件下载示例。

//--------文件名 DownFile.java，程序编号 18.5--------------------

```java
import java.awt.event.*;
import javax.swing.*;
import java.awt.*;
import java.net.*;
import java.io.*;

public class DownFile implements ActionListener{
  JLabel msgLbl;
  JTextField urlText;
  JButton btn;
  Container con;
  JFrame mainJframe;

  public DownFile() {
    mainJframe=new JFrame("我的浏览器");
    con=mainJframe.getContentPane();
    msgLbl=new JLabel("请输入要下载的文件地址和名称");
    urlText=new JTextField();
    urlText.setColumns(15);
    btn=new JButton("下载");
    btn.addActionListener(this);
    con.setLayout(new FlowLayout());
    con.add(msgLbl);
    con.add(urlText);
    con.add(btn);
    mainJframe.setSize(300,300);
    mainJframe.setVisible(true);
    mainJframe.setDefaultCloseOperation(JFrame.EXIT_ON_CLOSE);
  }

  public static void main(String[] args) {
    new DownFile();
  }

  public void actionPerformed(ActionEvent e) {
    try{
      URL url=new URL(urlText.getText());
      //创建远程连接
      URLConnection connect=url.openConnection();
      //创建输入流
      BufferedReader buf=new BufferedReader(
                  new InputStreamReader(connect.getInputStream()));
      //创建输出流，保存文件名为 temp.dat
      BufferedWriter file=new BufferedWriter(new FileWriter("temp.dat"));
      int ch;
      //复制文件
      while((ch=buf.read())!=-1){
```

```
        file.write(ch);
    }
    buf.close();
    file.close();
    JOptionPane.showMessageDialog(mainJframe,"下载成功");
}catch(MalformedURLException el){
    System.out.println(el.toString());
}catch(IOException el){
    JOptionPane.showMessageDialog(mainJframe,"连接错误");
    }
  }
}
```

程序 18.5 主要是为了演示 URLConnection 的使用，所以写得很简单，使用者无法选择要保存的文件名，读者可以将它改写得更为实用一点。

18.3　Java Socket 应用

在网络编程中，使用最多的就是 Socket 了，每一个实用的网络程序都少不了它的参与。本节来详细介绍它的使用。

18.3.1　Socket 概念及其通信过程

Socket 是 TCP/IP 中的基本概念，它负责将 TCP/IP 包发送到指定的 IP 地址。也可以看成是在两个程序进行通信连接中的一个端点，一个程序将信息写入 Socket 中（类似于插座），该 Socket 将这段信息发送到另一个 Socket 中（类似于插头），使这段信息能够传送到其他程序。这两端的程序可以是在一台计算机上，也可以在因特网的远程计算机上。

当两个程序需要通信时，可以使用 Socket 类建立套接字连接。呼叫的一方称为客户机，负责监听的一方称为服务器。由于 TCP/IP 协议是基于连接的、可靠的协议，所以客户机/服务器可以在这条连接上可靠地传输数据。服务器所用的套接字是 ServerSocket，客户机所用的套接字是 Socket。一个 Socket 由一个 IP 地址和一个端口号唯一确定。

在传统的 UNIX 环境下可以操作 TCP/IP 协议的接口不止 Socket 一个，Socket 所支持的协议种类也不光 TCP/IP 一种，因此两者之间是没有必然联系的。在 Java 环境下，Socket 编程主要是指基于 TCP/IP 协议的网络编程。

使用 Socket 进行 Client/Server 程序设计的一般连接过程是这样的：Server 端 Listen（监听）某个端口是否有连接请求，Client 端向 Server 端发出 Connect（连接）请求，Server 端向 Client 端发回 Accept（接收）消息。一个连接就建立起来了。Server 端和 Client 端都可以通过 Send 和 Write 等方法与对方通信。Socket 通信过程如图 18.3 所示。

对于一个功能齐全的 Socket，其工作过程包含以下 4 个基本的步骤。

（1）创建 Socket。

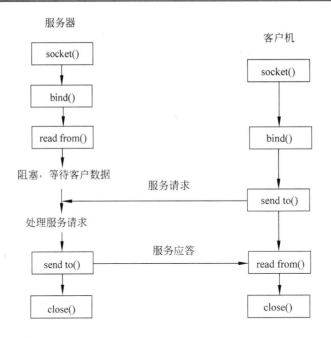

图 18.3　Socket 通信过程示意图

（2）打开连接到 Socket 的输入/输出流。

（3）按照一定的协议对 Socket 进行读/写操作。

（4）关闭 Socket。

第 3 步是程序员用来调用 Socket 和实现程序功能的关键步骤，其他 3 步在各种程序中基本相同。

以上 4 个步骤是针对 TCP 传输而言的，使用 UDP 进行传输时略有不同，在后面会有具体讲解。

Java 在包 java.net 中提供了两个类：Socket 和 ServerSocket，分别用来表示双向连接的客户端和服务端。这是两个封装得非常好的类，使用很方便。

🔔 注意：客户机和服务器必须使用同一个指定的端口号。

一个典型的客户机/服务器对话过程如下。

（1）服务器监听指定端口的输入。

（2）客户机发出一个请求。

（3）服务器接收到这个请求。

（4）服务器处理这个请求，并把结果返回给客户机。

（5）客户机接收结果，做出相应处理。

18.3.2　客户端创建 Socket 对象

Java 中提供了 Socket 类供程序员来创建对象，建立套接字。客户端创建 Socket 对象和创建其他类的对象没有什么不同，也是利用该类构造方法来创建。而后可以使用该类的一些方法对数据进行读写。表 18.1 是 Socket 类中的常用方法。

表 18.1　Socket中的常用方法

方　　法	说　　明
Socket(InetAddress address, int port)	创建一个Socket对象，address是要连接的IP地址，port是用于连接的端口
Socket(String host, int port)	创建一个Socket对象，address是要连接的主机名，port是用于连接的端口
void close()	关闭连接
void connect(SocketAddress endpoint)	将套接字连接到服务器
void connect(SocketAddress endpoint, int timeout)	将套接字连接到服务器，timeout指定了超时时间
InetAddress getInetAddress()	获得套接字连接的地址
int getPort()	获得套接字连接的远程端口
InputStream getInputStream()	获得套接字所用的输入流
OutputStream getOutputStream()	获得套接字所用的输出流

Socket 类并没有定义数据的输入和输出方法。在使用 Socket 对象时，必须使用 getInputStream()方法获得输入流，然后用这个输入流读取服务器放入线路的信息。另外，还可以使用 getOutputStream()方法获得输出流，然后利用这个输出流将信息写出线路。

在实际编程中，经常将 getInputStream()方法获得的输入流连接到另一个数据流上，比如 DataInputStream 上，因为该流有更方便的方法处理信息。同样，getOutputStream()方法获得的输出流也会连接到 DataOutputStream 上。

注意，在选择端口时，必须小心。每一个端口提供一种特定的服务，只有给出正确的端口，才能获得相应的服务。0～1023 的端口号为系统所保留，例如 http 服务的端口号为 80，telnet 服务的端口号为 21，ftp 服务的端口号为 23。所以我们在选择端口号时，最好选择一个大于 1023 的数以防止发生冲突。

18.3.3　服务器端创建 ServerSocket 对象

服务器端使用的套接字与客户端不同，叫做 ServerSocket。ServerSocket 本身的方法比较少，也没有提供任何输入和输出功能，它仅仅只起到一个"侦听"的功能。

它的构造方法如下：

```
ServerSocket(int port)
```

程序首先需要使用它的构造方法创建一个对象。这里的端口号 port 必须与客户端指定的一致。默认的最大连接数目为 50。如果想改变这个连接数目，可以使用 ServerSocket(int port, int backlog)方法。

当 ServerSocket 对象建立后，可以利用它的 accept()方法接收客户端发来的信息。该方法采用"阻塞"方式监听，直到有信息传过来，它才会返回一个 Socket 对象。接下来，服务器就可以利用这个 Socket 对象与客户端进行通信了。它的使用方法与客户端的相同。当读写活动完毕后，需要调用 close()方法关闭连接。

18.3.4　示例程序 1——端到端的通信

【例 18.6】 一个简单的客户/服务器的 Socket 通信程序。

在本程序中，客户端从命令行输入一个半径值并传送到服务器。服务器根据这个半径值，计算出圆面积发送给客户，客户端显示这个值；客户端输入 bye 命令将结束通信。

//--------文件名 Client.java，程序编号 18.6--------------------

```java
//这是客户端程序
import java.io.*;
import java.net.*;
public class Client {
 public static void main(String[] args) {
  try{
    //连接到本机，端口号为 5500
    Socket connectToServer=new Socket("localhost",5500);
    //将数据输入流连接到 socket 上
    DataInputStream inFromServer=new DataInputStream(
                                  connectToServer.
                                  getInputStream());
    //将数据输出流连接到 socket 上
    DataOutputStream outToServer=new DataOutputStream(
                                  connectToServer.
                                  getOutputStream());
    System.out.println("输入半径数值发送到服务器，输入 bye 结束。");
    String outStr,inStr;
    boolean goon=true;
    BufferedReader buf=new BufferedReader(new InputStreamReader
    (System.in));
    //反复读用户的数据并计算
    while(goon){
       outStr=buf.readLine();              //读入用户的输入
       outToServer.writeUTF(outStr);       //写到 socket 中
       outToServer.flush();                //清空缓冲区，立即发送
       inStr=inFromServer.readUTF();       //从 socket 中读数据
       if(!inStr.equals("bye"))
         System.out.println("从服务器返回的结果是"+inStr);
       else
         goon=false;
    }
    inFromServer.close();
    outToServer.close();
    connectToServer.close();
  }catch(IOException e){
     e.printStackTrace();
  }
 }
}
```

　　一般情况下，客户端程序和服务端程序要分别运行在不同的机器上，但多数读者都只有一台机器，所以将客户端程序的连接地址写成了 localhost，即本机既是客户机，也做服务器。如果需要让程序运行在不同的机器上，这个地址应该是服务端程序所在机器的 IP 地址。

//--------文件名 Server.java，程序编号 18.7--------------------

```java
//这是服务端程序
import java.io.*;
import java.net.*;
public class Server {
    public static void main(String[] args) {
        try{
            System.out.println("等待连接");
            //创建服务端套接字，端口号 5500 必须与客户端一致
            ServerSocket serverSocket=new ServerSocket(5500);
            //侦听来自客户端的连接请求
            Socket connectToClient=serverSocket.accept();
            System.out.println("连接请求来自"+connectToClient.
                               getInetAddress().getHostAddress());
            DataInputStream inFromClient=new DataInputStream(
                               connectToClient.getInputStream());
            DataOutputStream outToClient=new DataOutputStream(
                               connectToClient.getOutputStream());
            String str;
            double radius,area;
            boolean goon=true;
            while(goon){
                //从 socket 中读取数据
                str=inFromClient.readUTF();
                if(!str.equals("bye")){
                    radius=Double.parseDouble(str);
                    System.out.println("接收到的半径值为："+radius);
                    area=radius*radius*Math.PI;
                    str=Double.toString(area);
                    //向 socket 中写数据
                    outToClient.writeUTF(str);
                    outToClient.flush();
                    System.out.println("圆面积"+str+"已经发送");
                }else{
                    goon=false;
                    outToClient.writeUTF("bye");
                    outToClient.flush();
                }
            }
            inFromClient.close();
            outToClient.close();
            serverSocket.close();
        }catch(IOException e){
            e.printStackTrace();
```

```
    }
  }
}
```

客户端程序运行截图如图 18.4 所示。服务端程序运行截图如图 18.5 所示。

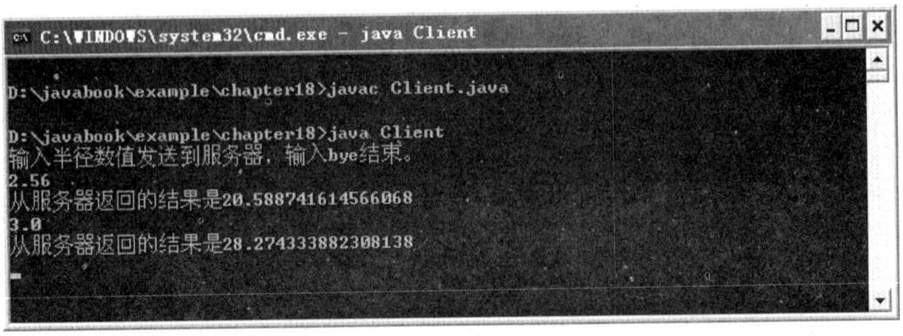

图 18.4　客户端程序运行截图

图 18.5　服务端程序运行截图

18.3.5　示例程序 2——一对多的通信

程序 18.7 只能响应一个客户端程序的连接请求。而实际运行中，服务器是要求同时响应多个客户请求的。其实，ServerSocket 对象的 accept()方法每当有一个连接请求发生时，就会产生一个 Socket 对象，所以只要用此方法反复监听客户请求，就可以为每一个客户生成一个专用的 Socket 对象进行通信。

在一对多的 Socket 通信中，通常采用多线程的机制来处理多个客户端的多个并发请求。在服务器端，当有新的请求到达时就开启一个新的线程，此线程会创建一个新的 Socket 对象来处理此请求，当请求任务执行完成后，包含此 Socket 对象的线程会终止，而处理其他的 Socket 对象的线程则不会有影响，这样，只要开足够的线程就可以处理足够多的客户端的 Socket 请求。当然开启线程需要消耗更多的计算机资源，所以服务器端能够同时响应的客户端数目总是有限的。

【例 18.7】　可以响应多个客户端的服务程序。

//--------文件名 ServerThread.java，程序编号 18.8--------------------

//利用本线程来完成服务器与客户端的通信工作

```
import java.io.*;
import java.net.*;
public class ServerThread extends Thread{
  private Socket connectToClient;
  private DataInputStream inFromClient;
  private DataOutputStream outToClient;
  //在构造方法中为每个套接字连接输入和输出流
  public ServerThread(Socket socket) throws IOException{
     super();
     connectToClient=socket;
     inFromClient=new DataInputStream(
                            connectToClient.getInputStream());
     outToClient=new DataOutputStream(
                            connectToClient.getOutputStream());
     start();  //启动 run()方法
  }
  //在 run()方法中与客户端通信
  public void run() {
     try{
        String str;
        double radius,area;
        boolean goon=true;
        while(goon){
           str=inFromClient.readUTF();
           if(!str.equals("bye")){
              radius=Double.parseDouble(str);
              System.out.println("接收到的半径值为: "+radius);
              area=radius*radius*Math.PI;
              str=Double.toString(area);
              outToClient.writeUTF(str);
              outToClient.flush();
              System.out.println("圆面积"+str+"已经发送");
           }else{
              goon=false;
              outToClient.writeUTF("bye");
              outToClient.flush();
           }
        }
        inFromClient.close();
        outToClient.close();
        connectToClient.close();
     }catch(IOException e){
        e.printStackTrace();
     }
  }
}
```

然后再写一个主程序来使用此线程。

//--------文件名 MultiServer.java，程序编号 18.9--------------------

//这是主程序，它只要简单地启动线程就可以了

```
import java.io.*;
import java.net.*;
public class MultiServer {
   public static void main(String[] args) {
      try{
         System.out.println("等待连接");
         ServerSocket serverSocket=new ServerSocket(5500);
         Socket connectToClient=null;
         while (true){   //这是一个无限循环
            //等待客户端的请求
            connectToClient=serverSocket.accept();
            //每次请求都启动一个线程来处理
            new ServerThread(connectToClient);
         }
      }catch(IOException e){
         e.printStackTrace();
      }
   }
}
```

客户端的程序就是前面编制的程序 18.6，无须修改。

当 MultiServer 运行时，可以同时启动多个 Client 程序与它进行通信。程序界面也与前面的例子完全相同，这里不再截图。

这个程序还有一个小问题：服务端的程序是一个无限循环，如何编程才能让它受用户控制而结束。请读者自己思考。

18.3.6　示例程序 3——简单的聊天程序

本小节再来写一个 GUI 界面的聊天小程序。这个程序与前面程序的区别是，客户端和服务端程序都可以由用户输入数据向对方发送。这就引起了一个问题：当用户在输入文字时，程序如何接收对方发来的数据。解决的办法是将接收数据部分放在线程中，它始终在后台运行，一旦对方发来了数据，就立即显示在界面上。而主界面负责输入文字和发送数据，这样发送和接收数据互不影响。

【例 18.8】　聊天程序示例。

//--------文件名 chatServer.java，程序编号 18.10--------------------

```
//这是服务器端程序
import java.io.*;
import java.net.*;
import java.awt.event.*;
import java.awt.*;
import javax.swing.*;
public class chatServer implements ActionListener,Runnable{
  JTextArea showArea;
  JTextField msgText;
  JFrame mainJframe;
  JButton sentBtn;
```

```java
JScrollPane JSPane;
JPanel pane;
Container con;
Thread thread=null;
ServerSocket serverSocket;
Socket connectToClient;
DataInputStream inFromClient;
DataOutputStream outToClient;

public chatServer() {
    //设置界面
    mainJframe=new JFrame("聊天——服务器端");
    con=mainJframe.getContentPane();
    showArea=new JTextArea();
    showArea.setEditable(false);
    showArea.setLineWrap(true);
    JSPane=new JScrollPane(showArea);
    msgText=new JTextField();
    msgText.setColumns(30);
    msgText.addActionListener(this);
    sentBtn=new JButton("发送");
    sentBtn.addActionListener(this);
    pane=new JPanel();
    pane.setLayout(new FlowLayout());
    pane.add(msgText);
    pane.add(sentBtn);
    con.add(JSPane,BorderLayout.CENTER);
    con.add(pane,BorderLayout.SOUTH);
    mainJframe.setSize(500,400);
    mainJframe.setVisible(true);
    mainJframe.setDefaultCloseOperation(JFrame.EXIT_ON_CLOSE);
    try{
        //创建服务套接字
        serverSocket=new ServerSocket(5500);
        showArea.append("正在等待对话请求\n");
        //侦听客户端的连接
        connectToClient=serverSocket.accept();
        inFromClient=new DataInputStream(connectToClient.
        getInputStream());
        outToClient=new DataOutputStream(connectToClient.
        getOutputStream());
        //启动线程在后台来接收对方的消息
        thread=new Thread(this);
        thread.setPriority(Thread.MIN_PRIORITY);
        thread.start();
    }catch(IOException e){
        showArea.append("对不起，不能创建服务器\n");
        msgText.setEditable(false);
        sentBtn.setEnabled(false);
    }
}
```

```java
public static void main(String[] args) {
    new chatServer();
}
//响应按钮事件，发送消息给对方
public void actionPerformed(ActionEvent e) {
    String s=msgText.getText();
    if (s.length()>0){
        try{
            outToClient.writeUTF(s);
            outToClient.flush();
            showArea.append("我说："+msgText.getText()+"\n");
            msgText.setText(null);
        }catch(IOException el){
            showArea.append("你的消息:""+msgText.getText()+""未能发送出去\n");
        }
    }


}
//本线程负责将客户机传来的信息显示在对话区域
public void run() {
    try{
        while(true){
            showArea.append("对方说："+inFromClient.readUTF()+"\n");
            Thread.sleep(1000);
        }
    }catch(IOException el){
    }catch (InterruptedException e) { }
}
}
```

//--------文件名 chatClient.java，程序编号 18.11--------------------

```java
import java.io.*;
import java.net.*;
import java.awt.event.*;
import java.awt.*;
import javax.swing.*;
public class chatClient implements ActionListener,Runnable{
    JTextArea showArea;
    JTextField msgText;
    JFrame mainJframe;
    JButton sentBtn;
    JScrollPane JSPane;
    JPanel pane;
    Container con;
    Thread thread=null;
    Socket connectToServer;
    DataInputStream inFromServer;
    DataOutputStream outToServer;
```

```
  public chatClient() {
    mainJframe=new JFrame("聊天——客户端");
    con=mainJframe.getContentPane();
    showArea=new JTextArea();
    showArea.setEditable(false);
    showArea.setLineWrap(true);
    JSPane=new JScrollPane(showArea);
    msgText=new JTextField();
    msgText.setColumns(30);
    msgText.addActionListener(this);
    sentBtn=new JButton("发送");
    sentBtn.addActionListener(this);
    pane=new JPanel();
    pane.setLayout(new FlowLayout());
    pane.add(msgText);
    pane.add(sentBtn);
    con.add(JSPane,BorderLayout.CENTER);
    con.add(pane,BorderLayout.SOUTH);
    mainJframe.setSize(500,400);
    mainJframe.setVisible(true);
    mainJframe.setDefaultCloseOperation(JFrame.EXIT_ON_CLOSE);
    //创建套接字连接到服务器
    try{
      connectToServer=new Socket("localhost",5500);
      inFromServer=new DataInputStream(connectToServer.
      getInputStream());
      outToServer=new DataOutputStream(connectToServer.
      getOutputStream());
      showArea.append("连接成功, 请说话\n");
      //创建线程在后台处理对方的消息
      thread=new Thread(this);
      thread.setPriority(Thread.MIN_PRIORITY);
      thread.start();
    }catch(IOException e){
      showArea.append("对不起, 没能连接到服务器\n");
      msgText.setEditable(false);
      sentBtn.setEnabled(false);
    }
}

public static void main(String[] args) {
    new chatClient();
}
//响应按钮事件, 发送消息给对方
public void actionPerformed(ActionEvent e) {
   String s=msgText.getText();
   if (s.length()>0){
     try{
        outToServer.writeUTF(s);
        outToServer.flush();
        showArea.append("我说: "+msgText.getText()+"\n");
```

```
        msgText.setText(null);
    }catch(IOException el){
        showArea.append("你的消息："""+msgText.getText()+""" 未能发送出去
        \n");
    }
  }
}
//本线程负责将服务器传来的信息显示在对话区域
public void run() {
  try{
    while(true){
        showArea.append("对方说: "+inFromServer.readUTF()+"\n");
        Thread.sleep(1000);
    }
  }catch(IOException el){
  }catch (InterruptedException e) { }
  }
}
```

服务端程序运行截图如图 18.6 所示。客户端程序运行截图如图 18.7 所示。

这个聊天程序的服务端和客户端的界面完全一样，功能也相似，唯一的区别是服务端程序需要多启动一个服务用的套接字。而实际上聊天时，双方应该是对等的，无所谓客户和服务——正如 QQ 一样。在本章的 18.4.3 小节，将提供一个更具有实用价值的仿 QQ 聊天程序，它不再采用这样的服务器/客户端模式。

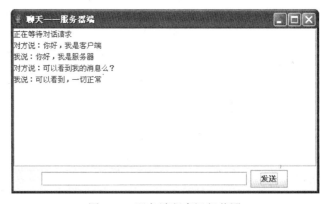

图 18.6　服务端程序运行截图

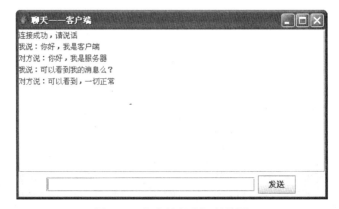

图 18.7　客户端程序运行截图

18.4　UDP 数据报通信

用户数据报协议（UDP）是一种无连接的客户/服务器通信协议。它不保证数据报会被对方完全接收，也不保证它们抵达的顺序与发出时一样，但它的速度比 TCP/IP 协议要快得多。所以，对于某些不需要保证数据完整准确的场合，或是数据量很大的场合（比如声音、视频）等，通常采用 UDP 通信。另外在局域网中，数据丢失的可能性很小，也常采用 UDP 通信。

UDP 通信中，需要建立一个 DatagramSocket，与 Socket 不同，它不存在 "连接" 的概念，取而代之的是一个数据报包——DatagramPacket。这个数据报包必须知道自己来自何处，以及打算去哪里。所以本身必须包含 IP 地址、端口号和数据内容。

18.4.1　DatagramSocket 的使用方法

DatagramSocket 可以用来创建收、发数据报的 socket 对象。如果用它来接收数据，应该用下面这个创建方法：

```
public DatagramSocket(int port) throws SocketException
```

其中，参数 port 指定接收时的端口。

如果用来发送数据，应该用这个：

```
public DatagramSocket() throws SocketException
```

所有的端口、目的地址和数据，需要由 DatagramPacket 来指定。

接收数据时，可以使用它的 receive(DatagramPacket data)方法。获取的数据报将存放在 data 中。发送数据时，可以使用它的 send(DatagramPacket data)方法。发送的端口、目的地址和数据都在 data 中。

18.4.2　DatagramPacket 的使用方法

DatagramPacket 的对象就是数据报的载体。如果用来接收数据，用下面这个方法创建：

```
public DatagramPacket(byte []buf, int length)
```

其中，buf 是存放数据的字节型数组，length 是能接收的最大长度。

如果是发送数据报，则用下面这个方法：

```
public DatagramPacket(byte []buf, int length, InetAddress address, int port)
```

后两个参数分别是目的地址和端口。

它还有一些常用的方法。

❑ public byte[] getData()：获取存放在数据报中的数据。

- public int getLength()：获取数据的长度。
- public InetAddress getAddress()：获取数据报中的 IP 地址。
- public int getPort()：获取数据报中的端口号。
- public void setData(byte []buf)：设置数据报中的内容为 buf 所存储的内容。

18.4.3　示例程序——用 UDP 实现的聊天程序

本小节介绍一个用 UDP 实现的聊天程序，它的界面以及功能与 18.3 节的聊天程序差不多，只是用于通信的协议是 UDP。

用 UDP 协议通信不需要使用服务器，所以用于聊天的程序只要写一个，分别在不同的机器上运行就可以了，而无须写成服务端和客户端两种形式。

【例 18.9】　用 UDP 实现的聊天程序示例。

//--------文件名 UDPChat.java，程序编号 18.12--------------------

```java
import java.io.*;
import java.net.*;
import java.awt.event.*;
import java.awt.*;
import javax.swing.*;

public class UDPChat implements Runnable,ActionListener{
  JTextArea showArea;
  JLabel lbl1,lbl2,lbl3;
  JTextField msgText,sendPortText,receivePortText,IPAddressText;
  JFrame mainJframe;
  JButton sendBtn,startBtn;
  JScrollPane JSPane;
  JPanel pane1,pane2;
  Container con;
  Thread thread=null;
  DatagramPacket sendPack,receivePack;
  DatagramSocket sendSocket,receiveSocket;
  private InetAddress sendIP;
  private int sendPort,receivePort; //存储发送端口和接收端口
  private byte inBuf[], outBuf[];
  public static final int BUFSIZE=1024;

  public UDPChat() {
    mainJframe=new JFrame("聊天——UDP 协议");
    con=mainJframe.getContentPane();
    showArea=new JTextArea();
    showArea.setEditable(false);
    showArea.setLineWrap(true);
    lbl1=new JLabel("接收端口号:");
    lbl2=new JLabel("发送端口号:");
    lbl3=new JLabel("对方的地址:");
    sendPortText=new JTextField();
```

```
        sendPortText.setColumns(5);
        receivePortText=new JTextField();
        receivePortText.setColumns(5);
        IPAddressText=new JTextField();
        IPAddressText.setColumns(8);
        startBtn=new JButton("开始");
        startBtn.addActionListener(this);
        pane1=new JPanel();
        pane1.setLayout(new FlowLayout());
        pane1.add(lbl1);
        pane1.add(receivePortText);
        pane1.add(lbl2);
        pane1.add(sendPortText);
        pane1.add(lbl3);
        pane1.add(IPAddressText);
        pane1.add(startBtn);
        JSPane=new JScrollPane(showArea);
        msgText=new JTextField();
        msgText.setColumns(40);
        msgText.setEditable(false);
        msgText.addActionListener(this);
        sendBtn=new JButton("发送");
        sendBtn.setEnabled(false);
        sendBtn.addActionListener(this);
        pane2=new JPanel();
        pane2.setLayout(new FlowLayout());
        pane2.add(msgText);
        pane2.add(sendBtn);
        con.add(pane1,BorderLayout.NORTH);
        con.add(JSPane,BorderLayout.CENTER);
        con.add(pane2,BorderLayout.SOUTH);
        mainJframe.setSize(600,400);
        mainJframe.setVisible(true);
        mainJframe.setDefaultCloseOperation(JFrame.EXIT_ON_CLOSE);
}

public static void main(String[] args) {
    new UDPChat();
}

public void actionPerformed(ActionEvent e) {
    try{
        if(e.getSource()==startBtn){ //按下了"开始"按钮
            inBuf=new byte[BUFSIZE];
            sendPort=Integer.parseInt(sendPortText.getText());
            sendIP=InetAddress.getByName(IPAddressText.getText());
            sendSocket=new DatagramSocket();
            receivePort=Integer.parseInt(receivePortText.getText());
            //创建接收数据包
            receivePack=new DatagramPacket(inBuf,BUFSIZE);
            //指定接收数据的端口
            receiveSocket=new DatagramSocket(receivePort);
            //创建线程准备接收对方的消息
            thread=new Thread(this);
```

```
        thread.setPriority(Thread.MIN_PRIORITY);
        thread.start();
        startBtn.setEnabled(false);
        sendBtn.setEnabled(true);
        msgText.setEditable(true);
    }else{   //按下了"发送"按钮或回车键
        outBuf=msgText.getText().getBytes();
        //组装要发送的数据包
        sendPack=new DatagramPacket(outBuf,outBuf.length,sendIP,
        sendPort);
        //发送数据
        sendSocket.send(sendPack);
        showArea.append("我说："+msgText.getText()+"\n");
        msgText.setText(null);
    }
}catch(UnknownHostException el){
    showArea.append("无法连接到指定地址\n");
}catch(SocketException el){
    showArea.append("无法打开指定端口\n");
}catch(IOException el){
    showArea.append("发送数据失败\n");
}
}
//在线程中接收数据
public void run() {
    String msgstr;
    while (true){
        try{   //注意这个 try 的位置
            receiveSocket.receive(receivePack);
            msgstr=new String(receivePack.getData(),0,receivePack.
            getLength());
            showArea.append("对方说："+msgstr+"\n");
        }catch(IOException el){
            showArea.append("接收数据出错\n");
        }
    }
}
}
```

程序运行时截图如图 18.8 和图 18.9 所示。

图 18.8　聊天程序的一端

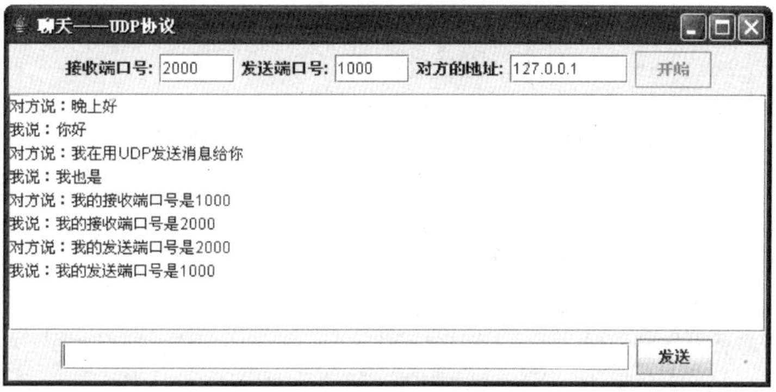

图 18.9　聊天程序的另一端

这个程序在运行时，需要先指定接收端口号和发送端口号，这两个端口号应该不一样。另外，两个聊天程序的接收端口和发送端口恰好是对应起来的。其中一个的发送端口是 1000，另一个的接收端口就也应该是 1000；而后者的发送端口是 2000，则前者的接收端口就是 2000。这样才能正常通信。

18.5　Java 网络编程的新特性

在 Java 网络编程应用中，针对一些高级的网络应用开发，JDK 提供了一个轻量级的 HTTP 服务器、较为完善的 HTTP Cookie 管理功能、更为实用的 NetworkInterface、DNS 域名的国际化支持以及 IPv6 支持等。

18.5.1　轻量级的 HTTP 服务

超文件传输协议（HTTP，HyperText Transfer Protocol）是互联网上应用最为广泛的一种网络传输协议。所有的 WWW 文件都必须遵守这个标准。设计 HTTP 最初的目的是为了提供一种发布和接收 HTML 页面的方法。目前的应用除了 HTML 网页外还被用来传输超文本数据，例如：图片、音频文件（MP3 等）、视频文件（rm、avi 等）和压缩包（zip、rar 等），基本上只要是文件数据均可以利用 HTTP 进行传输。而 HTTP 服务，笼统地说就是实现这类 HTTP 协议应用的服务程序。Java 6 以后的版本中，就提供了一个轻量级的纯 Java Http 服务器的实现。下面是一个简单的例子。

【例 18.10】　HTTP 服务实现的实例。

//--------文件名 HTTPServer.java，程序编号 18.13--------------------

```
//HTTP 服务启动的主方法
public static void main(String[] args) throws Exception{
    //通过 HttpServerProvider 的静态方法 provider，获取 HttpServerProvider 对象
    HttpServerProvider httpServerProvider = HttpServerProvider.
    provider();
    //通过 InetSocketAddress 类，绑定 8080 作为服务端口
```

```
        InetSocketAddress addr = new InetSocketAddress(8080);
        //调用 createHttpServer，创建 HTTP 服务
        HttpServer httpServer = httpServerProvider.createHttpServer(addr, 1);
        //指定 HTTP 服务的路径
        httpServer.createContext("/myapp/", new MyHttpHandler());
        httpServer.setExecutor(null);
        //启动服务执行
        httpServer.start();
        //输出服务开始的信息
        System.out.println("started");
    }
    //静态 MyHttpHandler 类，实现 HttpHandler 接口，处理服务器的响应
    static class MyHttpHandler implements HttpHandler{
        //声明抛出异常
        public void handle(HttpExchange httpExchange) throws IOException {
            //返回客户端一个字符串
            String response = "This is a simple HTTP Server!";
            //返回 HTTP 访问的状态码
            httpExchange.sendResponseHeaders(200, response.length());
            //将返回结果信息输出到客户端
            OutputStream out = httpExchange.getResponseBody();
            out.write(response.getBytes());
            out.close();
        }
    }
```

上述代码是一个可直接运行的 Java 程序，启动程序运行后，在浏览器地址栏中输入访问地址：http://localhost:8080/myapp/，可得到如图 18.10 所示的结果。

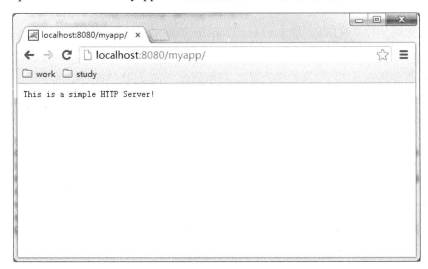

图 18.10　浏览器访问显示结果

由图 18.10 可知，通过调用相关的 HTTP Server API 就可以实现一个简单的 HTTP 服务

功能，通过此功能，可以轻松构建自己的嵌入式的 Http Server。在这些 API 中，支持 Http 和 Https 协议，提供了 HTTP 1.1 的部分实现，没有被实现的那部分可以通过扩展已有的 Http Server API 来实现。在实现过程中，需要自己实现 HttpHandler 接口，HttpServer 会调用 HttpHandler 实现类的回调方法来处理客户端请求。在这里，我们把一个 Http 请求和它的响应称为一个交换，包装成 HttpExchange 类，HttpServer 负责将 HttpExchange 传给 HttpHandler 实现类的回调方法。

在具体的执行流程中，首先，HttpServer 是从 HttpProvider 处得到的，这里使用了 JDK 6 版本所提供的一个默认实现。用户也可以自行实现一个 HttpProvider 和相应的 HttpServer 实现。其次，HttpServer 是有上下文（context）的概念的。比如，http://localhost:8080/myapp/ 中"/myapp/"就是相对于 HttpServer Root 的上下文，这里和其他的 HTTP 服务器中的上下文的概念是类同的。对于每个上下文，都有一个 HttpHandler 来接收 http 请求并给出回答。

最后，在 HttpHandler 给出具体回答之前，一般先要返回一个 Http head。这里使用 HttpExchange.sendResponseHeaders(int code, int length)。其中 code 是 Http 响应的返回值，比如 404、403、500 等。length 指的是 response 的长度，以字节为单位。

18.5.2　Cookie 管理特性

Cookie 是 Web 应用当中非常常用的一种技术，用于储存某些特定的用户信息。虽然，不能把一些特别敏感的信息存放在 Cookie 里面，但是，Cookie 依然可以帮助储存一些琐碎的信息，帮助 Web 用户在访问网页时获得更好的体验。例如个人的搜索参数、颜色偏好以及上次的访问时间等。

网络程序开发中可以利用 Cookie 来创建有状态的网络会话（Stateful Session）。Cookie 的应用越来越普遍。在 Windows 中，可以在 Documents And Settings 文件夹里面找到 IE 使用的 Cookie 信息。假设用户名为 admin，那么在 admin 文件夹的 Cookies 文件夹里面，我们可以看到名为 admin@(domain)的一些文件，其中的 domain 就是表示创建这些 Cookie 文件的网络域，文件里面就储存着用户的一些信息。

JavaScript 等脚本语言对 Cookie 有着较完善的支持，.NET 里面也有相关的类来支持开发者对 Cookie 的管理。不过，在 JavaSE 6 之前，Java 一直都没有提供 Cookie 管理的功能。在 JavaSE 5 里面，java.net 包里面有一个 CookieHandler 抽象类，不过并没有提供其他具体的实现。到了 JavaSE 6，Cookie 相关的管理类在 Java 类库里面才得到了实现。有了这些 Cookie 相关支持的类，Java 开发者可以在服务器端编程中很好地操作 Cookie，更好地支持 HTTP 相关应用，创建有状态的 HTTP 会话。

java.net.HttpCookie 类是 JavaSE 6 新增的一个表示 HTTP Cookie 的新类，其对象可以表示 Cookie 的内容，可以支持所有 3 种 Cookie 规范，包括 Netscape 草案、RFC 2109 和 RFC 2965。

HttpCookie 类储存了 Cookie 的名称、路径、值、协议版本号、是否过期、网络域以及最大生命期等信息。

java.net.CookiePolicy 接口可以规定 Cookie 的接收策略。其中唯一的方法用来判断某一特定的 Cookie 是否能被某一特定的地址所接收。这个类内置了 3 个实现的子类：一个类接收所有的 Cookie，另一个则拒绝所有，还有一个类则接收所有来自原地址的 Cookie。

java.net.CookieStore 接口负责储存和取出 Cookie。当有 HTTP 请求的时候，它便储存那些被接收的 Cookie；当有 HTTP 回应的时候，它便取出相应的 Cookie。另外，当一个 Cookie 过期的时候，它还负责自动删去这个 Cookie。

java.net.CookieManager 是整个 Cookie 管理机制的核心，它是 CookieHandler 的默认实现子类。图 18.11 显示了整个 HTTP Cookie 管理机制的结构。

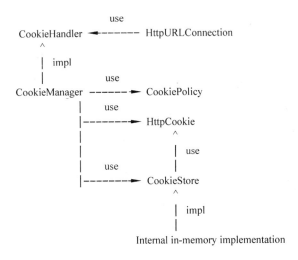

图 18.11　Cookie 管理类的关系图

一个 CookieManager 里面有一个 CookieStore 和一个 CookiePolicy，分别负责储存 Cookie 和规定策略。用户可以指定两者，也可以使用系统默认的 CookieManger。

18.5.3　IPv6 网络应用程序的开发

随着 IPv6 越来越受到业界的重视，Java 从 1.4 版开始支持 Linux 和 Solaris 平台上的 IPv6。1.5 版起又加入了 Windows 平台上的支持。相对于 C++，Java 很好地封装了 IPv4 和 IPv6 的变化部分，遗留代码都可以原生支持 IPv6，而不用随底层具体实现的变化而变化。

Java 在使用 IPv6 过程中，Java 网络栈会优先检查底层系统是否支持 IPv6，以及采用何种 IP 栈系统。如果是双栈系统，那么它直接创建一个 IPv6 套接字，如图 18.12 所示。

对于分隔栈系统，Java 则创建 IPv4/v6 两个套接字，如图 18.13 所示。如果是 TCP 客户端程序，一旦其中某个套接字连接成功，另一个套接字就会被关闭，这个套接字连接使用的 IP 协议类型也就此被固定下来。如果是 TCP 服务器端程序，因为无法预期客户端使用的 IP 协议，所以 IPv4/v6 两个套接字会被一直保留。对于 UDP 应用程序，无论是客户端还是服务器端程序，两个套接字都会保留下来以完成通信。

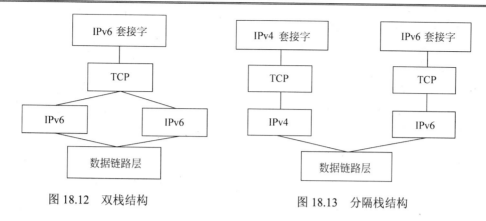

图 18.12　双栈结构　　　　　　　　　　　图 18.13　分隔栈结构

1. 正规化IPv6地址

在网络程序开发中，经常使用 IP 地址来标识一个主机，例如记录终端用户的访问记录等。由于 IPv6 具有零压缩地址等多种表示形式，因此直接使用 IPv6 地址作为标识符，可能会带来一些问题。为了避免这些问题，在使用 IPv6 地址之前，有必要将其正规化。除了通过我们熟知的正则表达式外，使用一个简单的 Java API 也可以达到相同的效果。

```
InetAddress inetAddr = InetAddress.getByName(ipAddr);
ipAddr = inetAddr.getHostAddress();
System.out.println(ipAddr);
```

InetAddress.getByName(String)方法接收的参数既可以是一个主机名，也可以是一个 IP 地址字符串。输入任一信息的合法 IPv6 地址，再通过 getHostAddress()方法取出主机 IP 时，地址字符串 ipAddr 已经被转换为完整形式。例如输入 2002:97b:e7aa::97b:e7aa，上述代码执行过后，零压缩部分将被还原，ipAddr 变为 2002:97b:e7aa:0:0:0:97b:e7aa。

2. 获取本机IPv6地址

有时为了能够注册 listener，开发人员需要使用本机的 IPv6 地址，这一地址不能简单地通过 InetAddress.getLocalhost()获得。因为这样有可能获得诸如 0:0:0:0:0:0:0:1 这样的特殊地址。使用这样的地址，其他服务器将无法把通知发送到本机上。因此必须先进行过滤，选出确实可用的地址。以下代码实现了这一功能，思路是遍历网络接口的各个地址，直至找到符合要求的地址。

【例 18.11】　通过 Java 程序获取本机的 IPv6 地址。

//--------文件名 GetIPV6Add.java，程序编号 18.14--------------------

```
public static String getLocalIPv6Address() throws IOException {
    InetAddress inetAddress = null;
    // 定义一个枚举变量，列出所有的网卡信息
    Enumeration<NetworkInterface> networkInterfaces = NetworkInterface
        .getNetworkInterfaces();
    outer:
    //遍历所有的网卡，从中找到包含 IPv6 的地址信息
```

```
    while (networkInterfaces.hasMoreElements()) {
        Enumeration<InetAddress> inetAds = networkInterfaces.nextElement()
        .getInetAddresses();
        while (inetAds.hasMoreElements()) {
            inetAddress = inetAds.nextElement();
            //判断是否是 IPv6 地址
            if (inetAddress instanceof Inet6Address
                && !isReservedAddr(inetAddress)) {
                break outer;
            }
        }
    }
}
    String ipAddr = inetAddress.getHostAddress();
    //过滤掉非地址信息符号，有些 Windows 平台上，IP 地址的版本信息后面跟着一个%，因而
要去掉
    int index = ipAddr.indexOf('%');
    if (index > 0) {
        ipAddr = ipAddr.substring(0, index);
    }
    return ipAddr;
}
/**
 * 过滤本机的特殊 IP 地址
 * @传入 IP 地址作为参数
 * @对传入的 IP 地址进行判断，返回判断结果
 */
private static boolean isReservedAddr(InetAddress inetAddr) {
    if (inetAddr.isAnyLocalAddress() || inetAddr.isLinkLocalAddress()
        || inetAddr.isLoopbackAddress()) {
        return true;
    }
    return false;
}
```

为了支持 IPv6，Java 中增加了两个 InetAddress 的子类：Inet4Address 和 Inet6Address。一般情况下这两个子类并不会被使用到，但是当我们需要分别处理不同的 IP 协议时就非常有用，在这我们根据 Inet6Address 来筛选地址。

isReservedAddr()方法过滤了本机特殊 IP 地址，包括 LocalAddress、LinkLocalAddress 和 LoopbackAddress。读者可根据自己的需要修改过滤标准。

另一个需要注意的地方是：在 Windows 平台上，取得的 IPv6 地址后面可能跟了一个百分号加数字。这里的数字是本机网络适配器的编号。这个后缀并不是 IPv6 标准地址的一部分，可以去除。

3．IPv4/IPv6 双环境下网络的选择和测试

在实际的编程应用中经常需要在同时存在 IPv4/IPv6 的网络环境上进行开发和测试。在此环境内，IPv4 地址与 IPv6 地址的一一对应是人工保证的。如果一台客户机使用不匹

配的 IPv4 和 IPv6 双地址，或者同时使用 DHCPv4 和 DHCPv6，则可能会导致 IPv4 地址和 IPv6 地址不匹配，最终会导致 IPv6 的路由寻址失败。

正因为如此，为了配置双地址环境，一般使用 DHCPv4 来自动获取 IPv4 地址，然后人工配置相对应的 IPv6 地址。这里的配置方法不再赘述，需要注意的是不同操作系统平台下的配置方法是不一样的。

对于 Java 的网络编程而言，由于 Java 的面向对象特性以及 java.net 包对于 IP 地址的良好封装，从而使得将 Java 应用从 IPv4 环境移植到 IPv4/IPv6 双环境，或者纯 IPv6 环境变得异常简单。通常需要做的仅是检查代码并移除明码编写的 IPv4 地址，用主机名来替代则可。

除此以外，对于一些特殊的需求，Java 还提供了 InetAddress 的两个扩展类以供使用：Inet4Address 和 Inet6Address，其中封装了对于 IPv4 和 IPv6 的特殊属性和行为。然而由于 Java 的多态特性，使得一般只需要使用父类 InetAddress，Java 虚拟机可以根据所封装的 IP 地址类型的不同，在运行时选择正确的行为逻辑。所以在多数情况下并不需要精确控制所使用的类型及其行为，一切交给 Java 虚拟机即可。

在 IPv4/IPv6 双环境中，对于使用 Java 开发的网络应用，比较值得注意的是以下两个 IPv6 相关的 Java 虚拟机系统属性。

```
java.net.preferIPv4Stack=<true|false>
java.net.preferIPv6Addresses=<true|false>
```

preferIPv4Stack（默认 false）表示如果存在 IPv4 和 IPv6 双栈，Java 程序是否优先使用 IPv4 套接字。默认值是优先使用 IPv6 套接字，因为 IPv6 套接字可以与对应的 IPv4 或 IPv6 主机进行对话；相反如果优先使用 IPv4，则不能与 IPv6 主机进行通信。

preferIPv6Addresses（默认 false）表示在查询本地或远端 IP 地址时，如果存在 IPv4 和 IPv6 双地址，Java 程序是否优先返回 IPv6 地址。Java 默认返回 IPv4 地址，主要是为了向后兼容，以支持旧有的 IPv4 验证逻辑，以及旧有的仅支持 IPv4 地址的服务。

从计算机技术的发展、因特网的规律和网络的传输速率来看，IPv4 都已经不适用了。其中最主要的问题就是 IPv4 的 32 比特的 IP 地址空间已经无法满足迅速膨胀的因特网规模，但是 IPv6 的引入为我们解决了 IP 地址近乎枯竭的问题。应用 IPv6 技术进行 Java 网络编程也是大势所趋，有必要学好并掌握这一技术方法。

18.6　本 章 小 结

本章较为全面地介绍了如何使用 Java 类库来编写 C/S 架构的网络程序。由于 Java 在设计之初就充分考虑了对网络编程的支持，所以各种相关类的封装都做得相当的周到，编写程序非常方便，和处理普通的数据流相比，并没有太大的区别。当然，由于网络自身的复杂性，所以编写网络程序时比普通桌面程序要考虑的问题更多，更需要细致地调试。

18.7　实 战 习 题

1．Java 网络编程中，如何绑定源 IP 和源端口？请编写代码实现。

2．URL 类和 URLConnection 类的作用分别是什么？编程演示其功能。

3．如何创建 Socket 对象和 ServerSocket 对象？

4．采用 UDP 进行数据传输，如何封装数据包？

5．请比较 TCP 与 UDP 的区别。

6．请编写基于 TCP 的网络数据记录程序，要求允许服务器端与客户端位于两台不同的计算机上，在服务器端通过键盘输入一些文本信息，然后在客户端以文件的形式自动保存这些信息内容。

7．请编写一个基于 UDP 的文件传输程序，要求该程序能够在两台机器之间互相正确地传送数据文件，即接收方机器能产生与发送过来的文件内容完全相同的文件。

8．请编写一个网络投票与计票的应用程序，以解决日常投票问题。程序编写的需求说明如下。

（1）可以设置系统管理人员（1 个）与普通投票人员（多个）。

（2）系统管理员可以设置或修改普通投票人员的人数、所有人员的账号与密码，以及投票活动简介。投票活动简介是一些说明候选人个人情况或竞选项目介绍的文字性内容。

（3）普通投票人员可以用自己的账号和密码，在自己的计算机上登录到系统管理员的计算机上进行投票。

（4）系统管理员可以随时查看投票情况以及得票率。

第 19 章　JSP 程序设计

本章将介绍 Java 应用最为重要的一个分支——JSP（Java Server Pages）程序设计。JSP 技术是一个纯 Java 平台的技术，它与其他 Web 应用技术（HTML、xHTML 和 JavaScript）一起，共同产生动态的网络响应。它在 Sun 公司的 J2EE 解决方案中位于 Web 表现层，是 J2EE 平台最为重要的组成部分。

介绍 JSP 时将不可避免地涉及 HTML 标记，这里不再对这些标记做详细的解释，如果读者对 HTML 标记比较陌生，请查阅相关的资料。

学习本章要掌握的内容要点有：

- ❑ Java Servlet 概念及技术；
- ❑ JSP 的基本概念；
- ❑ JSP 的运行环境及 Tomcat 服务器；
- ❑ JSP 的指令；
- ❑ JSP 的脚本元素；
- ❑ JSP 的基本操作；
- ❑ JSP 的内置对象；
- ❑ JSP 开发中的 JavaBeans；
- ❑ JSP 开发实例。

19.1　从 Java Servlet 说起

Java Servlet 是 JSP 技术的基础，要学习 JSP 就不得不说 Java Servlet，Sun 公司最早用来实现 Web 应用的方案就是 Java Servlet。相比传统的 CGI，尽管 CGI 是用本地代码直接执行的，但是由于每次客户端发出请求，服务器必须启动一个新的程序来处理请求，这就把高负载强加给了服务器资源，尤其是当 CGI 使用脚本语言编写时，如 perl，服务器还必须启动语言解释程序。程序越多，占用的内存就越多，消耗 CPU 也越多，严重影响了系统性能。

Servlet 运行于 Servlet 引擎管理的 Java 虚拟机中，被来自客户机的请求所唤醒。与 CGI 不同的是，在虚拟机中只要装载一个 Servlet 就能够处理新的请求，每个新请求使用内存中那个 Servlet 的相同副本，所以效率比传统 CGI 高。如果采用服务器端脚本，如 ASP、PHP，语言解释程序是内置程序，因此可以加快服务器的运行，但是效率还是不如准编译的 Servlet。实际的使用也已经证明，Servlet 是效率很高的服务器端程序，适合用来开发 Web 服务器应用程序。而且现在许多大型的 Web 应用程序的开发都需要 Java Servlet 和 JSP 配合才能完成。因而掌握 Java Servlet 是学好 JSP 的重要前提。

19.1.1　Java Servlet 概述

Servlet 是使用 Java Servlet 应用程序设计接口及相关类和方法的 Java 程序。一个 Servlet 就是 Java 编程语言中的一个类,它被用来扩展服务器的性能,服务器上驻留着可以通过"请求-响应"编程模型来访问的应用程序,它在 Web 服务器上或应用服务器上运行并扩展了该服务器的能力。Java Servlet 对于 Web 服务器就好像 Java Applet 对于 Web 浏览器。Applet 装入 Web 浏览器并在 Web 浏览器内执行,而 Servlet 则是装入 Web 服务器并在 Web 服务器内执行。Java Servlet API 定义了 Servlet 和服务器之间的一个标准接口,这使得 Servlet 具有跨服务器平台的特性。

Servlet 通过创建一个框架扩展服务器的能力,采用"请求-响应"模式提供 Web 服务。当客户机发送请求至服务器时,服务器将请求信息发送给 Servlet,Servlet 生成响应内容并将其传给 Server,然后再由 Server 将响应返回给客户端。Servlet 的功能涉及范围很广,在 Java Web 开发中,Servlet 可完成如下功能。

- ❑ 创建并返回一个包含基于客户请求性质的动态内容的完整的 HTML 页面。
- ❑ 创建可嵌入到现有 HTML 页面中的一部分 HTML 页面(HTML 片段)。与其他服务器资源(文件、数据库、Applet 和 Java 应用程序等)进行通信。
- ❑ 用多个客户机处理连接,接收多个客户机的输入,并将结果广播到多个客户机上。例如,Servlet 可以是多参与者的游戏服务器。
- ❑ 允许在单连接方式下传送数据的情况下,在浏览器上打开服务器至 Applet 的新连接,并将该连接保持在打开状态。允许客户机和服务器简单、高效地执行会话的情况下,Applet 也可以启动客户浏览器和服务器之间的连接。可以通过定制协议或标准(如 IIOP)进行通信。
- ❑ 对特殊的处理采用 MIME 类型过滤数据,例如图像转换和服务器端嵌入(SSI)。
- ❑ 将定制的处理提供给所有服务器的标准例行程序。例如,Servlet 可以修改或定义用户的认证过程。

19.1.2　Java Servlet 的生命周期

Servlet 的生命周期定义了一个 Servlet 如何被加载、初始化,以及它怎样接收请求、响应请求和提供服务的全过程。

Servlet 生命周期由接口 javax.servlet.Servlet 定义。所有的 Java Servlet 必须直接或间接地实现 javax.servlet.Servlet 接口,这样才能在 Servlet Engine 上运行。Servlet Engine 提供 network Service,响应 MIME request,运行 Servlet Container。javax.servlet.Servlet 接口定义了一些方法,在 Servlet 的生命周期中,这些方法会在特定时间按照一定的顺序被调用。下面分别从 Servlet 的初始化、执行和销毁 3 个时期来说明 Java Servlet 的生命周期。

1. 初始化时期

当一个服务器装载 Servlet 时,它运行 Servlet 的 init()方法。

```
public void init(ServletConfig config) throws ServletException
{
super.init(); //一些初始化的操作,如数据库的连接
}
```

需要记住的是,一定要在 init()结束时调用 super.init()。init()方法不能反复调用,一旦调用就是重装载 Servlet。直到服务器调用 destroy 方法卸载 Servlet 后才能再调用。

2. Servlet的执行时期

在服务器装载初始化 Servlet 后,Servlet 就能够处理客户端的请求,可以用 service 方法来实现。每个客户端请求有它自己的 service 方法,这些方法接收客户端请求,并且发回相应的响应。Servlets 能同时运行多个 service。这是很重要的,这样,service 方法可以按一个 thread-safe 样式编写。如:service 方法更新 Servlet 对象中的一个字段 field,这个字段是可以同时存取的。假如某个服务器不能同时并发运行 service 方法,也可以用 SingleThreadModel 接口。这个接口保证不会有两个以上的线程(threads)并发运行。在 Servlet 执行期间,其最多的应用是处理客户端的请求并产生一个网页。其代码如下:

```
PrintWriter out = response.getWriter();
out.println("<html>");
out.println("<head><title>"# Servlet </title></head>");
out.println("<body>");
out.println("Hello World");
out.println("</body></html>");
out.close();
```

3. Servlet结束时期

Servlet 一直运行到它们被服务器卸载。在结束的时候需要收回在 init()方法中使用的资源,在 Servlet 中是通过 destory()方法来实现的。

```
public void destroy()
{
//回收在 init()中启用的资源,如关闭数据库的连接等
}
```

19.1.3　JSP 与 Servlet 的关系

Java Servlet 有着十分广泛的应用。不光能简单地处理客户端的请求,借助 Java 的强大的功能,使用 Servlet 还可以实现大量的服务器端的管理维护功能,以及各种特殊的任务。比如,并发处理多个请求、转送请求、代理等。

但是 Java Servlet 有着一个严重的缺陷:编程的效率比较低,即便是很简单的页面,编制起来也很复杂。下面是一个简单的例子。

【例 19.1】　用 Servlet 技术显示系统的时间。

//----------文件名 ShowTime.java,程序编号 19.1-------------

```
import java.io.*;
import javax.servlet.*;
import javax.servlet.http.*;
public class ShowTime extends HttpServlet{
  //设置文件头为 text/html，字符集为 GBK 中文编码
  private static final String CONTENT_TYPE = "text/html; charset=GBK";
  //处理 GET 方式的请求
  public void doGet(HttpServletRequest request, HttpServletResponse
  response) throws ServletException, IOException{
    response.setContentType(CONTENT_TYPE);
    PrintWriter out=response.getWriter();
    /**
        通过 JSP 的 PrintWriter，输出 HTML 格式的页面
    **/
    out.println("<html>");
    out.println("<head><title>Hello</title></head>");
    out.println("<body bgcolor=\"#ffffff\"");
    out.println("<p>");
    out.println("new java.util.Date()");
    out.println("</p>");
    out.println("</body></html>");
  }
}
```

程序 19.1 看上去比较复杂，特别是所有的 Html 标记以及要显示在网页中的内容，都必须以 out.println()的方式来输出，使得程序代码与显示的页面无法分离开来。网页的设计人员将不得不掌握 Java 编程的技能，十分不利于网站设计人员之间的分工合作。

为了简化 Servlet 的编程工作，Sun 公司提出了它的替代技术：JSP。要实现上面同样的功能，只需要像下面这样来写。

【例 19.2】　用 JSP 技术显示系统的时间。

//----------文件名 ShowTime.jsp，程序编号 19.2-------------

```
<html>
  <head><title>Hello</title></head>
  <body bgcolor="#ffffff">
    <p><%=new java.util.Date() %></p>
  </body>
</html>
```

如果不要第 4 行，这就是一个标准的 HTML 文件。可以看出，用 JSP 编写网页比用 Servlet 要简单得多。而且这些网页代码并不需要手工输入，它们完全可以由网页设计人员用可视化的网页生成工具（比如，FrontPage、DreamWeaver 等）自动生成，当然也可以用 UltraEdit 之类的纯文本编辑器编写，而后由程序员将代码部分插入到其中。

不过，实际上，JSP 在真正运行的时候，服务器会自动将其转化成 Servlet 代码，然后再编译运行。所以，JSP 的运行效率并不比 Servlet 差，而开发效率要高得多。因此，除非有什么特别的需要，否则在设计网页时不必再写 Servlet 程序。

19.2　JSP 的基本概念

在全面介绍 JSP 程序设计之前，先来简单介绍一下相关的一些概念，让读者对 JSP 有一个整体上的认识。

19.2.1　动态网站开发技术

传统的网络页面文件（*.htm 和 *.html）是一种静态的文件，它们显示的内容是预先确定好的，所有用户看到的都是相同的页面，无法根据不同用户的请求产生不同的响应。动态网页则不同，它会根据用户的需要来显示不同的内容，具有与用户交互的功能，典型的如 Google、百度等。目前大多数的大型网站都提供动态网页。当然，动态网页的显示需要增加 Web 服务器的负担，所以多数网站采用动态网页与静态网页相结合的方式来建立。

动态网站开发技术发展已经有十多年，从最初的 CGI 到现在的 ASP、JSP 技术，先后出现了十多种。对于网页程序员而言，程序开发越来越方便，程序运行速度越来越快。下面对这些技术做一个简单的介绍。

1. CGI程序

CGI 是一个位于服务器和外部应用程序之间的通信协议，CGI 程序可以与 Web 浏览器进行交互，并可以通过数据库的调用接口与数据库服务器进行通信。例如，CGI 程序可以从数据库服务器中获取数据，并转化为 HTML 页面，然后由 Web 服务器发送给浏览器。也可以从浏览器获得数据，并存入指定的数据库中。按照应用环境的不同，CGI 可以分为标准 CGI 和 Win CGI 两种。

早期的动态网站开发技术使用的是 CGI-BIN 接口。开发人员编写与接口相关的单独的程序和基于 Web 的应用程序，后者通过 Web 服务器来调用前者。这种开发技术存在着严重的扩展性问题——每一个新的 CGI 程序要求在服务器上新增一个进程。如果多个用户并发地访问该程序，这些进程将耗尽该 Web 服务器所有的可用资源，直至其崩溃。目前这种传统的 CGI 程序已经很少有程序员使用。

2. Web API技术

Web API 通常以动态链接库（.DLL）的形式提供，是驻留在 Web 服务器上的程序。它的作用与 CGI 相似，也是为了扩展 Web 服务器的功能。

最著名的 Web API 有 Netscape 的 NSAPI、Microsoft 的 ISAPI 和 O'Reilly 的 WSAPI。各种 API 均与其相应的 Web 服务器紧密联系在一起。程序员可以利用 API 分别开发 Web 服务器与数据库服务器的接口程序。Netscape 与 Microsoft 均为各自的 Web 服务器提供了基于 API 的高级编程接口。Netscape 提供的是 LiveWire，Microsoft 提供的是 IDC（Internet Database Connector）。

3．ASP/ASP+

微软公司提出的 Active Server Pages（ASP）技术，该技术利用"插件"和 API，简化了 Web 应用程序的开发。ASP 与 CGI 相比，其优点是可以包含 HTML 标签，可以直接存取数据库及使用无限扩充的 ActiveX 控件，因此在程序编制上更富有灵活性。

ASP 程序其实是以扩展名为.asp 的纯文本形式存在于 Web 服务器上的。当执行 ASP 程序时，脚本程序将一整套命令发送给脚本解释器（即脚本引擎），由脚本解释器进行翻译，并将其转换成服务器所能执行的命令。由于脚本语言本身的功能并不强，所以大多数任务要由外部的 ASP 对象来完成。

该技术基本上是局限于微软的操作系统平台之上，主要工作环境是微软的 IIS 应用程序结构，所以 ASP 技术不能很容易地实现跨平台的 Web 服务器程序开发。

4．PHP

Hypertext Preprocessor（超文本预处理器），即 PHP 动态网站。它的开发技术与 ASP 相似，也是一种嵌入 HTML 文档的服务器端脚本语言。其语法大部分与 C、Java 和 Perl 等语言相似，并形成了自己的独有风格。利用该语言 Web 程序员可以快速地开发出动态网页。PHP 在大多数 Unix 平台、GUN/Linux 和微软 Windows 平台上均可以运行。PHP 的优点主要有：安装方便，学习过程简单；数据库连接方便，兼容性强；扩展性强；可以进行面向对象编程等。但 PHP 也存在一些弱点，主要因为 PHP 是一种解释型语言，不支持多线程结构，支持平台和连接的数据库都有限，特别是在支持的标准方面存在先天不足，对于某些电子商务应用来说，PHP 是不适合的。

5．Java Servlets

利用 Java Servlets 技术，可以很容易地用 Java 语言编写交互式的服务器端代码。一个 Java Servlets 就是一个基于 Java 技术的运行在服务器端的程序（与 Applet 不同，其运行在浏览器端）。开发人员编写这样的 Java Servlets，以接收来自 Web 浏览器的 HTTP 请求，动态地生成响应（可能需要查询数据库来完成这种请求），然后发送包含 HTML 或 XML 文档的响应到浏览器。

这种技术对于普通的页面设计者来说，掌握是有一定困难的。采用这种方法，整个网页必须都在 Java Servlets 中制作。如果开发人员或者 Web 管理人员想要调整页面显示，就不得不编辑并重新编译该 Java Servlets。从开发方式上来看，它仍然与传统的 CGI 程序相同。

6．JSP

在 JSP 出现之前，已经出现了一些可用于 Web 编程的 Java（例如，Java Servlets 和 Java Beans），Sun 公司对这些技术进行了整合平衡，产生了一种新的、开发 Web 应用程序的方法——Java Server Pages 技术（JSP）。从开发方式来看，JSP 类似于 ASP，可以将程序代码嵌入到用其他工具（比如，FrontPage、DreamWeaver）开发的网页源文件中，所以开发效率很高。但它又是采取编译运行，所以运行效率要超过 ASP。这种动态网站开发技术主要有以下一些优点。

❑ 能够在任何 Web 或应用程序服务器上运行；
❑ 分离了应用程序的逻辑和页面显示；
❑ 能够进行快速的开发和测试；
❑ 简化了开发基于 Web 的交互式应用程序的过程。

19.2.2　JSP 技术特点

JSP 是目前最为流行的动态网站开发技术，这与它自身的一些突出特点是分不开的。为了快速方便地进行动态网站的开发，JSP 在以下几个方面做了改进，使其成为快速建立跨平台的动态网站的首选方案。

1．将内容的生成和显示进行分离

对于 JSP 技术，Web 页面开发人员可以使用 HTML 或者 XML 标识来设计和格式化最终页面，并使用 JSP 标识或者小脚本来生成页面上的动态内容（内容是根据请求变化的，例如，请求账户信息或者特定的一瓶酒的价格等）。生成内容的逻辑被封装在标识和 JavaBeans 组件中，并且捆绑在脚本中，所有的脚本在服务器端运行。由于核心逻辑被封装在标识和 JavaBeans 中，所以 Web 管理人员和页面设计者，能够编辑和使用 JSP 页面，而不影响内容的生成。

在服务器端，JSP 引擎解释 JSP 标识和脚本，生成所请求的内容（例如，通过访问 JavaBeans 组件，使用 JDBC 技术访问数据库或者包含文件），并且将结果以 HTML（或者 XML）页面的形式发送回浏览器。这既有助于作者保护自己的代码，又能保证任何基于 HTML 的 Web 浏览器的完全可用性。

2．可重用组件

绝大多数 JSP 页面依赖于可重用的、跨平台的组件（JavaBeans 或者 Enterprise JavaBeans 组件），来执行应用程序所要求的复杂的处理。开发人员能够共享和交换执行普通操作的组件，或者使得这些组件为更多的使用者和客户团体所使用。基于组件的方法，加速了总体开发过程，并且使得各种组织在他们现有的技能和优化结果的开发努力中得到平衡。

3．采用标识

Web 页面开发人员不会都是熟悉脚本语言的编程人员。JSP 技术封装了许多功能，这些功能是在易用的、与 JSP 相关的 XML 标识中进行动态内容生成所需要的。标准的 JSP 标识能够访问和实例化 JavaBeans 组件、设置或者检索组件属性、下载 Applet 以及执行用其他方法更难于编码和耗时的功能。

4．适应多种平台

几乎所有平台都支持 Java，JSP＋JavaBeans 几乎可以在所有平台下通行无阻。从一个平台移植到另外一个平台，JSP 和 JavaBeans 甚至不用重新编译，因为 Java 字节码都是标准的与平台无关的。因此，Web 服务器可以是基于 Windows 的，也可以是基于 Unix/Linux 的。

5．便捷的数据库连接

Java 中连接数据库的技术是 JDBC，Java 程序通过 JDBC 驱动程序与数据库相连，执行查询、提取数据等操作。Sun 公司还开发了 JDBC-ODBC bridge，利用此技术，Java 程序可以访问带有 ODBC 驱动程序的数据库。目前大多数数据库系统都带有 ODBC 驱动程序，所以 Java 程序能访问诸如 Oracle、Sybase、MS SQL Server 和 MS Access 等数据库。

6．使用标识库

通过开发标识库，JSP 技术可以进一步扩展。第三方开发人员和其他人员可以为常用功能创建自己的标识库。这使得 Web 页面开发人员能够使用熟悉的工具和如同标识一样执行特定功能的构件来进行工作。

7．高度可扩展性

JSP 技术很容易整合到多种应用体系结构中，利用现存的工具和技巧，并且能扩展到支持企业级的分布式应用中。作为采用 Java 技术家族的一部分，以及 Java 2（企业版体系结构）的一个组成部分，JSP 技术能够支持高度复杂的基于 Web 的应用。

8．安全和高效

由于 JSP 页面的内置脚本语言是基于 Java 的，而且所有的 JSP 页面都被编译成为 Java Servlets，所以 JSP 页面具有 Java 技术的所有好处，包括健壮的存储管理和安全性。作为 Java 平台的一部分，JSP 运行效率比纯粹的脚本语言（如 Perl、PHP 和 JavaScript）更高。

19.3　JSP 运行环境

JSP 程序是运行在服务器端的，客户端看到的只是一个普通的网页。在服务器一端，必须要安装能对 JSP 进行转换、编译和运行的工具，也就是说需要一个 JDK 以及一个 JSP 容器。JDK 仍然采用前面使用的 JDK 1.7，不必另外安装。JSP 容器很多，如 JSWDK、Tomcat、Resin、Websphere 和 WebLogic 等。这里选择的是免费软件 Tomcat。

19.3.1　Tomcat 简介

Tomcat 是一个免费的开源的 Serlvet 容器，它是 Apache 基金会 Jakarta 项目中的一个核心项目，由 Apache、Sun 和其他一些公司及个人共同开发而成。由于有了 Sun 公司的参与和支持，最新的 Servlet 和 Jsp 规范总能在 Tomcat 中得到体现。Tomcat 被 JavaWorld 杂志的编辑选为 2001 年度最具创新的 Java 产品，可见其在业界的地位。

在写作本书时，Tomcat 的最新版本是 6.0x，但本书使用的是 Tomcat 5.5 版本。Tomcat 5.5 中采用了新的 Servlet 容器：Catalina，完整地实现了 Servlet 2.4 和 Jsp 2.0 规范。Tomcat 提供了各种平台的版本供下载，可以从 http://tomcat.apache.org/上下载其源代码版或者二进制版。由于 Java 的跨平台特性，基于 Java 的 Tomcat 也具有跨平台性。

与传统的桌面应用程序不同，Tomcat 中的应用程序是一个 WAR（Web Archive）文件。WAR 是 Sun 提出的一种 Web 应用程序格式，与 JAR 类似，也是包含多个文件的一个压缩包。这个包中的文件按一定的目录结构来组织：通常其根目录下包含有 Html 和 JSP 文件，或者包含这两种文件的目录，另外还会有一个 WEB-INF 目录，这个目录很重要。通常在 WEB-INF 目录下，有一个 web.xml 文件和一个 classes 目录，web.xml 是这个应用的配置文件，而 classes 目录下则包含编译好的 Servlet 类和 JSP 或 Servlet 所依赖的其他类（如 JavaBean）。通常这些所依赖的类也可以打包成 JAR，放到 WEB-INF 下的 lib 目录下，当然也可以放到系统的 CLASSPATH 中，但移植和管理起来不方便。

在 Tomcat 中，应用程序的部署很简单，只需将 WAR 放到 Tomcat 的 webapp 目录下，Tomcat 会自动检测到这个文件，并将其解压。在浏览器中访问这个应用的 JSP 时，通常第一次会很慢，因为 Tomcat 要将 JSP 转化为 Servlet 文件，然后编译。编译以后，访问将会很快。另外，Tomcat 也提供了一个应用：manager。访问这个应用需要用户名和密码，用户名和密码存储在一个 xml 文件中。通过这个应用，辅助使用 Ftp，网站管理员可以在远程通过 Web 部署和撤销应用，当然本地也可以。

Tomcat 不仅仅是一个 Servlet 容器，它也具有传统 Web 服务器的功能：处理 Html 页面。但是与 Apache 相比，它处理静态 Html 的能力不如 Apache。在实际应用中，可以将 Tomcat 和 Apache 集成到一起，让 Apache 处理静态 Html，而 Tomcat 处理 JSP 和 Servlet。这种集成只需修改一下 Apache 和 Tomcat 的配置文件即可。不过在本书中，作为 JSP 的实验系统，只使用了 Tomcat。

另外，Tomcat 提供 Realm 支持。Realm 类似于 Unix 里面的 group。在 Unix 中，一个 group 对应着系统的一定资源，某个 group 不能访问不属于它的资源。Tomcat 用 Realm 来对不同的应用（类似系统资源）赋给不同的用户（类似 group）。没有权限的用户则不能访问这个应用。

Tomcat 也可以与其他一些软件集成起来，实现更多的功能。如与 JBoss 集成起来开发 EJB，与 Cocoon（Apache 的另外一个项目）集成起来开发基于 Xml 的应用，与 OpenJMS 集成起来开发 JMS 应用等。有兴趣的读者可以查阅 Apache 的网站。

19.3.2 Tomcat 的安装和启动

当前，最新的 Tomcat 的版本为 Tomcat 7.0，本书即选择 Tomcat 的 7.0 版本作为 Web 服务容器，此版本支持 Linux、Windows 等多个操作系平台，安装过程也比较简单。本小节对 Tomcat 7.0 在 Windows 平台下的安装过程进行说明。

（1）安装 Tomcat，首先必须保证所在的系统平台上已经正确地安装了 Java 运行时环境，即 JDK，并且正确地设置了 Java 环境变量，即 JAVA_HOME。关于 Java 运行时环境的安装及 Java 环境变量的配置，在本书的第 1 章有详细的说明。所以，安装 Tomcat 的第一步关于安装 Java 平台环境及设置 Java 环境变量的相关知识，读者可参阅第 1 章的相关内容。

（2）像安装普通 Windows 程序一样安装 Tomcat。如果下载的是 ZIP 文件，只要解压缩到任意目录下即可。

（3）启动 Tomcat。只要在安装目录的 bin 目录下面，双击 startup.bat 文件就可以了（当然也可以通过命令行运行）。如果正常，会出现如图 19.1 所示的 DOS 窗口。

图 19.1 Tomcat 启动后的窗口

窗口中第一行显示的 Apache Tomcat 的版本，当前版本为 7.0.40，也就是最新的 Tomcat 7.0。窗口的最后一行：Server startup in 897 ms 表示 Tomcat 已经正常启动。如果没到这一行，需要检查环境变量是否正确设置。Tomcat 运行期间，该窗口会始终存在，不要关闭它。

（4）测试 Tomcat 是否正常工作。在 IE 地址栏中输入：

```
http://localhost:8080
```

注意：后面的端口号 8080 不要省略，也不能输错。

如果一切正常，将出现如图 19.2 所示的欢迎界面。

图 19.2 Tomcat 的欢迎界面

如果要关闭 Tomcat，可以在 bin 目录下双击 shutdown.bat 文件，也可以直接关闭图 19.1 所示的 DOS 窗口。

19.3.3　部署自己的网站

在部署自己的网站之前，先来看一下 Tomcat 的目录结构。
- bin：存放启动和关闭 Tomcat 的脚本以及可执行文件。
- conf：包含不同的配置文件，如 server.xml（Tomcat 的主要配置文件）和 web.xml。
- work：存放 JSP 编译后产生的 class 文件。
- webapp：存放应用程序示例，以后要部署的应用程序也可放到此目录。
- logs：存放日志文件。
- lib、japser 和 common：这 3 个目录主要存放 Tomcat 所需的 jar 文件。

默认情况下，进入 Tomcat 时打开的是%Tomcat_Home%\webapps\ROOT\index.jsp 文件。读者可以将该文件替换成自己的网页文件，但这不是一个好办法。一般情况下，需要配置 Tomcat 来部署自己的网站。

1．建立自己网站的目录结构

要部署自己的网站，可以在任意盘符下建自己的目录，比如 d:\myweb。在此目录下必须有一个目录：ROOT，它作为网站的根目录。index.htm 或 index.jsp 文件就放在此目录下。ROOT 下还必须有一个子目录：WEB-INF，该目录中的内容如下所示。
- 必须包含一个 web.xml 文件描述站点的部署情况，该文件可以从 Tomcat 安装目录下的 webapps\ROOT\WEB-INF 下面复制。
- 可以有一个 classes 子目录，用于存放 class 类文件。
- 可以有一个 lib 子目录，用于存放 jar 文件。

注意：Tomcat 是区分大小写的，建立这些文件和目录时，千万不要弄错大小写，否则会出现一些莫名其妙的问题。

2．设置虚拟域名

现在还只能通过 IP 地址来访问 Tomcat 服务器，而一般用户的习惯是通过网站域名来访问。我们可以修改 hosts 文件，为自己添加一个虚拟域名。hosts 文件是一个纯文本文件，它没有后缀名，存放的位置依系统的不同而不同。读者可以通过搜索功能找到它，找到之后，用记事本打开它，在文件末尾添加：

```
127.0.0.1  www.mysite.com
```

其中，www.mysite.com 就是自己虚拟的域名。以后在浏览器中输入该域名时，系统不会去请求 DNS 服务器做 IP 地址解析，而直接通过 hosts 文件将其定位到本机。

然后需要通知 Tomcat，如果有访问此域名的用户，将其定位到所需的文件。这需要修改 conf 目录下的 server.xml 文件。在此文件中找到：

```
<Host name="localhost" appBase="webapps"
```

```
unpackWARs="true" autoDeploy="true"
xmlValidation="false" xmlNamespaceAware="false">
```

在其前面添加：

```
<Host name="www.mysite.com" debug="0" appBase="D:\myweb" unpackWARs="true"
autoDeploy="true"/>
```

⚠️**注意**：上面的标记应该写在一行中，这里是由于印刷页面宽度不够而自动换行。

其中，name 后面的内容就是虚拟的域名，appBase 指示该域名对应的根目录，unpackWARs 指示是否自动解包 WAR 文件，autoDeploy 指示是否自动部署。

重启 Tomcat 后，就可以在浏览器中用 www.mysite.com:8080 访问自己的网站了。

一般的 HTTP 服务都是默认 80 端口，而 Tomcat 默认的是 8080 端口。如果需要修改此值，可以在 server.xml 中找到：

```
<Connector port="8080" maxHttpHeaderSize="8192"
        maxThreads="150" minSpareThreads="25" maxSpareThreads="75"
        enableLookups="false" redirectPort="8443" acceptCount="100"
        connectionTimeout="20000" disableUploadTimeout="true" />
```

将其中的 8080 改成 80 就可以了。以后输入域名 www.mysite.com 时，就不再需要输入后面的端口号 8080。

3．部署网页文件

在开发网站时，可以直接向 webapps 目录下面复制各种网页文件。但在远程部署网站时，如果文件数目比较多，一个个复制就比较麻烦。这时可以使用 war 文件，创建 war 文件的命令如下：

```
jar cvf 文件名.war   待压缩的文件列表
```

然后将该 war 文件传送到 webapps 目录下，只要 server.xml 文件中的标记 unpackWARs="true"没有被修改，tomcat 就会自动按照压缩时的目录结构来解开压缩包。

Tomcat 的功能还有很多，具体使用方法请参考它的说明文档。

19.3.4　一个简单的 JSP 程序

实际上，JSP 就是将 Java 的可执行语句嵌入 HTML 网页中，最简单的 JSP 程序可以就是一个 HTML 网页，不需要包含任何的 Java 语句，只要将扩展名改成.jsp 即可。下面就是一个 JSP 网页。

【例 19.3】　一个简单的 JSP 程序。

//----------文件名 HelloWorld.jsp，程序编号 19.3-------------

```
<html>
  <head>
    <%@ page contentType="text/html;charset=GB2312" %>
    <title>HelloWorld</title>
  </head>
```

```
<body bgcolor="#ffffff">
    <p><font size=+3> "这是我的第一个 JSP 网页"</font></p>
</body>
</html>
```

程序中的这条语句：

```
<%@ page contentType="text/html;charset=GB2312" %>
```

是一个 JSP 标记，它告诉浏览器，网页需以中文编码显示。如果没有这一句，中文网页显示出来可能是乱码。

将此文件存放在前面建立的虚拟网站的根目录（比如，笔者的是 D:\myweb\root）下面，并启动 Tomcat，然后在浏览器的地址栏中输入：

```
http://www.mysite.com/HelloWorld.jsp
```

就可以看到如图 19.3 所示的页面。

图 19.3　JSP 网页截图

注意：Tomcat 服务器中，路径名和文件名是区分大小写的，请不要写错大小写。

第一次浏览这个网页的时候，要等待几秒钟，这是因为 Tomcat 需要将这个 JSP 网页转换成为 Servlet 并编译它，所以需要一点时间，以后再浏览它，就不需要等待了。

实际上，如果你打开 Tomcat 的安装目录（比如，笔者的在 D:\tomcat），找到目录 D:\Tomcat\work\Catalina\www.mysite.com_\org\apache\jsp，就可以在此目录下找到一个名为 HelloWorld_jsp.java 的文件，这就是系统转换生成的 Servlet 文件，读者可以打开它研究一下。

19.4　JSP 的指令

一般而言，人们将 JSP 的语法分成 3 大类：指令、脚本元素和标准操作。其中，指令包括页面指令、inlude 指令和标签库指令；脚本元素包括声明、表达式、Scriptlet 和注释（有的书将注释单独列为一类）；标准操作都是以<jsp: *******>开头的。

另外，从 JSP 2.0 起，新增加了 Expression Language，简称 EL。本书只用到了 JSP 1.2，故此部分省略。本节将介绍 JSP 中的 3 类指令。

19.4.1　页面指令（page）

page 指令用于定义 JSP 文件中的全局属性。JSP 语法规则如下：

```
<%@ page
[ language="java" ]
[ extends="package.class" ]
[ import="{package.class | package.*}, ..." ]
[ session="true | false" ]
[ buffer="none | 8kb | sizekb" ]
[ autoFlush="true | false" ]
[ isThreadSafe="true | false" ]
[ info="text" ]
[ errorPage="relativeURL" ]
[ contentType="mimeType [ ;charset=characterSet ]" | "text/html ;
charset=ISO-8859-1" ]
[ isErrorPage="true | false" ]
%>
```

此指令以"<%@ page"开头，以"%>"结束，中间是指令可以使用的属性。page 指令有 12 个属性，如下所示。

（1）language="scriptingLanguage"

该属性用于指定在脚本元素中使用的脚本语言，默认值是 Java。在 JSP1.2 规范中，该属性的值只能是 Java，以后可能会支持其他语言，例如，C、C++等。

（2）extends="className"

该属性用于指定 JSP 页面转换后的 Servlet 类从哪一个类继承，属性的值是完整的限定类名。通常不需要使用这个属性，JSP 容器会提供转换后的 Servlet 类的父类。使用该属性时要格外小心，因为这可能会限制 JSP 容器为提升性能所做出的努力。

（3）import="importList"

该属性用于指定在脚本环境中可以使用的 Java 类。属性的值和 Java 程序中的 import 声明类似，该属性的值是以逗号分隔的导入列表，例如：

```
<%@ page import="java.util.Vector,java.io.*" %>
```

也可以重复设置 import 属性：

```
<%@ page import="java.util.Vector" %>
<%@ page import="java.io.*" %>
```

注意：page 指令中只有 import 属性可以重复设置。import 默认导入的列表是：java.lang.*、javax.servlet.*、javax.servlet.jsp.*和 javax.servlet.http.*。

（4）session="true|false"

该属性用于指定在 JSP 页面中是否可以使用 session 对象，默认值是 true。

（5）buffer="none|sizekb"

该属性用于指定 out 对象（类型为 JspWriter）使用的缓冲区大小。如果设置为 none，将不使用缓冲区，所有的输出直接通过 ServletResponse 的 PrintWriter 对象写出。设置该属性的值只能以 KB 为单位，默认值是 8KB。

（6）autoFlush="true|false"

该属性用于指定当缓冲区满的时候，缓存的输出是否应该自动刷新。如果设置为 false，当缓冲区溢出的时候，一个异常将被抛出。默认值为 true。

（7）isThreadSafe="true|false"

该属性用于指定对 JSP 页面的访问是否是线程安全的。如果设置为 true，则向 JSP 容器表明这个页面可以同时被多个客户端请求访问。如果设置为 false，则 JSP 容器将对转换后的 Servlet 类实现 SingleThreadModel 接口。由于 SingleThreadModel 接口在 Servlet 2.4 规范中已经声明为不赞成使用，所以该属性也建议不要再使用。默认值是 true。

（8）info="info_text"

该属性用于指定页面的相关信息。该信息可以通过调用 Servlet 接口的 getServletInfo() 方法来得到。

（9）errorPage="error_url"

该属性用于指定当 JSP 页面发生异常时，将转向哪一个错误处理页面。要注意的是，如果一个页面通过使用该属性定义了错误页面，那么在 web.xml 文件中定义的任何错误页面将不会被使用。

（10）isErrorPage="true|false"

该属性用于指定当前的 JSP 页面是否是另一个 JSP 页面的错误处理页面。默认值是 false。

（11）contentType="ctinfo"

该属性指定用于响应 JSP 页面的 MIME 类型和字符编码。例如：

```
<%@ page contentType="text/html; charset=gb2312" %>
```

（12）pageEncoding="peinfo"

该属性指定 JSP 页面使用的字符编码。如果设置了这个属性，则 JSP 页面的字符编码使用该属性指定的字符集。如果没有设置这个属性，则 JSP 页面使用 contentType 属性指定的字符集。如果这两个属性都没有指定，则使用字符集"ISO-8859-1"。

注意：无论将 page 指令放在 JSP 文件的哪个位置，它的作用范围都是整个 JSP 页面。然而，为了 JSP 程序的可读性，以及养成良好的编程习惯，应该将 page 指令放在 JSP 文件的顶部。

【例 19.4】　page 指令使用示例。

```
<%@ page import="java.util.*, java.lang.*" %>
<%@ page buffer="5kb" autoFlush="false" %>
<%@ page errorPage="error.jsp" %>
<%@ page contentType="text/html;charset=GB2312" %>
```

注意最后一条，对于中文网页来说是至关重要的，否则中文网页可能不会正常显示。

<%@ page %>指令作用于整个JSP页面,同样包括静态的包含文件。但是<%@ page %>指令不能作用于动态的包含文件，比如<jsp:include>。

在一个页面中可以使用多个<%@ page %>指令，但是其中的属性只能用一次。不过也有个例外，那就是 import 属性。因为 import 属性和 Java 中的 import 语句差不多，所以就可以多次使用。

19.4.2　包含指令（include）

include 指令用来在 JSP 文件被编译之前，将其他资源内嵌到当前文件中。JSP 语法如下:

```
<%@ include file="filename" %>
```

【例 19.5】　include 指令使用示例。

```
<%@ include file="copyright.htm" %>
```

它将 copyright.htm 文件包含到本文件中来。

⚠注意：如果文件 A 使用 include 指令包含文件 B，则 B 中的代码将首先被嵌入 A 中，然后 A 才会被编译成 Servlet。

在被包含的文件中，最好不要使用<html>、</html>、<body>和</body>等标签，因为这会影响到原 JSP 文件中同样的标签，有时会导致错误。另外，因为原文件和被包含的文件可以互相访问彼此定义的变量和方法，所以在包含文件时要格外小心，避免在被包含的文件中定义了同名的变量和方法，而导致转换时出错。或者不小心修改了另外文件中的变量值，而导致出现不可预料的结果。

19.4.3　标签库指令（taglib）

本指令定义一个标签库以及其自定义标签的前缀，JSP 语法如下:

```
<%@ taglib uri="URIToTagLibrary" prefix="tagPrefix" %>
```

属性说明如下。

（1）uri="URIToTagLibrary"

URI（Uniform Resource Identifier）根据标签的前缀对自定义的标签进行唯一的命名，URI 可以是 URL，也可以是 URN（Uniform Resource Name），还可以是一个相对或绝对的路径。

（2）prefix="tagPrefix"

定义自定义标签之前的前缀，比如，在<public:loop>中的 public。如果这里不写 public，那么就是不合法的。但不能使用 jsp、jspx、java、javax、servlet、sun 和 sunw 作为前缀。

【例 19.6】　taglib 指令使用示例。

```
<%@ taglib uri="http://www.jspcentral.com/tags" prefix="public" %>
<public:loop>
```

```
......
</public:loop>
```

<%@ taglib %>指令声明此 JSP 文件使用了自定义的标签，同时引用标签库，也指定了所用标签的前缀。

这里自定义的标签有标签和元素之分。因为 JSP 文件能够转化为 XML，所以了解标签和元素之间的联系很重要。标签只不过是一个在意义上被抬高了点的标记，是 JSP 元素的一部分。JSP 元素是 JSP 语法的一部分，和 XML 一样有开始标记和结束标记。元素也可以包含其他的文本、标记或元素。

例如，一个 jsp:plugin 元素有<jsp:plugin>开始标记和</jsp:plugin>结束标记，同样也可以有<jsp:params>和<jsp:fallback>元素。

必须在使用自定义标签之前使用<%@ taglib %>指令，而且可以在一个页面中多次使用，但是前缀只能使用一次。

19.5　JSP 的脚本元素

本节介绍 JSP 中的脚本元素，包括注释、声明、表达式和 Scriptlet。

19.5.1　HTML 注释

HTML 注释的作用是在客户端显示一个注释。当用户在浏览器中选择"查看源文件"时，可以在网页源文件中看到此注释，不过浏览器无视该注释的存在。JSP 语法如下：

```
<!-- comment [ <%= expression %> ] -->
```

【例 19.7】　HTML 注释使用示例 1。

```
<!-- This file displays the user login screen -->
```

在客户端的 HTML 源代码中会产生和上面一模一样的数据：

```
<!-- This file displays the user login screen -->
```

【例 19.8】　HTML 注释使用示例 2。

```
<!-- This page was loaded on <%= (new java.util.Date()).toLocaleString()
%> -->
```

在客户端的 HTML 源代码中显示为：

```
<!-- This page was loaded on 2006-11-18 10:22:12 -->
```

这种注释和 HTML 中的注释很像，唯一有些不同的就是，程序员可以在这个注释中用表达式（如例 19.8 所示）。这个表达式是不定的，传送给前端页面的是由该表达式计算出来的结果。注释中能够使用各种表达式，只要合法即可。

19.5.2　隐藏注释

隐藏注释写在 JSP 程序中，但是不会发给前端浏览器。JSP 语法如下：

```
<%-- comment --%>
```

【例 19.9】　隐藏注释使用示例。

```
<%@ page language="java" %>
<html>
   <head><title>A Comment Test</title></head>
   <body>
      <h2>A Test of Comments</h2>
      <%-- This comment will not be visible in the page source --%>
   </body>
</html>
```

用隐藏注释标记的字符会在 JSP 编译时被忽略掉。这个注释在希望隐藏或注释 JSP 程序时是很有用的。

JSP 编译器是不会对<%--and--%>之间的语句进行编译的，它不会显示在客户的浏览器中，也不会在自动生成的 Java 源代码中看到在<%-- --%>之间的内容。程序员可以任意写注释内容，但是不能嵌套使用该注释。如果非要使用，请用 "--%\>"。

另外，由于 JSP 中的脚本语言是 Java，所以 Java 中的注释 "//" 和 "/* */" 仍然可以使用。

19.5.3　变量和方法的声明

在 JSP 程序中可以声明合法的变量和方法。JSP 语法如下：

```
<%! declaration; [ declaration; ] ... %>
```

【例 19.10】　变量声明示例。

```
<%! int i = 0; %>
<%! double a, b, c; %>
```

在 JSP 中声明要用到的变量和方法与在 Java 中的声明类似，可以一次性声明多个变量和方法，只需以 ";" 结尾即可，当然这些声明在 Java 中要是合法的。

当声明方法或变量时，请注意以下一些规则。

- ❑ 声明必须以 ";" 结尾（Scriptlet 有同样的规则，但在表达式就不同了）。
- ❑ 可以直接使用在<%@ page %>中被包含进来的已经声明的变量和方法，不需要对它们重新进行声明。
- ❑ 声明仅在一个页面中有效。如果想每个页面都用到一些声明，最好把它们写成一个单独的文件，然后用<%@ include %>或<jsp:include >元素包含进来。
- ❑ 利用<%! %>声明的变量，在 JSP 容器转换 JSP 页面为 Servlet 类时，将作为该类的实例变量或者类变量（声明时使用了 static 关键字）。在多用户并发访问时，这将导致线程安全的问题，除非确认是单用户访问或者变量是只读的。

19.5.4　表达式

可以在 JSP 中直接使用符合 JSP 语法的表达式，JSP 语法规则如下：

```
<%= expression %>
```

【例 19.11】　表达式使用示例。

```
<font color="blue" size=+2>
现在是北京时间: <%=  (new java.util.Date()).toLocaleString() %> <br>
</font>
```

表达式元素表示的是一个在脚本语言中被定义的表达式，在运行后被自动转化为字符串，然后插入到这个表达式在 JSP 文件的位置显示。因为这个表达式的值已经被转化为字符串，所以能在一行文本中插入这个表达式。

在 JSP 中使用表达式时必须注意以下几点：

- ❑ 不能用一个分号";"作为表达式的结束符，但是同样的表达式用在 scriptlet 中就需要以分号来结尾。
- ❑ 有时候表达式也能作为其他 JSP 元素的属性值。
- ❑ 一个表达式可以很复杂，它可能由一个或多个表达式组成，这些表达式的求值顺序是从左到右。

19.5.5　嵌入网页中的程序段（Scriptlet）

Scriptlet 是一段嵌入到网页中的程序，它可以出现在网页的任何位置，所用的流程控制语句与标准 Java 完全相同。与标准的 Java 程序不同，它不是由类组成的，而仅仅只是一段可以执行的语句序列，正因为 Scriptlet 的出现，JSP 才具备了强大的表现力以及与用户灵活交互的能力。JSP 语法如下：

```
<% code fragment %>
```

【例 19.12】　Scriptlet 使用示例。

```
<TABLE BORDER=2>
 <%
 for ( int i = 1; i <=10; i++ ) {
 %>
 <TR>
 <TD>Number</TD>
 <TD><%= i %></TD>
 </TR>
 <%
   }
 %>
</TABLE>
```

　　从例 19.12 中可以看出，for 循环被 <% 和 %> 所包含，而后又是普通的 HTML 标记，这正是 Scriptlet 和 HTML 的混合的技巧。

　　上面的代码其实很简单：可以退出 Scriptlet 的时候，就编写 HTML；然后又回到 Scriptlet 中去。任何的循环控制表达式，比如 while 或者 for 循环以及 if 语句都可以控制 HTML。如果 HTML 处在一个循环中，它就会在每一次的循环中执行一次。

　　上面这个程序会生成一个 10 行 2 列的表格，表格的第一列中都是 Number，第二列依次是 1、2……

　　一个 Scriptlet 能够包含多个 JSP 语句、方法、变量和表达式，实际上，它就是一个 Java 的程序片断。它可以做以下的事。

- ❑ 声明将要用到的变量或方法；
- ❑ 编写 JSP 表达式；
- ❑ 使用任何隐含的对象和任何用<jsp:useBean>声明过的对象；
- ❑ 编写 JSP 语句（如果使用 Java 语言），这些语句必须遵从 Java Language Specification；
- ❑ 任何文本、HTML 标记、JSP 元素必须在 Scriptlet 之外；
- ❑ 当 JSP 收到客户的请求时，Scriptlet 就会被执行。如果 Scriptlet 有显示的内容，这些显示的内容会被放在 out 对象中。

　　当 JSP 容器将 JSP 页面转换为 Servlet 类时，页面中的代码段会按照出现的次序，依次被转换为_jspService()方法中的代码。在脚本段中声明的变量，将成为_jspService()方法中的局部变量。因此，脚本段中的变量是线程安全的。

19.6　JSP 的标准操作

　　在 JSP 1.2 中共有 9 个标准操作，而 JSP 2.0 中扩充到了 20 个。在 JSP 1.2 的 9 个标准操作中，有 3 个是在其他的操作中使用，包括：<jsp:param>、<jsp:params>和<jsp:fallback>。因此本书不单独介绍它们，而是放在其他的操作中介绍。

19.6.1　重定向操作（<jsp:forward>）

　　本操作用于重定向一个 HTML 或者 JSP 文件，或者是一个程序段。JSP 语法如下：

```
<jsp:forward page={"relativeURL" | "<%= expression %>"} />
```

　　或者传递参数：

```
<jsp:forward page={"relativeURL" | "<%= expression %>"} >
  <jsp:param name="parameterName"  value="{parameterValue | <%=
  expression %>}"/> </jsp:forward>
```

　　<jsp:forward>标签会从一个 JSP 文件向另一个文件传递一个包含用户请求的 request 对象。<jsp:forward>标签以后的代码将不能执行。其中的属性说明如下。

　　（1）page="{relativeURL | <%= expression %>}"

这里是一个表达式或是一个字符串，用于说明将要定向的文件或 URL。这个文件可以是 JSP、程序段或者其他能够处理 request 对象的文件（如 asp、cgi 和 php）。

（2）<jsp:param name="parameterName" value="{parameterValue | <%= expression %>}" />向一个动态文件发送一个或多个参数，这个文件一定是动态文件。如果要传递多个参数，可以在一个 JSP 文件中使用多个<jsp:param>，name 指定参数名，value 指定参数值。

如果使用了非缓冲输出，那么使用<jsp:forward>时就要小心。如果在使用<jsp:forward>之前，jsp 文件已经有了数据，那么文件执行就会出错。

【例 19.13】　重定向操作示例 1。

```
<jsp:forward page="/servlet/login.jsp" />
```

该例子将请求重新定向到/servlet/login.sjp 文件。

【例 19.14】　重定向操作示例 2。

```
<jsp:forward page="/servlet/login.jsp">
  <jsp:param name="username" value="liuxin" />
</jsp:forward>
```

该例子不仅将请求重新定向到/servlet/login.jsp 文件，而且向目标文件传送了参数和值。在例 19.14 中，传递的参数名为 username，值为 liuxin。

注意：如果使用了<jsp:param>标签，则目标文件必须是一个动态的文件，能够处理参数。

19.6.2　包含操作（<jsp:include>）

本操作用于包含一个静态或动态文件。JSP 语法如下：

```
<jsp:include page="{relativeURL | <%= expression%>}" flush="true" />
```

或者：

```
<jsp:include page="{relativeURL | <%= expression %>}" flush="true" >
    <jsp:param name="parameterName" value="{parameterValue | <%=
    expression %>
</jsp:include>
```

属性说明：

（1）page

指定被包含资源的相对路径，该路径是相对于当前 JSP 页面的 URL。

（2）flush

该属性可选。如果设置为 true，当页面输出使用了缓冲区，那么在进行包含工作之前，先要刷新缓冲区。如果设置为 false，则不会刷新缓冲区。该属性的默认值是 false。

注意：flush 标记必须为 true。

<jsp:include>元素允许包含动态文件和静态文件，这两种包含文件的结果是不同的。如果文件仅是静态文件，那么这种包含仅仅是把包含文件的内容加到 JSP 文件中去，而如果这个文件动态的，那么这个被包含文件也会被 JSP 编译器执行（这一切与 ASP 相似）。

通常不能从文件名上判断一个文件是动态的还是静态的。比如 test.jsp，就有可能只是包含一些信息而已，而不需要执行。<jsp:include>能够同时处理这两种文件。因此，程序员不需要在包含时去判断此文件是动态的还是静态的。

如果这个包含文件是动态的，那么还可以用<jsp:param>传递参数名和参数值。在一个页面中，可以使用多个<jsp:param>来传递多个参数。

【例 19.15】　文件包含操作示例 1。

```
<jsp:include page="scripts/login.jsp" flush="true" />
<jsp:include page="copyright.html" flush="true" />
<jsp:include page="/index.html" flush="true" />
```

本例连续包含了 3 个文件到当前文件中。

【例 19.16】　文件包含操作示例 2。

```
<jsp:include page="scripts/login.jsp" flush="true" >
  <jsp:param name="username" value="liuxin" />
</jsp:include>
```

本例不仅将 login.jsp 文件包含进来，而且向它传递了一个参数。

<jsp:include>与前面介绍的包含指令<%@ include %>看上去差不多，其中的区别如表 19.1 所示。

表 19.1　<jsp:include>与<%@ include %>的区别

	状　　态	对　　象	描　　述
include指令	编译时包含	静态	JSP引擎对所包含的文件进行语法分析
<jsp:include>操作	运行时包含	静态或动态	JSP引擎不对所包含的文件进行语法分析

19.6.3　嵌入插件（<jsp:plugin>）

本操作用于执行一个 Applet 或 Bean 程序，如果需要，则可能还要下载一个 Java 插件用于执行它。JSP 语法如下：

```
<jsp:plugin         type="bean    |    applet"    code="classFileName"
codebase="FileDirectoryName"
  [ name="instanceName" ]
  [ archive="URIToArchive, ..." ]
  [ align="bottom | top | middle | left | right" ]
  [ height="displayPixels" ]
  [ width="displayPixels" ]
  [ hspace="leftRightPixels" ]
  [ vspace="topBottomPixels" ]
  [ jreversion="JREVersionNumber | 1.1" ]
  [ nspluginurl="URLToPlugin" ]
  [ iepluginurl="URLToPlugin" ] >
  [ <jsp:params>
   [<jsp:param name="parameterName"  value="{parameterValue |
   <%=expression %>}"/>]
    </jsp:params> ]
```

```
   [ <jsp:fallback> text message for user </jsp:fallback> ]
</jsp:plugin>
```

　　<jsp:plugin>元素用于在浏览器中播放或显示一个对象（典型的就是 Applet 和 Bean）。当 JSP 文件被编译后送往浏览器时，<jsp:plugin>元素将会根据浏览器的版本替换成<object>或者<embed>元素。

　　🔔注意：<object>用于 HTML 4.0，<embed>用于 HTML 3.2。

　　一般来说，<jsp:plugin>元素会指定对象是 Applet 还是 Bean，同样也会指定 class 的名字，还有位置，另外还会指定将从哪里下载这个 Java 插件。相关属性的说明如下。

　　（1）type="bean | applet"

　　指定被执行的插件对象的类型，必须指定其是 Bean 还是 applet，因为这个属性没有默认值。

　　（2）code="classFileName"

　　被 Java 插件执行的 Java Class 的名字，必须以.class 结尾。这个文件必须存在于 codebase 属性指定的目录中。

　　（3）codebase="classFileDirectoryName"

　　将会被执行的 Java Class 文件的目录（或者是路径）。如果没有提供此属性，那么使用<jsp:plugin>的 JSP 文件的目录将会被使用。

　　（4）name="instanceName"

　　这个 Bean 或 Applet 实例的名字，它将会在 JSP 的其他地方调用。

　　（5）archive="URIToArchive, ……"

　　一些由逗号分开的路径名，这些路径名用于预装一些将要使用的class，这会提高 Applet 的性能。

　　（6）align="bottom | top | middle | left | right"

　　图形、对象和 Applet 在网页中对齐的位置，还可以指定下面的值。

　　（7）height="displayPixels" width="displayPixels"

　　Applet 或 Bean 将要显示的长度和宽度值，此值为数字，单位为像素。

　　（8）hspace="leftRightPixels" vspace="topBottomPixels"

　　Applet 或 Bean 显示时在屏幕左右、上下所需留下的空间，单位为像素。

　　（9）jreversion="JREVersionNumber | 1.1"

　　Applet 或 Bean 运行所需的 Java Runtime Environment (JRE)的版本。默认值是 1.1。

　　（10）nspluginurl="URLToPlugin"

　　Netscape 用户能够使用的 JRE 的下载地址，此值为一个标准的 URL，如 http://www.sun.com/jsp。

　　（11）iepluginurl="URLToPlugin"

　　IE 用户能够使用的 JRE 的下载地址，此值为一个标准的 URL，如 http://www.sun.com/jsp。

　　（12）<jsp:params>

　　它的语法规则是：

```
[ <jsp:param name="parameterName"  value="{parameterValue | <%= expression
%>}" /> ] </jsp:params>
```

用来指定需要向 Applet 或 Bean 传送的参数或参数值。

（13）<jsp:fallback> text message for user </jsp:fallback>

这一段文字用于 Java 插件不能启动时，显示给用户的信息。如果插件能够不启动 Applet
或 Bean，那么浏览器会将这段出错信息显示出来。

【例 19.17】　嵌入插件使用示例。

```
<jsp:plugin type=applet code="Molecule.class" codebase="/html">
  <jsp:params>
    <jsp:param name="molecule" value="molecules/benzene.mol" />
  </jsp:params>
  <jsp:fallback>
   <p>Unable to load applet</p>
  </jsp:fallback>
</jsp:plugin>
```

本段程序在网页中嵌入了一个名为 Molecule 的 Applet 小程序，并且向它传送了一个
参数 molecule。如果装载该 Applet 不成功，将在同一个位置显示 Unable to load applet 给用
户看。

19.6.4　创建 Bean 实例（<jsp:useBean>）

该操作用于创建一个 Bean 实例并指定它的名字和作用范围，JSP 语法规则如下：

```
<jsp:useBean id="beanInstanceName" scope="page | request | session |
application" typeSpce />
```

其中的 typeSpce 为下列值之一：

```
{ class="classname"  |
 class="classname" type="typename" |
 type="typename" class="classname" |
 beanName="beanname" type="typename"|
 type="classname"
}
```

如果要加入其他元素，可以用下面的形式：

```
<jsp:useBean id="name" scope="page|request|session|application"
typeSpec >
    body
</jsp:useBean>
```

属性说明如下。

（1）scope="page|request|session|application"

表示 Bean 的作用范围。其中，page 表示只在本页面有效，request 表示在两个页面间
传递参数时有效，session 表示在整个会话过程中对所有页面有效（浏览器关闭或服务器
断线就失效），application 表示对整个应用都有效（也就是从服务器开始直到服务器关机
为止）。

（2）id="beanInstanceName"

给一个变量命名,此变量将指向 Bean。如果发现存在一个有相同的 id 和 scope 的 Bean,则使用原来的那个, 而不是新建一个。

（3）class="classname"

指出 Bean 的完整的包名。

（4）type="typename"

指明将指向对象的变量的类型。这必须与类名相匹配, 或是一个超类, 或者是一个实现类的接口。记住, 变量名由 id 属性来指定。

（5）beanName="beanname"

赋予 Bean 一个名字, 应该在 beans 的实例化方法中提供。它允许给出 type 和一个 beanname, 并省略类属性。

【例 19.18】 创建 Bean 示例。

```
<jsp:useBean id="cart" scope="session" class="session.Carts" />
```

该示例程序创建了一个名为 cart 的 Bean 实例, 它是 session.Carts 类的对象, 作用范围是整个会话期间。

19.6.5　设置 Bean 属性（<jsp:setProperty>）

创建 JavaBean 实例之后, 可以通过此操作向一个 JavaBean 的属性赋值, 这个动作中将会使用到的 name 属性的值必须是一个前面已经使用<jsp:useBean>动作引入的 JavaBean 的名字。JSP 语法规则如下:

```
<jsp:setProperty name="beanName" prop_expr />
```

prop_expr 为下列值之一:

```
{ property="*" |
 property="propertyName"|
 property="propertyName" param="parameterName"|
 property="propertyName" value="propertyValue"
}
```

其中, propertyValue 可以是一个字符串, 也可以是一个动态的属性值。属性说明如下。

（1）property

此属性表明了需要设定值的 JavaBean 属性的名称。当该值设定为 "*" 时, JSP 解释器将把系统 ServletRequest 对象中的参数一个一个地列举出来, 检查这个 JavaBean 的属性是否和 ServletRequest 对象中的参数有相同的名称。如果有, 就自动将 ServletRequest 对象中参数值传递给相应的 JavaBean 属性。

（2）param

此属性表明了在由系统的 Request 向 JavaBean 传递参数时, 具体采用哪一个参数。

（3）value

此属性表明了需要设定给 JavaBean 属性的值。可以是直接赋值, 也可以是 ServletRequest 对象的一个参数名。

【例 19.19】 设置 Bean 属性示例 1。

```
<jsp:setProperty name="cart" property="*" />
```

此例将 ServletRequest 对象中参数名和属性名称匹配的部分输入到名为 cart 的 JavaBean 中。

【例 19.20】 设置 Bean 属性示例 2。

```
<jsp:setProperty name="getname" property="user" param="username" />
```

此例将 ServletRequest 对象中的参数 username 的值输入到名为 getname 的 JavaBean 中，将它的属性值 user 设置为该值。

【例 19.21】 设置 Bean 属性示例 3。

```
<jsp:setProperty name="result" property="row" value="<%= i+1 %>" />
```

此例将 i+1 的值计算出来后，将名为 result 的 JavaBean 的 row 值设置成这个值。

【例 19.22】 设置 Bean 属性示例 4。

```
<jsp:setProperty name="connection" property="timeout" value="300">
```

此例设置 connection 超时上限为 300 毫秒。

19.6.6　获取 Bean 属性（<jsp:getProperty>）

创建 JavaBean 实例之后，可以用此操作获取 Bean 的属性值，用于显示在页面中。JSP 语法规则如下：

```
<jsp:getProperty name="beanInstanceName" property="propertyName" />
```

<jsp:getProperty>元素将获得 Bean 的属性值，并可以将其使用或显示在 JSP 页面中。在使用<jsp:getProperty>之前，必须用<jsp:useBean>创建它。

属性说明如下。

（1）name="beanInstanceName"

表示 Bean 的名字，它由<jsp:useBean>指定。

（2）property

指定 Bean 的属性名称。在 sun 的 JSP 参考中提到，如果使用<jsp:getProperty>来检索的值是空值，那么 NullPointerException 将会出现。同时，如果使用程序段或表达式来检索其值，那么在浏览器上出现的是 null（空）。

【例 19.23】 获取 Bean 属性示例。

```
<jsp:useBean id="calendar" scope="page" class="employee.Calendar" />
 Calendar of <jsp:getProperty name="calendar" property="username" />
```

此例中先创建一个名为 calendar 的 JavaBean，然后获取它的 username 属性值，并显示在网页中。

使用<jsp:getProperty>元素有一些限制：

❑　不能使用<jsp:getProperty>来检索一个已经被索引了的属性；

❑ 能够和 JavaBeans 组件一起使用<jsp:getProperty>，但是不能与 Enterprise Bean 一起使用。

19.7　JSP 的隐含对象

JSP 为了简化页面编程，提供了 JSP 内部可以直接访问的某些隐含对象。这些对象不需要 JSP 创建或者声明，而是由 JSP 引擎声明、创建并提供使用。所有隐含对象只在 scriptlet 或者表达式中才能使用，在声明中不可使用。这是因为声明中指定一个变量和方法都是类一级的，而隐含对象则是作用于方法内部的。

19.7.1　page 对象简介

page 对象代表 JSP 本身，更准确地说它代表 JSP 被转译后的 Servlet，它可以调用 Servlet 类所定义的方法，但 page 对象很少使用。

19.7.2　config 对象简介

config 对象里存放着一些 Servlet 初始的数据结构。它实现了 javax.servlet.ServletConfig 接口，它共有下列 4 种方法：
❑ public String getInitParameter(String name);
❑ public java.util.Enumeration getInitParameterNames();
❑ public ServletContext getServletContext();
❑ public Sring getServletName()。
与 page 对象一样，config 对象也很少使用。

19.7.3　利用 out 对象输出结果到网页

out 对象能把结果输出到网页上。它主要是用来控制管理输出的缓冲区（buffer）和输出流（output stream）。它的常用方法如表 19.2 所示。

表 19.2　out对象常用方法

方　　法	说　　明
void print(String str)	输出str中的字符串到网页
void println(String str)	输出内容到网页，末尾加上换行符
void clear()	清除输出缓冲的内容
void clearBuffer()	清除输出缓冲的内容
void close()	关闭输出流，清除所有的内容
int getBufferSize()	取得目前缓冲区的大小（KB）
int getRemaining()	取得目前使用后还剩下的缓冲区大小（KB）
boolean isAutoFlush()	回传true表示缓冲区满时会自动清除；false表示不会自动清除并且产生异常处理

【例 19.24】　使用 out 对象输出信息到网页。

//----------文件名 DemoOut.jsp，程序编号 19.4------------

```
<%@ page contentType="text/html;charset=GB2312" %>
<HTML>
  <title>测试 out 对象</title>
  <body>
   <font color="blue" size=+2>
    <%
    out.print("现在是北京时间：");
    out.print( (new java.util.Date()).toLocaleString() );
    out.print("<br>");
    %>
   </font>
  </body>
</HTML>
```

页面截图如图 19.4 所示。

图 19.4　JSP 页面截图

19.7.4　利用 request 对象获取用户数据

在动态网站中，网页程序经常要处理浏览器传送过来的用户数据，这就需要用到
request 对象。request 对象包含了所有请求的信息，如：请求的来源、标头、cookies 和请
求相关的参数值等。request 对象实现了 javax.servlet.http.HttpServletRequest 接口的所有方
法，其中常用的方法如表 19.3 所示。

表 19.3　request 对象的常用方法

方　　　法	说　　　明
void setAttribute(String name, Object value)	设定 name 属性的值为 value
Enumeration getAttributeNamesInScope(int scope)	取得所有 scope 范围内的属性

续表

方　　法	说　　明
Object getAttribute(String name)	取得name属性的值
void removeAttribute(String name)	去除name属性的值
String getParameter(String name)	取得name的参数值
Enumeration getParameterNames()	取得所有的参数名称
String [] getParameterValues(String name)	取得所有name的参数值
Map getParameterMap()	取得一个请求参数的Map映射
String getHeader(String name)	取得name的标头
Enumeration getHeaderNames()	取得所有的标头名称
Enumeration getHeaders(String name)	取得所有name的标头
int getIntHeader(String name)	取得整数类型name的标头
long getDateHeader(String name)	取得日期类型name的标头
Cookie [] getCookies()	取得与请求有关的cookies
String getContextPath()	取得Context 路径（即站台名称）
String getMethod()	取得HTTP传递数据所用方法（GET或POST）
String getProtocol()	取得使用的协议（HTTP/1.1或HTTP/1.0）
String getQueryString()	取得请求的参数字符串，不过，HTTP的方法必须为GET
String getRequestedSessionId()	取得用户端的Session ID
String getRequestURI()	取得请求的URL，但是不包括请求的参数字符串
String getRemoteAddr()	取得用户的IP 地址
String getRemoteHost()	取得用户的主机名称
String getRemoteUser()	取得用户的名称
int getServerPort()	取得服务器端口号
String getServerName()	取得服务器主机名
void　　　　　setCharacterEncoding(String encoding)	设定编码格式，用来解决窗体传递中文的问题

【例 19.25】　利用 request 获取用户数据示例。

先写一个用于传送数据的页面 Request.html，它用于显示一个表单。用户将数据填入表单内，然后单击"传送"按钮，将数据传递给后台的 jsp 文件处理。

//----------文件名 Request.htm，程序编号 19.5------------

```
<html>
  <head>
    <title>Request.htm</title>
    <meta http-equiv="Content-Type" content="text/html; charset=GB2312">
  </head>
  <body>
    <form action="Request.jsp" method="POST">
      Name: <input type="text" name="Name" size="20" maxlength="20"><br>
      Number: <input type="text" name="Number" size="20" maxlength="20">
      <br><br>
      <input type="submit" value="传送">
    </form>
  </body>
</html>
```

这个表单指定的数据传送方法是 POST，后台处理数据的页面是 Request.jsp。

页面截图如图 19.5 所示。

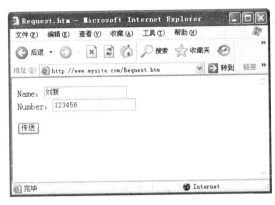

图 19.5 输入用户信息页面

然后编写 Request.jsp 页面，用来处理这个页面传送过来的数据。

//----------文件名 Request.jsp，程序编号 19.6------------

```jsp
<%@ page language="java" contentType="text/html;charset=GB2312" %>
<% request.setCharacterEncoding("GB2312"); %>
<html>
<head>
<title>Request.jsp</title>
</head>
<body>
<h2>javax.servlet.http.HttpServletRequest 接口所提供的方法</h2>
getParameter("Name"): <%= request.getParameter("Name") %><br>
getParameter("Number"): <%= request.getParameter("Number") %><br>
getAttribute("Name"): <%= request.getAttribute("Name") %><br>
getAttribute("Number"): <%= request.getAttribute("Number") %><br><br>
getHeader("Name"): <%= request.getHeader("Name") %> <br>
getAuthType(): <%= request.getAuthType() %><br>
getProtocol(): <%= request.getProtocol() %><br>
getMethod(): <%= request.getMethod() %><br>
getScheme(): <%= request.getScheme() %><br>
getContentType(): <%= request.getContentType() %><br>
getContentLength(): <%= request.getContentLength() %><br>
getCharacterEncoding(): <%= request.getCharacterEncoding() %><br>
getRequestedSessionId(): <%= request.getRequestedSessionId() %><br><br>
getContextPath(): <%= request.getContextPath() %><br>
getServletPath(): <%= request.getServletPath() %><br>
getPathInfo(): <%= request.getPathInfo() %><br>
getRequestURI(): <%= request.getRequestURI() %><br>
getQueryString(): <%= request.getQueryString() %><br><br>
getRemoteAddr(): <%= request.getRemoteAddr() %><br>
getRemoteHost(): <%= request.getRemoteHost() %><br>
getRemoteUser(): <%= request.getRemoteUser() %><br>
getServerName(): <%= request.getServerName() %><br>
getServerPort(): <%= request.getServerPort() %><br>
```

```
</body>
</html>
```

程序 19.6 演示了 request 中多数常用方法的使用。读者要特别注意最前面的两行，虽然它们并不直接参与数据的处理，但是在中文网页中，这两行是必不可少的，否则会出现中文无法显示的问题。

页面截图如图 19.6 所示。

图 19.6　处理数据的页面

从图 19.6 中可以看出，这个页面很好地处理了前一个页面传递过来的数据，并且中文显示也正常。

19.7.5　利用 response 对象清除网页缓存

response 对象主要将 JSP 处理数据后的结果传回到客户端，该对象实现了 javax.servlet.http.Http-ServletResponse 接口。该对象提供的常用方法如表 19.4 所示。

表 19.4　response常用方法

方　　　　法	说　　　　明
void addCookie(Cookie cookie)	让浏览器新增cookie
void addDateHeader(String name, long date)	新增long类型的值到name标头
void addHeader(String name, String value)	新增String类型的值到name标头
void addIntHeader(String name, int value)	新增int类型的值到name标头
void setDateHeader(String name, long date)	设置long类型的值到name标头
void setHeader(String name, String value)	设置String类型的值到name标头
void setIntHeader(String name, int value)	设置int类型的值到name标头
void sendError(int sc)	传送状态码（status code）
void sendError(int sc, String msg)	传送状态码和错误信息
void setStatus(int sc)	设定状态码
String encodeRedirectURL(String url)	对使用sendRedirect()方法的URL予以编码

有时候，当程序员修改 JSP 程序后，产生的结果却是之前的数据，只有多次执行浏览器上的刷新，才能看到更改数据后的结果。这是因为浏览器会将之前浏览过的数据存放在浏览器的 cache 中，所以当再次执行时，浏览器会直接从 cache 中取出，因此，会显示之前旧的数据。这里写一个 Non_cache.jsp 程序来解决这个问题。

【例 19.26】　用 response 清除网页缓存。

//----------文件名 Non_cache.jsp，程序编号 19.7-------------

```
<%@ page contentType="text/html;charset=GB2312" %>
<html>
<head>
<title>Non_cache.jsp</title>
</head>
<body>
<h2>解决浏览器 cache 的问题- response</h2>
<%
 if (request.getProtocol().compareTo("HTTP/1.0") == 0)
    response.setHeader("Pragma", "no-cache");
 else if (request.getProtocol().compareTo("HTTP/1.1") == 0)
    response.setHeader("Cache-Control", "no-cache");
 response.setDateHeader("Expires", 0);
%>
</body>
</html>
```

在这个例子中，先用 request 对象取得协议，如果为 HTTP/1.0，就设定标头内容为 setHeader("Pragma", "no-cache")；若为 HTTP/1.1，就设定标头为 response.setHeader ("Cache-Control", "no-cache")，最后再设定 response.setDateHeader("Expires", 0)。这样页面不会保存在浏览器的缓存中，一旦浏览器执行了刷新操作，就必须从服务器中重新取回该页面。

表 19.5 列出了 HTTP/1.1 Cache-Control 标头的设定参数。

表 19.5　HTTP/1.1 Cache-Control 标头的设定参数

参　　数	说　　明
public	数据内容皆被储存起来，就连有密码保护的网页也是一样，因此安全性相当低
private	数据内容只能被储存到私有的 caches，即 non-shared caches 中
no-cache	数据内容绝不被储存起来。代理服务器和浏览器读到此标头，就不会将数据内容存入 caches 中
no-store	数据内容除了不能存入 caches 中之外，也不能暂时存入磁盘中，这个标头防止敏感性的数据被复制
must-revalidate	用户在每次读取数据时，会再次和原来的服务器确定是否为最新数据，而不再通过中间的代理服务器
proxy-revalidate	这个参数有点像 must-revalidate，不过中间接收的 proxy 服务器可以互相分享 caches
max-age=xxx	数据内容在经过 xxx 秒后，就会失效。这个标头就像 Expires 标头的功能一样，不过 max-age=xxx 只能服务 HTTP/1.1 的用户。假设两者并用时，max-age=xxx 有较高的优先权

有时候，设计者想要让网页自己能自动更新，就可以使用 Refresh 这个标头。例如，

让浏览器每隔 3 分钟就重新加载本网页：

```
response.setIntHeader("Refresh" , 180)
```

如果想要过 10 秒后，让浏览器转到另外一个的网页时，可用如下代码：

```
response.setHeader("Refresh", "10; URL=http://Server/Path/filename" )
```

19.7.6　利用 session 对象检测用户

session 对象表示目前个别用户的会话（session）状况，用此项机制可以轻易识别每一个用户，然后针对每一个别用户的要求，给予正确的响应。

例如，购物车最常使用 session 的概念，当用户把物品放入购物车时，他不须重复做身份确认的动作（如：Login），就能把物品放入用户的购物车。服务器只要利用 session 对象，就能确认用户是谁，把它的物品放在属于用户的购物车，而不会将物品放错到别人的购物车。除了购物车之外，session 对象也通常用来实现追踪用户的功能。

session 对象实现 javax.servlet.http.HttpSession 接口，表 19.6 是它的常用方法。

表 19.6　session对象的常用方法

方　　法	说　　明
long getCreationTime()	取得session产生的时间，单位是毫秒
String getId()	取得session的ID
long getLastAccessedTime()	取得用户最后通过这个session送出请求的时间
long getMaxInactiveInterval()	取得最大session不活动的时间，若超过这时间，session将会失效
void invalidate()	取消session对象，并将对象存放的内容完全抛弃
boolean isNew()	判断session是否为"新"的
void setMaxInactiveInterval(int interval)	设定最大session不活动的时间，若超过这时间，session将会失效
void setAttribute(String name, Object value)	为session设置一个名为name的属性，值为value

session 对象也可以储存或取得用户相关的数据，例如：用户的名称、用户所订购的物品以及用户的权限等，这些要看程序如何去设计。例如：可以设定某些网页必须要求用户先做登录（Login）的动作，确定是合法的用户时，才允许读取网页内容，否则把网页重新转向到登录的网页上。

【例 19.27】 利用 session 对象检测用户示例。

首先编制一个用于登录的页面。

//----------文件名 login.html，程序编号 19.8------------

```
<html>
<head>
 <meta http-equiv="Content-Type" content="text/html; charset=GB2312">
 <title>login.html</title>
</head>
<body>
 <h2>登录界面</h2>
```

```
<form action=login.jsp method="POST" >
 用户名: <input type="text" name="Name"><br>
 口令: <input type="password" name="Password" ><br>
 <input type="submit" value="登录"><br>
<form>
</body>
</html>
```

该页面截图如图 19.7 所示。

图 19.7　登录页面截图

下面这个 jsp 文件检查登录是否合法，如果合法，则设置一个 session 标记，然后转到其他页面。

//----------文件名 login.html，程序编号 19.8------------

```
<%@ page contentType="text/html;charset=GB2312" %>
<html>
<title>login.jsp</title>
</head>
<body>
<%
  if (request.getParameter("Name") != null &&
      request.getParameter("Password") != null) {
    //获取参数值
    String Name = request.getParameter("Name");
    String Password = request.getParameter("Password");
    if (Name.equals("liuxin") && Password.equals("123456")) {
        //为 session 对象设置标记
        session.setAttribute("Login", "OK");
        //重定向到 member.jsp
        response.sendRedirect("member.jsp");
    }
  }
  //如果执行到这里说明用户名或密码错误
  out.println("登录错误，请输入正确名称<br>");
  out.println("等待 3 秒，将自动转回登录界面...\n");
  response.setHeader("Refresh", "3; URL=login.html");
%>
</body>
```

```
</html>
```

这个页面是个中间页面，如果登录正确立即就跳转到 member.jsp 页面；否则等待 3 秒，跳转回登录页面。

在下面的 member.jsp 中，程序先利用 session.getAttribute("Login")查看用户是否通过 Login.jsp 网页进入，并且顺利通过身份确认取得 Login 值为 OK。如果是，则 member 认证通过；否则，如果是直接进入到 member.jsp 的，则 Login 的值会等于 NULL，程序经过 5 秒后，重新加载 login.html，要求用户先行登录。

//----------文件名 member.jsp，程序编号 19.9------------

```
<%@ page contentType="text/html;charset=GB2312" %>
<html>
<head>
<title>member.jsp</title>
</head>
<body>
<h2>javax.servlet.http.HttpSession - session 对象</h2>
<%
  String Login = (String)session.getAttribute("Login");
  if (Login != null && Login.equals("OK")) {
    out.println("欢迎进入");
   }else{
    out.println("请先登录，谢谢<br>") ;
    out.println("经过三秒之后，网页会自动返回 login.html");
    response.setHeader("Refresh","3;URL=login.html");
  }
%>
</body>
</html>
```

如果是正常登录进来的，则可以看到图 19.8 所示的页面；如果是直接在地址栏中输入 member.jsp 的网址，则会看到图 19.9 所示的提示。

图 19.8　正常登录页面

图 19.9　错误登录的页面

注意：session 对象不像其他的隐含对象，可以在任何的 JSP 网页中使用，如果在 JSP 网页中，page 指令的属性 session 设为 false，使用 session 对象就会产生编译错误。

19.7.7　利用 application 对象获取容器版本

application 对象实现了 javax.servlet.ServletContext 接口，它主要功能在于取得或更改 Servlet 的设定。application 对象最常被用于存取环境的信息，因为环境的信息通常都储存在 ServletContext 中，所以常利用 application 对象来存取 ServletContext 中的信息。表 19.7 是它的常用方法。

表 19.7　application对象的常用方法

方　　法	说　　明
int getMajorVersion()	取得容器主要的Servlet API版本
int getMinorVersion()	取得容器次要的Servlet API 版本
String getServerInfo()	取得容器的名称和版本
String getMimeType(String file)	取得指定文件的MIME 类型
ServletContext getContext(String uripath)	取得指定Local URL的Application context
String getRealPath(String path)	取得本地端path的绝对路径
void log(String message)	将信息写入log文件中
void log(String message, Throwable throwable)	将stack trace 所产生的异常信息写入log文件中
Object getAttribute(String name)	获得名称为name的属性的值
void setAttribute(String name, Object object)	将名称为name的属性值设置为object

【例 19.28】　获取容器的信息。

//----------文件名 application.jsp，程序编号 19.10-------------

```
<%@ page contentType="text/html;charset=GB2312" %>
<html>
  <head>
   <title>application.jsp</title>
  </head>
  <body>
   容器主要的 Servlet API 版本:<%= application.getMajorVersion() %><br>
   容器次要的 Servlet API 版本:<%= application.getMinorVersion() %><br>
   容器的版本信息: <%= application.getServerInfo() %><br>
  </body>
</html>
```

页面显示如图 19.10 所示。

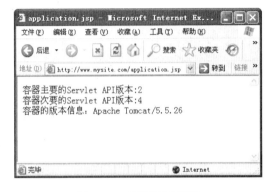

图 19.10　页面显示情况

19.7.8　利用 pageContext 对象获取页面属性

pageContext 对象能够存取其他隐含对象。当隐含对象本身也支持属性时，pageContext 对象也提供存取那些属性的方法。表 19.8 所示是 pageContext 的常用方法。

表 19.8　pageContext的常用方法

方　　法	说　　明
Object　getAttribute(String　name,　int scope)	获得指定范围中名称为name的属性的值，范围参数有4个，分别代表4种范围：PAGE_SCOPE（页面）、REQUEST_SCOPE（请求）、SESSION_SCOPE（会话）和APPLICATION_SCOPE（服务器应用）
Enumeration getAttributeNamesInScope (int scope)	获取指定范围内所有属性的名称
int getAttributesScope(String name)	获取属性名称为name 的属性范围
void removeAttribute(String name, int scope)	删除指定范围中名称为name的属性
void removeAttribute(String name)	删除属性名称为name 的属性对象
void setAttribute(String name, Object value, int scope)	设置名称为name的属性值为value，该属性的范围由scope决定
Exception getException()	获取目前网页的异常，不过此网页要为error page
JspWriter getOut()	获取目前网页的输出流，例如：out
Object getPage()	获取目前网页的Servlet实体，例如：page
ServletRequest getRequest()	获取目前网页的请求，例如：request
ServletResponse getResponse()	获取目前网页的响应，例如：response
ServletConfig getServletConfig()	获取目前此网页的ServletConfig 对象，例如：config
ServletContext getServletContext()	获取目前此网页的执行环境（context），例如：application
HttpSession getSession()	获取和目前网页有联系的会话（session），例如：session
Object findAttribute(String name)	寻找在所有范围中属性名称为name的属性对象

【例 19.29】　在当前页中，取得所有属性范围为 Application 的属性名称，然后再依序显示这些属性。

//----------文件名 PageContext.jsp，程序编号 19.11------------

```
<%@ page import="java.util.Enumeration" contentType="text/html;
charset=GB2312" %>
<html>
<head>
  <title>PageContext.jsp</title>
</head>
  <body>
    <h2>javax.servlet.jsp.PageContext - pageContext </h2>
    <%
    Enumeration myenum =
            pageContext.getAttributeNamesInScope
            (PageContext.APPLICATION_SCOPE );
    while (myenum.hasMoreElements()){
        out.println("application attribute: "+myenum.
        nextElement()+"<br>");
    }
```

```
    %>
  </body>
</html>
```

页面显示情况如图 19.11 所示。

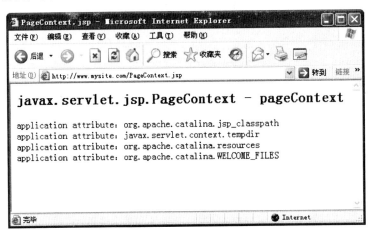

图 19.11　页面显示情况

pageContext 对象除了提供上述方法之外，另外还有两种方法：forward(String Path)和 include(String Path)。这两种方法的功能和之前提到的<jsp:forward>与<jsp:include>相似，因此不多加讨论。

19.7.9　利用 exception 对象处理异常

与标准的 Java 程序一样，JSP 中也提供了对异常的处理，这主要是通过 exception 对象来实现的。要使用 exception 对象，必须在 page 指令中设定：<%@ page isErrorPage="true" %>才能使用。

exception 提供的 3 个方法如下。

- [ ] getMessage()：获取异常的信息。
- [ ] getLocalizedMessage()：获取异常的本地信息。
- [ ] printStackTrace (PrintWriter out)：输出异常栈内的信息。

可见，exception 对象的使用和 Java 标准程序中的使用差不多。

【例 19.30】　exception 使用示例。

//----------文件名 myException.jsp，程序编号 19.12-------------

```
<%@ page contentType="text/html;charset=GB2312" isErrorPage="true" %>
<html>
  <head>
    <title>myException.jsp</title>
  </head>
  <body>
    <h2> exception 对象</h2>
    Exception: <%= exception %><br>
    Message: <%= exception.getMessage() %><br>
    Localized Message: <%= exception.getLocalizedMessage() %><br>
    Stack Trace: <% exception.printStackTrace(new java.io.
```

```
    PrintWriter(out));%><br>
  </body>
</html>
```

不过这个例子不能直接运行。需要在其他文件中这样设置：<%@ page errorPage= "error_url" %>，将 error_url 改成本文件名就可以了。

19.8　JavaBeans 介绍

JavaBeans 事实上有 3 层含义。首先，JavaBeans 是一种规范，一种在 Java（包括 JSP）中使用可重复使用的 Java 组件的技术规范；其次，JavaBeans 是一个 Java 的类，一般来说，这样的 Java 类将对应于一个独立的.java 文件，在绝大多数情况下，这应该是一个 public 类型的类；最后，当 JavaBeans 这样的一个 Java 类在具体的 Java 程序中被实例之后，也会将这样的一个 JavaBeans 的实例称为 JavaBeans。

JavaBeans 是一种基于 Java 的软件组件。JSP 对于在 Web 应用中集成 JavaBeans 组件提供了完善的支持。这种支持不仅能缩短开发时间（可以直接利用经测试和可信任的已有组件，避免了重复开发），也为 JSP 应用带来了更多的可伸缩性。JavaBeans 组件可以用来执行复杂的计算任务，或负责与数据库的交互以及数据提取等。

在 JSP 中使用 JavaBeans 可极大地提高程序的运行效率以及可读性。一般倾向于将 scriptlet 中的代码作为粘合剂，通过标准操作来使用 JavaBeans，主要的程序逻辑由 JavaBeans 来实现。不过，在 JSP 中，不需要使用 JavaBeans 任何可视化的方面，但仍然需要利用 JavaBeans 的属性、事件、持久化和用户化来实现模块化的功能。下面分别介绍 JavaBeans 的属性、事件、持久化和用户化。

19.8.1　JavaBeans 的属性

JavaBeans 的属性与一般 Java 程序中所指的属性，或者说与所有面向对象的程序设计语言中对象的属性是一个概念，在程序中的具体体现就是类中的成员变量。在 JavaBeans 设计中，按照属性的不同作用又细分为 4 类：Simple、Index、Bound 与 Constrained 属性。

1. Simple属性

Simple 属性表示伴随有一对 get/set 方法的变量。属性名与和该属性相关的 get/set 方法名对应。例如：如果有 setX 和 getX 方法，则暗指有一个名为 x 的属性。如果有一个方法名为 isX，则通常暗指 x 是一个布尔属性（也就是用 is 来代替 get）。请看下面的例子。

【例 19.31】　Simple 属性使用示例。

本例中用 JavaBean 配合 JSP 来实现一个计数器功能。首先来编写一个类，它就是 JavaBean。

//----------文件名 counter.java，程序编号 19.13------------

```
package count;
public class counter {
  private int count = 0;  //初始化 JavaBean 的成员变量
  public counter() {    }
  //get 属性
  public int getCount() {
```

```
    count++;
    return count;
  }
  //set 属性
  public void setCount(int count) {
    this.count = count;
  }
}
```

这个类和以前写过的标准的 Java 类没有任何区别，编译方法也相同。然后写一个 JSP 文件来调用这个 JavaBean。

//----------文件名 mycounter.jsp，程序编号 19.14-------------

```
<%@ page contentType="text/html;charSet=gb2312"%>
<HTML>
  <HEAD>
    <TITLE>  计数器  </TITLE>
  </HEAD>
  <BODY>
    <center> <H1> 计数器实例  </H1></center>
    <%@ page language="java" import="count.counter" %>
    <!-- 初始化 counter 这个 Bean，实例名为 bean0 -->
    <jsp:useBean id="bean0" scope="application" class="count.counter"/>
    <%
        out.println("<center>你是第<font color='red'>" +
                    bean0.getCount() +   //获取 count 属性
                    "</font>个访问该页面</center><BR>");
    %>
  </BODY>
</HTML>
```

接下来部署这两个文件。一般把 Bean 部署在 classes 目录下，而且 Bean 需要是命名包中的文件，否则 Tomcat 无法找到它，所以 counter.class 应该放在 classes\count 下面。JSP 文件可以随意放在站点内除 WEB-INF 以外的目录下。部署好之后，在浏览器的地址栏中输入 counter.jsp 所在的位置，就可以看到如图 19.12 所示的页面。

图 19.12　计数器页面

注意：如果你的 JSP 文件在编译时，报告无法找到 JavaBean 文件而不能编译通过，请仔细检查：（1）counter.java 文件是否编译完成。（2）counter.class 文件是否存放在 ROOT\WEB-INF\classes\count 目录下。（3）这些目录的结构是否正确。（4）目录和文件的大小写是否正确。大多数错误都是由于这几个原因引起的。

对于上面这个 JavaBean，JSP 程序中还可以使用<jsp:getProperty>操作来获取 count 属性。下面是修改后的 JSP 文件。

//----------文件名 mycounter.jsp，程序编号 19.15------------

```
<%@ page contentType="text/html;charSet=gb2312"%>
<HTML>
 <HEAD>
  <TITLE> 计数器 </TITLE>
 </HEAD>
<BODY>
<center> <H1> 计数器实例 </H1></center>
 <%@ page language="java" import="count.counter" %>
 <!-- 初始化 counter 这个 Bean，实例名为 bean0 -->
 <jsp:useBean id="bean0" scope="application" class="count.counter"/>
 <!-- 下面是另外一种获取属性的方法 -->
  <center> 你是第
    <jsp:getProperty name="bean0" property="count" />
    个访问该页面 </center>
  </BODY>
</HTML>
```

它的效果与程序 19.14 相同。

2．Indexed属性

Indexed 属性表示一个数组值。使用与该属性对应的 set/get 方法，可设置或取得数组中的数值。该属性也可一次设置或取得整个数组的值。看下面的例子。

【例 19.32】　Indexed 属性使用示例。

先来写 JavaBean 程序。

//----------文件名 showIndex.java，程序编号 19.16------------

```
package count;
public class showIndex {
  private int[] dataSet={1,2,3,4,5,6}; // dataSet 是一个 indexed 属性
  public showIndex() { }
  //设置整个数组
  public void setDataSet(int[] x){
    dataSet=x;
  }
  //设置数组中的单个元素值
  public void setDataSet(int index, int x){
    dataSet[index]=x;
  }
  //取得整个数组值
  public int[] getDataSet(){
    return dataSet;
  }
  //取得数组中的指定元素值
  public int getDataSet(int x){
    return dataSet[x];
```

```
    }
}
```

再写一个 JSP 程序来调用它。

//----------文件名 showIndex.jsp，程序编号 19.16-------------

```
<%@ page contentType="text/html;charSet=gb2312"%>
<HTML>
 <HEAD>
  <TITLE> Index 属性演示 </TITLE>
 </HEAD>
 <BODY>
  <center> <H1> Index 属性演示 </H1></center>
  <%@ page language="java" import="count.showIndex" %>
  <!-- 初始化 counter 这个 Bean，实例名为 bean0 -->
  <jsp:useBean id="bean0" scope="page" class="count.showIndex"/>
  <%
    for (int i=0;i<6;i++)
      out.print("第"+i+"个元素"+bean0.getDataSet(i)+"<br>");
  %>
 </BODY>
</HTML>
```

页面显示如图 19.13 所示。

图 19.13　Index 属性演示页面

3．Bound属性

Bound 属性是指当该种属性的值发生变化时，要通知其他的对象。每次属性值改变时，这种属性就触发一个 PropertyChange 事件。事件中封装了属性名、属性的原值以及属性变化后的新值。这种事件传递到其他的 Bean，至于接收事件的 Bean 应做什么动作，由其自己定义。

【例 19.33】 Bound 属性使用示例。

先写一个具有 Bound 属性的 JavaBean。

//----------文件名 BoundBean.java，程序编号 19.17------------

```java
import java.beans.*;
public class BoundBean {
    private String name; //这是一个 bound 属性
    private PropertyChangeSupport pcs = new PropertyChangeSupport(this);
    public BoundBean() {
        name = "This is default name";
    }
    public void setName(String argName) {
        String oldValue = name;
        name = argName;
        //当 Bean 的属性值发生改变时，通过 firPropertychange()方法，将一个事件发给所有
已经注册的监听者
        pcs.firePropertyChange("name", oldValue, argName);
    }
    public String getName() {
        return name;
    }
/*以下代码是为开发工具所使用的。现在不能预知 BoundBean 将与其他的哪些 Beans 组合成为一
个应用，也无法预知若 name 属性发生变化时有哪些其他的组件与此变化有关，因而要预留出一个
接口给开发工具。开发工具使用这些接口，把其他的 JavaBeans 对象与 BoundBean 挂接。*/
    public void addPropertyChangeListener(PropertyChangeListener argPCL) {
        pcs.addPropertyChangeListener(argPCL);
    }
    public void removePropertyChangeListener(PropertyChangeListener argPCL)
{
        pcs.removePropertyChangeListener(argPCL);
    }
}
```

然后写一个监听器。

//----------文件名 ListenBean.java，程序编号 19.18------------

```java
import java.beans.*;
public class ListenBean implements PropertyChangeListener {
    public ListenBean() { }
    //响应属性改变事件
    public void propertyChange(PropertyChangeEvent e) {
        System.out.println("原来的值是"+e.getOldValue());
        System.out.println("新的值是"+e.getNewValue());
    }
}
```

下面的程序演示了如何使用这个监听器。

//----------文件名 useBound.java，程序编号 19.19------------

```java
import java.beans.*;
public class useBound {
    public static void main(String args[]){
        BoundBean bb = new BoundBean();                           //创建 Bean()
```

```
    bb.addPropertyChangeListener(new ListenBean());    //注册一个监听器
    bb.setName("new name");
  }
}
```

这个程序运行输出结果如下：

```
原来的值是 This is default name
新的值是 new name
```

在这个例子中，并没有创建 JSP 页面就能使用 JavaBean，充分说明了 JavaBean 和普通的 Java 类本质上是一样的。

4. Constrained属性

一个 JavaBean 的 constrained 属性，是指当这个属性的值要发生变化时，与这个属性已建立了某种连接的其他 Java 对象可否决属性值的改变。constrained 属性的监听者通过抛出 PropertyVetoException 异常来阻止该属性值的改变。下面的例子说明了它的使用。

【例 19.34】　Constrained 属性使用示例。

先写一个具有 Constrained 属性的 Bean。

//----------文件名 ConstrainedBean.java，程序编号 19.20------------

```java
import java.beans.*;
public class ConstrainedBean{
    private int number=0; //number 是一个 Constrained 属性
    //使用 VetoableChangeSupport 对象的实例 Vetos 中的方法，在特定条件下来阻止 number
    值的改变
    private VetoableChangeSupport vetos=new VetoableChangeSupport(this);
    //设置 number 属性
    public void setNumber(int newNumber) {
      int oldNumber=number;
      try {
        //通知监听者，属性准备改变
        vetos.fireVetoableChange("number", oldNumber, newNumber);
        //若有其他对象否决 number 的改变，则会抛出异常，不再继续执行下面的语句
        number=newNumber;
      }catch( PropertyVetoException e){
        System.out.println("值的改变没有成功");
      }
    }
    //获取 number 属性
    public int getNumber(){
      return number;
    }
//要为 number 属性的改变预留接口，使其他对象可注册入 number 否决改变监听者队列中，或把
    该对象从中注销
    public void addVetoableChangeListener(VetoableChangeListener l) {
      vetos.addVetoableChangeListener(l);
    }
    public void removeVetoableChangeListener(VetoableChangeListener l){
      vetos.removeVetoableChangeListener(l);
```

```
  }
}
```

下面是个监听者。

//----------文件名 VotesBean.java，程序编号 19.21------------

```
import java.beans.*;
public class VotesBean implements VetoableChangeListener {
  public VotesBean() { }
  //监听属性改变事件
  public void vetoableChange(PropertyChangeEvent e) throws
  PropertyVetoException {
    int k=Integer.parseInt(e.getNewValue().toString());
    if (k%2==1) //否决改变
      throw new PropertyVetoException("the value should be a even", e);
  }
}
```

下面是使用示例。

//----------文件名 useConstrained.java，程序编号 19.22------------

```
import java.beans.*;
public class useConstrained {
  public static void main(String args[]){
    ConstrainedBean bb = new ConstrainedBean();
    bb.addVetoableChangeListener(new VotesBean());
    bb.setNumber(1);
    System.out.println("新的值是"+bb.getNumber());
    bb.setNumber(2);
    System.out.println("新的值是"+bb.getNumber());
  }
}
```

程序运行结果如下：

```
值的改变没有成功
新的值是 0
新的值是 2
```

当准备赋值为1时，被监听者否决，所以新值仍然是原值 0，第二次赋值 2 才真正成功。

19.8.2　事件

事件处理是 JavaBeans 体系结构的核心之一，与前面介绍的普通 Java 事件相比，JavaBeans 的事件体系并没有本质上的区别。通过事件处理机制，可让一些组件作为事件源，发出可被描述环境或其他组件接收的事件。这样，不同的组件就可以在容器内组合在一起，组件之间通过事件的传递进行通信，构成一个应用。从概念上讲，事件是一种在"源对象"和"监听者对象"之间，某种状态发生变化的传递机制。事件有许多不同的用途，例如，在 Windows 系统中常要处理的鼠标事件、窗口边界改变事件、键盘事件等。在 Java 和

JavaBeans 中，则是定义了一个一般的、可扩充的事件机制，这种机制能够：

- 对事件类型和传递的模型的定义与扩充提供一个公共框架，并适合于广泛的应用。
- 与 Java 语言和环境有较高的集成度。
- 事件能被描述环境捕获和点火。
- 能使其他构造工具采取某种技术在设计时直接控制事件，以及事件源和事件监听者之间的联系。
- 事件机制本身不依赖于复杂的开发工具。

另外，还应当满足下列要求。

- 能够发现指定的对象类可以生成的事件。
- 能够发现指定的对象类可以观察（监听）到的事件。
- 提供一个常规的注册机制，允许动态操纵事件源与事件监听者之间的关系。
- 不需要其他的虚拟机和语言即可实现。
- 事件源与监听者之间可进行高效的事件传递。
- 能完成 JavaBean 事件模型与相关的其他组件体系结构事件模型的中立映射。

事件从事件源到监听者的传递，是通过对目标监听者对象的 Java 方法调用进行的。对每个明确的事件的发生，都相应地定义一个明确的 Java 方法。这些方法都集中定义在事件监听者（EventListener）接口中，这个接口要继承 java.util.EventListener。实现了事件监听者接口中一些或全部方法的类就是事件监听者。伴随着事件的发生，相应的状态通常都封装在事件状态对象中，该对象必须继承自 java.util.EventObject。事件状态对象作为单参，传递给响应该事件的监听者方法中。发出某种特定事件的事件源的标识是：遵从规定的设计格式为事件监听者定义注册方法，并接收对指定事件监听者接口实例的引用。有时，事件监听者不能直接实现事件监听者接口，或者还有其他的额外动作时，就要在一个源与其他一个或多个监听者之间，插入一个事件适配器类的实例，来建立它们之间的联系。

1. 事件状态对象（Event State Object）

与事件发生有关的状态信息，一般都封装在一个事件状态对象中，这种对象是 java.util.EventObject 的子类。按照设计习惯，这种事件状态对象类的命名应以 Event 结尾。

【例 19.35】　事件状态对象示例。

//----------文件名 MouseMovedExampleEvent.java，程序编号 19.23------------

```java
import java.awt.*;
public class MouseMovedExampleEvent extends java.util.EventObject {
  protected int x, y;
  //创建一个鼠标移动事件 MouseMovedExampleEvent
  MouseMovedExampleEvent(java.awt.Component source, Point location) {
      super(source);
      x = location.x;
      y = location.y;
  }
  //获取鼠标位置
  public Point getLocation() {
    return new Point(x, y);
  }
```

```
}
```

2. 事件监听者接口（EventListener Interface）与事件监听者

由于 Java 事件模型是基于方法调用，因而需要一个定义并组织事件操纵方法的方式。JavaBean 中，事件操纵方法都被定义在继承了 java.util.EventListener 类的 EventListener 接口中，按规定，EventListener 接口的命名要以 Listener 结尾。任何一个类如果想操纵在 EventListener 接口中定义的方法，都必须以实现这个接口方式进行。这个类也就是事件监听者。

【例 19.36】　鼠标事件监听者接口与事件监听者示例。

//----------文件名 MouseMovedExampleListener.java，程序编号 19.24------------

```
//定义了一个鼠标移动事件的监听者接口
interface MouseMovedExampleListener extends java.util.EventListener {
    //在这个接口中定义了鼠标移动事件监听者所应支持的方法
    void mouseMoved(MouseMovedExampleEvent mme);
}
```

在接口中只定义方法名、方法的参数和返回值类型。如上面接口中的 mouseMoved 方法的具体实现是在下面的 ArbitraryObject 类中定义的。

//----------文件名 ArbitraryObject.java，程序编号 19.25------------

```
class ArbitraryObject implements MouseMovedExampleListener {
    public void mouseMoved(MouseMovedExampleEvent mme) {
        //do somethings
    }
}
```

ArbitraryObject 就是 MouseMovedExampleEvent 事件的监听者。

3. 事件监听者的注册与注销

为了各种可能的事件监听者把自己注册到合适的事件源中，建立源与事件监听者间的事件流，事件源必须为事件监听者提供注册和注销的方法。在前面的 bound 属性介绍中已看到了这种使用过程，在实际中，事件监听者的注册和注销要使用标准的设计格式：

```
public void add< ListenerType>(< ListenerType> listener);
public void remove< ListenerType>(< ListenerType> listener);
```

【例 19.37】　事件监听注册示例。
首先定义了一个事件监听者接口。

//----------文件名 ModelChangedListener.java，程序编号 19.26------------

```
import java.util.*;
public interface ModelChangedListener extends java.util.EventListener {
    void modelChanged(EventObject e);
}
```

接着定义事件源类。

//----------文件名 Model.java，程序编号 19.27------------

```
import java.util.*;
public abstract class Model {
    private Vector listeners = new Vector();// 定义了一个储存事件监听者的数组
    //上面设计格式中的< ListenerType>在此处即是下面的ModelChangedListener
    public synchronized void addModelChangedListener(ModelChangedListener
    mcl){
        listeners.addElement(mcl);          //把监听者注册入listeners数组中
    }
    public synchronized void removeModelChangedListener
    (ModelChangedListener mcl) {
        listeners.removeElement(mcl);       //把监听者从listeners中注销
    }
/*以上两个方法的前面均冠以synchronized，是因为运行在多线程环境时，可能同时有几个对象
同时要进行注册和注销操作，使用synchronized来确保它们之间的同步。开发工具或程序员使
用这两个方法建立源与监听者之间的事件流。*/
    //事件源使用本方法通知监听者发生了modelChanged事件
    protected void notifyModelChanged(){
        Vector l;
        EventObject e = new EventObject(this);
/* 首先要把监听者复制到l数组中，冻结EventListeners的状态以传递事件。这样来确保在事
件传递到所有监听者之前，已接收了事件的目标监听者的对应方法暂不生效。*/
        synchronized(this) {
            l = (Vector)listeners.clone();
        }
        for (int i = 0; i < l.size(); i++) {
/*依次通知注册在监听者队列中的每个监听者发生了modelChanged事件，并把事件状态对象e
作为参数传递给监听者队列中的每个监听者*/
            ((ModelChangedListener)l.elementAt(i)).modelChanged(e);
        }
    }
}
```

从程序 19.27 中可以看出，事件源 Model 类显式地调用了接口中的 modelChanged 方法，实际是把事件状态对象 e 作为参数，传递给了监听者类中的 modelChanged 方法。

4．适配类

适配类是 Java 事件模型中极其重要的一部分。在一些应用场合，事件从源到监听者之间的传递要通过适配类来"转发"。例如：当事件源发出一个事件，而有几个事件监听者对象都可接收该事件，但只有指定对象做出反应时，就要在事件源与事件监听者之间插入一个事件适配器类，由适配器类来指定事件应该是由哪些监听者来响应。

适配类成为了事件监听者，事件源实际是把适配类作为监听者注册到监听者队列中，而真正的事件响应者并未在监听者队列中，事件响应者应做的动作由适配类决定。目前绝大多数的开发工具在生成代码时，事件处理都是通过适配类来进行的。

5．自定义事件

尽管很少使用，但在某些特殊场合下，程序员可能需要自己定义事件。JavaBeans 是运行自定义事件的。一个简单的自定义事件过程如下。

（1）首先建立一个接口，比如，myBeanLisener：

```
public interface myBeanLisener   {
    public void somethingChanged(someArg   arg);
}
```

（2）在新的 JavaBeans 组件里创建 myBeanLisener 的一个引用：

```
myBeanLisener   myLisener;
```

然后增加一个函数：

```
public void addMyBeanLisener (myBeanLisener  lis){
    myLisener = lis;
}
```

和一个处理事件的函数：

```
protected void handleChange() {
   listener.somethingChanged(arg);
}
```

（3）让用到该组件的 Bean 继承这个接口：

```
implements   myBeanLisener
```

并实现接口里的函数：

```
public  void  somethingChanged(someArg   arg){
 //do somethings
}
```

控件初始化：

```
MyBean  bean = new  MyBean();
```

然后用下面的语句注册监听者：

```
bean.addMyBeanLisener(this);
```

至此，自定义事件就完成了。当系统发生此事件后，会自动调用监听者进行处理。

19.8.3　持久化

当 JavaBeans 在容器内被用户化，并与其他的 Beans 建立连接之后，它的所有状态都应当可被保存，下一次被装载进容器内或再运行时，就应当是上一次修改完的信息。为了能做到这一点，要把 Beans 的某些字段的信息保存下来，这需要在定义 JavaBeans 时使它实现 java.io.Serializable 接口。该接口中并没定义方法，所以不需要任何额外的方法实现。

方法如下：

```
public class Button implements java.io.Serializable {
  //members and methods
}
```

实现了序列化接口的 Beans 中字段的信息将被自动保存。若不想保存某些字段的信息，则可在这些字段前冠以 transient 或 static 关键字，这两种变量的信息是不被保存的。通常，一个 Beans 所有公开出来的属性都应当是被保存的，也可有选择地保存内部状态。Beans 开发者在修改软件时，可以添加字段，移走对其他类的引用。改变一个字段的 private/protected/public 状态，这些都不影响类的存储结构关系。然而，当从类中删除一个字段，改变一个变量在类体系中的位置，把某个字段改成 transient/static，或原来是 transient/static，现改为别的特性时，都将引起存储关系的变化。

JavaBeans 组件被设计出来后，一般是以扩展名为 jar 的 zip 格式文件存储，在 jar 中包含与 JavaBeans 有关的信息，并以 manifest 文件指定其中的哪些类是 JavaBeans。以 jar 文件存储的 JavaBeans 在网络中传送时，极大地减少了数据的传输数量，并把 JavaBeans 运行时所需要的一些资源捆绑在一起。

关于持久化的具体实现，请参阅本书 7.6 节。

19.8.4　用户化

JavaBeans 开发者可以给一个 Beans 添加定制器（Customizer）、属性编辑器（PropertyEditor）和 BeanInfo 接口来描述一个 Beans 的内容。Beans 的使用者可在容器中，通过与 Beans 附带在一起的这些信息来用户化 Beans 的外观和应做的动作。一个 Beans 不必同时具备定制器、属性编辑器和信息接口，这些是可选的。当有些 Beans 较复杂时，就要提供这些信息，以 Wizard 的方式使 Bean 的使用者能够定制一个 Beans。有些简单的 Beans 可能没有这些信息，则开发工具可使用自带的透视装置，透视出 Beans 的内容，并把信息显示到标准的属性表或事件表中供使用者定制 Beans。前几节提到的 Beans 的属性、方法和事件名要以一定的格式命名，主要的作用是供开发工具对 Beans 进行透视。当然，也给程序员在手写程序中使用 Beans 提供方便，使其能观其名，知其意。

1．定制器接口（Customizer Interface）

当一个 Bean 有了自己的定制器时，在开发工具内就可展现出自己的属性表。在定义定制器时，必须要实现 java.beans.Customizer 接口。

【例 19.38】　实现一个"按钮"Beans 的定制器。

//----------文件名 OurButtonCustomizer.java，程序编号 19.28------------

```
import java.awt.*;
import java.beans.*;
public class OurButtonCustomizer extends Panel implements Customizer {
/*当实现像 OurButtonCustomizer 这样的常规属性表时，一定要在其中实现
addProperChangeListener 和 removePropertyChangeListener，这样，构造工具可用这
些功能代码为属性事件添加监听者。*/
  private PropertyChangeSupport changes=new PropertyChangeSupport(this);

  public void addPropertyChangeListener(PropertyChangeListener l) {
    changes.addPropertyChangeListener(l);
  }
  public void removePropertyChangeListener(PropertyChangeListener l) {
```

```
        changes.removePropertyChangeListener(l);
    }
    public void setObject(Object ob){
    }
    //other members and methods
}
```

2. 属性编辑器接口（PropertyEditor Interface）

一个 JavaBean 可提供 PropertyEditor 类，为指定的属性创建一个编辑器。这个类必须继承自 java.beans.PropertyEditorSupport 类。程序员不必直接使用这个类，而是在 BeanInfo 中实例化并调用这个类。

【例 19.39】　实现属性编辑器接口。

//----------文件名 WeekDayEditor.java，程序编号 19.29-------------

```
import java.beans.*;
public class WeekDayEditor extends java.beans.PropertyEditorSupport {
    public String[] getTags() {
        String result[]={ "Sunday","Monday","Tuesday", "Wednesday",
                          "Thursday","Friday","Saturday"};
        return result;
    }
}
```

此例中为 Tags 属性创建了属性编辑器。在开发工具内，可从下拉表格中选择 WeekDay 的属性，它可以是从 Sunday 到 Saturday 中的任何一个值。

3. BeanInfo接口

每个 Bean 类也可能有与之相关的 BeanInfo 类，在其中描述了这个 Bean 在构造工具内出现时的外观。BeanInfo 中可定义属性、方法和事件，显示它们的名称，提供简单的帮助说明。

【例 19.40】　实现 BeanInfo 接口示例。

//----------文件名 WeekDayBeanInfo.java，程序编号 19.30-------------

```
import java.beans.*;
public class WeekDayBeanInfo extends SimpleBeanInfo {
 public PropertyDescriptor[] getPropertyDescriptors() {
   try {
     PropertyDescriptor pd=new PropertyDescriptor
     ("WeekDay",WeekDayEditor.class);
     //通过 pd 引用了前面的 WeekDayEditor 类，取得并返回 Tags 属性
     pd.setPropertyEditorClass(WeekDayEditor.class);
     PropertyDescriptor result[]={pd};
     return result;
   } catch(Exception ex) {
        return null;
   }
 }
}
```

19.9　JSP 应用实例 1——计数器

在 19.8 节曾经用 JavaBeans 做过一个站点计数器，但是该计数器并没有保存功能，一旦服务器关闭，访问数据就会丢失。这里分别用 JSP 和 JavaBeans 做一个具有保存功能的计数器。

要保存数据，无非采用两种方法：数据库或者文件。对于这种简单的功能，用文件就足够了。

【例 19.41】 用 JSP 实现的计数器。

//----------文件名 counter.jsp，程序编号 19.31------------

```
<%@ page contentType="text/html;charset=GB2312" %>
<html>
 <head>
   <title>JSP 计数器</title>
 </head>
<body>
<%@ page import="java.io.*" %>
<%
  int writeStr = 0;
  try{
    BufferedReader file;
    //提取本文件所在的绝对路径
    String strDirPath = request.getRealPath("");
    //组成 count.txt 的绝对路径
    String nameOfTextFile = strDirPath +
                            System.getProperty("file.separator")+
                            "count.txt";
    file = new BufferedReader(new FileReader(nameOfTextFile));
    String readStr = null;
    readStr = file.readLine();
    file.close();
    writeStr = Integer.parseInt(readStr)+1;
    PrintWriter pw = new PrintWriter( new FileOutputStream
    (nameOfTextFile));
    pw.println(writeStr);
    pw.close();
  } catch(IOException e) {
    out.println("读写文件错误");
  }
%>
 <p align="center">你是本站点的第<b>
 <font color="red"><%=writeStr%></font></b> 位客人。</p>
</body>
</html>
```

只要把上面的 jsp 文件和 count.txt 文件（该文件的初始内容只有一行，就是一个 0）一起放在站点的任意目录下，就可以使用了。页面显示如图 19.14 所示。

图 19.14　计数器页面截图

将这么复杂的逻辑代码和 HTML 网页混合在一起并不是一个好的习惯，这会导致网页维护困难，所以应该将复杂的逻辑部分独立出来。下面是用 JavaBean 实现的代码。

【例 19.42】　用 JavaBean 实现的计数器。

//----------文件名 counter.java，程序编号 19.32------------

```java
package count;
import java.io.*;
//本 JavaBean 具有保存数据的功能
public class counter {
  private int count=0;
  private String filename=null;
  //将数据保存在 d:\count.txt 中
  public counter() {
    this("d:\\count.txt");
  }
  public counter(String filename){
    this.filename=filename;
    count=ReadFile();
  }
  //从文件中读取数据
  private int ReadFile(){
    BufferedReader fin;
    String strCnt;
    int cnt=0;
    try{
      fin = new BufferedReader(new FileReader(filename));
      strCnt = fin.readLine();
      fin.close();
      cnt=Integer.parseInt(strCnt);
    }catch(FileNotFoundException e){
      System.out.println("文件没找到！");
    }catch (IOException e){
      System.out.println("读取数据错误.");
    }finally{
      return cnt;
    }
```

```
  }
  //向文件中写入数据
  private void WriteFile(int cnt){
    try {
      PrintWriter fout = new PrintWriter(new FileOutputStream(filename));
      fout.println(cnt);
      fout.close();
    }catch(FileNotFoundException e){
      System.out.println("文件没找到! ");
    }catch(IOException e) {
      System.out.println("写入文件错误"+e.getMessage());
    }
  }
  //获取 count 属性
  public int getCount(){
    count++;
    WriteFile(count);
    return count;
  }
  //设置 count 属性
  public void setCount(int cnt){
    count=cnt;
  }
}
```

所需的 JSP 文件就是 19.8.1 小节中的程序 19.14，不需要做任何修改。

19.10   JSP 应用实例 2——日历

本例中，用 JSP 与 JavaScript 配合来实现一个日历。JavaScript 用于在浏览器一端处理用户的输入，然后将此输入传递到后台。后台则用 JSP 程序来处理这个用户输入，并将结果返回给浏览器一端。

该程序用到的 Calendar 类在 13.5 节中曾经详细介绍过，读者可以参阅该节，这里不再详细介绍。

【例 19.43】 用 JSP 实现的日历。

//----------文件名 calendar.jsp，程序编号 19.33------------

```
<%@ page contentType="text/html;charSet=gb2312" import="java.util.*" %>
<%!
  String year;
  String month;
%>
<%
  month=request.getParameter("month");
  year =request.getParameter("year");
%>
<html>
<head>
```

```
<meta http-equiv="Content-Type" content="text/html; charset=gb2312">
<title>日历</title>
<!-- 下面是处理 onchange 事件的 JavaScript 代码 -->
<script Language="JavaScript">
  function changeMonth()
  {
    var mm = "calendar.jsp?month=" + document.sm.month.options.
    selectedIndex + "&year=" + <%=year%>;
    window.open(mm,"_self");
  }
</script>
</head>
<%! String days[]; %>
<%
  days=new String[42];
  for(int i=0;i<42;i++)
      days[i]="";
%>
<%
  //默认为当天
  Calendar thisMonth=Calendar.getInstance();
  //如果有参数传入，重新设置月份和年份
  if(month!=null&&(!month.equals("null")))
    thisMonth.set(Calendar.MONTH, Integer.parseInt(month) );
  if(year!=null&&(!year.equals("null")))
    thisMonth.set(Calendar.YEAR, Integer.parseInt(year) );
  //重新获取年份和月份值
  year=String.valueOf(thisMonth.get(Calendar.YEAR));
  month=String.valueOf(thisMonth.get(Calendar.MONTH));
  //将每周的第一天设置为星期天
  thisMonth.setFirstDayOfWeek(Calendar.SUNDAY);
  //每个月的第一天标记为 1
  thisMonth.set(Calendar.DAY_OF_MONTH,1);
  //求这个月的第一天是星期几
  int firstIndex=thisMonth.get(Calendar.DAY_OF_WEEK)-1;
  //求这个月的天数
  int maxIndex=thisMonth.getActualMaximum(Calendar.DAY_OF_MONTH);
  for(int i=0;i<maxIndex;i++)
     days[firstIndex+i]=String.valueOf(i+1);
%>
<body>
<FORM name="sm" method="POST" action="calendar.jsp">
<%=year%>年 <%=Integer.parseInt(month)+1%>月
<!-- 将日历显示在表格中 -->
<table border="0" width="168" height="81">
<div align=center>
<tr>
<th width="25" height="16" bgcolor="#FFFF00"><font color="red">日</font>
</th>
<th width="25" height="16" bgcolor="#FFFF00">一</th>
<th width="25" height="16" bgcolor="#FFFF00">二</th>
```

```
<th width="25" height="16" bgcolor="#FFFF00">三</th>
<th width="25" height="16" bgcolor="#FFFF00">四</th>
<th width="25" height="16" bgcolor="#FFFF00">五</th>
<th  width="25"  height="16"  bgcolor="#FFFF00"><font  color="green"> 六
</font></th>
</tr>
<% for(int j=0;j<6;j++) { %>
 <tr>
   <% for(int i=j*7;i<(j+1)*7;i++) { %>
 <td width="15%" height="16" bgcolor="#C0C0C0" valign="middle" align=
 "center">
    <%=days[i]%></td>
  <% } %>
 </tr>
 <% } %>
</div>
</table>
<table border="0" width="168" height="20">
<tr>
<td width=30%>
<!-- 提供一个下拉列表供用户选择 -->
<select name="month" size="1" onchange="changeMonth()" >
<option value="0">一月</option>
<option value="1">二月</option>
<option value="2">三月</option>
<option value="3">四月</option>
<option value="4">五月</option>
<option value="5">六月</option>
<option value="6">七月</option>
<option value="7">八月</option>
<option value="8">九月</option>
<option value="9">十月</option>
<option value="10">十一月</option>
<option value="11">十二月</option>
</select></td>
<td width=28%><input type=text name="year" value=<%=year%> size=4
maxlength=4></td>
<td>年</td>
<td width=28%><input type=submit value="提交"></td>
</tr>
</table>
</form>
<script Language="JavaScript">
  document.sm.month.options.selectedIndex=<%=month%>;
</script>
</body>
</html>
```

页面显示如图 19.15 所示。

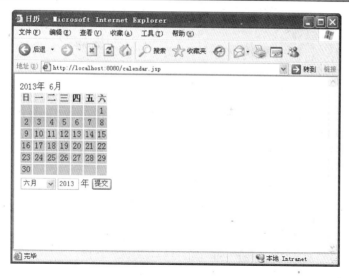

图 19.15　日历页面显示截图

程序 19.33 看上去有点混杂难懂。其实，它是先用 DreamWeaver 生成基本的表格和表单控件，然后将 JSP 程序插入到其中。如果在 DreamWeaver 中阅读，可以看得清楚一些。

说明：这个程序用 JavaScript 也可以完成，这里用 JSP 与 JavaScript 混合起来写，完全是为了学习之用。

19.11　JSP 应用实例 3——数据库查询

JSP 经常需要访问数据库，它访问数据库的方式和第 17 章介绍的完全相同。但直接用 JSP 中的 Scriptlet 程序访问数据库，效率比较低。多数情况下，都会使用 JavaBean 来打开数据库以及读写数据，JSP 只是简单地将这些数据传递给前端的浏览器。

【例 19.44】　数据库查询示例。

本例使用的数据库就是前面第 17 章用过的 firstExample.mdb，数据源的名称仍然是 forStudy。先来看 JavaBean。

//----------文件名 faq.java，程序编号 19.34------------

```java
package count;
import java.sql.*;
public class faq {
  String sDBDriver = "sun.jdbc.odbc.JdbcOdbcDriver";
  String sConnStr = "jdbc:odbc:forStudy";
  Connection conn = null;
  ResultSet rs = null;
  //构造方法加载数据库驱动
  public faq() {
    try {
      Class.forName(sDBDriver);
    }catch(java.lang.ClassNotFoundException e) {
      System.err.println(e.getMessage());
```

```
    }
  }
  //打开数据库，并执行查询语句
  public ResultSet executeQuery(String sql) {
    rs = null;
    try {
      conn = DriverManager.getConnection(sConnStr,"","");
      Statement stmt = conn.createStatement();
      rs = stmt.executeQuery(sql);
    }catch(SQLException e) {
      System.err.println(e.getMessage());
    }
    return rs;
  }
  //关闭数据库
  public void close(){
    try{
      if(!conn.isClosed())
        conn.close();
    }catch(SQLException el){
      el.printStackTrace();
    }
  }
}
```

接下来写 JSP 页面，这里有一个非常棘手的问题，就是中文记录的显示。一般情况下，JSP 中显示中文可以用下面的指令：

```
<%@ page contentType="text/html;charSet=GBK"%>
<% request.setCharacterEncoding("GB2312"); %>
```

但如果是查询数据库中的中文记录并显示在页面上，仅这样做仍然不够。因为数据库用的编码方式与 JSP 页面的编码方式不一致，所以会导致中文乱码，需要对编码进行转换。请看下面的程序。

//----------文件名 query.jsp，程序编号 19.35------------

```
<%@ page contentType="text/html;charSet=GBK" import="java.sql.*"%>
<% request.setCharacterEncoding("GB2312"); %>
<html>
<head>
<title>我的数据库查询</title>
</head>
<body>
<p><b>这是我的查询结果</b></p>
<jsp:useBean id="workM" scope="page" class="count.faq" />
<%
  ResultSet rs = workM.executeQuery("SELECT * FROM student");
  String code,name,sex;
  //逐条显示记录
  while (rs.next()) {
    //注意下面中文的转换
    code=new String(rs.getString("code").getBytes("GBK"),"ISO-8859-1");
```

```
  name =new String(rs.getString("name").getBytes("GBK"),"ISO8859-1");
  sex = new String(rs.getString("sex").getBytes("GBK"),"ISO8859-1");
  out.print(code + " "+name +" "+ sex + "<br>");
  }
  rs.close();
  workM.close();
%>
</body>
</html>
```

页面显示如图 19.16 所示。

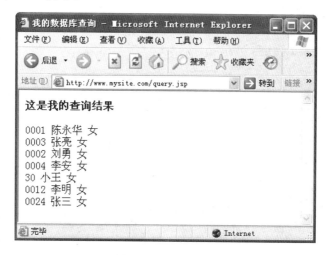

图 19.16　查询结果

当然，数据库中的记录不同，显示的结果也会不同。

🔔注意：所有的 JSP 程序在处理中文记录时，都存在编码转换的问题，请仔细阅读本例中
　　　　的代码。

19.12　JSP 应用实例 4——简单的留言板

本节来写一个简单的留言板。为了保存用户的留言信息，需要用到数据库。这里使用
的数据库仍然是 19.11 节的 firstExample.mdb，不过需要在其中添加一张表：userword，该
表有两个字段，如下所示。

❑ username：char 类型，长度为 10，用于存储用户的名称。

❑ content：varchar 类型，用于存储用户的留言。

在留言板中发言的一般流程是：

（1）用户在 html 网页中发言；

（2）提交给后台的 JSP 文件；

（3）调用一个 Bean；

（4）存储到数据库中；

（5）通过 JSP 返回保存结果。

然后用户还可以查看全部的留言，流程是：

（1）向 JSP 文件提出请求；

（2）调用一个 Bean；

（3）查询数据库中的数据；

（4）通过 JSP 显示查询结果。

这里一共需要 1 个 Bean 文件和 3 个 JSP 文件。Bean 文件存放在一个名为 messageboard 的包中，读者记得要在 classes 目录下面建立对应的目录。具体程序请看下面的例子。

【例 19.45】　留言板示例。

先来写留言的主页面，这是一个简单的 html 文件。

//----------文件名 leaveword.htm，程序编号 19.36------------

```html
<html>
<head>
  <meta http-equiv="Content-Type" content="text/html; charset=gb2312">
  <title>留言</title>
</head>
<body>
 <form method="POST" action="saveword.jsp">
  <p align="center"><font size="5" color="#800080"><b>请写留言</b>
  </font></p>
  <p align="left"><b><font color="#800080">
          你的姓名：</font>
   <font size="5" color="#800080"><input type="text" name="username" size=
   "20"></font></b>
  </p>
  <p align="center"><textarea rows="7" name="content" cols="86">
  </textarea></p>
  <p align="center">
    <input type="reset" value="全部重写" name="clearBtn">
    <input type="submit" value="提交" name="loadBtn">
  </p>
 </form>
</body>
</html>
```

该页面显示如图 19.17 所示。

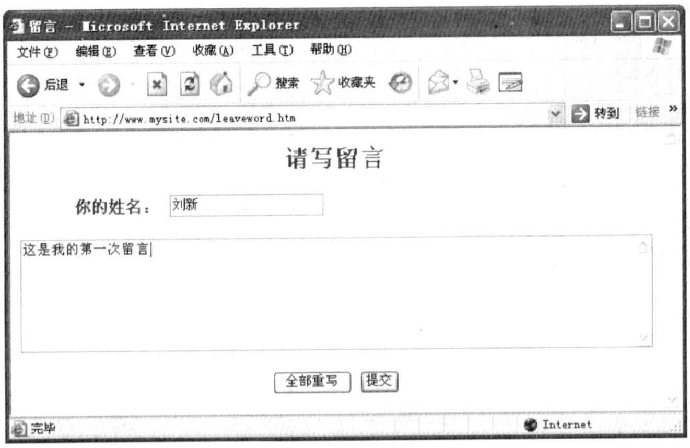

图 19.17　留言页面

接下来是后台保存数据的 JSP 文件。

//----------文件名 saveword.jsp，程序编号 19.37------------

```jsp
<%@ page language="java" contentType="text/html;charset=GB2312" %>
<% request.setCharacterEncoding("GB2312"); %>
<html>
<head>
  <meta http-equiv="Content-Type" content="text/html; charset=gb2312">
  <title>数据保存</title>
</head>
<body>
  <jsp:useBean id="workM" scope="session" class="messageboard.saveword" />
  <%
  String username=null, content=null, sqlstr;
  boolean success;
  username=request.getParameter("username");
  content=request.getParameter("content");
  if (username==null || username.equals("null") || username.length()==0){
    out.println("<font size=+2 color=red>对不起，用户名不能为空! </font>");
    return;
  }
  if (content==null || content.equals("null") || content.length()==0){
    out.println("<font size=+2 color=red>对不起，内容不能为空! </font>");
    return;
  }
  sqlstr="insert into userword values('" + username + "','" + content +"')";
  success=workM.executeUpdate(sqlstr);
  if (success)
    out.println("<font size=+2 >提交成功! </font>");
  else
    out.println("<font size=+2 >提交不成功! 请与管理员联系。</font>");
  workM.close();
  %>
  <p><a href="leaveword.htm">点此返回留言页面，继续留言</a></p>
  <p><a href="viewword.jsp">点此查看全部留言</a></p>
</body>
</html>
```

这个 JSP 文件需要一个 JavaBean 用于保存记录，如下所示。

//----------文件名 saveword.java，程序编号 19.38------------

```java
package messageboard;
import java.sql.*;
public class saveword {
  String sDBDriver = "sun.jdbc.odbc.JdbcOdbcDriver";
  String sConnStr = "jdbc:odbc:forStudy";
  Connection conn = null;
  //加载数据库驱动
  public saveword() {
   try {
     Class.forName(sDBDriver);
   }catch(java.lang.ClassNotFoundException e) {
```

```
    System.out.println(e.getMessage());
  }
}
//执行更新数据的 SQL 语句
public boolean executeUpdate(String sql) {
  boolean success = false;
  try {
    conn = DriverManager.getConnection(sConnStr,"","");
    Statement stmt = conn.createStatement();
    stmt.executeUpdate(sql);
    success=true;
  }catch(SQLException e) {
    success=false;
  }
  return success;
}
//执行查询数据的 SQL 语句
public ResultSet executeQuery(String sql) {
  ResultSet rs = null;
  try {
    conn = DriverManager.getConnection(sConnStr,"","");
    Statement stmt = conn.createStatement();
    rs = stmt.executeQuery(sql);
  }catch(SQLException e) {
    System.err.println(e.getMessage());
  }
  return rs;
}
//关闭数据库连接
public void close(){
  try{
   if(!conn.isClosed())
     conn.close();
  }catch(SQLException el){
     el.printStackTrace();
  }
}
}
```

编译并配置好 class 文件后，单击图 19.17 所示中的"提交"按钮，可以看到如图 19.18 所示的页面。

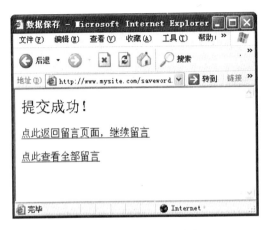

图 19.18　提交成功页面

接下来写查看留言的页面。查询部分的文件只有一个，下面是 JSP 文件。

//---------文件名 viewword.jsp，程序编号 19.39-------------

```
<%@ page contentType="text/html;charSet=GBK" import="java.sql.*"%>
<% request.setCharacterEncoding("GB2312"); %>
<html>
<head>
  <meta http-equiv="Content-Type" content="text/html; charset=gb2312">
  <title>我的数据库查询</title>
</head>
<body>
  <p align="center">这是全部留言</p>
  <table border="1" width="100%">
  <tr>
   <td width="17%" align="center"><b><font size="4">留言者</font></b></td>
   <td width="83%" align="center"><b><font size="4">内容</font></b></td>
  </tr>
  <jsp:useBean id="work" scope="page" class="messageboard.saveword" />
  <%
  ResultSet rs = work.executeQuery("SELECT * FROM userword");
  String username,content;
  while (rs.next()) { //注意下面中文的转换
    username=new String(rs.getString("username").getBytes("GBK"),
    "ISO-8859-1");
    content =new String(rs.getString("content").getBytes("GBK"),
    "ISO8859-1");
    out.println("<tr>");
    out.println("<td width=17% bgcolor=#C0C0C0>");
    out.println(username);
    out.println("<td width=83% bgcolor=#C0C0C0>");
    out.println(content);
    out.println("</tr>");
  }
  rs.close();
  work.close();
  %>
 </table>
</body>
</html>
```

单击图 19.18 所示中的“点此查看全部留言”链接，可以看到如图 19.19 所示的页面。

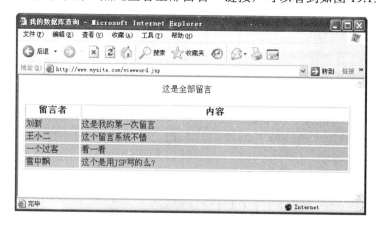

图 19.19 查看留言页面

至此，这个简单的留言板就完成了，当然，它的功能是很小的，读者可以继续为它添加其他功能。

19.13　JSP 应用实例 5——B/S 模式的聊天室

这一节来做一个简单的 B/S 模式的聊天室。一个聊天室的功能通常有：注册用户和游客访问、发言、退出等，其中发言还可以选择对象。高级一点的应该还有管理员的管理功能、用户间的私聊以及附加的其他功能（例如，动作、文字颜色、图片和表情等）。

实现聊天室的一个基本问题是：如何知道其他人已经发言，并及时将他们的发言显示在页面中。在不为浏览器安装任何插件的情况下，要实现这个功能是很困难的。这里采取的办法是让页面隔一段时间就自动刷新一下，从服务器取回新的数据。为了既能保证数据的实时性，又不能频繁刷新影响用户，笔者将此间隔时间定为 15 秒。

这个聊天室可以用两种方式发言：游客方式和注册用户方式。对于注册用户，需要一个数据库记录用户名和密码，数据库名为 registerUser.mdb，配置的 ODBC 源名称为 chatreg。该数据库中只有一个表，表名为 chatreg，它拥有的字段如表 19.9 所示。

表 19.9　chatreg 中的字段说明

字 段 名	类　型	长　度	主 键 否	说　明
username	文本	8	是	注册的用户名
password	文本	10	否	用户密码
email	文本	30	否	电子邮件地址
homepage	文本	50	否	主页地址

至于用户在聊天室中的发言，则本系统并未记录到数据库中，而只是简单地保存在服务器的内存中，这会要用到隐含对象 application。

【例 19.46】　一个 B/S 模式的聊天室实例。

先来看用户进入聊天室的界面文件。

//----------文件名 netchat.jsp，程序编号 19.40------------

```
<%@ page session="true" %>
<%@ page contentType="text/html;charset=gb2312" %>
<html>
 <head>
  <title>欢迎来到聊天室</title>
 </head>
<body bgcolor="#ddffdd">
<CENTER>
<h1 align="center"><font color=#ff8800 ><b> 聊天室 </b></font></h1>
<br><br>
<table>
 <tr>
  <td height="28"><font color="#FF3333" size="3">使用说明: </font></td>
 </tr>
 <tr>
  <td height="25"> <font color="black" size="3"> 
  <font color="#333300">1</font>:你可以以 "
```

```
<font color="#FF33FF">注册用户</font> "的方式进入
(<font color="#FF00FF">先注册</font>),或以
 "<font color="#FF00FF">游客</font>"的方式进入; </font>
 </td>
</tr>
<tr>
 <td height="25"><font color="black" size="3"> 2:如果只对某个人说 "
 <font color="#FF00FF">悄悄话</font>",请选中"私聊"; </font></td>
</tr>
<tr>
 <td height="25">
  <div align="left"><font color="black" size="3"> 3:在使用时,请注意
  下面的 "
  <font color="#FF00FF">提示信息</font> "; </font></div>
 </td>
</tr>
<tr>
 <td><font color="black" size="3"> 4:选择说话"<font color="#FF00FF">
 对象</font>",请单击左边的"在线人员列表 "。 </font></td>
</tr>
<tr>
</table>
<BR> <BR> <BR><BR>
<a href="chatreg.jsp" > <font size="4"><b>&lt;我要注册&gt; </b></font></a>
<font size="4">        </font>
<a href="in.jsp"> <font size="4">&lt;我知道了&gt;</font></a>
</font></font></b>
</CENTER>
</body>
</html>
```

该页面显示如图 19.20 所示。

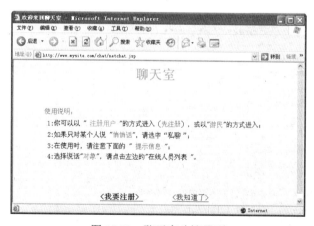

图 19.20　聊天室欢迎界面

当用户单击"我要注册"链接时,就进入了注册界面。接着来实现用户注册管理功能。对于注册用户的管理,需要用前面介绍过的数据库。下面是用户注册用到的 bean 文件 chatreg.java。

//----------文件名 chatreg.java,程序编号 19.41-------------

```
package chat;
import java.sql.*;
public class chatreg{
  String sDBDriver = "sun.jdbc.odbc.JdbcOdbcDriver";
  String sConnStr = "jdbc:odbc:chatreg";
  Connection conn = null;
  ResultSet rs = null;
  Statement stmt;

  public chatreg() {
    try {
      Class.forName(sDBDriver);
      conn = DriverManager.getConnection(sConnStr,"","");
      stmt = conn.createStatement();
    }catch(java.lang.ClassNotFoundException e) {
      System.err.println("chatreg(): " + e.getMessage());
    }catch(java.sql.SQLException e){
      System.err.println("chatreg(): " + e.getMessage());
    }
  }

  public ResultSet executeQuery(String sql) {
    rs = null;
    try {
      if(conn==null){
        conn = DriverManager.getConnection(sConnStr,"","");
        stmt = conn.createStatement();
      }
      rs = stmt.executeQuery(sql);
    }catch(SQLException e) {
      System.err.println(e.getMessage());
    }
    return rs;
  }

  public boolean executeUpdate(String sql) {
    boolean success = false;
    try {
      if(conn==null){
        conn = DriverManager.getConnection(sConnStr,"","");
        stmt = conn.createStatement();
      }
      stmt.executeUpdate(sql);
      success=true;
    }catch(SQLException e) {
      success=false;
    }
    return success;
  }

  public void close(){
    try{
      if(!conn.isClosed())  conn.close();
      conn=null;
    }catch(SQLException el){
      el.printStackTrace();
    }
  }
}
```

这个 JavaBean 和 19.12 节介绍过的功能相同，代码也相似。

注册时用了两个 JSP 文件，一个负责前端供用户输入注册数据，并进行前期的数据检查，这个检查是用 JavaScript 实现的；一个在后台负责调用上面的 Bean，将数据插入到数据库里。下面是前台的 JSP 文件。

//----------文件名 chatreg.jsp，程序编号 19.42------------

```
<%@ page session="true" %>
<%@ page contentType="text/html;charset=gb2312" %>
<% request.setCharacterEncoding("GB2312"); %>
<HTML>
<HEAD>
<script language="javascript">
function validate form() {
  validity = true;
  if (!check empty(document.regForm.username.value)){
    validity = false;
    alert('对不起！ 名字长度必须是(2--8) ！');
  }
  else if ((document.regForm.password.value.length==0) &&
          ( document.regForm.cofpassword.value.length==0)){
    validity = false;
    alert('对不起！请输入密码 ！');
  }
  else if(!passwordcof(document.regForm.password.value ,
                      document.regForm.cofpassword.value)){
    validity = false;
    alert('对不起！ 两次输入的密码不一样 ！');
  }
  else if (!check_email(document.regForm.useremail.value)){
    validity = false;
    alert('对不起！请重新正确填入 Email 地址 ！');
  }
  return validity;
}

function passwordcof(text1 ,text2){
  return(text1==text2);
}

function check empty(text) {
  return ( (text.length>1) &&(text.length<9) );
}

function check email(address) {
 if ((address == "") || (address.indexOf ('@') == -1) || (address.indexOf
 ('.') == -1))
    return false;
 else
    return true;
}
</script>
<TITLE> 注册 </TITLE>
</HEAD>
<body bgcolor="ffffcc" >
<form name="regForm" method="post" action="chatregcof.jsp" onSubmit=
"return validate form()">
<br>
<br>
<table width="66%" border="0" cellpadding="5" align="center" >
 <tr>
  <td width="23%" height="26"> </td>
  <td width="77%" height="26"> 标记<font color="#FF0033">**</font>为必填项
  </td>
```

```
    </tr>
    <tr>
     <td width="23%" height="26"><font color="#FF3300">**</font>申请账号:
     </td>
     <td width="77%" height="26">
       <input type="text" name="username">[长度只能是 2-8 之间] </td>
    </tr>
    <tr>
      <td width="23%" height="37"><font color="#FF0000">**</font>密码:</td>
      <td width="77%" height="37">
       <input type="password" name="password">
      </td>
    </tr>
    <tr>
      <td width="23%" height="8"><font color="#FF0033">**</font>确认密码:
      </td>
      <td width="77%" height="8">
        <input type="password" name="cofpassword">
      </td>
    </tr>
    <tr>
      <td width="23%"><font color="#FF0000">**</font>email:</td>
      <td width="77%">
       <input type="text" name="useremail">[样式: xuetaomei@263.net]
      </td>
    </tr>
    <tr>
      <td width="23%" height="38">主页地址:</td>
      <td width="77%" height="38">
       <input type="text" name="homepage" value="http://">
      </td>
    </tr>
    <tr>
      <td width="23%" height="38">  </td>
      <td width="77%" height="38">
        <input type="submit" name="Submit" value="填好了">
        <input type="reset" name="Submit2" value="填错了! ">
      </td>
    </tr>
  </table>
</form>
</body>
</html>
```

这个注册页面显示如图 19.21 所示。

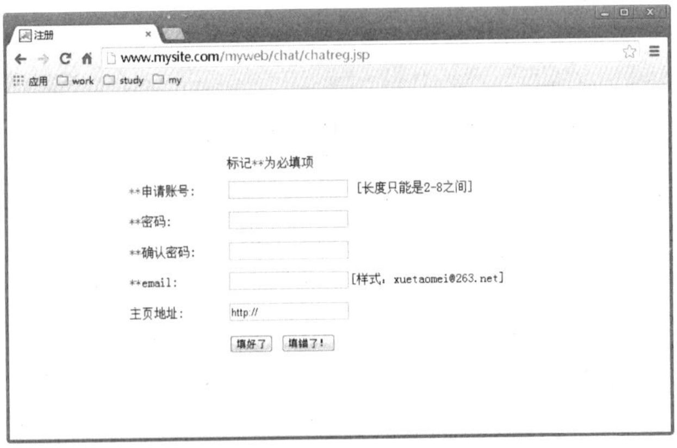

图 19.21　注册页面

前端检查通过之后，就会调用后端的 chatregcof.jsp 文件，将注册数据插入到数据库中。这期间，还需要检测用户是否已经存在，插入是否成功。

//----------文件名 chatregcof.jsp，程序编号 19.43------------

```jsp
<%@ page contentType="text/html;charset=gb2312" %>
<%@ page session="true" %>
<%@ page import="java.sql.*" %>
<% request.setCharacterEncoding("GB2312"); %>
<html>
 <head>
  <title>登录检查</title>
 </head>
<body bgcolor="#ccccff">
 <%
  String regName=(String)request.getParameter("username");
  regName=regName.trim();
  String regPassword=(String)request.getParameter("password");
  regPassword=regPassword.trim();
  String regEmail=(String)request.getParameter("useremail");
  regEmail=regEmail.trim();
  String regHomepage=(String)request.getParameter("homepage");
  regHomepage=regHomepage.trim();
 %>

<jsp:useBean id="reg" scope="page" class="chat.chatreg" />
<%
  String sql="select * from chatreg where username='" + regName + "'";
  ResultSet rs = reg.executeQuery(sql);
  if(rs.next()) {
    rs.close();
    out.println("<center><h2 >对不起，你的大名已经存在" +
              "</h2> </center><br><br>");
   out.println("<center><a href=\"chatreg.jsp\"> 重新注册 </a>
   </center><br> ");
   out.println("<center><a href=\"in.jsp\"> 我不注册了，直接进入聊天室</a>
   </center> ");
  }else{
    String strSQL="insert into chatreg(username,password,email,homepage)
    values('" + regName + "', '" + regPassword +"' , '" + regEmail +
                "' , '"
                + regHomepage + "') ";
   if (reg.executeUpdate(strSQL)){
     out.println("<center><h2 color=red>恭喜你注册成功！" +
              "</h2> </center><br><br>");
     out.println( "<center><a href=\"in.jsp\">进入聊天室</a></center>");
   } else {
     out.println("<center><h2 color=red>对不起，注册失败！" +
              "</h2></center><br><br>");
     out.println( "<center><a href=\"netchat.jsp\">返回</a></center>");
   }
  }
  reg.close();
 %>
</body>
</html>
```

单击图 19.21 所示中的"填好了"按钮，则会连接到 chatregcof.jsp。如果注册用户验证通过，就会出现如图 19.22 所示的页面。

图 19.22　注册成功页面

当用户注册成功或是打算以游客身份进入聊天室，就会转入到下面这个页面。

//----------文件名 in.jsp，程序编号 19.44------------

```
<%@ page session="true" %>
<%@ page contentType="text/html;charset=gb2312" %>
<% request.setCharacterEncoding("GB2312"); %>
<HTML>
<HEAD>
<script language="JavaScript">
  function NameGotFocus() {
    document.LoginForm.username.focus();
  }
</script>
<TITLE>欢迎进入聊天室</TITLE>
</HEAD>
<BODY onload="NameGotFocus()" bgcolor="#CEFFCE">
 <%-- 如果登录不成功,confirm.jsp 将返回一段错误代码,可以显示给用户看 --%>
 <%
    String getMessage=(String)session.getValue("confirm_message");
      if (getMessage==null)
        getMessage="";
 %>
<table border="0" width="80%" align="center" bgcolor="#CCFFCC">
 <tr>
   <td width="1%">
     <div align="center"></div>
   </td>
   <td width="52%" bgcolor="#CCFFCC">
     <img src="images/bt.gif" width="314" height="62">
   </td>
   <td width="47%">
     <p> </p>
     <p>注意事项: </p>
   </td>
 </tr>
 <tr>
   <td width="1%"> </td>
   <td width="52%" bgcolor="#CCFFCC">
   <form method="post" name="LoginForm" action="confirm.jsp">
     <%= getMessage%>
   <div align="center">
   <p><br>
   <font size="4"><b>用        户</b></font><br>
```

```
用户名  <input type="text" name="regName" size="13"><br>
密  码  <input type="password" name="regPassword" size="13"> <br>
<br>
<b>游        客</b><br>
昵  称   <input type="text" name="username" size="13"> <br>
<br>
<input type="submit" name="Submit" value="进入" >
<input type="RESET" value="取消" name="RESET">
</p>
</div>
</form>
</td>
<td width="47%"> <font size=-1>
<ul>
<li>遵守中华人民共和国各项法律法规的要求<br><br>
</li>
<li>严禁谈论有损国家利益、安全等方面的内容 <br><br>
</li>
<li>保持良好的休闲氛围，恶意捣乱者将被踢出 <br><br>
</li>
<li>言谈举止要文明，不讲脏话、粗话 <br><br>
</li>
<li>不得对他人进行人身攻击、侮辱、诽谤 <br><br>
</li>
<li>不得谈论有关淫秽、色情等方面的内容 </li>
</ul></font>
</td>
</tr>
</table>
</BODY>
</HTML>
```

该页面显示如图 19.23 所示。

当用户输入自己的姓名后，就转到 confirm.jsp 文件进行判断，正确则进入聊天室，错误则返回登录界面。同时，confirm.jsp 还要负责将新来的用户登记到 application 对象的 UserName 属性中。

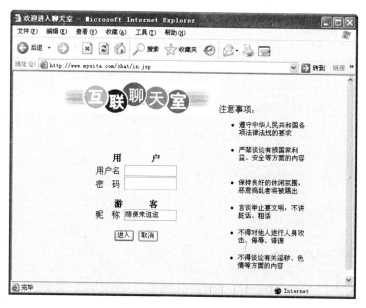

图 19.23　用户登录页面

//----------文件名 confirm.jsp，程序编号 19.45------------

```jsp
<%@ page session="true" import="java.sql.*, java.util.Vector"%>
<%@ page contentType="text/html;charset=gb2312" %>
<% request.setCharacterEncoding("GB2312"); %>
<html>
<head>
  <title>登录检查</title>
</head>
<body>
<jsp:useBean id="reg" scope="page" class="chat.chatreg" />
<%
  String regName=(String)request.getParameter("regName");
  regName=regName.trim();
  String regPassword=(String)request.getParameter("regPassword");
  regPassword=regPassword.trim();
  String Name=(String)request.getParameter("username");
  Name=Name.trim();
%>
<%
  //这一段检测用户名的合法性
  boolean success=true;
  String sql=null;
  ResultSet RS;
  if((regName.length()!=0)) {  //如果是注册用户
    sql="select * from chatreg where username='"+ regName +
                  "' and password='"+ regPassword +"' ";
    RS = reg.executeQuery(sql);
    if(!RS.next()) {
      session.putValue("confirm_message","错误信息：[用户名或密码错误！]");
      success=false;
    }
    RS.close();
  }else{  //如果是游客
    sql="select * from chatreg where username='"+ Name + "'";
    RS = reg.executeQuery(sql);
    if(RS.next()){
      session.putValue("confirm_message","错误信息：[游客不能使用注册用
      户名！]");
      success=false;
    }
    RS.close();
    if((Name.length()<2)||(Name.length()>8)) {
      session.putValue("confirm_message","错误信息：[你的名字长度必须在2--8
      之间，谢谢！]");
      success=false;
    }
    if( Name.indexOf(' ')>-1) {
      session.putValue("confirm_message","错误信息：[名字中不能有空格，
      谢谢！]");
      success=false;
    }
```

```
  }
  if(!success){
    %> <jsp:forward page="in.jsp"/> <%
  }
%>
<%
  synchronized (application){
    Vector UserName=null;
    UserName= (Vector)application.getAttribute("UserName");
    if(UserName==null){ //如果是聊天室的第一个用户
        UserName= new Vector(30,10);
    }
    if(regName.length()>0 ){ //区分游客和注册用户，为权限管理做准备
        session.putValue("reguser","true");
        Name=regName;
    }else{
        session.putValue("reguser","false");
    }
    if( UserName.contains(Name)){
        session.putValue("confirm_message","错误信息：[你的名字已经被别人用
了，请换名]");
        %> <jsp:forward page="in.jsp"/> <%
    }else{
        UserName.addElement(Name);
        session.putValue("Name",Name);
    //把新来的用户加入到 application 的 UserName 属性中去
        application.setAttribute("UserName",UserName);
    }
  }
%>
<jsp:forward page="chatroom.jsp" />
</body>
</html>
```

当验证通过后，就会进入到 chatroom.jsp，这是聊天室的主页面。这个文件是一个框架页面，由 3 个 frameset 组成，分别放置 listuser.jsp、talk.jsp 和 showmsg.jsp。

//----------文件名 chatroom.jsp，程序编号 19.46-------------

```
<%@ page session="true" %>
<%@ page contentType="text/html;charset=gb2312" %>
<% request.setCharacterEncoding("GB2312"); %>
<%
  String info=null, user=null;
  info=(String)session.getValue("reguser");
  if (info==null || info.length()==0){
  session.putValue("confirm_message","错误信息：[你需要登录才能进入聊天室]");
  %> <jsp:forward page="in.jsp"/><%
  }
%>
<html>
<head>
<title>欢迎<%= session.getValue("Name") %>来到聊天室</title>
```

```
</head>
<frameset rows="*,16%">
<frameset cols="*,90%">
<frame name="left" src="listuser.jsp">
<frame name="main" src="showmsg.jsp">
</frameset>
<frame name="bottom" src="talk.jsp">
<noframes>
<body> <p>此网页使用了框架，但您的浏览器不支持框架。</p> </body>
</noframes>
</html>
```

下面是 listuser.jsp，该文件负责显示聊天室内的所有用户名，它会每隔 5 分钟自动刷新一次，它位于聊天室页面的左侧。

//----------文件名 listuser.jsp，程序编号 19.47------------

```
<%@ page session="true" import="java.util.*" %>
<%@ page contentType="text/html;charset=gb2312" %>
<HTML>
<META http-equiv="refresh" content="300">
<HEAD>
<TITLE> Listuser </TITLE>
</HEAD>
<BODY bgcolor="#CCCCFF" leftmargin="0" >
<font color=blue size=-1>在线人员列表:</font><br><br>
<font color=#669900 size=-1><a href="listuser.jsp" >所有人</a><br>
<%
  synchronized(application){
    Vector ListUser=null;
    //下面取出存在 application 中的所有用户名，放到一个 Vector 中
    ListUser =(Vector)application.getAttribute("UserName");
    if(ListUser !=null){
        for(int i=0;i<ListUser.size();i++){
            String User= (String)ListUser.get(i);
            out.println(User+"<br>");
        }
    }else
        out.println(new String("Welcome to here!!"));
  }
%>
</font>
</BODY>
</HTML>
```

下面是 talk.jsp，用户可以在里面输入要说的话，以及选择说话的对象、是否私聊等。它出现在聊天室页面的下方。当用户输入完一句话，并回车发送时，该页面会将用户的发言发送给 showmsg.jsp 文件处理。

//----------文件名 talk.jsp，程序编号 19.48------------

```
<%@ page session="true" import="java.util.*, java.lang.*" %>
<%@ page contentType="text/html;charset=gb2312" %>
<% request.setCharacterEncoding("GB2312"); %>
```

```
<HTML>
<base target="main">
<HEAD>
<script language="JavaScript">
 function NameGotFocus() {
   document.talkfrm.msgtext.focus();
 }
 function Logoutconfirm(){
   return confirm("你要退出聊天室吗？");
 }
 function sendMsg(){
   if(document.talkfrm.msgtext.value!=""){
     document.talkfrm.msghide.value=document.talkfrm.msgtext.value;
     document.talkfrm.msgtext.value="";
     document.talkfrm.msgtext.focus();
     return true;
   }else{
     return false;
   }
 }
</script>
<TITLE> talk </TITLE>
</HEAD>
<BODY onload="NameGotFocus()" bgcolor=#CCCCFF >
<form method="POST" action="showmsg.jsp" name="talkfrm" >
<p align="left">
对<input type="text" name="towho" size="8">说
<input type="checkbox" name="private" value="ON">私聊
<input type="text" name="msgtext" size="40">
<input  type="submit"  value=" 提 交 "  name="sendBtn"  onClick="return
sendMsg()">
<input type="hidden" name="msghide">
<a href="logout.jsp?logout=<%= session.getValue("Name") %>" target="_top"
onClick="return Logoutconfirm()">退出</a>
</p>
</form>
</BODY>
</HTML>
```

下面是 showmsg.jsp，它负责显示各个用户所说的话。如果是私聊，则只有相关的两人能看到，默认是大家都能看到用户发言。为了让用户看到其他用户的发言，本页面需要自动刷新。该页面出现在主界面的右侧。

//----------文件名 showmsg.jsp，程序编号 19.49-------------

```
<%@ page session="true" import="java.util.*, java.lang.*" %>
<%@ page contentType="text/html;charset=gb2312" %>
<% request.setCharacterEncoding("GB2312"); %>
<HTML>
<META http-equiv="refresh" content="15">
<HEAD>
<TITLE> showmsg </TITLE>
</HEAD>
```

```
<BODY bgcolor=#CCFFCC >

<%
//获取本用户的用户名、接收者和发言内容，以及是否为私聊
 String audience=null, addresser=null,msg=null;
 String isPrivate;
 boolean isAutoRefresh=false;
 audience=request.getParameter("towho");
 if (audience==null || audience.length()==0) audience="大家";
 addresser=(String)session.getValue("Name");
 msg=request.getParameter("msghide");
 if (msg==null || msg.length()==0) isAutoRefresh=true;
 isPrivate=request.getParameter("private");
 if (isPrivate==null) isPrivate="off";

 Vector Vmsg=null,Vaddresser=null,VisPrivate=null,Vaudience=null;
 synchronized(application){
   Vmsg= (Vector)application.getAttribute("message");
   if(Vmsg==null) Vmsg= new Vector(30,10);
   Vaddresser=(Vector)application.getAttribute("addresser");
   if(Vaddresser==null) Vaddresser=new Vector(30,10);
   VisPrivate=(Vector)application.getAttribute("isPrivate");
   if(VisPrivate==null) VisPrivate=new Vector(30,10);
   Vaudience=(Vector)application.getAttribute("audience");
   if(Vaudience==null) Vaudience=new Vector(30,10);
 }
 //将用户的发言保存到 application 中
 if(!isAutoRefresh){
   Vmsg.addElement(msg);
   Vaddresser.addElement(addresser);
   VisPrivate.addElement(isPrivate);
   Vaudience.addElement(audience);
   synchronized(application){
     application.setAttribute("message", Vmsg);
     application.setAttribute("addresser", Vaddresser);
     application.setAttribute("isPrivate", VisPrivate);
     application.setAttribute("audience", Vaudience);
   }
 }
 //显示用户的发言
 synchronized(application){
   int i,size=Vmsg.size();
   String showmsg=null,tmpstr1,tmpstr2;

   for(i=0;i<size;i++){
     tmpstr1=(String)VisPrivate.get(i);
     if(tmpstr1.equals("off")){ //判断是否私聊
       showmsg="【" + (String)Vaddresser.get(i) + "】对【" +
       (String)Vaudience.get(i) + "】说>>" + (String)Vmsg.get(i) + "<br>";
       out.println(showmsg);
     }else{
       tmpstr1=(String)Vaudience.get(i);
```

```
        tmpstr2=(String)Vaddresser.get(i);
        if(tmpstr1.equals(addresser) || tmpstr2.equals(addresser) ){
          showmsg="【" + (String)Vaddresser.get(i) + "】对【" +
          (String)Vaudience.get(i) + "】说[私聊]>>" + (String)Vmsg.get(i)+
              "<br>" ;
          out.println(showmsg);
        }
      }
    }
  }
%>
</BODY>
</HTML>
```

这 3 个文件组成一个框架页面，该页面显示如图 19.24 所示。

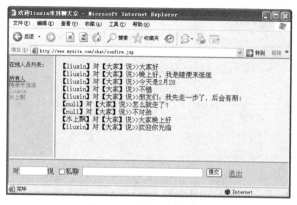

图 19.24　聊天室主页面

最后一个页面是 logout.jsp，当用户退出时，需要调用这个文件清除用户的相关信息。

//----------文件名 logout.jsp，程序编号 19.50------------

```
<%@ page session="true" import="java.util.*" %>
<%@ page contentType="text/html;charset=gb2312" %>
<% request.setCharacterEncoding("GB2312"); %>
<HTML>
<HEAD>
<TITLE>logout</TITLE>
</HEAD>
<BODY bgcolor="#CCFFCC">
<%
  String logout_user=(String)request.getParameter("logout");
  if(logout_user!=null){
    synchronized (application){ //清除用户资料
      Vector UserName=null;
      UserName= (Vector)application.getAttribute("UserName");
      UserName.remove(logout_user);
      application.setAttribute("UserName",UserName);
      session.invalidate();
    }
    synchronized (application){//自动向其他用户发送退出信息
      Vector outMessage=null,addresser=null,isPrivate=null,audience=null;
```

```
outMessage= (Vector)application.getAttribute("message");
if(outMessage==null) outMessage= new Vector(30,10);
addresser=(Vector)application.getAttribute("addresser");
if(addresser==null) addresser=new Vector(30,10);
isPrivate=(Vector)application.getAttribute("isPrivate");
if(isPrivate==null) isPrivate=new Vector(30,10);
audience=(Vector)application.getAttribute("audience");
if(audience==null) audience=new Vector(30,10);

outMessage.addElement("朋友们：我先走一步了，后会有期！");
addresser.addElement(logout_user);
isPrivate.addElement("off");
audience.addElement("大家");
application.setAttribute("message", outMessage);
application.setAttribute("addresser", addresser);
application.setAttribute("isPrivate", isPrivate);
application.setAttribute("audience", audience);
    }
  }
%>
<br><br><br><br>
<p align="center"><font size=+3 color=blue>欢迎<%= logout_user%>下次再来!
</font></size>
</BODY>
</HTML>
```

当用户单击图 19.24 所示中的"退出"链接时，就会调用该页面。

至此，聊天室基本的框架已经搭建起来了。不过这个聊天室的功能有限，还有一些明显需要改善的地方，例如：管理员的功能、注册用户和普通游客的权利区分、对 html 代码的过滤、对长时间不发言的用户应该自动清除等。这些功能请读者自己完成。

19.14　本章小结

本章全面介绍了 JSP 以及 JavaBean 的基本知识，并通过几个实例详细讲解了 JSP 文件的编制。同时还对 JSP 容器——Tomcat 的安装和部署做了仔细的介绍，特别是初学者容易犯的几个错误，都有反复的说明。而 JSP 在处理中文方面存在的一些问题，也是本章详细讨论的对象。当然要编制功能强大的 JSP 网站，除了 JSP 本身，还要求程序员熟练掌握 HTML 标记和 JavaScript 或者 VBScript 语言编写前端页面。但这已经超出了本书的范围，所以没有详细介绍，请读者参阅这方面的专门书籍。

19.15　实战习题

1. 简述 Java Servlet 的生命周期。
2. 实际操作 Tomcat 的安装过程，安装完成后，将默认端口修改为 8686。

3．JSP 的主要内置对象有哪些？它们的作用分别是什么？

4．JSP 有哪些动作？它们的作用分别是什么？

5．JSP 中动态 INCLUDE 与静态 INCLUDE 的区别是什么？

6．JSP 开发过程中，遇到乱码问题应如何解决？给出 3 种以上的对应解决方案，并给出对应的程序示例。

7．开发一个 JSP 程序，实现文件的上传与下载的功能。

（提示：充分利用本书前述章节所学的 Java I/O 方面的知识，编写一个用 Java 程序处理文件的类，然后在 JSP 页面中调用此类。具体过程说明如下。

（1）通过 request 对象，接收上传的参数，并判断文件上传路径及文件类型。

（2）设定文件读取与本地存储的相关参数。

（3）处理文件读写。

（4）处理异常。

（5）处理页面前端展示。）